TASCHENBUCH FÜR SCHIFFSINGENIEURE UND SEEMASCHINISTEN

herausgegeben von

Oberingenieur

Emil Ludwig

unter Mitwirkung von

Direktor Dipl.-Ing. W. BROSE, Ing. G. DRÄGER und Ing. ZIEM †

mit einem Beitrag über Nautik von

Professor O. STEPPES
Direktor der Seefahrtsschule in Hamburg

Mit 561 Bildern

6. Auflage

MÜNCHEN UND BERLIN 1942

VERLAG VON R. OLDENBOURG

Druck von R. Oldenbourg, München.
Printed in Germany.

Vorwort.

Auch in der neuen Auflage sind wieder, mehrfach geäußerten Anregungen entsprechend, manche Verbesserungen und Ergänzungen vorgenommen worden, in dem neuere Ausführungen eingefügt und dafür ältere oder nicht mehr in Betrieb befindliche fortgelassen wurden.

Der 1. Teil hat nur geringfügige Änderungen erfahren. In den vorkommenden Formeln und Rechnungen sind nach Möglichkeit die z. Zt. üblichen Bezeichnungen verwendet worden; nur für die in der Technik allgemein verwendete „Wärmeeinheit" ist neben der in neuerer Zeit wieder eingefühten, aber auf ein Gramm Wasser bezogenen „Calorie" auch die frühere deutsche und kürzere Bezeichnung „WE" (Wärmeeinheit) beibehalten worden.

Im 2. Teil sind verschiedene Tabellen gekürzt und mehrere Abb. älterer Maschinensysteme fortgelassen bezw. durch Abb. neuerer Ausführungen ersetzt worden. Es ist ferner der „Voith-Schneider"-Propeller neu eingefügt worden.

Auch im 3. Teil über die Dampfkessel sind ältere Kessel- und sonstige ältere Konstruktionen durch neuere ersetzt und der Capus-Kessel, der neuere Yarrow-Kessel und der Hartmann-Kessel sowie der Steinmüller-Rost aufgenommen worden. Die Auszüge aus den gesetzlichen Vorschriften sind nach dem heutigen Stande derselben berichtigt worden.

In den 4. Teil über die Hilfsmaschinen ist neben einigen Verbesserungen die „Knorr-Kesselspeisepumpe" aufgenommen worden.

Auch der die elektrischen Einrichtungen betreffende Teil ist vielfach ergänzt und verbessert worden.

Von verschiedenen Firmen sind wir wieder in erfreulicher Weise durch Hergabe von Zeichnungen und Beschreibungen gerne unterstützt worden, wofür wir hiermit bestens danken.

Wir hoffen, daß das kleine Buch wieder eine wohlwollende Aufnahme findet und gute Dienste leistet.

Die Verfasser.

Inhaltsverzeichnis.

B. Dampfturbinen.

VIII. Teil.

Instrumente und Messungen.

IX. Teil. Schiffbau.

X. Teil.

Aus der Nautik und verwandten Gebieten.

I. Teil.

Grundlagen.

A. Mathematik.

Quadrate, Kuben, Quadrat- und Kubikwurzeln, Briggsche Logarithmen, Kreisumfänge und Kreisinhalte aller natürlichen Zahlen von 1 bis 1000.

Der Durchmesser d des Kreises ist $= \frac{1}{10}$ dieser Zahlen genommen.

n	n^2	n^3	$\sqrt{n}$	$\sqrt[3]{n}$	$\lg n$	$d = 0{,}1\,n$	πd	$\frac{1}{4}\pi d^2$
0	0	0	0,0000	0,0000	— ∞	0,0	0,000	0,0000
1	1	1	1,0000	1,0000	0000	0,1	0,314	0,0079
2	4	8	1,4142	1,2599	3010	2	0,628	0,0314
3	9	27	1,7321	1,4422	4771	3	0,942	0,0707
4	16	64	2,0000	1,5874	6021	4	1,257	0,1257
5	25	125	2,2361	1,7100	6989	5	1,571	0,1964
6	36	216	2,4495	1,8171	7781	6	1,885	0,2827
7	49	343	2,6458	1,9129	8451	7	2,199	0,3848
8	64	512	2,8284	2,0000	9031	8	2,513	0,5026
9	81	729	3,0000	2,0801	9542	9	2,827	0,6362
10	100	1000	3,1623	2,1544	0000	1,0	3,142	0,7854
11	121	1331	3,3166	2,2240	0414	1	3,456	0,9503
12	144	1728	3,4641	2,2894	0792	2	3,770	1,1310
13	169	2197	3,6056	2,3513	1139	3	4,084	1,3273
14	196	2744	3,7417	2,4101	1461	4	4,398	1,5394
15	225	3375	3,8730	2,4662	1761	5	4,712	1,7671
16	256	4096	4,0000	2,5198	2041	6	5,027	2,0106
17	289	4913	4,1231	2,5713	2304	7	5,341	2,2698
18	324	5832	4,2426	2,6207	2553	8	5,655	2,5447
19	361	6859	4,3589	2,6684	2788	9	5,969	2,8353
20	400	8000	4,4721	2,7144	3010	2,0	6,283	3,1416
21	441	9261	4,5826	2,7589	3222	1	6,597	3,4636
22	484	10648	4,6904	2,8020	3424	2	6,912	3,8013
23	529	12167	4,7958	2,8439	3617	3	7,226	4,1548
24	576	13824	4,8990	2,8845	3802	4	7,540	4,5239
25	625	15625	5,0000	2,9240	3979	5	7,854	4,9087
26	676	17576	5,0990	2,9625	4150	6	8,168	5,3093
27	729	19683	5,1962	3,0000	4314	7	8,482	5,7256
28	784	21952	5,2915	3,0366	4472	8	8,796	6,1575
29	841	24389	5,3852	3,0723	4624	9	9,111	6,6052
30	900	27000	5,4772	3,1072	4771	3,0	9,425	7,0686
31	961	29791	5,5678	3,1414	4914	1	9,739	7,5477
32	1024	32768	5,6569	3,1748	5052	2	10,05	8,0425

n	n^2	n^3	$\sqrt{n}$	$\sqrt[3]{n}$	lg n	$d =$ $0{,}1\,n$	$\pi\,d$	$\frac{1}{4}\pi\,d^2$
33	1089	35937	5,7446	3,2075	5185	3	10,37	8,553
34	1156	39304	5,8310	3,2396	5315	4	10,68	9,079
35	1225	42875	5,9161	3,2711	5441	5	11,00	9,621
36	1296	46656	6,0000	3,3019	5563	6	11,31	10,179
37	1369	50653	6,0828	3,3322	5682	7	11,62	10,752
38	1444	54872	6,1644	3,3620	5798	8	11,94	11,341
39	1521	59319	6,2450	3,3912	5911	9	12,25	11,946
40	1600	64000	6,3246	3,4200	6021	4,0	12,57	12,566
41	1681	68921	6,4031	3,4482	6128	1	12,88	13,203
42	1764	74088	6,4807	3,4760	6232	2	13,19	13,854
43	1849	79507	6,5574	3,5034	6335	3	13,51	14,522
44	1936	85184	6,6332	3,5303	6435	4	13,82	15,205
45	2025	91125	6,7082	3,5569	6532	5	14,14	15,904
46	2116	97336	6,7823	3,5830	6628	6	14,45	16,619
47	2209	103823	6,8557	3,6088	6721	7	14,77	17,349
48	2304	110592	6,9282	3,6342	6812	8	15,08	18,096
49	2401	117649	7,0000	3,6593	6902	9	15,39	18,857
50	2500	125000	7,0711	3,6840	6990	5,0	15,71	19,635
51	2601	132651	7,1414	3,7084	7076	1	16,02	20,428
52	2704	140608	7,2111	3,7325	7160	2	16,34	21,237
53	2809	148877	7,2801	3,7563	7243	3	16,65	22,062
54	2916	157464	7,3485	3,7798	7324	4	16,96	22,902
55	3025	166375	7,4162	3,8030	7404	5	17,28	23,758
56	3136	175616	7,4833	3,8259	7482	6	17,59	24,630
57	3249	185193	7,5498	3,8485	7559	7	17,91	25,518
58	3364	195112	7,6158	3,8709	7634	8	18,22	26,421
59	3481	205379	7,6811	3,8930	7709	9	18,54	27,340
60	3600	216000	7,7460	3,9149	7782	6,0	18,85	28,274
61	3721	226981	7,8102	3,9365	7853	1	19,16	29,225
62	3844	238328	7,8740	3,9579	7924	2	19,48	30,191
63	3969	250047	7,9373	3,9791	7993	3	19,79	31,172
64	4096	262144	8,0000	4,0000	8062	4	20,11	32,170
65	4225	274625	8,0623	4,0207	8129	5	20,42	33,183
66	4356	287496	8,1240	4,0412	8195	6	20,73	34,212
67	4489	300763	8,1854	4,0615	8261	7	21,05	35,257
68	4624	314432	8,2462	4,0817	8325	8	21,36	36,317
69	4761	328509	8,3066	4,1016	8388	9	21,68	37,393
70	4900	343000	8,3666	4,1213	8451	7,0	21,99	38,485
71	5041	357911	8,4261	4,1408	8513	1	22,31	39,592
72	5184	373248	8,4853	4,1602	8573	2	22,62	40,715
73	5329	389017	8,5440	4,1793	8633	3	22,93	41,854
74	5476	405224	8,6023	4,1983	8692	4	23,25	43,008
75	5625	421875	8,6603	4,2172	8751	5	23,56	44,179
76	5776	438976	8,7178	4,2358	8808	6	23,88	45,365

n	n^2	n^3	$\sqrt{n}$	$\sqrt[3]{n}$	lg n	$d = 0{,}1\,n$	πd	$\frac{1}{4}\pi d^2$
77	5929	456533	8,7750	4,2543	8865	7	24,19	46,566
78	6084	474552	8,8318	4,2727	8921	8	24,50	47,784
79	6241	493039	8,8882	4,2908	8976	9	24,82	49,017
80	6400	512000	8,9443	4,3089	9031	8,0	25,13	50,265
81	6561	531441	9,0000	4,3267	9085	1	25,45	51,530
82	6724	551368	9,0554	4,3445	9138	2	25,76	52,810
83	6889	571787	9,1104	4,3621	9191	3	26,08	54,106
84	7056	592704	9,1652	4,3795	9243	4	26,39	55,418
85	7225	614125	9,2195	4,3968	9294	5	26,70	56,745
86	7396	636056	9,2736	4,4140	9345	6	27,02	58,088
87	7569	658503	9,3274	4,4310	9395	7	27,33	59,447
88	7744	681472	9,3808	4,4480	9445	8	27,65	60,821
89	7921	704969	9,4340	4,4647	9494	9	27,96	62,211
90	8100	729000	9,4868	4,4814	9542	9,0	28,27	63,617
91	8281	753571	9,5394	4,4979	9590	1	28,59	65,039
92	8464	778688	9,5917	4,5144	9638	2	28,90	66,476
93	8649	804357	9,6437	4,5307	9685	3	29,22	67,929
94	8836	830584	9,6954	4,5468	9731	4	29,53	69,398
95	9025	857375	9,7468	4,5629	9777	5	29,85	70,882
96	9216	884736	9,7980	4,5789	9823	6	30,16	72,382
97	9409	912673	9,8489	4,5947	9868	7	30,47	73,898
98	9604	941192	9,8995	4,6104	9912	8	30,79	75,430
99	9801	970299	9,9499	4,6261	9956	9	31,10	76,977
100	10000	1000000	10,0000	4,6416	0000	10,0	31,42	78,540
101	10201	1030301	10,0499	4,6570	0043	1	31,73	80,118
102	10404	1061208	10,0995	4,6723	0086	2	32,04	81,713
103	10609	1092727	10,1489	4,6875	0128	3	32,36	83,323
104	10816	1124864	10,1980	4,7027	0170	4	32,67	84,949
105	11025	1157625	10,2470	4,7177	0212	5	32,99	86,590
106	11236	1191016	10,2956	4,7326	0253	6	33,30	88,247
107	11449	1225043	10,3441	4,7475	0294	7	33,62	89,920
108	11664	1259712	10,3923	4,7622	0334	8	33,93	91,609
109	11881	1295029	10,4403	4,7769	0347	9	34,24	93,313
110	12100	1331000	10,4881	4,7914	0414	11,0	34,56	95,033
111	12321	1367631	10,5357	4,8059	0453	1	34,87	96,769
112	12544	1404928	10,5830	4,8203	0492	2	35,19	98,520
113	12769	1442897	10,6301	4,8346	0531	3	35,50	100,287
114	12996	1481544	10,6771	4,8488	0569	4	35,81	102,070
115	13225	1520875	10,7238	4,8629	0607	5	36,13	103,869
116	13456	1560896	10,7703	4,8770	0645	6	36,44	105,683
117	13689	1601613	10,8167	4,8910	0682	7	36,76	107,513
118	13924	1643032	10,8628	4,9049	0719	8	37,07	109,359
119	14161	1685159	10,9087	4,9187	0755	9	37,38	111,220
120	14400	1728000	10,9545	4,9324	0792	12,0	37,70	113,097

n	n^2	n^3	$\sqrt{n}$	$\sqrt[3]{n}$	$\lg n$	$d = 0{,}1\,n$	πd	$\frac{1}{4}\pi d^2$
121	14641	1771561	11,0000	4,9461	0828	1	38,01	114,99
122	14884	1815848	11,0454	4,9597	0864	2	38,33	116,89
123	15129	1860867	11,0905	4,9732	0899	3	38,64	118,82
124	15376	1906624	11,1355	4,9866	0934	4	38,96	120,76
125	15625	1953125	11,1803	5,0000	0969	5	39,27	122,72
126	15876	2000376	11,2250	5,0133	1004	6	39,58	124,69
127	16129	2048383	11,2694	5,0265	1038	7	39,90	126,68
128	16384	2097152	11,3137	5,0397	1072	8	40,21	128,68
129	16641	2146689	11,3578	5,0528	1106	9	40,53	130,70
130	16900	2197000	11,4018	5,0658	1139	13,0	40,84	132,73
131	17161	2248091	11,4455	5,0788	1173	1	41,15	134,78
132	17424	2299968	11,4891	5,0916	1206	2	41,47	136,85
133	17689	2352637	11,5326	5,1045	1239	3	41,78	138,93
134	17956	2406104	11,5758	5,1172	1271	4	42,10	141,03
135	18225	2460375	11,6190	5,1299	1303	5	42,41	143,14
136	18496	2515456	11,6619	5,1426	1335	6	42,73	145,27
137	18769	2571353	11,7047	5,1551	1367	7	43,04	147,41
138	19044	2628072	11,7473	5,1676	1399	8	43,35	149,57
139	19321	2685619	11,7898	5,1801	1430	9	43,67	151,75
140	19600	2744000	11,8322	5,1925	1461	14,0	43,98	153,94
141	19881	2803221	11,8743	5,2048	1492	1	44,30	156,15
142	20164	2863288	11,9164	5,2171	1523	2	44,61	158,37
143	20449	2924207	11,9583	5,2293	1553	3	44,92	160,61
144	20736	2985984	12,0000	5,2415	1584	4	45,24	162,86
145	21025	3048625	12,0416	5,2536	1614	5	45,55	165,13
146	21316	3112136	12,0830	5,2656	1644	6	45,87	167,42
147	21609	3176523	12,1244	5,2776	1673	7	46,18	169,72
148	21904	3241792	12,1655	5,2896	1703	8	46,50	172,03
149	22201	3307949	12,2066	5,3015	1732	9	46,81	174,37
150	22500	3375000	12,2474	5,3133	1761	15,0	47,12	176,71
151	22801	3442951	12,2882	5,3251	1790	1	47,44	179,08
152	23104	3511808	12,3288	5,3368	1818	2	47,75	181,46
153	23409	3581577	12,3693	5,3485	1847	3	48,07	183,85
154	23716	3652264	12,4097	5,3601	1875	4	48,38	186,27
155	24025	3723875	12,4499	5,3717	1903	5	48,69	188,69
156	24336	3796416	12,4900	5,3882	1931	6	49,01	191,13
157	24649	3869893	12,5300	5,3947	1959	7	49,32	193,59
158	24964	3944312	12,5698	5,4061	1987	8	49,64	196,07
159	25281	4019679	12,6095	5,4175	2014	9	49,95	198,56
160	25600	4096000	12,6491	5,4288	2041	16,0	50,27	201,06
161	25921	4173281	12,6886	5,4401	2068	1	50,58	203,58
162	26244	4251528	12,7279	5,4514	2095	2	50,89	206,12
163	26569	4330747	12,7671	5,4626	2122	3	51,21	208,67
164	26896	4410944	12,8062	5,4737	2148	4	51,52	211,24

n	n^2	n^3	$\sqrt{n}$	$\sqrt[3]{n}$	$\lg n$	$d = 0{,}1\,n$	πd	$\frac{1}{4}\pi d^2$
165	27225	4492125	12,8452	5,4848	2175	5	51,84	213,82
166	27556	4574296	12,8841	5,4957	2201	6	52,15	216,42
167	27889	4657463	12,9228	5,5069	2227	7	52,46	219,04
168	28224	4741632	12,9615	5,5178	2253	8	52,78	221,67
169	28561	4826809	13,0000	5,5288	2279	9	53,09	224,32
170	28900	4913000	13,0384	5,5397	2304	17,0	53,41	226,98
171	29241	5000211	13,0767	5,5505	2330	1	53,72	229,66
172	29584	5088448	13,1149	5,5613	2355	2	54,04	232,35
173	29929	5177717	13,1529	5,5721	2380	3	54,35	235,06
174	30276	5268024	13,1909	5,5828	2405	4	54,66	237,79
175	30625	5359375	13,2288	5,5934	2430	5	54,98	240,53
176	30976	5451776	13,2665	5,6041	2455	6	55,29	243,28
177	31329	5545233	13,3041	5,6147	2480	7	55,61	246,06
178	31684	5639752	13,3417	5,6252	2504	8	55,92	248,85
179	32041	5735339	13,3791	5,6357	2529	9	56,23	251,65
180	32400	5832000	13,4164	5,6462	2553	18,0	56,55	254,47
181	32761	5929741	13,4536	5,6567	2577	1	56,86	257,30
182	33124	6028568	13,4907	5,6671	2601	2	57,18	260,16
183	33489	6128487	13,5277	5,6774	2625	3	57,49	263,02
184	33856	6229504	13,5647	5,6877	2648	4	57,81	265,90
185	34225	6331625	13,6015	5,6980	2672	5	58,12	268,80
186	34596	6434856	13,6382	5,7083	2695	6	58,43	271,72
187	34969	6539203	13,6748	5,7185	2718	7	58,75	274,65
188	35344	6644672	13,7113	5,7287	2742	8	59,06	277,59
189	35721	6751269	13,7477	5,7388	2763	9	59,38	280,55
190	36100	6859000	13,7840	5,7489	2788	19,0	59,69	283,53
191	36481	6967871	13,8203	5,7590	2810	1	60,00	286,52
192	36864	7077888	13,8564	5,7690	2833	2	60,32	289,53
193	37249	7189057	13,8924	5,7790	2856	3	60,63	292,55
194	37636	7301384	13,9284	5,7890	2878	4	60,95	295,55
195	38025	7414875	13,9642	5,7989	2900	5	61,26	298,69
196	38416	7529536	14,0000	5,8088	2923	6	61,58	301,72
197	38809	7645373	14,0357	5,8186	2945	7	61,89	304,81
198	39204	7762392	14,0712	5,8285	2967	8	62,20	307,91
199	39601	7880599	14,1067	5,8383	2989	9	62,52	311,03
200	40000	8000000	14,1421	5,8480	3010	20,0	62,83	314,16
201	40401	8120601	14,1774	5,8578	3032	1	63,15	317,31
202	40804	8242408	14,2127	5,8675	3054	2	63,46	320,47
203	41209	8365427	14,2478	5,8771	3075	3	63,77	323,65
204	41616	8489664	14,2829	5,8868	3096	4	64,09	326,85
205	42025	8615125	14,3178	5,8964	3118	5	64,40	330,06
206	42436	8741816	14,3527	5,9059	3139	6	64,72	333,29
207	42849	8869743	14,3875	5,9155	3160	7	65,03	336,54
208	43264	8998912	14,4223	5,9250	3181	8	65,35	339,79

n	n^2	n^3	$\sqrt{n}$	$\sqrt[3]{n}$	lg n	$d =$ 0,1 n	πd	$\frac{1}{4}\pi d^2$
209	43681	9129323	14,4568	5,9345	3202	9	65,66	343,07
210	44100	9261000	14,4914	5,9439	3222	21,0	65,97	346,36
211	44521	9393931	14,5258	5,9533	3243	1	66,29	349,67
212	44944	9528128	14,5602	5,9627	3263	2	66,60	352,99
213	45369	9663597	14,5945	5,9721	3284	3	66,92	356,33
214	45796	9800344	14,6287	5,9814	3304	4	67,23	359,68
215	46225	9938375	14,6629	5,9907	3324	5	67,54	363,05
216	46656	10077696	14,6969	6,0000	3346	6	67,86	366,44
217	47089	10218313	14,7309	6,0092	3365	7	68,17	369,84
218	47524	10360232	14,7648	6,0185	3385	8	68,49	373,25
219	47961	10503459	14,7986	6,0277	3404	9	68,80	376,68
220	48400	10648000	14,8324	6,0368	3424	22,0	69,12	380,13
221	48841	10793861	14,8661	6,0459	3444	1	69,43	383,60
222	49284	10941048	14,8997	6,0550	3464	2	69,74	387,08
223	49729	11089567	14,9332	6,0641	3483	3	70,06	390,57
224	50176	11239424	14,9666	6,0732	3502	4	70,37	394,08
225	50652	11390625	15,0000	6,0822	3522	5	70,69	397,61
226	51076	11543176	15,0333	6,0912	3541	6	71,00	401,15
227	51529	11697083	15,0665	6,1002	3560	7	71,31	404,71
228	51984	11852352	15,0997	6,1091	3579	8	71,63	408,28
229	52441	12008989	15,1327	6,1180	3598	9	71,94	411,87
230	52900	12167000	15,1658	6,1269	3617	23,0	72,26	415,48
231	53361	12326391	15,1987	6,1358	3636	1	72,57	419,10
232	53824	12487168	15,2315	6,1446	3655	2	72,88	422,73
233	54289	12649337	15,2643	6,1534	3674	3	73,20	426,38
234	54756	12812904	15,2971	6,1622	3692	4	73,51	430,05
235	55225	12977875	15,3297	6,1710	3711	5	73,83	433,74
236	55696	13144256	15,3623	6,1797	3729	6	74,14	437,44
237	56169	13312053	15,3948	6,1885	3747	7	74,46	441,15
238	56644	13481272	15,4272	6,1972	3766	8	74,77	444,88
239	57121	13651919	15,4596	6,2058	3784	9	75,08	448,63
240	57600	13824000	15,4919	6,2145	3802	24,0	75,40	452,39
241	58081	13997521	15,5242	6,2231	3820	1	75,71	456,17
242	58564	14172488	15,5563	6,2317	3838	2	76,03	459,96
243	59049	14348907	15,5885	6,2403	3856	3	76,34	463,77
244	59536	14526784	15,6205	6,2488	3874	4	76,65	467,59
245	60025	14706125	15,6525	6,2573	3892	5	76,97	471,44
246	60516	14886936	15,6844	6,2658	3909	6	77,28	475,29
247	61009	15069223	15,7162	6,2743	3927	7	77,60	479,16
248	61504	15252992	15,7480	6,2828	3945	8	77,91	483,05
249	62001	15438249	15,7797	6,2912	3962	9	78,23	486,95
250	62500	15625000	15,8114	6,2996	3979	25,0	78,54	490,87
251	63001	15813251	15,8430	6,3080	3997	1	78,85	494,81
252	63504	16003008	15,8745	6,3164	4014	2	79,17	498,76

n	n^2	n^3	$\sqrt{n}$	$\sqrt[3]{n}$	lg n	$d = 0{,}1\,n$	πd	$\frac{1}{4}\pi d^2$
253	64009	16194277	15,9060	6,3247	4031	3	79,84	502,73
254	64516	16387064	15,9374	6,3330	4048	4	79,80	506,71
255	65025	16581375	15,9687	6,3413	4065	5	80,11	510,71
256	65536	16777216	16,0000	6,3496	4082	6	80,42	514,72
257	66049	16974593	16,0312	6,3579	4099	7	80,74	518,75
258	66564	17173512	16,0624	6,3661	4116	8	81,05	522,79
259	67081	17373979	16,0935	6,3743	4133	9	81,37	526,85
260	67600	17576000	16,1245	6,3825	4150	26,0	81,68	530,93
261	68121	17779581	16,1555	6,3907	4166	1	82,00	535,02
262	68644	17984728	16,1864	6,3988	4183	2	82,31	539,13
263	69169	18191447	16,2173	6,4070	4200	3	82,62	543,25
264	69696	18399744	16,2481	6,4151	4216	4	82,94	547,39
265	70225	18609625	16,2788	6,4232	4323	5	83,25	551,55
266	70756	18821096	16,3095	6,4312	4249	6	83,57	555,72
267	71289	19034163	16,3401	6,4393	4265	7	83,88	559,90
268	71824	19248832	16,3707	6,4473	4281	8	84,19	564,10
269	72361	19465109	16,4012	6,4553	4298	9	84,51	568,32
270	72900	19683000	16,4317	6,4633	4314	27,0	84,82	572,56
271	73441	19902511	16,4621	6,4713	4330	1	85,14	576,80
272	73984	20123648	16,4924	6,4792	4346	2	85,45	581,07
273	74529	20346417	16,5227	6,4872	4362	3	85,77	585,35
274	75076	20570824	16,5529	6,4951	4378	4	86,08	589,65
275	75625	20796875	16,5831	6,5030	4393	5	86,39	593,96
276	76176	21024576	16,6132	6,5108	4409	6	86,71	598,28
277	76729	21253933	16,6433	6,5187	4425	7	87,02	602,63
278	77284	21484952	16,6733	6,5265	4440	8	87,34	606,99
279	77841	21717639	16,7033	6,5343	4456	9	87,65	611,36
280	78400	21952000	16,7332	6,5421	4472	28,0	87,96	615,75
281	78961	22188041	16,7631	6,5499	4487	1	88,28	620,16
282	79524	22425768	16,7929	6,5577	4502	2	88,59	624,58
283	80089	22665187	16,8226	6,5654	4518	3	88,91	629,02
284	80656	22906304	16,8523	6,5731	4533	4	89,22	633,47
285	81225	23149125	16,8819	6,5808	4548	5	89,54	637,94
286	81796	23393656	16,9115	6,5885	4564	6	89,85	642,42
287	82369	23639903	16,9411	6,5962	4579	7	90,16	646,92
288	82944	23887872	16,9706	6,6039	4594	8	90,48	651,44
289	83521	24137569	17,0000	6,6115	4609	9	90,79	655,97
290	84100	24389000	17,0294	6,6191	4624	29,0	91,11	660,52
291	84681	24642171	17,0587	6,6267	4639	1	91,42	665,08
292	85264	24897088	17,0880	6,6343	4654	2	91,73	669,66
293	85849	25153757	17,1172	6,6419	4669	3	92,05	674,26
294	86436	25412184	17,1464	6,6492	4683	4	92,36	678,87
295	87025	25672375	17,1756	6,6569	4698	5	92,68	683,49
296	87616	25934336	17,2047	6,6644	4713	6	92,99	688,13

n	n^2	n^3	$\sqrt{n}$	$\sqrt[3]{n}$	$\lg n$	$d = 0{,}1\,n$	πd	$\frac{1}{4}\pi d^2$
297	88209	26198073	17,2337	6,6719	4728	7	93,31	692,79
298	88804	26463592	17,2627	6,6794	4742	8	93,62	697,46
299	89401	26730899	17,2916	6,6869	4757	9	93,93	702,15
300	90000	27000000	17,3205	6,6943	4771	30,0	94,25	706,36
301	90601	27270901	17,3494	6,7018	4786	1	94,56	711,58
302	91204	27543608	17,3781	6,7092	4800	2	94,88	716,31
303	91809	27818127	17,4069	6,7166	4814	3	95,19	721,07
304	92416	28094464	17,4356	6,7240	4829	4	95,50	725,83
305	93025	28372625	17,4642	6,7313	4843	5	95,82	730,62
306	93636	28652616	17,4929	6,7387	4857	6	96,13	735,42
307	94249	28934443	17,5214	6,7460	4871	7	96,45	740,23
308	94864	29218112	17,5499	6,7533	4886	8	96,76	745,06
309	95481	29503629	17,5784	6,7606	4900	9	97,08	749,91
310	96100	29791000	17,6068	6,7679	4914	31,0	97,39	754,77
311	96721	30080231	17,6352	6,7752	4928	1	97,70	759,64
312	97344	30371328	17,6635	6,7824	4942	2	98,02	764,54
313	97969	30664297	17,6918	6,7897	4955	3	98,33	769,44
314	98596	30959144	17,7200	6,7969	4969	4	98,65	774,37
315	99225	31255875	17,7482	6,8041	4983	5	98,96	779,31
316	99856	31554496	17,7764	6,8113	4997	6	99,27	784,27
317	100489	31855013	17,8045	6,8185	5011	7	99,59	789,24
318	101124	32157432	17,8326	6,8256	5024	8	99,90	794,23
319	101761	32461759	17,8606	6,8328	5038	9	100,2	799,23
320	102400	32768000	17,8885	6,8399	5051	32,0	100,5	804,25
321	103041	33076161	17,9165	6,8470	5065	1	100,8	809,28
322	103684	33386248	17,9444	6,8541	5079	2	101,2	814,33
323	104329	33698267	17,9722	6,8612	5092	3	101,5	819,40
324	104976	34012224	18,0000	6,8683	5105	4	101,8	824,48
325	105625	34328125	18,0278	6,8753	5119	5	102,1	829,58
326	106276	34645976	18,0555	6,8824	5132	6	102,4	834,69
327	106929	34965783	18,0831	6,8894	5145	7	102,7	839,82
328	107584	35287552	18,1108	6,8964	5159	8	103,0	844,96
329	108241	35611289	18,1384	6,9034	5172	9	103,4	850,12
330	108900	35937000	18,1659	6,9104	5185	33,0	103,7	855,30
331	109561	36264691	18,1934	6,9174	5198	1	104,0	860,49
332	110224	36594368	18,2209	6,9244	5211	2	104,3	865,70
333	110889	36926037	18,2483	6,9313	5224	3	104,6	870,92
334	111556	37259704	18,2757	6,9382	5237	4	104,9	876,16
335	112225	37595375	18,3030	6,9451	5250	5	105,2	881,41
336	112896	37933056	18,3303	6,9521	5263	6	105,6	886,68
337	113569	38272753	18,3576	6,9589	5276	7	105,9	891,97
338	114244	38614472	18,3848	6,9658	5289	8	106,2	897,27
339	114921	38958219	18,4120	6,9727	5302	9	106,5	902,59
340	115600	39304000	18,4391	6,9795	5315	34,0	106,8	907,92

n	n^2	n^3	$\sqrt{n}$	$\sqrt[3]{n}$	lg n	$d = 0{,}1\,n$	πd	$\frac{1}{4}\pi d^2$
341	116281	39651821	18,4662	6,9864	5328	1	107,1	913,27
342	116964	40001688	18,4932	6,9932	5340	2	107,4	918,63
343	117649	40353607	18,5203	7,0000	5353	3	107,8	924,01
344	118336	40707534	18,5472	7,0068	5366	4	108,1	929,41
345	119025	41063625	18,5742	7,0136	5378	5	108,4	934,82
346	119716	41421736	18,6011	7,0203	5391	6	108,7	940,25
347	120409	41781923	18,6279	7,0271	5403	7	109,0	945,69
348	121104	42144192	18,6548	7,0338	5416	8	109,3	951,15
349	121801	42508549	18,6815	7,0406	5428	9	109,6	956,62
350	122500	42875000	18,7083	7,0473	5441	35,0	110,0	962,11
351	123201	43243551	18,7350	7,0540	5453	1	110,3	967,62
352	123904	43614208	18,7617	7,0607	5465	2	110,6	973,14
353	124609	43986977	18,7883	7,0674	5478	3	110,9	978,68
354	125316	44361864	18,8149	7,0740	5490	4	111,2	984,23
355	126025	44738875	18,8414	7,0807	5502	5	111,5	989,80
356	126736	45118016	18,8680	7,0873	5514	6	111,8	995,38
357	127449	45499293	18,8944	7,0940	5527	7	112,2	1001,0
358	128164	45882712	18,9209	7,1006	5539	8	112,5	1006,6
359	128881	46268279	18,9473	7,1072	5551	9	112,8	1012,2
360	129600	46656000	18,9737	7,1138	5563	36,0	113,1	1017,9
361	130321	47045881	19,0000	7,1204	5575	1	113,4	1023,5
362	131044	47437928	19,0263	7,1269	5587	2	113,7	1029,2
363	131769	47832147	19,0526	7,1335	5599	3	114,0	1034,9
364	132496	48228544	19,0788	7,1400	5611	4	114,4	1040,6
365	133225	48627125	19,1050	7,1466	5623	5	114,7	1046,3
366	133956	49027896	19,1311	7,1531	5635	6	115,0	1052,1
367	134689	49430863	19,1572	7,1596	5647	7	115,3	1057,8
368	135424	49836032	19,1833	7,1661	5658	8	115,6	1063,6
369	136161	50243409	19,2094	7,1726	5670	9	115,9	1069,4
370	136900	50653000	19,2354	7,1791	5682	37,0	116,2	1075,2
371	137641	51064811	19,2614	7,1855	5694	1	116,6	1081,0
372	138384	51478848	19,2873	7,1920	5705	2	116,9	1086,9
373	139129	51895117	19,3132	7,1984	5717	3	117,2	1092,7
374	139876	52313624	19,3391	7,2048	5729	4	117,5	1098,6
375	140625	52734375	19,3649	7,2112	5740	5	117,8	1104,5
376	141376	53157376	19,3907	7,2177	5752	6	118,1	1110,4
377	142129	53582633	19,4165	7,2240	5763	7	118,4	1116,3
378	142884	54010152	19,4422	7,2304	5775	8	118,8	1122,2
379	143641	54439939	19,4679	7,2368	5786	9	119,1	1128,1
380	144400	54872000	19,4936	7,2432	5798	38,0	119,4	1134,1
381	145161	55306341	19,5192	7,2495	5809	1	119,7	1140,1
382	145924	55742968	19,5448	7,2558	5821	2	120,0	1146,1
383	146689	56181887	19,5704	7,2622	5832	3	120,3	1152,1
384	147456	56623104	19,5959	7,2685	5843	4	120,6	1158,1

n	n^2	n^3	$\sqrt{n}$	$\sqrt[3]{n}$	$\lg n$	$d = 0{,}1\,n$	πd	$\frac{1}{4}\pi d^2$
385	148225	57066625	19,6214	7,2748	5855	5	121,0	1164,2
386	148996	57512456	19,6469	7,2811	5866	6	121,3	1170,2
387	149769	57960603	19,6723	7,2874	5877	7	121,6	1176,3
388	150544	58411072	19,6977	7,2936	5888	8	121,9	1182,4
389	151321	58863869	19,7231	7,2999	5899	9	122,2	1188,5
390	152100	59319000	19,7484	7,3061	5911	39,0	122,5	1194,6
391	152881	59776471	19,7737	7,3124	5922	1	122,8	1200,7
392	153664	60236288	19,7990	7,3186	5933	2	123,2	1206,9
393	154449	60698457	19,8242	7,3248	5944	3	123,5	1213,0
394	155236	61162984	19,8494	7,3310	5955	4	123,8	1219,2
395	156025	61629875	19,8746	7,3372	5966	5	124,1	1225,4
396	156816	62099136	19,8997	7,3434	5977	6	124,4	1231,6
397	157609	62570773	19,9249	7,3496	5988	7	124,7	1237,9
398	158404	63044792	19,9499	7,3558	5999	8	125,0	1244,1
399	159201	63521199	19,9750	7,3619	6010	9	125,3	1250,4
400	160000	64000000	20,0000	7,3681	6021	40,0	125,7	1256,6
401	160801	64481201	20,0250	7,3742	6031	1	126,0	1262,0
402	161604	64964808	20,0499	7,3803	6042	2	126,3	1269,2
403	162409	65450827	20,0749	7,3864	6053	3	126,6	1275,6
404	163216	65939264	20,0998	7,3925	6064	4	126,9	1281,9
405	164025	66430125	20,1246	7,3986	6075	5	127,2	1288,2
406	164836	66923416	20,1494	7,4047	6085	6	127,5	1294,6
407	165649	67419143	20,1742	7,4108	6096	7	127,9	1301,0
408	166464	67917312	20,1990	7,4169	6107	8	128,2	1307,4
409	167281	68417929	20,2237	7,4229	6117	9	128,5	1313,8
410	168100	68921000	20,2485	7,4290	6128	41,0	128,8	1320,3
411	168921	69426531	20,2731	7,3450	6138	1	129,1	1326,7
412	169744	69934528	20,2978	7,4410	6149	2	129,4	1333,2
413	170569	70444997	20,3224	7,4470	6160	3	129,7	1339,6
414	171396	70957944	20,3470	7,4530	6170	4	130,1	1346,1
415	172225	71473375	20,3715	7,4590	6180	5	130,4	1352,7
416	173056	71991296	20,3961	7,4650	6191	6	130,7	1359,2
417	173889	72511713	20,4206	7,4710	6201	7	131,0	1365,7
418	174724	73034632	20,4450	7,4770	6212	8	131,3	1372,3
419	175561	73560059	20,4695	7,4829	6222	9	131,6	1378,9
420	176400	74088000	20,4939	7,4889	6232	42,0	131,9	1385,4
421	177241	74618461	20,5183	7,4948	6243	1	132,3	1392,0
422	178084	75151448	20,5426	7,5007	6253	2	132,6	1398,7
423	178929	75686967	20,5670	7,5067	6263	3	132,9	1405,3
424	179776	76225024	20,5913	7,5126	6274	4	133,2	1412,0
425	180625	76765625	20,6155	7,5185	6284	5	133,5	1418,6
426	181476	77308776	20,6398	7,5244	6294	6	133,8	1425,3
427	182329	77854483	20,6640	7,5302	6304	7	134,1	1432,0
428	183184	78402752	20,6882	7,5361	6314	8	134,5	1438,7

n	n^2	n^3	$\sqrt{n}$	$\sqrt[3]{n}$	lg n	$d = 0{,}1\,n$	πd	$\frac{1}{4}\pi d^2$
429	184041	78953589	20,7123	7,5420	6325	9	134,9	1445,5
430	184900	79507000	20,7364	7,5478	6335	43,0	135,1	1452,2
431	185761	88062991	20,7605	7,5537	6345	1	135,4	1459,0
432	186624	80621568	20,7846	7,5595	6355	2	135,7	1465,7
433	187489	81182737	20,8087	7,5654	6365	3	136,0	1472,5
434	188356	81746504	20,8327	7,5712	6375	4	136,3	1479,3
435	189225	82312875	20,8567	7,5770	6385	5	136,7	1486,2
436	190096	82881856	20,8806	7,5828	6395	6	137,0	1493,0
437	190969	83453453	20,9045	7,5886	6405	7	137,3	1499,9
438	191844	84027672	20,9284	7,5944	6415	8	137,6	1506,7
439	192721	84604519	20,9523	7,6001	6425	9	137,9	1513,6
440	193600	85184000	20,9762	7,6059	6435	44,0	138,2	1520,5
441	194481	85766121	21,0000	7,6117	6444	1	138,5	1527,5
442	195364	86350888	21,0238	7,6174	6454	2	138,9	1534,4
443	196249	86938307	21,0476	7,6232	6464	3	139,2	1541,3
444	197136	87528384	21,0713	7,6289	6474	4	139,5	1548,3
445	198025	88121125	21,0950	7,6346	6484	5	139,8	1555,3
446	198916	88716536	21,1187	7,6403	6493	6	140,1	1562,3
447	199809	89314623	21,1424	7,6460	6503	7	140,4	1569,3
448	200704	89915392	21,1660	7,6517	6513	8	140,7	1576,3
449	201601	90518849	21,1896	7,6574	6523	9	141,1	1583,4
450	202500	91125000	21,2132	7,6631	6532	45,0	141,4	1590,4
451	203401	91733851	21,2368	7,6688	6542	1	141,7	1597,5
452	204304	92345408	21,2603	7,6744	6551	2	142,0	1604,6
453	205209	92959677	21,2838	7,6801	6561	3	142,3	1611,7
454	206116	93576664	21,3073	7,6857	6571	4	142,6	1618,8
455	207025	94196375	21,3307	7,6914	6580	5	142,9	1626,0
456	207936	94818816	21,3542	7,6970	6590	6	143,3	1633,1
457	208849	95443993	21,3776	7,7026	6599	7	143,6	1640,3
458	209764	96071912	21,4009	7,7082	6609	8	143,9	1647,5
459	210681	96702579	21,4243	7,7138	6618	9	144,2	1654,7
460	211600	97336000	21,4476	7,7194	6628	46,0	144,5	1661,9
461	212521	97972181	21,4709	7,7250	6637	1	144,8	1669,1
462	213444	98611128	21,4942	7,7306	6646	2	145,1	1676,4
463	214369	99252847	21,5174	7,7362	6656	3	145,5	1683,7
464	215296	99897344	21,5407	7,7418	6665	4	145,8	1690,9
465	216225	100544625	21,5639	7,7473	6675	5	146,1	1698,2
466	217156	101194696	21,5870	7,7529	6684	6	146,4	1705,5
467	218089	101847563	21,6102	7,7584	6693	7	146,7	1712,9
468	219024	102503232	21,6333	7,7639	6702	8	147,0	1720,2
469	219961	103161709	21,6564	7,7695	6712	9	147,3	1727,6
470	220900	103823000	21,6795	7,7750	6721	47,0	147,7	1734,9
471	221841	104487111	21,7025	7,7805	6730	1	148,0	1742,3
472	222784	105154048	21,7256	7,7860	6739	2	148,3	1749,7

n	n^2	n^3	$\sqrt{n}$	$\sqrt[3]{n}$	lg n	$d =$ $0{,}1n$	πd	$\frac{1}{4}\pi d^2$
473	223729	105823817	21,7486	7,7915	6749	3	148,6	1757,2
474	224676	106496424	21,7715	7,7970	6758	4	148,9	1764,6
475	225625	107171875	21,7945	7,8025	6767	5	149,2	1772,1
476	226576	107850176	21,8174	7,8079	6776	6	149,5	1779,5
477	227529	108531333	21,8403	7,8134	6785	7	149,9	1787,0
478	228484	109215352	21,8632	7,8188	6794	8	150,2	1794,5
479	229441	109902239	21,8861	7,8243	6803	9	150,5	1802,0
480	230400	110592000	21,9089	7,8297	6812	48,0	150,8	1809,6
481	231361	111284641	21,9317	7,8352	6821	1	151,1	1817,1
482	232324	111980168	21,9545	7,8406	6830	2	151,4	1824,7
483	233289	112678587	21,9773	7,8460	6839	3	151,7	1832,2
484	234256	113379904	22,0000	7,8514	6848	4	152,1	1839,8
485	235225	114084125	22,0227	7,8568	6857	5	152,4	1847,5
486	236196	114791256	22,0454	7,8622	6866	6	152,7	1855,1
487	237169	115501303	22,0681	7,8676	6875	7	153,0	1862,7
488	238144	116214272	22,0907	7,8730	6884	8	153,3	1870,4
489	239121	116930169	22,1133	7,8784	6893	9	153,6	1878,1
490	240100	117649000	22,1359	7,8837	6902	49,0	153,9	1885,7
491	241081	118370771	22,1585	7,8891	6911	1	154,3	1893,4
492	242064	119095488	22,1811	7,8944	6920	2	154,6	1901,2
493	243049	119823157	22,2036	7,8998	6928	3	154,9	1908,9
494	244036	120553784	22,2261	7,9051	6937	4	155,2	1916,7
495	245025	121287375	22,2486	7,9105	6946	5	155,5	1924,4
496	246016	122023936	22,2711	7,9158	6955	6	155,8	1932,2
497	247009	122763473	22,2935	7,9211	6964	7	156,1	1940,0
498	248004	123505992	22,3159	7,9264	6972	8	156,5	1947,8
499	249001	124251499	22,3383	7,9317	6981	9	156,8	1955,6
500	250000	125000000	22,3607	7,9370	6990	50,0	157,1	1963,5
501	251001	125751501	22,3830	7,9423	6998	1	157,4	1971,4
502	252004	126506008	22,4054	7,9476	7007	2	157,7	1979,2
503	253009	127263527	22,4277	7,9528	7016	3	158,0	1987,1
504	254016	128024064	22,4499	7,9581	7024	4	158,3	1995,0
505	255025	128787625	22,4722	7,9634	7033	5	158,7	2003,0
506	256036	129554216	22,4944	7,9686	7042	6	159,0	2010,9
507	257049	130323843	22,5167	7,9739	7050	7	159,3	2018,9
508	258064	131096512	22,5389	7,9791	7059	8	159,6	2026,8
509	259081	131872229	22,5610	7,9843	7067	9	159,9	2034,8
510	260100	132651000	22,5832	7,9896	7076	51,0	160,2	2042,8
511	261121	133432831	22,6058	7,9948	7084	1	160,5	2050,8
512	262144	134217728	22,6274	8,0000	7093	2	160,8	2058,9
513	263169	135005697	22,6495	8,0052	7101	3	161,2	2066,9
514	264196	135796744	22,6716	8,0104	7110	4	161,5	2075,0
515	265225	136590875	22,6936	8,0156	7118	5	161,8	2083,1
516	266256	137388096	22,7156	8,0208	7126	6	162,1	2091,2

n	n^2	n^3	$\sqrt{n}$	$\sqrt[3]{n}$	lg n	$d = 0{,}1\,n$	πd	$\frac{1}{4}\pi d^2$
517	267289	138188413	22,7376	8,0260	7135	7	162,4	2099,3
518	268324	138991832	22,7596	8,0311	7143	8	162,7	2107,4
519	269361	139798359	22,7816	8,0363	7152	9	163,0	2115,6
520	270400	140608000	22,8035	8,0415	7160	52,0	163,4	2123,7
521	271441	141420761	22,8254	8,0466	7168	1	163,7	2131,9
522	272484	142236648	22,8473	8,0517	7177	2	164,0	2140,1
523	273529	143055667	22,8692	8,0569	7185	3	164,3	2148,3
524	274576	143877824	22,8910	8,0620	7193	4	164,6	2156,5
525	275625	144703125	22,9129	8,0671	7202	5	164,9	2164,8
526	276676	145531576	22,9347	8,0723	7210	6	165,2	2173,0
527	277729	146363183	22,9565	8,0774	7218	7	165,6	2181,3
528	278784	147197952	22,9783	8,0825	7226	8	165,9	2189,6
529	279841	148035889	23,0000	8,0876	7235	9	166,2	2197,9
530	280900	148877000	23,0217	8,0927	7243	53,0	166,5	2206,2
531	281961	149721291	23,0434	8,0978	7251	1	166,8	2214,5
532	283024	150568768	23,0651	8,1028	7259	2	167,1	2222,9
533	284089	151419437	23,0868	8,1079	7267	3	167,4	2231,2
534	285156	152273304	23,1084	8,1130	7275	4	167,8	2239,6
535	286225	153130375	23,1301	8,1180	7284	5	168,1	2248,0
536	287296	153990656	23,1517	8,1231	7292	6	168,4	2256,4
537	288369	154854153	23,1733	8,1281	7300	7	168,7	2264,8
538	289444	155720872	23,1948	8,1332	7308	8	169,0	2273,3
539	290521	156590819	23,2164	8,1382	7316	9	169,3	2281,7
540	291600	157464000	23,2379	8,1433	7324	54,0	169,6	2290,2
541	292681	158340421	23,2594	8,1483	7332	1	170,0	2298,7
542	293764	159220088	23,2809	8,1533	7340	2	170,3	2307,2
543	294849	160103007	23,3024	8,1583	7348	3	170,6	2315,7
544	295936	160989184	23,3238	8,1633	7356	4	170,9	2324,3
545	297025	161878625	23,3452	8,1633	7364	5	171,2	2332,8
546	298116	162771336	23,3666	8,1733	7372	6	171,5	2341,4
547	299209	163667323	23,3880	8,1783	7380	7	171,8	2350,0
548	300304	164566592	23,4094	8,1833	7388	8	172,2	2358,6
549	301401	165469149	23,4307	8,1882	7396	9	172,5	2367,2
550	302500	166375000	23,4521	8,1932	7404	55,0	172,8	2375,8
551	303601	167284151	23,4734	8,1982	7412	1	173,1	2384,5
552	304704	168196608	23,4947	8,2031	7419	2	173,4	2393,1
553	305809	169112377	23,5160	8,2081	7427	3	173,7	2401,8
554	306916	170031464	23,5372	8,2130	7435	4	174,0	2410,5
555	308025	170953875	23,5584	8,2180	7443	5	174,4	2419,2
556	309136	171879616	23,5797	8,2229	7451	6	174,7	2427,9
557	310249	172808693	23,6008	8,2278	7459	7	175,0	2436,7
558	311364	173741112	23,6220	8,2327	7466	8	175,3	2445,4
559	312481	174676879	23,6432	8,2377	7474	9	175,6	2454,2
560	313600	175616000	23,6643	8,2426	7482	56,0	175,9	2463,0

n	n^2	n^3	$\sqrt{n}$	$\sqrt[3]{n}$	lg n	$d = 0{,}1\,n$	πd	$\frac{1}{4}\pi d^2$
561	314721	176558481	23,6854	8,2475	7490	1	176,2	2471,8
562	315844	177501328	23,7065	8,2524	7497	2	176,6	2480,6
563	316969	178453547	23,7276	8,2573	7505	3	176,9	2489,5
564	318096	179406144	23,7487	8,2621	7513	4	177,2	2498,3
565	319225	180362125	23,7697	8,2670	7521	5	177,5	2507,2
566	320356	181321496	23,7908	8,2719	7528	6	177,8	2516,1
567	321489	182284263	23,8118	8,2768	7536	7	178,1	2525,0
568	322624	183250432	23,8328	8,2816	7543	8	178,4	2533,9
569	323761	184220009	23,8537	8,2865	7551	9	178,8	2542,8
570	324900	185193000	23,8747	8,2913	7559	57,0	179,1	2551,3
571	326041	186169411	23,8956	8,2962	7566	1	179,4	2560,7
572	327184	187149248	23,9165	8,3010	7574	2	179,7	2569,7
573	328329	188132517	23,9374	8,3059	7582	3	180,0	2578,7
574	329476	189119224	23,9583	8,3107	7589	4	180,3	2587,7
575	330625	190109375	23,9792	8,3155	7597	5	180,6	2596,7
576	331776	191102976	24,0000	8,3203	7604	6	181,0	2605,8
577	332929	192100033	24,0208	8,3251	7612	7	181,3	2614,8
578	334084	193100552	24,0416	8,3300	7619	8	181,6	2623,9
579	335241	194104539	24,0624	8,3348	7627	9	181,9	2633,0
580	336400	195112000	24,0832	8,3396	7634	58,0	182,2	2642,1
581	337561	196122941	24,1039	8,3443	7642	1	182,5	2651,2
582	338724	197137368	24,1247	8,3491	7649	2	182,8	2660,3
583	339889	198155287	24,1454	8,3539	7657	3	183,2	2669,5
584	341056	199176704	24,1661	8,3587	7664	4	183,5	2678,6
585	342225	200201625	24,1868	8,3634	7672	5	183,8	2687,8
586	343396	201230056	24,2074	8,3682	7679	6	184,1	2697,0
587	344569	202262003	24,2281	8,3730	7686	7	184,4	2706,2
588	345744	203297472	24,2487	8,3777	7694	8	184,7	2715,5
589	346921	204336469	24,2693	8,3825	7701	9	185,0	2724,7
590	348100	205379000	24,2899	8,3872	7709	59,0	185,4	2734,0
591	349281	206425071	24,3105	8,3919	7716	1	185,7	2743,2
592	350464	207474688	24,3311	8,3967	7723	2	186,0	2752,5
593	351649	208527857	24,3516	8,4014	7731	3	186,3	2761,8
594	352836	209584584	24,3721	8,4061	7738	4	186,6	2771,2
595	354025	210644875	24,3926	8,4108	7745	5	186,9	2780,5
596	355216	211708736	24,4131	8,4155	7752	6	187,2	2789,9
597	356409	212776173	24,4336	8,4202	7760	7	187,6	2799,2
598	357604	213874192	24,4540	8,4249	7767	8	187,9	2808,6
599	358801	214921799	24,4745	8,4296	7774	9	188,2	2818,0
600	360000	216000000	24,4949	8,4343	7782	60,0	188,5	2827,4
601	361201	217081801	24,5153	8,4390	7789	1	188,8	2836,9
602	362404	218167208	24,5357	8,4437	7796	2	189,1	2846,3
603	363609	219256227	24,5561	8,4484	7803	3	189,4	2855,3
604	364816	220348864	24,5764	8,4530	7810	4	189,8	2865,3

n	n^2	n^3	$\sqrt{n}$	$\sqrt[3]{n}$	lg n	$d =$ 0,1 n	πd	$\frac{1}{4} \pi d^2$
605	366025	221445125	24,5967	8,4577	7818	5	190,1	2874,8
606	367236	222545016	24,6171	8,4623	7825	6	190,4	2884,3
607	368449	223648543	24,6374	8,4670	7832	7	190,7	2893,8
608	369664	224755712	24,6577	8,4716	7839	8	191,0	2903,3
609	370881	225866529	24,6779	8,4763	7846	9	191,3	2912,9
610	372100	226981000	24,6982	8,4809	7853	61,0	191,6	2922,5
611	373321	228099131	24,7184	8,4856	7860	1	192,0	2932,1
612	374544	229220928	24,7386	8,4902	7868	2	192,3	2941,7
613	375769	230346397	24,7588	8,4948	7875	3	192,6	2951,3
614	376996	231475544	24,7790	8,4994	7882	4	192,9	2960,9
615	378225	232608375	24,7992	8,5040	7889	5	193,2	2970,6
616	379456	233744896	24,8193	8,5086	7896	6	193,5	2980,2
617	380689	234885113	24,8395	8,5132	7903	7	193,8	2989,9
618	381924	236029032	24,8596	8,5178	7910	8	194,2	2999,6
619	383161	237176659	24,8797	8,5224	7917	9	194,5	3009,3
620	384400	238328000	24,8998	8,5270	7924	62,0	194,8	3019,1
621	385641	239483061	24,9199	8,5316	7931	1	195,1	3028,8
622	386884	240641848	24,9399	8,5362	7938	2	195,4	3038,6
623	388129	241804367	24,9600	8,5408	7945	3	195,7	3048,4
624	389376	242970624	24,9800	8,5453	7952	4	196,0	3058,2
625	390625	244140625	25,0000	8,5499	7959	5	196,3	3068,0
626	391876	245314376	25,0200	8,5544	7966	6	196,7	3077,8
627	393129	246491883	25,0400	8,5590	7973	7	197,0	3087,6
628	394384	247673152	25,0599	8,5635	7980	8	197,3	3097,5
629	395641	248858189	25,0799	8,5681	7987	9	197,6	3107,4
630	396900	250047000	25,0998	8,5726	7993	63,0	197,9	3117,2
631	398161	251239591	25,1197	8,5772	8000	1	198,2	3127,1
632	399424	252435968	25,1396	8,5817	8007	2	198,5	3137,1
633	400689	253636137	25,1595	8,5862	8014	3	198,9	3147,0
634	401956	254840104	25,1794	8,5907	8021	4	199,2	3157,0
635	403225	256047875	25,1992	8,5952	8028	5	199,5	3166,9
636	404496	257259456	25,2190	8,5997	8035	6	199,8	3176,9
637	405769	258474853	25,2389	8,6043	8041	7	200,1	3186,9
638	407044	259694072	25,2587	8,6088	8048	8	200,4	3196,9
639	408321	260917119	25,2784	8,6132	8055	9	200,7	3206,9
640	409600	262144000	25,2982	8,6177	8062	64,0	201,1	3217,0
641	410881	263374721	25,3180	8,6222	8069	1	201,4	3227,1
642	412164	264609288	25,3377	8,6267	8075	2	201,7	3237,1
643	413449	265847707	25,3574	8,6312	8082	3	202,0	3247,2
644	414736	267089984	25,3772	8,6357	8089	4	202,3	3257,3
645	416025	268336125	25,3969	8,6401	8096	5	202,6	3267,5
646	417316	269586136	25,4165	8,6446	8102	6	202,9	3277,6
647	418609	270840023	25,4362	8,6490	8109	7	203,3	3287,7
648	419904	272097792	25,4558	8,6535	8116	8	203,6	3297,9

n	n^2	n^3	$\sqrt{n}$	$\sqrt[3]{n}$	lg n	$d = 0{,}1\,n$	πd	$\frac{1}{4}\pi d^2$
649	421201	273359449	25,4755	8,6579	8122	9	203,9	3308,1
650	422500	274625000	25,4951	8,6624	8129	65,0	204,2	3318,3
651	423801	275894451	25,5147	8,6668	8136	1	204,5	3328,5
652	425104	277167808	25,5343	8,6713	8142	2	204,8	3238,8
653	426409	278445077	25,5539	8,6757	8149	3	205,1	3349,0
654	427716	279726264	25,5734	8,6801	8156	4	205,5	3359,3
655	429025	281011375	25,5930	8,6845	8162	5	205,8	3369,6
656	430336	282300416	25,6125	8,6890	8169	6	206,1	3379,9
657	431649	283593393	25,6320	8,6934	8176	7	206,4	3390,2
658	432964	284890312	25,6515	8,6978	8182	8	206,7	3400,5
659	434281	286191179	25,6710	8,7022	8189	9	207,0	3410,8
660	435600	287496000	25,6905	8,7066	8195	66,0	207,3	3421,2
661	436921	288804781	25,7099	8,7110	8202	1	207,7	3431,6
662	438244	290117528	25,7294	8,7154	8209	2	208,0	3442,0
663	439569	291434247	25,7488	8,7198	8215	3	208,3	3452,4
664	440896	292754944	25,7682	8,7241	8222	4	208,6	3462,8
665	442225	294079625	25,7876	8,7285	8228	5	208,9	3473,2
666	443556	295408296	25,8070	8,7329	8235	6	209,2	3483,7
667	444889	296740963	25,8263	8,7373	8241	7	209,5	3494,2
668	446224	298077632	25,8457	8,7416	8248	8	209,9	3504,6
669	447561	299418309	25,8650	8,7460	8254	9	210,2	3515,1
670	448900	300763000	25,8844	8,7503	8261	67,0	210,5	3525,7
671	450241	302111711	25,9037	8,7547	8267	1	210,8	3536,2
672	451584	303464448	25,9230	8,7590	8274	2	211,1	3546,7
673	452929	304821217	25,9422	8,7634	8280	3	211,4	3557,3
674	454276	306182024	25,9615	8,7677	8287	4	211,7	3567,9
675	455625	307546875	25,9808	8,7721	8293	5	212,1	3578,5
676	456976	308915776	26,0000	8,7764	8299	6	212,4	3589,1
677	458329	310288733	26,0192	8,7807	8306	7	212,7	3599,7
678	459684	311665572	26,0384	8,7850	8312	8	213,0	3610,3
679	461041	313046839	26,0576	8,7893	8319	9	213,3	3621,0
680	462400	314432000	26,0768	8,7937	8325	68,0	213,6	3631,7
681	463761	315821241	26,0960	8,7980	8331	1	213,9	3642,4
682	465124	317214568	26,1151	8,8023	8338	2	214,3	3653,1
683	466489	318611987	26,1343	8,8066	8344	3	214,6	3663,8
684	467856	320013504	26,1534	8,8109	8351	4	214,9	3674,5
685	469225	321419125	26,1725	8,8152	8357	5	215,2	3685,3
686	470596	322828856	26,1916	8,8194	8363	6	215,5	3696,1
687	471969	324242703	26,2107	8,8237	8370	7	215,8	3706,8
688	473344	325660672	26,2298	8,8280	8376	8	216,1	3717,6
689	474721	327082769	26,2488	8,8323	8382	9	216,5	3728,5
690	476100	328509000	26,2679	8,8366	8388	69,0	216,8	3739,3
691	477481	329939371	26,2869	8,8408	8395	1	217,1	3750,1
692	478864	331373888	26,3059	8,8451	8401	2	217,4	3761,0

n	n^2	n^3	$\sqrt{n}$	$\sqrt[3]{n}$	lg n	$d = 0{,}1\,n$	πd	$\frac{1}{4}\pi d^2$
693	480249	332812557	26,3249	8,8493	8407	3	217,7	3771,9
694	481636	334255384	26,3439	8,8536	8414	4	218,0	3782,8
695	483025	335702375	26,3629	8,8578	8420	5	218,3	3793,7
696	484416	337153536	26,3818	8,8621	8426	6	218,7	3804,6
697	485809	338608873	26,4008	8,8663	8432	7	219,0	3815,5
698	487204	340068392	26,4197	8,8706	8439	8	219,3	3826,5
699	488601	341532099	26,4386	8,8748	8445	9	219,6	3837,5
700	490000	343000000	26,4575	8,8790	8451	70,0	219,9	3848,5
701	491401	344472101	26,4764	8,8833	8457	1	220,2	3859,5
702	492804	345948408	26,4953	8,8875	8463	2	220,5	3870,5
703	494209	357428927	26,5141	8,8917	8470	3	220,9	3881,5
704	495616	348913664	26,5330	8,8959	8476	4	221,2	3892,6
705	497025	350402625	26,5518	8,9001	8482	5	221,5	3903,6
706	498436	351895816	26,5707	8,9043	8488	6	221,8	3914,7
707	499849	353393243	26,5895	8,9085	8494	7	222,1	3925,8
708	501264	354894912	26,6083	8,9127	8500	8	222,4	3936,9
709	502681	356400829	26,6271	8,9169	8506	9	222,7	3948,0
710	504100	357911000	26,6458	8,9211	8513	71,0	223,1	3959,2
711	505521	359425431	26,6646	8,9253	8519	1	223,4	3970,4
712	506944	360944128	26,6883	8,9295	8525	2	223,7	3981,5
713	508369	362467097	26,7021	8,9337	8531	3	224,0	3992,7
714	509796	363994344	26,7208	8,9378	8537	4	224,3	4003,9
715	511225	365525875	26,7395	8,9420	8543	5	224,6	4015,2
716	512656	367061696	26,7582	8,9462	8549	6	224,9	4026,4
717	514089	368601813	26,7769	8,9503	8555	7	225,3	4037,6
718	515524	370146232	26,7955	8,9545	8561	8	225,6	4048,9
719	516961	371694959	26,8142	8,9587	8567	9	225,9	4060,2
720	518400	373248000	26,8328	8,9628	8573	72,0	226,2	4071,5
721	519841	374805361	26,8514	8,9670	8579	1	226,5	4082,8
722	521284	376367048	26,8701	8,9711	8585	2	226,8	4094,2
723	522729	377933067	26,8887	8,9752	8591	3	227,1	4105,5
724	514176	379503424	26,9072	8,9794	8597	4	227,5	4116,9
725	525625	381078125	26,9258	8,9835	8603	5	227,8	4128,2
726	527076	382657176	26,9444	8,9876	8609	6	228,1	4139,6
727	528529	384240583	26,9629	8,9918	8615	7	228,4	4151,1
728	529984	385828352	26,9815	8,9959	8621	8	228,7	4162,5
729	531441	387420489	27,0000	9,0000	8627	9	229,0	4173,9
730	532900	389017000	27,0185	9,0041	8633	73,0	229,3	4185,4
731	534361	390617891	27,0370	9,0082	8639	1	229,7	4196,9
732	535824	392223168	27,0555	9,0123	8645	2	230,0	4208,4
733	537289	393832837	27,0740	9,0164	8651	3	230,3	4219,9
734	538756	395446904	27,0924	9,0205	8657	4	230,6	4231,4
735	540225	397065375	27,1109	9,0246	8663	5	230,9	4242,8
736	541696	398688256	27,1293	9,0287	8669	6	231,2	4254,5

n	n^2	n^3	$\sqrt{n}$	$\sqrt[3]{n}$	lg n	$d = 0,1\,n$	πd	$\frac{1}{4}\pi d^2$
737	543169	400315553	27,1477	9,0328	8675	7	231,5	4266,0
738	544644	401947272	27,1662	9,0369	8681	8	231,8	4277,6
739	546121	403583419	27,1846	9,0410	8686	9	232,2	4289,2
740	547600	405224000	27,2029	9,0450	8692	74,0	232,5	4300,5
741	549081	406869021	27,2213	9,0491	8698	1	232,8	4312,5
742	550564	408518488	27,2397	9,0532	8704	2	233,1	4324,1
743	552049	410172407	27,2580	9,0572	8710	3	233,4	4335,8
744	553536	411830784	27,2764	9,0613	8716	4	233,7	4347,5
745	555025	413493625	27,2947	9,0654	8722	5	234,0	4359,2
746	556516	415160936	27,3130	9,0694	8727	6	234,4	4370,9
747	558009	416832723	27,3313	9,0735	8733	7	234,7	4382,6
748	559504	418508992	27,3496	9,0775	8739	8	235,0	4394,3
749	561001	420189749	27,3679	9,0816	8745	9	335,3	4406,1
750	562500	421875000	27,3861	9,0856	8751	75,0	235,6	4417,6
751	564001	423564751	27,4014	9,0896	8756	1	235,9	4429,7
752	565504	425259008	27,4226	9,0937	8762	2	236,2	4441,5
753	567009	426957777	27,4408	9,0977	8768	3	236,6	4458,3
754	568516	428661064	27,4591	9,1017	8774	4	236,9	4465,1
755	570025	430368875	27,4773	9,1057	8779	5	237,2	4477,0
756	571536	432081216	27,4955	9,1098	8785	6	237,5	4488,8
757	573049	433798093	27,5136	9,1138	8791	7	237,8	4500,7
758	574564	435519512	27,5318	9,1178	8797	8	238,1	4512,6
759	576081	437245479	27,5500	9,1218	8802	9	238,4	4524,5
760	577600	438976000	27,5681	9,1258	8808	76,0	238,8	4536,5
761	579121	440711081	27,5862	9,1298	8814	1	239,1	4548,4
762	580644	442450728	27,6043	9,1338	8820	2	239,4	4560,4
763	582169	444194947	27,6225	9,1378	8825	3	239,7	4572,3
764	583696	445943744	27,6405	9,1418	8831	4	240,0	4584,3
765	585225	447697125	27,6586	9,1458	8837	5	240,3	4596,3
766	586756	449455096	27,6767	9,1498	8842	6	240,6	4608,4
767	588289	451217663	27,6948	9,1537	8848	7	241,0	4620,4
768	589824	452984832	27,7128	9,1577	8854	8	241,3	4632,5
769	591361	454756609	27,7308	9,1617	8859	9	241,6	4644,5
770	592900	456533000	27,7489	9,1657	8865	77,0	241,9	4655,6
771	594441	458314011	27,7669	9,1696	8871	1	242,2	4668,7
772	595984	460099648	27,7849	9,1736	8876	2	242,5	4680,8
773	597529	461889917	27,8029	9,1775	8882	3	242,8	4693,0
774	599076	463684824	27,8209	9,1815	8887	4	243,2	4705,1
775	600625	465484385	27,8388	9,1855	8893	5	243,5	4717,3
776	602176	467288576	27,8568	9,1894	8899	6	243,8	4729,5
777	603729	469097433	27,8747	9,1933	8904	7	244,1	4741,7
778	605284	470910952	27,8927	9,1973	8910	8	244,4	4753,9
779	606841	472729139	27,9106	9,2012	8915	9	244,7	4766,1
780	608400	474552000	27,9285	9,2052	8921	78,0	245,0	4778,4

n	n^2	n^3	$\sqrt{n}$	$\sqrt[3]{n}$	lg n	$d = 0{,}1\,n$	πd	$\frac{1}{4}\pi d^2$
781	609961	476379541	27,9464	9,2091	8927	1	245,4	4790,6
782	611524	478211768	27,9643	9,2130	8932	2	245,7	4802,9
783	613089	480048687	27,9821	9,2170	8938	3	246,0	4815,2
784	614656	481890304	28,0000	9,2209	8943	4	246,3	4827,5
785	616225	483736625	28,0179	9,2248	8949	5	246,6	4839,8
786	617796	485587656	28,0357	9,2287	8954	6	246,9	4852,2
787	619369	487443403	28,0535	9,2326	8960	7	247,2	4864,5
788	620944	489303872	28,0713	9,2365	8965	8	247,6	4876,9
789	622521	491169069	28,0891	9,2404	8971	9	247,9	4889,3
790	624100	493039000	28,1069	9,2443	8976	79,0	248,2	4901,7
791	625681	494913671	28,1247	9,2482	8982	1	248,5	4914,1
792	627264	496793088	28,1425	9,2521	8987	2	248,8	4926,5
793	628849	498677257	28,1603	9,2560	8993	3	249,1	4939,0
794	630436	500566184	28,1780	9,2599	8998	4	249,4	4951,4
795	632025	502459875	28,1957	9,2638	9004	5	249,8	4963,9
796	633616	504358336	28,2135	9,2677	9009	6	250,1	4976,4
797	635209	506261573	28,2312	9,2716	9015	7	250,4	4988,9
798	636804	508169592	28,2489	9,2754	9020	8	250,7	5001,4
799	638401	510082399	28,2666	9,2793	9025	9	251,0	5014,0
800	640000	512000000	28,2843	9,2832	9031	80,0	251,3	5026,5
801	641601	513922401	28,3019	9,2870	9036	1	251,6	5039,1
802	643204	515849608	28,3196	9,2909	9042	2	252,0	5051,7
803	644809	517781627	28,3373	9,2948	9047	3	252,3	5064,3
804	646416	519718464	28,3549	9,2986	9053	4	252,6	5076,9
805	648025	521660125	28,3725	9,3025	9058	5	252,9	5089,6
806	649636	523606616	28,3901	9,3063	9063	6	253,2	5102,2
807	651249	525557943	28,4077	9,3102	9069	7	253,5	5114,9
808	652864	527514112	28,4253	9,3140	9074	8	253,8	5127,6
809	654481	529475129	28,4429	9,3179	9079	9	254,2	5140,3
810	656100	531441000	28,4605	9,3217	9085	81,0	254,5	5153,0
811	657721	533411731	28,4781	9,3255	9090	1	254,8	5165,7
812	659344	535387328	28,4956	9,3294	9096	2	255,1	5178,5
813	660969	537367797	28,5132	9,3332	9101	3	255,4	5191,2
814	662596	539353144	28,5307	9,3370	9106	4	255,7	5204,0
815	664225	541343375	28,5482	9,3408	9112	5	256,0	5216,8
816	665856	543338496	28,5657	9,3447	9117	6	256,4	5229,6
817	667489	545338513	28,5832	9,3485	9122	7	256,7	5242,4
818	669124	547343432	28,6007	9,3523	9128	8	257,0	5255,3
819	670761	549353259	28,6182	9,3561	9133	9	257,3	5268,1
820	672400	551368000	28,6356	9,3599	9138	82,0	257,6	5281,0
821	674041	553387661	28,6531	9,3637	9143	1	257,9	5293,9
822	675684	555412248	28,6705	9,3675	9149	2	258,2	5306,8
823	677329	557441767	28,6880	9,3713	9154	3	258,6	5319,7
824	678976	559476224	28,7054	9.3751	9159	4	258,9	5332,7

n	n^2	n^3	$\sqrt{n}$	$\sqrt[3]{n}$	lg n	$d = 0{,}1\,n$	πd	$\frac{1}{4}\pi d^2$
825	680625	561515625	28,7228	9,3789	9165	5	259,2	5345,6
826	682276	563559976	28,7402	9,3827	9170	6	259,5	5358,6
827	683929	565609283	28,7576	9,3865	9175	7	259,8	5361,6
828	685584	567663552	28,7750	9,3902	9180	8	260,1	5384,6
829	687241	569722789	28,7924	9,3940	9186	9	260,4	5397,6
830	688900	571787000	28,8097	9,3978	9191	83,0	260,8	5410,6
831	690561	573856191	28,8271	9,4016	9196	1	261,1	5423,7
832	692224	575930368	28,8444	9,4053	9201	2	261,4	5436,7
833	693889	578009537	28,8617	9,4091	9206	3	261,7	5449,8
834	695556	580093704	28,8791	9,4129	9212	4	262,0	5462,9
835	697225	582182875	28,8964	9,4166	9217	5	262,3	5476,0
836	698896	584277056	28,9137	9,4204	9222	6	262,6	5489,1
837	700569	586376253	28,9310	9,4241	9227	7	263,0	5502,3
838	702244	588480472	28,9482	9,4279	9232	8	263,3	5515,4
839	703921	590589719	28,9655	9,4316	9238	9	263,6	5528,6
840	705600	592704000	28,9828	9,4354	9243	84,0	263,9	5541,8
841	707281	594823321	29,0000	9,4391	9248	1	264,2	5555,0
842	708964	596947688	29,0172	9,4429	9253	2	264,5	5568,2
843	710649	599077107	29,0345	9,4466	9258	3	264,8	5581,4
844	712336	601211584	29,0517	9,4503	9263	4	265,2	5594,7
845	714025	603351125	29,0689	9,4541	9269	5	265,5	5607,9
846	715716	605495736	29,0861	9,4578	9274	6	265,8	5621,2
847	717409	607645423	29,1033	9,4615	9279	7	266,1	5634,5
848	719104	609800192	29,1204	9,4652	9284	8	266,4	5647,8
849	720801	611960049	29,1376	9,4690	9289	9	266,7	5661,2
850	722500	614125000	29,1548	9,4727	9294	85,0	267,0	5674,5
851	724201	616295051	29,1719	9,4764	9299	1	267,3	5687,9
852	725904	618470208	29,1890	9,4801	9304	2	267,7	5701,2
853	727609	620650477	29,2062	9,4838	9309	3	268,0	5714,6
854	729316	622835864	29,2233	9,4875	9315	4	268,3	5728,0
855	731025	625026375	29,2404	9,4912	9320	5	268,6	5741,5
856	732736	627222016	29,2575	9,4949	9325	6	268,9	5754,9
857	734449	629422793	29,2746	9,4986	9330	7	269,2	5768,3
858	736164	631628712	29,2916	9,5023	9335	8	269,5	5781,8
859	737881	633839779	29,3087	9,5060	9340	9	269,0	5795,3
860	739600	636056000	29,3258	9,5097	9345	86,0	270,2	5808,8
861	741321	638277381	29,3428	9,5134	9350	1	270,5	5822,3
862	743044	640503928	29,3598	9,5171	9355	2	270,8	5835,9
863	744769	642735647	29,3769	9,5207	9360	3	271,1	5849,4
864	746496	644972544	29,3939	9,5244	9365	4	271,4	5863,0
865	748225	647214625	29,4109	9,5281	9370	5	271,7	5876,5
866	749956	649461896	29,4278	9,5317	9375	6	272,1	5890,1
867	751689	651714363	29,4449	9,5354	9380	7	272,4	5903,8
868	758424	653972032	29,4618	9,5391	9385	8	272,7	5917,4

n	n^2	n^3	$\sqrt{n}$	$\sqrt[3]{n}$	lg n	$d = 0{,}1\,n$	πd	$\frac{1}{4}\pi d^2$
869	755161	656234909	29,4788	9,5427	9390	9	273,0	5931,0
870	756900	658503000	29,4958	9,5464	9395	87,0	273,3	5944,7
871	758641	660776311	29,5127	9,5501	9400	1	273,6	5958,4
872	760384	663054848	29,5296	9,5537	9405	2	273,9	5972,0
873	762129	665338617	29,5466	9,5574	9410	3	274,3	5985,7
874	763876	667627624	29,5635	9,5610	9415	4	274,6	5999,5
875	765625	669921875	29,5804	9,5647	9420	5	274,9	6013,2
876	767376	672221376	29,5973	9,5683	9425	6	275,2	6027,0
877	769129	674526133	29,6142	9,5719	9430	7	275,5	6040,7
878	770884	676836152	29,6311	9,5756	9435	8	275,8	6054,5
879	772641	679151439	29,6479	9,5792	9440	9	276,1	6068,3
880	774400	681472000	29,6648	9,5828	9445	88,0	276,5	6082,1
881	776161	683797841	29,6816	9,5865	9450	1	276,8	6096,0
882	777924	686128968	29,6985	9,5901	9455	2	277,1	6109,8
883	779689	688465387	29,7153	9,5937	9460	3	277,4	6123,7
884	781456	690807104	29,7321	9,5973	9465	4	277,7	6137,5
885	783225	693154125	29,7489	9,6010	9469	5	278,0	6151,4
886	784996	695506456	29,7658	9,6046	9474	6	278,3	6165,3
887	786769	697864103	29,7825	9,6082	9479	7	278,7	6179,3
888	788544	700227072	29,7993	9,6118	9484	8	279,0	6193,2
889	790321	702595369	29,8161	9,6154	9489	9	279,3	6207,2
890	792100	704969000	29,8329	9,6190	9494	89,0	279,6	6221,1
891	793881	707347971	29,8496	9,6226	9499	1	279,9	6235,1
892	795664	709732288	29,8664	9,6262	9504	2	280,2	6249,1
893	797449	712121957	29,8831	9,6298	9509	3	280,5	6263,1
894	799236	714516984	29,8998	9,6334	9513	3	280,9	6277,2
895	801025	716917375	29,9166	9,6370	9518	5	281,2	6291,2
896	802816	719323136	29,9333	9,6406	9523	6	281,5	6305,3
897	804609	721734273	29,9500	9,6442	9528	7	281,8	6319,4
898	806404	724150792	29,9666	9,6477	9538	8	282,1	6333,5
899	808201	726572699	29,9833	9,6513	9538	9	282,4	6347,6
900	810000	729000000	30,0000	9,6549	9542	90,0	282,7	6361,7
901	811801	731432701	30,0167	9,6585	9547	1	283,1	6375,9
902	813604	733870808	30,0333	9,6620	9552	2	283,4	6390,0
903	815409	736314327	30,0500	9,6656	9557	3	283,7	6404,2
904	817216	738763264	30,0666	9,6692	9562	4	284,0	6418,3
905	819025	741217625	30,0832	9,6729	9576	5	284,3	6432,6
906	820836	743677416	30,0998	9,6763	9571	6	284,6	6446,8
907	822649	746142643	30,1164	9,6799	9576	7	284,9	6461,1
908	824464	748613312	30,1330	9,6834	9581	8	285,3	6475,6
909	826281	751089429	30,1496	9,6870	9586	9	285,6	6489,4
910	828100	753571000	30,1662	9,6905	9590	91,0	285,9	6503,9
911	829921	756058031	30,1828	9,6941	9595	1	286,2	6518,2
912	831744	758550528	30,1993	9,6976	9600	2	286,5	6532,5

n	n^2	n^3	$\sqrt{n}$	$\sqrt[3]{n}$	lg n	$d = 0,1\,n$	πd	$\frac{1}{4}\pi d^2$
913	833569	761048497	30,2159	9,7012	9605	3	286,8	6546,8
914	835396	763551944	30,2324	9,7047	9609	4	287,1	6561,2
915	837225	766060875	30,2490	9,7082	9614	5	287,5	6575,5
916	839056	768575296	30,2655	9,7118	9619	6	287,8	6589,8
917	840889	771095213	30,2820	9,7153	9624	7	288,1	6604,3
918	842724	773620632	30,2985	9,7188	9628	8	288,4	6618,7
919	844561	776151559	30,3150	9,7224	9633	9	288,7	6633,2
920	846400	778688000	30,3315	9,7259	9638	92,0	289,0	6647,6
921	848241	781229961	30,3480	9,7294	9643	1	289,3	6662,1
922	850084	783777448	30,3645	9,7329	9647	2	289,7	6676,5
923	851929	786330467	30,3809	9,7364	9652	3	290,0	6691,0
924	853776	788889024	30,3974	9,7400	9657	4	290,3	6705,5
925	855625	791453125	30,4138	9,7435	9661	5	290,6	6720,1
926	857476	794022776	30,4302	9,7470	9666	6	290,9	6734,6
927	859329	796597983	30,4467	9,7505	9671	7	291,2	6749,2
928	861184	799178752	30,4631	9,7540	9675	8	291,5	6763,7
929	863041	801765089	30,4795	9,7575	9680	9	291,9	6778,3
930	864900	804357000	30,4959	9,7610	9685	93,0	292,2	6792,9
931	866761	806954491	30,5123	9,7645	9689	1	292,5	6807,5
932	868624	809557568	30,5287	9,7680	9694	2	292,8	6822,5
933	870489	812166237	30,5450	9,7715	9699	3	293,1	6836,8
934	872356	814780504	30,5614	9,7750	9703	4	293,4	6851,8
935	874225	817400375	30,5778	9,7785	9708	5	293,7	6866,1
936	876096	820025856	30,5941	9,7819	9713	6	294,1	6880,8
937	877969	822656953	30,6105	9,7854	9717	7	294,4	6895,6
938	879844	825293672	30,6268	9,7889	9722	8	294,7	6910,3
939	881721	827936019	30,6431	9,7924	9727	9	295,0	6925,0
940	883600	830584000	30,6594	9,7959	9731	94,0	295,3	6939,8
941	885481	833237621	30,6757	9,7993	9736	1	295,6	6954,6
942	887364	835896888	30,6920	9,8028	9741	2	295,9	6969,3
943	889249	838561807	30,7083	9,8063	9745	3	296,3	6984,1
944	891136	841232384	30,7346	9,8097	9750	4	296,6	6999,0
945	893025	843908625	30,7409	9,8132	9754	5	296,9	7013,8
946	894916	846590536	30,7571	9,8167	9759	6	297,2	7028,7
947	896809	849278123	30,7734	9,8201	9763	7	297,5	7043,5
948	898704	851973392	30,7896	9,8236	9768	8	297,8	7058,4
949	900601	854670349	30,8058	9,8270	9773	9	298,1	7073,3
950	902500	857375000	30,8221	9,8305	9777	95,0	298,5	7088,2
951	904401	860085351	30,8383	9,8339	9782	1	298,8	7103,1
952	906304	862801408	30,8545	9,8374	9786	2	299,1	7118,1
953	908209	865523177	30,8707	9,8408	9791	3	299,4	7133,1
954	910116	868250664	30,8869	9,8443	9795	4	299,7	7148,0
955	912025	870983875	30,9031	9,8477	9800	5	300,0	7163,0
956	913936	873722816	30,9192	9,8511	9805	6	300,3	7178,0

n	n^2	n^3	$\sqrt{n}$	$\sqrt[3]{n}$	lg n	$d = 0{,}1\,n$	πd	$\frac{1}{4}\pi d^2$
957	915849	876467493	30,9354	9,8546	9809	7	300,7	7193,1
958	917764	879217912	30,9516	9,8580	9814	8	301,0	7208,1
959	919681	881974079	30,9677	9,8614	9818	9	301,3	7223,2
960	921600	334736000	30,3839	9,8648	9823	96,0	301,6	7288,2
961	923521	887503681	31,0000	9,8683	9827	1	301,9	7253,3
962	925444	890277128	31,0161	9,8717	9832	2	302,2	7268,4
963	927369	893056347	31,0322	9,8751	9836	3	302,5	7283,5
964	929296	895841344	31,0483	9,8785	9841	4	302,8	7298,7
965	931225	898632125	31,0644	9,8819	9845	5	303,2	7313,8
966	933156	901428696	31,0805	9,8854	9850	6	303,5	7329,0
967	935089	904231063	31,0966	9,8888	9854	7	303,8	7344,2
968	937024	907039232	31,1127	9,8922	9859	8	304,1	7359,4
969	938961	909853209	31,1288	9,8956	9863	9	304,4	7374,6
970	940900	912673000	31,1448	9,8990	9868	97,0	304,7	7389,8
971	942841	915498611	31,1609	9,9024	9872	1	305,0	7405,1
972	944784	918330048	31,1769	9,9058	9877	2	305,4	7420,3
973	946729	921167317	31,1929	9,9092	9881	3	305,7	7435,6
974	948676	924010424	31,2090	9,9126	9886	4	306,0	7450,9
975	950625	926859375	31,2250	9,9160	9890	5	306,3	7466,2
976	952576	929714176	31,2410	9,9194	9894	6	306,6	7481,5
977	954529	932574833	31,2570	9,9227	9899	7	306,9	7496,9
978	956484	935441352	31,2730	9,9261	9903	8	307,2	7512,2
979	958141	938313739	31,2890	9,9295	9908	9	307,6	7527,6
980	960400	941192000	31,3050	9,9239	9912	98,0	307,9	7543,0
981	962361	944076141	31,3209	9,9363	9917	1	308,2	7558,4
982	964324	946966168	31,3369	9,9396	9921	2	308,5	7573,8
983	966289	949862087	31,3528	9,9430	9926	3	308,8	7589,2
984	968256	952763904	31,3688	9,9464	9930	4	309,1	7604,7
985	970225	955671625	31,3847	9,9497	9934	5	309,4	7620,1
986	972196	958585256	31,4006	9,9531	9939	6	309,8	7635,6
987	974169	961504803	31,4166	9,9565	9943	7	310,1	7651,1
988	976144	964430272	31,4325	9,9598	9948	8	310,4	7666,6
989	978121	967361669	31,4484	9,9632	9952	9	310,7	7682,1
990	980100	970299000	31,4643	9,9666	9956	99,0	311,0	7697,7
991	982081	973242271	31,4802	9,9699	9961	1	311,3	7713,2
992	984064	976191488	31,4960	9,9733	9965	2	311,6	7728,8
993	986049	979146657	31,5119	9,9766	9969	3	312,0	7744,4
994	988036	982107784	31,5278	9,9800	9974	4	312,3	7760,0
995	990025	985074875	31,5436	9,9833	9978	5	312,6	7775,6
996	992016	988047936	31,5595	9,9866	9983	6	312,9	7791,3
997	994009	991026973	31,5753	9,9900	9987	7	313,2	7806,9
998	996004	994011992	31,5911	9,9933	9991	8	313,5	7822,6
999	998001	997002999	31,6070	9,9967	9996	9	313,8	7838,2
1000	1000000	1000000000	31,6228	10,0000	0000	100,0	314,2	7854,0

1. Der **Briggsche Logarithmus** lg einer Zahl *n* ist derjenige Exponent, mit welchem die Zahl 10 (Basis) potenziert werden muß, um die Zahl *n* zu ergeben.

Die Zahlentafel 1 enthält unter „lg *n*" nur die Dezimalstellen — Mantisse — zum Logarithmus der Zahl *n*. Die fehlende ganze Zahl — Kennziffer — ist für jeden Fall besonders zu ermitteln. Sie ist immer um 1 kleiner als die Zahl der ganzen Stellen von *n*.

Beispiel: Zu der Zahl 527 findet sich in der Zahlentafel die Mantisse 7218. Da die gegebene Zahl 3stellig ist, so ist im vorliegenden Falle die Kennziffer des Logarithmus $3 - 1 = 2$, also

$$\lg 527 = 2{,}7218$$

und ebenso:

$$\lg 52{,}7 = 1{,}7218$$

$$\lg 5{,}27 = 0{,}7218$$

$$\lg 0{,}527 = 0{,}7218 - 1.$$

Ist z. B. der Logarithmus der Zahl 527,3 zu suchen, so wird derjenige der Zahl 527 um 3 Zehntel der Differenz zwischen den Logarithmen 527 und 528 vermehrt. Da diese Differenz = 0,0008 ist, so ist: $\lg 527{,}3 = 2{,}7218 + 0{,}3 \cdot 0{,}0008 = 2{,}7218 + 0{,}00024 = 2{,}7220(4)$.

Um die zu einem Logarithmus, z. B. 3,1580, gehörige Zahl zu finden, wird in der Zahlentafel die nächst kleinere Mantisse aufgesucht, also 1553, zu der die Zahl 143 gehört. Es ist ferner die Differenz zwischen dem gegebenen und dem nächst kleineren Logarithmus $= 1580 - 1553 = 27$ und die Differenz zwischen dem Logarithmus von 143 und $144 = 1584 - 1553 = 31$. Zu der gefundenen Zahl 143 ist dann der Wert $27 : 31 = 0{,}871$ zu addieren, so daß sich ergibt 143871. Da die Kennziffer des gegebenen Logarithmus 3 ist, so erhält die gesuchte Zahl 4 ganze Stellen und lautet mithin 1438,71.

Für das Rechnen mit Logarithmen gilt:

$$\lg (n \cdot m) = \lg n + \lg m$$

$$\lg (n : m) = \lg n - \lg m$$

$$\lg n^z = z \cdot \lg n$$

$$\lg \sqrt[z]{n} = \frac{\lg n}{z}.$$

Beispiel: Es sei der Wert des Bruches

$$x = \frac{3845 \cdot 1736 \cdot 763}{532 \cdot 2895}$$

zu bestimmen.

Es ist:

Zähler:

$$\begin{array}{rcl} \lg 3845 &=& 3{,}5843 \\ +\,0{,}0012\cdot 0{,}5 &=& 0{,}0006 \\ \lg 1736 &=& 3{,}2380 \\ +\,0{,}0025\cdot 0{,}6 &=& 0{,}0015 \\ \lg 736 &=& \underline{2{,}8669} \\ \lg \text{des Zählers} &=& 9{,}6913 \\ \lg \text{des Nenners} &=& \underline{6{,}1877} \\ \lg x &=& 3{,}5036 \\ \text{Mantisse z. } \lg 318 &=& \underline{\quad 5024} \\ \text{Diff.} &=& \quad 12:14 = 0{,}86. \end{array}$$

Nenner:

$$\begin{array}{rcl} \lg 532 &=& 2{,}7259 \\ \lg 2896 &=& 3{,}4609 \\ +\,0{,}0015\cdot 0{,}6 &=& \underline{0{,}0009} \\ \lg \text{des Nenners} &=& 6{,}1877 \end{array}$$

Daher ist $x = 31886$ und mit Rücksicht auf die Kennziffer 3:

$$x = 3188{,}6.$$

Beispiel: Es sei der Wert $y = \sqrt[3]{7285^4}$ zu bestimmen.

$$\begin{array}{rcl} \lg 7285 &=& 3{,}8621 \\ +\,0{,}0006\times 0{,}5 &=& \underline{0{,}0003} \\ && 3{,}8624 \times 4 \\ \lg 7285^4 &=& 15{,}4496 \end{array}$$

$$\lg y = \frac{15{,}4496}{3} = 5{,}1499$$

$$\text{Mantisse von } 141 = \underline{1492}$$

$$7:31 = 0{,}23$$

Daher ist $y = 14123$ und mit Rücksicht auf die Kennziffer 5:

$$y = 141230.$$

2. Der natürliche Logarithmus ln hat als Basis die Zahl 2,71828. Für die Umwandlung von Briggschen Logarithmen in natürliche und umgekehrt gilt:

$$\ln n = 2{,}3026 \cdot \lg n$$

$$\lg n = 0{,}4343 \cdot \ln n.$$

Trigonometrie.

Die trigonometrischen Zahlen geben die Verhältnisse an, in welchen die drei Seiten eines rechtwinkligen Dreiecks zueinander stehen, wenn die Größe des Winkels α zwischen der Hypothenuse und einer Kathete gegeben ist.

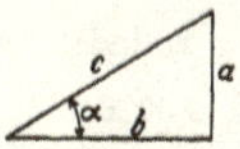

$$\text{Sinus } \alpha = \sin \alpha = \frac{a}{c}; \quad a = c \cdot \sin \alpha$$

$$\text{Cosinus } \alpha = \cos \alpha = \frac{b}{c}; \quad b = c \cdot \cos \alpha$$

$$\text{Tangente } \alpha = \operatorname{tg} \alpha = \frac{a}{b}; \quad a = b \cdot \operatorname{tg} \alpha$$

$$\text{Cotangente } \alpha = \operatorname{ctg} \alpha = \frac{b}{a}; \quad b = a \cdot \operatorname{ctg} \alpha$$

$$\sin\alpha = \cos(90-\alpha);\quad \mathrm{tg}\,\alpha = \mathrm{ctg}\,(90-\alpha)$$

$$\cos\alpha = \sin(90-\alpha);\quad \mathrm{ctg}\,\alpha = \mathrm{tg}\,(90-\alpha)$$

$$\sin^2\alpha + \cos^2\alpha = 1;\quad \sin\alpha = \sqrt{1-\cos^2\alpha};\quad \cos\alpha = \sqrt{1-\sin^2\alpha}$$

$$\mathrm{tg}\,\alpha = \frac{\sin\alpha}{\cos\alpha};\quad \mathrm{ctg}\,\alpha = \frac{\cos\alpha}{\sin\alpha}$$

$$\sin(\alpha\pm\beta) = \sin\alpha\cdot\cos\beta \pm \sin\beta\cdot\cos\alpha$$

$$\cos(\alpha\pm\beta) = \cos\alpha\cdot\cos\beta \mp \sin\alpha\cdot\sin\beta.$$

1. Vorzeichen und Größe der Winkelfunktionen.

Liegt Winkel α zwischen	Dann ist			
	$\sin\alpha =$	$\cos\alpha =$	$\mathrm{tg}\,\alpha =$	$\mathrm{cgt}\,\alpha =$
0° u. 90°	$+\sin\alpha$	$+\cos\alpha$	$+\mathrm{tg}\,\alpha$	$+\mathrm{ctg}\,\alpha$
90° u. 180°	$+\sin(180-\alpha)$	$-\cos(180-\alpha)$	$-\mathrm{tg}(180-\alpha)$	$-\mathrm{ctg}(180-\alpha)$
180° u. 270°	$-\sin(\alpha-180)$	$-\cos(\alpha-180)$	$+\mathrm{tg}(\alpha-180)$	$+\mathrm{ctg}(\alpha-180^0)$
270° u. 360°	$-\sin(360-\alpha)$	$+\cos(360-\alpha)$	$-\mathrm{tg}(360-\alpha)$	$-\mathrm{ctg}(360-\alpha)$

Beispiel: Wie groß ist: sin 148°? Der Winkel liegt zwischen 90° und 180°, daher ist: $\sin 148^\circ = +\sin(180^\circ - 148^\circ) = +\sin 32^\circ = +0{,}5299$;

oder: wie groß ist: cos 234°? Da der Winkel zwischen 180° und 270° liegt, so ist nach Zahlentafel 7:

$$\cos 234^\circ = -\cos(234^\circ - 180^\circ) = -\cos 54^\circ = -0{,}5878.$$

Beim Gebrauch der trigonometrischen Zahlentafel ist zu beachten, daß die in der ersten Spalte enthaltenen Winkel von 1° bis 45° zu den am Kopf angegebenen Winkelfunktionen gehören, während die in der letzten Spalte enthaltenen Winkel von 45° bis 90° (von unten nach oben zählend) zu den am Fuße angegebenen Winkelfunktionen gehören.

In den mit D überschriebenen Spalten sind die Differenzen zwischen je zwei aufeinander folgenden Winkelfunktionen, also für 1° = 60′, angegeben.

Bei der Interpolation für zwischenliegende Winkel ist darauf zu achten, daß Sinus und Tangente mit zunehmendem Winkel wachsen, Kosinus und Kotangente hingegen abnehmen. Es ist daher bei der Interpolation die berechnete Differenz bei Sinus und Tangente zu addieren, bei Kosinus und Kotangente zu subtrahieren.

Ist z. B. der Sinus des Winkels 25° 20′ zu suchen, so findet sich:

sin 25° = ... 0,4226

hierzu für 20 min: $\frac{20'}{60'}\cdot D = \frac{20}{60}\cdot 158 = +$ 53

daher ist sin 25° 20′ = ... 0,4279

2. Trigonometrische Zahlen.

Gr.	Sinus	D.	Kosin.	D.	Tangens	D.	Kotang.	D.	
0	0,0000	175	1,0000	2	0,0000	175	unendl.	. . .	90
1	0,0175	174	0,9998	4	0,0175	174	57,2900	28,6537	89
2	0,0349	174	0,9994	8	0,0349	175	28,6363	9,5552	88
3	0,0523	175	0,9986	10	0,0524	175	19,0811	4,7804	87
4	0,0698	174	0,9976	14	0,0699	176	14,3007	2,8706	86
5	0,0872	173	0,9962	17	0 0875	176	11,4301	1,9157	85
6	0,1045	174	0,9945	20	0,1051	177	9,5144	1,3701	84
7	0,1219	173	0,9925	22	9,1228	177	8,1443	1,0289	83
8	0,1392	172	0,9903	26	0,1405	179	7,1154	8016	82
9	0,1564	172	0,9877	29	0,1584	179	6,3138	6425	81
10	0,1736	172	0,9848	32	0,1763	181	5,6713	5267	80
11	0,1908	171	0,9816	35	0,1944	182	5,1446	4400	79
12	0,2079	171	0,9781	37	0,2126	183	4,7046	3731	78
13	0,2250	169	0,9744	41	0,2309	184	4,3315	3207	77
14	0,2419	169	0,9703	44	0,2493	186	4,0108	2787	76
15	0,2588	168	0,9659	46	0,2679	188	3,7321	2447	75
16	0,2756	168	0,9613	50	0,2867	190	3,4874	2165	74
17	0,2924	166	0,9563	52	0,3057	192	3,2709	1932	73
18	0,3090	166	0,9511	56	0,3249	194	3,0777	1735	72
19	0,3256	164	0,9455	58	0,3443	197	2,9042	1567	71
20	0,3420	164	0,9397	61	0,3640	199	2,7475	1424	70
21	0,3584	162	0,9336	64	0,3839	201	2,6051	1300	69
22	0,3746	161	0,9272	67	0,4040	205	2,4751	1192	68
23	0,3907	160	0,9205	70	0,4245	207	2,3559	1099	67
24	0,4067	159	0,9135	72	0,4452	211	2,2460	1015	66
25	0,4226	158	0,9063	75	0,4663	214	2,1445	942	65
26	0,4384	156	0,8988	78	0,4877	218	2,0503	877	64
27	0,4540	155	0,8910	81	0,5095	222	1,9626	819	63
28	0,4695	153	0,8829	83	0,5317	226	1,8807	767	62
29	0,4848	152	0,8746	86	0,5543	231	1,8040	719	61
30	0,5000	150	0,8660	88	0,5774	235	1,7321	678	60
31	0,5150	149	0,8572	92	0,6009	240	1,6643	640	59
32	0,5299	147	0,8480	93	0,6249	245	1,6003	604	58
33	0,5446	146	0,8387	97	0,6494	251	1,5399	573	57
34	0,5592	144	0,8290	98	0,6745	257	1,4826	545	56
35	0,5736	142	0,8192	102	0,7002	263	1,4281	517	55
36	0,5878	140	0,8090	104	0,7265	271	1,3764	494	54
37	0,6018	139	0,7986	106	0,7536	277	1,3270	471	53
38	0,6157	136	0,7880	109	0,7813	285	1,2799	450	52
39	0,6293	135	0,7771	111	0,8098	293	1,2349	431	51
40	0,6428	133	0,7660	113	0,8391	302	1,1918	414	50
41	0,6561	130	0,7547	116	0,8693	311	1,1504	398	49
42	0,6691	129	0,7431	117	0,9004	321	1,1106	382	48
43	0,6820	127	0,7314	121	0,9325	332	1,0724	369	47
44	0,6947	124	0,7193	122	0,9657	343	1,0355	355	46
45	0,7071		0,7071		1,0000		1,0000		45
	Kosin.	D.	Sinus	D.	Kotang.	D.	Tangens	D.	Gr.

Oder: cos 18° 25′ = ?

Es ist cos 18° = ... 0,9511

davon ab für 25 min: $\frac{25'}{60'} \cdot D = \frac{25}{60} \cdot 56 = -$ 23

daher ist cos 18° 25′ = ... 0,9488

Oder: tg 52° 36″ = ?

$$\begin{array}{lr} \text{Es ist: } \operatorname{tg} 52^{0} = \ldots\ldots\ldots\ldots\ldots & 1{,}2799 \\ \text{hierzu für 36 min: } \frac{36'}{60'} \cdot D = \frac{36}{60} \cdot 471 = + & 283 \\ \hline \text{also ist } \operatorname{tg} 52^{0}\,36' = \ldots\ldots\ldots\ldots & 1{,}3082 \end{array}$$

Ferner: ctg 64° 45′ = ?

$$\begin{array}{lr} \text{Es ist: } \operatorname{ctg} 64^{0} = \ldots\ldots\ldots\ldots\ldots & 0{,}4877 \\ \text{davon ab für 45 min: } \frac{45'}{60'} \cdot D = \frac{45}{60} \cdot 214 = - & 161 \\ \hline \text{folglich ist } \operatorname{ctg} 64^{0}\,45' = \ldots\ldots\ldots\ldots & 0{,}4716 \end{array}$$

3. Oft gebrauchte Zahlenwerte.

$\pi = 3{,}1416$	$\sqrt{\pi} = 1{,}772$
$\frac{\pi}{4} = 0{,}7854$	$\lg \pi = 0{,}4972$
	$g = 9{,}81$
$\frac{\pi}{16} = 0{,}1964$	$\frac{1}{g} = 0{,}102$
$\pi^2 = 9{,}870$	$\sqrt{2g} = 4{,}429$

4. Werte für Kreisabschnitte für den Zentriwinkel α und den Halbmesser $r = 1$.

Sind von einem Kreisabschnitt zwei Größen gegeben, dann lassen sich mit Hilfe der Zahlentafel die übrigen Verhältnisse finden.

Beispiel 1. Gegeben sei der Zentriwinkel $\alpha = 50^{0}$, der Halbmesser $r = 200$ mm. Dann ist:

Bogenlänge $b = r \cdot b_1 = 200 \cdot 0{,}873 = 174{,}6$ mm,

Sehne $s = r \cdot s_1 = 200 \cdot 0{,}845 = 169{,}0$ mm,

Bogenhöhe $h = r \cdot h_1 = 200 \cdot 0{,}094 = 18{,}8$ mm,

Flächeninhalt $F = r^2 \cdot F_1 = 200^2 \cdot 0{,}0533 = 2132$ mm².

Beispiel 2. Gegeben sei: Sehne $s = 660$ mm, Bogenhöhe $h = 120$ mm; hieraus folgt $\frac{h}{s} = \frac{120}{660} = 0{,}182$. Dazu ergibt sich aus der Zahlentafel ein Zentriwinkel $\alpha = 80^{0}$. Ferner ist: $s = r \cdot s_1$, woraus man den Halbmesser $r = \frac{s}{s_1} = \frac{660}{1{,}286} = 513$ mm erhält. Es ergibt sich dann weiter:

Bogenlänge $b = r \cdot b_1 = 513 \cdot 1{,}396 = 716$ mm,

Flächeninhalt $F = r^2 \cdot F_1 = 513^2 \cdot 0{,}2057 = 54133$ mm².

Werte für Kreisabschnitte für den Zentriwinkel α und den Halbmesser $r = 1$.

Winkel α	Bogenlänge b_1	Sehne s_1	Bogenhöhe h_1	$\frac{h_1}{s_1}$	Flächeninhalt F_1	Winkel α	Bogenlänge b_1	Sehne s_1	Bogenhöhe h_1	$\frac{h_1}{s_1}$	Flächeninhalt F_1
1	0,018	0,018	0,0000	0,002	0,0000	46	0,803	0,782	0,080	0,101	0,0418
2	0,035	0,035	0,0002	0,004	0,0000	47	0,820	0,798	0,083	0,103	0,0445
3	0,052	0,052	0,0003	0,006	0,0000	48	0,838	0,814	0,087	0,106	0,0473
4	0,070	0,070	0,0006	0,009	0,0000	49	0,855	0,829	0,090	0,109	0,0503
5	0,087	0,087	0,0010	0,011	0,0001	50	0,873	0,845	0,094	0,111	0,0533
6	0,105	0,105	0,0014	0,013	0,0001	51	0,890	0,861	0,097	0,113	0,0565
7	0,122	0,122	0,0019	0,015	0,0002	52	0,908	0,877	0,101	0,115	0,0598
8	0,140	0,140	0,0024	0,017	0,0002	53	0,925	0,892	0,105	0,118	0,0632
9	0,157	0,157	0,0031	0,019	0,0003	54	0,943	0,908	0,109	0,120	0,0667
10	0,175	0,174	0,0038	0,021	0,0004	55	0,960	0,924	0,113	0,122	0,0704
11	0,192	0,192	0,0046	0,024	0,0006	56	0,977	0,939	0,117	0,124	0,0742
12	0,209	0,209	0,0055	0,026	0,0008	57	0,995	0,954	0,121	0,126	0,0781
13	0,227	0,266	0,0064	0,028	0,0010	58	1,012	0,970	0,125	0,129	0,0821
14	0,244	0,244	0,0075	0,030	0,0012	59	1,030	0,985	0,130	0,132	0,0863
15	0,262	0,261	0,0083	0,033	0,0015	60	1,047	1,000	0,134	0,134	0,0906
16	0,279	0,278	0,0097	0,035	0,0018	61	1,065	1,015	0,138	0,136	0,0950
17	0,297	0,296	0,0110	0,037	0,0022	62	1,082	1,030	0,143	0,138	0,0996
18	0,314	0,313	0,0123	0,039	0,0026	63	1.100	1,045	0,147	0,140	0,1043
19	0,332	0,330	0,0137	0,041	0,0030	64	1,117	1,060	0,152	0,143	0,1091
20	0,349	0,347	0,0152	0,044	0,0035	65	1,135	1,075	0,157	0,146	0,1141
21	0,367	0,365	0,0168	0,046	0,0041	66	1,152	1,089	0,161	0,148	0,1192
22	0,384	0,382	0,0184	0,048	0,0047	67	1,169	1,104	0,166	0,150	0,1244
23	0,401	0,399	0,0201	0,050	0,0053	68	1,187	1,118	0,171	0,153	0,1298
24	0,419	0,416	0,0219	0,052	0,0061	69	1,204	1,133	0,176	0,156	0,1353
25	0,436	0,433	0,0237	0,054	0,0069	70	1,222	1,147	0,181	0,158	0,1410
26	0,454	0,450	0,0256	0,056	0,0077	71	1,239	1,161	0,186	0,160	0,1468
27	0,471	0,467	0,0276	0,058	0,0086	72	1,257	1,176	0,191	0,162	0,1528
28	0,489	0,484	0,0297	0,061	0,0096	73	1,274	1,190	0,196	0,165	0,1589
29	0,506	0,501	0,0319	0,063	0,0107	74	1,292	1,203	0,201	0,168	0,1651
30	0,524	0,518	0,0341	0,066	0,0118	75	1,309	1,218	0,207	0,170	0,1715
31	0,541	0,535	0,0364	0,068	0,0130	76	1,327	1,231	0,212	0,172	0,1781
32	0,559	0,551	0,0387	0,070	0,0143	77	1,344	1,245	0,217	0,174	0,1848
33	0,576	0,568	0,0412	0,072	0,0157	78	1,361	1,259	0,223	0,177	0,1916
34	0,593	0,585	0,0437	0,075	0,0171	79	1,379	1,272	0,228	0,180	0,1986
35	0,611	0,601	0,0463	0,077	0,0186	80	1,396	1,286	0,243	0,182	0,2057
36	0,628	0,618	0,0489	0,079	0,0203	81	1,414	1,299	0,240	0,184	0,2130
37	0,646	0,635	0,0517	0,081	0,0220	82	1,431	1,312	0,245	0,187	0,2204
38	0,663	0,651	0,0549	0,083	0,0238	83	1,449	1,325	0,251	0,190	0,2280
39	0,681	0,668	0,0574	0,084	0,0257	84	1,466	1,338	0,257	0,192	0,2358
40	0,698	0,684	0,0603	0,088	0,0277	85	1,484	1,351	0,263	0,194	0,2457
41	0,716	0,700	0,0633	0,088	0,0298	86	1,501	1,364	0,269	0,197	0,2517
42	0,733	0,717	0,0664	0,092	0,0320	87	1,518	1,377	0,275	0,200	0,2599
43	0,751	0,733	0,0696	0,095	0,0343	88	1,536	1,389	0,281	0,202	0,2682
44	0,768	0,749	0,0728	0,097	0,0366	89	1,553	1,402	0,287	0,205	0,2768
45	0,785	0,765	0,0761	0,099	0,0392	90	1,571	1,414	0,293	0,207	0,2854

Werte für Kreisabschnitte (Fortsetzung).

Winkel α	Bogenlänge b_1	Sehne s_1	Bogenhöhe h_1	$\frac{h_1}{s_1}$	Flächeninhalt F_1	Winkel α	Bogenlänge b_1	Sehne s_1	Bogenhöhe h_1	$\frac{h_1}{s^1}$	Flächeninhalt F_1
91	1,588	1,427	0,299	0,210	0,2942	136	2,374	1,854	0,625	0,337	0,8395
92	1,606	1,439	0,305	0,212	0,3032	137	2,391	1,861	0,634	0,340	0,8546
93	1,623	1,451	0,312	0,215	0,3123	138	2,409	1,867	0,642	0,344	0,8697
94	1,641	1,463	0,318	0,218	0,3215	139	2,426	1,873	0,650	0,347	0,8850
95	1,658	1,475	0,324	0,220	0,3309	140	2,444	1,879	0,658	0,350	0,9003
96	1,676	1,486	0,331	0,222	0,3405	141	2,461	1,885	0,666	0,353	0,9158
97	1,693	1,498	0,337	0,225	0,3502	142	2,478	1,891	0,674	0,356	0,9314
98	1,710	1,509	0,344	0,228	0,3601	143	2,496	1,897	0,683	0,360	0,9470
99	1,728	1,521	0,351	0,231	0,3701	144	2,513	1,902	0,691	0,363	0,9627
100	1,745	1,532	0,357	0,233	0,3803	145	2,531	1,907	0,700	0,367	0,9786
101	1,763	1,543	0,364	0,236	0,3906	146	2,548	1,913	0,708	0,370	0,9945
102	1,780	1,554	0,371	0,238	0,4010	147	2,566	1,918	0,716	0,373	1,0105
103	1,798	1,565	0,378	0,240	0,4117	148	2,583	1,923	0,724	0,377	1,0266
104	1,815	1,576	0,384	0,244	0,4224	149	2,601	1,927	0,733	0,380	1,0428
105	1,833	1,587	0,391	0,246	0,4333	150	2,618	1,932	0,741	0,383	3,0590
106	1,850	1,598	0,398	0,249	0,4444	151	2,635	1,936	0,750	0,387	1,0753
107	1,868	1,608	0,405	0,252	0,4556	152	2,653	1,941	0,758	0,390	1,0917
108	1,855	1,618	0,412	0,255	0,4670	153	2,670	1,945	0,767	0,394	1,1082
109	1,902	1,628	0,419	0,257	0,4784	154	2,688	1,949	0,775	0,398	1,1247
110	1,920	1,638	0,426	0,260	0,4901	155	2,705	1,953	0,784	0,401	1,1413
111	1,937	1,648	0,434	0,263	0,5019	156	2,723	1,956	0,792	0,405	1,1580
112	1,955	1,658	0,441	0,266	0,5138	157	2,740	1,960	0,801	0,408	1,1747
113	1,972	1,668	0,448	0,268	0,5259	158	2,758	1,963	0,809	0,412	1,1915
114	1,990	1,677	0,455	0,271	0,5381	159	2,775	1,967	0,818	0,416	1,2084
115	2,007	1,687	0,463	0,274	0,5504	160	2,793	1,970	0,826	0,419	1,2252
116	2,025	1,696	0,470	0,277	0,5629	161	2,810	1,973	0,835	0,423	1,2422
117	2,042	1,705	0,478	0,280	0,5755	162	2,827	1,975	0,844	0,427	1,2592
118	2,059	1,714	0,485	0,283	0,5883	163	2,845	1,978	0,852	0,431	1,2763
119	2,077	1,723	0,493	0,286	0,6012	164	2,862	1,981	0,861	0,434	1,2934
120	2,094	1,732	0,500	0,289	0,6142	165	2,880	1,983	0,870	0,438	1,3105
121	2,112	1,741	0,508	0,291	0,6273	166	2,897	1,985	0,878	0,442	1,3277
122	2,129	1,749	0,515	0,294	0,6406	167	2,915	1,987	0,887	0,446	1,3449
123	2,147	1,758	0,523	0,297	0,6540	168	2,932	1,989	0,896	0,450	1,3621
124	2,164	1,766	0,531	0,300	0,6676	169	2,950	1,991	0,904	0,454	1,3794
125	2,182	1,774	0,538	0,303	0,6813	170	2,967	1,992	0,913	0,458	1,3967
126	2,199	1,782	0,546	0,306	0,6951	171	2,985	1,994	0,922	0,462	1,4140
127	2,217	1,790	0,554	0,309	0,7090	172	3,002	1,995	0,930	0,466	1,4314
128	2,234	1,798	0,562	0,312	0,7230	173	3,019	1,996	0,949	0,470	1,4488
129	2,252	1,805	0,570	0,315	0,7372	174	3,037	1,997	0,948	0,474	1,4662
130	2,269	1,813	0,577	0,318	0,7514	175	3,054	1,998	0,956	0,478	1,4836
131	2,286	1,820	0,585	0,321	0,7658	176	3,072	1,999	0,965	0,483	1,5010
132	2,304	1,827	0,593	0,325	0,7803	177	3,089	1,999	0,974	0,487	1,5185
133	2,321	1,834	0,601	0,328	0,7950	178	3,107	1,999	0,982	0,491	1,5359
134	2,339	1,841	0,609	0,331	0,8097	179	3,124	1,999	0,991	0,496	1,5533
135	2,356	1,848	0,617	0,334	0,8245	180	3,142	2,000	1,000	0,500	1,5708

5. Allgemeine Regel bei Anwendung von Formeln.

Wenn die Maße der in einer Formel vorkommenden Größen nicht besonders angegeben sind, dann ist darauf zu achten, daß alle Größen auf dieselben Maßeinheiten bezogen werden.

Wird z. B. als Längeneinheit das Meter, als Zeiteinheit die Sekunde, als Krafteinheit das Kilogramm gewählt, dann sind alle vorkommenden Längen in Meter, Flächen in Quadratmeter, Körperinhalte in Kubikmeter einzusetzen.

Ferner sind zurückgelegte Wege in Meter, Beschleunigungen oder Verzögerungen in Meter i. d. Sekunde, das spezifische Gewicht in Kilogramm auf 1 Kubikmeter einzusetzen. Ebenso ist der Druck auf die Flächeneinheit in Kilogramm auf 1 Quadratmeter anzugeben.

Mechanische Arbeiten und lebendige Kräfte sowie auch statische Momente sind in Meterkilogramm einzusetzen.

Temperaturen sind in Celsiusgraden anzugeben.

Das Resultat ergibt sich dann in denselben gewählten Maßeinheiten.

6. Flächeninhalte.

Dreieck. Fläche $F = \frac{a \cdot h}{2}$

oder $F = \sqrt{S(S-a)(S-b)(S-c)}$

worin $S = \frac{a+b+c}{2}$.

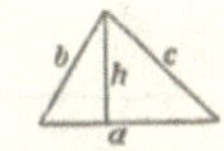

Abb. 1.

Rechtwinkl. Dreieck. $c = \sqrt{a^2 + b^2}$

$a = \sqrt{c^2 - b^2}$; $b = \sqrt{c^2 - a^2}$

$F = \frac{a \cdot b}{2}$.

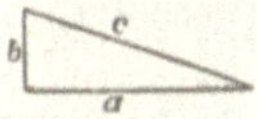

Abb. 2.

Trapez. $F = h \frac{a+b}{2}$.

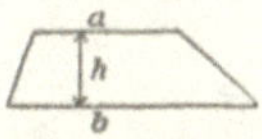

Abb. 3.

Gleichschenkliges Dreieck.

$g = 2s \cdot \sin\frac{\alpha}{2} = 2h \cdot \operatorname{tg}\frac{\alpha}{2}$

$s = \frac{h}{\cos\frac{\alpha}{2}}$; $h = s \cdot \cos\frac{\alpha}{2}$

Fläche: $F = h^2 \cdot \operatorname{tg}\frac{\alpha}{2} = \frac{s^2}{2} \cdot \sin\alpha$.

Abb. 4.

Kreis. Umfang $u = 2 \cdot r \cdot \pi = d \cdot \pi$

Inhalt $F = r^2 \cdot \pi = \frac{d^2 \cdot \pi}{4} = 0{,}785\, d^2$

$\pi = 3{,}141593$.

Abb. 5.

Kreisring.

Fläche $F = \pi(R^2 - r^2) = \pi \cdot b\,(2R - b)$.

Abb. 6.

Abb. 7.

Ellipse. Umfang (angenähert) $u = \pi \dfrac{a+A}{2}$

Fläche $F = \pi \dfrac{a \cdot A}{4}$.

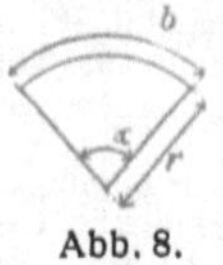

Abb. 8.

Kreisausschnitt.

Bogen $b = \dfrac{r \cdot \pi \cdot \alpha}{180}$ (α in Graden)

Fläche $F = \dfrac{b \cdot r}{2} = 0{,}0087\, r^2 \cdot \alpha;\; \alpha = 57{,}3 \dfrac{b}{r}$.

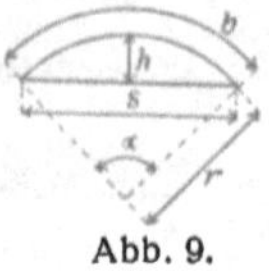

Abb. 9.

Kreisabschnitt.

$$F = \frac{b \cdot r - s\,(r - h)}{2} = \left(\frac{\alpha \cdot \pi}{180} - \sin \alpha\right) \frac{r^2}{2}$$

$$s = 2\sqrt{h\,(2r - h)} = 2r \cdot \sin \frac{\alpha}{2}$$

$$r = \frac{0{,}25\, s^2 + h^2}{2h}.$$

Zahlentafel über Kreisabschnitte siehe Seite 29, 30.

7. Regelmäßige Vielecke (s. Abb. 10).

n	$a =$		$r =$		$R =$		$F =$	
3	1,732 R	3,463 r	0,289 a	0,500 R	0,577 a	2,000 r	0,433 a^2	1,299 R^2
4	1,414 R	2,000 r	0,500 a	0,707 R	0,707 a	1,414 r	1,000 a^2	2,000 R^2
6	1,000 R	1,155 r	0,866 a	0,866 R	1,000 a	1,155 r	2,598 a^2	2,598 R^2
8	0,765 R	0,828 r	1,208 a	0,924 R	1,307 a	1,082 r	4,828 a^2	2,828 R^2
10	0,618 R	0,649 r	1,540 a	0,951 R	1,618 a	1,052 r	7,694 a^2	2,939 R^2
12	0,518 R	0,536 r	1,866 a	0,966 R	1,932 a	1,035 r	11,19 a^2	3,00 R^2

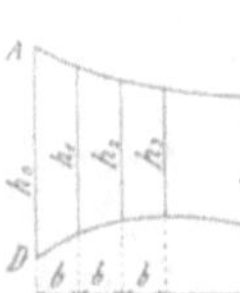

Abb. 10.

n = Anzahl der Seiten

F = Flächeninhalt

$$F = \frac{n}{4}\, a^2 \cdot \operatorname{ctg} \frac{\varphi}{2} = n \cdot r^2 \cdot \operatorname{tg} \frac{\varphi}{2} = \frac{n}{2} \cdot R^2 \cdot \sin \varphi$$

$$\varphi = \frac{360}{n}.$$

8. Unregelmäßige Fläche.

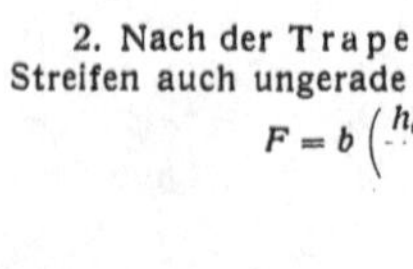

Abb. 11.

Um den Inhalt der Fläche $ABCD$ Abb. 10a zu finden, wird dieselbe durch Parallele $h_1\, h_2 \ldots h_n$ in eine gerade Anzahl gleichbreiter Streifen von der Breite b geteilt. Dann ist:

1. Nach der Simpsonschen Regel:

$$F = \frac{b}{3}\,[h_0 + h_n + 4\,(h_1 + h_3 + h_5 + \ldots + h_{n-1}) + 2\,(h_2 + h_4 + h_6 + \ldots + h_{n-2})].$$

2. Nach der Trapez-Regel: (Hierfür kann die Anzahl der Streifen auch ungerade sein.)

$$F = b\left(\frac{h_0 + h_n}{2} + h_2 + h_3 + \ldots h_{n-1}\right).$$

9. Berechnung ebener Dreiecke.

Gegeben	Gesucht
a, b, c 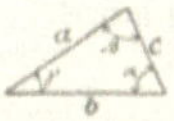 Abb. 12.	$\cos\alpha = \frac{b^2 + c^2 - a^2}{2bc}$; $\cos\beta = \frac{a^2 + c^2 - b^2}{2ac}$; $s = \frac{a + b + c}{2}$ Flächeninhalt $F = \sqrt{s(s-a)(s-b)(s-c)}$
a, b, α	$\sin\beta = \frac{b \cdot \sin\alpha}{a}$; $c = \frac{a \cdot \sin\gamma}{\sin\alpha}$; β kann $\lesseqgtr 90^0$ sein ist $b \gtreqless a$, dann ist auch $\beta \gtreqless \alpha$ Flächeninhalt $F = \frac{a \cdot b}{2} \sin\gamma$
a, α, β	$b = \frac{a \cdot \sin\beta}{\sin\alpha}$; $c = \frac{a \sin\gamma}{\sin\alpha}$ Flächeninhalt $F = \frac{a \cdot b}{2} \sin\gamma$
a, b, γ	$\operatorname{tg}\alpha = \frac{a \cdot \sin\gamma}{b - a \cdot \cos\gamma}$; $c = \sqrt{a^2 + b^2 - 2ab\cos\gamma}$; Flächeninhalt $F = \frac{a \cdot b}{2} \sin\gamma$

10. Kubikinhalte und Oberflächen verschiedener Körper.

Körper		Inhalt	Oberfläche
Würfel	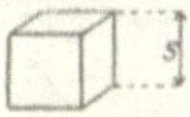 Abb. 13.	$J = s^3$	$O = 6s^2$
Prisma	 Abb. 14.	$J = f \cdot l$	O = Summe der rechteckigen Seitenflächen + Endflächen
Zylinder	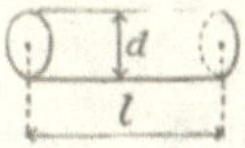 Abb. 15.	$J = \frac{d^2 \cdot \pi}{4} l$	$O = d \cdot \pi \cdot l + 2 \frac{d^2 \cdot \pi}{4}$
Kegel	 Abb. 16.	$J = \frac{d^2 \cdot \pi}{4} \cdot \frac{h}{3}$	$O = \frac{d \cdot \pi}{2} \sqrt{h^2 + \frac{d^2}{4}} + \frac{d^2 \cdot \pi}{4}$

Körper		Inhalt	Oberfläche
Pyramide	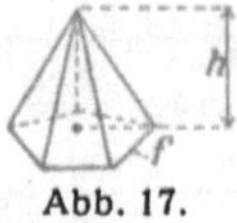 Abb. 17.	$J = f \cdot \frac{h}{3}$	$O =$ Summe aller Seitendreiecke + Grundfläche
Kegelstumpf	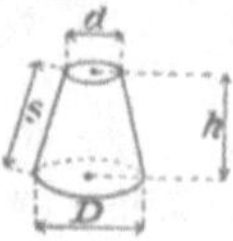 Abb. 18.	$J = \frac{\pi \cdot h}{12}(D^2 + d^2 + D \cdot d)$	Mantelfläche: $M = s\,\frac{d + D}{2}\,\pi$
Pyramidenstumpf	 Abb. 19.	$J = \frac{h}{3}(F + f + \sqrt{F \cdot f})$	Mantelfläche $M =$ Summe der seitlichen Trapezflächen
Kugel	 Abb. 20.	$J = \frac{\pi}{6} d^3 = 0{,}524\, d^3$	$O = \pi \cdot d^2$
Kugelabschnitt	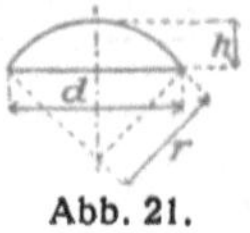 Abb. 21.	$J = \pi \cdot h\left(\frac{d^2}{8} + \frac{h^2}{6}\right)$	Mantelfläche: $M = 2\pi \cdot r \cdot h = \frac{\pi}{4} \cdot (d^2 + 4\,h^2)$
Kugelausschnitt	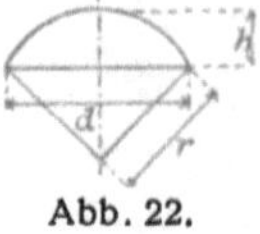 Abb. 22.	$J = \frac{2}{3}\pi \cdot r^2 \cdot h = 2{,}094\, r^2 \cdot h$	Oberfläche: $O = \frac{\pi \cdot r}{2}(4\,h + d)$
Kugelzone	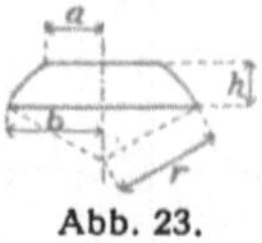 Abb. 23.	$J = \frac{\pi \cdot h}{6}(3\,a^2 + 3\,b^2 + h^2)$	Mantelfläche: $M = 2\pi \cdot r \cdot h$
Zylindr. Ring	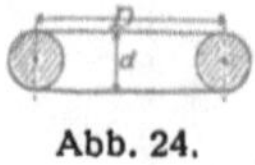 Abb. 24.	$J = \frac{\pi^2}{4} D \cdot d^2$	$O = \pi^2 \cdot D \cdot d$

Körper		Inhalt	Oberfläche
Umdrehungskörper	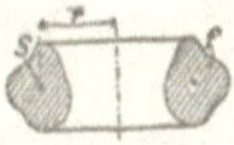 Abb. 25.	$J = 2\,r \cdot \pi \cdot f$ (Guldin'sche Regel) S = Schwerpunkt der Fläche f = Fläche des Querschnittes	$O = 2\,r\,\pi \cdot u$, S = Schwerpunkt des Umfanges u = Umfang des Querschnittes
Durch krumme Flächen begrenzter Körper	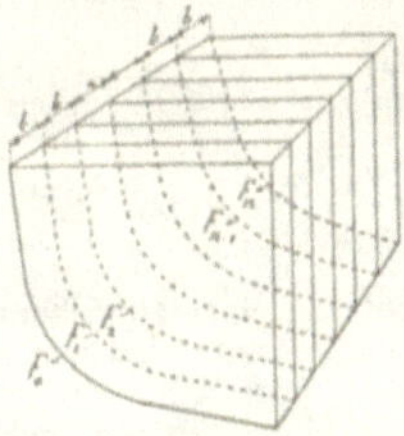 Abb. 26.	Der Körper wird durch parallele Ebenen, welche gleiche Abstände b voneinander haben, in eine beliebige Anzahl Scheiben geteilt; die dadurch sich ergebenden Schnittflächen haben die Flächeninhalte F_0. F_1, F_2 . . . . F_n, dann ist angenähert: $J = b\left(\frac{F_0 + F_n}{2} + F_1 + F_2 + \ldots F_{n-1}\right)$	

B. Mechanik.

Statik.

1. **Kräfteparallelogramm.** Ist in Abb. 27: A der Angriffspunkt zweier unter dem $\sphericalangle \alpha$ wirkenden Kräfte P_1 und P_2, dann ist die Resultierende

$$R = \sqrt{P_1^2 + P_2^2 + 2\,P_1 \cdot P_2 \cdot \cos\alpha} =$$

der Diagonale eines Parallelogrammes, dessen Seiten in Länge und Richtung die beiden Kräfte P_1 und P_2 sind.

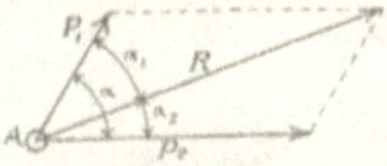

Abb. 27.

P_1 und P_2 heißen die Komponenten der Resultierenden R. Ist die Kraft R sowie der Winkel α_1 und α_2 gegeben, dann finden sich die denselben anliegenden Komponenten P_1 und P_2 aus:

$$P_1 = R\,\frac{\sin\alpha_2}{\sin(\alpha_1 + \alpha_2)}; \qquad P_2 = R\,\frac{\sin\alpha_1}{\sin(\alpha_1 + \alpha_2)}$$

Am einfachsten und für die Praxis genügend genau findet sich die Resultierende R zweier Kräfte oder umgekehrt die beiden Komponenten einer Kraft durch Aufzeichnen des Kräfte-Parallelogrammes.

Beispiel. Ein Gewicht von $G = 1000$ kg sei an zwei Punkten b und c aufgehängt, wie Abb. 28 zeigt. Winkel α_1 sei 15°, Winkel $\alpha_2 = 70°$. Welche Spannungen P_1 und P_2 haben die Tauenden ab und ac auszuhalten?

$$\text{Hier ist:} \quad P_1 = G\,\frac{\sin\alpha_2}{\sin(\alpha_1 + \alpha_2)} = 1000\,\frac{\sin 70^0}{\sin(70^0 + 15^0)}\ \text{kg}.$$

$$P_1 = 1000 \cdot \frac{\sin 70^0}{\sin 85^0} = 1000\,\frac{0{,}940}{0{,}996} = \backsim 943\ \text{kg},$$

ferner:

$$P_2 = G \frac{\sin \alpha_1}{\sin(\alpha_1 + \alpha_2)} = 1000 \cdot \frac{\sin 15^0}{\sin 85^0}$$

$$P_2 = 1000 \frac{0,259}{0,996} = \sim 260 \text{ kg}.$$

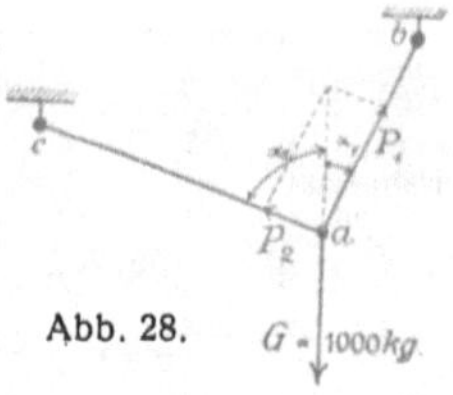

Abb. 28.

Ist $\alpha_1 = \alpha_2$, dann ist auch $P_1 = P_2$.

Ist jeder Winkel z. B. gleich 75°, dann sind die Spannungen in jedem Tauende:

$$P_1 = P_2 = G \frac{\sin 75^0}{\sin(75^0 + 75^0)} = 1000 \frac{\sin 75^0}{\sin 150^0}$$

$$= 1000 \frac{\sin 75^0}{\sin(180^0 - 150^0)} = 1000 \frac{\sin 75^0}{\sin 30^0} = 1000 \cdot \frac{0,966}{0,500} = 1932 \text{ kg}.$$

Bemerkung. Beim Anschlagen eines zu hebenden Gegenstandes, wie in Abb. 29 dargestellt, treten in den beiden schrägen Tauenden um so größere Zugkräfte auf, je größer die Winkel α sind. So ist z. B., wenn das Gewicht des Gegenstandes $G = 1000$ kg ist, die Zugkraft in jedem schrägen Tauende:

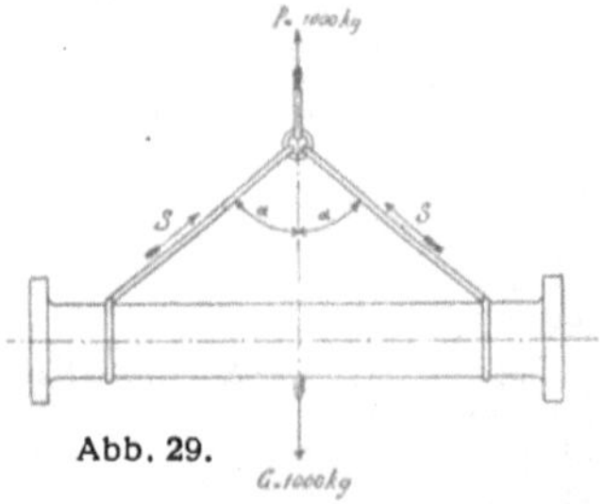

Abb. 29.

bei $\alpha = 45^0 : S =$ 707 kg
„ $\alpha = 60^0 : S =$ 1000 „
„ $\alpha = 75^0 : S =$ 1932 „
„ $\alpha = 90^0 : S =$ unendlich

2. Der Hebel. Das Produkt aus einer Kraft P (Abb. 30) und ihrem senkrechten Abstand a vom Drehpunkt O wird „statisches Moment", „Drehmoment" oder einfach „Moment" genannt. Den senkrechten Abstand a der Richtungslinie der Kraft vom Drehpunkt O nennt man den „Hebelarm" der Kraft P.

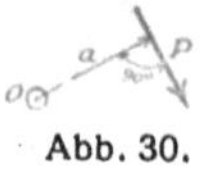

Abb. 30.

Mehrere, um einen gemeinsamen Drehpunkt drehende Kräfte sind im Gleichgewicht, wenn die Summe der in der einen Richtung drehenden Momente gleich der Summe der in der entgegengesetzten Richtung drehenden Momente ist.

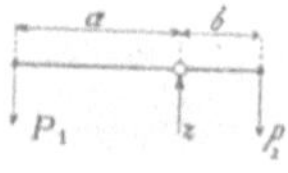

Abb. 31.

a) Zweiarmiger Hebel. Abb. 31. Drehpunkt zwischen P_1 und P_2; die Kräfte P_1 und P_2 verhalten sich zueinander umgekehrt wie die Hebelarme, an denen sie wirken. Am kürzeren Hebelarm wirkt immer die größere, am längeren die kleinere Kraft.

$$P_1 = P_2 \frac{b}{a}; \quad P_2 = P_1 \frac{a}{b},$$

Zapfendruck $Z = P_1 + P_2$;

oder mit Bezug auf Abb. 32:

$$P_1 = \frac{P_2 \cdot c + P_3 \cdot b}{a},$$

$$P_2 = \frac{P_1 \cdot a - P_3 \cdot b}{c},$$

$$P_3 = \frac{P_1 \cdot a - P_2 \cdot c}{b},$$

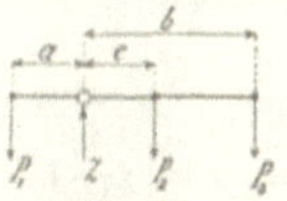

Abb. 32.

Zapfendruck $Z = P_1 + P_2 + P_3$; die Richtung des Zapfendruckes z und der Kräfte P_1, P_2 und P_3 ist dieselbe.

b) Einarmiger Hebel (Abb. 33).
(Drehpunkt an einem Ende.)

$$P_1 = P_2 \cdot \frac{b}{a}; \quad P_2 = P_1 \cdot \frac{a}{b}.$$

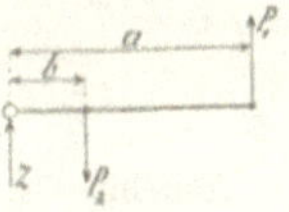

Abb. 33.

Zapfendruck $Z = P_2 - P_1$.

oder mit bezug auf Abb. 34

$$P_1 = \frac{P_2 \cdot b + P_3 \cdot c}{a},$$

$$P_2 = \frac{P_1 \cdot a - P_3 \cdot c}{b},$$

$$P_3 = \frac{P_1 \cdot a - P_2 \cdot b}{c},$$

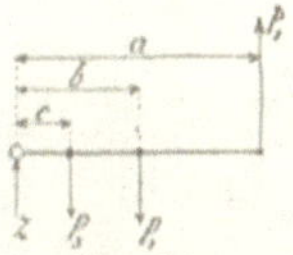

Abb. 34.

Zapfendruck $Z = P_2 + P_3 - P_1$; der Zapfendruck ist gleich der Differenz der Kräfte, die nach der einen bzw. nach der entgegengesetzten Richtung wirken; er hat die Richtung derjenigen Kräfte, welche die größere Summe ergeben.

c) Winkelhebel (Abb. 35).

$$P_1 = P_2 \cdot \frac{ab}{ac}$$

$$P_2 = P_1 \cdot \frac{ac}{ab}.$$

Zapfendruck:

$$Z = \sqrt{P_1^2 + P_2^2 + 2\, P_1\, P_2 \cos \alpha}.$$

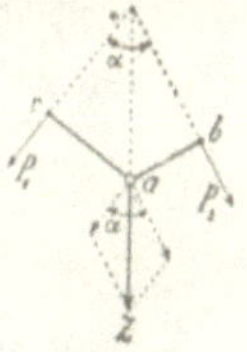

Abb. 35.

Hat ein beliebiger Hebel beistehende Form (Abb. 36) und es wirken die Kräfte P_1 und P_2 in den angegebenen Richtungen, dann sind nicht ac und ab die Hebelarme derselben, sondern die senkrechten Abstände ac_1 und ab_1 von den bezüglichen Richtungslinien der Kräfte.

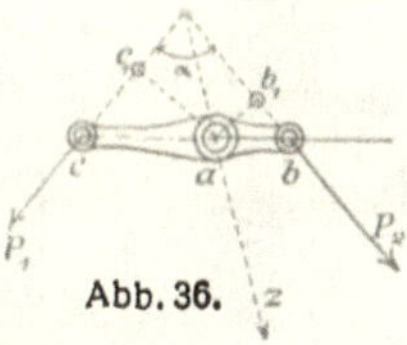

Abb. 36.

Es ist dann: $P_1\, a c_1 = P_2\, a b_1$ oder

$$P_1 = P_2 \frac{ab_1}{ac_1} \text{ oder } P_2 = P_1 \frac{ac_1}{ab_1}.$$

Die Richtung az des Zapfendruckes z geht durch den Schnittpunkt der Kraftrichtungen von P_1 und P_2.

3. Die Rolle.

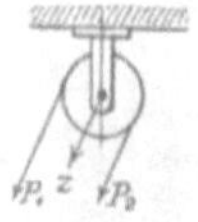

Abb. 37.

a) Feste Rolle:

1. Die beiden Kräfte wirken in derselben Richtung (Abb. 37).

$$P_1 = P_2.$$

Zapfendruck $Z = 2\,P_1 = 2\,P_2$.

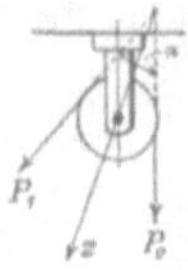

Abb. 38.

2. Die Kräfte P_1 und P_2 wirken unter dem Winkel α (Abb. 38).

$$P_1 = P_2.$$

Zapfendruck $Z = 2\,P_1 \cdot \cos\frac{\alpha}{2}$.

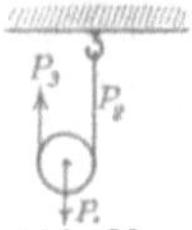

Abb. 39.

b) Lose Rolle:

1. Die Seilrichtungen sind parallel (Abb. 39)

$$P_2 = P_3 = \frac{P_1}{2}.$$

Zapfendruck $= P_1 = 2\,P_2 = 2\,P_3$.

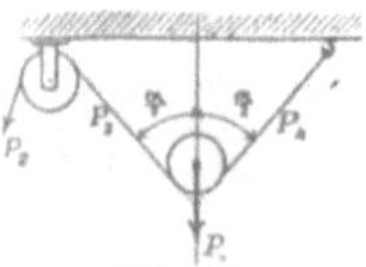

Abb. 40.

2. Die Seilrichtungen schließen den Winkel α ein (Abb. 40).

$$P_2 = P_3 = P_4 = \frac{P_1}{2\cos\frac{\alpha}{2}}.$$

Zapfendruck (auf den Zapfen der losen Rolle) $= P_1$.

Abb. 41.

c) Flaschenzug (Abb. 41).

Die Übersetzung, d. i. das Verhältnis der angehängten Last P_1 zu der am letzten Tauende wirkenden Kraft P_2 ist gleich der Anzahl derjenigen Tauenden, welche sich beim Heben der Last verkürzen;

oder: gleich der Anzahl der Tauenden, an welchen die Last hängt.

Bemerkung. Ein über eine oder mehrere Rollen gelegtes Seil ist (von Reibung und Steifigkeit abgesehen) überall, also auch in jedem Rollenscheitel, mit ein und derselben Kraft beansprucht.

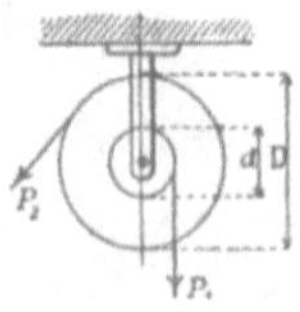

Abb. 42.

d) Rad auf der Welle (Abb. 42).

$$P_2 = P_1\,\frac{d}{D}.$$

$$P_1 = P_2\,\frac{D}{d}.$$

e) **Epizykloidalflaschenzug** (Abb. 43):

a: Handkettenrad, Durchmesser *D*,
k: Lastkettenrad, Durchmess. *d*,
b: außen verzahntes Rad, Zähnezahl *z*,
c: innen verzahntes Rad, Zähnezahl *Z*,
P_2: angehängte Last,
P_3: Zugkraft an der Handkette.

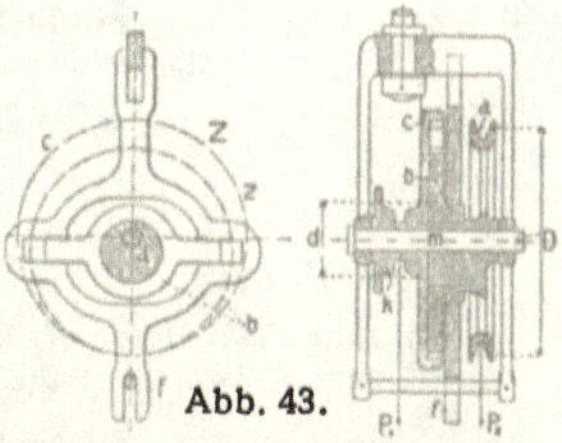

Abb. 43.

Die Räder *a*, *c* und *k* sitzen lose auf dem Zapfen *m*; Rad *b* sitzt lose auf der verlängerten exzentrischen Nabe des Handkettenrades *a* und wird durch die Kreuzführung *f* am Drehen verhindert, während der Mittelpunkt desselben einen Kreis beschreibt. Dadurch rollt das kleinere Rad *b* im innenverzahnten Rade *c* und dreht dieses sowie das damit verbundene Lastkettenrad *k*.

Ohne Berücksichtigung der Reibung ist:

1. Wenn die Last P_1 direkt an der Lastkette hängt

$$P_2 = \frac{Z - z}{Z} \cdot \frac{d}{D}$$

2. Wenn die Last P_1 an einer eingeschalteten losen Rolle hängt:

$$P_2 = \frac{Z - z}{2Z} \cdot \frac{d}{D}$$

4. Räderverbindungen (Abb. 44)

$$P = Q \left(\frac{d_1}{D_1}\right) \left(\frac{d_2}{D_2}\right) \left(\frac{d_3}{D_3}\right)$$

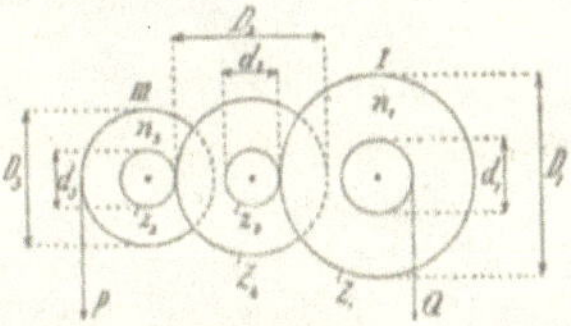

Abb. 44.

oder, wenn anstatt der Durchmesser der Räder deren Zähnezahlen bekannt sind:

$$P = Q \left(\frac{d_1}{Z_1}\right) \left(\frac{z_2}{Z_2}\right) \left(\frac{z_3}{D_3}\right).$$

Macht das Rad I in einer beliebigen Zeit n_1 Umdrehungen, dann macht das Rad III in derselben Zeit n_3 Umdrehungen:

$$n_3 = n_1 \frac{D_1 \cdot D_2}{d_2 \cdot d_3} \text{ oder } n_3 = n_1 \frac{Z_1 \cdot Z_2}{z_2 \cdot z_3}.$$

Stirnrad-Flaschenzug (Abb. 45).

Ohne Berücksichtigung der Reibung ist:

Kraft an der Handkette $P = Q \frac{r}{R} \frac{z}{Z}$

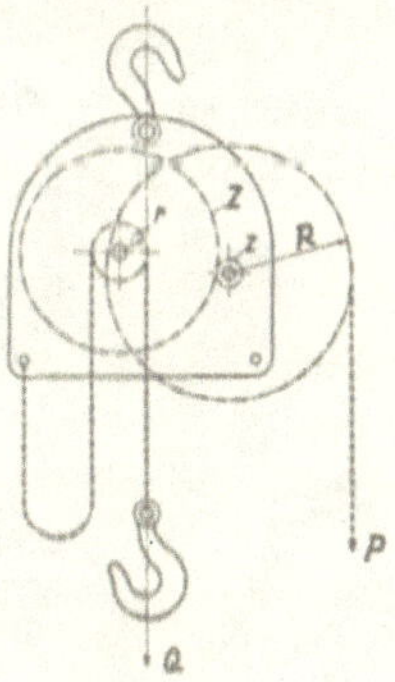

Abb. 45

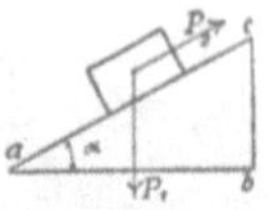

Abb. 46.

5. Schiefe Ebene.

a) Die Kraft P_2 wirkt parallel zur Länge ac der schiefen Ebene (Abb. 46).

1. Ohne Reibung:

$$P_2 = P_1 \frac{cb}{ac} = P_1 \cdot \sin\alpha.$$

2. Mit Reibung, wenn μ = Reibungskoeffizient:

Kraft zum Festhalten: $P_2 = P_1 (\sin\alpha - \mu \cdot \cos\alpha)$,
Kraft zum Aufwärtsziehen: $P_2 = P_1 (\sin\alpha + \mu \cdot \cos\alpha)$.

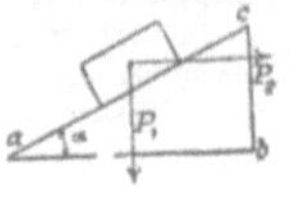

Abb. 47.

b) Die Kraft P_2 wirkt parallel zur Basis der schiefen Ebene (Abb. 47).

1. Ohne Reibung:

$$P_2 = P_1 \frac{cb}{ab} = P_1 \cdot \operatorname{tg}\alpha.$$

2. Mit Reibung:

Kraft zum Festhalten: $P_2 = P_1 \dfrac{\operatorname{tg}\alpha - \mu}{1 + \mu \cdot \operatorname{tg}\alpha}$

Kraft zum Aufwärtsziehen: $P_2 = P_1 \dfrac{\operatorname{tg}\alpha + \mu}{1 - \mu \cdot \operatorname{tg}\alpha}$.

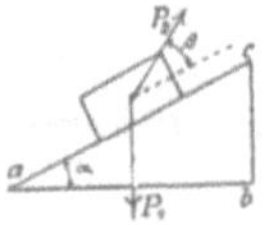

Abb. 48.

c) Die Kraft P_2 wirkt unter dem Winkel β zur Länge ac der schiefen Ebene (Abb. 48).

$$P_2 = P_1 \frac{\sin\alpha}{\cos\beta}.$$

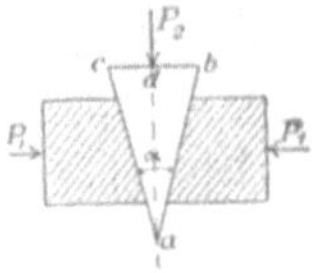

Abb. 49.

d) Der Keil (Abb. 49).

1. Ohne Reibung:

$$P_2 = P_1 \frac{cb}{ad} = 2\, P_1 \cdot \operatorname{tg}\frac{\alpha}{2}.$$

2. Mit Reibung:

Kraft zum Anziehen: $P_2 = 2\, P_1 \dfrac{\operatorname{tg}\frac{\alpha}{2} + \mu}{1 - \mu \cdot \operatorname{tg}\frac{\alpha}{2}}$.

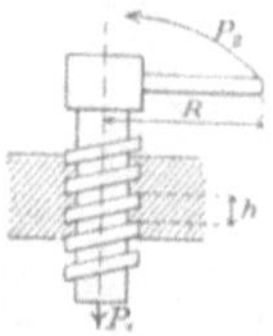

Abb. 50.

e) Die Schraube (Abb. 50).

Ist h die Steigung der Schraube (gleich der Längsverschiebung derselben bei einer Umdrehung) dann ist:

$$P_2 = \frac{h}{2R \cdot \pi} \cdot P_1.$$

Mit Berücksichtigung der Reibung im Gewinde ist bei flachgängigen Schrauben, wenn r der mittlere Halbmesser des Gewindes und μ der Reibungskoeffizient ist:

$$P_2 = \frac{r}{R} P_1 \frac{h \pm 2 r \pi \mu}{2 r \pi \mp \mu \cdot h}.$$

Die oberen Zeichen gelten für die Bewegung der Schraube entgegen der Richtung von P_1, die unteren für die Bewegung in der Richtung von P_1.

Bei scharfgängigen Schrauben ist P_2 um etwa 10% größer.

f) Schnecke und Schneckenrad.

Schraubenflaschenzug von Bolzani (Abb. 51).

Ist Q die zu hebende Last, P die Kraft an der Handkette, h die Steigung der Schraube, D der Teilkreisdurchmesser des Schneckenrades, d derjenige der Kettennuß und D_1 der Teilkreisdurchmesser des Handkettenrades, so ist, wenn die Last direkt an der Lastkette hängt, ohne Berücksichtigung der Reibung:

$$P = Q \frac{d\,h}{\pi\, D\, D_1}$$

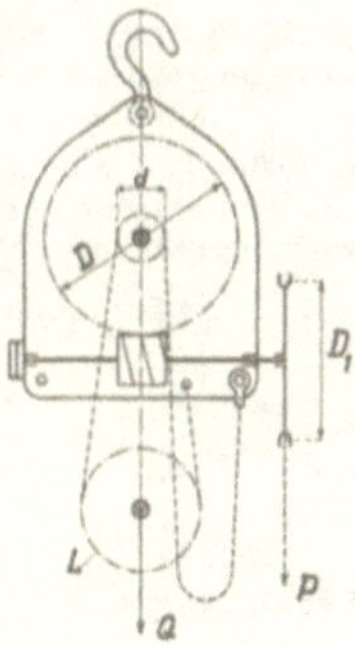

Abb. 51.

Hängt die Last Q an einer eingeschalteten losen Rolle L, so ist die erforderliche Kraft P nur halb so groß wie vorstehend angegeben.

6. **Wirkungsgrad** (mechanischer).

Alle mechanischen Triebwerke haben den Zweck, Arbeitsleistungen zu übertragen. Würden hierbei keinerlei schädliche Widerstände oder sonstige Verluste auftreten, dann würde die in das Triebwerk eingeleitete Arbeitsleistung genau gleich der erzielten Arbeit sein.

Da jedoch immer Reibungswiderstände usw. auftreten, so ist die mit irgendeinem Triebwerk erzielte Arbeitsleistung immer kleiner als die in dasselbe eingeleitete Arbeit.

Bezeichnet man die eingeleitete Arbeit mit A_1, die erzielte Arbeit mit A_2, dann nennt man das Verhältnis $\frac{A_2}{A_1}$ den Wirkungsgrad η des Triebwerkes. Es ist also:

$$\text{Wirkungsgrad } \eta = \frac{\text{erzielte Arbeitsleistung}}{\text{eingeleitete Arbeitsleistung}} = \frac{A_2}{A_1}.$$

Verschiedene mechanische Wirkungsgrade η.

Dampfmaschinen, kleine	0,80—0,85
„ größere	0,85—0,90
„ ganz große	0,90—0,94
Zwei zusammenarbeitende Zahnräder	0,95—0,98
Schneckengetriebe, mit kleiner Steigung	0,25—0,53 [1]
„ mit großer Steigung	0,50—0,70 [1]
Globoidschneckengetriebe	bis 0,90
Befestigungsschrauben	0,08—0,20
Schraubenpropeller	0,65—0,75

[1]) Diese Werte verstehen sich ohne Berücksichtigung der Drucklagerreibung.

Rollenflaschenzüge, zweischeibig:

für Kette	0,85—0,90
für Hanfseil	0,70—0,85
Schraubenflaschenzug	0,46—0,52
Stirnräderflaschenzug	bis 0,90

Kommen bei einer zusammengesetzten Maschine mehrere einfache Maschinenelemente hintereinander zur Wirkung, dann ist der Gesamtwirkungsgrad gleich dem Produkt aus den Einzelwirkungsgraden.

7. Bestimmung des Schwerpunktes einiger Flächen.

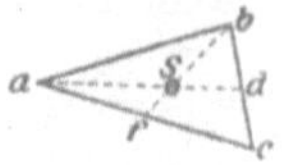

Abb. 52.

a) Dreiecksfläche (Abb. 52).

$$b\,d = d\,c = \frac{b\,c}{2} \text{ und } a\,f = f\,c = \frac{a\,c}{2}$$

$$\text{oder } S\,d = \frac{a\,d}{3} \quad \text{und} \quad S\,f = \frac{b\,f}{3}.$$

Der Schwerpunkt S liegt im Schnittpunkt der Geraden $a\,d$ und $b\,f$.

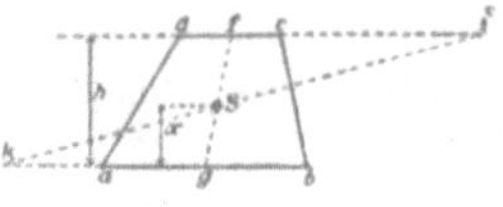

Abb. 53.

b) Trapezfläche (Abb. 53).

$$d\,f = f\,c = \frac{d\,c}{2}$$

$$\text{und } a\,g = g\,b = \frac{a\,b}{2}$$

$$c\,i = a\,b \text{ und } a\,k = d\,c.$$

Der Schwerpunkt S liegt im Schnittpunkt der Geraden $f\,g$ und $i\,k$.

$$x = \frac{h}{3}\,\frac{a\,b + 2\,c\,d}{a\,b + c\,d}.$$

Abb. 54.

c) Kreisabschnitt (Abb. 54).

$$O\,S = \frac{s^3}{12\,F}.$$

F = Fläche des Kreisabschnittes (s. S. 28—30).

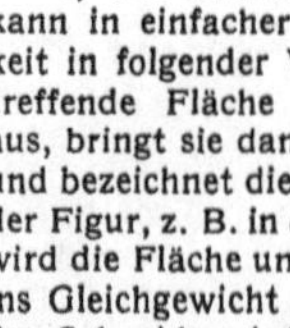

Abb. 55.

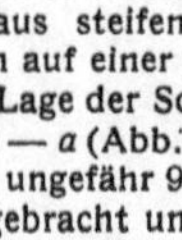

Abb. 56.

d) Kreisausschnitt (Abb. 55).

$$O\,S = \frac{2}{3}\,\frac{r \cdot \sin \alpha}{\alpha} = \frac{2}{3}\,\frac{r \cdot s}{b}.$$

e) Halbkreis (Abb. 56).

$$O\,S = \frac{4}{3}\,\frac{r}{\pi} = 0{,}424\,r.$$

f) Der Schwerpunkt einer beliebig geformten ebenen Fläche kann in einfacher und mit für die Praxis genügender Genauigkeit in folgender Weise ermittelt werden: man schneidet die betreffende Fläche aus steifem Zeichenpapier, Karton od. dgl. aus, bringt sie dann auf einer geraden Schneide ins Gleichgewicht und bezeichnet die Lage der Schneide auf der Figur, z. B. in a — a (Abb. 57). Dann wird die Fläche um ungefähr 90° gedreht, ins Gleichgewicht gebracht und die Lage der Schneide wieder bezeichnet, z. B. in b — b. Der Schwerpunkt der Fläche liegt dann im Schnittpunkt S der beiden Geraden a — a und b — b

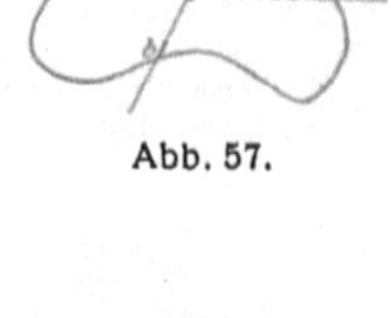

Abb. 57.

8. Reibung.

a) Gleitende Reibung. Ist in Abb. 58 Q der Druck, mit dem zwei Körper gegeneinander gedrückt werden, dann ist der Reibungswiderstand:

$$P = Q \cdot \mu.$$

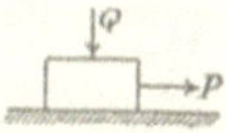

Abb. 58.

μ ist der Reibungskoeffizient.

b) Zapfenreibung. α) Zur Überwindung der Reibung, die bei einem zylindrischen Zapfen auftritt, welcher mit der Kraft P_1 gegen die Lagerschale gedrückt wird, ist ein Drehmoment (Abb. 59)

$$M = P_2 \cdot R = P_1 \cdot \mu \cdot \frac{d}{2}$$

erforderlich, oder

$$P_2 = \frac{P_1 \cdot \mu \cdot d}{2\,R}.$$

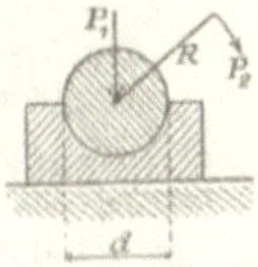

Abb. 59.

β) Befindet sich der drehende Zapfen zwischen zwei Schalen (Abb. 60), welche mit der Kraft P_1 zusammengedrückt werden, dann ist das zur Überwindung des Reibungswiderstandes erforderliche Drehmoment:

$$M = P_2 \cdot R = \mu \cdot P_1 \cdot d \text{ oder}$$

$$P_2 = \frac{\mu \cdot P_1 \cdot d}{R},$$

d. h. doppelt so groß als im ersteren Falle.

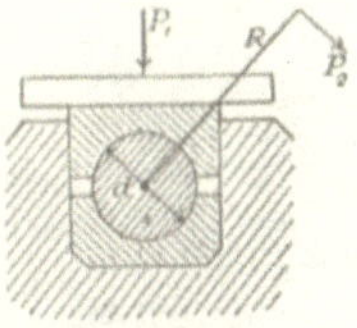

Abb. 60.

c) Spurzapfenreibung. Ist P_1 (Abb. 61) der in der Achsenrichtung auf einen Ring entfallende Schub in kg, dann ist das zur Überwindung der Reibung erforderliche Drehmoment für einen Ring:

$$M = \mu \cdot Q_1 \, \frac{D + d}{4}.$$

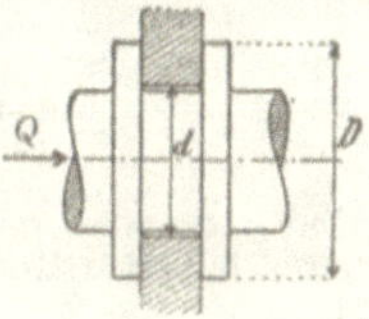

Abb. 61.

Verschiedene Reibungskoeffizienten.

Bronze auf Bronze, trocken	μ etwa	= 0,20
Bronze auf Gußeisen, trocken	μ „	= 0,21
Gußeisen auf Gußeisen oder Bronze, wenig fett	μ „	= 0,15
Bronze auf Schmiedeeisen, wenig fett	μ „	= 0,16
Schmiedeeisen auf Gußeisen, trocken	μ „	= 0,18
Schmiedeeisen auf Schmiedeeisen, trocken	μ „	= 0,44

Bei guter Schmierung ist für:

Schmiedeeisen auf Gußeisen oder Bronze	μ etwa	= 0,03 —0,07
Schmiedeeisen auf Pockholz	μ „	= 0,11 —0,19
Stahl auf Bronze	μ „	= 0,004—0,011
Stahl auf Weißmetall	μ „	= 0,006—0,012

d) Rollende Reibung. Wird eine Last Q von einer oder mehreren Walzen oder Kugeln vom Durchmesser d_1 in cm getragen (Abb. 62), dann ist die zur Fortbewegung nötige Kraft:

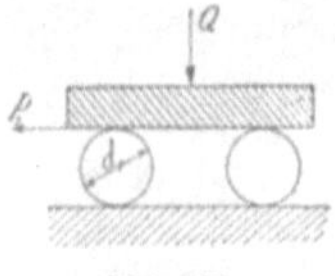

Abb. 62.

$$P = \frac{2\,Q \cdot \mu_1}{d_1}.$$

Für gehärteten Stahl auf gehärtetem Stahl ist $\mu_1 = 0{,}0015$ bis $0{,}002$ cm

Für Eisen auf Eisen $\mu_1 = 0{,}005$ cm.

Beispiel. An einem Kranhaken hänge eine Last $Q = 10000$ kg. Um diese Last mit dem Haken zu drehen, ist ein Drehmoment M erforderlich:

1. Wenn die Last auf Stahlkugeln von $d_1 = 2$ cm Dmr. ruht (s. Abb. 63), $D_m = 9$ cm ist und $\mu_1 = 0{,}002$ angenommen wird:

$$M = P \cdot \frac{D_m}{2} + \frac{2\,Q \cdot \mu_1}{d_1} \cdot \frac{D_m}{2} =$$

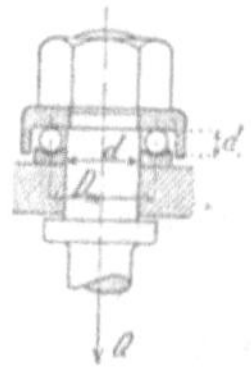

Abb. 63.

$$= \frac{2 \cdot 10000 \cdot 0{,}002}{2} \cdot \frac{9}{2} = 90 \text{ kg/cm}.$$

An einem Hebelarm von $R = 100$ cm Länge wäre demnach eine Kraft

$$P_2 = \frac{M}{R} = \frac{90}{100} = 0{,}9 \text{ kg erforderlich.}$$

2. Wenn keine Kugeln vorhanden wären und hierbei Schmiedeeisen auf Bronze gleiten müßte, so würde bei $D = 12$ cm, $d = 6$ cm ein Moment:

$$M = \mu \cdot Q\,\frac{D+d}{4} = 0{,}16 \cdot 10000\,\frac{12+6}{4} = 7200 \text{ kg/cm}$$

erforderlich sein. An demselben Hebelarm von 100 cm Länge müßte hier eine Kraft

$$P_2 = \frac{M}{R} = \frac{7200}{100} = 72 \text{ kg wirken.}$$

Dynamik.

1. Parallelogramm der Geschwindigkeiten. a) Ein Körper A, der eine Bewegung von A nach B mit einer Geschwindigkeit v_1 ausführt (Abb. 64), gleichzeitig aber auch eine Geschwindigkeit v_2 hat (z. B. wenn jemand während der Fahrt von einer Schiffseite quer auf die andere geht), führt eine Bewegung AC mit der Geschwindigkeit v aus. Die resultierende Geschwindigkeit v ist dann die Diagonale eines Parallelogrammes mit den Seiten v_1 und v_2 (wie beim Kräfteparallelogramm).

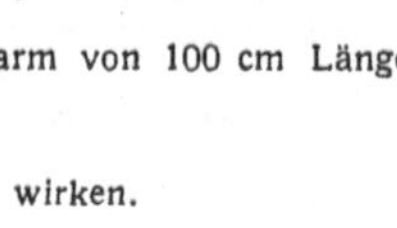

Abb. 64.

b) Von zwei Körpern K_1 und K_2 bewegt sich der eine K_1 mit der Geschwindigkeit v_1, der andere K_2 mit der Geschwindigkeit v_2; dann ist die gegenseitige Geschwindigkeit von K_1 gegenüber K_2 d. h. diejenige Geschwindigkeit, die der Beobachter wahrnimmt, der sich mit K_1 bewegt und K_2 beobachtet, gleich v_r.

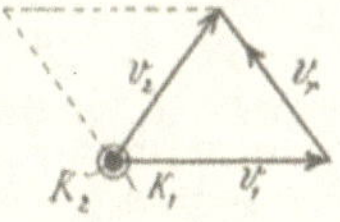

Abb. 65.

2. Gleichförmige Bewegung. Ein Körper bewegt sich mit gleichförmiger Geschwindigkeit, wenn er in gleichen Zeiten gleiche Wege zurücklegt.

Unter Geschwindigkeit der gleichförmigen Bewegung eines Körpers versteht man den in der Zeiteinheit (Sekunde, Minute, Stunde usw.) zurückgelegten Weg (in Metern, Kilometern, Meilen od. dgl.).

Ist s der Weg, den ein Körper in der Zeit t zurückgelegt hat, und v seine Geschwindigkeit, dann ist:

$$s = vt; \quad v = \frac{s}{t}; \quad t = \frac{s}{v}.$$

3. Gleichförmig beschleunigte oder **verzögerte Bewegung.** Ein Körper bewegt sich gleichförmig beschleunigt od. verzögert, wenn seine Geschwindigkeit mit der Zeit gleichmäßig zu- oder abnimmt.

Unter Beschleunigung oder Verzögerung versteht man hierbei die Zunahme oder Abnahme der Geschwindigkeit des Körpers in einer Sekunde.

Unter Geschwindigkeit in einem bestimmten Augenblick versteht man hierbei denjenigen Weg, den der Körper in einer Sekunde zurücklegen würde, wenn er sich von diesem Augenblick ab gleichförmig weiter bewegte.

Bezeichnet: b die Beschleunigung oder Verzögerung,
t die Zeit in Sekunden,
s den in der Zeit t zurückgelegten Weg,
v die Geschwindigkeit nach t Sekunden,
c die Anfangsgeschwindigkeit,

dann ist bei der beschleunigten Bewegung:

$$v = c + b \cdot t; \quad s = c \cdot t + \frac{b}{2} t^2 = \frac{c+v}{2} t = \frac{v^2 - c^2}{2b}$$

und bei der verzögerten Bewegung:

$$v = c - b \cdot t; \quad s = c \cdot t - \frac{b}{2} t^2 = \frac{c+v}{2} t = \frac{c^2 - v^2}{2b}.$$

Freier Fall eines Körpers. Beschleunigung in einer Sekunde: $b = g = 9{,}81$ m = Beschleunigung beim freien Fall.

$$v = g \cdot t; \quad h = \frac{g \cdot t^2}{2} = \frac{v^2}{2g}$$

$$t = \sqrt{\frac{2h}{g}}; \qquad v = \sqrt{2g \cdot h} = 4{,}429 \sqrt{h}.$$

h = Fallhöhe in m.

Beispiel. Wie lange Zeit braucht ein Körper, um vom Ruhezustande aus 15 m tief zu fallen?

Es ist $t = \sqrt{\frac{2h}{g}} = \sqrt{\frac{2 \cdot 15}{9{,}81}} = \sqrt{3{,}06} = 1{,}749 \approx 1{,}75$ s.

4. Kreisförmige Bewegung. Die Umfangsgeschwindigkeit u eines Punktes eines sich drehenden Körpers ist:

$$u = \frac{2\,R \cdot \pi \cdot n}{60} = 0{,}105\,R \cdot n,$$

worin R der Abstand des Punktes von der Drehachse und n die Umdrehungszahl in einer Minute ist.

Der Wert $2\,\pi\,n : 60$ hängt nur von der Drehzahl ab und heißt Winkelgeschwindigkeit ω;

$$\omega = \frac{\pi \cdot n}{30} = 0{,}105\,n;\quad u = R \cdot \omega.$$

5. Unter **Masse** m eines Körpers versteht man den Quotienten aus dem Gewicht G desselben in Kilogrammen dividiert durch die Beschleunigung g beim freien Fall

$$m = \frac{G}{g} = \frac{G}{9{,}81} = 0{,}102\,G \text{ od. rund } \frac{G}{10}.$$

6. Mechanische Arbeit. Das Produkt aus einer Kraft P (in kg) und dem in ihrer Richtung zurückgelegten Weg s des Angriffspunktes (in Metern) heißt „mechanische Arbeit" (in Meterkilogramm oder Kilogrammeter).

$$A = P \cdot s \text{ mkg.}$$

Bei jeder Kraftmaschine ist immer, wenn von Reibungs- und ähnlichen Widerständen abgesehen wird, die aufgewendete mechanische Arbeit A der Kraft, gleich der geleisteten mechanischen Arbeit L des zu überwindenden nützlichen Widerstandes, also: $A = L$.

Ist P die wirkende Kraft in kg,
s der in einer beliebigen Zeit zurückgelegte Weg des Angriffspunktes dieser Kraft in m,
Q der zu überwindende nützliche Widerstand in kg und
s_1 der während der gleichen Zeit von diesem Widerstand zurückgelegte Weg in m,

dann ist:

$$P \cdot s = Q \cdot s_1 \text{ kgm.}$$

Daraus ergibt sich:

$$P = Q\,\frac{s_1}{s} \text{ kg oder: } Q = \frac{s}{s_1} \text{ kg.}$$

Beispiel. Legt bei irgendeiner Hebevorrichtung der Angriffspunkt der Kraft P (Kurbel, Handkette od. dgl.) einen Weg $s = 1$ m zurück, während der Lasthaken gleichzeitig nur einen Weg s_1 von 1 cm = 0,01 m zurücklegt, dann ist, von Reibung usw. abgesehen, es mit dieser Hebevorrichtung möglich, durch eine Kraft von z. B. $P = 10$ kg eine Last

$$Q = P\,\frac{s}{s_1} = 10\,\frac{1}{0{,}01} = 1000 \text{ kg zu heben.}$$

Wird der Wirkungsgrad η zu 0,6 geschätzt, dann können in vorstehendem Falle in Wirklichkeit nur $Q = 1000 \cdot 0{,}6 = 600$ kg gehoben werden.

7. **Leistung** ist die in einer Sekunde verrichtete mechanische Arbeit:

$$L = \frac{P \cdot s}{t} = P \cdot v = \text{Kraft} \cdot \text{Geschwindigkeit},$$

wobei t diejenige Zeit ist, während welcher die Arbeit $P \cdot s$ geleistet wird.

8. **Pferdekraft** (PS) wird eine Leistung von 75 mkg genannt, also:

$$\text{Leistung in PS} = \frac{\text{Leistung in Meterkilogramm}}{75} = N.$$

Die Beziehung zwischen Pferdestärken, Drehmoment M und Umdrehungszahl n/min ist:

$$M = P \cdot R = 71600 \frac{N}{n} \text{ cmkg}.$$

Hier ist der Hebelarm R in cm einzusetzen.

9. **Wucht (lebendige Kraft)** A eines Körpers nennt man das halbe Produkt aus seiner Masse multipliziert mit dem Quadrat seiner Geschwindigkeit:

$$A = \frac{m v^2}{2} = \frac{1}{2} \frac{G}{g} \cdot v^2 \text{ mkg} = 0{,}051\, G \cdot v^2.$$

Die Wucht ist eine in dem sich bewegenden Körper *aufgespeicherte Arbeit.*

Wird der Bewegung eines Körpers, der das Gewicht G und die Geschwindigkeit v_1 besitzt, ein Widerstand P entgegengesetzt, so verzögert sich seine Bewegung unter gleichzeitiger Abnahme seiner Wucht.

Hat der Körper nach Zurücklegung eines Weges von s Metern noch eine Geschwindigkeit v_2, dann hat derselbe eine Arbeit geleistet:

$$A = P s = \frac{G}{2g} (v_1^2 - v_2^2) = \frac{m}{2} (v_1^2 - v_2^2).$$

Soll sich die Geschwindigkeit des Körpers von v_2 auf v_1 vergrößern, dann muß dem Körper dieselbe Arbeit wieder zugeführt werden.

Beispiel. Das Kolbengestänge einer Maschine wiegt 5000 kg, seine Geschwindigkeit in der Mitte des Hubes ist 6 m in der Sekunde; wie groß ist die Wucht des Gestänges in der Mitte des Hubes?

Es ist: $A = \frac{1}{2} \frac{G}{g} v^2 = \frac{1}{2} \cdot \frac{5000}{9{,}81} \cdot 6^2 = 9180$ kg/m.

Bemerkung. Diese Arbeit wird während der ersten Hälfte des Hubes vom Dampf an das Gestänge, während der zweiten Hälfte des Hubes vom Gestänge an die Kurbelwelle abgegeben.

10. **Trägheitsmoment.** Man versteht unter Trägheitsmoment J bei einer sich um eine Achse drehenden Masse die Summe der Produkte aus der Masse der einzelnen Körperelemente und dem Quadrat ihres Abstandes von der Drehachse.

Ist m die gesamte Masse des rotierenden Körpers und k der ideelle Abstand dieser in einem Punkt vereinigt gedachten Masse von der Drehachse, d. h. der „Trägheitsradius", so ist auch

$$J = m \cdot k^2, \text{woraus } k = \sqrt{\frac{J}{m}}.$$

Daraus ergibt sich die Wucht

$$A = \frac{\omega^2}{78{,}5} \cdot G \cdot D^2.$$

Vielfach wird in technischen Rechnungen das sog. „Schwungmoment" $G \cdot D^2$ benutzt, in welchem $D = 2\,k$ und G das Gewicht des rotierenden Körpers ist. Es ist dann

$$G \cdot D^2 = 4 \cdot g \cdot J.$$

Das Trägheitsmoment eines Kreiszylinders vom Durchmesser d, bezogen auf seine Längsachse ist

$$J = \frac{G}{g} \cdot \frac{d^2}{8} = \mathrm{m}\,\frac{d^2}{8}.$$

Macht der Zylinder n Umdrehungen i. d. Min., so ist die in demselben aufgespeicherte lebendige Kraft oder seine Wucht:

$$A = m \cdot \omega^2\,\frac{d^2}{16}.$$

11. Zentrifugalkraft. Bewegt sich ein Körper (Abb. 66) vom Gewicht G (in kg) mit einer Geschwindigkeit v (in m) in einem Kreise vom Halbmesser r (in m), dann ist die Kraft, welche bestrebt ist, ihn vom Mittelpunkt zu entfernen (Zentrifugalkraft), in kg

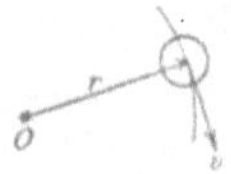

Abb. 66.

$$C = \frac{G}{g} \cdot \frac{v^2}{r} = 0{,}102\,G\,\frac{v^2}{r} = \frac{m\,v^2}{r}$$

oder, wenn ω die Winkelgeschwindigkeit und n die Anzahl der minutlichen Umläufe ist:

$$C = m \cdot r \cdot \omega^2 = 0{,}102\,G\,r\,\omega^2 = 0{,}00112\,G\,r\,n^2.$$

Beispiel. Das Gewicht des Kurbelzapfens und des überhängenden Teiles der Wangen einer gebauten Kurbel beträgt 4000 kg. Die Maschine macht 90 U/min, der Kurbelradius ist 0,8 m. Wie groß ist die Zentrifugalkraft des überhängenden Teiles der Kurbel? Es ist:

$$C = 0{,}00112 \cdot G \cdot r \cdot n^2 = 0{,}00112 \cdot 4000 \cdot 0{,}8 \cdot 90^2$$

$$C \approx 29000 \text{ kg}.$$

Hydrostatik.

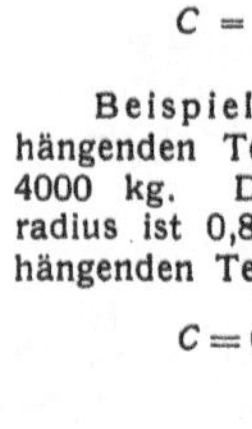

Abb. 67.

1. Flüssigkeitsdruck. Ist in Abb. 67 h in m die Höhe der Flüssigkeitsoberfläche über dem Schwerpunkt irgendeines Teiles der Gefäßwand von der Fläche f in m² und γ das Gewicht der Flüssigkeit in kg/m³, dann ist der Druck auf diese Fläche in kg $P = f \cdot h \cdot \gamma$.

2. Fortpflanzung des Druckes. Befindet sich in einem allseitig geschlossenen Gefäß (Abb. 68) eine Flüssigkeit, auf welche an irgend einer Stelle ein Druck ausgeübt wird, dann pflanzt sich dieser durch die Flüssigkeit nach allen Richtungen auf die begrenzenden Flächen hin fort. Wird auf die Fläche f ein Druck P ausgeübt, dann ist der auf eine Fläche F fortgepflanzte Druck:

$$Q = P\frac{F}{f}.$$

Anwendung bei hydraulischen Pressen und Hebevorrichtungen.

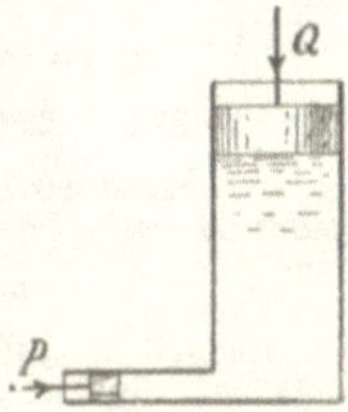

Abb. 68.

Beispiel. Auf den kleinen Kolben (Abb. 68) von 20 mm Dmr. werde ein Druck von $P = 100$ kg ausgeübt; welcher Druck Q kann durch den großen Kolben von 400 mm Dmr. überwunden werden?

Es ist:

$$Q = P\frac{F}{f} = 100\frac{400^2\frac{\pi}{4}}{20^2\frac{\pi}{4}} = 100\frac{400^2}{20^2} = 40000 \text{ kg}.$$

3. Auftrieb. Ein in eine Flüssigkeit vom spezifischen Gewicht γ ganz eingetauchter Körper vom Volumen V in m^3 erfährt einen Auftrieb von

$$A = V \cdot \gamma \text{ (kg)}.$$

Das scheinbare Gewicht G_1 eines ganz untergetauchten Körpers ist also, wenn G sein wirkliches Gewicht ist:

$$G_1 = G - V \cdot \gamma.$$

Schwimmen. Ein auf einer Flüssigkeit schwimmender Körper vom Gewicht G in kg verdrängt ein Flüssigkeitsvolumen

$$V = \frac{G}{\gamma},$$

d. h.: das Gewicht der verdrängten Flüssigkeitsmenge ist gleich dem Gewicht des Körpers.

Hydrodynamik.

Die Ausflußgeschwindigkeit v in m/s, mit welcher Wasser aus einer Öffnung fließt, ist, wenn h die Höhe des Wasserspiegels über der Öffnung (Druckhöhe) in m:

$$v = \sqrt{2g \cdot h} = 4{,}429\sqrt{h}.$$

Ist f der Querschnitt der Ausflußöffnung in cm^2, dann ist die in der s ausfließende Wassermenge Q in Litern angenähert:

1. Bei scharfkantiger Öffnung in dünner Wand:

$$Q = 0{,}06 f\sqrt{2g \cdot h} = 0{,}266 f\sqrt{h}.$$

2. Beim Ausfluß aus einer konischen Düse:

$$Q = 0{,}09 f\sqrt{2g \cdot h} = 0{,}4 f\sqrt{h},$$

wobei f der kleinste Querschnitt der Düse ist.

Beispiel. Zwei Meter unter der Wasserlinie befindet sich in der Außenhaut des Schiffes ein Loch von 100 cm² Querschnitt. Welche Wassermenge dringt durch dasselbe in das Schiff ein?

Es ist:
$$Q = 0{,}266 f \cdot \sqrt{h} = 0{,}266 \cdot 100 \sqrt{2} = 37{,}6 \text{ l/s}$$

oder $60 \cdot 37{,}6 = 2256$ l/min oder $60 \cdot 2256 \approx 135$ m³/h.

Ist anstatt der Druckhöhe h (in m) der Druck in kg/cm² $= p$ (Manometeranzeige) gegeben, dann ist die entsprechende Druckhöhe:
$$h = 10\,p \text{ (m) (für Wasser).}$$

Handelt es sich um den Ausfluß einer anderen Flüssigkeit vom spez. Gewicht γ, dann ist deren Ausflußgeschwindigkeit bei einer Druckhöhe $= h$ (m):
$$v = \sqrt{2g \cdot h} = \sqrt{2g \frac{10 \cdot p}{\gamma}} = 4{,}429 \sqrt{\frac{10 \cdot p}{\gamma}}$$

d. h. bei gleichem Druck fließt durch dieselbe Öffnung die leichtere Flüssigkeit mit entsprechend größerer Geschwindigkeit.

Diese Beziehung gilt auch für Gase, solange es sich nur um geringe Überdrücke handelt; dann ist für γ das spez. Gewicht bei der betreffenden Temperatur einzusetzen, z. B. für Luft:
$$\gamma = 0{,}001293 \frac{273}{T},$$

worin T die absolute Temperatur (s. S. 51) ist. Ist der Überdruck h bei atm. Luft wie üblich in Millimeter Wassersäule angegeben, dann ist
$$v = 0{,}24 \sqrt{T \cdot h}.$$

Beispiel: Welche Wassermenge strömt in einer Stunde durch eine Aschejektordüse von 20 mm Dmr., wenn der manometrische Druck vor der Düse $p = 13{,}5$ kg/cm² beträgt?

Es ist: $h = 10 \cdot p = 10 \cdot 13{,}5 = 135$ m
$$Q = 0{,}4 \cdot f \sqrt{h} = 0{,}4 \cdot \frac{2^2 \pi}{4} \cdot \sqrt{135} = 0{,}4 \cdot 3{,}14 \cdot 11{,}62 = 14{,}6 \text{ l/s}$$
$$\text{oder } Q = 3600 \cdot 14{,}6 \approx 52600 \text{ l} = 52.6 \text{ t/h}.$$

Beispiel. Mit welcher Geschwindigkeit strömt die auf 150° C vorgewärmte Verbrennungsluft durch die Luftdüse eines Ölfeuerungsgeschränkes, wenn der Druckunterschied vor und hinter der Luftdüse $h = 20$ mm WS beträgt.

Es ist: $T = 150 + 273 = 423°$ C

folglich: $v = 0{,}24 \sqrt{423 \cdot 20} = 0{,}24 \sqrt{8460} = 0{,}24 \cdot 91{,}98 = \sim 22$ m/s.

Beispiel. Wie groß ist das Gewicht der in der Stunde durch diese Luftdüse strömenden Luft, wenn der kleinste Querschnitt der Luftdüse $f = 8$ dm² $= 0{,}08$ m² ist.

Es ist:
$$\gamma = 0{,}001293 \frac{273}{T} = 0{,}001293 \frac{273}{423} = 0{,}000832 \text{ kg/dm}^3 = 0{,}832 \text{ kg/m}^3,$$

also $Q = f \cdot v \cdot \gamma \cdot 3600 = 0{,}08 \cdot 22 \cdot 0.832 \cdot 3600 = 5260$ kg/h.

Ärostatik.

1. Mariottesches Gesetz. a) Bei gleichbleibender Temperatur verhalten sich die Drücke einer und derselben Gasmenge umgekehrt wie die zugehörigen Volumina.

Ist v_1 das Volumen und p_1 der abs. Druck einer bestimmten Gasmenge bei irgendeiner Temperatur, v_2 das Volumen derselben Gasmenge bei derselben Temperatur aber bei einem anderen abs. Druck p_2 dann ist:

$$\frac{v_1}{v_2} = \frac{p_2}{p_1} \quad \text{oder} \quad v_1 p_1 = v_2 p_2$$

$$p_2 = p_1 \frac{v_1}{v_2}; \quad v_2 = v_1 \frac{p_1}{p_2};$$

b) Bleibt das Volumen einer Gasmenge vom Druck p und der Temperatur t in Grad C konstant, dann ist der Druck bei der Temperatur t_1:

$$p_1 = p \frac{t_1 + 273}{t + 273} \quad \text{oder} \quad = p \frac{T_1}{T}.$$

Die Zahl 273 gibt die Lage des sog. absoluten Nullpunktes der Temperatur unter dem Gefrierpunkt des Wassers in Grad C an.

Ist t die Temperatur in Celsiusgraden vom Gefrierpunkt des Wassers an gerechnet, dann ist die absolute Temperatur

$$T = 273 + t \text{ Grad.}$$

Würde sich ein Körper bis auf diese Temperatur abkühlen lassen, dann würde er keine Wärme mehr enthalten.

2. Gay-Lussacsches Gesetz. Bei gleichbleibender Spannung einer Gasmenge ist ihr Volumen proportional der absoluten Temperatur T.

Es ist also: $v_2 : v_1 = T_2 : T_1$

oder $v_2 : v_1 = (t_2 + 273) : (t_1 + 273)$ oder $v_2 = v_1 \frac{t_2 + 273}{t_1 + 273}$.

Der mittlere Druck der Luft hält einer 10,33 m (34′ engl.) hohen Wassersäule oder einer 760 mm (30″ engl.) hohen Quecksilbersäule das Gleichgewicht und beträgt 1,033 kg/cm² (14,70 lbs. auf 1 □″ engl.).

In der Technik wird der Druck (Dampfdruck, Gasdruck oder Flüssigkeitsdruck) in kg auf 1 cm² (bzw. engl. Pfund auf 1 □″ engl.) gemessen, entsprechend 735 mm (29″ engl.) Quecksilbersäule = 14,22 engl. Pfund auf 1 □″ engl. (s. Zahlentafel Teil XI) und mit at bezeichnet.

Ist hierbei die absolute Luftleere als Nullpunkt angenommen, dann nennt man den Druck „absoluten Druck" und bezeichnet ihn mit at abs od. ata.

Wird hingegen der mittlere Luftdruck als Nullpunkt angenommen, dann wird der Druck „Überdruck" genannt und mit atü bezeichnet.

Die Angabe in absolutem Druck ist also immer um 1 at größer als jene in Überdruck; z. B. 6 at a. = 5 atü.

3. Aus den vereinigten Gesetzen von Mariotte und Gay-Lussac ergibt sich die Zustandsgleichung für vollkommene Gase:

$$P \cdot v = R \cdot T \text{ oder } P \cdot V = G \cdot R \cdot T,$$

worin P der abs. Druck in kg/m², V das Volumen in m³, v das Volumen von 1 kg Gas in m³, G das Gewicht der Gasmenge in kg, R die Gaskonstante' bedeutet.

Die Gaskonstante ist für: Luft = 29,27, Sauerstoff = 26,5, Stickstoff = 30,26, Wasserstoff = 420,6, Kohlenoxyd = 30,29, Kohlensäure = 19,27, Ammoniak = 49,79.

Beispiel. Wie groß ist das Gewicht von 1 m³ trockener atm. Luft bei 2,5 ata (= 25000 kg/m²) und einer Temperatur von 45° C.

$$G = \frac{P \cdot V}{R \cdot T} = \frac{25000 \cdot 1}{29{,}27 \cdot (273 - 45)} = 2{,}69 \text{ kg}.$$

4. Expansion und Kompression.

a) Expandiert ein in einem Zylinder od. dgl. eingeschlossenes Gas, ohne daß ihm während dieses Vorganges Wärme zugeführt wird, dann kühlt es sich unter gleichzeitiger Abnahme des Druckes ab.

Wird das Gas hingegen komprimiert, ohne daß ihm Wärme entzogen wird, dann steigt sowohl sein Druck als auch seine Temperatur.

Diese Art der Volumen- bzw. Druckänderung nennt man „adiabatische" Expansion bzw. Kompression.

b) Wird dem Gase während der Expansion soviel Wärme zugeführt oder bei der Kompression entzogen, daß die Temperatur sich immer gleich bleibt, dann nennt man diese Zustandsänderungen „isothermische" Expansion bzw. Kompression. Druck und Volumen ändern sich hierbei nach dem Mariotteschen Gesetz.

Wird in einen Zylinder nur während des Kolbenweges $AB = a$ (Abb. 69) ein Gas (Dampf) von der abs. Spannung $OA = p_1$ eingelassen, so expandiert von diesem Augenblick ab das Gas, bis der Kolben am Ende seines Hubes in D angelangt ist.

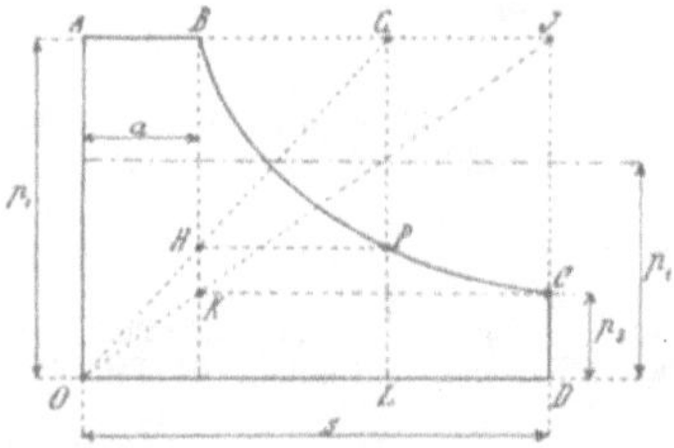

Abb. 69.

In der Regel wird der Einfachheit wegen angenommen, daß das hinter dem Kolben arbeitende Gas (Dampf) nach dem Mariotteschen Gesetz expandiert. Es ergibt sich dann der hinter dem Kolben herrschende Druck bei einer beliebigen Kolbenstellung, z. B. in L, aus der Gleichung

$$LP = p_1 \cdot \frac{AB}{OL} \text{ ata}$$

und am Ende des Hubes

$$DC = p_2 = p_1 \frac{AB}{OD} = p_1 \frac{a}{s} \text{ ata.}$$

Das Verhältnis $\frac{a}{s}$ heißt der „Füllungsgrad" des Zylinders und wird mit ε bezeichnet. Es ist also

$$DC = p_2 = p_1 \varepsilon.$$

Zeichnerisch ergibt sich der Druck in einer beliebigen Kolbenstellung, z. B. in L, in folgender Weise:

Die Senkrechte in L schneidet die Horizontale AJ im Punkt G; ferner schneidet die Diagonale GO die von B aus gefällte Senkrechte im Punkt H. Die von H aus gezogene Horizontale schneidet dann die im Punkt L errichtete Senkrechte in P; es ist dann PL der gesuchte Druck bei der Kolbenstellung L.

Die sich ergebende Expansionslinie ist eine Hyperbel.

Der während eines ganzen Hubes hinter dem Kolben wirkende theoretische mittlere Druck findet sich aus der Gleichung

$$p_t = p_1 \cdot \frac{a}{s} \left(1 + \ln \frac{s}{a}\right) \text{ata} = p_1 \varepsilon \left(1 + \ln \frac{1}{\varepsilon}\right) \text{ata}$$

oder wenn $\varepsilon \left(1 + \ln \frac{1}{\varepsilon}\right) = k$ gesetzt wird:

$$p_t = k \cdot p_1.$$

Werte der Spannungsvorzahl k siehe Zahlentafel S. 88.

Wird ein in einem Zylinder eingeschlossenes Gas (Dampf) vom abs. Druck $BC = p_3$ (Abb. 70) nach dem Mariotteschen Gesetz komprimiert, so findet sich der Druck bei einer beliebigen Kolbenstellung, z. B. in D, in folgender Weise:

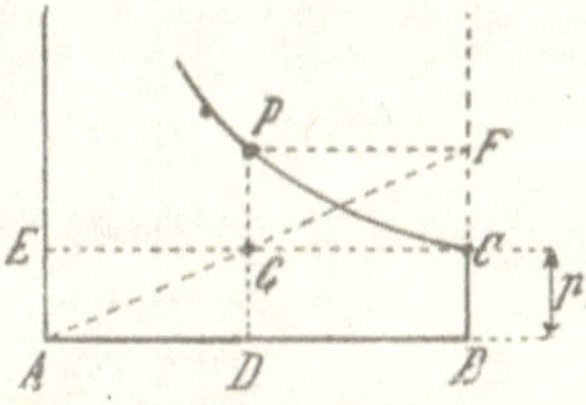

Abb. 70.

Die durch C gezogene Horizontale CE schneidet die in D errichtete Senkrechte in G; ferner schneidet die durch G gezogene Diagonale AF die in B errichtete Senkrechte im Punkt F. Die durch F gezogene Horizontale schneidet dann die in D errichtete Senkrechte in P; DP ist der gesuchte Kompressionsdruck.

Bemerkung. Bei adiabatischer Expansion sinkt der Druck etwas schneller als bei isothermischer. Ebenso steigt bei adiabatischer Kompression der Druck schneller als bei isothermischer.

5. Kreisprozesse.

a) Heißluftmaschinen. Der Prozeß verläuft bei diesen zwischen zwei Linien gleichen Druckes p_1 bzw. p_2 und zwei Adiabaten (Abb. 71):

a bis b: adiabatische Kompression vom Volumen v_a auf dasjenige v_b, Drucksteigerung von p_1 auf p_2.

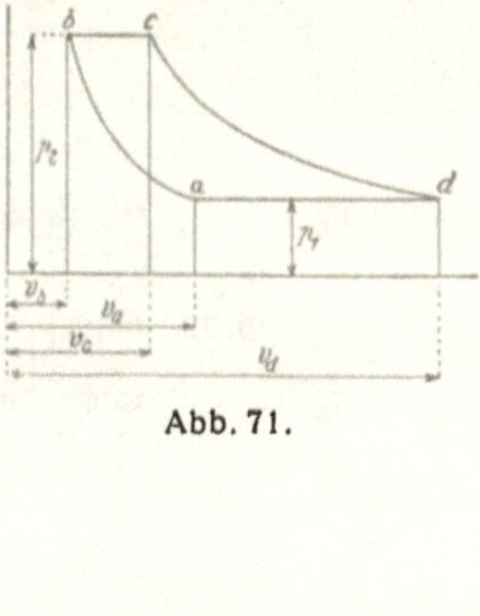

Abb. 71.

b bis *c*: Zuführung der Wärmemenge Q_1 bei gleichbleibendem Druck p_2 und entsprechender Volumenvergrößerung, Temperatur in $c = T_c$.

c bis *d*: adiabatische Expansion vom Druck p_2 auf den Anfangsdruck p_1; Temperatur in $d = T_d$.

d bis *a*: Entziehung einer Wärmemenge Q_2 bei gleichbleibendem Druck p_1 und Verkleinerung des Volumens auf das Anfangsvolumen v_a. Es muß dabei sein: $v_a : v_b = v_d : v_c$.

b) Carnotscher Kreisprozeß (Abb. 72) verläuft zwischen zwei Isothermen und zwei Adiabaten.

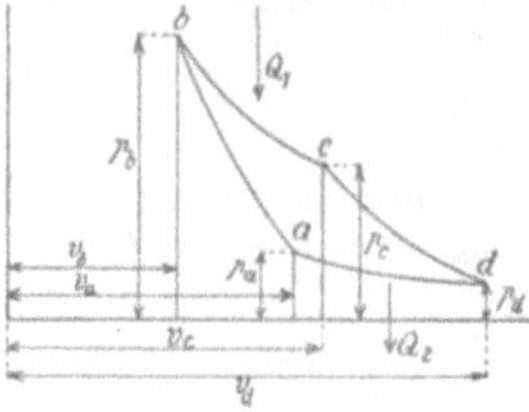

Abb. 72.

a bis *b*: adiabatische Kompression von v_a auf v_b.

b bis *c*: isothermische Expansion, Zufuhr einer Wärmemenge Q_1.

c bis *d*: adiabatische Expansion.

d bis *a*: isothermische Kompression und Ableitung einer Wärmemenge Q_2.

Hierbei bestehen folgende Verhältnisse:

$$v_b : v_a = v_c : v_d; \quad p_b : p_a = p_c : p_d$$

$$v_b : v_c = p_c : p_b; \quad v_d : v_a = p_a : p_d.$$

c) Kreisprozeß bei Gas- und Benzinmotoren (Abb. 73) verläuft zwischen zwei Adiabaten und zwei Linien gleichen Volumens.

a bis *b*: adiabatische Kompression vom Volumen v_a auf Volumen v_b des schädlichen Raumes.

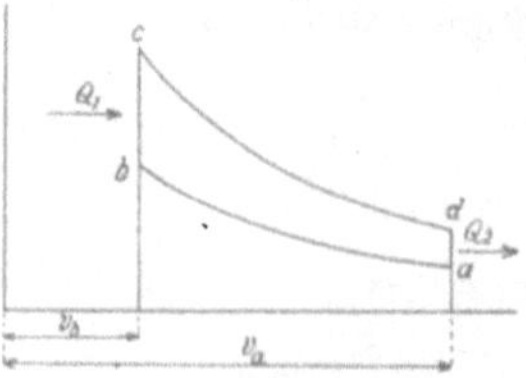

Abb. 73.

b bis *c*: Zufuhr einer Wärmemenge Q_1 (Verbrennung bzw. Explosion des Gemisches) bei unverändertem Volumen und entsprechender Erhöhung des Druckes.

c bis *d*: adiabatische Expansion vom Volumen v_b auf dasjenige v_a.

d bis *a*: Ableitung der Wärmemenge Q_2, Abfall des Druckes auf den Anfangsdruck.

d) Kreisprozeß beim Dieselmotor: verläuft zwischen zwei Adiabaten, einer Linie gleichen Druckes und einer Linie gleichen Volumens (Abb. 74).

a bis *b*: adiabatische Kompression vom Volumen v_a auf das Volumen v_b des schädlichen Raumes.

b bis *c*: Einführung und gleichzeitige Verbrennung des Brennstoffes (Zufuhr der Wärmemenge Q_1 bei gleichbleibendem Druck).

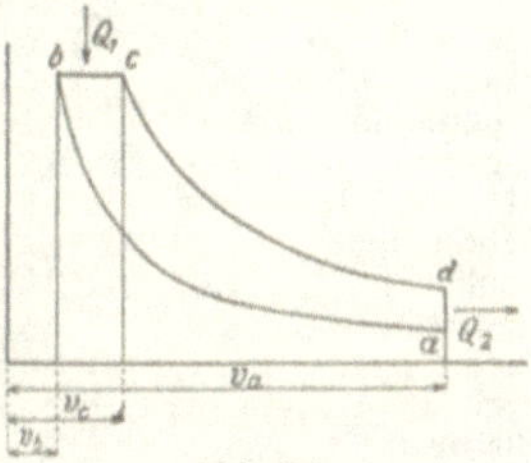

Abb. 74.

c bis *d*: adiabatische Expansion.

d bis *a*: Abfuhr der Wärmemenge Q_2 (Auspuff, Abfall des Druckes bis zum Anfangszustand).

Der thermische Wirkungsgrad dieser Kreisprozesse ist:

$$\eta = \frac{T_c - T_d}{T_c} = \frac{Q_1 - Q_2}{Q_1}$$

C. Physik.

1. Häufig vorkommende physikalische Werte.

Beschleunigung beim freien Fall: $g = 9{,}81$ m; $\frac{1}{g} = 0{,}102$

$\lg g = 0{,}9917$; $\sqrt{2g} = 4{,}43$.

Schallgeschwindigkeit in der Luft: 333 m/s

„ im Wasser: 1430 „

Lichtgeschwindigkeit 300000 km/s.

Atmosphärischer Druck am Meeresspiegel = 760 mm Quecksilbersäule = 1,033 kg/cm².

1 Atmosphäre = 1 at = 1 kg/cm² = 735 mm Barometerstand.

1 Pferdestärke = 75 mkg = 736 Watt.

Absoluter Nullpunkt der Temperatur = —273° C.

1 Wärmeeinheit (WE) = 1 Kilokalorie (kcal) = 3,968 British Thermal Units (BTU) = 427 mkg.

1 BThU = 0,252 WE.

2. Spezifisches Gewicht.

Das spezifische Gewicht γ eines Körpers gibt das Gewicht einer Volumeneinheit (dm³, m³) desselben in kg an; es ändert sich infolge Volumenänderung mit der Temperatur des betreffenden Körpers.

Abweichungen von den angegebenen Mittelwerten werden bei Metallen außerdem hervorgerufen durch mechanisches Bearbeiten. Hämmern, Schmieden, Walzen und Ziehen vergrößern, Ausglühen oder Umschmelzen vermindern das spezifische Gewicht.

Allgemein ist:

$$\text{Gewicht} = \text{Volumen} \cdot \text{spez. Gewicht} = V \cdot \gamma$$

oder:

$$\text{Volumen} = \frac{\text{Gewicht}}{\text{spez. Gewicht}} = \frac{G}{\gamma}.$$

Spezifische Gewichte verschiedener Körper.

a) Feste Körper (im Stück bzw. auf dm³).

Körper	Spez. Gewicht	Körper	Spez. Gewicht
Alaun	1,70	Kohle, Steinkohle	1,2 bis 1,5
Aluminium	2,70	Braunkohle	1,2 bis 1,5
Aluminiumbronze	7,7	Koks	bis 1,4
Antimon	6,7	Kreide	1,8 bis 2,7
Asbest	2,1 bis 2,8	Kupfer, gegossen	8,8 bis 8,9
Asbestpappe	1,2	„ gehämmert	8,9 bis 9,0
Asphalt	1,07 bis 1,16	Leder	0,85 bis 1,0
Bausteine	2,5	Marmor	2,65
Beton	1,8 bis 2,4	Mennige (Blei)	8,8
Blei	11,35	Messing	8,4 bis 8,7
Bleiweiß	6,7	Nickel	8,9 bis 9,2
Bronze	8,3 bis 8,6	Platin	21,5
Chamottesteine	1,8 bis 2,2	Paraffin	0,87
Eis von 0° C	0,92	Porzellan	2,25
Eisen:		Putzwolle, gepreßt	ca. 0,33
Gußeisen	7,2	„ lose	ca. 0,1
Schmiedeisen und Stahl	7,8	Salmiak	1,52
Erde	1,4 bis 2,0	Salpeter	2,1
Fett, konsistent	0,93	Sand, trocken	1,40 bis 1,65
Glas	2,5 bis 3,7	„ feucht	1,90 bis 2,05
Gold	19,5	Schwefel	2,05
Holz, lufttrocken:		Schamottsteine	1,8 bis 2,2
Ahorn	0,75	Silber	10,5
Buchen	0,75	Seife	1,05 bis 1,15
Eichen	0,85	Soda kristallisiert	1,45
Fichten	0,47	Steinsalz	2,28
Kiefer	0,55	Wachs	0,79
Pockholz	1,33	Weißmetalle	7,1
Tanne	0,56	Ziegelsteine	1,4 bis 2,0
Holzkohle	0,36	Zink	6,9 bis 7,2
Kalk, gebrannt	1,5 bis 1,8	Zinn	7,2 bis 7,5
Kalkmörtel, trocken	1,6 bis 1,8	Zucker	1,6
Kautschuk, roh	0,93	Zement, in Pulver	1,15 bis 1,7
„ vulkanisiert	1,45	„ erhärtet	2,7 bis 3,0
Kochsalz	2,1		

Bemerkung. Das spez. Gewicht geschütteter Körper ist etwa 0,4 bis 0,6 von demjenigen des einzelnen Stückes (siehe Zahlentafel S. 58).

b) Flüssige Körper bei ca. 15° C.

Körper	Spez. Gewicht	Körper	Spez. Gewicht
Alkohol	0,80	Mexikanisches Rohöl	0,93
Benzin	0,70	Rumänisches „	0,86
Firnis	0,96	Sumatra- „	0,79
Glyzerin	1,26	Brasil- „	0,92
Seewasser (im Ozean)	1,026	Petroleum	0,88
„ (i. d. Ostsee)	1,015	Rauch. Salpetersäure	1,50
Leinöl	0,94	Konz. Salzsäure	1,16
Rüböl	0,914	„ Schwefelsäure	1,84
Turbinen-Schmieröl	0,88	Terpentinöl	0,87
Maschinen- „	0,89—0,93	Teer	1,20
Argentin. Rohöl	0,90—0,94	Quecksilber	13,6

c) Spez. Gewicht und Volumen von Wasser bei verschiedenen Temperaturen.

Temp. Grad C	Spez. Gewicht	Volumen	Temp. Grad C	Spez. Gewicht	Volumen	Temp. Grad C	Spez. Gewicht	Volumen
4	1,00	1,00	200	0,863	1,159	325	0,646	1,55
50	0,988	1,012	225	0,830	1,205	350	0,568	1,76
100	0,958	1,043	250	0,794	1,259	374	0,323	3,10
150	0,917	1,090	275	0,758	1,324			
175	0,892	1,121	300	0,70	1,42			

d) Gasförmige Körper.

Das Volumen ist bezogen auf die Temperatur 0° C und einen Gasdruck gleich 760 mm Quecksilbersäule.

Körper	Gew. von 1 m³ in kg	Körper	Gew. von 1 m³ in kg
Kohlenoxyd . . .	1,25	Ammoniak . . .	0,765
Kohlensäure . .	1,97	Stickstoff	1,26
Leuchtgas	0,69	Schwefelige Säure	2,91
Luft	1,293	Wasserstoff . . .	0,0896
Sauerstoff	1,43		

Umrechnung auf eine Temperatur t° C und einen Gasdruck $= b$ mm Quecksilbersäule:

G_0 = Gewicht von 1 m³ bei 0° C und 760 mm Barometerstand

G_t = Gewicht von 1 m³ bei t° C und b mm Barometerstand.

$$G_t = G_0 \cdot \frac{b}{760} \cdot \frac{273}{273 + t}$$

Beispiel. Wie groß ist das Gewicht einer stählernen Welle von 120 mm Dmr. und 5000 mm Länge.

Volumen in Kubikdezimetern:

$$v = \frac{\pi}{4} \cdot 1{,}2^2 \cdot 50 = 56{,}5 \text{ dm}^3.$$

Gewicht in Kilogramm: $= 56{,}5 \cdot 7{,}8 \approx 440$ kg.

Beispiel. Welchen Inhalt muß ein Öltank erhalten, welcher 750 kg Leinöl enthalten soll?

Volumen = Gewicht: spez. Gewicht

$$v = 750 : 0{,}94 \approx 800 \text{ l}.$$

Beispiel. Es ist das Gewicht G von 2,5 m³ Leuchtgas bei 120° C und 2,0 kg pro cm² abs. Druck anzugeben.

$$G_t = 0{,}69 \cdot \frac{2{,}0 \cdot 735}{760} \cdot \frac{273}{273 + 120} = 0{,}927 \text{ kg/m}^3$$

$$G = 2{,}5\, G_t = 2{,}5 \cdot 0{,}927 = 2.315 \text{ kg}.$$

Ladegewichte von geschütteten Körpern.

	1 m³ wiegt etwa kg	1000 kg erford. etwa m³		1 m³ wiegt etwa kg	1000 kg erford. etwa m³
Bruchsteine . .	2000	0,5	Holz in Scheiten:		
Chilisalpeter . .	1000	1,0	Buchenholz .	400	2,5
Eisenerze . . .	3000	0,33	Eichenholz .	420	2,4
Flußsand, feucht	2000	0,5	Fichtenholz .	320	3,1
„ trocken	1600	0,6	Kalk, gebrannt	500	2,0
Getreide:			Kalkmörtel . .	1750	0,57
Gerste	660	1,5	Kohlen: Stein-.	800	1,25
Hafer	480	2,1	Braun-	700	1,43
Mais	720	1,4	Koks	450	2,22
Reis	730	1,37	Kupferbrocken	5800	0,17
Roggen . . .	750	1,33	Rüben	600	1,6
Weizen	760	1,3	Soda	940	1,6
Granit	2700	0,37	Steinsalz	1010	1,0
Guano	850	1,2	Ziegelsteine . .	1500	0,66

3. Wärme.

Die Temperatur eines Körpers wird in Graden nach Celsius, *Reaumur* oder *Fahrenheit* gemessen.

Bei der Gradeinteilung nach Celsius ist der Temperaturunterschied zwischen dem Gefrier- und dem Siedepunkt des Wassers bei 760 mm Barometerstand in 100 gleiche Teile, bei jener nach Reaumur in 80 und bei der nach Fahrenheit in 180 Teile geteilt. Bei letzterer liegt der Nullpunkt noch 32 Grade Fahrenheit unter dem Gefrierpunkt des Wassers.

In neuerer Zeit wird die Temperatur meistens in Celsiusgraden (Zentigraden) angegeben.

Umrechnung der Temperaturgrade:

$$n^0\,\mathrm{C\,(Grad\,Celsius)} = \frac{4}{5}\,n^0\,\mathrm{R\,(Reaumur)} = \frac{9}{5}\,n^0 + 32^0\,\mathrm{F\,(Fahrenheit)}$$

$$n^0\,\mathrm{R} = \frac{5}{4}\,n^0\,\mathrm{C} = \frac{9}{4}\,n^0 + 32^0\,\mathrm{F}.$$

$$n_0\,\mathrm{F} = \frac{5}{9}\,(n - 32)^0\,\mathrm{C} = \frac{4}{9}\,(n - 32)^0\,\mathrm{R}.$$

Soll sich die Temperatur eines Körpers erhöhen oder erniedrigen, dann muß ihm Wärme zugeführt bzw. entzogen werden. Die zugeführte oder entzogene Wärmemenge wird in Wärmeeinheiten gemessen.

Unter einer Wärmeeinheit versteht man die Wärmemenge, welche 1 kg reinen Wassers von 14,5° C zugeführt werden muß, um seine Temperatur um 1° C zu erhöhen.

An Stelle der deutschen Bezeichnung WE für die in der Technik verwendete Wärmeeinheit ist neuerdings die Bezeichnung „Kilokalorie" (kcal) gewählt worden.

Unter Kalorie (cal) wird diejenige Wärmemenge verstanden, welche aufgewendet werden muß, um ein Gramm Wasser um einen Grad C zu erwärmen. Es ist also:

1 WE = 1000 cal = 1000 Grammkalorien = 1 Kilokalorie = 1 kcal.

Unter spezifischer Wärme *c* eines Körpers versteht man diejenige Wärmemenge in WE, welche 1 kg desselben zugeführt werden muß, um seine Temperatur um 1° C zu erhöhen.

Wärme kann in Arbeit und umgekehrt kann Arbeit in Wärme umgewandelt werden; einer Wärmeeinheit entspricht eine Arbeit von 427 kgm (wenn keinerlei Wärme- oder Arbeitsverluste auftreten).

Für die Umwandlung von Wärme in Arbeit und umgekehrt gilt die Beziehung:

$$427 \text{ mkg} = 1 \text{ Wärmeeinheit},$$

$$\text{oder} \quad 1 \text{ kgm} = \frac{1}{427} \text{ Wärmeeinheiten} = A.$$

$\frac{1}{427} = A$ wird das mechanische Wärmeäquivalent genannt.

Zur dauernden Leistung von 1 PS werden in einer Stunde verbraucht: $3600 \cdot \frac{75}{427} = 632$ WE (ohne alle Verluste).

Thermometerskalen.

Celsius	Reaumur	Fahrenheit	Celsius	Reaumur	Fahrenheit	Celsius	Reaumur	Fahrenheit	Celsius	Reaumur	Fahrenheit
—20	—16	—4	22	17,6	71,6	64	51,2	147,2	106	84,8	222,8
—18	—14,4	0,4	24	19,2	75,2	66	52,8	150,8	108	86,4	226,4
—16	—12,8	3,2	26	20,8	78,8	68	54,4	154,4	110	88,0	230,0
—14	—11,2	6,8	28	22,4	82,4	70	56,0	158,0	112	89,6	233,6
—12	— 9,6	10,4	30	24,0	86,0	72	57,6	161,6	114	91,2	237,2
—10	— 8,0	14,0	32	25,6	89,6	74	59,2	165,2	116	92,8	240,8
— 8	— 6,4	17,6	34	27,2	93,2	76	60,8	168,8	118	94,4	244,4
— 6	— 4,8	21,1	36	28,8	96,8	78	62,4	172,4	120	96,0	248,0
— 4	— 3,2	24,8	38	30,4	100,4	80	64,0	176,0	122	97,6	251,6
— 2	— 1,2	28,4	40	32,0	104,0	82	65,6	179,6	124	99,2	255,2
0	0	32,0	42	33,6	107,6	84	67,2	183,2	126	100,8	258,8
2	1,6	35,6	44	35,2	111,2	86	68,8	186,8	128	102,4	262,4
4	3,2	39,2	46	36,8	114,8	88	70,4	190,4	130	104,0	266,0
6	4,8	42,8	48	38,4	118,4	90	72,0	194,0	132	105,6	269,6
8	6,4	46,4	50	40,0	122,0	92	73,6	197,6	134	107,2	273,2
10	8,0	50,0	52	41,6	125,6	94	75,2	201,2	136	108,8	276,8
12	9,6	53,6	54	43,2	129,2	96	76,8	204,8	138	110,4	280,4
14	11,2	57,2	56	44,8	132,8	98	78,4	208,4	140	112,0	284,0
16	12,8	60,8	58	46,4	136,4	100	80,0	212,0	142	113,6	287,6
18	14,4	64,4	60	48,0	140,0	102	81,6	215,6	144	115,2	291,2
20	16,0	68,0	62	49,6	143,6	104	83,2	219,2	146	116,8	294,8

Spezifische Wärme c verschiedener Körper.

Körper	c
Gußeisen	0,13
Kupfer	0,093
Messing	0,092
Schmiedeeisen zwischen 0 und 100°	0,114
„ „ 0 „ 500°	0,137
Wasser rein	1,0
Luft { bei gleichbleibendem Druck	0,24
Luft { bei gleichbleibendem Volumen	0,17
Wasserdampf { bei gleichbleibendem Druck*) .	0,48—0,60
Wasserdampf { bei gleichbleibendem Volumen .	etwa 0,39

Um einen Körper vom Gewichte G in kg und der spez. Wärme c von der Temperatur t_1 auf die Temperatur t_2 zu erwärmen, müssen ihm:

$$Q = G \cdot c \cdot (t_2 - t_1) \text{ WE}$$

zugeführt werden.

Kühlt der Körper von der Temperatur t_2 auf jene t_1 ab, dann gibt er dieselbe Wärmemenge wieder ab.

Beispiel. Eine Maschine von 1000 JHP braucht i. d. Stunde 6500 kg Dampf bzw. Speisewasser. Welche Wärmemenge muß diesem Speisewasser in der Stunde zugeführt werden, wenn es von $t_1 = 35°$ auf $t_2 = 100°$ C vorgewärmt werden soll. Es ist:

$$Q = G \cdot c\,(t_2 - t_1) = 6500 \cdot 1 \cdot (100 - 35) = 6500 \cdot 65 = 422500 \text{ WE.}$$

Beispiel. Welche Wärmemenge muß bei der vorstehend angeführten Maschinenanlage dem im Kessel gebildeten gesättigten Dampf von $t_1 = 183°$ C (entspr. 10 atü) in der Stunde zugeführt werden, um ihn auf die Temperatur von $t_2 = 250°$ C zu überhitzen. $c = 0{,}56$. Es ist:

$$Q = G \cdot c\,(t_2 - t_1) = 6500 \cdot 0{,}56\,(250 - 183) = 244000 \text{ WE.}$$

Schmelz- und Siedepunkte verschiedener Körper.

Körper	Schmelzpunkt	Siedepunkt	Körper	Schmelzpunkt	Siedepunkt
Aluminium .	625	—	Schwefel . .	115	448
Antimon . .	430	1600	Silber	1000	—
Blei.	330	1550	Silberlot . .	600	—
Bronze . . .	900	—	Stahl	1300	—
Flußeisen . .	1475	—	Weichlote . .	135-210	—
Stahlguß . .	1400	—	Talg	33	310
Gußeisen . .	1130-1200	—	Wachs	60	—
Glas	1200	—	Zink	410	—
Gold	1100	—	Zinn	230	—

*) Die spez. Wärme wird bei steigendem Druck größer, bei steigender Temperatur geringer.

Körper	Schmelzpunkt	Siedepunkt	Körper	Schmelzpunkt	Siedepunkt
Kupfer . . .	1100	—	Alkohol . . .	—90	78,3
Messing . . .	1015	—	Leinöl	—20	316
Nickel . . .	1400	—	Seewasser . .	—2,5	103
Paraffin . . .	46	370	Terpentinöl .	—10	160
Platin	2500	—	Rüböl	—3,5	—
Quecksilber .	—39	357	Glyzerin . .	—20	290
Schmiedeeisen . . .	1500-1800	—	Ammoniak .	—78	—33
			Wasser	0	100

Eigenschaften kondensierter Gase siehe Zahlentafel S. 464.

Schmelzpunkte der Segerkegel siehe 566.

Temperaturen beim Glühen des Eisens.

Im Dunklen rotglühend	575°	Gelbglühend	1155
Dunkelrot	720°	Weißglühend	1300°
Hellrot	1010°	Blendendweiß	1500°

Anlauffarben des Stahls.

Farbe	Temperatur	Farbe	Temperatur
Strohgelb . . .	225°	Violett	266°
Goldgelb . . .	243°	Hellblau . . .	293°
Purpurrot . . .	250°	Dunkelblau . .	316°

Bei höheren Temperaturen wiederholen sich die Anlauffarben etwas blasser in derselben Reihenfolge.

Längenausdehnung l_1 verschiedener Körper beim Erwärmen.

	Verlängerung l_1 in mm eines Stabes von 1000 mm Länge bei einer Erwärmung von 0° bis:					Mittlere Verlängerung bei je 100° Temperaturerhöhung l_1
	100°	200°	300°	400°	500°	
Blei . . .	2,92					2,9 mm
Bronze . .	1,75	3,58	5,50	7,51	9,61	1,92 ,,
Flußstahl	1,17	2,45	3,83	5,31	6,91	1,38 ,,
Gußeisen	1,04	2,20	3,48	4,86	6,40	1,28 ,,
Kupfer . .	1,65	3,38	5,18	7,07	9,04	1,81 ,,
Messing .	1,84	3,85	6,03	8,39		2,10 ,,
Zink . . .	1,65					1,65 ,,

Die angenäherte Verlängerung l_2 eines Stabes von 1000 mm Länge bei einer Erwärmung um t^0 ist:

$$l_2 = l_1 \frac{t}{100} \text{ mm.}$$

Warm aufzuziehende stählerne Ringe od. dgl. werden im lichten Dmr. um das Schrumpfmaß $\frac{d}{1000}$ bis $\frac{d}{800}$ kleiner als der Durchmesser des Zapfens gedreht.

Ausdehnung von Flüssigkeiten und Gasen.

Ist V_1 das Volumen einer Flüssigkeit bei der Temperatur t_1, so ist das Volumen V_2 derselben bei der Temperatur t_2:

$$V_2 = V_1 \frac{1 + \alpha t_2}{1 + \alpha t_1}$$

oder die Volumenzunahme:

$$V_2 - V_1 = V_1 \frac{\alpha (t_2 - t_1)}{1 + \alpha t_2}.$$

Die Ausdehnungszahl α ist im Mittel:

Flüssigkeit	α	Flüssigkeit	α
Alkohol	0,0011	Petroleum im M. .	0,00096
Benzol	0,00125	Rüböl	0,00090
Glyzerin	0,00050	Quecksilber	0,00018
Olivenöl	0,00072	Vollkommene Gase	0,00367
		Wasser	siehe S. 57

Längenschwindmaße von Gußstücken.

Blei	Bronze	Gußeisen	Stahlguß	Zink	Zinn
1 : 92	1 : 63	1 : 69	1 : 50	1 : 62	1 : 128

Bestimmung der Mischungstemperatur.

Wird ein Körper vom Gewichte G_1, der Temperatur t_1 und der spezifischen Wärme c_1 mit einem anderen Körper vom Gewicht G^2, der Temperatur t_2 und der spezifischen Wärme c_2 zusammengebracht, so daß sich die Temperaturen ausgleichen können (ohne Wärmeverluste), dann ist die Temperatur nach dem Ausgleich:

$$t_m = \frac{G_1 \cdot t_1 \cdot c_1 + G_2 \cdot t_2 \cdot c_2}{G_1 \cdot c_1 + G_2 \cdot c_2} \ {}^0\mathrm{C}.$$

Beispiel. Ein Stück Eisen von 5 kg Gewicht habe eine Temperatur von 1000°; es wird in ein Gefäß mit 25 l Wasser von 10° geworfen. Welche Temperatur haben Wasser und Eisen nach dem Temperaturausgleich?

$$t_m = \frac{5 \cdot 1000 \cdot 0{,}114 + 25 \cdot 10 \cdot 1}{5 \cdot 0{,}114 + 25 \cdot 1} = \frac{570 + 250}{0{,}57 + 25} = \frac{820}{25{,}57} \triangleq 32^0\ \mathrm{C}.$$

Werden mehrere Körper, deren Gewichte, Temperaturen und spez. Wärmen gegeben sind, gemischt, dann ist die Mischungstemperatur

$$t_m = \frac{\Sigma G \cdot t \cdot c}{\Sigma G \cdot c}.$$

Über Mischung von Dampf und Wasser siehe Kondensation.

4. Dampferzeugung.

Man unterscheidet gesättigten, überhitzten und nassen Dampf.

Gesättigter oder **trockener Dampf** ist solcher, welcher diejenige Temperatur hat, welche zu seiner Erzeugung nötig ist und kein, etwa in Staubform beigemischtes, Wasser enthält.

Um 1 kg Wasser von 0° C in gesättigten Dampf von der Temperatur t und dem zugehörigen Druck p in kg/cm² zu verwandeln, muß ihm eine bestimmte Wärmemenge i'' zugeführt werden.

Diese sogenannte **Gesamtwärme** oder **Erzeugungswärme** i'' besteht aus (siehe Zahlentafel):

1. Der **Flüssigkeitswärme** i', welche zur Erwärmung von 1 kg Wasser von 0° bis t^0 (Temp. des Dampfes) nötig ist;
2. der **Verdampfungswärme** r, welche 1 kg Wasser von der Temperatur t^0 zugeführt werden muß, um es in Dampf von derselben Temperatur zu verwandeln.

Es ist also:

$$i'' = i' + r.$$

Ein Teil der Verdampfungswärme r wird dazu verbraucht, den während der Dampfbildung und Volumenvergrößerung auf dem Dampf lastenden Druck P kg/m² zu überwinden. 1 kg Dampf nimmt hierbei das Volumen v'' in m³ ein; es wird demnach bei der Dampfbildung eine Arbeit $L = P \cdot v''$ kgm geleistet. Die hierzu verwendete Wärmemenge nennt man **äußere Verdampfungswärme** des Dampfes; sie beträgt

$$\psi = A \cdot P \cdot v'' = \frac{P \cdot v''}{427}.$$

Den übrigbleibenden Teil der Verdampfungswärme nennt man die **innere Verdampfungswärme** des Dampfes und bezeichnet sie mit ϱ. Es ist demnach:

Verdampfungswärme = innere Verdampfungswärme + äußere Verdampfungswärme

oder $r = \varrho + \psi$.

Die Zahlentafel S. 67 zeigt die Eigenschaften trocken gesättigten Dampfes bis zu einem Druck von 225 ata. Wie aus derselben ersichtlich ist, nimmt mit zunehmendem Druck das Volumen des aus 1 kg Wasser erzeugten Dampfes immer weiter ab, bis der Dampf bei 225 ata den sog. kritischen Druck erreicht hat. Bei diesem ist das Volumen des erzeugten Dampfes gleich dem Volumen des Wassers bei der gleichen Temperatur. Die Temperatur des gesättigten Dampfes beträgt hierbei 374°.

Überhitzter Dampf ist solcher, welcher eine höhere Temperatur hat als gesättigter Dampf von derselben Spannung, welcher also über seine Erzeugungstemperatur hinaus erhitzt ist. (Beisp. s. S. 60.)

Die Gesamt- oder Erzeugungswärme überhitzten Dampfes beträgt

$$i = q + r + c_p (t - t_s), \text{ worin}$$

c_p die spez. Wärme } des überhitzten Dampfes,
t die Temperatur }

t_s die Sättigungstemperatur für Dampf von gleicher Spannung ist.

Eigenschaften überhitzten Dampfes s. Zahlentafel S. 69.

Wird überhitztem Dampf Wärme entzogen, dann sinkt seine Temperatur so lange, bis er den Sättigungspunkt erreicht hat; erst dann tritt Kondensation ein.

Nasser Dampf ist solcher, welcher mechanisch beigemengtes Wasser (in Tropfen- oder Staubform) enthält. Das Wasser kann entweder aus dem Kessel mitgerissen oder durch Kondensation in der Dampfleitung gebildet worden sein. Wenn 1 kg nasser Dampf aus x kg Trockendampf und $(1 - x)$ kg Wasser besteht, dann ist die Gesamtwärme des Dampfes:

$$i'' = i' + x \cdot r.$$

Wird gesättigtem Dampf Wärme entzogen, so kondensiert sich ein entsprechender Teil zu Wasser, während der Rest gesättigter Dampf bleibt. Ist der Dampf während dieses Vorganges in einem abgegrenzten Raum eingeschlossen, dann sinkt hierbei sowohl der Druck als auch die Temperatur entsprechend der Zahlentafel S. 67.

Steht der Dampf jedoch mit dem Kessel in Verbindung (z. B. durch die Dampfleitung), dann sinkt, wenn die Kondensation in normalen Grenzen bleibt, weder der Druck noch die Temperatur, weil dann eine der kondensierten Dampfmenge entsprechende Menge frischen Dampfes nachströmt.

Drosselung des Dampfes. Drosselung tritt ein, wenn der in einer Leitung strömende Dampf plötzlich durch eine Verengung in derselben treten muß (Ventil, Hahn, Drosselscheibe usw.). Infolge der in der Verengung eintretenden Geschwindigkeitserhöhung stellt sich hinter der Verengung ein niedrigerer Druck ein als vor derselben herrscht. Da der durchströmende Dampf hierbei keine Arbeit leistet, so bleibt sein Wärmeinhalt unverändert.

Durch die Drosselung wird jedoch immer ein Verlust verursacht, weil das zur Arbeitsleistung verfügbare Druckgefälle um die durch die Drosselung bedingte Druckdifferenz geringer ist als das sonst zur Verfügung stehende Druckgefälle. Dieser Verlust kommt auch in einer Verringerung des sonst zur Verfügung stehenden Wärmegefälles zum Ausdruck (s. J—S-Diagramm Abb. 75).

Speisewasserverdampfung. Das zum Speisen von Dampfkesseln verwendete Speisewasser hat in der Regel nicht eine Temperatur von 0°, sondern eine solche von t^0. Die Wärmemenge w, welche erforderlich ist um 1 kg Wasser von t^0 in gesättigten oder überhitzten Dampf zu verwandeln, ist deshalb nicht gleich der in den Zahlentafeln angegebenen oder aus dem J—S-Diagramm entnommenen Gesamtwärme i'' bzw. i, sondern nur

$w = i'' - t^0$, bei Erzeugung von gesättigtem Dampf,

bzw. $w = i - t^0$ bei Erzeugung von überhitztem Dampf.

Die zur Erzeugung von gesättigtem oder überhitztem Dampf aufzuwendende Wärmemenge oder die entsprechende Brennstoffmenge ist demnach um so geringer, je höher die Temperatur des Speisewassers ist.

Die Brennstoffersparnis E in Prozent, welche eintritt wenn das Speisewasser anstatt mit einer Temperatur von t_1° mit einer Temperatur von t_2° dem Kessel zugeführt wird, ergibt sich demnach zu:

$E = 100 \frac{t_2 - t_1}{i'' - t_1}$ % bei Erzeugung von gesättigtem Dampf und

$E = 100 \frac{t_2 - t_1}{i - t_1}$ % bei Erzeugung von überhitztem Dampf.

Beispiel. Wie groß ist die Brennstoffersparnis, wenn das Speisewasser anstatt mit einer Temperatur von $t_1 = 45°$ mit einer Temperatur von 110° in den Kessel gespeist wird und in Dampf von 13 ata verwandelt wird.

Die Ersparnis bei Erzeugung von gesättigtem Dampf:

$$E = 100 \frac{110 - 45}{666 - 45} = \frac{100 \cdot 65}{621} = 10{,}5\,\%$$

und bei Erzeugung von überhitztem Dampf von 300°:

$$E = 100 \frac{110 - 45}{725 - 45} = \frac{100 \cdot 65}{680} = 9{,}6\,\%.$$

5. Das i—s- oder Mollier-Diagramm.

Aus den Zahlentafeln für Wasserdampf ist es nicht möglich, dasjenige Wärmegefälle festzustellen, welches bei adiabatischer Expansion von Wasserdampf zwischen einem gegebenen Anfangszustand (Druck und Temperatur) und einem beliebigen Endzustand (Vakuum) ausgenutzt werden kann, was insbesondere bei der Berechnung der Dampfturbinen erforderlich ist. Diesem Zweck dient das i—s-Diagramm Abb. 75. In diesem Diagramm stellen die Abszissen die sog. Entropie s, die Ordinaten die Erzeugungswärme i eines Kilogramm Dampfes in Wärmeeinheiten bei den verschiedenen Drücken und Temperaturen dar.

Die von links unten nach rechts oben strahlenförmig verlaufenden Linien sind Kurven gleichen Druckes von 0,02 ata bis 60 ata. Die Erzeugungswärme des trocken gesättigten Dampfes, also für die spez. Dampfmenge $x = 1$, wird für die verschiedenen Drücke durch die stark gezogene Linie, die sog. Grenzkurve, angegeben. Die unterhalb dieser Linie eingezeichneten, in gleicher Richtung wie die Grenzkurve verlaufenden Linien sind Kurven gleicher spez. Dampfmenge x, während die oberhalb der Grenzkurve eingezeichneten schwach geneigt verlaufenden Linien die Temperaturkurven für überhitzten Dampf darstellen.

Der Zustand des Dampfes im Überhitzungsgebiet wird durch den Schnittpunkt je einer Temperatur- und einer Druckkurve, im Naßdampfgebiet zwischen einer Druckkurve und einer die spez. Dampfmenge x angebenden Kurve dargestellt.

Das Wärmegefälle h in kcal, welches bei adiabatischer Expansion des Dampfes in einer beliebigen Dampfmaschine zur Verfügung steht, wird durch die Länge der Ordinate zwischen dem gegebenen Anfangs- und Endzustand des Dampfes gegeben.

Wird Dampf eines beliebigen Anfangszustandes auf einen gegebenen Enddruck gedrosselt, so läßt sich sein Endzustand in der Weise finden, daß vom Anfangszustand aus eine zur Abszissenachse parallele Linie gezogen wird, bis sie die Kurve des gegebenen Enddruckes schneidet. Das dann noch zur Arbeitsleistung verfügbare Wärmegefälle wird hierbei, trotzdem der Wärmeinhalt unverändert geblieben ist, geringer; die Drosselung bedingt mithin einen Verlust.

Da Wärme und Arbeit äquivalent sind, so ergibt sich diejenige Arbeit, welche mit 1 kg Dampf bei verlustloser adiabatischer Expansion geleistet werden kann, aus der Gleichung: $L = 427 \cdot h$ kgm, oder wenn die stündlich verarbeitete Dampfmenge G ist:

$$N = \frac{427 \cdot G \cdot h}{3600 \cdot 75} = \frac{G \cdot h}{632} \text{ PS.}$$

Beispiel: Es sei das zur Verfügung stehende Wärmegefälle von 1 kg Dampf von 15 ata und 300° C zu ermitteln, wenn derselbe bis auf den Druck von 0,05 ata adiabatisch expandiert.

Der Anfangszustand ist durch den Schnittpunkt A der Kurve für 15 ata mit der Temperaturkurve für 300° C gegeben. Wird vom Punkt A eine Senkrechte bis zum Schnittpunkt B mit der Druckkurve für 0,05 ata gezogen, so ergibt die Länge AB, im Maßstab der Abbildung gemessen, das gesuchte Wärmegefälle $h = 222$ WE.

Beispiel. Dampf von 10 ata und 4% Nässe, also von einer spez. Dampfmenge $x = 0{,}96$, werde auf den Druck von 0,5 ata gedrosselt; welches ist der Endzustand des Dampfes?

Um diesen zu ermitteln, wird vom Schnittpunkt C der Druckkurve für 10 ata mit der Kurve der spez. Dampfmenge für $x = 0{,}96$ eine horizontale Linie (parallel zur Abszissenachse) gezogen bis zum Schnittpunkt D mit der Kurve für den Druck von 0,5 ata. Dieser Punkt liegt oberhalb der Grenzkurve, also im Überhitzungsgebiet, d. h. der Dampf ist durch die Herabdrosselung überhitzt worden und hat entsprechend den Temperaturkurven eine Temperatur von etwa 102° angenommen.

Das bis zu einem Druck von 0,05 ata noch zur Verfügung stehende Wärmegefälle $h = DE$ beträgt nur noch 81 WE, während der nicht gedrosselte Dampf ein Wärmegefälle $h_1 = CF$ von 178 WE ergeben hätte.

Das in Abb. 75 dargestellte i—s-Diagramm stellt nur einen Teil eines vollständigen i—s-Diagrammes dar, welches aber zur Bestimmung von Wärmegefällen usw. im praktischen Gebrauch in der Regel ausreicht. Ein vervollständigtes Diagramm ist in Abb. 76 dargestellt, bei welchem sowohl die Entropie s als auch die Erzeugungswärme i bei Null (entsprechend der Temperatur von 0°) beginnt und bis zu $i = 800$ WE bzw. $s = 2{,}00$ erweitert sind. In diesem Diagramm ist auch derjenige Punkt enthalten, welcher dem kritischen Druck von 225 ata entspricht.

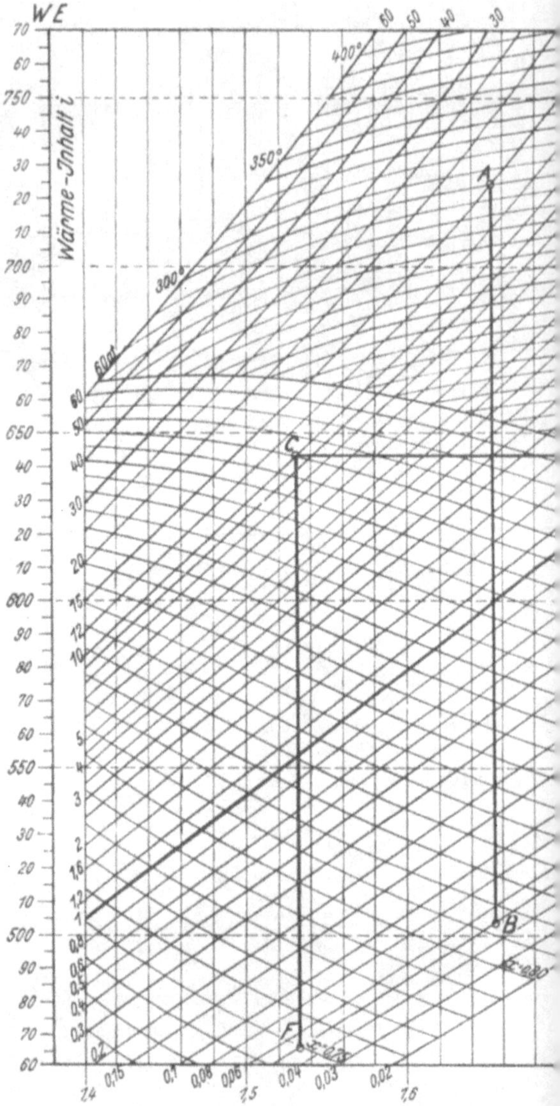

WE
Wärme-Inhalt i
750
700
650
600
550
500
400°
350°
300°
60at
1,4
1,5
1,6
A
B
C
F

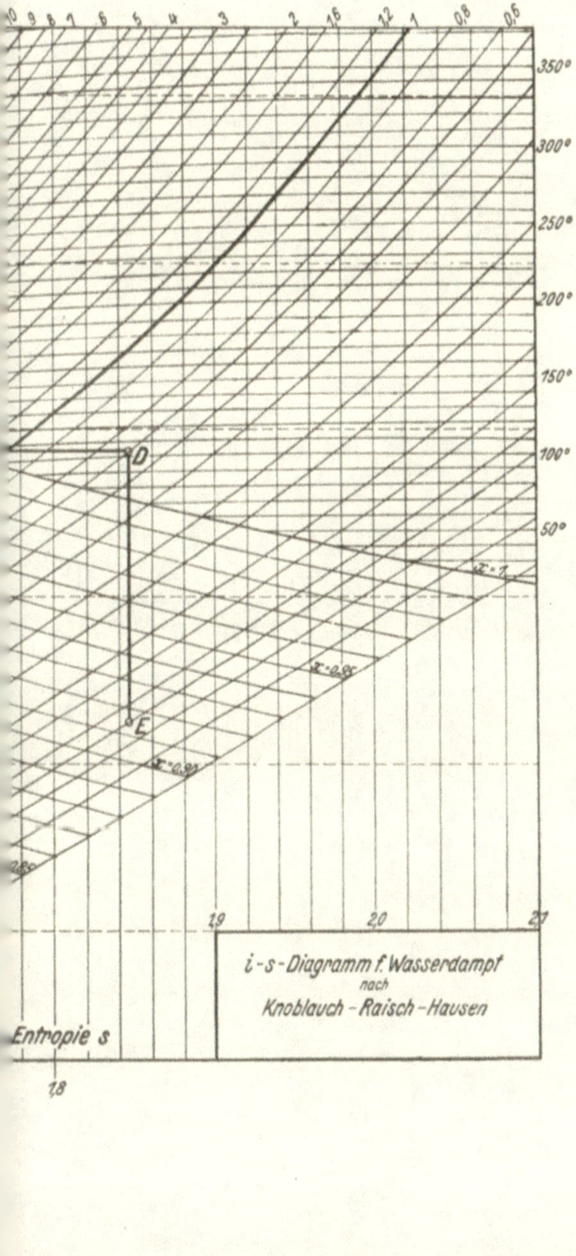

10 9 8 7 6 5 4 3 2 1,6 1,2 1 0,8 0,6
350°
300°
250°
200°
150°
100°
50°
D
E
x = 1
x = 0,95
x = 0,90
1,8
1,9
2,0
2,1
Entropie s
i-s-Diagramm f. Wasserdampf
nach
Knoblauch - Raisch - Hausen

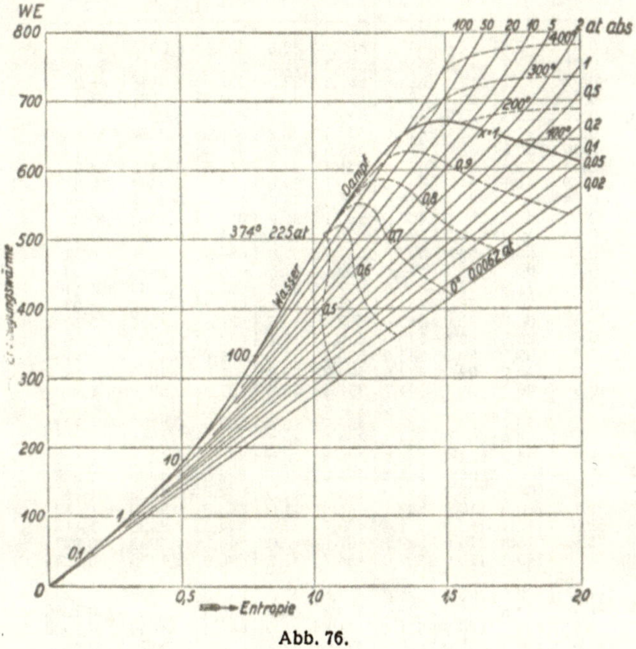
WE
800
700
600
500
400
300
200
100
0
0,5
Entropie
1,0
1,5
2,0
100 50 20 10 5 2 at abs
400°
300°
200°
100°
1
0,5
0,2
0,1
0,05
0,02
x=1
0,9
0,8
0,7
0,6
0,5
Dampf
Wasser
374° 225 at
0° 0,0062 at
100
10
1
0,1

Abb. 76.

6. Zahlentafel für gesättigten, trockenen Wasserdampf

Absoluter Druck in kg/cm²	Sättigungs-temperatur Grad C	Wärmeinhalte					Spez. Gewicht	Spez. Volumen
		Flüssigkeitswärme	Verdampfungswärme	Innere Verdampfungswärme	Äußere Verdampfungswärme	Gesamtwärme $i'' = i' + r$	1 m³ Dampf wiegt kg	1 kg Dampf füllt m³
p	t	i'	r	ϱ	ψ	$i'' = i' + r$	γ''	v''
0,01	6,6	6,6	591,4	560,6	30,8	598,0	0,0076	131,6
0,015	12,7	12,7	588,2	556,7	31,5	600,9	0,0112	89,6
0,02	17,1	17,1	585,8	553,8	32,0	602,9	0,0146	68,2
0,025	20,7	20,7	583,9	551,5	32,4	604,6	0,0181	55,2
0,03	23,7	23,7	582,3	549,6	32,7	606,0	0,0215	46,5
0,04	28,6	28,6	579,6	546,4	33,2	608,2	0,0282	35,5
0,05	32,5	32,5	577,5	543,9	33,6	610,0	0,0348	28,7
0,06	35,8	35,8	575,8	541,8	34,0	611,5	0,0413	24,2
0,08	41,1	41,2	572,8	538,2	34,6	614,0	0,0542	18,5
0,1	45,4	45,4	570,5	535,5	35,0	615,9	0,0669	15,00
0,15	53,6	53,6	566,0	530,1	35,9	619,6	0,0980	10,22
0,2	59,7	59,7	562,7	526,2	36,5	622,4	0,1283	7,80
0,25	64,6	64,6	559,9	522,9	37,0	624,5	0,1581	6,32
0,3	68,7	68,7	557,6	520,1	37,5	626,3	0,1876	5,33
0,35	72,3	72,3	555,6	517,8	37,8	627,9	0,2167	4,61
0,4	75,4	75,4	553,8	515,7	38,1	629,2	0,2456	4,07
0,5	80,9	80,9	550,6	512,0	38,6	631,5	0,3027	3,30
0,6	85,5	85,5	548,0	508,9	39,1	633,5	0,3590	2,79
0,7	89,5	89,5	545,6	506,1	39,5	635,1	0,4147	2,41
0,8	93,0	93,0	543,6	503,8	39,8	636,6	0,4699	2,13
0,9	96,2	96,1	541,7	501,5	40,2	637,8	0,5246	1,91
1	99,1	99,1	539,9	499,5	40,4	639,0	0,5790	1,727
1,1	101,8	101,8	538,3	497,6	40,7	640,1	0,6329	1,580
1,2	104,2	104,3	536,7	495,8	40,9	641,0	0,6865	1,457
1,3	106,6	106,7	535,3	494,2	41,1	642,0	0,7399	1,352
1,4	108,7	108,9	533,9	492,6	41,3	642,8	0,7931	1,261
1,5	110,8	110,9	532,7	491,3	41,5	643,6	0,8460	1,182
1,6	112,7	112,9	531,4	489,7	41,7	644,3	0,8980	1,113
1,8	116,3	116,6	529,1	487,1	42,0	645,7	1,0039	0,997
2	119,6	119,9	527,0	484,7	42,3	646,9	1,1070	0,903
2,2	122,6	123,0	525,0	482,5	42,5	648,0	1,210	0,8260
2,4	125,5	125,8	523,2	480,3	42,8	649,0	1,313	0,7616
2,6	128,1	128,5	521,4	478,4	43,0	649,9	1,415	0,7066
2,8	130,5	131,0	519,7	476,5	43,2	650,7	1,517	0,6592
3	132,9	133,4	518,2	474,8	43,3	651,6	1,618	0,6180
3,5	138,2	139,5	514,5	470,8	43,7	654,0	1,875	0,5344
4	142,9	143,7	511,1	467,0	44,1	654,8	2,120	0,4718
4,5	147,2	148,1	508,0	463,6	44,4	656,1	2,368	0,4224
5	151,1	152,2	505,2	460,5	44,7	657,4	2,614	0,3825
5,5	154,7	155,9	502,5	457,6	44,9	658,4	2,860	0,3497
6	158,1	159,4	499,9	454,8	45,1	659,3	3,104	0,3222
6,5	161,2	162,7	497,5	452,2	45,3	660,2	3,348	0,2987
7	164,2	165,7	495,2	449,7	45,5	660,9	3,591	0,2785
7,5	167,0	168,7	493,0	447,4	45,6	661,7	3,833	0,2609

Absoluter Druck in kg/cm²	Sättigungs-temperatur Grad C	Wärmeinhalte					Spez. Gewicht	Spez. Volumen
		Flüssigkeitswärme	Verdampfungswärme	Innere Verdampfungswärme	Äußere Verdampfungswärme	Gesamtwärme $i'' = i' + r$	1 m³ Dampf wiegt kg	1 kg Dampf füllt m³
p	t	i'	r	ϱ	ψ	$i' + r$	γ''	v''
8	169,6	171,4	490,9	445,1	45,8	662,3	4,075	0,2454
8,5	172,1	174,0	488,8	442,9	45,9	662,8	4,316	0,2317
9	174,5	176,6	486,8	440,8	46,0	663,4	4,556	0,2195
9,5	176,8	179,0	484,9	438,8	46,1	663,9	4,797	0,2085
10	179,0	181,3	483,1	436,9	46,2	664,4	5,037	0,1985
11	183,2	185,7	479,5	433,1	46,4	665,2	5,516	0,1813
12	187,1	189,8	476,1	429,6	46,5	665,9	5,996	0,1668
13	190,7	193,6	472,8	426,1	46,7	666,4	6,474	0,1545
14	194,1	197,3	469,7	422,9	46,8	667,0	6,952	0,1438
15	197,4	200,7	466,7	419,8	46,9	667,4	7,431	0,1346
16	200,4	204,0	463,8	416,9	46,9	667,8	7,909	0,1264
17	203,4	207,1	460,9	413,9	47,0	668,0	8,389	0,1192
18	206,2	210,1	458,2	411,2	47,0	668,3	8,868	0,1128
19	208,8	213,0	455,5	408,4	47,1	668,5	9,349	0,1070
20	211,4	215,8	452,9	405,8	47,1	668,7	9,830	0,1017
22	216,2	221,0	447,9	400,8	47,1	668,9	10,79	0,0927
24	220,8	226,0	443,0	395,9	47,1	669,0	11,76	0,0850
26	225,0	230,6	438,4	391,3	47,1	669,0	12,74	0,0785
28	229,0	235,0	433,9	386,9	47,0	668,9	13,72	0,0729
30	232,8	239,1	429,5	382,6	46,9	668,6	14,70	0,0680
32	236,4	243,1	425,2	378,4	46,8	668,3	15,69	0,0637
34	239,8	246,9	421,1	374,4	46,7	668,0	16,69	0,0599
36	243,1	250,5	417,0	370,4	46,6	667,5	17,70	0,0565
38	246,2	254,1	413,0	366,6	46,4	667,1	18,71	0,0534
40	249,2	257,4	409,2	362,9	46,3	666,6	19,73	0,0506
45	255,3	265,4	399,7	353,9	45,8	665,1	22,30	0,0433
50	262,7	272,7	390,7	345,3	45,4	663,4	24,96	0,0401
55	268,7	279,6	381,9	337,0	44,9	661,5	27,65	0,0362
60	274,3	286,1	373,5	329,2	44,3	659,6	30,41	0,0329
65	279,6	292,2	365,3	321,5	43,8	657,5	33,23	0,0301
70	284,5	298,0	357,3	314,1	43,2	655,3	36,12	0,0277
75	289,2	303,5	349,5	307,0	42,5	653,0	39,08	0,0256
80	293,0	308,8	341,8	299,9	41,9	650,6	42,13	0,0237
85	297,9	313,9	334,2	293,0	41,2	648,1	45,24	0,0221
90	301,9	319,0	326,7	286,2	40,5	645,7	48,45	0,0206
95	305,8	323,9	319,2	279,4	39,8	643,1	51,73	0,0193
100	309,5	328,7	311,8	272,7	39,1	640,5	55,11	0,0181
110	316,5	338,1	297,0	259,4	37,6	635,1	62,15	0,01609
120	323,1	347,3	282,4	246,3	36,1	629,7	69,60	0,01437
130	329,3	356,4	267,8	233,3	34,5	624,2	77,50	0,01290
140	335,0	365,3	253,3	220,4	32,9	318,6	85,91	0,01164
150	340,5	374,1	238,8	207,6	31,2	612,9	94,87	0,01054
160	345,7	383,4	222,8	193,4	29,4	606,2	104,60	0,00956
180	355,4	401,9	190,7	165,5	25,2	592,6	128,00	0,00782
200	364,2	425,6	147,3	128,0	19,3	572,9	162,90	0,00614
225	374,0	501,1	0	0	0	501,1	322,60	0,00310

Eigenschaften überhitzten Wasserdampfes.

ata	Dampftemperatur				
	200°	250°	300°	350°	400°
8	679 0,267	706 0,300	731 0,331	756 0,362	780 0,393
10	677 0,211	704 0,238	730 0,264	755 0,289	780 0,314
15		700 0,156	727 0,175	753 0,192	778 0,209
20		695 0,115	742 0,129	750 0,142	776 0,155
25		689 0,080	720 0,102	748 0,113	774 0,123
30		683 0,073	717 0,084	745 0,093	772 0,102
35		676 0,060	713 0,071	743 0,079	770 0,087
40			708 0,061	740 0,069	769 0,076
50			699 0,047	735 0,054	765 0,060
60			688 0,037	729 0,044	761 0,049

In vorstehender Zahlentafel bedeutet die obere Zahl das spez. Volumen in m³, die untere Zahl die Erzeugungswärme i des Dampfes.

7. Kondensation.

Um Dampf zu kondensieren, ist erforderlich, ihm durch Abkühlung Wärme zu entziehen. Es ist gleichgültig, ob die Wärmeentziehung durch Mischung des Dampfes mit dem Kühlwasser (Einspritz- oder Mischkondensator) oder durch gekühlte Flächen (Oberflächenkondensator) stattfindet.

1. Die Wassermenge W von der Temperatur t^0, welche nötig ist, um D kg Dampf zu kondensieren, so daß die schließliche Temperatur der Mischung $t_1{}^0$ ist, findet sich aus:

$$W = D \frac{i'' - t_1}{t_1 - t},$$

worin i'' (bzw. i bei überhitztem Dampf) die Gesamtwärme des zu kondensierenden Dampfes ist.

2. Werden W kg Wasser von der Temperatur t^0 und D kg Dampf von der Gesamtwärme i'' (bzw. i) gemischt, so ist die Temperatur t_1 der Mischung:

$$t_1 = \frac{W \cdot t + D\,i''}{W + D}.$$

3. Handelt es sich um die Kondensation von Abdampf, so ist es zweckmäßig, den Wärmeinhalt des Dampfes, entsprechend seinem Druck und seinem Wassergehalt, aus dem J—S-Diagramm zu entnehmen.

Beispiel. Welche Wassermenge ist zur Kondensation von stündlich 5000 kg gesättigtem Dampf von 0,9 ata nötig, wenn die Temperatur des eintretenden Kühlwassers 16° C beträgt und diejenige der Mischung (bzw. bei Oberflächenkondensation die Temperatur des austretenden Kühlwassers) 37° C sein soll.

Es ist:

$$W = \frac{5000\,(637{,}8 - 37)}{37 - 16} = 143\,000 \text{ kg} = 143 \text{ m}^3.$$

D. Festigkeit der Körper.

Allgemeines.

Bemerkung. In folgenden Formeln sind alle Längenmaße in cm, alle Kräfte oder Belastungen in kg einzusetzen.

Man unterscheidet: Zugfestigkeit, Druckfestigkeit, Knickfestigkeit, Scherfestigkeit, Biegungsfestigkeit und Drehungsfestigkeit.

Diejenige Beanspruchung eines prismatischen Stabes von 1 cm² Querschnitt, bei welcher das Zerreißen, Zerdrücken oder Abscheren eintritt, nennt man die Bruchfestigkeit des Materials.

Als zulässige Beanspruchung des Materials auf 1 cm² wird nur ein Teil der Bruchfestigkeit genommen.

Es ist: $\dfrac{\text{Bruchfestigkeit des Materials}}{\text{zulässige Beanspruchung}} = \text{Sicherheitsgrad} = m$

oder zulässige Belastung $= \dfrac{\text{Bruchfestigkeit}}{\text{Sicherheitsgrad}} = k.$

Der Sicherheitsgrad m wird genommen:

a) für ruhende Belastung: $m = 4$ bis 5;

b) für eine Belastung, welche zwischen 0 und einem größten Wert wechselt: $m = 8$ bis 10;

c) für eine Belastung, welche zwischen einem größten Wert in der einen Richtung und einem ebenso großen Wert in der entgegengesetzten Richtung wechselt: $m = 12$ bis 15.

1. Zug- und Druckfestigkeit. Ist P die auf Zerreißen (Abb. 77) oder Zerdrücken hinwirkende Kraft, f der kleinste Querschnitt des Körpers in cm² und k die Beanspruchung des Querschnittes auf 1 cm², dann ist

$$P = f \cdot k \text{ oder } f = \frac{P}{k}, \text{ oder } k = \frac{P}{f}.$$

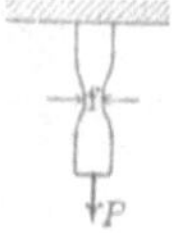

Abb. 77.

Derjenige Querschnitt, in welchem voraussichtlich der Bruch (bei genügender Belastung P) eintritt, heißt der „gefährliche Querschnitt"; dieser ist im vorliegenden Falle der kleinste Querschnitt des Körpers.

2. Scher- oder Schubfestigkeit. Bei Beanspruchung eines Körpers auf „Abscheren" wirkt die Kraft P in der Ebene des beanspruchten Querschnittes.

Ist f (Abb. 78) der Querschnitt, welcher abgeschert wird, k_1 die Beanspruchung desselben auf 1 cm², dann ist:

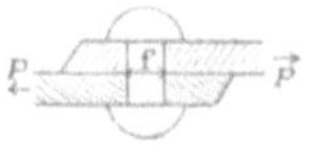

Abb. 78.

$$P = f \cdot k_1 \text{ oder } f = \frac{P}{k_1} \text{ oder } k_1 = \frac{P}{f}.$$

Festigkeits- und Elastizitätszahlen in kg/cm².

Material	Bruchbelastung			Elastizitätsmodul	
	Zug	Druck	Schub	Zug und Druck E.	Schub G.
Flußeisen	3400—4400	2500 bis 3000	3500	2 150 000	830 000
Siemens-Martinstahl, Tiegelstahl	4500—5500	—	4000	2 200 000	850 000
Nickelstahl	5500—6500	—	4800	2 200 000	850 000
Stahlguß	4000—5000	—	3600	2 150 000	830 000
Werkzeugstahl (Gußst.)	7500—9000	—	6500	2 200 000	850 000
Gußeisen	1200—2100	7000 bis 8000	—	900 000	350 000
Gußstahldraht	9000-18000	—	—	2 150 000	—
Eisendraht	4000—5600	—	—	2 000 000	—
Federstahl	7500—9000	—	—	2 200 000	850 000
Kupferblech, geglüht	2000—2300	—	—	1 150 000	—
Messing, gegossen	1650	—	—	—	—
Muntzmetall, gewalzt	5050	—	—	—	—
Deltametall, geschmied.	4300—4500	—	—	1 000 000	—
Rotguß	2000—3000	—	—	900 000	—
Manganbronze (gegoss.)	3000—4500	—	—	940 000	—
„ (geschmiedet)	4000—5000	—	—	—	—

Festigkeits- und Elastizitätszahlen in kg/cm² (Fortsetzung).

Material	Bruchbelastung			Elastizitätsmodul	
	Zug	Druck	Schub	Zug und Druck E.	Schub G.
Rübelbronze, gegoss. . .	4500—5000	—	—	—	—
„ geschm. . .	6000—7000	—	—	—	—
Monel-Metall (60 Ni, 40 Cu), geschmiedet. .	5630	—	—	—	—
Aluminium-Bronze (10% Al):					
gegossen.	6200	—	—	1 200 000	—
gewalzt	5100	—	—	1 200 000	—
Eichenholz (in Richtung der Fasern)	1000	350	—	105 000	—
Kiefernholz (in Richtung der Fasern)	800	280	—	93 000	—
Lederriemen.	250—300	—	—	2 500	—

Bemerkung. Bei höheren Temperaturen nimmt die Zugfestigkeit der verschiedenen Materialien ab; siehe nachstehende Zahlentafel.

Einfluß der Temperatur auf die Zugfestigkeit.

Material	Temperatur	Prozentsatz der Festigkeit
Flußeisen	500°	50%
Stahlguß	500°	57%
Gußeisen	500°	76%
Kupferblech	370°	66%
Bronze	400°	26%
Rübelbronze (geschm.)	380°	50%

3. Biegungsfestigkeit. Bei Beanspruchung eines Körpers auf Biegung sucht die äußere Kraft P den stabförmigen Körper abzubrechen. Die Lage des gefährlichen Querschnittes (in welchem der Bruch erfolgt) hängt von der Art der Belastung, von der Befestigungsweise und der Form des Körpers ab. Im folgenden sind nur prismatische Körper vorausgesetzt.

Die Lage des gefährlichen Querschnittes ist in den Abb. 79 bis 85 mit a, b bzw. c bezeichnet.

Allgemein ist:

$$M = W \cdot k; \quad k = \frac{M}{W}.$$

Darin bedeutet:

M das Biegungsmoment (s. Zahlentafel S. 74),

W das Widerstandsmoment des gefährlichen Querschnittes (s. Zahlentafel S. 75),

k die Beanspruchung des Materials auf Zug oder Druck auf 1 cm².

Die Größe der Durchbiegung f (in cm) eines Balkens in den in nachstehender Zahlentafel angeführten Belastungsfällen ergibt sich aus den unter „f" angegebenen Formeln.

Biegungsmomente M und Durchbiegung f.

Art der Belastung		Biegungs-Moment $M =$	Durchbiegung $f =$
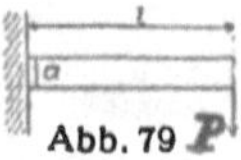 Abb. 79	Balken an einem Ende fest eingespannt, am anderen durch die Kraft P belastet.	$P \cdot l$	$\frac{P \cdot l^3}{3\,E\,J}$ im Angriffspunkt von P.
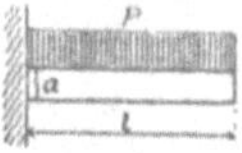 Abb. 80.	Balken an einem Ende fest eingespannt, Belastung P gleichmäßig auf die ganze Länge verteilt.	$\frac{P \cdot l}{2}$	$\frac{P \cdot l^3}{8\,E\,J}$ am freien Ende.
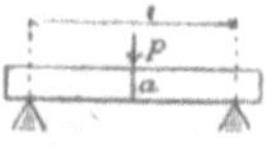 Abb. 81.	Balken an beiden Enden frei aufliegend, in der Mitte durch die Kraft P belastet.	$\frac{P \cdot l}{4}$	$\frac{P \cdot l^3}{48\,E\,J}$ in der Mitte.
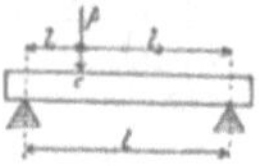 Abb. 82.	Balken an beiden Enden frei aufliegend, im Punkt c durch die Kraft P belastet.	$\frac{P \cdot l_1 \cdot l_2}{l}$	$\frac{P \cdot l^3}{3\,E\,J} \cdot \frac{l_1^2 \cdot l_1^2}{l^4}$ im Angriffspunkt von P.
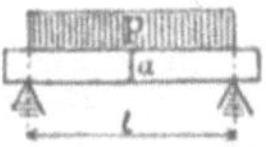 Abb. 83.	Balken an beiden Enden frei aufliegend, Belastung P gleichmäßig auf die ganze Länge verteilt.	$\frac{P \cdot l}{8}$	$\frac{5\,P \cdot l^3}{348\,E\,J}$ in der Mitte.
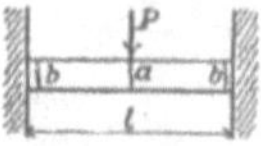 Abb. 84.	Balken an beiden Enden fest eingespannt, in der Mitte durch die Kraft P belastet.	$\frac{P \cdot l}{8}$	$\frac{P \cdot l^3}{192\,E\,J}$ in der Mitte.
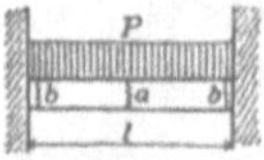 Abb. 85.	Balken an beiden Enden fest eingespannt, Belastung P gleichmäßig auf die ganze Länge verteilt.	$\frac{P \cdot l}{12}$	$\frac{P \cdot l^3}{348\,E\,J}$ in der Mitte.

Beispiel. Ein rechteckiger Balken (Abb. 86) aus Flußeisen von 600 mm Länge ist an einem Ende befestigt und am freien Ende durch die Kraft $P = 300$ kg belastet. Sein **hochkant** stehender Querschnitt ist: $h = 100$ mm, $b = 40$ mm; wie groß ist die Beanspruchung des Materials auf 1 cm² und die Durchbiegung am freien Ende?

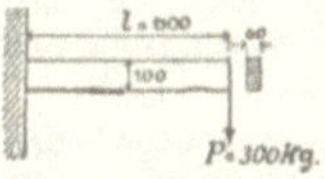

Abb. 86.

Es ist: $k = \frac{M}{W} = \frac{P \cdot l}{\frac{b \cdot h^2}{6}} = \frac{6 \cdot P \cdot l}{b \cdot h^2} =$

$$= \frac{6 \cdot 300 \cdot 60}{4 \cdot 10^2} = 270 \text{ kg auf } 1 \text{ cm}^2.$$

Da die Bruchfestigkeit des Flußeisens im Mittel etwa 3300 kg auf 1 cm² ist, so ist demnach der Sicherheitsgrad $m = \frac{3300}{270} = 12{,}2$.

Die Durchbiegung am freien Ende ergibt sich zu

$$f = \frac{P \cdot l^3}{3\,E\,J}, \text{ worin } J = \frac{b \cdot h^3}{12} = \frac{4 \cdot 10^3}{12} = 333,$$

$$\text{also } f = \frac{300 \cdot 60^3}{3 \cdot 2\,000\,000 \cdot 333} = 0{,}325 \text{ cm} = 3{,}25 \text{ mm}.$$

Widerstandsmomente W und äquatoriales Trägheitsmoment J.

Querschnitt des Balkens	Widerstandsmoment W Trägheitsmoment J	Querschnitt des Balkens	Widerstandsmoment W Trägheitsmoment J
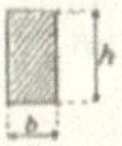 Abb. 87. 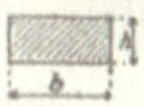	$W = \frac{b \cdot h^2}{6}$ $J = \frac{b \cdot h^3}{12}$	 Abb. 90.	$W = 0{,}098\,\frac{D^4 - d^4}{D}$ $J = 0{,}049\,(D^4 - d^4)$
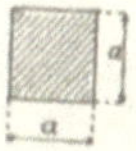 Abb. 88.	$W = \frac{a^3}{6}$ $J = \frac{a^4}{12}$	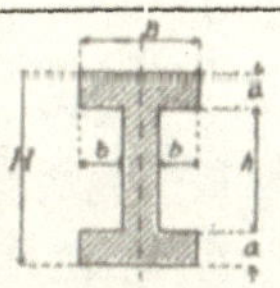 Abb. 91.	$W = \frac{1}{6}\,\frac{B \cdot H^3 - 2\,b \cdot h^3}{H}$ $a = \frac{H - h}{2}$ $J = \frac{B \cdot H^3 - 2\,b \cdot h^3}{12}$
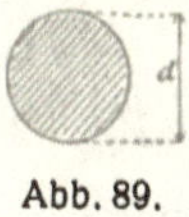 Abb. 89.	$W = 0{,}098\,d^3$ rund $= \frac{d^3}{10}$ $J = 0{,}049\,d^4$	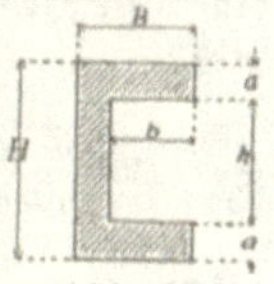 Abb. 92.	$W = \frac{1}{6}\,\frac{B \cdot H^3 - b \cdot h^3}{H}$ $a = \frac{H - h}{2}$ $J = \frac{B \cdot H^3 - b \cdot h^3}{12}$

Bemerkung. Die Größe der Widerstandsmomente für ∢- und T-Querschnitte ist am einfachsten einer Profilzahlentafel zu entnehmen. Die Formeln zur Berechnung der Widerstandsmomente für die Querschnitte nach Abb. 87, 91 und 92 gelten nur dann, wenn die Richtung der biegenden Kraft parallel zur Abmessung h bzw. H ist.

Beispiel. Welchen Durchmesser muß ein Zapfen von 240 mm Länge erhalten, wenn er mit 26000 kg belastet wird (gleichmäßig auf die ganze Länge verteilt) und das Material dabei mit $k = 400$ kg auf 1 cm² beansprucht werden soll? Der Zapfen (Abb. 93) ist an einem Ende fest, am andern frei.

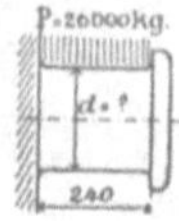

Abb. 93.

Es ist wieder $M = W \cdot k$.

Nach der Tabelle der Biegungsmomente S. 74, Abb. 80 ist hier

$$M = \frac{P \cdot l}{2}$$

und ferner das Widerstandsmoment für den kreisförmigen Querschnitt (Abb. 89):

$$W = \frac{d^3}{10}.$$

Werden diese Werte in die erste Formel eingesetzt dann ist

$$\frac{P \cdot l}{2} = \frac{d^3}{10} \cdot k \text{ oder } d^3 = \frac{10 \cdot P \cdot l}{2 \cdot k} \text{ oder}$$

$$d = \sqrt[3]{\frac{10 \cdot P \cdot l}{2 \cdot k}} = \sqrt[3]{\frac{10 \cdot 26000 \cdot 24}{2 \cdot 400}} = \sqrt[3]{7800} = 19{,}8 \text{ oder } \approx 20 \text{ cm}.$$

4. Drehungs- oder Torsionsfestigkeit. Ein stabförmiger Körper wird auf Torsion beansprucht, wenn die einwirkende Kraft ihn zu verdrehen sucht. (Transmissionswellen od. dgl.) Abb. 94.

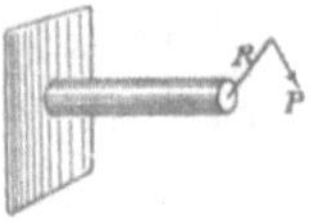

Abb. 94

Die Kraft P wirkt an dem Hebelarm R; es ist daher das auf Verdrehung wirkende statische Moment

$$M = P \cdot R$$

oder wenn Leistung N (in PS) und Umdrehungszahl n gegeben sind:

$$M = 71\,600 \frac{N}{n} \text{ (siehe Seite 47, Punkt 8).}$$

Ist k_1 die Beanspruchung des Materials auf Abscheren oder Schub in kg auf 1 cm², so ist:

1. Für den kreisförmigen Querschnitt (Abb. 95):

$$M = 0{,}196\, d^3 \cdot k_1$$

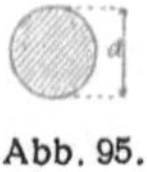

Abb. 95.

oder $$d = 1{,}7 \sqrt[3]{\frac{M}{k_1}} = 71{,}4 \sqrt[3]{\frac{N}{n\, k_1}} \text{ cm}$$

oder $$k_1 = \frac{5{,}1\, M}{d^3} = \frac{365\,000}{d^3} \cdot \frac{N}{n}$$

2. Für den kreisringförmigen Querschnitt (Abb. 96)

Abb. 96.

$$M = 0{,}196 \frac{D^4 - d^4}{D} \cdot k_1$$

oder $$k_1 = 5{,}1\, M \frac{D}{D^4 - d^4} = 365\,000 \frac{N}{n} \cdot \frac{D}{D^4 - d^4}.$$

Die Verschwächung einer Welle durch Ausbohren ist nur verhältnismäßig gering und beträgt für

$\frac{d}{D}$ = 0,3 0,35 0,4 0,45 0,5 0,55 0,6

Verschwächung in % = 0,8 1,5 2,6 4,1 6,2 9,2 13.

Bemerkung. Bei einem auf Verdrehung beanspruchten Körper ist meistens der kleinste Querschnitt der gefährliche und daher dieser in Rechnung zu ziehen.

Beispiel. Eine Welle soll bei 100 U/min 360 PS übertragen. Welchen Durchmesser muß sie erhalten, wenn die Beanspruchung des Materials auf Schub k_1 = 300 kg auf 1 cm² betragen soll?

Es ist:

$$d = 71{,}4 \sqrt[3]{\frac{N}{n \cdot k_1}} = 71{,}4 \sqrt[3]{\frac{360}{100 \cdot 300}} = 71{,}4 \sqrt[3]{0{,}012} =$$

$$\approx 16{,}3 \text{ cm} = 163 \text{ mm}.$$

Beispiel. Eine Welle von 80 mm Dmr. wird durch eine Kraft von 50 kg, welche an einem Hebelarm von 1300 mm Länge wirkt, auf Verdrehung beansprucht. Wie groß ist die Beanspruchung des Materials auf 1 cm²?

Es ist: $$M = P \cdot R = 0{,}196\, d^3 \cdot k_1,$$

woraus $$k_1 = \frac{P \cdot R}{0{,}196 \cdot d^3} = \frac{50 \cdot 130}{0{,}196 \cdot 8^3} = 65 \text{ kg auf } 1 \text{ cm}^2.$$

5. Knickfestigkeit. Wird ein stabförmiger Körper auf Druck beansprucht, so wird er bei genügender Belastung nicht in sich selbst zusammengedrückt, sondern nach der Seite hin ausgebogen, d. h. zerknickt.

Die Gefahr des Knickens tritt dann auf, wenn die Länge des Stabes im Verhältnis zu seiner Dicke eine gewisse Größe überschreitet.

Die Widerstandsfähigkeit eines Stabes gegen Knicken hängt von der Art der Befestigung seiner Enden ab (s. Tab. S. 78).

Bemerkung. Die erforderliche Größe des Querschnittes eines stabförmigen Körpers ist erst nach der Formel für einfache Druckfestigkeit zu berechnen. Ist dann die Länge des Stabes größer als in der Zahlentafel für Knickfestigkeit unter l angegeben, dann ist der Stab noch auf Knicken zu berechnen.

Ist P die wirkliche Belastung des Stabes, dann ist die Bruchbelastung:

$$Q = m \cdot P \quad \text{oder} \quad P = \frac{Q}{m},$$

worin m den Sicherheitsgrad (s. S. 70, 71) bezeichnet.

In nachstehender Zahlentafel bedeutet:

Q die Belastung, bei welcher der Stab zerknicken würde, in kg,
J das kleinste Trägheitsmoment des gefährlichen Querschnittes bei a, in cm^4, nach S. 75,
l die Länge des Stabes in cm,
d den Durchmesser eines runden Querschnittes bei a, in cm,
b die kleinere Seite eines rechteckigen Querschnittes bei a, in cm,
E den Elastizitätsmodul des Materials für Zug und Druck (S. 72 und 73).

Art der Befestigung	Bruchbelastung Q	Länge l		
		Schmiede-eisen	Guß-eisen	Holz
 frei fest Abb. 97.	$Q = \frac{\pi^2}{4} \frac{J \cdot E}{l^2}$ oder $Q = 2{,}467 \frac{J \cdot E}{l^2}$	$12\,d$ bzw. $14\,b$	$5\,d$ bzw. $5{,}75\,b$	6 d bzw. $8\,b$
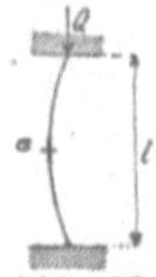 geführt geführt Abb. 98.	$Q = \pi^2 \frac{J \cdot E}{l^2}$ oder $Q = 9{,}87 \frac{J \cdot E}{l^2}$	$24\,d$ bzw. $28\,b$	$10\,d$ bzw. $11{,}5\,b$	$11{,}5\,d$ bzw. $13{,}5\,b$
 geführt fest Abb. 99.	$Q = 2\,\pi^2 \frac{J \cdot E}{l^2}$ oder $Q = 19{,}74 \frac{J \cdot E}{l^2}$	$33\,d$ bzw. $38\,b$	$14\,d$ bzw. $16\,b$	$16\,d$ bzw. $19\,b$
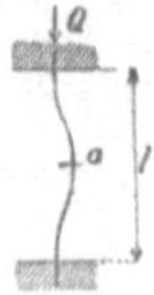 fest fest Abb. 100.	$Q = 4\,\pi^2 \frac{J \cdot E}{l^2}$ oder $Q = 39{,}48 \frac{J \cdot E}{l^2}$	$48\,d$ bzw. $56\,b$	$20\,d$ bzw. $23\,b$	$23\,d$ bzw. $27\,b$

Trägheitsmomente J einiger Querschnitte.

Querschnitt	Abmessungen	Trägheitsmoment
Kreis . . .	d = Durchmesser	$J=\frac{\pi}{64}d^4=0{,}049\,d^4$
Kreisring	D = äuß. Durchm. d = innerer „	$J=\frac{\pi}{64}(D^4-d^4)=0{,}049(D^4-d^4)$
Rechteck	h = größere Seite b = kleinere „	$J=\frac{h\cdot b^3}{12}$
Quadrat	s = Seitenlänge	$J=\frac{s^4}{12}$

6. Festigkeit von Gefäßwänden. Ist p der innere oder äußere Überdruck in at auf die zylinder- oder kugelförmige Gefäßwandung, D und d der äußere bzw. innere Durchmesser und s die Wandstärke in cm, k die Beanspruchung des Materials auf Zug oder Druck auf 1 cm², dann ist für:

Abb. 101.

1. Zylindrische Gefäße (Abb. 101), mit verhältnismäßig geringer Wandstärke, z. B. Röhren, Kesselmäntel usw.:

a) Bei inn. Überdruck: $s=\frac{p\cdot d}{2\cdot k}$ cm

b) bei äuß. Überdruck: $s=\frac{p\cdot D}{2\cdot k}\cdot$ cm

2. Kugelförmige Gefäße (Abb. 102):

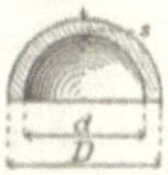

Abb. 102.

a) Bei inn. Überdruck: $s=\frac{p\cdot d}{4\cdot k}$ cm

b) bei äuß. Überdruck: $s=\frac{p\cdot D}{4\cdot k}\cdot$ cm

Bemerkung. Bei äußerem Überdruck sind die Formeln nur dann zu verwenden, wenn der vollkommen kreisförmige Querschnitt des Gefäßes unter allen Umständen gewahrt bleibt.

3. Für zylindrische Gefäße mit verhältnismäßig großer Wandstärke (bei hydraulischen Pressen usw.) ist:

a) Bei innerem Überdruck: $D=d\sqrt{\frac{k+0{,}4\,p}{k-1{,}3\,p}}$;

b) bei äußerem Überdruck: $D=d\sqrt{\frac{k}{k-1{,}7\,p}}$.

7. Festigkeit runder Platten. Wird eine ebene runde Platte gleichmäßig belastet, während sie am Umfange durch eine größere Anzahl Schrauben festgehalten wird, dann ist

$$s=d\sqrt{\frac{c\cdot p}{k}}\quad\text{oder}\quad p=\frac{s^2}{d^2}\,\frac{k}{c}.$$

Hierin bedeutet:

s die Dicke der Platte in cm,

d den Durchmesser des Lochkreises der Befestigungsschrauben in cm,

p den Druck in kg/cm³,

k die zulässige Biegungsbeanspruchung des Materials in kg/cm²,

c eine Vorzahl, und zwar

für Gußeisen $c =$ etwa 0,25,
für Flußeisen $c =$ etwa 0,15.

8. Elastizität. Jede beliebige Beanspruchung eines Maschinenteiles bedingt immer eine gewisse, wenn auch noch so geringe Formänderung desselben (Verlängerung, Verkürzung, Biegung, Verdrehung u. dgl.), welche meistens nur bei genauer Beobachtung oder bei Verwendung von Meßapparaten erkennbar wird. Auch wenn eine Formänderung mit bloßem Auge sichtbar ist, ist dies nicht immer ein Zeichen, daß der betreffende Maschinenteil zu schwach ist. Überschreitet die Beanspruchung eine gewisse vom Material abhängige Größe nicht, dann ist die Formänderung eine elastische und ungefährlich, d. h. sie verschwindet mit dem Aufhören der Beanspruchung wieder.

Abb. 103.

Die Dehnungszahl α ist das Verhältnis der Verlängerung λ (Abb. 103) eines Stabes zu seiner ursprünglichen Länge l bei 1 cm² Querschnitt und 1 kg Belastung.

Der Elastizitätsmodul E ist der umgekehrte Wert des Dehnungskoeffizienten:

$$E = \frac{1}{\alpha} \text{ oder } \alpha = \frac{1}{E}.$$

Die Verlängerung λ eines Stabes von der Länge l und dem Querschnitt f bei der Belastung P ist demnach:

$$\lambda = \frac{P \cdot l}{f \cdot E} \text{ oder } P = \lambda . \frac{f. E}{l}$$

Wird der Stab auf Druck beansprucht, dann erfährt er eine Verkürzung λ, welche in gleicher Weise wie eine Verlängerung bestimmt wird, wobei auch E bzw. α denselben Wert haben. (Siehe Zahlentafel S. 72, 73.)

Die Schubzahl β ist das Verhältnis zwischen der Verschiebung b zweier paralleler Querschnitte (Abb. 104) gegeneinander zu ihrer Entfernung a bei einem Querschnitt von 1 cm² und einer Belastung auf Schub von 1 kg:

$$\beta = \frac{b}{a}.$$

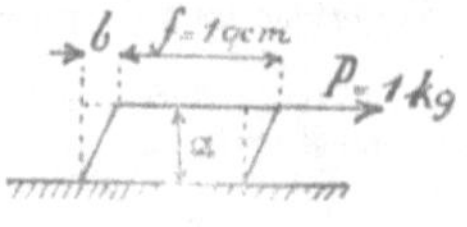

Abb. 104.

Der Schubelastizitätsmodul G ist der umgekehrte Wert des Schubkoeffizienten:

$$G = \frac{1}{\beta}.$$

Die Verdrehung γ, welche eine runde Welle von der Länge l und dem Durchmesser d durch das Drehmoment $M = P \cdot R$ erfährt, ist, im Abstande r von Mitte Welle gemessen (Abb. 105):

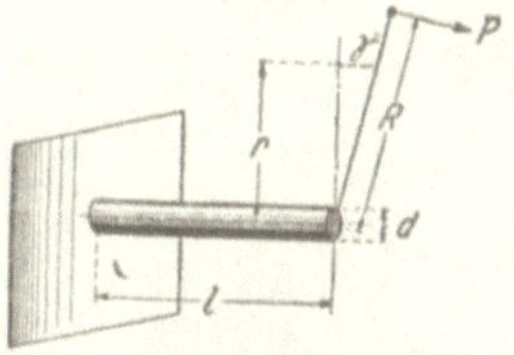
Abb. 105.

$$\gamma = 10{,}2 \frac{M \cdot l}{d^4 \cdot G} r \text{ cm}.$$

Bei einer gebohrten Welle mit dem äußeren Durchmesser D und der Bohrung d ist

$$\gamma = 10{,}2 \frac{M \cdot l}{(D^4 - d^4)\,G} r \text{ cm}$$

$$\text{oder: } \gamma = \frac{2\,k_1}{d} \cdot \frac{l}{G} \cdot r \text{ cm}.$$

Bemerkungen. Die rechnungsmäßige Festigkeit eines Konstruktionsteiles wird, insbesondere bei Beanspruchung auf Zug oder Biegung durch plötzliche Querschnittsänderungen sehr beeinträchtigt; daher sind allmähliche Übergänge oder Hohlkehlen mit möglichst großem Halbmesser vorzusehen. Ebenso sind scharfe Einkerbungen, auch wenn sie den verbleibenden Querschnitt nicht nennenswert verringern, immer sehr gefährlich.

Ferner wird die Festigkeit des Materials mit Erhöhung der Temperatur desselben verringert (s. Zahlentafel S. 72).

Auch bei auftretenden kritischen Schwingungen wird der betreffende Konstruktionsteil (Welle, Turbinenschaufel usw.) weit über die normale Beanspruchung hinaus angestrengt. Solche Betriebszustände müssen daher vermieden werden.

9. Schraubenfedern. Bei zylindrischen Schraubenfedern wird die Tragkraft P in kg und die Zusammendrückung f in cm nach folgenden Formeln bestimmt:

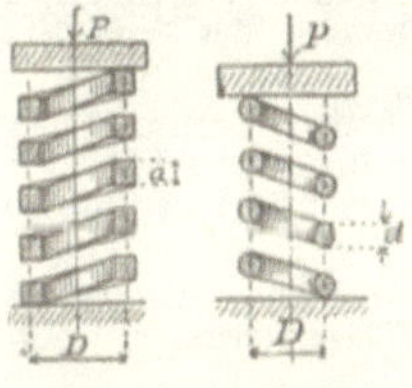
Abb. 106. Abb. 107.

1. Für runden Draht (Abb. 107):

$$P = 0{,}393 \frac{d^3}{D} \cdot k_1; \qquad d = 1{,}366 \sqrt[3]{\frac{D \cdot P}{k_1}}$$

$$f = 8 \cdot n \cdot \frac{D^3}{d^4} \cdot \frac{P}{G}; \quad n = \frac{G}{8 \cdot P} \cdot f \cdot \frac{d^4}{D^3}.$$

2. Für Draht von quadratischem Querschnitt (Abb. 106):

$$P = 0{,}444 \frac{a^3}{D} \cdot k_1; \qquad a = 1{,}3 \sqrt[3]{\frac{D \cdot P}{k_1}}$$

$$f = 5{,}65\,n \cdot \frac{D^3}{a^4} \cdot \frac{P}{G}; \quad n = \frac{G}{5{,}65\,P} \cdot f \cdot \frac{a^4}{D^3}.$$

Es bedeutet darin: n die Anzahl der freien Windungen, k_1 die zulässige Beanspruchung des Materials auf Abscheren auf 1 cm² und G den Schubelastizitätsmodul für 1 cm² (s. Zahlentafel S. 70, 71), d bzw. a die Drahtstärke und D den mittleren Durchmesser der Windungen in cm.

II. Teil.

Die Antriebsmaschine.

Seeschiffe werden heute ausnahmslos durch Schraubenpropeller und nicht mehr durch Schaufelräder fortbewegt, und zwar diente hierzu bis vor wenigen Jahrzehnten nur allein die Kolbendampfmaschine; seit dieser Zeit sind ihr aber besonders in der Dampfturbine und ferner im Verbrennungsmotor (Dieselmotor) starke Konkurrenten an die Seite getreten.

Kolbendampfmaschinen zum Schiffsantrieb werden heute nur noch in Größen bis zu etwa 7000 PSi gebaut.

Bei diesen erfolgt der Antrieb der Propellerwelle in der Regel direkt, während beim Antrieb durch Dampfturbinen immer, beim Antrieb durch Dieselmaschinen häufig ein Rädergetriebe zwischen geschaltet wird, durch welches die hohe Drehzahl der Antriebsmaschine auf die jeweils zweckmäßige Drehzahl des Propellers herabgesetzt wird.

Kolbendampfmaschinen werden vielfach mit nachgeschalteten Abdampfturbinen zusammengebaut, um den Abdampf der Kolbenmaschine weiter auszunutzen und ihre Wirtschaftlichkeit zu erhöhen. Siehe S. 234.

Bei Leistungen von etwa 6000 PSe bis über 100000 PSe kommen meistens Dampfturbinen mit Rädergetriebe zur Anwendung.

Dieselmotoren werden für alle Schiffsgattungen mit einer bis vier Propellerwellen und z. Z. bis zu Gesamtleistungen von über 20000 PS_e ausgeführt. Der Antrieb der Propellerwellen erfolgt hierbei entweder direkt oder über ein zwischengeschaltetes Rädergetriebe.

Eine weitere Art des Antriebes der Propellerwellen ist der durch Elektromotoren, wobei der elektrische Strom entweder durch Turbo-Dynamos oder durch Diesel-Dynamos erzeugt wird.

Eine Zusammenstellung einiger Handelsschiffsanlagen zeigt die nachstehende Tabelle.

Einige Handelsschiffstypen und deren Maschinenanlagen.

Art des Schiffes	Maschinenanlage	Kesseldruck atü etwa	Anzahl der Wellen	Gesamtleistg. PS_i bzw. WPS etwa	Drehzahl der Prop.-Welle bzw. der Maschine etwa	Bemerkungen
Barkassen	Einzyl. Masch. mit Auspuff od. Verbund-Masch. mit Kond., Benzinmotoren	10—12	1	50	250—350	Zyl.-Kessel mit Kohle- od. Ölfeuerung. Mit Wendegetriebe
Schleppdampfer	Verbund- od. 3 fach-Exp.-Masch. mit Kondensation, bzw. Dieselmotoren	10—15 —	1—2 1—2	250—1600 bis ca. 3500	100—200 150—280	Zyl.-Kessel mit nat. Zug oder Saugzuggebläse; Kohlefeuerung
Frachtdampfer	Doppel-Verbundmaschine System Lentz etc.	12—16	1—2	400—4500	70—140	Zyl.- od. Wasserrohrkessel mit Überhitzung
Frachtdampfer	3 fach od. 4fach-Exp.-Masch. mit Kondensation	12—15	1—2	600—4500	70—100	Zyl.-Kessel, nat. oder künstl. Zug
Frachtdampfer	do. mit Abdampfturbine auf der gleichen Welle oder Dampfturbinen mit Rädergetriebe	12—15	1—2	1500—6000	70—90 bzw. 2500—4500	Zyl.-Kessel, Kohlefeuerung, künstl. Zug

Fortsetzung.

Fracht- und Personendampfer	3 fach- od. 4 fach-Exp.-Maschinen oder Dampfturbinen mit Rädergetriebe	12—15	2	1800—25000	70—100 bzw. 2000—4000	Zyl.-Kessel mit Kohle- oder Ölfeuerung, künstlicher Zug
Fracht- und Personendampfer	3 fach- oder 4 fach-Exp.-Masch. mit Abdampfturbinen auf der gleichen od. einer besonderen Welle	12—21	2—3	5000—45000	75—90 bzw. 2000—4000	Zyl.- oder Wasserrohrkessel mit Kohle- oder Ölfeuerung
Schnelldampfer	Dampfturbinen mit Rädergetriebe	16—30	2—4	20000 bis über 100000	120—220 bzw. 2000—3000	Wasserrohrkessel mit Ölfeuerung, Howdens Zug od. geschlossene Heizräume
Motor-Frachtschiffe	4Takt- oder 2Takt-Dieselmotoren, direktwirkend od. mit Rädergetriebe	—	1—2	600—5000	90—120 bzw. 200—300	Hilfskessel mit Ölfeuerung, mitunter auch Abgaskessel
Motor-Fracht- und Personenschiffe	do.	—	1—4	2000—25000	90—300 bzw. 200—250	do.
Motor-Tankschiffe	4Takt- od. 2Takt-Dieselmotoren, direkter Antrieb	—	1—2	2000—4000	90—120	do.
Verschiedene	Turboelektr. Antrieb oder Dieselelektr. Antrieb	13—50 —	2 2	1500 bis über 100000 1200 bis über 8000	100—150 bzw. 1800–3000 —	Hilfskessel mit Ölfeuerung

A. Kolbendampfmaschine.

Kolbendampfmaschinen werden je nach der Art der Maschine mit Dampfdrücken bis zu etwa 15 atü betrieben; nur ausnahmsweise kommen auch höhere Drücke zur Anwendung.

Jede Propellerwelle wird in der Regel nur durch eine Maschine angetrieben. Die verschiedenen, je nach Größe und Zweck des Schiffes bzw. dem angenommenen Kesseldruck verwendeten Maschinenarten sind in der Zahlentafel S. 83—84 angegeben.

Die einzelnen Zylinder werden im allgemeinen in einer Längsebene des Schiffes nebeneinander gesetzt, in besonderen Fällen werden jedoch auch zwei Zylinder in einer Achse übereinander angeordnet. Einige charakteristische Anordnungen der Zylinder, wie sie früher ausgeführt wurden bzw. z. Z. getroffen werden, sind nachstehend angegeben.

Einzylinder- oder Zwillingsmaschinen gewöhnlicher Bauart werden seit Einführung der höheren Dampfdrücke nur ausnahmsweise für kleine Leistungen gebaut; größere Anlagen werden je nach Zweck und Größe als Verbund-, Dreifach- oder Vierfach-Expansionsmaschinen ausgeführt. Eine Ausnahme bildet die von Prof. Stumpf entwickelte sog. Gleichstrommaschine (Abb. 108), welche aus zwei oder mehreren doppeltwirkenden Einzylindermaschinen mit gegeneinander versetzten Kurbeln besteht, bei denen die Dampfaustrittsöffnungen nach dem Kondensator auf halber Höhe im Zylindermantel angebracht sind und nur durch den langen Kolben gesteuert werden.

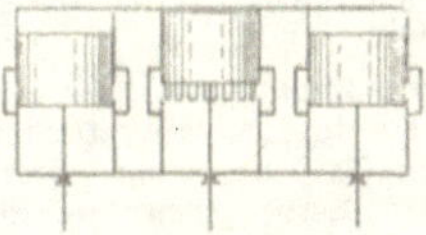

Abb. 108.

Verbundmaschinen. Gewöhnliche Anordnung der beiden Zylinder nach Abb. 109, mit zwei Kurbeln unter 90°.

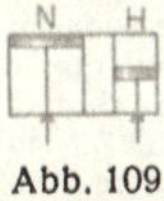

Abb. 109.

Abb. 110: Anordnung der Zylinder bei Doppel-Verbundmaschinen System Lentz. Je zwei zusammenarbeitende Zylinder wirken auf Kurbeln, welche unter 180° zueinander stehen; vorderes Kurbelpaar gegen das hintere um 90° versetzt. Anordnung der Zylinder mitunter auch umgekehrt wie in der Abbildung angegeben.

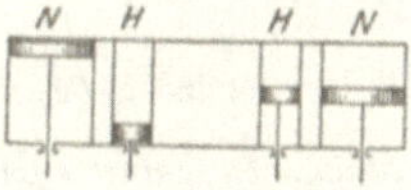

Abb. 110.

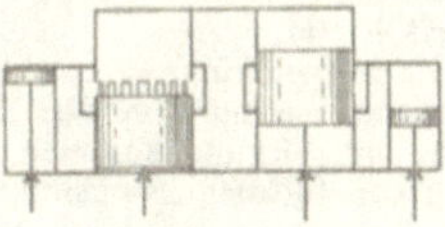

Abb. 111.

Abb. 111 zeigt eine ähnliche Zylinder- und Kurbelanordnung einer Doppel-Verbund-Gleichstrommaschine mit Schlitzsteuerung am *ND*-Zylinder, System Christiansen & Meier.

Dreifach-Expansionsmaschine. Gewöhnliche Anordnung nach Abb. 112 mit drei nebeneinander angeordneten Zylindern und drei Kurbeln unter 120°. Mitunter wird der *ND*-Zylinder auch zwischen

HD- und *MD*-Zylinder angeordnet, um günstigere Massenwirkung zu erzielen.

Abb. 113: Dreifach-Expansionsmaschine mit zwei Kurbeln unter 90°, *HD*- und *ND*-Zylinder übereinander angeordnet.

Abb. 114: *ND*-Zylinder geteilt, vier Kurbeln mit Massenausgleich, Kurbelwinkel verschieden.

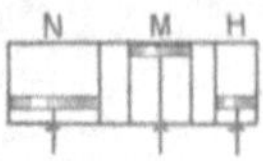

Abb. 112.

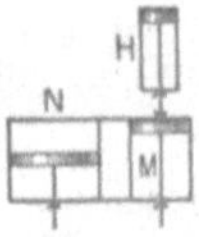

Abb. 113.

Vierfach-Expansionsmaschinen. Abb. 115: Vier Zylinder nebeneinander, mitunter in verschiedener Reihenfolge, Kurbel-

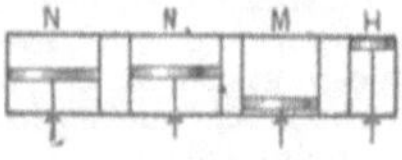
Abb. 114.

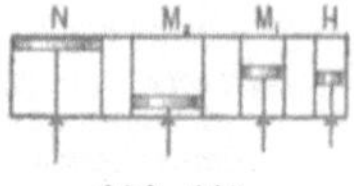
Abb. 115.

winkel 180° bzw. 90°, oder entsprechend dem vollständigen Massenausgleich mit verschiedenen Kurbelwinkeln.

1. Berechnung der Leistung von Kolbenmaschinen. Der Berechnung einer Kolbenmaschine wird ein ideales theoretisches Diagramm, das sog. Hilfsdiagramm (Abb. 116) zugrunde gelegt, aus welchem die theoretischen Drücke hervorgehen, welche während eines Doppelhubes auf einer Kolbenseite auftreten.

Das gleiche Hilfsdiagramm gilt auch für Mehrfach-Expansionsmaschinen, weil die bei solchen Maschinen in den *HD*-Zylinder bei einem Kolbenhub eingelassene Frischdampfmenge beim Durchströmen aller aufeinander folgenden Zylinder theoretisch die gleiche Arbeit leistet, welche sie leisten würde, wenn sie nur im *ND*-Zylinder der betreffenden Maschine allein zur Wirkung kommen würde.

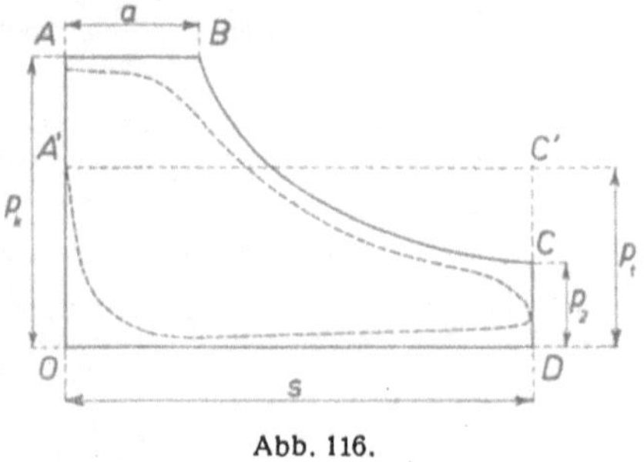

Abb. 116.

Dem Hilfsdiagramm sind folgende Annahmen zugrunde gelegt.

1. Der schädliche Raum ist gleich Null, d. h. der im Zylinder verbleibende Raum in der Totlage des Kolbens, gleich Kolbenluft plus Inhalt des Dampfkanals zwischen Zylinder und Schieberspiegel, ist nicht vorhanden.

2. Der Dampf tritt mit dem Kesseldruck in den Zylinder ein.

3. Ein Spannungsabfall durch Drosselung während der Füllungsperiode findet nicht statt.

4. Der Dampf expandiert nach dem Mariotteschen Gesetz.

5. Die Ausströmung beginnt am Ende des Kolbenhubes, die Vorausströmung ist also = Null.

6. Der Gegendruck während des Kolbenrückganges ist = Null (absolutes Vakuum).

7. Kompression findet nicht statt, ist also = Null.

8. Die Leistung auf der Deckelseite ist gleich der Leistung auf der Bodenseite.

Es gelten nun folgende Bezeichnungen:

D Durchmesser des Zylinders, bzw. ND-Zyl., in cm,
F die Fläche des betr. Kolbens in cm^2,
s Kolbenhub in m,
n Anzahl der Umdrehungen i. d. Minute,
p_k Dampfspannung im Kessel, ata,
p_t theoretischer mittlerer Druck auf den Kolben in at,
p_m wirklicher mittlerer Druck auf den Kolben in at,
c mittlere Kolbengeschwindigkeit in m i. d. Sek. $= \frac{s \cdot n}{30}$,
N_i indizierte Leistung der Maschine in Pferdestärken (PS_i),
N_e effektive Leistung in Pferdestärken (PS_e),
ε Füllungsgrad bzw. Gesamtfüllungsgrad,
ε_h Füllungsgrad des HD-Zylinders.

Im Hilfsdiagramm (Abb. 116) ist:

$OA = p_k$ der Druck des Dampfes im Kessel in ata,
$AB = a$ das Volumen des bis zu Beginn der Expansion in den Zylinder eingelassenen Dampfes bzw. der bis dahin zurückgelegte Weg des Kolbens und
$OD = s$ der Inhalt des Zylinders bzw. der Hub des Kolbens.

Es ist also:

$$\text{Füllungsgrad } \varepsilon = \frac{\text{Anfangsvolumen}}{\text{Endvolumen}} = \frac{AB}{OD} = \frac{a}{s}$$

$$\text{Expansionsgrad } \frac{1}{\varepsilon} = \frac{\text{Endvolumen}}{\text{Anfangsvolumen}} = \frac{OD}{AB} = \frac{s}{a}.$$

Bei Maschinen mit Expansion in mehreren Zylindern hintereinander ist ε der Gesamtfüllungsgrad, und zwar ist dann:

$$\varepsilon = \frac{\text{Füllungsvolumen des } HD\text{-Zylinders}}{\text{Hubvolumen des } ND\text{-Zylinders}}$$

oder

$$\varepsilon = \varepsilon_h \cdot \frac{\text{Vol. d. } HD\text{-Zyl.}}{\text{Vol. d. } ND\text{-Zyl.}} = \frac{\varepsilon_h}{z},$$

worin z das Zylinderverhältnis $= \frac{\text{Vol. d. } ND\text{-Zyl.}}{\text{Vol. d. } HD\text{-Zyl.}}$ ist.

Da die Hübe der einzelnen Kolben einer Maschine ausnahmslos gleich sind, so ist auch

$$z = \frac{D_n^2}{D_h^2}.$$

Bei einer Maschine mit zwei ND-Zylindern ist für D_n^2 im Zähler: $2 \cdot D_n^2$ einzusetzen.

Theoretischer mittlerer Druck. Darunter wird derjenige sich gleichbleibende Druck p_t verstanden, welcher während eines Doppelhubes auf einer Kolbenseite die gleiche Arbeit leisten würde wie der expandierende Dampf. Es ist also:

$p_t \cdot s$ = Fläche $OA'C'D$ = Fläche $OABCD$ = Flächeninhalt des Hilfsdiagrammes.

Der theoretische mittlere Druck p_t ergibt sich aus dem Kesseldruck p_k durch Multiplikation desselben mit der Spannungsvorzahl k (s. S. 53 u. nächst. Zahlentafel), so daß also:

$$p_t = k \cdot p_k \text{ at.}$$

Gebräuchliche Zylinderverhältnisse und Füllungsgrade.

Art der Maschine	Kesseldruck ata	Zyl.-Verhältnis $HD:MD:ND$ oder $D_h^2:D_m^2:D_n^2$	*HD*-Füllung etwa %	Gesamtfüllung etwa %
Einzyl.-Gleichstrommaschine	12—15	—	10	10
Verbundmaschine	7—10	1:3 bis 1:4,5	50—60	11—20
Doppel-Verbundmaschine	12—16	etwa 1:4,65	30—45	6,5—10
Dreifach-Exp.-Maschine	10—16	1:2,2:5,5 bis 1:3:7	50—70	7—13
Vierfach-Exp.-Maschine	14—16	1:2:4:8 bis 1:2,2:4,5:9,2	60—75	6,5—9,4

Die Spannungsvorzahl k ist nur vom Füllungsgrad ε des Zylinders abhängig und in der folgenden Zahlentafel für verschiedene Füllungsgrade berechnet. (Siehe S. 53.)

Spannungsvorzahlen k.

Füllungsgrad ε	k	Füllungsgrad ε	k	Füllungsgrad ε	k	Füllungsgrad ε	k
0,05	0,20	0,13	0,40	0,22	0,56	0,50	0,85
0,06	0,23	0,14	0,42	0,24	0,58	0,55	0,88
0,07	0,26	0,15	0,44	0,26	0,61	0,60	0,90
0,08	0,28	0,16	0,45	0,28	0,63	0,65	0,93
0,09	0,31	0,17	0,47	0,30	0,66	0,70	0,95
0,10	0,33	0,18	0,49	0,35	0,72	0,75	0,96
0,11	0,35	0,19	0,51	0,40	0,77	—	—
0,12	0,37	0,20	0,52	0,45	0,81	—	—

Für einen zwischenliegenden Wert von ε kann der zugehörige Wert von k durch Interpolation leicht ermittelt werden. Ist z. B. $\varepsilon = 0{,}43$, also zwischen $\varepsilon = 0{,}40$ und $0{,}45$ liegend, so ist der zu 0,43 gehörende Wert von k:

$$k = 0{,}77 + \frac{0{,}43 - 0{,}40}{0{,}45 - 0{,}40} \cdot (0{,}81 - 0{,}77)$$

oder

$$k = 0{,}77 + \frac{0{,}03}{0{,}05} \cdot 0{,}04 = 0{,}77 + 0{,}024 = 0{,}794.$$

Wirklicher mittlerer Druck und Völligkeitsgrad. Infolge der verschiedenen auftretenden Verluste hat das wirkliche Dampfdiagramm nicht die in der Abb. 116 mit vollen Linien gezeichnete, sondern die punktiert angegebene Form. Diese Abweichungen haben folgende Ursachen:

1. Vom Kessel bis zum Eintritt in den Zylinder findet ein Druckabfall infolge der Reibungs- und Drosselungswiderstände in den Rohrleitungen usw. statt; gewöhnlich etwa 0,5—0,8 at.

2. Während der Füllungsperiode tritt infolge der Drosselung des eintretenden Dampfes durch das verhältnismäßig langsam schließende Steuerorgan ebenfalls ein Druckabfall ein.

3. Kondensation bzw. Abkühlung des Dampfes an den Zylinderwänden.

4. Die Ausströmung des expandierten Dampfes erfolgt vor Ende des Kolbenhubes.

5. Im Kondensator wird nur ein teilweises Vakuum von etwa 0,85—0,95 % erreicht. Durch die während des Kolbenrückganges in den Kanälen usw. auftretenden Widerstände wird aber auch dieses Vakuum im Zylinder nicht ganz erreicht.

6. Vor Ende des Kolbenhubes setzt die Kompression des im Zylinder zurückgehaltenen Dampfes ein.

7. Durch die immer vorhandenen Undichtheiten an Kolben und Schiebern treten entsprechende Veränderungen in der hinter dem Kolben wirkenden Dampfmenge ein.

8. Bei Mehrfach-Expansionsmaschinen kommen hierzu noch die in den Überströmleitungen verursachten Druckverluste.

Das wirkliche, punktiert angedeutete Dampfdiagramm hat deshalb auch einen bedeutend kleineren Flächeninhalt wie das voll ausgezogene Hilfsdiagramm. Das Verhältnis beider Flächeninhalte nennt man den Völligkeitsgrad; es ist also

$$\text{Völligkeitsgrad} = \alpha = \frac{\text{Fläche des Dampfdiagrammes}}{\text{Fläche des Hilfsdiagrammes}}$$

oder

$$\alpha = \frac{\text{Wirklicher mittlerer Druck}}{\text{Theoretischer mittlerer Druck}} = \frac{p_m}{p_t}$$

oder

$$p_m = \alpha \cdot p_t.$$

Der Völligkeitsgrad α ist ein Erfahrungswert und ist bei den verschiedenen Maschinenarten verschieden. Der ungefähre Wert desselben geht aus der nachstehenden Zahlentafel hervor.

Völligkeitsgrade α für Maschinen mit Kondensation.

Art der Maschine	Umdrehungen in der Minute	Völligkeitsgrad
Einzylind.- und Zwillingsmaschine	bis 100 100 bis 400	0,70 bis 0,75 0,65 „ 0,70
Verbundmaschine	bis 100 100 bis 250	0,60 bis 0,65 0,55 „ 0,60
Dreifach-Expansionsmaschine	bis 100 100 bis 250	0,54 bis 0,58 0,50 „ 0,54
Vierfach-Expansionsmaschine	bis 100	0,50 bis 0,53

Bei Maschinen, welche mit Auspuff arbeiten, hat der aus dem Zylinder austretende Dampf den Gegendruck der Atmosphäre anstatt das Kondensatorvakuum zu überwinden; es liegt daher auch im wirklichen Dampfdiagramm die Ausströmungslinie um etwa 1 at höher als bei einer mit gutem Vakuum arbeitenden Kondensationsmaschine. Der wirkliche mittlere Druck ist hier also ungefähr

$$p_m = \varepsilon \cdot k \cdot p_k - 1 \text{ at}.$$

Indizierte Maschinenleistung. Diese ist:

$$N_i = \frac{\text{mittl. Kolbenkraft (kg)} \cdot \text{mittl. Kolbengeschwindigkeit (m)}}{75}$$

oder $$N_i = \frac{F \cdot p_m \cdot c}{75} = \frac{F \cdot p_m \cdot}{75} \cdot \frac{s \cdot n}{30} = \frac{F \cdot p_m \cdot s \cdot n}{2250} \text{ PS}_i.$$

Hierin ist F die Kolbenfläche in cm²; bei Mehrfach-Exp.-Maschinen ist F die Fläche des ND-Kolbens. Bei Maschinen mit geteiltem ND-Zylinder (Abb. 114) ist für F die Summe beider Kolbenflächen zu nehmen.

Der Berechnung von p_m ist der Gesamtfüllungsgrad zugrunde zu legen.

Beispiel. Bestimmung der indizierten Leistung einer Dreifach-Expansionsmaschine, deren Abmessungen folgende sind: HD-Zyl. = 101,6 cm, MD-Zyl. = 148,8 cm, ND-Zyl. = 223,5 cm, Kolbenhub = 1,295 m, Drehzahl i. d. Min. = 100, Kesseldruck = 12 ata, Füllungsgrad des HD-Zyl. = ε_h = 0,68 = 68 %.

Aus den angegebenen Abmessungen folgt:

$$\text{Zylinderverhältnis } z = \frac{ND}{HD} = \left(\frac{2235}{1016}\right)^2 = 4{,}84,$$

daraus folgt:

$$\text{Gesamtfüllungsgrad } \varepsilon = \frac{\varepsilon_h}{z} = \frac{0{,}68}{4{,}84} = 0{,}14.$$

Nach der Tabelle der Spannungsvorzahlen k ist für $\varepsilon = 0{,}14$ die Vorzahl des mittleren Druckes $k = 0{,}42$; es ist daher der theoretische mittlere Druck

$$p_t = k \cdot p_k = 0{,}42 \cdot 12 = 5{,}04 \text{ at}.$$

Ferner ist nach der Zahlentafel der Völligkeitsgrade für diese Maschine $\alpha = 0{,}54$, so daß sich der wirkliche mittlere Druck ergibt zu: $p_m = 0{,}54 \cdot 5{,}04 = 2{,}72$ at, und:

$$N_i = \frac{\pi}{4} \cdot \frac{223{,}5^2 \cdot 2{,}72}{75} \cdot \frac{1{,}295 \cdot 100}{30} = \text{rund } 6000 \text{ PS}_i.$$

Beispiel. Welche Hauptabmessungen müßte eine Dreifach-Expansionsmaschine erhalten, welche bei 140 U/min 400 PS$_i$ leisten soll? Der Kolbenhub soll 550 mm, der Kesseldruck 12 atü betragen.

Es werde gewählt:

Gesamtfüllungsgrad $\varepsilon = 0{,}10$, Völligkeitsgrad $\alpha = 0{,}53$; dann ergibt sich aus der Zahlentafel eine Spannungsvorzahl $k = 0{,}33$ und $p_m = 0{,}33 \cdot (12 + 1) \cdot 0{,}53 = 2{,}28$ at. Daraus ergibt sich die Fläche des ND-Kolbens zu:

$$F = N_i \cdot \frac{2250}{s \cdot n \cdot p_m} = \frac{400 \cdot 2250}{0{,}55 \cdot 140 \cdot 2{,}28} = 5120 \text{ cm}^2,$$

oder

$$D = 810 \text{ mm}.$$

Wird das Zylinderverhältnis $HD : MD : ND = 1 : 2{,}5 : 6$ angenommen, so ergibt sich damit:

HD-Kolbenfläche $= 5120 : 6 = 853{,}3$ cm², oder rd. 330 mm Durchm.,

MD-Kolbenfläche $= 853{,}3 \cdot 2{,}5 = 2130$ cm², oder rd. 520 mm Durchm.

Ferner müßte die Füllung des HD-Zylinders sein:

$$\varepsilon_h = \varepsilon \cdot 6 = 0{,}10 \cdot 6 = 0{,}6 \text{ oder } 60\,\%.$$

2. Ermittelung der Maschinenleistung mit dem Indikator. Die Ermittelung derselben auf dem Wege des praktischen Versuches erfolgt mit Hilfe des Indikators, welcher den Verlauf der Dampfspannungen im Zylinder während eines Doppelhubes selbsttätig aufzeichnet. Die erhaltene Figur heißt Indikatordiagramm. Aus diesem wird der mittlere Druck während eines Doppelhubes berechnet.

In der Regel ist die Einrichtung so getroffen, daß auf einer Diagrammkarte sowohl das Diagramm der Deckel- als auch der Bodenseite aufgenommen werden kann. Jedes Diagramm muß folgende Angaben enthalten:

1. Die laufende Nummer,
2. Datum des Versuches, Tageszeit,
3. Name oder Nummer des Schiffes und Angabe ob BB- oder StB-Maschine,
4. Angabe ob HD-, MD- oder ND-Zylinder sowie Deckel- und Bodenseite,
5. Drehzahl der Maschine, Zylinderfüllung, Kesseldruck und Druck am Manövrierventil, Drücke in den Schieberkasten und Vakuum im Kondensator,
6. Federmaßstab.

Nach dem Auswerten des Diagrammes ist noch der gefundene mittlere Druck sowie die berechnete Leistung nachzutragen.

Der Federmaßstab f, der auf jeder Feder vermerkt ist, gibt den Ausschlag des Schreibstiftes in mm für 1 at Dampfspannung an; daneben ist auch die höchste Spannung angegeben, für welche die Feder noch verwendet werden darf.

Auswerten der Diagramme:

Das Auswerten der Diagramme, d. h. die Ermittelung des wirklichen mittleren Druckes p_m während eines Kolbenhubes, kann in verschiedener Weise vorgenommen werden.

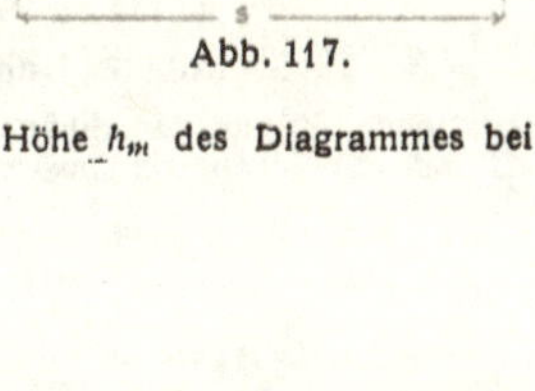

Abb. 117.

1. Man ziehe durch die äußersten Punkte des Diagrammes (Abb. 118) die beiden Tangenten AB und CD senkrecht zur atmosphärischen Linie AC und zerlege das Diagramm durch Parallele in eine beliebige Anzahl, gewöhnlich jedoch 10, Teile von gleicher Breite, deren mittlere Längen man addiert und durch die Anzahl der Streifen dividiert. Die mittlere Höhe h_m des Diagrammes bei

10 Streifen ist:

$$h_m = \frac{h_1 + h_2 + h_3 + \ldots\ldots + h_{10}}{10} \text{ mm.}$$

Bei einem Federmaßstab von 1 at = f mm ist dann der mittlere indizierte Druck:

$$p_m = \frac{h_m}{f} \text{ kg/cm}^2.$$

2. Nach der Trapezregel. Man teilt auch hier das Diagramm in 10 gleich breite Streifen. Mit Bezug auf Abb. 118 ist dann:

$$p_m = \frac{1}{10f}\left(\frac{h_0 + h_{10}}{2} + h_1 + h_2 + \ldots\ldots h_9\right) \text{ at.}$$

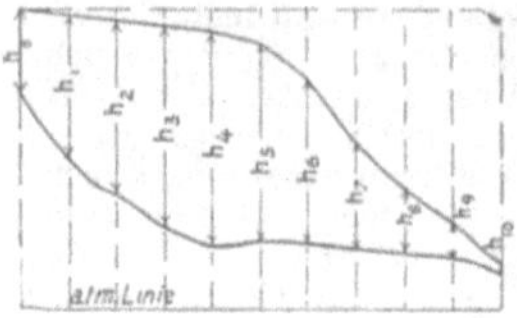

Abb. 118.

3. Nach der Simpsonschen Regel (siehe auch S. 32). Man bilde mit Bezug auf Abb. 110:

$$H_1 = h_0 + h_{10}$$
$$H_2 = h_1 + h_3 + h_5 + h_7 + h_9$$
$$H_3 = h_2 + h_4 + h_6 + h_8,$$

dann ist

$$p_m = \frac{H_1 + 4\,H_2 + 2\,H_3}{30 \times f} \text{ at.}$$

4. Mit dem Planimeter (näheres siehe S. 579). Bei Ermittelung des mittleren Druckes mittels des Planimeters wird die Fläche A des Indikatordiagrammes bestimmt, woraus sich durch Division mit der Länge s des Diagrammes die mittlere Höhe h_m desselben ergibt, und durch weitere Division mit dem Federmaßstab f dann der mittlere Druck p_m in at.

Es ist also

$$p_m = \frac{h_m}{f} = \frac{A}{s \cdot f} = \frac{c \cdot l \cdot a}{s \cdot f} \text{ at.}$$

Wird jedoch zweckmäßig das Planimeter (mit Hilfe der vorgesehenen Spitzen) so eingestellt, daß die Länge l des Fahrarmes gleich der Länge s des Diagrammes ist, so ist:

$p_m = \dfrac{a \cdot c}{f}$ beim Umfahren eines Diagrammes, oder zweckmäßiger:

$p_m = \dfrac{a \cdot c}{2f}$ beim Umfahren beider Diagramme aus Boden- und Deckelseite hintereinander.

Hierin bedeutet:

a die Ablesung an der Zählrolle in Tausendsteln des Umfangs, wenn sie vor Beginn des Umfahrens des Diagrammes auf Null eingestellt war oder den Unterschied der Ablesungen an der Zählrolle vor und nach dem Umfahren des Diagrammes, wenn dies nicht der Fall war.

c eine Unveränderliche des Planimeters.

Die Leistung eines Zylinders ergibt sich dann zu:

$$N_i = F \cdot p_m \cdot \frac{s \cdot n}{30 \cdot 75} = \frac{F \cdot s}{2250} \cdot p_m \cdot n = K \cdot p_m \cdot n \text{ PS}_i$$

$K = \dfrac{F \cdot s}{2250}$ heißt Zylinderkonstante, weil sie für betreffenden Zylinder unabhängig von Drehzahl und Dampfdruck ist, und von vornherein bestimmt werden kann.

Hierin ist die Fläche F des betreffenden Zylinders ebenfalls in cm^2, der Kolbenhub in m einzusetzen. Soll die Kolbenstange berücksichtigt werden, so genügt es, für F die mittlere Kolbenfläche des betreffenden Zylinders einzusetzen. Die Gesamtleistung der Maschine fällt dann um etwa 1 bis 2% geringer aus.

Beispiel. Zylinderdurchmesser $D = 930$ mm; Kolbenhub $s = 1850$ mm; Umdrehungen i. d. Minute: $n = 80$; Federmaßstab: $f = 3{,}5$ mm. Dann ist:

$$K = \frac{6793 \cdot 1{,}85}{2250} = 5{,}58.$$

Nach Umfahren der beiden Diagramme hintereinander mit dem Planimeter, dessen Spitzen auf Diagrammlänge eingestellt waren, habe die Ablesung an der Meßrolle ergeben: $a = 613$ (Tausendstel). Hieraus ergibt sich der mittlere Druck während eines Doppelhubes zu

$$p_m = 613 \cdot \frac{0{,}06}{2 \cdot 3{,}5} = 5{,}26 \text{ kg/cm}^2$$

und die Leistung des Zylinders zu

$$N_i = K \cdot p_m \cdot n = 5{,}58 \cdot 5{,}26 \cdot 99 = 2330 \; PS_i.$$

Bemerkung. Die aus Einzeldiagrammen der Deckel- bzw. Bodenseite berechneten Einzelleistungen sind nicht die wirklichen, beim Nieder- bzw. Hochgang des Kolbens an die Kurbelwelle abgegebenen indizierten Leistungen des Dampfes, weil diese durch die jeweilige Differenz der Dampfdrücke auf die beiden Kolbenseiten bedingt werden. Abb. 119 zeigt das normale Indikatordiagramm des *HD*-Zylinders einer *LES*-Maschine, während in den Abb. 120 und 121 des gleichen Diagrammes die beim Niedergang bzw. Hochgang des Kolbens gleichzeitig auf denselben wirkenden Dampfdrücke durch starke Linien hervorgehoben sind.

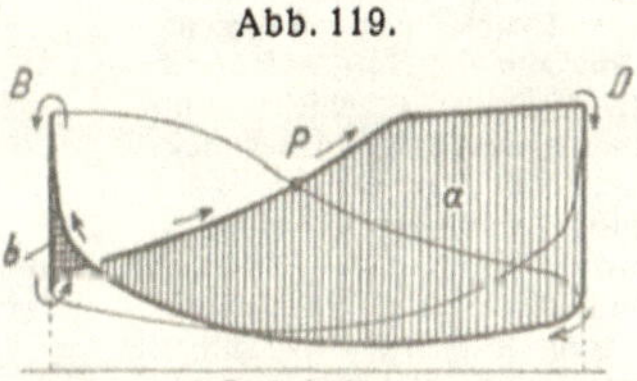

Abb. 119.

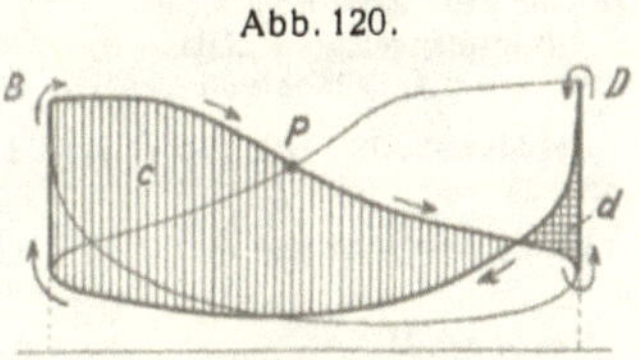

Abb. 120.

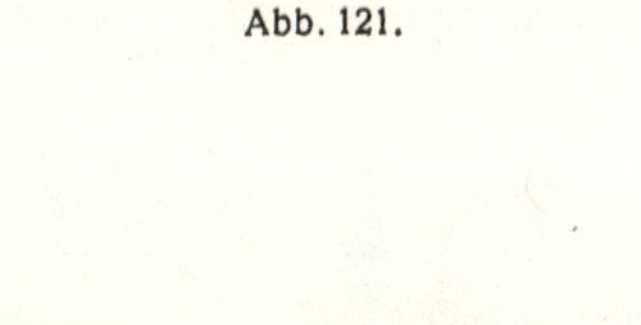

Abb. 121.

Die senkrecht schraffierten Diagrammflächen *a* bzw. *c* stellen hierin positive Leistungen des Dampfes, die kreuzweise schraffierten Flächen *b* bzw. *d* negative Leistungen dar. Die wirkliche Leistung des Dampfes wird demnach:

auf der Deckelseite durch die Fläche: $a - b$,
auf der Bodenseite durch die Fläche: $c - d$ dargestellt

Der wirkliche mittlere Druck auf einer Kolbenseite wird gefunden, wenn, wie in den Abb. 121 und 122 angedeutet, das Diagramm jeder Kolbenseite mittels Planimeter nach der stark ausgezogenen Linie in der angegebenen Pfeilrichtung umfahren wird. (Zweckmäßig vom Schnittpunkt *P* aus.)

Die auf diese Weise gefundene indizierte Gesamtleistung muß natürlich gleich der in üblicher Weise gefundenen Gesamtleistung sein.

Soll ferner die tatsächliche, beim Nieder- bzw. Hochgang des Kolbens auf die Kurbelwelle übertragene Leistung ermittelt werden, so muß noch das Gestängegewicht (Kolben, Kolbenstange, Kreuzkopf, Pleuelstange und überhängender Teil der Kurbel) berücksichtigt werden. Ist *G* dieses Gewicht, so entspricht diesem ein mittlerer Dampfdruck von

$$p' = \frac{G}{F} \text{ kg/cm}^2$$

worin *F* die Kolbenfläche in cm² bedeutet. Dieser Druck ist für den Niedergang des Kolbens zu dem oben gefundenen mittleren Druck hinzuzufügen, für den Hochgang hingegen in Abzug zu bringen.

3. Das Zusammenlegen (Rankinisieren) von Diagrammen einer Mehrfach-Expansionsmaschine in ein einziges unter Verwendung gleicher Druck- und Volumenmaßstäbe für *HD*-, *MD*- und *ND*-Zylinder geschieht, um einen gleichzeitigen Überblick über die Druck- und Leistungsverteilung auf die einzelnen Zylinder zu erhalten. Man nimmt für die Aufzeichnung mittlere Diagramme aus Boden- und Deckelseite. Ihre Längen verhalten sich im zusammengelegten Diagramm wie die Zylindervolumen von *HD*-, *MD*- und *ND*-Zylinder.

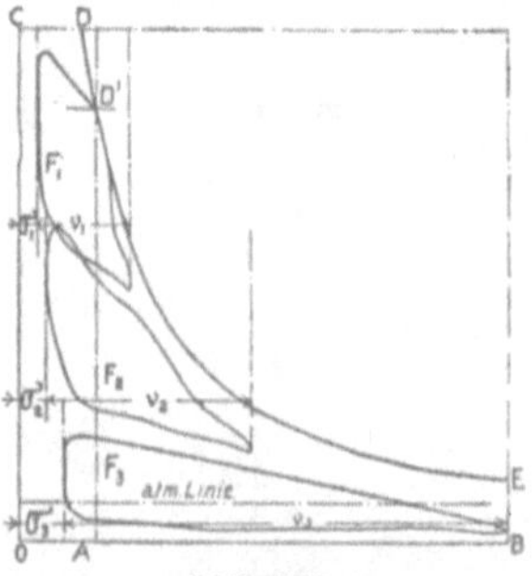

Abb. 122.

Ist also in Abb. 122: $AB = v_3 =$ Länge des *ND*-Diagrammes, dann ist:

Länge des *HD*-Diagrammes $v_1 = AB \times \frac{HD\text{-Kolbenfläche}}{ND\text{-Kolbenfläche}}$

Länge des *MD*- „ $v_2 = AB \times \frac{MD\text{-Kolbenfläche}}{ND\text{-Kolbenfläche}}$

Länge des *ND*- „ $v_3 = AB.$

Die schädlichen Räume der einzelnen Zylinder sind durch σ_1, σ_2 und σ_3 dargestellt, welche im Verhältnis zu den Längen der betreffenden Diagramme horizontal von *OC* aus abgetragen werden.

Die drei mit dem Indikator genommenen und auf gleichen Federmaßstab und entsprechende Länge umgezeichneten Diagramme F_1, F_2 und F_3 werden von dem Hilfsdiagramm *OCDEB* umschlossen, welches mit einem Anfangsdruck gleich der Kesselspannung und mit einer Füllung *CD* zu konstruieren ist. Der Anfangspunkt *D* der theoretischen Expansionslinie wird so bestimmt, daß dieselbe durch *D'*, den Anfangspunkt der Expansion im *HD*-Zylinder, geht. (Konstruktion der Expansionslinie: s. S. 52.) Dann ist:

$$\frac{\text{Summe der Diagrammflächen}}{\text{Fläche des Hilfsdiagramms}} = \frac{\text{wirklich erreichte Leistung}}{\text{theoretisch erreichbare Leistung}}$$

$$= \frac{F_1 + F_2 + F_3}{OCDEB} = \text{Völligkeitsgrad } \alpha.$$

Bestimmung der eff. Maschinenleistung mit dem Torsionsindikator siehe S. 582.

4. Angenäherte Bestimmung der Maschinenleistung. Angenähert läßt sich die Leistung einer Maschine auch in nachstehender Weise berechnen.

1. Unter der Voraussetzung, daß die Schraube ganz eingetaucht ist, ist die indizierte Leistung der Maschine:

$$N_i = \frac{D^2 \cdot S^2 \cdot n^3}{C_1^2} \quad \text{oder:} \quad C_1 = D \cdot \sqrt{\frac{S^2 \cdot n^3}{N_i}}.$$

Hierin bedeutet:

D den Durchmesser der Schraube in m,
S die Steigung derselben in m,
n die Umdrehungszahl der Maschine i. d. Minute, und
C_1 eine Vorzahl aus folgender Tabelle:

Für völlige Schiffe (Frachtdampfer mit einer Schraube)	C_1 = 800 bis 900,
„ Post- und Passagierdampfer mit feinen Linien mit zwei Schrauben . . .	C_1 = 900 bis 1000,
„ Postdampfer mit sehr feinen Linien (Schnelldampfer usw.).	C_1 = 1000 bis 1200.

Beispiel: Es sei $D = 4{,}0$ m, $S = 4{,}2$ m, $n = 90$ und *C* für das betreffende Schiff = 950; dann ist:

$$N_i = \frac{D^2 \cdot S^2 \cdot n^3}{C^2} = \frac{4^2 \cdot 4{,}2^2 \cdot 90^3}{950^2} = \frac{16 \cdot 74{,}1 \cdot 729000}{902500} = \sim 960 \text{ PS}_i.$$

2. Sind die Schiffsdimensionen und die Geschwindigkeit bekannt, dann ist die indizierte Leistung der Maschine:

$$N_i = \frac{L\,(B + 2\,T)\,V^3}{C_2} \quad \text{oder:} \quad C_2 = \frac{L \cdot (B + 2\,T) \cdot V^3}{N_i}.$$

Hierin ist:

L die Länge des Schiffes in m,
B die Breite „ „ „ „
T der Tiefgang „ „ „ „
V die Geschwindigkeit des Schiffes in Knoten i. d. Stunde, und
C_2 eine Vorzahl; diese ist:

für völlige Schiffe (Frachtdampfer, Schlepper u. dgl.), je nach der Größe und Geschwindigkeit etwa . . . . 1500 bis 2200,

für scharfe Schiffe (Personendampfer, Schnelldampfer u. dgl.) etwa . . . . 2200 bis 2650.

Beispiel: Es sei $L = 103$ m, $B = 13{,}3$ m, $T = 6{,}0$ m, $V = 11{,}5$ Knoten und $C = 2200$, dann ist:

$$N_i = \frac{103\,(13{,}3 + 2 \times 6{,}0) \cdot 11{,}5^2}{2200} = \frac{103 \cdot 25{,}3 \cdot 1521}{2200} \approx 1800\ \mathrm{PS_i}$$

3. Ist die Wasserverdrängung D (Deplacement) in m³ und die Schiffsgeschwindigkeit V in Knoten i. d. Stunde bekannt, dann ist:

$$N_i = \frac{V^3 \cdot \sqrt[3]{D^2}}{C_3} \quad \text{oder:} \quad C_3 = \frac{V^3 \cdot \sqrt[3]{D^2}}{N_i}.$$

Hierin ist:

C_3 = etwa 364 für große und schnelle Schiffe,
C_3 = „ 257 „ „ „ völlige Frachtdampfer,
C_3 = „ 250 bis 200 für mittelgroße, scharfe Schiffe,
C_3 = „ 200 bis 154 „ kleine, scharfe Schiffe.

Bemerkung: Da die unter 1 bis 3 angegebenen Koeffizienten C_1, C_2 und C_3 für jedes Schiff einen besonderen Wert haben, so ist es zweckmäßig, für ein bestimmtes Schiff einen mittleren Wert dieser Vorzahl aus mehreren Beobachtungen (also aus bekannten Leistungen, Umdrehungen usw.) zu berechnen und diesen dann später zu benutzen.

5. Änderung der Maschinenleistung. Die Leistung einer Schiffsmaschine kann verändert werden durch:

1. Änderung des Kesseldruckes. Ist die indizierte Leistung einer Maschine bei dem absoluten Kesseldruck p und der Umdrehungszahl n gleich N, dann ist die indizierte Leistung N_1 bei einem anderen Kesseldruck p_1 sehr angenähert:

$$N_1 = N \sqrt{\left(\frac{p_1}{p}\right)^3}.$$

Die Umdrehungszahl der Maschine ist dann:

$$n_1 = n \sqrt{\frac{p_1}{p}}.$$

Dasselbe läßt sich auch durch Drosseln des Dampfes mit dem Manövrierventil erreichen.

2. Änderungen der Füllung des *HD*-Zylinders. Ist bei einem bestimmten Kesseldruck die Füllung des *HD*-Zylinders $= \varepsilon_h$, die Leistung $= N$ und die Umdrehungszahl $= n$, dann ist die Leistung N_1 der Maschine bei einer anderen Füllung ε_{h1} des *HD*-Zylinders angenähert:

$$N_1 = N \sqrt{\left(\frac{k_1}{k}\right)^3} \text{ oder } = N \sqrt{\left(\frac{p_{m1}}{p_m}\right)^3}.$$

Hierin bedeuten k und k_1 die Spannungsvorzahlen nach Zahlentafel S. 88 bzw. die zugehörigen mittleren Dampfdrücke, wobei der Gesamtfüllungsgrad

$$\varepsilon = \frac{\varepsilon_h}{z} \text{ bzw. } \varepsilon_1 = \frac{\varepsilon_{h1}}{z} \text{ ist.}$$

Die Umdrehungszahl bei der *HD*-Füllung ε_{h1} ist dann

$$n_1 = n \sqrt{\frac{k_1}{k}} \text{ oder} = n \sqrt{\frac{p_{m1}}{p_m}}.$$

Bemerkung: Ist man gezwungen, den Dampfverbrauch der Maschine aus irgendeinem Grunde (z. B. Feuerreinigen, Kohlenmangel usw.) zu verringern, dann ist es vorteilhafter, die Füllung des Hochdruckzylinders zu verkleinern, anstatt den Dampf mit dem Manövrierventil zu drosseln.

3. Ist N die gemessene Leistung der Maschine bei der Drehzahl n, so erhält man die auf die Propellerwelle übertragene Leistung N_1 bei der Drehzahl n_1 angenähert aus der Gleichung:

$$N_1 = N \left(\frac{n_1}{n}\right)^3 \; PS$$

Hierbei ist es gleichgültig ob die Drehzahl der Maschine durch Drosselung des Dampfes oder durch Verringerung der *HD*-Füllung oder durch Herabsetzung des Kesseldruckes herbeigeführt wurde.

Umgekehrt ist die zu einer verlangten Maschinenleistung N_1 erforderliche Drehzahl

$$n_1 = n \sqrt[3]{\frac{N_1}{N}}.$$

Bemerkung: Die unter 3. angegebenen Beziehungen gelten auch für den Fall, daß die Antriebsmaschine eine Dampfturbine oder ein Dieselmotor ist.

4. Veränderung der Schraubensteigung bei aufgesetzten Schraubenflügeln. Bleiben *HD*-Füllung und Kesseldruck gleich, dann ändert sich auch das Dampfdiagramm und das Drehmoment nicht. Ist bei einer Schraubensteigung S die Drehzahl $= n$ und die Maschinenleistung N, dann ist für eine andere Schraubensteigung S_1 angenähert:

$$N_1 = N \cdot \sqrt{\left(\frac{S}{S_1}\right)^3}$$

und die Drehzahl:

$$n_1 = n \cdot \sqrt{\left(\frac{S}{S_1}\right)^3}.$$

Je größer die Steigung eingestellt wird, desto kleiner werden Maschinenleistung und Drehzahl.

Bemerkung: Bei vorstehenden Berechnungen ist vorausgesetzt, daß das Wetter günstig, der Tiefgang des Schiffes in jedem Falle der gleiche und der Propeller ganz eingetaucht war.

6. Änderung der Leistung der einzelnen Zylinder einer Maschine. Bleibt die Füllung des *HD*-Zylinders unverändert, dann kann durch Veränderung der Füllungen bei den anderen Zylindern die Leistung der einzelnen Zylinder in gewissen Grenzen verändert werden, während die Gesamtleistung der Maschine nahezu unverändert bleibt.

Wird z. B. beim *MD*-Zylinder die Füllung verkleinert, dann wird hierdurch bei diesem Zylinder die Leistung vergrößert, während gleichzeitig die Leistung des vorhergehenden, also des *HD*-Zylinders, verkleinert wird; dagegen bleibt die Leistung des folgenden Zylinders, also des *ND*-Zylinders, unverändert.

Die Begründung dieses Vorganges ergibt sich aus dem theoretischen Diagramm $O_1 C D E B_1$ (Abb. 121).

Darin entspricht:

H dem Volumen des *HD*-Zylinders
M „ „ „ *MD*- „
N „ „ „ *ND*- „

ferner: $\frac{CD}{H}$ = Füllung des *HD*-Zylinders

$\frac{C_1 D_1}{M}$ = „ „ *MD*- „

$\frac{C_4 D_4}{N}$ = „ „ *ND*- „

Die schraffierten Flächen entsprechen den Leistungen der einzelnen Zylinder.

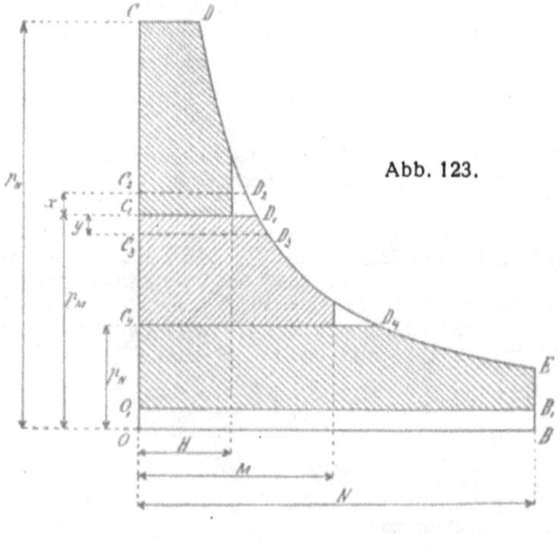

Abb. 123.

Wird nun z. B. die Füllung des *MD*-Zylinders von C_1D_1 auf C_2D_2 verkleinert, dann rückt die obere Begrenzungslinie C_1D_1 des *MD*-Diagrammes um die Strecke x nach oben, wodurch da- Diagramm des *MD*-Zylinders um die Fläche $C_1D_1D_2C_2$ vergrößert und gleichzeitig diejenige des *HD*-Diagrammes um uns gefähr dieselbe Fläche verkleinert wird.

Das Höherrücken der oberen Begrenzungslinie C_1D_1 nach C_2D_2 bedingt ferner eine Vergrößerung des Anfangsdruckes im *MD*-Zylinder um x, bzw. eine Vergrößerung des Gegendruckes im *HD*-Zylinder um dieselbe Größe.

Wird hingegen die Füllung des *MD*-Zylinders von C_1D_1 auf C_3D_3 vergrößert, dann sinkt der Anfangsdruck im *MD*-Zylinder und der Gegendruck im *HD*-Zylinder um die Größe y, wodurch die Leistung des *MD*-Zylinders um die der Fläche $C_3D_3D_1C_1$ entsprechende Arbeit verkleinert und gleichzeitig jene des *HD*-Zylinders um ungefähr ebensoviel vergrößert wird.

Wird beim *ND*-Zylinder die Füllung geändert, dann treten ähnliche Veränderungen der Leistungen bzw. der Dampfdrücke beim *ND*- und *MD*-Zylinder auf.

Auf diese Weise kann man durch Veränderung der Füllungen die Leistungen der einzelnen Zylinder einer Maschine in gewissen Grenzen ändern bzw. einander gleich machen.

Wird nur allein die Füllung des *HD*-Zylinders vergrößert, so wird auch die Gesamtleistung der Maschine entsprechend erhöht. Die Leistung des *HD*-Zylinders wird hierbei jedoch gleichzeitig kleiner, während die Leistungen der folgenden Zylinder größer werden. Bei Verringerung der *HD*-Füllung wird die Gesamtleistung kleiner, die Leistung des *HD*-Zylinders verhältnismäßig größer, diejenige der folgenden Zylinder kleiner.

Veränderung der Füllung siehe S. 134.

7. Effektive Maschinenleistung, Wirkungsgrad. Die effektive Leistung N_e ist diejenige, welche von der Wellenleitung auf den Schraubenpropeller übertragen wird. Es ist demnach:

$N_e = N_i$ — Reibungsverlust in der Maschine und Wellenleitung.

Der mechanische Wirkungsgrad η ist das Verhältnis der effektiven zur indizierten Maschinenleistung, also

$\eta = N_e : N_i$ und beträgt für:

$N_i =$ bis 100 PSi: $\eta = 0{,}65$—$0{,}75$
$N_i =$ 100— 500 PSi: $\eta = 0{,}75$—$0{,}85$
$N_i =$ 500—1000 PSi: $\eta = 0{,}85$—$0{,}90$
$N_i =$ 1000—2000 PSi: $\eta = 0{,}90$—$0{,}92$
$N_i =$ 2000—4000 PSi: $\eta = 0{,}92$—$0{,}93$
$N_i =$ über 4000 PSi: $\eta = 0{,}93$—$0{,}94$.

Unter dem thermischen Wirkungsgrad η_t einer Dampfmaschine versteht man das Verhältnis derjenigen Wärmemenge Q welche der Arbeit von 1 PS/h entspricht (S. 59), zu derjenigen Wärmemenge, welche zur Erzeugung der für 1 PSi/h gemessenen Dampfmenge *Di* aufgewendet werden mußte.

Es ist also:

$$\eta_t = \frac{Q}{D_i\,(i - t_w)} = \frac{632}{D_i\,(i - t_w)}\,.$$

Hierin ist:
i die Gesamtwärme des Dampfes
t_w die Temperatur des Speisewassers.

8. Massenwirkungen. Hierunter versteht man die bei jeder Umdrehung einer Welle periodisch auftretenden Kräfte, welche durch die Beschleunigung und Verzögerung von hin und her gehenden Massen oder durch die Zentrifugalkräfte von solchen rotierenden Massen bedingt werden, deren Schwerpunkt nicht in der Drehachse liegt.

Bei einer Kolbenmaschine gehören Kolben, Kolbenstange, Kreuzkopf, Pumpengestände und ein Teil der Pleuelstange zu den hin und her gehenden Massen, welche sich in den Totpunkten der Kurbel in Ruhe befinden und daher während des ersten Teiles des Hubes beschleunigt, während des zweiten Teiles dagegen verzögert werden müssen. Die überhängenden Teile der Kurbelwelle und ein Teil der Pleuelstange gehören zu den rotierenden Massen, welche bei der Drehung der Welle reine Zentrifugalkräfte erzeugen, also immer radiale Richtung haben. Die durch die bewegten Massen erzeugten Kräfte werden auf das Maschinenfundament und den Schiffskörper übertragen, wenn nicht die Anordnung der Kurbeln bei Mehrzylinder-Kolbenmaschinen so getroffen ist, daß sich die Massenkräfte der einzelnen Kolbengestänge gegenseitig mehr oder weniger aufheben.

Ist r der Radius des Kurbelkreises und $u = 0{,}105 \cdot n \cdot r$ die Umfangsgeschwindigkeit im Kurbelkreis, G das Gewicht der auf- und niedergehenden Massen, dann ist (bei sehr langer Pleuelstange) der Beschleunigungsdruck (Massendruck) im Totpunkt

$$P_1 = \frac{G}{g} \cdot \frac{u^2}{r}.$$

Während die auf den Zylinderdeckel wirkende Kraft P des Dampfes (Abb. 122) das Maschinengestell zu heben sucht, drückt die Kraft $P_2 = P - P_1$, welche durch das Gestänge auf die Grundplatte übertragen wird, nach unten. Die Differenz der beiden Kräfte P und P_2 ist in jeder Stellung der Kurbel gleich dem Massendruck P_1 der Gestänge, welcher durch das Maschinenfundament auf den Schiffskörper übertragen wird und eine der Ursachen von Schwingungen des Schiffskörpers bildet. Der Massendruck der auf- und abgehenden Teile ist von der Leistung der Maschine unabhängig und ändert sich nur mit dem Quadrat der Drehzahl der Maschine.

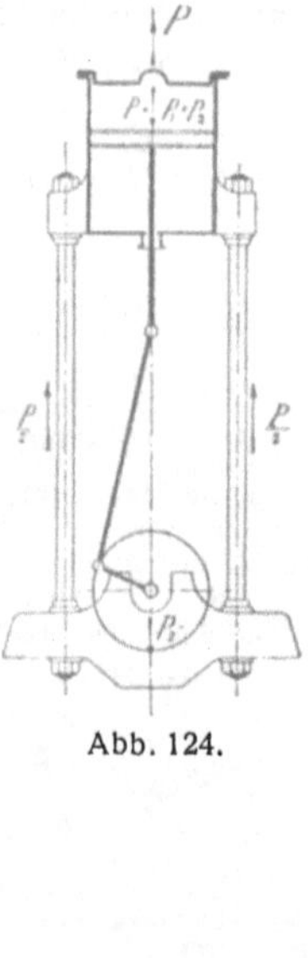

Abb. 124.

Wegen der endlichen Länge der Pleuelstange und bei Maschinen mit unten liegender Kurbelwelle wie Abb. 124, ist der Massendruck im oberen Totpunkt um den Betrag

$$P_3 = P_1 \frac{r}{l}$$

größer, im unteren Totpunkt hingegen um denselben Betrag kleiner als bei sehr langer Pleuelstange und ungefähr in der Mitte des Hubes gleich Null. Es ist also:

Im oberen TP: $$P_o = \frac{G}{g} \cdot \frac{u^2}{r}\left(1 + \frac{r}{l}\right)$$

im unteren TP: $$P_u = \frac{G}{g} \cdot \frac{u^2}{r}\left(1 - \frac{r}{l}\right).$$

In obiger Formel bedeutet l die Länge der Pleuelstange, also $\frac{r}{l}$ das Pleuelstangenverhältnis.

In einer beliebigen Kolben- bzw. Kurbelstellung (Abb. 125) ist der Massendruck

$$P_\omega = \frac{G}{g} \cdot \frac{u^2}{r}\left(\cos\omega + \frac{r}{l}\cos 2\omega\right).$$

Ist F die Fläche des Dampfkolbens in cm², dann ist der Massendruck bezogen auf 1 cm² der Kolbenfläche

$$P'_\omega = \frac{P_\omega}{F} \text{ kg/cm}^2.$$

Der Massendruck des Kolbengestänges ist ferner nach oben gerichtet, während der Kurbelzapfen die obere Hälfte seiner Bahn durchläuft, und nach unten, während er die untere Hälfte seiner Bahn durchläuft.

Die überhängenden Teile der Kurbeln mit den Pleuelstangenköpfen bringen durch ihre Zentrifugalkraft ebenfalls Massen-

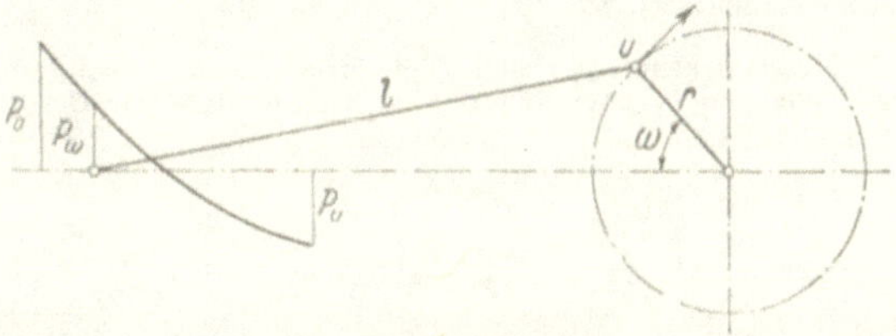

Abb. 125.

wirkungen hervor, welche immer in radialer Richtung wirken, deren vertikale Komponenten sich zu den vorgenannten Massendrücken der auf- und abgehenden Gestängeteile addieren.

Maschinen, deren bewegte Massen nach dem Schlickschen Verfahren ausgeglichen sind, rufen keine Schwingungen des Schiffskörpers hervor, müssen jedoch zum praktisch vollständigen Ausgleich mindestens vier Kurbeln haben und ihre Gestänge außerdem folgenden Bedingungen genügen:

1. Die auf- und niedergehenden sowie die sich drehenden Massen der Maschine müssen so bemessen sein, daß die nach aufwärts gerichteten Massendrücke den gleichzeitig nach abwärts gerichteten in jedem Moment gleich sind.
2. Die Massendrücke dürfen kein Drehmoment um eine querschiffs liegende Achse hervorrufen.

Diese Bedingungen werden bei bestimmten gegenseitigen Kurbelstellungen und bestimmten Gewichten der Gestängeteile erfüllt.

9. **Tangentialkraftdiagramm.** Die aus dem Indikatordiagramm einer Kolbenseite sich ergebenden Dampfdrücke sind nicht diejenigen, welche in einer beliebigen Kolbenstellung auf den Kolben zur Wirkung kommen, sondern diese Dampfdrücke setzen sich jeweils aus den auf beiden Seiten des Kolbens wirkenden Drücken zusammen. Der wirkliche auf den Kolben wirkende Druck ergibt sich demnach, wie aus der Abb. 126 hervorgeht, aus den beiden übereinander liegenden Indikatordiagrammen, und zwar während der Kolben z. B. von oben nach unten geht, in dem senkrechten Abstand zwischen den oberhalb des Kolbens von *a* bis *b* wirkenden Drücken und den gleichzeitig unterhalb demselben herrschenden Drücken von *c* bis *d* (stark ausgezogene Kurven).

In der Kolbenstellung *A* ist z. B. der wirkliche Überdruck auf den Kolben $p_2 = mn$.

Um ein zusammenhängendes Bild dieser veränderlichen Drücke zu erhalten, wird der Kurbelkreis z. B. in 24 gleiche Teile geteilt und die den einzelnen Kurbelstellungen entsprechenden Kolbenstellungen unter Berücksichtigung der Pleuelstangenlänge in das Indikatordiagramm eingezeichnet. Die in den einzelnen Kolbenstellungen gefundenen wirksamen Dampfdrücke werden dann in dem darunter gezeichneten Diagramm von der Achse *x*—*x* aus aufgetragen, und zwar für die Deckelseite nach oben, für die Bodenseite nach unten. Es ergibt sich dann das wirkliche Dampfdruckdiagramm *BCDE*.

Die vorstehend ermittelten Dampfdrücke werden noch durch das immer nur in einer Richtung nach unten wirkende Gewicht

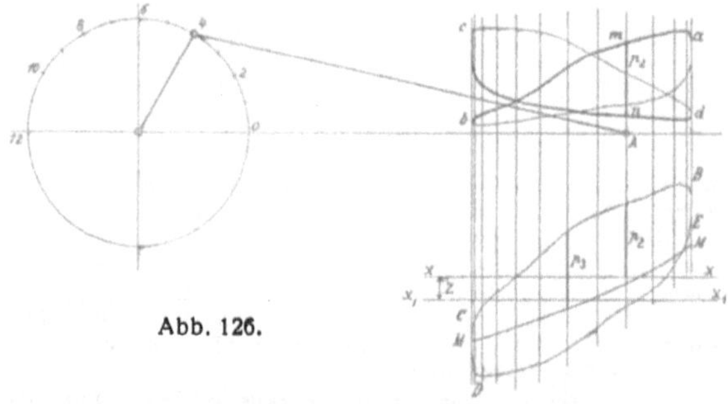

Abb. 126.

des Kolbengestänges und ferner durch die Massenkräfte beeinflußt, welche durch das bewegte Kolbengestänge hervorgerufen werden.

Um die Gewichte zu berücksichtigen, wird in das vorerwähnte Dampfdruckdiagramm im Abstande *z* die zu *xx* parallele Gerade $x_1\, x_1$ gezogen, welche dem konstanten Gewicht aller zum Kolbengestänge gehörenden Teile entspricht, und zwar bezogen auf 1 cm² der Kolbenfläche.

Ferner wird von $x_1\,x_1$ als Achse, die Massendruckkurve MM eingezeichnet, und zwar ebenfalls bezogen auf 1 cm^2 der Kolbenfläche.

Die wirkliche Kraft welche nun je cm^2 der Kolbenfläche auf die Kurbel übertragen wird, um hier als Tangentialkraft zur Wirkung zu kommen, ist dann der vertikale Abstand p_s von der Massendruckkurve MM bis zur Dampfdruckkurve BC für die Abwärtsbewegung des Kolbens, bzw. bis zur Kurve DE für die Aufwärtsbewegung desselben.

Die Tangentialkraft T' ergibt sich ferner in folgender Weise. Ist p_s die in einer beliebigen Kolben- bzw. Kurbelstellung in Richtung der Kolbenstange wirkende Kraft, so ist mit Bezug auf Abb. 127

$$T' = p_s \cdot \frac{\sin(\alpha + \omega)}{\cos \alpha} \text{ kg/cm}^2.$$

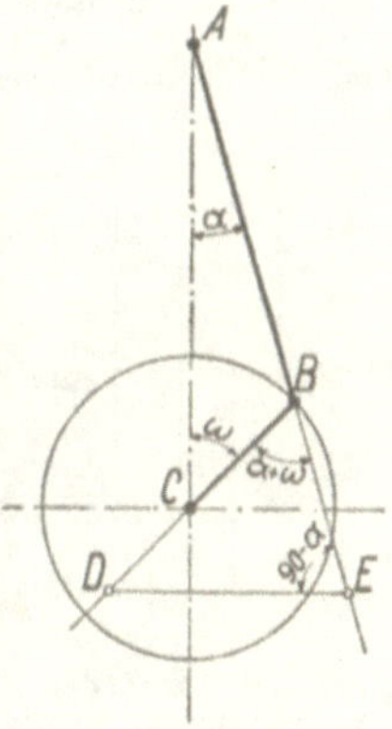

Abb. 127.

Zeichnerisch läßt sich diese Tangentialkraft in folgender Weise finden: Die Kolbenkraft $p_s = BD$ wird von der zugehörigen Kurbelstellung B aus auf dieser aufgetragen und $DE \perp AC$ gezogen. Es ist dann DE die gesuchte Tangentialkraft T' in der Kurbelstellung B, wobei der Punkt E auf der Verlängerung der Richtung der Pleuelstange AB liegt.

Der Verlauf der Tangentialkräfte während einer Umdrehung der Kurbel läßt sich in folgender Weise darstellen. Es sei in Abb. 128 0 bis 24 der abgewickelte Kurbelkreis in einem be-

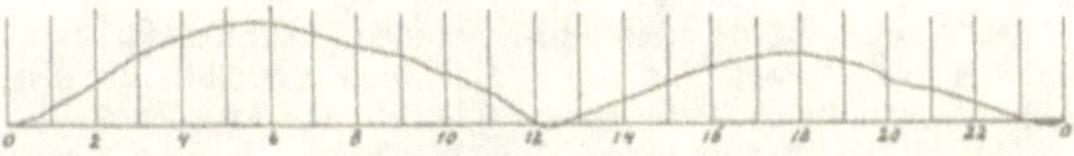

Abb. 128.

liebigen Maßstab, auf welchem die einzelnen Kurbelstellungen von 0 bis 24 aufgetragen sind. Werden die in den verschiedenen Kurbelstellungen gefundenen Tangentialkräfte T' als Ordinaten aufgetragen, so stellt die dadurch festgelegte Kurve das Tangentialdruckdiagramm dar, aus dem der Verlauf der Tangentialkräfte in jeder beliebigen Kurbelstellung hervorgeht.

Handelt es sich darum, das Tangentialdruckdiagramm einer Mehrfach-Expansionsmaschine aufzuzeichnen, dann werden die Dampfdrücke, Massendrücke und Gewichte der verschiedenen Zylinder auf die Fläche des ND-Kolbens umgerechnet. Es werden ferner die einzelnen Tangentialdruckdiagramme der Zylinder so übereinander gezeichnet, daß die Null-Stellungen (z. B. oberer TP) der verschiedenen Kurbeln in der Drehrichtung derselben um den betreffenden Kurbelwinkel versetzt zu liegen kommen.

Durch Addition der übereinander liegenden Ordinaten ergibt sich dann das resultierende Tangentialkraftdiagramm wie in Abb. 129 dargestellt, welches den Verlauf der Drehkräfte, be-

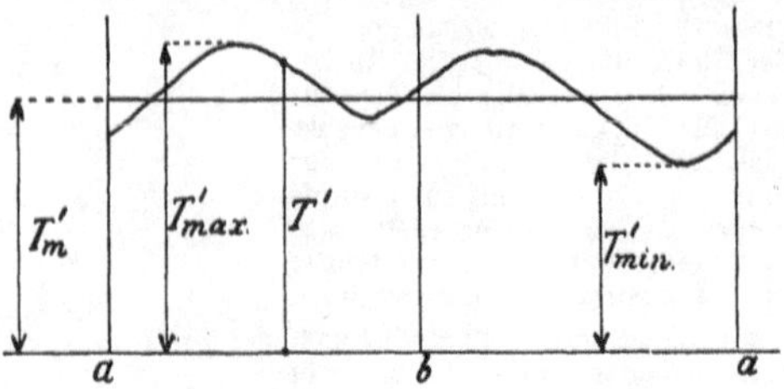

Abb. 129.

zogen auf 1 cm² der *ND*-Kolbenfläche darstellt, die von der Maschine auf die Wellenleitung übertragen werden. Hierin ist *a*—*a* der abgewickelte Kurbelkreis; *a* und *a* entsprechen der oberen, *b* der unteren Totlage der *HD*-Kurbel.

Der Verlauf der Drehkräfte weicht während einer Umdrehung der Welle immer mehr oder weniger von der mittleren Drehkraft T_m' nach oben und unten ab. Wird die größte Tangentialkraft mit T'_{max}, die kleinste mit T'_{min} bezeichnet, so findet sich je nach der Art der Maschine

$$\frac{T'_{max}}{T'_{min}} = \text{etwa } 1{,}5 \text{ bis } 2{,}5$$

und

$$\frac{T'_{max}}{T_m'} = \text{etwa } 1{,}1 \text{ bis } 1{,}5.$$

Wird die Fläche des resultierenden Tangentialdruckdiagrammes ausgemessen und durch die Länge desselben dividiert, so ergibt sich die mittlere Tangentialkraft T_m' in kg/cm².

Die wirklich auftretenden Tangentialkräfte T in kg ergeben sich aus dem Tangentialkraftdiagramm durch Multiplikation der Länge der Ordinate T' (kg/cm²) mit der Fläche des *ND*-Kolbens F, so daß also

$$T = T' \cdot F \text{ kg ist.}$$

Ist T_m die resultierende mittlere Drehkraft in kg am Kurbelradius (cm), so ist, weil

$$\text{Drehmoment } T_m \cdot r = 71620 \frac{N_i}{n} \text{ cm kg}$$

$$T_m = 71620 \frac{N_i}{n \cdot r} \text{ kg.}$$

Wird diese mittlere Drehkraft auf 1 cm² der *ND*-Kolbenfläche bezogen, dann ist

$$T'_m = \frac{T_m}{F} \text{ kg/cm}^2$$

welche der aus dem resultierenden Tangentialkraftdiagramm gefundenen mittleren Drehkraft gleich sein muß.

Wird an Stelle der indizierten Leistung N_i die effektive Leistung N_e eingesetzt, so ergibt sich das effektive Drehmoment.

Infolge des ungleichmäßigen Drehmomentes treten während jeder Umdrehung der Maschine wechselnde Beanspruchungen und wegen der Elastizität des Materials Verdrehungen der Wellenleitung auf, wodurch auch ihre Winkelgeschwindigkeit sich fortwährend ändert. Am stärksten tritt diese Änderung der Winkelgeschwindigkeit in der Kurbelwelle, in geringerem Grade am Propeller in Erscheinung. Besonders auffällig und mitunter mit bloßem Auge erkennbar tritt diese Erscheinung bei Maschinen auf, welche eine lange Wellenleitung mit verhältnismäßig geringem Durchmesser antreiben.

Durch die bei dieser ungleichmäßigen Drehbewegung zur Wirkung kommenden Massendrücke wird die Beanspruchung der Wellenleitung in Wirklichkeit entsprechend größer als sie sich aus dem Tangentialdruckdiagramm ergibt.

10. Torsionsschwingungen. Nicht zu verwechseln mit den vorerwähnten, durch die während einer Umdrehung sich periodisch ändernden Drehkräfte verursachten wechselnden Verdrehungen der Leitungswellen, sind die eigentlichen Torsionsschwingungen. Da die Wellenleitung eines Schiffes, wie bereits erwähnt, an den Enden verhältnismäßig große Massen trägt, so bilden diese zusammen mit der Wellenleitung ein sog. „Torsionspendel“, dessen Eigenschwingungszahl in der Minute von der Größe der an den Enden wirkenden Schwungmassen, der Länge und dem Durchmesser sowie der Verdrehungssteifigkeit der Wellenleitung abhängt.

Ist die Anzahl der in der Minute durch die Kolbenkräfte eingeleiteten Verdrehungsimpulse gleich oder ein Vielfaches der Eigenschwingungszahl des Systems, dann treten sog. Resonanz-Schwingungen auf, die unter Umständen für die Welle und das Gestänge gefährlich werden können. Diejenige Drehzahl der Welle, bei welcher Resonanzschwingungen auftreten, heißt „kritische Drehzahl“. Sie macht sich, infolge der immer vorhandenen Lose in den Gestängelagern, durch starkes Rütteln und Geräusch in der Maschine bemerkbar. Um dies zu vermeiden, muß die Betriebsdrehzahl der Maschine entweder unter oder über dieser kritischen Drehzahl liegen. In letzterem Falle ist die kritische Drehzahl beim Manövrieren möglichst schnell zu durchlaufen.

Eigentliche Torsionsschwingungen der vorbeschriebenen Art treten bei normalen Kolbendampfmaschinen kaum auf, weil die Drehzahlen verhältnismäßig gering, die Eigenschwingungszahl der Wellen verhältnismäßig hoch sind und die Impulse während einer Umdrehung mehr oder weniger unregelmäßig auftreten und schleichend verlaufen.

Näheres hierüber siehe „Kritische Drehzahlen“ S. 265.

Hauptteile der Kolbendampfmaschine.

1. Dampfzylinder, aus Gußeisen, *HD*-Zylinder bei Heißdampfmaschinen aus sog. „Heißdampf-Gußeisen“, wird mit oder ohne Zylindereinsatz ausgeführt. Bei größeren Maschinen werden die Zylinder als einzelne Gußstücke ausgeführt, bei kleineren Maschinen mitunter auch zwei Zylinder zusammengegossen. Die Wandstärke wird so bemessen, daß ein späteres Nachbohren möglich ist; ein vorgesehener Zylindereinsatz kann nötigenfalls erneuert werden. Bei größeren Zylindern wird der Einsatz mittels Flansch und versenkten eisernen Kopfschrauben befestigt und gedichtet (Abb. 130) und am oberen Ende mit Kupferdraht oder Packung gedichtet, welche durch einen aufgeschraubten Deckring gesichert wird. Bei kleineren Zylindern wird der Einsatz nur stramm eingesetzt (Abb. 131) und durch den Zylinderdeckelflansch gesichert.

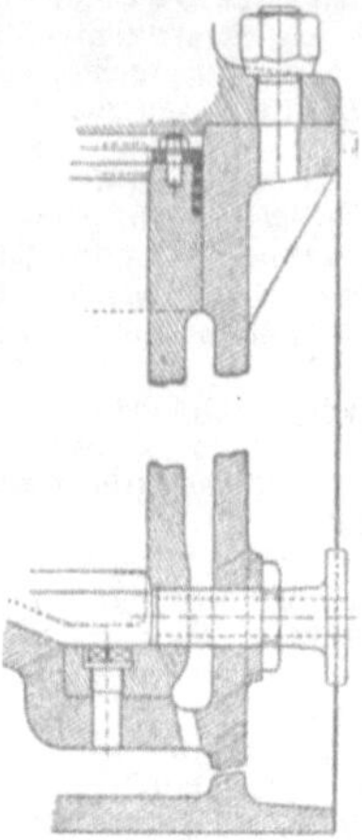

Abb. 130.

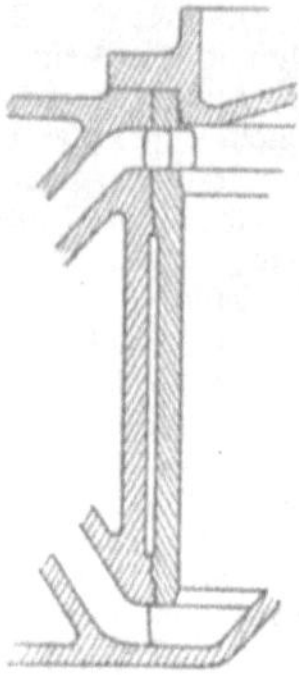

Abb. 131.

Der Raum zwischen Zylindermantel und Einsatz wird bei größeren Maschinen als Dampfmantel oder nur zum Anwärmen der Maschine benutzt. In diesem Falle sind meistens auch Zylinderboden und -deckel an die betreffende Leitung angeschlossen. Für gute Entwässerung des Zwischenraumes ist zu sorgen. Die Zylinderdeckel werden ebenfalls aus Gußeisen, mitunter auch aus Stahlguß, entweder in Rippenguß oder als Hohlguß hergestellt und mittels Stiftschrauben auf dem Zylinderflansch befestigt. Zum Abdrücken der Deckel werden in den Flanschen je nach der Größe drei oder mehr Gewindelöcher für Abdrückschrauben vorgesehen. Große Zylinder erhalten sowohl im Deckel als auch im Boden Mannlöcher zur leichteren Revision.

Die einzelnen, nebeneinander liegenden Zylinder werden entweder fest miteinander verschraubt oder bei großen Maschinen wegen der Wärmeausdehnung unabhängig voneinander auf die Ständer gesetzt. Die genaue gegenseitige Lage wird durch Zwischenstücke oder Anker zwischen den Ständerköpfen gesichert. Die Befestigung der Zylinder auf den Ständern oder Säulen erfolgt mittels Schraubenbolzen, von denen einige Paßbolzen sind.

Die Schieberspiegel für Flachschieber werden bei größeren Maschinen der Auswechselbarkeit wegen mit versenkten eisernen Kopfschrauben am Zylinder befestigt. Die gußeisernen Einsätze für Kolbenschieber werden entweder durch einen festen oder losen Flansch befestigt oder auch nur verbohrt. In ähnlicher Weise werden bei Maschinen mit Ventilsteuerung die einzelnen Ventilsitze eingesetzt und verbohrt.

Flache Wände der Schieberkasten oder Kanäle werden durch Stehbolzen oder durchgehende Anker verstärkt (Abb. 132). Die Dichtung der Flanschen, mit denen die Zylinder miteinander verbunden werden (bei angegossenen Überströmkanälen), geschieht meist nur durch eine ganz dünne Schicht Eisenmennige.

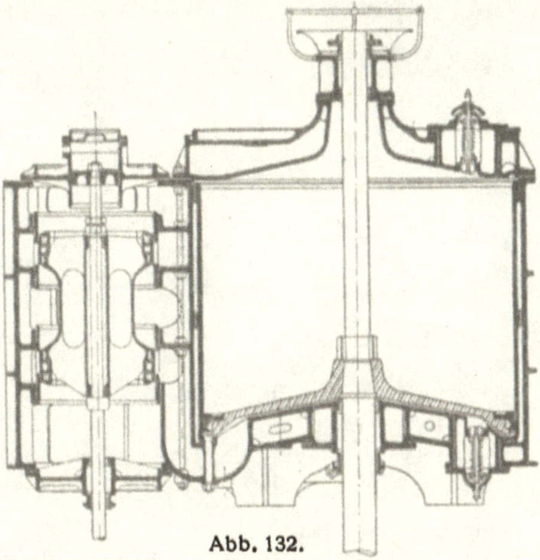

Abb. 132.

Bekleidet werden die Zylinder nebst Schieberkasten usw. mit Kieselgur und darüber mit Filz oder Korksteinen, oder mit Asbestmatten, Diatomitsteinen, Glasgespinst, Magnesia od. dgl. Über der Bekleidung wird zum Schutz ein Mantel aus Glanzblech oder verzinktem Eisenblech befestigt.

In der Werkstatt werden die Zylinder mit Schieberkasten mittels Wasserdruck auf ihre Festigkeit und Dichtigkeit geprüft. Ist p der Überdruck im Kessel, so ist nach den Vorschriften des Germanischen Lloyd:

Zylinder	Schiebermaschinen			Ventilmaschinen	
	Zweifach-Exp.-Masch.	Dreifach-Exp.-Masch.	Vierfach-Exp.-Masch.	Zweifach-Exp.-Masch.	Dreifach-Exp.-Masch.
HD	$p + 5$ at	$p + 5$ at	$p + 5$ at	$p + 5$ at	$p + 5$ at
MD I	—	0,66 p at	0,75 p at	—	0,8 p at
MD II	—	—	0,4 p at	—	—
ND	3 at	2 at	2 at	4 at	3 at

2. Manövrierventil. Als solches wird bei kleinen Maschinen ein gewöhnliches Ventil, bei größeren häufig ein Drehschieber und bei großen Maschinen meistens ein entlastetes einsitziges Ventil, mitunter auch ein Doppelsitzventil, verwendet.

Beim Drehschieber (Abb. 133) tritt der Dampf ins Innere des gußeisernen Gehäuses ein und seitlich nach dem *HD*-Schieberkasten aus. Die Betätigung des Schiebers

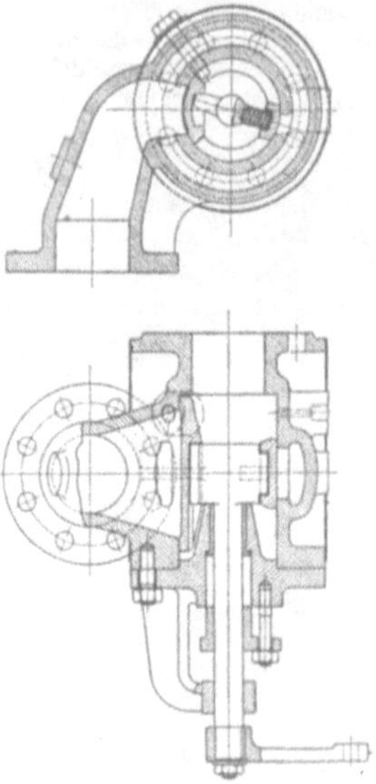

Abb. 133.

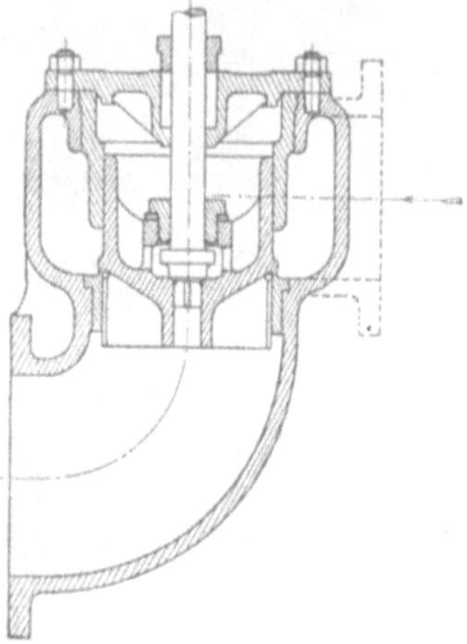

Abb. 134.

erfolgt durch Handhebel und Gestänge vom Maschinistenstande aus.

Beim einsitzigen Ventil mit Entlastungskolben nach Abb. 134 tritt der Dampf ins äußere Gehäuse ein und unterhalb des Ventiles nach dem *HD*-Schieberkasten hin aus. Bei geschlossenem Ventil gelangt infolge der Undichtigkeit des Kolbens der Dampf auch in den Raum oberhalb des Ventilkegels, so daß der volle Dampfdruck auf dem Kegel lastet. Beim Anheben der Spindel entweicht der hier befindliche Dampf durch das in der Mitte des großen Kegels vorgesehene, durch die Ventilspindel freigegebene Ventilöffnung, wodurch der große Ventilkegel entlastet wird und sich durch weiteres Anheben der Spindel leicht öffnen läßt. Bei dieser Konstruktion versetzen jedoch die bei der periodischen Füllung des *HD*-Zylinders im *HD*-Schieberkasten auftretenden geringen Druckschwankungen, besonders wenn der durch das Entlastungsventil freigegebene Querschnitt zu klein ist, den Kegel in eine pulsierende Bewegung, welche ein Schlagen des Ventils verursacht. Um dies zu verhindern, wird vielfach zwischen das große Ventil und die Ventilspindel eine kräftige Feder eingeschaltet.

Anstatt die Ventilspindel als Entlastungsventil zu benutzen, wird vielfach ein besonderes Entlastungsventil vorgesehen und die Spindel des Manöverierventils fest mit diesem verbunden (Abb. 135). Die Betätigung des Haupt- und häufig auch des Hilfsventils erfolgt vom Maschinistenstand aus mittels Handrad.

Eine ähnliche Einrichtung hat das Strnad-Ventil. Bei diesem reicht der zylindrische Einsatz ganz bis nach unten und hat im Umfang Schlitze, welche beim Heben des großen Ventils für den Durchtritt des Dampfes erst geöffnet werden, nachdem das große Ventil bereits ein Stück gehoben ist.

Das Gehäuse wird bei Naßdampf aus Gußeisen oder Stahlguß, Einsatz. Ventilkegel und Sitz aus Bronze, bei Heißdampf aus Stahlguß, die Sitze aus Nickel, Schmiedeisen usw. angefertigt.

Meistens wird vor oder hinter dem Manöverierventil eine Drosselklappe in Verbindung mit einem Aspinall-Regulator od. ähnl. angeordnet, um das Durchgehen der Maschine bei schwerer

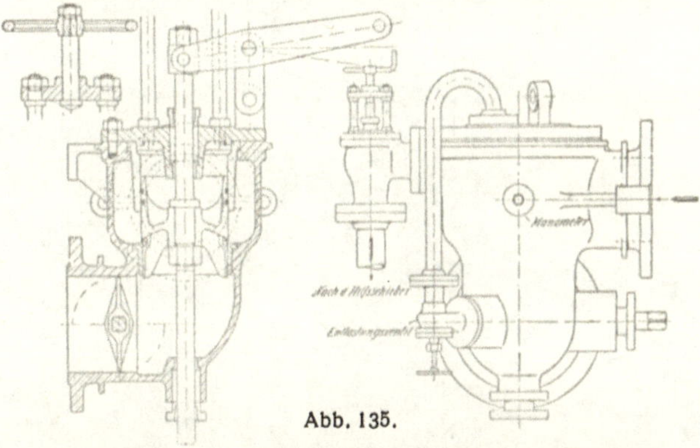

Abb. 135.

See zu verhüten. Der Aspinall-Regulator (Abb. 136) besteht aus einem bronzenen Rahmen, der an einem vom Kreuzkopf der Maschine bewegten Hebel in einiger Entfernung von der Drehachse befestigt ist. An diesem Rahmen ist ein um Zapfen drehbares Gewicht W angebracht, welches mit zwei Klinken P gelenkig verbunden ist und durch Federn in seiner Gleichgewichtslage gehalten wird. Solange nun die Maschine eine bestimmte Drehzahl nicht überschreitet, hat das Schwunggewicht und damit die Klinken eine solche Stellung, daß die obere Klinke vor, die untere Klinke zurück steht, letztere also bei der Schwingung des Hebels an dem Endpunkt des Hebels H der Drosselklappe sich vorbei bewegen kann. Schwingt der Hebel mit dem Regulator schneller als normal, so bewegt sich das Gewicht durch seine Schleuderwirkung in der obersten Regulatorstellung (wie punktiert) nach oben, wodurch die untere Klinke P vor-, die obere zurückspringt und das Gewicht W durch eine Falle festgehalten wird. Nachdem dann der Regulator wieder in die unterste Stellung gelangt ist, faßt die untere Klinke unter den Hebel *H* und bewegt ihn beim folgenden Kolbenhub nach oben, wodurch die Drosselklappe geschlossen wird. Beim Herabgehen des Regulators wird dann *W* durch eine Klinke wieder frei gemacht, so daß die obere Klinke wieder vor-, die untere zurückspringt. Solange die Geschwindigkeit der Maschine zu groß ist, wiederholt sich in der obersten Regulatorstellung das Spiel und die Drosselklappe bleibt geschlossen. Ist die normale Geschwindigkeit erreicht, dann behalten die Klinken auch in der obersten Stellung ihre gewöhnliche Lage bei, so daß dann die obere Klinke den Hebel in die unterste Stellung zurückbewegt und die Drosselklappe wieder öffnet.

3. Hilfsmanövrierventil. Bei großen Maschinen wird zum Anwärmen oder für langsamere Fahrt ein besonderes kleines Ventil vorgesehen.

4. Hilfsschieber. Dieses sind kleine, durch Handheber vom Maschinistenstand aus bewegte Flach-, Rund- oder Drehschieber,

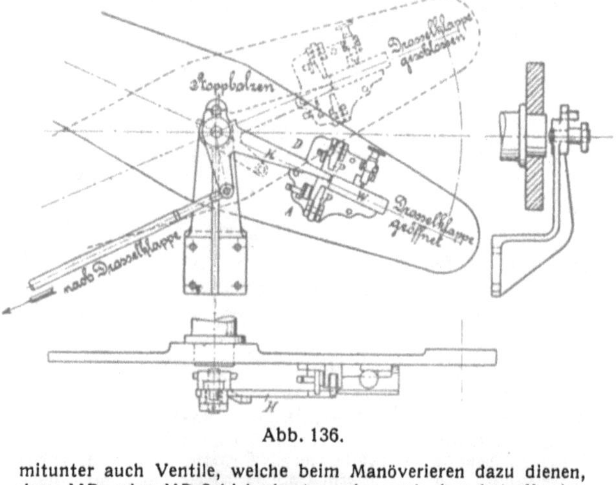

Abb. 136.

mitunter auch Ventile, welche beim Manöverieren dazu dienen, dem *MD*- oder *ND*-Schieberkasten oder auch dem betreffenden Zylinder auf der Deckel- oder Bodenseite, direkten Dampf zuzuführen, um damit das Anspringen der Maschine zu erleichtern.

5. Ausblasehähne oder -ventile werden am Zylinder- und Schieberkastenboden vorgesehen und dienen zur Ableitung mitgerissenen oder kondensierten Wassers, meistens nach dem Kondensator hin. Die Bewegung derselben erfolgt durch Handhebel bzw. Handrad und Gestänge vom Flurboden aus.

6. Sicherheitsventile an Boden- und Deckelseite eines jeden Zylinders haben den Zweck, im Notfall größere in die Zylinder gelangte Wassermengen entweichen zu lassen, um Brüche am Zylinder oder am Kolbengestänge zu verhüten.

Sicherheitsventile an den Mittel- und Niederdruckschieberkasten haben den Zweck, bei angestelltem Hilfsdampf das Auftreten einer zu hohen Dampfspannung zu verhüten. Federspannung etwa 1,2 mal so hoch wie dem normalen Schieberkastendruck entspricht.

7. Indikatoranschlüsse werden an Boden- und Deckelseite vorgesehen und durch Rohre mit einem eingeschalteten Dreiwegehahn zum Anbringen des Indikators verbunden. Mitunter werden die Anschlüsse am *HD*-Zylinderdeckel und -boden durch Ventile absperrbar eingerichtet, um den Dreiweghahn nebst den Verbindungsrohren bei Nichtgebrauch ausschalten zu können.

8. Mantelheizung wird bei größeren mit Einsatz versehenen Zylindern angeordnet; sie erhält häufig auch Anschluß an die doppelwandigen Zylinderdeckel und -böden. Der Heizdampf muß, falls er während des Betriebes angestellt bleibt, mindestens den gleichen Druck haben wie der Dampf im Schieberkasten des betreffenden Zylinders, da seine Temperatur sonst nicht hoch genug wäre und er dann abkühlend wirken würde. Er wird der Hauptdampfleitung entnommen und sein Druck durch Reduzierventile entsprechend herabgesetzt. Der Eintritt des Heizdampfes erfolgt oben, die Entwässerung unten durch automatische Kondenstöpfe nach dem Kondensator oder nach dem Schwimmertank hin.

Gewöhnlich wird die Mantelheizung nur zum Anwärmen der Zylinder benutzt.

9. Kolben. Der Kolbenkörper wird bei schwer gebauten Maschinen aus Gußeisen und doppelwandig, bei leichteren aus Stahlguß, konisch und einwandig, bei kleinen oder sehr leichten Maschinen aus geschmiedetem Stahl hergestellt.

Zur Abdichtung des Kolbens gegen die Zylinderwand wird derselbe mit Dichtungsringen versehen, die entweder durch die eigene Federkraft oder durch besondere hintergelegte Federn gegen die Zylinderwand gedrückt werden. Einige der gebräuchlichsten Ausführungen derselben sind nachstehend angegeben. Das Material der Ringe ist in der Regel Gußeisen, welches etwas weicher sein muß als dasjenige der Zylinderwand, damit diese möglichst wenig angegriffen wird und sich ein Spiegel bilden kann; andererseits muß es aber so beschaffen sein, daß die Abnutzung nicht zu groß wird.

HD- und *MD*-Kolben erhalten meist 3 bis 5 selbstspannende Ramsbottom-Ringe (Abb. 137,) die entweder unmittelbar in Rillen des Kolbenkörpers oder bei größeren Kolben in einem besonderen aufgeschraubten Ring (Kolbendeckel) liegen (zum leichteren Überholen) (Abb. 138). Die Befestigung dieses Ringes erfolgt mittels Kopfschrauben, deren Muttergewinde bei Stahl- und Stahlgußkolben sich meistens unmittelbar im Kolbenkörper, bei gußeisernen jedoch in besonders eingesetzten Bronzemuttern befindet. Die Sicherung dieser Schrauben geschieht mitunter nur durch einfache Unterlegscheiben aus Messing- oder Kupferblech von etwa 2 mm Dicke, bei denen sich durch die Erwärmung die Reibung zwischen Kopf und Unterlagscheibe bzw. Kolbenkörper auf ein Vielfaches erhöht, oder durch kleine neben den Kopf gesetzte Kopfschrauben.

Ramsbottom-Ringe (Abb. 139) sind selbstspannend und haben an der Schnittstelle meistens eine geringere radiale Breite d_1 als diejenige d_2 an der gegenüberliegenden Stelle. Sie werden von einem breiten, gußeisernen, mit Zugabe überdrehten Ring von entsprechend größerem Durchmesser b als der Zylinder hat, abgestochen und nachdem ein Stück c von etwa 0,1 des Durchmessers herausgeschnitten wurde, zusammengespannt und provisorisch zusammengelötet. In diesem Zustand wird der Ring dann fertig gedreht und dann wieder aufgelötet.

Der in den Zylinder eingesetzte Ring muß an der Stoßstelle einen Spielraum von $\triangle$ = etwa 2 bis 4 mm behalten.

ND-Kolben erhalten entweder auch Ramsbottom-Ringe oder einen einfachen breiten gußeisernen Ring mit hintergelegten Flachfedern (Abb. 140) rechte Hälfte, oder sog. Peck'sche Ringe (Abb. 140) linke Hälfte, welche aus einzelnen, aus zwei niedrigen, versetzt zusammengenieteten Ringstücken gebildeten Teilen bestehen.

Buckley-Kolbenringe (Abb. 141). Bei diesen werden die beiden Ringeteile durch eine hintergelegte flachgedrückte Schraubenfeder

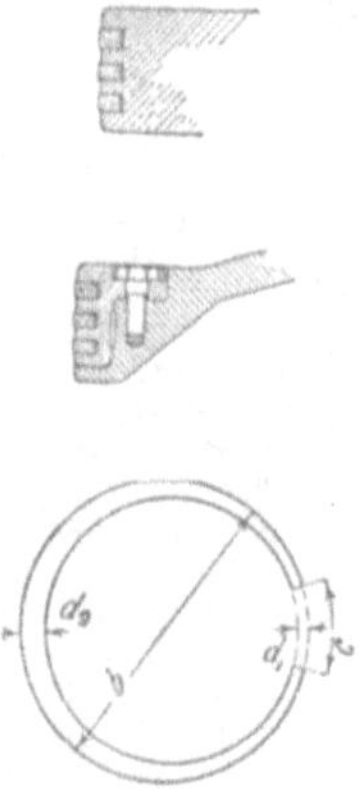

Abb. 139.

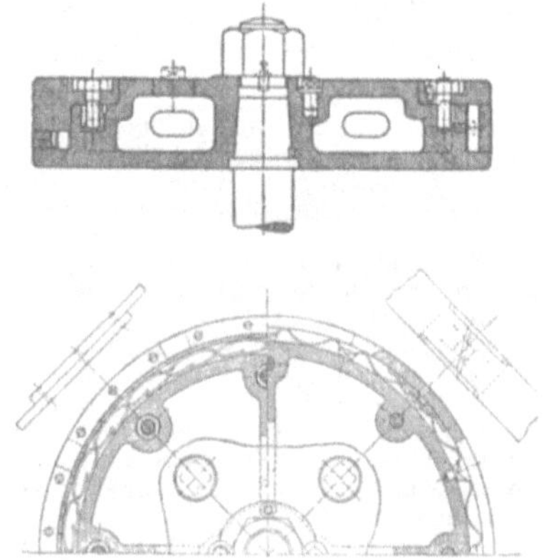

Abb. 140.

gleichzeitig an die Zylinderwand und die Kolbenränder gedrückt. Die flachen Kolbenfedern werden meist nur gehämmert, nicht gehärtet, weil sie sonst leicht brechen.

Bei kleinen Kolben kommen häufig Ringe nach Abb. 142 und 143 zur Anwendung. Die Dichtung wird hier entweder durch einen breiten oder zwei nebeneinander liegende gußeiserne, mit ihren Schnittstellen versetzte Ringe erzielt. Das Andrücken der Ringe geschieht durch einen breiten federnden Stahlring.

Ein geringes Überlaufen der Kolbenringe an den Zylinderenden verhindert Ansatzbildung, darf jedoch nur höchstens 2 mm betragen, da sie sonst im Totpunkt durch den Dampfdruck zusammengedrückt werden und schlagen. Gewöhnlich wird der Kolben so eingestellt, daß im oberen *TP* der oberste Kolbenring etwa 2 mm, im unteren *TP* der unterste Ring 0 mm über das Ende des Zylinderlauffläche überläuft.

Kolbenluft je nach Größe des Kolbens 6 bis 20 mm auf der Bodenseite und 4 bis 12 mm auf der Deckelseite.

Das Abziehen des Kolbens von der Stange geschieht entweder mittels einer mit Druckschraube versehenen, auf die Nabe (Abb. 143) geschraubten oder durch Nasen gehaltenen Kappe, oder durch zwei neben der Nabe eingeschraubte kräftige Stiftschrauben mit überlegtem Querstück. Wird der Kolben samt Stange aus dem Zylinder genommen, dann kann der Kolben durch ein über die Stange gestecktes Rohr mit Hilfe der unteren Kolbenstangenmutter, mitunter auch noch durch Erwärmen des Rohres, abgepreßt werden.

10. Stopfbüchsen. Bei kleineren Stopfbüchsen werden meistens sog. Weichpackungen verwendet, welche aus den verschiedenen

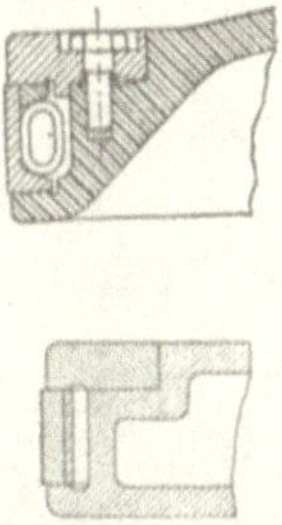

Abb. 142.

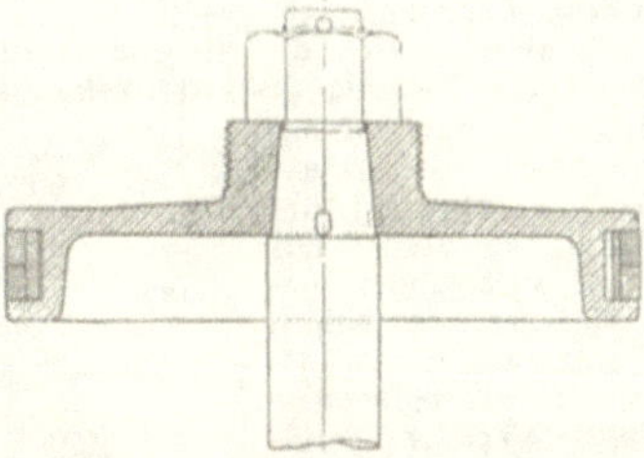

Abb. 143.

sten Materialien wie Hanf, Baumwolle, Gummi, Asbest, Blei oder sonstigen Spezialmetallen, Graphit u. dgl., mitunter mit Drahteinlagen, in der verschiedensten Art zusammengesetzt und ausgeführt werden.

Auch bei größeren Stopfbüchsen werden für Naßdampf noch vielfach Weichpackungen verwendet.

Bei Verwendung geeigneter Materialien können Weichpackungen auch für Heißdampfstopfbüchsen benutzt werden.

a) Stopfbüchsen für Naßdampf.

Die Katzenstein-Packung (Abb. 142) besteht aus einer Anzahl zwei- oder dreiteiliger konischer Ringe, von denen die an der Stange anliegenden Ringe aus Weißmetall, die zwischen-

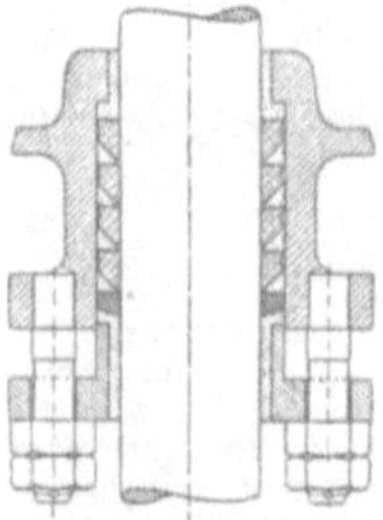

Abb. 144.

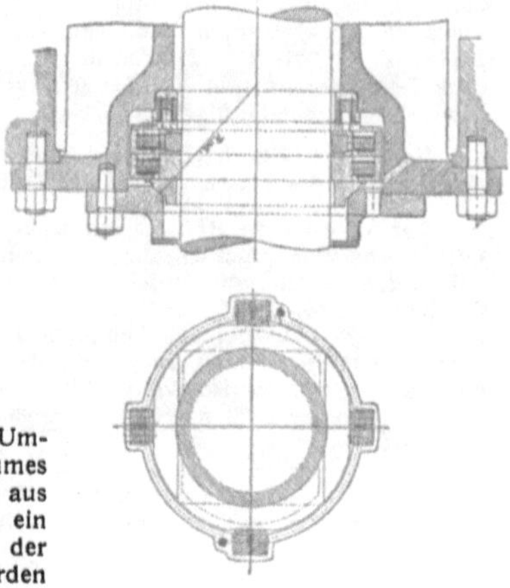

Abb. 145 u. 146.

liegenden, am äußeren Umfang des Packungsraumes anliegenden Ringe aus Bronze bestehen. Um ein elastisches Andrücken der Ringe zu erreichen, werden auf den letzten Ring einige weiche Packungsringe gelegt, welche durch die Stopfbüchsbrille angezogen werden.

Diese Packung gestattet keine seitlichen Bewegungen der abzudichtenden Stange.

Die **Philadelphia-Packung** (Abb. 145 u. 146) besteht aus zwei aufeinander geschliffenen vierteiligen Bronzeringen, von denen je zwei gegenüberliegende Teile mit Weißmetall ausgegossen sind, während die beiden anderen Teile massiv sind und an die beiden vorgenannten Teile genau passen. Beide Ringe sind um 90° gegeneinander versetzt. Das Andrücken der Ringe an die Stange erfolgt durch seitliche Federn, welche in einem, die vierteiligen Ringe umschließenden Gehäuse gelagert sind. Unten sind die Ringe auf einen bronzenen Ring aufgeschliffen, welcher auf dem Stopfbüchsdeckel mit einer kugelförmigen Fläche abdich-

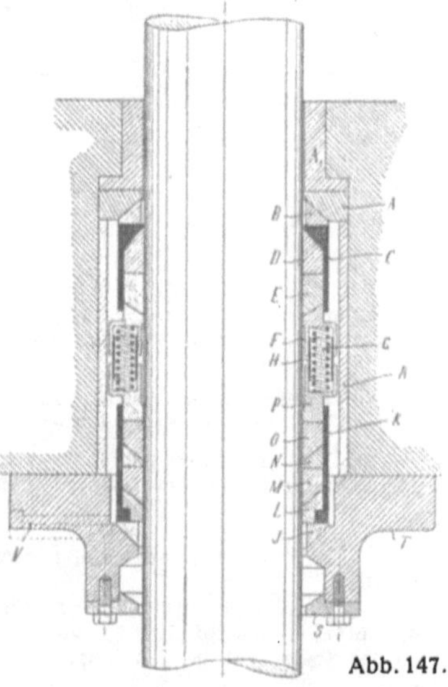

Abb. 147.

tet. Die Ringe werden durch Federn, welche sich gegen den Boden der Stopfbüchse legen, axial zusammengedrückt.

Diese Packung gestattet seitliche Bewegungen der abgedichteten Stange.

Die United-Kingdom-Packung (Abb. 147) besteht aus den drei- oder vierteiligen Dichtungsringen *D*, *E*, *O* und *M* aus Weißmetall, welche in den Führungsbüchsen *C* und *K* liegen, und durch die zwischen den Ringen *F* und *P* liegenden Federn *G* durch ihre konische Form an die Stange gedrückt werden. Die Führungsbüchsen *C* und *K* können sich auf den Kugelsegmenten *B* und *J* seitlich verschieben, während letztere sich auf der Grundbüchse *A*

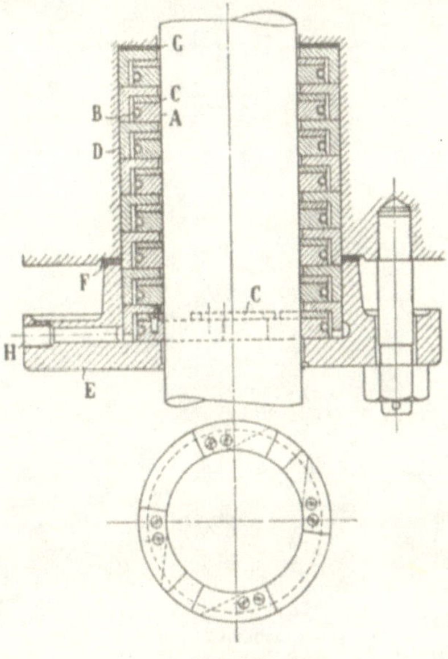

Abb. 148.

bzw. auf dem Stopfbüchsdeckel *T* für jede Lage der abzudichtenden Stange richtig einstellen können. Die Hülse *R* dient zum Festhalten des Grundringes *A* durch den Deckel *T*. Der Deckel *S* dient zum Festhalten einer Schmierflechte; Kondenswasser kann durch die Bohrung *V* nach dem Kondensator abgeführt werden.

Die Metalldraht-Packung ist eine Art Weichpackung und besteht aus viereckigen Flechten aus dünnem, weichem Bronzedraht. Sie wird in genau derselben Weise hergerichtet und eingelegt wie gewöhnliche Baumwollflechten od. dgl.

Um bei Stopfbüchsen für Weichpackungen ein gleichmäßiges Anziehen der Stopfbüchsbrille zu sichern, werden die Muttern der Stopfbüchsschrauben bei größeren Stangendurchmessern häufig mit Zahnkränzen versehen, welche in einen gemeinschaftlichen, um die Stopfbüchse gelegten Zahnkranz eingreifen. Mitunter werden hierbei auch zwei Muttern durch Schneckenantrieb gleichzeitig gedreht, während die übrigen durch den Zahnkranz mitgenommen werden.

b) Stopfbüchsen für Heißdampf.

1. System v. d. Osten und Kreisinger (Abb. 148). Sie besteht aus etwa 7 bis 10 vierteiligen, gußeisernen Dichtungsringen *A*, welche durch je eine Schlauchfeder *B* zusammen- und gegen die abzudichtende Stange gedrückt werden. Die zusammen-

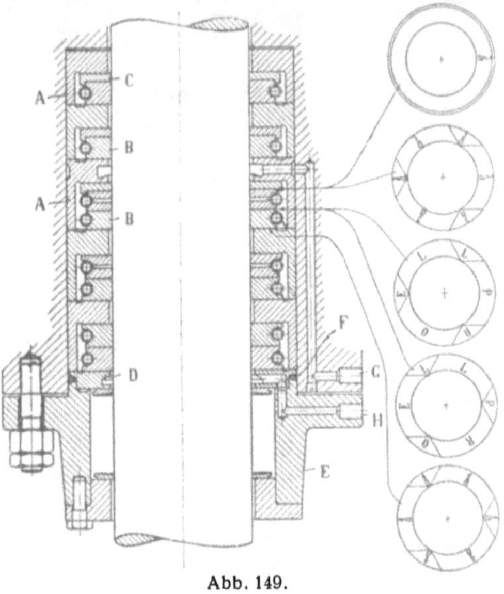

Abb. 149.

geschliffenen Schnittfugen werden noch durch besondere Deckstücke *C* gedichtet. Die Ringe liegen mit reichlichem radialem und geringem axialen Spiel mit nach oben gekehrten Deckstücken in einteiligen gußeisernen Kammerringen *D*, welche am Rande dampfdicht aufeinander liegen. Sämtliche Ringe werden im Stopfbüchsentopf durch die Brille *E* zusammengepreßt und an den Berührungsflächen *F* und *G* durch je einen Weichpackungsring aus Klingerit od. dgl. gedichtet. Etwaiges Kondenswasser wird unterhalb des unteren Ringes, welcher mit einigen Ausschnitten versehen ist, bei *H* nach dem Kondensator abgeleitet.

2. Metallpackung „Patent Proell" (Abb. 149). Diese besteht ebenfalls aus mehreren aufeinander geschliffenen einteiligen Kammerringen *A*, in denen je ein bzw. zwei sechsteilige, aufeinander geschliffene gußeiserne Dichtungsringe *B* liegen, die

durch je eine umgelegte Schlauchfeder leicht gegen die Stange gedrückt werden. Diese Dichtungsringe haben in axialer Richtung nur sehr geringes Spiel in den Kammerringen, während sie in radialer Richtung soviel Spiel haben, um seitlichen Bewegungen der Stange leicht folgen zu können. Die innersten Dichtungsringe sind zur Entlastung mit einigen radialen Bohrungen versehen und werden noch mit einem einteiligen, übergreifenden Schutzring *C* versehen, welcher verhindert, daß die mehrteiligen Dichtungsringe *B* durch Wasserschlag u. U. auseinandergetrieben werden können. Alle Ringe bzw. Ringstücke sind in der in der Abb. 149 angegebenen Weise bezeichnet, so daß sie ohne Schwierigkeiten richtig zusammengesetzt werden können. Unter den innersten Kammerring wird zur Abdichtung ein mit Graphit bestrichner Ring aus Klingerit gelegt.

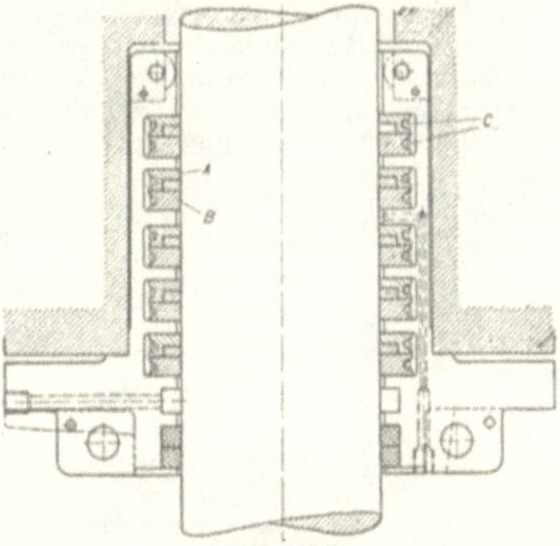

Abb. 150.

Zum Abschluß des letzten Kammerringes dient der Schlußring *D*; durch die vorgesetzte Stopfbüchse *E* und die Asbestdichtung *F* wird das Ganze im Stopfbüchsentopf festgehalten. Die Stopfbüchse *E* dient zum Einlegen einiger Schmierzöpfe. Durch die Bohrung *G* wird Öl von einer Schmierpresse zugeführt, durch die Bohrung *H* etwaiges Kondenswasser nach dem Kondensator abgeführt.

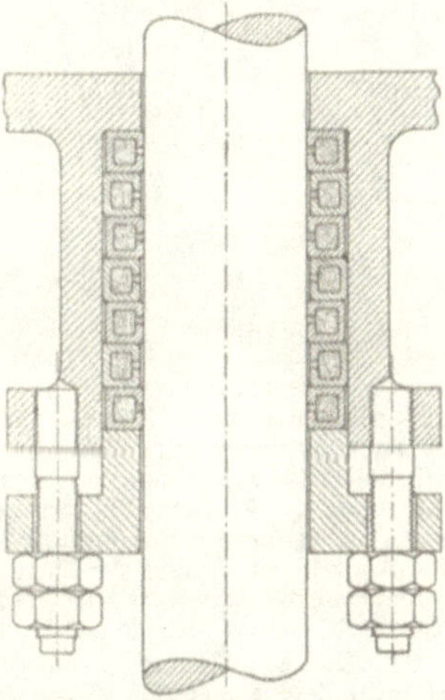

Abb. 151.

3. Die Stopfbüchsenpakkung „System Huhn" ist in Abb. 150 dargestellt. Sie besteht aus mehreren gußeisernen Doppelringen *A*, *B*, welche in je einer besonderen Kammer übereinander liegen. Der eigentliche Dichtungsring *A* ist dreiteilig, der Deckring *B* zweiteilig und jeder durch eine Schlauchfeder *C* zusammengehalten. Auch der Stopfbüchsen-Einsatz ist zweiteilig und die beiden Teile durch Schrauben verbunden, so daß alle Teile von der Stange entfernt werden können, ohne daß der Kreuzkopf abgenommen werden muß.

Bei der neueren Ausführung dieser Packung sind die einzelnen Dichtungsringe gleich und vierteilig ausgeführt und die beiden in jeder Kammer befindlichen Ringe um 90° gegeneinander verdreht eingesetzt.

Vielfach wird zur Abdichtung von Kolbenstangen, Schieberstangen, Ventilspindeln usw. sowohl bei Heißdampf als auch bei Naßdampf, die Huhnsche Hohlring-Packung, Abb. 151, verwendet. Sie besteht aus viereckigen, hohlen, ein- oder zweiteiligen Ringen, welche je nach dem Verwendungszweck aus Kupfer, Monel-Metall, Weißmetall od. dgl. hergestellt werden, deren Hohlraum mit einer Flockengraphitmasse ausgefüllt ist.

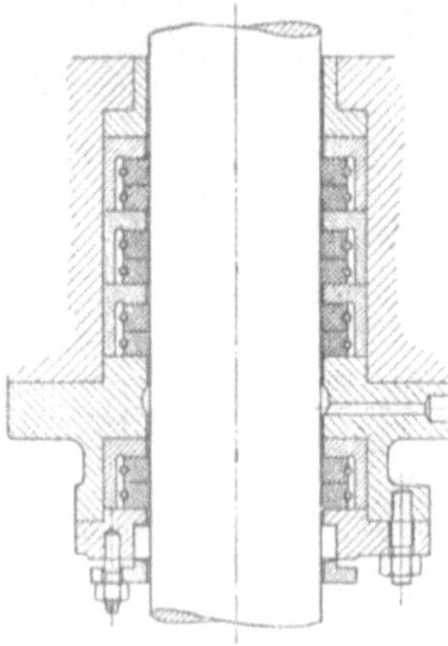

Abb. 152.

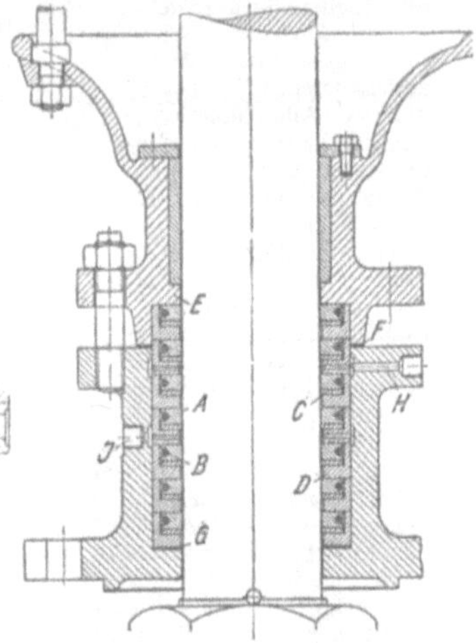

Abb. 153.

Sind die abzudichtenden Teile: Spindeln, Wellen, Stangen geringfügigen radialen Bewegungen unterworfen und muß somit die Packung diesen Verschiebungen folgen, dann werden mehrere aufeinanderliegende Ringe verschiedenen Durchmessers verwendet, von denen der kleinere Ring an der abzudichtenden Spindel oder Stange, der größere in der Bohrung des Stopfbüchsenraumes anliegt. Am inneren Umfang der Dichtungsringe sind mehrere Löcher vorgesehen, durch welche die Graphitfüllung nach und nach an die abzudichtende Stange gelangen und diese schmieren kann.

4. Die Stopfbüchse „System Gall & Seitz" (Abb. 152) ist ebenfalls eine Metallpackung, welche seitliche Bewegungen der Kolbenstange zuläßt und ähnlich wie die vorbeschriebenen Packungen eingerichtet.

Wird die durch den oberen Zylinderdeckel geführte Kolbenstange mit einer der vorerwähnten Metallpackungen versehen, dann wird die Stopfbüchsbrille mit einem Weißmetallfutter (Abb. 153) zur Führung der Kolbenstange versehen.

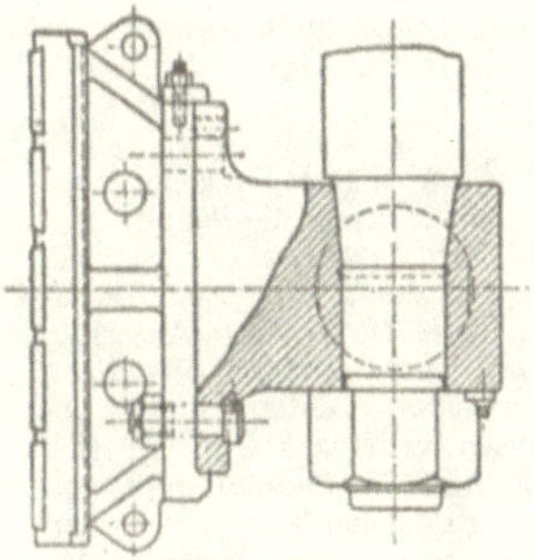

Abb. 154.

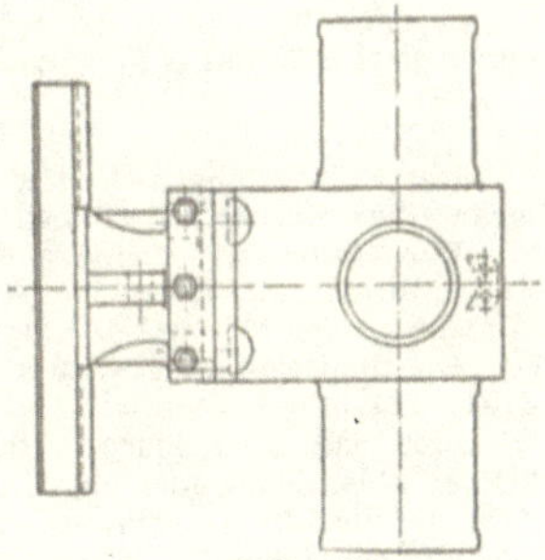

Abb. 155.

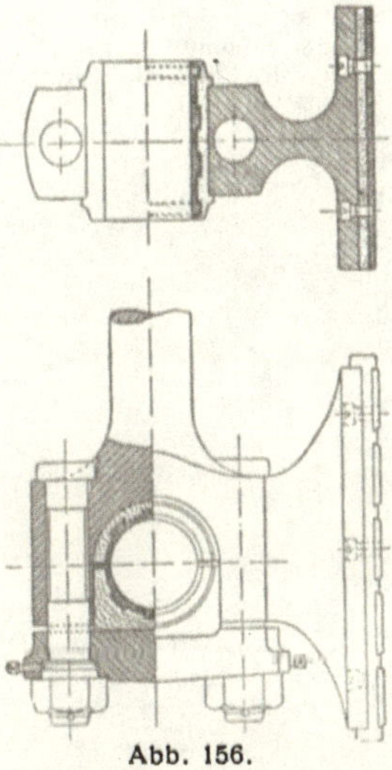

Abb. 156.

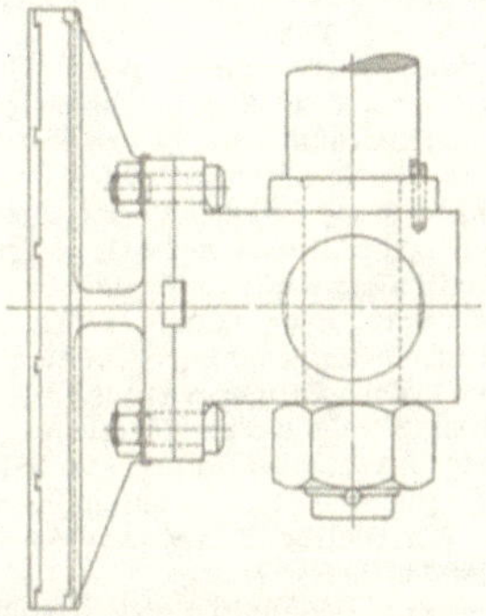

Abb. 157.

11. Kolbenstange, Kreuzkopf und Geradführung. Das Material der Kolbenstange ist S.M.-Stahl. Sie wird meistens mit Konus und Mutter sowohl im Kolben als auch im Kreuzkopf befestigt, wie die Abb. 154 u. 155 zeigen. Vielfach wird die Kolbenstange aber auch zylindrisch in den Kreuzkopf eingesetzt. Dann wird wie Abb. 157 zeigt, zwischen den Kreuzkopf und das Widerlager an der Kolbenstange ein Stahlring von etwa 20 bis 30 mm Höhe gelegt, um beim Einstellen der Kolbenstellung in den Totlagen nur den Ring und nicht die Kolbenstange nachdrehen zu müssen. Mitunter ist der Kreuzkopf mit der Kolbenstange aus einem Stück hergestellt (Abb. 156), wodurch jedoch das Herausnehmen des Kolbens oder der Kolbenstange sehr erschwert wird, weil dann der Kolben im Zylinder abgezogen werden muß.

Die Konizität im Kolben und im Kreuzkopf ist gewöhnlich etwa 1:3 bis 1:4. Ist D der größte, d der kleinste Durchmesser und l die Länge des Konus, dann ist die Konizität:

$$c = \frac{D - d}{l}.$$

Der Kolbenstangenschaft wird behufs späteren Nachdrehens meist etwas stärker gemacht als das dicke Ende des Konus.

Der Kreuzkopf, ebenfalls aus Stahl, trägt entweder zwei Stirnzapfen für die Lager der gegabelten Pleuelstange, oder er ist mit einem Lager für den Gabelzapfen derselben versehen, Abb. 156.

Die Gleitschuhe sind entweder mit dem Kreuzkopf aus einem Stück hergestellt oder aus Gußeisen oder Stahlguß und angeschraubt. Die Gleitflächen bestehen entweder aus Gußeisen (bei kleinen Maschinen) oder aus Bronze bzw. Weißmetall und sind dann auf die Gleitschuhe aufgeschraubt oder bei Verwendung von Weißmetall auch eingegossen oder in schwalbenschwanzförmige Nuten stramm eingesetzt.

Der Kreuzkopf wird meistens nur einseitig geführt, d. h. nur an einem Maschinenständer. Die Geradführung selbst wird als besonderes Hohlgußstück aus Gußeisen oder Stahlguß hergestellt und an diesem Ständer befestigt wie die Abb. 158 zeigt. Durch den Hohlraum wird in der Regel Kühlwasser geleitet.

Die Geradführung wird immer so angeordnet, daß bei Vorwärtsgang der Kreuzkopfdruck auf die eigentliche Gleitbahn wirkt und nur bei Rückwärtsgang von den beiden Gleitschienen aufgenommen werden muß. Die Gleitschienen werden aus Gußeisen, Stahlguß oder Schmiedeeisen angefertigt und zusammen mit zwischengelegten Paßblechen durch Schrauben an der Gleitbahn bzw. am Maschinenständer befestigt.

Zum Festhalten des Kreuzkopfes bei Überholungsarbeiten wird in höchster Stellung auf die Geradführung ein Querstück geschraubt, auf welches sich der Gleitschuh aufsetzen kann.

12. Pleuelstange. Material Stahl. Das Kreuzkopfende ist gegabelt und entweder mit fest eingesetztem Zapfen oder zwei aufgesetzten Lagern versehen (Abb. 160).

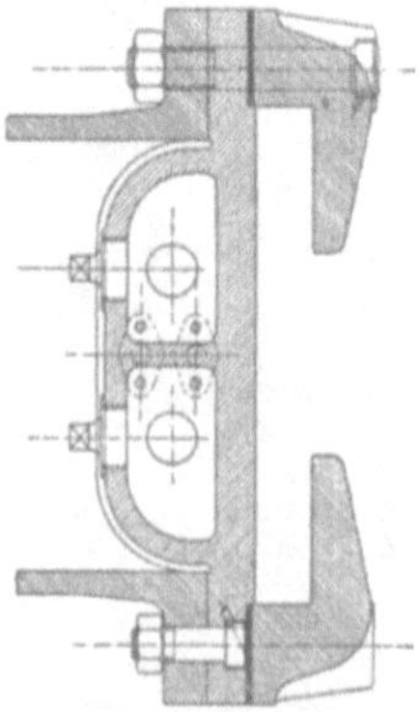

Abb. 158.

Zwei Lager an Stelle eines Gabelzapfens sind für den Betrieb vorteilhafter, weil die Lager besser zugänglich sind und sich daher leichter überholen lassen. Auch ist die Führung des Kreuzkopfes in seitlicher Richtung sicherer, da die Lagermitten weit auseinander liegen.

Kurbel- und Kreuzkopflager werden gewöhnlich aus Stahlguß hergestellt und mit Weißmetall ausgegossen.

Zum Nachpassen der Lagerschalen nach deren Abnutzung werden, wie bei den Kurbelwellenlagern, außer den Zwischenstücken, einige verschieden starke Messingbleche oder Stahlbleche zwischen die Schalen gelegt. Zu beachten ist, daß die

Bleche außen um die Bolzen herumgreifen, damit beim Anziehen derselben der Lagerdeckel bzw. die Lagerschale nicht verbogen wird.

Kleinere Lagerbolzen erhalten als Sicherung Doppelmuttern, bei größeren werden durch Klemmschrauben gesicherte Pennsche Muttern vorgesehen. Bei letzteren wird auf dem Pleuelstangenfuß häufig eine Einteilung angebracht (Abb. 159), um nach dem Überholen der Lager die Muttern wieder genau einstellen zu können. Bei vollständig eingekapselten Antriebsmaschinen werden bei den innenliegenden Teilen meistens Kronenmuttern verwendet.

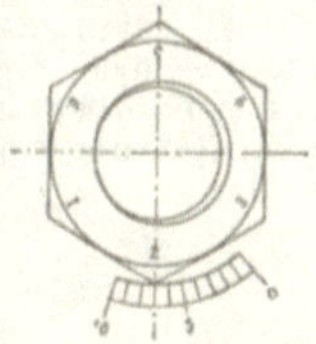

Abb. 159.

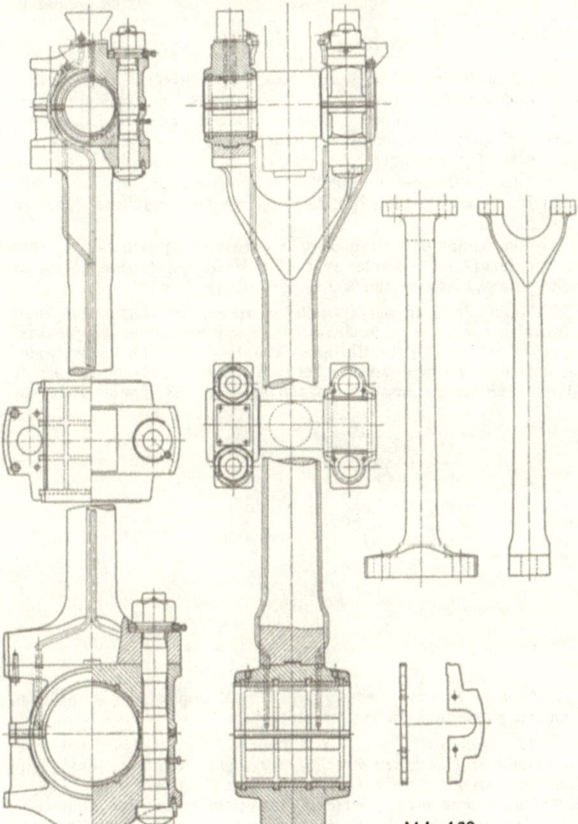

Abb. 160.

13. Kurbelwelle. Material Siemens-Martin-Stahl, mitunter auch Tiegel- oder Nickelstahl. Sie wird entweder aus einem Stück, meistens jedoch aus einzelnen Teilen, die durch Flanschen verbunden werden, hergestellt. Die einzelnen Kurbeln sind entweder aus einem Stück geschmiedet oder aus einzelnen Teilen zusammengebaut (gebaute Kurbeln, Abb. 161). Zapfen und Wellenstümpfe

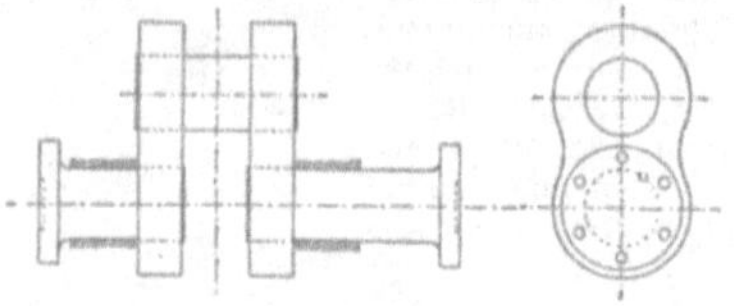

Abb. 161.

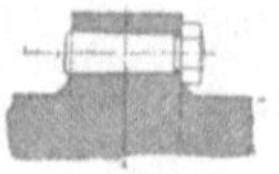

Abb. 162.

sind mitunter ausgebohrt und dann durch Deckel verschlossen, damit durch die Bohrung kein Wasser zwischen die Kupplungsflanschen gelangen kann. Das Zusammenbauen der Wellenstümpfe und des Kurbelzapfens mit den Kurbelwangen geschieht bei angewärmten Kurbelwangen.

Die Wellenlager befinden sich meistens unmittelbar neben den Kurbelwangen, um die Biegungsmomente möglichst klein zu halten.

Die Kupplungsbolzen werden entweder konisch (etwa 1:15) ausgeführt (Abb. 162) oder zylindrisch gemacht, stramm eingesetzt und mit gut gesicherten Muttern versehen.

Reservekurbeln werden meist so ausgeführt, daß sie für jeden Zylinder passen; die Bolzenlöcher, nach Schablone vorgebohrt, werden erst nach dem Einsetzen der Reservekurbel aufgerieben. Das Aufreiben der Löcher geschieht mittels gewöhnlicher Reibahle oder mitunter durch den in Abb. 163 abgebildeten Ap-

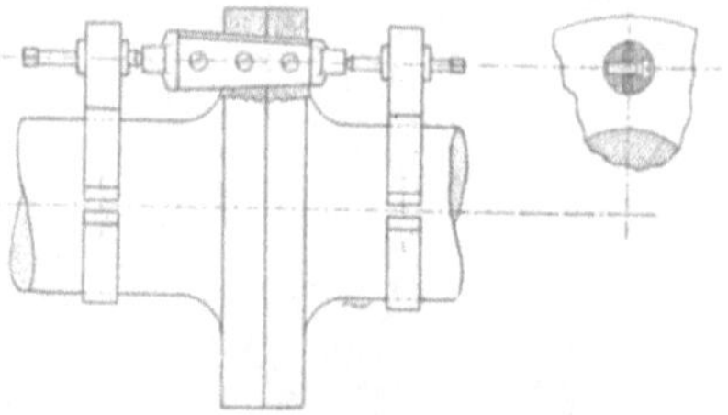

Abb. 163.

parat, welcher aus einem zwischen zwei gußeisernen Führungsbacken eingespannten Messer besteht.

14. Grundplatte. Material Gußeisen oder Stahlguß. Sie wird bei kleineren Maschinen einteilig hergestellt, bei großen Maschinen aus mehreren Teilen zusammengeschraubt. Die unteren Lagerschalen, welche meist viereckig, bisweilen auch rund eingepaßt sind, ebenso wie die Oberschalen, werden aus Gußeisen oder

Stahlguß hergestellt und mit Weißmetall ausgegossen. Der Lagerdeckel wird aus Stahlguß oder geschmiedetem Stahl hergestellt und durch zwei oder vier Grundlagerbolzen aus Stahl mit der Grundplatte verbunden. In der Mitte des Lagerdeckels befindet sich meist ein Handloch zum direkten Anfühlen bzw. Schmieren.

Die Lagerbolzen erhalten bei kleinen Maschinen Doppelmuttern, bei größeren Penn'sche Muttern; bei letzteren wird auf dem Lagerdeckel meist eine Einteilung wie bei den Pleuelstangenmuttern vorgesehen (Abb. 159).

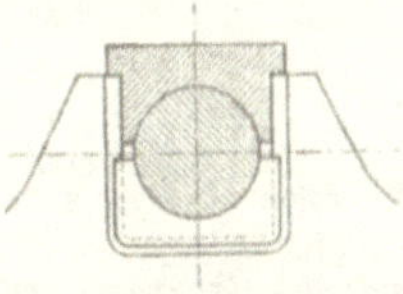

Abb. 164.

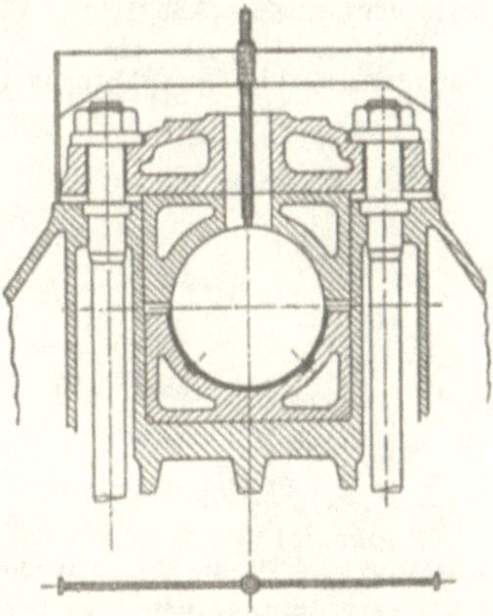

Abb. 165.

Zum Nachpassen der Lagerschalen werden gewöhnlich mehrere verschieden starke Messing- oder Eisenbleche zwischen die Schalen gelegt, welche nach Bedarf ausgewechselt werden. Durch 6 Bleche von 0,1, 0,2, 0,2, 0,5, 1,0 und 2,0 mm Dicke kann z. B. durch Auswechseln derselben ein Lager um 4 mm in Abstufungen von je 0,1 mm nachgepaßt werden.

Um erkennen zu können, wie weit sich die Welle im Betriebe gesenkt hat, werden nach Fertigstellung in der Werkstatt angefertigte Blechschablonen nach Abb. 164 oder Stichmaße verwendet (Abb. 165).

Die Verbindung der Grundplatte mit dem Fundament erfolgt durch Schrauben (Abb. 166 bzw. 167); als Zwischenlage dienen

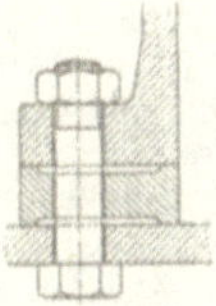

Abb. 166.

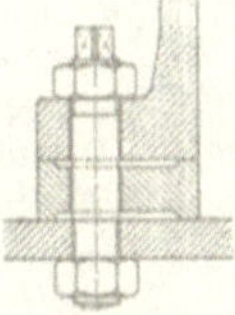

Abb. 167.

gußeiserne Paßstücke durch welche die Schrauben hindurchgesteckt werden. Steht die Grundplatte unmittelbar auf dem Doppelboden, dann müssen die Fundamentschrauben abgedichtet werden (Abb. 167). Die Zwischenräume zwischen den einzelnen Paßstücken werden mit Teakholz ausgefüllt.

15. Steuerungen sind meistens Schiebersteuerungen, doch werden bei Heißdampf und hohen Dampfdrücken auch vielfach Ventilsteuerungen verwendet.

Man unterscheidet folgende Dampfverteilungsperioden (Abb. 168):

Füllung nennt man den während der Dampfeinströmung vom Totpunkt (TP)

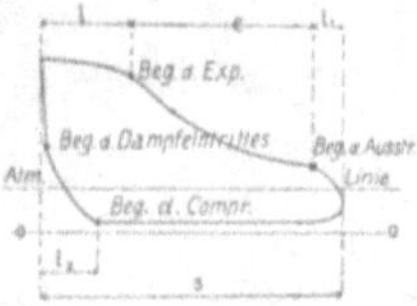

Abb. 168.

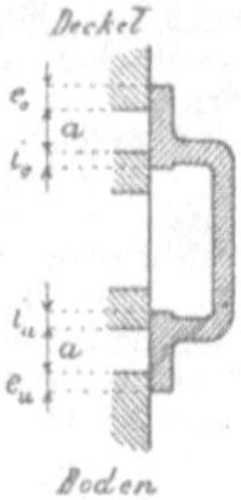

Abb. 169.

aus zurückgelegten Weg l.

Füllung in Prozenten: $= \frac{100 \cdot l}{s}$.

Expansion: ist der Kolbenweg e vom Ende des Dampfeintrittes bis zum Beginn der Ausströmung.

Ausströmung: diese beginnt am Ende der Expansion und dauert bis zum Beginn der Kompression.

Abb. 170.

Vorausströmung: ist der Kolbenweg l_1 vom Beginn der Ausströmung bis zum TP oder in Prozenten: $= 100 \cdot \frac{l_1}{s}$.

Kompression: darunter versteht man den Kolbenweg l_2 vom Ende der Ausströmung bis zum TP, oder in Prozenten: $= 100 \cdot \frac{l_2}{s}$.

Bei Schiebersteuerung ist mit Bezug auf den einfachen Muschelschieber (Abb. 169), wenn er in seiner Mittelstellung steht:

Eintrittsdeckung e_o bzw. e_u die Überdeckung auf der Seite des Dampfeintrittes.

Austrittsdeckung i_o bzw. i_u, die Überdeckung auf der Seite der Dampfausströmung.

Kanalweite a ist die lichte Weite der Dampfkanäle im Schieberspiegel, gemessen in der Richtung der Schieberbewegung.

Mit Bezug auf die Abb. 170 ist:

Exzentrizität r der Abstand des Exzentermittelpunktes vom Wellenmittel.

Voreilung v_o bzw. v_u ist die Kanalöffnung für den Dampfeintritt, wenn die Kurbel im TP steht.

Voreilungswinkel δ (bei äußerer Einströmung) ist der Winkel zwischen Kurbel und Exzenter minus 90°, d. h. das

Exzenter eilt der Kurbel um $90^\circ + \delta$ voraus. Bei innerer Einströmung oder bei eingeschaltetem zweiarmigem Hebel steht das Exzenter um 180° versetzt, wie punktiert, d. h. das Exzenter eilt der Kurbel um $90^\circ - \delta$ nach.

Gebräuchliche Dampfperioden bei Schiebermaschinen.

	HD-Zylinder	*MD*-Zylinder	*ND*-Zylinder
1. Lineares Voreilen:			
Deckelseite	0,071 *r*—0,16 *r*	0,077 *r*—0,19 *r*	0,083 *r*—0,21 *r*
Bodenseite	0,14 *r* —0,22 *r*	0,15 *r* —0,25 *r*	0,17 *r* —0,3 *r*
2. Größte Füllung . .	60%—75%	55%—70%	50%—65%
3. Vorausströmung .	7%—14%	9%—18%	11%—22%
4. Kompression . . .	4%— 8%	7%—14%	10%—20%

Die Füllungen können bei Schiebersteuerungen durch Einlegen der Steuerung bis auf etwa 40 bis 45 %, bei der Lentz-Ventilsteuerung (s. S. 147) bis auf etwa 25 bis 30 % verringert werden.

Das lineare Voreilen und die Kompression werden auf der Bodenseite zweckmäßig etwas größer als auf der Deckelseite gemacht.

16. Gebräuchliche Steuerungssysteme. a) K u l i s s e n s t e u e r u n g v o n S t e p h e n s o n. Diese hat für Vor- und Rückwärtsgang je ein besonderes Exzenter. Jede Exzenterstange greift an einem Ende der Kulisse an.

Man unterscheidet Kulissensteuerungen mit offenen und solche mit gekreuzten Exzenterstangen, und zwar stellt Abb. 171 offene Stangen bei äußerer Einströmung, Abb. 172 offene Stangen bei innerer Einströmung, Abb. 173 gekreuzte Stangen bei äußerer

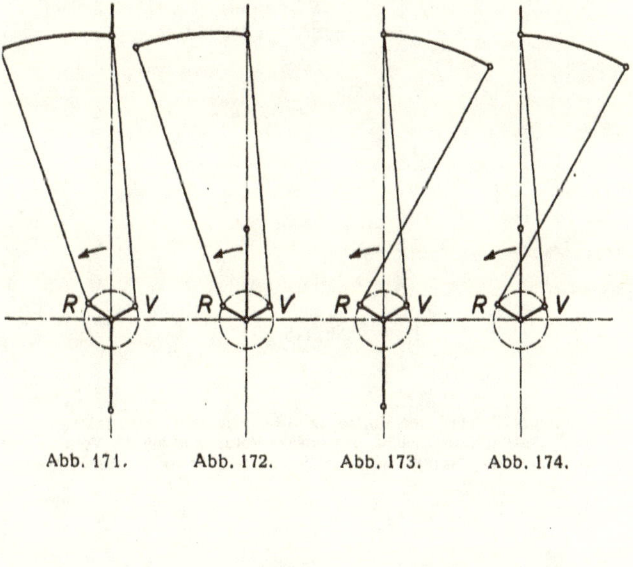

Abb. 171. Abb. 172. Abb. 173. Abb. 174.

Einströmung und Abb. 174 gekreuzte Stangen bei innerer Einströmung dar. Ob die Stangen offen oder gekreuzt sind, erkennt man, wenn beide Exzentrizitäten der Kulisse zugekehrt stehen.

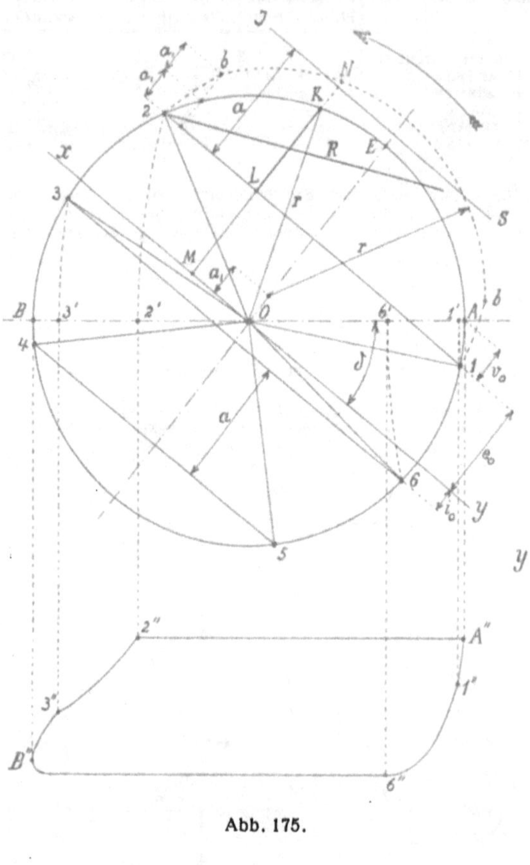

Abb. 175.

Beim Einlegen der Kulisse wird bei offenen Exzenterstangen die Zylinderfüllung kleiner, das lineare Voreilen sowie die Vorausströmung und Kompression größer. Bei gekreuzten Exzenterstangen wird sowohl die Zylinderfüllung als auch das lineare Voreilen kleiner, Vorausströmung und Kompression größer.

Schieberdiagramme. Diese dienen zur Ermittelung der Schieberfunktionen. Die nachstehend angegebenen Konstruktionen von Schieberdiagrammen sind der Deutlichkeit wegen nur für eine Kolbenseite für einen einfachen Schieber gezeichnet. Sie gelten auch für den Pennschen Schieber, wobei nur bedacht zu werden braucht, daß die wirklichen Kanalöffnungen für den Dampfeintritt bzw. -austritt jeweils doppelt so groß sind als sie im Diagramm erscheinen.

α) *Schieberdiagramm nach Müller-Reuleaux*, für ganz ausgelegte Kulisse. Ist in Abb. 175 AOB die Richtung der Kolbenstange, so wird mit der Exzentrizität r als Halbmesser der Schieberkreis um O geschlagen und der Voreilungswinkel $\delta = AOY$ entgegen der Drehrichtung der Kurbel aufgetragen. Der vom Schieber aus seiner Mittelstellung zurückgelegte Weg bei irgendeiner Kurbelstellung K ist dann gleich der senkrechten Entfernung KM vom Schieberkreis bis zur Mittellinie XY.

Von XY aus werden ferner, senkrecht zu XY, die Eintrittsdeckung e_0 sowie die Austrittsdeckung i_0 abgetragen (und zwar letztere bei positiver Deckung nach der entgegengesetzten Seite, bei negativer Deckung nach derselben Seite wie die Eintrittsdeckung für die betr. Kolbenseite) und Parallele zu XY gezogen. Es ist dann z. B. die Öffnung des Zylinderkanals für den Dampfeintritt bei der Kurbelstellung K gleich der Strecke KL.

Werden von den, den Überdeckungen entsprechenden Linien 1—2 bzw. 3—6 im Abstande a, gleich der Kanalweite im Schieberspiegel, die Parallelen SJ bzw. 4—5 gezogen, so ergibt sich, daß der Kanal für den Dampfeintritt nicht ganz geöffnet wird, während er für den Austritt in der Kurbelstellung 4 bereits voll geöffnet ist und bis in die Kurbelstellung 5 auch voll geöffnet bleibt.

Es ergeben sich dann die charakteristischen Kurbelstellungen: 1, A, E, 2, 3, 4, 5 und 6.

Werden mit einem Halbmesser:

$$R = r \cdot \frac{\text{Pleuelstangenlänge}}{\text{Kurbelradius}}$$

von den verschiedenen Kurbelstellungen aus Kreisbogen bis zur Mittellinie AB gezogen, z. B. 2 2′ usw., deren Mittelpunkte auf der nach der Kreuzkopfseite hin verlängerten Kolbenstangenrichtung AB liegen, so ergeben sich die in nachstehender Zahlentafel angegebenen hauptsächlichen Kolbenstellungen:

Kurbel-stellung	Kolben-stellung	Schieberfunktion	Bemerkung
1	1′	Beginn d. Einströmung	—
A	TP	Kurbel im ob. Totpunkt	Kanalöffnung = v_0
E	—	Größte Kanalöffnung für den Dampfeintritt $= r - e_0$	Kanalöffnung beim Tricksch. $= r - e_0 + a_1$
2	2′	Beginn der Expansion	Füllung = $A\,2'$
3	3′	Beginn d. Ausströmung	Vorausströmung $= 3'B$
B	TP	Kurbel im unteren Totpunkt	—
4—5	—	Ausströmung ganz geöffnet	—
6	6′	Beginn d. Kompression	Kompress. = $6'A$

Die den verschiedenen Kolbenstellungen entsprechenden Punkte sind im Dampfdiagramm mit A'', $2''$, $3''$, B'', $6''$ und $1''$ bezeichnet.

Bei einem Trickschieber (Abb. 186) ist die wirkliche Kanalöffnung für den Dampfeintritt noch um die Weite $a_1 = KN$ des Schieberkanals, im Spiegel des Schiebers gemessen, größer, also gleich der Strecke LN bis zu dem um a_1 versetzten, punktiert gezeichneten Kreisboden $b - b$.

B e m e r k u n g. Infolge der endlichen Länge der Pleuelstange sind die Füllungen auf der Deckelseite, für welche das Diagramm gezeichnet ist, meistens etwas größer als auf der Bodenseite.

β) *Schieberdiagramm nach Zeuner* (Abb. 176). Um das Wellenmittel O wird mit beliebigem Halbmesser R der Kurbelkreis geschlagen, in welchem der Durchmesser AOB die Bewegungsrichtung der Kolbenstange darstellt. A ist der obere, B der untere Totpunkt und C bzw. D die Mittelstellungen der Kurbel. Der Voreilwinkel $\delta = COE$ wird von der Mittelstellung C der Kurbel entgegen der Drehrichtung der Kurbel aufgetragen, wodurch sich die Kurbelstellungen OE bzw. OF ergeben. Über diesen beiden Kurbelstellungen werden mit der Exzentrizität r als Durchmesser die beiden Schieberkreise durch O geschlagen, und zwar gilt der Kreis OE_1 für den Dampfeintritt, derjenige OF_1 für den Dampfaustritt auf der Deckelseite des Zylinders.

Der Weg des Schiebers, den dieser bei irgendeiner Kurbelstellung von seiner Mittelstellung aus zurückgelegt hat, wird im Diagramm durch die Länge der Sehne dargestellt, die der Schieberkreis auf der betreffenden Kurbelstellung abschneidet, z. B. bei der Kurbelstellung K_1 gleich Od. Zur Ermittelung der Schieberfunktionen wird dann um O als Mittelpunkt mit dem Halbmesser OH = der äußeren Überdeckung e_0 auf der Deckelseite der Kreisbogen KHL bzw. mit dem Halbmesser OG = der inneren

Überdeckung i_0 auf der Deckelseite, der Kreisbogen PGQ gezogen. Man erhält dann folgende charakteristische Kurbelstellungen:

OK 1:	Beginn des Dampfeintrittes	auf der Deckelseite
OL 2:	„ der Expansion	„ „ „
OQ 3:	„ „ Ausströmung	„ „ „
OP 4:	„ „ Kompression	„ „ „

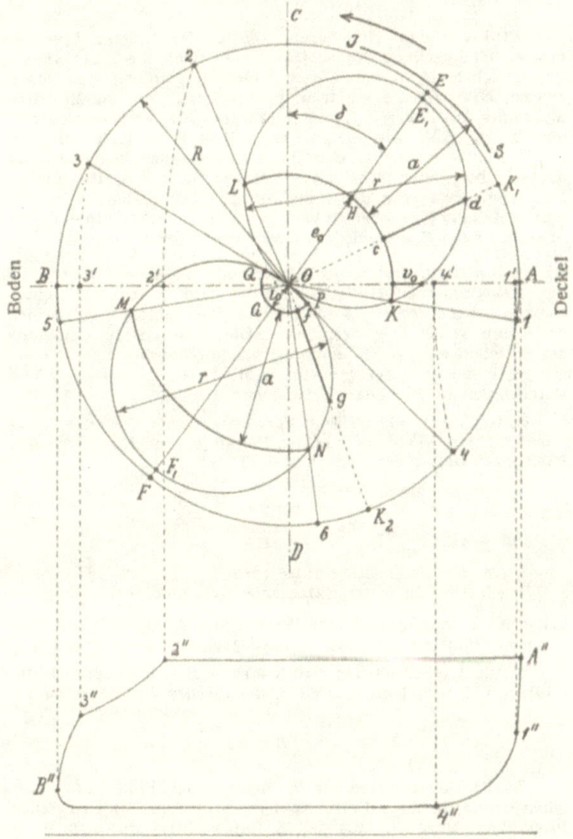

Abb. 176.

Es ergibt sich ferner die jeweilige Kanalöffnung als radiale Entfernung zwischen dem Schieberkreis und dem Kreis für die Eintritts- bzw. Austrittsdeckung, z. B. für die Kurbelstellung OK_1:

Öffnung für den Dampfeintritt = cd, oder für die Kurbelstellung OK_2: Öffnung für den Dampfaustritt = fg. Die Voreilung v_0 im oberen TP ist dementsprechend auf dem Radius OA abzumessen.

Die zu den einzelnen Kurbelstellungen 1—4 gehörenden Kolbenstellungen 1'—4' werden in gleicher Weise wie unter α) angegeben gefunden, denen im theoretischen Indikatordiagramm die Punkte 1''—4'' entsprechen.

Wird von dem Kreisbogen, welcher der äußeren bzw. der inneren Überdeckung des Schiebers entspricht, die Kanalweite a (im Schieberspiegel) radial nach außen aufgetragen und von O aus ein Kreisbogen geschlagen, so erhält man für das Eintrittsdiagramm den Bogen SJ, im Schieberkreis für den Dampfaustritt den Bogen MN. Aus diesen beiden Kreisbogen ist zu ersehen, daß z. B. der Kanal für den Dampfeintritt auch in der Totlage des Schiebers, entsprechend der Kurbelstellung E, nicht ganz geöffnet wird, während der Kanal für den Dampfaustritt bei der Kurbelstellung OM 5 bereits ganz geöffnet ist und erst in der Kurbelstellung ON 6 sich wieder zu verengen beginnt.

γ) *Schieberdiagramm nach Zeuner für eingelegte Kulisse.* Bei der Stevensonschen Kulissensteuerung wird in jeder Zwischenstellung des Kulissensteins die Bewegung des Schiebers von beiden Exzentern gleichzeitig beeinflußt. Die resultierende Bewegung des Schiebers entspricht dann annähernd derjenigen, die durch ein ideelles Exzenter hervorgebracht wird, dessen Exzentrizität und Voreilwinkel in folgender Weise ermittelt wird.

Es ist in Abb. 177 OE_V das Vorwärtsexzenter, OE_R das Rückwärtsexzenter. Werden die beiden Punkte E_V und E_R durch einen Kreisbogen verbunden, dessen Halbmesser

$$R' = \frac{l}{a} \cdot r \cdot \cos\delta = \frac{l}{a} \cdot \frac{b}{2}$$

ist, und worin:

a die Länge der Kulisse (Sehne),
l die Länge der Exzenterstange bedeutet,

so liegen die Endpunkte der ideellen Exzenter für die verschiedenen Kulissenstellungen auf diesem Kreisbogen.

Ist die Kulisse um ein Stück e eingelegt, so findet sich der Endpunkt E_1 der Exzentrizität r_1 des ideellen Exzenters aus:

$$x = \frac{e}{a} \cdot 2\,r\cos\delta = \frac{e}{a} \cdot b.$$

Die Kurbelstellungen für Voreinströmung, Füllung usw. ergeben sich dann nach Einzeichnung des ideellen Schieberkreises durch den Punkt E_1, aus den Schnittpunkten mit dem Kreis der äußeren bzw. inneren Deckung, und zwar:

$OK_1\,1_1$: Beginn des Dampfeintrittes,
$OL_1\,2_1$: „ der Expansion,
$OQ_1\,3_1$: „ „ Ausströmung,
$OP_1\,4_1$: „ „ Kompression.

Die zu diesen Kurbelstellungen gehörenden Kolbenstellungen bzw. die denselben entsprechenden Punkte im Dampfdiagramm sind wie bei den vorbeschriebenen Diagrammen bezeichnet.

Zu beachten ist hierbei, daß der mit dem Halbmesser R' gezogene Kreisbogen bei offenen Stangen wie gezeichnet liegt, hingegen wie punktiert, wenn die Exzenterstangen gekreuzt sind. In letzterem Falle würde das ideelle Exzenter OE_2 sein.

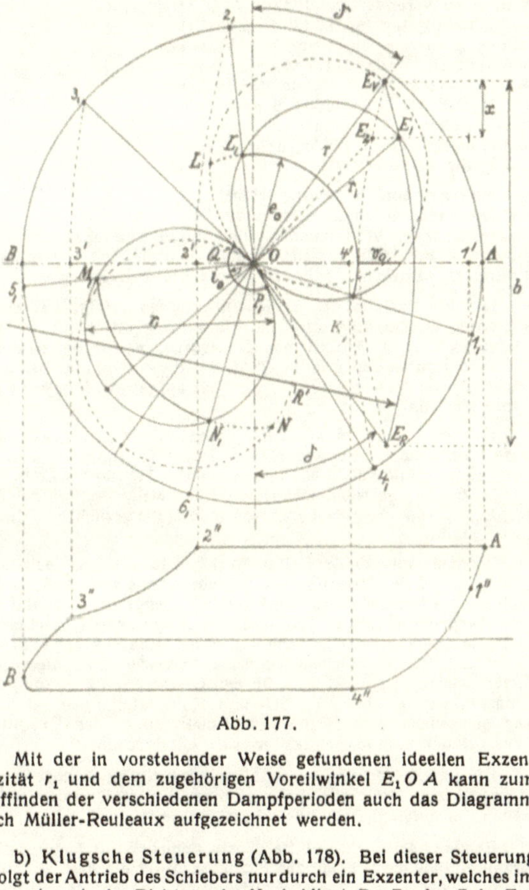

Abb. 177.

Mit der in vorstehender Weise gefundenen ideellen Exzentrizität r_1 und dem zugehörigen Voreilwinkel E_1OA kann zum Auffinden der verschiedenen Dampfperioden auch das Diagramm nach Müller-Reuleaux aufgezeichnet werden.

b) Klugsche Steuerung (Abb. 178). Bei dieser Steuerung erfolgt der Antrieb des Schiebers nur durch ein Exzenter, welches im allgemeinen in der Richtung der Kurbel liegt. Der Zapfen B der Exzenterstange EA wird durch einen Lenker BC in einem Kreisbogen geführt, während der Endpunkt A durch die Lenkstange AF mit der Schieberstange verbunden ist. Der Drehzapfen C für den Lenker CB sitzt am Ende eines als Rahmen ausgebildeten Hebels UC, welcher mit der Umsteuerwelle U fest verbunden ist. Durch Verdrehen der Umsteuerwelle U, also Verlegung des Drehzapfens C, werden die Schieberfunktionen verändert, und zwar wird bei Verkleinerung des Winkels α die Zylinderfüllung kleiner, Kompression und Vorausströmung größer; das lineare Voreilen bleibt jedoch unverändert, wenn in der Totlage der Kurbel die Drehpunkte B und U zusammenfallen. Das Umsteuern der Maschine erfolgt durch Umlegen des Hebels UC in die Stellung UC_1.

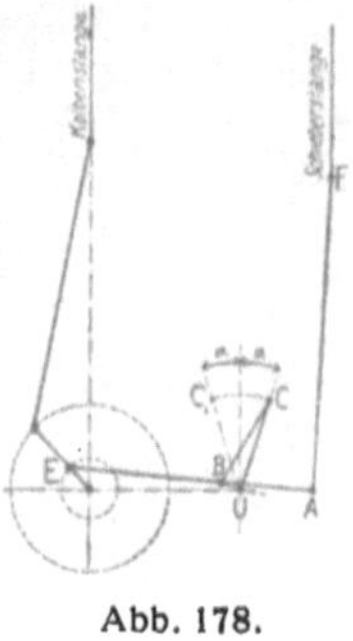

Abb. 178.

Meistens sind sämtliche Hebel UC einer Maschine durch die Umsteuerwelle U fest miteinander verbunden, so daß durch Verstellen der Umsteuerwelle mit Hilfe der Umsteuervorrichtung, die Steugerungsfunktionen sämtlicher Zylinder gleichzeitig geändert werden.

Die Ermittelung der Schieberfunktionen erfolgt bei dieser Steuerung zweckmäßig an Hand eines Steuerungsmodelles oder zeichnerisch durch Aufzeichnen der Kurve, welche bei Drehung der Kurbel durch den Endpunkt A_{11} der Exzenterstange beschrieben wird, wie dies in Abb. 179 für ganz ausgelegte Steuerung auf „Vorwärts" dargestellt ist.

Es werden hierbei auf dem Exzenterkreis mit dem Halbmesser OE beliebige Punkte E, m, 1, 2 usw. angenommen und für jeden dieser Punkte die Stellung des Lenkers BC und der Exzenterstange EBA_{11} gezeichnet, durch welche sich die Punkte A_{11}, m_{11}, 1_{11}, 2_{11} usw. ergeben, deren Verbindung die gesuchte Schieberkurve ergibt.

Werden dann von der Mittellinie OUX aus die Überdeckungen $e_ü$ bzw. $i_ü$ auf der Richtung der Schieberstange nach unten bzw. nach oben abgetragen und durch die betreffenden Punkte mit der Lenkstangenlänge $A_{11}D$ als Halbmesser Kreisbogen geschlagen, so ergeben sich auf der Schieberkurve die Punkte a, b_{11}, c, d, von denen aus durch Rückwärtskonstruktion der Stellungen der Exzenterstange (z. B. b_{11}, b_1, b für den Beginn der Expansion) diejenigen Exzenter- bzw. Kurbel- und Kolbenstellungen gefunden werden, welche dem Beginn der Einströmung, der Expansion usw. auf der zugehörigen Kolbenseite entsprechen.

Die innere Deckung wird, falls sie positiv ist, nach der entgegengesetzten Seite wie die zugehörige äußere Deckung aufgetragen, im anderen Falle nach derselben Seite.

Bemerkt sei noch, daß bei einem Schieber mit äußerer Einströmung (wie gezeichnet) das Exzenter in der gleichen Richtung wie die Kurbel, bei innerer Einströmung hingegen in entgegengesetzter Richtung zur Kurbel steht.

c) Hackworth-Steuerung. Diese Steuerung ist, wie aus der Abb. 180 ersichtlich, in ihrer Anordnung und ihrer Wirkungsweise der Klugschen Steuerung sehr ähnlich. Während jedoch bei

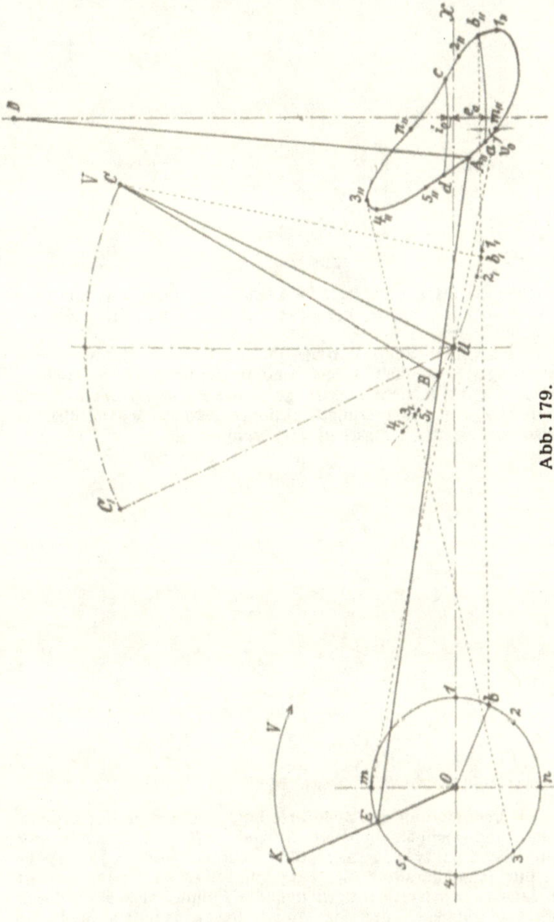

Abb. 179.

der Klugschen Steuerung der Drehpunkt *B* der Exzenterstange sich in einem Kreisbogen mit dem Halbmesser *BC* (Länge der Schwinge, Abb. 179) bewegt, wird dieser Punkt hier mittels eines

Kulissensteines in einer Kulisse geradlinig geführt. Mittels des mit der Kulisse fest verbundenen Hebels und einer bei *C* an-

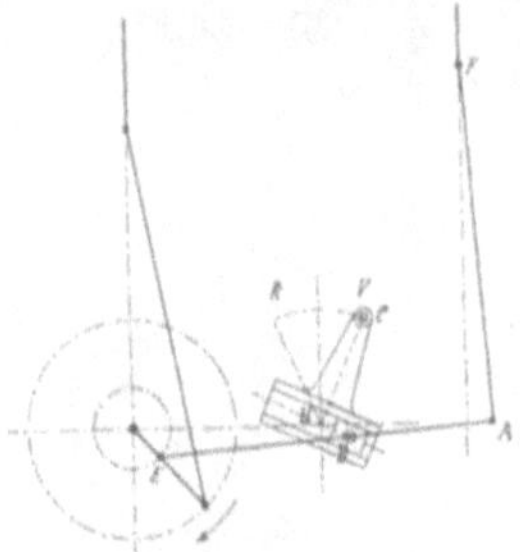

Abb. 180.

greifenden Umsteuerungsspindel kann die Kulisse verstellt bzw. in die Mittellage oder die Lage für den Rückwärtsgang der Maschine gebracht werden.

d) Marshall-Steuerung (Abb. 181). Diese ist der Klugschen Steuerung sehr ähnlich, jedoch sind die Zapfen *B* für den Lenker und *A* für die Schieberlenkstange miteinander vertauscht. Die Ermittelung der Steuerungsfunktionen kann hier in gleicher Weise wie bei der Klugschen Steuerung erfolgen.

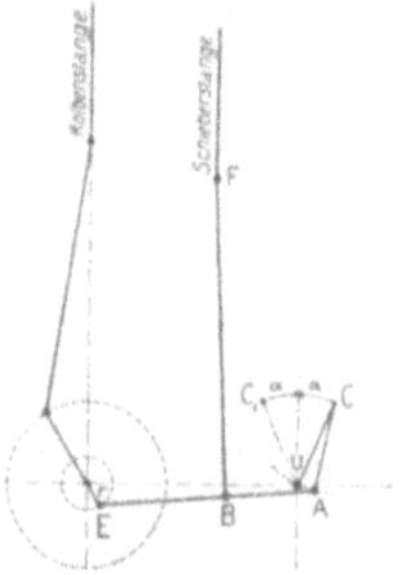

Abb. 181.

17. Veränderung der Zylinderfüllung. Besondere Expansionssteuerungen (Doppelschiebersteuerungen), wie sie früher mitunter beim Hochdruckzylinder angeordnet wurden, werden in neuerer Zeit nur ganz ausnahmsweise ausgeführt, weil sie die Einfachheit der Steuerung beeinträchtigen und die Füllung sich auch durch einfaches „Einlegen der Steuerung" in genügendem Maße, je nach den bei der Konstruktion der Steuerung festgelegten Verhältnissen, verändern läßt.

Auch beim Mitteldruck- und Niederdruckzylinder läßt sich die Füllung in der gleichen Weise verändern. Die Füllung wird bei allen Zylindern der Maschine gleichzeitig und in demselben Sinne verändert, wenn die Umsteuerung als Ganzes verstellt wird, oder sie kann bei allen Zylindern in beliebigem Maße geändert werden, wenn die Steuerung jedes einzelnen Zylinders unabhängig von den anderen verstellbar eingerichtet ist (s. S. 142).

Bei der Veränderung der Füllung ändern sich jedoch, wie dies bereits früher erwähnt wurde, auch gleichzeitig die übrigen Funktionen der Steuerung.

Zu beachten ist ferner noch, daß bei Verkleinerung der Füllung des Hochdruckzylinders die verarbeitete Dampfmenge und damit die Gesamtleistung der Maschine verringert wird. Wird hingegen bei unveränderter Füllung des Hochdruckzylinders die Füllung des Mittel- oder des Niederdruckzylinders verkleinert, so wird die Leistung des betreffenden Zylinders vergrößert, während diejenige des vorhergehenden Zylinders verkleinert wird und umgekehrt. Die Gesamtleistung der Maschine bleibt hierbei jedoch nahezu unverändert. Siehe auch S. 98.

18. Regulierung der Kulissensteuerung. a) Einstellung des Kolbens auf den Totpunkt. Die Kurbel wird etwa 20° bis 30° aus der Totlage gedreht und die Stellung des Kreuzkopfes auf der Geradführung markiert. Gleichzeitig wird eine an einem Lager od. dergl. befindliche feste Marke auf der Welle (oder am Drehvorrichtungsrad) angerissen. Dann wird die Kurbel nach der anderen Seite aus der Totlage herausgedreht, bis der Kreuzkopf wieder auf der Marke der Geradführung steht, und die Entfernung zwischen der Marke am Lager usw. und jener auf der Welle (bzw. Drehvorrichtungsgrad) halbiert. Wird dieser auf der Welle durch einen Körnerschlag markierte Punkt dann auf die feste Marke des Lagers eingestellt, dann steht die Kurbel im Totpunkt.

b) Einstellen des Schiebers auf richtiges Voreilen. Die Kurbel wird in den oberen Totpunkt gestellt, die Steuerung (bei größter Füllung) erst auf „Vorwärts", dann auf „Rückwärts" ausgelegt und jedesmal das lineare Voreilen gemessen; dann wird die Kurbel in den anderen Totpunkt gestellt und wieder das lineare Voreilen gemessen. Sind die Exzenter für Vor- und Rückwärtsgang unter gleichen Voreilwinkeln aufgekeilt (meistens), dann muß auch das lineare Voreilen für Vor- und Rückwärtsgang jedesmal gleich groß ausfallen. Ist dies nicht der Fall, dann sind die Exzenterstangen durch Verlängerung der kürzeren (Beilagen unter Exzenterstangenlager oder zwischen Bügel und Stange) gleich zu machen.

Die richtige Verteilung des linearen Voreilens auf Boden- und Deckelseite geschieht hierauf durch Verschieben des Schiebers auf seiner Stange, d. h. durch Abdrehen des Bundes an der Schieberstange oder durch Beilegen von Scheiben.

Um Vorausströmung und Kompression zu erkennen, kann anstatt des Schiebers eine Holzleiste, auf der die abschneidenden Kanten des Schiebers markiert sind, auf der Schieberstange befestigt werden, oder die Kanäle werden bei Flachschiebern am Zylinder und Schieber derartig durch Risse markiert, daß die Dampfverteilung von außen sichtbar wird.

Bei Kolbenschiebern und zwischen den Zylindern liegenden Flachschiebern werden die Schieberlatten (Abb. 182) für den Schieberspiegel bzw. für den Schieber oben auf dem Schieberkasten bzw. an der Schieberstange befestigt. Die Schieberlatte *A* wird auf der Schieberstange so befestigt und die Exzenterstangenlängen so berichtigt, daß der Dampfein- und -austritt zur richtigen Zeit stattfindet.

Dann wird die Kurbel bei äußerer Einströmung in den oberen, bei innerer Einströmung in den unteren Totpunkt gedreht und an der Latte die Öffnung des oberen Eintrittskanals gemessen. Hierauf wird der Schieber eingesetzt und so auf der Stange eingestellt, daß sich bei der vorerwähnten Kurbelstellung auch die an der Latte festgestellte Kanalöffnung ergibt.

Oder: Es wird der Schieber eingesetzt und in den zu untersuchenden Stellungen das Maß *n* (Abb. 182) von Oberkante Schieberkasten-Deckelflansch bis zur oberen abschneidenden Schieberkante gemessen. Nach diesem Maß werden die Latten auf einer ebenen Fläche zusammengelegt, woraus die Stellung des Schiebers in bezug auf das Schiebergesicht ersichtlich wird.

Umgekehrt kann der Schieber auf die der Latte entnommenen Maße eingestellt und hierdurch die zugehörigen Kolbenstellungen gefunden werden, wie dies zur Kontrolle der Füllungen nötig ist.

Bei Regulierung einer anderen Steuerung wird in ähnlicher Weise vorgegangen.

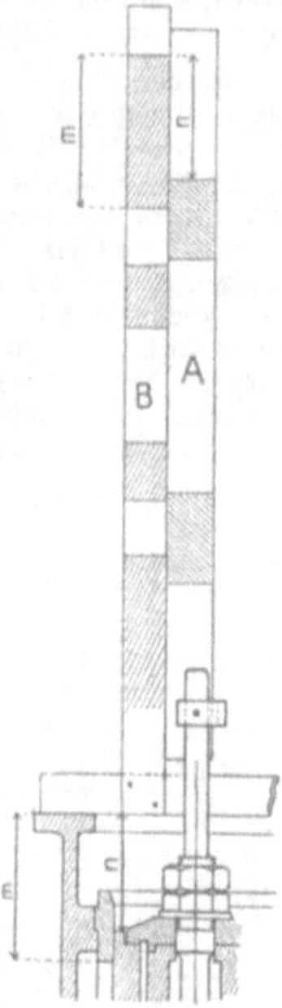

Abb. 182.

B e i s p i e l für die Regulierung eines Kolbenschiebers mit äußerer Einströmung nach letzterer Methode:

a) Ermittelung der richtigen Höhenlage des Schiebers auf der Stange. Die beiden Latten *A* und *B* (Abb. 183), von denen erstere dem Schieber, letztere dem Schieberspiegel entspricht, werden

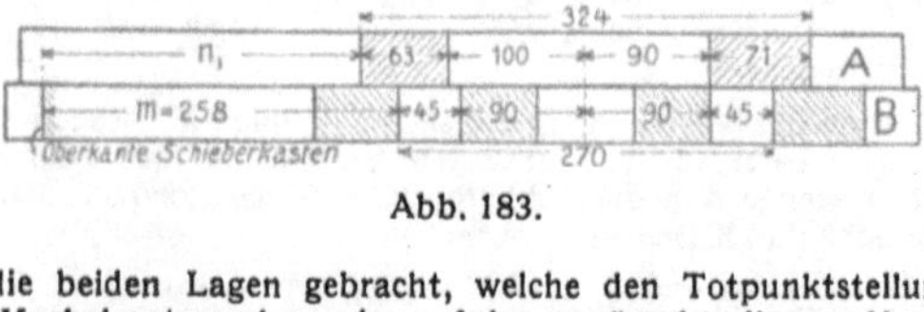

Abb. 183.

in die beiden Lagen gebracht, welche den Totpunktstellungen der Kurbel entsprechen, also auf das gewünschte lineare Voreilen auf der Deckel- bzw. Bodenseite eingestellt. Hieraus ergeben sich die Lattenmaße n_1.

Im vorliegenden Falle soll das lineare Voreilen sein: oben 13 mm, unten 15 mm.

Die Lattenmaße n_1 sind daher mit Bezug auf die Abb. 183: wenn die Kurbel im oberen TP steht:

$$n_1 = 258 + 13 = 271 \text{ mm},$$

wenn die Kurbel im unteren TP steht:

$$n_1 = 258 + 270 - 15 - 324 = 189 \text{ mm}.$$

Es werden jedoch an der Maschine abgelesen:

wenn die Kurbel im oberen TP steht: $n = 265$ mm,
" " " " unteren TP " : $n = 183$ mm.

Der Schieber muß daher um $n_1 - n = 271 - 265 = 6$ mm (oder auch $189 - 183 = 6$ mm) tiefer gesetzt werden.

b) Ist der Schieber durch Abdrehen des Bundes um 6 mm tiefer gebracht worden, dann werden Füllung, Kompression und Vorausströmung kontrolliert. Die diesbezüglichen Lattenmaße n_1 werden für die betreffenden Schieberstellungen an den Latten abgemessen (siehe nachstehende Zahlentafel). Kommt beim Drehen

Schieberstellung	Lattenmaß n_1 = Entfernung von Oberkante Schieber bis Oberkante Schieberkasten	Kolbenweg vom oberen TP gemessen (Hub 500 mm)	Dampfperioden in Hundertein des Kolbenhubes
Beim Aufgang des Schiebers:			
1. Füllung Deckelseite	258	356	71,2
2. Kompression Bodenseite . . .	230	446	10,8
3. Vorausströmung Deckelseite .	240	—	—
Beim Niedergang des Schiebers:			
4. Füllung Bodenseite	204	182	63,6
5. Kompression Deckelseite . . .	240	50	10,0
6. Vorausströmung Bodenseite .	230	—	—

der Maschine der Schieber in eine dieser Stellungen, dann ergeben sich die betr. Dampfperioden aus dem vom Kolben oder Kreuzkopf vom oberen oder unteren TP aus zurückgelegten Wegstrecken.

19. Schieber. Diese werden ausnahmslos aus Gußeisen von geeigneter Zusammensetzung hergestellt, um mit dem ebenfalls aus Gußeisen bestehenden Schieberspiegel möglichst gut zusammenzuarbeiten.

Einfacher Muschelschieber siehe Abb. 169.

Pennscher Schieber (Abb. 184). Dieser ist ein Flachschieber, welcher für jede Kolbenseite gleichzeitig 2 oder auch 3 Kanalöffnungen, sowohl für den Dampfeintritt als auch für den Dampfaustritt, freigibt. Die Dampfkanäle sind deshalb im Schieberspiegel in 2 oder 3 Kanalöffnungen geteilt und ebenso hat der Schieber für jeden dieser Kanäle eine besondere Durchtrittsöffnung, so daß alle Kanäle einer Zylinderseite gleichzeitig geöffnet oder geschlossen werden. Sie werden verwendet, um den Schieberhub möglichst klein zu erhalten, da dieser bei doppelten Kanälen auf die Hälfte, bei dreifachen Kanälen auf den dritten Teil desjenigen verringert wird, der bei einfachen Kanälen erforderlich wäre.

T r i c k s c h i e b e r werden als Flachschieber (Abb. 185) oder als Kolbenschieber (Abb. 186) ausgeführt, und haben einen über den ganzen Schieberrücken sich erstreckenden Kanal. Die abschneidenden Kanten dieses Kanals und des Schieberspiegels sind so gegeneinander gestellt, daß bei Beginn des Dampfeintritts auf einer Seite der Dampf auch gleichzeitig vom anderen Ende des Schiebers durch den „Trickkanal" einströmt. Die Kanten a und a_1 bzw. b und b_1 müssen daher immer gleichzeitig für den Dampfeintritt öffnen. Dieser Schieber ergibt für den eintretenden Dampf eine um die Kanalweite des Trickkanals (im Schieberspiegel gemessen) größere Kanalöffnung als ein einfacher Schieber. Der Austritt ist jedoch ebenso groß wie bei diesem.

K o l b e n s c h i e b e r. Kleine Kolbenschieber werden ohne besonders eingesetzte Dichtungsringe, mit möglichst wenig Luft hergestellt. Größere Kolbenschieber (Abb. 187) werden mit Dichtungsringen versehen, die entweder durch Federn an den Schieberspiegel gedrückt werden, oder sie werden mit einer Schnittstelle versehen, die wieder fest zusammengeschraubt wird, um ein tonnenförmiges Ausarbeiten des Schiebereinsatzes zu verhindern (Abb.188). Ist der Ring genügend abgenutzt, dann kann er durch Einlegen einer Messingblechbeilage in die Schnittstelle wieder entsprechend vergrößert werden.

Abb. 186 zeigt einen, vielfach als *HD*- bzw. *MD*-Schieber verwendeten Trick-Kolbenschieber, welcher die Vorteile des Trickschiebers mit denjenigen des Kolbenschiebers vereinigt.

20. Schieberentlastungen. Flachschieber nach Abb. 169 bzw. 170 werden durch den Dampfdruck im Schieberkasten gegen den Schieberspiegel gedrückt und brauchen daher zu ihrer Bewegung eine bedeutende Kraft. Ist L die äußere Länge, B die äußere Breite des Schiebers in cm, p_1 der im Schieberkasten herrschende größte Druck und p_2 der im Austrittsraum herrschende Druck in ata, und ferner ϱ der

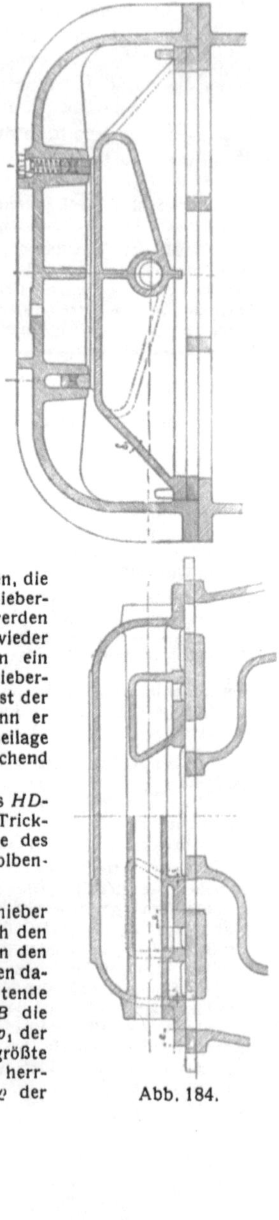

Abb. 184.

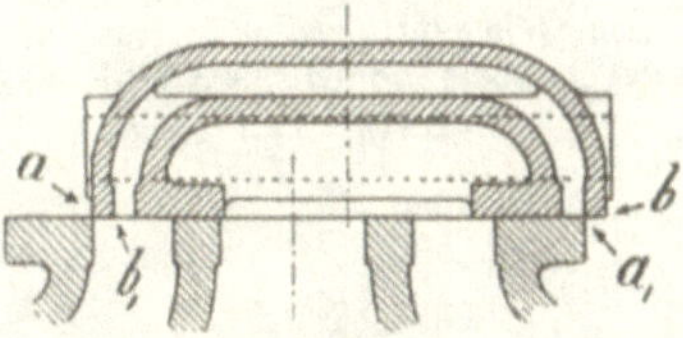

Abb. 185.

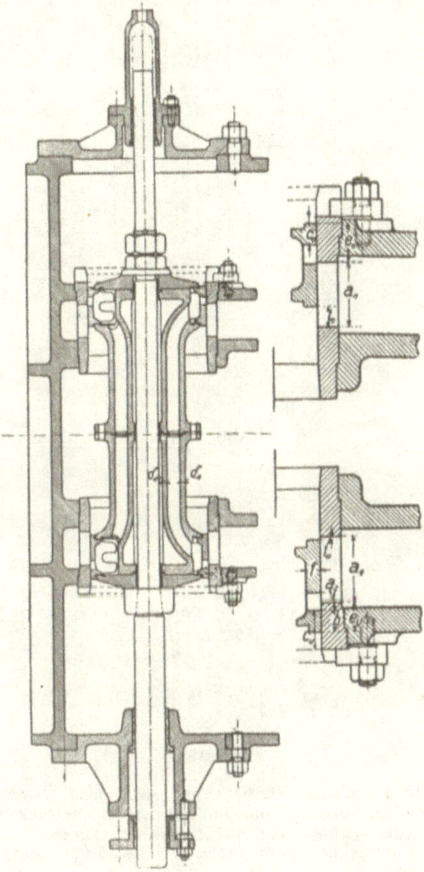

Abb. 186.

Reibungskoeffizient (etwa 0,15), so erhält man angenähert die zur Bewegung des Schiebers erforderliche Kraft P in kg aus der Gl.:

$$P = L \cdot B \cdot (p_1 - p_2) \cdot \varrho \text{ kg.}$$

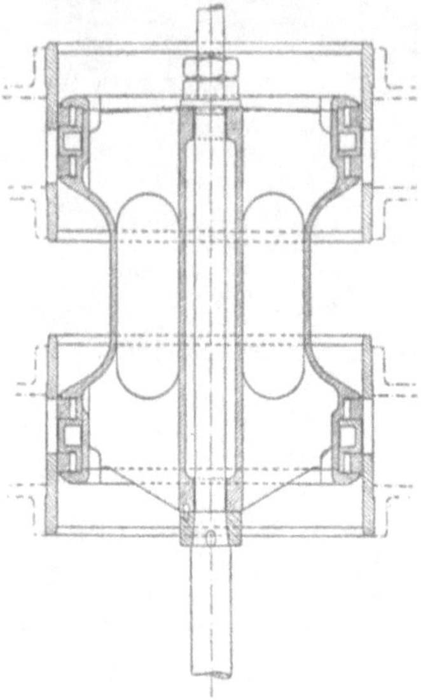

Abb. 187.

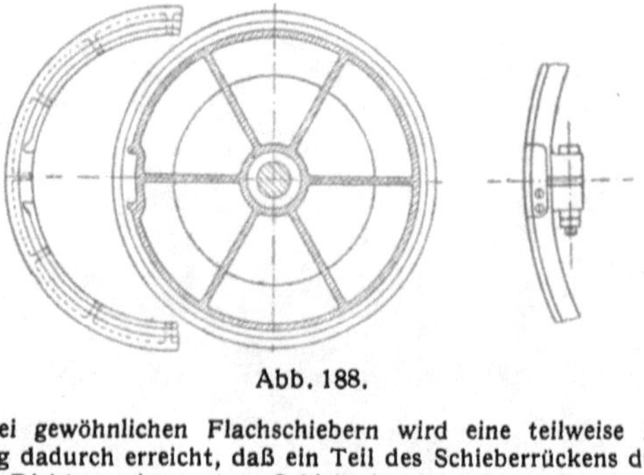

Abb. 188.

Bei gewöhnlichen Flachschiebern wird eine teilweise Entlastung dadurch erreicht, daß ein Teil des Schieberrückens durch einen Dichtungsring vom Schieberkasten abgeschlossen und dieser Raum mit dem Kondensator in Verbindung gebracht wird. (Siehe Abb. 184.)

Kolbenschieber mit federnden Ringen sind größtenteils, solche mit festen Ringen ganz entlastet.

21. Schieberstange. Material Siemens-Martin-Stahl. Zur Befestigung des Schiebers dient unten ein konisch aufgesetzter Bundring, oben zwei Muttern. Ein Verstellen des Schiebers auf der Stange kann durch Abdrehen des Konusses oder des Bundes nach unten, bzw. durch Auflegen von entsprechenden Scheiben nach oben erfolgen.

Der Schieberstangenkopf ist entweder mit der Stange aus einem Stück geschmiedet oder mittels Konus und Keil mit der Stange verbunden. Im ersteren Falle muß die Schieberstange nach unten, im zweiten kann sie mit dem Schieber zusammen nach oben herausgenommen werden.

Flachschieber haben rings um die Stange etwas Spiel, damit sie sich an den Schieberspiegel anlegen können, ohne die Stange biegen zu müssen. Die oberen Muttern dürfen daher nicht ganz fest gegen den Schieber gezogen werden. Um dies zu verhindern, wird mitunter ein schmiedeeisernes Rohr über die Stange geschoben, gegen welches sich der Bund bzw. die Mutter fest anlegen können.

Der in der Stopfbüchse laufende Teil der Stange wird, um ihn nach erfolgter Abnutzung nachdrehen zu können, etwas stärker als das dickere Ende des Konusses gemacht. Unterhalb der Stopfbüchse bzw. unmittelbar über dem Schieberstangenkopf, und gewöhnlich auch am oberen Ende der Schieberstange wird diese in einer Führung bzw. in einer Büchse geführt.

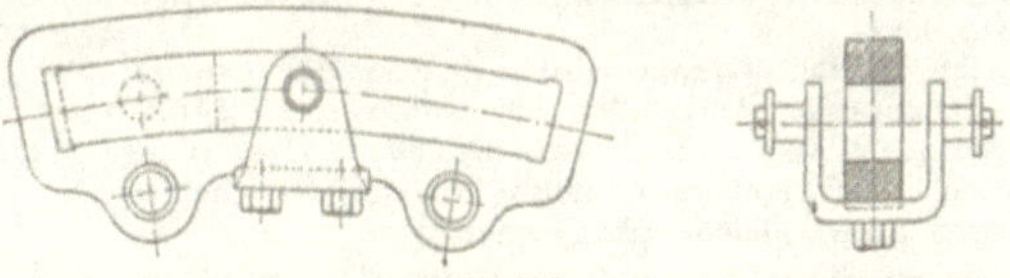

Abb. 189.

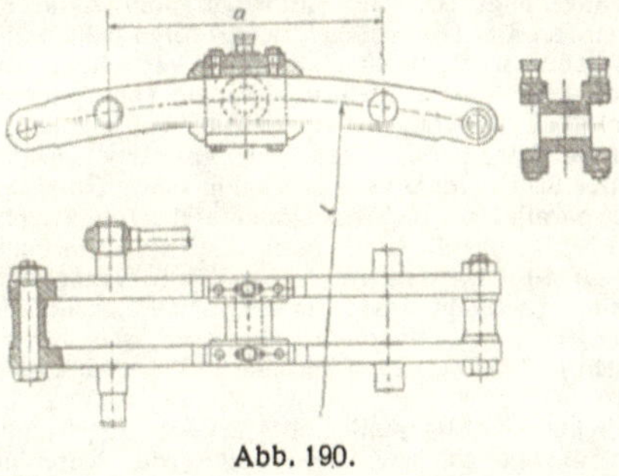

Abb. 190.

22. Kulisse. Diese wird bei kleinen Maschinen meist als sog. Spur-Kulisse (Abb. 189), bei größeren als Doppelbalken-Kulisse

(Abb. 190) aus Stahl geschmiedet, und nach einem Halbmesser gleich der Exzenterstangenlänge gekrümmt. Die Aufhängung erfolgt entweder in der Mitte oder an dem Ende für den Vorwärtsgang. Im ersteren Falle „springt" der Kulissenstein in der Kulisse bei Vor- und Rückwärtsgang gleichviel, im zweiten Falle hingegen bei Vorwärtsgang nur sehr wenig, beim Rückwärtsgang jedoch um so mehr.

Der Kulissenstein ist meistens aus Stahl hergestellt und mit besonders eingesetzten Gleitflächen aus Bronze versehen. Behufs Nachpassen der Gleitstücke können zwischen Gleitplatte und Stein dünne Messingbleche gelegt werden.

23. Exzenter, -bügel und -stangen. Die Exzenter werden meistens aus Gußeisen oder Stahlguß hergestellt und besonders aufgesetzt. Nur in seltenen Fällen bestehen sie aus einem Stück mit der Welle. Sie sind in der Regel zweiteilig und beide Teile durch Bolzen verbunden sowie mit Feder und Klemmschraube auf der Welle befestigt. Bei Kulissensteuerung werden die beiden Exzenter entweder zusammengegossen oder nebeneinander gesetzt und durch Bolzen verbunden.

Die Exzenterbügel werden aus Gußeisen, Stahlguß oder geschmiedetem Stahl hergestellt und mit Weißmetall ausgegossen. Die Lauffläche wird meistens doppelkegelförmig nach Abb. 191 ausgeführt, weil sich bei zylindrischer Ausführung die seitlichen Ränder des Bügels stark abnutzen. Zum Nachstellen der Bügel werden wie bei Lagern Blechbeilagen, mitunter auch noch Paßstücke aus Bronze oder Gußeisen zwischen den Bügelhälften vorgesehen.

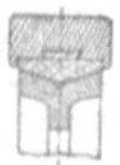

Abb. 191.

Die Exzenterstange wird mit dem Bügel meist durch Schrauben verbunden. Die Länge der Exzenterstange kann in geringem Maße durch zwischengelegte Paßstücke geändert werden. (Bei Kulissensteuerung müssen die beiden Exzenterstangen genau gleiche Länge haben.)

24. Die Umsteuerwelle *U*, Abb. 192, trägt für jedes Steuerungsgestänge einen Hebel, an welchem mittels Hängestangen die Kulisse angehängt ist. Der Aufhängezapfen *A* ist bei kleinen Maschinen fest an diesem Hebel, bei größeren jedoch mittels einer Schraubenspindel *S* in einem Schlitz verstellbar eingerichtet. Hierdruch kann jede Kulisse unabhängig von den anderen verstellt und die Zylinderfüllungen um 15 bis 20% verändert werden, während die Umsteuerwelle ganz auf „Vorwärts" ausgelegt bleibt.

Da der Schlitz im Umsteuerhebel in seiner Rückwärtsstellung ungefähr parallel zur Schieberstange steht (punktierte Stellung in Abb. 192), so hat die Stellung des Zapfens *A* im Schlitz keinen Einfluß auf die Lage der Kulisse bei Rückwärtsstellung der Umsteuerwelle. Es bleibt daher die vorgesehene größte Füllung für den Rückwärtsgang unverändert bestehen, was für das sichere Anspringen der Maschine auf „Rückwärts" von besonderer Wichtigkeit ist.

Bei Klugscher, Marshall- und Hackworth-Steuerung sind die Umsteuerrahmen *UC* aller Steuerungen der Maschine vielfach fest miteinander verbunden. Durch das gleichzeitige Verstellen sämtlicher Umsteuerrahmen werden dadurch alle Steuerungsperioden der einzelnen Zylinder gleichzeitig geändert. Um dies zu vermeiden und die Steuerungen der einzelnen Zylinder unabhängig voneinander einstellen zu können, muß wie bei Kulissensteuerung eine besondere Umsteuerwelle wie Abb. 192 angeordnet werden und der Endpunkt *C* jedes Umsteuerrahmens durch eine Hängestange mit dem Aufhängezapfen *A* des Umsteuerhebels verbunden werden.

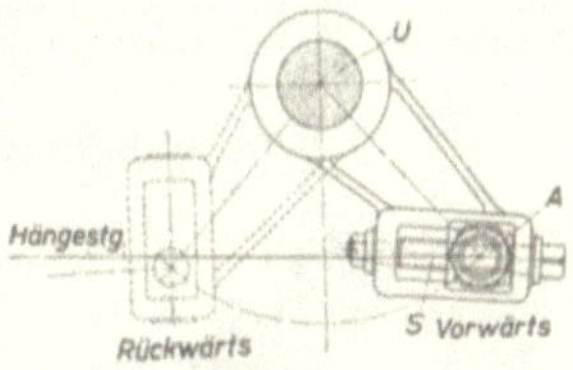

Abb. 192.

25. Umsteuerungsvorrichtungen. Bei kleineren Maschinen wird die Umsteuerwelle mittels eines Handhebels unmittelbar gedreht; größere Maschinen bis etwa 500 PS werden meistens durch ein Handrad mit Schraubenspindel, deren Mutter in einem besonderen, auf der Umsteuerwelle befestigten Hebel sich befindet, umgesteuert.

Noch größere Maschinen werden durch Dampf umgesteuert.

Bei den sog. Rundlauf-Maschinen geschieht dies durch eine umsteuerbare Einzylinder- oder Zwillingsmaschine, welche mittels Schnecke und Schneckenrad eine Kurbel dreht, deren Zapfen durch eine Zugstange die Umsteuerwelle bewegt (Abb. 193).

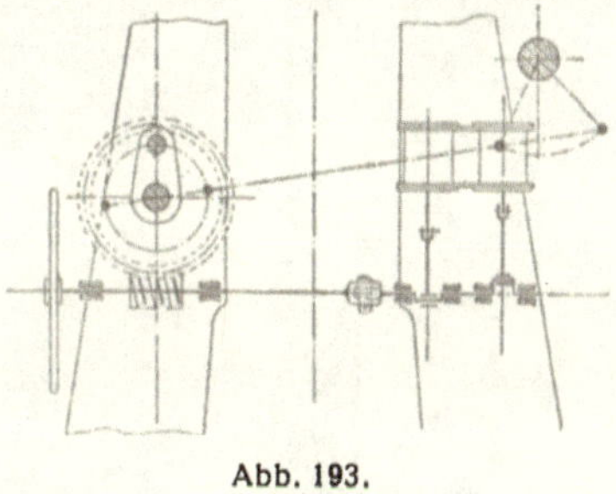

Abb. 193.

Die Umsteuerung der Rundlaufmaschinen geschieht entweder durch einen Wechselschieber oder durch drehbare Verteilungsschieber (Abb. 195).

Direktwirkende Umsteuermaschinen bestehen, wie in Abb. 194 schematisch dargestellt, aus einem Dampfzylinder *A* und einem mit Öl oder Wasser vollständig gefüllten Bremszylinder *B*. Der Bremszylinder wird vorgesehen, um eine zu rasche oder stoßweise Bewegung des Dampfkolbens und der Umsteuerwelle zu verhüten. Der auf der gemeinsamen Kolbenstange befindliche Kreuzkopf wirkt mittels Zugstangen *Z* auf einen Hebel *C* der Umsteuerwelle *D*.

Die Dampfverteilung geschieht durch einen Flachschieber mit sehr geringen Deckungen. Der Bremszylinder wird entweder durch einen Schieber oder durch Ventile gesteuert, oder er hat keine Steuerung und nur einen kleinen, mit einstellbarer Drosselschraube versehenen Kanal, welcher Deckel- und Bodenseite

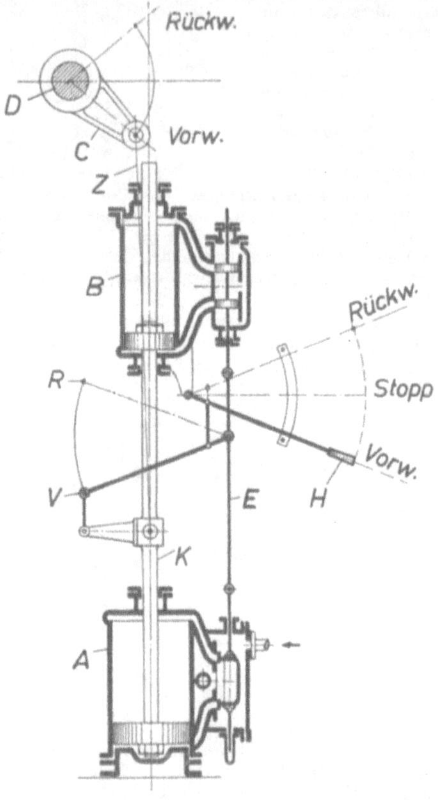

Abb. 194.

verbindet, um bei der Bewegung der Kolben das Überströmen der Bremsflüssigkeit von der einen nach der andern Seite des Bremskolbens zu ermöglichen und eine zu rasche Bewegung der Umsteuerwelle zu verhindern.

Der Schieber des Dampfzylinders ist mit dem des Bremszylinders durch ein Gestänge *E* verbunden, so daß beide gleichzeitig durch den Handumsteuerhebel *H* bewegt werden. Ferner stehen die beiden Schieber durch eine Hebelverbindung mit der Kolbenstange *K* der Umsteuermaschine in Verbindung, damit die

Steuerschieber bei der Bewegung der Kolben der Umsteuermaschine bzw. der Drehung der Umsteuerwelle selbsttätig in ihre Mittelstellung zurückgebracht werden. Dadurch wird die Umsteuerwelle in eine, der Stellung des Handumsteuerhebels entsprechende Lage bewegt.

Beim Einstellen der Steuerung der Umsteuermaschine ist darauf zu achten, daß, wenn Handhebel und Umsteuerwelle ganz auf „Vorwärts" oder „Rückwärts" ausgelegt sind, die Steuerungsorgane des Dampf- bzw. Bremszylinders jedesmal auf Mitte zu stehen kommen. Es ist jedoch zweckmäßig, den Ausschlag des Handhebels so festzulegen, daß der Dampfschieber in den Endstellungen des Handhebels den Dampfeintrittskanal noch ganz wenig geöffnet hält. Hiermit wird erreicht, daß die Umsteuerwelle in den Endstellungen durch den auf dem Dampfkolben lastenden Dampfdruck festgehalten wird.

Um auch das Spiel in den Lagern der Verbindungsstangen zwischen Umsteuerwelle und Umsteuerungsmaschine wenigstens für den Vorwärtsgang der Maschine unschädlich zu machen, wird häufig an geeigneter Stelle ein Anschlaghebel auf der Umsteuerwelle angebracht, welcher sich bei Vorwärtsstellung fest gegen eine entsprechende Anschlagfläche an einem Maschinenständer legt. Mitunter wird an Stelle eines Anschlaghebels eine Bremsvorrichtung auf der Umsteuerwelle vorgesehen, welche vom Maschinenstande aus leicht betätigt werden kann.

26. Umsteuerung von Hilfsmaschinen. a) Verschiebbares Exzenter. Hierbei wird das lose Exzenter durch axiale Verschiebung einer Muffe mit schräggestellter Feder aus der Stellung für Vorwärtsgang in jene für Rückwärtsgang gebracht.

b) Wechselschieber. Durch diesen werden Dampfein- und -austritt des Verteilungsschieberkastens vertauscht. Der Verteilungsschieber ist dann ein Kolbenschieber, welcher nur ganz geringe äußere und innere Überdeckung hat, also sowohl mit äußerer als auch mit innerer Einströmung arbeiten kann und durch ein Exzenter ohne Voreilungswinkel (unter 90° zur Kurbel) bewegt wird.

c) Drehbarer Verteilungsschieber (Abb. 195). Dieser ist zylindrisch und auf der einen Hälfte als gewöhnlicher Muschelschieber, auf der anderen Hälfte als E-förmiger Schieber ausgebildet. Je nachdem die eine oder andere Seite des Schiebers auf dem Schieberspiegel gleitet, arbeitet die Maschine vor- oder rückwärts. Zwischen beiden liegt ein Teil des Umfanges, welcher keine Aussparungen hat. In der Mittelstellung deckt dieser Teil die Kanäle vollständig und stoppt dadurch die Maschine. Innere und äußere Deckungen nur sehr gering, Exzenter unter 90° zur Kurbel.

27. Drehvorrichtung. Zum Drehen der Hauptmaschine bei Instandsetzungsarbeiten usw. benutzt man bei kleinen Maschinen einen auf das vordere Wellenende aufgesetzten Schlüssel oder eine runde Stahlstange, welche in radiale Bohrungen eines Kupplungsflansches eingesteckt wird.

Bei größeren Maschinen wird auf der Kurbelwelle ein Schneckenrad angebracht, in welches eine mittels Knarre zu drehende und ausrückbare Schnecke eingreift.

Große Maschinen erhalten doppelte Schneckenradübersetzung und zum Antrieb eine besondere Dampfmaschine (Abb. 196). Mitunter ist die Einrichtung auch so getroffen, daß die Drehvorrichtung von der Umsteuermaschine, der Zentrifugal-

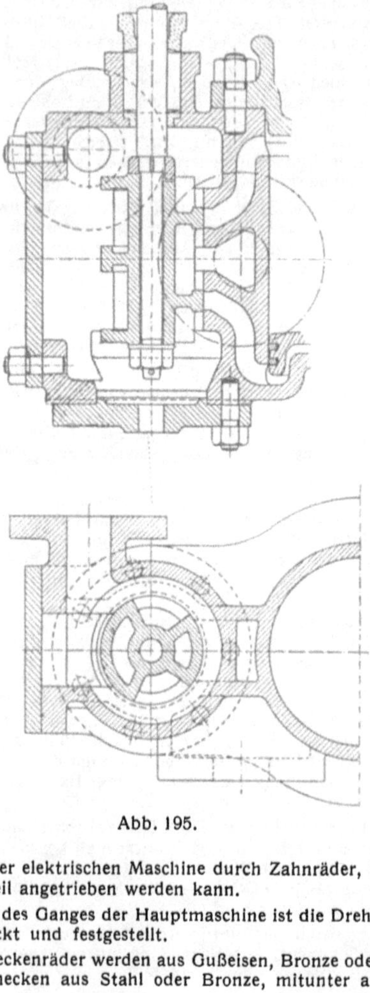

Abb. 195.

pumpe oder der elektrischen Maschine durch Zahnräder, Riemen, Kette oder Seil angetrieben werden kann.

Während des Ganges der Hauptmaschine ist die Drehvorrichtung ausgerückt und festgestellt.

Die Schneckenräder werden aus Gußeisen, Bronze oder Stahlguß, die Schnecken aus Stahl oder Bronze, mitunter auch aus

Gußeisen hergestellt; es dürfen jedoch die zusammenarbeitenden Teile nicht aus gleichartigem Material bestehen, da sie sonst leicht fressen.

28. Neuere Bauarten von Kolbenschiffsdampfmaschinen. Nachdem zur Erhöhung des ausnutzbaren Wärmegefälles bzw.

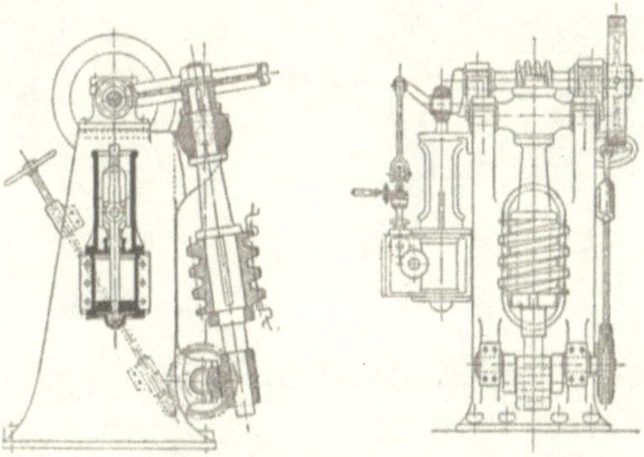

Abb. 196.

der Wirtschaftlichkeit der Kolbendampfmaschine der Kesseldruck nach und nach bis auf 15 atü und mehr erhöht worden war, entstanden die 2-, 3- und schließlich die 4fach-Expansionsmaschinen, um die durch die Kondensation an den Zylinderwänden usw. auftretenden Verluste nach Möglichkeit einzuschränken.

Mit der durch die Einführung des Schmidtschen Überhitzers ermöglichten Erzeugung und Verwendung von überhitztem Dampf bis zu etwa 400° ist man vom Bau der 4fach-Expansionsmaschinen und vielfach auch der 3fach-Expansionsmaschine wieder abgegangen, weil die Kondensation des arbeitenden Dampfes an den Zylinderwänden durch die hohe Dampftemperatur, besonders im *HD*-Zylinder, verhindert wird.

Auch die Verarbeitung des hochüberhitzten Dampfes in einem einzigen Zylinder wird aus demselben Grunde mitunter wieder vorgenommen.

a) Lentz-Einheitsschiffsmaschine. Maschinen der erstgenannten Art mit zweifacher Expansion sind von Baurat Dr. Lentz entwickelt worden und kommen unter dem vorstehenden Namen und der Bezeichnung „L.E.S.-Maschine" vielfach zur Anwendung.

Sie besteht aus zwei einfachen selbständigen Verbundmaschinen, welche auf eine gemeinschaftliche Kurbelwelle arbeiten; sie werden deshalb auch „Doppelverbundmaschinen" genannt. Abb. 197 zeigt den allgemeinen Aufbau dieser Maschine.

Jede Verbundmaschine besteht aus einem *HD*- und einem *ND*-Zylinder, deren Kolbengestänge auf je eine Kurbel wirken, die um 180° gegeneinander versetzt sind. Die beiden zusammengehörigen Zylinder arbeiten daher nach dem Woolfschen Prinzip, so daß für den Austritt des Dampfes aus dem *HD*-Zylinder und den Eintritt desselben in den *ND*-Zylinder auf jeder Kolbenseite

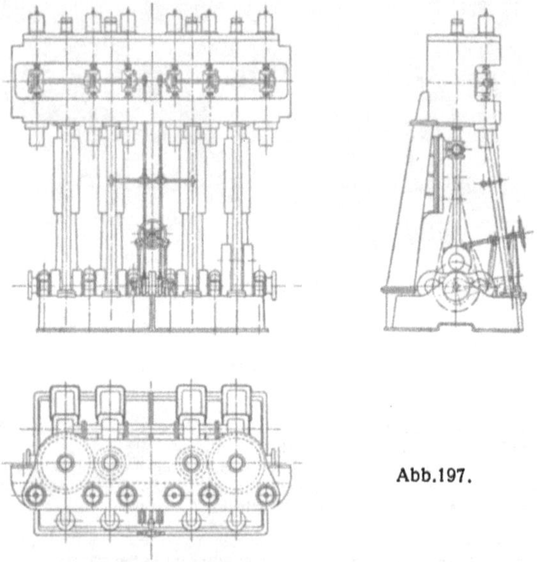

Abb.197.

nur ein Steuerorgan erforderlich ist. In Abb. 198 u. 199 ist die obere Hälfte von zwei zusammenarbeitenden Zylindern im Aufriß und Querschnitt dargestellt.

Die Füllung der *HD*-Zylinder beträgt etwa 30—45 %, so daß bei dem üblichen Zylinderverhältnis von etwa 1 : 4,65 eine Gesamtexpansion von etwa 10,3—15,5 erreicht wird.

Die Steuerung des Dampfes erfolgt, wie in Abb. 200 im Längsschnitt dargestellt, bei beiden Zylindern durch gußeiserne Doppelsitzventile, welche durch oszillierende Steuernocken geöffnet und durch entsprechend kräftige Federn wieder auf ihren Sitz gedrückt werden.

Die oszillierende Bewegung der Steuernocken wird entweder durch eine Kulissen- oder Klugsche Steuerung, mitunter auch durch eine Hackworth-Steuerung bewirkt, deren Einzelteile jedoch, entsprechend den hier auftretenden geringeren Kräften, leichter gebaut sind als bei einer gleichwertigen Schiebersteuerung. Bei älteren Ausführungen erfolgt der Antrieb der Steuernocken auch durch verstellbare Exzenter, deren Einstellung durch die Umsteuerungsvorrichtung erfolgt.

Da, wie bemerkt, die Widerstände der Steuerungsorgane nur verhältnismäßig gering sind, so wird das Umsteuern der Maschine auch bei größeren Ausführungen nur durch ein Handrad vorgenommen.

Die Steuernocken übertragen ihre Bewegung mittels einer Laufrolle auf den sog. Ausgleicher (Abb. 201), welcher zwischen

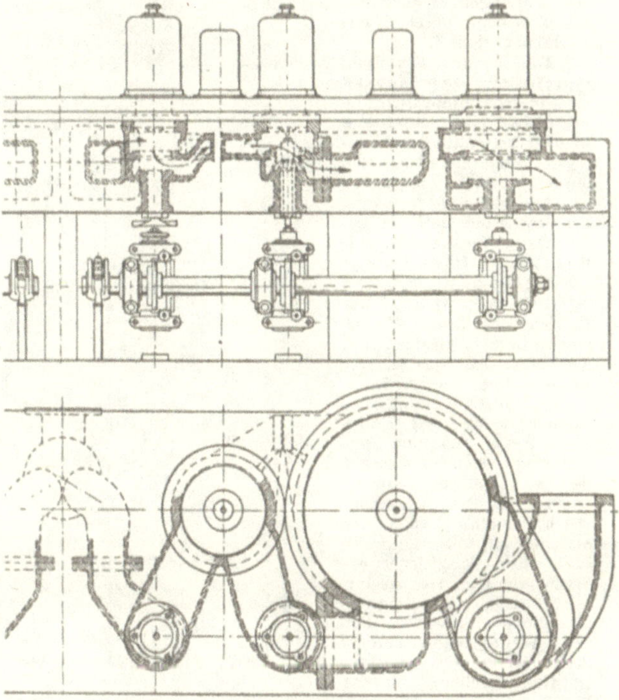

Abb. 198 u. 199.

Steuernocken und Ventilspindel eingeschaltet ist, um Wärmedehnungen unschädlich zu machen und Abnutzungen leicht ausgleichen zu können. Er besteht aus einem zylindrischen Führungsstück, welches unten eine Laufrolle trägt und in das oben eine durch Gegenmutter gesicherte Stellschraube mit flachem Kopf eingeschraubt ist. Das Führungsstück wird durch eine außen liegende Schraubenfeder so gegen das untere Ende der Ventilspindel gedrückt, daß die beiden Teile in ständiger Berührung bleiben. Bei geschlossenem Ventil soll die Laufrolle den Steuernocken nicht berühren, was für den richtigen Schluß des Ventiles besonders wichtig ist.

Die Ventilspindeln sind aus Stahl hergestellt, mit Rillen versehen und in die gußeisernen Führungsbüchsen dampfdicht eingeschliffen, also nicht durch Stopfbüchsen gedichtet.

Die ebenfalls aus Stahl hergestellten Steuernocken sind in der Umfangsrichtung verstellbar eingerichtet und in dem Teil mit dem Halbmesser *R* schwach exzentrisch ausgeführt (Abb. 202), damit das Anheben und Aufsetzen des Ventils nur sanft erfolgt.

Das endgültige Einregulieren der Ausgleicher erfolgt zweckmäßig bei angewärmter Maschine oder während des Betriebes nach dem Gehör, wobei beim Aufsetzen des Ventils nur ein ganz leichter Schlag hörbar sein darf.

Um die Stellung der Steuernocken bei kalter oder angewärmter Maschine kontrollieren zu können, sind auf beiden Seiten der Steuernocken Marken vorgesehen, welche durch Drehen der Maschine auf Mitte Laufrolle bzw. Mitte Ausgleicher gebracht werden. Der Beginn der einzelnen Dampfverteilungsdaten wird von der auf dem Steuernocken befindlichen Marke an gemessen. In dieser Stellung soll das Ventil schon eine Voreröffnung von ca. 0,4 mm haben; dies entspricht einem Auflaufen der Rolle von ca. 4—6 mm vor der Marke des Steuernockens (Abb. 202). Die Dampfverteilungsdaten werden an der Kreuzkopfführung abgelesen, wenn durch Drehen der Maschine der entsprechende Steuernocken mit seiner Marke auf Mitte Ausgleicher gebracht ist.

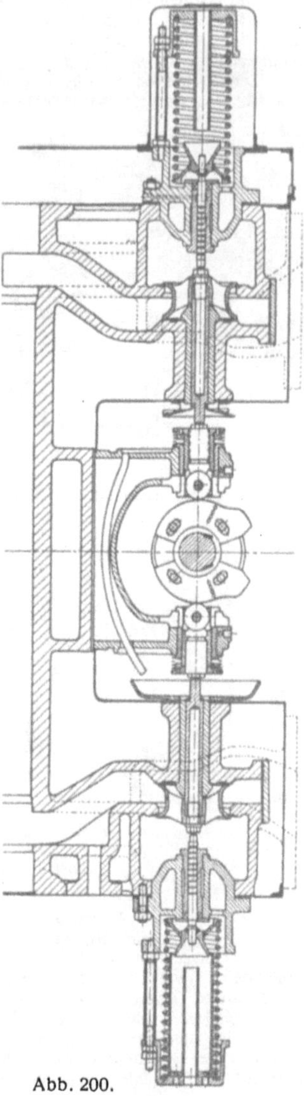

Abb. 200.

HD-Voreintritt und *HD*-Füllung werden in dieser Weise am *HD*-Einlaßnocken ermittelt. In derselben Weise wird die Voraus-

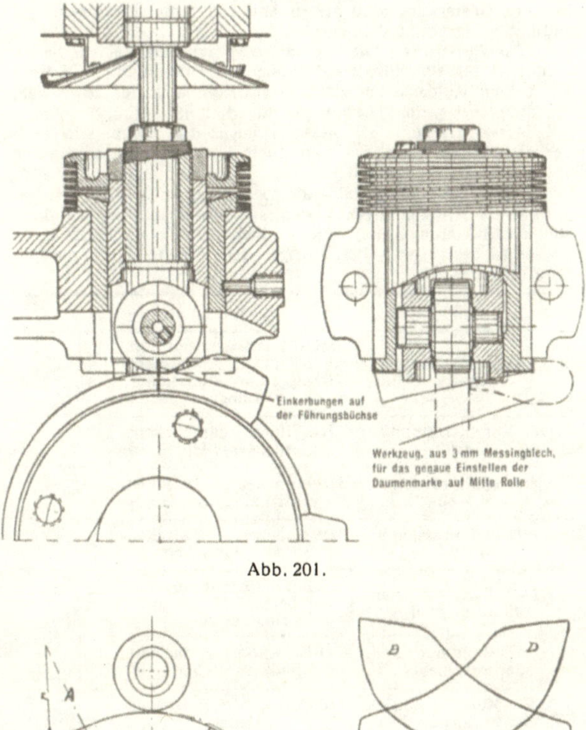

Abb. 201.

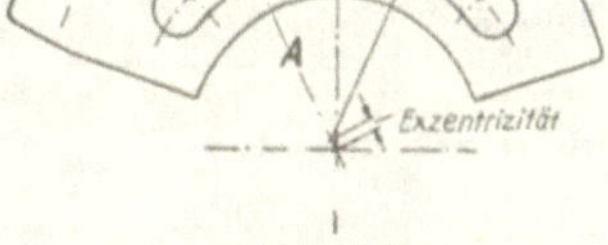

Abb. 202.

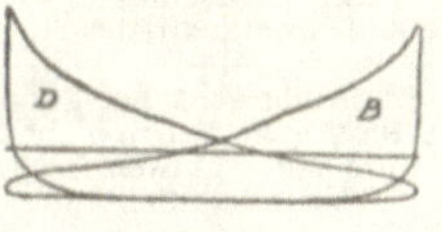

Abb. 203.

strömung und Kompression des *HD*-Zylinders sowie die Voreinströmung und Füllung für den *ND*-Zylinder am Zwischenventil und ferner Vorausströmung und Kompression des *ND*-Zylinders am *ND*-Auslaßventil festgestellt. Diese Steuerungsdaten werden zweckmäßig bei verschiedenen Stellungen der Umsteuerwelle, d. h. des Hebels *UC* (Abb. 179), ermittelt.

Als Anhalt für die Einregulierung der Steuerungen mögen folgende Bemerkungen zu den in Abb. 203 dargestellten richtigen Indikatordiagramme dienen:

HD-Zylinder: Die Kompression soll auf beiden Seiten möglichst bis zur Eintrittsspannung reichen und die Füllungen auf beiden Kolbenseiten nicht zu stark voneinander abweichen, um möglichst gleiche Leistungen zu erhalten.

ND-Zylinder: Bei diesem braucht die Kompression nur verhältnismäßig gering sein, um gutes Vorausströmen und guten Dampfaustritt zu erzielen.

Zeigen die Indikatordiagramme dagegen mehr oder weniger auffallende Abweichungen von diesen normalen Formen, dann sind die Steuerungen nachzukontrollieren und etwa aufgetretene Fehler zu beseitigen. Hierzu möge nachstehende Zusammenstellung dienen:

Fehler	Abhilfe	
HD-Voreinströmung negativ	*HD*-Einlaßsteuernocken vorstellen, oder falls dieser richtig steht, Ausgleicher verlängern	
HD-Voreinströmung zu groß	*HD*-Einlaßsteuernocken zurückstellen	
HD-Kompression zu klein	Steuernocken des Zwischenventils zurückstellen	
HD-Kompression zu groß	Steuernocken des Zwischenventils vorstellen	
HD-Füllung auf einer Seite zu groß	*HD*-Einlaßsteuernocken der betr. Zylinderseite zurückstellen	
HD-Füllung auf einer Seite zu klein	*HD*-Einlaßnocken der betr. Seite vorstellen.	
ND-Kompression zu klein	*ND*-Auslaßnocken zurückstellen	
ND-Kompression zu groß oder Vorausströmung zu klein, Drosselung des Dampfaustrittes	*ND*-Auslaßnocken vorstellen oder Ausgleicher verlängern	
Laufrolle geht bei geschlossenem Ventil nicht vom Steuernocken frei; Ventil undicht!	Ausgleicher verkürzen	

Zu beachten ist hierbei, daß beim Verstellen eines Steuernockens oder bei Änderung der Länge des Ausgleichers sich auf der betreffenden Zylinderseite immer mehrere Steuerfunktionen gleichzeitig ändern, und zwar

beim *HD*-Einlaßnocken oder dessen Ausgleicher: Voreinströmung und Füllung, beim *HD*-Auslaßnocken bzw. Ausgleicher: Vorausströmung und Kompression des *HD*-Zylinders sowie Voreinströmung und Füllung des *ND*-Zylinders,

beim *ND*-Auslaßnocken: Vorausströmung und Kompression des *ND*-Zylinders.

b) Doppelverbundmaschine von Christiansen & Meyer. Diese Maschinenart besteht ebenso wie die vorher behandelte Maschine aus zwei auf eine gemeinschaftliche Kurbel-

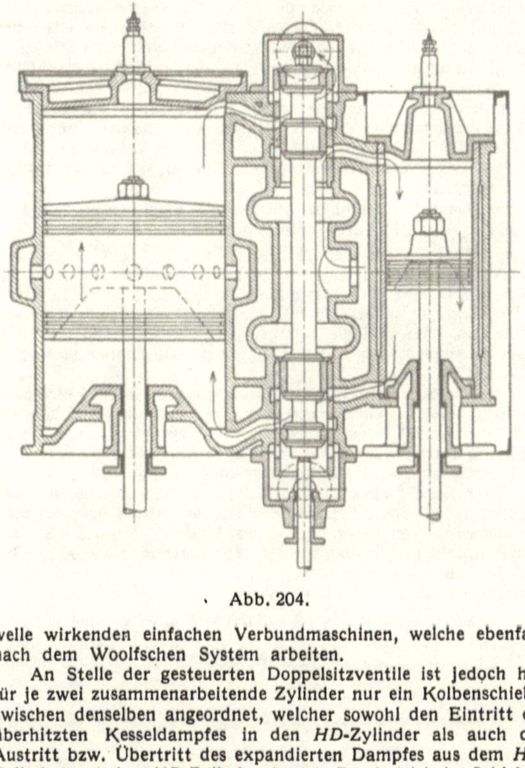

Abb. 204.

welle wirkenden einfachen Verbundmaschinen, welche ebenfalls nach dem Woolfschen System arbeiten.

An Stelle der gesteuerten Doppelsitzventile ist jedoch hier für je zwei zusammenarbeitende Zylinder nur ein Kolbenschieber zwischen denselben angeordnet, welcher sowohl den Eintritt des überhitzten Kesseldampfes in den *HD*-Zylinder als auch den Austritt bzw. Übertritt des expandierten Dampfes aus dem *HD*-Zylinder nach dem *ND*-Zylinder steuert. Der Antrieb des Schiebers erfolgt durch Kulissen- oder Klugsche Steuerung. Abb. 204 zeigt einen Längsschnitt durch ein Zylinderpaar.

Der Austritt des expandierten Dampfes aus dem *ND*-Zylinder wird hingegen hauptsächlich durch den *ND*-Kolben selbst gesteuert, indem, wie bei der von Prof. Stumpf entwickelten Gleichstrommaschine, der verhältnismäßig lange *ND*-Kolben (ca. 0,9 des Kolbenhubes) kurz vor dem Erreichen des Totpunktes die Auslaßöffnungen frei gibt, welche in halber Höhe des *ND*-Zylinders vorgesehen sind. Da die Auslaßöffnungen ein Mehrfaches an Querschnitt haben wie die gewundenen Kanäle bei einer gewöhnlichen Schiebersteuerung, so sind die Auspuffwiderstände auch entsprechend geringer.

Beim Rückgang des *ND*-Kolbens werden die Auspufföffnungen nach etwa $^1/_{10}$ des Kolbenweges wieder abgesperrt, und die Kompression würde demnach etwa 90% betragen. Da diese hohe Kompression beim Anlassen oder Manövrieren (bei fortgefallenem Vakuum) wegen zu hohen Gegendruckes zu Schwierigkeiten Veranlassung geben könnte, so arbeitet der Schieber noch mit einem sog. „Hilfsauslaß", welcher durch die beiden äußeren Schieberkolben gesteuert wird und nach Absperrung der Auslaßöffnungen durch den Kolben noch während des Kolbenrückganges einen Teil des Dampfes durch die Schieberkastenhauben nach dem Kondensator entweichen läßt, so daß die Kompression des im Zylinder verbleibenden Dampfes in praktisch zweckmäßigen Grenzen bleibt.

Die Dampfströmung bei der gegenläufigen Kolbenbewegung ist in der Abb. 204 durch Pfeile angedeutet.

c) Gleichstromschiffsmaschine System Professor Dr. Stumpf. Diese Maschinen, bei denen der an einem Ende einströmende Dampf nach der Expansion am anderen Ende wieder austritt, den Zylinder also nur in einer Richtung durchströmt, haben zwei oder drei gleichgroße, voneinander unabhängige Zylinder, deren Kolbengestänge auf eine gemeinschaftliche Kurbelwelle wirken.

Der hoch überhitzte Kesseldampf wird jeder Kolbenseite durch gesteuerte Ventile zugeführt und entweicht, nachdem der Kolben etwa 0,9 seines Hubes zurückgelegt hat, durch die im Zylindermantel vorgesehenen Öffnungen nach dem Kondensator. Im Prinzip hat also der Zylinder sowie der lange Kolben (ca. 0,9 des Hubes) die gleiche Konstruktion wie der in Abb. 201 dargestellte *ND*-Zylinder, und da der Kolben beim Rückgang nach Zurücklegung von etwa $^1/_{10}$ seines Hubes die Auspuffschlitze wieder abschließt, so beträgt die Kompression etwa 90%. Ein sog. Hilfsauslaß wie beim *ND*-Zylinder der vorerwähnten Maschinenart ist hier nicht vorgesehen.

29. Wellenleitung. Druck- und Laufwellen werden meistens aus Siemens-Martin-Stahl, mitunter auch aus Tiegelstahl hergestellt. Für die Schraubenwelle werden die gleichen Materialien

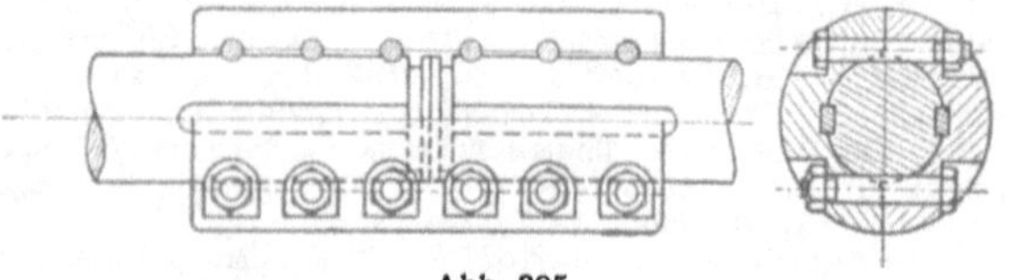

Abb. 205.

oder auch niedrigprozentiger Nickelstahl verwendet, da letzterer vom Seewasser nur wenig angegriffen wird.

Die Laufwellen werden im Durchmesser gewöhnlich um etwa 5% kleiner, die Schraubenwellen hingegen mindestens 2% stärker wie die Kurbelwellen ausgeführt. Häufig werden die Wellen der Gewichtsersparnis wegen oder behufs Kontrolle des Materials ausgebohrt.

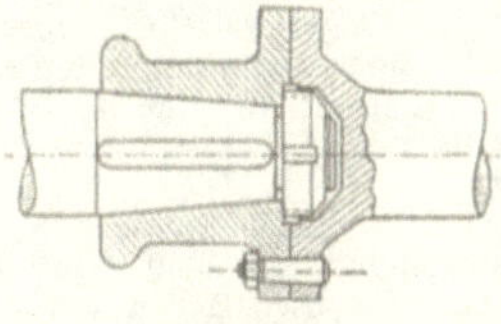

Abb. 206.

Die Verbindung der einzelnen Wellen untereinander und mit der Kurbelwelle geschieht meist durch angeschmiedete Flanschen und konische oder zylindrische Kupplungsbolzen wie bei der Kurbelwelle. Die Verbindung der Schraubenwelle mit der letzten Laufwelle erfolgt auch häufig durch eine zweiteilige Schalenkupplung (Abb. 205), oder durch einen auf die Schraubenwelle gesetzten, abnehmbaren Kupplungsflansch nach Abb. 206. Dieser wird mittels Konus und gut gesicherter Mutter (oder auch Kopfschraube) befestigt. Die Drehung wird durch eine eingelegte Feder übertragen.

Die abnehmbaren Kupplungen haben den Vorteil, daß die Schraubenwelle bei Reparaturen auch nach hinten herausgezogen werden kann.

30. Drucklager. Dieses dient dazu, den vom Propeller in der Wellenleitung erzeugten und zur Fortbewegung des Schiffes dienenden Axialdruck auf den Schiffskörper zu übertragen. Es wird meistens unmittelbar hinter der Maschine im Maschinenraum angeordnet, damit es immer leicht zugänglich ist. Der Lagerkörper steht auf einem besonderen Fundament, welches mit dem Schiffskörper vernietet und häufig auch mit dem Maschinenfundament verbunden ist. Vor und hinter dem Drucklager werden aufgenietete Knaggen vorgesehen, zwischen denen es festgekeilt wird, um den Propellerscl ub unmittelbar auf das Fundament und den Schiffskörper zu übertragen.

Häufig wird das Drucklager auch auf eine besondere, mit angegossenen Knaggen versehene gußeiserne Grundplatte gesetzt, welche mit der Grundplatte der Maschine fest verbunden ist, so daß letztere zur Übertragung des Schubes mit benutzt wird.

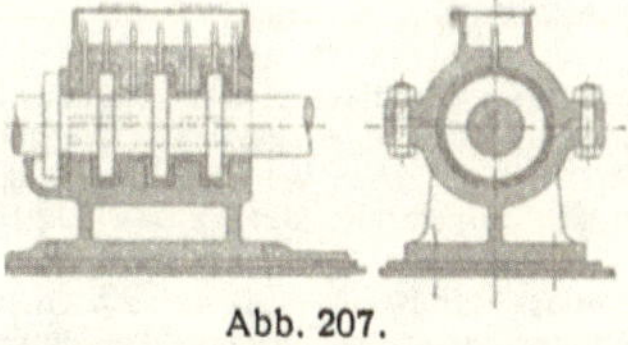

Abb. 207.

In diesem Falle wird der Propellerschub meistens nur durch die zwischen Grundplatte und Maschinenfundament bestehende Reibung, welche durch das Anziehen der vielen Fundamentbolzen hervorgerufen wird, auf den Schiffskörper übertragen.

Der Axialschub wird durch die mit der Druckwelle aus einem Stück bestehenden Druckringe auf das Drucklager übertragen. Bei kleineren Maschinen arbeiten die Druckringe unmittelbar in entsprechenden festen Ringnuten des geschlossenen Lagerkörpers, wie in Abb. 207 dargestellt.

Bei größeren Maschinen wird der Druck jedes Ringes von einem hufeisenförmigen Bügel aufgenommen, welcher ihn durch Vermittelung zweier Schraubenspindeln mit Stellmuttern auf den Lagerkörper überträgt (Abb. 208). Zur Lagerung der Welle ist dieses hinten und vorn mit einem Traglager versehen. Diese Traglager werden, wenn sie viereckig eingepaßt sind, mitunter so eingerichtet, daß sich die unteren Lagerschalen behufs Einbringung von Unterlegsblechen axial herausziehen lassen, ohne die Druckwelle hochnehmen zu müssen.

Die Druckbügel werden aus Gußeisen oder Stahlguß hergestellt und bei größeren Ausführungen meistens hohl gegossen und für Wasserkühlung eingerichtet. Die Gleitflächen werden mit Weißmetall gefüttert und die nach vorn liegenden Gleitflächen mitunter aufgeschraubt, so daß sie mittels hintergelegter Blechbeilagen nachgestellt werden können. Dadurch kann die

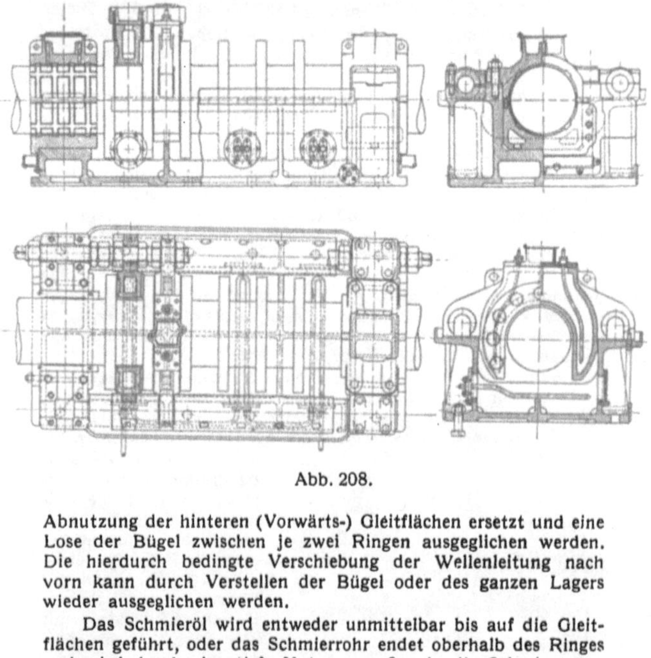

Abb. 208.

Abnutzung der hinteren (Vorwärts-) Gleitflächen ersetzt und eine Lose der Bügel zwischen je zwei Ringen ausgeglichen werden. Die hierdurch bedingte Verschiebung der Wellenleitung nach vorn kann durch Verstellen der Bügel oder des ganzen Lagers wieder ausgeglichen werden.

Das Schmieröl wird entweder unmittelbar bis auf die Gleitflächen geführt, oder das Schmierrohr endet oberhalb des Ringes und wird durch eine tiefe Nut von außen in die Schmiernuten des Bügels geleitet. Bei Drucklagern mit Bügeln tauchen die Druckringe meistens in das sich im Unterteil des Lagers ansammelnde Öl ein. Um dieses kühl zu halten, wird mitunter in den unteren Teil eine Kühlschlange aus Kupfer- oder Bleirohren eingebaut und mit der Kühlleitung verbunden.

In neuerer Zeit werden vielfach sog. „Einscheibendrucklager" nach Abb. 209 verwendet, bei denen der ganze Axialdruck nur durch einen einzigen Druckring aufgenommen wird.

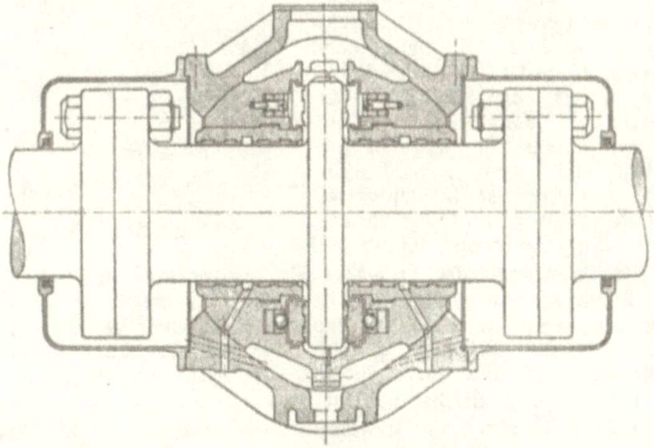

Abb. 209.

Der Axialschub wird hier, auf jeder Seite des Ringes, durch einzelne auf den Umfang verteilte trapezförmige Druckstücke aufgenommen, die mit Weißmetall ausgegossen und auf je einer Kugel oder ballig oder auf einer radial gerichteten, unter der Mitte jeder Druckplatte vorgesehenen Kippkante gelagert sind, um sich selbsttätig der Schmierölschicht entsprechend genau einstellen zu können. Die Schmierung erfolgt entweder selbsttätig oder durch eine Ölpumpe vom Umfang der Welle oder vom Umfang des Druckringes aus.

Damit die Druckverteilung auf die Druckstücke immer

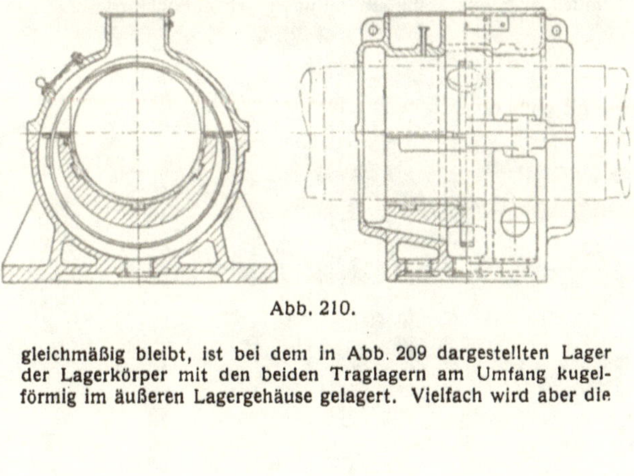

Abb. 210.

gleichmäßig bleibt, ist bei dem in Abb. 209 dargestellten Lager der Lagerkörper mit den beiden Traglagern am Umfang kugelförmig im äußeren Lagergehäuse gelagert. Vielfach wird aber die kugelförmige Lagerung auch fortgelassen, wie dies aus den Abb. 265 u. 269—271 zu ersehen ist.

31. Traglager. Die zur Lagerung der Laufwellen dienenden Traglager werden aus Gußeisen, mitunter auch aus Stahlguß, hergestellt und im Unterteil mit Weißmetall ausgegossen, während das Oberteil nur als Schutzdeckel dient und mit einem Schmiergefäß für Öl und Talk versehen wird. Bei größeren Lagern ist das Unterteil hohl ausgeführt und für innere Wasserkühlung eingerichtet.

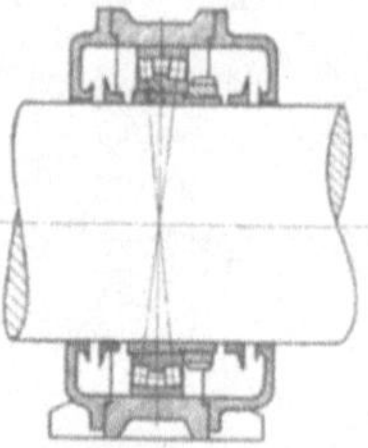

Abb. 211.

Häufig werden die Traglager als „Ringschmierlager" nach Abb. 210 ausgebildet. Ober- und Unterteil sind hier in der Mitte ihrer Länge mit einer ringsum laufenden Kammer versehen, in welcher der sog. Schmierring läuft, der oben auf dem Wellenscheitel aufliegt und unten in den Ölbehälter eintaucht. Der Schmierring ist zweiteilig und meistens aus Messing hergestellt.

Jede Laufwelle erhält gewöhnlich zwei Traglager, und zwar je eines in der Nähe jeder Kupplung.

Um den in den Traglagern der Wellenleitung durch die gleitende Reibung verursachten Widerstand möglichst zu beseitigen, sind mehrfach sog. „Pendelrollenlager", Abb. 211, an Stelle der gewöhnlichen Gleitlager eingebaut worden, die sich gut bewährt haben. Der Innenring ist mittels Spannring auf der Welle festgesetzt, während der Außenring längsverschiebbar in das auf Mitte Welle geteilte Lagergehäuse eingesetzt ist. Um die einteiligen Laufringe auf die Laufwellen aufbringen zu können, wird jede derselben an einem Ende durch eine Schalenkupplung mit der anschließenden Welle gekuppelt.

32. Stevenrohr und Schraubenwelle. Das Stevenrohr wird bei Handelsschiffen meist aus Gußeisen, bei sehr leicht gebauten Schiffen auch aus Stahlrohr (mitunter verzinkt) hergestellt.

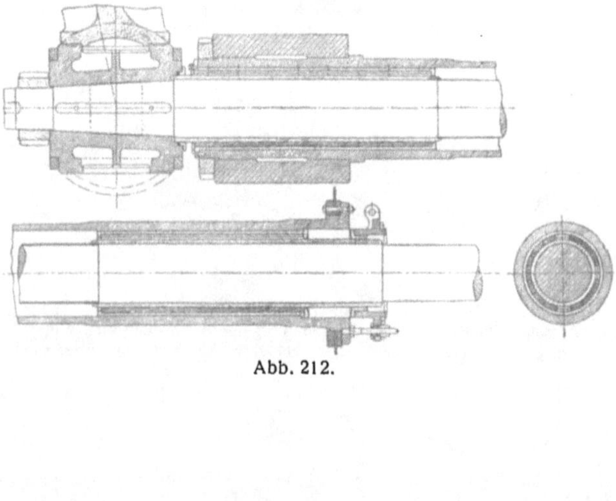

Abb. 212.

Die Lagerstellen für die Schraubenwelle bestehen bei kleinen in Süßwasser fahrenden Schiffen vielfach aus besonders eingesetzten gußeisernen Laufbüchsen, bei Seeschiffen mittlerer Größe häufig aus eingesetzten Büchsen aus Weißmetall. Bei größeren Schiffen werden meist bronzene Büchsen eingesetzt, welche mit Pockholzstreifen gefüttert sind (Abb. 212), die durch zwei oder drei festgeschraubte Metallschienen gehalten werden. Für die untere Hälfte wird der größeren Widerstandsfähigkeit wegen Hirnholz verwendet. Die Länge der Pockholzstreifen muß etwa 1 % geringer sein als die Länge der Büchse, damit beim Quellen des Holzes im Wasser der hinten vorgeschraubte Ring nicht abgerissen wird.

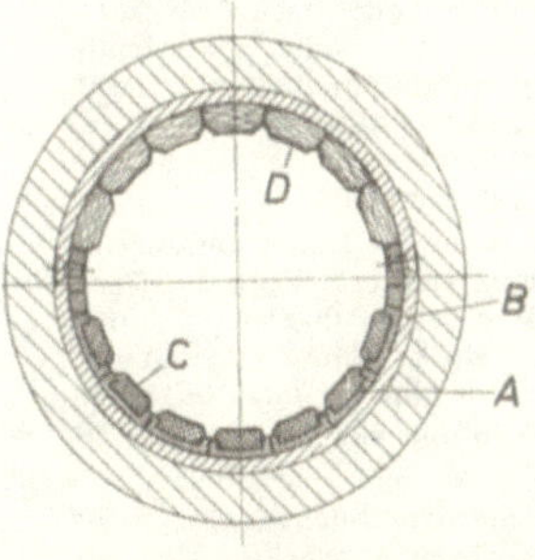

Abb. 213.

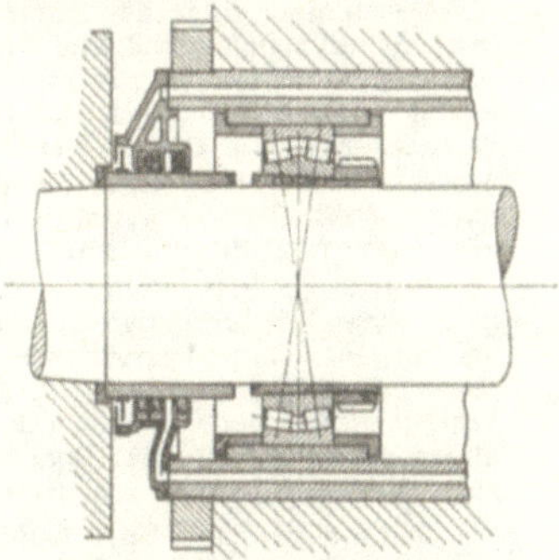

Abb. 214.

In neuerer Zeit werden zur Lagerung der Propellerwelle im Stevenrohr an Stelle von Pockholzstreifen vielfach solche aus Weichgummi verwendet. Die Lagerung besteht dann bei kleineren Wellendurchmessern aus einer Bronzebüchse, in welche innen ein mit Schmiernuten versehener Gummibelag einvulkanisiert ist. Bei stärkeren Wellen werden, wie in Abb. 213 dargestellt, einzelne Lagerstäbe *A* hergestellt, welche in gleicher Weise wie Pockholzstäbe in die Stevenrohrbüchse *B* eingesetzt werden. Die einzelnen, gewöhnlich aus Bronze hergestellten Stäbe sind ihrer ganzen Länge nach mit einer Vertiefung versehen, in welche der Weichgummi *C* einvulkanisiert wird. Mitunter wird nur die untere Hälfte mit Gummistäben versehen, während die obere Hälfte wie bisher mit Pockholzstäben *D* ausgefüllt wird.

Die Schmierung erfolgt wie bei Pockholzlagern mit Seewasser, welches durch tiefe Längsnuten in der Laufbüchse bzw. durch die Zwischenräume zwischen den Lagerstreifen eintreten und zwischen die Laufflächen gelangen kann.

Um auch die Reibungswiderstände im Stevenrohr möglichst zu verringern, sind in neuerer Zeit auch hier zur Lagerung der Propellerwelle „Pendelrollenlager" zur Anwendung gekommen, Abb. 214, welche in gleicher Weise wie die Laufwellenlager auf der Welle befestigt und im Gehäuse verschiebbar gelagert sind. Um dem längsverschiebbaren Außenring eine möglichst breite Auflage im Stevenrohr zu geben, ist derselbe noch von einem breiteren Außenring umgeben, der mit dem Laufring fest verbunden ist.

Da die Lager in Öl laufen müssen, ist das Wellenrohr vollständig mit Öl gefüllt und gegen die Propellernabe abgedichtet.

Bei Wasserschmierung (bei Pockholz- und Gummilagerung) wird die stählerne Propellerwelle, zum Schutz gegen die Einwirkung des Seewassers, mit einem warm aufgezogenen Bronzebezug versehen. Wenn möglich wird, dieser Bezug aus einem Stück durchlaufend hergestellt. Ist dieses nicht möglich, so werden nur die Lagerstellen mit einem Überzug versehen, während der zwischenliegende Teil der Welle einen Gummimantel erhält, welcher nachträglich vulkanisiert und dadurch hart und widerstandsfähig gemacht wird.

Das hintere Ende des Bronzebezuges reicht gewöhnlich bis in die Schraubennabe und wird dort durch einen weichen Gummiring gegen die Nabe abgedichtet (Abb. 219 oder nach Abb. 221). Häufig wird auch noch das hinten aus der Nabe austretende Wellenende durch eine an der Nabe festgeschraubte gußeiserne oder bronzene Kappe gegen die Einwirkung des Seewassers geschützt (Abb. 219). Der Innenraum der Kappe wird durch eine kleine Bohrung mitunter mit Talg ausgegossen.

Sehr lange Stevenrohre werden aus zwei Teilen hergestellt, durch Flanschen verbunden und diese unterstützt. Wird das Rohr von vorn ins Schiff eingesetzt, dann wird es am hintersten Tunnelschott (Stopfbüchsenschott) mittels eines Flansches und im Schraubensteven oder Wellenbock mittels einer schmiedeeisernen Mutter befestigt; wird das Rohr von hinten eingesetzt, dann ist auch die Befestigungsweise dementsprechend umgekehrt.

Die am vorderen Ende befindliche Stopfbüchse wird meist mit in Talg getränkten Baumwollflechten verpackt. Hat die Schraubenwelle einen festen Kupplungsflansch, dann ist die Stopfbüchsbrille gewöhnlich zweiteilig. Um gleichmäßiges Anziehen der Stopfbüchsmuttern zu sichern, werden diese bei größeren Maschinen häufig mit Zahnkranz ausgeführt. Um das Nachlegen von Packungsringen zu ermöglichen, ohne das Schiff docken zu müssen, werden mitunter 3 bis 6 Schrauben in schräger Richtung seitlich in den Stopfbüchsentopf eingeschraubt, um bei abgenommener Stopfbüchsbrille das Herausdrücken der Flechten zu verhindern.

Am vorderen Ende des Wellenrohres ist ein Rohranschluß mit Hahn vorgesehen, durch den Wasser aus demselben abgelassen werden kann. Mitunter ist dieser Hahn noch mit der Kühlleitung der Maschine verbunden. Auch wird vielfach ein Dampfrohranschluß vorgesehen, um das Einfrieren des Stevenrohres zu verhindern, oder es wird das Stevenrohr auch durch eine auf der Unterseite desselben angebrachte Heizleitung von außen her geheizt um örtliche Erhitzung und deren u. U. schädliche Folgen zu vermeiden.

Ist die Propellerwelle in Pockholz gelagert, dann werden diese Lagerstellen meistens nicht besonders geschmiert, weil das Pockholz an sich fetthaltig ist und deshalb Wasserschmierung genügt.

Sollen die Lagerstellen nur mit Öl geschmiert und der Zutritt von Seewasser, Sand usw. verhindert werden, wie dies bei Lagerung der Propellerwelle in Weißmetall- oder Gußeisenbüchsen notwendig ist, um übermäßige Abnutzung bzw. Anfressungen zu verhüten, so wird am hinteren Ende des Stevenrohres eine besondere Stopfbüchse angeordnet.

Abb. 215 u. 216 zeigt die Stopfbüchse nach Hunter & Milne. Die Dichtungsflächen werden hier durch axial bzw. radial wirkende Spiralfedern aneinander gedrückt und gestatten sowohl geringe seitliche als auch axiale Verschiebungen der Propellernabe bzw. der Welle.

In Abb. 217 ist die Abdichtung nach System Cederwall dargestellt. In dem an der Propellernabe befestigten bronzenen Ringgehäuse *h* ist der durch Schraubenfedern axial verschiebbare

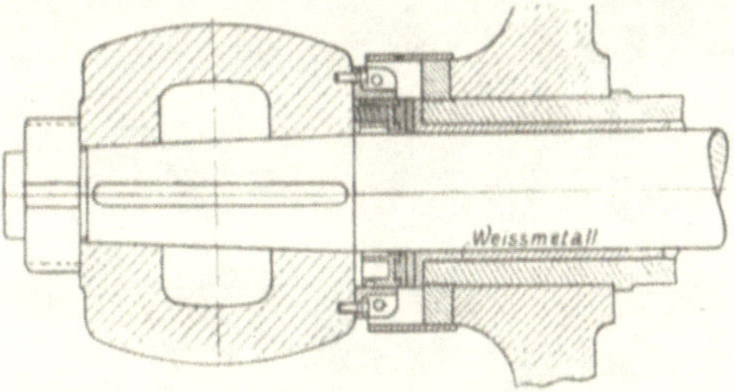

Abb. 215.

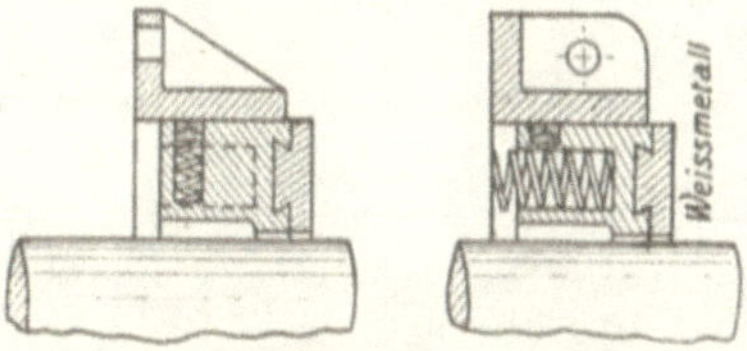

Abb. 216.

und durch zwei Stopfbüchsen *d* abgedichtete bronzene Ring *a* gelagert, welcher am vorderen Ende mit einer Lauffläche aus Weißmetall versehen ist. Diese Weißmetallfläche dichtet entweder unmittelbar am hinteren Flansch der Lagerbüchse oder an der vollkommen glatt gedrehten Stirnfläche der Stevenrohrmutter.

Abb. 218 zeigt die Abdichtung nach System Toussaint. Der mit Weißmetall belegte Dichtungsring *a* läuft hier zwischen zwei feststehenden, mit dem Stevenrohr verbundenen Gleitflächen *b*. Zur Erzielung einer elastischen Abdichtung enthält der Ring *a* auf der Hinterseite den eingelegten Ring *c*, welcher durch Federn gegen den Teil *b* gedrückt wird. Der Ring *a* ist durch Nut und Feder *f* axial verschiebbar mit der Büchse *g*, welche an der Propellernabe befestigt ist, verbunden. Die Abdichtung zwischen Ring *a* und Büchse *g* wird durch die Stopfbüchse *d* erzielt.

Am vorderen Ende des Stevenrohres wird entweder eine Stopfbüchse mit gewöhnlicher Weichpackung vorgesehen oder ebenfalls eine in ähnlicher Art ausgeführte Metalldichtung wie am hinteren Wellenende. Mitunter wird vor dieser Metalldichtung noch eine sog. Notstopfbüchse für Weichpackung vorgesehen für den Fall, daß die Metalldichtung beschädigt werden sollte.

Die Zuführung des Schmieröls zu den Lagerstellen wird entweder durch eine im Wellentunnel angebrachte Handpumpe bewirkt, durch welche zeitweilig Öl in das Stevenrohr gedrückt wird,

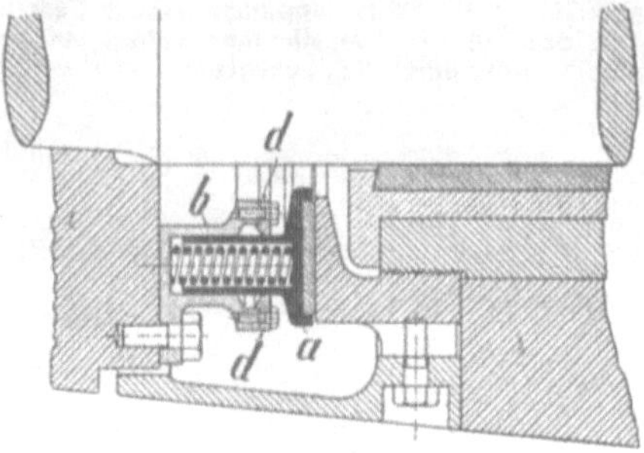

Abb. 217.

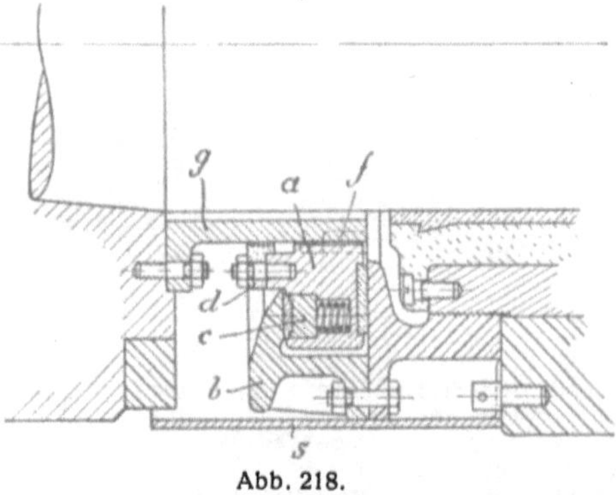

Abb. 218.

oder durch eine von der Maschine angetriebene Schmierpresse. Mitunter wird das Öl auch von einem in genügender Höhe über der Wasserlinie (ca. 0,8 bis 1,5 m) liegenden Tank aus durch eine Rohrleitung selbsttätig zugeführt.

33. Schraubenpropeller. Kleine und mittlere Schiffe mit normalem Tiefgang erhalten meistens nur eine, große und solche mit verhältnismäßig geringem Tiefgang zwei Schrauben. Bei ganz großen Schiffen werden 2 bis 4 Schrauben angeordnet. Schrauben aus Gußeisen, Bronze oder Stahlguß werden bis zu einem Durchmesser von etwa 4 bis 5 m vielfach in einem Stück gegossen. Werden die Flügel aufgesetzt, so wird die Nabe aus

Gußeisen oder Stahlguß, seltener aus Bronze, die Flügel meistens aus Bronze hergestellt. Gußeiserne Naben werden gewöhnlich mit schmiedeeisernen Schrumpfringen versehen (Abb. 220).

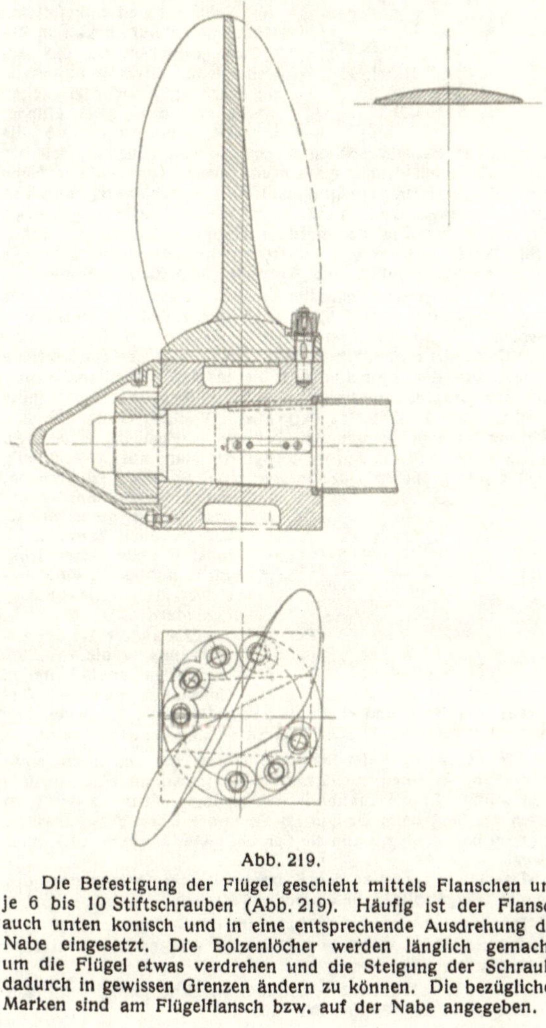

Abb. 219.

Die Befestigung der Flügel geschieht mittels Flanschen und je 6 bis 10 Stiftschrauben (Abb. 219). Häufig ist der Flansch auch unten konisch und in eine entsprechende Ausdrehung der Nabe eingesetzt. Die Bolzenlöcher werden länglich gemacht, um die Flügel etwas verdrehen und die Steigung der Schraube dadurch in gewissen Grenzen ändern zu können. Die bezüglichen Marken sind am Flügelflansch bzw. auf der Nabe angegeben.

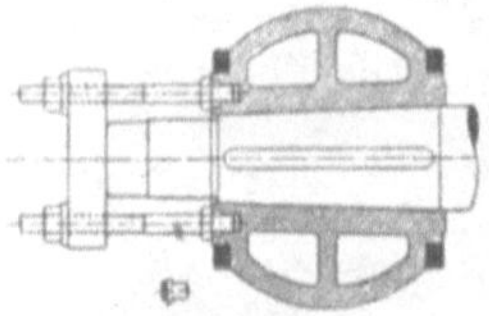

Abb. 220.

Die mittels Konus und Feder auf der Welle befestigte Nabe wird immer durch eine Mutter festgezogen. Das Aufsetzen der Nabe auf den eingefetteten Konus sollte nur in kaltem Zustande geschehen, da das Abziehen einer erwärmt aufgesetzten Nabe große Schwierigkeiten macht oder u. U. ganz unmöglich ist. Immerhin muß die Schraube so fest als möglich sitzen und soll hauptsächlich am dicken Ende des Konus gut tragen. Beim Abziehen der Nabe wird diese meistens erwärmt und mittels schlanker, zwischen Schraubensteven und Nabe eingetriebener Keile abgedrückt, während gleichzeitig der vordere Kupplungsflansch im Schiff gegen das Stevenrohr gut abgestützt wird, oder sie wird mittels zweier Abzugschrauben und Traverse (Abb. 220) abgezogen.

Zum Heben der Schraube oder der einzelnen Flügel sind meistens ein oder zwei Schäkel am unteren Teil des Hecks vorgesehen.

Wie bereits erwähnt, reicht bei Pockholzlagerung der bronzene Wellenbezug der Propellerwelle bis in die Propellernabe und wird dort stopfbüchsenartig mittels eines weichen Gummiringes gedichtet, wie in Abb. 212 dargestellt. Vielfach erfolgt die Abdichtung auch in der aus Abb. 219 zu ersehenden Weise. In diesem Falle muß die Ausdrehung in der Nabe aber zweckmäßig einen etwas größeren Durchmesser als der Wellenbezug haben, damit der Gummiring, soweit dies erforderlich ist, herausquellen kann, da er sonst wie ein fester Ring wirkt und u. U. ein Festziehen der Nabe unmöglich macht.

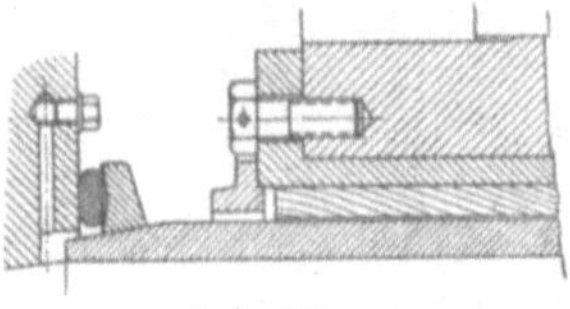

Abb. 221.

Eine andere Art der Abdichtung zeigt die Abb. 221, bei welcher der abdichtende Gummiring zwischen Vorderkante der Nabe und einen wasserdicht auf den konischen Teil des Wellenbezuges gesetzten bronzenen Ring geklemmt wird.

Die **Steigung** S der Schraube ist der Weg, den sie bei einer Umdrehung in einem nicht nachgiebigen Medium axial zurücklegen würde. Eine Schraube ist rechtsgängig, wenn sie sich (von hinten gesehen) beim Drehen im Sinne des Uhrzeigers vorwärts, hingegen linksgängig, wenn sie sich bei dieser Drehung rückwärst bewegt.

Der **Durchmesser** der Schraube ist der Durchmesser des von den Flügelspitzen beschriebenen Kreises.

Projektionsfläche der Schraube ist die Fläche der Flügel, welche man erhält, wenn sie auf eine zur Wellenachse senkrechte Ebene projiziert werden.

Abgewickelte Fläche ist die wirkliche Größe der nach hinten gerichteten Flächen der Flügel.

Da die Hinterfläche jedes Flügels die Druckfläche für den Vorwärtsgang ist, so erhält diese die eigentliche Schraubenform, während die Vorderseite mit Rücksicht auf die Festigkeit gewölbt ausgeführt wird (Abb. 219).

Die sog. „Erzeugende" der Schraubenfläche ist meistens eine gerade Linie, welche von Mitte Welle bis zur Flügelspitze reicht und gewöhnlich etwas nach hinten geneigt ist. Diese Gerade erzeugt die Schraubenfläche, wenn ein Punkt der Geraden auf einer der Steigung entsprechenden Schraubenlinie bewegt wird, während ihre Neigung zur Wellenachse immer dieselbe bleibt.

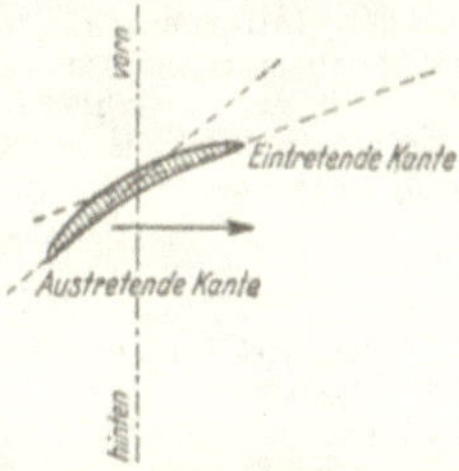

Abb. 222.

Die Steigung ist entweder „konstant", d. h. auf der ganzen Flügelfläche gleich groß, oder sie ist veränderlich. In letzterem Falle kann sie entweder tangential oder radial veränderlich sein. Bei tangential veränderlicher Steigung ist diese an der austretenden Flügelkante größer als an der eintretenden; der Querschnitt des Flügels hat dann sichelförmige Gestalt (Abb. 222). Ist die Steigung radial veränderlich, dann wird sie meistens nach der Nabe hin größer gemacht als am äußeren Umfang. In neuerer Zeit wird der Flügelquerschnitt mitunter auch nach der Art der Tragflügel der Flugzeuge mit verdickten Eintrittskauten ausgeführt, um den Wirkungsgrad der Schraube zu verbessern.

Die Flächenteile der Flügel sind um so wirksamer, je weiter sie nach der Flügelspitze hin liegen. Aufmessen der Schraube s. S. 581.

Slip ist der Verlust an Weg, den das Schiff dadurch erleidet, daß die Schraube in einem nachgiebigen Stoff arbeitet.

Ist V die gemessene Schiffsgeschwindigkeit in Knoten i. d. Stunde, S die Steigung der Schraube in m und n die Anzahl der Umdrehungen der Schraube i. d. Minute, dann ist der „scheinbare Slip":

$$s = 100 - \frac{3087\,V}{S \cdot n} \text{ v. Hundert.}$$

Dieser Slip beträgt bei Frachtdampfern etwa 5—10 %
bei Personendampfern mit 2 Schrauben etwa 10—15 %
bei Schiffen mit verhältnismäßig hohen
Schraubendrehzahlen etwa . . . . 20 % u. mehr

Durch die Vorwärtsbewegung des Schiffes wird immer das in der Nähe desselben befindliche Wasser durch die Reibung an der Außenhaut in der Fahrtrichtung mitgerissen; diese Wasserströmung wird „Nachstrom" oder auch „Mitstrom" genannt und ist natürlich in nächster Nähe der Schiffswand am größten, während sie mit der Entfernung von derselben immer geringer wird. Am Heck des Schiffes vereinigen sich dann die beiden Nachströme von BB. u. StB. zu einem Strom. Die Schraube arbeitet demnach nicht in ruhendem Wasser, sondern in solchem, welches eine gewisse mittlere, nach vorn gerichtete Geschwindigkeit hat. Die mittlere Geschwindigkeit des Nachstromes hängt von der Größe des Schiffes und der Völligkeit desselben ab.

Bei Schiffen mit einer Schraube und verhältnismäßig völligem Hinterschiff kann der scheinbare Slip infolge des großen Nachstromes auch Null oder sogar negativ werden. Bei Schiffen mit seitlich liegenden Schrauben arbeiten diese in einem geringeren Nachstrom, und es ist deshalb hier der scheinbare Slip immer größer als bei Einschraubenschiffen.

Der „tatsächliche Slip", den die Schraube in diesem Wasser erleidet, ist immer größer als der oben genannte scheinbare Slip.

Propellerschub. Der bei der Drehung der Schraube ausgeübte theoretische Druck in axialer Richtung d. i. der Propellerschub P, der durch das Drucklager auf den Schiffskörper übertragen wird und die Fortbewegung des Schiffes bewirkt, ergibt sich, wenn N_i bzw. N_e die übertragene Maschinenleistung ist, zu

$$P = \frac{4500\ N_i}{S\ n} \text{ bzw. } = \frac{4500\ N_e}{S\ n} \text{ kg}$$

Der wirkliche Propellerschub beträgt etwa

$$P_e = \frac{3600\ N_e}{S\ n} \text{ kg}$$

in der Minute.

34. Mischkondensation. Diese findet sich nur noch auf Schiffen, welche Flüsse bzw. Süßwasser befahren. Der Kondensator besteht meistens nur aus dem nach unten führenden, etwas erweiterten Abdampfrohr des *ND*-Zylinders, oder aus einem besonderen Gehäuse, in welches das Abdampfrohr einmündet und in das ein Brauserohr eingesteckt ist. Durch dieses wird von außenbord zugeführtes Wasser eingespritzt und dadurch der eintretende Dampf kondensiert.

Durch einen Hahn oder einen Schieber, welcher vom Maschinistenstande aus bewegt werden kann, läßt sich der Zutritt des Wassers je nach dem Gange der Maschine oder der Vakuummeteranzeige regulieren bzw. an- oder abstellen. Das Anstellen des Einspritzwassers geschieht kurz nach dem Ansetzen der Maschine, das Abstellen desselben kurz vor dem Stoppen der Maschine, damit während des Stillstandes bzw beim Anspringen der Maschine sich möglichst wenig Wasser im Kondensator befindet und die Luftpumpe nicht schlagen oder beschädigt werden kann.

Das Einspritzwasser mit dem kondensierten Dampf und der darin enthaltenen Luft wird von der Luftpumpe durch ein meistens über Wasser befindliches Ausgußventil nach außenbord gefördert. Die Temperatur des Ausgußwassers beträgt etwa 35 bis 45°. Ein Teil dieses Ausgußwassers wird von der Speisepumpe angesaugt und als Speisewasser dem Kessel zugeführt.

Mitunter befindet sich im tiefsten Punkt des Kondensators ein unbelastetes Überdruckventil, durch welches das nach dem Stillstand sich etwa noch ansammelnde Wasser nach der Bilge ablaufen kann, nachdem das Vakuum weggefallen ist.

35. Oberflächenkondensation kommt auf allen Seeschiffen zur Anwendung, da die Dampfkessel nur mit salzfreiem Wasser gespeist werden dürfen und der kondensierte Dampf deshalb zur Verwendung als Speisewasser zurückgewonnen werden muß.

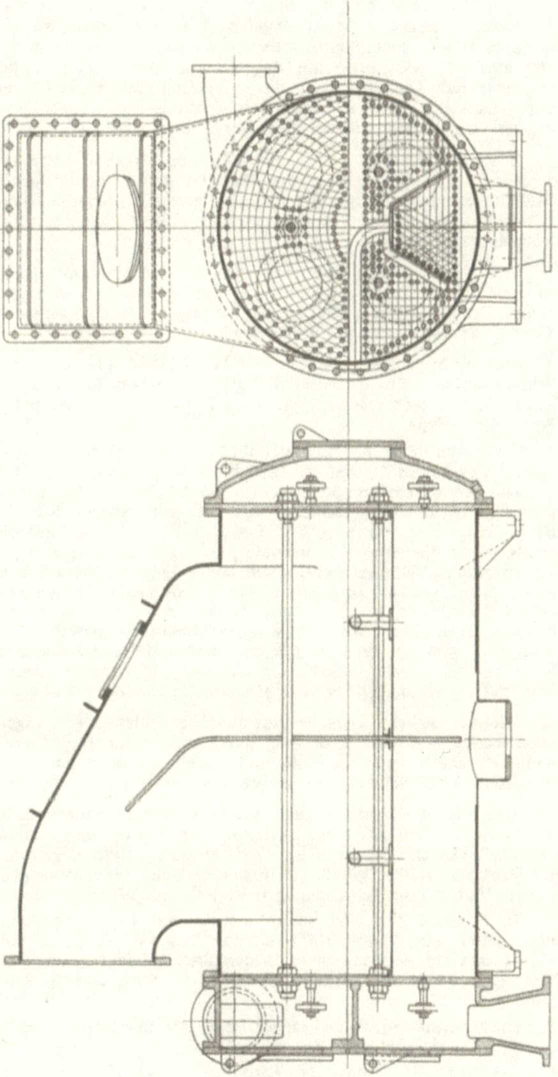

Abb. 223.

Der Kondensator wird meistens nicht mehr in die Maschine eingebaut, sondern getrennt angefertigt und entweder an die hinteren Maschinenständer angebaut, oder ganz getrennt von der Maschine im Maschinenraum angeordnet. Das Gehäuse wird entweder aus Gußeisen oder aus Flußeisenblechen rund oder oval hergestellt. Flache Wände werden durch Anker gegen Eindrücken durch den äußeren Luftdruck gesichert.

Tritt der Abdampf aus dem *ND*-Zylinder direkt in den Kondensator ein, so wird unter der Eintrittsöffnung eine gelochte Stoßplatte angebracht, um die Dampfstöße von den oberen Kühlrohren abzuhalten und den Dampf gleichmäßiger über die ganze Rohrlänge zu verteilen.

Bei Kolbenmaschinen mit nachgeschalteter Abdampfturbine ist dies nicht erforderlich, weil die Eintrittsöffnung für den Abdampf hier bedeutend größer ausgeführt und die Dampfgeschwindigkeit dadurch bedeutend geringer wird.

Das auf der äußeren Mantelfläche der Kühlrohre kondensierte Wasser sammelt sich im unteren Teil des Kondensators und gelangt von hier nach dem Saugraum der Luftpumpe oder nach der Kondensatpumpe.

Die Kühlrohre haben gewöhnlich einen äußeren Durchmesser von 16 bis 19 mm bei 0,75 bis 2 mm Wandstärke, und werden nahtlos gezogen hergestellt. Die Legierung des Rohrmaterials wird sehr verschieden gewählt; am gebräuchlichsten ist die Zusammensetzung: 70% Cu, 29% Zn, 1% Sn, jedoch werden auch Legierungen verwendet, welche mehr oder weniger Cu enthalten. Um sie widerstandsfähiger gegen Anfressungen durch das Seewasser zu machen, werden sie vielfach innen und außen verzinnt. Es hat sich jedoch bis jetzt noch nicht einwandfrei feststellen lassen, welches die eigentlichen Ursachen der Anfressungen sind und welches die zweckmäßigste Legierung des Materials ist, da sie immer nach kürzerer oder längerer Dauer vom Seewasser angegriffen und stellenweise zerstört werden.

Die vermutliche Ursache sind wahrscheinlich sog. „vagabundierende" elektrische Ströme, durch welche die bisher verwendeten Legierungen der Rohre und besonders das in denselben enthaltene Zink elektrolytisch angegriffen werden.

Um diesem Übelstande zu steuern, werden in neuerer Zeit die Rohre vielfach aus einer Legierung aus Kupfer und Nickel hergestellt, welche bis zu 30% Nickel enthält. Diese Legierung hat sich zwar seither gut bewährt, jedoch steht der allgemeinen Verwendung der verhältnismäßig hohe Preis im Wege.

In neuester Zeit sind auch Versuche mit einer Legierung aus Kupfer und Aluminium, und zwar 76% Cu, 22% Zn, und 2% Al versucht worden, deren Widerstandsfähigkeit gegen Anfressungen durch das Kühlwasser ebenfalls sehr günstig ausgefallen sind.

Die Rohrplatten werden in der Regel aus gewalztem Muntzmetall (60% Cu und 40% Zn) hergestellt.

Die Lage der Rohre ist meistens horizontal oder etwas geneigt. Die Dichtung in den Rohrplatten erfolgt gewöhnlich durch kleine Stopfbüchsen (Abb. 221), mit nach innen vorstehendem Rande, um das Herausschieben der Rohre zu verhindern. Als Packung wird gewöhnlich Baumwollschnur verwendet

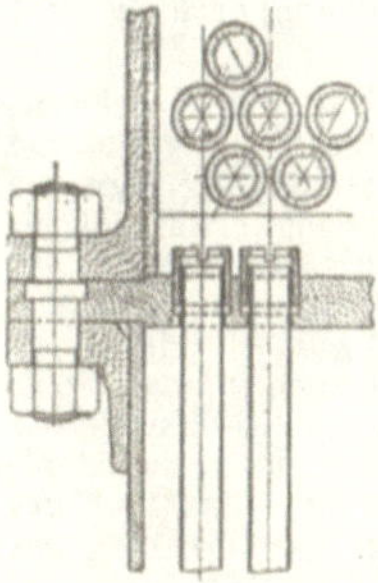

Abb. 224.

Lange Kühlrohre werden zwischen den Rohrplatten noch durch eine oder mehrere messingene oder eiserne Stützplatten getragen, um Durchbiegungen oder Schwingungen zu verhindern.

Das Kühlwasser fließt meistens zweimal durch die Rohre, und zwar durch die eine Hälfte hin, durch die andere zurück. Es strömt entweder zuerst durch die untere und dann durch die obere Hälfte der Rohre oder umgekehrt. Auf das entstehende Vakuum ist dies ohne merklichen Einfluß, jedoch ist das von der Luftpumpe abgesaugte Kondensat im ersten Falle etwas kälter als im zweiten, weil es beim Herabfallen über die kältesten Rohre zuletzt rieselt.

Werden verhältnismäßig große Kühlwassermengen benötigt, z. B. bei Maschinen mit eingebauten Abdampfturbinen, System Bauer-Wach, dann wird das Kühlwasser nötigenfalls nur einmal durch die Rohre geleitet, um zu große Wassergeschwindigkeiten in denselben und die dadurch bedingten größeren Widerstände zu vermeiden.

Um das Rosten der mit dem Kühlwasser in Berührung stehenden gußeisernen oder Anfressungen der bronzenen Wände und der Kühlrohre möglichst zu verhüten, werden in den Kühlwasserräumen sog. Zinkschutzplatten (gegossene oder gewalzte Zinkplatten von etwa 25 mm Stärke) angebracht, welche mit den Rohrplatten und den Vorlagen in leitende Verbindung gebracht werden.

Da die Kühlrohre und das Gehäuse an der vom Dampf berührten Seite durch das Öl, welches zum Schmieren der Schieber und Kolben dient, verunreinigt werden, so wird der Dampfraum von Zeit zu Zeit mit Wasser gefüllt, Soda zugesetzt und dann mittels Dampf ausgekocht, welcher durch ein Brauserohr oder eine Düse im unteren Teil des Kondensators eingeblasen wird. Um dem Kondensat auch während des Betriebes Soda zur Verseifung des darin enthaltenen Öles zusetzen zu können, ist an geeigneter Stelle des Gehäuses ein kleiner, sog. Sodahahn, angebracht, durch den mittels eines Schlauches Sodalösung eingesaugt werden kann. Zum Reinigen des Kondensators sind an geeigneten Stellen des Gehäuses Mann- bzw. Schlammlöcher vorgesehen.

Um Speisewasserverluste zu ersetzen, ist am Kondensator ein sog. Zusatzwasserhahn mit anschließender Saugeleitung nach den Speisewasserzellen des Doppelbodens vorgesehen. Seewasser wird nur im Notfall zugesetzt, jedoch ist dies nur bei Zylinderkesseln zulässig, weil Wasserrohrkessel hierdurch leicht überkochen.

Zeigt sich bei der Prüfung des Kesselwassers ein Salzgehalt, dann deutet dies fast immer auf Undichtigkeiten der Kühlrohre oder deren Rohrverschraubungen hin.

Vor allen Eintrittsöffnungen werden im Inneren des Kondensators Prallplatten aus Eisen- oder Messingblech angebracht, damit der eintretende Dampf- oder Wasserstrahl seitlich abgelenkt wird und nicht direkt auf die Rohre stoßen kann, da diese sonst in kurzer Zeit beschädigt werden.

Das im Kondensator erreichbare Vakuum ist um so höher, je kälter das zur Verfügung stehende Kühlwasser, je größer die stündlich durchströmende Kühlwassermenge und je geringer die Luftmenge ist, die in den Kondensator gelangt. Bei völliger Abwesenheit von Luft kann die Temperatur des Dampfes im Kondensator höchstens gleich der Austrittstemperatur des Kühlwassers werden. Durch die Anwesenheit von Luft wird der Druck im Kondensator jedoch höher und die Wirksamkeit der Kühlfläche verringert. Die Luft dringt durch die Undichtigkeiten der unter Vakuum stehenden Rohrleitungen sowie durch die Stopfbüchsen des *ND*-Zylinders usw. ein. Außerdem führt auch der Dampf selbst Luft mit sich, und zwar etwa 0,01 bis 0,5 % des Dampfgewichtes.

Das in einem Kondensator bei verschiedenen Kühlwasser-Austrittstemperaturen erreichbare Vakuum ist aus der Zahlentafel S. 564 zu ersehen.

Bei Kolbenmaschinen ist die Höhe des Vakuums für die Wirtschaftlichkeit weniger von Bedeutung als bei Anlagen mit Dampfturbinen. Infolge der beschränkten Austrittsquerschnitte des *ND*-Zylinders nimmt bei Erhöhung des Vakuums im Kondensator der Gegendruck im *ND*-Zylinder nur wenig ab, so daß die Maschinenleistung nur unbedeutend größer wird, während dagegen das Kondensat verhältnismäßig tiefer abgekühlt wird und daher die Verdampfung im Kessel entsprechend mehr Wärmeaufwand erfordert.

Das wirtschaftlichste Vakuum bei Kolbenmaschinenanlagen liegt bei etwa 0,15 ata bzw. bei 0,85 % Vakuum und der entsprechenden Kondensattemperatur von etwa 45°. Das bei diesem Druck aus dem Kondensator abzusaugende Luftvolumen kann dann mit den üblichen Kolbenluftpumpen mit ihren verhältnismäßig geringen Hubzahlen bewältigt werden.

Bei Kolbenmaschinenanlagen mit eingebauten Abdampfturbinen nimmt dagegen die Wirtschaftlichkeit zu, je geringer der Gegendruck im Kondensator ist. Um diesen zu erreichen, werden entsprechend große Kühlflächen und Kühlwassermengen vorgesehen, während zur Absaugung der Luft, welche wegen des geringen Druckes ein 2- bis 4mal so großes Volumen einnimmt wie bei reinem Kolbenmaschinenbetrieb, neuerdings meistens Dampfstrahl-Luftsauger (siehe S. 420) verwendet werden.

Zur Absaugung des Kondensats wird entweder die angehängte Luftpumpe oder eine besondere elektrisch oder durch Dampf angetriebene Kondensatpumpe benutzt.

Um die Luftabsaugung möglichst wirksam zu machen, muß die Luft an der kältesten Stelle des Kondensators abgesaugt werden. Zu diesem Zwecke wird ein Teil der kältesten unteren Kühlrohre durch eine geneigte Scheidewand so abgegrenzt, daß das an den darüberliegenden Kühlrohren niedergeschlagene Kondensat nicht über diese Rohre fließen kann, sondern nur die nach dem Luftpumpensaugerohre strömende Luft gezwungen wird, sich an denselben abzukühlen, um mit möglichst geringem Volumen und vom Dampf befreit, nach dem Luftsauger zu gelangen. Das Luftsaugerohr wird, damit unter keinen Umständen Kondenswasser mitgesaugt werden kann, etwa in halber Höhe des Kondensators und mit Steigung nach dem Luftsauger hin angeordnet.

Außer dem Abdampf der Hauptmaschine wird während der Fahrt auch der Abdampf der Hilfsmaschinen, soweit dieser nicht zum Vorwärmen des Speisewassers benutzt werden kann, in den Kondensator geleitet, damit kein Speisewasser verloren geht.

Auch bei Stillstand der Hauptmaschine im Hafen kann der Abdampf der in Betrieb befindlichen Hilfsmaschinen im Hauptkondensator niedergeschlagen werden, da immer eine oder auch mehrere vorhandene Dampfpumpen (Ballastpumpe, Hilfsdampfpumpe usw.) so eingerichtet sind, daß sie an Stelle der Hauptkühlwasserpumpe Seewasser durch den Kondensator pumpen können.

Für diesen Fall wird in die Abdampfleitung vom *ND*-Zylinder nach dem Kondensator mitunter ein Absperrschieber eingebaut, um zu verhindern, daß aus dem Kondensator Abdampf in den *ND*-Zylinder gelangt und dadurch die blanken Gleitflächen anrosten. Das Kondensationswasser wird entweder nach den Speisewasserzellen geleitet oder unmittelbar wieder in den Kessel gespeist.

36. Hilfskondensation wird auf größeren Schiffen eingebaut, um im Hafen den Abdampf aller Hilfsmaschinen zu kondensieren, ohne den Kondensator der Hauptmaschine hierzu benutzen zu müssen. Das Kühlwasser wird von einer besonderen kleinen Kreiselradpumpe, der Ballastpumpe od. dgl. geliefert.

Das kondensierte Wasser fließt in einen Sammeltank oder den Schwimmertank, aus dem es die Speisepumpe wieder in den Kessel fördert.

Mitunter ist der Hilfskondensator auch mit einer besonderen Luftpumpe ausgerüstet und arbeitet dann mit Vakuum. Luft- und Kühlwasserpumpe sind dann häufig gekuppelt (System Balcke, Worthington u. a.).

Manchmal können auch Oberflächenvorwärmer oder Verdampfer bei entsprechender Einrichtung der Rohrleitungen als Hilfskondensatoren verwendet werden.

37. Schmierung. Das Schmieren der verschiedenen Zapfen usw. hat den Zweck, die unmittelbare Berührung des Zapfens mit dem Lagermaterial möglichst zu verhindern, um die Reibung zu vermindern und eine übermäßige Erwärmung bzw. ein Heißlaufen zu verhüten. Der auftretende Reibungswiderstand ist dann nicht derjenige zwischen Zapfen und Lager, sondern mehr oder weniger der innere Reibungswiderstand des Schmiermaterials, welcher viel kleiner ist als ersterer.

Der Reibungswiderstand wächst bei geringer Ölzufuhr mit der Geschwindigkeit und dem Flächendruck und nimmt bei Erhöhung der Temperatur sowie bei reichlicherer Ölzufuhr infolge Vergrößerung der Dicke der Schmierschicht ab.

Von besonderer Wichtigkeit ist, daß dem zugeführten Schmieröl auch gute Gelegenheit geboten wird, leicht zwischen die Gleitflächen zu gelangen. Dies wird weniger durch reichliche Anordnung von Schmiernuten erreicht, da diese die eigentliche Tragfläche verringern, und unter Umständen eher nachteilig wirken können, als durch möglichst schlanken Verlauf der Öleinführungsstelle, wie dies in Abb. 225 dargestellt ist. Ein solcher Verlauf wird durch sorgfältiges „freischaben" der Lagerschale an den Teilfugen, unter Vermeidung eines fühlbaren Absatzes bei *a a*, also tangential verlaufend, erreicht. Werden Schmiernuten vorgesehen, so müssen deren Kanten gut abgerundet werden.

Ganz ungeeignet für einen guten Eintritt des Schmieröles zwischen die Gleitflächen ist die Ausführung von sog. Öltaschen

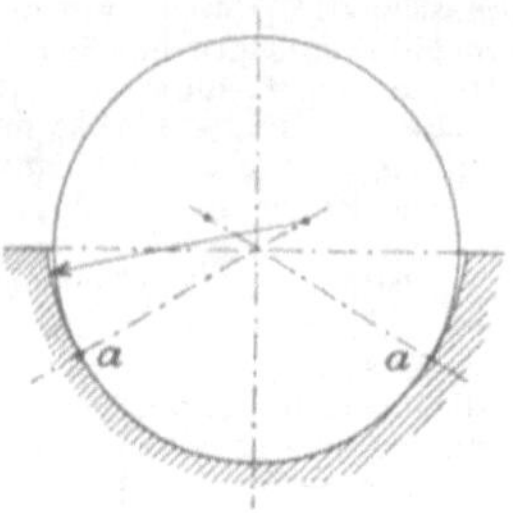

Abb. 225.

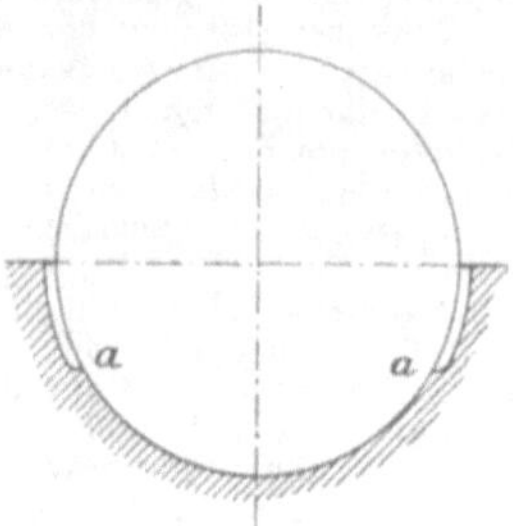

Abb. 226.

nach Abb. 226, wenn bei *a a* eine scharfe oder zu wenig abgerundete Kante bleibt, da eine solche immer mehr oder weniger als „Abstreifer" wirkt und den Öleintritt verhindert.

Die Ölzufuhr zu den Gleitflächen erfolgt entweder durch Dochte, durch mechanische Schmierapparate, oder bei Ölumlauf oder Spülschmierung durch eine für alle Schmierstellen gemeinschaftliche Öldruckpumpe.

Je spärlicher die Ölzufuhr stattfindet, desto geringer ist naturgemäß die Dicke der Schmierschicht zwischen den Gleitflächen, so daß immer mehr oder weniger eine metallische Berührung derselben stattfindet. Infolgedessen nutzen sich auch sowohl Lagerschale als auch Zapfen verhältnismäßig stark ab. Das bei solcher Schmierung von den Lagern abfließende Öl enthält dann immer abgeriebene Metallteilchen, so daß es, falls es wieder verwendet werden soll, erst gereinigt werden muß. Siehe Rückgewinnung des Schmieröls S. 179.

Wird hingegen das Schmiermittel den Gleitflächen in reichlicher Menge zugeführt, wie z. B. bei Umlaufschmierung, so findet eine metallische Berührung derselben nicht, oder nur in ganz unbedeutendem Maße statt. Eine Abnutzung der Gleitflächen tritt dann entweder nicht oder nur in entsprechend geringem Maße ein. Das ablaufende Öl bleibt deshalb rein und kann ohne weiteres den Schmierstellen wieder zugeführt werden.

a) Bei Schmierung durch Dochte wird den Gleitflächen nur eine verhältnismäßig geringe Ölmenge zugeführt und das aus den Lagern austretende Öl fließt in der Regel in die Bilge ab und gilt als verloren. Wird es wieder aufgefangen, so kann es nur für untergeordnete Zwecke oder, wie oben erwähnt, erst nach entsprechender Reinigung wieder verwendet werden.

Die einfache Dochtschmierung wird vielfach noch bei offenen Maschinen vorgesehen; das Öl wird hierbei durch die Kapillar- und Heberwirkung des Dochtes langsam aus dem Ölkasten angesaugt und direkt oder durch Schmierrohre den Lagerflächen zugeführt. Die Dochte werden aus ganz lose zusammengedrehten Schafwollfäden (Zephierwolle) angefertigt und reichen je nach der Größe des Schmiergefäßes und der Ölrohre etwa 5 bis 10 cm in letztere hinein.

Naß gewordene Dochte (bei etwaiger direkter Wasserkühlung) saugen nicht und müssen erst wieder gut ausgedrückt und getrocknet werden, ehe sie wieder verwendbar sind.

Bei Kurbelwellenlagern und anderen feststehenden oder nur langsam und wenig bewegten Lagern wird das Schmiergefäß gewöhnlich auf dem Lagerdeckel befestigt und von Hand nachgefüllt. Mitunter wird das Schmiergefäß jedoch an bequem zugänglicher Stelle (Maschinenständer od. dgl.) angebracht; die Ölrohre müssen dann mit Gefälle nach dem Lager führen. Die Schmierrohre werden bis in die Lagerschale verlängert, um Ölverluste zu verhindern. Mitunter wird auch neben Öl noch konsistentes Fett, welches dem Zapfen durch Staufferbüchsen zugeführt wird, zu Schmierung verwendet.

Die Exzenter werden bei Kulissensteuerung meistens von den an den Exzenterstangen befestigten Dochtschmiergefäßen, welche von Hand nachgefüllt werden, geschmiert. Um die Schmierung reichlicher und nachhaltiger zu machen, wird mitunter unterhalb der Exzenter noch ein Blechtrog angebracht. Die Exzenterbügel tauchen dann in das sich darin ansammelnde Öl und Wasser ein. Bei Klug- oder Marshall-Steuerung wird meistens direkt auf dem oberen Bügel ein Auffanggefäß angebracht, welches in der Bewegungsrichtung genügend lang gemacht wird, damit das von Hand direkt oder aus einem Zentral-Schmierkasten zugeführte Schmieröl mit Sicherheit ins Auffanggefäß gelangt.

Der Kreuzkopfgleitbahn wird das Öl am oberen Ende oder ungefähr in der Mitte des Hubes zugeführt. Das unten ablaufende Öl wird in einer Tropfschale aufgefangen, in welche ein sog. Schmierkamm, der am unteren Ende des Gleitschuhes befestigt ist, eintaucht und das Öl wieder mit nach oben nimmt. Die Zinken des Schmierkammes streifen etwa in 0,25 bis 0,5 mm Entfernung von der Gleitbahn über diese hin.

Bei den Lauflagern der Wellenleitung wird der Deckel gewöhnlich als Dochtschmiergefäß ausgebildet. Außerdem wird das im Deckel befindliche Handloch mitunter mit Talg oder konsistentem Fett ausgefüllt, welches bei zu starker Erwärmung des Lagers schmilzt und dann die Schmierung vermehrt.

Ringschmierlager (Abb 210) sind mit auf das Lager selbst beschränkter Spül- oder Ölumlaufschmierung versehen, weil durch den Schmierring eine verhältnismäßig große Ölmenge aus dem Sammelraum entnommen und den Gleitflächen oben zugeführt wird, um nach dem Passieren derselben wieder in den Unterteil zurückzufließen und von neuem in den Kreislauf zu gelangen.

Über Drucklagerschmierung siehe S. 156.

Kolben- und Schieberstangen werden meistens nur zeitweise von Hand mittels Quast geschmiert. Häufig wird das Öl auch von einem höher angebrachten Dochtschmierkasten nach dem in die

Stopfbüchsbrille eingelegten Schmierzopf geleitet. Letzterer befindet sich mitunter auch in einem getrennt von der Stopfbüchsbrille angeordneten zweiteiligen Ring, welcher besonders gehaltert ist.

Lager usw., welche während des Ganges der Maschine nur schwer zugänglich sind oder bei denen das unmittelbare Anbringen eines Dochtschmiergefäßes nicht tunlich ist (Kurbel- und Kreuzkopflager, Geradführungen, Pumpenschnallen, Exzenterstangenlager, Kulissensteine usw.) werden gewöhnlich von einem oder mehreren Zentralschmierkasten aus geschmiert, welche eine größere Anzahl von Dochtschmierrohren enthalten und in zweckmäßiger Höhe über den zu schmierenden Teilen angebracht werden.

Die von den Zentralschmiergefäßen ausgehenden Ölleitungsrohre führen, überall mit genügendem Gefälle verlegt, entweder bis unmittelbar nach den zu schmierenden Teilen oder sie endigen nahe über einer Auffangschale an dem bewegten Maschinenteil, von der das Öl nach der zu schmierenden Fläche geführt wird. Die Auffangschalen werden in der Bewegungsrichtung so lang gemacht, daß das aus dem Ölleitungsrohr tropfende Öl mit Sicherheit aufgefangen wird; sie werden gewöhnlich durch ein engmaschiges Drahtsieb geschlossen, welches den Öltropfen aufsaugt und das Eindringen von Unreinigkeiten verhindert. Um das freie Herabfallen des Öltropfens in die Auffangschale zu vermeiden (besonders bei denjenigen der Kurbel- und Kreuzkopflager), wird mitunter in der unteren Mündung des Ölleitungsrohres ein Stück Leder oder Messingkette befestigt, welche bei der höchsten Stellung der Auffangschale das Drahtsieb in derselben berührt und so den daranhängenden Tropfen abnimmt.

An Stelle der Dochte werden die Zentralschmierkasten mitunter mit kleinen Hähnen oder Ventilen zur Regulierung des Ölabflusses vorgesehen. Mitunter sind beide vorgesehen; dann dient das Ventil zur Regulierung, der Hahn zum leichten An- bzw. Abstellen der Schmierung. Jedes Ölleitungsrohr endet hierbei nahe unterhalb des Hahnes in einen kleinen Trichter mit Sieb, um das Tropfen des Öles beobachten zu können.

Verhältnismäßig lange Zentralschmierkasten werden vielfach durch Querwände abgeteilt, besonders dann, wenn sie querschiffs aufgestellt werden.

Da die verschiedenen Schmierrohre durch Staub und dick gewordenes Öl im Laufe der Zeit verunreinigt oder verstopft werden, so müssen sie zeitweise gereinigt werden, was am einfachsten durch Ausblasen mittels Dampf geschieht.

b) Mechanische Schmierung. Bei dieser erfolgt die Zuführung des Schmieröls nach den einzelnen Schmierstellen ebenfalls durch je eine besondere Rohrleitung und zwar meistens in der Weise, daß für jede Schmierstelle eine besondere kleine Kolbenpumpe vorgesehen ist, bei welcher Sauge- und Drucköffnungen zwangläufig gesteuert werden.

Da sowohl die eigentlichen Pumpenkolben als auch die Steuerkolben äußerst sauber eingeschliffen sind, können die Pumpen ohne Schwierigkeiten sehr hohe Drücke (über 100 at) überwinden. Die einzelnen Rohrleitungen nach den Schmierstellen haben gewöhnlich einen lichten Durchmesser von etwa 4 mm.

Die Schmierung mittels Zentralschmierapparaten ist äußerst sparsam, weil die für jedes Lager erforderliche Schmierölmenge der Beanspruchung entsprechend leicht eingestellt werden kann. Diese Ölmenge ändert sich während des Betriebes dann nur in dem Maße, als die Maschine mit größerer oder geringerer Drehzahl arbeitet.

Bei dem Zentralschmierapparat von R. Bosch sind mehrere Pumpenelemente in einem gemeinsamen Ölbehälter im Kreise um eine stehende Antriebswelle herum angeordnet. In Abb. 227 sind zwei solcher Pumpenelemente im Schnitt dargestellt. Die Pumpenkolben (Arbeitskolben) bzw. die zugehörigen Steuerkolben werden durch je ein sog. Hubrad, welche beide auf

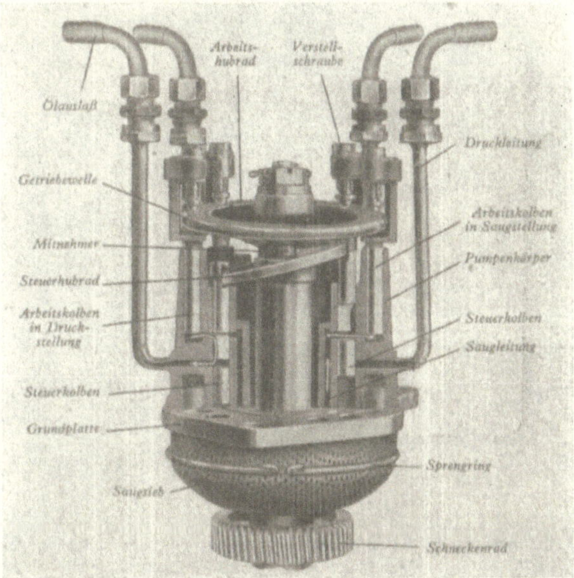

Abb. 227.

dem oberen Ende der Antriebswelle sitzen, in auf und ab gehende Bewegung versetzt. Der Antrieb derselben erfolgt durch einen Schneckenradantrieb mittels Hebel und Schaltwerk von der zu schmierenden Maschine aus.

Während der Aufwärtsbewegung, also beim Saughub des Arbeitskolbens (s. Abb. 227 rechte Seite), hat der Steuerkolben eine solche Stellung, daß eine Querbohrung desselben eine Verbindung zwischen der Saugeleitung und dem Hubraum des Arbeitskolbens herstellt. Während der Abwärtsbewegung, beim

Druckhub, des Arbeitskolbens hat hingegen der Steuerkolben, wie in der Abb. 227 linke Seite dargestellt, eine solche Stellung, daß die Saugeleitung durch denselben abgeschlossen ist und gleichzeitig eine Längsnut im Steuerkolben eine Verbindung zwischen dem Pumpenraum und der Schmierleitung herstellt, so daß während der Abwärtsbewegung des Arbeitskolbens die vorher angesaugte Ölmenge nach der Schmierstelle gedrückt wird.

Mitunter werden die Apparate so eingerichtet, daß bei einem Kolbenspiel die angesaugte Ölmenge durch eine besondere Leitung zur Kontrolle über ein Schauglas sichtbar in den Ölbehälter zurückgefördert wird, während beim zweiten Kolbenhub eine gleiche

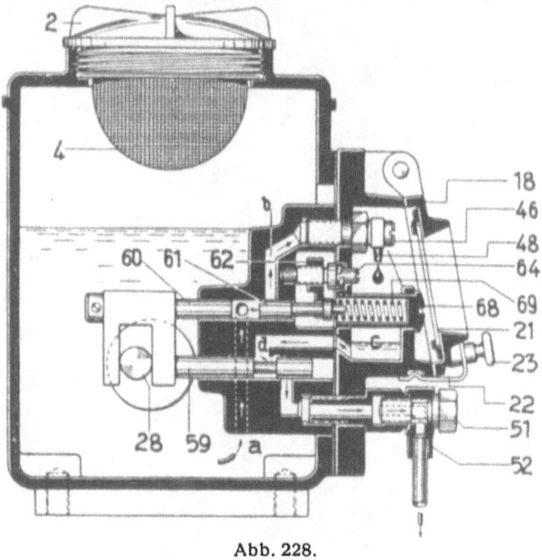

Abb. 228.

Ölmenge in die Druckleitung bzw. nach der Schmierstelle gedrückt wird.

Bei einer anderen Einrichtung, die geförderte Ölmenge beobachten zu können, werden in den Schmieröldruckleitungen sog. „Leitungstropfenanzeiger" eingebaut.

Die Einregulierung der für jede Schmierstelle erforderlichen Ölmenge geschieht durch eine Verstellschraube im oberen Teil des hufeisenförmigen Kopfes der Arbeitskolben, mittels welcher durch Änderung des toten Ganges der Hub des Arbeitskolbens beliebig geändert werden kann.

Beim Zentralschmierapparat von Grützner sind ebenfalls eine größere Anzahl gesteuerter Kolbenpumpen in einem gemeinsamen Ölbehälter, jedoch nebeneinander liegend, angeordnet. Abb. 228 zeigt den Querschnitt durch ein Pumpenelement.

Im Prinzip ist die Einrichtung und Wirkungsweise folgende: Je zwei übereinander liegende Kolben, von denen der obere *60* der sog. Zuteilungskolben, der untere *59* der eigentliche Förderkolben ist, werden durch eine gemeinschaftliche Kurbelschleife durch den Kurbelzapfen *28* angetrieben. Die Einrichtung ist so getroffen, daß die Kolben zweier unmittelbar nebeneinander liegenden Pumpenelemente, deren Antriebskurbeln um 90° gegeneinander versetzt sind, sich gegenseitig steuern. Das durch den Zuteilungskolben aus dem Ölbehälter angesaugte Öl wird bei Drehung der Kurbelwelle durch den Kanal *b* nach einem Abtropfer geleitet, der durch das Schauglas *21* beobachtet werden kann. Die abgetropfte Ölmenge wird dann durch den unten liegenden Förderkolben *59* angesaugt und beim folgenden Hub durch die Ölleitung *52* nach der Schmierstelle gedrückt. Mittels der Stellschraube *64*, durch welche der Hub des federbelasteten Stellkolbens *61* verändert werden kann, wird die zu fördernde Ölmenge dem Bedarf entsprechend eingestellt.

Der Antrieb der Kurbelwelle erfolgt ebenfalls durch ein Hebelschaltwerk von der Maschine aus.

Besonders zu beachten ist bei Zentralschmierapparaten, daß nach vorgenommenen Überholungsarbeiten an der Maschine die einzelnen Schmieröldruckleitungen keine Luft oder Luftblasen enthalten, sondern wieder bis zur Mündung vollständig mit Öl gefüllt werden. Um dies beim Stillstand der Maschine zu ermöglichen, ist eine Handkurbel vorgesehen, mittels welcher die Antriebswelle der Ölpumpen von Hand gedreht werden kann. Auch während des Betriebes kann durch diese Handkurbel die Schmierung zeitweise, falls erforderlich, vermehrt werden.

Der mechanische Schmierapparat von Bauch hat eine ähnliche Einrichtung wie derjenige von Bosch. Er enthält jedoch nur eine Ölpumpe, deren Sauge- bzw. Druckanschluß durch einen zentral angeordneten Drehschieber so gesteuert wird, daß das aus dem umgebenden Behälter angesaugte Schmieröl nach mehreren verschiedenen Schmierstellen hin gedrückt werden kann.

c) Umlaufschmierung. Bei dieser, sowohl bei Hilfsmaschinen, als auch bei größeren Kolbenmaschinen, Ölmotoren, Dampfturbinen, Rädergetrieben u. a. angewandten Schmiereinrichtung wird das Schmieröl durch eine an die Maschine angehängte oder besonders angetriebene Zahnradpumpe oder durch eine Dampfkolbenpumpe in überreichlicher Menge allen Schmierstellen zugeführt. Das abfließende Öl sammelt sich dann wieder im unteren Teil der Maschinengrundplatte oder gelangt in einen neben der Maschine angeordneten Sammeltank, aus dem es die Pumpe wieder ansaugt und durch ein Filter und wo nötig einen Ölkühler (S. 215) wieder nach den Schmierstellen drückt.

Um Ölverluste zu vermeiden, werden solche Maschinen geschlossen gebaut.

In ähnlicher Weise wird mitunter auf größeren Schiffen die Schmierung der Laufwellenlager eingerichtet, indem eine kleine Dampfpumpe oder eine von der Welle angetriebene Räderpumpe das Schmieröl aus einem möglichst tief aufgestellten Sammeltank saugt und in einen hochgelegenen Tank mit Filtereinrichtung drückt. Von diesem Tank wird das Öl durch eine Rohrleitung, welche über jedem Lager mit einem Regulierhahn versehen ist, den einzelnen Lagern in reichlichem Maße zugeführt. Das ablaufende Öl wird in den Tropfschalen der einzelnen Lager aufgefangen und durch eine mit genügendem Gefälle angelegten Rohrleitung dem Sammeltank wieder zugeführt.

Von besonderer Wichtigkeit ist bei Umlaufschmierung, daß das umlaufende Öl nicht durch beigemengtes Wasser verunreinigt, dadurch verseift und unbrauchbar wird. Die in das Getriebegehäuse eintretenden Kolben- und Schieberstangen müssen deshalb durch besondere Stopfbüchsen gut abgedichtet werden, damit durch dieselben kein Kondenswasser ins Gehäude eindringen kann.

Der Ölverbrauch ist bei Umlaufschmierung nur sehr gering, da er fast nur durch Undichtigkeiten hervorgerufen wird; das Auswechseln des umlaufenden Öles ist nur in größeren Zeiträumen erforderlich.

d) Schmierung der inneren Teile. Kolben und Schieber sowie sonstige innen liegende Teile werden meistens in der Weise geschmiert, daß das erforderliche Schmieröl (hochsiedendes Mineralöl) vor oder hinter dem Manöverierventil dem einströmenden Dampf tropfenweise zugesetzt wird, welcher es den zu schmierenden Flächen zuführt. Häufig werden auch noch auf den Zylinderdeckeln Schmiergefäße für eine etwa erforderliche direkte Ölzufuhr angeordnet.

Von dem auf diese Weise zugeführten Schmiermaterial wird naturgemäß nur ein geringer Teil zur tatsächlichen Schmierung der aufeinander gleitenden Flächen verwendet, weil nur der unmittelbar mit diesen Flächen in Berührung kommende Dampf das in ihm enthaltende Öl an diese abgeben kann, während der übrige Teil mit dem Dampf nach dem Kondensator geführt wird. Die innere Schmierung ist deshalb nach Möglichkeit einzuschränken, da die Kondensatorrohre durch das sich auf ihnen niederschlagende Fett verunreinigt werden und ihre Wärmeleitfähigkeit dadurch vermindert wird. Außerdem gelangt das Fett durch das Speisewasser in die Kessel und verunreinigt auch diese.

Um die Schmierung des Hochdruckkolbens bei Heißdampfmaschinen wirksamer zu machen, wird das Zylinderschmieröl vielfach etwa in halber Höhe des *HD*-Zylindermantels an mehreren Stellen am Umfang durch radiale Bohrungen der Zylinderlauffläche unmittelbar zugeführt.

Die Zuführung des Öls geschieht entweder durch die erwähnten Schmierhähne oder automatisch durch Schmierpressen bzw. Zentralschmierapparate.

Bei der sog. Mollerup-Schmierpresse wird das Öl durch einen mittels Schraubenspindel und Schneckenradgetriebe mit Sperrad- oder Friktionsgetriebe bewegten Plunger entweder nur in die Zudampfleitung oder auch durch eine Verteilungsrohrleitung mit Absperrvorrichtungen direkt in alle Schieberkasten gedrückt. Am Zudampfrohr schließt die Ölleitung aus Sicherheitsgründen nur mit einem Rückschlagventil ohne Absperrvorrichtung an.

In solchen Fällen, in denen verschiedene innen liegende und unter Dampfdruck stehende Teile unmittelbar geschmiert werden müssen, werden an Stelle von einzelnen Mollerup-Schmierpressen auch vielfach die gleichen Zentralschmierapparate verwendet wie für die Lagerschmierung, da diese ohne weiteres auch für

Heißdampfzylinderöl sowie für die höchsten Dampfdrücke geeignet sind.

e) Verbrauch an Schmiermaterial. Dieser beträgt bei Kolbenmaschinen einschließlich der zugehörigen Hilfsmaschinen, je nach Art der Schmierung, bei normalem Betrieb für je 1000 PS_i i. d. Stunde:

Schmieröl	etwa	0,35	bis	0,8	kg
Zylinderöl bei Naßdampfmaschinen	„	0,04	„	0,07	„
„ „ Heißdampfmaschinen	„	0,05	„	0,1	„ .

Über die verschiedenen in Frage kommenden Öle usw. siehe „Schmiermittel".

f) Rückgewinnung des Schmieröls. Das von den Lagerstellen abtropfende und in die Bilge fließende Öl wird, falls keine direkte Wasserkühlung angewandt werden muß, mitunter aufgefangen und kann, nachdem es einen Reinigungsapparat passiert hat, zur Schmierung von weniger wichtigen Lagern wieder verwendet werden.

Zu diesem Zweck wird die ganze Grundplatte der Maschine mit einem auf dem Doppelboden dicht aufgenieteten Winkeleisenrahmen umgeben, um zu verhindern, daß das abtropfende Öl nach den Seitengräben abläuft. An geeigneter Stelle innerhalb des Rahmens wird ein in den Doppelboden versenkter Sammeltopf eingebaut, aus welchem das Ablauföl durch eine kleine angehängte oder eine Handpumpe abgesaugt wird. Das Öl gelangt dann in einen Behälter, in welchem es durch eine Dampfschlange angewärmt wird, damit sich etwa darin enthaltenes Wasser leichter vom Öl trennt. Das auf dem Boden des Behälters sich ansammelnde Wasser usw. wird abgelassen, während das Öl noch durch einen Filter geleitet wird, um von mechanischen Verunreinigungen befreit zu werden.

Das bei Umlaufschmierung verwendete Schmieröl muß nach einer gewissen, von den Betriebsumständen abhängenden Zeit gegen frisches Öl ausgewechselt werden. Das mehr oder weniger durch abgeriebene Metallteilchen, Wasser o. dgl. verunreinigte Öl wird dann gewöhnlich in einem Zentrifugal-Separator von seinen Unreinigkeiten befreit, so daß es unter Beimischung von frischem Öl wieder verwendet werden kann.

g) Ausscheidung des Zylinderöls. Da bei Heißdampfbetrieb den Zylindern und Schiebern gewöhnlich mehr Schmieröl zugeführt werden muß als bei Naßdampfbetrieb, so wird die Abscheidung des verwendeten Schmieröls möglichst schon vor dem Kondensator vorgenommen, um die Verunreinigung der Kühlfläche (Verminderung der Kühlwirkung) sowie des Speisewassers mit Fett möglichst zu verhindern. Hierzu wird in die Abdampfleitung zwischen *ND*-Zylinder und Kondensator ein Abdampfentöler eingeschaltet, in welchem der Abdampf durch eingebaute Winkelflächensysteme aus seiner Richtung abgelenkt wird, wobei die Schmierölteilchen zurückgehalten werden und sich auf dem Boden des Entölers sammeln. Von dort wird das abgeschiedene Fett zusammen mit dem ebenfalls abgeschiedenen Kondenswasser durch einen selbsttätigen Entwässerungsapparat entfernt oder durch eine Pumpe abgesaugt und in einen Reiniger gedrückt. Siehe auch: Speisewasserreiniger S. 458.

In neuerer Zeit wird zur Entölung des Abdampfes häufig ein sog. „Zentrifugal-Entöler" (Wippern, Huß u. Co. Bremen,

DRP.) in die Abdampfleitung eingebaut. Der Apparat besteht aus einem kegelstumpfförmigen Gehäuse *A*, Abb. 229, in welches zwischen Mantel und Doppelkegel *E* turbinenschaufelförmig gebogene Leitbleche *B* eingeschweißt sind. Dem axial bei *C* eintretenden Abdampf wird durch diese Leitbleche eine kreisende Bewegung erteilt, wodurch die im Dampf enthaltenen ölhaltigen Wassertröpfchen an die Außenwand geschleudert werden. Das sich ansammelnde Ölwasser gelangt durch den Anschluß *D* nach einem automatischen Wasserableiter, der es nach einem Ölklärtank befördert.

Mitunter wird das im Abdampfentöler abgeschiedene Gemisch aus Zylinderöl und Kondenswasser auch durch einen einfachen, unter dem Vakuum des Kondensators stehenden Filter mit von Zeit zu Zeit auszuwechselndem Filtertuch und Koks geleitet, in welchem das Öl zurückgehalten wird, während das Kondenswasser in das Saugerohr der Luftpumpe abfließt.

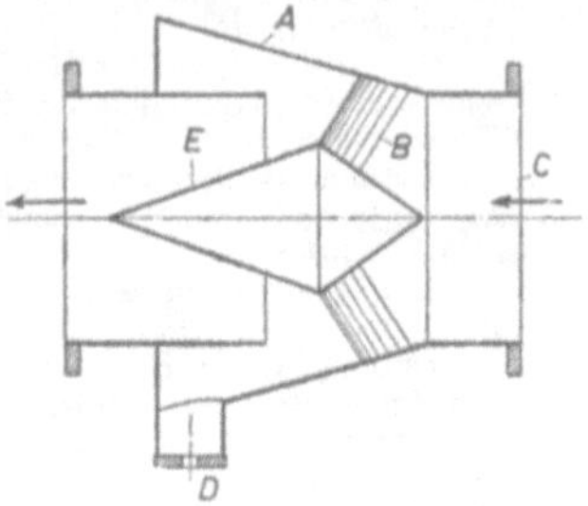

Abb. 229.

38. Kühlung. Diese hat den Zweck, die in den Lagern durch die Reibung immer entwickelte Wärme an das zugeführte Kühlwasser abzuleiten, falls die natürliche Luftkühlung dazu nicht ausreicht um das Entstehen einer zu hohen, für das Material der Lager bzw. Zapfen gefährlichen Temperatur zu verhüten oder bei erfolgtem Warmlaufen eines Lagers dieses wieder auf die normale Temperatur zu bringen.

Lager, bei denen unter gewöhnlichen Verhältnissen die entwickelte Wärme nur gering ist oder die in der umgebenden Luft durch Hin- und Herbewegen usw. genügend gekühlt werden, erhalten meistens keine besonderen Kühlvorrichtungen, z. B. die Lager der Steuerungsteile, Pumpen u. dgl.

Solche Lager hingegen, bei denen die Reibungsarbeit bedeutender und daher auch die in der Zeiteinheit entwickelte Wärmemenge größer ist (großer Flächendruck und große Gleitgeschwindigkeit), wodurch unter Umständen die Temperatur sehr rasch eine für die Gleitfläche gefährliche Höhe erreichen kann, werden der Vorsicht halber entweder fortwährend gekühlt oder wenigstens mit entsprechenden Vorrichtungen versehen um sie jederzeit durch Wasser kühlen zu können, z. B. Kurbel- und Kreuzkopflager, Wellenlager und Geradführungen.

Man unterscheidet direkte und indirekte Kühlung.

Bei direkter Kühlung wird das Kühlwasser unmittelbar auf die Lager oder Gleitflächen geleitet. Dies geschieht durch geeignet angebrachte Rohre, die mitunter mit Gelenken versehen sind und vom Hauptrohr der Kühlleitung abzweigen. Kurbel- und Kreuzkopfzapfen sowie Exzenter werden ausschließlich direkt gekühlt.

Bei indirekter Kühlung wird das Kühlwasser durch die bei größeren Lagerschalen usw. vorhandenen Hohlräume geleitet. In dieser Weise werden die Kurbelwellenlager, Geradführungen, Druckbügel und Laufwellenlager bei größeren Maschinen gekühlt.

Das Kühlwasser wird für die unter der Wasserlinie des Schiffes liegenden Teile meistens dem Druckrohr der Kühlwasserpumpe, für die über derselben liegenden Teile, z. B. Kreuzköpfe und Geradführungen, der Druckleitung der Spülpumpe entnommen.

In das Hauptzuführungsrohr der Kühlleitung wird häufig ein Schlammkasten eingeschaltet, um Unreinigkeiten, welche die kleinen Rohre und Austrittsöffnungen verstopfen könnten, fernzuhalten.

Das verbrauchte Kühlwasser fließt bei direkter Kühlung in die Bilge. Bei indirekter Kühlung fließt es entweder ebenfalls in die Bilge ab, oder es wird durch eine Rohrleitung in das Saugrohr der Kühlwasserpumpe oder der Spülpumpe zurückgeleitet.

Gewöhnlich werden am Hauptrohr der Kühlleitung oder am Druckrohr der Spülpumpen noch ein oder mehrere Hähne für Schlauchanschluß vorgesehen, um im Notfall auch mittels Schlauch kühlen zu können.

39. Gesichtspunkte für die Ausführung von Instandhaltungsarbeiten an Kolbenmaschinen. Instandhaltungsarbeiten an der Maschine sollen die Beseitigung aller Fehler zum Ziel haben, welche ein richtiges Arbeiten im Betriebe stören. Ein Kurbelgestänge arbeitet dann richtig, wenn die Kolbenstange unter dem Einfluß des Dampfdruckes ihre Achse stets beibehält, Zylinderwandungen und Kolbenstangen glatte, spiegelnde Flächen ohne Riefen zeigen. Es darf also weder der Kolbenkörper die Zylinderwandungen unter Druck streifen, noch darf die Kolbenstange seitlich auf die Packung drücken.

Bemerkung: Bei neuen Maschinen können auch Riefen im Zylinder und auf der Kolbenstange durch Formsand verursacht werden, welcher von dem strömenden Dampf aus den Kanälen oder sonst nicht zugänglichen Wandungen losgelöst und in den Zylinder geführt wird. Deshalb sind bei neuen Maschinen die Dampfzylinder und Stopfbüchsen nach den ersten Fahrten regelmäßig aufzunehmen und gut zu reinigen.

Für die nachstehenden Betrachtungen gelten mit Bezug auf Abb. 230 folgende Bezeichnungen:

R = Kurbelradius,
L = Schubstangenlänge,
L_k = Entfernung von Mitte Kreuzkopf bis Mitte Kolben,
E = Entfernung zwischen den Grundlagern von Mitte zu Mitte,
l_1 = Länge des Kurbellagers,
l_2 = Entfernung zwischen den Lagermitten der Kreuzkopflager,
l_3 = Länge des Gleitschuhes des Kreuzkopfes.

Zu beachten ist, daß der auf den Kolben wirkende Dampfdruck immer bestrebt ist, die Lagerflächen in ihrer ganzen Länge auf dem zugehörigen Zapfen zur Auflage zu bringen.

Es wird ferner vorausgesetzt, daß die Maschine bzw. alle Gestänge usw. der einzelnen Zylinder von seiten der Werkstatt genau hergestellt und regelrecht zusammengebaut worden sind, d. h. daß:

1. Die Achse des Zylinders senkrecht zur Achse der Kurbelwelle steht,
2. die Mittellinie der Gleitbahn parallel zur Zylinderachse liegt,
3. die Ebene der Gleitbahn parallel zur Achse der Kurbelwelle liegt,
4. die Achse der Kreuzkopfzapfen senkrecht zur Achse der Kolbenstange und parallel zur Gleitbahn steht,
5. die Achse der Kreuzkopflager senkrecht zur Achse der Pleuelstange steht und parallel zur Achse des Kurbelzapfens ist,
6. die Achse des Kurbelzapfens parallel zur Achse der Kurbelwelle ist,
7. die Gleitfläche des Kreuzkopfes parallel zur Achse der Kolbenstange und parallel zur Achse der Kreuzkopfzapfen ist.

Es trete nun im Betriebe der Fall ein:

a) Daß das vordere der beiden Grundlager einer Kurbel sich infolge Warmlaufens um den Betrag a_1 nach unten mehr abgenutzt hat wie das hintere.

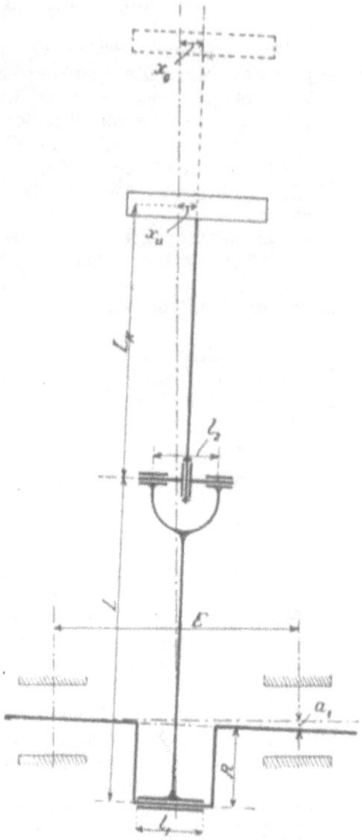

Abb. 230.

Da die Mittellinie der Kurbel sich dann um den Winkel $\frac{a_1}{E}$ nach vorn geneigt hat, so hat auch das ganze Kurbelgestänge das Bestreben, sich in der Längsschiffsebene um den gleichen Winkel schräg zur ursprünglich richtigen Lage der Zylinderachse, also nach vorn geneigt, einzustellen. Es würde also der Kolben, wenn er im Zylinder nicht geführt wäre und das Kurbellager sich auf dem Kurbelzapfen axial nicht verschieben könnte, im oberen TP um den Betrag

$$x_o = \frac{a_1}{E} (L_k + L + R) \text{ mm}$$

im unteren TP um

$$x_u = \frac{a_1}{E} (L_k + L - R) \text{ mm}$$

von der richtigen Mittellinie nach vorn abweichen.

Infolge dieser beabsichtigten Schrägstellung wird die Kolbenstange an der Vorderseite der Stopfbüchse, der Kolben an der

Vorderseite des Zylinders unter entsprechendem Druck schleifen. Ist die Kolbenstangenstopfbüchse mit fester Packung versehen, dann kommt dieser Druck nur in der Stopfbüchse zur Wirkung, während bei beweglicher Packung nur der Kolben mit entsprechendem Druck an der Zylinderwand schleift.

Beispiel. Bei einer Maschine sei:

$R = 500$ mm,	$L_k = 2300$ mm,	$l_1 = 300$ mm
$L = 2250$ „	$E = 1100$ „	$l_2 = 400$ „

Die aufgetretene Abnutzung des vorderen Grundlagers eines Zylinders sei infolge Warmlaufens um $a_1 = 1{,}5$ mm nach unten größer als diejenige des hinteren Lagers. Die beabsichtigte Stellung des Kolbens im oberen TP würde demnach sein:

$$x_o = \frac{1{,}5}{1100}(2300 + 2250 + 500) = 6{,}9 \text{ mm nach vorn}$$

und im unteren TP:

$$x_u = \frac{1{,}5}{1100}(2300 + 2250 - 500) = 5{,}5 \text{ mm nach vorn.}$$

b) Bei allmählicher Abnutzung der vorderen Lagerschale um den gegebenen Betrag würde sich in der gleichen Zeit auch das Kurbellager entsprechend einseitig abgenutzt haben und die Mittellinie des Kurbellagers dann entsprechend schräg zur Achse der Pleuelstange stehen. In diesem Falle würde das Kurbelgestänge nicht das Bestreben haben, eine geneigte Stellung einzunehmen, sondern es würde nur das Kurbellager während der Drehung der Kurbel um den Betrag

$$y = \frac{a_1}{E} \cdot R = \frac{1{,}5}{1100} \cdot 500 = 0{,}68 \text{ mm}$$

von der Mitte aus auf dem Kurbelzapfen hin und her gleiten.

c) Würde eine der beiden Kreuzkopflagerschalen sich mehr abgenutzt haben als die andere, oder wäre nur eines der beiden Lager durch ein Reservelager ersetzt und dabei nicht beachtet worden sein, daß die beiden Lagerschalenunterteile unten genau gleiche Dicke haben, dann hat die Kolbenstange das Bestreben sich schräg zur ursprünglichen Achse zu stellen.

Ist die eine Unterschale um a_2 mm niedriger als die andere, dann ist, ähnlich wie unter a), die Kolbenstange bestrebt, um den Winkel $\frac{a_2}{l_2}$ von der richtigen Lage abzuweichen, sich also schräg nach der Seite der niedrigeren Unterschale hin einzustellen. Die beabsichtigte Abweichung des Kolbens aus seiner richtigen Lage wäre dann

$$x_2 = \frac{a_2}{l_2} \cdot L_k \text{ mm.}$$

Hätte sich bei der oben angegebenen Maschine z. B. das vordere Kreuzkopflager um 0,5 mm mehr abgenutzt als das hintere, so wäre die beabsichtigte Abweichung des Kolbens bzw. der Kolbenstange auf Mitte Kolben, aus seiner richtigen Lage:

$$x_2 = \frac{0{,}5}{400} \cdot 2300 = 2{,}9 \text{ mm.}$$

d) Von besonderer Wichtigkeit ist, daß die Scheitellinie der Gleitfläche des Kurbelzapfenlagers genau senkrecht zur Achse der Pleuelstange liegt, weil schon geringe Abweichungen eine bedeutende Schrägstellung der Pleuelstange gegenüber der richtigen Lage bedingen.

Ist die Lagerschale an einem Ende um a mm niedriger als am anderen, so ist die beabsichtigte Abweichung des oberen Endes der Pleuelstange von der richtigen Lage:

$$x_3 = \frac{a_3}{l_1} \cdot L \quad \text{mm},$$

d. h. der Kreuzkopf hat das Bestreben, um x_3 mm neben der richtigen Mittellinie der Gleitbahn zu laufen. In demselben Maße hat aber auch die Kolbenstange das Bestreben, sich schräg zur ursprünglichen Mittellinie zu stellen und es muß demnach entweder der Kolben unter entsprechendem Druck an der Zylinderwand oder die Kolbenstange in der (festen) Stopfbüchspackung schleifen.

Wäre z. B. die eingesetzte Reservekurbellagerschale an einem Ende um $a_3 = 0{,}3$ mm niedriger als an der anderen Kante, so wäre bei obiger Maschine

$$x_3 = \frac{0{,}3}{300} \cdot 2250 = 2{,}25 \text{ mm}.$$

Läßt die Kolbenstangenstopfbüchse oder der Kolben diese Ausweichung nicht zu, dann muß naturgemäß das neu eingesetzte Kurbellager mehr oder weniger nur auf einer Kante arbeiten, solange, bis die Abnutzung soweit vorgeschritten ist, daß die Auflage auf der ganzen Länge erfolgt.

e) Ist die Gleitfläche des Gleitschuhes nicht genau parallel zur Achse der Kolbenstange, sondern weicht an der oberen oder unteren Kante um den Betrag a_4 (Abb. 227) von der genauen Richtung ab (oben oder unten a_4 mm Luft zwischen Gleitbahn und Gleitschuh), so hat die Kolbenstange ebenfalls das Bestreben, sich infolge des Kreuzkopfdruckes schräg zur Gleitbahn zu stellen, und zwar um den Winkel $\frac{a_4}{l_3}$, d. h. der Kolben hat das Bestreben, um den Betrag

$$x_4 = \frac{a_4}{l_3} \cdot L_K \quad \text{mm}$$

auszuweichen, wie punktiert angedeutet.

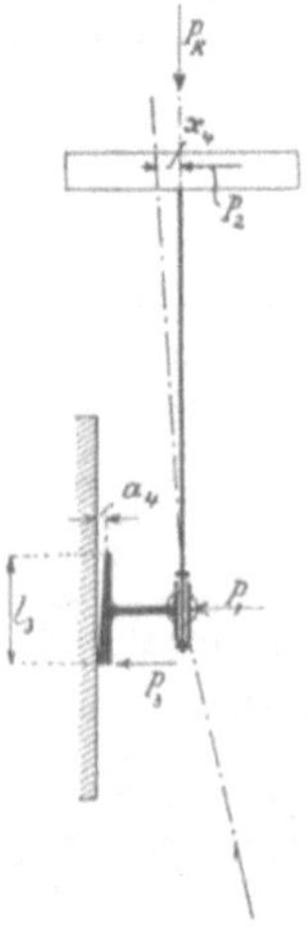

Abb. 231.

Da diese Schrägstellung (in der Querschiffsrichtung) wegen der Führung des Kolbens im Zylinder nicht möglich ist, so muß sich einesteils die Kolbenstange durchbiegen und der Kolben unter entsprechendem Druck schleifen, andernteils wird der Gleitschuh nur oben bzw. unten zum Tragen kommen, so daß der Druck auf die Flächeneinheit ein Vielfaches von demjenigen sein muß, welcher normal dafür vorgesehen ist.

Ist z. B. in der Mittelstellung des Kolbens der Kolbendruck P_K kg, dann ist der Druck auf die Gleitbahn, d. h. der Kreuzkopfdruck P_1:

$$P_1 = \frac{R}{L} \cdot P_K \quad \text{kg}.$$

Ferner ist der Seitendruck des Kolbens:

$$P_2 = P_1 \cdot \frac{l_3}{2\,L_K + l_3} \text{ kg}$$

und der Druck auf die Kante des Gleitschuhes:

$$P_3 = P_1 \cdot \frac{2\,L_K}{2\,L_K + l_3} \text{ kg.}$$

f) Die Kurbelwelle hat je nach der Anzahl der Kurbeln eine größere Anzahl von Traglagern, welche sich im Betriebe meistens ungleichmäßig abnutzen, wodurch das vorerwähnte Schiefliegen der Kurbelwelle und damit auch ein Schiefstellen der Gestänge oder einseitige Abnutzung von Lagern eintreten muß. Bei Überholungsarbeiten ist deshalb beim Einschaben der Kurbelwelle darauf zu achten, daß die Welle wieder in ihre ursprünglich richtige Lage zu liegen kommt. Die Abnutzung der einzelnen Lager wird durch das Maß von Oberkante Lagerstuhl bis Wellenscheitel festgestellt. (Siehe S. 123.)

Da die Kurbelwelle der Maschine vom Drucklager in axialer Richtung gehalten wird, so wird jede Erwärmung eines Lagers der Kurbelwelle eine Verlängerung derselben und damit eine gewisse Verschiebung der vor der erwärmten Stelle liegenden Teile zur Folge haben.

Haben ferner die Druckringe zwischen den Druckbügeln infolge der Abnutzung Lose bekommen, dann wird sich beim Umsteuern der Maschine die ganze Kurbelwelle um diesen Betrag hin und her schieben. Außerdem tritt durch die Erwärmung der Zylinder im Betriebe, hauptsächlich bei solchen Maschinen, deren Zylinder fest zusammengeschraubt sind, eine gewisse Verschiebung der Zylinderachsen gegeneinander ein.

Um allen den aus diesen Gründen während des Betriebes auftretenden Veränderungen gegenüber der kalten Maschine bis zu einem gewissen praktisch erforderlichen Maße entgegenzukommen, wird bei der Montage in der Werkstatt bei allen Lagern, Gestängeteilen usw. eine gewisse „Bewegungsfreiheit" vorgesehen, indem zwischen den zusammenarbeitenden Flächen von vornherein ein gewisser Spielraum δ bzw. Δ belassen wird, welcher aus der folgenden Zahlentafel hervorgeht und der bei Überholungsarbeiten, Erneuerungen usw. immer beachtet werden muß.

Die Bedeutung des Spielraumes Δ geht aus den genannten Figuren hervor; δ bedeutet stets den zur Bildung einer Ölschicht in der Lager- bzw. Gleitstelle nötigen Spielraum.

Lfd. Nr.	Lagerstelle bzw. Gleitstelle	Abb. Nr.	Spielraum Δ mm	Spielraum δ mm	Bemerkungen
1	Kurbelwellenzapfen und Grundlager	228			
	bei 2 kurbeligen Maschinen . . .		2 bis 3	$\frac{D}{800}$	
	bei 3- u. 4 kurbeligen Maschinen		3 bis 7	bis	
	bei sehr großen Maschinen . . .		bis 10	$\frac{D}{1000}$	

Lfd. Nr.	Lagerstelle bzw. Gleitstelle	Abb. Nr.	Spielraum Δ mm	Spielraum δ mm	Bemerkungen
2	Kurbelzapfen- u. Pleuelstangenlager b. 2 kurb. Masch. b. 3- u. 4 kurbeligen Maschinen . bei sehr großen Maschinen . . .	229	 2 bis 3 3 bis 7 bis 10	$\frac{D}{800}$ bis $\frac{D}{1000}$	Da die Kraftrichtung bei diesen Lagern stets auf Mitte Ober- bzw. Unterschale gerichtet ist, so werden diese Lager an den Seiten kräftig freigeschabt.
3	Kreuzkopfzapfen und Kreuzkopflager b. kleinen Masch. b. großen Masch.	230 u. 231	 0,1 bis 0,2 bis 0,5	$\frac{D}{1000}$	Die Ausführung des Kreuzkopfgelenkes mit außenliegenden Zapfen und Lagern nach Abb. 231 ist im allgemeinen derjenigen nach Abb. 230 vorzuziehen. Die außenliegenden Lager gestatten leichtes Nachfühlen während des Betriebes und bei Überholungsarbeiten leichteres Nachpassen.
4	Kreuzkopf-Gleitschuhe und Gleitbahnen	231 u. 233	bis 1	0,2 bis 0,3	Die Lose δ wird hergestellt durch Einlegen v. dünnen Hartmessingblechstreifen.
5	Kolbenstange und Stopfbüchse zwischen Kolbenstange u. Grundring bzw. Brille	234	mindestens: $\frac{d}{100}$ bis $\frac{d}{50}$		d = Durchmesser der Kolbenstange. Bei Metallpackungen (Katzenstein-, United-Kingdom) u. a. liegen nur die Dichtungsringe an der Kolbenstange an, während die einteil. Bronzehülsen bzw. Kammerringe gleich großen Spielraum wie der Grundring um die Kolbenstange haben sollen.
6	Kolbenkörper im Dampfzylinder zwischen Deckel bzw. Liderungsfutter und Bohrung . . . . . . zwischen Kolbenkörper und Bohrung: bei 500 bis 1000 mm Durchm. . . . . . 1000 bis 1500 mm Durchm. . . . . . über 1500 mm Durchm.		 0,5 1 1,5 2,0		Die Lose soll nicht nur das Unrundsein der Bohrung berücksichtigen, sondern auch die seitlichen Bewegungen des Kolbens.

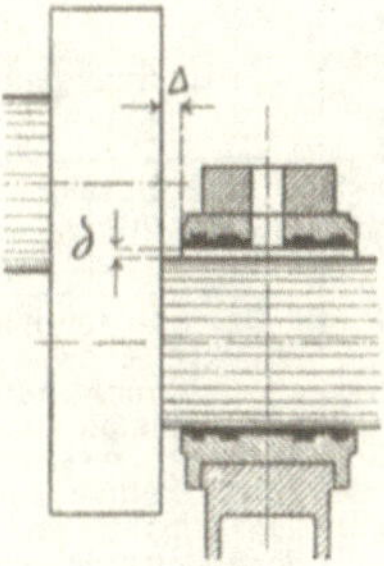

Abb. 232.

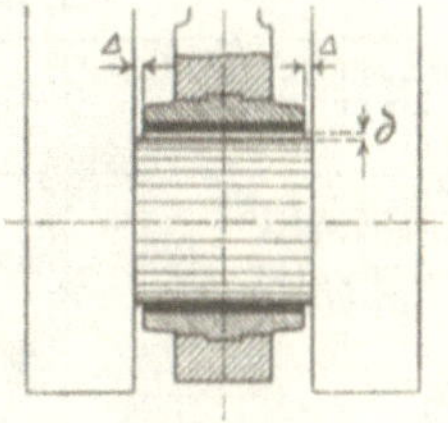

Abb. 233.

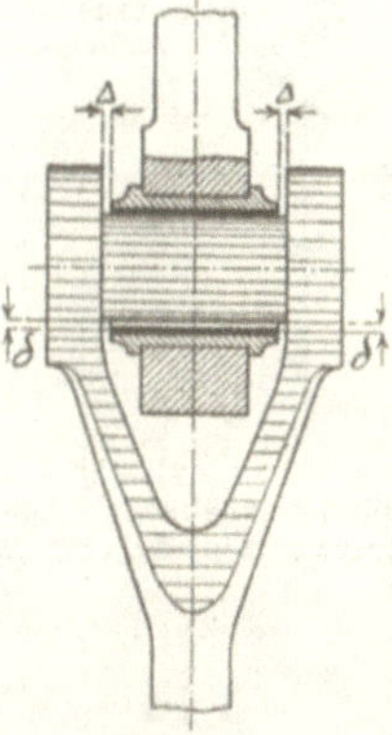

Abb. 234.

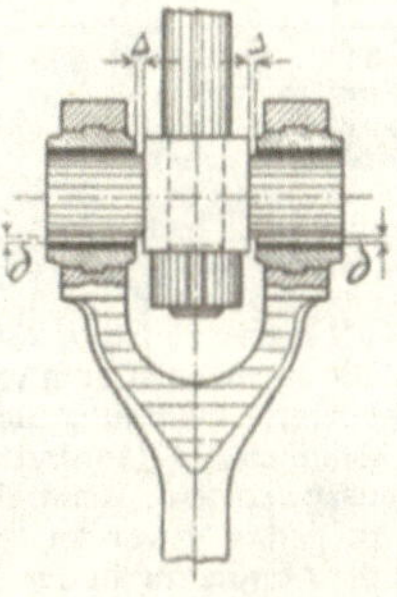

Abb. 235.

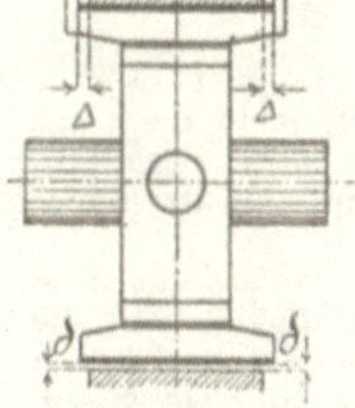

Abb. 236.

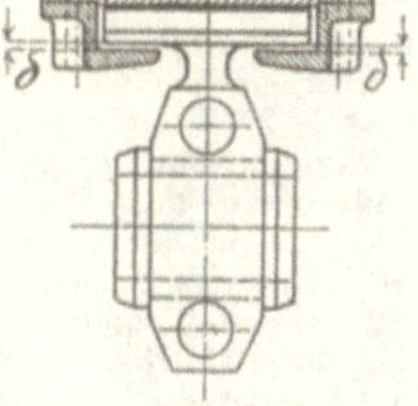

Abb. 237.

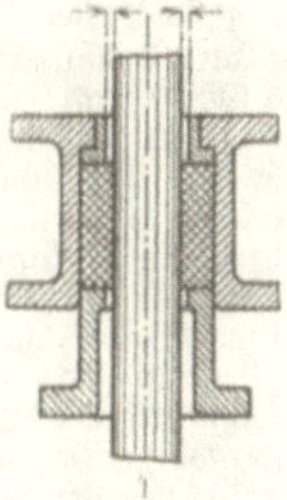

Abb. 238.

Lfd. Nr.	Lagerstelle bzw. Gleitstelle	Abb. Nr.	Spielraum Δ mm	Spielraum δ mm	Bemerkungen
7	Exzenter und Exzenterbügel			$\frac{D}{1000}$	D = Durchmesser des Exzenters.
8	Druckringe zwischen den Drucklagerbügeln			0,1 bis 0,5	Der Spielraum der Druckringe zwischen den Drucklagerbügeln kann durch Abnützung wesentlich größer werden; sämtliche Ringe müssen jedoch gleichviel Spielraum haben.
9	Schieberstange in der Stopfbüchse. Zwischen Schieberstange und Grundring bzw. Brille		$\frac{d}{200}$		Die Schieberstangenstopfbüchse ist wie die Kolbenstangenstopfbüchse zu behandeln.
10	Kolbenschieber im Schieberkasten Kolbenschieber ohne Dichtungsringe bzw. feste Dichtungsringe		rings-um 0,1 bis 0,2		

Kolbenringe (Abb. 239) müssen auch im Zylinder an der Stoßstelle einen Spielraum von Δ = 2 bis 4 mm haben, um sich bei evtl. höherer Erwärmung als die Zylinderwand im Zylinder nicht festzuklemmen. Ramsbottom-Ringe sind auszuwechseln, wenn ihre Spannung zu gering geworden ist oder sie durch die Abnutzung in den Rillen des Kolbens schon zu viel axiales Spiel haben.

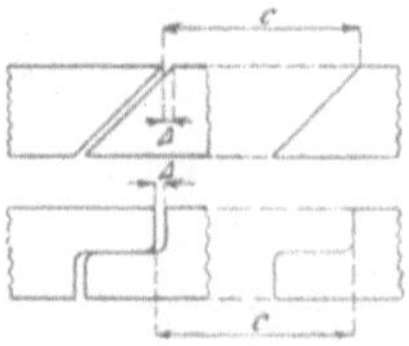

Abb. 239.

Die Kolbenluft in den Totpunkten beträgt je nach dem Durchmesser des Zylinders auf der Deckelseite etwa 4 bis 12 mm, auf der Bodenseite etwa 6 bis 20 mm.

Das Überlaufen der Kolbenringe in den Totpunkten wird oben etwa 0 bis 2 mm, unten etwa — 2 bis 0 mm gemacht, damit die Ringe in diesen Stellungen einerseits vom Dampfdruck nicht zusammengedrückt werden, andererseits möglichst keinen Ansatz in der Lauffläche bilden.

Lagermaterial. Um gutes Laufen eines Zapfens in seinem Lager zu erzielen, ist es von besonderer Wichtigkeit, daß der Zapfen genau rund und seine Lauffläche vollkommen glatt poliert ist. Alle wichtigeren Lager werden mit Weißmetall ausgegossen, und zwar aus folgenden Gründen:

a) Weil der harte und polierte Stahlzapfen mit dem verhältnismäßig weichen Weißmetall besonders gut zusammenarbeitet.

b) Beim Heißlaufen des Lagers wird der wichtigere Zapfen nicht beschädigt.

c) Die beschädigte Tragfläche des Lagers kann ausgeschmolzen und durch Ausgießen leicht erneuert werden.

d) Weißmetallager laufen sich schneller ein und lassen sich leichter nacharbeiten als andere.

Weißmetall ist eine Legierung aus verschiedenen Weichmetallen und wird, je nach der Beanspruchung oder Wichtigkeit der Lager, in verschiedenen bewährten Zusammensetzungen verwendet, welche z. B. nach den HNA-Normen bestehen aus:

72% Zinn 27% Zink 1% Kupfer	für Kurbelwellen-, Kurbelzapfen-, Kreuzkopf- und Stevenrohrlager
42% Zinn 42% Blei 15% Antimon 1% Kupfer	für Kreuzkopfgleitschuhe, Exzenter usw.
21% Zinn 12% Blei 3,5% Kupfer 63% Zink	für Laufwellenlager.

In neuerer Zeit ist man bestrebt, die vorstehend angeführten Weißmetallegierungen mit hohem Zinngehalt möglichst durch solche mit geringerem Zinngehalt, aber größerem Bleigehalt nach den Vorschlägen des DIN zu ersetzen.

Zum Ausgießen der Lager wird die innere Lageroberfläche nach dem Ausschmelzen der alten Weißmetallreste zunächst mit Salzsäure gereinigt. Rohe Metalloberflächen werden mit Lötwasser bestrichen und mit Streuzinn bestreut. Darauf werden die Lagerschalen im Holzkohlenfeuer so weit angewärmt, daß das Zinn darauf schmilzt. Sie werden dann mit ebenfalls vorgewärmten Blechformen zusammengebaut, aufrecht hingestellt und die Fugen mit Lehm verschmiert. Beim Eingießen des im Tiegel geschmolzenen Weißmetalles sind Schlacken und Oxyde im Gießtiegel zurückzuhalten. Das eingegossene Weißmetall ist durch Umrühren mit Holzstäben so lange als möglich flüssig zu halten, damit alle Luft entweichen kann. Da das Metall beim Erstarren sehr schwindet, muß am Einguß bis zum völligen Erstarren ständig Weißmetall nachgegossen werden.

Das zum Verdichten des Weißmetalles mitunter angewendete Hämmern der Oberfläche ist zwecklos und hat unter Umständen ein Loslösen der Weißmetallschicht vom Lagerkörper zur Folge.

Beim Bearbeiten und Einschaben der neu ausgegossenen Lagerschalen ist darauf zu achten, daß die Dicke der Lagerschalen, im Scheitel gemessen, an beiden Enden derselben gleich groß ist, was ganz besonders für die Unterschale gilt, weil sonst die oben angeführten Ungenauigkeiten beim Arbeiten der Gestänge usw. auftreten.

Zur Bildung einer Schmierölschicht zwischen Zapfen und Lagerschale ist der Durchmesser der Lagerbohrung etwas größer als der Durchmesser des Zapfens zu machen, so daß immer ein kleiner Spielraum zwischen beiden vorhanden ist. (Siehe Zahlentafel S. 185 bis 188.)

Die genaue Größe des Spielraumes zwischen Lager und Zapfen wird durch Abbleien ermittelt. An beiden Enden (bei größeren Lagern auch in der Mitte) werden dünne, weiche Bleidrahtenden (1 mm stark) eingelegt, die Lagerschalen mit allen Zwischenlagen fest angezogen, dann wieder gelöst und die Dicke der herausgenommenen breitgedrückten Bleienden mittels einer Mikrometerschraube gemessen.

Beim Abbleien ist darauf zu achten, ob der betreffende Zapfen bereits oval abgenutzt ist. Ist dies der Fall, dann ergibt das Abbleien auf dem kleineren Durchmesser des Zapfens (etwa in der Totpunktlage) zwar das zweckmäßig zuzulassende Spiel, es besteht jedoch dann die Gefahr, daß der Zapfen sich in einer anderen Stellung im Zapfen festklemmt.

Propellerwelle. Diese erhält im Pockholzlager des Stevenrohres ein Spiel von etwa $\delta = 0{,}4$ mm (bei gequollenem Pockholz), bei Weißmetallbüchsen etwa $= 0{,}3$ mm auf 100 mm Durchmesser.

Zwecks Instandhaltung der Maschine bei aufgelegtem Schiff sind alle laufenden Teile einer Maschine aufzunehmen, auszutrocknen (indirekt gekühlte Teile sind durch Ablassen des Wassers zu entleeren) und nach Einfetten mit gutem wasserfreiem Öl wieder zusammenzubauen. Schmierkasten und Schmiertrichter sind von Öl zu reinigen, mit Deckeln zu verschließen und die Schmierrohre mit Dampf durchzublasen. Weichpackungen sind aus den Stopfbüchsen herauszunehmen.

Die Maschine ist mittels der Drehvorrichtung täglich etwas zu drehen.

B. Dampfturbinen.

Grundlagen.

Die Kolbendampfmaschine wird durch den statischen Druck des Dampfes, die potentielle Energie, getrieben. Im Gegensatz hierzu wird die Dampfturbine durch die strömende, kinetische Energie des Dampfes in Drehbewegung versetzt. Zu diesem Zweck wird der Dampfdruck in einer besonderen Leitvorrichtung in Strömungsgeschwindigkeit verwandelt. Mit dieser Geschwindigkeit wird der Dampf auf die Schaufeln des Turbinenläufers geleitet, durch welche er seine lebendige Kraft infolge Umlenkung des Strahles in den Schaufeln auf den Turbinenläufer überträgt, wie eine in Bewegung befindliche Masse in einer gekrümmten Bahn einen Bahndruck ausübt und bei bewegter Bahn (Laufschaufel des Turbinenläufers) lebendige Kraft an die Laufschaufel abgibt. Die absolute Geschwindigkeit c_1 des Dampfes wird damit auf c_2 verringert. Abb. 240 läßt die Ermittlung von c_2 aus c_1 erkennen.

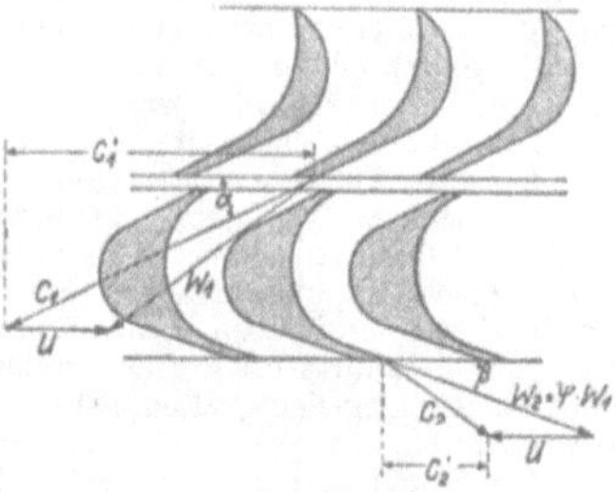

Abb. 240.

Hierzu wird die Geschwindigkeit c_1 mit der Umfangsgeschwindigkeit u der Schaufeln zusammengesetzt und die relative Dampfgeschwindigkeit w_1 bestimmt, mit welcher der Dampf durch die Schaufeln strömt. Beim Austritt aus den Schaufeln hat sich die relative Dampfgeschwindigkeit infolge der Schaufelreibung und Umlenkverluste auf die relative Dampfgeschwindigkeit w_2 ver-

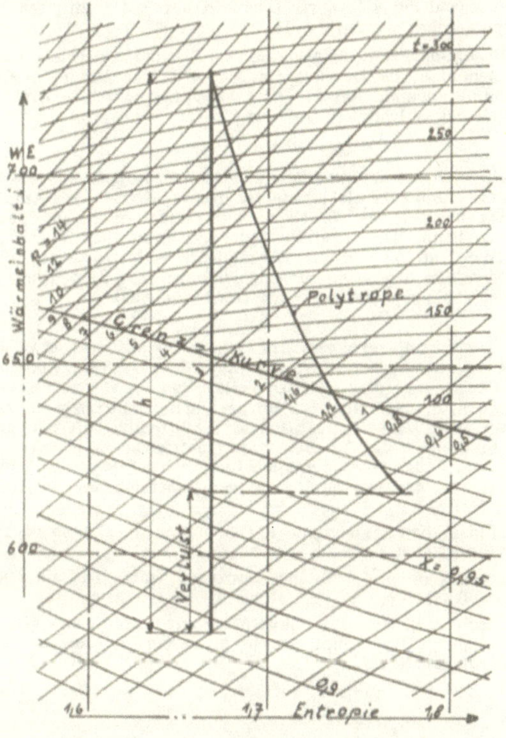

Abb. 241.

ringert, welche, wieder mit der Umfangsgeschwindigkeit der Schaufeln zusammengesetzt, die absolute Austrittsgeschwindigkeit c_2 ergibt.

Ist G die in einer Sekunde durch die Schaufeln des Laufrades strömende Dampfmenge in kg, dann ist die hierbei an das Laufrad abgegebene lebendige Kraft bzw. die geleistete Arbeit

$$L = P \cdot u = \frac{G}{2 \cdot g} (c_1^2 - c_2^2) \text{ mkg},$$

worin P die Umfangskraft in kg und u die Umfangsgeschwindigkeit in m im mittleren Schaufelkreis bedeutet.

Dieser Vorgang wiederholt sich in ähnlicher Weise in jedem Laufrad.

Die genaue Beurteilung der Vorgänge in der Turbine setzt Berechnungen voraus, deren ausführliche Erläuterung über den Rahmen des Taschenbuches hinausgehen würde. Deshalb soll nachstehend nur eine kurze Übersicht über die wichtigsten Vorgänge gegeben werden.

1. **Dampfgeschwindigkeit.** Strömt Dampf aus einem Raum mit dem absoluten Druck von p_1 ata durch eine Öffnung in einen Raum mit dem niedrigeren Druck von p_2 ata, so ist die Geschwindigkeit bei verlustfreier Strömung

$$c_0 = 91{,}5 \cdot \sqrt{h} \quad \text{m/s.}$$

Hierin ist h das Wärmegefälle in kcal, welches aus dem IS-Diagramm (Abb. 241) als gerade senkrechte Strecke zwischen den beiden angegebenen Drücken und Temperaturen abgemessen werden kann. Die wirkliche Dampfgeschwindigkeit c_1 ist aber wegen des mit der Strömung verbundenen Verlustes kleiner, welch letzterer von den Abmessungen, der Form und Ausführung der Düsen abhängt; danach ist die Geschwindigkeit

$$c_1 = \varphi \cdot c_0.$$

Der Geschwindigkeitskoeffizient φ kann im Mittel zu etwa 0,95 angenommen werden. Im IS-Diagramm findet man den Endpunkt der Expansion, indem man den Verlust von 5% von dem unteren Ende der Adiabate nach oben abträgt und durch den so gefundenen Punkt eine Waagerechte bis zum Schnittpunkt mit der Linie des Enddruckes der Adiabate nach rechts zieht. Verbindet man das obere Ende der Adiabate mit dem zuletzt gefundenen Punkt, so hat man den wahren Verlauf der Expansion, die Polytrope, Abb. 241.

Findet die Entspannung des Dampfes nicht weiter als bis zum sog. kritischen Druck

$p_K = 0{,}5774 \cdot p_1$ für anfangs trockenen gesättigten Dampf oder
$p_K = 0{,}5457 \cdot p_1$ „ „ überhitzten Dampf

statt, so genügt eine Durchflußöffnung mit überall gleich großem Querschnitt. Der Dampf erreicht in diesem Falle die kritische Geschwindigkeit von

$c_K = 323 \cdot \sqrt{p_1 \cdot v}$ m/s für anfangs trockenen, gesättigten Dampf

oder

$c_K = 333 \cdot \sqrt{p_1 \cdot v}$ m/s für anfangs überhitzten Dampf.

Der Druck p_1 ist in kg/cm² und das spez. Volumen v in m³/kg einzusetzen. Eine höhere Geschwindigkeit als c_K ist mit einer Düse mit überall gleich großem Querschnitt nicht zu erreichen. Soll aber der kritische Druck unterschritten werden, so muß die Durchflußöffnung als konisch erweiterte Düse ausgebildet werden. Die Größe des Querschnittes am Ende der Düse richtet sich nach der durch das Wärmegefälle sich ergebenden Geschwindigkeit und dem Dampfvolumen. Das Volumen ist den Zahlentafeln S. 68—70 zu entnehmen.

2. Ausflußmenge. Diese ergibt sich zu

$$G_s = 0{,}0199 \cdot F_{min} \cdot \sqrt{\frac{p}{v}} \text{ kg/sec für anfangs trockenen Sattdampf}$$

$$G_{ü} = 0{,}0209 \cdot F_{min} \cdot \sqrt{\frac{p}{v}} \text{ kg/sec „ „ überhitzten Dampf,}$$

wenn p der Druck in ata, v das spez. Volumen in m^3/kg und der kleinste Querschnitt F der Düse in cm^2 eingesetzt wird. Durch Reibungsverlust verringert sich die wirklich austretende Dampfmenge um etwa 5%.

Beispiel. Welche Dampfmenge strömt aus einem Dampfbehälter ins Freie, wenn der Dampfdruck 18 atü, die Dampftemperatur 350° C und die Durchflußöffnung einen Dmr. von 10 mm hat.

Diese ergibt sich für eine Stunde zu

$$G = 3600 \cdot 0{,}0209 \cdot 0{,}785 \cdot \sqrt{\frac{19}{0{,}15}} = 665 \text{ kg.}$$

Zieht man für Reibungsverluste noch 5% ab, so ergibt sich die tatsächlich austretende Dampfmenge zu 665 · 0,95 = 630 kg/h.

3. Leistung. Wie bereits erwähnt, entspricht einer Wärmeeinheit eine mechanische Arbeit von 427 mkg (S. 59). Da nun 75 mkg/s einer Pferdestärke gleich zu setzen sind, so ergibt sich der Wärmeverbrauch für eine Pferdestärke und Stunde in einer verlustlosen Turbine zu

$$Q = \frac{75 \cdot 3600}{427} = 632{,}3 \text{ kcal.}$$

Bezeichnet man mit h das zur Verfügung stehende Wärmegefälle in kcal, so ergibt sich die theoretische Leistung in Pferdestärken für ein kg Dampf in 1 h zu

$$L = \frac{h}{632{,}3} \text{ PS.}$$

Der Dampfverbrauch für eine effektive Pferdestärke ergibt sich für 1 h zu

$$G = \frac{632{,}3}{h \cdot \eta_{th}} \text{ kg/st,}$$

wenn η_{th} den thermodynamischen Wirkungsgrad der Turbine angibt.

Beispiel. Wie groß ist der Dampfverbrauch einer Dampfturbine bei einem Dampfdruck von 18 atü, einer Dampftemperatur von 350° C, einem Vakuum von 95% und einem thermodynamischen Wirkungsgrad von 75%.

Nach dem *IS*-Diagramm beträgt das Wärmegefälle 242 kcal, demnach der Dampfverbrauch

$$G = \frac{632{,}3}{242 \cdot 0{,}75} = 3{,}48 \text{ kg/h.}$$

4. Beschaufelungsarten.

a) Gleichdruckbeschaufelung. Bei dieser wird das der Stufe zugeteilte Wärmegefälle in der Leitvorrichtung (Abb. 240), oder in der Düse vollständig in Geschwindigkeit umgesetzt, mit welcher der Dampf in die Laufschaufeln strömt.

Wird bei Anwendung nur eines Laufschaufelkranzes die Austrittsgeschwindigkeit in diesem nicht genügend herabgesetzt, dann wird, wie in Abb. 242 dargestellt, der aus dem Laufkranz I austretende Dampf durch feststehende Umkehrschaufeln umgelenkt und durch einen weiteren Laufschaufelkranz II geleitet, in welchem die Dampfgeschwindigkeit weiter herabgemindert wird.

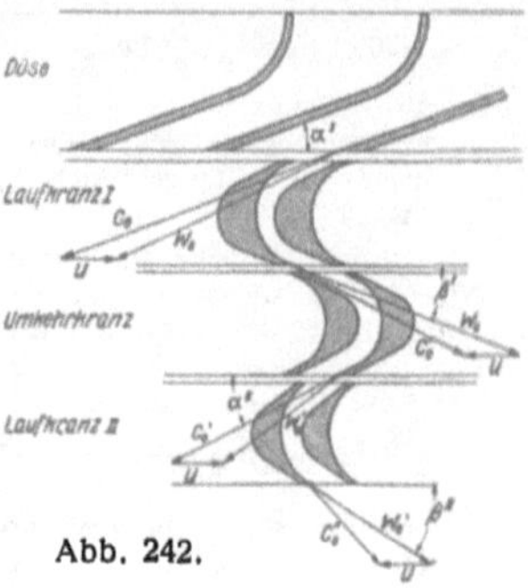

Abb. 242.

Der Dampfdruck vor und hinter den Laufschaufeln ist hier gleich groß, es wird also kein Axialschub auf den Turbinenläufer ausgeübt.

Der Wirkungsgrad der Beschaufelung ist nur von dem Verhältnis $\frac{u}{c_1}$ abhängig und kann aus der Abb. 243 für verschiedene Verhältnisse abgelesen werden.

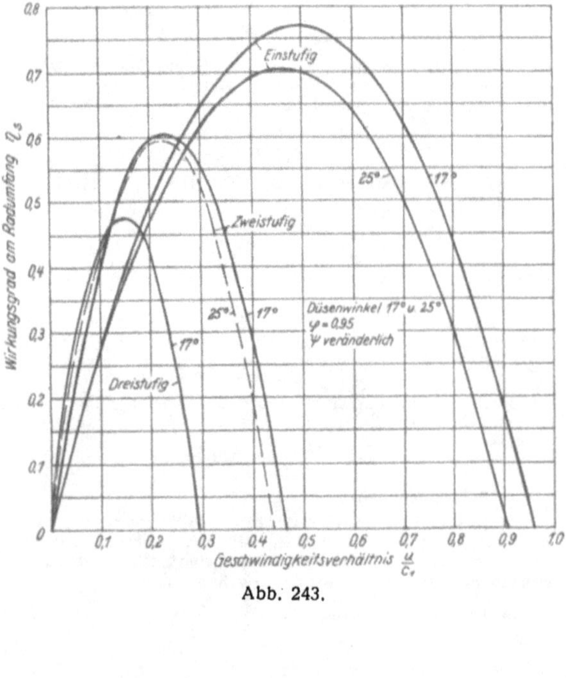

Abb. 243.

b) Überdruckbeschaufelung. Hier erfolgt die Umsetzung des Gefälles in Geschwindigkeit teils in den Leitschaufeln und teils in den Laufschaufeln. Es ist üblich, das Gefälle auf beide Schaufelkränze gleichmäßig zu verteilen. Dies geschieht, indem etwa die Hälfte des für eine Stufe vorgesehenen Gefälles in den Leitschaufeln in Geschwindigkeit umgesetzt wird, worauf der Dampf mit der erreichten Relativgeschwindigkeit w_1 Abb. 244 in die Laufschaufeln tritt, auf welche er wie bei der Gleichdruckturbine eine Aktionswirkung ausübt. In den Laufschaufeln erfolgt dann die Umsetzung des für diese Stufe noch vorhandenen

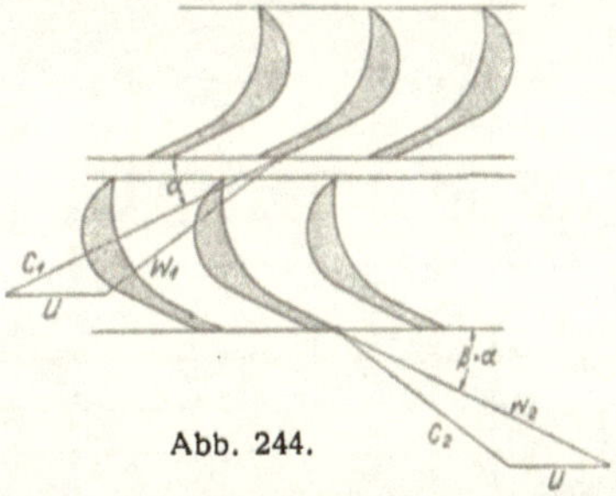

Abb. 244.

Teiles des Gefälles, wobei der Dampf die Geschwindigkeit w_2 erreicht und hierbei auf die Laufschaufeln eine Reaktionswirkung ausübt. Der Wirkungsgrad der Beschaufelung kann aus der Abb. 245 für verschiedene Verhältnisse abgelesen werden.

Die Umfangsgeschwindigkeit u der Laufschaufeln (auf Mitte der Schaufellänge gemessen) kann nicht beliebig hoch gewählt werden. Sie ist vielmehr abhängig von der Beanspruchung, welche durch die Fliehkräfte im Läufer und in den Schaufeln auftreten und erreicht 250 m in den seltensten Fällen. Nach der Wahl eines günstigen $\frac{u}{c_1}$ nach Abb. 245 ergibt sich bei einmal angenommener Umfangsgeschwindigkeit die Dampfgeschwindigkeit c_1 und aus dieser der auf eine Stufe entfallende Bruchteil des Gesamtgefälles und damit auch die Anzahl der Stufen. Die Kosten, Platzfrage oder das Gewicht können hier zuweilen zum Nachteil des Wirkungsgrades zu Einschränkungen zwingen.

Bei ähnlichen Turbinen hat man für den Vergleich des Gütegrades von Beschaufelungen einen Anhalt, wenn man die Summe der Produkte aus der Anzahl z der Laufschaufelkränze und dem Quadrat ihrer mittleren Umfangsgeschwindigkeit bildet und durch das zur Verfügung stehende Gefälle dividiert. Diesen so gebildeten Quotienten $\frac{\Sigma(z \cdot u^2)}{h}$ nennt man die Parsonsche Kennziffer. Die größere Kennziffer läßt auch den besseren Wirkungsgrad also den kleineren Dampfverbrauch erwarten.

Die Verluste in den Schaufeln, ebenso die unter 5. aufgezählten übrigen Verluste werden für jede Stufe im IS-Diagramm vom unteren Ende der Adiabate fortlaufend nach oben aufgetragen. Zieht man von dem oberen auf diese Weise gefundenen Punkt eine Waagerechte nach rechts bis zum Schnitt mit der Linie des Enddruckes, so hat man den Endpunkt der Expansion in der betreffenden Stufe, welcher zugleich den Anfang für die nächstfolgende Stufe bildet. In Abb. 246 ist das soeben beschriebene Verfahren für eine 7stufige Gleichdruckturbine durchgeführt. Es sei noch bemerkt, daß die in den Schaufeln auftreten-

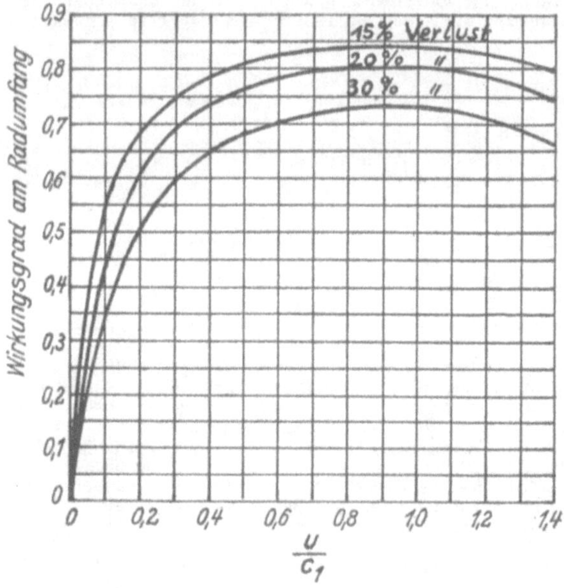

Abb. 245.

den Verluste den weitaus größeren Teil der Verluste ausmachen. Diese vergrößern sich noch, wenn die Drehzahl der Turbine verringert wird, da dann das $\frac{u}{c_1}$ einen ungünstigeren Wert annimmt.

5. Thermodynamischer Wirkungsgrad η_D**.** Bei der Umsetzung der kinetischen Energie des Dampfes in der Turbine treten Verluste auf durch Reibung, Umlenkung des Dampfes, durch nicht ausgenützte Austrittsgeschwindigkeit des Dampfes, durch Reibung des Läufers und Ventilation der nicht beaufschlagten Schaufeln im Dampfraum, ferner durch die Undichtigkeit der Stopfbüchsen und die Lagerreibung. Diese Verluste werden durch den thermodynamischen Wirkungsgrad η_D berücksichtigt.

Der thermodynamische Wirkungsgrad η_D ergibt sich durch Division des tatsächlich ausgenützten Gefälles h_1 (Abb. 246) mit dem zur Verfügung stehenden Gefälle h zu

$$\eta_D = \frac{h_1}{h} \text{ oder } = \frac{632{,}3}{G \cdot h},$$

wenn G der gemessene Dampfverbrauch für 1 PS/h ist.

Der thermodynamische Wirkungsgrad moderner Turbinen kann zu 72 bis 76% angenommen werden.

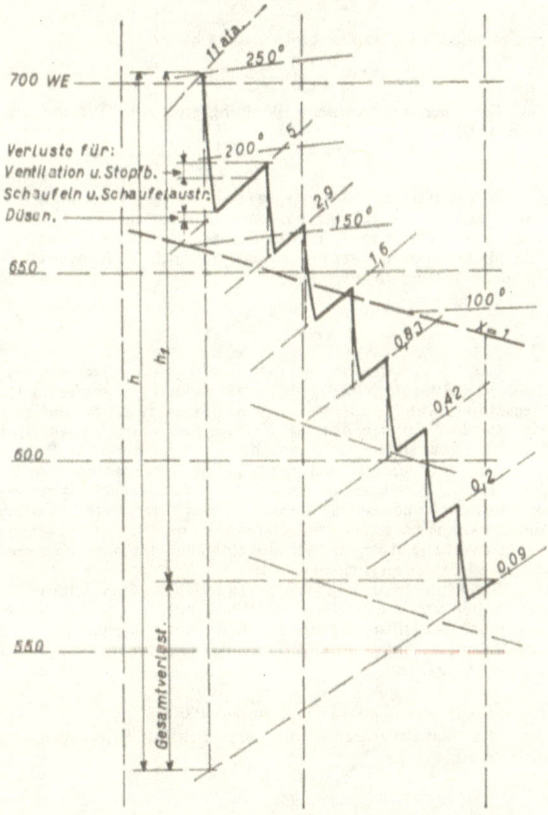

Abb. 246.

Beispiel. Mit Hilfe eines Torsionsindikators ist die auf die Propellerwelle übertragene Leistung zu 1760 PS festgestellt und in dem gleichen Zeitabschnitt der Dampfverbrauch durch Kondensatmessung für eine Stunde zu 6560 kg ermittelt worden. Die

Leistung der Turbine wurde durch ein Zahnradgetriebe auf die Propellerwelle übertragen. Wie groß ist der thermodynamische Wirkungsgrad der Turbine?

Die Dampfverhältnisse sind wie in dem vorhergehenden Beispiel, demnach das Wärmegefälle 242 kcal. Der Wirkungsgrad des Getriebes sei zu 98 % angenommen, mit welchem sich die Turbinenleistung zu

$$L = \frac{1760}{0{,}98} = 1800 \text{ PS}$$

ergibt und der Dampfverbrauch für eine PS/h zu

$$G = \frac{6560}{1800} = 3{,}65 \text{ kg}.$$

Der thermodynamische Wirkungsgrad der Turbine ergibt sich dann zu

$$\eta_D = \frac{632{,}3}{G \cdot h} = \frac{632{,}3}{3{,}65 \cdot 242} = 71{,}5\,\%.$$

6. Thermischer Wirkungsgrad η_T. Diesen erhält man, wenn man das von der Turbine ausgenützte Wärmegefälle $h_1 = h \cdot \eta_D$ durch den Wärmeinhalt i'' des Dampfes am Anfang (bez. i bei überhitztem Dampf) vermindert um die noch im Kondensat vorhandene Wärme i_K, dividiert.

Es ist also

$$\eta_T = \frac{h \cdot \eta_D}{i'' - i_K}.$$

Der Wärmeinhalt des Kondensates für 1 kg ist der Temperatur in Grad Celsius desselben gleichzusetzen. Bei einem idealen Kondensator ist die Temperatur des Kondensates gleich derjenigen des Sattdampfes von dem im Kondensator herrschenden Druck. Es findet aber stets eine Unterkühlung statt, welche die Temperatur mehr oder weniger, bei einem guten Kondensator etwa 6° C, herabsetzt. Vorstehende Formel läßt den Nachteil der Unterkühlung des Kondensates erkennen. Wenn aber für die Erwärmung des Kesselspeisewassers genügend Abdampf von den Hilfseinrichtungen vorhanden ist, so kann die Unterkühlung ohne Kostenaufwand wieder ausgeglichen werden.

Bezeichnet man den Wirkungsgrad des Kessels unter Einschluß der Verluste in der Rohrleitung mit η_K und den Wärmeverbrauch der Hilfsmaschinen mit i_h in % des Wärmeverbrauches der Hauptmaschinen, so ergibt sich der Gesamtwirkungsgrad der ganzen Anlage zu

$$\eta_{Ges} = \eta_T \cdot \eta_K \left(\frac{100 - i_h}{100}\right)$$

und der Wärmeverbrauch für eine effektive Pferdestärke und Stunde zu

$$Q = \frac{632{,}3}{\eta_{Ges}} \text{ kcal}.$$

B e i s p i e l. Wie groß ist der Wärmeverbrauch einer Anlage, wenn Dampf von 18 atü und 350° C an der Turbine und ein Vakuum von 95 % zur Verfügung stehen, wenn ferner der thermodynamische Wirkungsgrad der Turbine 75 %, der Wirkungsgrad der Kesselanlage 78 % und der Wärmeverbrauch der Hilfsmaschinen (nicht Dampfverbrauch) 3 % von dem der Hauptmaschinen beträgt.

Das Wärmegefälle beträgt 242 kcal, demnach der thermische Wirkungsgrad der Turbine

$$\eta_T = \frac{242 \cdot 0{,}75}{751-26} = 0{,}25$$

(bei etwa 6° Unterkühlung des Kondensates) und hiermit der Gesamtwirkungsgrad zu

$$\eta_{Ges} = 0{,}25 \,.\, 0{,}78 \cdot \left(\frac{100-3}{100}\right) = 0{,}189.$$

Der Wärmeverbrauch der ganzen Anlage beträgt dann für 1 PS/h

$$Q = \frac{632{,}3}{0{,}189} = 3350 \text{ kcal.}$$

Steht Kohle mit einem unteren Heizwert von 7500 kcal zur Verfügung, so beträgt der Kohlenverbrauch für 1 PS/h

$$\frac{3350}{7500} = 0{,}447 \text{ kg.}$$

Hoher Dampfdruck, hohe Temperatur und hohes Vakuum vergrößern den thermischen Wirkungsgrad. Bei 40 atü, 400° C und einem Vakuum von 95 % würde der thermische Wirkungsgrad bei $\eta_D = 0{,}75$

$$\eta_T = \frac{274{,}5 \cdot 0{,}75}{769-26} = 0{,}277$$

und im Vergleich zu 18 atü und 350° C die Wärmeersparnis 10,8 % betragen. Zugleich ergibt sich bei diesen Dampfverhältnissen die Dampffeuchtigkeit für die letzte Turbinenstufe aus dem *IS*-Diagramm zu etwa 8 %, welche mit Rücksicht auf die Schaufelabnützung durch das Wasser in dieser Höhe ungefähr als die Grenze angesehen werden kann. Bei noch weiterer Steigerung des Dampfdruckes wäre zur Vermeidung größerer Dampffeuchtigkeit erforderlich, daß der Dampf, nachdem derselbe bereits einen Teil seiner Energie in der Hochdruckturbine abgegeben hat, in einem besonderen Überhitzer des Kessels zum zweitenmal überhitzt wird, um dann in den nachfolgenden Stufen der Turbinen weiter ausgenutzt zu werden. Ein zweites Verfahren zur Zwischenüberhitzung wäre, daß der bereits zum Teil ausgenützte Dampf in einem mit Frischdampf geheizten Wärmeaustauscher wieder auf hinreichende Überhitzungstemperatur gebracht wird. Der Heizdampf würde durch eine Umwälzpumpe in einem geschlossenen Kreislauf wieder dem Kessel zugeführt werden.

Das Verfahren der Zwischenüberhitzung bedeutet aber eine Komplikation der Anlage und könnte deshalb nur dann angewendet werden, wenn mit demselben eine nennenswerte Ersparnis erzielt würde. Die Drucksteigerung müßte dann bis zu der für die Turbine zulässigen Grenze von etwa 100 atü erfolgen, wobei sich bei Dampf von etwa 400° C ein thermischer Wirkungsgrad von etwa $\eta_T = 0{,}304$ ergibt. Dieser schließt eine Wärmeersparnis von 9,7 % gegenüber der 40-atü-Anlage ein.

Man ist deshalb bestrebt, bei Verbesserung des thermischen Wirkungsgrades durch Drucksteigerung ohne Zwischenüberhitzung auszukommen. Hierzu ist aber eine hohe Dampftemperatur von etwa 450 bis 500° C erforderlich.

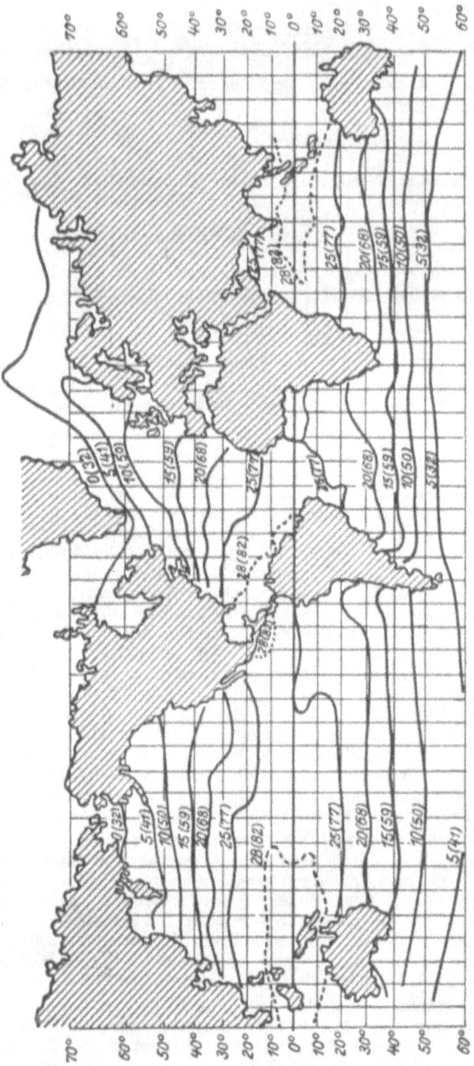

Abb. 247.

Das Vakuum soll so hoch gewählt werden, wie es mit Rücksicht auf die Länge der letzten Schaufel möglich ist. Es ist aber auch von der Temperatur des Kühlwassers abhängig. Mit steigendem Vakuum wird die Differenz zwischen der Temperatur des niederzuschlagenden Abdampfes und des Kühlwassers immer kleiner, wodurch immer größere Kondensatoren und Wassermengen erforderlich werden, welche hohe Baukosten und hohen Kraftverbrauch nach sich ziehen. Die Höhe des Vakuums ist deshalb auch vom wirtschaftlichen Standpunkt aus zu beurteilen. Man wählt dasselbe deshalb so, daß zwischen der Abdampftemperatur und der Anfangstemperatur des zur Verfügung stehenden Kühlwassers eine Differenz von mindestens 12° C vorhanden ist.

Durch die Abhängigkeit des Wärmeverbrauches vom Vakuum und dadurch von der Kühlwassertemperatur ergibt sich für die verschiedenen Fahrten, auf welchen die Kühlwassertemperaturen voneinander abweichen, auch eine Änderung des Wärmeverbrauches. Dieser beträgt für 1 % Vakuumänderung etwa 1,5 %. Wie weit aber eine Verbesserung des Wärmeverbrauches bei zunehmendem Vakuum wirklich stattfindet, ist jedoch noch von der Ausbildung der letzten Turbinenstufen abhängig. In Abb. 247 sind die ungefähren Temperaturen des Seewassers an verschiedenen Stellen im Jahresmittel angegeben. Die eingeklammerten Zahlen geben die Temperatur in Grad Fahrenheit an.

Einzelteile.

1. **Beschaufelung.** a) Geschwindigkeitsstufen. Sowohl die Gleichdruck- als auch die Überdruckturbinen haben vielfach als erste Stufe ein als Laufrad mit meistens 2 Schaufelkränzen ausgebildete Gleichdruckstufe, ein Curtisrad (Abb. 248). Wie leicht einzusehen ist, kann in dieser Stufe ein wesentlich größeres Druckgefälle umgesetzt werden als in einem Schaufelkranz. Die Entspannung des Dampfes findet bei Stufen dieser Art in erweiterten Düsen statt. Man erreicht damit in der ersten Gehäusekammer einen wesentlich niedrigeren Druck als bei Stufen anderer Art. Dieser ist für die Festigkeit des Gehäuses und für die Dichtigkeit der Hochdruckstopfbüchse von Bedeutung. Außerdem wird bei Überdruckstufen durch das größere Dampfvolumen die Schaufellänge der ersten Reihen genügend groß und damit der Spaltverlust in erträglichen Grenzen gehalten.

b) Gleichdruckbeschaufelung. Bei dieser Beschaufelungsart besteht jede Stufe aus einem Düsen- oder Leitschaufelkranz, in welchem die Druckumsetzung stattfindet, und einem Laufschaufelkranz, in welchem der Dampfdruck überall gleich groß ist. Gleichdruckstufen können deshalb auch teilweise beaufschlagt werden; auch tritt bei dieser Beschaufelung kein Axialschub auf. Der Leitapparat der ersten Stufe wird in der Regel als Düsensegment ausgebildet und bei den nachfolgenden Stufen aus schaufelartig gebogenen Blechen oder gefrästen Düsen, die in Zwischenböden befestigt sind. Wegen der Druckdifferenz vor und hinter den Leiträdern werden diese auf der Welle abgedichtet. Die Kanäle, welche durch die Leitschaufeln gebildet werden, sind nur dann nach dem Austrittsende zu konisch erweitert, wenn Überschallgeschwindigkeit erzeugt werden soll. Abb. 248 zeigt die Beschaufelung einer Gleichdruckturbine mit vorgeschaltetem Geschwindigkeitsrad.

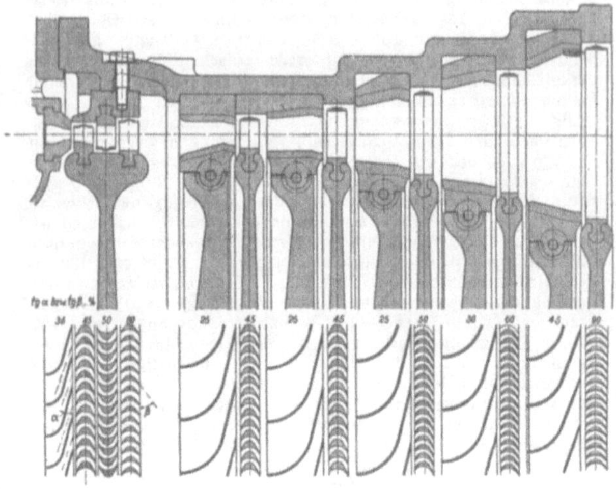

Abb. 248.

c) Überdruckbeschaufelung (Abb. 249). Wie bereits unter 4b angegeben wurde, findet bei dieser Beschaufelung die Druckumsetzung sowohl in den Leitschaufeln als auch in den Laufschaufeln statt. Deshalb müssen Überdruckstufen immer voll beaufschlagt werden. Aus dem gleichen Grunde ist das radiale Spiel der Schaufeln so klein wie praktisch zulässig zu machen, damit der Spaltverlust möglichst klein gehalten wird. Der Spaltverlust ist derjenige Teil des Dampfes, welcher durch das radiale

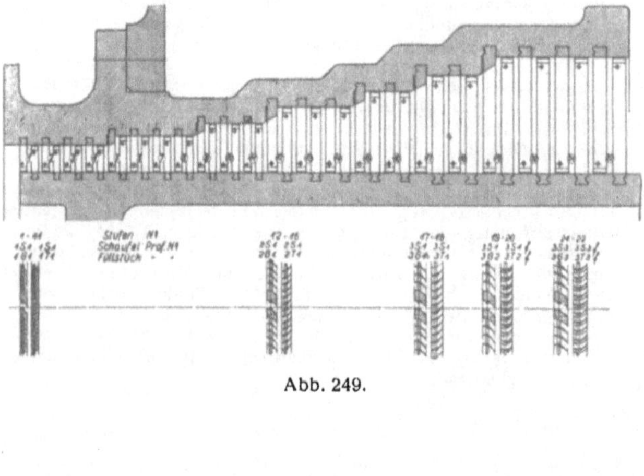

Abb. 249.

Spiel der Schaufeln hindurchströmt und daher keine Arbeit leistet. Durch die bei den Laufschaufeln auftretende Druckdifferenz wird auf den Turbinenläufer in axialer Richtung ein Schub ausgeübt, welcher die Anordnung eines Ausgleichkolbens oder eines hinreichend großen Drucklagers erforderlich macht. Um diesen Schub so weit wie möglich aufzuheben, wird bei Getriebeturbinen die Anordnung zuweilen so getroffen, daß der Axialschub der Zahnräder durch die Schrägverzahnung dem Axialschub der Turbine entgegenwirkt.

d) Material. Dieses hat hohen Anforderungen zu entsprechen, welche durch die Fliehkraft, die zu übertragende Umfangskraft und ferner durch die chemische und mechanische Einwirkung des Dampfes, besonders durch den freien Sauerstoff und den Wassergehalt des Dampfes, an dasselbe gestellt werden. Für die Hochdruckstufen wird Nickelstahl mit einem Nickelgehalt von 3 bis 5% und einer Bruchfestigkeit von 60 bis 70 kg/mm² viel verwandt, während für die Mitteldruck- und Niederdruckstufen Monelmetall oder nichtrostender Stahl zur Anwendung kommt. Monelmetall besteht aus etwa 65 bis 67% Ni, 28 bis 30% Cu, 4% Mn, 0,5% Fe und geringe Beimengungen von Zn, Sn, Si und C und hat eine Bruchfestigkeit von etwa 60 bis 95 kg/mm². Schaufeln aus den beiden zuletzt genannten Materialien sind aber sehr teuer und werden deshalb so weit wie möglich durch Nickelstahl oder Messing ersetzt. Letzteres besteht aus 72% Cu und 28% Zn oder 63% Cu und 37% Zn. Dieses Material hat aber nur eine Bruchfestigkeit von etwa 36 kg/mm², welche außerdem noch bei einer Temperatur von etwa 200° C an stark abnimmt. Deshalb können Schaufeln aus diesem Material nur in den Mittelstufen verwendet werden. Die Füllstücke werden aus weichem Flußeisen bzw. Messing hergestellt, damit sie sich bei kleinen Abweichungen den Schaufeln anpassen können. Das Deckbandmaterial besteht entweder aus Messing wie das der Schaufeln oder aus sehr weichem und zähem Eisen, damit es beim Vernieten mit den Schaufeln keine Risse bekommt. In den letzten Jahren ist aber das Messing durch die immer höher gesetzten Beanspruchungen und durch die Sparstoffwirtschaft durch den nichtrostenden Stahl zurückgedrängt worden.

Das Material der Leitradbleche besteht vielfach aus 5proz. Nickelstahl. Für die letzten Stufen wird auch rostsicherer Stahl verwendet, welcher zur Eignung für das Eingießen in die Leitradböden besonders hergestellt wird.

e) Ausführung. Die Schaufeln werden für mittlere Verhältnisse aus gezogenen, sorgfältig profilierten Stangen hergestellt, desgleichen die Füllstücke, auf Länge geschnitten und an einem Ende mit einem Fuß versehen. Einige der bisher ausgeführten Fußformen sind in Abb. 250 zusammengestellt. Die Fußform Nr. 4 hat häufig zu Brüchen geführt und wird deshalb nicht mehr ausgeführt. Sind die Schaufeln großen Fliehkräften unterworfen, so werden sie mit dem Füllstück aus einem Stück hergestellt, um dadurch die Beanspruchung im Fuß in den zulässigen Grenzen zu halten. Genügt auch dieses noch nicht, so verjüngt man den Schaufelquerschnitt nach dem Kopfende der Schaufel zu.

Das Kopfende der Schaufeln erhält bei Gleichdruckbeschaufelung einen Nietansatz zur Befestigung des Deckbandes. Dieses dient zur Verringerung des Ventilationsverlustes und zur Versteifung der Schaufeln. Schaufeln für Überdruckturbinen werden am oberen Ende durch Abfräsen der Rückenflächen zugeschärft, damit sich bei etwaigem radialen Anstreifen die zugeschärften Enden leicht abschleifen, ohne Zerstörungen hervorzurufen (Abb. 251). Die Schaufeln werden zur Versteifung mittels durchgezogener Drähte aus Bimetall (Stahldraht mit dünnem

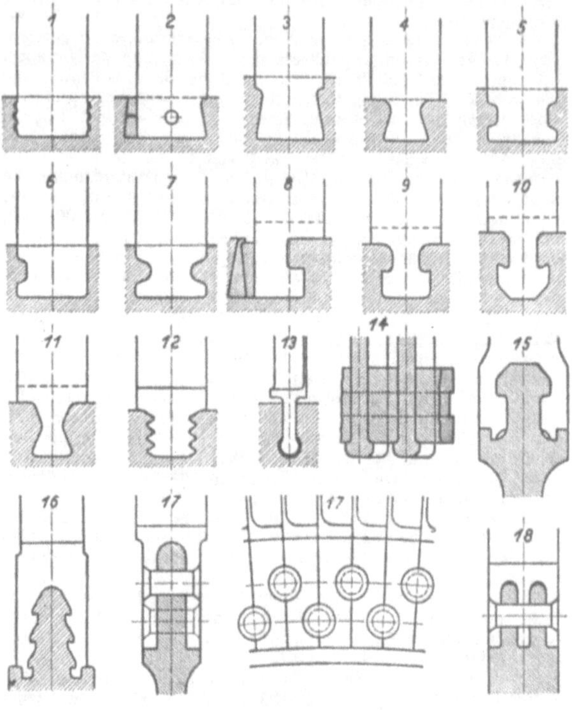

Abb. 250.

Mantel aus Kupfer) gruppenweise miteinander verbunden. Der Bindedraht wird in jeder Schaufel mit Silberlot verlötet. Gleichdruckschaufeln von großer Länge werden zur Vermeidung von Schaufelschwingungen außer durch das Deckband ebenfalls noch mit einem Bindedraht versteift. Sehr lange Schaufeln erhalten 2 Bindedrähte. An den Stoßfugen der Deckbänder bzw. der Bindedrähte werden Band- bzw. Drahtschlösser angeordnet, welche das seitliche Ausweichen der in Gruppen zusammengefaßten Schaufeln verhindern sollen und dabei aber in Umfangsrichtung freie Ausdehnung ermöglichen (Abb. 252).

Das Schaufelspiel ist von den Ausmaßen der Turbine abhängig und schwankt in axialer Richtung für Gleich- und Überdruckturbinen zwischen 3 und 8 mm. Das radiale Spiel ist für Gleichdruckturbinen ungefähr 2 bis 6 mm, während es bei Überdruckturbinen 0,5 bis 3 mm beträgt. Das Einstellen des axialen Spieles erfolgt durch Verschieben des Kammlagers. Tritt an diesem eine unzulässig große Abnützung der Gleitflächen auf, so besteht die Gefahr einer Schaufelhavarie. Dasselbe gilt in noch größerem Maße bei Abnützung der Traglager. Es werden deshalb an geeigneter Stelle Wellenmeßvorrichtungen vorgesehen, mit welchen die genaue Lage des Turbinenläufers von Zeit zu Zeit, auch bei in Betrieb befindlicher Turbine, kontrolliert werden kann.

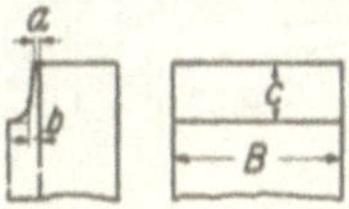

Abb. 251.

Schaufelschwingungen werden besonders bei langen Schaufeln durch die periodische Unterbrechung des Dampfstrahles durch die Schaufeln der Leitvorrichtungen und auch durch periodische Erschütterungen des Turbinenläufers hervorgerufen. Letztere können außer durch die Unbalance und die kritische Drehzahl des Läufers auch durch Schiffsschwingungen hervorgerufen werden. Harmoniert die Eigenschwingungszahl der Schaufel mit

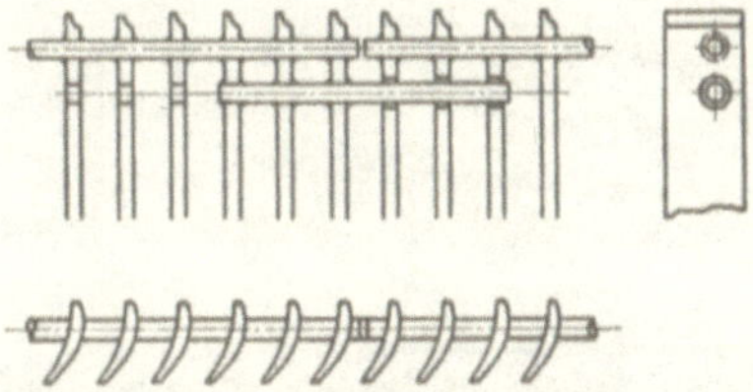

Abb. 252.

den Schwingungen der sie erregenden Kräfte, so kann durch die hierdurch verstärkte Schaufelschwingung in kürzester Zeit Schaufelbruch auftreten.

2. Dampfdüsen. Diese sind vor Gleichdruckstufen angeordnet, welche mit Überschallgeschwindigkeit arbeiten. Sie sind als besondere Düsensegmente oder auch als Leiträder ausgebildet. Die Düsensegmente werden aus Bronze, Gußeisen oder Stahl hergestellt. Dieses Material muß außer hinreichender Festigkeit auch bei hoher Temperatur eine genügende Widerstandsfähigkeit gegen Erosionserscheinungen haben. Die Herstellung erfolgt aus einem Stück gegossen (Abb. 253) oder mit eingegossenen Düsenblechen (Abb. 254). Die Segmente werden auch nach Abb. 255 oder Abb. 256 aus allseitig bearbeiteten Teilen zusammengesetzt, um durch die größere Genauigkeit in der Herstellung gegenüber gegossenen Düsen einen besseren Wirkungsgrad der Turbine zu erhalten. Bei den Zwischenböden werden die Düsen durch Eingießen von entsprechend geformten Blechen gebildet (Abb. 257). Werden die Zwischenböden aus Stahlguß oder Flußeisen herge-

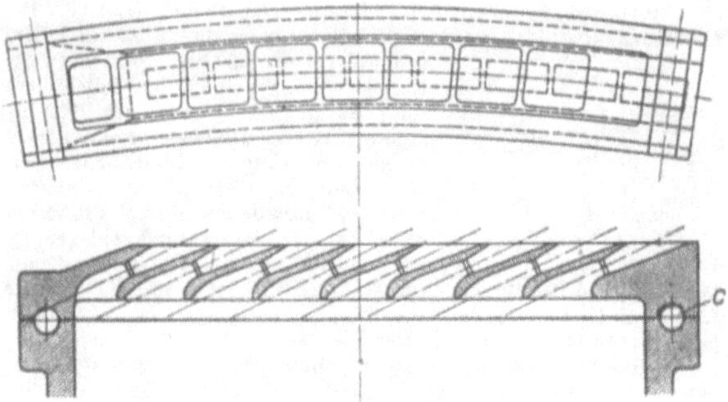

Abb. 253.

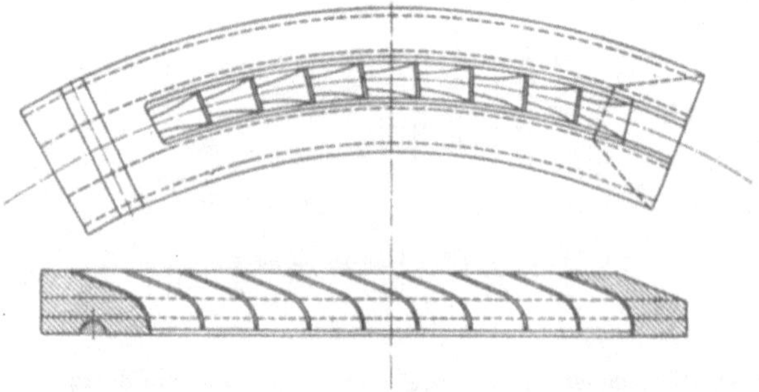

Abb. 254.

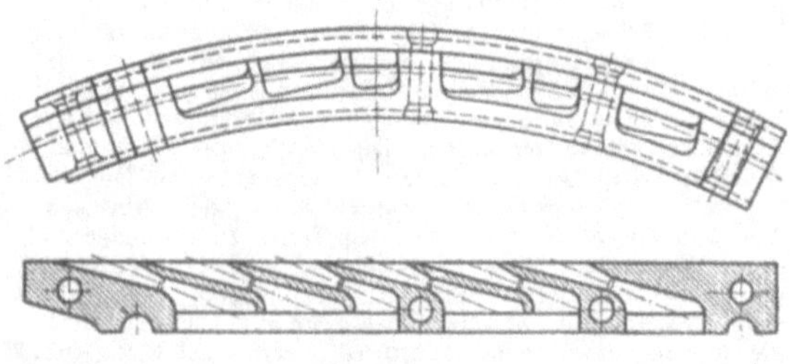

Abb. 255.

stellt, so werden die Düsen durch Einsetzen von allseitig bearbeiteten Einzelteilen aus Nickelstahl oder nichtrostendem Stahl gebildet (Abb. 258).

3. **Turbinenläufer.** Derselbe besteht bei Gleichdruckturbinen

Abb. 256.

aus einer Welle mit aufgeschrumpften Laufrädern. Die Schrumpfung wird so groß ausgeführt, daß sich die Radscheiben durch ihre Ausdehnung, hervorgerufen durch die Fliehkraft und schnelle Anwärmung, nicht von der Welle abheben. Ergibt die nach diesen Gesichtspunkten errechnete Schrumpfung eine unzulässig hohe Beanspruchung der Radscheibe, so werden Welle und Radscheiben aus einem Stück hergestellt. Diese Ausführung kann aber nur mit Radscheiben bis zu einem Durchmesser von etwa 1 m ausgeführt werden, da bei größeren Abmessungen das Durchschmieden des Schmiedestückes bis zur Mitte nicht mehr in dem erforderlichen Maße möglich ist. Um ganz sicher zu gehen, erhalten die Läufer eine Mittelbohrung, um das Material auch in seinem Kern untersuchen zu können.

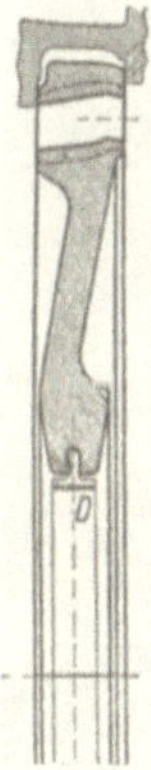

Abb. 257.

Bei Überdruckturbinen besteht der Läufer bei kleinen Abmessungen mit den beiden Wellenzapfen aus einem Stück. Etwa vorhandene Räder für Gleichdruckstufen werden mit dem Läufer aus einem Stück hergestellt oder bei größeren Abmessungen besonders aufgesetzt (Abb. 259). Bei größeren Abmessungen werden die Läufer hohl ausgebildet und mit den beiden Wellenzapfen durch Schrumpfung oder Schrauben verbunden (Abb. 260, 261). Mitunter verschraubt man noch die bereits eingeschrumpften Wellenzapfen mit der Trommel. Treten durch lange Schaufeln, besonders in den letzten Stufen, sehr große Fliehkräfte auf, so genügt die Festigkeit einer Trommel nicht mehr. In solchen

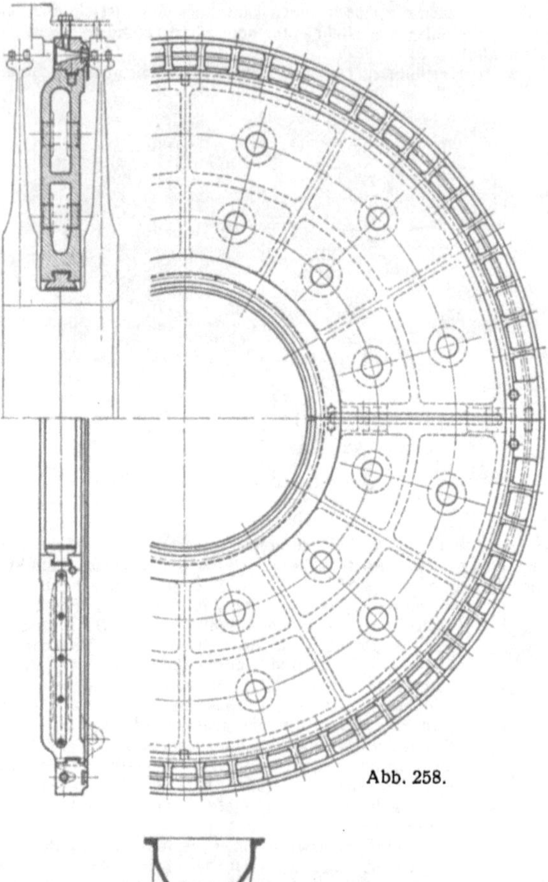

Abb. 258.

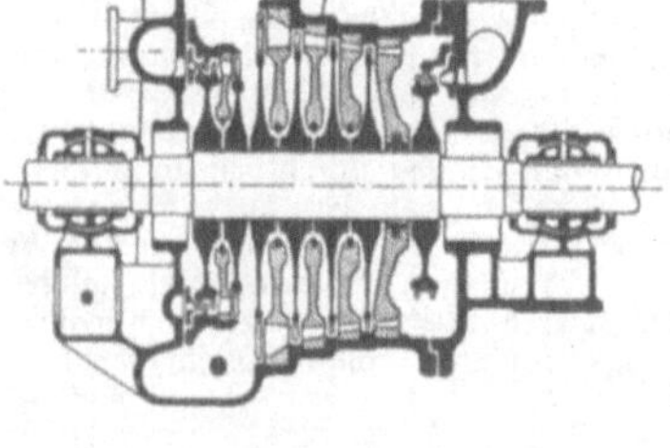

Abb. 259.

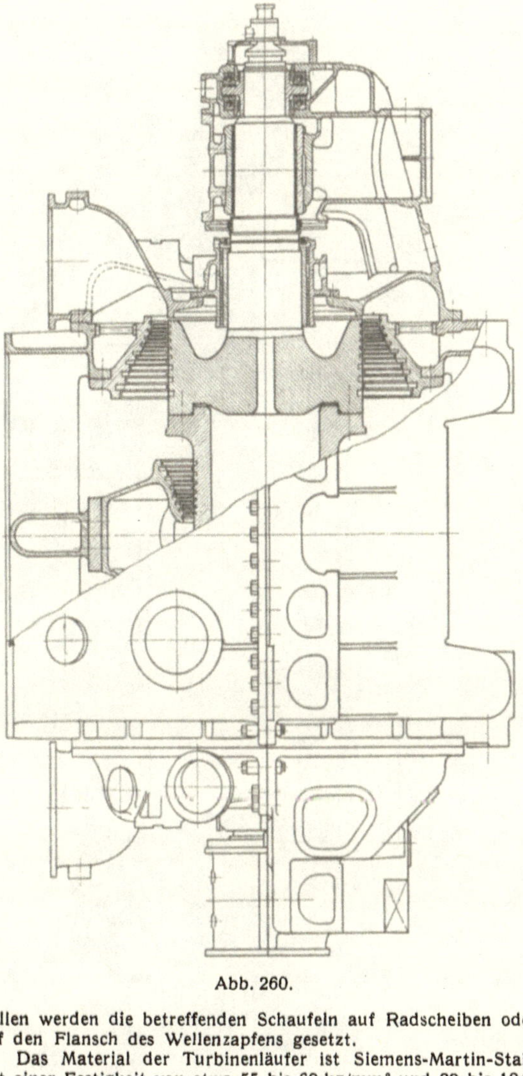

Abb. 260.

Fällen werden die betreffenden Schaufeln auf Radscheiben oder auf den Flansch des Wellenzapfens gesetzt.

Das Material der Turbinenläufer ist Siemens-Martin-Stahl mit einer Festigkeit von etwa 55 bis 60 kg/mm² und 20 bis 18%

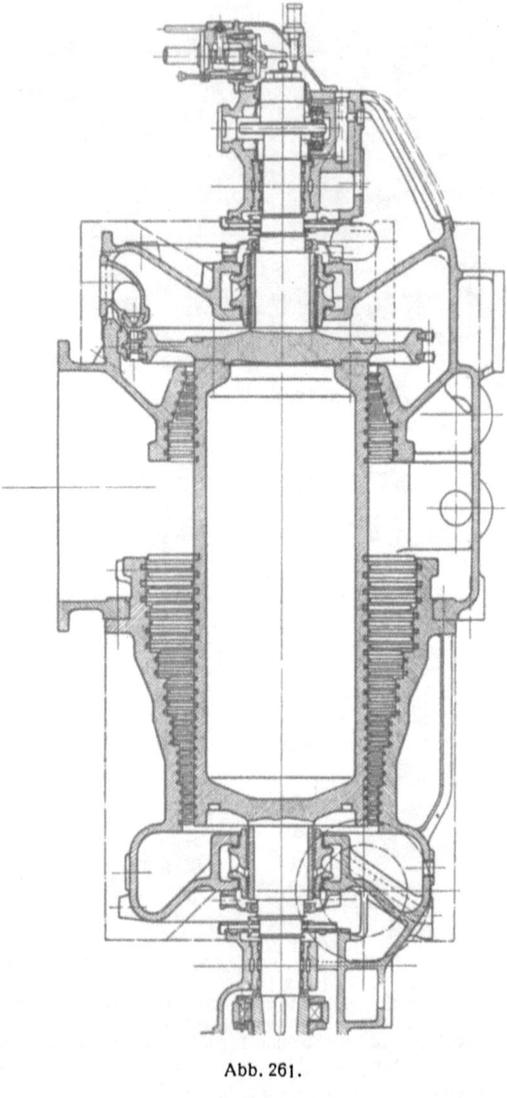

Abb. 261.

Dehnung bei l' = 10 d, für hoch beanspruchte Teile etwa 60 bis 70 kg/mm² und 18% Dehnung.

Damit die Turbine erschütterungsfrei läuft, muß aus dem Läufer mit Hilfe einer Auswuchtmaschine jede Unbalance entfernt werden. Selbstverständlich sind die Abmessungen so festgelegt, daß das Auftreten kritischer Drehzahlen bis zur Höchstfahrt vermieden wird.

4. Gehäuse. Dieses umschließt den Turbinenläufer, trägt sämtliche Leitapparate, wird an den Durchtrittsstellen des Läufers durch Stopfbüchsen abgedichtet und ist in der waagerechten Mittelebene geteilt. Das Gehäuseoberteil kann zur Besichtigung der Schaufeln und Herausnahme des Turbinenläufers abgehoben werden. Hierzu ist eine Hebevorrichtung, mit Säulen zur Führung des Oberteiles, vorhanden. Zur Unterstützung und Befestigung des Gehäuses ruht dasselbe auf angegossenen Füßen. Bei Hochdruckturbinen findet die Abstützung vielfach auf den beiden Traglagern statt, welche mit dem Gehäuseunterteil entweder aus einem Stück hergestellt oder verschraubt sind. Die Befestigung der Füße auf dem Fundament erfolgt so, daß eine freie Ausdehnung des Gehäuses ohne Veränderung der Mittellage gewährleistet ist. Im Innern des Gehäuses sind an seiner tiefsten Stelle Kanäle bzw. Bohrungen zur Entwässerung desselben vorgesehen, welche an geeigneter Stelle nach außen geführt werden.

Das Material ist bei Hochdruckturbinen Stahlguß. Kommt das Gehäuse mit Dampf von 400° C und mehr in Berührung, so ist Molybdänstahlguß wegen seiner höheren Warmfestigkeit erforderlich. Für die Niederdruckturbine wird Gußeisen verwendet. Soll aber die Anlage leicht werden, so wird auch dieses Gehäuse in Stahlguß ausgeführt. In neuester Zeit verwendet man zur weiteren Gewichtseinsparung Schweißkonstruktion.

5. Stopfbüchsen. Die Stopfbüchsen der Hochdruck-Turbine sollen bei Überdruck das Austreten des Dampfes verhindern und bei leerlaufender Turbine oder geringer Belastung derselben, bei welcher in der ganzen Turbine Unterdruck herrscht, das Eintreten von Luft verhüten. Dasselbe gilt für die Stopfbüchsen der Mittel- und Niederdruckturbine, soweit dort dieselben Betriebsverhältnisse bestehen. Die Niederdruckstopfbüchse hat häufig gegen Vakuum abzudichten. Die die Stopfbüchsen verbindende Rohrleitung wird deshalb so ausgeführt, daß der aus der Hochdruckstopfbüchse austretende Dampf der oder den Niederdruckstopfbüchsen zum Absperren derselben zugeführt wird. Genügt diese Dampfmenge zum Sperren der Niederdruckstopfbüchsen nicht, so wird gedrosselter Frischdampf der Verbindungsleitung an geeigneter Stelle zugeführt. Ist die aus den Hochdruckstopfbüchsen austretende Dampfmenge zu groß, so wird die überschüssige Menge aus der Verbindungsleitung durch eine mit Hilfe eines Ventils regulierbare Abzweigleitung dem Abdampfteil der Turbine oder dem Kondensator zugeführt. Bei in Betrieb befindlicher Turbine soll die Sperrdampfleitung so eingestellt sein, daß die Stopfbüchsenschornsteine leicht dampfen.

Nach der Ausführung unterscheidet man:

a) Spitzendichtungen (Abb. 262). Welle bzw. Laufbüchse *A* und die Bohrung der Einsatzbüchse *B* sind abwechselnd mit scharfkantigen Ringen versehen, welche je nach der Größe der

Turbine radial auf der Welle bzw. in der Büchse ein Spiel von etwa 0,2 bis 0,5 mm und axial 3 bis 8 mm frei lassen. Diese Ringe sind bei dem stehenden Teil aus Messing oder einer besonderen Legierung hergestellt, welche in schwalbenschwanzförmigen Nuten einer Büchse aus Gußeisen oder Stahl befestigt sind. Bei dem Läufer sind die Ringe in der Welle oder einer aufgesetzten Büchse befestigt und bei schnellaufenden Turbinen mit diesen Teilen aus einem Stück hergestellt. In etwa ⅓ der Stopfbüchsenlänge von außen ist zwischen den Dichtungsringen eine Kammer vorgesehen zur Ableitung überschüssigen Dampfes bei Hochdruckstopfbüchsen bzw. zur Zuleitung von Sperrdampf bei Vakuumstopfbüchse. Vor den Stopfbüchsen ist durch die Kappe *D* noch eine Kammer gebildet zur Abführung des austretenden Schleichdampfes nach oben. Hierdurch soll das Eindringen des Dampfes in das Lager verhütet werden, da sonst das Öl wasserhaltig wird.

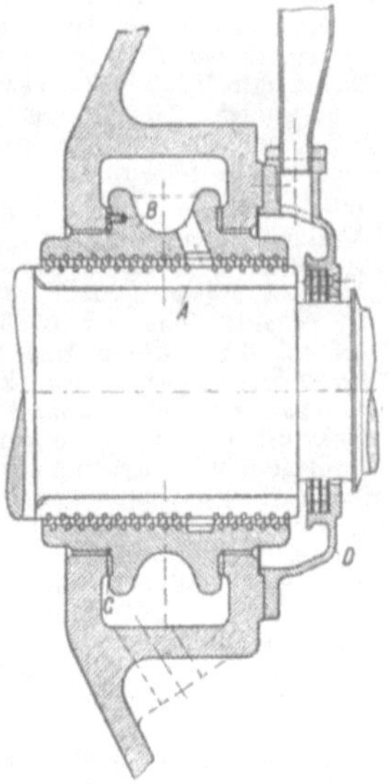

Abb. 262.

Die Zwischenböden werden ebenfalls in ihren Bohrungen

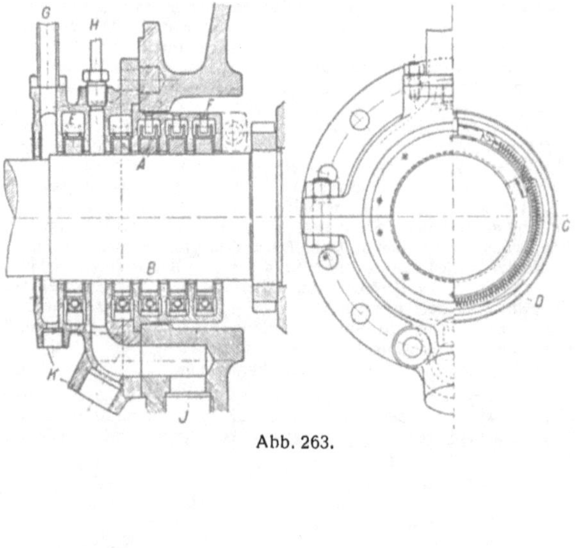

Abb. 263.

durch Spitzen *D* abgedichtet (Abb. 257), nur mit dem Unterschied, daß der rotierende Teil hier keine Gegenspitzen hat. Das radiale Spiel zwischen den Spitzen und der Welle ist eben so groß wie bei den Außenstopfbüchsen.

b) Kohlestopfbüchsen. Bei diesen erfolgt die Abdichtung durch dreiteilige Kohleringe *A* (Abb. 263), welche durch eine Fassung *B* aus rostsicherem Stahl und eine Schlauchfeder *C* oder eine Blattfeder zusammengehalten werden, welche heißdampfbeständig sind. Jeder Ring sitzt in einer besonderen Kammer des Stopfbüchsengehäuses. Das Spiel der Kohleringe auf der Welle ist so bemessen, daß dasselbe bei erwärmter Welle nahezu verschwindet. Die Anzahl der Kohleringe richtet sich nach dem inneren Überdruck. Es können mit jedem Ring etwa 2,5 at abgedichtet werden. Für die Niederdruckstopfbüchsen nimmt man mindestens 4 Ringe. Die Lauffläche für die Kohleringe ist poliert. Bei ungleichmäßiger Abnützung ist dieselbe auf der Drehbank wieder zu glätten. Man findet auch gehärtete Laufflächen. Kohlenstopfbüchsen haben sich aber häufig nicht bewährt und werden deshalb immer mehr von Spitzendichtungen verdrängt.

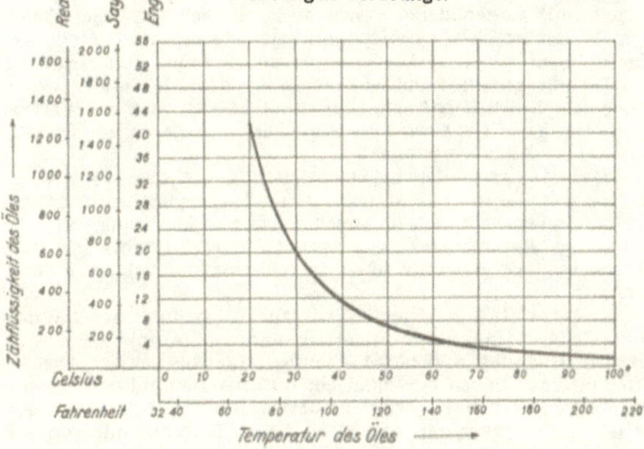

Abb. 264.

6. Lager. a) Allgemeines. In den Turbinenlagern treten zuweilen hohe Gleitgeschwindigkeiten und große Belastungen auf. Deshalb muß auf eine sorgfältige Ausbildung der Gleitflächen, wirksame Schmierung und Abführung der Reibungswärme besonders geachtet werden. Eine metallische Berührung zwischen Lagerzapfen und Lagerschale darf nicht auftreten, damit keine Reibung fester Körper aufeinander erfolgt, sondern nur die in der Ölschicht vorhandene Zähigkeit zu überwinden ist. Die Zähigkeit muß so groß sein, daß ein Zerteilen der Ölschicht durch den Lagerdruck nicht möglich ist. Da aber mit steigender Zähigkeit des Öles die Reibungsarbeit und damit auch die Temperatur im Lager zunimmt, so ist die Zähigkeit nicht größer als unbedingt erforderlich zu wählen. Einen Maßstab für die Zähigkeit gibt die nach Engler ermittelte Viskosität in Graden an. Wie Abb. 264 erkennen läßt, ändert sich die Viskosität mit der Temperatur des Öles. Für Turbinenlager empfiehlt es sich, Öl mit einer Viskosität von etwa 2,6 bis 3,0 Englergraden bei 50° C zu wählen. Handelt es sich aber um Getriebeturbinen, bei welchen das Getriebe mit demselben Öl geschmiert wird, so geht man mit Rücksicht auf die Ritzelschmierung mit der Viskosität höher, und zwar bis etwa 5 bis 6 Englergrade. Genügend geschmierte Lager haben auch nach längerer Betriebszeit keine nennenswerte Abnützung. Die zulässige Abnützung richtet sich nach dem radialen Spiel der Schaufeln und der Stopfbüchsen; sie darf also nur wenige Zehntel Millimeter betragen. Um die Lagerreibung klein zu halten, wird der Wellenzapfen poliert. Außerdem sind die Lagerschalen durch Schaben dem Wellenzapfen angepaßt. Hierbei ist darauf geachtet, daß das Öl in abnehmender Schichtstärke zwischen die Gleitflächen gelangen kann (s. auch S. 171). Diese Schicht darf nicht unterbrochen werden. Es ist deshalb dort, wo der Wellenzapfen die Lagerschale belastet, keine Ölnute vorhanden.

b) Traglager. Der Lagerkörper umschließt die Lagerschalen öldicht und trägt dieselben in einer zylindrischen oder kugelförmig ausgebildeten Bohrung, damit sich die Lagerschalen dem Wellenzapfen selbsttätig anpassen können. Wie bereits bemerkt, dient der Lagerkörper zuweilen auch zur Unterstützung des Turbinengehäuses und ist deshalb mit dem Gehäuse entweder aus einem Stück hergestellt oder mit Rücksicht auf die Wärmeausdehnung des Gehäuses mit demselben, in Federkeilen gleitend, durch Schrauben verbunden.

Das Material der Lagerschalen und des Lagerkörpers ist meistens Gußeisen oder Stahlguß. Die Lagerschalen werden mit Weißmetall ausgegossen, für welches sich eine Legierung von 78 % Zinn, 13 % Antimon, 6 % Kupfer und 3 % Blei gut bewährt hat. In neuerer Zeit verwendet man auch Weißmetall mit etwa 10 % Zinn.

c) Drucklager. Dieses dient zur Einstellung des Läufers zum Gehäuse in axialer Richtung und zur Aufnahme des in gleicher Richtung wirkenden Schubes auf den Läufer. Gleichdruckturbinen haben nur dann einen durch Dampfdruck hervorgerufenen Axialschub, wenn die letzte Stufe mit Reaktion arbeitet. Sonst rührt der Schub bei diesen Turbinen nur von der Schräglage derselben im Schiff her und ist deshalb auch nur klein. Bei Überdruckturbinen entsteht ein erheblicher Axialschub, welcher bei größeren Turbinen ganz oder zum größten Teil durch einen Entlastungskolben ausgeglichen wird. Der verbleibende Schub wird durch das Drucklager aufgenommen. Bei kleineren Turbinen kann die Aufnahme des Axialschubes durch das Drucklager allein erfolgen. Wird der Turbinenläufer mit einem schräg verzahnten Ritze verbunden, so wird die Neigung der Zähne so gewählt, daß die in axialer Richtung wirkende Komponente der Umfangskraft des Ritzels dem Dampfschub auf den Turbinenläufer entgegenwirkt. Der Schub auf das Drucklager wird dann entsprechend geringer.

In der Ausführung findet man 3 Arten von Drucklagern:

1. Drucklager mit mehreren Kämmen, welche einzeln auf den Wellenzapfen des Läufers gesetzt werden. Solche Kämme

können aus bestgeeignetem Material hergestellt, gehärtet, geschliffen und im Falle einer Havarie ausgewechselt werden. Die Druckbügel sind einzeln einstellbar und mit Hohlräumen versehen, durch welche Kühlwasser zur Abführung der Reibungswärme geleitet wird. Diese Konstruktion war früher allgemein üblich, wird aber heute nicht mehr ausgeführt.

2. Drucklager mit mehreren Kämmen, welche mit dem Turbinenläufer aus einem Stück hergestellt sind. Die beiden Lagerschalen, mit welchen die Druckringe fest verbunden sind, sind durch Schrauben zur Einstellung des axialen Lagerspieles gegeneinander verschiebbar. Diese Konstruktion hat zur Folge, daß die untere Lagerschale den Schub nach rechts und die obere Lagerschale den Schub nach links aufnimmt. Die Einstellung des Rotors in axialer Richtung erfolgt durch die Beilagen unter der Unterschale. Auch diese Konstruktion wird nicht mehr ausgeführt.

3. Neuere Turbinen erhalten ausschließlich Einscheibendrucklager nach dem Michell-System (Abb. 265). Bei diesen ist auf der Welle nur ein Druckring vorhanden, welcher sich zu beiden

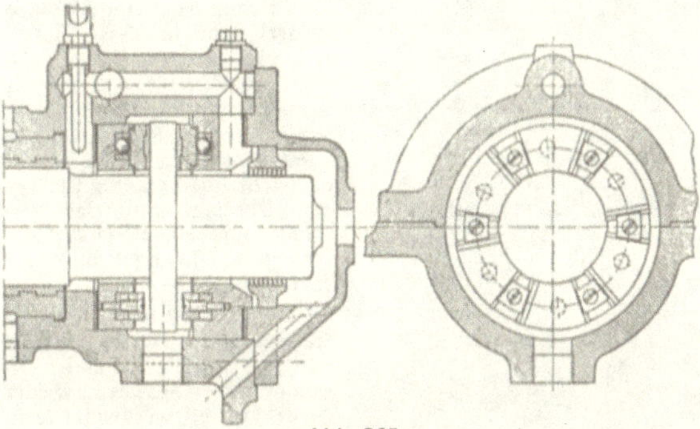

Abb. 265.

Seiten gegen eine Anzahl von Drucksegmenten legt. Diese sind nur in der Mitte unterstützt und stellen sich bei rotierendem Druckkamm selbsttätig schräg ein, indem sich zwischen den Gleitflächen ein Ölkeil bildet. Die Gleitgeschwindigkeit darf in diesem Lager naturgemäß nicht zu klein, mindestens etwa 2 m, sein, da sonst die Bildung des Ölkeiles nicht möglich ist. Es besteht dann die Gefahr, daß zwischen den Gleitflächen metallische Berührung entsteht und diese zerstört werden. Der Reibungsverlust ist in Lagern dieser Konstruktion wesentlich geringer und die Belastungsmöglichkeit wesentlich größer als bei Lagern mit feststehenden Gleitflächen.

Abb. 265 zeigt, wie sich die Drucksegmente in Umfangsrichtung aneinander reihen. Siehe auch Abb. 209.

Das Material der Drucksegmente ist Flußeisen mit Weißmetall als Gleitfläche.

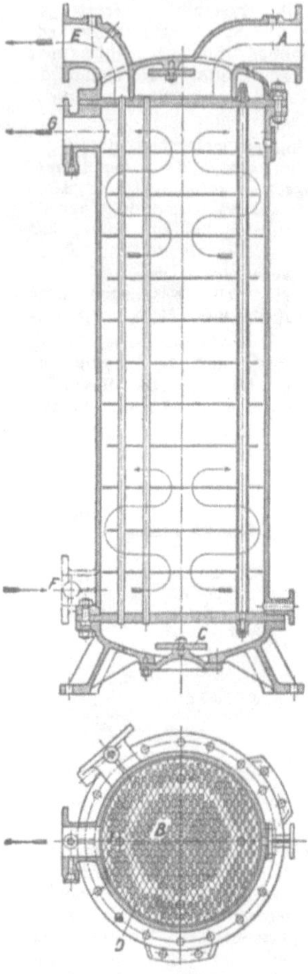

Abb. 266.

d) Lagerschmierung. Es wird ausschließlich Umlaufschmierung angewendet, bei welcher das Schmieröl von einer Pumpe aus einem Sammelgefäß angesaugt, durch einen Ölfilter und Ölkühler gedrückt und dann erst den Schmierstellen zugeleitet wird, von welchen es wieder dem Sammelgefäß zufließt. Infolge dieses geschlossenen Kreislaufes ist der Ölverbrauch nur gering.

Um beim Versagen einer Ölpumpe die Schmierung immer noch einige Zeit aufrechterhalten zu können, wird vielfach ein Hochbehälter vorgesehen, welcher so hoch wie möglich im Maschinenraum angebracht ist. Die Ölpumpe fördert dann in diesen Behälter, von dem das Öl dem Ölkreislauf zufließt. Durch eine Schwimmervorrichtung, Alarmvorrichtung oder einen kleinen vom Maschinistenstand aus zu beobachtenden ständig fließenden Überlauf wird das Personal auf einen etwa eintretenden Ölmangel aufmerksam gemacht.

Da das Schmieröl durch die Reibung in den Lagern erwärmt wird, so muß es in einem Ölkühler mittels Seewasser wieder zurückgekühlt werden. Die in einer Stunde in einem Lager erzeugte Wärme ergibt sich zu

$$W = P \cdot v \cdot \mu \cdot 8{,}5 \text{ kcal.}$$

Hierin ist P die Gesamtbelastung des Lagers in kg und μ der Reibungskoeffizient, welcher sich nach Lasche zu

$$\mu = \frac{2}{p \cdot t}$$

ergibt; p bedeutet den Flächendruck pro cm² und t die Öltemperatur. Diese Formel gilt zwar nur für Gleitgeschwindigkeiten von 5 bis 20 m/s, gibt aber darüber hinaus auch noch brauchbare Anhaltswerte.

Nimmt man die spezifische Wärme des Öles mit 0,46 an und bezeichnet t_2° und t_1° die Temperatur des beim Ölkühler ein- bzw. austretenden Öles, so ergibt sich die Ölmenge pro

Stunde zu

$$Q = \frac{P \cdot \nu \cdot \mu \cdot 8{,}5}{0{,}46\,(t_2^{ö} - t_1^{ö})}\ \text{kg}.$$

Die Temperatur des aus den Lagern austretenden Öles darf nicht über 100° C steigen, da sonst die Schmierfähigkeit des Öles nachläßt.

Die Größe des Ölkühlers richtet sich nach der abzuführenden Wärmemenge, der mittleren Temperaturdifferenz zwischen dem Öl und dem Wasser und dem Wärmedurchgangs-

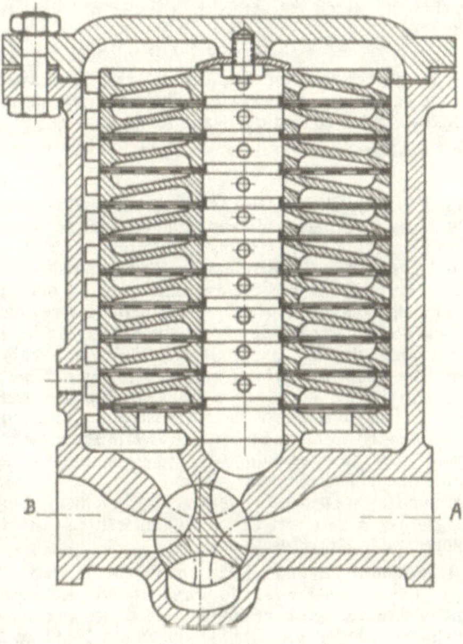

Abb. 267.

koeffizienten k. Letzterer ist ein Kennzeichen für die Qualität des Ölkühlers und gibt diejenige Wärmemenge an, welche der Ölkühler in einer Stunde auf ein m² Kühlfläche bei einer mittleren Temperaturdifferenz von 1° C zwischen Öl und Wasser abführen kann, und beträgt, wenn t_1^{w} bzw. t_2^{w} die Temperatur des ein- bzw. austretenden Kühlwassers und f die Kühlfläche in m² bedeutet

$$k = \frac{Q \cdot 0{,}46 \cdot (t_2^{ö} - t_1^{ö}) \cdot 2}{f \cdot (t_2^{ö} + t_1^{ö}) - (t_2^{w} + t_1^{w})}.$$

Dieser Koeffizient ist in hohem Maße von der Ölgeschwindigkeit im Ölkühler und der Reinheit der Kühlfläche abhängig und beträgt bei guten Ölkühlern etwa 200 bis 240. Verschlechtert sich derselbe bei gleicher Ölmenge, dann ist die Kühlfläche verschmutzt. Deshalb empfiehlt es sich, diesen Wert zur Kontrolle des Ölkühlers hin und wieder während des Betriebes nachzuprüfen.

Mit Hilfe des Ölkühlers läßt sich auch eine ungefähre Kontrolle der Reibungsverluste in Lagern ausüben, welche der durch die Rückkühlung des Öles abgeführten Wärmemenge entsprechen. Diese ergeben sich zu etwa

$$R_1 = Q\,(t_{2^{\prime\prime}} - t_{1^{\prime\prime}}) \cdot 0{,}0073 \text{ PS}.$$

Will man die Gesamtverluste feststellen, so ist noch die von den Lagern, dem Getriebegehäuse usw. ausgestrahlte Wärme zu berücksichtigen, deren entsprechende Leistung sich ergibt zu ungefähr

$$R_2 = F \cdot (t_g - t_r) \cdot 0{,}016 \text{ PS},$$

worin F die wärmeausstrahlende Oberfläche in m² bedeutet und $t_g - t_r$ die Temperaturdifferenz zwischen den wärmeaustrahlenden Gehäusewänden t_g und der Raumtemperatur t_r.

Die Gesamtverluste ergeben sich dann zu

$$R = R_1 + R_2.$$

Abb. 266 zeigt einen Ölkühler. Bei demselben durchfließt das Öl das die Kühlfläche bildende Rohrbündel auf der äußeren Rohrseite. Quer zur Rohrrichtung angeordnete Leitbleche sorgen dafür, daß das Öl die Kühlfläche möglichst senkrecht trifft. Das Kühlwasser durchfließt die Rohre, und zwar in der Mitte des Röhrenbündels nach unten und in den äußeren Rohren nach oben.

Unreinigkeiten werden durch ein engmaschiges Sieb im Sammelbehälter oder durch 2 umschaltbare Filter (Abb. 267) zurückgehalten. Der Öleintritt erfolgt bei A, der Austritt bei B. Der Sammelbehälter wird auch mit einer Einrichtung versehen, um etwa dem Öl beigemischtes Wasser abzuscheiden. Zur Sicherheit der Schmierung ist in allen Fällen eine zweite Pumpe als Reserve vorhanden. Zur Überwachung der Lagertemperatur ist jedes Lager mit einem Thermometer versehen.

Verschmutztes Öl wird zweckmäßig in einem Zentrifugal-Reinigungsapparat gereinigt. Dieses kann während der Liegezeit oder während der Fahrt geschehen.

7. Allgemeines. Es sind fast immer 2 **Manövrierventile** vorhanden, und zwar je eines für die Vorwärts- und Rückwärtsfahrt. Die Ventile sind von gleicher Bauart wie diejenigen der Kolbenmaschinen und werden unmittelbar durch ein Handrad betätigt.

Drosselt man mit Hilfe dieses Ventiles bei verminderter Fahrt den gesamten nach der Turbine strömenden Dampf, so ergibt sich ein Verlust, der sich durch höheren Dampfverbrauch für eine Pferdestärke kenntlich macht. Im IS-Diagramm ist dieser Verlust zu ersehen, wenn man von den beiden Enden der waagerecht verlaufenden Drosselkurve Adiabaten bis zum Kondensatordruck zieht. Vergleicht man die Längen dieser Adiabaten miteinander, so findet man, daß die vom Anfangsdruck des gedrosselten Dampfes, also vom rechten Ende der Drosselkurve, ausgehende Adiabate kürzer ist als diejenige, welche vom Anfangsdruck des ungedrosselten Dampfes ausgeht. Die Längendifferenz dieser beiden Adiabaten ist das durch Drosselung verlorene Wärmegefälle.

Um diesen Drosselverlust zu vermeiden, sind die Frischdampfdüsen der Turbine vielfach in Gruppen zusammengefaßt, welche durch Gruppenventile abschaltbar sind. Die Gruppen sind so gewählt, daß die gewünschte Fahrtgeschwindigkeit durch volles Öffnen einer entsprechenden Anzahl von Gruppenventilen, also mit vollem Dampfdruck vor den Düsen erreicht wird.

Die Dampfsiebe werden möglichst unmittelbar vor den Düsen angeordnet, damit Fremdkörper von dem Innern der Turbine ferngehalten werden. Die den freien Querschnitt bildenden Löcher haben etwa 2,5 bis 4 mm Dmr.

8. Der **Schnellschlußregler** ist in der Regel in einem Wellenzapfen des Turbinenläufers untergebracht. Er besteht aus einem exzentrisch zur Welle gelagerten Gewicht, welches durch eine Feder in seiner Lage gehalten wird. Übersteigt die Drehzahl der Turbine aus irgendeinem Grunde die festgesetzte Höchstdrehzahl um etwa 10 bis 15%, so überwindet die Zentrifugalkraft des Gewichtes die Kraft der Feder und bewegt sich nach außen. Hierbei betätigt das Gewicht einen Mechanismus, der ein sofortiges Schließen des in die Zudampfleitung eingebauten Schnellschlußventiles bewirkt, um eine Zerstörung des Turbinenläufers durch zu hohe Fliehkräfte zu verhindern.

Ausführungen.

1. **Bauarten von Dampfturbinen.** Die kleinste Vertreterin der Dampfturbinen ist diejenige von de Laval. Diese besitzt nur ein Laufrad mit einem Schaufelkranz, welcher nach dem Gleichdruckverfahren arbeitet. Damit diese Turbine einen möglichst günstigen Wirkungsgrad hat, sind Drehzahlen bis zu 30000 in der Minute ausgeführt worden, welche durch ein Zahnradgetriebe herabgesetzt wurden. Naturgemäß konnte diese Turbine nur für kleine Leistungen ausgeführt werden und fand daher auch nur als Hilfsturbine Anwendung.

Ende des vorigen Jahrhunderts entstand die Parson-Turbine. Diese ist eine Trommelturbine mit reiner Überdruckbeschaufelung, welche in dieser Art nur noch als Mittel- oder Niederdruckturbine ausgeführt wird. Bei Hochdruckturbinen werden der Überdruckbeschaufelung eine oder mehrere Laufräder mit Geschwindigkeits- bzw. Druckstufen vorgeschaltet, um den Wirkungsgrad zu verbessern. Nach diesem Prinzip sind die meisten Schiffsturbinen ausgeführt worden.

Etwa zu gleicher Zeit kamen die Turbinen von Zölly, Rateau und Curtis auf, als Vertreterinnen der Räderturbinen, welche nach dem Gleichdruckverfahren arbeiten. Die beiden erstgenannten Turbinen haben mehrere Laufräder mit je einem Schaufelkranz, während bei der Curtis-Turbine die Laufräder 2 und mehr Schaufelkränze haben. Bei der bei Räderturbinen üblichen Ausführung findet man in der Regel ein Curtisrad mit nachgeschalteten einstufigen Geschwindigkeitsrädern.

Die reine Curtis-Turbine kommt heute nur noch als Hilfsturbine vor.

Rückwärtsturbinen. Für die Rückwärtsfahrt werden besondere Turbinen vorgesehen, welche mit dem Gehäuse und dem Läufer der Vorwärtsturbinen zusammengebaut werden. Die Leistung beträgt etwa 50 bis 60% der Vorwärtsfahrt.

Marschturbinen. Kriegsschiffe führen große Fahrten, sog. Marschfahrten, mit wesentlich kleinerer Geschwindigkeit und demnach auch mit kleinerer Drehzahl aus als diejenige ist, für welche die Hauptturbinen gebaut sind. Bei diesen Fahrten wird deshalb den Hauptturbinen eine schnellaufende Turbine, die Marschturbine, vorgeschaltet, wodurch auch bei der kleineren Drehzahl der Hauptturbinen ein günstigeres $\frac{u}{c_1}$ erreicht wird, als es ohne diese möglich wäre. Hierdurch wird der thermodynamische Wirkungsgrad verbessert und der Dampfverbrauch pro Pferdestärke herabgesetzt. Der Erfolg ist Verringerung des Kohlenverbrauches und dadurch Vergrößerung des Aktionsradius des Schiffes. Bei Hauptfahrt des Schiffes wird die Marschturbine entweder abgekuppelt oder evakuiert, um den Ventilationswiderstand der Schaufeln herabzusetzen.

Eine weitere Einrichtung zur Herabsetzung des Dampfverbrauches bei Marschfahrt besteht darin, daß in die Hauptturbinen besondere Marschstufen eingebaut werden, welche bei der Hauptfahrt überbrückt werden.

Ferner können bei Hauptfahrt parallel arbeitende Turbinen bei Marschfahrt hintereinander geschaltet werden.

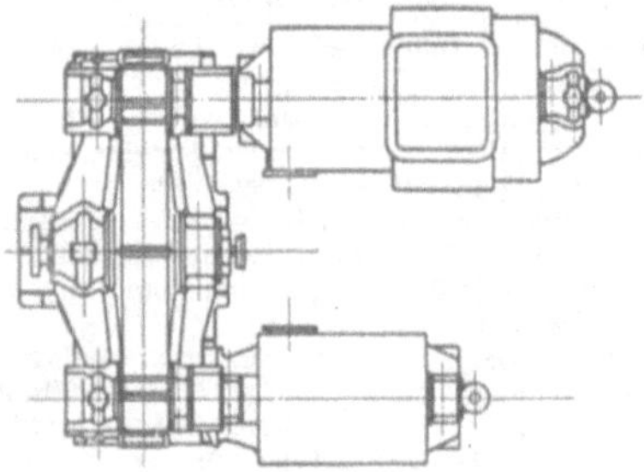

Abb. 268.

Auch werden zuweilen für die Marschfahrt besondere Marschdüsen verwendet.

In neuester Zeit ist auch bei Turbinenschiffen für die Marschfahrt mitunter eine kleine Dieselmaschine mit bestem Erfolg verwendet worden.

2. Anordnung im Schiff. Wie bereits bemerkt, kommen nur noch Getriebe-Turbinen zur Anwendung. Von dieser Art findet man Ausführungen, bei welchen zu beiden Seiten der Propellerwelle die *HD*- und *ND*-Turbine angeordnet sind, deren direkt gekuppelte Ritzel direkt oder durch ein Vorgelege auf das mit der Propellerwelle verbundene große Zahnrad treiben.

Abb. 268 zeigt eine entsprechende Anordnung, wie sie für den Seebäderdampfer „Cobra" der Hamburg-Amerika-Linie ausgeführt worden ist. Das Schiff hat 2 Propeller mit 2 gleichen Turbinenanlagen und Getriebe mit einfacher Übersetzung. Jede Turbinenanlage entwickelt eine Leistung von 1800 WPS bei einer minutlichen Drehzahl der *HD*-Turbine von 4500, der *ND*-Tur-

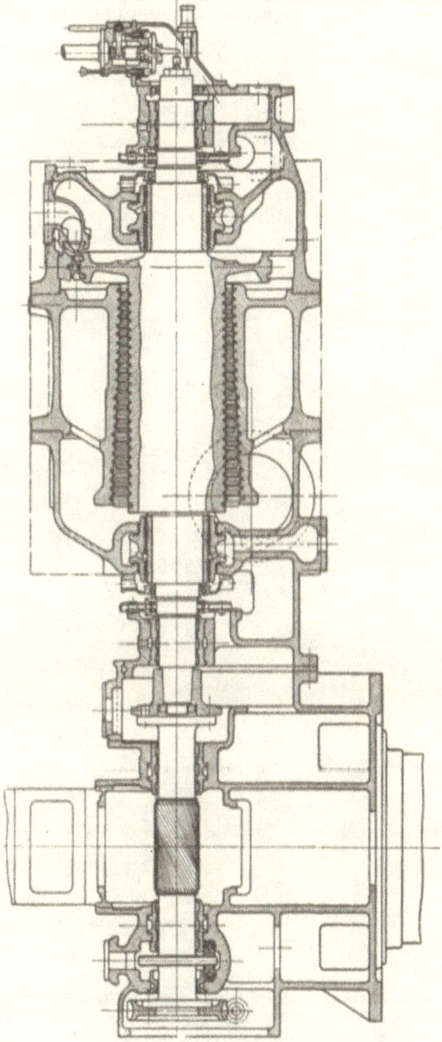

Abb. 269.

bine von 3500 und der Propellerwelle von 300. Der Kesseldruck beträgt 14 atü, die Dampftemperatur 350° C, das Vakuum 95% und der Dampfverbrauch etwa 4,3 kg/WPSh. Die *HD*-Turbine

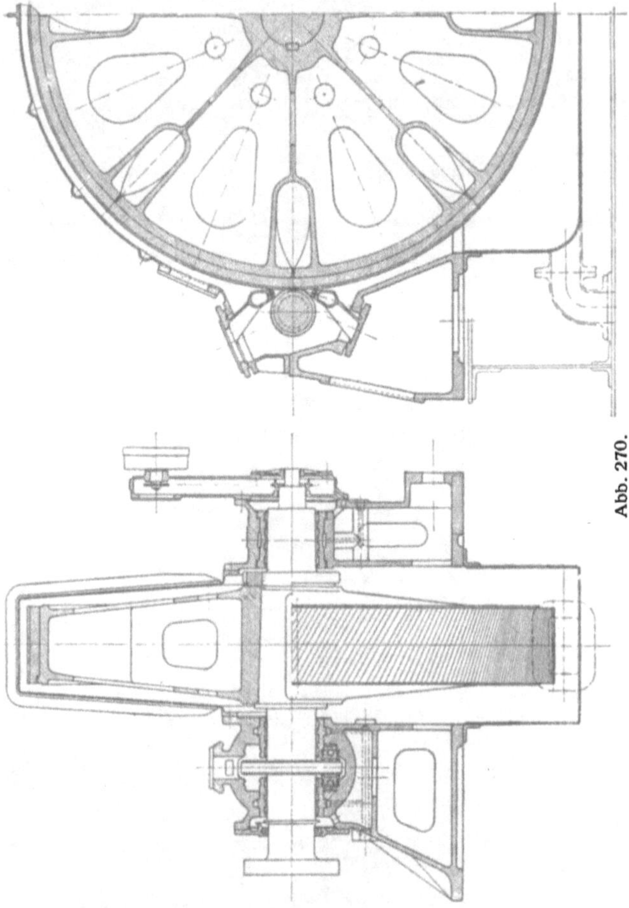

Abb. 270.

(Abb. 269) hat ein zweikränziges Curtius-Rad mit einem mittleren Schaufelkreisdurchmesser von 680 mm und 24 Überdruckstufen mit einem Trommeldurchmesser von 330 mm. Die *ND*-Turbine (Abb. 261) hat 22 Überdruckstufen und einen Trommeldurchmesser von 550 mm. Auf dem rechten Ende in dem Gehäuse der *ND*-Turbine befindet sich die Rückwärtsturbine, welche aus einem Curtis-Rad und 8 Überdruckstufen besteht. Jede Turbine hat ein Einscheibendrucklager und Stopfbüchsen mit Spitzendichtungen. Das Getriebe ist in den Abb. 270 und 271 wiedergegeben.

Eine Anordnung, bei welcher je eine *HD*-, *MD*- und *ND*-Turbine mit je einem Ritzel auf das große Zahnrad arbeiten, wobei je ein Turbinenritzel auf jeder Seite des Zahnrades auf der Getriebegehäuseteilebene und das dritte im Scheitel mit dem großen

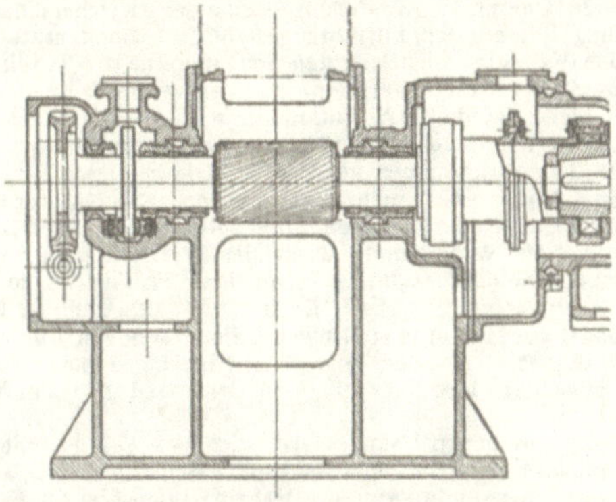

Abb. 271.

Zahnrad in Eingriff stehen, ist auf dem Schnelldampfer „Bremen" des Norddeutschen Lloyd ausgeführt worden.

Dieses Schiff hat 4 Schrauben, welche durch 4 gleiche Turbinenanlagen mit einfacher Übersetzung angetrieben werden. Jede Turbinenanlage entwickelt bei der vertraglichen Geschwindigkeit von 26,25 Kn. eine Leistung von etwa 22500 WPS, bei einer minutlichen Drehzahl der Turbinen von 1800 und derjenigen der Propeller von 182,5. Der Kesseldruck beträgt 23 atü, die Dampftemperatur 360°, das Vakuum 95 % und der Dampfverbrauch 3,5 kg/PSh. Abb. 260 zeigt eine *ND*-Turbine mit eingebauter *ND*-Rückwärtsturbine, welche beide als Doppelstromturbinen ausgebildet sind.

Als Material der Schaufeln wurde für sämtliche Laufschaufeln Monel-Metall verwendet, mit Ausnahme derjenigen der Curtis-Räder, welche aus nichtrostendem Stahl hergestellt sind. Für sämtliche Leitschaufeln wurde ebenfalls nichtrostender Stahl gewählt.

Eine ähnliche Anordnung, bei welcher jedoch die zu beiden Seiten des großen Zahnrades auf der Gehäuseteilebene angeordneten Ritzel an beiden Enden von je einer *HD*-, *MD*- bzw. einer in 2 Teilturbinen zerlegten *ND*-Turbine angetrieben werden, ist auf dem Schnelldampfer „Europa" des Norddeutschen Lloyd in Bremen zur Ausführung gekommen.

Es gibt auch Ausführungen, bei welchen alle 4 Teilturbinen die beiden Ritzel vom vorderen Ende aus antreiben.

3. Kondensationsanlagen. Wie bereits früher bemerkt wurde, können Dampfturbinen ein wesentlich höheres Vakuum als Kolbenmaschinen, bis zu etwa 98%, wirtschaftlich ausnützen. Um dieses höhere Vakuum zu erreichen, haben die Kondensatoren für Dampfturbinen auch eine wesentlich größere Kühlfläche als diejenigen für Kolbenmaschinen. Da das Volumen des Dampfes bei diesem Unterdruck sehr groß ist, so muß auch der Querschnitt der von der Turbine nach dem Kondensator führenden Abdampfleitung entsprechend groß ausgeführt werden. Dieses ist zuweilen in dem erforderlichen Maße nicht möglich. Man ist dann gezwungen, eine große Dampfgeschwindigkeit zuzulassen, welche eine Verminderung des an der Luftabsaugestelle des Kondensators bestehenden Vakuums an der letzten Schaufelreihe der Turbine zur Folge hat. Damit diese Verminderung des Vakuums so klein wie möglich bleibt, wird die Abdampfleitung so kurz als durchführbar gemacht und in den erforderlichen Krümmungen mit möglichst großen Abrundungen ausgeführt. Die in dieser Beziehung beste Ausführung erhält man, wenn man den Kondensator direkt unter der Niederdruckturbine anordnet. Aus dem gleichen Grunde werden die als Widerstände wirkenden Versteifungsanker und Leitbleche soweit wie zulässig vermieden. Prallbleche kommen nicht zur Anwendung. Auf der Eintrittsseite des Dampfes in das Rohrbündel werden durch stellenweises Fortlassen von Kühlröhren Gassen gebildet, welche dem Dampf das Eindringen in das Röhrenbündel erleichtern und dadurch einen Druckstau im Dampfstrom verhüten.

Infolge des hohen Vakuums ist auch das Volumen der aus dem Kondensator abzusaugenden Luft wesentlich größer als bei Kolbenmaschinenkondensatoren. Deshalb genügt hier die Kolbenluftpumpe wegen ihres begrenzten Hubvolumens nicht mehr. Sie wird daher durch die leistun ähigere Dampfstrahlluftpumpe ersetzt (s. S. 420).

Betriebsregeln für Turbinenanlagen.

1. Inbetriebsetzung.

a) Kontrolle der Lage der Turbinen- und Getriebeläufer mit den Wellenmeßvorrichtungen.

b) Schnellschlußvorrichtung durch Auslösen von Hand auf Gangbarkeit prüfen.

c) Inhalt des Öltanks auf Menge und Qualität untersuchen. Hierbei etwa vorhandenes Wasser im Ölbehälter ablassen. Ölpumpe, Filter und Ölkühler auf Zustand und Schaltung prüfen. Pumpe anstellen und untersuchen, ob sämtliche Ölverbrauchsstellen genügend Öl erhalten.

d) Kühlwasser- und Luftpumpe anstellen, zugleich Turbinenstopfbüchsen mit Dampf sperren und die Turbinenläufer bis zur Inbetriebsetzung mit der Drehvorrichtung langsam drehen.

e) Dampfleitung entwässern und Entwässerungsleitungen der Turbinengehäuse öffnen.

f) Turbine langsam anfahren. Es ist zweckmäßig die Turbine nicht vorzuwärmen, da dabei die Gehäuse oben wesentlich mehr erwärmt werden als unten und sich dann verziehen.

2. Beobachtung während des Betriebes.

a) Bei säm'lichen Lagern ständig den Öldurchfluß und die Temperatur beobachten und danach den Gang der Ölpumpe regeln.

Inhalt des Öltanks auf Menge und Qualität und den Ölfilter auf Verschmutzen beobachten durch Kontrolle der Druckdifferenz vor und hinter demselben.

b) Stopfbüchsensperrdampf so einstellen, daß stets etwas Schleichdampf aus den Stopfbüchsenschornsteinen entweicht.

c) Beginnt ein Alarmventil abzublasen, so ist die Zudampfleitung zur Turbine zu drosseln und die Ursache der Drucksteigerung in dem betreffenden Gehäuse sofort zu ermitteln.

d) Zur Kontrolle der Kondensatoren auf Dichtigkeit ist das Kesselspeisewasser laufend auf Salzgehalt zu prüfen (s. auch S.577).

e) Von Zeit zu Zeit sind Turbine und Getriebe abzuhorchen. Werden hierbei ungewöhnliche Geräusche oder unruhiger Lauf festgestellt, so ist deren Ursache sofort zu ermitteln, erforderlichenfalls die Drehzahl zu verringern oder die Anlage abzustellen.

3. Außerbetriebsetzung.

a) Abstellen des Dampfes durch Auslösen der Schnellschlußvorrichtung von Hand und Öffnen der Entwässerungsleitungen.

b) Abstellen der Schmierölpumpe wenn die Turbine steht und Absperren der Abflußleitung des Schmierölhochtanks.

c) Abstellen der Luftpumpe erst nach ½ h nach Abstellen des Dampfes, damit die Turbine gut austrocknet.

d) Werden bei einer Fahrtunterbrechung die Turbinen nicht vollständig abgekühlt, so sind die Läufer während der ganzen Unterbrechung mit der Drehvorrichtung zu drehen. Hierbei Ölpumpe betreiben.

4. Überholungsarbeiten. Es empfiehlt sich, die Turbinen und Getriebe etwa alle ein bis zwei Jahre einer gründlichen Kontrolle zu unterziehen, wobei besonders folgende Arbeiten vorzunehmen sind:

a) Öffnen der Turbinen- bzw. Getriebegehäuse. Hierbei ist darauf zu achten, daß das Oberteil genau parallel zur Längsachse gehoben wird, da sonst die Schaufelreihen wegen der geringen axialen Spielräume beschädigt werden. Das gleiche ist zu beachten, wenn der Rotor aus dem Gehäuse gehoben wird. Beim Öffnen von Turbinen- oder Zahnradgehäusen offenes Licht bis nach guter Durchlüftung derselben fernhalten, da sich in den Räumen unter Umständen explosible Gase befinden können.

b) Genaueste Untersuchung der Beschaufelung. Sämtliche Schaufeln reinigen, Schaufeleintrittskanten, welche durch kleine Fremdkörper verbogen sind, vorsichtig richten, ferner durch Wasser angerauhte Schaufeln glätten und sämtliche Schaufelschlußstücke kontrollieren.

c) Sind Nietköpfe zum Teil oder ganz abgesprungen, so sind die Stellen mit Silberlot zu löten oder es ist das Deckband und die betreffende Schaufel zu entfernen. Bei Laufschaufeln ist die gegenüberliegende Schaufel ebenfalls zu entfernen oder es ist der Läufer nachzuwuchten. Gelockerte Lötstellen sind nachzulöten. Kleine Einrisse in Schaufeln sind auszurunden, bei größeren Einrissen sind die Schaufeln zu entfernen.

d) Hat die Turbine unruhig gelaufen, so ist der Läufer nachzuwuchten. Hierbei sind erforderlichenfalls die Lagerzapfen und die Laufbüchsen der Stopfbüchsen nachzudrehen.

e) Bei zu großem Spiel der Stopfbüchsen auf der Welle sind dieselben zusammenzupassen oder es sind die Reservestopfbüchsen einzusetzen.

f) Lagerschalen evtl. nachschaben und zusammenpassen. Hierbei Ölkanäle kontrollieren. Wenn erforderlich Reserveschalen einsetzen.

g) Drucklager nachpassen und Schaufelspiel neu einstellen.

h) Im Gehäuse verlaufende Entwässerungskanäle auf. Verstopfen untersuchen.

i) Dampfsiebe ausbauen, auf Festigkeit untersuchen und verstopfte Löcher reinigen.

k) Im Dampfraum befindliche Schrauben untersuchen, ob dieselben genügend fest sind.

l) Bei den Getrieben sind die Zähne, Lagerschalen und Zapfen zu kontrollieren.

m) Hat sich das Getriebegeräusch verstärkt, so sind die Wellen neu auszurichten.

n) Ölraum des Getriebegehäuses reinigen.

o) Beim Wiederzusammenbau ist darauf zu achten, daß keine Fremdkörper im Gehäuse zurückbleiben, da sonst die größten Betriebsstörungen unvermeidlich sind.

Es ist erforderlich, daß der Wiederzusammenbau der Turbinen und Getriebe unter Aufsicht einer leitenden Person erfolgt.

Übersetzungsgetriebe.

1. Allgemeines über Zahnradgetriebe.

a) Einleitung. Wie bereits näher erläutert wurde, haben wirtschaftlich arbeitende Dampfturbinen eine hohe Drehzahl, welche zuweilen 4000 und mehr in der Minute beträgt. Zahnradgetriebe ermöglichen die Anwendung der günstigsten Drehzahl sowohl für jede Teilturbine als auch für den Propeller. Wenn nun trotzdem die ersten Turbinen mit der Propellerwelle direkt gekuppelt waren, also nach unseren heutigen Begriffen recht unwirtschaftlich arbeiteten, so lag dies an der erst ziemlich spät entwickelten Möglichkeit zur Herstellung geeigneter Zahnradgetriebe. Diese sollen bei Umfangsgeschwindigkeit bis zu etwa 50 m/s große Leistungen möglichst geräuschlos und bei hohem Wirkungsgrad übertragen. Die Herstellung der Getriebe verlangt deshalb größte Genauigkeit besonders für die Verzahnung und parallele Lagerung der Wellen zueinander, bei welcher etwa auftretende Abweichungen von 0,01 mm nicht überschritten werden dürfen. Auch muß die Durchbiegung und Verdrehung des Ritzels durch die zu übertragende Leistung sich ungefähr in diesen Grenzen halten. Deshalb wird die Länge und der Durchmesser des Ritzels entsprechend festgelegt und das Getriebegehäuse zur Verhinderung von Deformationen kräftig ausgebildet.

Der Wirkungsgrad eines Getriebes beträgt etwa 98 % für jedes Räderpaar einschließlich der Lagerverluste, welche den größeren Teil der Verluste ausmachen.

b) Verzahnung. Es wird heute fast ausnahmslos Evolventenverzahnung angewendet. Diese hat den Vorteil der leichten Herstellbarkeit und es sind auch geringe Abweichungen in der Entfernung der Achsen voneinander ohne Nachteil. Zur Erzielung eines gleichmäßigen Ganges wird stets Schräg- oder Pfeilverzahnung ausgeführt, welche nach dem Abwälzverfahren auf besonderen Zahnradfräsmaschinen hergestellt wird. Die Teilung der Zähne schwankt zwischen 4π und 8π. Die Kopfhöhe des Zahnes ist etwa gleich dem Modul der Teilung und der Flankenwinkel 18 bis 22°, damit eine kräftige Zahnwurzel entsteht, welche zur Herabsetzung der Kerbwirkung von Zahn zu Zahn mit einem Halbkreis ausgerundet wird. Auch wird der Zahn durch Vergrößerung des Flanken-

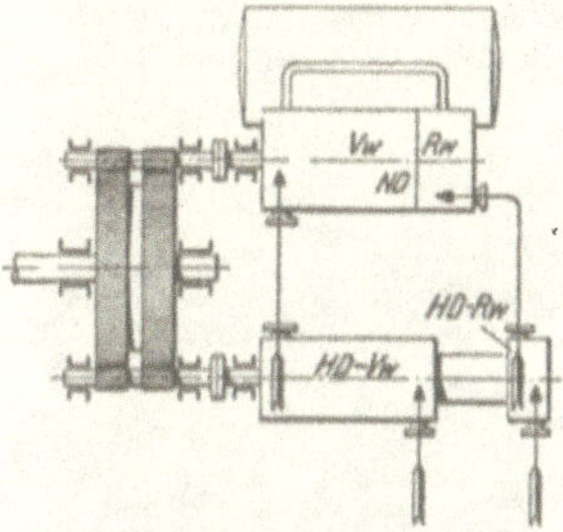

Abb. 272.

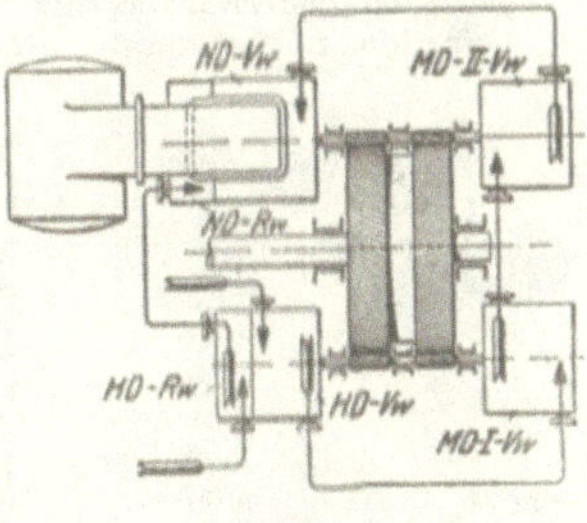

Abb. 273.

winkels mehr als Träger gleicher Festigkeit ausgebildet, wodurch die Federung des belasteten Zahnes auf der ganzen Zahnhöhe erfolgt und dadurch die Bruchgefahr herabgesetzt wird. Außerdem wird eine günstigere Krümmung der Flanken und dadurch ein kleinerer spezifischer Flächendruck erreicht. Kleine Teilung ergibt günstige Gleitverhältnisse, einen ruhigen Gang, längere Eingriffsdauer und setzt dadurch ebenfalls den spezifischen Flankendruck herab.

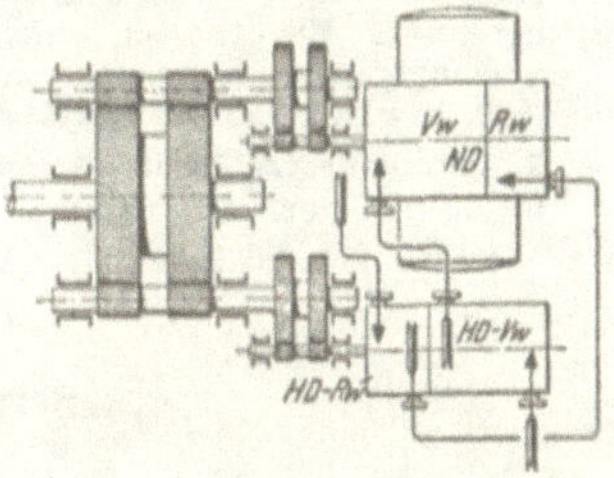

Abb. 274.

c) Material. Das Material des Ritzels und der Bandage wird durch Ausglühen vollständig spannungsfrei gemacht und muß ohne jede unerwünschte Beimengung und ohne Haarrisse sein. Die Bandagen sind nahtlos hergestellt. Für diese hat sich Kohlenstoffstahl mit einer Zerreißfestigkeit von 50 bis 60 kg/mm² und 20 bis 18% Dehnung bei $l = 10 \cdot d$ und für Ritzel Nickelstahl bzw. Chromnickelstahl von 65 bis 80 kg/mm² bei 18 bis 15% Dehnung gut bewährt. Das Material des Gehäuses und des Radkörpers ist in den meisten Fällen Gußeisen, und nur dann Stahlguß oder Flußeisen in Schweißkonstruktion, wenn es sich um Gewichtsersparnis handelt.

d) Anordnung. Diese richtet sich nach der Anzahl der Teilturbinen und der Übersetzung. Man findet Getriebe mit einfacher Übersetzung bis zu etwa 1:15 und solche mit doppelter Übersetzung bis über 1:50.

Abb. 272 zeigt ein einfaches Rädergetriebe, bei welchem das große, mit der Propellerwelle verbundene Rad, auf jeder Seite von je einem Ritzel angetrieben wird, welche mit der *HD*- bzw. *ND*-Turbine direkt gekuppelt sind.

Abb. 273 zeigt ein Getriebe mit einfacher Übersetzung, bei welchem das große Rad ebenfalls durch 2 Ritzel angetrieben wird. Beide Ritzel werden hier an jedem Ende von einer Teilturbine angetrieben, und zwar das eine Ritzel von der *HD*- und der *MD I*-Turbine, das zweite von der *MD II*- und der *ND*-Turbine.

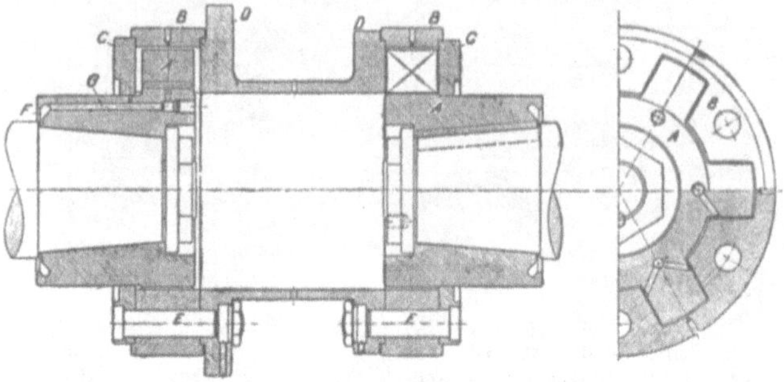

Abb. 275.

Abb. 274 zeigt ein Getriebe mit doppelter Zahnradübersetzung mit 2 Hauptritzeln, welche durch ein vorgeschaltetes Übersetzungsgetriebe angetrieben werden. Letztere werden durch eine *HD*- bzw. die nachgeschaltete *ND*-Turbine angetrieben.

2. Einzelteile der Zahnradgetriebe.

a) Zahnräder. Die Ritzel werden in der Regel mit dem Wellenzapfen aus einem Stück hergestellt, seltener durch Auf-

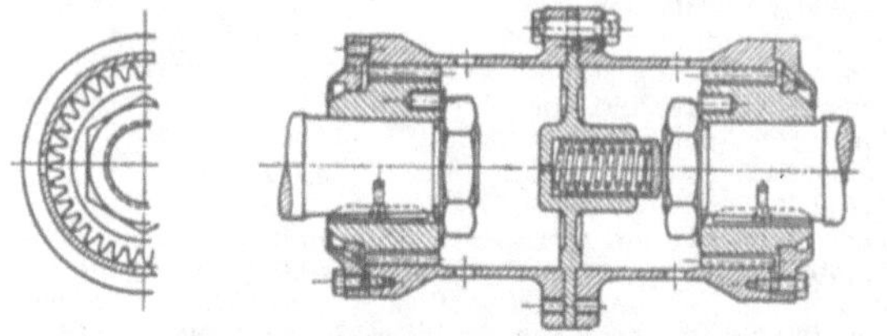

Abb. 276.

ziehen eines Ringes auf einen Wellenzapfen gebildet. Der als Hohl- oder Rippenguß ausgebildete Radkörper wird bei größeren Abmessungen in seinem Kranz unterbrochen, um schädliche Gußspannungen zu vermeiden. Die Befestigung auf der Welle erfolgt auf einem Konus mit Sicherung durch einen Federkeil und Gegenmutter. Nach dem Aufsetzen des Radkörpers auf die Welle wird die Bandage aufgeschrumpft und durch Verbohren gesichert. Abb. 270 zeigt ein Getriebe für eine Leistung von 1800 WPS bei 300 U/min des großen Rades bzw. der Propellerwelle. Die Lage des Rades in axialer Richtung ist durch ein Drucklager gesichert, welches zugleich das Propellerdrucklager bildet. Bei Schrägverzahnung erhält das Ritzel ebenfalls ein Drucklager, nicht aber bei Pfeilverzahnung, damit sich in diesem Falle das Ritzel zum großen Rade frei einstellen kann.

b) Gehäuse. Dieses dient zur Aufnahme der Lagerschalen und umschließt dieses sowie Rad und Ritzel öldicht, damit das im unteren Teil des Gehäuses sich ansammelnde Öl ohne Verlust wieder in den Ölkreislauf zurückgeführt werden kann. Wie bereits bemerkt, wird das Gehäuse so kräftig ausgeführt, daß Deformationen desselben durch die zu übertragende Leistung oder durch Bewegungen im Fundament vermieden werden.

c) Kupplungen. Die Welle des großen Rades ist mit der Propellerwelle durch einen angeschmiedeten Flansch mit genau passenden Bolzen starr verbunden. Im Gegensatz hierzu findet man, wenn Antriebsturbine und Getriebe dicht beieinander angeordnet sind, häufig zwischen beiden eine Klauenkupplung, welche unabhängig vom Turbinenläufer dem Ritzel eine freie Einstellung ermöglicht. Abb. 275 zeigt eine Klauenkupplung, deren beide Naben *A* mit je 6 Klauen versehen sind, welche mit etwas Spiel in die entsprechenden Ausschnitte der Ringe *B* passen; durch das Distanzstück *D* und die Ringe *G* sowie die Bolzen *E* werden die Ringe *B* in ihrer Lage gehalten. Durch die Ringnuten *F* und die Bohrung *G* wird das erforderliche Schmieröl den Druckflächen der Klauen zugeführt. Abb. 276 zeigt eine nachgiebige Kupplung der AEG, bei welcher die Klauen durch Innen- und Außenverzahnung der Hülse bzw. der beiden Naben gebildet wird.

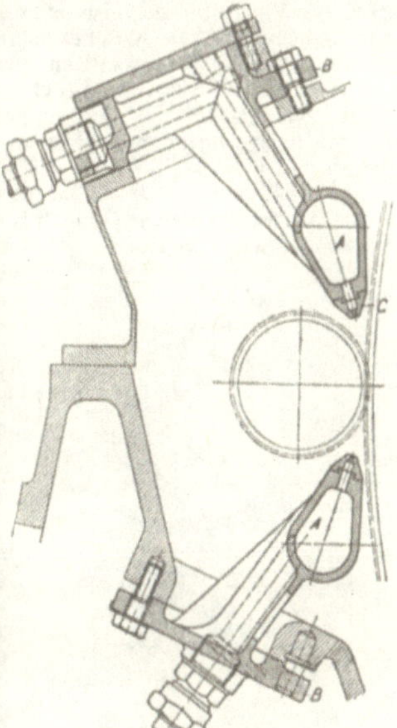

Abb. 277.

d) Schmierung. Diese erfolgt bei den Lagern in derselben Weise wie bei den Turbinenlagern. Die Schmierung der Zahnflanken erfolgt dadurch, daß das einem Strahlapparat unter Druck zugeführte Schmieröl durch kleine, über die ganze Breite des Rades verteilte Bohrungen zwischen die Zähne gespritzt wird. Abb. 277 zeigt eine derartige Schmiereinrichtung, deren Wirkungsweise leicht erkennbar ist. Die Zuführung des Schmieröles erfolgt wegen der Umsteuerbarkeit der Turbine gleichzeitig von beiden Seiten.

Das ablaufende Öl des Getriebes wird wie bei der Schmierung der Turbine in einem Ablauftank gesammelt und mittels Pumpen durch Filter und Kühler den Schmierstellen wieder zugeführt.

Bei der Schmierung der Zähne soll ebenso wie bei den Lagern die Ölschicht die metallische Berührung der Zahnflanken verhindern. Da aber bei Rädern mit kleiner Umfangsgeschwindigkeit der Zahndruck länger auf einer Stelle wirkt als bei Rädern mit großer Umfangsgeschwindigkeit, so besteht bei denselben in erhöhtem Maße die Gefahr, daß durch Verdrängung des Öles metallische Berührung entsteht. Aus diesem Grunde empfiehlt es sich, bei Rädern mit kleiner Umfangsgeschwindigkeit Öl mit größerer Viskosität zu verwenden als bei Rädern mit großer Umfangsgeschwindigkeit, welches seiner Zerteilung durch den Zahndruck größeren Widerstand entgegensetzt. Einen Anhalt für die anzustrebende Viskosität V (bei 50°) erhält man, wenn man dieselbe abhängig von der Umfangsgeschwindigkeit v der Zahnräder in m/s nach folgender Tabelle annimmt:

v =	7	10	15	20	30	40	50 m
V =	13	11	9	8	6,5	5,5	5 Englergrade.

Da aber das gleiche Öl auch für die Lager der Dampfturbinen verwendet wird, welche oft große Gleitgeschwindigkeit haben, so ist es mit Rücksicht auf diese zweckmäßig, eine mittlere Viskosität, etwa von 5 bis 7 Englergraden bei 50° C, zu wählen. Hierbei gilt das Öl mit 7 Englergraden für Turbinen mit etwa 2000 U/min, während das dünnflüssigere Öl für Turbinen mit höheren Drehzahlen zu verwenden ist.

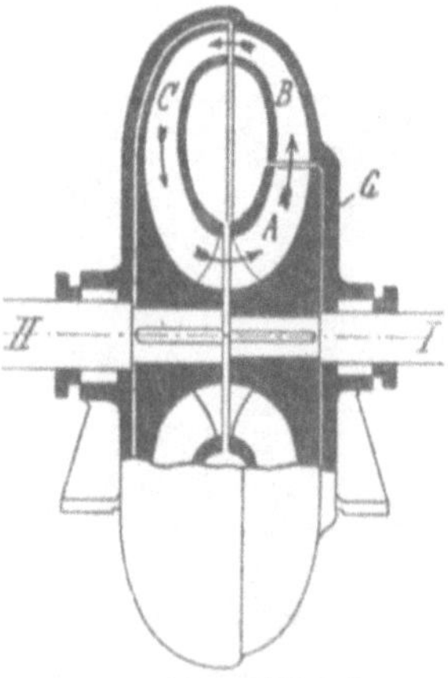

Abb. 278.

Es empfiehlt sich, Öl mit steiler Viskositätskurve zu verwenden, damit dasselbe in den Lagern mit großer Gleitgeschwindigkeit durch die Erwärmung in denselben genügend dünnflüssig wird. Abb. 264 gibt die Viskosität eines Öles mit steil verlaufender Viskositätskurve bei verschiedenen Temperaturen in Englergraden und in den im In- und Auslande üblichen Maßeinheiten an.

3. Hydraulische Übersetzungsgetriebe. Der Föttinger Transformator. Das Prinzip dieses Getriebes besteht in der Verbindung einer Kreiselpumpe mit einer Wasserturbine, deren Zusammenbau aus der schematischen Abb. 278 hervorgeht.

Die mit der Antriebswelle verbundene Primärwelle I, welche durch eine Stopfbüchse vorn in das Gehäuse G eintritt, trägt ein Kreiselpumpenrad A (Primärrad), welches von dem mit dem Gehäuse G fest verbundenen Leitschaufelkranz B umschlossen wird. In der Verlängerung der Turbinenwelle tritt ferner durch die hintere Gehäusewand die mit der Schraubenwelle verbundene Sekundärwelle II ein, welche das fliegend aufgesetzte, mit entsprechend gekrümmten Schaufeln versehene Laufrad C (Sekundärrad) trägt.

Das Gehäuse und die Kanäle der Räder sind im Betriebe vollständig mit Wasser (oder Öl) gefüllt. Bei der Drehung der Primärwelle wird dann das vom Pumpenrad A geförderte Wasser

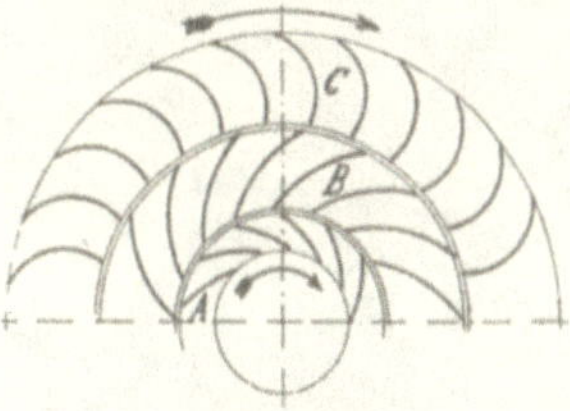

Abb. 279.

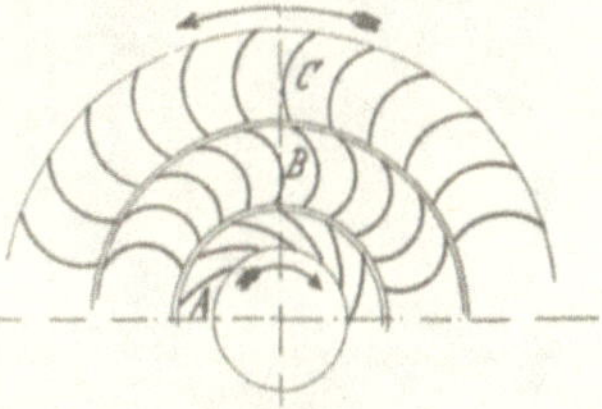

Abb. 280.

in den Leitschaufelkranz B geschleudert, aus dem es in bestimmter Richtung dem Sekundärrad C zuströmt und nach Durchströmen dieses Rades wieder in das Pumpenrad A zurückgelangt. Dieser Kreislauf des Wassers ist in der Abbildung durch Pfeile angedeutet.

Sowohl für den Vorwärtsgang als auch für den Rückwärtsgang der Schraubenwelle wird ein besonderes Radsystem (Kreislauf)

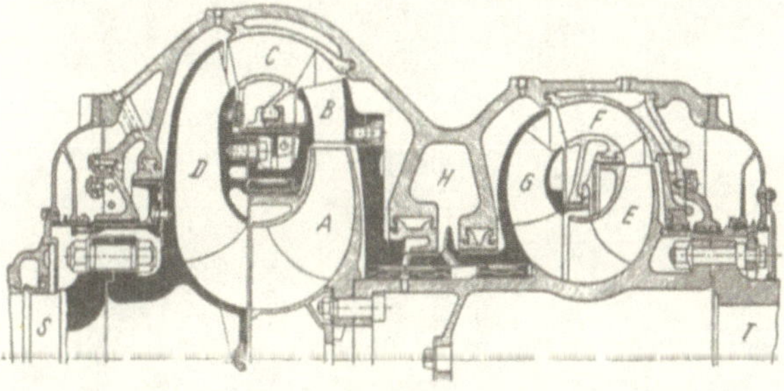

Abb. 281.

vorgesehen, deren Beschaufelungen aus den schematischen Abwicklungen Abb. 279 und 280 hervorgehen. Die Primärwelle bzw. die beiden Pumpenräder A haben nur eine Drehrichtung, und zwar in der Regel die gleiche wie die Schraubenwelle bei Vorwärtsgang.

Der Zusammenbau der beiden Kreisläufe ist in Abb. 281 dargestellt, und zwar ist der hintere Kreislauf (links) derjenige für die Vorwärtsfahrt, der vordere Kreislauf (rechts) derjenige für die Rückwärtsfahrt.

Die beiden Pumpenräder A bzw. E sitzen hintereinander fliegend auf der Primärwelle T, während das Sekundärrad D des Vorwärtskreislaufes fliegend auf der Sekundärwelle S befestigt ist. An diesem Sekundärrad sind die beiden anderen Sekundärräder *B* und *G* fliegend befestigt.

C bzw. *F* sind die feststehenden Leiträder.

Beide Kreisläufe sind durch die hohle Zwischenwand *H*, die in der Bohrung mit Spitzendichtung versehen ist, voneinander

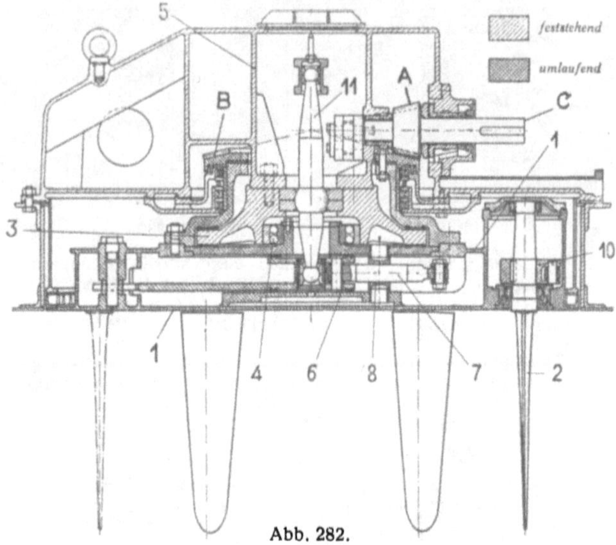

Abb. 282.

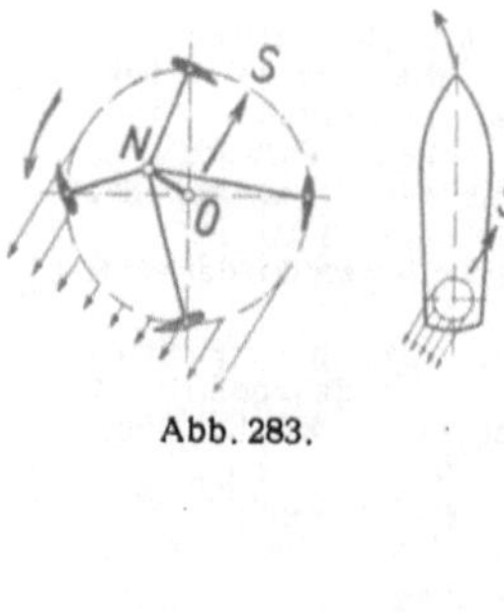

Abb. 283.

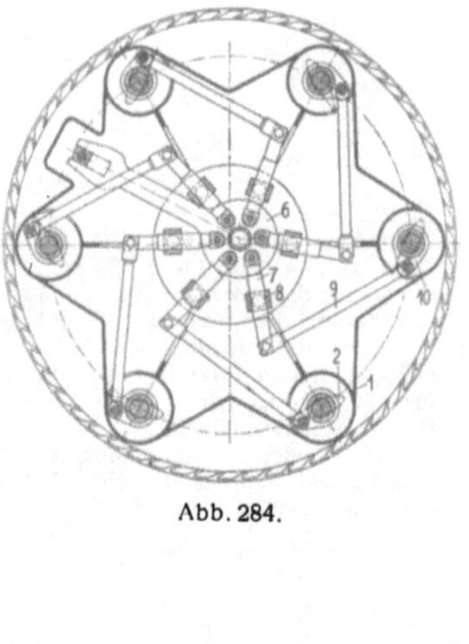

Abb. 284.

vollständig getrennt. An den Austrittstellen der Wellen sind ebenfalls Spitzendichtungen vorgesehen.

Während der Fahrt ist der in Betrieb befindliche Kreislauf vollständig mit Wasser oder Öl gefüllt, während der andere leer ist, so daß die Räder in diesem der Drehung keinen Widerstand entgegensetzen. Das für den Betrieb erforderliche Wasser ist Speisewasser und befindet sich in einem unter dem Transformator befindlichen Tank, in welchen auch das durch die Spitzendichtungen austretende Leckwasser abfließt.

Aus diesem Tank saugt eine sog. „Rückförderpumpe" (Kreiselpumpe) das Wasser an und drückt es durch einen Umsteuerschieber entweder in den in Betrieb befindlichen Kreislauf oder bei Mittelstellung in den Tank zurück.

Während des Stoppens oder Umsteuerns läuft die Antriebsturbine bzw. die Primärräder *A* und *E* ununterbrochen weiter, wobei ihre Umdrehungszahl entweder von Hand oder selbsttätig geregelt wird.

Der durch die Schraube ausgeübte Axialschub wird durch ein auf der Sekundärwelle angeordnetes Drucklager aufgenommen und auf den Schiffskörper übertragen.

Das Übersetzungsverhältnis des Transformators beträgt bis etwa 1:6, der Wirkungsgrad je nach Größe und Übersetzungsverhältnis etwa 0,88 bis 0,92.

Der **Voith-Schneider-Propeller.** Von der Firma J. M. Voith in Heidenheim ist in den letzten Jahren eine besondere Art des Schiffsantriebes ausgebildet worden und vielfach bei Binnen- und Seeschiffen zur Anwendung gekommen. Abb. 282 zeigt einen Längsschnitt des Propellers, bei welchem der Antrieb durch das Kegelräderpaar *A—B*, welches durch die Welle *C* von einem Dieselmotor angetrieben wird, erfolgt.

Durch das Kegelrad *B* wird das damit verbundene, auf dem feststehenden Spurkranz 3 sowie im Kugellager 4 gelagerte Laufrad 1 gedreht, dessen Unterseite mit dem Schiffsboden glatt abschneidet. Die einzelnen lanzettförmigen Flügel 2 (gewöhnlich 6 St.) stehen senkrecht zum Laufradboden und sind am Umfang desselben mittels kräftiger Zapfen drehbar gelagert. Der durch die Flügelbewegungen erzeugte Vortrieb wird durch das Kugellager 4 und den Spurkranz 3 auf das Gehäuse 5 und den Schiffskörper übertragen.

Während der Drehung des Laufrades führen die einzelnen Flügel kleine Drehbewegungen aus, wie dies aus Abb. 283 zu ersehen ist. Diese Drehbewegungen werden dadurch veranlaßt, daß, s. Abb. 284, die sich mit dem Laufrad drehende Steuerscheibe 6 die Lenker 7 betätigt, welche in den drehbar gelagerten Gleitsteinen 8 geführt sind und durch die Zugstangen 9 auf die Hebel 10 wirken.

Die Steuerscheibe 6 liegt nicht fest, sondern es kann der Mittelpunkt derselben mit Hilfe des in der Mitte des Spurkranzes 3 kugelig gelagerten Steuerknüppels 11 beliebig verstellt werden. Bei zentrischer Stellung der Steuerscheibe führen die einzelnen Flügel keine Drehbewegungen aus, sondern behalten alle ihre Stellung in der Umfangsrichtung bei. Es wird dann keinerlei Schub auf das Schiff ausgeübt. Bei jeder exzentrischen Stellung der Steuerscheibe üben hingegen die Flügel durch ihre automatische Schrägstellung zu ihrer Bewegungsrichtung einen Druck auf das Wasser aus, deren resultierende Größe und Richtung durch die Lage des Mittelpunktes der Steuerscheibe, d. h. von der Stellung des Steuerknüppels, bedingt ist. Oder mit anderen Worten: Durch entsprechende Verlagerung der Steuerscheibe kann der vom Propeller erzeugte Wasserstrahl in jede beliebige Richtung gelenkt werden, unabhängig von der Fahrgeschwindigkeit des Schiffes.

Durch diese Eigenschaft des Propellers kann sowohl die Fahrt des Schiffes von der Kommandobrücke aus geregelt als auch die Steuerung desselben bewirkt werden. Dies geschieht durch zwei Drucköl-Servomotoren, welche am oberen Ende des Steuerknüppels 11 angreifen und unmittelbar von der Brücke aus betätigt werden.

Da der Innenraum des Laufrades 1, in welchem sich die beweglichen Teile befinden, mit Öl gefüllt ist sind diese immer reichlich geschmiert.

Abdampfturbinen.

1. Einleitung. Die Kolbendampfmaschine ist der Turbine im Hochdruckteil thermodynamisch gleichwertig und bei kleineren Leistungen sogar überlegen. Für die Ausnützung eines hohen Vakuums mit gutem Wirkungsgrad wären aber Zylinderabmessungen und Querschnitte der Auslaßorgane in einer Größe erforderlich, welche nicht mehr ausführbar sind. In diesem Bereich sind deshalb Dampfturbinen zweckmäßig, welche den Dampf bei hohem Vakuum mit gutem Wirkungsgrad ausnützen. Um die Vorteile beider Maschinenarten soweit wie möglich verwerten zu können, wird der Dampf zuerst in der Kolbendampfmaschine bis zu einem Druck ausgenützt, der im *ND*-Zylinder noch den höchst erreichbaren Wirkungsgrad ergibt und dann in der Dampfturbine bis zum Kondensatordruck weiter verarbeitet.

2. Gang der Berechnung. Die Vorgänge in den Zylindern und der Turbine lassen sich im *IS*-Diagramm anschaulich verfolgen und sind in der Abb. 285 (für die Maschinenanlage eines Fracht- und Passagierdampfers) dargestellt. Bei diesem Schiff wurde die Abdampfturbine eingebaut, nachdem dasselbe bereits eine Reihe von Jahren in Fahrt gewesen war. Nach der Abbildung steht für den *HD*-Zylinder das Gefälle $h = A - B$ zur Verfügung, welches in Verbindung mit dem Hubvolumen des Zylinders so festgelegt ist, daß die Expansion des Dampfes bis zu einem Druck durchgeführt wird, der zur Erzeugung der Dampfausströmgeschwindigkeit noch genügt. Dieses Gefälle wird aber nur bis zu dem Punkt *C* ausgenutzt. Um diesen zu bestimmen, wird aus der indizierten Leistung des *HD*-Zylinders und dem Gesamtdampfverbrauch der Dampfverbrauch *G* für eine Pferdestärke und Stunde ermittelt. Der thermodynamische Wirkungsgrad des Zylinders ergibt sich dann zu

$$\eta_D = \frac{632{,}3}{G \cdot h},$$

welcher in diesem Falle 0,84 beträgt. Wird das Gefälle $A—B$ mit diesem Wert multipliziert, so erhält man das tatsächlich ausgenützte Gefälle $A—C$. Zieht man von dem so gefundenen Punkt *C* eine Waagerechte nach rechts bis zum Schnitt mit der Linie des Enddruckes in diesem Zylinder, so erhält man den Endpunkt *D* der Expansion, welcher zugleich der Anfangspunkt für

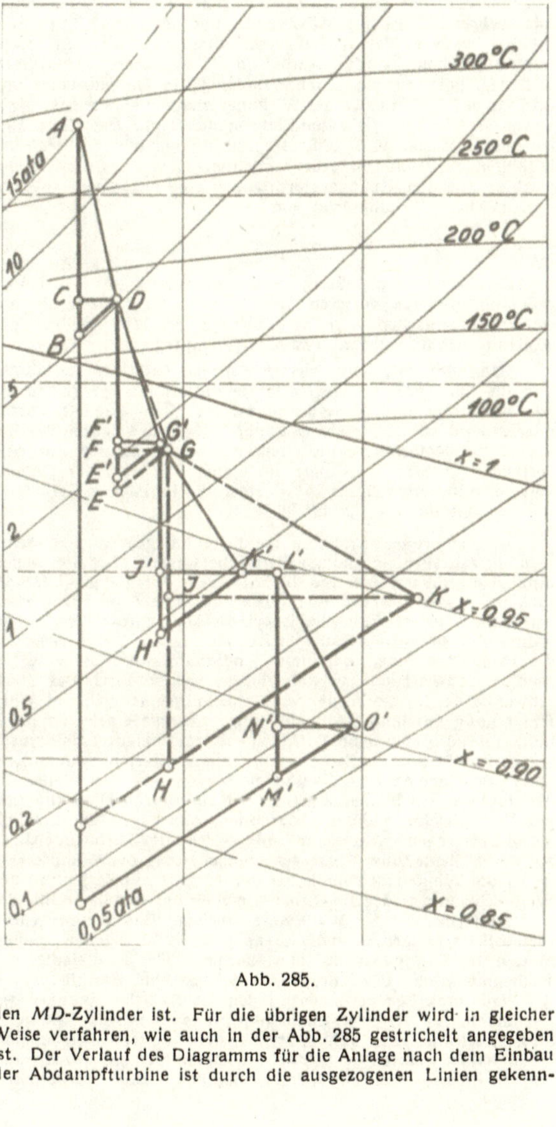

Abb. 285.

den *MD*-Zylinder ist. Für die übrigen Zylinder wird in gleicher Weise verfahren, wie auch in der Abb. 285 gestrichelt angegeben ist. Der Verlauf des Diagramms für die Anlage nach dem Einbau der Abdampfturbine ist durch die ausgezogenen Linien gekennzeichnet. Man sieht, daß sich bei dem *HD*-Zylinder nichts geändert hat, während sich beim *MD*-Zylinder der Gegendruck nur wenig erhöhte, wodurch der Wirkungsgrad dieses Zylinders von 78,2% auf 80% erhöht wurde. Auffallend ist die Änderung im *ND*-Zylinder, bei welchem durch Erhöhung des Gegendruckes von 0,16 ata auf 0,46 ata sich der Wirkungsgrad von 45,5% auf 70,5% verbessert hat. Durch die vom Endzustand K' im *ND*-Zylinder ausgehende Drosselkurve $K'L'$ ist der Druckverlust in der Überströmleitung nach der Turbine berücksichtigt. Die Expansion in der Turbine auf den Kondensatordruck erfolgt mit einem thermodynamischen Wirkungsgrad von

$$\eta_D = \frac{L' \cdot N'}{L' \cdot M'} = 0,71.$$

Die Gesamtverbesserung der Anlage besteht also in der Vergrößerung des ausgenutzten Gefälles und in der Verbesserung des thermodynamischen Wirkungsgrades. Durch den Einbau der Abdampfturbine wurden etwa 22% Dampf gespart.

Man kann mit kombinierten Anlagen entweder so fahren, daß die nach außen abgegebene Gesamtleistung die gleiche ist wie sie vorher mit der Kolbenmaschine allein erreicht wurde, oder es wird mit dem gleichen Dampfverbrauch gefahren wie ihn vorher die Kolbenmaschine allein hatte und dadurch mit entsprechend größerer Leistung. Im ersten Fall wird der Dampfverbrauch um etwa 20 bis 25% kleiner und im zweiten Fall steigt die Leistung um etwa 25 bis 30%.

3. Ausführung. Früher ausgeführte Anlagen wurden mehrfach in Dreiwellenanordnung geliefert, bei welchen die Seitenwellen durch Kolbenmaschinen und die Mittelwelle durch eine Abdampfturbine entweder direkt oder mittels Rädergetriebe angetrieben wurden. In neuerer Zeit wird jedoch die Abdampfturbine so angeordnet, daß sie mittels Rädergetriebe auf dieselbe Welle wirkt wie die Kolbenmaschine. Bei dieser Anordnung war aber eine besondere Schwierigkeit zu überwinden, welche durch das stark schwankende Drehmoment der Kolbenmaschine während einer Umdrehung entstand. Abb. 286 zeigt das mit einem Torsionsindikator aufgenommene Drehmomentdiagramm der Maschinenanlage des Dampfers „Cap Norte". Infolge dieser Schwankungen ändert sich auch dauernd die Winkelgeschwindigkeit der Welle. Auf dieselbe Welle soll aber auch die Abdampfturbine, welche sich praktisch gleichförmig dreht, durch ein Zahnradgetriebe ihre Leistung übertragen. Wären die Teile, welche die Turbinenleistung auf die Wellenleitung übertragen, unnachgiebig, dann müßte entweder die Winkelgeschwindigkeit der Turbine mit derjenigen der Welle schwanken oder die Gleichförmigkeit der Turbine müßte die Ungleichförmigkeit der Welle unterdrücken. Das letztere würde tatsächlich eintreten, denn die lebendige Kraft der sich bewegenden Massen der Turbine ist um ein vielfaches größer als diejenige der Kolbenmaschine. Die Turbine würde also eine Beschleunigung der Welle praktisch verhindern, indem sie die Schwankungen des Drehmomentes der Kolbenmaschine ohne merkliche Änderung ihrer Geschwindigkeit aufnimmt. Die dabei auftretenden periodischen Kräfte müßten durch das Getriebe übertragen werden und würden in demselben ein Abheben der Zähne bzw. stärkere Beanspruchungen hervorrufen. Eine baldige Zerstörung der Anlage wäre die unausbleibliche Folge.

Dieser Mangel wurde durch die Vulcan-Kupplung beseitigt, deren Einrichtung und Wirkungsweise unter „Hydraulische Kupplungen", S. 315, beschrieben ist.

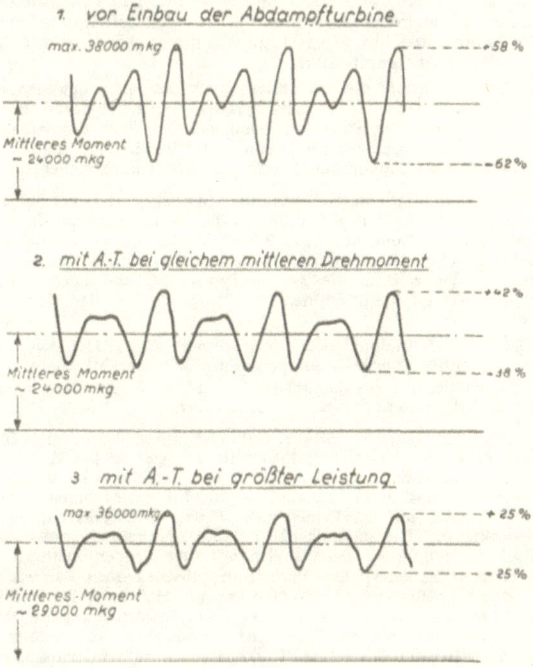

Abb. 286.

Diese Kupplung hat die Eigenschaft eines Bindegliedes zwischen Turbine und Kolbenmaschine in besonders hohem Maße, da sie eine Relativbewegung der beiden Kupplungshälften zueinander durch Slip gestattet und dadurch die fortwährende Änderung der Winkelgeschwindigkeit der Wellenleitung von dem schnell laufenden Teil des Getriebes und der Turbine fernhält.

Die mit dieser Kupplung ausgerüsteten Abdampfturbinen sind als Bauer-Wach-Abdampfturbinen bekannt und haben durch ihre Zweckmäßigkeit in kürzester Zeit weiteste Verbreitung gefunden.

Zum Ein- und Ausschalten der Abdampfturbine ist nur das Füllen bzw. Entleeren der Kupplung erforderlich, welches mit Hilfe von Steuerorganen durch Verstellen eines Handhebels zu jeder Zeit erfolgen kann. Es ist auch die Einrichtung getroffen, daß, sobald die Steuerung der Kolbenmaschine auf Stopp bzw. Rückwärts gestellt wird, dieser Hebel automatisch verstellt und dadurch die Turbine abgeschaltet wird. Kurz vorher wird, ebenfalls automatisch, der Abdampf der Kolbenmaschine von der Turbine abgeschaltet und direkt in den Kondensator geleitet. Das Manövrieren mit der Kolbenmaschine erfolgt stets mit abgeschalteter Abdampfturbine.

Dadurch, daß die lebendige Kraft der sich bewegenden Teile bei der Turbine wesentlich größer ist als bei der Kolbenmaschine, wirkt die Turbine regelnd auf den Gang der Anlage, setzt die Schwankungen im Drehmoment herab (Abb. 286) und verhindert das Durchgehen bei freischlagendem Propeller.

Abb. 288 zeigt eine Kolbenmaschinenanlage mit Bauer-Wach-Abdampfturbinen für ein größeres Doppelschraubenschiff mit einer Gesamtleistung von etwa 2 × 5000 PS_i. Der Abdampf der Kolbenmaschine *A* strömt durch das Überströmrohr *B* und die Umschaltklappe *D* in die Abdampfturbine *C* und nach seiner Arbeitsleistung dann durch den Abdampfbogen *E* in den Kondensator *F*.

In der Abbildung bezeichnen ferner: *G* die Kühlwasserpumpen, *H* die Kondensatpumpen, *J* die Dampfstrahlluftpumpen, *K* die Kühler für die Dampfstrahler, *L* die Schmierölpumpen, *M* den Schmierölhochtank, *N* Generatoren.

Abb. 289 läßt Einzelteile einer Abdampfturbine mit Getriebe erkennen. Nach derselben tritt der Dampf bei *A* in die Turbine und strömt von *B* aus nach dem Kondensator ab. Das mit der Turbine direkt gekuppelte Ritzel *E* treibt einen Zahnkranz, welcher auf der Primärhälfte *F* der Flüssigkeitskupplung angeordnet ist. Die Sekundärhälfte *J* dieser Kupplung ist mit dem Ritzel *K* verbunden, welches sich mit dem großen Zahnrad *L* im Eingriff befindet. Die Verbindung dieses großen Zahnrades mit der Propellerwelle *O* erfolgt durch die Hohlwelle *M*, welche mit Rücksicht auf die Aufwärts- und Abwärtsbewegung der Kurbelwelle elastisch ausgebildet ist. Durch den Druckkamm *P* der Propellerwelle *O* wird der Propellerschub aufgenommen. Bei unzulässig hoher Drehzahl wird die Umschaltklappe *D* (Abb. 288) durch die Schnellschlußvorrichtung *Q* so eingestellt, daß der Dampf von der Kolbenmaschine direkt in den Kondensator gelangt, ohne die Turbine beaufschlagt zu haben.

Die Abb. 290 zeigt eine Abdampfturbinenanlage, wie sie für kleinere Schiffe vielfach verwendet wird. In dieser Abbildung ist bei *A* der Dampfeintritt und bei *B* der Dampfaustritt. *C* ist die Umschaltklappe, durch welche der Dampf in geöffnetem Zustande vom *ND*-Zylinder direkt in den Kondensator gelangen kann. *E* ist der Turbinenläufer und *F* das mit diesem verbundene Ritzel; es ist ferner *G* die Flüssigkeitskupplung mit dem Zahnrad *L* und *J* das Hauptritzel, welches mit dem großen Zahnrad *M* sich in Eingriff befindet. Vor diesem befindet sich das Propellerdrucklager *N* und unterhalb der Ölablauftank *T*.

Da die Abdampfturbine immer in mehr oder weniger ölhaltigem Abdampf arbeitet, so setzt sich dieses im Laufe der Zeit zum Teil in den Schaufeln fest und verengt dann die Durchtrittsquerschnitte. Dies läßt sich am allmählichen Ansteigen des Druckes vor der Turbine erkennen. Es ist dann erforderlich, die Turbine durch Auskochen derselben mit einer Lösung von P_3 zu reinigen.

4. Bestimmung der Leistung. Eine direkte Messung der Gesamtleistung einer Kolbenmaschine mit Abdampfturbine ist nur mittels eines Torsionsindikators möglich und ergibt dann die effektive Gesamtleistung. Hingegen ist die Feststellung der indizierten Gesamtleistung der Anlage oder die indizierte Leistung der Abdampfturbine selbst nur auf rechnerischem Wege möglich.

Zur Feststellung dieser Leistungen kann in folgender Weise vorgegangen werden:

1. Es ist eine Zeit zu wählen, zu welcher gutes Wetter herrscht, das Schiff während der Messungen geraden Kurs auf tiefem Wasser fährt und richtig beladen und getrimmt ist. Ferner ist der Dampfdruck, sowie bei Überhitzung auch die Dampftemperatur, möglichst konstant zu halten.
2. Es wird im Beharrungszustand bei einer *HD*-Füllung von ε % und bei ausgeschalteter Abdampfturbine die genaue Drehzahl n_1 der Propellerwelle — wenigstens ¼ Stunde lang — nach dem Hubzähler festgestellt, und gleichzeitig werden mehrere Indikatordiagramme der Kolbenmaschine genommen, aus denen die mittlere indizierte Leistung N_1 derselben berechnet wird.
3. Wird die Abdampfturbine hinzuschaltet, und nach erreichtem Beharrungszustand bei gleichen Dampfdruck und der gleichen *HD*-Füllung ε während ¼ Stunde eine Drehzahl n_2 der Maschine festgestellt, so ergibt sich eine Gesamtleistung von:

$$N_2 = N_1 \left(\frac{n_2}{n_1}\right)^3 \quad \mathrm{PS}_i$$

Die hierbei von der Kolbenmaschine entwickelte, durch Indizieren ermittelte Leistung betrage N'_2 PS_i.

Die Leistung der Abdampfturbine ergibt sich dann zu:

$$N_T = N_2 - N'_2 \quad \mathrm{PS}_i.$$

4. Soll die Gesamtleistung bei der gleichen Dampfmenge wie anfangs bei abgeschalteter Abdampfturbine festgestellt werden, dann muß die *HD*-Füllung etwa im Verhältnis der Erhöhung der Drehzahl verringert werden. Die neue *HD*-Füllung ist dann angenähert:

$$\varepsilon_x = 1{,}01 \text{ bis } 1{,}02\, \varepsilon \frac{n_1}{n_2}\,.$$

Nach Feststellung der hiermit erreichten, neuen Drehzahl n_x ergibt sich die Gesamtleistung angenähert zu:

$$N_x = N_1 \left(\frac{n_x}{n_1}\right)^3 \quad \mathrm{PS}_i.$$

Wird hierbei eine indizierte Leistung N'_x der Kolbenmaschine festgestellt, so ergibt sich die Leistung der Abdampfturbine zu:

$$N_{Tx} = N_x - N'_x \quad \mathrm{PS}_i.$$

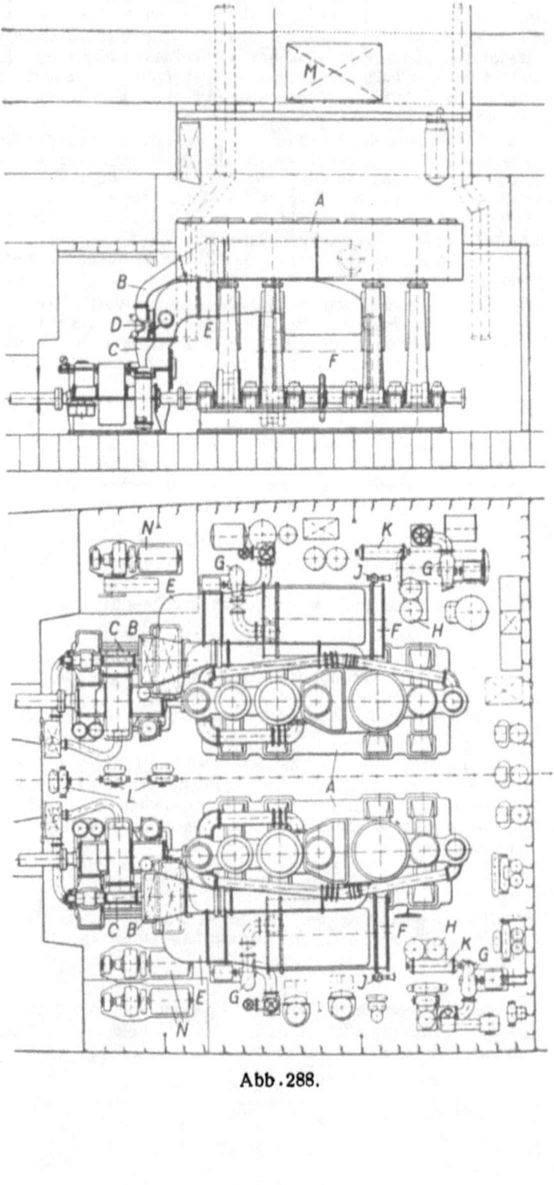

Abb. 288.

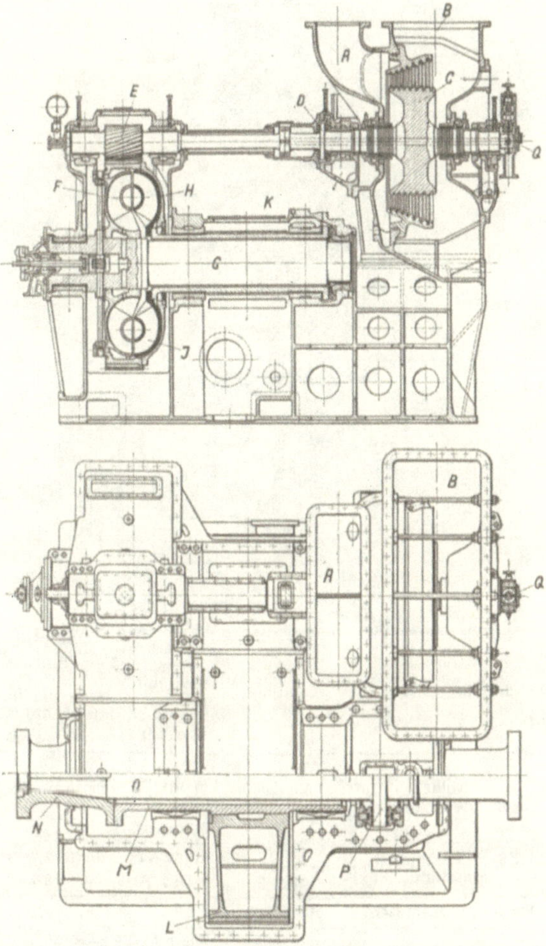

Abb. 289.

Dampfverbrauch der Hauptmaschine (ohne zugeh. Hilfsm.)

Der Dampfverbrauch der zum Betrieb der Hauptmaschinenanlage erforderlichen Hilfsmaschinen beträgt etwa 10 bis 20% desjenigen der Hauptmaschine (siehe folgende Tabelle).

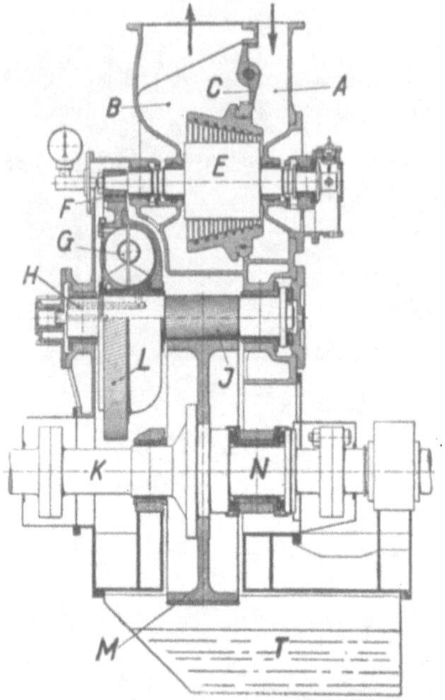

Abb. 290.

Art der Hauptmaschine	Leistung	Arbeitsweise bzw. mit oder ohne Abd. Turbine	Dampfverbrauch d je PS_i bzw. PS_e/h Naßdampf etwa	Heißdampf etwa
Kleine Verbundmaschine	50—200 PS_i	Mit Auspuff	15—11	—
		Mit Kondens.	10—7,8	—
LES- oder ähnliche Maschine	500—4000 PS_i	Ohne AT	—	4,7—4,5
		Mit AT	—	3,7—3,6
Turbo-Comp.-Masch.	500—1500		—	3,7—3,6
Dreifach-Exp.-Masch.	400—6000 PS_i	Ohne AT	7,3—6,0	5,3—4,4
		Mit AT	5,7—4,7	4,1—3,6
Vierfach-Exp.-Masch.	4000—6000 PS_i	Ohne AT	6,3—5,8	4,7—4,3
		Mit AT	5,9—4,5	—
Getriebe-Turbinen	2000—25 000 PS_e je Welle	—	—	4,0—3,3

Brennstoffverbrauch von Dampfmaschinenanlagen.

Der Verbrauch q an Brennmaterial für die PS und h bei den Dampfmaschinenanlagen von Handelsschiffen einschließlich der zu ihrem Betrieb erforderlichen Hilfsmaschinen (deren Abdampf in einem Speisewasservorwärmer nutzbar gemacht wird) geht aus der nachstehenden Zahlentafel hervor.

Unterer Heizwert der Kohle = 7500 kcal.

Art der Hauptmaschine	Leistung	Arbeitsweise bzw. mit oder ohne Abd. Turbinen	Brennstoffverbrauch q in kg/PS/h — Naßdampf etwa	Brennstoffverbrauch q in kg/PS/h — Heißdampf etwa
Kleine Verbundmaschine	50—200 PS_i	Mit Auspuff	1,85—1,45	—
		Mit Kondens.	1,35—1,0	—
LES- oder ähnliche Maschinen	500—4000 PS_i	Ohne AT	—	0,50—0,45
		Mit AT	—	0,42—0,37
Turbo-Comp.-Masch.	500—1500		—	0,42—0,37
Dreifach-Exp.-Masch.	400—6000 PS_i	Ohne AT	0,85—0,64	0,72—0,56
		Mit AT	0,70—0,50	0,58—0,45
Vierfach-Exp.-Masch.	4000—6000 PS_i	Ohne AT	0,70—0,65	0,60—0,55
		Mit AT	0,57—0,52	—
Getriebe-Turbine	2000—25000 PS_e	—	0,65—0,55	0,55—0,40

Hat die zur Verwendung kommende Kohle einen anderen Heizwert als 7500 kcal, dann ändert sich der Kohlenverbrauch dementsprechend. Ist der Heizwert der verwendeten Kohle H kcal, dann ist der wirkliche Kohlenverbrauch:

$$q_1 = q \cdot \frac{7500}{H} \text{ kg Kohle je Ps und h.}$$

Zu berücksichtigen ist bei Verwendung einer anderen Kohlensorte hierbei auch noch die durch die Art der Kohle bedingte etwaige Verschlechterung des Kesselwirkungsgrades infolge stärkerer Flugaschenbildung od. dgl.

Bei Verwendung von Heizöl mit einem Heizwert von 10000 kcal anstatt Kohle beträgt der oben angegebene Brennstoffverbrauch (unter Berücksichtigung des verbesserten Kesselwirkungsgrades) nur etwa 0,70 des Kohlenverbrauches.

C. Verbrennungsmotoren.

1. Die Motorenarten. Für den Antrieb von Motorschiffen kommen fast ausschließlich Verbrennungsmotoren zur Anwendung, die nach dem Gleichdruck- oder Dieselprinzip arbeiten. Nur für ganz kleine Leistungen und als Hilfsmaschinen verwendet

16*

man z. T. noch Semi-Diesel-Motoren (Glühkopfmotoren usw.) und Verpuffungsmotoren.

Die Dieselmotoren werden als Viertakt- und als Zweitaktmaschinen gebaut. Jede dieser Maschinen kann weiter als einfachwirkende oder doppeltwirkende Ein- oder Mehrzylindermaschine ausgeführt werden.

Bei direkt auf die Propellerwelle arbeitenden Maschinen muß die Zylinderzahl stets so gewählt werden, daß die Maschine in jeder Kurbelstellung angefahren werden kann. So sind z. B. bei einfachwirkenden Viertaktmaschinen mindestens sechs Zylinder erforderlich.

Die direkt auf die Propellerwelle arbeitenden Maschinen müssen, sofern nicht Wendegetriebe oder Umsteuerschrauben zur Anwendung kommen, mit Umsteuerung versehen sein. Wendegetriebe und Umsteuerschrauben kommen nur für kleinere Leistungen in Betracht.

Je nach Art der Einführung des Brennstoffes in den Arbeitszylinder unterscheidet man Maschinen mit Lufteinspritzung (Kompressormaschinen), bei welchen die Einspritzung des Brennstoffes durch hochkomprimierte Luft (Einblaseluft) erfolgt, und kompressorlose Maschinen, bei welchen der Brennstoff durch Pumpendruck direkt in den Zylinder gefördert wird.

Die Maschinen können weiter als Kreuzkopf- oder als Tauchkolbenmaschinen gebaut werden. Bei doppeltwirkenden Maschinen scheidet die Tauchkolbenbauart naturgemäß aus. Mit Tauchkolben versehene einfachwirkende Viertakt- und Zweitaktmaschinen verwendet man für kleinere Leistungen oder für Schiffe, bei denen leichtes Maschinengewicht oder geringe Bauhöhe erforderlich ist. Als Hilfsmaschinen zum Antrieb von elektrischen Generatoren, Kompressoren od. dgl. finden die Tauchkolbenmaschinen ausgedehnte Verwendung.

Ferner unterscheidet man langsamlaufende und schnelllaufende Maschinen. Die schnellaufenden Maschinen werden neuerdings vielfach für große Leistungen bei indirektem Schiffsantrieb gebaut. Bei dem indirekten Antrieb arbeiten die Maschinen unter Zwischenschaltung eines Rädergetriebes auf die Propellerwelle, wobei man die Maschinendrehzahl möglichst hoch und eine günstige Propellerwellendrehzahl wählt, so daß für die Schiffsgröße und -Geschwindigkeit brauchbare Propellerdurchmesser und ein hoher Propellerwirkungsgrad erreicht werden.

Weiter ist zu unterscheiden, ob die Maschinen starr mit den Ritzeln des Zahnrädergetriebes gekuppelt sind oder ob die Maschinen unter Zwischenschaltung elastischer Kupplungen, z. B. hydraulischer Kupplungen, auf das Rädergetriebe arbeiten. Bei Verwendung eines Getriebes mit Flüssigkeitskupplungen — Vulcan-Getriebes — kann in Sonderfällen die Umsteuerung auch in dieses Getriebe gelegt werden; die Maschinen sind dann als nicht umsteuerbare Maschinen gebaut. Die mit Vulcan-Getrieben gekuppelten Maschinen kommen besonders dann zur Anwendung, wenn mehrere (2 bis 4 oder mehr) Maschinen auf eine gemeinsame Propellerwelle arbeiten. Über Vulcan-Getriebe vgl. S. 315. Über den Diesel-elektrischen Antrieb vgl. S. 324.

Die Wahl der Maschinenart kann bei der großen Mannigfaltigkeit der Motorschiffe (Frachtschiffe, Tankschiffe, Passagierschiffe, schnellaufende Verkehrsschiffe, Motoryachten, Schrauben- und Radschlepper, Unterseeboote u. dgl.) nur von Fall zu Fall getroffen werden, wobei insbesondere Schiffsgröße, Antriebsleistung, Gewichts- und Raumverhältnisse, Lage des Maschinenraumes (Schiffsmitte oder Hinterschiff) u. v. a. ausschlaggebend sind.

2. Das Prinzip der Dieselmaschine. Bei den Dieselmaschinen erfolgt die Einspritzung des Brennstoffes am häufigsten unmittelbar in den sog. Verbrennungsraum des Arbeitszylinders; über Vorkammermaschinen vgl. S. 284. Im Verbrennungsraum befindet sich die durch den Kompressionshub des Kolbens hochverdichtete und dadurch hocherhitzte Verbrennungsluft. Der Kompressionsenddruck und damit die Kompressionsendtemperatur werden so gewählt, daß der eingespritzte Brennstoff unbedingt zur Entzündung gelangt. Die Verbrennung erfolgt dann bei Maschinen mit Lufteinspritzung mit nahezu gleichem Druck (Gleichdruckmaschine) mit anschließender Expansion, vgl. Abb. 291 u. 292. Bei kompressorlosen Maschinen zeigt das Indikatordiagramm im Bereiche der Verbrennung — Punkt 3 bis 4, Abb. 291 und Abb. 292 — eine Spitze. Anschließend an die Verbrennung und Expansion erfolgen Ausstoßen der Verbrennungsgase aus dem Zylinder, Einsaugen oder Laden des Zylinders mit Verbrennungsluft, dann Kompression der Verbrennungsluft und wiederum Einspritzen des Brennstoffes am Ende des Kompressionshubes, worauf sich das Arbeitsspiel wiederholt. Der Verbrennungshub (Expansionshub) ist der Arbeitshub. Der Kompressionsenddruck beträgt je nach der Bauart der Maschine etwa 30 bis 35 at und die Kompressionsendtemperatur etwa 600 bis 700° C. Mit höherem Kompressionsdruck steigt zwar der thermische Wirkungsgrad des Verbrennungsprozesses, doch beschränkt man den höchsten Verbrennungsdruck durch entsprechende Wahl des Kompressionsenddruckes, der Form des Brennstoffnockens, der Zerstäubereinrichtungen und des Einblasedruckes meistens auf etwa 35 bis 45 at — bei kompressorlosen Maschinen auf etwa 50 bis 60 at — um allzu hohe Kolbendrücke und Zapfendrücke für die Triebwerksteile zu vermeiden. Es sei noch darauf hingewiesen, daß der thermische Wirkungsgrad mit zunehmender Füllung — größerem, mittleren indizierten Druck — abnimmt.

3. Viertakt- und Zweitaktverfahren.

a) Viertaktmaschinen. Das Arbeitsspiel der Viertaktmaschine besteht aus vier Hüben, und zwar

Einsaughub,
Kompressionshub,
Verbrennungshub (Expansionshub),
Auspuffhub.

Diese vier Hübe verteilen sich auf zwei Umdrehungen der Kurbel, so daß auf vier Hübe (Takte) der Maschine ein Arbeitshub (Verbrennung und Expansion) fällt; daher die Bezeichnung „Viertakt".

Die einzelnen Hübe sind nachstehend erläutert, und zwar ist hierbei eine stehende Maschine angenommen (vgl. Abb. 291).

Einsaughub: Läuft der Kolben vom oberen nach dem unteren Totpunkt, so wird durch das Einsaugventil der Maschine frische Luft (Verbrennungsluft) aus dem Maschinenraum oder durch eine Leitung von Deck in den Zylinder eingesaugt. — Bei Maschinen mit Aufladung, vgl. S. 263, wird die Verbrennungsluft in den Zylinder durch den Druck des Aufladegebläses hineingedrückt. Das Einsaugventil öffnet kurz vor dem oberen Totpunkt (Punkt 1) und schließt kurz nach dem unteren Totpunkt (Punkt 2), wodurch größte Luftfüllung (Luftgewicht), also guter volumetrischer Wirkungsgrad erzielt wird. Der Druck im Zylinder während der Einsaugperiode beträgt etwa 0,9 ata bei guten Maschinen — bei Maschinen mit Aufladung, je nach dem Grad der Aufladung, bis etwa 1,15 ata und mehr.

Kompressionshub: Beim Aufwärtsgang des Kolbens vom unteren nach dem oberen Totpunkt wird die eingesaugte Ver-

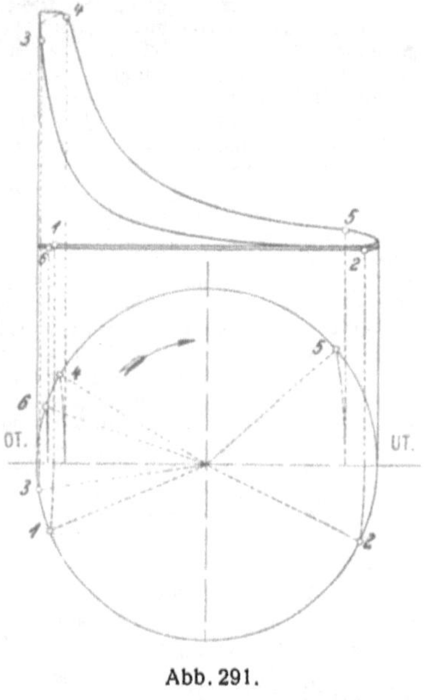

Abb. 291.

brennungsluft nach dem Schließen des Einsaugventils auf den Kompressionsenddruck (30 bis 35 at) verdichtet. Durch die Kompression findet Erwärmung der Luft statt; Kompressionsendtemperatur etwa 600 bis 700° C.

Verbrennungshub (Expansionshub): Kurz vor dem Erreichen des oberen Totpunktes (Punkt 3) beginnt die Einspritzung des Brennstoffes unter Zuhilfenahme von Einblaseluft oder direkt durch Pumpendruck. Die Einspritzung des Brennstoffes erstreckt sich bei der Normallast der Maschine auf etwa 8 bis 12% des Kolbenhubes (Punkt 4) und wird so geregelt.

daß während der Einspritzperiode der Druck im Zylinder bei Maschinen mit Lufteinspritzung nahezu konstant bleibt und bei kompressorlosen Maschinen während der Verbrennung von 3 bis 4 sich keine zu hohen Zünddrücke ergeben, vgl. Kapitel 2. Hierzu sei bemerkt, daß eine ansteigende Verbrennungslinie für die Erzielung eines guten thermischen Wirkungsgrades vorteilhaft ist. Während des Einspritzvorganges findet durch die Brennstoffzufuhr eine stetige Temperatursteigerung statt. Bei der Normallast werden Verbrennungstemperaturen von etwa 1200 bis 1400° C, bei kompressorlosen Maschinen etwa 1500° C und mehr erreicht. Nach beendeter Einspritzung beginnt die Expansion, wobei die Temperatur der Verbrennungsgase stetig sinkt. Die Endtemperatur (Punkt 5) beträgt bei Normalbelastung etwa 550 bis 650° C. Die Höhe der Endtemperatur ist in erster Linie

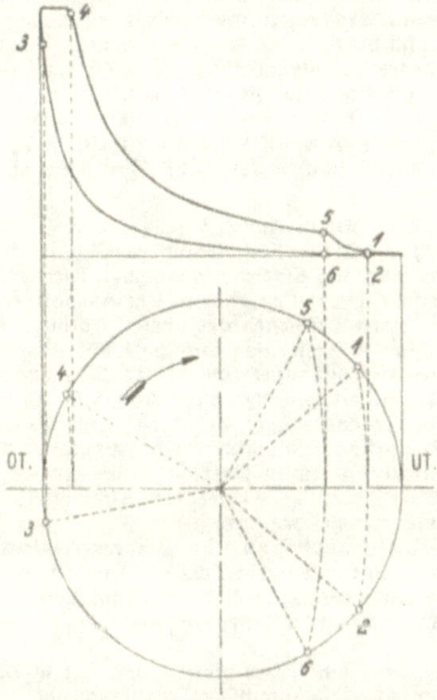

Abb. 292.

abhängig von der Füllung — Größe des mittleren indizierten Druckes — weiter von der Güte der Verbrennung und Stärke der Kühlung des Zylinders, Kolbens und Zylinderdeckels. Bei unvollkommener Verbrennung (Nachverbrennung) sowie bei unvollkommener Wärmeabfuhr (z. B. bei verkrusteten Kühlwasserräumen oder bei Kühlwassermangel) kann die Endtemperatur stark steigen. Mangelhafte Verbrennung macht sich durch rußenden Auspuff bemerkbar. Rußender Auspuff tritt auch ein, wenn die Zerstäubung des Brennstoffes eine unvollkommene ist. Der Auspuff rußt auch, wenn die Maschine überlastet ist, wenn also der in den Zylinder eingeführte Brennstoff wegen Luftmangels nicht mehr vollkommen verbrennen kann. Bei zu starker Wärmebelastung treten Störungen an den Auspuffventilen, an der Zylinderlaufbüchsenschmierung, den Kolbenstangen-Stopfbüchsen u. a. m. ein; ebenso tritt die Gefahr der Kolbenrisse auf. (Vgl. Kapitel 33.)

Vor Erreichen des unteren Totpunktes öffnet das Auspuffventil (Punkt 5), so daß die Verbrennungsgase nach der Auspuffsammelleitung bzw. nach dem Auspufftopf (Schalldämpfer) und von dort ins Freie abströmen können. Die Temperatur der Auspuffgase beim Austritt aus dem Zylinderdeckelkanal in die Auspuffleitung beträgt bei Normallast etwa 420 bis 480° C. Der starke Temperaturabfall vom Zylinderinnern nach der Auspuffleitung tritt hauptsächlich durch die Umsetzung von Druck in Geschwindigkeit während des Ausströmvorganges ein. (Zu Beginn des Ausströmens und bis zum sog. kritischen Druck ist Schallgeschwindigkeit mit theoretisch etwa 600 bis 450 m/s je nach der Belastung vorhanden). Am Ende der Auspuffsammelleitung und in einiger Entfernung von der Maschine findet man infolge der Energieumsetzung höhere Auspufftemperaturen als im Zylinderdeckelkanal, anschließend infolge der Abkühlung dann sinkende Temperaturen.

Auspuffhub: Beim Aufwärtsgang des Kolbens werden die Verbrennungsgase durch das Auspuffventil aus dem Zylinder ausgeschoben. Kurz vor Erreichen des oberen Totpunktes (Punkt 1) beginnt das Einsaugventil zu öffnen. Das Auspuffventil wird erst einige Prozent nach Erreichen des oberen Totpunktes (Punkt 6) geschlossen. Man erkennt, daß am Ende des Auspuffhubes und bei Beginn des Einsaughubes sowohl das Einsaug- als auch das Auspuffventil geöffnet ist. Vgl. auch Abb. 317. Unter günstigen Verhältnissen, besonders aber bei Maschinen, welche mit Aufladung arbeiten, findet hierdurch ein Ausspülen der Restgase aus dem Kompressionsraum statt.

Der nächste Hub ist wieder ein Einsaughub, womit das Arbeitsspiel von neuem beginnt.

b) Zweitaktmaschinen. Bei der Zweitaktmaschine vollzieht sich das Arbeitsspiel während einer Umdrehung der Kurbel, d. h. auf jede Umdrehung, zwei Hübe (Takte), fällt ein Arbeitshub (Verbrennung und Expansion); daher die Bezeichnung „Zweitakt".

Das Diagramm einer Zweitaktmaschine ist in Abb. 292 dargestellt. Über die Diagrammform während der Verbrennung, Punkt 3 bis 4, gilt sinngemäß das gleiche wie bei der Viertaktmaschine erläutert. Auspuff, Spülung und Ladung des Zylinders mit Verbrennungsluft finden am Ende des Arbeitshubes und zu Beginn des Kompressionshubes statt. Beginn des Auspuffs Punkt 5, Beginn der Spülung Punkt 1, ferner Ende der Spülung Punkt 2, Beginn der Kompression Punkt 6.

Die Vorgänge im Zylinder während des Kompressionshubes und während des Arbeitshubes sind im Prinzip die gleichen wie bei der Viertaktmaschine.

Die Auspuffgase der Zweitaktmaschine haben im Vergleich zu denen der Viertaktmaschine eine niedrigere Temperatur infolge der Mischung der Auspuffgase während der Auspuff- und Spülperiode mit (kalter) Spülluft — etwa 240 bis 300° C je nach Füllung für die Normallast und je nach Art der Spülung. Vgl. Kapitel 10.

Der Arbeitsvorgang bei Zweitaktmaschinen (einfachwirkenden) ist durch die Abb. 293 bis 296 erläutert, und zwar für die vier vorherrschenden Spülverfahren: Zweitaktmaschine mit Spülventilen Abb. 293, Zweitaktmaschine mit Schlitzspülung Abb. 294, Zweitaktmaschine mit Schlitzspülung Bauart Gebr.

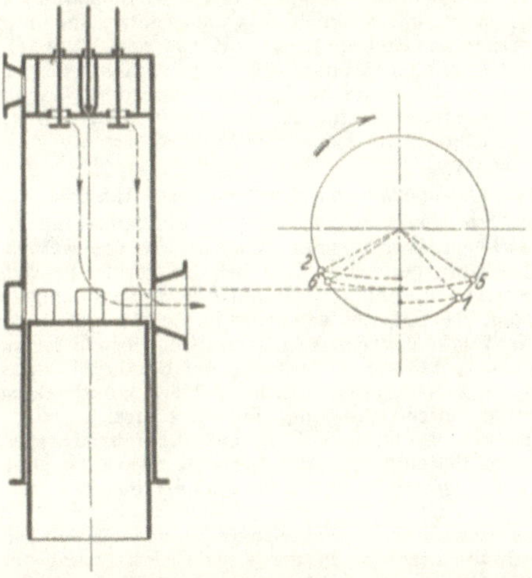

Abb. 293.

Sulzer Abb. 295 und Schlitzspülmaschine Bauart MAN Abb. 296. Andere Verfahren sind den vorgenannten mehr oder weniger ähnlich. Bei der Schlitzspülmaschine der Firma Fr. Krupp z. B. liegen die Auspuff- und Spülschlitze wie bei Abb. 294; dazu sind in der Nähe der Spülschlitze noch Hilfsschlitze angebracht, die mit dem Auspuffraum in Verbindung stehen und die den Spülluftstrom möglichst nach oben bis unter den Zylinderdeckel lenken sollen. Erwähnt sei hier noch das Spülverfahren der Maschinen mit gegenläufigen Kolben: Junkers, Doxford; die Spülluft tritt unten durch Schlitze ein und die Verbrennungsgase treten oben durch Schlitze aus (Längsspülung). Ferner sei das Spülverfahren von Burmeister und Wain erwähnt; die Spülluft tritt unten durch Schlitze ein und die Verbrennungsgase treten oben durch ein Ventil oder einen Kolbenschieber aus; vgl. Abb. 337.

Die Zweitaktmaschine mit Spülventilen. Abb. 293.

Wie aus der Abbildung ersichtlich, werden die Auspuffschlitze durch den Kolben gesteuert. Kurz vor Ende des Expansionshubes werden die Auspuffschlitze durch den niedergehenden

Kolben in Punkt 5 der Kurbelstellung geöffnet, so daß die Auspuffgase abzuströmen beginnen. Sobald der Druck der abströmenden Gase im Zylinder so weit gesunken ist, daß er den Druck der Spülluft ungefähr erreicht hat, werden die Spülventile in Punkt 1 der Kurbelstellung geöffnet, wodurch die in den Zylinder einströmende Spülluft die restlichen Verbrennungsgase durch die Auspuffschlitze austreibt. In Punkt 6 werden die Auspuffschlitze durch die Kolbenkante geschlossen, und der Zylinder ist mit Verbrennungsluft (Spülluft) gefüllt. Da die Spülventile erst in Punkt 2 geschlossen werden, findet auf dem Wege von 6 nach 2 ein Nachladen des Zylinders mit Spülluft statt (Strömungsenergie). Die Kompression beginnt in Punkt 6, vorausgesetzt, daß durch den aufwärtsgehenden Kolben keine Luft aus dem Zylinder durch die vorerst noch offenen Spülventile in den Spülluftkanal zurückgedrängt wird. Die Höhe des Kompressionsenddruckes bzw. der Kompressionsendtemperatur ist abängig von dem Druck und von der Temperatur im Zylinder in Punkt 6 bzw. 2 und von dem Kompressionsverhältnis.

Die Zweitaktmaschine mit Schlitzspülung. Abb. 294.

Bei dieser Maschine befinden sich die Spül- und Auspuffschlitze auf gegenüberliegenden Zylinderseiten und werden durch die Kolbenkante gesteuert. Wie bei der vorher beschriebenen Maschine tritt von Punkt 5 bis Punkt 1 die Entspannung der Auspuffgase ein. Die Spülschlitze werden in Punkt 2 und die Auspuffschlitze in Punkt 6 geschlossen. Der Kolbenboden ist zuweilen so ausgebildet, daß eine Umlenkung des Spülluftstromes in die Richtung der Zylinderachse stattfindet (strichpunktiert), wodurch eine bessere Durchspülung des Zylinders erreicht wird. Eine Aufladung des Zylinders mit Spülluft ist (ohne Steuerorgane in der Auspuffleitung) bei dieser Maschine nicht möglich.

Die Zweitaktmaschine mit Schlitzspülung Bauart Gebr. Sulzer. Abb. 295.

Diese Bauart ist gekennzeichnet durch zwei übereinander liegende Spülschlitzreihen *m* und *p*. Die Einströmung der Spülluft durch die Schlitze *p* wird durch die Kolbenkante und der durch die Schlitze *m* strömenden Spülluft durch ein gesteuertes Ventil *v* oder neuerdings durch selbsttätige Ringplattenventile gesteuert. Der Zutritt der Spülluft durch die Spülluftschlitze *p* erfolgt, nachdem die Kurbel den Weg von 5 bis 1 zurückgelegt hat, wenn also die Verbrennungsgase bereits bis auf den Druck der Spülluft entspannt sind. Hat der Kolben beim Aufwärtsgang die Auspuffschlitze in Punkt 6 wieder abgedeckt, so findet durch das Eintreten von Spülluft durch die obere Schlitzreihe *m* ein Nachladen statt (über Kompressionsbeginn vgl. vorher zu Abb. 293). Das den Spülluftkanal *m* steuernde Ventil *v* bzw. die Rückschlagventile sind so eingerichtet, daß sie beim Niedergang des Kolbens durch den Druck der Verbrennungsgase geschlossen bleiben.

Die Schlitzspülmaschine Bauart MAN. Abb. 296.

Bei dieser Maschine liegen Auspuff- und Spülschlitze aut der gleichen Zylinderseite. Die Auspuffschlitze *r* sind hierbei oberhalb der Spülschlitze *s* angeordnet. Infolge der besonderen Formgebung und Anordnung der Spülluft- und Auspuffkanäle in Verbindung mit der Form des Kolbenbodens durchstreicht die Spülluft, nachdem die Verbrennungsgase durch Öffnen der

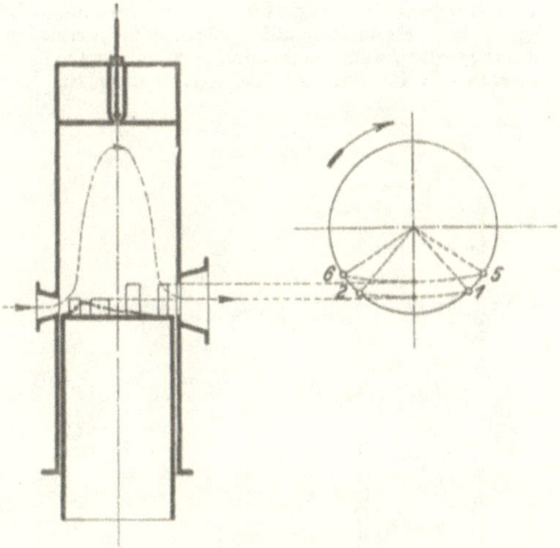

Abb. 294.

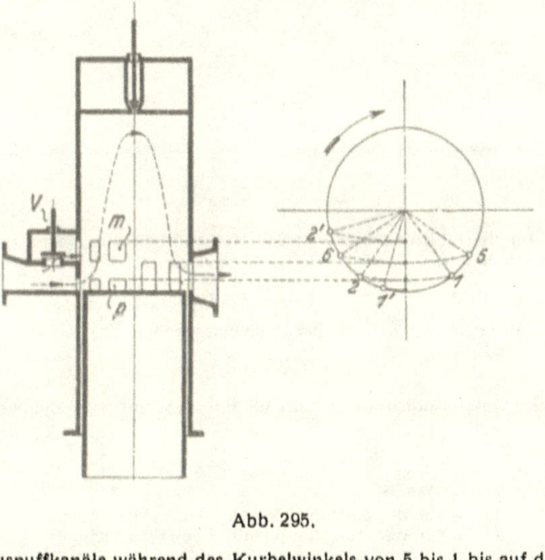

Abb. 295.

Auspuffkanäle während des Kurbelwinkels von 5 bis 1 bis auf den Druck der Spülluft entspannt sind, den Zylinder in Form einer Schleife. Die hierdurch erzielte stabile Strömung bewirkt eine sehr gute Durchspülung des gesamten Zylinderraumes. Eine Aufladung des Zylinders durch Spülluft kann hier nicht erzielt werden; sie ist nur möglich, wenn im Auspuffkanal zu diesem Zwecke ein Steuerorgan — rotierender Schieber — vorhanden ist.

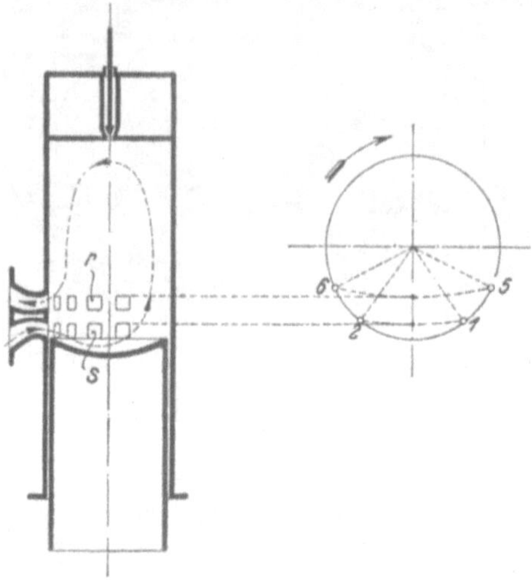

Abb. 296.

4. Berechnung der Leistung. In der allgemeinen Leistungsformel

$$N = \frac{P \cdot c}{75} \text{ (PS)}$$

ist für die indizierte Leistung der Kolbendruck mit einem mittleren indizierten Druck p_i (kg/cm²) einzusetzen

$$P = \frac{D^2 \pi}{4} \cdot p_i \text{ (kg)}.$$

Mit der mittleren Kolbengeschwindigkeit

$$c = \frac{S \,.\, n}{30} \text{ (m/s)}$$

ergibt sich die indizierte Leistung für eine Maschine mit z-Zylindern zu:

$$N_i = z \cdot \frac{D^2 \pi}{4} \cdot p_i \frac{S \cdot n}{30} \cdot \frac{1}{75} \cdot \frac{1}{a} \text{ (PS}_i\text{)},$$

worin einzusetzen ist:

$a = 4$ für die einfachwirkende Viertaktmaschine,
$a = 2$ für die einfachwirkende Zweitaktmaschine.

Mit Einführung des Begriffs „Zylinderhubvolumen", d. i.

$$V = \frac{D^2 \pi}{4} \cdot S \text{ Liter}$$

und mit dem mechanischen Wirkungsgrad der Maschine

$$\eta = \frac{N_e}{N_i} = \frac{p_e}{p_i}$$

ergibt sich die effektive Maschinenleistung aus der Gleichung:

$$N_e = \frac{z \cdot V \cdot p_e \cdot n}{C} \text{ PS.}$$

oder der mittlere effektive Druck:

$$p_e = \frac{C \cdot N_e}{z \cdot V \cdot n} \text{ kg/cm}^2.$$

Hierin bedeuten:

z = Anzahl der Arbeitszylinder,
V = Zylinderhubvolumen in Litern,
p_e = mittlerer effektiver Druck in kg/cm²,
n = minutliche Drehzahl,
C = 900 für einfachwirkende Viertaktmaschinen,
C = 450 für einfachwirkende Zweitaktmaschinen,
C = 450 für doppeltwirkende Viertaktmaschinen,
C = 225 für doppeltwirkende Zweitaktmaschinen.

Bei doppeltwirkenden Maschinen sind für Überschlagsrechnungen von der nach obiger Gleichung berechneten Leistung infolge der Flächenverminderung durch die Kolbenstange etwa 5 bis 7% abzuziehen. Die genaue Leistung der doppeltwirkenden Zweitaktmaschine ist als Summenleistung mit dem Hubvolumen V_0 für die Oberseite und V_u für die Unterseite unter Berücksichtigung der Kolbenstange — jeweils mit $C = 450$ — zu berechnen.

Mittlere Werte für den effektiven Druck und für die Kolbengeschwindigkeit vgl. Zahlentafel S. 254, Wirkungsgrade vgl. S. 255.

Für die Wahl der Kolbengeschwindigkeit bei Viertaktmaschinen ist das Hubverhältnis $S:D$ maßgebend. So können z. B. bei einem großen Hubverhältnis, also großem Hub und kleinem Zylinderdurchmesser, aus konstruktiven Gründen nur kleine Einsaug- und Auspuffventilquerschnitte im Zylinderdeckel (Zylinderkopf) untergebracht werden. Hohe Kolbengeschwindigkeiten können hierbei nicht zugelassen werden, weil sonst zu hohe Luftgeschwindigkeiten in den Einsaugventilen, demnach Luftmangel, also auch Leistungsmangel auftreten würden — oder es müssen Aufladegebläse verwendet werden. Hochtourige Maschinen erhalten, um diesem Umstande Rechnung zu tragen, ein kleines Hubverhältnis. Bei Zweitaktmaschinen sind für die Wahl der Kolbengeschwindigkeit die Vorgänge beim Spülen wesentlich. Die Erzielung eines relativ kleinen Spüldruckes ist bei richtiger Bemessung der Auspuff- und Spülschlitze auch bei schnellaufenden Maschinen möglich.

Bei doppeltwirkenden Zweitaktmaschinen darf das Hubverhältnis nicht zu klein werden — nicht unter etwa 1,3 bis 1,4 — weil damit der Kompressionsraum zu flach wird und sich schwierige Zerstäubungsverhältnisse bei kompressorlosen Maschinen ergeben.

Die richtige Wahl des mittleren indizierten Druckes p_i, des effektiven Druckes p_e und der mittleren Kolbengeschwindigkeit c kann für die einzelnen Maschinentypen nur auf Grund von Erfahrungen getroffen werden. Für die Wärmebelastung ist nicht p_e, sondern p_i maßgebend, weil die mittleren Verbrennungstemperaturen im Zylinder (gleiche Maschinen vorausgesetzt) dem mittleren indizierten Druck etwa proportional sind. Von ausschlaggebender Bedeutung für die Wahl der Zylinderabmessungen ist die zulässige Wärmebelastung, wobei Rücksicht auf die Dauer- bzw. Höchstbelastung der Maschine zu nehmen ist.

Als Wärmebelastung W_H in kcal pro m² und Stunde des Zylinders kann man einen Wert ansehen, der sich aus folgender Gleichung ergibt:

$$W_H = \frac{550 \cdot N_e}{D \pi (0{,}5\,D + 0{,}23\,S) \cdot z \cdot i}.$$

Hierin sind D und S in Metern einzusetzen, ferner $i = 1$ für einfachwirkende und $i = 2$ für doppeltwirkende Maschinen. Der Wert gibt an, wieviel kcal durch 1 m² Oberfläche des Verbrennungsraumes im Bereiche der höchsten Temperaturen in einer Stunde fließen. Mittlere Werte für p_i, p_e, c, W_H vgl. folgende Zahlentafel. Bei Sonderkonstruktionen findet man zuweilen beträchtlich höhere Werte für W_H.

Mittlerer indizierter und effektiver Druck, mittlere Kolbengeschwindigkeit und Wärmebelastung.

	Viertaktmaschinen	Zweitaktmaschinen
p_i	6,4 bis 7,1	5,1 bis 6,2
p_e	4,6 bis 5,4	4,0 bis 5,0
c	4,0 bis 6,5	3,6 bis 5,6
W_H	100 000 bis 150 000	180 000 bis 250 000

Bei Viertaktmaschinen, die mit Aufladung (Gebläse) arbeiten, können für p_e wesentlich höhere Werte als in der Zahlentafel angegeben erreicht werden. Der Grund liegt darin, daß die tatsächliche Wärmebelastung (maximale Temperatur) des Zylinders bei Steigerung von p_e (bzw. p_i) infolge des durch die Aufladung im Zylinder vorhandenen höheren Luftgewichts relativ weniger steigt, vorausgesetzt, daß gute Verbrennung erreicht wird.

Als Vergleichsmaßstab für die Belastungsstärke wählt man oft noch den mittleren effektiven Druck p_e und die mittlere Kolbengeschwindigkeit c.

Beim Vergleich der p_e-Werte ist zu berücksichtigen, ob die Einblaseluftkompressoren, Hilfspumpen, Spülluftpumpen, Aufladegebläse oder dgl. von der Hauptmaschine angetrieben werden oder nicht, oder ob es sich um kompresserlose Dieselmotoren handelt oder gar um Spezialmotoren.

5. Der mechanische Wirkungsgrad. Der mechanische Wirkungsgrad von einfachwirkenden und doppeltwirkenden Viertakt- und Zweitaktmaschinen mit und ohne Einblaseluftkompressor kann ermittelt werden, wenn man in die Beziehung für den mechanischen Wirkungsgrad den „Leerlaufdruck" p_0 einführt.

Es ist:

$$\eta = \frac{p_e}{p_i} = \frac{p_i - p_o}{p_i}.$$

Der Leerlaufdruck p_0 ändert sich in Abhängigkeit von p_i für die einzelnen Maschinentypen erfahrungsgemäß nur verhältnismäßig wenig. Bei hochtourigen Maschinen ist der Leerlaufdruck etwas größer als bei Maschinen mit niedriger Drehzahl.

Bei einer Maschine mit einem Einblaseluftkompressor steigt erfahrungsgemäß die Linie des Leerlaufdruckes etwas mit abnehmendem p_i. Die Linie fällt dagegen etwas bei einer kompressorlosen Maschine.

Besitzt die Maschine einen Einblaseluftkompressor, dann ist bei der Bestimmung des Leerlaufdruckes die Luftpumpenleistung so zu regeln, daß keine überschüssige Druckluft in die Anlaßflaschen gefördert wird.

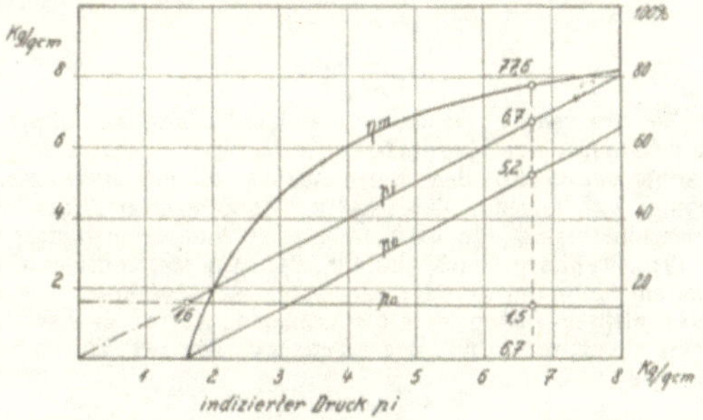

Abb. 297.

Bei Annahme der Werte für p_0 kann die Wirkungsgradkurve in Abhängigkeit vom mittleren indizierten Druck, wie in Abb. 297 dargestellt, also leicht ermittelt werden.

Mit Hilfe der so gewonnenen Wirkungsgradkurve kann dann auch für Überschlagsrechnungen z. B. die Leistungskurve bzw. Wirkungsgradkurve in Abhängigkeit von der Schiffsgeschwindigkeit aufgezeichnet werden. Hierzu sei noch erwähnt, daß der mittlere effektive Druck einer Ölmaschine sich mit dem Quadrat der Drehzahl ändert, wenn die Antriebsleistung (Propellerwellenleistung) des Schiffes sich mit der dritten Potenz der Drehzahl ändert. Diese Annahmen gelten für mittlere Verhältnisse bei unveränderlichem Propeller-Slip.

In Abb. 298 ist die Kurve der Antriebsleistung über der Schiffsgeschwindigkeit (Progressivkurve) unter obigen Annahmen gezeichnet, dazu die Kurven für Maschinendrehzahl (hier eine Gerade), mittleren effektiven und mittleren indizierten Druck sowie für den mechanischen Wirkungsgrad. Über die Brennstoffverbrauchskurven vgl. Kapitel 6. — Bei kompressorlosen Maschinen ist der Brennstoffverbrauch geringer; ferner verläuft die Brennstoffverbrauchskurve — B_{e_r} — etwas flacher als in Abb. 298,

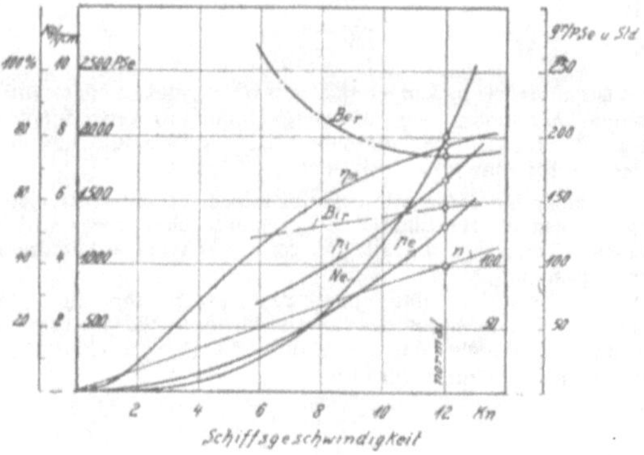

Abb. 298.

als Folge des relativ geringeren Leerlaufdruckes, also besseren Wirkungsgrades; vgl. Kapitel 6.

Anhaltswerte für den Leerlaufdruck p_0 gut eingelaufener Maschinen vgl. folgende Zahlentafel. Die Zahlenwerte für Zweitaktmaschinen sind für einfachwirkende und doppeltwirkende Maschinen praktisch gleich und sie gelten für Maschinen mit angehängten Spülpumpen oder Gebläsen. — Bei Maschinen mit kleiner Leistung findet man die größeren Werte des Leerlaufdruckes, desgleichen bei Maschinen mit höheren Drehzahlen.

Leerlaufdruck.

		Tauchkolben-maschinen	Kreuzkopf-maschinen
Viertakt	mit Kompressor	1,6 bis 1,9	1,4 bis 1,7
	ohne Kompressor	1,1 bis 1,3	1,0 bis 1,2
Zweitakt	mit Kompressor	1,4 bis 1,8	1,2 bis 1,6
	ohne Kompressor	1,0 bis 1,3	0,9 bis 1,2

6. Brennstoffverbrauch, thermischer Wirkungsgrad und Wärmebilanz. Der stündliche Brennstoffverbrauch wird entweder auf die effektive Pferdekraft oder auf die indizierte Pferdekraft bezogen. Es ist üblich, diesen Verbrauch (*Be* bzw. *Bi*) in Gramm anzugeben. Zwischen *Be* und *Bi* besteht die Beziehung:

$$Be = \frac{Bi}{\eta} \text{ g/PSe und h,}$$

worin η den mechanischen Wirkungsgrad bedeutet. Beim Vergleich von Brennstoffverbräuchen wird der tatsächlich ermittelte Brennstoffverbrauch einer beliebigen Ölsorte stets auf den einer Ölsorte mit einem unteren Heizwert von H_u = 10 000 kcal/kg reduziert. Wird z. B. bei Verwendung eines Öls mit einem unteren

Heizwert von $H = 10400$ kcal/kg ein auf die effektive Pferdestärke bezogener Brennstoffverbrauch von $Be = 178$ g pro PS_e und h gemessen, so beträgt der reduzierte Brennstoffverbrauch

$$Be_r = 178 \cdot \frac{10400}{10000} = 185 \text{ g/PS}_e \text{ und h.}$$

Die Erfahrung zeigt, daß der Brennstoffverbrauch der Dieselmaschinen, bezogen auf die indizierte Pferdestärke (Bi), bei kleiner Leistung geringer ist als bei der Normalleistung der Maschine. Da jedoch der mechanische Wirkungsgrad der Maschine bei kleiner Leistung stark abnimmt (vgl. Abb. 298), steigt der Brennstoffverbrauch, bezogen auf die effektive Pferdestärke (Be), bei kleinerer Leistung schnell. In Abb. 298 sind für eine einfachwirkende Sechszylinder-Viertakt-Schiffsdieselmaschine mit Kreuzkopf und Kompressor mit einer Normalleistung von 2000 PS_e bei 100 U/min der Brennstoffverbrauch (Be_r und Bi_r) sowie der mechanische Wirkungsgrad und die Maschinenleistung in Abhängigkeit von der Schiffsgeschwindigkeit aufgetragen. Bei der Normalleistung beträgt beispielsweise $Be_r = 185$ g/PS_e und h und $Bi_r = 144$ g/PS_i und h. Bei Halblast (1000 PS_e) findet man $Bi_r = 136$ g/PS_i und h und $Be_r = 196$ g/PS_e und h. Der tatsächliche Verbrauch pro Tag (24 h) an Brennstoff mit $H = 10400$ kcal/kg würde bei der Normallast $0{,}178 \cdot 2000 \cdot 24 = 8544$ kg betragen.

Für Brennstoffmessungen sind geeichte Meßgefäße zu verwenden, mittels welcher die während einer genau bestimmten Zeit verbrauchte Brennstoffmenge gemessen wird. Für die Ermittlung des Brennstoffverbrauches ist vorher das spezifische Gewicht und der Heizwert des Brennstoffes festzustellen. Während der Messung sind Diagramme von allen Zylindern, Kompressoren und Luftpumpen zu nehmen. Die mittlere Maschinendrehzahl während der Messung ist mit Hilfe eines Hubzählers zu bestimmen. Alle übrigen Daten, wie Drucke und Temperaturen (Kühlwasser, Schmieröl, Auspuff, Einblaseluft, Spülluft), sind sorgfältig zu notieren, damit der Zustand der Maschine während der Messung genau erkennbar ist. Vor Beginn und während der Messung muß ein tadelloser Beharrungszustand vorhanden sein; andernfalls ist die Messung wertlos.

Den **thermischen Wirkungsgrad** der Maschine findet man, da der Wärmewert von 1 PS und h 632 kcal beträgt, aus der Beziehung:

$$\eta_{th} = \frac{632}{Be \cdot H}.$$

Mit den Werten des Beispiels findet man den thermischen Wirkungsgrad

$$\eta_{th} = \frac{632}{0{,}178 \cdot 10400} = 0{,}342.$$

Demnach werden 34,2 % oder rund $^1/_3$ der gesamten im Brennstoff enthaltenen Wärme in effektive Leistung umgesetzt. Dieser hohe Wärmewirkungsgrad zeigt, daß die Dieselmaschine eine außerordentlich wirtschaftlich arbeitende Wärmekraftmaschine ist. Die restlichen 65,8 % der im Brennstoff enthaltenen Wärme finden ihr Äquivalent in der im Kühlwasser, in den Auspuffgasen und in der durch Strahlung abgeführten Wärme sowie in der Lagerreibungsarbeit und der Leistung der von der Hauptmaschine angetriebenen Pumpen (Einblaseluftpumpen, Kühlwasserpumpen, Schmierölpumpen); vgl. auch Kapitel 5.

Zum Vergleich sei noch darauf hingewiesen, daß der thermische Wirkungsgrad von hochökonomischen Schiffskolbendampfmaschinen bei Verwendung von überhitztem Dampf, Speisewasservorwärmung und Kohlefeuerung etwa 14 bis 15% und bei Verwendung von Abdampfturbinen (Bauer-Wach) etwa 17 bis 18% beträgt. Vgl. auch S. 234.

Mit den Ziffern des Beispiels errechnet sich der gesamte Wärmeverbrauch der Diesel-Maschine zu 0,178 · 10400 = 1850 kcal pro PS_e und h.

Die Wärmebilanz für die mit angehängten Pumpen für Einblaseluft, Kühlwasser und Schmieröl versehene einfachwirkende Sechszylinder-Kreuzkopf-Viertaktmaschine würde sich etwa wie folgt stellen (vgl. S. 263):

Effektive Leistung . . .	632	kcal pro PSe und h	= 34,2 %,
Kühlwasserabwärme. . .	640	„ „ „ „ „	= 34,6 %,
Auspuffgasabwärme . . .	400	„ „ „ „ „	= 21,6 %,
Hilfspumpenleistungen . .	58	„ „ „ „ „	= 3,1 %,
Reibung und Strahlung .	120	„ „ „ „ „	= 6,5 %.

Von der Kühlwasserabwärme (640 kcal) entfallen etwa 140 bis 170 kcal/PS_e und h auf die Kolbenkühlung. — Wird Öl für die Kolbenkühlung verwendet, so beträgt die durch das Öl abgeführte Wärmemenge im Mittel nur etwa 90 bis 110 kcal pro PS_e und h infolge der geringeren Wärmeaufnahmefähigkeit des Öls. Damit die Wärmebelastung der Maschine bei dieser geringeren Wärmeabfuhr von den Kolben nicht zu hoch wird, ist etwas kräftigere Wasserkühlung der Zylinderlaufbüchsen notwendig.

Für die Kontrolle der Kolbenkühlung ist es von Vorteil, die durch die Kolbenkühlung abgeführte Wärmemenge zeitweise nachzumessen. Diese Messung kann in einfachster Weise dadurch geschehen, daß man das von dem Kolben abfließende Wasser bzw. Öl in einem Meßbehälter abfängt und daraus die stündliche Kolbenkühlwasser- bzw. Ölmenge berechnet. Die vom Wasser bzw. Öl beim Durchgang durch den Kolben in einer Stunde aufgenommene Wärmemenge errechnet sich in bekannter Weise nach der Gleichung:

$$W = V \cdot \gamma \cdot c\,(t_2 - t_1),$$

worin betragen:

V = stündl. Wasser- bzw. Ölmenge in Litern,
γ = spez. Gewicht (Wasser = 1,0; Öl etwa 0,9),
c = spez. Wärme (Wasser = 1,0; Öl etwa 0,42),
t_2 = Austrittstemperatur in °C,
t_1 = Eintrittstemperatur in °C.

Aus den Ziffern der Wärmebilanz erkennt man weiter, daß etwa 632 + 58 + 120 = 810 kcal für die indizierte Leistung aufzuwenden sind, woraus sich ein mechanischer Wirkungsgrad

$$\eta = 100 \cdot \frac{632}{810} = 78\,\%$$

errechnet. Auch geht daraus hervor, daß 43,8% der im Brennstoff enthaltenen Wärme für die indizierte Leistung verbraucht werden. Der mechanische Wirkungsgrad der Triebwerksteile beträgt nach den Werten der Bilanz

$$\eta_R = 100 \cdot \frac{632}{752} = 84\,\%.$$

Ferner erkennt man, daß die gesamten Hilfspumpenleistungen 9,1 % der effektiven Maschinenleistung betragen. Hierin sind etwa 2 % für die Leistung der Kühlwasser- und Ölpumpen enthalten, so daß für die Leistung der Luftpumpen etwa 7,1 % der effektiven Leistung übrigbleiben, was sich mit den wirklichen Verhältnissen des Betriebes deckt.

In ähnlicher Weise können die Wärmebilanzen aller übrigen Maschinenarten aufgestellt werden.

7. Kühlwasserverbrauch. Bei der Berechnung des Kühlwasserverbrauchs nimmt man zur Sicherheit an, daß etwa 650 bis 700 kcal pro PS_e und h in das Kühlwasser abgeführt werden. Bei kompressorlosen Maschinen können diese Werte im Verhältnis der effektiven Brennstoffverbräuche reduziert werden auf 580 bis 630 kcal je PS_e und h. Soll die höchste Temperatur des abfließenden Kühlwassers aus Kolben und Zylinderdeckel 50° C nicht überschreiten, so ist bei Fahrt in tropischen Gewässern erfahrungsgemäß eine Kühlwassermenge für Maschinen mit Lufteinspritzung von etwa 45 bis 50 und für kompressorlose Maschinen von etwa 40 bis 45 l pro PS_e und h erforderlich. Bei einer Wärmeabfuhr mit beispielsweise 700 kcal pro PS_e und h und einem Kühlwasserverbrauch von 50 l pro PS_e und h errechnet sich ein mittlerer Temperaturanstieg von 14° C. Da nun für die Kühlung der Kolben, Zylinder, Zylinderdeckel und Auspuffleitung etwa 60 % und für die Kühlung der Luftpumpen und Luftkühler etwa 40 % der Kühlwassermenge verwendet werden, und da die Wärmeaufnahme des Kühlwassers in den letztgenannten Teilen nur etwa 5° C beträgt, würde der Temperaturanstieg des Kühlwassers für Kolben, Zylinderdeckel usw. etwa 20° C betragen. Bei einer Seewassertemperatur von 30° C werden demnach die vorgenannten 50° C nicht überschritten; vgl. auch Wärmebilanz Kapitel 6.

Aus vorstehendem ist zu erkennen, daß je nach der Fahrtroute des Schiffes (maximale Seewassertemperaturen) die Kühlwasserpumpen für mehr oder weniger große Wasserlieferung bemessen sein müssen. Bei sehr schlammhaltigem Wasser in den Fahrtrevieren verwendet man Süßwasserkühlung für die Maschinen. Auch die Kühlung der Kolben von doppeltwirkenden Zweitaktmaschineu erfolgt häufig durch Süßwasser, zum Schutze gegen Korrosionen; zuweilen wird dem Süßwasser noch ein Korrosionsschutzöl beigemengt. Für gute Entlüftung des Kühlwassers ist Sorge zu tragen (möglichst wenig schnüffeln; Zentrifugalpumpen).

Bei zu kaltem Seewasser läßt man warmes — von der Maschine ablaufendes — Wasser in die Saugeleitung der Kühlwasserpumpe zurückfließen; man verwendet hierzu auch automatisch wirkende Regulierorgane, z. B. Samson-Regler. Das Süßwasser wird dann in besonderen Kühlern zurückgekühlt.

8. Einblaseluftpumpen und Kompressoren. Die zur Beschaffung der Einblaseluft und Anlaßluft erforderlichen Kompressoren werden fast durchweg mit drei Stufen ausgeführt, wobei die zweite als Ringstufe ausgebildet ist. Diese Bauart hat den Vorteil, daß alle Zapfenlager Druckwechsel erhalten. In Abb. 299 ist ein dreistufiger Kompressor, welcher seinen Antrieb von der Kurbelwelle erhält und eine Gleitbahnführung hat, dargestellt.

Der höchste Einblasedruck beträgt bei Maschinen normaler Bauart etwa 62 bis 70 at. Die Luftpumpen werden jedoch mit Rücksicht auf Verluste in den Leitungen für einen Enddruck von etwa 75 bis 82 at bemessen.

Die Unterteilung der Druckstufen erfolgt in der Weise, daß jede Stufe etwa gleiches Druckverhältnis erhält. Wenn der Druck im Zylinder der ersten Stufe beim Einsaugen 0,8 ata und der Druck im Zylinder der dritten Stufe beim Ausstoßen 80 ata beträgt, wird jede Stufe für ein Druckverhältnis von $\sqrt[3]{\frac{80}{0,8}} = \sqrt[3]{100}$ = 4,64 gebaut. Die Enddrücke der einzelnen Stufen würden sich damit wie folgt einstellen:

I. Stufe 0,8 · 4,64 = 3,7 ata
II. „ 3,7 · 4,64 = 17,2 „
III. „ 17,2 · 4,64 = 80,0 „

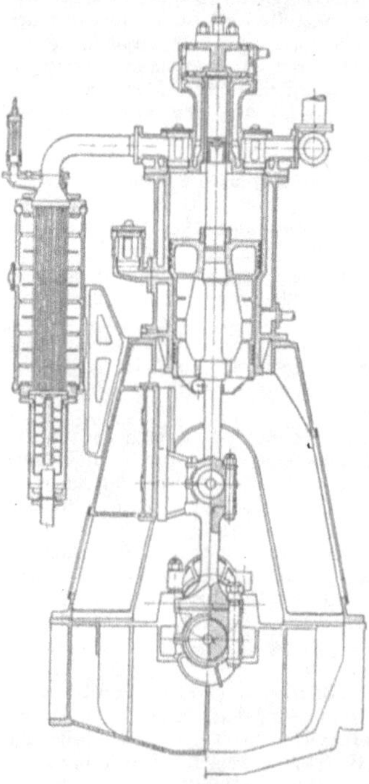

Abb. 299.

Weil bei der Ausführung runde Konstruktionsmaße für die Zylinderdurchmesser gewählt werden und die einzelnen Stufen verschieden große schädliche Räume besitzen, verschieben sich diese Drücke etwas.

Für die Berechnung des Hubvolumens der I. Stufe ist der tatsächliche Luftverbrauch der Maschine maßgebend. Ist von den Kompressoren Preßluft für andere Zwecke, z. B. Anlaßluft od. dgl. zu beschaffen, so muß das Hubvolumen der I. Stufe entsprechend größer sein. Der volumetrische Wirkungsgrad der I. Stufe beträgt je nach der Größe des schädlichen Raumes, der Bauart der Einsaugventile und der Kolbengeschwindigkeit im Mittel etwa 70 bis 85%. Der **Einblaseluftbedarf** für gut durchgebildete Viertakt- und Zweitaktmaschinen beträgt etwa 4,5 bis 5,6 l/PS_e und min. Meistens sind die Einblaseluftpumpen jedoch für eine Liefermenge von etwa 7 bis 8 l/PS_e und min bemessen, so daß die voll arbeitenden Luftpumpen Preßluft zum Auffüllen der Anlaßluftbehälter abgeben können. — Kompressoren, die nur für die **Beschaffung von Anlaßluft**, z. B. für kompressorlose Maschinen bestimmt sind, werden für eine Fördermenge bemessen — bezogen auf Atmosphärenspannung — die sich aus dem 3- bis 4fachen Hubvolumen aller Arbeitszylinder errechnet; hierbei sind automatische Anlaßventile angenommen, vgl. Kapitel 19. — Die Größe der Haupt-Hilfs- und Anlaßkompressoren sowie die Größe der Anlaßluftbehälter kann nur von Fall zu Fall und nach den Betriebsverhältnissen bestimmt werden; hierzu auch Vorschriften der Klassifikations-Behörden.

Da bei der Kompression von Luft Wärme erzeugt wird, ist es notwendig, hinter jeder Luftpumpenstufe einen Luftkühler anzuordnen (Abb. 299). Dieser Luftkühler muß so bemessen sein, daß die Luft beim Ansaugen der nächst höheren Stufe möglichst tief zurückgekühlt ist (Maschinenraumtemperatur), um niedrige Temperaturen (Kompressionsendtemperatur) in den Luftpumpenzylindern und damit gute Schmierverhältnisse zu erhalten. Bei zu hohem Temperaturanstieg während der Kompression können Schmierölexplosionen eintreten. Die Luftkühler sind also stets sauber zu halten. Hinter jedem Luftkühler muß ein Öl- und Wasserabscheider mit Ausblaseventil angeordnet sein.

Für die Luftpumpenzylinder und Luftkühler ist eine verhältnismäßig große Kühlwassermenge erforderlich, um eine gute Kühlung der Luft zu erzielen. Kapitel 7.

Für die Schmierung der Kompressoren empfiehlt es sich, nur bestes Kompressorenöl von hohem Flammpunkt und großer Schmierfähigkeit zu verwenden. S. 314.

Als Ventile für die Luftpumpen werden meistens Plattenventile verwendet. Wichtig ist, daß die Ventile tadellos dichthalten, damit der Druck der höheren Stufe nicht in den Zylinder der nächst niedrigeren Stufe gelangen kann.

Um Zerstörungen der Zylinder bei unerwartetem Druckanstieg zu verhindern, muß jede Stufe mit einem zuverlässig arbeitenden Sicherheitsventil (evtl. Bruchplatte) versehen sein, ebenso der Kühlwasserraum der Luftkühler zum Schutze des Kühlergehäuses bei Rohrbruch. Zur Kontrolle muß jede Stufe ein Manometer und ein Thermometer sowie einen Indikatorstutzen besitzen.

Die Rohrbündel für die Luftkühler sind von Zeit zu Zeit auf freien Durchgang zu prüfen, weil sie bei schlechter Kühlung (Tropen) und ungeeignetem Luftpumpenzylinder-Schmieröl durch Ölkoks verstopfen; das gleiche gilt für die Anschlußkanäle der vorerwähnten Armaturen.

Über den Kraftbedarf der Einblaseluftpumpen vgl. S. 259.

Für Anlaßluftkompressoren mit Enddrücken von 30 bis 35 at verwendet man zweistufige Kompressoren, für 70 bis 120 at dreistufige und für 150 bis 300 at vierstufige. — Statt Kompressoren, die von einem Kurbelantrieb angetrieben werden, kommen für raumsparende Anlagen die Freikolben-Diesel-Kompressoren von Junkers zur Aufstellung, z. B. dreistufige für Enddrücke bis 60 at und vierstufige für 250 at. Bei diesen mit Gegenkolben gebauten Kompressoren sind die Kompressorkolben direkt mit den Dieselmotorkolben verbunden; ihre Gleichhübigkeit wird durch zwei — an zwei Zahnrädern längslaufende — Zahnstangenpaare gewährleistet. Der Auseinanderlauf der Kolben — Förderhub für die Kompressorkolben — erfolgt durch den Expansionshub der im Zweitakt arbeitenden Dieselkolben und der Rücklauf der Kolben — Saughub für die Kompressorkolben —

durch die Expansion der komprimierten, aus den Toträumen nicht ausgeschobenen Luft.

9. Spülluftpumpen für Zweitaktmaschinen. Die Spülluftpumpen sind so zu bemessen, daß bei guten Spülverhältnissen etwa das 1,3- bis 1,45 fache Hubvolumen aller Arbeitszylinder von den Spülluftpumpen gefördert wird. Der Druck in der Spülluftleitung beträgt je nach der Art der Spülung (Spülschlitze oder Spülventile), der Länge und Ausführung der Auspuffleitung mit Schalldämpfern (Kammern) oder Schallfiltern (akustischen) etwa 1,08 bis 1,15 und 1,25 ata. Der höhere Wert kommt nur bei hochtourigen Spezialmaschinen vor. Die Spülluftleitungen sind mit Sicherheitsventilen oder Klappen gegen Explosionsgefahr ausgerüstet.

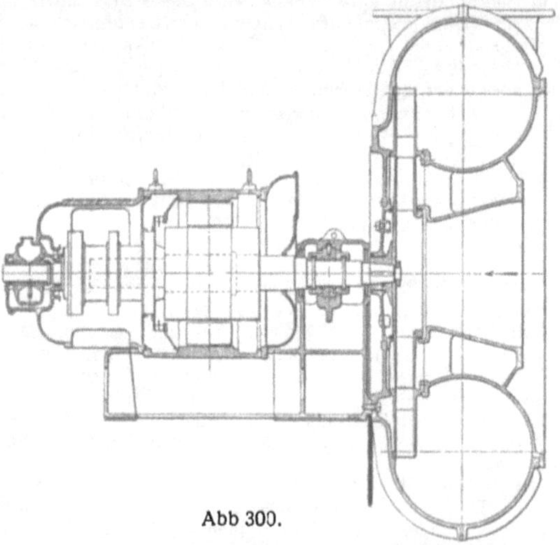

Abb 300.

Sofern die Spülpumpen von der Hauptmaschine selbst angetrieben werden, kommen doppeltwirkende Kolbenpumpen zur Ausführung, welche ihren Antrieb entweder von der Kurbelwelle oder von den Kreuzköpfen erhalten (vgl. Abb. 333), ferner rotierende, durch Zahnräder angetriebene Kapselgebläse, zuweilen auch Kreiselgebläse. Wird die Spülluft nicht von angehängten Pumpen oder Gebläsen beschafft, so kommen elektromotorisch angetriebene Kreiselgebläse zur Anwendung. Infolge des niedrigen Druckes der Spülluft kommen fast nur einstufige Kreiselräder in Frage (Abb. 300). Für Spezialmaschinen findet man zuweilen bei großen Leistungen Antrieb der Gebläse durch Dieselmotoren. Der Sonderantrieb durch Elektromotor oder Dieselmaschine hat den Vorzug, daß der Spüldruck durch Drehzahlregulierung der Antriebsmotoren den jeweiligen Betriebsverhältnissen angepaßt werden kann; auch sind die Gebläse vor dem Anfahren und beim Manövrieren in Betrieb, so daß stets gute Verbrennungsluft zur Verfügung steht. Durch geschickte Anordnung und Wahl der

Aggregate ist ferner eine gute Reserve zu schaffen. Diese Vorteile sind groß genug, um in manchen Fällen — besonders bei sehr großen Anlagen — den etwas höheren Kraftbedarf für den Sonderantrieb der Gebläse in Kauf zu nehmen. Für Überschlagsrechnungen kann bei mittleren Verhältnissen angenommen werden, daß der Leistungsbedarf der direkt von der Hauptmaschine angetriebenen Spülluftgebläse etwa 4 bis 5% und der elektromotorisch angetriebenen Spülluftgebläse etwa 6 bis 7% der effektiven Hauptmaschinenleistung beträgt, je nach Art des Spülverfahrens, der Auspuffanlage bzw. des Wirkungsgrades der elektrischen Antriebsmaschinen.

10. Die Ausnutzung der Abgaswärme. Die Temperatur der Abgase beim Austritt aus den Zylindern in die Auspuffsammelleitung beträgt bei Normalleistung und Viertaktmaschinen im Mittel etwa 400 bis 450° C, bei Zweitaktmaschinen infolge des geringeren indizierten Druckes und der abkühlenden Wirkung der Spülluft dagegen nur etwa 240 bis 300° C. Für Überschlagsrechnungen kann weiter angenommen werden, daß die Temperatur der Abgase etwa proportional dem mittleren indizierten Druck ist. Das Gewicht der abziehenden Verbrennungsgase, bezogen z. B. auf eine Stunde, setzt sich zusammen aus dem in einer Stunde angesaugten Gewicht der Verbrennungsluft (bzw. dem Gewicht der Spülluft), des pro Stunde verbrauchten Brennstoffes und der Einblaseluft bei Maschinen mit Lufteinspritzung.

Für die Berechnung der in den Auspuffgasen enthaltenen Wärmemenge (kcal pro h) gilt die bekannte Gleichung $W = G \cdot c_p \cdot t$. Hierin bedeuten: G das aus dem Hubvolumen der Arbeitszylinder bzw. dem Fördervolumen der Spülluftpumpen oder Gebläse berechenbare oder gemessene Gewicht der Verbrennungsgase, c_p die spezifische Wärme bei konstantem Druck (Auspuffleitung) — sie kann im Mittel mit 0,26 eingesetzt werden — und t die Temperatur der Verbrennungsgase. Um die im Abgaskessel (mit Speisewasservorwärmer) ausnutzbare Wärmemenge zu erhalten, ist von der Temperatur t die Temperatur der unausgenützt (Schalldämpfer, Schallfilter und Schornstein) abziehenden Gase abzuziehen. Angemerkt sei, daß diese Temperaturdifferenz wegen eines ausreichenden Wärmeüberganges etwa 50 bis 60° C höher liegen muß als die Temperatur des zu erzeugenden gesättigten Dampfes. Hierzu vgl. auch S. 68 und 69.

Aus den oben angegebenen Temperaturen erkennt man, daß die Abgaswärmemenge bei Zweitaktmaschinen geringer ist als bei Viertaktmaschinen.

Je nach Bedarf können diese Abgaswärmemengen zur Erzeugung von Dampf in Abgaskesseln (siehe S. 411) zum Betrieb von Hilfsmaschinen, der Heizung oder zur Warmwasserbereitung, für Wirtschaftszwecke, zum Betrieb von Aufladegebläsen u. dgl. mehr verwendet werden.

Durch die Ausnutzung der Abgaswärme können für den Betrieb der Motorschiffe wesentliche Ersparnisse erzielt werden*).

11. Aufladegebläse. Zur Steigerung der Leistung von Viertaktmaschinen finden die Aufladegebläse immer mehr Verwendung. Das Prinzip der Aufladung besteht darin, ein größeres Luftgewicht

*) Für die Wärmeleitung, vgl. S. 258, ist die Temperatur t_e der angesaugten Luft zu berücksichtigen; es ist also mit $t—t_e$ zu rechnen.

für die Verbrennung in den Zylinder zu schaffen, damit ein größeres Brennstoffgewicht pro Arbeitshub verbrannt werden kann, ohne daß eine zu starke Wärmebelastung bzw. ein Qualmen der Maschine eintritt. Auch bei Maschinen mit hoher Kolbengeschwindigkeit bzw. großem Hubverhältnis und demgemäß kleinen Einsaug- und Auspuffventilen, bei denen infolge der hohen Luftgeschwindigkeit in den Einsaugventilen unvollkommene Füllung der Zylinder mit Verbrennungsluft, also ungenügender Luftüberschuß, S. 253 u. 298, vorhanden ist, werden die Zylinderdimensionen für die Leistungserzeugung der Maschine durch Verwendung von Aufladegebläsen besser ausgenutzt. Vgl. S. 264.

Bei Schiffsanlagen, bei denen die Möglichkeit einer bedeutenden Leistungssteigerung (bis 50% und mehr über Normal-

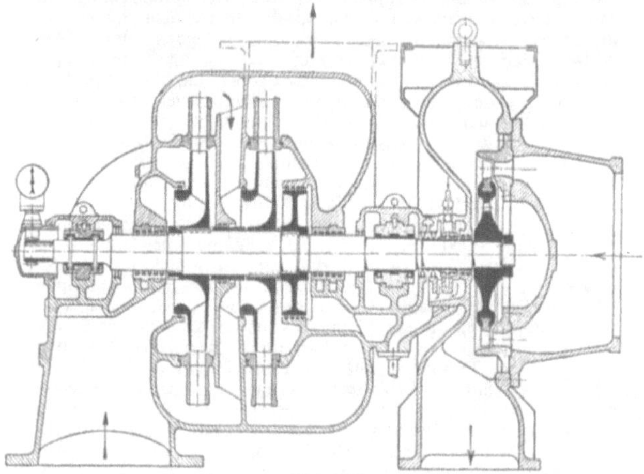

Abb. 301

last) vorübergehend vorhanden sein muß, werden Aufladegebläse mit bestem Erfolg verwendet.

Die Aufladegebläse können von Elektromotoren, Abgasturbinen oder von dem Dieselmotor angetrieben werden. Jede Antriebsart hat ihre Vorzüge. Bei Verwendung von Elektromotoren, deren Leistung nach Bedarf erhöht werden kann, da sie ihren Strom von der Hilfsmaschinenanlage erhalten, kann die Steigerung der Liefermenge des Aufladegebläses, also die Leistungssteigerung der Maschine, unabhängig von der Maschinenleistung vorgenommen werden. Bei Verwendung von Abgasturbinen ist dagegen die Leistungssteigerung abhängig von der Maschinenleistung selbst, weil hier nur die aus dem Gewicht und der Temperatur der Abgase gewonnene Antriebsleistung für das Aufladegebläse zur Verfügung steht; doch ist dieser Betrieb sehr wirtschaftlich, da eine unmittelbare Ausnutzung der Abgaswärme erzielt wird. In Abb. 301 ist ein zweistufiges Aufladegebläse dargestellt, welches durch eine Abgasturbine angetrieben wird. Diese Aufladegruppe läuft bei allen Belastungen der Motoren mit. Beim Antrieb des Aufladegebläses durch den Dieselmotor selbst muß dieser die Antriebsleistung für das Gebläse mit erzeugen. Man kann überschläglich rechnen, daß unter normalen Verhältnissen etwa ¼ bis ⅓ der durch die Aufladung gewonnenen Maschinenleistung für den Gebläseantrieb verbraucht wird. Wird das Aufladegebläse unter Zwischenschaltung einer während des Betriebes ein- und ausrückbaren Kupplung — z. B. Vulcan-Kupplung — angetrieben, so wird dieses nur zur Erzielung der Spitzenleistungen zugeschaltet.

Über das Verfahren, den Hauptarbeitskolben mit seiner Unterseite als Aufladepumpe zu benützen vgl. Abb. 332.

12. Kritische Drehzahlen. Das System der rotierenden Massen einer Dieselmaschine und das System der von der Dieselmaschine angetriebenen rotierenden Massen geraten in Drehschwingungen (Resonanzschwingungen), wenn die Frequenz der harmonischen Drehkräfte, welche im Tangentialdruckdiagramm der Dieselmaschine enthalten sind, mit der Eigenfrequenz (Eigenschwingungszahl) des schwingenden Massensystems übereinstimmt. Biegungsschwingungen kommen für diese Betrachtung nicht in Frage.

Die kritischen Drehzahlen der Dieselmaschine sind nun diejenigen Maschinendrehzahlen, die in einem ganz bestimmten Verhältnis zur Eigenschwingungszahl stehen. Dieses Verhältnis hängt ab von der Zylinderzahl der Dieselmaschine und davon, ob die Dieselmaschine im Viertakt oder Zweitakt arbeitet.

Die Größe der Drehschwingungsausschläge am Wellensystem, das mit der Eigenschwingungszahl schwingt, ist allgemein abhängig von der Größe der Arbeit, welche von den erregenden, harmonischen Drehkräften an das schwingende System abgegeben wird und von den dämpfenden Kräften (Widerständen), welche der Ausbildung der Schwingungsausschläge entgegenwirken. Das Massensystem besteht aus den mit der Kurbelwelle der Ölmaschine rotierenden Massen der Kurbeln und der Triebwerksteile, ferner aus den Massen der Steuerwellen-Antriebsräder sowie des Schwungrades und des Propellers auf der Wellenleitung. Zu der Masse des Propellers kommt noch die vom Propeller mitgerissene (rotierende) Wassermasse hinzu.

Dieses System der Massen besitzt ganz bestimmte Eigenschwingungszahlen. Denkt man sich alle mit der Kurbelwelle rotierenden Massen mitsamt dem am Ende der Kurbelwelle befindlichen Schwungrad in einer Ebene (etwa in der Mitte der Maschine) zu einer im Radius R (z. B. Kurbelradius) rotierenden Masse m_1 vereinigt und ebenso (in der Mittelebene des Propellers) die Massen des Propellers und des vom Propeller mitgerissenen Wassers zu einer (ebenfalls am Radius R rotierenden) Masse m_2 vereinigt, so ist das gesamte Massensystem auf ein einfaches System gebracht, bestehend aus den beiden reduzierten Massen m_1 und m_2. Hierzu vgl. Abb. 302.

Denkt man sich weiter die Kurbelwelle, Drucklagerwelle, Leitungswelle und Propellerwelle in eine äquivalente Welle von der Länge L umgewandelt, die hinsichtlich ihrer Verdrehungseigenschaften mit den wirklich vorhandenen Wellen gleichwertig ist, so kann die Eigenschwingungszahl dieses Systems nach folgender Gleichung leicht berechnet werden:

$$n_{e1} = \frac{30}{\pi} \sqrt{\frac{J_p \cdot G_0 (m_1 + m_2)}{R^2 \cdot L \cdot m_1 \cdot m_2}} \ldots \text{ Schwingungen pro min.}$$

Hierin bedeuten:

m_1 reduzierte Masse am Kurbelzapfen der Kurbelwelle $\left(\text{kg}\frac{\text{s}^2}{\text{cm}}\right)$,

m_2 reduzierte Masse am Ende der Propellerwelle $\left(\text{kg}\frac{\text{s}^2}{\text{cm}}\right)$,

J_p polares Trägheitsmoment der äquivalenten Welle (cm^4),

R Radius, auf den sämtliche Massen reduziert sind (cm),

L Länge der äquivalenten Welle (cm),

G_0 Gleitmodul des Wellenmaterials; für Flußstahl im Mittel 825000 (kg/cm^2).

Erwähnt sei noch, daß die reduzierte Masse m_1 eines Schwungrades mit einem Schwungmoment von $G \cdot D^2$ in kg · m^2 errechnet wird aus der Gleichung

$$m_r = \frac{10000 \cdot G \cdot D^2}{4 \cdot g \cdot R^2} = 2{,}55 \frac{G \cdot D^2}{R^2}$$

worin $g = 981$ cm/s^2.

Die Rechnung, in welcher Weise die einzelnen Massen und Wellenlängen zu reduzieren sind, und die genaue Ermittlung

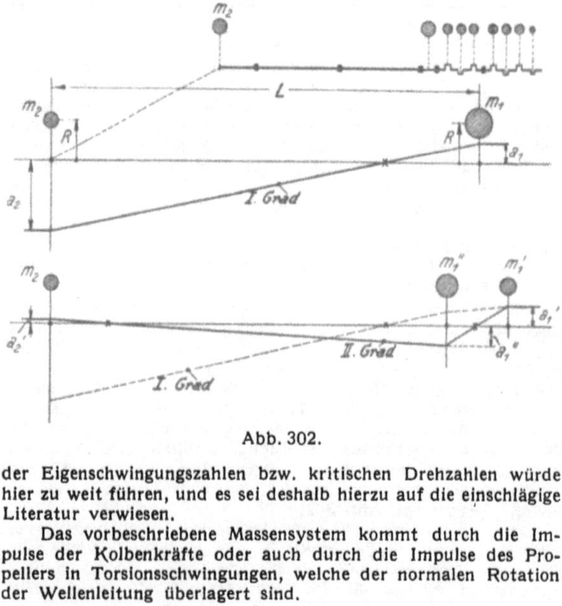

Abb. 302.

der Eigenschwingungszahlen bzw. kritischen Drehzahlen würde hier zu weit führen, und es sei deshalb hierzu auf die einschlägige Literatur verwiesen.

Das vorbeschriebene Massensystem kommt durch die Impulse der Kolbenkräfte oder auch durch die Impulse des Propellers in Torsionsschwingungen, welche der normalen Rotation der Wellenleitung überlagert sind.

Bei dieser Schwingung bildet sich ein Knotenpunkt (Punkt × in Abb. 302), der bei Verschiedenheit der Masse m_1 und m_2 stets nach der Seite der größeren Masse liegt. Der Schwingungsausschlag der Masse m_1 beträgt $\pm a_1$ und derjenige der Masse m_2 analog $\mp a_2$. Man sagt dann, dieses Massensystem vollführt Schwingungen I. Grades. Ein aus zwei Massen bestehendes System kann immer nur Schwingungen I. Grades (also mit einem Knotenpunkt) ausführen. Ein aus drei Massen bestehendes System kann dagegen Schwingungen I. Grades und Schwingungen II. Grades ausführen. Bei dem Dreimassensystem treten Schwingungen I. Grades (ein Knotenpunkt) dann auf, wenn zwei benachbarte Massen gegen die dritte Masse schwingen; Schwingungen II. Grades (zwei Knotenpunkte) treten auf, wenn jede Masse gegen eine benachbarte Masse schwingt. Analog können bei n-Massen somit Schwingungszahlen $(n-1)$ten Grades auftreten. Den Verlauf der einzelnen Schwingungsausschläge, also den Linienzug, der die einzelnen Schwingungsausschläge der einzelnen Massen des Systems verbindet, nennt man das „Schwingungsbild" oder die „Schwingungsform".

Bei einer Anlage mit einer direkt auf den Propeller arbeitenden Maschine kommen meistens nur Schwingungen I. und II. Grades vor. (In Sonderfällen, z. B. mit Elektromotoren und mechanischen Schaltkupplungen auf der Propellerwelle, können auch der III. und IV. Grad auftreten.) Beim I. Grad schwingen die Massen der Maschine gemeinsam mit der Masse des Schwungrades gegen die Massen am Propellerwellenende. Der Knotenpunkt liegt dann in der Laufwelle. Der Schwingungsausschlag am Propellerwellenende ist groß im Verhältnis zum Ausschlag der Kurbel am vorderen Maschinenende; der I. Grad wird durch die großen Propellerausschläge meistens stark gedämpft.

Beim II. Grad schwingen z. B. einerseits die vorderen Massen der Maschine gegen die hinteren Massen der Maschine mit dem Schwungrad und andererseits die Massen am Schwungrad gegen die Massen am Propellerwellenende. Ein Knotenpunkt liegt in der Kurbelwelle der Maschine, der andere Knotenpunkt meistens in der Propellerwelle (Stevenrohrwelle). Der Schwingungsausschlag der Kurbel am vorderen Maschinenende und am Schwungrad ist im Verhältnis zu demjenigen am Propellerwellenende dabei verhältnismäßig groß.

Ist die Eigenschwingungszahl des Massensystems gefunden, so errechnen sich die kritischen Drehzahlen durch Division der Eigenschwingungszahlen durch die Zahl der Impulse. Die Zahl der Impulse ist von der Taktzahl (Viertakt oder Zweitakt) und der Anzahl der Arbeitszylinder-Kurbeln der Maschine und auch von der Flügelzahl des Propellers abhängig.

Die Stärke der einzelnen „Kritischen" hängt von der Stärke der erregenden harmonischen Gasdrehkraft und Massenbeschleunigungs-Drehkraft, ferner von der Stellung der Arbeitszylinder-Kurbeln, von der Schwingungsform, von der Eigenschwingungszahl selbst und umgekehrt proportional von der Größe der dämpfenden Kräfte ab.

Hier sei nur kurz darauf hingewiesen, daß z. B. bei einer einfach- oder doppeltwirkenden Sechszylinder-Zweitaktmaschine meistens stärkere kritische Drehzahlen 3., 6. ... Ordnung und kleinere der 9. und 12. ...Ordnung auftreten, also bei Zweitaktmaschinen — einfachwirkend oder doppeltwirkend — nur Ordnungen ganzer Zahlen.

Beträgt z. B. die normale Betriebsdrehzahl einer solchen Maschine 96 U/min, und wäre die Eigenschwingungszahl I. Grades zu 760 Schwingungen pro min und die II. Grades zu 1080 Schwingungen pro min errechnet, so liegen kritische Drehzahlen aus dem I. Grad bei etwa $n = 253, 127, 84, 63$ U/min und aus dem II. Grad bei $n = 360, 180, 120, 90$ U/min.

Die verhältnismäßig starke „Kritische" I. Grades, 6. Ordnung bei $n = 127$ U/min liegt also schon oberhalb der normalen Betriebsdrehzahl. Die anderen „Kritischen" in der Nähe der normalen Betriebsdrehzahl, und zwar vom I. Grade die 9. und vom II. Grade die 9. und 12., liegen auch genügend weit von der normalen Betriebsdrehzahl entfernt.

Bei einfach- und doppeltwirkenden Viertaktmaschinen kommen auch noch „Kritische" der ½ten Ordnung, z. B. der 5½... 6½... 7½ten Ordnung vor, deren Größe außerdem noch von der zeitlichen Folge der einzelnen Zündungen abhängt.

Wird unmittelbar an die Kurbelwelle oder mit Hilfe einer kleinen Zwischenwelle (Primärwelle) eine Flüssigkeitskupplung — Vulcan-Kupplung, vgl. S. 315, eingeschaltet, so wird damit die Eigenschwingungszahl wegen des Nichtmitschwingens der hinter der Vulcan-Kupplung liegenden Massen, z. B. Zahnräder, Wellenleitung und Propeller — auf verhältnismäßig hohe Werte I. Ordnung verlegt. Weil damit die starken „Kritischen" oberhalb der höchsten Betriebszahl liegen, kann das ganze Drehzahlgebiet des Motors frei von stärkeren kritischen Drehzahlen gehalten werden. — Schwingungen II. Ordnung treten dabei nicht auf.

Von der Lieferfirma der Maschine müssen bei allen Anlagen auf dem Tachometer der Maschine und in der Betriebsvorschrift für die Maschine diejenigen kritischen Drehzahlen und ihr Ausdehnungsbereich angegeben sein, in deren Bereich die Maschine längere Zeit nicht laufen darf. — Zuweilen kommen Schwingungsdämpfer, meistens am vorderen Ende der Kurbelwelle, zum Anbau.

Die kritischen Drehzahlen machen sich durch mehr oder weniger heftiges Geräusch in der Maschine, leider aber nicht auf alle Fälle äußerlich, bemerkbar. Zum exakten Nachweis der kritischen Drehzahlgebiete dienen Torsiographen.

Aus der allgemein gültigen Gleichung für die Eigenschwingungszahlen ist noch zu erkennen, daß eine Verstärkung oder Verkürzung von Wellenteilen oder eine Verminderung von Massen die Eigenschwingungszahlen und damit alle „Kritischen" auf höheren Wert bringt und daß andererseits eine Verminderung von Wellenstärken oder eine Verlängerung von Wellenteilen oder eine Vergrößerung von Massen die Eigenschwingungszahlen und damit alle „Kritischen" auf niedrigeren Wert bringt.

Bei Viertaktmaschinen können unbequeme „Kritische" der ½ Ordnung durch Änderung der Zündfolge abgeschwächst werden; dafür werden aber andere der ½ Ordnung, die weniger unbequem sind, stärker.

13. Der Kompressionsraum. Das Kompressionsverhältnis von Dieselmaschinen liegt, vgl. Abb. 303, mit $\varepsilon = \frac{V + v_1}{v_1}$ bei etwa

13,5 — auch mehr oder weniger. Mit $\varepsilon = 13{,}5$ ergibt sich das Volumen des Kompressionsraumes bei Viertakt- und Zweitaktmaschinen zu etwa 8% des Zylinderhubvolumens, womit im Mittel die in Kapitel 2 und 3 genannten Kompressionsenddrücke und -temperaturen erreicht werden. Bei den Zweitaktmaschinen ist hierbei nur dasjenige Hubvolumen einzusetzen, das nach Abschluß der Auspuffschlitze durch den Arbeitskolben vorhanden ist. Die Höhe des Kompressionsraumes, gemessen von Oberkante Kolben bis Unterkante Zylinderdeckel, muß in der Betriebsvorschrift für die Maschine angegeben sein. Bei Nacharbeiten an den Kolben oder Treibstangenlagern, ferner beim Aufsetzen neuer Kolben oder Zylinderdeckel u. dgl. ist die Kompressionsraumhöhe stets zu kontrollieren. Es sind Kompressionsdiagramme kurz nach Wiederinbetriebsetzung der Maschine zu nehmen. Um die Kompressionsraumhöhe auf das richtige Maß zu bringen, werden oft Beilagebleche zwischen Kurbelzapfenlager und Treibstangenfuß eingebaut. Hierbei ist sorgfältigst darauf zu achten, daß diese Bleche von gleicher Dicke und eben sind (keine verzinnten oder verzinkten Bleche verwenden). Unebenheiten auf den Blechen poltern sich bald fort, was Lockern der Treibstangenbolzen zur Folge hat. Lockere Treibstangenbolzen brechen und verursachen unter Umständen ganz gewaltige Beschädigungen der Maschine (Verbiegen der Treibstangen, Zerschlagen der Grundplatten, Zylinderdeckelbrüche, Kurbelwellenbrüche usw.).

Einstellen der Dieselmaschine auf richtigen Kompressionsenddruck.

α) Ermittlung der Größe des Kompressionsraumes. In der schematischen Abb. 303 ist der Kompressionsraum (eng schraffiert) mit v_1 und die zugehörige Kompressionsraumhöhe, gemessen von Oberkante Kolben bis Unterkante Zylinderdeckel, mit h bezeichnet. — Das Hubvolumen der Maschine $V = \frac{D^2 \pi}{4} \cdot S$ ist durch weite Schraffur angedeutet. Im unteren Totpunkt ist zu Beginn der Kompression der Druck p_2 und ein Gesamtvolumen $v_2 = V + v_1$ im Zylinder vorhanden.

Der Kompressionsenddruck p_1 errechnet sich aus der Formel

$$p_1 = p_2 \left(\frac{v_2}{v_1}\right)^k.$$

Mit $v_2 = V + v_1$ ergibt sich

$$v_1 = \frac{V}{\left(\frac{p_1}{p_2}\right)^{\frac{1}{k}} - 1}.$$

Die Größen V und v_1 können in Litern und die Drücke p_1 und p_2 in kg/cm² eingesetzt werden. — Mit $k = 1{,}38$ ergeben sich hinreichend genaue Werte.

Ist für die Maschine der Inhalt des Kompressionsraumes v_1 nicht bekannt, so kann er nach vorstehender Gleichung errechnet werden, sofern der Kompressionsenddruck p_1 durch Aufnahme eines Kompressionsdiagrammes (vgl. Abb. 322) und der Druck p_2 zu Beginn der Kompression durch ein Schwachfederdiagramm (vgl. Abb. 321 u. 328) bekannt ist.

β) Änderung des Kompressionsenddruckes durch Änderung der Größe des Kompressionsraumes. Der Inhalt des (z. B. durch

Änderung der Kompressionsraumhöhe) veränderten Kompressionsraumes sei mit v_1' bezeichnet und der zugehörige neue Kompressionsenddruck mit p_1'. — Es gilt dann die Gleichung

$$p_1' = p_1 \left(\frac{v_1}{v_1'}\right)^k.$$

Sind v_1 und p_1 bekannt oder, wie unter a) angegeben, ermittelt, so ist der neue Kompressionsenddruck p_1' für jede neue Kompressionsraumgröße leicht nach vorstehendem zu berechnen. — Zweckmäßigerweise werden die Kompressionsenddrücke p_1' systematisch für verschiedene Werte des Kompressionsraumes v_1' berechnet und die Abhängigkeit dieser beiden Werte als Kurve (Hyperbel) aufgetragen (vgl. Abb. 303). Die Änderung der Kompressionsbeilagen für den gewünschten Kompressionsenddruck kann dann unmittelbar aus der Kurve abgelesen werden.

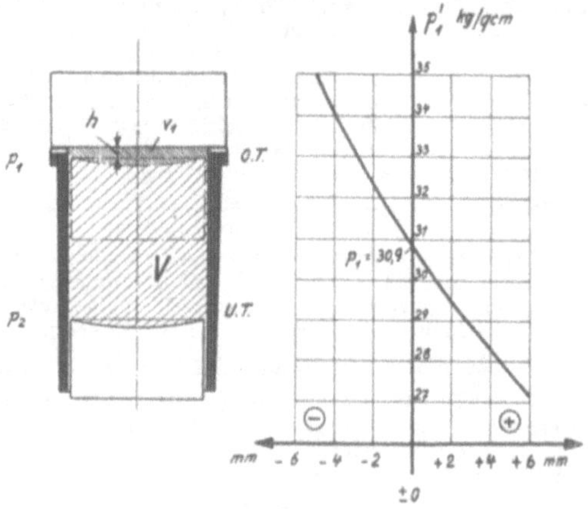

Abb. 303.

Beispiel: Viertaktmaschine, Zylinderdurchmesser 640 mm, Hub 700 mm; Hubvolumen V = rd. 225 l. — Kompressionsenddruck (aus Kompressionsdiagramm bestimmt) p_1 = 30,9 kg/cm². Anfangsdruck zu Beginn der Kompression (aus Schwachfederdiagramm bestimmt) p_2 = 0,9 kg/cm². 1 mm Hub = rd. 0,32 l.

Es errechnet sich nach der Gleichung unter a)

$$v_1 = \frac{225}{\left(\frac{30,9}{0,9}\right)^{\frac{1}{1,38}} - 1} = \frac{225}{12,95 - 1} = 18,85 \text{ l},$$

d. s. 8,35 % vom Hubvolumen des Zylinders.

Die Änderung der Kompressionsraumhöhe um je 2 mm ergibt eine Änderung des Inhalts des Kompressionsraumes um je 0,64 l. Mit p_1 = 30,9 kg/cm² und v_1 = 18,85 l findet sich demnach bei:

Verkleinerung (—) der Kompr.-Raumhöhe	Kompr.-Raum	Kompr.-Enddruck
um 2 mm	$v_1' = 18{,}21$ l	$p_1' = 32{,}4$ kg/cm²
um 4 mm	$v_1' = 17{,}57$ l	$p_1' = 34{,}0$ kg/cm²
Vergrößerung (+) der Kompr.-Raumhöhe	Kompr.-Raum	Kompr.-Enddruck
um 2 mm	$v_1' = 19{,}49$ l	$p_1' = 29{,}5$ kg/cm²
um 4 mm	$v_1' = 20{,}13$ l	$p_1' = 28{,}2$ kg/cm²

Soll beispielsweise der Kompressionsenddruck (der ursprünglich 30,9 kg/cm² betrug) zum Zwecke besserer Verbrennung auf 33 kg/cm² gebracht werden, so ist die Kompressionsraumhöhe um etwa 3 mm zu verkleinern (3 mm starke Beilage unter dem Treibstangenfuß). — Soll dagegen der Kompressionsenddruck, z. B. bei Maschinen mit stärkerer Aufladung zur Vermeidung von zu hohen Zünddrücken auf 29,5 kg/cm² erniedrigt werden, so ist die Kompressionsbeilage um etwa 2 mm abzuhobeln.

14. Die Brennstoffpumpen. Allgemeines: Die Brennstoffpumpe fördert die für jeden Arbeitshub erforderliche Brennstoffmenge in das Brennstoffventil des Arbeitszylinders. Der Förderdruck beträgt bei Maschinen mit Lufteinblasung etwa 100 at, bei kompressorlosen Maschinen etwa 450—500 at und mehr und bei Vorkammer-Maschinen etwa 100 at.

Der Brennstoff muß den Saugventilen der Brennstoffpumpen stets unter einem gewissen Druck zufließen. Zur Einstellung eines konstanten Zuflußdruckes wird häufig ein Schwimmer vor die Brennstoffpumpen geschaltet. Der Schwimmer schützt die Maschine vor dem gefährlichen Auffüllen der Brennstoffventile und der Zylinderräume mit Brennstoff aus den hochgelegenen Brennstofftanks. Liegen die Brennstoffbehälter tiefer als die Brennstoffpumpen, so wird der Brennstoff diesen durch eine Zubringerpumpe unter Druck zugeführt.

Im allgemeinen ist für jedes Brennstoffventil eine Brennstoffpumpe vorhanden, doch kommen auch Fälle vor, in denen mehrere Brennstoffventile einer Zylinderseite von nur einer Brennstoffpumpe versorgt werden. In diesem Falle sind besondere Verteilorgane vorgesehen, wodurch jedes Ventil die gleiche Brennstoffmenge erhält.

Die für einen Arbeitshub und eine Zylinderseite einer Maschine erforderliche Brennstoffmenge beträgt:

$$Q = \frac{N_e \cdot B_e \cdot i}{60 \cdot n \cdot \gamma} \text{ (cm}^3\text{)}.$$

Hierin bedeuten:

N_e die Leistung einer Zylinderseite (PS_e),
B_e den Brennstoffverbrauch (g pro PS_e und h),
n die minutliche Drehzahl der Maschine,
i = 1 für Zweitaktmaschinen,
i = 2 für Viertaktmaschinen,
γ das spezifische Gewicht des Brennstoffs.

Bei einer einfachwirkenden, kompressorlosen sechszylindrigen Viertaktmaschine, welche bei 100 minutlichen Umdrehungen 1800 PS_e entwickelt und dabei einen Brennstoffverbrauch von 172 g pro PS_e und h hat, beträgt die für einen Arbeitshub (zwei

Umdrehungen) erforderliche Brennstoffmenge bei einem spezifischen Gewicht des Brennstoffes von 0,9

$$Q = \frac{300 \cdot 172 \cdot 2}{60 \cdot 100 \cdot 0.9} = 19{,}1\,(\mathrm{cm}^3).$$

Das Hubvolumen des Brennstoffpumpenkolbens wird etwa doppelt so groß ausgeführt, wie für die bei Vollast der Maschine zu fördernde Brennstoffmenge erforderlich ist, damit eine gute Regulierbarkeit der Brennstoffpumpe erreicht wird.

Der Sicherheitsregler der Maschine wirkt in der Weise, daß er bei Überschreitung einer gewissen Maschinendrehzahl die Brennstoffpumpen bis an die Nullfüllung zurückstellt, gleichgültig welche Füllung durch die Handregulierung eingestellt ist.

Beim Anlassen der Maschine mit Druckluft werden die Brennstoffpumpen automatisch auf Nullfüllung eingestellt, so daß beim Anlassen kein Brennstoff gefördert werden kann. Es gibt jedoch auch Maschinen, bei denen geringe Brennstoffmengen bereits beim Anlassen in das Brennstoffventil gefördert werden.

Jede Brennstoffpumpe besitzt eine Handpumpe oder eine Pumpvorrichtung, mit welcher die Brennstoffleitungen und der Düsenraum der Brennstoffventile vor Inbetriebsetzung vollgepumpt werden können. Zu diesem Zwecke ist meistens in unmittelbarer Nähe jedes Brennstoffventils ein sog. Brennstoffprobierventil angeordnet. Das Vorpumpen durch das offene Probierventil muß so lange erfolgen, bis sämtliche Luft aus der Brennstoffleitung entfernt ist. Nach Schließen des Probierventils werden noch einige Handpumpenhübe in die Leitung gepumpt, damit die Maschine beim Umschalten von „Anlassen" (mit Druckluft) auf „Betrieb" (mit Brennstoff) sicher zündet.

Sämtliche Ventile der Brennstoffpumpen und die Rückschlagventile in den Brennstoffleitungen müssen vollkommen dichthalten. Breite Ventilsitzflächen sind deshalb zu vermeiden. Etwa in den Pumpenraum gelangte Luft wird beim Druckhub sehr stark zusammengepreßt und expandiert beim Saughub des Pumpenkolbens, wodurch das ordnungsgemäße Ansaugen von Brennstoff gestört wird.

Um jedem Zylinder die gleiche Brennstoffmenge, also die gleiche Leistung (gleichen indizierten Druck, Indikatordiagramme) zuzuteilen, ist jede Brennstoffpumpe mit einer Feineinstellvorrichtung versehen.

14a. Die Brennstoffpumpen für Maschinen mit Lufteinspritzung. Die Regulierung dieser Brennstoffpumpen erfolgt meistens in der Weise, daß ein Teil der von den Brennstoffpumpenkolben zu Beginn des Druckhubes geförderten Menge durch die von den Regulierorganen (Brennstoffhandregulierung, Regler) zeitweise offengehaltenen Saugventile in die Saugleitung der Pumpen zurückgedrückt wird. Erst nachdem das gesteuerte Saugventil durch das Steuerungsgestänge der Brennstoffpumpe geschlossen ist, wird der Brennstoff nach dem Brennstoffventil gedrückt. Die Steuerung des Saugventils erfolgt durch ein von dem Brennstoffpumpenkolben selbst angetriebenes Exzentergestänge od. dgl. und die Veränderung des Schließpunktes für das Saugventil durch Verstellen des Exzenters oder durch Veränderung der Steuerhebelübersetzung od. dgl. Hierdurch wird die Fördermenge, also auch die Leistung der Maschine, verändert. Sollen schwer zündende Treiböle verwendet werden, so kommt noch eine sog. **Zündölpumpe** zur Verwendung, welche leicht zündendes Öl (meistens Gasöl) dem Schweröl im Innern des Brennstoffventils vorlagert (vgl. Abb. 313). Bei Betrieb mit Schweröl müssen die Brennstoffpumpen und die Brennstoffleitungen für das Schweröl

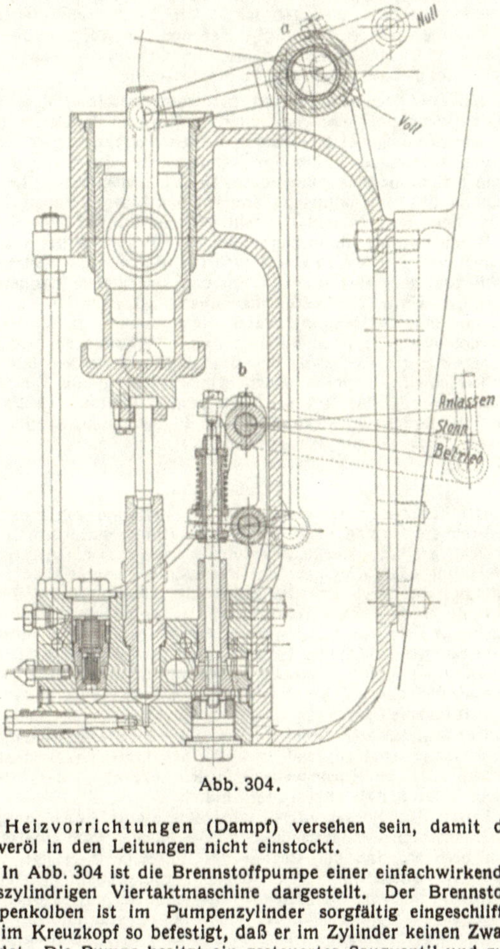

Abb. 304.

mit **Heizvorrichtungen** (Dampf) versehen sein, damit das Schweröl in den Leitungen nicht einstockt.

In Abb. 304 ist die Brennstoffpumpe einer einfachwirkenden sechszylindrigen Viertaktmaschine dargestellt. Der Brennstoffpumpenkolben ist im Pumpenzylinder sorgfältig eingeschliffen und im Kreuzkopf so befestigt, daß er im Zylinder keinen Zwang erleidet. Die Pumpe besitzt ein gesteuertes Saugventil und zwei

Druckventile. Der Brennstoff tritt oberhalb des zweiten Druckventils in die Rohrleitung nach dem Brennstoffventil. Die untere Spitzschraube schließt den Kanal für die Handpumpe ab. Die kurze Spitzschraube ist eine Probier- und Ablaßschraube, mit der geförderter Brennstoff während des Betriebes nach Bedarf abgelassen werden kann. In dem Verschlußpfropfen über den Druckventilen ist eine Spitzschraube (in der Abbildung nicht gezeichnet) zum Ablassen von Luft untergebracht. Mit dem Drehzapfen *a* ist das Regulierexzenter vereinigt. Der um die Welle *b* drehbare Hebel mit Einstellschraube dient zum Öffnen des Saugventils in der Stopp- und Anlaßstellung der Maschine.

15. Die Brennstoffpumpen für kompressorlose Maschinen. Bei den kompressorlosen Maschinen muß die für die Zerstäubung und Einspritzung des Brennstoffs in den Verbrennungsraum des Arbeitszylinders der Maschine erforderliche Energie von der Brennstoffpumpe erzeugt werden. Um eine möglichst feine Zerstäubung des Brennstoffs zu erzielen, wird der Brennstoff mit großer Geschwindigkeit durch sehr feine Bohrungen oder Kanäle der Brennstoffdüse hindurchgepreßt. Zur Erhöhung der exakten Einspritzung ist das Brennstoffventil mit einer federbelasteten Düsennadel ausgerüstet, die durch den Druck des Brennstoffes um einige Zehntel Millimeter angehoben wird. Abb. 314. Bei unvollkommener Zerstäubung treten Nachbrennen, großer Brennstoffverbrauch, Qualmen und die damit verbundenen Nachteile auf. Da für die Förderung des Brennstoffes außerdem nur eine sehr kurze Zeit (durcheilter Kurbelwinkel α während der Einspritzperiode etwa 30° bis 40°) zur Verfügung steht, muß die Pumpe sehr hohe Drücke erzeugen. Die Zeit, in Sekunden, für die Einspritzung bei n Umdr./Min. berechnet sich zu

$$t = \frac{\alpha}{6n}$$

Bei den hohen Drücken muß die Verbindungsleitung von der Brennstoffpumpe nach der Brennstoffdüse naturgemäß mit sehr kräftiger Wandstärke ausgeführt werden, um ein Atmen der Rohrleitung oder Schwingen des Brennstoff-Flüssigkeitsfadens zu verhindern, wodurch eine ungleichmäßige Förderung des Brennstoffes durch die Düse verursacht würde. Andererseits kann man für gewisse Fälle die Elastizität der Druckleitung der Brennstoffpumpe und die endliche Fortpflanzungsgeschwindigkeit der Brennstoff-Druckwelle zur Erzielung einer gewollten Förderungsverzögerung für einen Einspritzverzug ausnutzen (Sulzer: nur ein Brennstoffnocken für Vor- und Rückwärtsfahrt).

Der Antrieb der Brennstoffpumpenkolben erfolgt meistens durch Nockenscheiben, welche auf einer kräftigen Brennstoffpumpenwelle, der Kurbelwelle, den Kurbelwangen, der Steuernockenwelle od. dgl. angeordnet sind.

Durch den Nockenantrieb wird eine starke Beschleunigung der Brennstofförderung ermöglicht. Der Nocken muß eine solche Form besitzen, daß der Beginn des Einspritzens erfolgt, kurz bevor der Arbeitskolben seine obere Totpunktstellung erreicht. Außerdem müssen die Brennstoffdüsenquerschnitte und die Nocken so ausgebildet sein, daß eine gute Diagrammform (keine zu hohen Verbrennungsdrücke und eine gute Expansionslinie) erzielt wird.

Die Förderung der für einen Arbeitshub erforderlichen Brennstoffmenge — zu berechnen wie in Kapitel 14 (vgl. 14a), angegeben — erfolgt bei der kompressorlosen Maschine am Anfang des Brennstoffpumpenkolbenhubes, im Gegensatz zu der Förderart bei den Brennstoffpumpen für Maschinen mit Lufteinspritzung. Die Regulierung der Fördermenge erfolgt beispielsweise derart, daß ein Teil der von den Brennstoffpumpenkolben geförderten

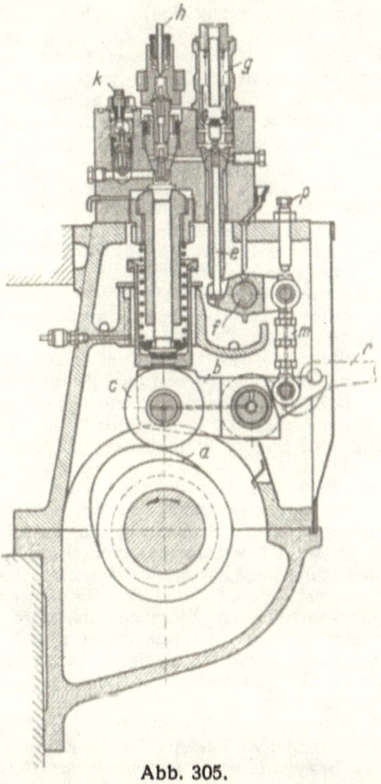

Abb. 305.

Brennstoffmenge durch ein sog. Überströmventil nach dem Saugraum der Pumpe zurückgedrückt wird. Das frühere oder spätere Öffnen dieses Überströmventils erfolgt durch ein von dem Pumpenkolben angetriebenes Exzentergestänge, dessen Hubbewegung abhängig ist von der Stellung des Handregulierhebels, mit welchem die der Maschinenleistung entsprechende Füllung eingestellt wird. Der Sicherheitsregler wirkt ebenfalls auf das Regulierexzenter bzw. Überströmventil.

Feinste Filterung des Brennstoffes, schneller Schluß und zuverlässiges Dichthalten des Überströmventils und auch der Saug-

und Druckventile sind wegen der Feinheit der Düsenbohrungen und wegen des hohen Pumpendruckes für das zuverlässige Arbeiten der Zerstäubungseinrichtung und der Brennstoffpumpe erforderlich.

Erwähnt sei hier noch das Archaouloff-System, nach dem ein Dieselmotor mit Lufteinspritzung auch in eine kompressorlose Maschine umgebaut werden kann, wenn die Antriebsmittel (Zahnräder, Wellen u. dgl.) der bisherigen Brennstoffpumpe für den Umbau nicht kräftig genug sind, um einen genügend starken Antrieb für die Brennstoffpumpen zur kompressorlosen Einspritzung anbringen zu können. Dieses System besteht darin, daß die erforderliche Kraft für die Einspritzung des Brennstoffes von einem Druckkolben aufgebracht wird, dessen Zylinder mit dem Kompressionsraum des Hauptarbeitszylinders durch eine wärmeisolierte Leitung unmittelbar in Verbindung steht. Dieser Kraftkolben — mit größerem Durchmesser — treibt dann den eigentlichen Brennstoffpumpenkolben — von kleinerem Durchmesser —, so daß der erforderliche hohe Einspritzdruck zur Verfügung steht. Die alte, vorhandene, Brennstoffpumpe dient nun lediglich dazu, die durch die Brennstoffregulierung dieser Brennstoffpumpe eingestellte Brennstoffmenge dem Brennstoffpumpen-Kraftkolben zuzupumpen, bevor sein Druckhub einsetzt. Krupp z. B. rüstet zuweilen auch neue Maschinen mit dieser Brennstoff-Einspritzvorrichtung aus.

Der Einspritzbeginn des Brennstoffes in den Arbeitszylinder ist also in erster Linie abhängig von dem geordneten Verlauf der Kompression des Hauptarbeitskolbens und von der Spannung der Feder, welche die Nadel des Brennstoffventils belastet. Diese Federspannung wird vom Fahrstand der Maschine nach Bedarf verstellt.

Zur Vermeidung von Frühzündungen, die starke Beanspruchungen der Maschine verursachen, und von Spätzündungen, die ein Nachbrennen zur Folge haben, also zur Erzielung eines geordneten Einspritz- und Verbrennungsvorganges auch bei allen Drehzahlen und beim Manövrieren der Maschine, sowie bei wechselnder Kühlwassertemperatur, ist eine sorgfältige Einregulierung und Nachkontrolle der Einregulierung durch Diagrammentnahme notwendig, und zwar deshalb, weil das Einspritzen bei diesem System nicht durch vollkommen zwangäufig gesteuerte Elemente, wie bei einer normalen kompressorlosen Maschine vorhanden, erzwungen wird.

Die Abb. 305 zeigt die Brennstoffpumpe einer kompressorlosen, doppeltwirkenden Zweitaktmaschine, Bauart MAN. Die Bewegung des Pumpenkolbens erfolgt durch den Nocken *a* und durch die um einen Zapfen schwingende und in dem Druckhebel *b* gelagerte Nockenrolle *c*. Der Übergang vom Vorwärtsnocken *a* zum symmetrisch liegenden Rückwärtsnocken — in Abb. 305 nicht eingezeichnet — erfolgt durch schräge Anlaufbahnen, auf denen die Rolle *c* beim Verschieben der Nockenwelle während des Umsteuervorganges gleitet; ein Abheben der Rolle *c* erfolgt hierbei also nicht. Von der Schwenkbewegung des Druckhebels *b* wird die Hubbewegung des Überströmventils *e* gesteuert. Der Beginn des Öffnens des Überströmventils ist durch die jeweilige Stellung des Regulierexzenters *f* bestimmt. Bei der Nullfüllung ist das Überströmventil bereits ganz wenig geöffnet, wenn der Pumpenkolben seinen Druckhub beginnt; beim Anhub des Pumpenkolbens fließt dann die vom Pumpenkolben verdrängte Brennstoffmenge durch das geöffnete Überströmventil aus dem Raum *g* durch eine Leitung z. B. nach dem Brennstoffpumpenschwimmergefäß zurück. Soll die Maschine Leistung aufnehmen, so wird das Regulierexzenter *f* so verstellt, daß das Überströmventil am Anfang des Pumpenkolbendruckhubes geschlossen bleibt; der vom Pumpenkolben verdrängte Brennstoff wird dann in die Brennstoffpumpendruckleitung *h* und von dort durch das im Zylinderdeckel befindliche Brennstoffventil in den Verbrennungsraum der Maschine gedrückt. Sobald das Überströmventil *e*, je nach der Stellung des Regulierexzenters *f*, zu öffnen beginnt, hört die Brennstofförderung in den Verbrennungsraum der Maschine auf; die bei der weiteren Hubbewegung des Pumpenkolbens verdrängte Brennstoffmenge wird dabei durch das offenstehende Überströmventil *e* und Raum *g* fortgepumpt. Zum Abstellen der Brennstofförderung von Hand ist ein Riegel *k* vorhanden, der nach Umlegen das Brennstoffpumpensaugventil ständig geöffnet hält. — Die Feineinstellung der Brennstoffpumpenförderung kann durch Versetzen des Nockens *a* in der Umfangsrichtung und durch das Gestängeschloß *m* vorgenommen werden. Das Rollenspiel zwischen dem Grundkreis der Nockenbahn und der Rolle *c* wird durch die Schraube *p* eingestellt. — Der zum Vorpumpen dienende Handhebel *r* ist strichpunktiert angedeutet.

Die **Bosch-Pumpe.** Abb. 306. Die Krone *a* des Brennstoffpumpenstempels ist mit einer schraubenförmig verlaufenden Steuerkante versehen. Der sog. Nullschlitz *b* verbindet den Druckraum *e* und den Raum unterhalb der Steuerkante. Der durch einen Nocken angehobene Pumpenstempel wird nach Bedarf durch die Regulierzahnstange *c* und die Klauenmuffe *d* von der Handsteuerung oder vom Regler gedreht. Je nach der Drehstellung der Steuerkante wird beim Anhub des Stempels der Druckraum *e* wieder mit dem Saugraum *f* verbunden, also die Brennstofförderung in den Arbeitszylinder beendet. Der Anhub erfolgt unter Zwischenschaltung der geführten Druckplatte *g* und der Abwärtshub des Pumpenstempels durch die Kraft der Feder *h*, deren Federteller auf dem unteren Bund des

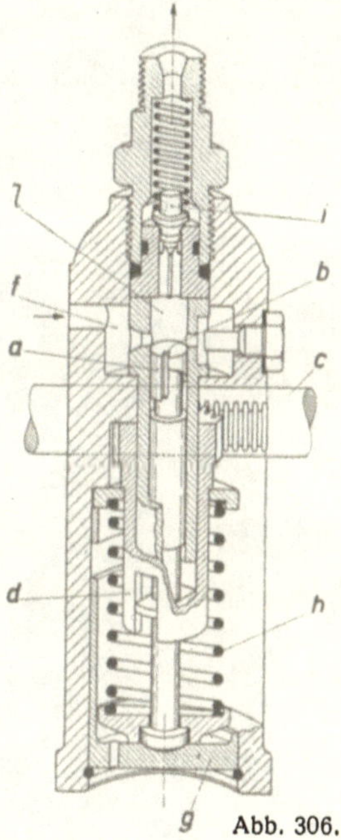

Abb. 306.

Pumpenstempels aufliegt. Das Druckrohr wird durch das Rückschlagventil *i* abgeschlossen.

16. Einblasedruckregler. Der Einblasedruck für Maschinen mit Druckluft-Einspritzung muß, um den Brennstoff in richtiger Weise durch den Zerstäuber und die Düsenquerschnitte des Brennstoffventils hindurchzupressen, mit der Belastung der Maschine veränderlich gemacht werden können. Ferner soll der Druck in der Einblaseleitung bzw. in den Brennstoffventilen nicht unter etwa 42 at sinken, damit die Kompression bzw. Zündung beim Öffnen der Brennstoffnadel nicht in das Brennstoffventil zurückschlagen kann, was unter Umständen Explosionen im Brennstoffventil oder in der Brennstoffleitung zur Folge haben könnte.

Diesen Zwecken dienen die sog. Einblasedruckregler. Man findet

a) von Hand einstellbare,

b) automatisch wirkende

Einblasedruckregler.

a) Bei dem von Hand einstellbaren Einblasedruckregler (Abb. 307) tritt die von der Einblaseluftflasche kommende Luft, deren Druck stets etwas höher als der Einblasedruck sein muß, bei *a* in den Ringraum ein. Die Spindel des Ventils ist durch die mittels eines Handgriffes einstellbare Kraft der Feder belastet, welche bestrebt ist, das Ventil zu öffnen. Sobald die durch das geöffnete Ventil in die Einblaseleitung (Brennstoffventil) einströmende Luft einen so großen Druck erlangt hat, daß die auf den Spindelquerschnitt wirkende Kraft größer geworden ist als die durch den Handhebel jeweils eingestellte Federkraft, beginnt das Ventil zu schließen. Wenn der Druck in der Einblaseleitung durch Luftentnahme gesunken ist, wird das Ventil wieder durch die Federkraft geöffnet und so fort. Im Betrieb findet also eine ständige, wenn auch kleine Auf- und Abwärtsbewegung des Ventils statt.

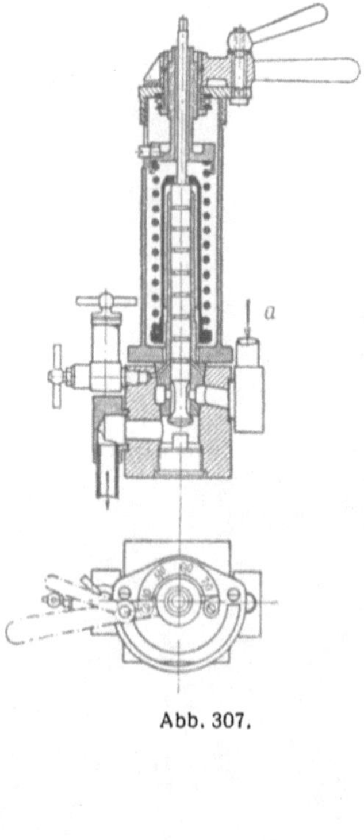

Abb. 307.

Die Feder ist so bemessen, daß bei Anfangslage des Handgriffes in der Einblasedruckleitung ein Druck von etwa 42 at herrscht.

b) Automatischer Regler (System MAN). Die Anpassung des Einblasedruckes an den Belastungszustand der Maschine — automatische Einblasedruckregulierung — erfolgt in der Weise, daß bei größerer Belastung der Maschine, also bei größerer Fördermenge der Brennstoffpumpen, auch die Fördermenge einer Einblasedruckreglerpumpe — als kleine Schmierölpumpe ausgeführt — vergrößert wird und umgekehrt. Diese Reglerpumpe setzt Schmieröl in einem hydraulischen Durchflußregler unter Druck, der auf einen die Einblasedruckregler-Spindel belastenden Kolben drückt. Bei Änderung der Brennstoffpumpenfüllung wird somit auch der Einblasedruck automatich geändert. Außerdem wird diese Spindel, wie bei Abb. 307, durch eine von Hand einstellbare Federkraft belastet.

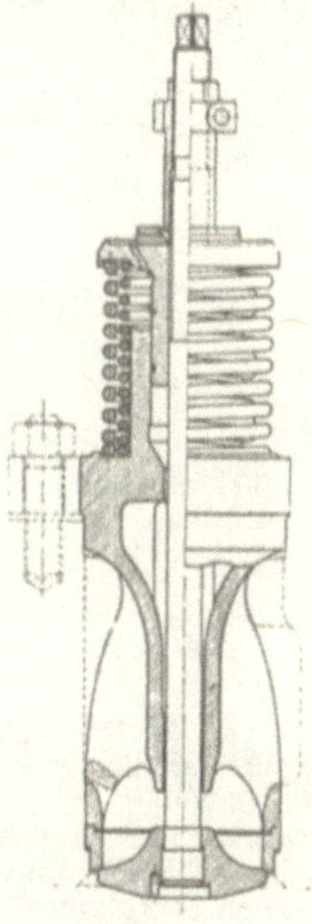

Abb. 308.

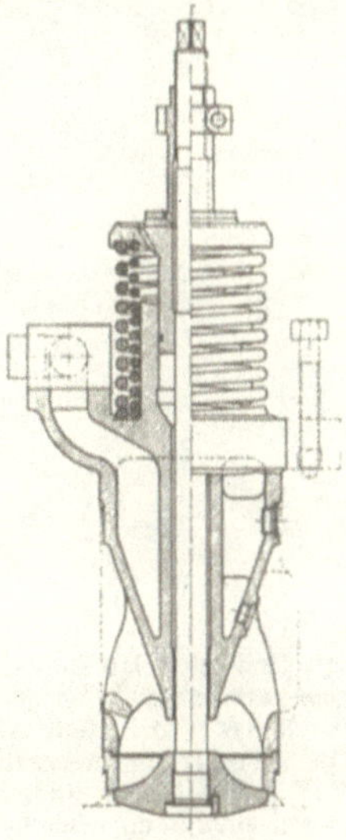

Abb. 309.

17. Die Einsaugventile. Die Einsaugventile der Viertaktmaschinen müssen reichliche Durchgangsquerschnitte besitzen, um der in den Zylinder beim Niedergang des Kolbens einströmenden Verbrennungsluft möglichst geringen Widerstand entgegenzusetzen. Hierzu vgl. Abb. 308; Ventil einer größeren Maschine.

Das Öffnen des Ventils erfolgt durch die Auflaufbahn des Einsaugnockens und den Ventilhebel (zuweilen unter Zwischenschaltung einer Stoß- oder Zugstange). Das Schließen des Ventils wird durch die Ventilfeder (1 oder 2 Stück) bewirkt, wobei die Schließbewegung durch die Ablaufbahn des Einsaugnockens vorgeschrieben ist. Vgl. auch Kapitel 27.

Der Auf- und Ablauf der Ventilhebelrollen soll ohne Stoß erfolgen. Ruhiger Rollenlauf kann durch richtige Einstellung des Rollenspieles (Spiel zwischen Ventilhebelrolle und Nockengrundkreis) erzielt werden, vorausgesetzt, daß die Nockenbahn eine den Beschleunigungs- und Verzögerungskräften entsprechende richtige Form besitzt. Die Ventilspindel bzw. der Ventilhebel muß mit einer Einrichtung versehen sein, mittels welcher das Rollenspiel während des Betriebes verändert werden kann.

Die Ventilfedern müssen so bemessen sein, daß die Ventilhebelrolle sich nicht durch dynamische Kräfte — besonders zu

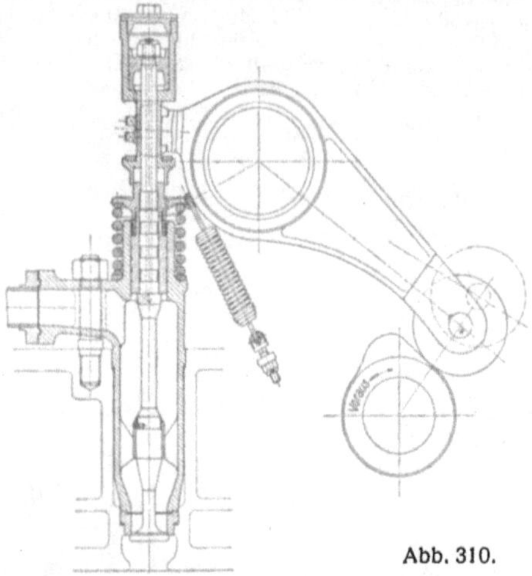

Abb. 310.

beachten bei schnellaufenden Maschinen — von der Nockenbahn abheben kann, desgleichen so, daß bei Auflademaschinen der Aufladedruck das Ventil nicht selbsttätig öffnen kann.

Die Sitze der Einsaugventile müssen sich stets in gut dichtendem Zustande befinden; undichte Ventile sind so bald wie möglich auszuwechseln und nachzuarbeiten, sie brennen sonst schnell aus.

Bei kompressorlosen Maschinen erhalten die Ventilkegel zuweilen aufgesetzte „Wirbelschirme", die der eingesaugten Luft einen Drall erteilen, der auch in der komprimierten Verbrennungsluft sich erhält und zur besseren Verteilung des zerstäubten Brennstoffes beiträgt.

18. Die Auspuffventile. Für die Querschnitte und Antriebsverhältnisse der Auspuffventile gilt sinngemäß das gleiche wie in Kapitel 17 angegeben. Die Gehäuse der Auspuffventile werden mit Wasser gekühlt, zuweilen auch die Ventilkegel. Man geht jedoch immer mehr dazu über, ungekühlte Ventilkegel aus hitzebeständigem Material zu verwenden. Hierzu vgl. Abb. 309.

Bei schnellaufenden Hochleistungsmaschinen findet man auch hohlgebohrte, mit wärmeleitenden Stoffen ausgefüllte Ventilkegel.

Schnellaufende Maschinen erhalten zur besseren Unterbringung der erforderlichen Ventilquerschnitte zuweilen zwei Einsaugventile und zwei Auspuffventile.

Die Ventilsitzflächen der Auspuffventile brennen (besonders bei schwefelhaltigen Brennstoffen) zuweilen sehr stark aus, so daß diese Ventile häufiger ausgewechselt werden müssen.

Bei der Einstellung des Rollenspiels ist zu beachten, daß dieses Spiel sich bei Warmwerden der Maschine durch die Wärmeausdehnung der Ventilspindel usw. verändert; es kann deshalb nur im Betrieb richtig eingestellt werden.

Bezüglich der Einrichtungen für die Einstellung des Rollenspiels gilt das gleiche wie in Kapitel 17 erwähnt.

19. Die Anlaßventile. Die Anlaßventile steuern die Druckluft für das Anlaufen der Maschine und kommen außer Tätigkeit, sobald die Maschine mit Brennstoff läuft.

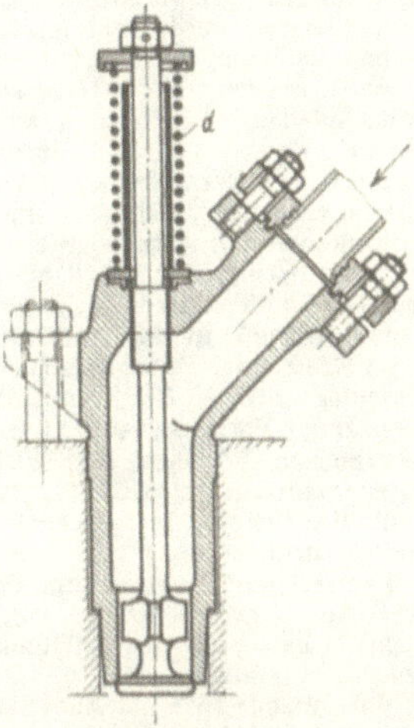

Abb. 311.

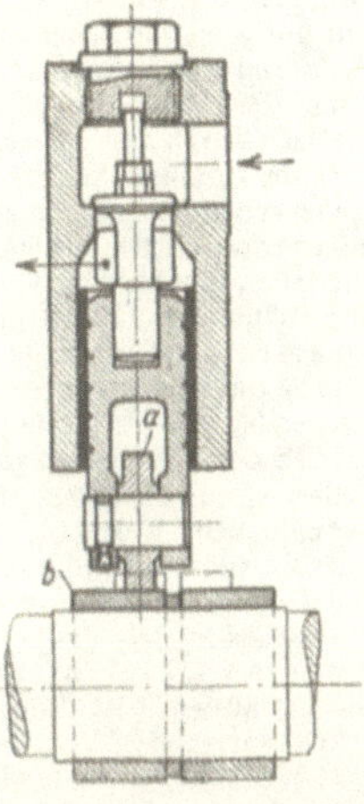

Abb. 312.

Das Abheben der Ventilhebelrollen von den Anlaßnocken für die Außerbetriebsetzung der Ventile erfolgt beispielsweise dadurch, daß eine exzentrische Büchse, auf welcher der Anlaßhebel schwingt, in die Leerlauflage gedreht wird. Vielfach findet man die Einrichtung so, daß auf dieser exzentrischen Büchse der Anlaßventilhebel und der Brennstoffventilhebel schwingen. Beim Drehen dieser exzentrischen Büchse kommt dann entweder das Anlaßventil oder das Brennstoffventil mit den zugehörigen Nockenbahnen in Tätigkeit. Hierzu vgl. Abb. 329.

Bei den sog. automatischen Anlaßventilen kommt das Ventil selbsttätig außer Eingriff, sobald die Anlaßluft abgestellt wird. Hierzu vgl. Abb. 310. Zu diesem Zwecke ist z. B. in das Bewegungsgestänge für den Anlaßventilkegel ein Luftzylinder mit Kolben eingeschaltet. Beim Anstellen der Anlaßluft treibt der Druck der Anlaßluft, durch eine Bohrung in der Ventilspindel geleitet, diesen Luftzylinder in eine solche Lage, daß die Hebelrolle mit dem Anlaßnocken in Eingriff kommt. Solange die Anlaßluft angestellt ist, bleibt das Anlaßventilgestänge durch den Druck der Anlaßluft im Hilfszylinder kraftschlüssig. Beim Abstellen der Luft und beim Entlüften der Anlaßleitung entweicht der Druck aus dem Hilfszylinder automatisch, wodurch das Ventilgestänge z. B. durch Federzug aus dem Bereich des Anlaßnockens gezogen wird (gestrichelte Lage der Hebelwelle). Für die Einstellung des Rollenspiels gilt auch hier das in Kapitel 17 Gesagte.

Automatisches Anlaßventil mit pneumatischer Vorsteuerung. Bei Anwendung derartiger Anlaßventile sind ein Anlaßluftvorsteuerventil (Abb. 312) und ein in den Zylinderdeckel eingesetztes Anlaßventil (Abb. 311) vorhanden; beide Ventile sind durch eine Luftleitung miteinander verbunden. Das Öffnen und Schließen des Anlaßventils im Zylinderdeckel erfolgt somit auf pneumatischem Wege. Sobald das Hauptanlaßventil beim Anfahren am Fahrstand geöffnet wird, werden die die Hubbewegung der Vorsteuerventile vermittelnden Nockenrollen *a* automatisch durch den Druck der Anlaßluft (entgegen einem Federzug) auf die Anlaßnockenbahn *b* aufgesetzt. — Bei geöffnetem Vorsteuerventil strömt, auf Anlaßdruck reduzierte, Anlaßluft nach dem Anlaßventil, öffnet dieses durch den vor dem Ventil sich einstellenden Anlaßluftdruck bis zum Anschlag der Ventilspindel und läßt die Anlaßluft in den Arbeitszylinder einströmen. — Das Anlaßventil ist, solange kein Anlaßluftdruck in der Anlaßluftleitung der Zylinder steht, durch die Kraft einer Feder *d* geschlossen; es ist also ein einfaches Rückschlagventil. — Bei Brennstoffbetrieb der Maschine sind die Rollen *a* der Vorsteuerventile durch Federzug aus dem Bereich der Anlaßnocken (Vorwärts- und Rückwärtsnocken) gebracht, das Vorsteuerventil ist also „auf". Die Anlaßluftleitung und somit die Anlaßventile sind beim normalen Betrieb der Maschine mit Brennstoff entlüftet.

Erwähnt sei, daß das Anlaßventil auch mit einem besonderen Druckluftsteuerzylinder versehen werden kann. Das Anlaßventil ist dann mit einem, in bezug auf den Anlaßluftdruck, entlasteten Ventilkegel ausgerüstet (ähnlich Abb. 310). Der Anlaßventilkegel kann also nicht unmittelbar (wie bei Abb. 311) durch den vor dem Ventil stehenden Anlaßluftdruck geöffnet werden. Das Öffnen des Anlaßventils erfolgt dabei in der Weise, daß durch einen vom Anlaßnocken bewegten Vorsteuerschieber Anlaßluft in den Druckluftsteuerzylinder des Anlaßventils gegeben wird. Das Schließen des Anlaßventils wird dadurch erzielt, daß die Luft aus dem Druckluftsteuerzylinder automatisch abgeblasen wird, wenn der Vorsteuerschieber in Nullhubstellung des Anlaßnockens steht. Ist die Luft aus dem Druckluftsteuerzylinder des Anlaßventils entwichen, so wird das Anlaßventil durch die Kraft einer Feder geschlossen. — Das Aufsetzen des Vorsteuerschiebers auf die Anlaßnockenbahn erfolgt auch hier automatisch beim Öffnen des Hauptanlaßventils der Maschine.

20. Die Brennstoffventile für Maschinen mit Lufteinspritzung. Die Bauart der Brennstoffventile ist eine außerordentlich mannigfaltige. Sie unterscheidet sich hauptsächlich durch die verschiedene Konstruktion der Brennstoffnadeln und der Zerstäuber.

In das Brennstoffventil pumpt die Brennstoffpumpe die für jeden Arbeitshub erforderliche, der Leistung entsprechende

Brennstoffmenge. Die durch den Brennstoffnocken und Ventilhebel betätigte Brennstoffnadel wird, kurz bevor der Arbeitskolben seine oberste Totpunktstellung erreicht hat, geöffnet, so daß der Brennstoff durch die hochgespannte Einblaseluft in den unter Kompressionsdruck (35 at) stehenden Verbrennungsraum des Zylinders eingeblasen wird. Der im Brennstoffventil befindliche Brennstoff wird dabei durch den Zerstäuber in die für die Verbrennung notwendige Feinheit zerstäubt.

Alle Zerstäubungseinrichtungen sind im Prinzip so ausgebildet, daß der Brennstoff zunächst mehrmals durch Richtungswechsel, scharfe Kanten, enge Löcher oder Spalte in einzelne Strahlen oder Schleier zerlegt wird, wobei die vorbeistreichende Einblaseluft feinstverteilte Brennstoffteilchen abspaltet und mitreißt.

In allererster Linie wird die Zerstäubung dadurch bewirkt, daß während des Einblasens die Strömungsgeschwindigkeit der Einblaseluft wesentlich höher ist als die des flüssigen Brennstoffes. Vgl. Grundgesetze für die Ausströmung von Flüssigkeiten und von zweiatomigen Gasen (Luft).

Die Düsenplatte des Brennstoffventils soll den bereits zerstäubten Brennstoff möglichst gleichmäßig im Verbrennungsraum verteilen.

Bei langhubigen Maschinen findet man deshalb Düsenplatten mit nur einem zentralen Loch, bei kurzhubigen Maschinen dagegen Düsenplatten mit mehreren, kegelförmig angeordneten Löchern.

Das Brennstoffventil (Abb. 313) ist für den Betrieb mit Zündöl und Schweröl eingerichtet. Somit zwei verschiedene Bohrungen, wobei diejenige für das Zündöl unmittelbar an den Nadelsitz heranführt. Außerdem kann der Hub der Brennstoffnadel durch eine sog. Nadelhubregulierung während des Betriebes verändert werden.

Die Nadelhubregulierung kommt zur Anwendung bei Maschinen, die mit stark wechselnder Leistung fahren müssen, z. B. bei hoher Leistungssteigerung mittels Aufladung (vgl. Kapitel 11), ferner bei Maschinen, deren Drehzahl sehr weit nach unten reguliert werden muß (Kanalfahrt, Nebelfahrt u. dgl.), da bei kleiner Drehzahl die von der Maschine angetriebenen Einblaseluftkompressoren sonst die Einblaseluftmenge nicht liefern können. Auch zu Beginn des Anfahrens der Maschine wird zuweilen kleiner Nadelhub automatisch eingestellt, der unmittelbar nach dem Anfahren automatisch langsam auf großen Nadelhub zurückgestellt wird (vgl. Kapitel 28).

Die Nadelhubregulierung wirkt in der Weise, daß der Hub der Brennstoffnadel durch einen verstellbaren Anschlag begrenzt wird, während das Federschloß im oberen Führungskolben der Brennstoffnadel durch den (unveränderlichen) Hub des Brennstoffventilhebels entsprechend zusammengedrückt wird.

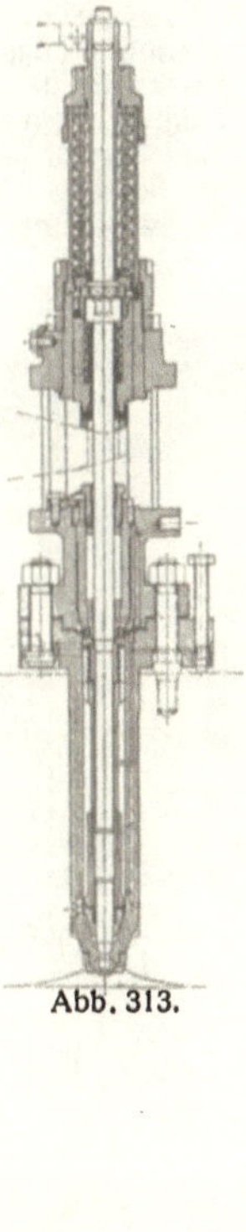

Abb. 313.

Die Brennstoffventilhebel müssen eine Vorrichtung besitzen, wodurch der Zeitpunkt des Öffnens der Brennstoffnadel während des Betriebes in gewissen Grenzen verändert werden kann. Vgl. Kapitel 27.

Damit die Zündung beim Öffnen der Brennstoffnadel nicht in das Innere des Brennstoffventils schlagen kann (Explosionsgefahr auch für die Einblaseluftleitung), darf der Einblasedruck niemals unter etwa 42 at sinken. Hierzu vgl. Kapitel 16.

21. Die Brennstoffdüsen für kompressorlose Maschinen. Bei Maschinen mit sog. „Druckeinspritzung" findet die Zerstäubung des Brennstoffes durch Düsenplatten mit meist mehreren sehr feinen Bohrungen bzw. Kanälen statt, durch die der unter dem Druck der Brennstoffpumpe stehende Brennstoff mit großer Geschwindigkeit hindurchgepreßt und dadurch zerstäubt wird. Es sei angemerkt, daß eine so außerordentlich feine Zerstäubung wie bei der Einblasung mit Luft bei der rein mechanischen Zerstäubung meistens nicht erreicht wird.

Diese Bohrungen oder Kanäle sind so angeordnet, daß der austretende Brennstoffstrahl einen möglichst langen Weg im Verbrennungsraum des Zylinders vorfindet, bevor er auf dem Kolbenboden aufprallen kann. Hierdurch wird erreicht, daß der Brennstoffstrahl sich auch durch die Reibung in der komprimierten Verbrennungsluft weiter aufspaltet.

Damit die feinen Öffnungen in der Düsenplatte sich nicht durch Unreinigkeiten im Brennstoff verstopfen können, ist feinste Filterung des Brennstoffes erforderlich. Brennstoffe, die festere Beimengungen enthalten, sollten deshalb durch Separatoren gereinigt werden.

Die Düsen werden meistens durch ein federbelastetes Rückschlagventil abgeschlossen (Abb. 314), welches durch den Druck des Brennstoffes beim Förderhub der Brennstoffpumpe automatisch angehoben wird. Bei dieser Ventilart wird der Pumpendruck gewissermaßen vollständiger für die Beschleunigungen des einzuspritzenden Brennstoffes, die Druckleitung unter Staudruck (Vordruck) gesetzt. Der Druck, bei dem die Nadel sich anzuheben beginnt — der „Abspritzdruck" —wird etwa auf 180 bis 240 at eingestellt. Häufig findet man durch Wasser, Öl oder Brennstoff gekühlte Brennstoffdüsen, durch welche die Verkokung der feinen Düsenöffnungen vermindert wird. Abb. 315 zeigt ein Ventil mit einer durch Wasser gekühlten Düsenpartie — Ausführung Werkspoor.

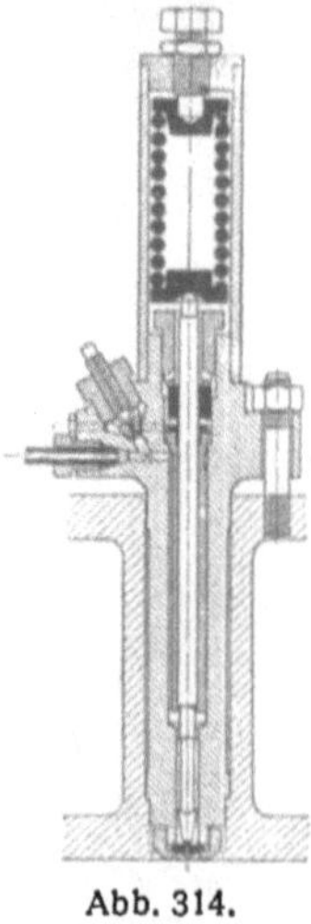

Abb. 314.

Bei kompressorlosen Maschinen mit Vorkammer wird der Brennstoff in die Vorkammer (Retorte) eingespritzt. Vgl. Abb. 316 und Abb. 340. In der durch die vorhergehende Zündung bzw. Kompressionswärme der Verbrennungsluft erhitzten Vorkammer findet eine Vorverbrennung eines Teiles des eingeblasenen Brennstoffes statt. Durch den hierdurch entstehenden Druckanstieg in der Vorkammer wird der noch unverbrannte

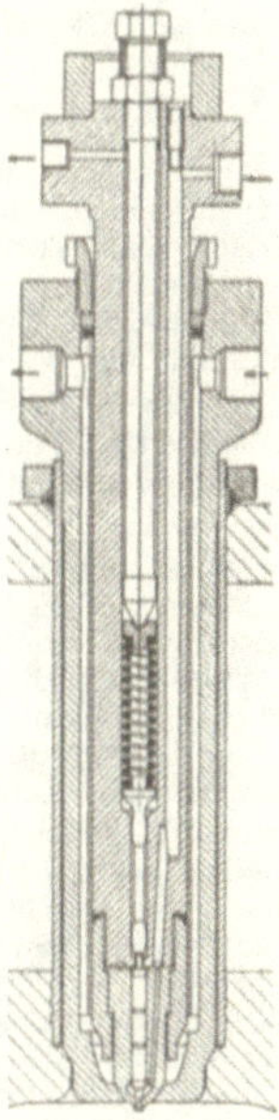

Abb. 315.

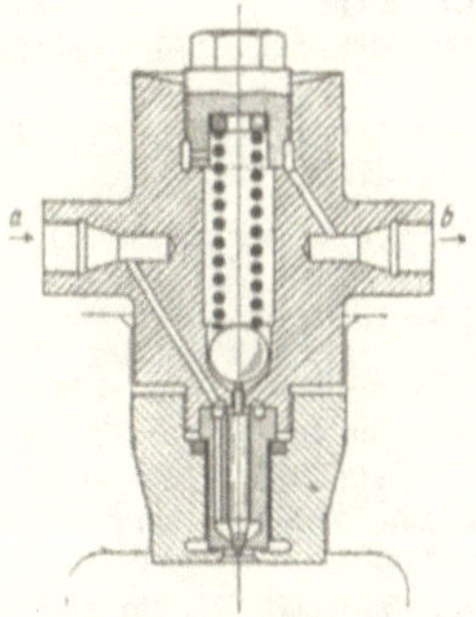

Abb 316.

Brennstoff aus der Vorkammer in den Verbrennungsraum des Zylinders getrieben, wo er zur Verbrennung kommt. Die Vorkammer macht die Maschine in hohem Maße unempfindlich gegen die Art des verwendeten Brennstoffes. Der Abspritzdruck beträgt etwa 80 bis 100 at; dementsprechend ist der Brennstoffpumpendruck kleiner als bei der direkten Druckeinspritzung. Die Verbrennung beim Vorkammerverfahren verläuft allmählicher mit verhältnismäßig niedrig ansteigendem Zünddruck, wodurch ein sanftes Arbeiten besonders bei schnelllaufenden Maschinen erzielt wird. Der Brennstoffverbrauch ist praktisch der gleiche (kaum höher) wie bei Maschinen mit direkter Strahleinspritzung. Vor dem Anfahren mit kalter Maschine wird die Vorkammer durch eine Glimmpapierpatrone oder elektrische Heizspirale angewärmt.

Die Ansführungsformen der Vorkammern sind recht mannigfaltig. Das Brennstoffventil für eine Vorkammermaschine — Motorenwerke Mannheim — ist in Abb. 340 dargestellt. Das Druckrohr der Brennstoffpumpe schließt bei *a* an und bei *b* die Leckleitung.

22. Die Sicherheitsventile für den Verbrennungsraum. Die Sicherheitsventile dienen dazu, etwaige starke Druckentwicklungen, die zur Zerstörung der Zylinderdeckel od. dgl. führen könnten, zu verhindern. Mechanisch oder durch Druckluft beim Umsteuern angehobene Sicherheitsventile dienen als Dekompressionsventile.

Starker Druckanstieg kann z. B. entstehen bei großer Brennstoffzufuhr insbesondere während des Manövrierens mit kleinen Drehzahlen oder dadurch, daß durch die undichte Brennstoffnadel schon zu Beginn des Kompressionshubes Einblaseluft und Brennstoff in den Zylinder tritt, oder durch Frühzündung u. dgl. m.

Das Sicherheitsventil muß reichliche Durchgangsquerschnitte besitzen; der Kegel muß während des Betriebes gedreht werden können.

Von Zeit zu Zeit müssen die Ventile auf richtiges Abblasen geprüft werden.

23. Die Arbeitskolben. Die Kolben der Ölmaschinen, gleichgültig für welche Maschinenart, sind die am meisten beanspruchten Teile der Ölmaschine, da sie als bewegter Teil nicht nur den Verbrennungsdruck auf die Triebwerksteile (Kolbenstange, Treibstange usw.) weiterleiten, sondern auch den durch die Verbrennungswärme verursachten Wärmespannungen standhalten müssen.

Erfahrungsgemäß treten an den Kolben im Betrieb häufiger Störungen auf als an den durch Kräfte und Wärme ebenfalls stark beanspruchten Zylinderdeckeln.

Als Material für die Kolben verwendet man hochwertiges Gußeisen, Stahlguß und Schmiedeeisen, bei kleinen Kolben (und Schnelläufern) teilweise auch Aluminiumlegierungen. Das Material muß außer einer hohen Festigkeit und Wärmebeständigkeit auch eine möglichst hohe Härte (Brinellhärte) besitzen, damit das Ausschlagen der Kolbenringnuten erschwert wird. Um diesem Ausschlagen entgegenzuwirken, werden häufig schmale Kolbenringe mit großer radialer Breite verwendet; auch Futterringe aus Spezialgußeisen für die Kolbenringnuten finden häufiger Verwendung. Das Material der Kolbenringe muß demjenigen der Laufbüchse angepaßt sein, damit eine gute Lauffähigkeit gewährleistet ist; auch Bimetallringe haben sich gut bewährt. Die gegenseitige Lage der Kolbenringschlösser (schräge oder überlappte) wird häufig durch Sicherungsstifte (bei Viertaktmaschinen zuweilen nur bei den unteren Ringen) fixiert. Diese Stifte müssen kräftig sein, sorgfältig eingepaßt und an richtiger Stelle angeordnet werden. Bei Kolbenringen, die stark arbeiten (obere), hat es sich oft als zweckmäßig erwiesen, die Stifte fortzulassen. Bei Zweitaktmaschinen muß an den Fenstern der Laufbüchse für den Auspuff und die Spülluft allseitig ein allmählicher Übergang geschaffen werden, damit ausfedernde Kolbenringenden vor dem Brechen geschützt sind. Die Kolbenringenden sind sanft abzuschrägen Vgl. Kapitel 25.

Der Kolben muß der Ausdehnung durch die Erwärmung entsprechend bearbeitet und das Kolbenspiel sowie die Kolbenringspiele müssen sorgfältigst nach Erfahrung bemessen sein. Die Werte dieser Spiele sind in ein Kontrollbuch einzutragen und bei Überholungsarbeiten an den Kolben stets zu überprüfen, um ein Maß für die Veränderungen der Spiele (den Eigenschaften der Maschine entsprechend) zu gewinnen.

Für die Schmierung der Kolben und Zylinderlaufbüchsen darf nur bestgeeignetes Schmieröl verwendet werden; zu reichliche Schmierung hat Festbrennen der Kolbenringe zur Folge. Als Schmierapparate für diese Schmierung kommen Preßöler zur Verwendung. Jede Schmierstelle sollte an ein eigenes Schmierelement eines solchen Preßölers angeschlossen sein. Die Versorgung mehrerer Schmierstellen durch ein Pumpenelement führt häufig zu Schwierigkeiten, weil eine gleichmäßige Verteilung wegen der geringen Schmierölmengen nicht erreicht werden kann.

Bei Tauchkolbenmaschinen bzw. bei einfachwirkenden Zweitaktmaschinen, bei denen die Laufbüchse bzw. die Mantelfläche des in den Triebwerksraum eintauchenden Kolbenteiles starke Ölmengen aufnimmt, werden sog. Ölabstreifringe verwendet, welche ein Hochziehen von Schmieröl in den Zylinder verhindern sollen. Die Ölabstreifringe verfehlen ihren Zweck, wenn das von ihnen abgestreifte Öl nicht ungehindert abfließen kann.

Über die Kolbenkühlung vgl. weiter unter a) und b).

a) Die Tauchkolben. Der Tauchkolben dient als Träger der Kolbenringe und des Kolbenbolzens. Die Befestigung des Kolbenbolzens muß eine sehr sorgfältige sein, damit er auch bei der Erwärmung des Kolbens nicht locker wird; ein lockerer Kolbenbolzen schlägt sich in die Kolbenbolzennaben nach verhältnismäßig kurzer Zeit so stark ein, daß der Kolben meistens verworfen werden muß. Häufig — vielfach bei Leichtmetallkolben — werden Spreizvorrichtungen verwendet, mit denen die geschlitzten Kolbenbolzenenden fest in ihren Sitz gepreßt werden. Lange dünne Kolbenbolzen neigen wegen zu starker Durchbiegung leicht zu Havarien des Kolbenbolzenlagers und des Bolzens.

Der Kolben darf im Bereiche der Kolbenbolzennaben nicht zu schwach sein, damit er sich durch den Gleitbahndruck nicht verwerfen kann; auch muß er zur Verhütung des Anfressens im Bereiche der Kolbenbolzennaben freigearbeitet sein. Tauchkolben für große Maschinen erhalten besonders eingesetzte Tragbacken mit Weißmetallfutter oder Tragringe aus Bleibronze od. dgl.

Tauchkolben für kleinere Zylinderabmessungen (etwa bis 150 PS_e pro Zylinder und W_{II} unterhalb etwa 140000 für kompressorlose Maschinen, vgl. S. 254), werden in der Regel ohne Kühlung ausgeführt.

Für die Kühlung des Kolbens wird Öl oder Wasser (Frisch- oder Seewasser) verwendet. Die Kolben müssen absolut dichthalten.

Für die Zu- und Abführung des Kühlöles kommen sog. Gelenkrohre oder Posaunenrohre (mit Windkesseln, vgl. b) zur Verwendung; für die Zu- und Abführung des Kühlwassers kommen nur Posaunenrohre in Frage, weil Gelenkrohre in ihren Gelenken nicht dichthalten, so daß Wasser in den Kurbeltriebwerksraum (Kurbelbilge) gelangen würde. Vgl. Abb. 329u. f.

Bei Verwendung von Öl für die Kolbenkühlung muß für eine lebhafte Zirkulation des Öls im Kolbenkühlraum gesorgt werden, damit einerseits die Wärmeabfuhr eine bessere ist und andererseits die Bildung von Ölkoks (Anbrand) erschwert wird.

b) Die Kolben für Kreuzkopfmaschinen. Für diese Kolben gelten sinngemäß die unter a) erwähnten Gesichtspunkte.

Die häufigste Form dieser Kolben ist die des sog. Großwasserraumkolbens Abb. 330. Man findet jedoch auch Kolben, bei denen dem Kühlwasser durch Einbauten od. dgl. ein bestimmter Weg vorgeschrieben ist. Diese letztere Ausführungsform wird bei sehr hoch belasteten Maschinen, meistens bei Kolben für doppeltwirkende Maschinen Abb. 335 u. 336 und stets bei Kolben mit Ölkühlung — aus Gründen wie unter a) bereits erwähnt — verwendet.

Für die Zu- und Abführung des Kühlwassers oder Kühlöls kommen Gelenkrohre oder Posaunenrohre zur Verwendung, letztere werden zum Schutze gegen zu starken Druckanstieg (Wasserschlag) beim Bewegungswechsel der Posaunen oder bei schneller Änderung der Maschinendrehzahl mit Windkesseln ausgerüstet, die zweckmäßigerweise und bei schnellaufenden Maschinen fast immer mit einer besonderen Belüftungseinrichtung versehen sein müssen. Die Windkessel müssen, wenn sie ihren Zweck erfüllen sollen, dicht sein (Seifenwasserprobe). Vgl. Spritzposaunen (Sulzer) Abb. 334.

24. Die Kolbenstangen und Kolbenstangenstopfbüchsen. Die Kolbenstangen müssen aus einem Material, das außer günstiger Festigkeit eine große Dehnung und eine hohe Kerbzähigkeit besitzt, hergestellt werden.

Die Hohlbohrungen der Kolbenstangen bei einfachwirkenden Maschinen sollten für die Zu- und Abführung des Kühlwassers wegen Anfressungsgefahr nicht verwendet werden; bei ölgekühlten Kolben ist diese Gefahr jedoch nicht vorhanden. Bei doppeltwirkenden Maschinen ist es unvermeidbar, die Kolbenstangen für die Zu- und Abführung des Kolbenkühlmittels mit Bohrungen zu versehen, weshalb man für die Kolbenkühlung dieser Maschinen fast durchweg Frischwasser oder Öl, jedoch kein Seewasser verwendet. Die Kolbenstangenbohrungen für die Wasserkühlung erhalten Ausfütterungen. Querbohrungen in den Kolbenstangen dürfen nur an besonders verstärkten oder stark entlasteten Teilen angebracht werden. — Burmeister und Wain verwenden bei doppeltwirkenden Maschinen ein über die Kolbenstange gezogenes Hemd; der Ringraum zwischen Hemd und Stange dient für die Zuleitung des Kühlmittels; vgl. Abb. 337.

Die Befestigung des Kolbenkörpers auf der Kolbenstange muß mit großer Sorgfalt erfolgen. Bei seewassergekühlten Kolben ist dafür zu sorgen, daß das Wasser mit den Befestigungsstellen des Kolbens wegen der Gefahr des Korrodierens nicht in Berührung kommt.

Die Schrauben zur Befestigung des Kolbenkörpers auf der Kolbenstange müssen eine genügende Länge besitzen und aus zähem Material hergestellt sein, damit sie Dehnungen, verursacht durch die Bewegung des Kolbens infolge der Wärme, besser aufnehmen können (Dehnungsschrauben).

Das Material für die im Kühlwasserraum zum Einbau kommenden Teile muß mit Rücksicht auf die unvermeidliche Korrosion sorgfältig ausgewählt werden; Schrauben, Rohre u. dgl. müssen aus seewasserbeständigem Material gefertigt sein.

Die Kolbenstangenstopfbüchsen für doppeltwirkende Maschinen werden durchweg mit Liderungsringen aus Gußeisen versehen. Diese aus drei oder vier Teilen bestehenden schmalen Liderungsringe (zuweilen Doppelringe) werden durch nach innen spannende Ringe oder Ringe mit Federn gegen die Kolbenstange gedrückt. Das Spiel in den Stößen der Ringe muß sehr klein bemessen sein; andernfalls drücken die Liderungsringe ständig auf die Kolbenstange und schleifen diese zu stark ab.

Je ein Satz solcher Liderungsringe und Spannringe liegt in einem einteiligen sog. Kammerring. Mehrere (etwa 7 bis 15) solcher Sätze, übereinander angeordnet, bilden die eigentliche Stopfbüchse.

In all diesen Elementen findet eine Drosselung des in die Stopfbüchse gelangenden Druckes der komprimierten Verbrennungsluft und der Verbrennungsgase statt. Die Zahl der Elemente ist von der Stärke der Liderungsringe und von der Höhe des zu erwartenden höchsten Verbrennungsdruckes sowie von der Kolbengeschwindigkeit abhängig. Die Stopfbüchsen müssen kräftig gekühlt sein.

Für die Schmierung der Stopfbüchse werden Preßöler verwendet. Solange sich keine Unreinigkeiten in der Stopfbüchse festsetzen und die Schmierung in Ordnung ist, geben die Stopfbüchsen keine Veranlassung zu Störungen im Betriebe.

Wird der Schmierölstutzen z. B. mit einem Umschaltventil versehen, an das ein normaler Indikator angesetzt werden kann, so erhält man an Hand der damit gewonnenen Diagramme Aufschluß über den Zustand der Liderungsringe, ohne diese vorher ausbauen zu müssen.

Die Ölabstreif-Stopfbüchsen nach dem Triebwerksraum müssen gut abstreifen, um einerseits Schmierölverluste zu vermeiden und andererseits die Hauptstopfbüchse vor zu starker Ölzufuhr zu schützen.

25. Die Laufbüchsen. Die Laufbüchsen werden aus besonders hochwertigem Gußeisen hergestellt und in den Zylinderblock eingesetzt. Neuerdings werden die Laufbüchsen hochbeanspruchter Maschinen hartverchromt. Nur bei ganz kleinen Maschinen findet man Laufbüchsen und Zylinder in einem Stück gegossen. Damit die in den Zylinderblock eingesetzte Laufbüchse den Wärmedehnungen folgen kann und zusätzliche Wärmespannungen von der Laufbüchse ferngehalten werden, wird diese nur an einem Ende im Zylinderblock und mit radialem Dehnungsspiel eingesetzt. Am freien (schiebenden) Ende werden für den Abschluß gegen den Kühlwasserraum Stopfbüchsen oder Gummiringe in Nuten verwendet.

Im Bereiche des Verbrennungsraumes (etwa 12 bis 18% des Hubes) werden im Zylinderblock oder auf der Laufbüchse zuweilen Ringkanäle angeordnet, so daß hier infolge größerer Geschwindigkeit des Kühlwassers eine intensivere Kühlung der Laufbüchse erzielt wird. In diesen Ringkanälen dürfen jedoch — infolge zu geringer Querschnitte — keine zu großen Zirkulationsgeschwindigkeiten auftreten; diese bewirken erhöhte Luftausscheidungen, die die Korrosion unterstützen. — Für die Reinigung des Kühlwasserraumes müssen Reinigungslöcher in genügender Anzahl und Größe vorhanden sein. An den Verschlußdeckeln dieser Löcher werden häufig Zinkschutzplatten angebracht, um der Korrosion entgegenzuwirken. Wasserbenetzte Flächen mit korrosionsbeständiger Farbe anstreichen.

Die Anordnung der Schmierlöcher für die Laufbüchsen und Kolbenschmierung richtet sich ganz nach dem System der Maschine. Die Schmieranstiche sind dahin zu verlegen, wo die Laufbüchse erfahrungsgemäß zum sog. Trockenlaufen neigt, desgleichen bei Zweitaktmaschinen in den Bereich der Stege für die Spül- und Auspuffschlitze.

Zur Feststellung des Verschleißes der Laufbüchsen sind (so oft ein Kolben ausgebaut ist) in verschiedenen Höhen der Laufbüchse und jeweils in zwei senkrecht zueinander stehenden Ebenen Aufmessungen vorzunehmen. Die Laufbüchsen laufen im Betrieb tonnenförmig erweitert und etwas oval aus, wobei die größere Achse (infolge der Reaktion des Gleitbahndruckes) senkrecht zur

Längsebene der Maschine liegt. Die Partie oberhalb der Lauffläche muß freigedreht sein, damit der Kolben sich bequem ausbauen läßt.

Die Laufbüchsen der Viertaktmaschinen sind verhältnismäßig einfache Büchsen. Am Verbrennungsraumende sind meistens (besonders bei langhubigen Maschinen, hierzu vgl. Kapitel 17) Ausfräsungen vorhanden, um für die Ventile des Zylinderdeckels Platz und günstigere Strömungsquerschnitte zu schaffen.

Die Laufbüchsen der Zweitaktmaschinen sind zumeist wegen der Auspuff- und Spülluftkanäle empfindlichere Maschinenteile. Aus diesem Grunde findet man Laufbüchsen, bei denen die Schlitzpartie und die schlitzlose gesondert eingesetzt sind. Vgl. Abb. 335. Bei einigen Maschinenarten wird die Laufbüchsenpartie im Bereiche dieser Kanäle gekühlt oder diese Kühlung vollständig in den Zylinderblock verlegt (Abb. 334). Wichtig ist, daß zwischen Auspuff- bzw. Spülluftkanälen und dem Kühlwasserraum eine zuverlässige Abdichtung vorhanden ist (Gummiringe in Nuten, Stopfbüchsen od. dgl. Bei hohen Temperaturen verlieren Gummidichtungen ihre Spannkraft!).

Damit die Schlösser der Kolbenringe nicht über die Auspuff- und Spülschlitze streichen, werden die Kolbenringe meistens gegen Drehen gesichert, doch gibt es auch Fälle, besonders bei schnellaufenden Maschinen, bei denen die Kolbenringe sich frei drehen können. Vgl. Kapitel 23: Übergänge im Bereich der Schlitze.

Bei doppeltwirkenden Maschinen findet man häufig die Stoßfugen der Laufbüchsen gegenseitig verzahnt oder gewellt, um einen besseren Lauf der Kolbenringe zu erzielen.

26. Die Zylinderdeckel. Die Zylinderdeckel müssen so konstruiert sein, daß die Kühlung der einzelnen Teile eine gleichmäßige ist, um unzulässige Wärmespannungen fernzuhalten. Zum Schutze des dem Verbrennungsraume zugekehrten Zylinderbodens wird hier für einen lebhaften Kühlwasserumlauf gesorgt (Zwischenböden od.dgl. vgl. Abb. 329 u.f.). Auch sog. Vorlagen mit Wasserkühlung finden zum Schutze der Zylinderdeckel Verwendung, vgl. Abb. 333, ferner Bodenteile aus Stahlguß oder Gußeisen kombiniert mit gußeisernen Hauben, vgl. Abb. 334.

Die Abdichtung des Zylinderdeckels erfolgt mittels eingeschliffener Ringfeder und -nut und eines meist kupfernen Dichtungsringes. Die in der Zylinderlaufbüchse befindliche Ringnut muß so angeordnet sein, daß die durch den Druck der Zylinderdeckelbefestigungsschrauben in der Laufbüchse hervorgerufenen Spannungen (Biegungsspannungen) klein sind und die Büchse an der Einspannstelle nicht gefährden können.

Für die Reinigung der Zylinderdeckel müssen ausreichende Reinigungsöffnungen (Deckel meistens mit Zinkschutz) vorhanden sein. Im Betrieb muß die Temperatur der einzelnen Zylinderdeckelpartien durch Abfühlen geprüft werden. Große Wärmeunterschiede, die große Spannungsunterschiede verursachen, zeigen an, daß entweder die Konstruktion des Deckels oder der Wasserumlauf (Regelung der Kühlwasserzufuhr) nicht in Ordnung ist. Niemals darf die Wasserzufuhr bei stark erwärmten Zylinderdeckeln plötzlich gesteigert werden; sie darf nur ganz allmählich erfolgen. Dies gilt auch für alle übrigen gekühlten Teile einer Ölmaschine.

27. Die Steuernocken. Zur Steuerung der Ventile einer Ölmaschine werden fast ausschließlich Nocken verwendet. Für die Einsaug-, Auspuff- und Anlaßventile (und Spülluftventile) werden feste, je in einem Stück hergestellte Nocken, für die Brennstoffventile dagegen geteilte, einstellbare Nocken ausgeführt.

Die Bahnen der Nocken müssen solche Formen besitzen, daß der Rollenlauf ein ruhiger ist. Hierzu vgl. auch Kapitel 17.

Bei umsteuerbaren Maschinen ist (abgesehen von Sonderkonstruktionen) je ein Satz Nocken für den Vorwärtsgang und für den Rückwärtsgang der Maschine vorhanden. Vgl. Kapitel 15.

Die Steuerpunkte der einzelnen Ventile bzw. Nocken müssen in der Wartungsvorschrift der Maschine angegeben sein, damit die richtige Einstellung der Nocken bei größeren Überholungsarbeiten an Teilen des Nockenwellenantriebes nachgeprüft werden kann (zusammengehörige Zähne der Räder zeichnen od. dgl.).

Die Kontrolle des Öffnungs- bzw. Schließpunktes eines Ventils erfolgt durch Abblasen mit Druckluft oder mit der Meßuhr. Für die Kontrolle mittels Druckluft wird die Kurbel des betreffenden Zylinders langsam auf den zu untersuchenden Steuerpunkt für das Ventil gedreht (z. B. 5% vor oberem Totpunkt; entsprechend 23° 20′ Kurbelwinkel, je nach dem Verhältnis $r : L$ der Treibstange oder z. B. 187,5 mm Länge auf dem Umfang des Kupplungsflansches der Kurbelwelle von 920 mm Dmr. gemessen). Beim Einströmenlassen von gedrosselter Druckluft — z. B. durch den Indikatorstutzen bzw. bei Maschinen mit Lufteinspritzung durch das Brennstoffventil — in den Zylinder erkennt man am Geräusch in der Einsaug-, Auspuff- und Anlaßleitung bzw. am offenen Indikatorhahn, ob das zu untersuchende Ventil richtig eingestellt ist. Bei dieser Kontrolle ist mit großer Vorsicht vorzugehen, da die Kurbelwelle durch die in den Zylinder einströmende Druckluft plötzlich herumschlagen kann.

Bei der Kontrolle mittels Meßuhr wird der Beginn der Bewegung der Ventilspindel durch den Ausschlag des Zeigers festgestellt. Diese Methode ist bei allen Maschinenarten anwendbar und ist einfacher als das Abblasen mit Luft. In beiden Fällen muß aber die Maschine, zur Eliminierung der Spiele, stets in e i n e r Drehrichtung gedreht werden.

Zur Kontrolle etwaigen Verschleißes der Nockenbahnen werden Gegenschablonen verwendet.

Den Nockensatz für einen Zylinder einer einfachwirkenden Viertaktmaschine mit Lufteinspritzung ohne Umsteuerung, bei welcher die Ventilhebel wie in Abb. 329 angeordnet sind, zeigt Abb. 317. Es bedeuten: *A* Rolle für Brennstoff-, *B* Rolle für Einsaug-, *B′* Rolle für Auspuff-, *C* Rolle für Anlaßventilhebel. Für eine Maschine mit Umsteuerung hätte man sich die Rückwärtsnocken spiegelbildlich zur Achse *a*—*a* bzw. *a′*—*a′* angeordnet zu denken.

Die Nockenbahnerhebungen vor O.T. und U.T. sind in der Abbildung schwarz markiert. Zu beachten ist hierbei der Unterschied zwischen der Rollenerhebung (Berührungspunkt der Rolle mit der Nockenbahn) und der Bahnerhebung, z. B. für Rolle *B* bzw. *B′* in der Stellung O.T.

28. Die Anlaßsteuerungen und die Umsteuerungen. Das Anlassen (Anfahren) der Maschine erfolgt mit Druckluft, die aus Niederdruckbehältern (30 bis 35 at max. Betriebsdruck) direkt oder über ein Reduzierventil in die Anlaßleitung der Maschine gelangt. Bei Verwendung von Hochdruckbehältern (70 bis 80 at) wird die Druckluft durch ein Reduzierventil auf niedrige Span-

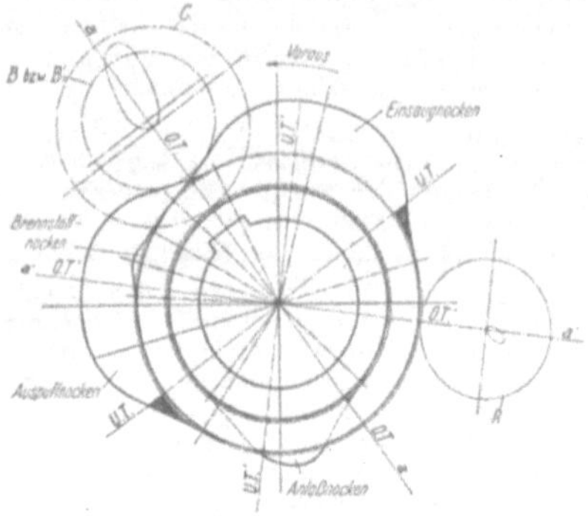

Abb. 317.

nung (etwa 16 bis 20 at) gebracht, bevor sie in die Anlaßleitung gelangt.

Sind Niederdruckbehälter vorhanden, so ist beim Manövrieren mit der Maschine besonders darauf zu achten, daß bei Maschinen mit Lufteinspritzung der Druck in der Einblaseflasche nicht zu niedrig wird; das Überschleusventil von der Einblaseluftflasche nach den Anlaßluftbehältern darf deshalb nur ganz wenig geöffnet sein, um den hohen Druck in der Einblaseflasche nicht zu verlieren.

Für das Anlassen sind besondere Nocken auf der Steuernockenwelle vorhanden; häufig kommen sog. automatische Anlaßventile zur Verwendung (vgl. Kapitel 19).

Bei Mehrzylindermaschinen mit Lufteinspritzung erfolgt das Anlassen meistens gruppenweise (mehrere Zylinder). Der Vorgang beim Anlassen ist dann folgender:

1. Alle Zylinder laufen mit Anlaßluft.
2. Die eine Zylindergruppe läuft mit Anlaßluft, die andere Gruppe mit Brennstoff.
3. Alle Zylinder laufen mit Brennstoff.

Bei Maschinen mit automatischen Anlaßventilen kann zur Erreichung kurzer Anfahrzeiten Anlaßluft und Brennstoff gleichzeitig gegeben werden; ein gruppenweises Anlassen ist dabei meistens nicht erforderlich.

Das Umsteuern der Maschine erfolgt meistens durch Verschieben der Nockenwelle, so daß bei Vorwärtsfahrt die Vorwärtsnocken mit den Hebelrollen der Ventile in Eingriff kommen.

Bei Zweitaktmaschinen wird zuweilen die Nockenantriebswelle mit Hilfe einer sog. Schleppkupplung um einen gewissen Winkel verdreht, wenn ein symmetrischer Nocken vorhanden ist.

Die konstruktive Durchbildung der Verschiebevorrichtungen für die Nockenwellen ist recht vielgestaltig (z. B. Kurvenbahnen, Gleitringe mit Winkelhebeln, Druckölkolben usw.).

Die für das Anlassen und Umsteuern am Fahrstand angeordneten Handhebel oder Handräder müssen untereinander so verblockt sein, daß eine Beschädigung der Maschine bei falschen Handgriffen nicht eintreten kann (mißgriffsicher).

Die hierfür angewendeten Verblockungseinrichtungen der Anlaß- und Umsteuermechanismen sind fast durchweg nach folgenden Hauptgesichtspunkten ausgebildet:

1. Die Maschine kann nur dann mit Druckluft bzw. Brennstoff angefahren werden, wenn die Steuernockenwelle in einer ihrer beiden Endlagen („Voraus" oder „Zurück") liegt.
2. Die Maschine kann in der Anlaß- und in der Betriebsstellung nicht umgesteuert werden.
3. Bei Nocken ohne schräge Auflaufbahnen müssen vor dem Verschieben der Nockenwelle alle Ventilhebel aus dem Bereiche der Nocken gebracht sein.

Werden die Steuerhebelrollen vor dem Verschieben der Nockenwelle nicht von den Nocken abgehoben, dann sind Nocken mit schrägen (seitlichen) Auf- und Ablaufflächen vorhanden, auf denen die Rollen von einem zum anderen Nocken beim Verschieben der Nockenwelle gleiten; vgl. auch Kapitel 15.

Durch die Anlaß- und Umsteuerungsmechanismen werden außerdem zur Sicherung des Betriebes automatisch z. B. folgende Organe gesteuert:

Abstellen der Brennstoffpumpen in den Anlaßstellungen.

Volle Anstellung der Brennstoffpumpen in der Betriebsstellung.

Entlüftung der Anlaßluftleitung in der Betriebsstellung.

Ent- oder Belüftung von Steuerkolben (für die verschiedensten Steuerungszwecke, je nach Art des Steuerorgans).

Einstellung des Sicherheitsreglers auf niedrige Drehzahl bei Leerlauf der Maschine (bei einzelnen Sonderausführungen).

Einstellung des Einblasedruckreglers auf niedrigen Einblasedruck in der Anlaßstellung; nur bei Maschinen mit Lufteinspritzung.

Einstellung des Brennstoffnadelhubes auf kleinen Hub in der Anlaßstellung; nur bei Maschinen mit Lufteinspritzung und mit Nadelhubregulierung. Vgl. Kapitel 20.

Unmöglichkeit des Anlassens bei eingerückter Drehvorrichtung.

Andere Einstellungen je nach der Eigenart der Maschine. Bei doppeltwirkenden Maschinen also z. B.: Auf einer Zylinderseite Anfahren mit Anlaßluft, auf der anderen Zylinderseite sofort Betrieb mit Brennstoff.

Vielfach werden, um kleine Kräfte für die Bedienung der einzelnen Handhebel am Fahrstand zu erhalten, sog. Vorsteuerungen (Relais) verwendet. Diese Vorsteuerungen steuern z. B. die durch Drucköl oder Druckluft betriebenen Kolben der Kraftzylinder (Servomotoren) für die Verschiebung der Nockenwellen; auch für die Regler werden zur Überwindung größerer Regulierkräfte Vorsteuerungen verwendet, vgl. Kapitel 29.

Die Abb. 318 zeigt als Beispiel einer Steuerung die Hauptsteuerorgane für das Anlassen und Umsteuern sowie für die Brenn-

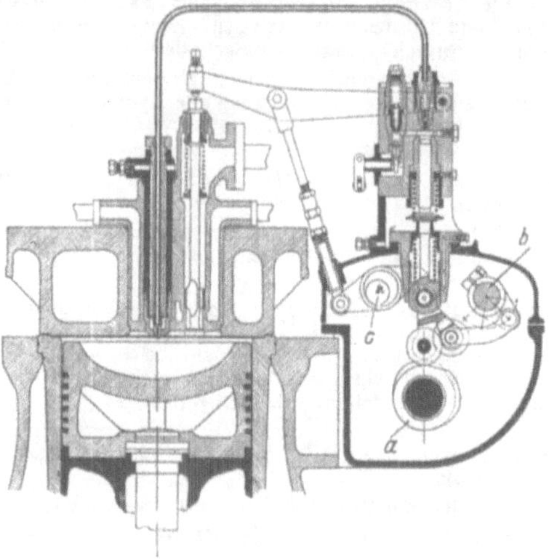

Abb. 318.

stoffpumpen-Füllungsregulierung einer einfachwirkenden kompressorlosen Zweitaktmaschine Bauart Gebrüder Sulzer, Winterthur. Vgl. dagegen Abb. 334.

Auf der Nockenwelle *a* sind die Brennstoffpumpennocken für den Vorwärts- und Rückwärtsgang der Maschine aufgesetzt. Durch eine Drehbewegung der Welle *b* wird, je nach dem einzustellenden Drehsinn der Maschine, eine der beiden Nockenrollen, die in dem Lenker für den Antrieb des Brennstoffpumpenstempels gelagert sind, in den Bereich des zugehörigen Brennstoffpumpennockens geschwenkt. Die Regulierung der Brennstoffmenge erfolgt durch Änderung des Pumpenhubes, indem die Nockenrolle mehr oder weniger, je nach eingestelltem Drehwinkel der Welle *b*, an den Brennstoffpumpennocken herangebracht wird. — Das Anlassen der Maschine mittels Druckluft erfolgt dadurch, daß das Exzenter *c* in die Anlaßstellung gedreht wird. Bei dieser Drehbewegung wird gleichzeitig die Brennstofförderung, durch Öffnen des Brennstoffpumpen-Saugventils, unterbrochen. Die von dem Brennstoffnocken abgeleitete Hubbewegung dient also auch zur Steuerung des Anlaßventils. — Die Bewegung der Welle *b* und des Exzenters *c* erfolgt durch Gestänge vom Fahrstand aus.

29. Die Regler. Die Sicherheitsregler der Schiffsantriebsmaschinen dienen dazu, die Maschinen am Durchgehen zu verhindern, wenn eine plötzliche Verminderung der Wellenleistung (Wellenbruch, Propellerverlust, Austauchen des Propellers usw.) eintritt. Diese Regler sind daher so eingestellt, daß sie erst bei einer Drehzahl, die um einige Prozente (z. B. 6 bis 8%) über der höchsten Betriebsdrehzahl liegt, anfangen, die Brennstoffzufuhr nach den Brennstoffventilen (Düsen) abzustellen. Hierbei werden die Saugventile oder die Überströmventile der Brennstoffpumpen geöffnet. — Kontrolle: Es muß Nullfüllung beim vollen Reglerausschlag eingestellt sein. Bei großen Regulierkräften kommen indirekt wirkende Regler zur Verwendung, vgl. S. 294.

Bei Spezialausführungen erfolgt die Dosierung der Brennstoffmenge vermittels eines Reglers mit einem hohen Drehzahlbereich; alle vom Fahrstand eingestellten Drehzahlen des Hauptfahrbereiches werden somit vom Regler gehalten.

Die Dieselmaschinen für Dynamoantrieb sind dagegen mit sog. Präzisionsreglern ausgestattet, welche die Maschinen je nach der Belastung innerhalb eines bestimmten Drehzahlbereiches halten (Leerlaufdrehzahl z. B. 5 bis 10% über Normaldrehzahl).

Für die Schiffsantriebsmaschinen und Dynamomaschinen kommen für vorstehende Reglerarten meistens nur Zentrifugalpendelregler zur Verwendung. Die Gelenke des Reglergestänges müssen eine möglichst geringe Eigenreibung haben.

30. Indikatordiagramme und Indiziervorrichtungen. Der Flächeninhalt des Indikatordiagramms gibt die im Zylinder geleistete Arbeit an. Um den mittleren indizierten Druck (vgl. Kapitel 4) zu erhalten, wird der Flächeninhalt f (mm^2) durch die Diagrammlänge l (mm) und durch den Federmaßstab der Indikatorfeder k dividiert (z. B. $k = 0{,}8$, wenn 1 at einer Diagrammhöhe von 0,8 mm entspricht).

Die Drehzahl der Maschine muß bei Leistungsmessungen mit Hilfe des Hubzählers bestimmt oder abgezählt werden (keine Tachometer-Drehzahlen). Zur weiteren Beurteilung des Zustandes der Maschine sind sämtliche Temperaturen und Drücke aufzunehmen.

Bei einer guten Verbrennung ist das Diagramm bei Maschinen mit Lufteinspritzung in der Verbrennungsperiode breit entwickelt (Gleichdruckdiagramm). Bei kompressorlosen Maschinen sind die Diagramme in der Verbrennungsperiode spitzer entwickelt; der Zünddruck darf nicht zu hoch ansteigen, eine Gleichdrucklinie kommt nicht zur Entwicklung. Die Diagramme müssen einen gleichförmigen Verlauf der Expansionslinie und niedrigen Enddruck zeigen.

Der Auspuff, gegen den Himmel gesehen, soll unsichtbar sein.

Zur Verdeutlichung des Verbrennungsvorganges (Einsetzen und Verlauf der Verbrennung) sind versetzte (von Hand gezogene oder durch Umschaltung des Indikatorantriebes gewonnene) Diagramme zu nehmen. Für die Kontrolle der Arbeitsweise der

Einsaug- und Auspuffventile bei Viertaktmaschinen sowie der Auspuff- und Spülperiode bei Zweitaktmaschinen dienen Schwachfederdiagramme.

Um zuverlässige Diagramme zu erhalten, ist darauf zu achten, daß der Indikator und der Indikatorantrieb in bester Ordnung sind; Indikatorkolben, Schreibzeug und Schnurrollen müssen ohne Klemmung und Spiel arbeiten. Für den Antrieb der Indikatortrommel sind Hanfschnur mit Drahteinlage und keine kleinen Schnurrollen zu verwenden. Vor dem Aufsetzen des Indikators sind die Indikatorbohrungen auszublasen, evtl. auf freien Durchgang zu prüfen. Der Indikator darf nicht zu lange an der Maschine bleiben, weil er sonst zu warm wird und sein Kolben nicht mehr zuverlässig leichtgängig arbeitet.

Eine Kontrolle des richtigen Arbeitens der Indiziervorrichtung gibt das sog. Kompressionsdiagramm, welches bei ausgeschalteter Brennstoffzufuhr genommen wird; in diesem Diagramm müssen sich die Kompressions- und Expansionslinie nahezu decken (Abb. 322).

Bei schnellaufenden Maschinen begnügt man sich zuweilen mit der Aufnahme der Kompressions- und Zünddrücke mittels des Indikators — Strichdiagramme.

In Abb. 319 ist ein normales Diagramm einer Viertaktmaschine mit Lufteinspritzung, in Abb. 320 das zugehörige handgezogene Diagramm und in Abb. 321 das Schwachfederdiagramm dargestellt. Abb. 323 bzw. 324 zeigt ein fehlerhaftes Diagramm, und zwar mit Spätzündung. Abb. 325 bzw. 326 zeigt ein normales Diagramm einer kompressorlosen Viertaktmaschine.

In Abb. 327 ist ein normales Diagramm einer Zweitaktmaschine mit Lufteinspritzung und in Abb. 328 das zugehörige Schwachfederdiagramm dargestellt.

31. Bestimmung des Luftüberschusses durch Analyse der Verbrennungsgase. Durch Ermittlung der in den Verbrennungsgasen der Dieselmaschinen vorhandenen prozentualen Volumenanteile an Kohlensäure CO_2, Sauerstoff O_2 und Kohlenoxyd CO mit Hilfe des bekannten Orsat-Apparates (vgl. S. 568) ist die Berechnung des Luftüberschusses leicht möglich. Der zu diesem Zweck verwendete Orsat-Apparat hat 3 Absorptionsgefäße. Diese Gefäße sind gefüllt mit:

Kalilauge für Kohlensäure,
Pyrogallussäure für Sauerstoff und
Kupferchlorürlösung für Kohlenoxyd.

Ein bestimmtes Volumen Verbrennungsgase, meistens 100 cm^3) wird mittels Zapfrohr, Schlauch und Druckflasche (Pumpflasche, in bekannter Weise in das Meßgefäß des Orsat-Apparates hineingepumpt. Diese Gasmenge wird zuerst in das Absorptionsgefäß für CO_2 gedrückt, und nach dem Zurückdrücken des Gases ins Meßgefäß wird die absorbierte CO_2-Menge abgelesen. Die verbliebene Gasmenge wird darauf in das Absorptionsgefäß für Sauerstoff gedrückt und am Meßgefäß die absorbierte O_2-Menge abgelesen. Die restliche Gasmenge wird schließlich in das Absorptionsgefäß für CO gedrückt und die absorbierte CO-Menge am Meßgefäß abgelesen. Es ist üblich, die dann noch verbliebene Restgasmenge als Stickstoff N einzusetzen.

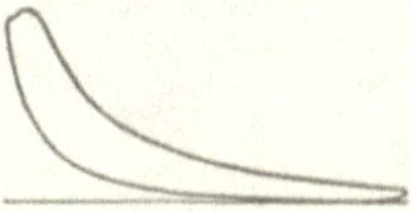

Abb. 319.

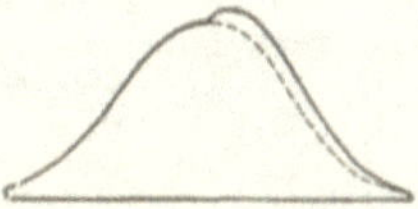

Abb. 320

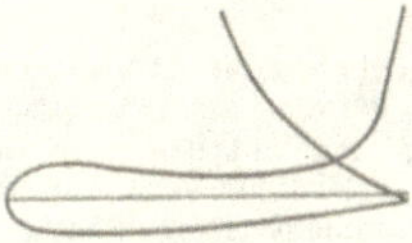

Abb. 321.

Abb. 322.

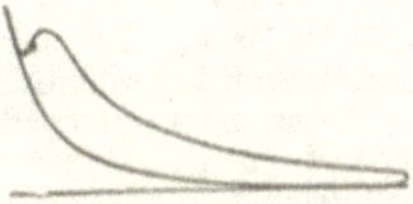

Abb. 323.

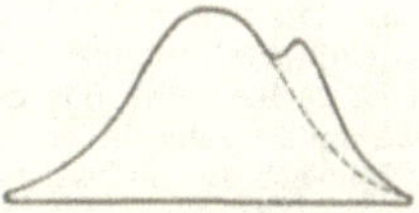

Abb. 324.

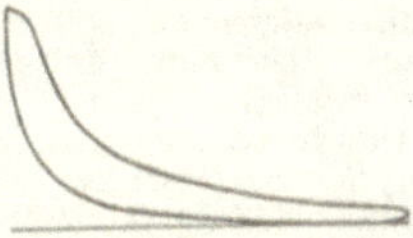

Abb. 325.

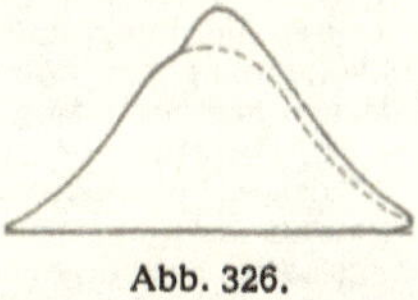

Abb. 326.

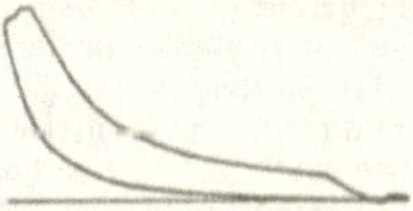

Abb. 327.

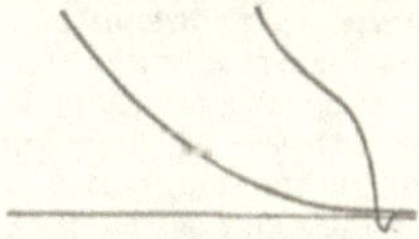

Abb. 328.

Die **Luftüberschußzahl** errechnet sich dann aus der Gleichung (vgl. auch S. 335):

$$L = \frac{N}{N - \frac{79}{21}\left(O - \frac{C}{2}\right)}$$

Hierin bedeuten:

N die prozentuale Stickstoffmenge,
O die prozentuale Sauerstoffmenge,
C die prozentuale Kohlenoxydmenge.

Wurden beispielsweise aus 100 cm³ = 100% Verbrennungsgasen gemessen

CO_2 = 7,4% und
O_2 = 10,8% und
CO = 0,4%,

so ergibt sich N = 81,4% und damit die Luftüberschußzahl:

$$L = \frac{81,4}{81,4 - \frac{79}{21}(10,8 - 0,2)} = 1,95, \text{ also } 95\% \text{ Überschuß.}$$

In den Arbeitszylindern der Dieselmaschine ist also eine um 95% größere Luftmenge vorhanden gewesen, als theoretisch für die Verbrennung der in die Arbeitszylinder eingespritzten Brennstoffmenge benötigt wird. Für die vollkommene Verbrennung von 1 kg Brennstoff (Gasöl mittlerer Zusammensetzung) werden etwa 14,2 kg Luft gebraucht; das sind etwa 11,8 m³ bezogen auf 760 mm Hg-säule und 20° C der angesaugten Luft. — Bei großer Luftüberschußzahl und guter Verbrennung ist die CO-Menge in den Verbrennungsgasen meistens sehr gering. Man kann sich deshalb auch auf die Bestimmung der CO_2- und O_2-Mengen beschränken. Ferner ist zu beachten, daß die Absorption von CO sehr träge ist und daß andererseits die Bindung des CO an die Kupferschlorürlösung schwach ist, so daß bei Erschütterungen des Orsat-Apparates CO aus der Absorptionsflüssigkeit sogar abgegeben werden kann, wodurch Fehler in der Analyse entstehen. — Bestimmt man CO nicht, so ist in der vorgenannten Gleichung für die Luftüberschußzahl somit C gleich Null zu setzen. — Man erkennt aus der Gleichung, daß die Sauerstoffmenge in erster Linie die Größenordnung des Luftüberschusses bestimmt; deshalb ist die O_2-Menge besonders sorgfältig zu messen.

Der Luftüberschuß beträgt bei Dieselmaschinen etwa 80 bis 110%. Niedrigen Luftüberschuß findet man bei Maschinen, welche kleine Einsaugventil-Querschnitte, oder bei Zweitaktmaschinen, die mangelhafte Spülung haben. — Hoher Luftüberschuß ist erwünscht; er sichert eine gute Verbrennung und ergibt niedrige Auspufftemperaturen. — Zu hoher Luftüberschuß setzt naturgemäß den spez. Brennstoffverbrauch herauf.

Bei Zweitaktmaschinen, bei denen große Spülluftmengen direkt in die Abgasleitung während des Spülvorganges geblasen werden, ist diese Methode zur Bestimmung des Luftüberschusses in den Verbrennungsgasen nicht ohne weiteres anwendbar; es muß deshalb eine gesteuerte Entnahme der Verbrennungsgase vorgenommen werden.

32. Beschreibung von Maschinen. Einleitung. Aus der großen Zahl der Ölmaschinenarten sind einige typische Bauarten für die nachstehenden Beschreibungen gewählt. Jede dieser Maschinen wird je nach den Erfordernissen mit verschiedenen Leistungen und Drehzahlen gebaut, evtl. auch für stationäre Zwecke. Für Leistungssteigerungen über die normale Konstruktionsleistung hinaus kann, soweit dies mit der Bauart der Maschinen vereinbar ist (hierzu vgl. Kapitel 11), Aufladung angewendet werden.

In den Beschreibungen sind nur die Hauptmerkmale der einzelnen Maschinen erwähnt. Die angegebenen Zylinderzahlen können auch erhöht werden (hierzu vgl. Kapitel 1). Für die Drehzahlen sind mittlere Werte angegeben, desgleichen für die Zylinderleistungen. Sofern die einzelnen Typen statt mit Lufteinblasung als kompressorlose Maschinen gebaut werden, erhöht sich die in den nachstehenden Beschreibungen angegebene Zylinderleistung im Mittel um 6 bis 7%.

a) Einfachwirkende Viertakt-Tauchkolbenmaschine mit Lufteinspritzung; auch in kompressorloser Bauart.

Bauart M.A.N., Augsburg. (Hierzu vgl. Abb. 329.)

Ausführung mit 6 bis 8 Zylindern:

Durchmesser 480 mm,
Hub 700 mm,
Zylinderleistung 150 PS_e bei 210 U/min.

Diese Maschine ist als sog. Ankermaschine gebaut, d. h. lange, durch Grundplatte, Ständer und Zylinderblock gehende Zuganker entlasten diese Teile von den Kolbenkräften. Der Kolben besitzt ein mit Öl gekühltes, besonders aufgesetztes Kolbenoberteil. Zuweilen erhält der Kolben besondere Führungsstücke mit Weißmetall-Ausguß, die zur Aufnahme des Gleitbahndruckes dienen. Die Zu- und Abführung des Kühlöls erfolgt durch stehende Posaunen, die außerhalb des Gestelles angeordnet sind. Der Posaunenträger ist am unteren Kolbenrand befestigt. Der Zylinderdeckel ist mit einem Zwischenboden für die intensivere Kühlung durch Seewasser versehen.

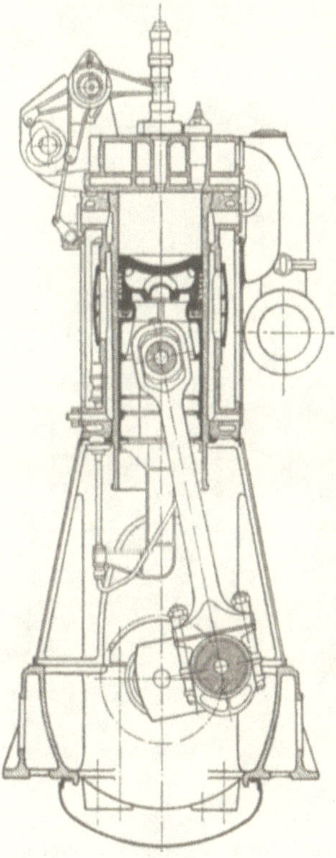

Abb. 329.

Die Steuernockenwelle, welche beim Umsteuern in der Längsachse der Maschine verschoben wird und die ihren Antrieb durch Schraubenräder erhält, ist in Höhe der Zylinderdeckel in Böcken gelagert. Diese Böcke dienen gleichzeitig zur Lagerung der Ventilhebelachsen. In der Abbildung ist das Exzenter für die Feineinstellung des Zündzeitpunktes für das Brennstoffventil zu erkennen. Die Hebel für die Brennstoff- und Anlaßventile schwingen um gemeinsame Exzenter, welche von einer am Zylinderblock gelagerten Umstellwelle (mittels Zugstange) verstellt werden.

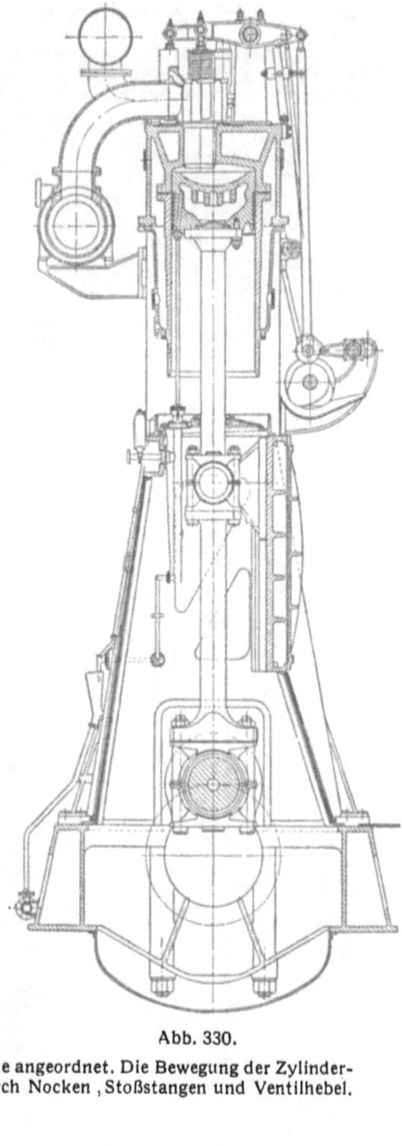

Abb. 330.

Der Kompressor wird von der Kurbelwelle angetrieben, desgleichen die Brennstoffpumpen. Der Fahrstand befindet sich am vorderen Stirnende der Maschine. — Neuerdings wird diese Maschinenbauart **kompressorlos** gebaut.

b) **Einfachwirkende Viertakt-Kreuzkopfmaschine mit Lufteinspritzung** — auch in kompressorloser Bauart.

Bauart Burmeister & Wain, Kopenhagen. (Hierzu vgl. Abb. 330.)

Ausführung mit 6 bis 8 Zylindern:
Durchmesser 740 mm,
Hub 1200 mm,
Zylinderleistung 370 PS_e bei 125 U/min.

Aufbau der Maschine als Ankermaschine. Der obere Zylinderblock ist als Zylinderdeckel ausgebildet und wird durch gußeiserne Ständer gegen die Grundplatte abgestützt. Die Laufbüchse ist von unten an diesen Zylinderdeckelblock angeflanscht, desgl. der Kühlwassermantel. Der mit großem Wasserraum versehene Kolben wird mittels hängender, am Kolben befestigter Posaunen mit außen liegenden Stopfbüchsen durch Seewasser gekühlt. Die durch Stirnräder (zuweilen auch durch Ketten) angetriebene längsverschiebbare Steuernockenwelle ist etwa auf halber Maschinenhöhe angeordnet. Die Bewegung der Zylinderdeckelventile erfolgt durch Nocken, Stoßstangen und Ventilhebel.

Beim Umsteuern werden die Stoßstangen ausgeschwenkt, wobei die Auspuffventile zur Entlüftung der Zylinder (Dekompression) etwas geöffnet werden. Der Kompressor wird am vorderen Maschinenende von der Kurbelwelle und die am Fahrstand im Mittelfeld der Maschine über Maschinenflur angeordneten Brennstoffpumpen werden vom Steuerwellenantrieb angetrieben.

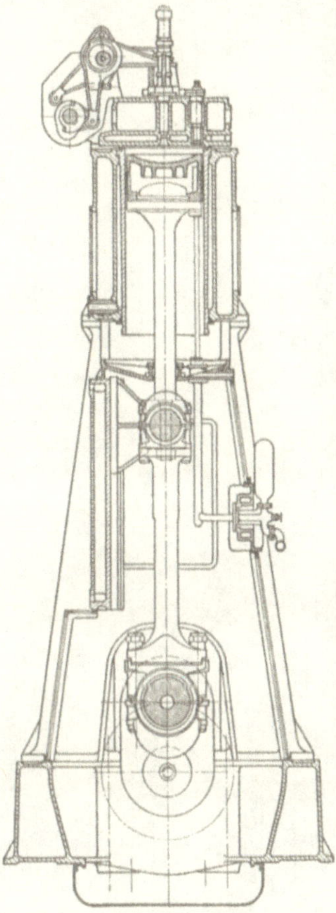

Abb. 331.

c) Einfachwirkende Viertakt-Kreuzkopfmaschine mit Lufteinspritzung; auch in kompressorloser Bauart.

Bauart M.A.N., Augsburg. (Hierzu vgl. Abb. 331.)

Ausführung mit 6 bis 8 Zylindern:
Durchmesser 700 mm,
Hub 1400 mm[1]),
Zylinderleistung 350 PS_e
bei 110 U/min.

Grundplatte, Ständer und Zylinderblock sind mittels langer durchgehender Anker (Ankerbauart) verbunden. Der Großwasserraumkolben wird durch Seewasser gekühlt; die Posaunen sind am Kolben befestigt. Die längsverschiebbare Steuernockenwelle, welche ihren Antrieb durch Stirn- und Kegelräder erhält, ist in der Höhe der Zylinderdeckel angeordnet. Zylinderdeckel mit Zwischenboden wie bei Abb. 329. Der Kompressor ist im Mittelfeld der Maschine angeordnet und wird von der Kurbelwelle angetrieben. Hier auch Fahrstand und Brennstoffpumpen.

d) Einfachwirkende kompressorlose Viertakt-Kreuzkopfmaschine mit Aufladevorrichtung.

Bauart Werkspoor, Amsterdam. (Hierzu vgl. Abb. 332.)

Ausführung mit 6 bis 8 Zylindern:
Durchmesser 650 mm,
Hub 1400 mm,
Zylinderleistung 450 PS_e
bei 120 U/min.

[1]) Die Abbildung zeigt eine Maschine mit 1200 mm Hub.

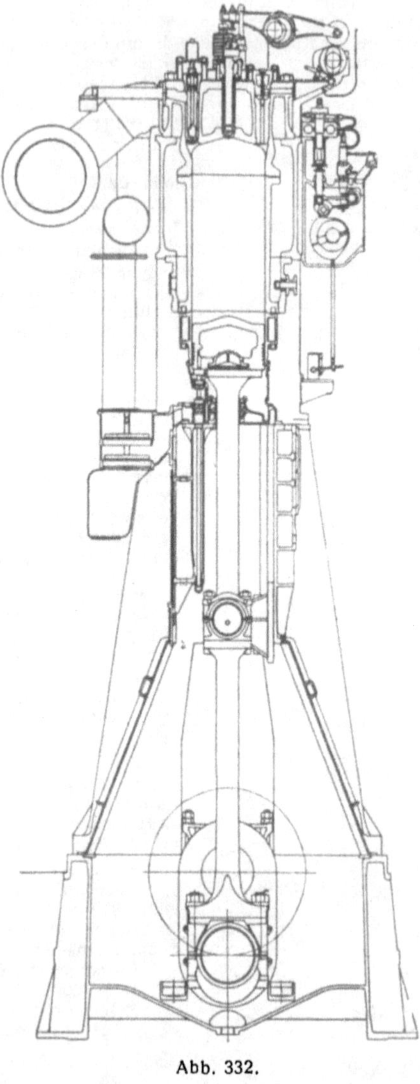

Abb. 332.

Das untere Ende der Laufbüchse wird von einem Gehäuse umschlossen, in welchem die Saug- und Druckventile für die Aufladevorrichtung untergebracht sind. Die Unterseite des Kolbens wirkt somit als Ladeluftpumpe. Beim Aufwärtsgang des Kolbens wird durch die Saugventile Luft aus dem Maschinenraum oder durch eine Leitung von Deck angesaugt. Beim Niedergang des Kolbens wird die Luft durch die Druckventile in eine gemeinsame Leitung und von dort nach den Ventilräumen in den Zylinderdeckeln gedrückt. Im oberen Totpunkt des Kolbens — Ende des Auspuff- und Anfang des Ansaughubes — sind die Einsaug- und Auspuffventile gleichzeitig geöffnet, so daß ein Ausspülen der Verbrennungsrestgase aus dem Kompressionsraum und eine Kühlung der Ventile stattfindet. Da auf einen Einsaughub zwei Pumpenhübe der Kolbenunterseite kommen, ist ein kräftiger Ladeluftüberschuß vorhanden. Zum Schutz der Saug- und Druckventile gegen Verschmutzung dienen Ölfangschirme. Die Brennstoffpumpe ist als Nockenpumpe ausgeführt, wobei hier der Rollenhebel zwei Brennstoffpumpen für jeden Arbeitszylinder antreibt; die linkssitzende Pumpe ist die Hauptpumpe für die Brennstofförderung, während die rechtssitzende Pumpe zur Regulierung der Brennstoffmenge dient. Diese Pumpe ist als Bosch-Druckpumpe, vgl. Abb. 306, gebaut und läßt die von der Hauptpumpe pro Hub geförderte, aber für die eingestellte Leistung nicht benötigte Brennstoffmenge — als Durchströmorgan — nach dem Saugraum der Hauptpumpe zurückströmen.

e) Einfachwirkende Zweitaktmaschine mit angehängten Spülluftpumpen, als Maschine mit Lufteinspritzung oder als kompressorlose Maschine gebaut.

Bauart Krupp, Germania-Werft, Kiel. (Hierzu vgl. Abb. 333.) Neuere Bauarten: Spülung meistens nach Abb. 294, vergl. auch S. 249; häufig auch in Ankerbauart.

Ausführung mit 3 bis 6 Zylindern:

Durchmesser 650 mm,
Hub 1300 mm,
Zylinderleistung 400 PS_e bei 90 U/min.

Bauart mit Spülventilen im Zylinderdeckel, wie in Abb. 293 schematisch dargestellt. Die Kolbenkräfte werden von gußeisernen Ständern auf die Grundplatte übertragen (keine Anker). Der Kolben mit Einsatzkörper wird mittels Posaunen, welche am Arm des Kreuzkopfes befestigt sind, durch Seewasser gekühlt. Das für die Abdeckung der Zylinderkanäle erforderliche Kolbenunterteil ist besonders angesetzt. Zum Abschluß des Kolbens sind zwei Kolbenstopfbüchsen — eine im Kurbelraumzwischenboden, die andere an der Zylinderlaufbüchse — mit nach innen federnden Dichtungsringen vorhanden.

Der Zylinderdeckel besitzt eine auf der Verbrennungsseite angebrachte Kühlvorlage. Die doppeltwirkenden Spülluftpumpen werden von Armen angetrieben, welche am Kreuzkopf befestigt sind und auch die Posaunen tragen. Eine Spülpumpe versorgt in der Regel zwei oder drei Arbeitszylinder. Die längsverschiebbare, in Zylinderhöhe gelagerte Steuernockenwelle erhält ihren Antrieb durch Stirn- und Kegelräder. Kompressor am vorderen Maschinenende, Antrieb von der Kurbelwelle. Fahrstand und Brennstoffpumpen angetrieben wie bei b).

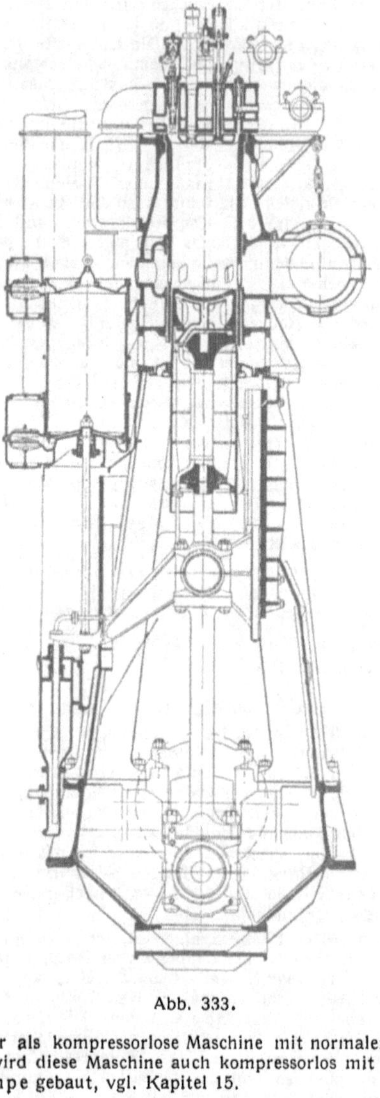

Abb. 333.

Außer als kompressorlose Maschine mit normaler Nockenpumpe wird diese Maschine auch kompressorlos mit Archaouloff-Pumpe gebaut, vgl. Kapitel 15.

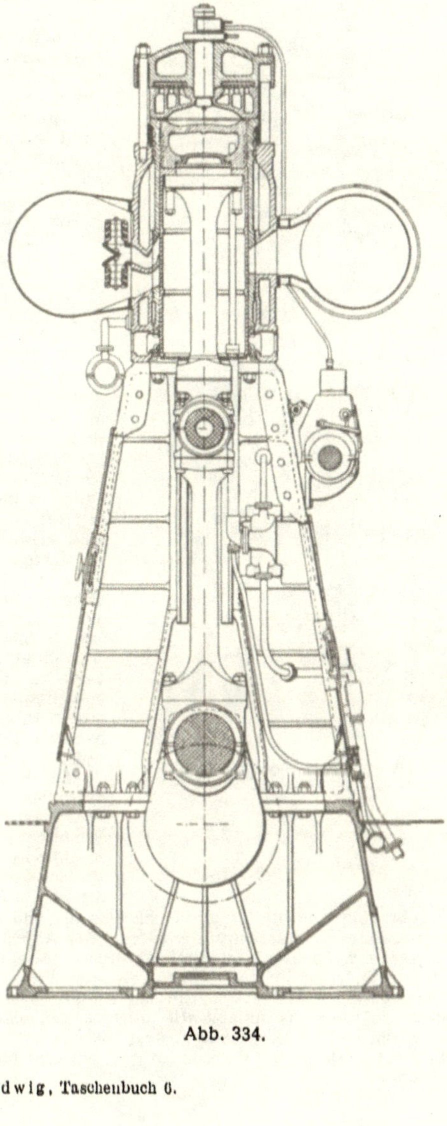

Abb. 334.

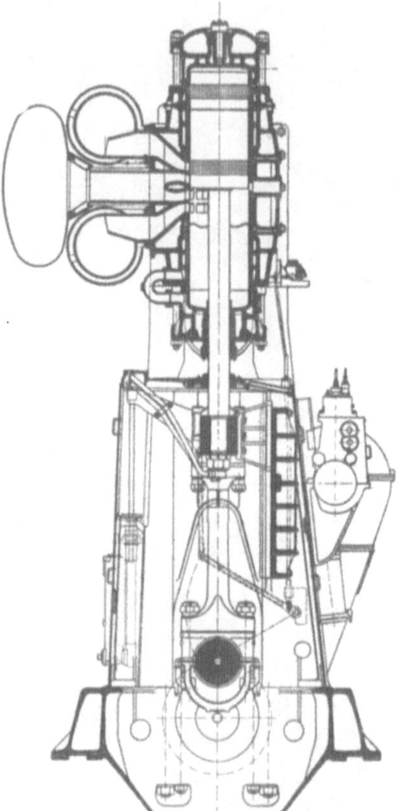

Abb. 335.

f) Einfachwirkende kompressorlose Zweitaktmaschine. Bauart Gebr. Sulzer, Winterthur. Spülluftpumpe als doppeltwirkende Tandem-Kolbenpumpe. (Hierzu vgl. Abb. 334.)

Ausführung mit 4 bis 8 Zylindern: Durchmesser 720 mm, Hub 1250 mm, Zylinderleistung 670 PS_e bei 120 U/min.

Anordnung der Zylinderkanäle wie in Abb. 295 schematisch dargestellt. Die Nachladeventile (früher gesteuerte Tellerventile bzw. gesteuerte Ringschieber) werden als selbsttätige Ventile (Plattenventile, in Gruppen, mit Doppelringsitz) gebaut. Die Maschine besitzt Ständer aus Gußeisen mit doppelseitigen (viergleisigen) Gleitbahnen. Der Kolben erhält Seewasserkühlung durch Posaunen mit feststehenden Strahlrohren. Diese Strahlrohre sind an Böcken befestigt, die an die Ständer angeschraubt sind und die für die Kühlwasserzu- und -abfuhr die entsprechenden Rohranschlüsse erhalten. Der Abschluß des Kolbens gegen den Triebwerksraum erfolgt durch eine am unteren Ende der Zylinderlaufbüchse angeordnete Kolbenstopfbüchse. Der Zylinderdeckel besitzt einen zentralen Einsatz, in dem das Brennstoffventil und das Anlaßventil untergebracht sind. Die Brennstoffpumpe ist als Nockenpumpe ausgebildet, deren Antrieb durch Stirnräder erfolgt. Die von einer Kurbel am vorderen Ende der Maschine angetriebene Spülluftpumpe ist eine doppeltwirkende Tandem-Kolbenpumpe.

g) Doppeltwirkende kompressorlose Zweitaktmaschine.

Bauart MAN., Augsburg. Spülluftpumpe von der Kurbelwelle angetrieben. (Aufbau vgl. Abb. 335.)

Ausführung mit 3 bis 8 Zylindern:
Durchmesser 720 mm,
Hub 1200 mm,
Zylinderleistung 850 PS_e bei 90 U/min.

Die Spülung der Zylinder erfolgt wie in Abb. 296 schematisch dargestellt. Aufbau der Maschine mit Ankern, welche von Unterkante Grundplatte bis Oberkante Zylinderblock reichen. Der Kurbeltriebwerksraum ist gegen den Zylinder durch einen besonderen Zwischenboden abgeschlossen. Die Kolbenstangenstopfbüchse ist frei zugänglich. Die Zylinderdeckel sind horizontal geteilt, bestehen aus Stahlgußvorlagen und Gußeisenhauben. Auf der oberen Zylinderseite ist ein Brennstoffventil, auf der unteren Seite sind zwei Brennstoffventile und ein Anlaßventil vorhanden.

Die Kühlung der Kolben, zuweilen auch die Kühlung der ganzen Maschine, erfolgt durch Frischwasser. Jeder Zylinder besitzt eine Brennstoffpumpe für die obere und eine für die untere Zylinderseite. Der Antrieb der Brennstoffpumpen erfolgt durch (Vorwärts- und Rückwärts-) Nocken; die Nockenwelle — die auch zum Antrieb des Sicherheitsreglers dient — wird beim Umsteuern verschoben.

Von dieser Nockenwelle oder unmittelbar von Nocken auf der Kurbelwelle werden auch die Vorsteuerschieber für die pneumatisch gesteuerten Anlaßventile angetrieben (hierzu vgl. S. 282).

Schnellaufende kompressorlose Zweitaktmaschine. Maschinen von nahezu gleichem Aufbau, wie Abb. 335, werden mit etwa 210 bis 230 U/min für den indirekten Schiffsantrieb unter Verwendung von Vulcan-Getrieben, vgl. S. 315, in Ausführungen mit 6 bis 9 Zylindern gebaut. Die Kühlung der Kolben bei diesen schnellaufenden Maschinen erfolgt durch Öl.

Bei 530 mm Zylinderdurchmesser, 760 mm Hub und 220 U/min beträgt die Zylinderleistung 650 PS_e. Die Spülluft wird entweder durch doppeltwirkende Tandempumpen beschafft oder durch Kapselgebläse, die durch Stirnräder von der Kurbelwelle angetrieben werden.

h) Doppeltwirkende Zweitaktmaschine mit angehängter Spülluftpumpe und Einblaseluftkompressor.

Bauart Gebrüder Sulzer, Winterthur. (Hierzu vgl. Abb. 336.)

Ausführung mit 6 bis 8 Zylindern:
Durchmesser 700 mm,
Hub 1200 mm,
Zylinderleistung 950 PS_e bei 106 U/min.

Das System der Spül- und Auspuffschlitzreihen ist das gleiche wie bei der einfachwirkenden Zweitaktmaschine der Sulzer-Bauart. Es sind also für jede Kolbenseite zwei Reihen Spülschlitze vorhanden, von denen jeweils die nach dem Zylinderdeckel zu gelegene Schlitzreihe die Nachladeschlitzreihe ist. Die Nachladeluft wird durch selbsttätige Rückschlagplattenventile dem Zylinder zugeführt. — In Höhe des unteren Zylinderdeckels ist eine Nockenwelle angeordnet, die durch Stirn- und Kegelräder von der Kurbelwelle angetrieben wird. In den Zylinderdeckeln sind vorhanden: 1 Brennstoffventil im oberen Zylinderdeckel, 2 Brennstoffventile und 1 Anlaßventil im unteren Zylinderdeckel. Für die Kühlung des Kolbens wird Süßwasser verwendet, wobei die Kühlwasserräume des oberen und unteren Kolbens durch Überströmrohre

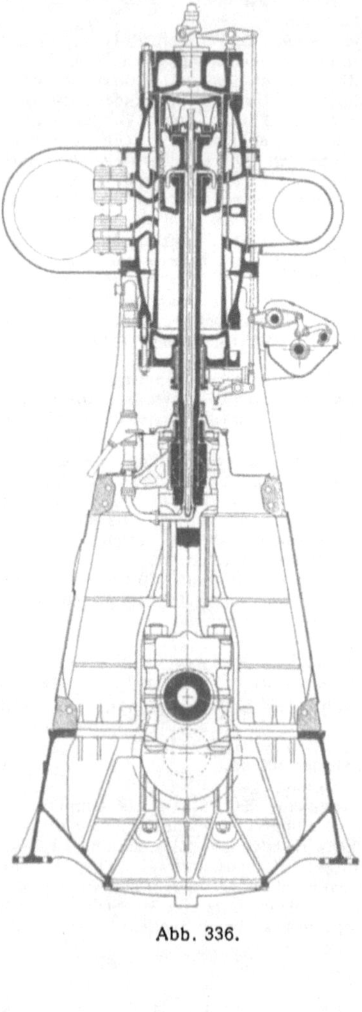

Abb. 336.

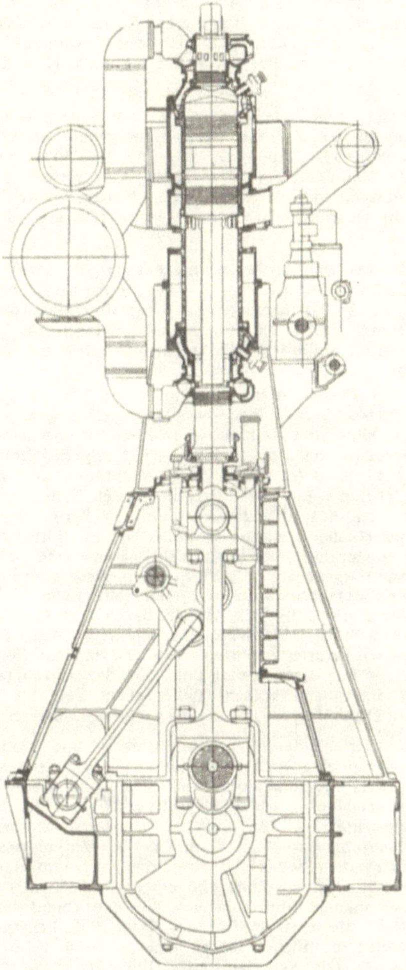

Abb. 337.

verbunden sind; die Kolbenkühlwasserposaunen sind nach oben stehend angeordnet. Die Zylinder und Zylinderdeckel werden mit Seewasser gekühlt. Grundplatte, Ständer und Zylinderblock sind miteinander verschraubt und nehmen die Kolbenkräfte auf;

durchgehende Anker sind nicht verwendet (wie z. B. in Abb. 335). Der Kreuzkopf ist viergleisig. Das Anfahren erfolgt in der Weise, daß bei allen Zylindern gleichzeitig Anlaßluft auf die untere Kolbenseite und Brennstoff auf die obere Kolbenseite gegeben wird.

Die Maschine ist neuerdings in ähnlicher Bauart, wie Abb.334 zeigt, als kompressorlose Maschine gebaut. Mit 720 mm Zylinderdurchmesser, 1250 mm Hub und 120 U/min leistet sie 1300 PS_e je Zylinder. Doppeltwirkende, kompressorlose schnelllaufende Maschinen mit ölgekühlten Kolben werden in Verbindung mit Vulcan-Getrieben verwendet. (Bauart De Schelde-Sulzer.)

i) Doppeltwirkende kompressorlose Zweitaktmaschine. Bauart Burmeister & Wain, Kopenhagen. (Hierzu vgl. Abb. 337.) Ausführung mit 6 bis 10 Zylindern: Durchmesser 660 mm, Hub 1500 mm, Zylinderleistung etwa 1200 PS_e bei 102 U/min, Spülluftgebläse separat — elektromotorisch — angetrieben.

Das Kennzeichen dieser Maschinentype besteht darin, daß die Auspuffgase durch in den Zylinderdeckeln angeordnete Auspuffschlitze abgeführt werden, die durch Kolbenschieber gesteuert werden. Bei der in Abb. 337 gezeigten Stellung des Hauptarbeitskolbens (in oberer Zündungstotpunktlage) deckt der Kolbenschieber die Auspuffschlitze im oberen Zylinderdeckel ab, wohingegen die Auspuffschlitze im unteren Zylinderdeckel von dem Kolbenschieber freigegeben sind. Die Spülluftschlitze sind durch die Unterkante des Hauptarbeitskolbens für die untere Zylinderseite freigegeben. Die Verbrennungsgase werden in Richtung der Zylinderachse durch die Spülluft ausgeschoben. Der Antrieb der Auspuffkolbenschieber erfolgt durch Traversen, die durch Gestänge von einer Hilfskurbelwelle bewegt werden. Die Hilfskurbelwelle wird durch Zahnräder von der Hauptkurbelwelle angetrieben. — Bei dieser Steuerung gibt das Gestänge für die Steuerung der Auspuffkolbenschieber einen Teil der Zylinderleistung — etwa 10% — an die Hauptkurbelwelle ab.

Zum Antrieb der Brennstoffpumpen und Anlaßventile dient die durch eine Kette angetriebene, in Höhe des unteren Zylinderdeckels liegende Nockenwelle. Im oberen und unteren Zylinderdeckel sind je ein Brennstoffventil sowie je ein Anlaßventil angeordnet. — Zur Kühlung der Auspuffkolbenschieber und der Hauptarbeitskolben dient Öl. Der Zufluß des Kühlöls nach dem Arbeitskolben erfolgt durch den Ringraum, der gebildet wird durch die Kolbenstange und ein am gußeisernen Unterteil des Kolbens angebrachtes Rohrhemd. Für den Ablauf des Kolbenkühlöls dient die zentrale Bohrung in der Kolbenstange. Die Kolbenstangenstopfbüchse ist in dem unteren Kolbenschieber untergebracht. Die Zylinder und Zylinderdeckel werden durch Frischwasser gekühlt. Aufbau der Maschine mit Ankern.

k) Kompressorlose einfachwirkende Viertakt-Tauchkolbenmaschine.

Bauart Motorenfabrik Deutz, Köln-Deutz. (Hierzu vgl. Abb. 338.)

Ausführung mit 6 bis 8 Zylindern:

Durchmesser 460 mm,

Hub 740 mm,

Zylinderleistung 150 PS_e bei 200 U/min.

Die Brennstoffdüse (Ventil) dieser Maschine wird wie in Abb. 314 dargestellt ausgeführt. Der Kolben ist ungekühlt (für Sonderausführungen mit gesteigerter Leistung wird Ölkühlung verwendet). Die durch Stirnräder angetriebene längsverschiebbare Steuernockenwelle liegt etwa auf halber Maschinenhöhe. Im Steuerwellenkasten sind die Bewegungsorgane für das Auf- und Absetzen der Ventilhebelrollen, für das Verschieben der Steuerwellen usw. untergebracht. Die Brennstoffpumpen, deren Antrieb durch Stirnräder und Nocken von der Steuerwelle erfolgt, sind in Höhe der Zylinderdeckel angeordnet. Der Fahrstand liegt vor Mitte Maschine. Alle zum Betrieb der Maschine erforderlichen Pumpen (Kühlwasser-, Schmieröl-, Lenzpumpe usw.) werden von der Maschine selbst angetrieben. Diese Maschinentype wird auch, ohne Umsteuerung, als Schiffshilfsmaschine zum Antrieb von Dynamomaschinen, Kompressoren u. dgl. gebaut.

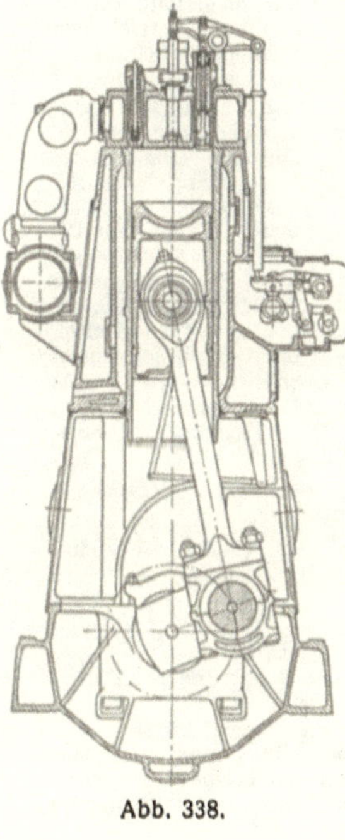

Abb. 338.

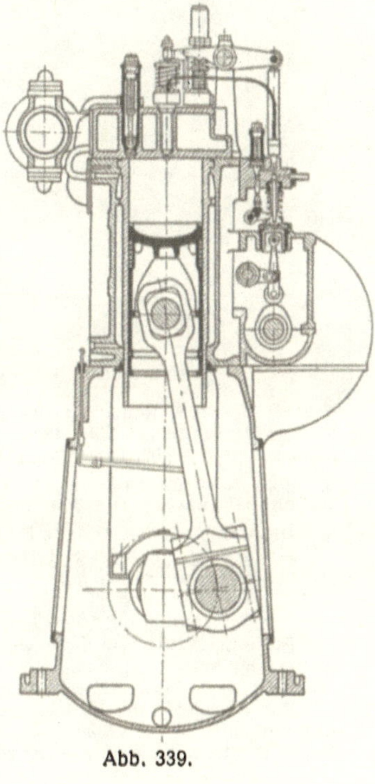

Abb. 339.

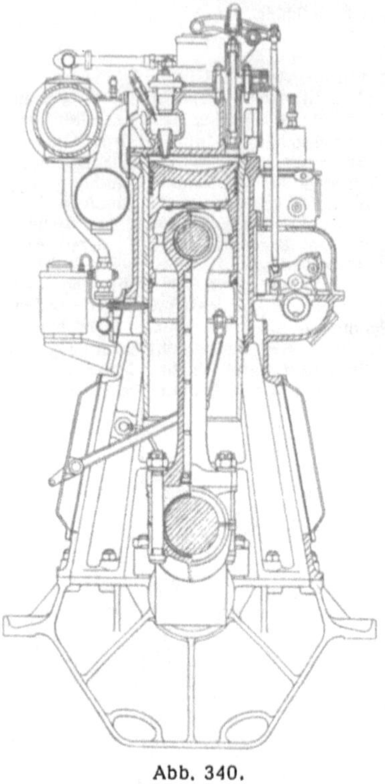

Abb. 340.

l) Kompressorlose einfachwirkende Viertakt-Tauchkolbenmaschine.

Bauart M.A.N., Augsburg. (Hierzu vgl. Abb. 339.)

Ausführung mit 6 bis 8 Zylindern:
Durchmesser 425 mm,
Hub 600 mm,
Zylinderleistung 110 PS_e bei 250 U/min.

Kompressorlose Maschinen dieser Bauart werden in verschiedenster Größe mit Zylinderleistungen bis etwa 250 PS_e bei etwa 190 U/min als Schiffsantriebsmaschinen (also mit Umsteuerung) und als Schiffshilfsmaschinen zum Antrieb von Dynamos, Kompressoren od. dgl. gebaut.

Für Zylinderleistungen von etwa 150 PS_e aufwärts erhalten die Maschinen je nach den besonderen Verhältnissen Kolben mit Ölkühlung. Der Antrieb der Brennstoffpumpe erfolgt von der Steuernockenwelle, welche durch Stirnräder angetrieben wird. Die Brennstoffpumpen fördern in eine durch Nadel gesteuerte Düse, hierzu vgl. Kapitel 21. Für die Ausführung der Maschinenhilfspumpen gilt das gleiche wie unter k) erwähnt.

m) Kompressorlose einfachwirkende Viertakt-Tauchkolbenmaschine mit Vorkammer.

Bauart Motoren-Werke Mannheim. (Hierzu Abb. 340.)
Ausführung mit 6 bis 8 Zylindern:
Durchmesser 460 mm,
Hub 680 mm,
Zylinderleistung 165 PS_e bei 250 U/min.

Für aufgeladene Maschinen wird eine Steigerung der Dauerleistung im Mittel von 35 bis 40% erreicht.

Über das Vorkammerverfahren siehe Kapitel 21.

Das Anwärmen der Vorkammer bei vollkommen kalter Maschine nimmt nur kurze Zeit in Anspruch; bei betriebswarmer Maschine ist ein Anwärmen nicht erforderlich. Der Aufbau der

Maschine ist gekennzeichnet durch die Blockkonstruktion des Zylinders mit Rahmenkasten. Die Laufbüchsen aus Spezialgußeisen sind besonders eingesetzt. Die gußeisernen Tauchkolben — zuweilen aus Leichtmetall mit Bimetall-Kolbenringen — sind ungekühlt. Die Steuerwelle wird durch Zahnräder angetrieben; auf ihr sitzen die Nocken für die Anlaß-, Einsaug- und Auspuffventile, desgleichen die Nocken für die Brennstoffpumpen — Boschpumpen, vgl. Kapitel 15. Für die Hilfspumpen und für die Maschinen ohne Umsteuerung gilt das gleiche wie unter k).

33. Überwachung der Maschinen im Betriebe. Bei allen Ölmaschinen ist die *Gefahr* vorhanden, daß sie leicht überlastet werden können dadurch, daß eine zu *große Brennstoffzufuhr* eingestellt wird. Dieser Umstand im Zusammenhang mit den Kühlwasserverhältnissen in tropischen Zonen und engen Revieren (zuweilen Seewassertemperaturen bis 32° C und hoher Salzgehalt bis 5% sowie schlammiges Kühlwasser) verursacht wohl in den meisten Fällen die Störungen an den Kolben, Zylinderdeckeln u. dgl. (vgl. Kapitel 26). Plötzlicher Wechsel der Kühlwassertemperatur (kalte Meeresströmungen, vermehrte Zufuhr kalten Seewassers, Umstellen der Umlaufkühlung u. dgl.) kann beträchtliche Strörungen hervorrufen. Hinzu kommt, daß in tropischen Gegenden auch das Öl infolge der höheren Raumtemperatur eine geringere Viskosität besitzt, wodurch unter Umständen die Schmierölzufuhr nach den einzelnen Schmierstellen beeinträchtigt werden kann. Aufgabe der Maschinenleitung muß also sein, diesen Verhältnissen Rechnung zu tragen.

Die *Hilfsmaschinen*, Kühlwasser- und Schmierölpumpen, Gebläsemaschinen und Kompressoren müssen aufs sorgfältigste überwacht werden, weil ernste Beschädigungen der Hauptmaschinen (Kühlwasser-, Schmieröl-, Spülluftmangel) ihre Ursache öfters in dem nicht einwandfreien Arbeiten der Hilfsmaschinen haben können (zur Sicherung des Betriebes Licht- oder Hornsignale für den Lauf der Hilfsmaschinen am Hauptfahrstand).

Schmierölfilter, Schmierölkühler und Brennstoffilter sollten stets in gutem Zustande gehalten werden. (Über die Kontrolle des Schmieröles und des Brennstoffes vgl. Kapitel 34 und 35.)

Die Düsen der Brennstoffventile müssen freien Durchgang haben und die Einsaug- und Auspuffventile sowie die Spülventile gut dichthaltende Sitzflächen.

Brennstoffventile für kompressorlose Maschinen müssen beim Wiederzusammenbau besonders sorgfältig behandelt werden; sie müssen auf Dichthalten gegen 700 bis 800 at geprüft werden.

Die Kolbenringe dürfen nicht festgebrannt sein oder zu viel Spiel in den Schlössern und in den Kolbenringnuten haben; festsitzende Kolbenringe sind zu lösen, gebrochene auszuwechseln.

Die Sicherheitsventile sind von Zeit zu Zeit zu drehen und auf richtigen Abblasedruck zu prüfen.

Die Brennstoffpumpen und die Rückschlagventile in den Brennstoffpumpendruckleitungen und Einblaseluftleitungen müssen stets in allerbestem Zustande gehalten werden.

Versagt die Maschine beim Anfahren oder Umsteuern, so ist die Ursache genau zu ergründen. *Planloses Probieren muß streng vermieden werden.*

Zur *Kontrolle* des *Betriebes* sind die Drehzahlen, Drücke und Temperaturen sorgfältig in das Maschinenjournal einzutragen;

desgleichen sind Aufschreibungen über etwaige Störungen an der Maschine und deren Beseitigung zu machen. Die Auspuffgastemperaturen der einzelnen Zylinder sollten durch Fernthermometer am Fahrstand ablesbar sein, da diese Temperaturen eine bequeme Kontrolle über die Belastung der einzelnen Zylinder ermöglichen.

Die Leistung ist von Zeit zu Zeit durch Entnahme von Diagrammen zu kontrollieren. Auch Schwachfederdiagramme und versetzte Diagramme (hierzu vgl. Kapitel 30) sind zur Kontrolle des Verbrennungsvorganges zu nehmen. Desgleichen Diagramme der Spülpumpen und Kompressoren.

Beim Absetzen der Hauptmaschine ist bei Maschinen mit Drucklufteinspritzung zuerst der Brennstoff und dann erst die Einblaseluft abzusetzen (vgl. Kapitel 14). Darauf ist das Kühlwasser und zuletzt das Schmieröl abzuschalten. Bei Maschinen, deren Kolben mit Öl gekühlt werden, müssen die Kolben nach Absetzen der Maschine noch einige Zeit nachgekühlt werden, um Ölkoksbildung im Kolben zu verhindern (vgl. Kapitel 23).

Die Druckluftleitungen sind nach Absetzen der Maschine zu entlüften, um unbeabsichtigtes Drehen der Maschine zu verhindern (vgl. auch Kapitel 27).

Hingewiesen sei an dieser Stelle auch darauf, daß im äußersten Notfall ein Auffüllen der Anlaßluftgefäße mit Kohlensäure zulässig ist. Andere Gase jedoch, insbesondere Sauerstoff oder Wasserstoff, dürfen hierzu auf keinen Fall verwendet werden, da dies mit größter Gefahr für Menschen und Maschine verbunden ist.

Bei Frostgefahr (Docken des Schiffes) sind alle Kühlwasserräume und -leitungen vollkommen zu entwässern.

Es braucht nicht besonders erwähnt zu werden, daß die Feuerlöscheinrichtungen stets gebrauchsbereit sein müssen und daß die gesamte Maschinenanlage sauber gehalten werden muß.

Was in vorstehendem von den Hauptmaschinen gesagt ist, bezieht sich sinngemäß auch auf die Hilfsmaschinenanlagen.

34. Die Schmieröle für Diesel-Motoren. Von allergrößter Wichtigkeit ist die Verwendung besten Schmieröls. Zur Rückgewinnung von Schmieröl darf eine Schmierölreinigungsanlage (Separator) an Bord nicht fehlen. Für die Schmierung der Laufbüchsen, Kompressoren, Spülluftpumpen, Kolbenstangen-Stopfbüchsen, Brennstoffpumpen, Brennstoffnadeln usw. darf nur frisches Öl verwendet werden.

Qualitätsziffern für brauchbare Schmieröle sind nachstehend für mittlere Verhältnisse angegeben. Vgl. S. 331.

Verwendung	Art	Flüssigkeitsgrad nach Engler	Flammpunkt im offenen Tiegel	Kältebeständigkeit
Kurbelzapfen, Lager, Steuerung etc. Kolbenkühlung	Mineralöl	bei 50° C 6 bis 8	nicht unter 200 bis 210° C	bei —5° C noch fließend
Laufbüchsen, Kompressorzylinder	Mineralöl	bei 50° C 10 bis 14	nicht unter 220 bis 230° C	bei —5° C noch fließend

Die Öle müssen ferner folgenden Bedingungen genügen:

Nach 50stündigem Erhitzen des Öls auf 110 bis 120° C darf der Gehalt an in Normalbenzin unlöslichem Asphalt nicht über 0,1 % betragen.

Der Gehalt an unverbrennlichen Bestandteilen (Asche) darf nicht über 0,02 % betragen.

Die Öle sollen gut raffinierte Mineralöle, frei von Säure, Harzen, Fetten und Wasser sowie in Benzin klar und ohne Rückstände löslich sein; sie dürfen mit Wasser keine Emulsion bilden.

Der Gehalt an Substanzen, die durch konzentrierte Schwefelsäure zerstörbar sind, darf höchstens 5 bis 6 % betragen.

Bei der Tropfprobe auf Filtrierpapier (vgl. Kapitel 35) muß das Öl einen hellbraunen Fleck ohne jegliche Schattierung geben.

35. Der Brennstoff für Diesel-Motoren. Als Brennstoff für Schiffsmotoren kommen fast ausschließlich Erdöldestillate zur Verwendung. Vor der Übernahme des Brennstoffes sollte eine genaue Kontrolle der Ölqualität, und zwar am besten an Hand der physikalischen und chemischen Analysen vorgenommen werden. Ein sehr einfaches Mittel, den Brennstoff auf Beimengungen zu kontrollieren, besteht darin, daß man einen Tropfen des zu untersuchenden Brennstoffes mit Hilfe eines sauberen Glasstabes auf einen reinen Bogen Filtrierpapier fallen läßt. Aus der Kreiszonenbildung und deren Farbtönung kann man bei einiger Übung leicht Rückschlüsse auf die Beschaffenheit des Brennstoffes ziehen.

Die Aufstellung von Brennstoffreinigungsanlagen bringt für den Schiffsbetrieb zuweilen außerordentliche Vorteile (Verwendung billiger Brennstoffe).

Zum Vergleich von Brennstoffsorten können die nachstehenden Qualitätsziffern eines guten Treiböls als Anhalt dienen:

Spezifisches Gewicht bei 15° C . . .	unter 0,90,
Viskosität nach Engler bei 20° C . .	etwa 2,
Flammpunkt im offenen Tiegel . . .	über 65° C,
Schwefelgehalt.	höchstens 1 %,
Wasserstoffgehalt	etwa 12 %,
Wassergehalt	nicht mehr als 1 %,
unterer Heizwert von 1 kg	mindestens 9900 kcal.

Bei der Siedeanalyse guter Treiböle sollen bei 300° C etwa 70 bis 80 Volumenprozente überdestilliert sein. In Zweifelsfällen ist die Siedekurve aufzunehmen oder anzufordern.

Unverbrennliche und feste Bestandteile dürfen im Öl nicht enthalten sein.

Hydraulische Kupplungen (Vulcan-Kupplungen) und Übersetzungsgetriebe mit hydraulischen Kupplungen (Vulcan-Getriebe).

Die Vulcan-Kupplung ist eine **hydraulische Kupplung.** Die Vulcan-Kupplungen können bis zu den größten Leistungen während des Betriebes vollkommen stoßfrei ein- und ausgerückt werden. Torsionsschwingungen, ungleichförmige Drehmomente und Stöße werden von der Vulcan-Kupplung infolge ihrer Dämpfungseigenschaften nicht weitergeleitet. Das Schwingungssystem hat infolge der kurzen elastischen Länge und der geringen Massen eine so hohe Eigenschwingungszahl, daß der gesamte Fahrbereich frei von Sperrgebieten durch kritische Drehzahlen gehalten werden kann. Vgl. Kapitel 12.

Das Vulcan-Getriebe ist eine Kombination von Vulcan-Kupplungen und Zahnräder-Übersetzungsgetrieben.

Die Vulcan-Kupplung ist ein spezifischer Teil der Abdampfturbinengetriebe **System „Bauer-Wach“** — Weitere Anwendungsgebiete der Vulcan-Kupplung sind: a) Antrieb von Zahnräder-Übersetzungsgetrieben, bei denen die von der Antriebsmaschine ausgehenden Torsionsschwingungen oder ungleichförmigen Drehmomente von den Zahnrädern ferngehalten werden sollen. b) Antrieb von Baggerpumpen, welche von Diesel-Motoren angetrieben werden; die Vulcan-Kupplung arbeitet hierbei als Rutschkupplung, wenn die Baggerpumpe durch schweres Baggergut plötzlich zum Stillstand kommt. Der Diesel-Motor kommt in solchen Fällen nicht zum Stillstand, sondern läuft bei vollem Drehmoment mit etwa ⅓ seiner Normaldrehzahl weiter. c) Anschalten von Marschturbinengetrieben an die Getriebe für Hauptfahrt bei Spezialschiffen; die Marschturbinengetriebe können hierbei durch Füllen oder Entleeren der Vulcan-Kupplung jederzeit ohne Stoß zu- oder abgeschaltet werden. d) Zwischenglied zum Kuppeln mehrerer Maschinengruppen für eine Propellerwelle. e) Zwischenglied für Diesel-Motor und lange Propellerwelle, zur Beherrschung des Schwingungssystems.

Die von der deutschen Reichsmarine für den Kreuzer „Leipzig“, die „Bremse“ und die für das Panzerschiff „Deutschland“ zum Antrieb der Propellerwelle verwendeten Vulcan-Getriebe sind Vierfachgetriebe, d. h. auf das mit der Propellerwelle verbundene große Zahnrad arbeiten zwei Ritzel, die von jeder Seite (vorn und hinten) unter Zwischenschaltung von Vulcan-Kupplungen durch Diesel-Maschinen (umsteuerbare, kompressorlose, doppeltwirkende Zweitaktmotoren, Bauart MAN) angetrieben werden.

1. Die Vulcan-Kupplung. Die Abb. 341 zeigt eine Vulcan-Kupplung einfacher Art. Die Vulcan-Kupplung besteht aus drei Hauptteilen: einem Schaufelrad *a* (Primärrad), welches mit der treibenden Welle *A* und einem Schaufelrad *b* (Sekundärrad), welches mit der getriebenen Welle *B* verbunden ist, sowie einem Deckel *c*, der mit dem Rad *a* verschraubt ist und das Rad *b* umschließt.

Für die Wirkungsweise der Vulcan-Kupplung ist es gleichgültig, ob das Rad *a* (größere Masse) oder das Rad *b* (kleinere Masse) als Primärrad verwendet wird; Wahl der Massen nach der Schwingungsrechnung, vgl. S. 263.

Die beiden Stirnseiten der Räder *a* und *b* sind durch einen Spalt voneinander getrennt, der bei größeren Kupplungen etwa 15 mm beträgt. Desgleichen ist zwischen dem Deckel *c* und der äußeren Schale des Rades *b* ein Spalt von mehreren Millimetern vorhanden. Die gegenseitige Lage der Räder wird durch Drucklager gehalten. Die Räder kommen also niemals miteinander in direkte Berührung. — Eine Abnutzung oder ein Verschleiß der Kupplungsräder tritt demnach nicht auf.

Jedes der beiden Kupplungsräder *a* und *b* besteht aus einer äußeren Schale *d* und einer inneren Schale *e*, ferner aus einer Anzahl radial stehender Schaufeln. Schalen und Schaufeln bilden die Zellen der Räder. Das eine Rad besitzt im allgemeinen zwei

Schaufeln mehr als das andere Rad, damit eine periodische Überdeckung der Schaufelkanten beim Lauf vermieden wird.

Der durch die Räder *a* und *b* und durch den Deckel *c* geschaffene Hohlraum wird mit einer Flüssigkeit aufgefüllt. Als Betriebsflüssigkeit für die Vulcan-Kupplung kann jede Flüssigkeit verwendet werden, in erster Linie Wasser oder Schmieröl.

Das Füllen der Vulcan-Kupplung mit Betriebsflüssigkeit erfolgt, je nach dem konstruktiven Aufbau, entweder durch eine Bohrung in einer der anschließenden Wellen oder, nach Abb. 341, durch einen Ringraum *m*, der durch den Deckel und die Radwelle gebildet wird, und durch anschließende Rohrleitung bei *s*. Dieser Ringraum ist dann gegen *c* durch eine Spitzendichtung abgeschlossen. Das Entleeren erfolgt durch am äußeren Umfang angeordnete Ausflußdüsen *r*. Häufig ist ein auf dem Deckel *c* verschiebbarer Entleerungsring (vgl. *d* in Abb. 344) mit korre-

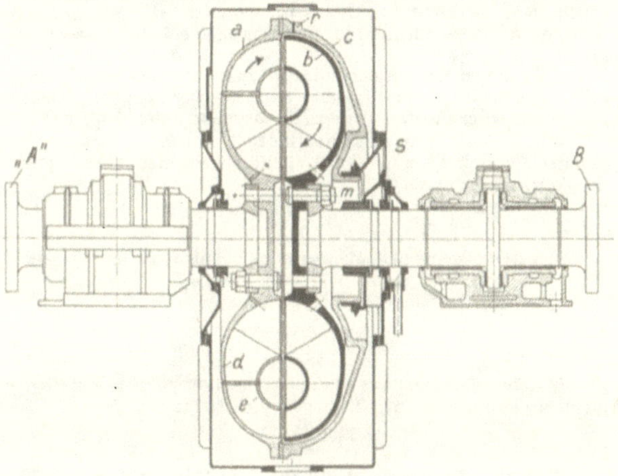

Abb. 341.

spondierenden Düsenlöchern vorhanden, oder es sind am äußeren Umfang Drehkolben oder dergleichen für die Entleerung angeordnet.

Wird das Primärrad (dieses Rad ist gewissermaßen ein Zentrifugalpumpenrad) in Rotation versetzt, so beginnt die in der Kupplung befindliche Flüssigkeit in der in Abb. 341 durch Pfeile angedeuteten Richtung durch die Zellen der Räder zu zirkulieren.

Die von dem Primärrad erzeugte Druckhöhe wird von dem Sekundärrad (dieses Rad ist gewissermaßen ein Turbinenrad) als Gefälle verarbeitet.

Zur Übertragung des Drehmomentes der Antriebsmaschine ist es erforderlich, daß die Zirkulation der Betriebsflüssigkeit ständig erhalten bleibt. Diese Zirkulation kann sich, wie leicht einzusehen ist, nur dann bilden, wenn zwischen dem Pumpenrad und dem Turbinenrad ein Drehzahlunterschied vorhanden ist, wodurch ein Druckhöhen- bzw. ein Gefälleunterschied entsteht. Dieser Drehzahlunterschied wird auch der Slip der Kupplung genannt. Er ist (vgl. unten) ein absolut sicherer Maßstab für den Wirkungsgrad der Vulcan-Kupplung. — Die Vulcan-Kupplung überträgt das volle Drehmoment vom Primärrad auf das Sekundärrad auch dann ohne Verlust, wenn die Kupplung nur teilweise mit Betriebsflüssigkeit gefüllt ist. Bei teilweise gefüllter Kupplung entsteht jedoch ein höherer Slip als bei vollständig gefüllter Kupplung (also wie bei einer Wasserbremse zur Leistungsmessung).

a) Zusammenhang zwischen Stip und Wirkungsgrad der Vulcan-Kupplung. Das Grundprinzip der Vulcan-Kupplung besteht darin, daß das Drehmoment des Pumpenrades gleich dem Drehmoment des Turbinenrades ist. Mit anderen Worten: Aktionsmoment und Reaktionsmoment der Räder sind gleich.

Alle in den Rädern der Vulcan-Kupplung durch Flüssigkeitsreibung oder -stoß entstehenden hydraulischen Verluste wirken sich summarisch in dem Drehzahlunterschied, also Slip, aus.

Wird für das Primärrad der Index 1 und für das Sekundärrad der Index 2 gesetzt, so lautet die allgemeine Gleichung für den Wirkungsgrad

$$\eta = \frac{N_2}{N_1}.$$

Aus der allgemeinen Momentengleichung folgt andererseits

$$N_1 = \frac{M_1 \cdot n_1}{71620} \text{ und } N_2 = \frac{M_2 \cdot n_2}{71620},$$

also

$$\eta = \frac{M_2 \cdot n_2}{M_1 \cdot n_1}.$$

In allen Fällen ist das Aktionsmoment gleich dem Reaktionsmoment, also $M_1 = M_2$. Es ergibt sich somit

$$\eta = \frac{n_2}{n_1}.$$

Wird der Slip, bezogen auf die Primärdrehzahl, mit S bezeichnet, also

$$S = \frac{n_1 - n_2}{n_1}, \text{ so folgt damit: } n_2 = n_1 (1 - S).$$

Der Wirkungsgrad der Kupplung ergibt sich also einfach zu: $\eta = (1 - S)$ oder in Prozenten ausgedrückt $\eta = 100 (1 - S)\,\%$.

Der Wirkungsgrad der Vulcan-Kupplung ist demnach in sehr einfacher Weise durch Auszählen der Drehzahlen zu bestimmen. Ein Irrtum über die Größe des Wirkungsgrades der Vulcan-Kupplung ist, richtige Bestimmung der Drehzahlen vorausgesetzt, nicht möglich. (Stand der Technik.)

Der Profildurchmesser der Vulcan-Kupplung wird so gewählt, daß der Slip 1,5 % — 3 % — 5 %, je nach den Erfordernissen, beträgt; dementsprechend beträgt der Wirkungsgrad 98,5 % — 97 % — 95 %.

b) Wärmeaufnahme der Betriebsflüssigkeit. Die in der Vulcan-Kupplung durch den Slip eindeutig bestimmten

Leistungsverluste werden in Wärme umgesetzt, welche die Temperatur der Betriebsflüssigkeit erhöht. Diese Wärmemengen sind jedoch entsprechend dem hohen Wirkungsgrad der Kupplung gering, so daß in vielen Fällen die strahlende Oberfläche der Kupplung für die Ableitung der Wärme genügt. Bei größeren Leistungen werden Ölkühler verwendet, mit denen die mittlere Betriebstemperatur der Kupplung leicht einreguliert werden kann. Wie bekannt, beträgt der Wärmewert einer Pferdekraft und Stunde 632 kcal, d. h. für je 1 % Slip entstehen je 6,32 kcal pro PS_e und h.

Um die in der Vulcan-Kupplung an die Betriebsflüssigkeit übergehende Wärme nach außen abzuführen, sind in die Kupplungsräder einige kleine Löcher gebohrt, aus welchen ständig eine kleine Ölmenge abfließt. Eine gewisse Ölmenge fließt auch durch die Spitzendichtungen und durch die Entleerungsorgane der Kupplung ständig ab. Diese abfließenden Ölmengen werden durch Zuführen gekühlten Öls wieder ersetzt, so daß ein ständiger Ölaustausch in der Kupplung stattfindet, der die in der Kupplung entstehende Wärme abführt.

c) Öl als Betriebsflüssigkeit. Die Flüssigkeitsreibungsverluste beim Durchströmen der Kupplungsräder hängen naturgemäß von der Viskosität des Öls ab. Die Viskosität eines Öls ist abhängig von der Temperatur des Öls. Als Betriebsflüssigkeit ist eine Ölsorte zu empfehlen, die bei einer Temperatur von 50°C eine Viskosität von 5—6 Englergraden besitzt; doch kommt normalerweise eine Ölsorte zur Verwendung, die auch als Schmieröl für den Betrieb der Dieselmaschinen benutzt wird (dabei zweckmäßig getrennte Ölkreisläufe für Motor und Kupplung, weil das Betriebsöl der Kupplung unbegrenzt verwendungsfähig bleibt). Die mittlere Betriebstemperatur der Kupplung wird auf etwa 40° bis 45° C gehalten.

d) Schwingungsdämpfung. Die vom Diesel-Motor ausgehenden Torsionsschwingungen werden durch die Flüssigkeit nicht von dem Primärrad auf das Sekundärrad der Vulcan-Kupplung übertragen. Das Sekundärrad gibt also ein vollkommen gleichförmiges Drehmoment an die anschließende Welle weiter.

e) Leistungsaufnahme und Hauptabmessungen der Vulcan-Kupplungen. Die spezifische Leistungsaufnahme drückt sich durch die Grundformel für hydraulische Kraftmaschinen aus:

$$k = \frac{N_1}{n_1^3 \cdot D^5} \cdot$$

Hierin bedeuten N_1 die Primärleistung in PS_e, n_1 die minutliche Primärdrehzahl, D den größten Durchmesser des hydraulischen Profils der Vulcan-Kupplung in Metern. Die spezifische Leistungsaufnahme, also der Wert k, ist bei vollkommen gefüllter Kupplung im Bereiche von 0,5 % bis etwa 15 % Slip nahezu proportional dem Slip. Erst bei Slipwerten über 15 %, also wenn größere Zirkulationsgeschwindigkeiten in der Vulcan-Kupplung auftreten, fängt die Leistungsaufnahme an zurückzugehen.

Die Leistungsaufnahme ist, wie die Grundformel zeigt, abhängig von der 3. Potenz der Primärdrehzahl und von der 5. Potenz des Profildurchmessers.

Die Vulcan-Kupplungen werden im Mittel für einen Slip von 2,5 bis 3 % gebaut. Dieser Wert des Slips liegt also im Gebiet der proportionalen Leistungsaufnahme.

Zur Erlangung kleiner Kupplungsdurchmesser sind hohe Maschinendrehzahlen wertvoll. Andererseits werden die Abmessungen der Vulcan-Kupplungen für große Leistungen relativ klein, siehe untenstehende Tabelle.

Für eine Vulcan-Kupplung mit gegebenen Dimensionen ist die Leistungsaufnahme (Diesel-Maschinenleistung) proportional der 3. Potenz der Primärdrehzahl. Für Schiffsantriebe durch Propeller, deren Leistungsaufnahme (Propellerleistung) ebenfalls proportional der 3. Potenz der Propellerdrehzahl ist, bleibt demnach der Slip bzw. der Wirkungsgrad der Vulcan-Kupplung für alle Geschwindigkeiten des Schiffes konstant.

Eine mit Wasser betriebene Vulcan-Kupplung überträgt eine um etwa 75 % größere Leistung als eine mit Öl betriebene Kupplung von gleichem Profildurchmesser, gleiche Drehzahl und gleicher Slip vorausgesetzt.

Die nachstehende Zahlentafel läßt den Zusammenhang zwischen den Hauptgrößen (N_1 in PS_e, D in mm, n_1 in U/min) für mit Öl betriebene Vulcan-Kupplungen bei einem Slip von 2,8 %, entsprechend einem Wirkungsgrad von 97,2 %, erkennen. Bei aus Stahlblechen geschweißten Rädern, Ausführungen mit erhöhten Schaufelzahlen und Verwendung von dünnflüssigerem Öl steigert sich die Leistungsaufnahme bis zu 20 % und mehr.

N_1 = Leistung PS_e pro Kupplung	Primärdrehzahl pro Minute					
	n_1 = 200	300	400	600	800	1000
250	D = 1780	1380	1170	920	780	680
500	2040	1590	1350	1060	900	790
1000	2340	1830	1550	1220	1030	900
2000	2690	2110	1780	1390	1180	1030
3000	2920	2290	1930	1520	1280	1120
4000	3100	2430	2050	1600	1350	1180
6000	3360	2630	2220	1730	1470	1290
10000	3720	2910	2460	1930	1630	1420

f) Slipvorrichtung. Durch teilweises Füllen der Vulcan-Kupplung und die damit eintretende Änderung des Slips kann jede beliebige Änderung der Drehzahl des Sekundärrades erzielt werwerden. Von dieser Eigenschaft der Vulcan-Kupplung kann Gebrauch gemacht werden, wenn kleine und kleinste Propellerdrehzahlen gefahren werden sollen, die unterhalb der kleinsten, durch Herunterregulieren der Diesel-Maschine erreichbaren Drehzahlen liegen.

2. Schema einer Anlage mit Vulcan-Getrieben. Die Abb. 342 zeigt schematisch dargestellt eine Diesel-Motorenanlage mit einem Vulcan-Getriebe für ein Einschraubenschiff, das von 2 Diesel-Motoren angetrieben wird.

Es bedeuten:

A die Diesel-Motoren,
B die hydraulischen Kupplungen (Vulcan-Kupplungen),
C die von den Sekundärrädern der Vulcan-Kupplungen angetriebenen Ritzel,
D das auf der Propellerwelle sitzende Zahnrad.

Das Schema gilt für ein Vulcan-Getriebe in Verbindung mit umsteuerbaren Diesel-Motoren, wie nachstehend unter 4. beschrieben, Abb. 344.

3. Vulcan-Getriebe in Verbindung mit nichtumsteuerbaren Diesel-Motoren. Diese Vulcan-Getriebe sind mit einem Vorwärts- und einem Rückwärtskreislauf ausgerüstet. Abb. 343. Die antreibenden Ölmotoren haben nur einen Drehsinn. Das Umsteuern der Propellerwelle erfolgt durch abwechselndes Füllen und Entleeren des Vorwärts- oder Rückwärtskreislaufes. Die Abb. 343 zeigt ein Vulcan-Getriebe für 4100 WPS bei 80 U/min der Propellerwelle und 215 U/min der Ölmaschinen.

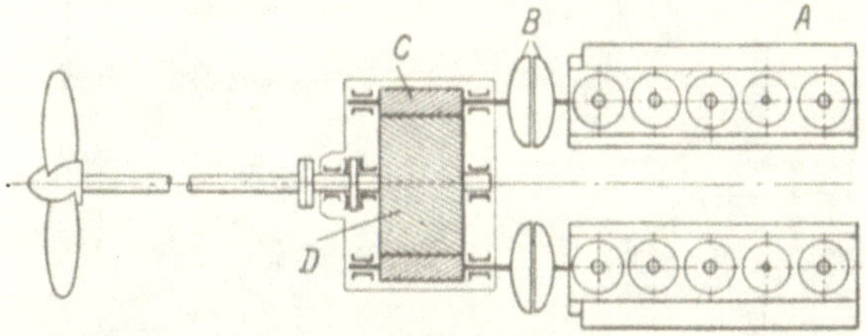

Abb. 342.

Von der Primärwelle *b* wird ein Primärrad *c* für den Vorwärtskreislauf und ein Primärrad *d* für den Rückwärtskreislauf angetrieben. Das zugehörige Zahnritzel *e* ist einerseits mit dem Sekundärrad *f* des Vorwärtskreislaufes und andererseits mit dem Sekundärrad *g* des Rückwärtskreislaufes verbunden. Der Vorwärtskreislauf ist eine Vulcan-Kupplung, der Rückwärtskreislauf ein hydraulischer Transformator mit feststehendem Leitapparat *h*, durch den die Rückwärtsdrehrichtung des Sekundärrades erzielt wird.

Von der Primärwelle werden zwei Pumpenwellen *i* und *k* mittels eines Kegelräderpaares *v* angetrieben. Die Pumpe *m*, die von der Innenwelle *i* angetrieben wird, dient dazu, die aus den Lagern und den Dichtungen der Kupplungskreisläufe abfließenden Ölmengen wieder in die Kreisläufe zu drücken. Die größere Pumpe *n*, welche vermittels einer hydraulischen Hilfskupplung *w* von der Hohlwelle *k* nach Bedarf beim Manövrieren angetrieben werden kann, dient dazu, die beim Manövrieren aus den Kreisläufen in den Ölsammeltank abgelaufenen Ölmengen nach Bedarf in die Vorwärtskupplungen oder in die Rückwärtskreisläufe zu pumpen. Bei normalem Betrieb läuft nur die kleine Pumpe *m* ständig mit.

Das Füllen des Vorwärtskreislaufes erfolgt mittels eines Kolbenschiebers *p*, das Entleeren durch einen in der Umfangsrichtung verdrehbaren Entleerungsring *q*, welcher eine Reihe von Ausflußdüsen steuert. Für das Füllen und Entleeren des Rückwärtskreislaufes ist ein Doppelkolbenschieber *r* und *s* vorhanden. Die Bewegung dieser Manövriereinrichtungen erfolgt durch Gestänge vom Fahrstand aus.

Bei etwaigen Störungen an den Diesel-Motoren kann die betreffende Vulcan-Kupplung oder der Rückwärtskreislauf in wenigen Sekunden durch Entleeren von dem Getriebe abgeschaltet werden.

Der Wirkungsgrad der Vorwärtskreisläufe beträgt mindestens 97% und der Wirkungsgrad für die Rückwärtskreisläufe etwa 65%. Der kleinere Wirkungsgrad für die Rückwärtskreisläufe ist einerseits durch die kleinen Profilabmessungen, andererseits durch die Verluste in den Umkehrleitapparaten bedingt.

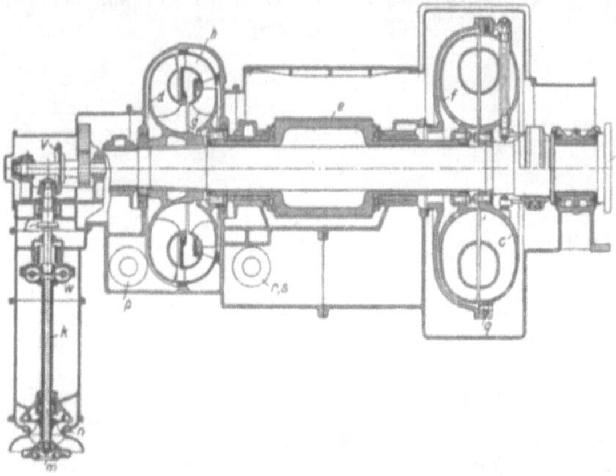

Abb. 343.

Anmerkung: Bei kleinen Leistungen und hohen Drehzahlen der Antriebsmotoren kann für Sonderausführungen an Stelle des Rückwärts-Transformators eine Vulcan-Kupplung mit Umkehr-Rädergetriebe verwendet werden. Hierbei hat dann auch der Rückwärtsgang einen hohen Wirkungsgrad.

4. Vulcan-Getriebe in Verbindung mit umsteuerbaren Diesel-Motoren. Die Abb. 344 zeigt ein Vulcan-Getriebe, das von zwei umsteuerbaren Ölmotoren angetrieben wird.

Zwischen der Primärwelle *a* und dem Ritzel *b* ist eine Vulcan-Kupplung eingebaut, die durch die hohlgebohrte Ritzelwelle und durch einen in der Ölzuflußleitung angeordneten Einfüllschieber *c* gefüllt wird. Zum Entleeren der Vulcan-Kupplung dient ein axial verschiebbarer Entleerungsring *d*. Beim Umsteuern der Diesel-Motoren bleiben die Vulcan-Kupplungen normalerweise gefüllt.

Bei etwaigen Störungen an den Ölmotoren kann die betreffende Vulcan-Kupplung durch Schließen des Einfüllschiebers *c* und durch Öffnen des Entleerungsringes *d* in wenigen Sekunden von dem Getriebe abgeschaltet werden.

Ist die Störung behoben, so kann das Anlassen der Ölmaschine in einfacher Weise dadurch erfolgen, daß der Entleerungsring geschlossen und der Einfüllschieber geöffnet wird; die sich füllende

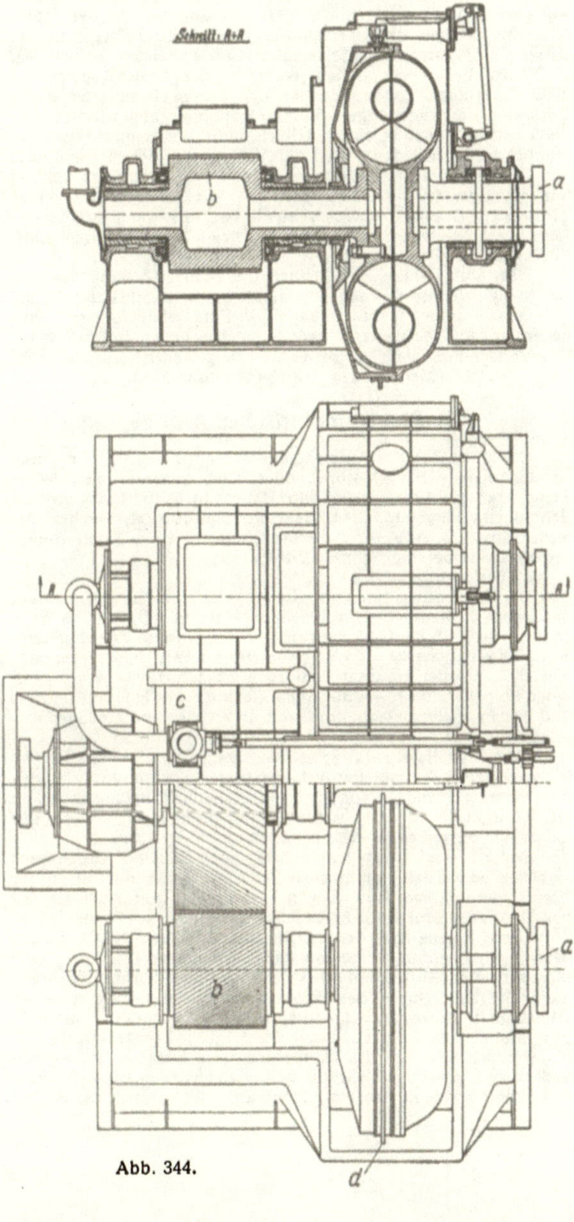

Abb. 344.

Vulcan-Kupplung wirft die Ölmaschine an. Sobald der Motor mitdreht, werden die Brennstoffpumpen angeschaltet und der Diesel-Motor kann seinen normalen Betrieb wieder aufnehmen.

Wird bei Revierfahrten od. dgl. geringe Schiffsgeschwindigkeit verlangt, so kann einer der beiden Ölmotoren durch Entleeren der zugehörigen Vulcan-Kupplung abgeschaltet und die Leistung von nur einem Diesel-Motor übernommen werden. Hierbei ergibt sich dann noch der Vorteil, daß der Motor infolge der besseren Leistungsausnutzung, nämlich durch das Fahren mit günstigerem (höherem) mittleren effektiven Druck, einen kleineren Brennstoffverbrauch hat, als wenn bei kleiner Leistung beide Motoren mit entsprechend kleinerer Brennstofffüllung in Betrieb sind.

Über das Fahren mit kleinen und kleinsten Propellerdrehzahlen vgl. die Bemerkungen über die „Slipvorrichtung" S. 320.

Dieses unter 4. beschriebene Vulcan-Getriebesystem wird neuerdings am häufigsten verwendet, weil es besonders einfach ist. Die Verwendung von Vulcan-Getrieben gewährleistet eine sehr hohe Betriebssicherheit der Schiffsantriebsanlagen.

D. Elektromotorischer Antrieb.

Bei dieser Art des Antriebs der Schraubenwellen wird durch schnellaufende Diesel-Motoren oder Turbodynamos elektrischer Strom erzeugt; dieser Strom wird dann zum Antrieb des mit der Schraubenwelle gekuppelten Elektromotors benutzt, welcher entweder direkt oder unter Zwischenschaltung eines Zahnradübersetzungsgetriebes die Schraubenwelle antreibt.

a) Gleichstrombetrieb.

Die Hauptgeneratoren und die Propellermotoren sind meistens nach dem Leonard-System geschaltet (hierzu vgl. auch S. 539).

In Abb. 345 ist das Schaltungsschema einer solchen Leonard-Schaltung dargestellt. Es sind bezeichnet mit *R* der Leonard-Regler, mit *a* der Hauptgenerator, mit *b* der Hilfsgenerator, mit *c* der Propellermotor. — Die Ankerklemmen des Hauptgenerators und des Propellerwellenmotors sind unmittelbar miteinander verbunden.

Damit für die Erregung des Hauptgenerators und des Propellermotors eine Stromquelle mit konstanter Spannung vorhanden ist und eine fremde Stromquelle hierfür nicht herangezogen zu werden braucht, wird der Hilfsgenerator unmittelbar von der den Generator antreibenden Hauptmaschine angetrieben.

Der Hilfs- oder Erregergenerator kann in seiner Größe auch so bemessen werden, daß er nach Bedarf auch nebenbei Strom für Elektromotoren zum Antrieb von Hilfsmaschinen, für den Betrieb von Motorgeneratoren für Beleuchtungszwecke usw. abgeben kann.

Der Hilfsgenerator, der als Gleichstrom-Nebenschlußmaschine gebaut wird, erzeugt eine konstante Spannung und erregt die Magnetpole des Propellermotors. Infolge dieser konstanten Spannung bleibt die Stärke des Feldes des Propellermotors konstant. Die Magnetpole des Hauptgenerators werden ebenfalls vom Hilfsgenerator erregt. Durch einen Feldregler, Leonard-Regler *R*, kann jedoch das Feld des Hauptgenerators in seiner Stärke verändert und in seiner Richtung umgekehrt werden. Durch Änderung der Feldstärke des Hauptgenerators ändert sich die Anker-

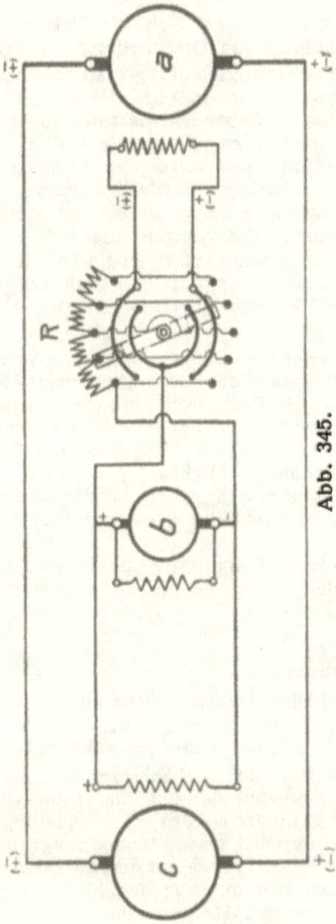

Abb. 345.

spannung des Hauptgenerators und damit auch unmittelbar die Ankerspannung für den Propellermotor, also die Drehzahl des Propellermotors. Da das Feld des Propellermotors stets konstant ist, ändert sich die Drehzahl des Propellermotors proportional mit der Änderung der Ankerspannung des Hauptgenerators bzw. des Propellermotors.

Das Drehmoment des Propellers ist proportional der Stromstärke des Propellermotors. Die Stromstärke des Propellermotors und die Stromstärke des Generators sind gleich. Die Stromstärke des Generators ist proportional dem Drehmoment der Antriebsmaschine; durch den Diesel-Motor also begrenzt, zufolge des maximal zugelassenen mittleren effektiven Druckes desselben.

Durch Umkehren der Richtung des Generatorfeldes (mit Hilfe des Leonard-Reglers), also durch Umpolen der Erregung des Hauptgenerators, ändert sich die Polarität seiner Ankerspannung und dadurch die Drehrichtung des Propellermotors.

Beim Gleichstrombetrieb mit vorstehender Schaltung wird also für die Änderung der Drehzahl des Propellers die Drehzahl der den Generator antreibenden Maschine nicht verändert. Die Änderung der Propellerdrehzahl und die Änderung des Drehsinnes des Propellers erfolgt allein durch den Leonard-Regler.

Das Anwendungsgebiet des Gleichstromes ist hinsichtlich der Größe der übertragbaren Leistung begrenzt, weil bei den relativ niedrigen (möglichen) Spannungen und bei großen Leistungen große Stromstärken zu beherrschen sind, was jedoch mit Rücksicht auf den Kommutator schwierig ist. Als praktische Leistungsgrenze können etwa 1500 PS pro Generator angesehen werden.

b) Drehstrombetrieb.

Bei Verwendung von Drehstrom ist das Verhältnis zwischen der jeweiligen Drehzahl des Generators (der Antriebsmaschine) und der Drehzahl des Propellermotors (des Propellers) durch die Polzahl des Generators und die Polzahl des Propellermotors sowie durch die Frequenz des Drehstromkreises bestimmt. Der Generator hat bei hoher Drehzahl (Turbinen) nur wenig Pole, z. B. nur 2 Pole, und der Propellermotor hat dann bei der relativ geringen Propellerdrehzahl eine weitaus größere Anzahl von Polen, z. B. 48 Pole.

Die Drehzahlen der Aggregate bestimmen sich dabei nach der bekannten Formel

$$n = \frac{2 \cdot 60 \cdot f}{p}.$$

Hierin bedeuten:

n ... minutliche Drehzahl (Generator oder Propellermotor),
f ... die Frequenz, z. B. $f = 50$,
p ... die Anzahl der Pole (Generator oder Propellermotor).

Für die Änderung der Drehzahl des Propellers muß die Frequenz, also die Drehzahl der den Generator antreibenden Maschine (Turbine) geändert werden. Zur Änderung des Drehsinnes des Propellermotors wird eine Vertauschung von 2 Phasen des Drei-Phasensystems des Propellermotors vorgenommen. Der Drehsinn der den Generator antreibenden Maschine bleibt also auch beim Drehstrombetrieb stets unverändert.

Der Propellermotor wird neuerdings meistens als Synchronmotor gebaut, der für das Anfahren mit Asynchronwicklungen (z. B. Kurzschluß-Stabkäfig) versehen ist, so daß das Anfahren unter Last asynchron erfolgen kann. Diese Maßnahme ist erforderlich, weil ein Synchronmotor nur im Leerlauf, also praktisch ohne Drehmomentaufnahme, anfahren kann.

Für die Erregung des Generators und des Propellermotors wird Gleichstrom, der von einer Hilfsdynamo oder einem Umformer geliefert wird, verwendet.

Beim Manövrieren wird stets erst die Erregung des Generators und des Motors fortgenommen, so daß der Drehstromkreis beim Schalten spannungs- und stromlos ist. Dadurch können einfache Schalter verwendet werden.

Für große Leistungen kann nur der Drehstrombetrieb in Frage kommen, und es müssen dann hierfür, um nicht zu hohe

Stromstärken zu erhalten, hohe Spannungen evtl. bis 3000 Volt und mehr, je nach der Leistung, verwendet werden.

Beziehungen zwischen Maschinenleistung, Drehzahl, Brennstoffverbrauch, Schiffsgeschwindigkeit und zurückgelegtem Weg.

Bemerkung: In den folgenden Rechnungen ist angenommen, daß der Brennstoffverbrauch für die PS und h bei verschiedenen Leistungen der Maschine gleich groß ist. In Wirklichkeit nimmt der Brennstoffverbrauch für die PS und h bei verringerter Maschinenleistung etwas zu, weil die Abkühlungsverluste im Verhältnis zu der auf dem Rost erzeugten Wärmemenge und ferner die verschiedenen Reibungswiderstände in der Maschine im Verhältnis zur Leistung größer werden. Die nachfolgenden Berechnungen ergeben deshalb nur angenäherte Resultate.

Bei den angegebenen Bezeichnungen stellen diejenigen ohne Zeiger bekannte, zusammengehörige Werte für ein bestimmtes Schiff dar, und zwar:

N die indizierte oder effektive Leistung der Maschine in PS,
n die Umdrehungszahl i. d. min bei dieser Leistung,
q den Brennstoffverbrauch in kg für die PS und h bei einer bestimmten Brennstoffsorte, s. S. 243,
k den Brennstoffverbrauch in t in der h bei obiger Maschinenleistung und bei derselben Brennstoffsorte,
V die mit obiger Leistung erzielte Geschwindigkeit in Kn. in der h bei einem bestimmten Tiefgang.

Ebenso bedeuten N_1, n_1, k_1 und V_1 zusammengehörige Werte für eine andere Maschinenleistung usw. bei demselben Tiefgang. Ferner ist bei den folgenden Rechnungen vorausgesetzt, daß das Wetter gut ist, die Fahrt des Schiffes durch Strömungen od. dgl. nicht beeinflußt wird und der Propeller ganz eingetaucht ist.

Beispiel. Ein Dampfer besitzt eine Maschine, welche bei $n = 75$ U/min $N = 1800$ PS leistet und dabei dem Schiffe eine Geschwindigkeit von $V = 11{,}5$ Kn. in der h erteilt.

Es bestehen nun folgende Beziehungen:

1. Die Schiffsgeschwindigkeit ändert sich nahezu proportional mit der Umdrehungszahl der Maschine in der min. Die Schiffsgeschwindigkeit V_1 bei n_1 Umdrehungen ist daher:

$$V_1 = V \cdot \frac{n_1}{n} \text{ Kn./h.}$$

Beispiel. Die Geschwindigkeit des Dampfers bei $n_1 = 65$ Umdrehungen wird sein:

$$V_1 = V \frac{n_1}{n} = 11{,}5 \frac{65}{75} = 10 \text{ Kn.}$$

2. Bei der Umdrehungszahl n_1 der Maschine ist, unter der Voraussetzung, daß die Schraube ganz eingetaucht ist, die Leistung der Maschine:

$$N_1 = N \cdot \left(\frac{n_1}{n}\right)^3 \text{PSi.}$$

Z. B. Welche Leistung entwickelt die Maschine des oben angeführten Dampfes bei $n = 65$ Umdrehungen?

$$N_1 = N \cdot \left(\frac{65}{75}\right)^3 = 1800 \cdot 0{,}65 = \text{etwa } 1170 \text{ PS}_i \cdot$$

3. Der Brennstoffverbrauch bei der Maschinenleistung N ist:

$$k = \frac{q \cdot N}{1000} \text{ t/h.}$$

Bei obigem Dampfer beträgt z. B. der stündliche Kohlenverbrauch bei einer Maschinenleistung von $N = 1800 \text{ PS}_i$ und unter der Voraussetzung, daß für diese Maschine $q = 0{,}75$ kg PS_i h ist,

$$k = \frac{0{,}75 \cdot 1800}{1000} = 1{,}35 \text{ t/h.}$$

4. Der stündliche Brennstoffverbrauch der Maschine ändert sich im Verhältnis der Maschinenleistungen oder der dritten Potenzen der Umdrehungszahlen; daher ist der Brennstoffverbrauch k_1 bei n_1 Umdrehungen i. d. min:

$$k_1 = k \cdot \frac{N_1}{N} \text{ oder} = k \cdot \left(\frac{n_1}{n}\right)^3 \text{ t/h.}$$

Es wird also z. B. bei obigem Dampfer der stündliche Kohlenverbrauch bei 65 Umdrehungen sein:

$$k_1 = 1{,}35 \cdot \left(\frac{65}{75}\right)^3 = 1{,}35 \cdot 0{,}65 = \text{etwa } 0{,}88 \text{ t.}$$

5. Der stündliche Brennstoffverbrauch ändert sich im Verhältnis der dritten Potenzen der Schiffsgeschwindigkeit; es ist mithin k_1 bei der Schiffsgeschwindigkeit V_1:

$$k_1 = k \left(\frac{V_1}{V}\right)^3 \text{ t/h.}$$

Bei dem angeführten Dampfer wird daher der stündliche Kohlenverbrauch bei 11 Kn. Geschwindigkeit sein:

$$k_1 = 1{,}35 \left(\frac{11}{11{,}5}\right)^3 = 1{,}35 \cdot 0{,}87 = \text{etwa } 1{,}18 \text{ t.}$$

6. Die nötige Brennstoffmenge K für eine Reise von W Seemeilen bei der Schiffsgeschwindigkeit V ist:

$$K = \frac{W}{V} \cdot k \text{ t.}$$

Der Kohlenverbrauch des obigen Dampfers auf einer Reise von $W = 2000$ Seemeilen wird folglich bei $V = 11{,}5$ Kn. sein:

$$K = \frac{2000}{11{,}5} \cdot 1{,}35 = \text{etwa } 235 \text{ t.}$$

7. Soll eine Reise von W Seemeilen mit der Geschwindigkeit V_1 Kn. in der h zurückgelegt werden, dann ist der gesamte Brennstoffverbrauch auf dieser Reise:

$$K_1 = W \cdot k \cdot \frac{V_1^2}{V^3} \text{ t.}$$

Soll z. B. der Dampfer eine Reise von 2600 Seemeilen mit der Geschwindigkeit von 9,5 Kn. zurücklegen, dann ist die nötige Kohlenmenge:

$$K_1 = 2600 \cdot 1{,}35 \frac{9{,}5^2}{11{,}5^3} = 2600 \cdot 1{,}35 \frac{90{,}25}{1521} = \text{etwa } 208 \text{ t.}$$

8. Ist der gesamte Brennstoffverbrauch K für eine bestimmte Reise, welche mit der Geschwindigkeit von V Kn. in der h zurückgelegt wird, bekannt, dann ist er für dieselbe Reise, wenn sie mit der Geschwindigkeit von V_1 Kn. in der h zurückgelegt werden soll:

$$K_1 = K\left(\frac{V_1}{V}\right)^2 \text{ t.}$$

Brauchte also z. B. der Dampfer auf irgendeiner Reise, die mit $V = 11{,}5$ Kn. Geschwindigkeit zurückgelegt wurde, $K = 300$ t Kohlen, dann wird er für dieselbe Reise, wenn sie mit 10 Kn. Geschwindigkeit zurückgelegt wird:

$$K_1 = 300 \cdot \left(\frac{10}{11{,}5}\right)^2 = 300 \cdot 0{,}758 = \text{etwa } 227 \text{ t brauchen.}$$

9. Mit einem Brennstoffvorrat von K_n t in den Bunkern kann ein Dampfer noch einen Weg von W Seemeilen zurücklegen, wenn er höchstens mit einer Geschwindigkeit V_1 von:

$$V_1 = \sqrt{\frac{K_n \cdot V^3}{W \cdot k}} \text{ Kn./h fährt}$$

oder mit der entsprechenden minutlichen Umdrehungszahl von

$$n_1 = n \cdot \frac{V_1}{V}.$$

Hat z. B. der gegebene Dampfer nur noch einen Kohlenvorrat von $K_n = 140$ t an Bord und soll er damit noch einen Weg von 1500 Seemeilen zurücklegen, dann darf er höchstens mit einer Geschwindigkeit von

$$V_1 = \sqrt{\frac{140 \cdot 11{,}5^3}{1500 \cdot 1{,}35}} = \text{etwa } 10{,}25 \text{ Kn.}$$

fahren. Die entsprechende Umdrehungszahl n_1 der Maschine ist:

$$n_1 = 75 \cdot \frac{10{,}25}{11{,}5} = \text{etwa } 67 \text{ i. d. Min.}$$

Schmiermittel.

Die hauptsächlichsten Eigenschaften, welche von einem Schmiermittel gefordert werden, sind:

1. **Große Schmierfähigkeit**, d. h. es soll bei möglichst geringem Verbrauch den Reibungswiderstand zwischen den aufeinander gleitenden Flächen möglichst verringern.

Die Schmierfähigkeit eines Schmiermittels hängt von der Zähflüssigkeit oder Viskosität (s. S. 331) desselben ab, welche durch die Kohäsion der einzelnen Teilchen bedingt wird. Ferner hängt sie auch vom Benetzungsvermögen, also der Adhäsion und der Schlüpfrigkeit des Öles ab.

Je größer die Viskosität eines Schmiermittels ist, mit desto größerer Sicherheit kann es zwischen den unter einem bestimmten spezifischen Druck stehenden Gleitflächen eine zusammenhängende Trennungsschicht bilden, desto größer ist aber auch der innere Reibungswiderstand des Schmiermittels und infolgedessen auch der zu seiner Überwindung nötige Kraftverbrauch.

Ist die Viskosität hingegen nur gering, dann ist zwar der innere Reibungswiderstand desselben entsprechend kleiner, der zwischen den Gleitflächen herrschende spezifische Druck muß aber auch geringer als in obigem Falle sein, weil das Schmiermittel leichter herausgepreßt wird und die Gefahr metallischer Berührung der Gleitflächen und ein Warmlaufen des Lagers größer wird.

Zu beachten ist hierbei, daß die Viskosität sich bei Erhöhung der Temperatur verringert und daher bei Auswahl eines Schmiermittels diese auch in Betracht gezogen werden muß.

Je dünnflüssiger das verwendete Schmiermittel ist, desto mehr muß den Gleitflächen davon zugeführt werden.

Je größer der auf die Flächeneinheit kommende Druck und je kleiner die Gleitgeschwindigkeit der arbeitenden Flächen ist, desto höher kann die Viskosität des verwendeten Schmiermittels sein. Andererseits darf es aber bei geringem Flächendruck und hoher Gleitgeschwindigkeit nicht so dünnflüssig sein, daß es zu leicht von den Gleitflächen abgeschleudert wird.

Da durch die innere Reibung der zwischen den Gleitflächen befindlichen Schmierschicht immer Wärme erzeugt wird, so kann nach dem Grade der Erwärmung des abfließenden Schmiermittels oder der Lagerschale selbst, auf die Güte des Schmiermittels bzw. die zweckmäßige Beschaffenheit des Lagers sowie der Ölzuführung geschlossen werden.

Um die Adhäsionsfähigkeit und Schlüpfrigkeit von mineralischen Ölen zu erhöhen, werden sie vielfach mit gewissen Mengen von sog. fetten Ölen (Rüböl usw.) vermischt, wodurch ihre Schmierfähigkeit günstig beeinflußt wird (Compoundöle). Zu beachten ist, daß reines Mineralöl bei Hinzutritt von Wasser durch dieses verdrängt wird, während mit fettem Öl versetztes Mineralöl haftet und bis zu einem gewissen Grade eine Emulsion bildet.

2. Möglichste Unveränderlichkeit. Das Schmieröl soll an der Luft nicht eintrocknen und verharzen. Auch soll es bei höherer Temperatur keine teer- und asphaltartigen Oxydationsprodukte bilden. Bei denjenigen Ölen, welche zum Schmieren der Kolben und Schieber verwendet werden, ist es erforderlich, daß der Flammpunkt bedeutend höher liegt als die Dampftemperatur. Daher darf das Öl bei der Verwendungstemperatur noch nicht verdampfen und brennbare Gase bilden (s. Zahlentafel).

3. Säurefreiheit. Pflanzenöle und Tierfette enthalten häufig Schwefelsäure, welche vom Reinigungsprozeß herrührt und die Gleitflächen angreift.

Mineralöle sind nur selten säurehaltig.

Die in den Fetten und Pflanzenölen enthaltenen oder sich durch die Einwirkung des Sauerstoffes der Luft bildenden organischen Säuren sind weniger nachteilig.

Um das Vorhandensein von Mineralsäure im Öl nachzuweisen, schüttelt man eine Quantität Öl mit etwas gekochtem Wasser, in welchem etwas Lackmustinktur (blauer, organischer Farbstoff) gelöst ist, gut durch und läßt das Wasser absetzen. Ist das Wasser dann rötlich gefärbt, so ist das Öl säurehaltig.

4. Vollkommene Reinheit von festen Beimengungen: Staub und Pflanzenfasern bei Pflanzenölen, Koksteilchen usw. bei Mineralölen. Diese Verunreinigungen erhöhen die Reibung und können Verstopfungen der Schmierapparate verursachen. Alle Schmiermittel sind daher so aufzubewahren und die Schmiergefäße so zu behandeln, daß Unreinigkeiten usw. davon abgehalten werden.

5. Kältebeständigkeit. Ein Schmiermittel darf bei derjenigen niedrigsten Temperatur, bei welcher es verwendet werden soll, noch nicht zu dickflüssig oder fest sein, damit es durch die Dochte oder Schmierapparate usw. den gleitenden Flächen zugeführt werden kann.

Mineralöle. Zur Schmierung werden heute fast ausnahmslos Mineralöle verwendet, welche aus verschiedenen Erdölsorten durch Destillation und Raffination gewonnen werden. Ihre Farbe ist hellgelb bis dunkelbraun. Bei gewöhnlicher Temperatur verdunsten sie nicht und werden auch vom Sauerstoff der Luft nicht angegriffen.

Je nach der Sorte des Öles verdampfen sie aber bei höheren Temperaturen und bilden dann brennbare Gase (Flammpunkt)

Eigenschaften einiger Schmierölsorten.

Bezeichnung bzw. Verwendung	Spez. Gew. bei 20° C etwa	Erstarrungspunkt etwa Grad C	Flammpunkt etwa Grad C	Viskosität (Englergrade)		
				bei 20°	bei 50°	bei 100°
Dampfturbinenöl	—	—10 bis 0	180	9—13	2,6 bis 2,9	—
Luftkompressorzylinderöl*)	0,87 bis 0,90	— 5 bis 0	220	—	10—14	2,8 bis 4,0
Diesel-Motoren-Schmieröl*)	—	—5	200	—	6—9	—
Schweres russisches Maschinenöl	0,905 bis 0,91	—10 bis —5	200	20—30	5—7	—
Schweres Texas-Maschinenöl	0,99 bis 0,94	—10 bis —5	200	20—30	5—7	—
Naßdampfzylinderöl	0,89 bis 0,95	0	260	—	30	3—4
Heißdampfzylinderöl dunkel	0,89 bis 0,95	5	270	—	45—60	5—7
Zylinderöl aus pennsylv. Erdöl, dunkel	0,895	0—5	265	—	40	5
do. hell do.	0,883 0,890	35 10	245 275	— —	15 28	2,9 4,0
Zylinderöl aus russ. Erdöl, dunkel	0,93	0	255	—	30—50	4—6
do. hell	0,914	—10	215	—	14	2,7
Zylinderöl aus Texas-Erdöl	0,95	—5	200	—	—	2,7
Heißdampfzylinderöl	0,91	—	330	—	—	5,0 bis 6,0

*) Vgl. S. 314

Gleichzeitig bilden sich dann auch mehr oder weniger teer- oder asphaltartige Oxydationsprodukte.

Die im Handel vorkommenden Schmieröle sind außerordentlich verschieden in ihren Eigenschaften; die vorstehende Zahlentafel, in welcher die hauptsächlichsten Eigenschaften einiger Schmierölsorten angegeben sind, kann daher nur als Anhalt dienen.

Pflanzenöle werden zum Schmieren von Maschinenteilen nur noch sehr selten verwendet; sie werden aber mitunter den Mineralölen in geringen Mengen zugesetzt, um deren Schmierfähigkeit zu erhöhen (Compoundöle). Die bekanntesten Pflanzenöle sind:

a) Olivenöl (Baumöl) aus Oliven gewonnen, hat grünlichgelbe Farbe und trocknet nicht ein. Die Schmierfähigkeit desselben ist größer als bei Rüböl. Spez. Gew. im Mittel etwa 0,92, Erstarrungspunkt bei etwa 0°.

b) Rüböl, aus Raps gewonnen, ist in gereinigtem Zustande hellgelb, trocknet nicht an der Luft und hat große Schmierfähigkeit. Spez. Gew. etwa 0,914, Erstarrungspunkt bei —2° bis —8°.

c) Rizinusöl, hat rötlichgelbe Farbe, ist in gereinigtem Zustande farblos, ziemlich dickflüssig. Spez. Gew. etwa 0,965, Erstarrungspunkt bei etwa —18°.

Der Siedepunkt der Öle liegt bei etwa 300 bis 320°.

Für manche Zwecke werden auch

Tierfette zum Schmieren verwendet, und zwar hauptsächlich:

a) Rinder- oder Hammeltalg, welcher in gereinigtem Zustande von weißer Farbe und ziemlich hart ist und nicht leicht ranzig wird. Spez. Gew. im Mittel 0,94, Schmelzpunkt bei etwa 46°, Siedepunkt etwa 300°.

b) Klauen- oder Knochenöl wird weder ranzig noch trocknet es, ist hellgelb bis wasserhell, ziemlich dünnflüssig und hat starken Geruch. Es wird nur zum Schmieren sehr feiner Mechanismen, z. B. Indikatoren, Uhren u. dgl. verwendet.

Graphit wird mitunter als Zusatz zum Schmieröl beim Schmieren von Lagern oder der im Dampf arbeitenden Teile benutzt. Erzeugnisse dieser Art, welche unter dem Namen „Oildag", „Kollag" od. dergl. im Handel vorkommen, sind Graphitpräparate, bei denen die mikroskopisch kleinen Graphitteilchen dazu beitragen, die Dicke der Schmierölschicht zu vergrößern und dadurch eine metallische Berührung der Gleitflächen zu verhindern.

Konsistentes Fett ist eine Mischung einer Kalk- oder Natronseife mit Mineralöl. Es hat den Vorteil, daß es auch bei hohem Flächendruck nicht so leicht zwischen den Gleitflächen herausgepreßt wird wie flüssige Schmiermittel; es verursacht jedoch einen größeren Reibungswiderstand als diese und läßt feste Verunreinigungen infolge seiner Undurchsichtigkeit nicht erkennen.

Es wird meistens nur bei langsamlaufenden Zapfen verwendet, und da es bei gewöhnlicher Temperatur nicht fließt, so muß es zwischen die Gleitflächen gepreßt werden, was durch sog. Stauffer-Büchsen geschieht. Mitunter wird es nicht allein, sondern als Zusatz zur Ölschmierung verwendet (Lauflager).

III. Teil.

Dampfkessel.

1. Verbrennung. Unter Verbrennung im technischen Sinne versteht man die chemische Verbindung eines Körpers mit Sauerstoff unter Entwicklung von Licht und Wärme.

Die gewöhnlich verwendeten Brennstoffe sind chemische Verbindungen, und zwar hauptsächlich von Kohlenstoff und Wasserstoff, sowie geringen Mengen von Schwefel und Sauerstoff, und es findet vollkommene Verbrennung eines Brennstoffes statt, wenn der im Brennstoff enthaltene Kohlenstoff C zu Kohlendioxyd (Kohlensäure) CO_2, der Wasserstoff H zu Wasser H_2O und der Schwefel S zu Schwefeliger Säure SO, verbrennt; bei dieser Verbrennung werden mit 1 kg erzeugt:

vom	Kohlenstoff	8140	kcal,
„	Wasserstoff	28700	„
„	Schwefel	2230	„

Die Verbrennung ist erst dann möglich, nachdem der Brennstoff auf eine bestimmte Temperatur, die Entzündungstemperatur, erhitzt worden ist. Diese Temperatur ist bei den verschiedenen Brennstoffen verschieden, und zwar beträgt sie

bei	Wasserstoff	etwa	580°	bei	Braunkohle	etwa	300°
„	Kohlenstoff	„	700°	„	Steinkohle	„	400°
„	Kohlenwasserstoffen		650—750°	„	Koks	„	700°
				„	Heizöl	„	600°
„	Kohlenoxyd	„	300°	„	Treiböl	„	580°
„	Holz	„	300°	„	Gasöl	„	500°

Da die Verbrennung irgendeines Brennstoffes im praktischen Betrieb niemals vollkommen ist, so entweichen in den Rauchgasen neben Kohlensäure, Wasserdampf und schwefliger Säure noch unvollständig verbrannte Teile in Form von Kohlenoxyd CO, Kohlenwasserstoffen und Kohlenstoff, von denen der letztere sich als mehr oder weniger dunkler Rauch bemerkbar macht.

Die Rauchentwicklung macht sich bei Kohlefeuerung besonders dann bemerkbar, wenn frisch aufgeworfen und der neue Brennstoff noch nicht auf die nötige Entzündungstemperatur gebracht worden ist, während gleichzeitig die entwickelten brennbaren Gase nicht genügend Sauerstoff zur Verbrennung vorfinden. Die Rauchentwicklung tritt insbesondere bei schon stark verschlacktem Rost auf, weil die Zufuhr der Verbrennungsluft dann stark behindert ist.

2. Der **Heizwert** h eines Brennstoffes ist die Anzahl der kcal, die bei vollkommener Verbrennung von 1 kg Brennstoff entwickelt werden, und zwar ist:

a) der obere Heizwert h_o derjenige, welcher sich ergibt, wenn die Verbrennungsgase auf 0° abgekühlt und der entstandene Wasserdampf zu Wasser von 0° kondensiert wird.

b) der untere Heizwert h_u derjenige, wenn die Kondensationswärme des gebildeten Wassers nicht berücksichtigt wird; er ist also um diese Wärmemenge kleiner als der obere Heizwert.

Die Feststellung des Heizwertes wird mittels eines sog. „Kalorimeters" (Berthelot, Mahler, Kröker, Junkers) vorgenommen; er kann jedoch auch mittels der sog. „Verbandsformel" aus den Ergebnissen einer chemischen Analyse mit großer Annäherung berechnet werden. Nach dieser ist der untere Heizwert:

$$h_u = 8100\,C + 29000\left(H - \frac{O}{8}\right) + 2500\,S - 600\,W \text{ kcal.}$$

Hierin bedeuten in kg bezogen auf 1 kg Brennstoff:

C den Gehalt an Kohlenstoff,
H „ „ „ Wasserstoff,
O „ „ „ Sauerstoff,
W „ „ „ Wasser,
S „ „ „ Schwefel,
A „ „ „ Asche.

Beispiel. Die chemische Analyse einer Steinkohlensorte habe folgende Zusammensetzung von 1 kg Brennstoff ergeben: $C = 0{,}745$, $H = 0{,}044$, $O = 0{,}071$, $S = 0{,}008$, $W = 0{,}032$, Asche $= 0{,}100$ kg.

Es ist dann:

$$h_u = 8100 \cdot 0{,}745 + 29000\left(0{,}044 - \frac{0{,}071}{8}\right) + $$
$$+ 2500 \cdot 0{,}008 - 600 \cdot 0{,}032$$
$$h_u = 6034{,}5 + 1015 + 20 - 19.2 = 7050{,}3 \text{ kcal.}$$

Der kalorimetrisch festgestellte untere Heizwert beträgt 7100 kcal.

Findet die Verbrennung nur unvollkommen statt, verbrennt also z. B. der Kohlenstoff, welcher gewöhnlich den größten Prozentsatz ausmacht, nur unvollständig, d. h. nur zu Kohlenoxyd CO, so werden hierbei nur 2440 kcal von 1 kg Kohlenstoff entwickelt. Es ist daher von größter Wichtigkeit, daß die Verbrennung des ganzen Kohlenstoffgehaltes zu CO_2 ermöglicht wird.

3. Verbrennungsluftmenge. Zur vollkommenen Verbrennung der einzelnen Bestandteile eines Brennmaterials sind erforderlich:

für 1 kg Kohlenstoff: 2,67 kg = 1,86 m³ Sauerstoff, entsprechend 11,6 kg = 8,97 m³ Luft;

für 1 kg Wasserstoff: 8,00 kg = 5,6 m³ Sauerstoff, entsprechend 34,78 kg = 26,88 m³ kg Luft;

für 1 kg Schwefel: 1,00 kg = 0,7 m³ Sauerstoff, entsprechend 4,35 kg = 3,36 m³ Luft.

Die Luft hat hierbei die Temperatur von 0° bei einem Barometerstand von 760 mm.

Verbrennt der Kohlenstoff nicht zu Kohlensäure CO_2, sondern nur zu Kohlenoxyd CO, so verbraucht er hierbei nur die Hälfte der oben angegebenen Sauerstoffmenge, also nur rund 1,34 kg = 0,93 m³.

Der zur Verbrennung erforderliche Sauerstoff wird nur aus der zugeführten Luft entnommen (mit Ausnahme desjenigen, der im Brennmaterial selbst enthalten ist) und es muß deshalb dem Brennmaterial während der Verbrennung stets soviel atmosphärische Luft zugeführt werden, daß der darin enthaltene Sauerstoff zur vollkommenen Verbrennung ausreicht. Da ferner die atmosphärische Luft aus etwa 21 Gewichtsteilen Sauerstoff und 79 Gewichtsteilen Stickstoff und Argon besteht, so läßt sich unter Berücksichtigung der oben angegebenen, erforderlichen Sauerstoffmengen die zur vollständigen Verbrennung von 1 kg Brennstoff theoretisch erforderliche Luftmenge L_0 aus der chemischen Zusammensetzung desselben berechnen, und zwar ist:

$$L_0 = 11{,}6\,C + 34{,}8\left(H - \frac{O}{8}\right) + 4{,}32\,S \text{ kg}$$

oder da 1 m³ atmosphärische Luft bei 0° und 760 mm Barometerstand 1,293 kg wiegt,

$$L_0 = 8{,}98\,C + 26{,}5\left(H - \frac{O}{8}\right) + 3{,}33\,S \text{ m}^3.$$

Hat die zugeführte Verbrennungsluft eine höhere Temperatur als 0°, so ändert sich das Volumen derselben entsprechend.

Ist die chemische Zusammensetzung des Brennstoffes nicht bekannt, so kann der theoretische Luftbedarf angenähert auch aus dem Heizwert desselben ermittelt werden, und zwar ist:

$$L_0 = \frac{1{,}36\,h}{1000} \text{ kg oder: } L_0 = \frac{1{,}05\,h}{1000} \text{ m}^3.$$

Beispiel. Die theoretische Luftmenge, welche zur Verbrennung der im Beispiel S. 334 angegebenen Kohlensorte nötig ist, beträgt:

$$L_0 = 11{,}6 \cdot 0{,}745 + 34{,}8\left(0{,}044 - \frac{0{,}071}{8}\right) + 4{,}32 \cdot 0{,}008 = 9{,}89 \text{ kg}.$$

Die theoretisch erforderliche Luftmenge in m³, bez. auf 0° C und 760 mm QS, kann entweder nach der hierfür angegebenen Formel berechnet, oder aus dem vorstehend gefundenen Gewicht durch Division mit dem spez. Gewicht der Luft = 1,293 gefunden werden, zu

$$L_0 = \frac{9{,}89}{1{,}293} = 7{,}64 \text{ m}^3.$$

4. Luftüberschuß. Im praktischen Betrieb ist es, besonders bei festen Brennstoffen, nicht möglich, sämtliche Sauerstoffteilchen der zugeführten theoretischen Verbrennungsluftmenge mit den Brennstoffteilchen in Berührung zu bringen, und es muß deshalb eine Luftmenge L_1 mehr zugeführt, also mit einem gewissen Luftüberschuß gearbeitet werden, um möglichst vollkommene Verbrennung zu erreichen. Je größer jedoch die mehr zugeführte Luftmenge L_1 ist, desto größer wird auch der Wärmeverlust, welcher durch die in den Abgasen enthaltene Wärmemenge bedingt ist und desto schlechter wird auch der Wirkungsgrad der Feuerung. Es ist also die wirklich zugeführte Luftmenge $L = L_0 + L_1$ kg bzw. m³.

Das Verhältnis λ der tatsächlich zugeführten Luftmenge L zur theoretisch erforderlichen Luftmenge L_0 wird der Luftüberschußkoeffizient genannt. Es ist demnach

$$\lambda = \frac{L}{L_0} = \frac{L_0 + L_1}{L_0} \text{ oder: } L_1 = L_0 (\lambda - 1).$$

Die zu einer praktisch guten Verbrennung nötige Luftmenge schwankt je nach der Art des Brennstoffes zwischen etwa der 1,2fachen theoretischen Luftmenge bei Öl- und Kohlenstaubfeuerungen, bis etwa der doppelten Menge bei Verbrennung von Kohlen usw. auf dem Rost.

Der Luftüberschußkoeffizient λ, mit dem eine Feuerungsanlage arbeitet, kann aus den in den Rauchgasen enthaltenen Mengen von Kohlensäure CO_2, Kohlenoxyd CO, Sauerstoff O und Stickstoff N (s. Rauchgasprüfung), berechnet werden, und zwar ist, wenn

k der Gehalt der Rauchgase an Kohlensäure in %,
co „ „ „ „ „ Kohlenoxyd „ „
o „ „ „ „ „ Sauerstoff „ „
n „ „ „ „ „ Stickstoff „ „

1. $\lambda = \frac{21}{21 - o}$ (angenähert)

2. $\lambda = \frac{n}{n - \frac{79}{21}\left(o - \frac{co}{2}\right)}$

3. $\lambda = \frac{n}{n - \frac{79}{21} \cdot o}$

4. $\lambda = \frac{k_0}{k}$.

In der letzten Formel ist k_0 der maximale Kohlensäuregehalt der Rauchgase, welcher bei der theoretisch erforderlichen Luftmenge L_0 erreicht werden kann. Dieser wird auf das Volumen R' der trockenen Rauchgase bezogen (s. Rauchgasmenge), und zwar ist, da bei der Verbrennung von 1 kg Kohlenstoff 1,80 m^3 Kohlensäure von 0^0 bei 760 mm QS entstehen:

$$k_0 = 100 \frac{1{,}86\, C}{R'} \,\%.$$

Der Luftüberschuß λ beträgt:

Bei Kohlefeuerung	etwa	1,5	bis	2,0,
„ Öl- oder Kohlestaubfeuerung	„	1,2	„	1,4.

5. Rauchgasmenge. Die bei der vollständigen Verbrennung entstehenden Gase bestehen in der Hauptsache aus Kohlensäure, Wasserdampf, schwefliger Säure und dem mit der Verbrennungsluft zugeführten Stickstoff. Die Rauchgasmenge R in kg bzw. in m^3, welche sich bei Verbrennung mit der theoretischen Luftmenge L_0 ergibt, bezogen auf die Temperatur von 0^0 und 760 mm QS, läßt sich, wenn die Analyse des Brennstoffes vorliegt, nach der folgenden Formel berechnen:

$$R = 12{,}6\ C + 35{,}78\left(H - \frac{O}{8}\right) + 5{,}35\ S + W\ \text{kg}$$

oder

$$R = 8{,}98\ C + 32{,}53\left(H - \frac{O}{8}\right) + 3{,}33\ S + 1{,}243\ W\ \text{m}^3.$$

Das theoretische Volumen R' der **trockenen Rauchgase**, d. h. unter Ausschluß des Gehaltes an Wasserdampf, beträgt

$$R' = 8{,}98\ C + 20{,}96\left(H - \frac{O}{8}\right) + 333\ S\ \ \text{m}^3.$$

Ist die zugeführte Luftmenge um L_1 kg bzw. m³ größer als die theoretisch erforderliche L_0, so ist auch das Gewicht bzw. das Volumen R_1 der Abgase um diesen Betrag größer, weil die zuviel zugeführte Luftmenge L_1 unbenutzt mit den übrigen Abgasen wieder entweicht, es ist also $R_1 = R + L_1$ kg bzw. m³.

Da ferner die Temperatur der abziehenden Rauchgase immer bedeutend über 0° liegt, so ist auch das Volumen derselben entsprechend größer, und zwar ist bei der Temperatur t^0:

$$R_t = R\left(1 + \frac{t}{273}\right)\ \text{m}^3 \text{ bei theoret. Luftmenge}$$

oder

$$R_t = R_1\left(1 + \frac{t}{273}\right)\ \text{m}^3 \text{ bei Luftüberschuß.}$$

Beispiel. Die im Beispiel auf S. 334 angegebenen Kohlensorte entwickelt bei ihrer Verbrennung mit der theoretischen Luftmenge eine Rauchgasmenge von:

$$R = 12{,}6 \cdot 0{,}745 + 35{,}78\left(0{,}044 - \frac{0{,}071}{8}\right) + 5{,}35 \cdot 0{,}008 + 0{,}032 = 10{,}73\ \text{kg}$$

oder

$$R = 8{,}96 \cdot 0{,}735 + 32{,}56\left(0{,}044 - \frac{0{,}071}{8}\right) + 4{,}07 \cdot 0{,}008 + 1{,}243 \cdot 0{,}032 = 7{,}9\ \text{m}^3.$$

Arbeitet die Feuerung mit einem Luftüberschußkoeffizienten von $\lambda = 1{,}5$, so beträgt die zuviel zugeführte Luftmenge:

$$L_1 = l_0\,(\lambda - 1) = 7{,}64\,(1{,}5 - 1) = 3{,}82\ \text{m}^3.$$

Die wirkliche Rauchgasmenge R_1 ist demnach:

$$R_1 = 7{,}9 + 3{,}82 = 11{,}72\ \text{m}^3 \text{ bei } 0^0 \text{ und } 760 \text{ mm QS.}$$

Ist die Temperatur der abziehenden Rauchgase $t = 300^0$, so ist das Volumen derselben:

$$R_t = 7{,}9\left(1 + \frac{300}{273}\right) = 16{,}6\ \text{m}^3 \text{ bei der theoretischen Luftmenge}$$

oder

$$R_t = 11{,}72\left(1 + \frac{300}{273}\right) = 24{,}6\ \text{m}^3 \text{ beim Luftüberschuß mit } \lambda = 1{,}5.$$

In nachstehender Zahlentafel ist die chemische Zusammensetzung, der untere Heizwert, der theoretische Luftbedarf sowie die erzeugte Rauchgasmenge einschließlich des Wasserdampfes von verschiedenen Brennstoffen angegeben.

6. Brennstoffzahlentafel.

Brennstoff	Gew. von 1 m³ kg	Zusammensetzung % C	H	O	S	H_2O	Asche	Unterer Heizwert h_u kcal	Theoret. Luftbedarf L_o kg	Rauchgasmenge einschl. H_2O: Gewicht d. Gasmenge R kg	Höchster CO_2-Gehalt k_o %	Gewicht von 1 m³ kg
Westfälische Steinkohle		79,0	4,5	7,5	1,0	2,5	6,0	7500	10,35	11,29	18,75	1,353
Ruhrkohle	ca. 830	74,5	4,4	7.1	0,8	3,2	10,0	7100	9,88	10,73	18,9	1,37
Saarkohle	„ 760	75,0	5,0	10,0	1,0	2,5	6,5	7100	10,13	10,96	18,60	1,35
Oberschlesische Kohle	„ 780	73,0	4,5	10,0	1,0	3,8	7,7	6900	9,65	10,58	18,85	1,35
Sächsische Steinkohle		70,0	4,0	9,0	1,0	9,0	7,0	6500	9,17	10,10	18,90	1,36
Anthrazit		86,0	3,5	3,5	1,0	2,0	4,0	7800	11,00	11,94	18,50	1,37
Englische Kohle (Schottl.)		80,7	4,9	6,6	0,6	2,6	4.6	7700	10,80	11,68	18,70	1,36
Koks, lufttrocken	360—530	84,0	1,0	3,0	1,0	3,0	8,0	7000	9,9	10,82	20,50	1,39
Steinkohlenbriketts		79,4	4,3	6,0	1,1	1,3	7,9	7630	10,34	11,26	18,85	1,36
Holz, lufttrocken	—	40,0	4,5	37,0	—	16,0	1,5	3500	4,85	5,56	20,90	1,31
Braunkohle	650—780	52,0	4,2	13,0	1,0	24,0	6,0	4800	6,95	7,89	18,60	1,32
Dickes, mex. Heizöl	970	84,2	10,9	2,1	2,8	—	—	9700	13,79	14,56	15,65	1,32
Nordamerikanisches Heizöl	950	84,2	11,3	2,0	2,5	—	—	9600	13,63	14,68	15,72	1,31
Südamerik. Heizöl	990	87,0	10,8	0,9	1,3	—	—	9720	13,88	14,85	16,00	1,31
Rumänisches „	940	87,0	11,9	0,6	0,5	—	—	9880	14,24	15,21	15,66	1.31
Galizisches „	880	86,2	10,7	2,5	0,6	—	—	9990	13,63	14,62	16,15	1,32
Kohlenstoff	3550	100	—	—	—	—	—	8140	11,60	12,60	20,75	1,405
Wasserstoff	0,09	—	100	—	—	—	—	28700	34,78	35,78	—	1,10
Schwefel	2000	—	—	—	100	—	—	2230	4.35	5,35	—	1,59

7. Wärmeverluste der Kesselanlage.

a) Verlust durch die Rauchgase. Dieser wird dadurch verursacht, daß die Rauchgase nicht mit der gleichen Temperatur durch den Schornstein abgeleitet werden können, mit welcher das Brennmaterial und die Verbrennungsluft der Feuerung zugeführt werden. Dieser Verlust ist natürlich um so größer, je größer der Temperaturunterschied und je größer die zugeführte Luftmenge ist.

Ist t_1 die Temperatur, mit welcher Brennstoff und Verbrennungsluft der Feuerung zugeführt, und t_2 die Temperatur, mit welcher die Rauchgase durch den Schornstein abgeführt werden, ferner k der gemessene CO_2-Gehalt der Rauchgase, so ist die Wärmemenge Q_R, welche für je 1 kg Brennstoff durch den Schornstein verloren geht:

$$Q_R = \left[0{,}32 \cdot \frac{1{,}86\ C}{k} + 0{,}38\,\frac{9\,H + W}{0{,}804}\right] \cdot (t_2 - t_1)$$

oder

$$Q_R = \left[0{,}32 \cdot \frac{1{,}86\ C}{k} + 0{,}47\,(9\,H + W)\right] \cdot (t_2 - t_1) \text{ kcal.}$$

In Prozenten des Heizwertes des verwendeten Brennstoffes beträgt der Wärmeverlust:

$$q_R = 100\,\frac{Q_R}{h_u}\ \%.$$

In vorstehenden Formeln ist die mittlere spezifische Wärme der trockenen Rauchgase bei der gewöhnlichen Rauchgastemperatur von etwa 150° bis 450° zu 0,32, diejenige des Wasserdampfes zu 0,38 je m³, und ferner das Gewicht von 1 m³ Wasserdampf von 0° und 1 ata zu 0,804 kg angenommen.

b) Verlust durch Unverbranntes. Ist a der Prozentsatz an Asche, Schlacke u. dgl., welcher von dem verbrauchten Brennmaterial übrig bleibt, und sind in diesen Rückständen durch Analyse wieder x% brennbare Bestandteile (Koks) enthalten, so ist der hierdurch bedingte Wärmeverlust

$$Q_u = \frac{a}{100} \cdot \frac{x}{100} \cdot 8100 \text{ kcal} = 0{,}81 \cdot q \cdot x \text{ kcal,}$$

wobei der Heizwert der brennbaren Bestandteile zu 8100 kcal angenommen ist.

Der prozentuale Verlust durch Unverbranntes ist:

$$q_a = 100 \cdot \frac{0{,}81 \cdot a \cdot x}{h_u} = \frac{81 \cdot a \cdot x}{h_u}\ \%.$$

c) Restverluste. Außer den vorstehend angeführten Wärmeverlusten treten noch die sog. Restverluste auf, die veranlaßt werden:

1. durch unverbrannt entweichende Gase, und zwar Wasserstoff und Kohlenoxyd; dieser Verlust beträgt im normalen Betrieb etwa 1 bis 2%;

2. durch den unverbrannt als mehr oder weniger schwarzer Rauch entweichenden Kohlenstoff, d. h. Ruß; auch dieser Verlust beträgt bei aufmerksamer Bedienung der Feuer etwa 1 bis 2%;

3. durch die Wärmeausstrahlung und Wärmeleitung des Kessels, welche je nach Umständen etwa 6 bis 8% betragen.

Die gesamten Restverluste betragen demnach gewöhnlich etwa 8 bis 12% des Heizwertes.

8. Verdampfungsziffer. Die Bruttoverdampfungsziffer d ist die mit 1 kg Brennstoff erzeugte, durch die Dampfleitung abgeführte Menge an Betriebsdampf. Liefert also eine Kesselanlage in der Stunde D kg Dampf, während gleichzeitig B kg Brennstoff verbraucht wurden, so ist die

$$\text{Bruttoverdampfungsziffer } d = \frac{D}{B} \text{ kg.}$$

Die Nettoverdampfungsziffer d_0 ist dasjenige Gewicht an Normaldampf, d. h. gesättigtem Dampf von 1 ata und 100°, welches in einer Kesselanlage bei Verbrennung von 1 kg Brennstoff aus Speisewasser von 0° erzeugt wird. Wird die Erzeugungswärme des Normaldampfes zu rund 640 kcal angenommen, und ist ferner i die Erzeugungswärme des Dampfes und t die Temperatur des zugeführten Speisewassers, so ist die

$$\text{Nettoverdampfungsziffer } d_0 = d \frac{i - t}{640} \text{ kg.}$$

Beispiel. Von einer Kesselanlage werden bei einem stündlichen Verbrauch von $B = 2300$ kg Brennstoff, $D = 18000$ kg Dampf von 15 ata bei einer Überhitzungstemperatur von 340° erzeugt, wobei das Speisewasser mit einer Temperatur von 95° zugeführt wird.

Die von 1 kg Brennstoff erzeugte Dampfmenge, also die Bruttoverdampfungsziffer, ist:

$$d = \frac{D}{B} = \frac{18000}{2300} = 7{,}83 \text{ kg.}$$

Ferner ist die Erzeugungswärme des überhitzten Dampfes nach Zahlentafel $i = 744$ kcal, es ist also die Nettoverdampfungsziffer:

$$d_0 = 7{,}83 \frac{744 - 95}{640} = 7{,}95 \text{ kg.}$$

9. Der Nutzeffekt einer Kesselanlage ist das Verhältnis der zur Dampferzeugung aus Speisewasser von t^0 theoretisch benötigten Wärmemenge zu derjenigen, welche vom gleichzeitig verbrauchten Brennstoff bei vollständiger Verbrennung entwickelt würde.

Ist h_u der untere Heizwert des Brennstoffes, d die Bruttoverdampfungsziffer und i der Wärmeinhalt des erzeugten Dampfes, so ist der Wirkungsgrad der Kesselanlage:

$$\eta = d \cdot \frac{(i - t)}{h_u}.$$

Wird an Stelle der Bruttoverdampfungsziffer d die Nettoverdampfungsziffer d_0 genommen, so ist:

$$\eta = d_0 \frac{640}{h_u}.$$

Bemerkung. Beide Gleichungen müssen natürlich den gleichen Wert ergeben.

Beispiel. Der Wirkungsgrad der vorgenannten Kesselanlage ist, wenn mit der Bruttoverdampfungsziffer gerechnet wird und der Heizwert des verbrauchten Brennstoffes 6800 kcal ist:

$$\eta = 7{,}83 \frac{744 - 95}{6800} = 0{,}748 = 74{,}8\,\%.$$

10. Rostfläche. Unter dieser versteht man die von den Roststäben gebildete Fläche, auf welcher die Verbrennung fester Brennstoffe vor sich geht, und zwar ist dies die totale Rostfläche, d. i. die ganze Länge der Roststäbe multipliziert mit der ganzen Rostbreite, während die Summe der zwischen den einzelnen Stäben verbleibenden Spaltflächen die freie Rostfläche genannt wird. (Siehe auch Feuerungsanlagen.)

Das auf 1 m² Rostfläche in der Stunde verbrannte Gewicht an Brennstoff nennt man die Beanspruchung der Rostfläche oder die Rostbelastung, s. Zahlentafel S. 350.

Die Ausnutzung der auf dem Rost entwickelten Wärmemenge wird um so geringer, je höher die Beanspruchung der Rostfläche über die normal vorgesehene Beanspruchung gesteigert wird, da in diesem Falle die Verbrennungsgase mit einer wesentlich höheren Temperatur aus dem Schornstein entweichen als bei normaler Beanspruchung.

Ist B das Gewicht der in einer Stunde verbrannten Kohlenmenge und R die Größe der Rostfläche in m², so ist die

$$\text{Rostbelastung } B_1 = \frac{B}{R} \text{ kg/h/m}^2.$$

Bei Kesseln mit Kohlenstaub- oder Ölfeuerung wird der Brennstoffverbrauch auf 1 m² Heizfläche bezogen. Die spez. Brennstoffbelastung ist also hier:

$$B_1 = \frac{B}{H} \text{ kg/h/m}^2.$$

Übliche Verhältnisse s. Zahlentafel S. 350.

11. Heizfläche ist diejenige Fläche, durch welche hindurch die Übertragung der Verbrennungswärme auf das Kesselwasser stattfindet und man unterscheidet, je nachdem die feuerberührte oder die wasserberührte Seite gerechnet wird, eine feuerberührte und eine wasserberührte Heizfläche.

Bei Schiffskesseln gilt als Heizfläche die auf der Wasserseite gemessene Fläche, welche auf der einen Seite von den Heizgasen, auf der anderen Seite vom Kesselwasser berührt wird.

Bei Wasserrohrkesseln wird gewöhnlich die Außenfläche der Wasserrohre als Heizfläche gerechnet.

Die von den Rauchgasen berührte Heizfläche von Rauchgasspeisewasser-Vorwärmern wird ebenfalls als Kesselheizfläche gerechnet.

Vom Dampf berührte Heizflächen werden nicht als solche gerechnet.

Derjenige Teil der Heizfläche, welcher von den bei der Verbrennung gebildeten Flammen bestrahlt werden kann, wird die „bestrahlte" Heizfläche genannt, und da die strahlende Wärme unmittelbar auf die Heizfläche einwirkt, so ist die dadurch bedingte Heizwirkung bedeutend intensiver als sie bei bloßer Berührung mit den Heizgasen ist.

Bei der von den Heizgasen berührten Heizfläche hängt die Wärmeübertragung auf das Kesselwasser in hohem Maße von dem Temperaturunterschied zwischen den Heizgasen und dem Kesselwasser ab. Es ist deshalb die auf 1 m² Heizfläche erzeugte Dampfmenge um so größer, je näher diese dem Feuerraum liegt.

12. Belastung der Heizfläche ist das Gewicht derjenigen Dampfmenge, welche auf 1 m² Heizfläche des Kessels oder der

Kesselanlage erzeugt wird. Ist also D das Gewicht des in 1 h erzeugten Dampfes in kg und H die Heizfläche in m², so ist die

$$\text{(mittlere) Belastung der Heizfläche} = \frac{D}{H} \text{ kg/h/m}^2.$$

13. Leistung der Kesselanlage. Die Dampfmenge, welche eine Kesselanlage in der Stunde liefern kann, hängt von der in der Stunde verbrannten Brennstoffmenge, der Heizfläche und dem Wirkungsgrade der Anlage ab. Bei Rostfeuerungen hängt die stündliche Brennstoffmenge von der Größe der Rostfläche, der Art des verwendeten Brennstoffes und der Rostbelastung ab. Die gebräuchlichen Verhältnisse gehen aus der Zahlentafel S. 350 hervor.

Beispiel. Wie groß ist die stündlich von einer Kesselanlage gelieferte Menge überhitzten Dampfes von 15 ata und 320°, wenn die Heizfläche 1500 m², die Rostfläche 36 m², die Beanspruchung des Rostes den Zugverhältnissen entsprechend 140 kg beträgt, ferner der Heizwert h_u der verwendeten Kohle 6500 kcal ist, der Wirkungsgrad der Kesselanlage zu $\eta = 75\,\%$ angenommen und das Speisewasser mit einer Temperatur von $t = 85^\circ$ den Kesseln zugeführt wird.

Die Bruttoverdampfungsziffer ergibt sich, da die Erzeugungswärme des Dampfes nach Zahlentafel $i = 734$ kcal ist, aus Gl. unter 9. zu

$$d = \eta \frac{h_u}{i - t} = 0{,}75 \frac{6500}{734 - 85} = 7{,}51 \text{ kg}.$$

Da ferner auf ein m² Rostfläche in der Stunde $B_1 = 140$ kg Kohle verbrannt werden, so ist der stündliche Kohlenverbrauch:

$$B = B_1 \cdot R = 140 \cdot 36 = 5040 \text{ kg},$$

und folglich die gelieferte Dampfmenge:

$$D = B \cdot d = 5040 \cdot 7{,}51 = 37\,850 \text{ kg}.$$

Die Beanspruchung der Heizfläche ergibt sich hieraus zu:

$$\frac{D}{H} = \frac{37\,850}{1500} = 25{,}2 \text{ kg/h/m}^2.$$

14. Zugsysteme. Um die zur Verbrennung erforderliche Luft zu veranlassen, immer in der nötigen Menge mit dem Brennstoff in Verbindung zu treten, muß ein bestimmter Überdruck zwischen der Außenluft und dem Feuerraum erhalten werden, damit die der Luftzuströmung entgegenstehenden Widerstände in den Rostspalten und der Brennstoffschicht bzw. in den Luftdüsen usw. bei Öl- oder Kohlenstaubfeuerung, sowie in deu Kesselzügen, dem Rauchfang und Schornstein, überwunden werden.

Je mehr Brennstoff in der Zeiteinheit verbrannt werden soll, desto mehr Verbrennungsluft muß zuströmen und desto höher muß im allgemeinen dieser Druckunterschied sein. Bei Rostfeuerungen hängt der erforderliche Luftüberdruck in hohem Maße auch von der Bedienung der einzelnen Feuer ab, und zwar erfordern hoch gehaltene Feuer einen höheren Luftdruck als niedrig gehaltene, und ebenso verschlackte Roste einen höheren als reine.

Wird hingegen der Luftdruck auf einer gewissen Höhe gehalten, dann strömt bei zu niedrigem Feuer eine zu große, bei zu hohem Feuer eine zu geringe Luftmenge durch die Brennmaterialschicht. In beiden Fällen wird der Wirkungsgrad der Verbrennung herabgesetzt, und zwar im ersten Falle durch zu großen Luftüberschuß, im zweiten durch unvollkommene Verbrennung.

Der erforderliche Druckunterschied wird entweder durch den natürlichen Zug des Schornsteins, durch künstlichen Saugzug im Schornstein, durch unmittelbare Zuführung von Druckluft in die Feuerung, Howdens Zug, oder durch Erzeugung eines Luftüberdruckes im Kesselraum erzeugt. Mitunter kommt auch Howdens Zug und Saugzug gleichzeitig zur Anwendung.

a) Natürlicher Zug. Dieser wird durch die Differenz zwischen dem Gewicht der Außenluft und dem Gewicht der durch den Schornstein abziehenden Rauchgase hervorgerufen. Die dadurch bedingte Zugstärke läßt sich annähernd aus nachstehender Formel berechnen:

$$z = \frac{H}{0{,}8}\left(1 - \frac{t_L + 273}{t_R + 273}\right) - 3 \text{ mm WS.}$$

Hierin bedeutet:

z die Zugstärke in mm WS,
H die Höhe vom Rost bis Schornsteinoberkante in m,
t_L die Temperatur der Außenluft,
t_R die mittlere Temperatur der abziehenden Rauchgase.

In vorstehender Formel sind für die Bewegungswiderstände in den Rauchzügen 3 mm in Abzug gebracht.

Beispiel. Ist die Schornsteinhöhe $H = 21$ m, die Temperatur der Außenluft $t_L = 20^0$ und diejenige der abziehenden Rauchgase im Mittel $t_R = 350^0$, so ist die zu erwartende Zugstärke:

$$z = \frac{21}{0{,}8}\left(1 - \frac{20 + 273}{350 + 273}\right) - 3 = \text{rund } 11 \text{ mm WS.}$$

b) Saugzuganlagen. Bei diesen werden zur Erzeugung der erforderlichen Zugstärke die Rauchgase entweder mittels eines Zentrifugalgebläses oder bei neueren Anlagen durch einen in den Schornstein eingebauten Schraubenpropeller abgesaugt.

In Abb. 346 ist eine Saugzuganlage nach System Prof. Haß dargestellt, wie sie vom Ottensener Eisenwerk gebaut werden, bei welcher die Rauchgase mittels eines in den Schornsteinhals eingebauten Schraubenpropellers abgesaugt und in den Schornstein geblasen werden.

Die Einrichtung besteht aus einem schmiedeeisernen Propeller mit 2 oder 4 Flügeln, dessen senkrecht stehende, in Kugellagern laufende Welle durch eine Dampfturbine mit einem radial beaufschlagten zweikränzigen Geschwindigkeitsrad angetrieben wird. In Abb. 347 ist der Apparat im Schnitt dargestellt.

Der Dampf zum Antrieb der Turbine wird meistens einer Zwischenstufe der Hauptmaschine entnommen (im Bedarfsfalle jedoch auch der Hilfsdampfleitung), so daß die Gangart des Gebläses sich selbsttätig nach der Leistung der Hauptmaschine einstellt. Der Abdampf wird zum Vorwärmen des Speisewassers benutzt. Die Schmierung der Kugellager erfolgt mittels Umlauföl, welches durch eine angehängte Ölpumpe aus einem Rücklaufbehälter mit Kühl- und Filtereinrichtung gesaugt wird.

Um den Wirkungsgrad des Propellers möglichst zu erhöhen, wird der Durchmesser des Schornsteins im Bereich des Propellers um ein bestimmtes Maß kleiner als der normale Durchmesser des Schornsteins ausgeführt und mit einem konischen Auslauf ver-

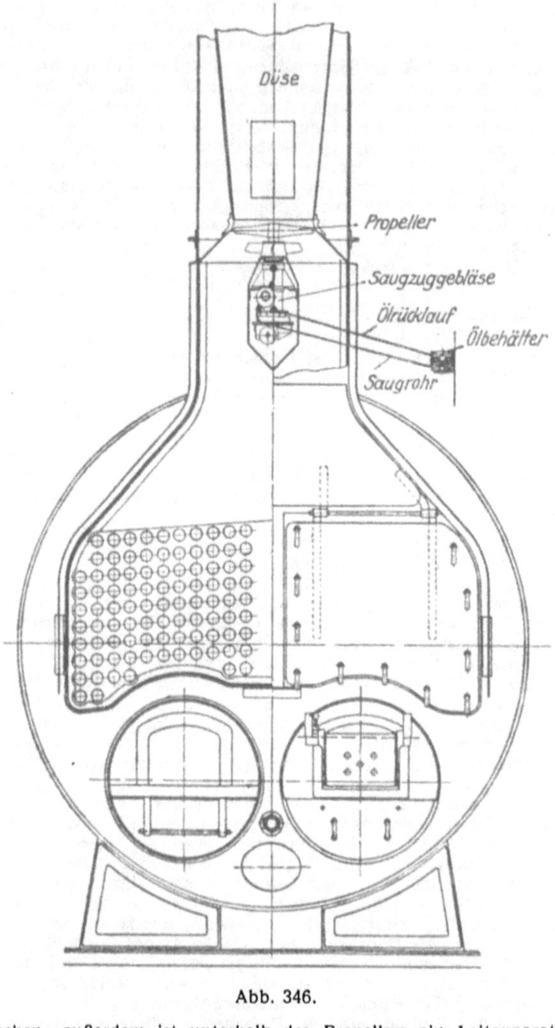

Abb. 346.

sehen; außerdem ist unterhalb des Propellers ein Leitapparat angeordnet, um den Wirkungsgrad weiter zu erhöhen.

Eine ähnliche Einrichtung hat auch die Saugzugeinrichtung nach System Schmidt-Kassel; bei diesem System hat jedoch der

Propeller nahezu den gleichen Durchmesser wie der Schornstein und es fehlt daher der schlankkonische Auslauf für die Rauchgase.

c) Druckluftanlagen. Bei den sog. Howden-Anlagen wird die Verbrennungsluft mittels Zentrifugalgebläse entweder durch besondere Luftkanäle unmittelbar von Deck oder vielfach

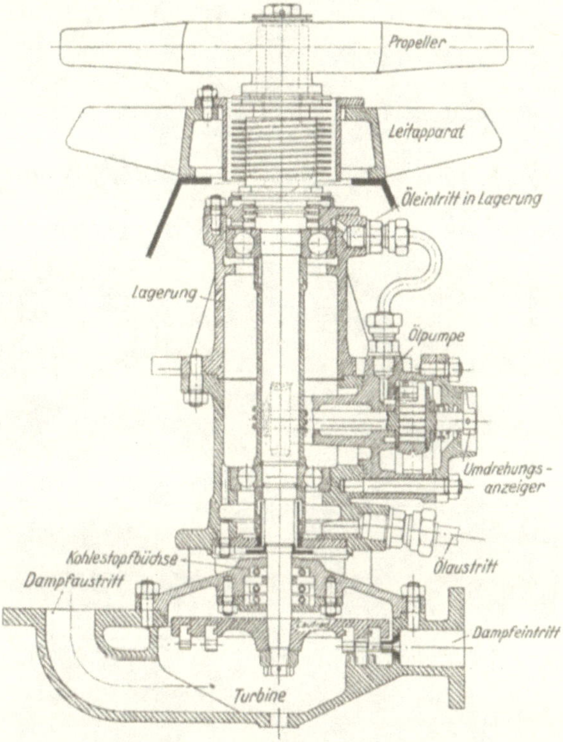

Abb. 347.

auch aus dem vom Kesselraum abgeschotteten Maschinenraum gesaugt, durch Luftkanäle nach den Luftvorwärmern und dann in die Feuerungen der Kessel gedrückt.

Da die zugeführte Druckluft hier nur zur Verbrennung benutzt wird, so müssen noch besondere Ventilationseinrichtungen für die Zufuhr von Frischluft nach dem Heizraum vorgesehen werden, welche, durch die Ausstrahlung der Kessel, Rauchfänge usw. erhitzt, durch den Schornsteinschacht wieder abgeführt wird.

Mitunter wird das Gebläse auch in einem besonderen abgeschotteten Raum aufgestellt, dem durch einen eingebauten Luftkanal die Luft von Deck aus zugeführt wird. Der Druckkanal

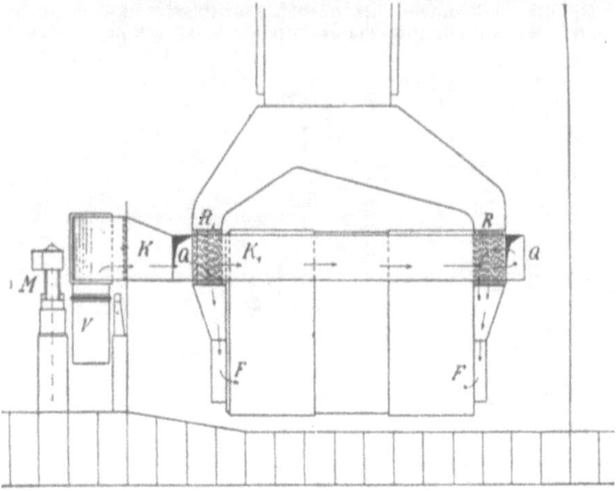

Abb. 348.

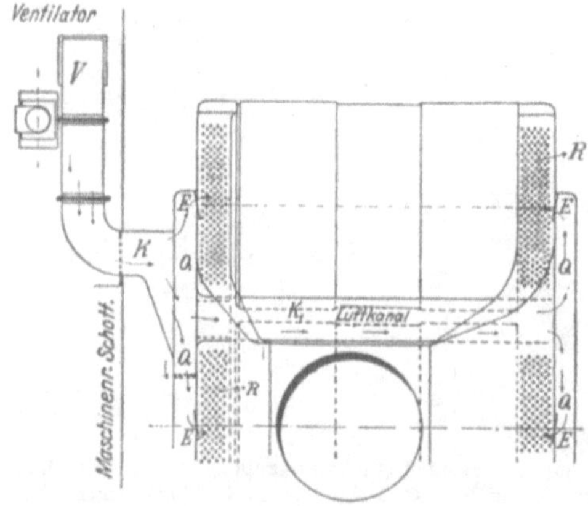

Abb. 349.

führt nach dem Kesselraum, wo er durch weitere Zweigkanäle mit den Luftvorwärmern der einzelnen Kessel verbunden ist.

Je nach Größe und Art der Kesselanlage werden ein oder mehrere Gebläse aufgestellt, oder für jede Kesselgruppe ein besonderes Gebläse in dem betreffenden Kesselraum oder in der Nähe desselben angeordnet.

Der Luftdruck an der Gebläsemaschine beträgt gewöhnlich etwa 40 bis 70 mm und bei ausgedehnten Anlagen entsprechend mehr, während er im Aschenfall bzw. vor dem Brennen, verursacht durch die verschiedenen Leitungswiderstände, nur noch etwa 12 bis 20 mm beträgt.

In Abb. 348 und 349 ist die Anordnung einer Howden-Anlage schematisch dargestellt. *V* ist das Zentrifugalgebläse, welches durch die Kolbenmaschine *M* angetrieben wird und die Druckluft durch die Blechkanäle, K, K_1 und *Q* in die Luftvorwärmer *R* und durch die Kanäle *F* unter den Rost drückt. Ehe die Luft in die Feuerung gelangt, muß sie eine sog. Howden-Vorlage (Abb. 350) durchströmen, welche so eingerichtet ist, daß ein Teil der Luft durch

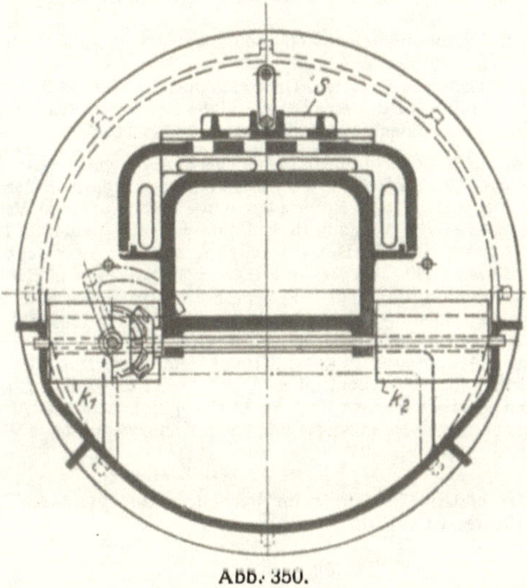

Abb. 350.

Klappen k_1 und k_2 unter den Rost gelangt und ein anderer Teil durch den Schieber *S* als Sekundärluft über den Rost geleitet werden kann. Die Klappen k_1 und k_2 sind mit der Feuertür so verblockt, daß sie vor dem Öffnen der Feuertür geschlossen werden müssen, damit die Flammen nicht in den Heizraum zurückschlagen können.

Mitunter wird außer der Howden-Anlage noch eine Saugzuganlage eingebaut, um erstere zu unterstützen.

d) Anlagen mit geschlossenem Heizraum. Bei diesen wird der ganze Heiz- bzw. Kesselraum unter den erforderlichen Luftdruck gesetzt. Der gesamte Kesselraum ist deshalb gegen die Außenluft dicht abgeschlossen und der Raum durch Luftschleusen zugänglich gemacht.

Die Gebläse für die Beschaffung der Verbrennungsluft werden meistens im Kesselraum untergebracht, saugen die Luft durch Luftschächte von Deck an und drücken sie, gewöhnlich in Höhe der Kessel, frei in den Kesselraum. Von hier tritt sie in die Luftvorwärmer und die Feuerungen ein.

Diese Art der Luftzuführung wird bei Handelsschiffen nur bei Ölfeuerung angewandt, weil sich bei Kohlefeuerung der Kohlen- und Aschestaub, wegen der immer verbleibenden kleinen Undichtigkeiten der Luftabschlüsse, unangenehm bemerkbar macht. Der Vorteil solcher Anlagen liegt darin, daß der Kesselraum ohne besondere Ventilationseinrichtungen sehr gut gelüftet wird, und ferner darin, daß nicht nur die Luftkanäle fortfallen, sondern auch die sonst durch die Wärmestrahlung der Kessel, Rohrleitung, Rauchfänge usw. bedingte Verlustwärme der Verbrennung zugute kommt, wodurch der Kesselwirkungsgrad dementsprechend besser wird.

Der Luftüberdruck im Heizraum beträgt je nach Erfordernis etwa 15 bis 45 mm WS.

Die Größe des unter Druck stehenden Kesselraumes hat keinen Einfluß auf die erreichbare Höhe des Luftdruckes und auf die Zeit, in welcher er erreicht oder verändert werden kann.

15. Luftvorwärmung. Bei Feuerungsanlagen, welche mit künstlichem Zug arbeiten, wird die Verbrennungsluft in der Regel durch die abziehenden Rauchgase vorgewärmt, um den Verbrennungsgasen soviel Wärme als möglich zu entziehen und für die Verbrennung und die Dampferzeugung nutzbar zu machen. Es braucht dann ein Teil der Wärmemenge, welche zur Erhitzung der Verbrennungsluft auf die Temperatur im Feuerraum aufgewendet werden muß, nicht der durch die Verbrennung erzeugten Wärmemenge entnommen zu werden.

Ist die Temperatur der Luft vor dem Eintritt in den Luftvorwärmer t_1, hinter demselben t_2, so ist die Erwärmung $t_2 - t_1$. Werden für 1 kg Brennstoff L kg Luft zugeführt und ist die spez. Wärme derselben c_p, so ist die von der Luft aufgenommene Wärmemenge

$$Q = L \cdot (t_2 - t_1) \cdot c_p \text{ kcal.}$$

Der erzielte Gewinn x im Verhältnis zum Heizwert h_u des Brennstoffes ist mithin

$$x = \frac{Q}{h_u}$$

oder

$$x = \frac{100\,Q}{h_u} \text{ in Prozenten.}$$

Beispiel. Ist die Eintrittstemperatur der Luft $t_1 = 20^\circ$, die Temperatur hinter dem Luftvorwärmer $t_2 = 100^\circ$, die je kg Brennstoff zugeführte Luftmenge $L = 15$ kg, $c_p = 0{,}24$ und $h_u = 6500$ kcal, so ist die von der Luft aufgenommene Wärmemenge

$$Q = 15\,(100 - 20) \cdot 0{,}24 = 288 \text{ kcal}$$

und der erzielte Gewinn:

$$x = 100\,\frac{288}{6500} = \text{rund } 4{,}4\,\%.$$

Die Luftvorwärmer werden in verschiedener Art gebaut. Bei den in den Abb. 348 und 349 dargestellten Röhrenluftvorwärmern besteht dieser aus einem unmittelbar über der Rauchkammer jedes Kessels angeordneten Gehäuse, welches mit senkrechten Rohren von etwa 50 bis 70 mm Dmr. durchzogen ist, durch welche die Heizgase aus den Rauchkammern nach dem oberhalb anschließenden Rauchfang ziehen. An Stelle von runden Rohren werden mitunter auch solche mit ovalem Querschnitt verwendet, um den Strömungswiderstand der Luft zu verringern. Außen werden die Rohre von der vorzuwärmenden Verbrennungsluft auf ihrem Wege nach den Feuerungen bestrichen und dabei erhitzt.

Bei der Howden-Anlage nach den Abb. 348 und 349 tritt die durch die Luftkanäle Q zugeführte Verbrennungsluft durch die Öffnungen E in der Mitte der Luftvorwärmer ein und gelangt durch seitlich am Rauchfang nach unten führende Kanäle in einen Luftkasten, aus dem sie durch die Luftklappen k und k_2 sowie den Schieber S, Abb. 350, in die Feuerung gelangt.

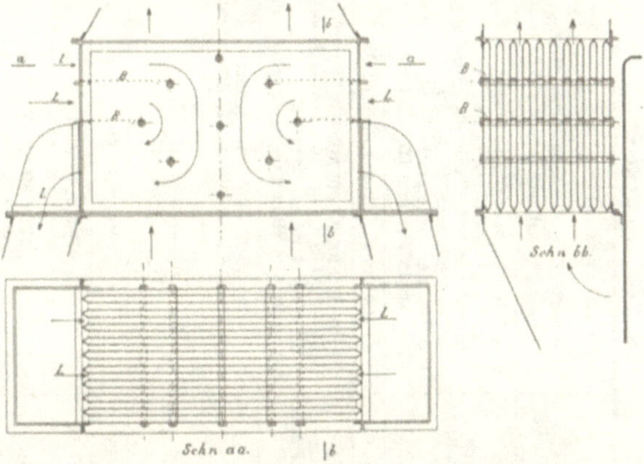

Abb. 351.

Beim Plattenluftvorwärmer (Abb. 351) werden die Heizflächen durch ebene, senkrechtstehende, dünne Bleche gebildet, welche in einem gegenseitigen Abstande von etwa 12 bis 20 mm parallel zur Kesselstirnwand über der Rauchkammer angeordnet sind. Je zwei nebeneinander stehende Blechwände sind abwechselnd an den beiden horizontalen bzw. senkrechten Kanten zusammengeschweißt, so daß dadurch abwechselnd horizontale Kanäle für die Verbrennungsluft und senkrechte Kanäle für den Durchtritt der Rauchgase gebildet werden. Die Luft wird durch eingebaute Leitbleche B in der durch die Pfeile L angedeuteten Richtung geleitet.

Der Nadel-Luftvorwärmer „Liesco" besteht aus einzelnen neben- und übereinander angeordneten gußeisernen Rohrelementen mit ovalem Querschnitt, welche oberhalb der Rauchkammer angeordnet sind und von den Rauchgasen außen umspült werden.

16. Kesselverhältnisse.

	Zylinderkessel		Wasserrohrkessel
	Natürlicher Zug	Künstl. Zug mit Luftvorwärmung und Überrhitzung	Künstl. Zug mit Luftvorwärmung und Überhitzung
Zugstärke	Unterdruck im Feuerrraum 5—15 mm	Druck im Aschenfall bei Howdens Zug etwa 15—25 mm Unterdruck unterhalb des Saugzuggebläses 30—50 mm Druk vor den Düsen bei Öl- od. Kohlenstaubfeuerung 15—25 mm	Druck im Aschenfall bei Howden etwa 15—30 mm Druck im geschlossenen Kesselraum bei Ölfeuerung etwa 15—45 mm Unterdruck unterhalb des Saugzuggebläses etwa 40—60 mm
Brennmaterial	Kohle	Kohle, Kohlenstaub oder Öl	Kohle bzw. Öl
Brennstoffmenge	70—110 kg auf 1 m^2 Rostfläche	110—180 kg Kohle auf 1 m^2 Rostfl. 1,00 – 2,00 kg Öl od. Kohlenstaub auf 1 m^2 Heizfläche bzw. bis etwa 200 kg Öl per Flammrohr	110—180 kg Kohle auf 1 m^2 Rostfl. 2,0 und mehr kg Öl auf 1 m^2 Heizfläche
Kesselwirkungsgrad	65—72%	etwa 70—75% bei Kohle etwa 75—80% bei Öl oder Kohlenstaub	etwa 65—75% bei Kohle etwa 80—88% bei Öl
Nettoverdampfungsziffer bei Kohle von 7 500 kcal bzw. Öl von 10 000 kcal	7,6—8,4 bei Kohle	8,2—8,8 bei Kohle 11,7—12,5 bei Öl	7,6— 8,8 bei Kohle 12,5—13,4 bei Öl
Heizfläche: Rostfläche	etwa 25—35	etwa 40—45	etwa 45—52
Überhitzerfl.: Heizfl.	etwa 0,4—0,45	etwa 0,4—0,45	etwa 0,20—0,25
Verdampfung auf 1 m^2 Heizfläche	20—25 kg	25—30 kg	30 bis 50 kg und mehr

Innen und außen sind diese Rohrelemente mit angegossenen konischen Nadeln versehen, von denen die äußeren die Wärme der Rauchgase leicht aufnehmen und sie an die inneren, von der Verbrennungsluft umspülten Nadeln weiterleiten.

Der Rotationsluftvorwärmer nach Pat. Ljungström besteht aus einer großen Anzahl dünner Eisenbleche, welche mit geringen Zwischenräumen parallel zur senkrechten Drehachse angeordnet sind. Dieser, durch einen Elektromotor angetriebene und sich langsam drehende Rotor ist so in den Weg der Rauchgase und den der zugeführten Verbrennungsluft eingeschaltet, daß immer ein Teil der Blechlamellen von den Heizgasen in axialer Richtung durchstrichen und dabei auf die Abgastemperatur erhitzt wird, während ein anderer Teil von der zugeführten Verbrennungsluft durchströmt wird. Die vorher auf die Abgastemperatur erhitzent Lamellen geben hierbei ihre Wärme an die Verbrennungsluft ab, wodurch sie auf eine entsprechend hohe Temperatur erhitzt wird.

Ausführung der Kessel.

Auf Dampfschiffen werden zur Erzeugung des für die Hauptmaschinen erforderlichen Dampfes entweder Zylinderkessel oder Wasserrohrkessel verwendet, welche in einem oder mehreren Kesselräumen aufgestellt werden. Beide Kesselarten werden als Einender- oder, falls dies zweckmäßig erscheint, als Doppelenderkessel ausgeführt. Die Feuerungsanlage wird immer innerhalb des Kessels angeordnet.

Auf Motorschiffen kommen vielfach sog. „Abgaskessel" in verschiedenen Ausführungen zur Anwendung, die den Zweck haben, die in den Abgasen der Motoren enthaltene Wärme zur Erzeugung von Dampf auszunutzen, welcher dann zum Betriebe von Hilfsmaschinen oder zu Heizzwecken verwendet wird. S. 411.

Zylinderkessel werden in der Regel für Dampfdrücke bis zu etwa 16 atü gebaut, ausnahmsweise auch bis höchstens 20 atü, da sie sonst zu große Wandstärken erhalten; sie haben ein verhältnismäßig großes Gewicht sowie großen Wasser- und Dampfraum, sind weniger empfindlich gegen unreines Speisewasser, hingegen empfindlich gegen ungleichmäßige Erwärmung (Leckagen von Nietnähten usw.) und müssen daher nur sehr langsam angeheizt werden.

Die Heizfläche wird zum größten Teil durch die Siederohre gebildet, durch welche die Heizgase streichen, während sie außen vom Kesselwasser umgeben sind.

Wasserrohrkessel werden für die höchsten praktisch zur Anwendung kommenden Dampfdrücke gebaut. Sie haben ein bedeutend geringeres Gewicht als Zylinderkessel, verhältnismäßig kleinen Wasser- und Dampfraum, sind weniger empfindlich gegen ungleichmäßige Erwärmung und können daher in verhältnismäßig kurzer Zeit angeheizt werden. Das Speisewasser muß jedoch möglichst destilliertes Wasser sein, weil sie sonst leicht überkochen.

Die Heizfläche wird hier nur durch die Wasserrohre gebildet, welche außen von den Heizgasen bestrichen und im Innern von dem zu verdampfenden Kesselwasser durchströmt werden.

Material der Kessel. Das zum Bau von Schiffskesseln verwendete Material ist in der Regel Siemens-Martin-Stahl mit einer Festigkeit von 34 bis 55 kg/mm² bei einer Mindestdehnung

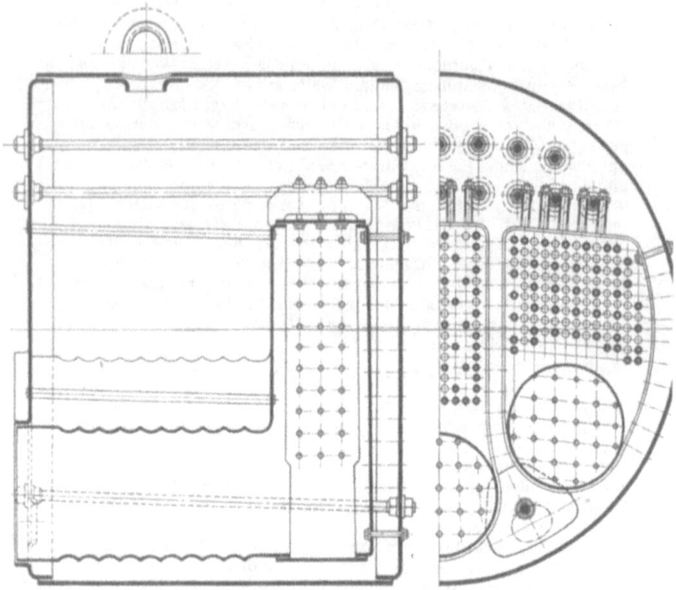

Abb. 352.

auf 200 mm Meßlänge von 28 bis 20 %. In Ausnahmefällen werden, um Gewichtsersparnisse zu erzielen, auch Sonderstahlsorten verwendet.

Die Bemessung der verschiedenen Materialstärken erfolgt nach den behördlich für den Dampfkesselbau festgesetzten Bestimmungen und Vorschriften.

A. Zylinderkessel.

Diese werden in neuerer Zeit fast nur noch als sog. Einenderkessel, Abb. 352, mit 1 bis 3 Flammrohren gebaut, während auf älteren Schiffen sich noch sog. Doppelkessel mit 3 bis 4 Flammrohren an jedem Ende in Betrieb befinden. Sie haben eine entsprechend größere Länge, weisen im übrigen jedoch die gleiche Konstruktion auf wie Einenderkessel.

1. Der **Kesselmantel** wird je nach Größe aus einem oder mehreren Blechen hergestellt, die Längsnähte stumpf zusammengestoßen und mit doppelten Laschen verbunden. Je nach der Größe des Kessels werden die Laschen ein- bis vierreihig genietet und entweder mit geraden Kanten oder ausgezackt hergestellt. Die Rundnähte werden 2- bis 3reihig genietet.

Vielfach werden die Kessel mit einem stehenden zylindrischen, auf den Kesselmantel genieteten Dampfdom versehen, um den

Dampf möglichst hoch über dem Wasserspiegel entnehmen zu können und dadurch trockenen Dampf zu erhalten.

2. Die **Kesselböden** der Zylinderkessel werden eben hergestellt und je nach der Größe aus einem Blech hergestellt oder aus 2 Blechen zusammengesetzt. Um ihnen die nötige Widerstandsfähigkeit gegen den inneren Dampfdruck zu geben, werden sie durch Anker oder Stehbolzen versteift. Im Bereich der Siederohrbündel geschieht dies durch sog. Ankerrohre. Werden beide

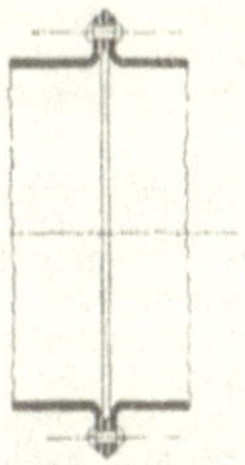

Abb. 353.

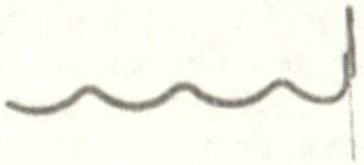

Abb. 354.

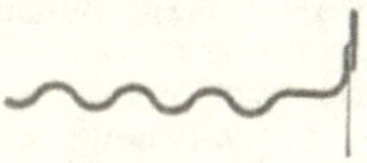

Abb. 355.

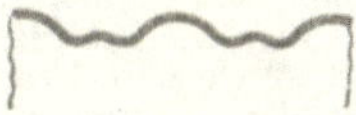

Abb. 356.

Abb. 357.

Abb. 358.

Abb. 359.

Böden eines Kessels mit dem Kesselmantel maschinell vernietet, dann wird gewöhnlich die Krempe eines Bodens nach außen gekehrt.

3. Flammrohre. Der lichte Durchmesser beträgt etwa 700 bis 1200 mm. Glatte Flammrohre erhalten ein oder zwei Verstärkungsringe nach Abb. 353, sog. Adamson-Ringe. Meistens werden, besonders bei größeren Kesseln, gewellte Flammrohre verwendet, und zwar nach System Morrison (Abb. 354), System Fox (Abb. 355), System Daighton (Abb. 356), System Purve (Abb. 357). Mitunter werden auch Flammrohre nach System Holmes (Abb. 358), System Leeds (Abb. 359) u. a. eingebaut.

Die gewellten Flammrohre haben eine größere Steifigkeit gegen den äußeren Druck als glatte Rohre und werden deshalb bei höheren Dampfdrücken ausnahmslos verwendet.

Die Flammrohre werden mit der Feuerkammerrohrwand entweder durch Nietung verbunden oder mit der gekrempten Rohrwand zusammengeschweißt. Mit der Kesselstirnwand werden sie immer vernietet und der Durchmesser hierin in der Regel so groß gemacht, daß das Flammrohr behufs Erneuerung herausgezogen werden kann.

4. Die Feuerkammer verbindet das Flammrohr mit dem darüber liegenden zugehörigen Rohrbündel. Die Wände der Feuerkammer sind größtenteils eben und müssen daher durch Stehbolzen, die Decke in der Regel durch Bügelanker entsprechend verstärkt werden.

Meistens hat, besonders bei Einenderkesseln, jedes Flammrohr eine besondere zugehörige Feuerkammer; mitunter münden jedoch auch mehrere Flammrohre in eine gemeinsame Feuerkammer. Bei Doppelkesseln münden gewöhnlich zwei gegenüberliegende Flammrohre in eine gemeinschaftliche Feuerkammer, und nur selten ist hier für jedes Flammrohr eine besondere Feuerkammer vorgesehen. In ersterem Falle werden die beiden Flammrohre mitunter durch eine in der Mitte der Feuerkammer aufgebaute feuerfeste Wand (Abb. 361) von einander getrennt, um eine gegenseitige Beeinflussung, z. B. beim Feuerreinigen, zu verhüten.

5. Die **Siederohre,** durch welche die Heizgasse aus der Feuerkammer nach der an der Kesselstirnwand befestigten Rauchkammer gelangen, sind entweder nahtlos gewalzte oder überlappt geschweißte flußeiserne Rohre, welche gewöhnlich 70, 76 oder 83 mm äußeren Durchmesser und etwa 4 mm Wandstärke haben.

Innerhalb des Rohrbündels werden an Stelle gewöhnlicher Siederohre in bestimmten Abständen sog. Ankerrohre eingesetzt, welche meistens den gleichen äußeren Durchmesser wie die anderen Siederohre, jedoch eine Wandstärke von 6 bis 10 mm erhalten (s. Verankerung).

Die Länge der Siederohre zwischen den Rohrwänden beträgt gewöhnlich nicht über 2400 mm. Die Befestigung der Siederohre in den Rohrwänden erfolgt durch Einwalzen der Enden in die glatten Bohrungen. Wegen des leichteren Einziehens bzw. des Herausnehmens der mit Kesselstein belegten Rohre behufs Erneuerung, ist der Durchmesser der Bohrungen und der Siederohre in der Kesselstirnwand um etwa 3 mm größer als der äußere Rohrdurchmesser. Die aus der Feuerkammerrohrwand herausstehenden Enden werden häufig umgebördelt und verstemmt.

6. Kesselverankerungen. Alle flachen Wandungen der Kessel müssen, um dem Dampfdruck genügenden Widerstand leisten zu können, entsprechend verankert werden.

Die beiden Stirnwände des Kessels werden durch die sog. Stirnwandanker gegenseitig verbunden, die im Dampfraum ca. 300 bis 400 mm Entfernung voneinander haben. Sie sind an den Enden meistens verstärkt, mit Gewinde versehen und in die, mitunter durch aufgenietete Unterlegscheiben verstärkten Bohrungen der Stirnwände eingeschraubt. Außen und meistens auch innen werden sie mit Gegenmuttern abgedichtet.

Ankerrohre werden, wie unter „Siederohre" bereits erwähnt, innerhalb der Rohrbündel zur gegenseitigen Versteifung der Rohrwände benutzt. Sie haben etwa 6 bis 10 mm Wandstärke, sind an beiden Enden mit Gewinde versehen und in die Rohrwände eingeschraubt, aufgewalzt und mitunter noch umgebörtelt und verstemmt. Der Gewindedurchmesser in der Kesselstirnwand wird wegen des Einbringens der Rohre etwa 4 bis 5 mm größer gemacht als derjenige in der Feuerkammerrohrwand. Die Wahl der Anzahl und Verteilung der Ankerrohre erfolgt nach den für den Kesselbau bestehenden Vorschriften.

Stehbolzen dienen zur Verankerung von flachen Wänden mit geringem gegenseitigen Abstand, wie z. B. die Wandungen der Feuerkammern usw. Sie werden mit Gewinde in die flachen Wandungen eingeschraubt und die vorstehenden Enden mit Muttern, Unterlegscheiben und Packung gedichtet.

Um die Stehbolzenmuttern im Innern der Feuerkammer gegen Abbrennen zu schützen, werden sie, insbesondere bei Ölfeuerung oder künstlichem Zug, mit Schamottekappen bekleidet.

Deckenanker dienen zur Versteifung der oberen flachen Decken der Feuerkammern. Sie werden meistens als sog. Bügelanker (Feuerkammerdeckenträger) ausgeführt, wie Abb. 352 zeigt und bestehen aus je zwei hochkant gestellten Blechträgern, welche mit den Enden auf der Rohrwand bzw. auf der hinteren Feuerkammerwand aufstehen. Zwischen beiden Trägern befinden sich die Stehbolzen, welche in die Feuerkammerdecke eingeschraubt und vernietet oder mit Muttern versehen sind. Am oberen Ende hängen sie mittels Unterlagplatte und Mutter an den Blechträgern.

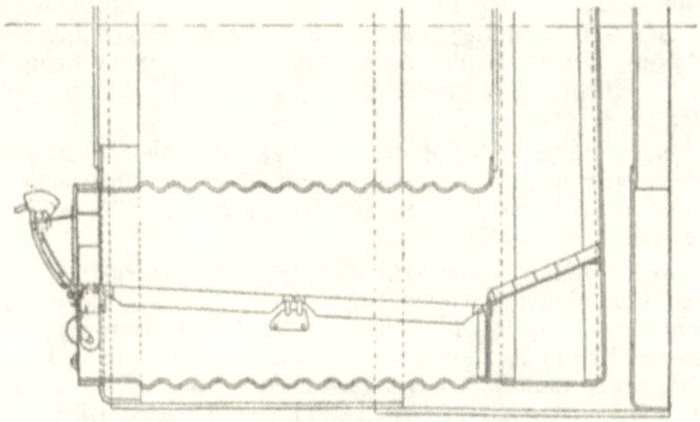

Abb. 360.

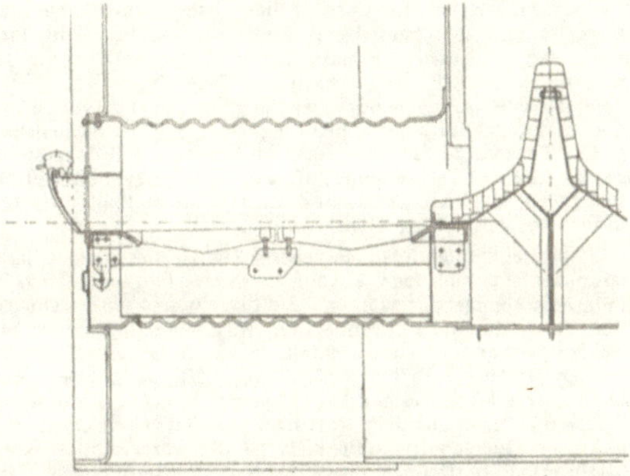

Abb. 361.

7. Feuerungsanlagen. Zylinderkessel können sowohl mit Kohle als auch mit Öl oder Kohlenstaub gefeuert werden.

a) Die Rostanlage bei Kohlefeuerung wird, bis auf vereinzelte andere Ausführungen, gewöhnlich aus festen Roststäben, wie in Abb. 360 und 361 dargestellt, gebildet. Sie besteht aus ein oder zwei Lagen von Roststäben, welche vorn auf der Schürplatte, hinten auf dem Feuerbrückenträger aufliegen. Bei Anordnung zweier Lagen befindet sich in der Mitte noch ein Rostbalken zur Auflagerung der Roststäbe.

Die obere Stärke der Roststäbe beträgt etwa 15 bis 24 mm, die Weite der Rostspalten etwa 8 bis 12 mm. Die Roststäbe müssen sowohl in der Längsrichtung als auch in der Breite genügend Spiel haben, um sich bei der Erwärmung frei ausdehnen zu können. Die aus Gußeisen hergestellten Roststäbe erhalten durch den Gießprozeß gewöhnlich eine gehärtete Oberkante; mitunter wird diese wegen größerer Widerstandsfähigkeit auch alumetiert.

Bei Wellrohren liegen zu beiden Seiten des Rostes sog. Seitenroststäbe, welche in die Wellen des Flammrohres hineinpassen. Bei künstlichem Zug müssen diese gegen das Flammrohr gut abgedichtet werden.

Nach hinten wird der Rost durch die Feuerbrücke abgegrenzt, welche etwa 120 bis 200 mm über der Rostfläche hoch ist und aus Schamotteziegeln auf dem gußeisernen Feuerbrückenträger aufgemauert wird.

b) Feuerzarge und Feuertür werden bei natürlichem Zug aus Eisenblechen oder Gußeisen mit auswechselbaren inneren Schutzblechen oder Schutzkasten hergestellt. Die Feuertüren klappen nach der Seite oder nach oben (nach innen oder außen) und sind in letzterem Falle mit Gegengewichten so ausgeglichen, daß die Tür von selbst geöffnet bzw. geschlossen gehalten wird.

Unterhalb der Feuertür wird der Aschfall durch einen Dämpfer abgeschlossen, welcher mit Ösen an der Feuerzarge drehbar aufgehängt ist und sich beim Herausziehen der Asche leicht fortnehmen läßt. Sie dient bei natürlichem Zug oder Saugzug zur Regulierung des Luftzutrittes nach der Feuerung.

Bei Howden-Anlagen oder bei Saugzug mit Luftvorwärmer ist die Rostanlage im allgemeinen die gleiche wie bei natürlichem Zug. Die Feuerzarge hat hier jedoch die in Abb. 350 dargestellte Form, da hier die Verbrennungsluft aus dem Luftvorwärmer zugeführt wird, der Aschenfall also nicht unmittelbar mit dem Heizraum in Verbindung steht.

8. Der **Steinmüller-Rost.** In neuerer Zeit ist diese mechanische Feuerungsanlage mehrfach sowohl in Wasserrohr- als auch in Zylinderkessel eingebaut worden. Sie besteht aus einem ebenen, glatten Rost, dessen Stäbe quer zur Rostlänge liegen und nur viereckige Löcher für den Durchtritt der Luft freilassen. In der Mitte der Rostbreite befindet sich ein Spalt, in welchem eine Transportkette läuft, die den sog. „Räumer" betätigt. Dieser ist eine quer und flach auf dem Rost liegende Flacheisenschiene mit dreieckigem Querschnitt, welche durch die vorerwähnte Kette in bestimmten Zeiträumen (etwa 2 bis 6 Minuten) durch einen Elektromotor auf dem Rost einmal hin und zurück bewegt wird. In der Zwischenzeit liegt der Räumer unter der frischen Kohle unterhalb des Aufgabetrichters still. Die Zeiträume, in denen der Räumer für je einen Hin- und Rückgang, der etwa 10 bis 20 Sekunden dauert, in Tätigkeit tritt, richten sich nach der Menge der in einer Stunde zu verbrennenden Kohle und können auf einer Kontaktuhr eingestellt werden. Da die nach hinten gerichtete Kante des Räumers bedeutend steiler ist als die nach vorn gerichtete, so schiebt er bei jedem Hin- und Rückgang die brennende Kohle mehr nach hinten, wo sie ausgebrannt ankommt und als Asche und Schlacke in den Aschenfall gelangt.

9. Zuführung von Sekundärluft. Die gewöhnliche Kohlefeuerung hat den Nachteil, daß die Zuführung von frischem Brennmaterial nur in gewissen Zeiträumen stattfindet. Unmittelbar nach dem Aufwerfen ist deshalb die Verbrennung immer eine Zeitlang unvollständig, d. h. es entweicht infolge mangelnder Luftzufuhr und Abkühlung durch das aufgeworfene Brennmaterial unverbrannter Kohlenstoff als Ruß (Rauch) oder als Kohlenoxyd anstatt als Kohlensäure. Sowohl bei Anlagen mit natürlichem Zug als auch bei Druckluft- bzw. Saugzuganlagen, wird deshalb immer eine gewisse Menge Sekundärluft zugeführt, welche durch Löcher in der Feuerzarge bzw. der Feuertür und den inneren Schutzblechen eintritt und über der Brennstoffschicht den entwickelten

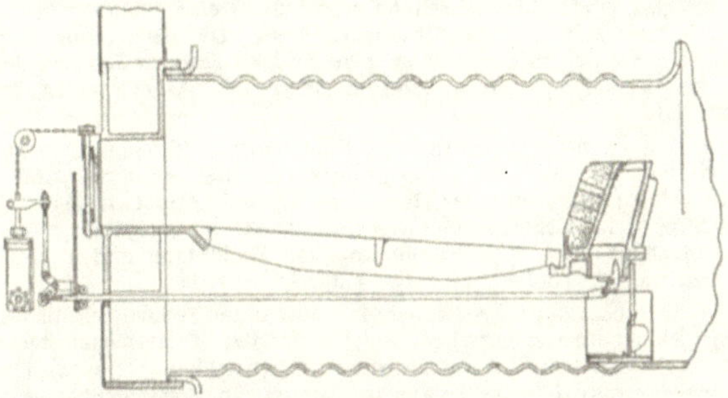

Abb. 362.

Heizgasen beigemengt wird; meistens erfüllt diese Sekundärluft ihren Zweck jedoch nur unvollkommen. Um diesem Übelstand abzuhelfen ist schon früher versucht worden, den Heizgasen in der Gegend der Feuerbrücke erhitzte Sekundärluft zuzuführen, um die Verbrennung nachzuholen.

Eine neuere Einrichtung dieser Art ist die „Roxyver"-Anlage. Das Besondere dieser Einrichtung (Abb. 362) besteht darin, daß die nötige Sekundärluft nur unmittelbar nach dem Aufwerfen eine gewisse Zeitlang zugeführt wird, bis die normale durch den Rost zugeführte Verbrennungsluft zur vollständigen Verbrennung genügt.

Die Einrichtung besteht aus in die Feuerbrücke eingebauten Luftzuführungsdüsen, welche unten durch eine gemeinsame Klappe mittels eines Gestänges nach Bedarf geöffnet oder geschlossen werden können. Das Bewegen der Klappe kann entweder von Hand oder durch einen einfachen Automaten erfolgen, welcher mit der Feuertür verbunden ist. Die Zeitdauer, während welcher die Luftklappe geöffnet bleiben soll, beträgt etwa 3 bis 6 min und kann nach Bedarf am Automaten eingestellt werden.

10. Die **Rauchkammer** schließt sich an der vorderen Kesselstirnwand an die Rohrbündel an. Sie wird aus Blechen doppelwandig (mit Distanzrohren) hergestellt. An der Vorderseite befinden sich doppelwandige, mit inneren Schutzblechen versehene

Rauchkammertüren, welche in kräftigen Scharnieren hängen und mit Vorreibern verschlossen werden. Bei Anlagen mit Howdens Zug können die Vorreiber mitunter noch durch vorgesetzte Flügelmuttern besonders festgezogen werden, damit die Türen ganz dicht schließen. Mitunter werden die Türen auch durch einen Keilverschluß dichtgesetzt.

11. Rauchfang und Schornstein. Der Rauchfang dient zur Verbindung der Rauchkammern mit dem Schornstein. Haben mehrere Kessel einen gemeinsamen Schornstein, dann werden ihre Rauchfänge nach oben schräg zusammengeführt. Die Züge der einzelnen Kessel werden mitunter voneinander getrennt bis Oberkante Schornstein geführt (derjenige des Hilfskessels immer), damit die Zugverhältnisse der einzelnen Kessel voneinander unabhängig sind. Jede Abteilung erhält dann eine Klappe, welche vom Heizraum aus gestellt werden kann. Der Rauchfang wird ebenso wie der im Kesselschacht befindliche Teil des Schornsteins doppelwandig ausgeführt und mitunter mit Asbestmatten bekleidet.

Bei kleineren Schiffen wird Rauchfang und Schornstein auf den Kesseln abgestützt. Bei größeren Schiffen wird des großen Gewichtes wegen nur der Rauchfang auf dem Kessel abgestützt, während der Schornstein im Kesselschacht in geeigneter Weise aufgehängt wird. Die Verbindung von Rauchfang und Schornstein muß hierbei verschiebbar eingerichtet sein.

Oberhalb der Kesselschachtdecke wird der Schornstein häufig mit einem Mantel versehen, welcher auf der Kesselschachtdecke aufsteht und zur Lüftung des Kesselschachtes benutzt wird. Der innere Schornstein muß dann im Mantel längsverschiebbar sein. Die Schornsteinstagen dürfen erst angezogen werden, wenn der Schornstein warm ist. Hat der Schornstein keinen Mantel, dann wird die Öffnung in der Kesselschachtdecke, durch welche der Schornstein nach außen tritt, von einer mit dem Schornstein fest verbundenen Regenkrone überdacht, um Regen abzuhalten.

12. Die **Zugquerschnitte** für normale Zylinderkessel, bezogen auf 1 m^2 Rostfläche, betragen

in den Rostspalten	etwa 0,35 m^2,
über der Feuerbrücke	„ 0,16—0,25 m^2,
in den Siederohren	„ 0,16—0,2 m^2,
im Schornstein	„ 0,125—0,175 m^2.

13. Kesselbekleidung. Um die auftretenden Wärmeverluste soviel als möglich zu vermindern, werden Mantel und Stirnwände etwa 50 bis 80 mm stark mit Kieselguhr, Magnesia, Diatomit, Glasgespinst od. dgl. isoliert. Zum Schutz der Isolierung des oberen Teiles des Kesselmantels wird dieser mit einem Mantel aus verzinktem Eisenblech oder Drahtgaze mit Zement abgedeckt. Vor dem Bekleiden sind die Mantelbleche des Kessels mit einem sorgfältigen Menniganstrich zu versehen. Das untere Drittel des Kessels zwischen den Fundamenten wird gewöhnlich mit Asbestmatten, Glasgespinst od. dgl. bekleidet, welche durch Bandeisen gehalten werden.

14. Kesselfundament. Die Zylinderkessel werden auf Böcken aus Blechen und Winkeln gelagert, jedoch so, daß Nietnähte und Stehbolzen immer zugänglich bleiben. Die Lagerböcke werden häufig zweiteilig hergestellt; der untere Teil wird dann auf den Bodenstücken bzw. dem Doppelboden festgenietet. Die obere Hälfte wird erst eingeschoben und festgeschraubt, wenn der Kessel eingesetzt ist und sich in richtiger Lage befindet. Die Verschiebung der Kessel längsschiffs wird durch vorgesetzte Eckbleche verhindert.

Am oberen Teil des Kesselmantels werden gewöhnlich zwei bis vier Ösen angenietet, welche beim Einsetzen des Kessels zum Einhängen des Krangeschirres dienen. Nach dem Einsetzen

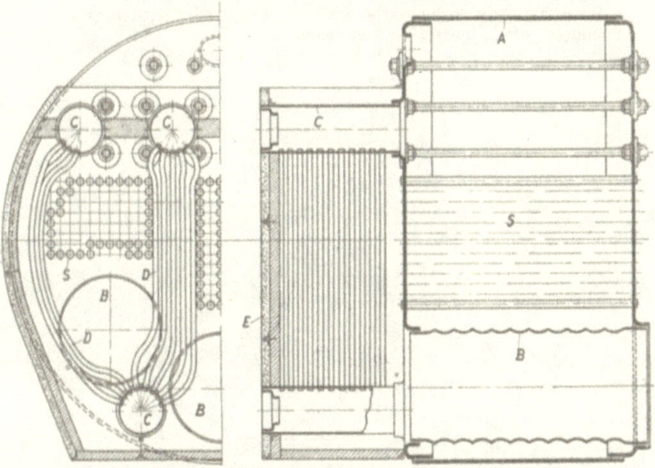

Abb. 363.

werden diese Ösen durch Anker mit den nächstliegenden Decksbalken od. dgl. bzw. mit den Ösen des Nachbarkessels verbunden, um den bzw. die Kessel im Schiff festzuhalten.

Der **Capus-Kessel**, Abb. 363, ist eine Kombination von Zylinderkessel und Wasserrohrkessel. Der Zylinderkessel *A* enthält nur die Flammrohre *B* und die Siederohrbündel *S*, welche in beide Stirnwände des Kessels eingesetzt sind. Die Feuerkammern werden dadurch gebildet, daß an die hintere Stirnwand unten zwischen den Flammrohren sowie oberhalb der Siederohrbündel zylindrische Rohrstutzen *C* von etwa 450 bis 500 mm i. Durchmesser und entsprechender Länge angesetzt sind, welche durch unten und oben eingewalzte Wasserrohre *D* von etwa 45 bis 50 mm äußerem Durchmesser verbunden sind. Rohrstutzen und Wasserrohre sind von einem innen mit Schamotiesteinen ausgekleideten Blechgehäuse *E* umgeben. Überhitzer werden entweder von oben zwischen den Rohrstutzen *C* in die Feuerkammer eingehängt oder in den Siederohren untergebracht.

B. Wasserrohrkessel.

Die auf Schiffen zur Anwendung kommenden Wasserrohrkessel haben entweder enge Rohre von etwa 25 bis 45 mm äußerem Durchmesser, welche der Kesselart entsprechend mehr oder weniger gekrümmt sind, oder weite Rohre von etwa 70 bis 80 mm äußerem Durchmesser, welche dann in geraden Enden eingebaut werden.

Bei diesen Kesseln befindet sich das Kesselwasser hauptsächlich innerhalb der Heizrohre, welche von außen beheizt werden. Als Feuerungsmaterial wird meistens Öl oder Kohlenstaub, mitunter jedoch auch Kohle verwendet.

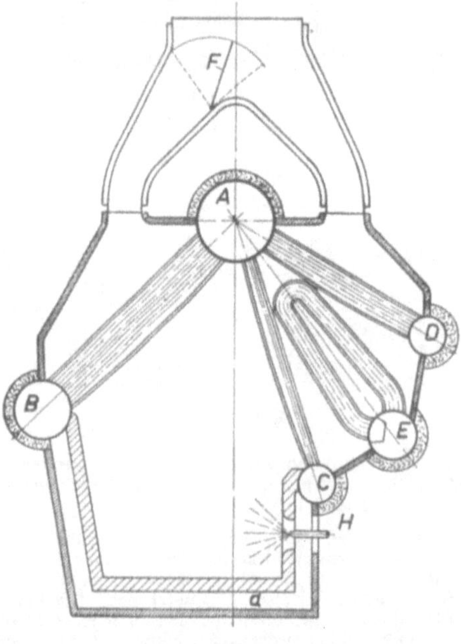

Abb. 364.

Sie können je nach Bauart für Dampfdrücke bis über 200 atü gebaut werden, weil die Abmessungen der durch den Dampfdruck beanspruchten Rohre, Sammelstutzen, Dampfsammler usw. nur verhältnismäßig gering sind. Dadurch fallen auch die verschiedenen Wandstärken nur verhältnismäßig gering aus, so daß das Gewicht eines solchen Kessels nur einen Bruchteil eines gleichwertigen

Zylinderkessels (soweit eine Ausführbarkeit als Zylinderkessel überhaupt besteht) beträgt.

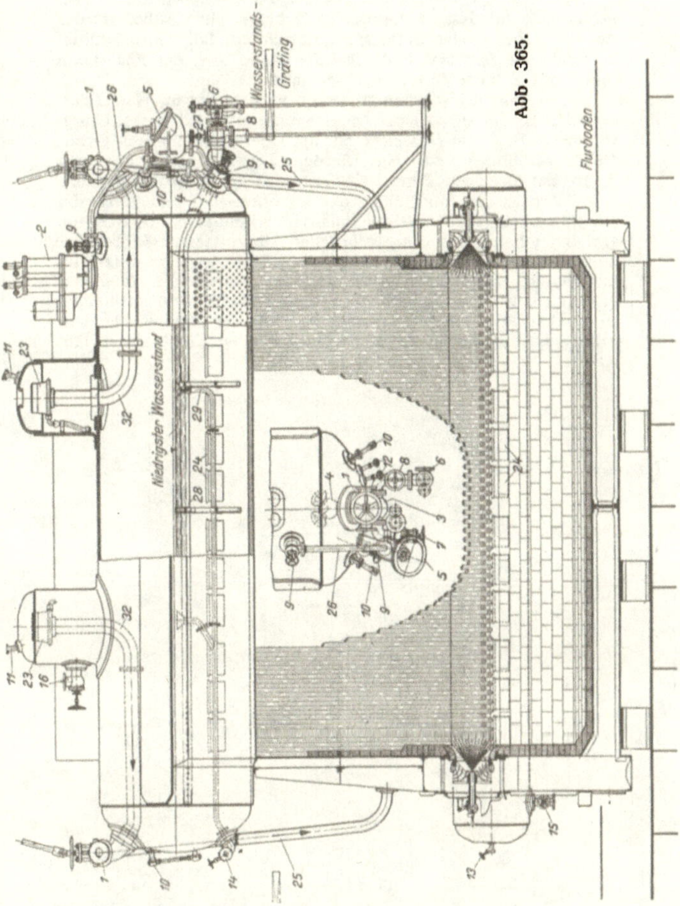

Abb. 365.

Ebenso ist das Gewicht des Kesselwassers je nach Bauart nur sehr gering, so daß das Anheizen von Wasserrohrkesseln in sehr kurzer Zeit erfolgen kann. Dies wird noch dadurch begünstigt, daß der Wasserumlauf sehr rasch erfolgt, so daß infolge der hierdurch bedingten gleichmäßigen Erwärmung des ganzen

Kessels in den verschiedenen Verbindungen keine übermäßigen Wärmespannungen auftreten können, wodurch sonst leicht Leckagen hervorgerufen werden.

Die Gehäuse werden aus Blechen und Winkeln zusammengebaut und mindestens doppelwandig hergestellt. Außen werden sie mit Asbest- oder Glasgespinstmatten od. dgl. gegen Wärmeausstrahlung geschützt und die Stirnwände bzw. der Feuerraum innen mit Schamottesteinen ausgemauert.

1. In Abb. 364 ist schematisch ein neuerer **Yarrow-Kessel** dargestellt. Er besteht aus der Obertrommel *A* und den drei Untertrommeln *B*, *C* und *D*, welche mit der Obertrommel durch gerade Rohre verbunden sind. Nur die dem Feuer zunächst liegenden Rohre der einzelnen Bündel sind schwach gekrümmt ausgeführt.

Zwischen die Rohrbündel der Unterkessel *C* und *D* ist der Überhitzer eingebaut, welcher aus der Trommel *E* mit den eingewalzten haarnadelförmig gebogenen Überhitzerrohren besteht. Die Trommel *E* ist durch Längs- und Querwände so unterteilt, daß der an einem Ende in die Trommel eintretende Naßdampf gezwungen wird, die Überhitzerrohre gruppenweise nacheinander zu durchströmen und erst am anderen Ende der Trommel als überhitzter Dampf wieder auszutreten. Die Dampftemperatur läßt

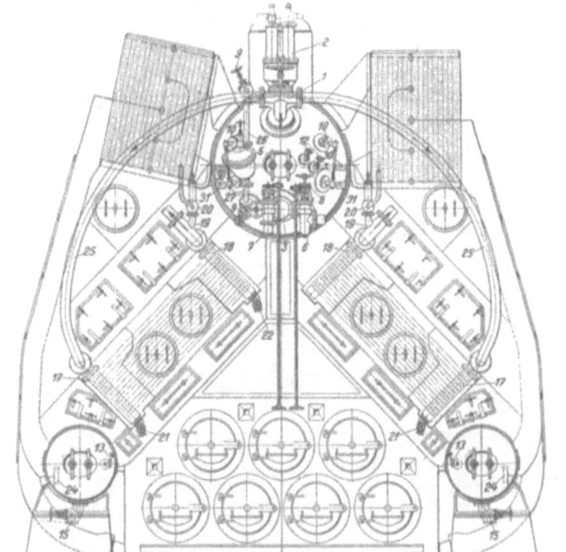

Abb. 366.

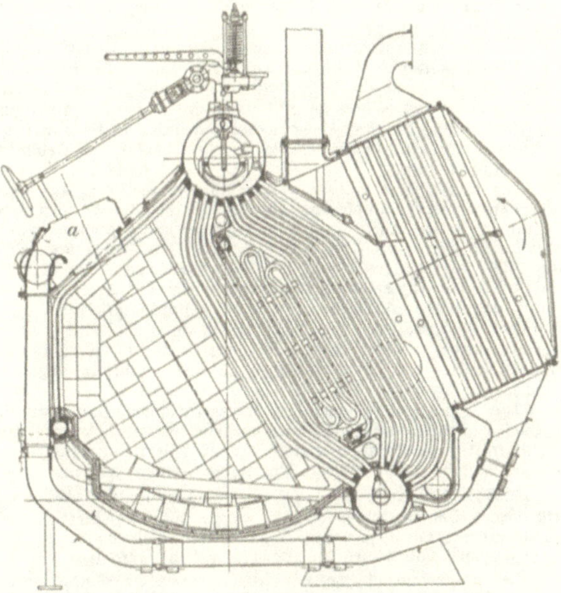

Abb. 367.

sich durch Verstellen der Rauchfangklappe *F* regeln. Die Ölbrenner *H*, denen die aus dem Luftvorwärmer kommende Verbrennungsluft durch die Ummantelung *a* zugeführt wird, sind an der Seite, unterhalb des Unterkessels *C* angeordnet.

2. In Abb. 365 und 366 ist ein neuerer Wasserrohrkessel (Doppelkessel D. „Bremen") dargestellt. Jeder Unterkessel ist durch zwei Rohrbündel mit dem Oberkessel verbunden, zwischen denen die Überhitzerschlangen angeordnet sind. Die Heizgase bestreichen zuerst nach oben ziehend die beiden inneren Rohrbündel, ziehen dann zwischen den Überhitzerschlangen hindurch nach unten und durch die äußeren Rohrbündel nach oben, von wo sie durch die beiden darüber angeordneten Luftvorwärmer nach dem Rauchfang und Schornstein entweichen.

Der niedrigste Wasserstand befindet sich etwa auf Mitte des Oberkessels, so daß sämtliche Rohrmündungen unter Wasser liegen. Der Wasserumlauf erfolgt selbsttätig in der Weise, daß Wasser und Dampfblasen in den inneren Rohrbündeln nach oben steigen, während in den äußeren Rohrbündeln das Wasser nach den Unterkesseln zurückströmt, um von hier wieder in die inneren Rohrbündel einzutreten.

Der dargestellte Kessel ist, wie dies neuerdings meistens der Fall ist, mit Ölfeuerung versehen. (Bei Kesseln mit Kohlefeuerung ist der Rost etwas unterhalb Mitte der Unterkessel zwischen diesen angeordnet.)

Die Verbrennungsluft tritt hier aus dem unter Druck stehenden Kesselraum oben in die Luftvorwärmer ein, umspült die seitlichen Außen- sowie die beiden Stirnwände und den Boden des Verbrennungsraumes und gelangt dann durch die Luftdüsen in den Feuerraum. Bei einer Howden-Anlage würden an die Eintrittsöffnungen der Luftvorwärmer die Druckluftkanäle des Gebläses angeschlossen sein.

Um möglichst trockenen Dampf zu erhalten, sind auf dem Oberkessel zwei Dampfdome angebracht, an deren höchstem Punkt der Dampf durch Zentrifugaltrockner *23* entnommen wird. Der Dampf tritt durch die Absperrventile 1 (Abb. 365 und 366) und die Verbindungsrohre *25* in die unteren Sammelkasten *17*, durch die Überhitzerrohre in die oberen Sammelkasten *18* und durch die Austrittskrümmer *19* in die Hauptdampfleitung.

Das Speisewasser wird durch das Hauptspeiseventil *6* bzw. das Hilfsventil *7* in den Oberkessel eingeführt. Die Regelung des Speiseventils *6* erfolgt selbsttätig durch einen Mumford-Regler *5* (s. d.).

Zum Reinigen der Kesselrohre sind an geeigneten Stellen durch Deckel verschließbare Öffnungen vorgesehen, durch welche die Rohre mittels überhitztem Dampf, bei außer Betrieb befindlichem Kessel auch mittels Preßluft, abgeblasen werden können.

3. Abb. 367 zeigt einen Wasserrohrkessel der **„Wagner-Hochdruck-Dampfturbinen A. G."** welche mit besonderer Rücksicht auf möglichst geringes Gewicht und kleinen Raum, für Dampfdrücke von 45 atü und darüber gebaut werden.

Der dargestellte Kessel besteht aus einem Ober- und einem Unterkessel, welche durch zwei geneigt stehende Rohrbündel miteinander in Verbindung stehen. Zwischen den beiden Rohrbündeln sind die Überhitzerschlangen angeordnet, in welchen der Dampf bis über 400° überhitzt wird. Der Feuerraum befindet sich an einer Seite, so daß die Heizgase seitlich durch das Rohrbündel hindurchtreten, um nach Durchströmen des auf der Rückseite des Kessels angeordneten, mit ovalen Rohren versehenen Luftvorwärmers, in den Schornstein zu gelangen.

Das Gehäuse ist unten sowie an den Stirnseiten mit feuerfesten Steinen ausgekleidet, während die Vorderseite des Feuerraumes durch eine aus Wasserrohren gebildete Wand begrenzt wird, welche unten an ein mit dem Unterkessel in Verbindung stehendes Sammelrohr anschließen und oben in den Mantel des Oberkessels eingewalzt sind.

Die Ölbrenner sind von oben in das Brennergehäuse *a* eingesetzt, so daß die Flammen schräg nach unten brennen. Die im Luftvorwärmer erhitzte Verbrennungsluft wird durch einen unter dem Kessel hindurchgeführten Luftkanal dem Brennergehäuse zugeführt.

4. Der Schmidt-Hartmann-Kessel. Die in Abb. 368 dargestellte Kesselgruppe besteht aus zwei zusammengebauten einfachen Kesseln (B.B.- und St.B.-Kessel). Jeder derselben besitzt zwei getrennten Dampferzeugern, und zwar dem feuerbeheizten Primärkessel, welcher hier aus einer Obertrommel *A* und einer Untertrommel *B* besteht, die durch Wasserrohre *C* miteinander

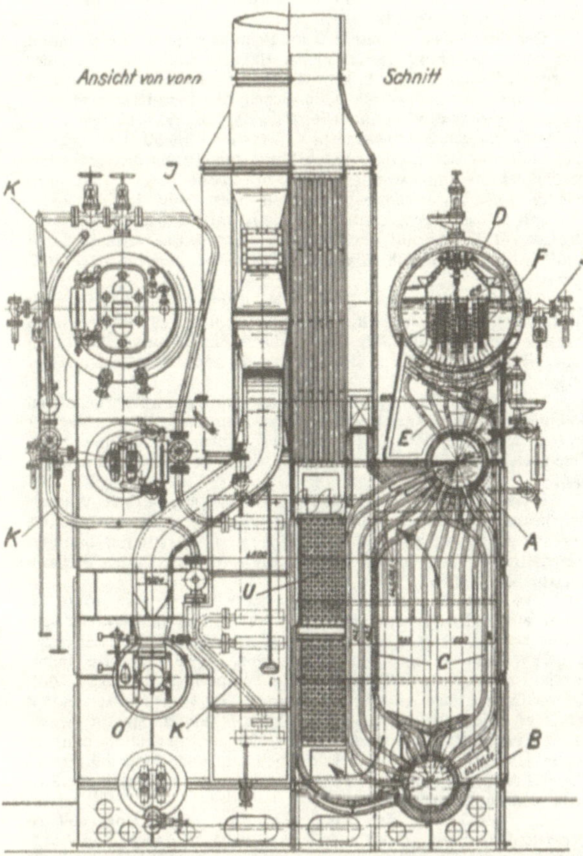

Abb. 368.

verbunden sind, und dem dampfbeheizten Sekundärkessel *D*, der nur aus einer Trommel besteht, in welcher der eigentliche Betriebsdampf erzeugt wird.

Die dem Feuer zunächst liegenden, zu dichten Wänden zusammengebogenen Wasserrohre *C*, sowie die an der Rückwand des Feuerraumes hochgeführten Verbindungsrohre sind Steigrohre, während die an der Außenwand liegenden als Fallrohre wirken. Der Weg der Heizgase ist durch Pfeile angedeutet. Der Primärkessel entspricht an sich einem normalen Wasserrohrkessel, nur daß sein Dampf nicht für den Maschinenbetrieb sondern als Heizdampf für den Sekundärkessel dient.

Der durch den Ölbrenner *O* im Primärkessel erzeugte Dampf von hoher Spannung (etwa 80 bis 100 atü) und entsprechender Sattdampftemperatur tritt als Heizdampf durch die Leitungen *E* in die im Sekundärkessel befindlichen Verdampferelemente *F*, die vom Wasser des Sekundärkessels umspült sind und hier durch Heizwirkung den Betriebsdampf von etwa 45 bis 50 atü erzeugen. Das in den Verdampferelementen *F* aus dem Primärdampf niedergeschlagene Kondenswasser fließt durch besondere Leitungen wieder in die Untertrommel *B* zurück. Der Primärkessel arbeitet also mit selbsttätigem Umlauf. Er wird mit reinem destilliertem Wasser gefüllt und nur nachgespeist, wenn Wasserverluste durch Undichtigkeiten, durch Blasen der Sicherheitsventile usw. auftreten.

Dem Sekundärkessel *D* wird das erforderliche Speisewasser in üblicher Weise durch eine Speisepumpe und das Speiseventil *S* zugeführt und der erzeugte Dampf durch die Leitung *J* nach dem Überhitzer *U* und durch die Leitung *K* nach der Maschine geleitet.

Der Vorteil dieser Konstruktion ist, daß sich im feuerbeheizten Primärkessel kein Kesselstein ansetzen kann und daß sich der nur mit Primärdampftemperatur bei verhältnismäßig kleiner Heizfläche beheizte Sekundärkessel leicht reinigen und entschlammen läßt.

5. Der Benson-Kessel ist ebenfalls ein engrohriger Wasserrohrkessel, welcher ursprünglich für einen Kesseldruck von etwa 250 atü gebaut wurde, und nur aus parallel- bzw. hintereinandergeschalteten Wasserrohren besteht, die mit ihren Enden in Sammelstutzen münden.

Das Besondere dieser Kesselart war ursprünglich, daß das unter einem Druck von etwa 250 at stehende Speisewasser den unter dem kritischen Druck von 225 at stehenden Kesselrohren zugeführt und in Dampf verwandelt wird. Der entwickelte Dampf erreicht dann am Austrittsende eine Temperatur von etwa 400°. Dieser Dampf wird jedoch nicht unmittelbar verarbeitet, sondern erst auf einen Druck von etwa 70 bis 90 ata entspannt, wobei seine Temperatur auf etwa 300 bis 320° sinkt, gelangt dann in einen Überhitzer und wird schließlich einer Höchstdruckturbine zugeführt, deren Abdampf in weiteren Turbinen bis auf Kondensatorspannung verarbeitet wird.

In Abb. 369 ist die prinzipielle Einrichtung eines solchen Kessels dargestellt. Der Feuerraum *F* wird an den beiden Langseiten durch Wasserrohrwände *4* und *8* gebildet, während die beiden Stirnseiten zur Unterbringung der Ölbrenner *B* dienen. Neben dem Verbrennungsraum ist der Überhitzer *12*, zwei Speisewasservorwärmer *2* und *6* sowie der Luftvorwärmer *L* angeordnet. Die Heizgase nehmen den durch die Pfeile angedeuteten Weg.

Der Weg des zu verdampfenden Wassers ist in der Abb. ebenfalls durch Pfeile angedeutet, und zwar wird das Speisewasser wie erwähnt mit einem Druck von etwa 250 atü durch die Speiseleitung *10* in den Vorwärmer *2* eingeführt, gelangt dann durch Leitung *3* in das Heizrohrsystem *4*, von diesem durch Leitung *5* in den Vorwärmer *6* und weiter durch Leitung *7* in das Heizrohrsystem *8*.

Aus dem Heizrohrsystem *8* wird der unter dem kritischen Druck von 225 ata stehende, mit einer Temperatur von etwa 400° austretende Dampf durch Leitung *9* nach einem Überdruckventil *10* geleitet, welches den Druck auf etwa 70 bis 90 atü abdrosselt, mit dem er dann durch Leitung *11* in den Überhitzer *12* gelangt. Nachdem der Dampf hier auf eine Temperatur von etwa 450° überhitzt worden ist, wird er durch die Leitung *13* nach der Turbine geleitet.

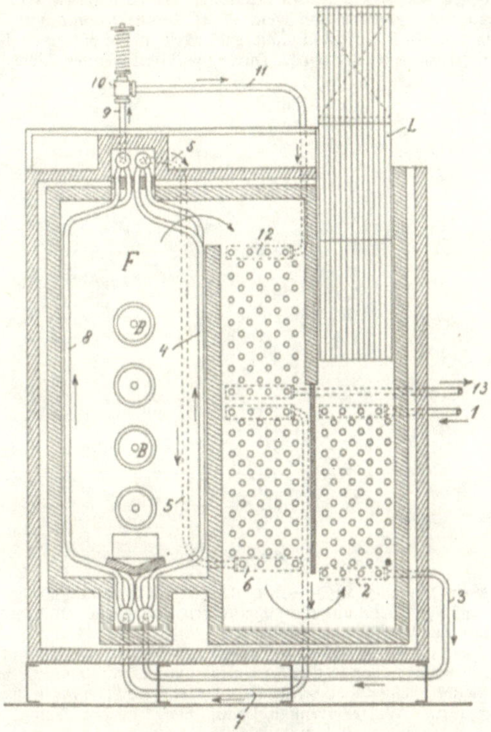

Abb. 369.

Das bereits erwähnte Überdruckventil *10* (Druckhalteventil) hat den Zweck, den Druck im eigentlichen Heizrohrsystem des Kessels immer auf mindestens 225 ata zu halten, unabhängig von der durch das Ventil strömenden Dampfmenge.

In neuerer Zeit werden diese Kessel jedoch nur mit einem Druck von etwa 80 bis 130 atü betrieben.

6. Eine ähnliche Einrichtung zeigt der in Abb. 370 schematisch dargestellte **La Mont-Kessel.** Auch bei diesem ist der Feuerraum *1* aus parallel geschalteten Wasserrohren gebildet, denen das zu verdampfende Wasser unmittelbar durch eine Pumpe zugeführt und in Dampf (bis etwa 130 ata) verwandelt wird. Die verwendeten Heizrohre haben etwa 20 bis 30 mm inneren Durchmesser und 3 bis 4 mm Wandstärke.

Die von der Pumpe **2** geförderte Wassermenge, welche ca. das 8fache der in Dampf verwandelten Menge beträgt, wird dem Verteiler *3* zugeführt, von welchem es durch Drosseldüsen unter einem um etwa 2 bis 3 at höheren Druck in die einzelnen Rohrschlangen *4* gedrückt wird. Durch den bestehenden Überdruck

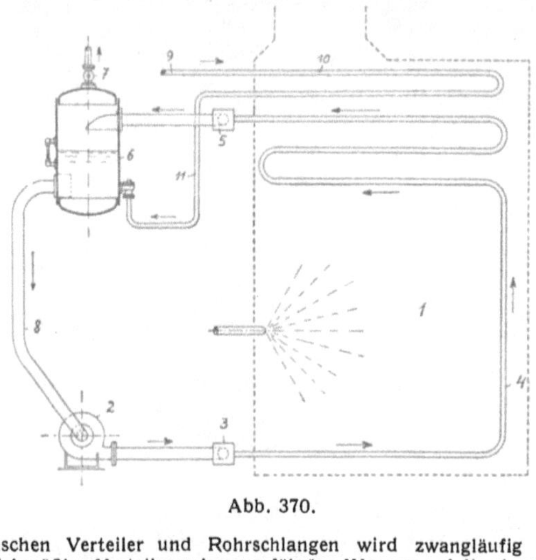

Abb. 370.

zwischen Verteiler und Rohrschlangen wird zwangläufig eine gleichmäßige Verteilung des zugeführten Wassers auf die einzelnen Verdampfungsschlangen erreicht.

Das in den Rohrschlangen *4* erzeugte Gemisch aus Dampf und Wasser gelangt dann in den Sammler *5*, von dem es einem Wasserabscheider *6* zugeführt wird, in welchem der Dampf sich vom mitgeführten Wasser trennen kann. Der trockene Dampf wird bei *7* entnommen und evtl. einem Überhitzer zugeführt, während das abgeschiedene Wasser durch die Saugleitung *8* der Umwälzpumpe *2* wieder zugeführt wird.

Die Umwälzpumpe *2* ist so bemessen, daß sie etwa achtmal so viel Wasser in den Verteiler und das Rohrsystem fördern kann, als Dampf erzeugt werden soll. Die der erzeugten Dampfmenge entsprechende Speisewassermenge wird durch eine Speisepumpe und die Leitung *9* nach dem Rauchgas-Speisewasservorwärmer *10* geleitet und dann durch Leitung *11* dem Wasserabscheider *6* zugeführt.

Das den Rohrschlangen in überreichlicher Menge zugeführte Speisewasser hat beim Eintritt in die Rohre eine Geschwindigkeit von etwa 1 m, die sich jedoch durch die Volumenzunahme infolge der Dampfbildung beim Austritt aus den Heizrohren auf etwa 18 bis 20 m steigert. Durch diese große Strömungsgeschwindigkeit ist der Wärmeübergang von den Rohrwänden auf das Wasser bedeutend größer als bei normalen Heizflächen und geringer Strömungsgeschwindigkeit, so daß die Verdampfungsfähigkeit pro m² Heizfläche ein Vielfaches der gewöhnlichen wird.

Abb. 371 zeigt schematisch einen ölgefeuerten Einenderzylinderkessel bei welchem nachträglich La Mont-Rohrschlangen in die drei Flammrohre eingebaut worden sind, um die Dampfleistung des Kessels zu erhöhen.

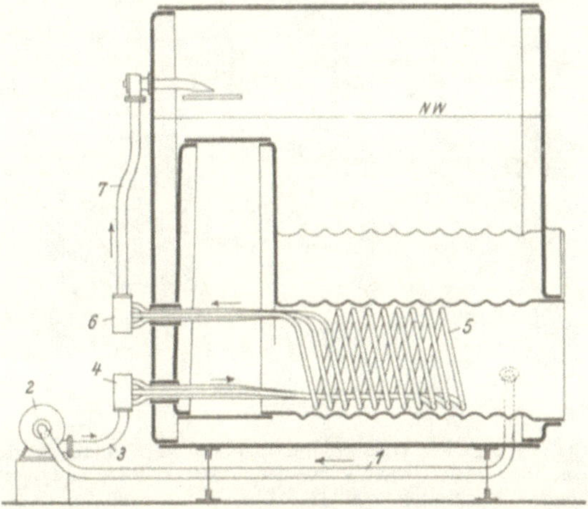

Abb. 371.

Durch die Leitung *1* wird aus dem Kessel Wasser entnommen und durch die elektrisch angetriebene Umwälzpumpe *2* und die Leitung *3* in die drei Verteiler *4* gedrückt, von denen jedoch der Deutlichkeit wegen nur derjenige des mittleren Flammrohres dargestellt ist. Aus dem Verteiler gelangt es in die drei ineinander gewundenen Rohrschlangen *5* und tritt dann mit dem entwickelten Dampf zusammen in den Sammler *6*, von welchem das Gemisch durch die Leitung *7* in den Dampfraum des Kessels gelangt, wo der Dampf sich vom Wasser trennt und mit dem übrigen erzeugten Dampf zusammen seinem Verwendungszweck zugeführt wird.

In ähnlicher Weise sind La Mont-Rohrwände auch in Wasserrohrkessel eingebaut worden, einerseits zum Schutz des Mauerwerks und andererseits zur Erhöhung der Dampfleistung.

7. Velox-Kessel. Neuere Bestrebungen gehen dahin, die auf 1 m² Heizfläche erzeugte Dampfmenge möglichst zu erhöhen, um Raum und Gewicht der Kessel nach Möglichkeit zu verringern. Dies wird dadurch erreicht, daß die Verbrennung des Brennstoffes unter einem Druck von etwa 2,5 at oder mehr erfolgt, so daß die Heizgase eine sehr hohe Strömungsgeschwindigkeit annehmen können und dadurch der Wärmeübergang von den Heizgasen auf die Heizflächen auf ein Vielfaches der normalen Größe gesteigert wird.

8. Weitrohrige Wasserrohrkessel. Abb. 372 zeigt einen solchen für einen Druck von 17,5 atü. Die Wasserrohre, welche einen äußeren Durchmesser von 95 mm und eine Wandstärke von 5 mm haben, sind in mehreren Reihen übereinander und nach hinten schräg ansteigend angeordnet, um das Aufsteigen der Dampfblasen zu erleichtern. Sie sind mit ihren Enden in die Rohrplatten der beiden genieteten bzw. geschweißten Wasserkammern eingewalzt,

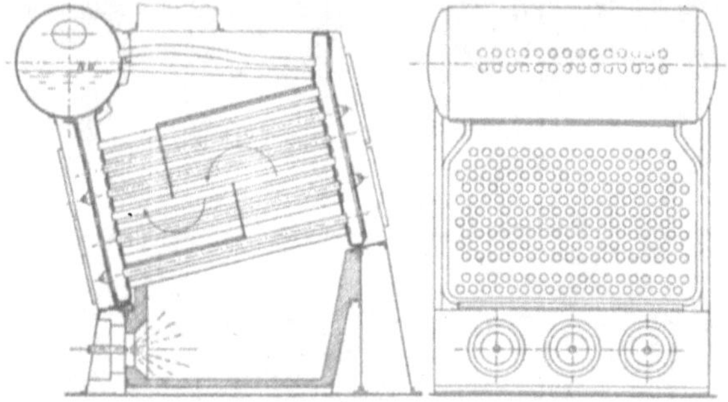

Abb. 372.

welche der Lage der Wasserrohre entsprechend, ebenfalls schräg stehen. Die beiden flachen Wände der Wasserkammern sind durch Stehbolzen gegenseitig verankert.

Die vordere Wasserkammer ist an ihrem oberen Ende mit dem darüber liegenden Oberkessel verbunden, während das obere Ende der hinteren Wasserkammer durch zwei Reihen schwach ansteigender Rohre mit demselben in Verbindung steht. Um die Wasserrohre einbauen zu können und ihr Inneres zugänglich zu machen, sind in den äußeren Kammerwänden, gegenüber den Rohrmündungen, Öffnungen vorgesehen, welche durch runde, von innen gegenliegende Deckel abgedichtet werden.

Der Kreislauf des Kesselwassesr geht in der Weise vor sich, daß der in den Wasserrohren entwickelte Dampf zusammen mit dem mitgerissenen Wasser in die hintere Wasserkammer aufsteigt und durch die oberen Verbindungsrohre in den Oberkessel gelangt, in welchem der Dampf vom mitgerissenen Wasser sich trennt. Aus dem Oberkessel tritt das abgeschiedene Wasser, zusammen mit dem in den Oberkessel gespeisten Wasser, nach unten in die vordere Wasserkammer, um von hier wieder in die Wasserrohre einzutreten.

9. Der Babcock-Wilcox-Kessel ist im Prinzip in der gleichen Art gebaut wie der vorstehend beschriebene Wasserrohrkessel.

Der wesentliche Unterschied besteht nur darin, daß an Stelle der beiden großen Wasserkammern einzelne, aus Stahlrohren gepreßte, zickzackförmige Rohrelemente von viereckigem Querschnitt dicht nebeneinander angeordnet sind. Die Elemente der Vorderseite sind unten durch Rohrstutzen an ein horizontales Sammelrohr, oben in ähnlicher Weise direkt an den Oberkessel angeschlossen. Die hinteren Elemente sind an ihrem oberen Ende nur durch je zwei nahezu horizontale Rohre mit dem Oberkessel verbunden. Das unterste sowie die beiden oberen Verbindungsrohre jedes Elementes haben etwa doppelt so großen Durchmesser wie die zwischenliegenden, in Gruppen zu je vier Stück angeordneten Rohre.

C. Dampfüberhitzer.

Um den aus dem Kessel entnommenen, immer mehr oder weniger feuchten Dampf zu überhitzen, wird er durch ein System enger Rohre von etwa 18 bis 40 mm i. Dmr. geleitet, welche in der Regel so in die Heizgaswege des zugehörigen Kessels eingebaut werden, daß eine übermäßige Erhitzung des durchströmenden Dampfes sowie ein Erglühen der Rohre nicht eintreten kann. Da die einzelnen Überhitzerrohre verhältnismäßig eng sind, so sind immer eine größere Anzahl derselben parallel geschaltet, welche mit ihren Enden an Sammelkasten aus Stahlguß oder Flußeisen angeschlossen werden.

Zum Anschluß der einzelnen Rohre an die Sammelkasten erhalten sie an den Enden aufgeschweißte Bunde, welche in Aussparungen des Sammelkastens passen und hier durch Ringe aus Weicheisen, Asbest, Klingerit od. dgl. hochhitzebeständigen Materialien abgedichtet werdeh. Je zwei nebeneinander einmündende Überhitzerschlangen werden gewöhnlich durch einen gemeinschaftlichen Bügel mit einer kräftigen Schraube festgehalten und abgedichtet, wie dies Abb. 373 zeigt.

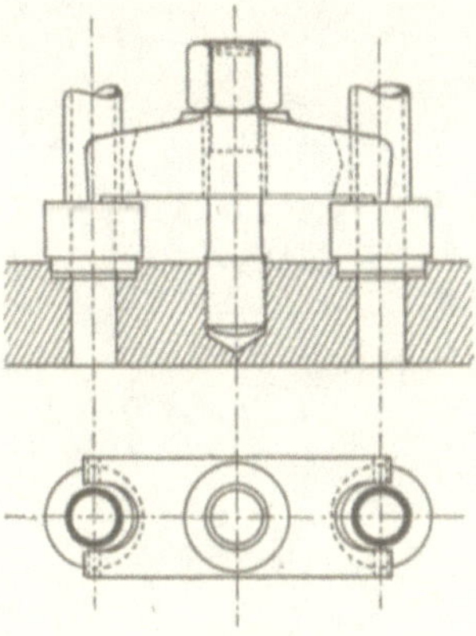

Abb. 373.

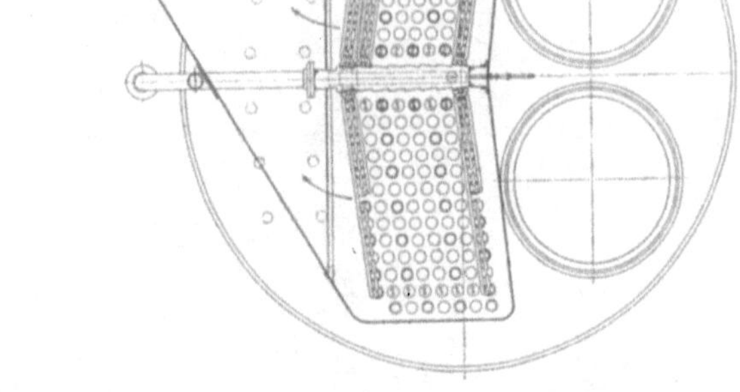

Abb. 374.

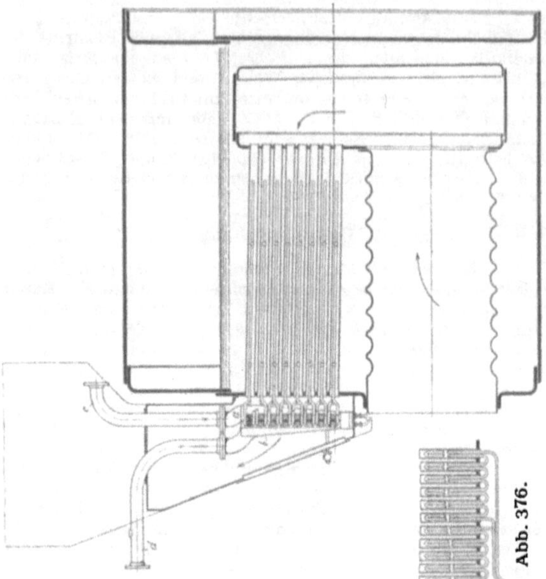

Abb. 375.

Abb. 376.

1. Überhitzer für Zylinderkessel sind meistens sog. Rauchrohrüberhitzer nach dem Patent der „Schmidtschen Heißdampf-Gesellschaft" Kassel, deren Einrichtung aus den Abb. 374, 375 und 376 ersichtlich ist. In jedem Siederohr befindet sich eine U-förmige Überhitzerschleife, welche aus Stahlrohren von etwa 18 bis 22 mm l. Dmr. und etwa 2,5 bis 3 mm Wandstärke besteht, die am hinteren Ende zusammengeschweißt oder durch besondere angeschweißte Umkehrenden verbunden sind. Meistens werden je 4 bis 6 nebeneinander liegende Überhitzerschleifen zu einem Überhitzerelement vereinigt, wie Abb. 376 zeigt.

Der aus dem Kessel entnommene Dampf tritt durch die Leitung *c* in den Sammelkasten *a* ein und gelangt nach dem Durchströmen der Überhitzerschlangen in den Sammelkasten *b*, von welchem er durch Leitung *d* der Hauptdampfleitung zugeführt wird. Die Sammelkasten werden in der Regel in der Rauchkammer zwischen den Siederohrbündeln stehend angeordnet, und die einzelnen Rohrschlangen in der in Abb. 373 ersichtlichen Weise an die Sammelkasten angeschlossen.

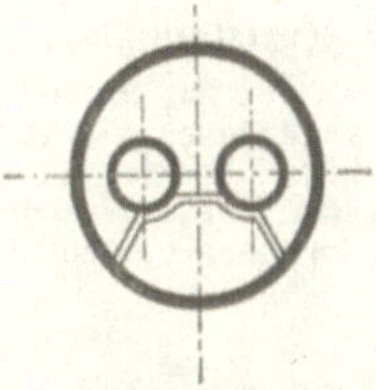

Abb. 377.

Um die einzelnen Rohrschleifen in den Siederohren in richtiger Lage zu erhalten, werden sie nach Abb. 377 mit angeschweißten Füßen versehen, mit denen sie sich im Siederohr aufstützen können. Der innere Durchmesser der Siederohre wird in der Regel nicht kleiner als 60 mm gemacht, damit neben der eingesetzten Überhitzerschleife noch genügender Querschnitt für den Durchtritt der Heizgase verbleibt.

Die erreichte Dampftemperatur wird um so höher, je näher die Umkehrenden der einzelnen Rohrschleifen nach der Feuerkammer hin liegen und beträgt im Höchstfalle etwa 300 bis 330°. Um höhere Dampftemperaturen zu erzielen, sind die Rohrschlangen mitunter bis in die Feuerkammer hinein verlängert worden.

Um hohe Dampftemperaturen zu erreichen, sind Überhitzer auch in der Weise ausgeführt worden, daß mehrere Rohrschlangen nebeneinander an der Decke der Feuerkammer aufgehängt wurden. Die Anschlußrohre werden bei dieser Bauart entweder durch die Siederohre oder durch Ankerrohre in der Hinterwand der Feuerkammer bzw. des Kessels geführt.

2. Überhitzer für Wasserrohrkessel werden ebenfalls aus parallel geschalteten Rohrschlangen von etwa 30 bis 40 mm l. Dmr. gebildet, welche in neuerer Zeit, um höhere Dampftemperaturen zu erreichen, innerhalb des Wasserrohrbündels untergebracht werden, wie die Abb. 366 und 367 zeigen. Bei dieser Bauart kann, je nach der Größe der dem Überhitzer vorgeschalteten Kesselheizfläche, die für das Rohrmaterial höchstzulässige Dampftemperatur erreicht werden.

Die einzelnen Rohrschlangen werden in ähnlicher Weise wie dies bei den Überhitzern für Zylinderkessel der Fall ist, an Sammelkasten aus Stahlguß oder Flußeisen angeschlossen.

Bemerkung. Hat der aus dem Überhitzer austretende Dampf eine zu hohe Temperatur, um in der Maschinenanlage ohne Nachteile verarbeitet zu werden, so wird zur Herabsetzung der Temperatur entweder Frischdampf aus dem Kessel zugesetzt, oder es wird eine gewisse Menge Speisewasser eingespritzt. Im ersteren Falle muß der zugesetzte Frischdampf auf die entstehende Mischungstemperatur überhitzt, im zweiten Falle das zugesetzte Wasser verdampft und auf die entstehende Mischungstemperatur überhitzt werden.

Um den Überhitzer beim Anheizen des Kessels zu schützen, genügt es, den zum Anwärmen der Hauptmaschine oder zum Betrieb der Hilfsmaschinen nötigen Dampf durch den Überhitzer strömen zu lassen.

D. Kesselarmatur.

Alle Armaturteile werden am Kessel auf besonders dafür aufgenietete und durch Verstemmen gedichteten schmiedeeisernen Verstärkungsflanschen mittels Stiftschrauben befestigt. Manche Armaturen erhalten Ansätze, welche durch die Kesselwand reichen und zur Befestigung der im Inneren anschließenden Rohre dienen.

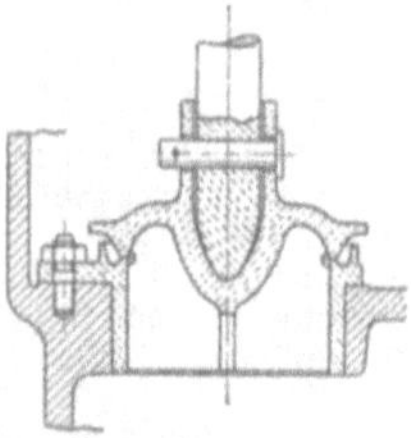

Abb. 378.

Hähne werden nur bei niedrigen Dampfspannungen verwendet (etwa bis 8 atü), weil sie bei höheren Spannungen schlecht dichthalten und schwer zu bewegen sind; bei diesen werden deshalb nur Ventile verwendet. Der Kesseldruck soll gewöhnlich unter dem Ventilkegel stehen. Als Material wird verwendet: für Gehäuse und Deckel der Ventile bis zu Drücken von 10 atü Gußeisen oder Bronze; bei höheren Drücken Stahlguß oder Bronze. Ventilkegel, -sitz und -spindel werden meistens aus Bronze hergestellt.

Bei Stahlgußventilen für überhitzten Dampf werden die Ventilkegel aus Flußeisen oder Stahlguß, die Spindeln aus Stahl hergestellt und als Ventilsitze Ringe aus reinem Nickel oder Stahl verwendet, welche in Ringnuten eingestemmt werden.

1. Sicherheitsventil. Der Gesamtquerschnitt muß so groß sein, daß bei normalem Heizen des Kessels und bei geschlossenem

Dampfentnahme-Ventil der Druck nicht mehr als 10% über den festgesetzten Druck steigen kann. Der lichte Durchmesser der Ventile wird gewöhnlich kleiner als 100 mm genommen, weil bei größerem Durchmesser die Belastungsfedern sowie die übrigen Bauteile zu schwer werden; deshalb ist die Anzahl der Ventile bei größeren Kesseln 3 bis 6 (nach Vorschrift mindestens zwei). Die Sitzbreite beträgt etwa 2 mm. Sitz und Kegel erhalten mitunter hohlgedrehte Ränder (Abb. 378), an denen sich der ausströmende Dampf stößt, wodurch sich das Ventil höher hebt und länger geöffnet bleibt.

Bei den sog. Hochhub- oder Vollhubsicherheitsventilen wird angestrebt, den Hub, der bei gewöhnlichen Ventilen nur verhältnismäßig gering ist, möglichst groß zu erhalten. Beim Sicherheitsventil von Cockburns ist zu diesem Zweck oberhalb des Ventiltellers auf der Ventilspindel noch ein bronzener Kolben angebracht, der ungefähr den gleichen Durchmesser hat wie das Ventil und in einer Bronzebüchse im Deckel des Ventilgehäuses leicht verschiebbar ist. Der bei gehobenem Ventil durch den abströmenden Dampf entstehende Überdruck im Gehäuse, der sonst dem Heben des Ventils entgegenwirkt, wird hier durch den auf den Kolben wirkenden Druck mindestens aufgehoben, so daß das Ventil sich leicht weiter heben kann.

Der Unterteil des Gehäuses wird aus Stahlguß oder Gußeisen, Federgehäuse und Deckel aus Gußeisen und die Innenteile aus Bronze hergestellt.

Die Belastung des Ventilkegels erfolgt bei Seeschiffen immer durch Federn, welche meistens direkt auf das Ventil wirken.

Ist p der höchste festgesetzte Dampfdruck in atü,

d der lichte Durchmesser des Ventiles in cm, und die Breite des Ventilsitzes 0,2 cm,

dann ist die Federbelastung P in kg:

$$P = (d + 0{,}2)^2 \cdot \frac{\pi}{4} \cdot p \text{ kg.}$$

Beispiel. Ventildurchmesser d = 80 mm, Dampfdruck p = 15 atü.

$$\text{Belastuug } P = (8{,}0 + 0{,}2)^2 \cdot \frac{\pi}{4} \cdot 15 = 793 \text{ kg.}$$

Wird der mittlere Durchmesser der Feder D = 102 mm und die Beanspruchung k_1 = 1650 kg/cm² angenommen, dann wird nach S. 81 die Drahtstärke a bei quadratischem Querschnitt der Feder:

$$a = 1{,}3 \frac{D \cdot P}{k_1} = 1{,}3 \frac{10{,}2 \cdot 793}{1650} = 2{,}2 \text{ cm.}$$

Wird die Zusammendrückung der Feder bei der Belastung P zu $f = 0{,}3d$ = 0,3 · 80 = 24 mm = 2,4 cm angenommen, so beträgt die Anzahl der freien Windungen:

$$n = \frac{G}{5{,}65 \cdot P} \cdot f \cdot \frac{a^4}{D^4} = \frac{850000}{5{,}65 \cdot 763} \cdot 2{,}4 \cdot \frac{2{,}2^4}{10{,}2^3} = 10.$$

Einstellung der Ventilfeder: Die Ventilfeder *f* (Abb. 379) wird mittels der Stellschraube *a* soweit niedergeschraubt, daß das Sicherheitsventil abzublasen beginnt, wenn die Dampfspannung im Kessel die festgesetzte Höhe erreicht hat. Dann wird das Maß *h* zwischen Stellschraube *a* und Mutter *b* festgestellt. Um ein unbefugtes Nachstellen der Feder zu verhindern, muß dann zwischen die Stellschraube *a* und die Mutter *b* ein einteiliger oder zweiteiliger Ring *d* von der Höhe *h* eingelegt und die Stellschraube *a* festgezogen werden. Die darüber geschobene Hülse *c* hat den Zweck, die Ventilspindel unzugänglich zu machen. Ventilspindel und Hülse *c* sind deshalb durch einen mit Vorhängeschloß gesicherten Querkeil *e* so verbunden, daß die Ventilspindel sich bei feststehender Hülse *c* frei heben kann.

Gesetzliche Vorschrift: Geteilte Ringe (Scheiben) sind nur auf Seedampfschiffen und auch nur dann zulässig, wenn die Schrauben zum Anspannen der Sicherheitsventilfedern unter Verschluß gehalten werden. Der erste Maschinist hat den Schlüssel

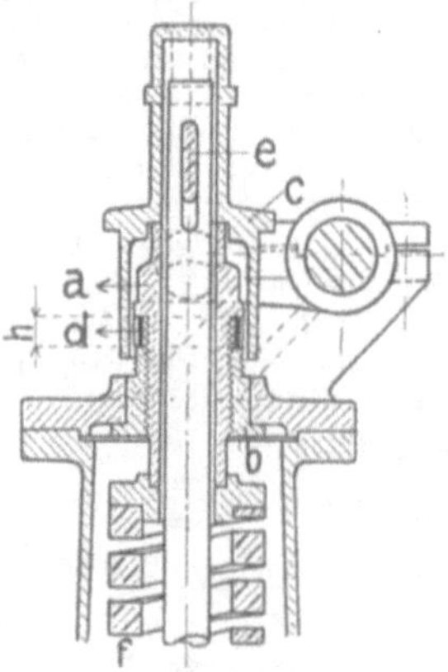

Abb. 379.

zu führen. Die Ringe zwischen Schraubenkopf und Mutter (Auflagefläche), welche ein Anspannen der Ventilfeder verhindern und deren Maß im Dampfkesselrevisionsbuch eingetragen ist, sind, nachdem die Federn nachgespannt und die Ringe nachgepaßt wurden, wieder unter den Schraubenkopf zu legen, und dann der Verschluß wieder vorzulegen.

Falls auf Seeschiffen in langer Fahrt federbelastete Sicherheitsventile vom leitenden Maschinisten unter Anwendung eines Kontrollmanometers berichtigt werden, hat dieser eine Eintragung in das Maschinentagebuch vorzunehmen und dem Aufsichtsamt für Dampfkessel und Maschinen ungesäumt schriftliche Mitteilung zu machen. Es wird besonders darauf aufmerksam gemacht, daß die ersten Maschinisten nur dann berechtigt sind auf Seeschiffen in langer Fahrt zu leicht abblasende Sicherheitsventile nachzuspannen, wenn sie sich des Kontrollmanometers bedienen. Nichtbeachtung dieser Vorschrift zieht strenge Bestrafung nach sich. —

Zum Anlüften des Sicherheitsventils von Hand hat die Hülse *c* einen Rand, unter welchen zwei Hebedaumen greifen, die durch Hebel und Seilzug vom Heizraumflurboden aus betätigt werden können und die Spindel mittels des Querkeils *e* anheben.

Die Ventilspindel muß überall dort, wo sie durch Deckel oder Führungen hindurchgeht, Luft haben. Diese Stellen müssen auch besonders gut rein gehalten werden.

Vom Ventilgehäuse oberhalb der Sitze führt ein genügend weites Rohr am Schornstein entlang ins Freie und ferner ein nicht absperrbares Entwässerungsrohr nach der Bilge oder nach einem Kondenswasserbehälter.

2. Hauptabsperrventil. Für den Anschluß der Hauptdampfleitung an den Kessel wird ein gewöhnliches Winkel- oder Durchgangsventil aus Gußeisen oder Stahlguß möglichst an höchster Stelle des Kessels vorgesehen. Die Bewegung erfolgt durch ein Handrad oder eine Handkurbel direkt und außerdem durch ein Gestänge von Deck aus.

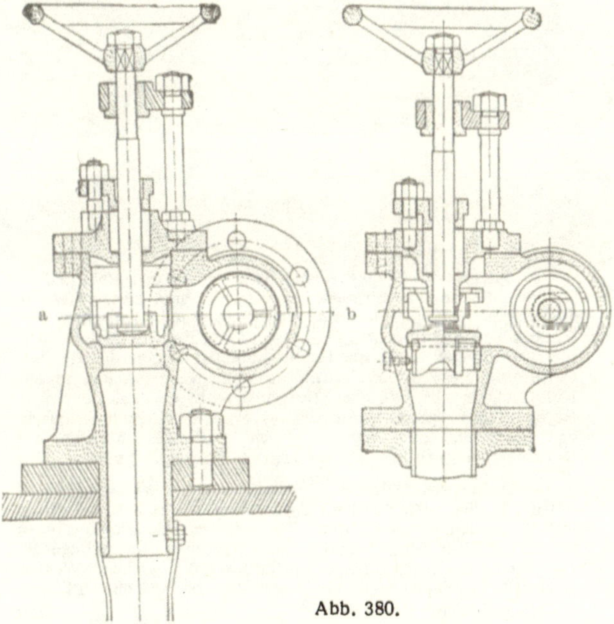

Abb. 380.

Bei Kesseln ohne Dom liegt innerhalb des Kessels, möglichst hoch über dem Wasserspiegel, ein besonderes Dampfentnahmerohr, welches an das Hauptabsperrventil angeschlossen ist. Dieses Rohr wird gewöhnlich aus Eisen hergestellt und nur an seiner Oberseite mit Löchern oder Schützen versehen, um möglichst wasserfreien Dampf abzuführen. Vielfach werden in diese Entnahmeleitung auch besondere Dampftrockner eingebaut; bei dem in Abb. 365 dargestellten Wasserrohrkessel sind z. B. sog. „Zentrifugaldampftrockner" vorgesehen, in welchen mitgerissene Wasserteilchen infolge der kreisenden Bewegung des Dampfes durch die Zentrifugalkraft ausgeschieden werden.

Die Hilfsdampfleitung wird in gleicher Weise an den Kessel angeschlossen, nur erhält diese in der Regel eine doppelte Absperrung oder ein Rückschlagventil, damit auch bei Unachtsamkeit niemals Dampf aus der Hilfsdampfleitung in einen außer Betrieb befindlichen Kessel gelangen kann und Unglücksfälle beim Befahren dieses Kessels verhindert werden.

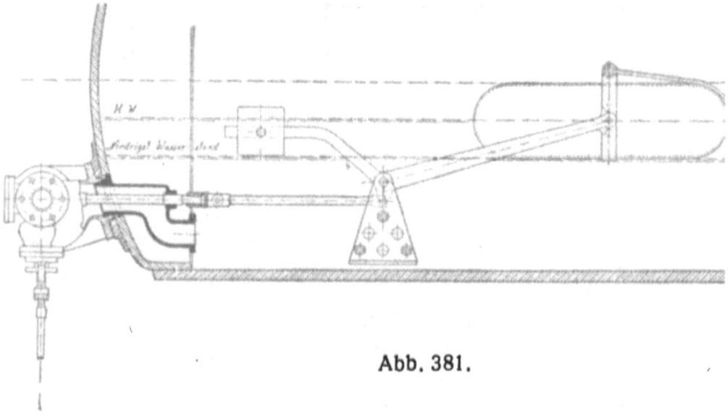

Abb. 381.

3. Speiseventil. Jeder Kessel wird gemäß den Vorschriften mit zwei Speiserückschlagventilen versehen, und zwar eines für die Haupt- und eines für die Hilfsspeiseleitung. Zwischen dem Rückschlagventil und dem Kessel wird noch ein besonderes Absperrventil angebracht. Bei dem in Abb. 380 dargestellten Speiseventil sind diese beiden Ventile zusammengegossen und so am Kessel angebracht, daß das Rückschlagventil vertikal steht. Die Regelung des Speisewassereintrittes erfolgt bei Zylinderkesseln von Hand, und zwar meistens durch Einstellen des Hubes des Rückschlagventiles durch die hierfür vorgesehene Spindel.

4. Speisewasserregler. Die Speiseventile für Wasserrohrkessel werden ähnlich gebaut wie für Zylinderkessel. Es wird bei diesen jedoch für den normalen Betrieb neben der Handregelung noch ein selbsttätiger Wasserstandsregler vorgesehen, weil infolge der zur erzeugten Dampfmenge verhältnismäßig kleinen Wasserspiegelfläche Änderungen in der Wasserstandshöhe oft sehr schnell eintreten.

Der in den Abb. 381 und 382 dargestellte Regler besteht aus einem im Oberkessel befindlichen, durch ein Gegengewicht ausgeglichenen schmiedeeisernen, druckfesten Schwimmer, der mittels Gestänge ein Doppelsitzventil betätigt. Das Speisewasser tritt durch die seitlich angeschlossenen Speiserückschlagventile in den Raum zwischen den beiden Reglerventilen und gelangt durch

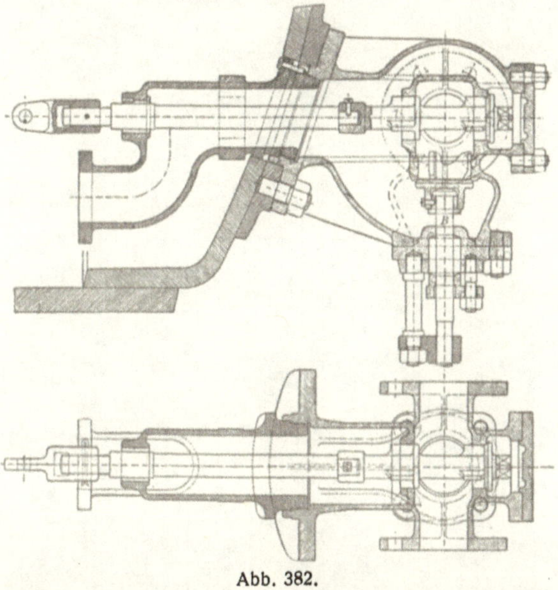

Abb. 382.

diese in den Kessel. Bei normalem Wasserstand hält der Schwimmer das Doppelsitzventil nur wenig geöffnet; steigt der Wasserspiegel, dann wird es durch den ebenfalls steigenden Schwimmer geschlossen; sinkt er, dann wird es weiter geöffnet. Das Speisewasser kann auch durch das Umlaufventil *B* direkt in den Kessel gespeist werden.

In neuerer Zeit werden vielfach Speisewasserregler verwendet, bei denen der Schwimmer in einem besonderen, außerhalb des Kessels angeordneten Behälter sich befindet.

In Abb. 383 ist der Speisewasserregler „Patent Mumford" dargestellt. Er besteht aus einem außen am Oberkessel, in der Höhe des normalen Wasserstandes angebrachten Behälter *1*, welcher durch die Rohre *2* und *3* mit dem Dampf- bzw. Wasserraum des Oberkessels verbunden ist. Der im Behälter *1* untergebrachte, um den Bolzen *4* schwingende Schwimmer *5* ist durch das Gegengewicht *6* ausbalanziert und betätigt durch das Verbindungsglied *7* die Ventilstange *8* und das damit verbundene Ventil *14*.

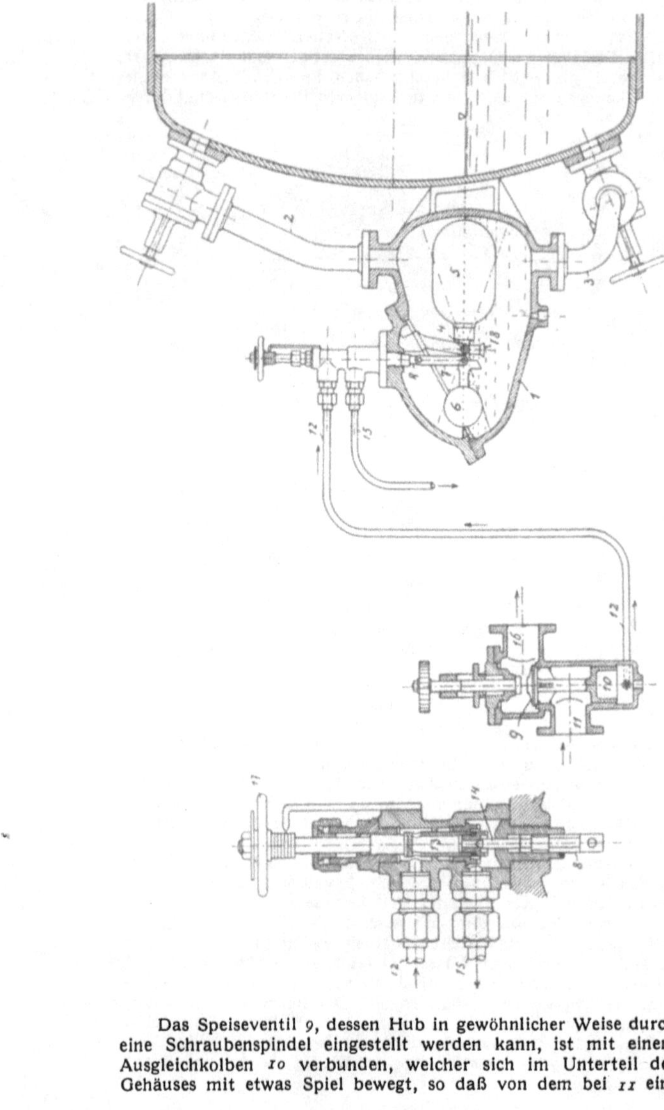

Abb. 383.

Das Speiseventil *9*, dessen Hub in gewöhnlicher Weise durch eine Schraubenspindel eingestellt werden kann, ist mit einem Ausgleichkolben *10* verbunden, welcher sich im Unterteil des Gehäuses mit etwas Spiel bewegt, so daß von dem bei *11* eintretenden Speisewasser immer eine gewisse Menge Leckwasser unter den Kolben und durch die Leitung *12* in die hohle Spindel *13* gelangen kann.

Bei normalem oder höherem Wasserstand hält der nach oben gehende Schwimmer das Hilfsventil *14* offen, so daß das unter den Kolben gelangende Leckwasser durch die Leitung *15* nach dem Speisewassertank abfließen und ein Druckstau unter dem Kolben nicht eintreten kann. Das Speiseventil *9* wird daher durch den Kesseldruck geschlossen. Sinkt hingegen der Wasserstand unter den normalen, so wird die Spindel *8* nach oben bewegt und das Ventil *14* geschlossen, so daß das Kolbenleckwasser nicht mehr austreten kann und infolgedessen unter dem Kolben ein Druckstau eintritt. Hierdurch wird das Speiseventil *9* durch den Pumpendruck gehoben und es kann durch den Anschlußstutzen *16* Speisewasser in den Kessel treten.

Durch das Handrad *17* kann die hohle Spindel *13* verstellt und dadurch die Höhe des zu haltenden Wasserstandes eingestellt werden. Um während des Betriebes die Beweglichkeit des Schwimmers *5* untersuchen zu können, ist eine in der Achse des Drehzapfens *4* angebrachte, durch eine Stopfbüchse nach außen geführte Spindel mit Handgriff vorgesehen, durch welche der Daumen *18* aus seiner Mittelstellung nach beiden Seiten geschwenkt und der Schwimmer in beiden Richtungen bewegt werden kann.

In ähnlicher Weise ist auch der Speisewasserregler System Weir eingerichtet.

In besonderen Fällen werden an Stelle der vorerwähnten, verhältnismäßig einfachen Regler auch solche verwendet, welche nicht allein vom Wasserstand im Oberkessel sondern auch von der dem Kessel entnommenen Dampfmenge beeinflußt werden.

5. Manometer. Der Anschluß des Manometers erfolgt mittels eines Hahnes oder Ventils ungefähr an der höchsten Stelle des Kessels. Da niemals Dampf bis in das Manometerfederrohr gelangen darf (da er sonst unrichtig anzeigt), so wird das Zuleitungsrohr unter diesem zu einer Schleife oder einem Wassersack gebogen, in welchem sich kondensiertes Wasser setzen kann, das eine Erwärmung des Federrohres verhindert. Unmittelbar unter dem Manometergehäuse befindet sich ein Dreiwegehahn, mit welchem das Manometer mit dem Kessel oder mit der Atmosphäre verbunden werden kann. In letzterem Falle muß dann der Zeiger auf Null einspielen. Die Umstellung des Hahnes ist zur Kontrolle des Manometers von Zeit zu Zeit vorzunehmen.

An geeigneter Stelle des Kessels muß ein Hahn mit Kontrollflansch angebracht sein, welcher zum Anbringen des amtlichen Kontrollmanometers dient; häufig befindet sich dieser Kontrollflansch an dem oben erwähnten Dreiwegehahn des Kesselmanometers; dieser Flansch muß eine Länge von 60 mm, eine Breite von 25 mm und eine Bohrung von 7 mm haben. Er muß ferner zum Einlegen der Befestigungsschrauben des Kontrollmanometers mit zwei 20 mm langen und 7 mm weiten Schlitzen versehen sein.

6. Wasserstandsanzeiger. Dieser besteht meistens aus einem kräftigen, gut geglühten Glasrohr, das an beiden Enden durch Hahn- oder Ventilköpfe mit dem Kessel verbunden ist. Bei manchen Bauarten sind im unteren Wasserstandskopf Rückschlagventile vorgesehen, welche sich bei eintretendem Bruch des Glases selbsttätig schließen (Selbstschlußventile) und das Ausblasen des

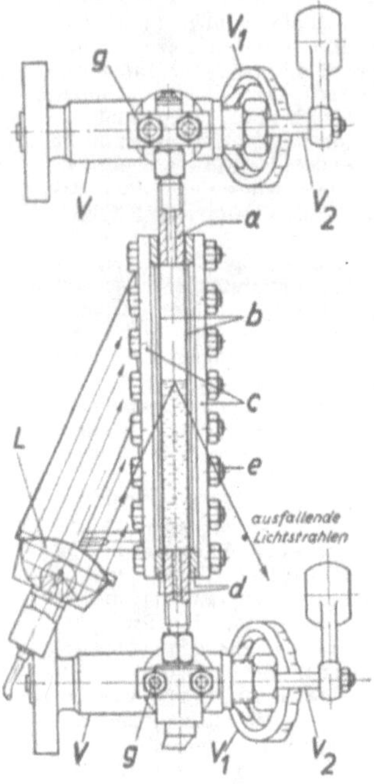

Abb. 384.

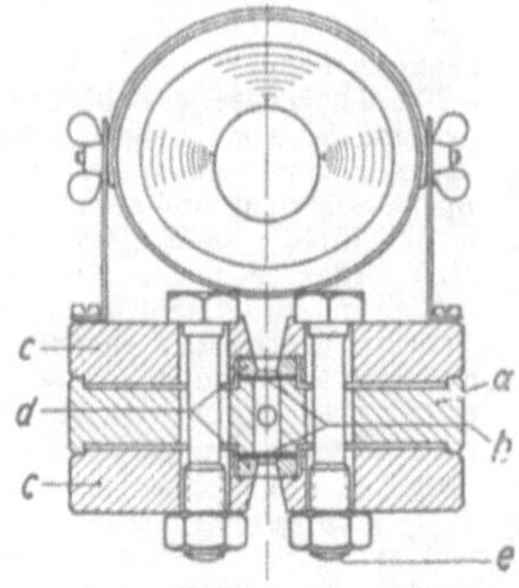

Abb. 385.

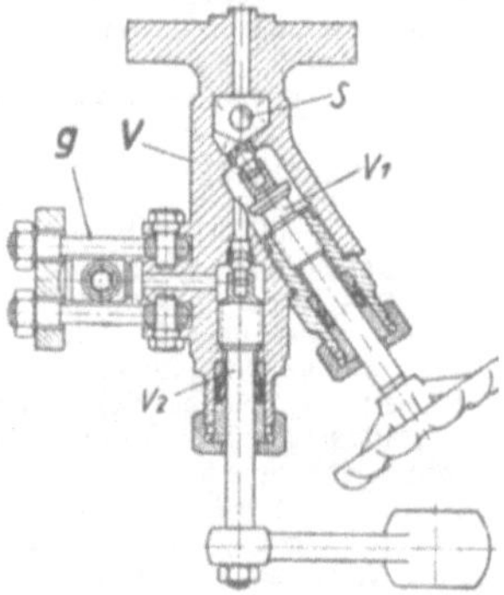

Abb. 386.

heißen Kesselwassers verhindern. Die Hähne oder Ventile müssen bei eingetretener Verstopfung von außen in gerader Richtung nach dem Kessel hin durchgestoßen werden können

Am unteren Hahnkopf befindet sich noch ein Hahn oder ein Ventil mit anschließendem Rohr, um das Wasserstandsglas nach der Bilge hin durchblasen zu können.

Häufig sind die Wasserstandsköpfe an einem Stutzen aus Bronze oder Stahlguß angebracht, welcher oben und unten durch Rohre mit dem Dampf- bzw. Wasserraum verbunden ist; dann steht das Wasser im Glase meistens etwas niedriger als im Kessel, weil das Wasser im Rohr infolge Abkühlung und mangelnder Zirkulation eine niedrigere Temperatur als das im Kessel hat und daher sein spez. Gewicht größer ist.

Bei dem Wasserstandsanzeiger, Bauart Klinger, ist das Schauglas flach, sehr stark und an der hinteren Seite geriffelt;

infolge der Riffelung erscheint der vom Wasser berührte Teil schwarz.

Gesetzliche Vorschrift: Die Wasserstandsgläser müssen mit geeigneten Schutzvorrichtungen versehen sein. Werden Drahtnetze verwendet, so soll deren Maschenweite etwa 4 mm betragen. Schutzvorrichtungen aus Stäben sind nicht zulässig. Wegen besserer Sichtbarkeit des Wasserstandes ist es zweckmäßig das Schutznetz so anzuordnen, daß die Quadrate auf der Spitze stehen.

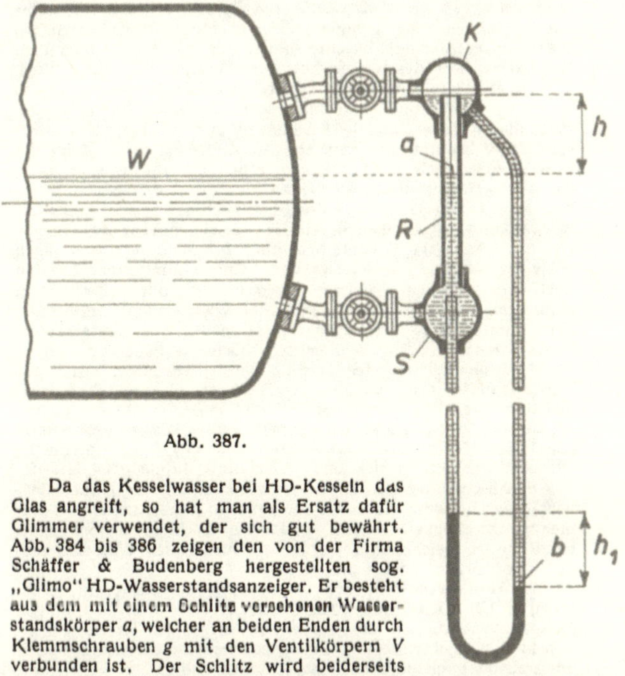

Abb. 387.

Da das Kesselwasser bei HD-Kesseln das Glas angreift, so hat man als Ersatz dafür Glimmer verwendet, der sich gut bewährt. Abb. 384 bis 386 zeigen den von der Firma Schäffer & Budenberg hergestellten sog. „Glimo" HD-Wasserstandsanzeiger. Er besteht aus dem mit einem Schlitz versehenen Wasserstandskörper *a*, welcher an beiden Enden durch Klemmschrauben *g* mit den Ventilkörpern *V* verbunden ist. Der Schlitz wird beiderseits von je einer Glimmerplatte *b* bedeckt, welche durch die Druckstücke *d* und die Klemmbacken *c* mittels der Schrauben *e* gegen den Wasserstandskörper *a* gedrückt und abgedichtet werden. Die Ventilköpfe *V* sind mit je einem Schnellschlußventil V_2, einem Absperrventil V_1 und einer Selbstschlußkugel *S* versehen, welche sich im Notfall von unten gegen den Ventilsitz legt. Beim Schließen des Absperrventils V_1 wird die Kugel durch einen Zapfen am Ventilkegel wieder von ihrem Sitz abgedrückt. Die Beleuchtung erfolgt von unten durch die Lampe *L*, wodurch der Wasserspiegel im Apparat hell erleuchtet sichtbar wird.

Da die mitunter sehr hochliegenden gewöhnlichen Wasserstandsanzeiger sich vom Heizraum-Flurboden aus nur schwer beobachten lassen, sind sog. „Wasserstands-Fernanzeiger" ausgebildet worden, bei denen der Anzeigeapparat in Augenhöhe angeordnet ist. Abb. 387 zeigt im Prinzip den sog. „Subo"-Wasserstandsanzeiger von Schäffer & Budenberg. Er besteht aus einem U-Rohr aus starkem Glas, welches mit einer roten, wasserunlöslichen Flüssigkeit gefüllt ist, und dessen beide Schenkel durch feste Rohrleitungen an die beiden, mit dem Oberkessel in Verbindung stehenden Gefäße *K* bzw. *S* angeschlossen sind. Das Verbindungsrohr *R* ragt bis etwa zur Mitte des oberen Gefäßes *K*, in welchem das durch Kondensation gebildete Wasser einen unveränderlichen Wasserspiegel bedingt, welcher immer um die Höhe *h* über dem Wasserspiegel *W* des Kessels bzw. *a* im Verbindungsrohr *R* liegt. Da die rote Anzeigeflüssigkeit schwerer als Wasser ist, so steht die Anzeigeflüssigkeit im rechten Schenkel immer um h_1 tiefer als im linken, und jede Änderung in der Höhe des Wasserspiegels *W* bedingt eine proportionale Änderung in der Lage des Flüssigkeitsspiegels *b*. Durch entsprechende Wahl des spez. Gew. der Anzeigeflüssigkeit, kann die Anzeige des Apparates, d. h. die Änderung in der Höhenlage des Flüssigkeitsspiegels *b*, gleich der Schwankung des Wasserspiegels im Kessel gemacht werden.

Der niedrigste Wasserstand muß bei Zylinderkesseln auch bei einer Neigung des Kessels von 4° noch mindestens 150 mm über dem höchsten Feuerzug liegen und ist durch Zeiger und Schild mit der Aufschrift „Niedrigster Wasserstand" bezeichnet. Ferner muß die untere sichtbare Begrenzung des Wasserstandsglases mindestens 30 mm über dem höchsten Feuerzug liegen.

7. Probierhähne oder -ventile werden benutzt, wenn das Wasserstandsglas unbrauchbar geworden ist. Ihre Anzahl beträgt meistens zwei, von denen der unterste in Höhe des niedrigsten Wasserstandes sitzt, also beim Öffnen immer Wasser geben muß. (Bei hohen Kesseldrücken schwer zu erkennen.) Die Probierhähne oder -ventile müssen sich in gerader Linie durchstoßen lassen.

8. Abschaumventil. Dieses ist zweckmäßig ein Rückschlagventil, welches zum Abblasen der auf dem Kesselwasser schwimmenden Unreinigkeiten dient. An das Ventil schließt sich im Kessel ein Rohr an, welches in der Höhe des niedrigsten Wasserstandes mit einer Brause oder Schale endigt.

9. Ausblaseventil. Auch dieses ist zweckmäßig ein Rückschlagventil, welches zum Entleeren des Kessels durch Auspumpen oder durch Ausblasen nach Außenbord dient. Im Kessel schließt sich in der Regel noch ein gußeisernes oder schmiedeeisernes Rohr an, welches nahe über dem Kesselboden endigt.

10. Das **Salzprobierventil** dient zur Entnahme von Kesselwasser zur Feststellung des Salzgehaltes mittels des Salinometers.

Gesetzliche Vorschrift: Der Salzgehalt des Kesselwassers auf Seeschiffen ist mindestens alle vier Stunden mit Hilfe des Salinometers und Thermometers zu messen. Er darf nur in Notfällen die Höchstgrenze von 12% erreichen.

11. Das Entlüftungsventil dient zur Entlüftung des Kessels beim Anheizen oder bei der nassen Konservierung. Es sitzt an höchster Stelle des Kessels.

12. Kesselwasseranwärm- bzw. Umlaufapparate werden bei größeren Zylinderkesseln angewendet, um zu vermeiden, daß beim

Anheizen das im unteren Teil des Kessels befindliche Wasser kalt bleibt. Zum Anwärmen vor dem Anheizen wird Dampf benutzt, welcher einem in Betrieb befindlichen Hilfskessel entnommen und mittels eines Rückschlagventils dem im Inneren des Kessels angeordneten Apparat zugeführt wird.

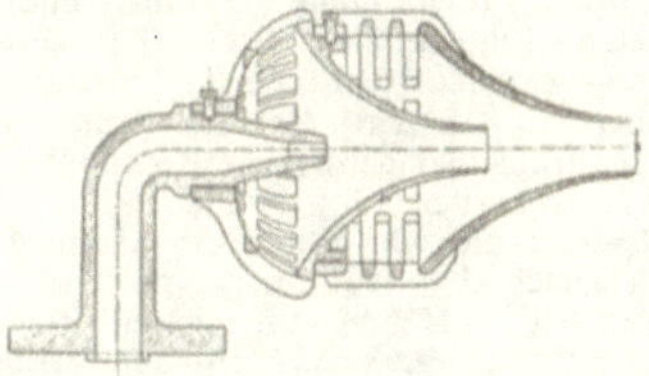

Abb. 388.

Dieser Apparat ist vielfach nur ein im unteren Teil des Kessels liegender einfacher Düsenapparat, welcher das kalte Wasser an einem Ende durch ein unten gelochtes Rohr ansaugt und das angewärmte Wasser auf dem vorderen Ende ausstößt.

Demselben Zweck dient auch der in Abb. 388 dargestellte Apparat (Hydrokineter), der an der tiefsten Stelle des Kessels angeordnet wird. Das kalte Wasser tritt hier direkt seitlich ein und durch die letzte große Düse erwärmt wieder aus. Der Heizdampf wird durch die erste kleine Düse eingeführt.

Ohne eine besondere Vorrichtung kann man den Umlauf des Kesselwassers dadurch herbeiführen, daß man dasselbe mittels der Dampfspeisepumpe durch das Ausblaseventil aus dem unteren Teil des Kessels absaugt und durch die Speiseleitung oben wieder in den Kessel drückt.

Bei Wasserrohrkesseln werden Anwärmeapparate nicht angewandt, weil diese Kessel wegen ihrer Bauart sehr unempfindlich gegen ungleichmäßige Erwärmung sind und der selbsttätige Wasserumlauf beim Anheizen schon sehr kräftig ist.

Gesetzliche Vorschriften.

(Auszug aus: „Die gesetzlichen Bestimmungen über Genehmigung, Betrieb und Überwachung von Schiffsdampfkesseln" von Baudirektor H. Hansen.)

§ 12.

Bauprüfung, Druckprobe und Abnahme neu oder erneut zu genehmigender Schiffskessel.

Die Höhe des ersten Wasserdruckversuches neu oder erneut zu genehmigender Schiffskessel ist wie folgt:

1. Binnenschiffskessel. Der Wasserdruckversuch ist mit einem Versuchsdruck von 1,3 p, sofern nicht gemäß nachstehenden Sonderbestimmungen unter a) und b) zu verfahren ist, mindestens aber mit 1 kg/cm² Mehrdruck durchzuführen.

a) Bei Kesseln, die im Innern nicht ausreichend besichtigt werden können, ist ein Versuchsdruck zwischen 1,3 p und 1,5 p nach Entscheidung des Kesselprüfers anzuwenden;

b) bei Kesseln, die nur aus nahtlosen oder geschweißten Trommeln und Sammlern und daran befestigten Rohren bestehen, beträgt der Versuchsdruck 1,2 *p*, auch wenn die Kessel im Innern nicht ausreichend besichtigt werden können.

2. Schiffskessel.

a) Bei Kesseln, die erstmalig genehmigt und mit einem Betriebsüberdruck bis 7 kg/cm² einschließlich betrieben werden sollen, ist der Wasserdruckversuch mit einem Versuchsdruck von 2 *p*, mindestens aber mit 1 kg/cm² Mehrdruck durchzuführen. Liegt der Betriebsüberdruck bei derartigen Kesseln über 7 kg/cm², so beträgt der Versuchsdruck $1{,}5\,p + 3{,}5$;

b) bei Kesseln, die wiederholt genehmigt werden, ist der Versuchsdruck gleich dem Prüfdruck, der bei dem amtlichen Wasserdruckversuch anläßlich der ersten Genehmigung des Kessels anzuwenden war. Es beträgt also der Versuchsdruck, wenn der erste amtliche Wasserdruckversuch vor dem 1. Januar 1929 stattgefunden hat,

1,5 *p*, mindestens aber 1 kg/cm² Mehrdruck bei einem Kessel mit einem Betriebsüberdruck bis einschließlich 10 kg/cm²,

$p + 5$ bei einem Kessel mit einem Betriebsüberdruck von mehr als 10 bis einschließlich 16,7 kg/cm² und

1,3 *p* bei einem Kessel mit einem Betriebsüberdruck von mehr als 16,7 kg/cm²,

wenn der erste amtliche Wasserdruckversuch nach dem 1. Januar 1929 aber vor Inkrafttreten der Verordnung über die Anlegung von Dampfkesseln vom 28. Januar 1935 (Reichsgesetzbl. I, S. 75) stattgefunden hat,

1,5 *p*, mindestens aber 1 kg/cm² Mehrdruck,

wenn der erste amtliche Wasserdruckversuch nach dem Inkrafttreten der Verordnung über die Anlegung von Dampfkesseln vom 28. Januar 1935 (Reichsgesetzbl. I, S. 75) stattgefunden hat, gemäß Abschnitt a.

p bedeutet den höchsten zulässigen Betriebsüberdruck in kg/cm².

§ 13.

Druckproben nach Hauptausbesserungen.

1. Schiffskessel, die eine Hauptausbesserung erfahren haben oder durch Wassermangel oder Brandschaden überhitzt oder plötzlich im Betrieb unter Wasser gesetzt und abgekühlt worden sind, müssen vor der Wiederinbetriebnahme von einem zuständigen Kesselprüfer einer Prüfung mit Wasserdruck in gleicher Höhe wie bei der Neuaufstellung unterzogen werden. Die Höhe dieses Versuchsdruckes soll jedoch bei Seeschiffskesseln 1,5 *p* nicht übersteigen. Der völligen Bloßlegung des Kessels bedarf es in einem solchen Falle in der Regel nicht.

2. Von der Außerbetriebsetzung eines Schiffskessels zum Zwecke einer Hauptausbesserung des Kesselkörpers hat der Kesselbesitzer oder sein Stellvertreter der zur regelmäßigen Prüfung des Schiffskessels zuständigen Stelle Anzeige zu erstatten. Die gleiche Pflicht liegt dem Kesselbesitzer oder seinem Vertreter ob, wenn ein Schiffskessel durch Wassermangel oder Brandschaden überhitzt oder plötzlich im Betrieb unter Wasser gesetzt und abgekühlt wird.

3. Auf Seeschiffskessel finden diese Bestimmung mit der Maßgabe Anwendung, daß der Leiter der Maschnienanlage bei Hauptausbesserungen oder Beschädigungen der im Abs. 1 genannten Art während der Fahrt oder bei dem Aufenthalte des Schiffes außerhalb des Deutschen Reiches zur Ausführung der Druckprobe verpflichtet ist, jedoch ungesäumt entsprechende Anzeige an die zur regelmäßigen Beaufsichtigung des Kessels zuständige Stelle zu erstatten hat. Diese hat zu entscheiden, ob die Druckprobe nach Rückkehr des Schiffes in einen deutschen Hafen amtlich zu wiederholen ist.

Zu 2. Nach Punkt 2 sind die Kesselbesitzer bzw. deren Vertreter verpflichtet, dem zuständigen Sachverständigen von jeder Außerbetriebsetzung des Kessels zwecks Hauptausbesserung Anzeige zu erstatten. Die gleiche Pflicht liegt dem Kesselbesitzer oder seinem Vertreter ob, wenn ein Schiffskessel, durch Wassermangel oder Fettablagerung überhitzt ist, Risse im Kessel entstanden sind, der Kessel plötzlich abgekühlt ist oder durch Brandschaden gelitten hat.

Was unter Hauptausbesserung zu verstehen ist, läßt sich nur von Fall zu Fall beurteilen. Nach den Motiven bildet diese Vorschrift die Grundlage für die dringend erforderliche Nachweisung über den Umfang derjenigen Schäden an Kesselkörpern, welche nach der jetzt gültigen Begriffsbestimmung für Explosionen nicht mehr als Explosionen zur Kenntnis der Behörden gelangen, bei denen aber tatsächliche Aufreißungen der Wandungen eingetreten sind (z. B. Risse in Flammrohren, Aufreißen von Röhren bei Röhrenkesseln). Namentlich ist Anzeige zu erstatten bei Erneuerung von Heizröhren in Wasser- oder Feuerröhrenkesseln. Vor dem Einsetzen der neuen Heizrohre hat auf alle Fälle eine innere Besichtigung des Kessels stattzufinden.

Zu 3. Von wesentlicher Bedeutung für den Leiter der Maschinenanlage ist, daß er verpflichtet ist, bei Hauptausbesserungen oder Beschädigungen der Schiffskessel während der Fahrt oder bei dem Aufenthalt des Schiffes außerhalb des Deutschen Reiches zu überwachen und dafür zu sorgen, daß die Bauvorschriften für Schiffskessel genau befolgt werden, auch daß Schweißungen nur von zuverlässigen Firmen, durch erfahrene Arbeiter ausgeführt und größere Schweißungen ausgeglüht werden.

Der Leiter der Maschinenanlage auf Seeschiffen ist verpflichtet, von jeder im Auslande ausgeführten Dampfkesselschweißung der zur regelmäßigen Besichtigung des Kessels zuständigen Stelle ungesäumt entsprechende Anzeige zu erstatten. Nach Rückkehr des Schiffes in einen deutschen Hafen hat der Reeder die Nachprüfung der Ausbesserungsschweißung durch die zuständige Überwachungsstelle zu veranlassen. Diese entscheidet über deren Zulassung.

Der zur Ausbesserung verwendete Werkstoff ist durch anerkannte Sachverständige zu prüfen und die Kessel sind vor Wiederinbetriebnahme einer genauen inneren Untersuchung zu unterwerfen, mit Wasserdruck in der vorgeschriebenen Höhe zu prüfen und einer Besichtigung unter Dampf zu unterziehen. Bei der Druckprobe haben sie sich des Kontrollmanometers zu bedienen.

VI. Allgemeine Bestimmungen.

§ 16.

Aufbewahrung der Kesselpapiere.

1. Zu jedem Schiffskessel gehören:

a) Eine Ausfertigung der Urkunde über seine Genehmigung nebst den zugehörigen Zeichnungen und Beschreibungen. Die Urkunde muß einen Lageplan über die Aufstellung des Schiffskessels im Schiffe enthalten, der wenigstens den Schiffsteil, der zum Einbau des Kessels dient, mit den benachbarten Räumen sowie die Art der Befestigung und Lagerung des Kessels und die Armaturen umfaßt.

Mit der Urkunde sind die Bescheinigungen über die Bauprüfung, die Wasserdruckprobe und die Abnahme (§ 12) zu verbinden. Letztere Bescheinigung muß einen Vermerk über die zulässige Belastung der Sicherheitsventile enthalten. Gelangen in einer Anlage mehrere Schiffskessel von gleicher Größe, Form, Ausrüstung und Dampfspannung gleichzeitig zur Aufstellung, so ist für diese nur eine Urkunde erforderlich.

b) Ein Revisionsbuch, das die Angabe des Fabrikschildes enthält. Die Bescheinigungen über die im § 13 vorgeschriebenen Prüfungen und die periodischen Untersuchungen müssen in das Revisionsbuch eingetragen oder ihm derart beigefügt werden, daß sie nicht in Verlust geraten können.

2. Die Genehmigungsurkunde nebst den zugehörigen Anlagen oder beglaubigte Abschriften dieser Papiere sowie das Revisionsbuch sind an der Betriebsstätte des Schiffskessels aufzubewahren und jedem zur Aufsicht zuständigen Beamten oder Sachverständigen auf Verlangen vorzulegen.

Vorschriften über den Betrieb und die Überwachung der Schiffsdampfkessel.

III. Schiffsdampfkessel.

16. Jeder Schiffsdampfkessel ist mindestens alljährlich einer äußeren Revision im Betrieb und alle zwei Jahre einer inneren Revision zu unterwerfen. Die innere Revision kann durch eine Wasserdruckprobe ergänzt werden. Spätestens nach sechs Jahren muß jeder Schiffsdampfkessel einer Wasserdruckprobe unterworfen werden.

Die regelmäßige Wasserdruckprobe erfolgt in Übereinstimmung mit § 12, Abs. 3, der Allgemeinen polizeilichen Bestimmungen über die Anlegung von Schiffsdampfkesseln.

Diese Bestimmung ist für Seeschiffskessel durch folgenden Erlaß des Reichswirtschaftsministeriums ergänzt:

Der regelmäßige Wasserdruckversuch und der Wasserdruckversuch nach Betriebsunterbrechung von mehr als zweijähriger Dauer sind mit einem Versuchsdruck von 1,3 p, mindestens aber mit 1 kg/cm² Mehrdruck durchzuführen. Bei Seeschiffskesseln, die im Innern nicht ausreichend besichtigt werden können, kann nach der Entscheidung des Kesselprüfers ein höherer Versuchsdruck bis zu 1,5 p angewendet werden, jedoch mit der Einschränkung, daß der jeweilige Versuchsdruck nicht höher sein darf als der bei der Neuaufstellung des Kessels angewendete Versuchsdruck.

Die äußere Untersuchung hat den Zweck, den Zustand der Kesselanlage überhaupt, deren Übereinstimmung mit dem Inhalt der Genehmigungsurkunde und die bestimmungsmäßige Benutzung der bei der Genehmigung der Anlage oder allgemein vorgeschriebenen Sicherheitsmaßregeln festzustellen.

Die Untersuchung ist daher vornehmlich zu richten: auf die Vorrichtungen zum regelmäßigen Speisen des Kessels; auf die Ausführung und den Zustand der Mittel, den Normalwasserstand im Kessel zu allen Zeiten mit Sicherheit beurteilen zu können; auf die Vorrichtungen, welche gestatten, den etwaigen Niederschlag an den Kesselwandungen zu entdecken und den Kessel zu reinigen; auf die Vorrichtungen zum Erkennen der Spannung der Dämpfe im Kessel; auf die Ausführung und den Zustand der Mittel, den Dämpfen eine freien Abzug zu gestatten, wenn die Normalspannung überschritten wird; auf die Ausführung und den Zustand der Feuerungsanlage selbst, die Mittel zur Regelung und Absperrung des Zutritts der atmosphärischen Luft und zur tunlichst schnellen Beseitigung des Feuers.

Auch ist zu prüfen, ob der Kesselwärter die zur Sicherheit des Betriebes erforderlichen Vorkehrungen kennt und anzuwenden versteht. Eine Unterbrechung des Betriebes darf zum Zwecke der äußeren technischen Untersuchung nicht verlangt werden.

Dienstvorschriften für Kesselwärter auf Fahrzeugen der Binnenschiffahrt sind in den Heizräumen an gut sichtbarer Stelle anzubringen.

Die innere Untersuchung erstreckt sich auf den Zustand der Kesselanlage überhaupt, sie umfaßt auch die Prüfung der Widerstandsfähigkeit der Kesselwände und des Zustandes des Kesselinnern. Zur Ausführung der inneren Untersuchung muß der Betrieb des Kessels eingestellt werden.

Die Untersuchung ist vornehmlich zu richten: auf die Beschaffenheit der Kesselwandungen, Nieten und Anker im Äußeren wie im Innern des Kessels sowie der Heiz- und Rauchrohre, der Verbindungsstutzen, wobei zu ermitteln ist, ob die Dauerhaftigkeit dieser Teile durch den Gebrauch gefährdet ist, und die nach Art der Lokomotivfeuerröhren eingesetzten Röhren nötigenfalls herauszuziehen sind; auf das Vorhandensein und die Natur des Kesselsteins; auf den Zustand der Wasserleitungsröhren und der Reinigungsöffnungen; auf den Zustand der Speise- und Dampfventile; auf den Zustand der Verbindungsröhren zwischen Kessel und Manometer bzw. Wasserstandsanzeiger, sowie der übrigen Sicherheitsvorrichtungen; auf den Zustand des Rostes, der Feuerbrücke und der Feuerzüge außerhalb wie innerhalb des Kessels.

Die Ummauerung und Ummantelung des letzteren muß, wenn die Untersuchung sich durch Befahrung der Züge oder auf andere einfache Weise nicht zur Genüge bewirken läßt, an einzelnen zu untersuchenden Stellen oder, wenn es sich als notwendig herausstellt, gänzlich beseitigt werden.

Die innere Revision der Schiffskessel findet gemäß Vereinbarung der verbündeten Regierungen vom 17. Dez. 1908 alle zwei Jahre statt. Die innere Revision der Dampfkessel auf Auswandererschiffen und auf Fahrgastschiffen in Auslandsfahrten findet nach den Vorschriften für Auswandererschiffe vom 14. März 1898 bzw. nach der Verordnung für Fahrgastschiffe vom 25. Dez. 1932 alljährlich statt.

Zu der sechsjährigen inneren Revision sind, wenn erforderlich, die Rohre soweit aus dem Kessel zu entfernen, daß er von innen überall besichtigt werden kann. Falls der Kessel so im Schiffe aufgestellt, daß der Boden nicht zu besichtigen ist, so ist der Kessel zu heben und freizulegen. Die Nähte geschweißter Kessel und die Mantellängsnähte genieteter Kessel sowie die mit dem Kesselmantel verbundene Domkrempe sind freizulegen; es empfiehlt sich, die Bekleidung dieser Nähte abnehmbar zu machen.

Mit der sechsjährigen inneren Revision wird die Wasserdruckprobe verbunden.

Wo zwei oder mehr Dampfkessel durch eine gemeinsame Dampf- oder Speise- oder Abblase-Rohrleitung verbunden sind, ist der der inneren Revision zu unterwerfende Dampfkessel, falls einer der übrigen Kessel im Betriebe ist, zum Schutze der untersuchenden Personen von jeder der gemeinsamen Rohrleitungen in augenfälliger, wirksamer Weise durch geeignete Einrichtungen zu trennen.

Die Wiederholung der inneren Revision, Druckprobe und Dampfrevision ist auch dann erforderlich, wenn

1. Dampfkessel einer größeren Reparatur unterzogen werden,
2. Dampfkessel aus dem Schiffe genommen und repariert oder ganz freigelegt sind,
3. in Betrieb befindliche Kessel beim Sinken des Schiffes oder durch andere Ursachen abgekühlt sind,
4. Teile des Dampfkessels durch Wassermangel oder durch andere Ursachen erglüht gewesen sind.

Die äußere Untersuchung erfolgt ohne vorherige Benachrichtigung des Kesselbesitzers.

Von der bevorstehenden inneren Untersuchung ist — abgesehen von den keinen Zeitverlust vertragenden Fällen — der Besitzer mindestens 4 Wochen vorher zu unterrichten; über die Wahl des Zeitpunktes dieser Untersuchung soll der Beamte sich mit dem Besitzer zu verständigen suchen, um den Betrieb der Anlage so wenig wie möglich zu beeinträchtigen.

Durch die Untersuchung der Dampfschiffskessel dürfen die Fahrten der Schiffe in der Regel nicht gestört werden.

Falls ein Kesselbesitzer der Aufforderung des Beamten, den Kessel bereitzuhalten, nicht entspricht, so ist der Betrieb des Kessels bis auf weiteres durch das Aufsichtsamt stillzulegen.

Werden bei einer äußeren Untersuchung erhebliche Unregelmäßigkeiten im Betrieb ermittelt, so kann nach Ermessen der Beamten zu beliebiger Zeit die Untersuchung wiederholt oder auch — wenn nötig — eine innere Revision ohne Zeitverlust angeordnet werden.

Hat eine Untersuchung Mängel ergeben, welche Gefahr herbeiführen, und wird diesen nicht sofort abgeholfen, so muß nach Ablauf der zur Herstellung des vorschriftsmäßigen Zustandes erforderlichen Frist die Untersuchung von neuem vorgenommen werden.

Befindet sich der Kessel bei der Untersuchung in einem Zustande, welcher eine unmittelbare Gefahr einschließt, so ist die Fortsetzung des Betriebes bis zur Beseitigung der Gefahr zu untersagen. Vor der Wiederaufnahme des Betriebes ist in diesem Falle die ganze Untersuchung zu wiederholen und der vorschriftsmäßige Zustand der Anlage festzustellen.

Anweisung für die Leiter der Maschinenanlage bei Ausführung von Dampfkesseluntersuchungen.

Der Betriebsunternehmer oder dessen Vertreter hat dem zuständigen Kesselrevisor zu der Zeit, zu welcher die vorgenannten Resivionen auszuführen sind, davon Anzeige zu erstatten, wann und in welchem zu einem deutschen Bundesstaate gehörigen Hafen die Kessel zur Untersuchung bereitgestellt werden können.

Können die vorgeschriebenen Kesselrevisionen nicht innerhalb der vorgeschriebenen Frist oder der etwa dafür zugelassenen behördlichen Überschreitung durch den zuständigen amtlichen Kesselrevisor erledigt werden, weil sich das Schiff im Auslande befindet, so ist der Leiter der Maschinenanlage, soweit er im Besitze mindestens des Befähigungszeugnisses C_4 als Seemaschinist I ist, verpflichtet, spätestens beim Anlaufen des nächsten Auslandshafens die Kessel einer entsprechenden nichtamtlichen Dampf- oder inneren Revision oder Wasserdruckprobe zu unterziehen und hiervon unter Benutzung des vorgeschriebenen Vordrucks ungesäumt an die zur regelmäßigen amtlichen Revision der Schiffskessel zuständige Stelle Bericht zu erstatten. Es bleibt den Reedereien überlassen, den Leiter der Maschinenanlage auf dem Wege der Dienstanweisung zu verpflichten, gegebenenfalls einen Maschineninspektor oder Beauftragten der Reederei zu den Untersuchungen zuzuziehen. Der Leiter der Maschinenanlage hat eine Abschrift des Untersuchungsberichts den an Bord befindlichen Kesselpapieren anzufügen, ein drittes Formular der Reederei einzusenden.

Der Leiter der Maschinenanlage ist bei gutem Zustande der Kessel befugt, die innere Revision oder Druckprobe um zwei Monate über den Fälligkeitstermin hinauszuschieben. Die Fristverlängerung darf bei gutem Zustande des Kessels bis zu sechs Monaten betragen, wenn das Schiff voraussichtlich innerhalb dieser Zeit einen in einem deutschen Bundesstaate gelegenen Hafen erreicht.

Sofort nach Wiedereintreffen des Schiffes in einen zu einem deutschen Bundesstaate gehörigen Hafen hat der Betriebsunternehmer oder dessen Vertreter bei der zuständigen Stelle des Heimathafens die ordnungsmäßige Erledigung der Kesselrevision zu beantragen. Es steht ihm jedoch frei, sich an die für die amtlichen Kesselrevisionen zuständige Stelle des Anlaufhafens zu wenden. Die Revisionsfristen werden von dem Zeitpunkte der amtlichen Revision an neu berechnet.

E. Ölfeuerungen.

Infolge der vielen Vorteile, welche die Ölfeuerung gegenüber der Kohlefeuerung bietet, ist eine große Anzahl neuer Dampfschiffe mit Ölfeuerungseinrichtung versehen bzw. sind viele vorhandene Schiffe von Kohle- auf Ölfeuerung umgebaut worden.

Bei Zylinderkesseln wird die Beanspruchung der Flammenrohre und deren Verbindung mit der Feuerkammer durch die gleichmäßige Erwärmung aller Teile geringer als dies bei gewöhnlicher Kohlefeuerung der Fall ist.

Ferner ist der Wirkungsgrad eines Kessels mit Ölfeuerung im allgemeinen besser als bei Kohlefeuerung, weil die Verunreinigung der Heizflächen durch Flugasche fortfällt, der Luftüberschuß für die vollständige Verbrennung geringer ist als bei Kohlefeuerung und das Feuerreinigen mit den dadurch bedingten Verlusten fortfällt.

Da die Verwendung von Heizöl an Bord gewisse Gefahren bedingt, so sind von seiten der Behörden und Klassifikationsgesellschaften Vorschriften erlassen worden, deren gewissenhafte Beachtung dringend erforderlich ist (s. S. 404).

Die hauptsächlichsten Eigenschaften der gebräuchlichen Heizöle gehen aus der Zahlentafel S. 338 hervor.

Das Heizöl wird vielfach im Doppelboden untergebracht, jedoch werden für große Ölmengen meistens sog. Hochtanks über dem Doppelboden vorgesehen. Das Füllen derselben erfolgt durch Ölpumpen von der Tankstelle oder dem Ölleichter aus mittels Schläuchen, welche an die an Bord fest eingebaute, mit Übernahmefiltern versehene Fülleitung angeschlossen werden. Gewöhnlich kann aber auch mit den an Bord aufgestellten Umförderpumpen Öl übergenommen werden. Übernahmestellen werden in der Regel an beiden Bordseiten vorgesehen.

Da die zur Verwendung kommenden Heizöle bei gewöhnlicher Temperatur meistens ziemlich dickflüssig sind, so werden in den Ölbunkern Heizeinrichtungen vorgesehen, durch welche das Öl genügend erwärmt werden kann, um den Saugern der Ölpumpen zufließen zu können. Zu diesem Zweck wird möglichst nahe über dem Boden der Tanks eine Heizdampfleitung aus schmiedeeisernen Rohrschlangen angeordnet, in welche Kesseldampf geleitet wird; außerdem wird auch der Sauger der Pumpe mit einer Heizschlange umgeben. Bei Schiffen, welche nur in warmen Gegenden bzw. Gewässern verkehren, genügt mitunter auch die um den Pumpensauger angeordnete Heizschlange.

Das Kondensat des Heizdampfes wird, ehe es wieder zum Speisen verwendet wird, in einen sog. Beobachtungstank geleitet, in welchem festgestellt werden kann, ob das Wasser ölhaltig, also eine Leckage in der Heizleitung vorhanden ist.

Aus den Ölbunkern wird das Heizöl gewöhnlich durch die Umförderpumpe abwechselnd in zwei sog. Tages- oder Setztanks gefördert, deren Inhalt für eine Betriebszeit von etwa 12 bis 24 h ausreicht und die den Zweck haben, Unreinigkeiten und Wasser absetzen zu lassen. Meistens werden die Setztanks so hoch angeordnet, daß das Öl den Heizölbetriebspumpen zufließen kann.

Aus den Setztanks saugen die Heizölbetriebspumpen das Öl durch einen Saugefilter an und drücken es in einen Windkessel, um einen gleichmäßigen Öldruck zu erzielen. Vom Windkessel gelangt das Öl in einen Ölvorwärmer und dann durch ein Druckfilter in die Verteilungsleitung für die Brenner. Mitunter wird der Windkessel auch hinter den Druckfiltern angeordnet. Bei kleineren Anlagen wird das Heizöl von den Heizölbetriebspumpen vielfach auch direkt aus den Bunkern entnommen und durch die verschiedenen Apparate nach den Brennern gedrückt.

Sowohl die Betriebspumpen als auch die Vorwärmer, die Sauge- und Druckfilter werden doppelt vorgesehen, um sie jederzeit ohne Unterbrechung des Betriebes umschalten bzw. überholen zu können.

Der Heizöldruck in der Verteilungsleitung der Brenner beträgt etwa 6 bis 12 atü.

1. **Sauge- und Druckfilter** sind so eingerichtet, daß nach Lösen eines Druckbügels oder einiger Deckelschrauben der Filtereinsatz leicht herausgenommen und gereinigt werden kann. Die Saugefilter werden meistens aus Gußeisen, die Druckfilter aus Stahlguß hergestellt.

2. Der **Heizölvorwärmer**, in welchem das Öl mittels Frischdampf auf eine Temperatur von etwa 60 bis 120° C erwärmt wird, besteht aus einem schmiedeeisernen Mantel mit ebensolchen Rohrplatten, in welche entweder gerade Stahlrohre von 12 bis 15 mm l. Dmr. eingewalzt, oder zwischen denen Rohrschlangen von etwa 30 bis 50 mm Dmr. angeordnet sind. Das Heizöl fließt durch die Rohre, der Heizdampf um dieselben. Das Kondensat wird, wie dasjenige aus den Bunkerheizschlangen, in einen Beobachtungstank geleitet, ehe es wieder zur Speisung verwendet wird, um etwaige Leckagen sofort zu entdecken.

3. Der **Windkessel** hat den Zweck, die von den Pumpen herrührenden Druckstöße aufzunehmen und den Öldruck vor den Brennern möglichst gleichmäßig zu halten. Starkes Schwanken des Druckes im Windkessel deutet auf zu geringen Luftvorrat in demselben hin. Die Luft wird dem Windkessel entweder durch die wenig geöffneten Schnüffelventile der Betriebspumpen oder auch direkt durch einen Rohranschluß aus einer vorhandenen Preßluftleitung zugeführt.

4. Die **Verteilungsleitung**, von welcher die Ölzuführungsrohre von etwa 12 bis 15 mm Dmr. nach den einzelnen Zertsäubern abzweigen, erstreckt sich quer über die Kesselfront. Die Verbindung dieser Leitung mit der Pumpendruckleitung kann durch ein Absperrventil und außerdem zum raschen Absperren der gesamten Ölzufuhr noch durch ein Schnellschlußventil abgesperrt werden. Am anderen Ende ist die Verteilungsleitung mit der Saugeleitung der Betriebspumpen absperrbar verbunden, um vor dem Anstellen der einzelnen Zerstäuber das in den Leitungen befindliche Öl durch Umpumpen durch den Vorwärmer auf die zur Zerstäubung nötige Temperatur zu bringen.

Die Ölzufuhr nach jedem Brenner kann durch ein Ventil in der Abzweigleitung und außerdem durch ein Schnellschlußventil am Brenner selbst abgesperrt werden.

Außer den angeführten Tanks bzw. Leitungen wird gewöhnlich noch ein Überlauftank und ein Heizölrückständetank vorgesehen.

5. Der **Überlauftank** hat den Zweck, etwaiges Öl aufzunehmen, welches bei unvorsichtigem Füllen eines Bunkers oder bei Ausdehnung des Öles beim Warmwerden desselben durch die sog. Überlaufleitung nach diesem Tank hin ablaufen kann.

6. Der **Rückständetank** dient dazu, alle nicht mehr unmittelbar verwendbaren Heizölrückstände aus den anderen Tanks sowie etwaiges Lecköl aus den Bilgen usw. aufzunehmen und zu anderweitiger Verwendung aufzubewahren. Zur Förderung desselben ist an geeigneter Stelle im Kesselraum eine sog. Schmutzölpumpe aufgestellt.

Alle Tanks sind ferner mit Luftrohren versehen, welche über Deck in einem Schwanenhals endigen, der durch ein engmaschiges Drahtnetz abgeschlossen ist.

Zur Beobachtung des Ölstandes in den verschiedenen Bunkern bzw. Tanks können runde Ölstandsgläser verwendet werden, wenn sie genügend gesichert und mit Selbstschlußorganen versehen sind.

7. Das **Ölfeuerungsgeschränk** wird in vielen verschiedenen Konstruktionen ausgeführt und besteht im allgemeinen aus einem gußeisernen Untersatz, welcher die Verbindung des Luftkastens mit dem Feuerraum herstellt, dem Luftverteilungs- bzw. Regulierapparat und dem Zerstäuber oder Brenner.

Abb. 389.

Das Ölfeuerungsgeschränk Bauart Körting (Abb. 389) besteht aus einem gußeisernen, kegelstumpfförmigen Gehäuse, welches im Mantel etwa 4 bis 6 trapezförmige Öffnungen für den Eintritt der Verbrennungsluft hat. Diese Öffnungen können zur

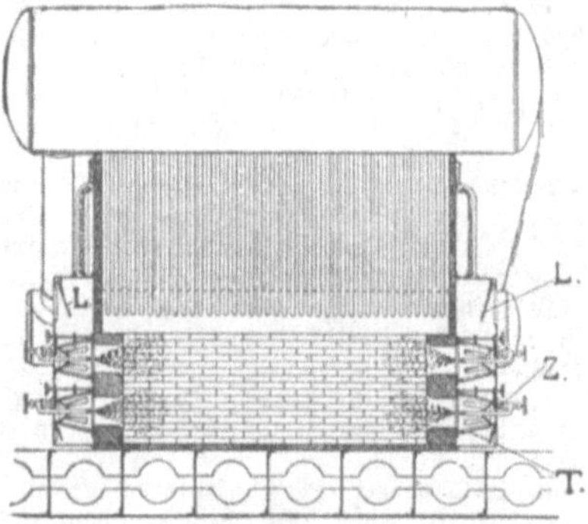

Abb. 390.

Regelung der aus dem Luftkasten eintretenden Luftmenge durch einen mantelförmigen Schieber *T* (Trommelschieber) aus Eisenblech mittels des Handrades *H* und dem damit verbundenen Zahnradgetriebe je nach Bedarf mehr oder weniger geschlossen werden.

Alle Geschränke einer Kesselfront sind bei Wasserrohrkesseln, wie in Abb. 390 dargestellt, in einen gemeinschaftlichen Luftkasten eingebaut, dem die Luft durch Gebläse direkt oder aus dem unter Luftdruck stehenden Kesselraum durch leichte Blechklappen *L* in der Luftkastenwand zugeführt wird. In der Achse des Trommelschiebers ist der Zerstäuber *Z* angeordnet, der sich nach Absperrung der Ölzufuhr und Lösen der Bügelschraube *V* leicht herausziehen und überholen oder auswechseln läßt.

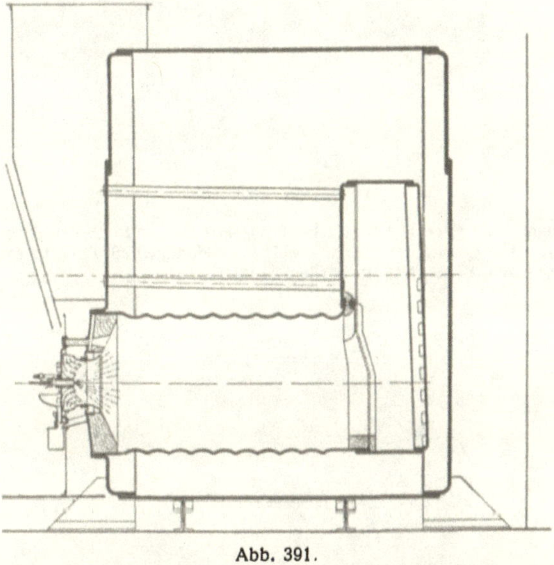

Abb. 391.

In Abb. 391 sowie in Abb. 392 und 393 ist das Ölfeuerungsgeschränk System „Vulcan" der Deutschen Schiff- und Maschinenbau A.G. in Verbindung mit einem Zylinderkessel dargestellt Die Verbrennungsluft tritt hier aus dem das Geschränk umgebenden Luftkasten durch einen zylindrischen, axial beweglichen Schieber *6* und die ringförmigen Leitkanäle, an deren Mündung ein sog. Staurost *7* angebracht ist, in die Luftdüse und in den Flammenkegel. Durch den Staurost wird erreicht, daß die eintretende Luft eine drehende Bewegung annimmt und die Luft vor dem Staurost einen etwas höheren Druck als im Verbrennungsraum hat, wodurch ein etwaiges Zurückschlagen der Flamme verhindert

Abb. 392.

wird. Die Regelung der Verbrennungsluft erfolgt durch den Ringschieber *6*, welcher durch zwei mit Handgriffen *4* versehene Stangen axial verstellt werden kann.

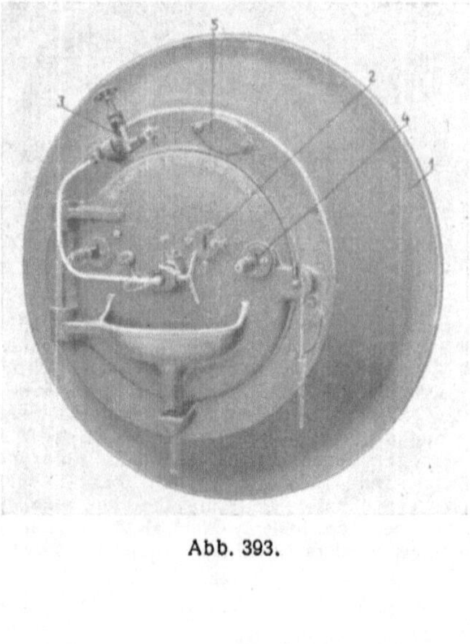

Abb. 393.

Der Leitapparat mit Ringschieber, Staurost und Brenner ist an der runden, in Scharnieren seitlich aufschwenkbaren Geschränktür befestigt, so daß nach Öffnen derselben alle Teile leicht überholt werden können und der Verbrennungsraum durch die Luftdüse von etwa 380 bis 400 mm Dmr. zugänglich wird. Neben dem Brenner ist in der Geschränktür eine mit einer Klappe *2* verschließbare Öffnung vorgesehen, welche als Schauloch und zum Einführen der Zündfackel dient. Ein weiteres Schauloch *5* ist ferner oberhalb der Geschränktür vorgesehen, um die Flamme weiter hinten beobachten zu können.

Die Zuführung des Heizöles nach dem Brenner erfolgt durch das an der Front des Geschränkes befestigte, mit der gemein-

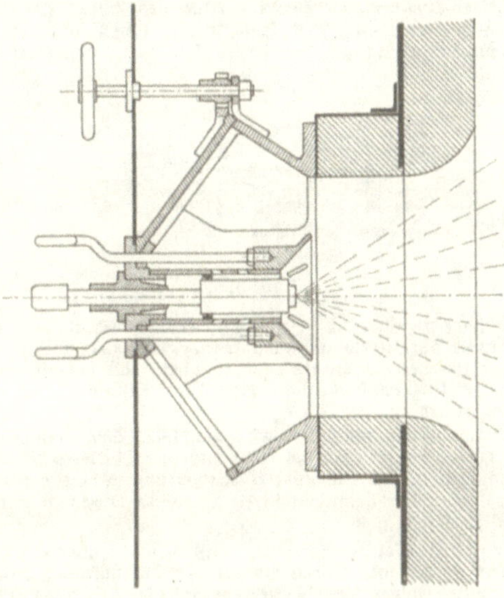

Abb. 394.

schaftlichen Ölzuführungsleitung in Verbindung stehende Absperrventil *3*. Der Brenner (s. d.) ist in dem zentrisch zum Leitapparat angeordneten Führungsrohr untergebracht.

In ähnlicher Weise ist auch das Ölfeuerungsgeschränk von Blohm & Voß eingerichtet.

Abb. 394 zeigt das Ölfeuerungsgeschränk von White. Es besteht aus einem doppelkonischen gußeisernen Gehäuse, dessen hinterer Teil mittels eines Flansches an die Luftdüse des Feuerraumes angeschraubt, und dessen vorderes Ende mit der Wand des herumgebauten Luftkastens verbunden ist. Die vordere konische Mantelfläche ist mit radialen, trapezförmigen Schützen versehen, an welche sich im Innern des Geschränkes Leitbleche anschließen, durch welche der eintretenden Verbrennungsluft eine kreisende Bewegung erteilt wird, um eine möglichst vollkommene Mischung derselben mit dem zerstäubten Öl zu erreichen. Die Regelung der Luftzufuhr geschieht durch den die Eintrittsöffnungen bedeckenden konischen Rundschieber, welcher durch ein Zahnradtrieb mittels eines Handrades gedreht werden kann.

Der Brenner ist wie bei den vorerwähnten Ausführungen in dem in der Mitte des Gehäuses vorgesehenen Führungsrohr gelagert, auf welchem ein durch einen Handgriff verschiebbarer Luftschirm angebracht ist, um zu verhindern, daß der eintretende starke Luftstrom unmittelbar auf den aus der Mündung austretenden Ölstrahl trifft.

8. Der **Brenner oder Zerstäuber** hat den Zweck, das zu verbrennende Heizöl möglichst fein zu zerstäuben, um eine vollkommene Verbrennung zu erreichen. Die Zerstäubung des durch

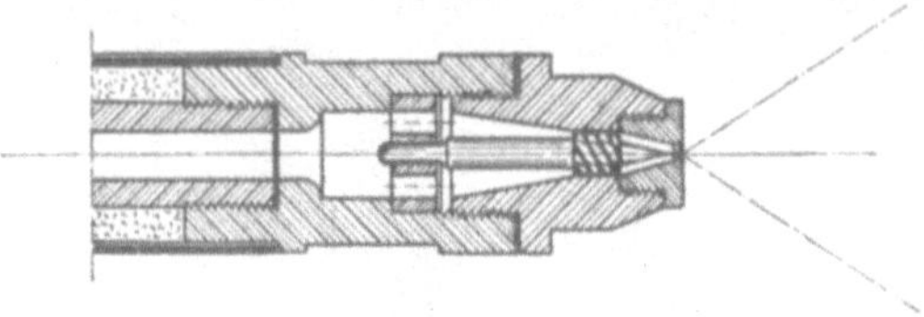

Abb. 395.

den Brenner zugeführten Heizöles erfolgt fast ausschließlich durch den mittels der Betriebspumpen erzeugten Druck, mit welchem es durch die Zerstäuberdüse gepreßt wird. Nur bei kleinen Anlagen oder Hilfskesseln wird das Heizöl mit Hilfe von Dampf oder Preßluft zerstäubt.

Bei den Druckzerstäubern wird das Heizöl dem Brenner unter einem Druck von etwa 6 bis 12 at zugeführt. Dieses wird dann kurz vor dem Austritt aus der Düsenbohrung in rasche Rotation versetzt, so daß es beim Durchtritt durch die Düse fein zerstäubt wird.

In Abb. 395 ist der Zerstäuberkopf beim Brenner von Gebr. Körting dargestellt. Durch die vor der Düsenöffnung sitzende, mit gewindeförmigen Kanälen versehene Nadel wird das mit hoher Geschwindigkeit durch dieselben strömende Heizöl in die zur Zerstäubung erforderliche rasche Drehung versetzt. Die Befestigung des Brenners im Geschränk wird mittels eines Bügels und der Druckschraube *V* (Abb. 389) vorgenommen.

In Abb. 397 ist der Brenner für Druckzerstäubung „System Vulcan" dargestellt. Bei diesem trägt das mit Handgriff versehene Ölzuführungsrohr am Ende einen Kopf *B*, auf welchem mittels einer Überwurfmutter der mit schrägen Rillen versehene Zerstäuberkopf mit Zerstäuberhülse und Lochscheibe befestigt wird. Das Heizöl wird durch das mit dem Mantelrohr fest verbundene Schnellschlußventil *C* zugeführt. Durch Lösen der Flügelschraube *D* kann der Brenner behufs Auswechslung der Lochscheibe aus dem in der Geschränktür befestigten Mantelrohr herausgezogen werden.

Abb. 396 zeigt den Druckluft- oder Dampfzerstäuber „System Vulcan". Das Heizöl wird aus einem hochliegenden Verbrauchstank durch das Schnellschlußventil *C*, die Preßluft bzw. der Dampf durch die durchbohrte Klemmschraube *D* und das Zuleitungsrohr *F* zugeführt.

Die zum Betrieb von Dampfzerstäubern erforderliche Dampfmenge beträgt etwa 2 bis 3% der erzeugten Dampfmenge.

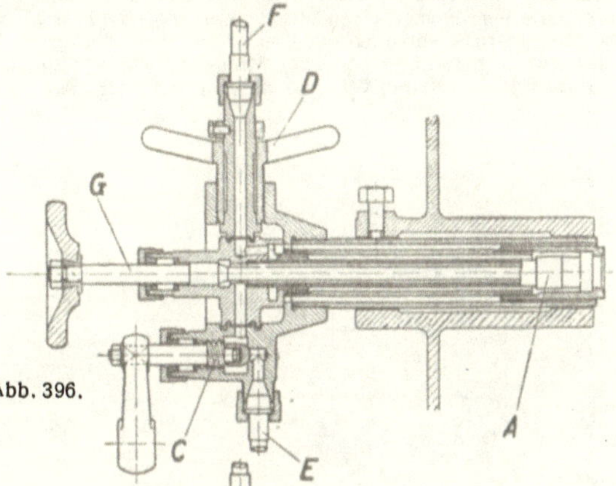

Abb. 396.

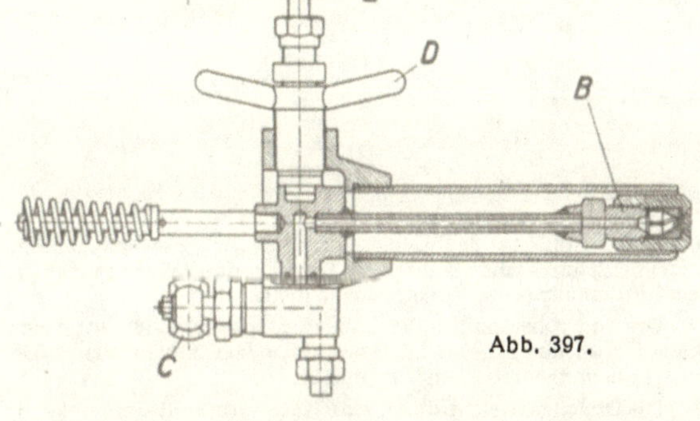

Abb. 397.

Abb. 398 zeigt den Dampfstrahlzerstäuber von Gebr. Körting; der äußere ringförmige Dampfstrahl reißt hier das durch die innere Öldüse tretende Heizöl unter gleichzeitiger Zerstäubung mit in den Feuerraum.

Um Unfälle zu verhüten, welche durch unrichtige Bedienung der Ölfeuerungseinrichtung verursacht werden können, wird die Einrichtung häufig so getroffen, daß das Schnellschlußventil des Brenners erst dann geöffnet werden kann, nachdem der Luftregulierschieber teilweise geöffnet ist, und umgekehrt die Luftzuführung erst dann ganz geschlossen werden kann, nachdem das Schnellschlußventil des Brenners abgesperrt ist. Vielfach wird auch die Befestigungsvorrichtung des Brenners so mit dem Schnellschlußventil desselben verblockt, daß die Befestigung des Brenners erst dann gelöst werden kann, wenn das Schnellschlußventil ganz geschlossen ist.

Die Bohrung, durch welche das Heizöl aus dem Brenner (Düse oder Lochscheibe) austritt, hat, je nach der stündlich zu verbrennenden Ölmenge, einen Durchmesser von etwa 1 bis 2,5 mm. Der zum guten Verbrennen des Öles erforderliche Luftdruck vor der Luftdüse beträgt je nach der Menge des zu verbrennenden Öles etwa 15 bis 30 mm WS, vor dem Luftschieber etwa 20 bis

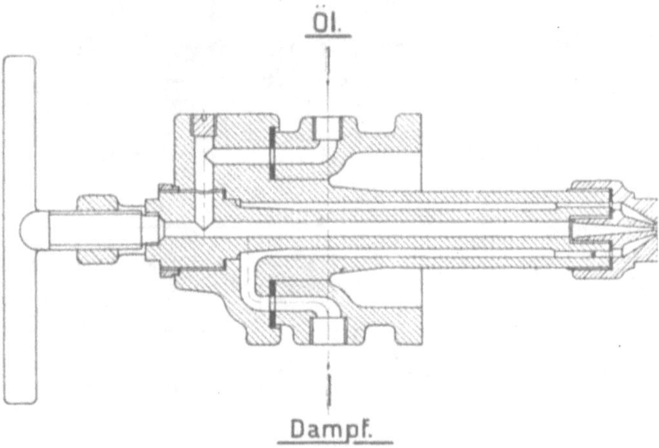

Abb. 398.

40 mm WS und an der Gebläsemaschine bei Howden-Anlagen bzw. im geschlossenen Heizraum je nach den Widerständen in den Luftkanälen usw. entsprechend mehr.

Die zur vollständigen Verbrennung erforderliche Luftmenge beträgt etwa das 1,2- bis 1,3fache der in der Zahlentafel S. 338 angegebenen theoretischen Luftmenge.

Die Ölmenge, welche durch eine Düse verbrannt werden kann, beträgt normal etwa 50 bis 200 kg/h.

In Abb. 399 ist eine neuere Ölfeuerungseinrichtung, der sog. „SAACKE-Ölbrenner" dargestellt, mit welchem bei guter Regulierfähigkeit stündlich bis etwa 4000 kg Heizöl verbrannt werden können, und bei dem die Zerstäubung durch die dem zugeführten Heizöl erteilte Zentrifugalkraft herbeigeführt wird.

Das Heizöl tritt ohne besonderen Druck und ohne erhebliche Vorwärmung durch den Ventilkopf *M*, das feststehende zentrale

Rohr *L* und das Mundstück *O* in den rotierenden Zerstäuberbecher *P* ein und wird beim Austritt fein verteilt abgeschleudert. Durch den Luftkanal *F* und das Mantelrohr *G* wird höher gespannte Primärluft zugeführt, welche durch Führungsbleche *R*

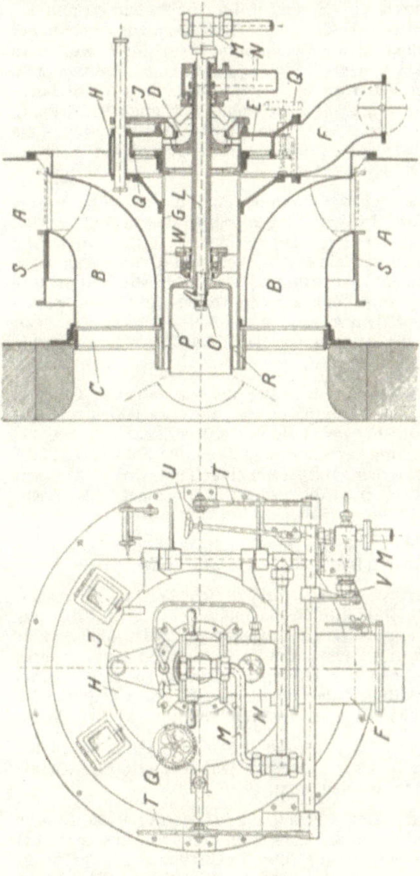

Abb. 399.

A Sekundärlufteintritt
B Sekundärdüse
C Staurost
D Luftturbine
E Primärluftvorlage
F Primärluftkanal
G Mantelrohr
H Geschränktür
J Hinterer Lagerblock
L, *M* Heizölzuführung
N Schmierölbehälter
O Ölverteilungsmundstück
P Zerstäuberbecher
Q Ringschieber für Primärluft
R Primärluft-Drallbleche
S Sekundärluft-Absperrschieber
T Sekundärluft-Schiebergestänge
U Heizöl-Absperrventil
V Verblockung
W Kugellager

einen Drall erhält und die Verbrennung einleitet. Weitere Verbrennungsluft von geringem Überdruck wird durch die Sekundärluft-Düse *B* zugeführt.

Das Geschränk mit dem rotierenden Teil läßt sich in ähnlicher Weise wie bei den vorbeschriebenen Ölbrennern um ein

Scharnier aufklappen, wodurch das Innere des Verbrennungsraumes zugänglich wird und der Brenner leicht überholt werden kann.

9. Betriebsregeln. Anheizen. Das Anheizen eines Ölkessels kann entweder durch ein Holzfeuer im Verbrennungsraum erfolgen oder auch mittels Gasöl. Dieses fließt dann aus einem höher gelegenen Tank einer kleinen Handpumpe zu, durch welche es unter einem Druck von etwa 2 bis 3 at durch eine Düse von etwa 1 mm Dmr. in den Feuerraum gespritzt wird. Das dünnflüssige Gasöl zerstäubt und verbrennt auch ohne vorherige Erwärmung bei natürlichem Luftzug. Sobald ein Dampfdruck von etwa 2 bis 3 atü erreicht ist, wird das Gasöl abgeschaltet und auf den normalen Heizölbetrieb übergegangen.

Vor dem Anzünden der Brenner muß das Heizöl im Vorwärmer auf die zum Brennen nötige Temperatur erhitzt werden (60° bis 120°, je nach der Beschaffenheit des Heizöls). Nötigenfalls muß das Heizöl eine gewisse Zeit umgepumpt werden, bis es in allen Rohrleitungen und Apparaten die erforderliche Temperatur angenommen hat. Ferner muß vor dem Öffnen der Ölzufuhr nach dem Brenner und vor dem Anzünden der Feuerraum durch Öffnen des Luftschiebers gut gelüftet werden, damit etwaige explosible Gase erst fortgeblasen werden.

Das Anzünden des aus dem Brenner austretenden Ölkegels erfolgt mittels der sog. „Zündfackel" — ein etwa 500 mm langer Eisenstab mit Handgriff, am Ende mit Asbestquast versehen —, welche an einer Flamme entzündet und dann durch das Zündblech des Geschränkes nach dem Ölkegel hin eingeführt wird. Nach dem Gebrauch der Zündfackel ist diese sofort in das zugehörige Löschrohr zu stecken und die offene Flamme zu ersticken.

Mitunter werden an Stelle von Zündfackeln zum Anzünden des Ölkegels auch elektrische Zündapparate verwendet.

Die Luftzufuhr ist mittels des Luftschiebers so zu regeln, daß eine helle Flamme mit Funkenbildung entsteht, die nur ganz schwachen Rauch erzeugt. Zu geringe Luftzufuhr erzeugt schwarzen Rauch durch unverbrannten Kohlenstoff und mitunter heftige Erschütterungen der Gehäuse, während zu großer Luftüberschuß eine Abkühlung der Flamme und weißen Ölqualm im Gefolge hat. In beiden Fällen ist die Verbrennung unwirtschaftlich.

Bei guter Verbrennung müssen die Rauchgase etwa 13 bis 14% CO_2 und etwa 3 bis 4% O enthalten, was mit dem Orsatapparat nachgewiesen werden kann (s. S. 568).

Die Regelung der Dampferzeugung erfolgt durch die Zufuhr von mehr oder weniger Heizöl nach den Brennern, und zwar bei unveränderten Zerstäuberdüsen bzw. Lochscheiben, in gewissen Grenzen durch den Öldruck im Windkessel, welcher entsprechend höher oder niedriger (etwa zwischen 6 bis 12 atü) gehalten wird.

Reicht die Druckänderung zur Regelung der Ölmenge nicht mehr aus, dann müssen entweder die Zerstäuberdüsen bzw. Lochscheiben ausgewechselt oder einzelne Brenner ganz abgeschaltet werden.

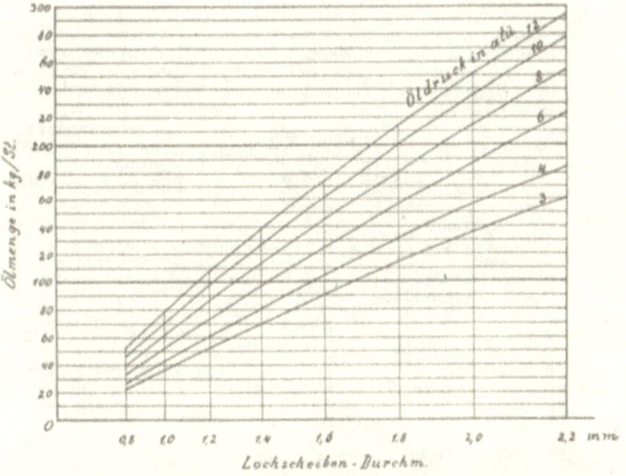

Abb. 400.

Vorstehende Kurventafel Abb. 400 zeigt die Abhängigkeit zwischen Ölmenge, Öldruck und Lochscheibendurchmesser beim Vulcan-Zerstäuber, bezogen auf mexikanisches Heizöl, vorgewärmt auf 110° C.

Verschmutzte Brenner sind auszuwechseln, wenn der Heizölkegel unregelmäßig wird und dunkle Streifen zeigt. Die herausgenommenen Düsen werden gereinigt, indem in einem hierzu vorgesehenen Apparat Dampf durchgeblasen wird.

Erlischt bei einem Brenner die Flamme, dann ist sofort das Schnellschlußventil desselben zu schließen und der Brenner auszuwechseln.

Die Zündfackel zum Wiederanzünden darf erst dann eingeführt werden, nachdem der Feuerraum gut durchlüftet worden ist. Diese Vorsichtsmaßregel gilt hauptsächlich dann, wenn der betreffende Feuerraum nur mit einem Brenner versehen ist, oder wenn bei Vorhandensein mehrerer Brenner in einem Feuerraum nur einer in Betrieb ist.

10. Maßnahmen zur Beseitigung von Störungen und Unregelmäßigkeiten während des Betriebes.

Art der Störung	Ursache	Abhilfe
Stoßweises Brennen der Flamme, Erschütterung des Kessels	Zu wenig Luft	Mehr Luft
Dunkle Streifen im Flammkegel und Koksbildung	Verschmutzung des Zerstäubers	Zerstäuber auswechseln

Art der Störung	Ursache	Abhilfe
Schwankungen im Öldruck und unregelmäßiges Brennen	Zu wenig Luft im Windkessel der Betriebspumpe	Luft in den Windkesseln der Betriebspumpe fördern
Schwarze Rauchbildung	Zu wenig Verbrennungsluft oder zu geringe Vorwärmung	Luftschieber mehr öffnen oder Heizöl umlaufen lassen, Luftdruck erhöhen
Weißer Rauch und Sternbildung in der Flamme	Zu viel Luft	Luftschieber mehr schließen oder Luftdruck herabsetzen
Ölpumpen arbeiten stoßweise und unregelmäßig	Sauger oder Saugefilter verstopft	Filter umschalten, Filter oder Verbrauchstank reinigen
Schwankendes, zischendes Brennen der Flamme	Wasser im Öl	Wasser aus dem Verbrauchstank entfernen

11. Gesetzliche Bestimmungen.

(Auszug aus: „Die gesetzlichen Bestimmungen über Genehmigung, Betrieb und Überwachung von Schiffsdampfkesseln“ von Baudirektor H. Hansen.)

Allgemeine Grundsätze für den Bau, die Ausrüstung und den Betrieb von Ölfeuerungsanlagen auf Seeschiffen (mit Nachträgen).

1. Der Flammpunkt des verwendeten Heizöls darf nicht unter 65° C liegen. Über den Flammpunkt des an Bord genommenen Heizöls muß von dem Verkäufer eine von einem anerkannten Sachverständigen ausgestellte Bescheinigung beigebracht werden. Abschrift der Bescheinigung ist dem Maschinenraumtagebuch beizufügen.

4. Durch Sachverständigenbescheinigung ist der Nachweis zu erbringen, daß die ölführenden Doppelbodenzellen und die übrigen Ölbehälter auf Dichtigkeit geprüft sind mit einer Wassersäule entsprechend der wirklich vorkommenden größten Druckhöhe, vermehrt um 10% — mindestens aber 3,5 m über dem höchsten Punkt der Tankdecke — oder, wenn die Tankdecke unter der Tiefladelinie liegt, mit einer Wassersäule von 3,5 m über der Tiefladelinie. Tagestanks und freistehende Tanks sind mit demselben Druck, wie vorstehend, mindestens aber mit einer Wassersäule von 5 m über der vorhandenen größten Druckhöhe auf Dichtigkeit zu prüfen.

6. Ölzellen und Öltanks müssen mit einem über Deck geführten, nach unten gebogenen oder mit einer Haube versehenen Entlüftungsrohr von genügender Weite versehen sein, das am Ende durch ein feinmaschiges Drahtnetz feuersicher abgeschlossen und gegen Beschädigung geschützt sein muß.

Der Stand des Öles muß in allen Tanks durch eine zweckdienliche Einrichtung festgestellt werden können; entweder durch Peilrohre oder mittels eines anderen bewährten Zeigeapparats. Werden Peilrohre angewandt, so dürfen sie nicht in Passagier- oder

Mannschaftsräume ausmünden. An den Stellen, wo Luft- und Peilrohre oder Verbindungen mit Anzeigevorrichtungen durch Laderäume geführt sind, müssen Schutzvorrichtungen für die Rohre angebracht werden. Alle Peilrohre sind mit sicheren Verschlüssen zu versehen und müssen mindestens so hoch geführt werden wie die Luftrohre. Lassen sich die Peilrohre aus örtlichen Gründen nicht nach oben durchführen, so können mit Genehmigung der zuständigen Aufsichtsbehörde kurze Peilrohre mit selbsttätig wirkenden Verschlüssen in Anwendung gebracht werden.

Röhrenförmige Ölstandsgläser an Tanks oder ölführenden Apparaten sind zulässig, wenn sie genügend geschützt und mit selbstschließenden Absperrungen versehen sind.

Um das Heizöl zum Ansaugen genügend dünnflüssig zu machen, sind geeignete Anwärmevorrichtungen vorzusehen.

8. Die Heizölpumpen dürfen nur für ihre Zwecke verwandt werden können, ihre Rohrleitungen sind dementsprechend anzuordnen. Von Heizölbetriebspumpen, Filtern und Vorwärmern müssen zwei Einheiten von genügender Größe vorhanden sein.

Heizölpumpen müssen ein zuverlässiges Sicherheitsventil mit sichtbarem Abfluß und gefahrloser Abführung austretenden Öles oder mit einem Abflußrohr nach der Saugeleitung haben. Heizölpumpen und maschinelle Lüfter müssen sich auch von dem darüberliegenden Deck oder von einem Nebenraum aus abstellen lassen.

13. Unter den Ölpumpen, den ölführenden Apparaten und den Anheizvorwärmern müssen geeignete Auffangschalen für abtropfendes Öl angebracht sein. Für den Abfluß sind geeignete Rinnsteine oder Kofferdämme sachgemäß anzuordnen und derart zu unterteilen, daß eine Ausbreitung von Feuer nach Möglichkeit verhindert wird.

14. Anheizvorwärmer mit offener Flamme sind möglichst zu vermeiden.

15. Falls die Dampfkessel für Ölfeuerung eingerichtet sind, sollten Dämpfer im Schornstein nicht vorhanden sein. Etwa vorhandene Dämpfer dürfen nicht dicht abschließen und müssen in ganz geöffneter Stellung sicher befestigt werden können.

Rauchfangtüren, -decken und -seitenwände müssen mit Schutzblechen gegen Wärmeausstrahlung versehen sein. Die Rauchfangtüren müssen gut schließen, die Schornsteinhalsverbindungen luftdicht sein.

16. In jedem Heizraum ist für zwei Dampfkessel mindestens ein Kasten mit wenigstens 0,5 m³ Sand oder mit anderen trockenen feuerlöschenden Stoffen und mit Schaufeln zur Verteilung der Löschstoffe aufzustellen. Außer den gebräuchlichen Feuerlöscheinrichtungen mit Dampf und Wasser müssen in Kessel- und Maschinenräumen chemische Feuerlöscheinrichtungen, die zum Löschen brennender Flüssigkeiten geeignet sind, in genügender Anzahl vorhanden und sachgemäß verteilt sein. Sie müssen in bestimmten Zeitabschnitten auf ihre Brauchbarkeit geprüft werden. Eines der Schlauchmundstücke der Feuerlöscheinrichtung mit Wasser muß so eingerichtet sein, daß beim Löschen ein fächerartiger Strahl erzeugt wird.

Auf Passagierschiffen muß außerdem an geeigneter Stelle eine Anlage vorhanden sein, die Schaum oder andere gleichwertige

Löschmittel in größerer Menge erzeugen kann. Die Anlage ist mit geeigneten Schläuchen von genügender Länge zu versehen.

Es ist ferner dafür Sorge zu tragen, daß die natürliche Ent- und Belüftung der Räume im Falle eines Brandes soweit wie möglich unterbrochen werden kann. Die Maschinenoberlichter sollen so eingerichtet sein, daß sie auch von einer Stelle außerhalb des Maschinenraumes geöffnet und geschlossen werden können. Auf Motorpassagierschiffen und auf solchen Motorschiffen, in denen ölgefeuerte Hilfskessel im Maschinenraum ohne Umschottung aufgestellt sind, müssen die Maschinenoberlichter von einer Stelle außerhalb des Maschinenraumes betätigt werden können.

17. Undichtigkeiten an ölführenden Rohrleitungen sind sofort zu beseitigen.

18. Vor dem Anzünden der Ölbrenner müssen die Feuerzüge gut durchgelüftet sein.

Beim Anstellen der Ölbrenner ist erst die Luftzufuhr und dann die Ölzufuhr zu öffnen.

Beim Abstellen der Ölbrenner ist erst die Ölzufuhr und dann die Luftzufuhr zu schließen.

Um die richtige Reihenfolge der Handhabung zu gewährleisten, sind die Öl- und Luftabsperreinrichtungen, soweit wie möglich, entsprechend zu verriegeln. Bei ausweschselbaren Ölbrennern ist mit ihrer Befestigungsvorrichtung möglichst eine Verblockung des Schnellschlußventils für Heizöl zu verbinden.

Bei Neuanlagen muß die Verriegelung und Verblockung vorgesehen werden.

Das Bedienungspersonal hat sich beim Anzünden der Brenner sowie bei dem späteren Beobachten der Verbrennung durch die dafür vorgesehenen Öffnungen nicht vor diesen Öffnungen, sondern seitlich von ihnen aufzustellen.

An der Stirnwand eines jeden mit Öl befeuerten Kessels ist ein Schild mit folgender Aufschrift anzubringen: Achtung! Explosionsgefahr! Vor jedem Anzünden Feuerzüge gut durchlüften![1])

19. Die Fackeln zum Anzünden der Brenner sind nach jedesmaligem Gebrauch in hierzu vorgesehenen Löschrohren sorgfältig zu löschen.

Bei elektrischer Zündung sind Löschrohre für die Fackeln nicht nötig.

20. Reinlichkeit ist für die Sicherheit unbedingt erforderlich. Die Ansammlung von Heizöl in Bilgen, Brunnen, Rinnsteinen, Auffangschalen, auf Tankdecken oder auf Flurplatten ist durch eine häufige Reinigung zu verhindern. Die Rinnsteine müssen gut zugänglich sein.

Die Räume über Tankdecken und Bilgen im Kessel- und Maschinenraum müssen ausreichend beleuchtet sein, und möglichst vom Flurboden aus beobachtet werden können.

21. Brennbare Gegenstände — mit Ausnahme des Feuerungsmaterials bei gemischter Feuerung — dürfen im Kesselraum sowie in den Räumen, wo Ölpumpen, Heizöltanks und Anheizvorwärmer aufgestellt sind, nicht aufbewahrt werden.

22. Für Durchlüftung der Heiz-, Maschinen- und Pumpenräume, insbesondere der Räume zwischen Kessel und Heizölbunker

[1]) Das Verfeuern leichter Heizöle (Gasöl) erfordert wegen erhöhter Explosionsgefahr größte Vorsicht beim Anzünden.

und Heizöldoppelboden ist zu sorgen. In Räumen, in denen sich Öldämpfe ansammeln können, darf keine Beleuchtung verwendet werden, die solche Dämpfe entzünden kann.

23. Ehe ein Tank oder Bunker, der Ölbrennstoff enthielt, betreten wird, muß das Öl entfernt und dafür gesorgt werden, daß die Öldämpfe durch geeignete Einrichtung entfernt sind, und die Ungefährlichkeit der Luft in demselben festgestellt ist. Während des Verweilens in diesen Räumen ist für die Sicherheit des Personals zu sorgen, insbesondere durch geeignete ständige Überwachung.

Vor dem Befahren der Kessel ist für eine ausreichende Durchlüftung der Feuerzüge zu sorgen. Den mit der Reinigung betrauten Personen sind geeignete Atemschützer und Fettsalbe zum Einreiben der Haut zur Verfügung zu stellen, um gesundheitsschädlichen Ätzwirkungen des Staubes der Ölverbrennungsrückstände vorzubeugen. Die Atemschützer sind nach jeder Verwendung gründlich zu reinigen und auf ihre Brauchbarkeit zu prüfen. Bevor ein schon benutzter Atemschützer an eine andere Person ausgegeben wird, ist er zu desinfizieren.

24. In jedem Maschinenraum sind Zeichnungen über Lage der Heizöltanks, der Heizölabteilungen mit zugehörigen Abschlüssen sowie der Ölheizungsanlagen, außerdem in jedem Heiz- und Maschinenraum die in den Ziffern 16 bis 23 enthaltenen Bedienungsvorschriften für Ölfeuerungen an in die Augen fallender Stelle anzubringen.

F. Kohlenstaubfeuerung.

Bei der Kohlenstaubfeuerung findet, wie bei der Ölfeuerung, die Verbrennung des Brennstoffes im Schwebezustand der einzelnen Brennstoffteilchen statt. Die Verbrennung erfolgt deshalb um so rascher und vollkommener, je feiner der Kohlenstaub ist. Eine hohe Feinheit desselben ist deshalb von besonderem Wert, weil dann die Oberfläche der einzelnen Staubteilchen im Verhältnis zu ihrem Gewicht um so größer, also für das Schweben und die während desselben stattfindende Verbrennung um so günstiger ist.

Da die Verbrennung der Kohle in Staubform eine ebenso vollkommene wie bei der Ölfeuerung und auch der Luftüberschuß wie bei dieser nur sehr gering ist, so ist auch der Wirkungsgrad der Feuerung bedeutend höher als bei Rostfeuerung.

Der Durchmesser der Kohlenstaubteilchen liegt zum größten Teil unter 0,1 mm und nur mit etwa 20 % zwischen 0,1 und 0,2 mm. Die Feinheit des Staubes wird durch genormte Siebe festgestellt, welche 900 bis 10000 Maschen auf 1 cm^2 haben.

Die Herstellung des Kohlenstaubes geschieht durch Mühlen (Kugelmühlen, Schlägermühlen u. a.), denen die vorgebrochene Kohle mechanisch zugeführt wird. Je nach dem System wird der fertige Kohlenstaub dann entweder unmittelbar in die Feuer geleitet oder vorher erst in einem Vorratsbunker gesammelt, von welchem er durch besondere Fördereinrichtungen den Feuerungen zugeführt wird. Da die Kohle meistens nicht ganz trocken ist, so muß sie vor ihrem Eintritt in die Mühle oder während des Mahlprozesses durch heiße Luft oder Rauchgase getrocknet werden.

Der Brennstaub wird entweder getrennt für jedes Feuer durch eine besondere Mühle hergestellt (System Todd), oder es werden entsprechend größere Mühlen aufgestellt, welche den Brennstaub für eine größere Anzahl von Feuern liefern, der denselben dann durch Verteilungsleitungen zugeführt wird.

Die Beförderung des Kohlenstaubes wird durch die unter Druck zugeführte Verbrennungsluft besorgt, welche den schwebenden Staub durch Rohrleitungen nach dem in jedes Feuergeschränk eingebauten Wirbelbrenner fördert.

In Abb. 401 ist die Kohlenstaubmühle der AEG-Kohlenstaubfeuerung G. m. b. H. (Resolutor-Kohlenmühle) dargestellt. Die

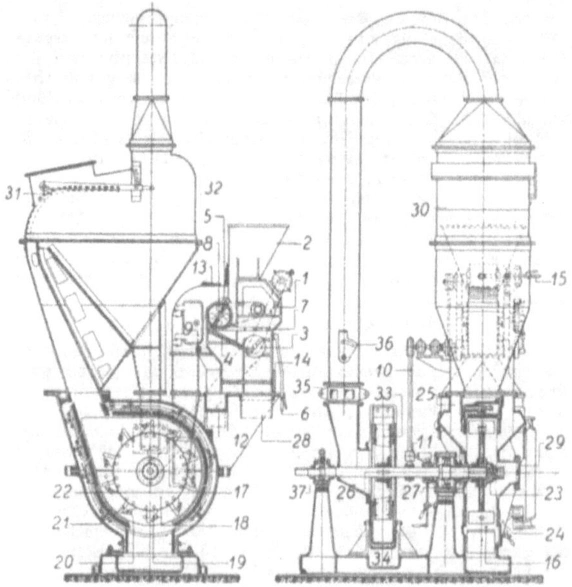

Abb. 401.

auf etwa Nußgröße vorgebrochene Kohle wird in den Trichter *2* geleitet, von dem sie auf ein Förderband fällt und durch dieses der Mahlkammer *16* zugeführt wird. Die Menge der jeweils zugeführten Kohle läßt sich durch einen mittels Hebel *15* verstellbaren Schieber regeln, durch den die Schütthöhe nach Erfordernis eingestellt werden kann.

Das in der Mahlkammer mit hoher Drehzahl (ca. 1500 i. d. Min.) laufende, von einem Elektromotor angetriebene Schlägerrad *16* bzw. Abb. 401 zerschlägt die zugeführten Kohlenstücke während des Fluges, deren Teilchen dann durch die dem Aufgabeapparat zugeführte Luft in den Windsichter *30* gefördert werden. Das Schlägerrad ist mit eingesetzten Schlagplatten und die Mahlkammer innen mit einer Panzerung versehen, deren einzelne Teile sich ebenso wie die Schlagplatten leicht auswechseln lassen. Im Windsichter wird der den Kohlenstaub tragende Luftstrom durch eine verstellbare Prallplatte *31* abgelenkt, wodurch die gröberen Teilchen abgeschieden und dem Schlägerrad zur weiteren Zer-

Abb. 401.

kleinerung wieder zugeführt werden, während der feine schwebende Staub durch den von derselben Welle wie das Schlägerrad angetriebenen Mühlenventilator *33* abgesaugt und durch die angeschlossene Druckleitung in die Feuerungen geblasen wird.

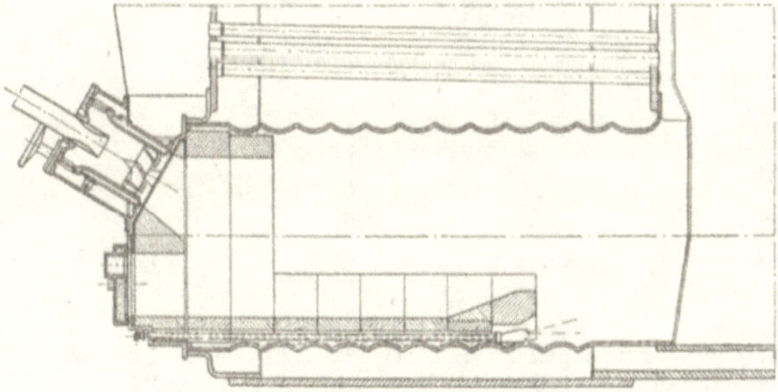

Abb. 402.

Um die der Mühle zugeführte Kohle möglichst zu trocknen, wird sie während ihres Durchganges durch die Mühle mittels zugeführter heißer Luft aus dem Luftvorwärmer (oder auch durch heiße Rauchgase) getrocknet, welche durch den Anschluß *28* dem

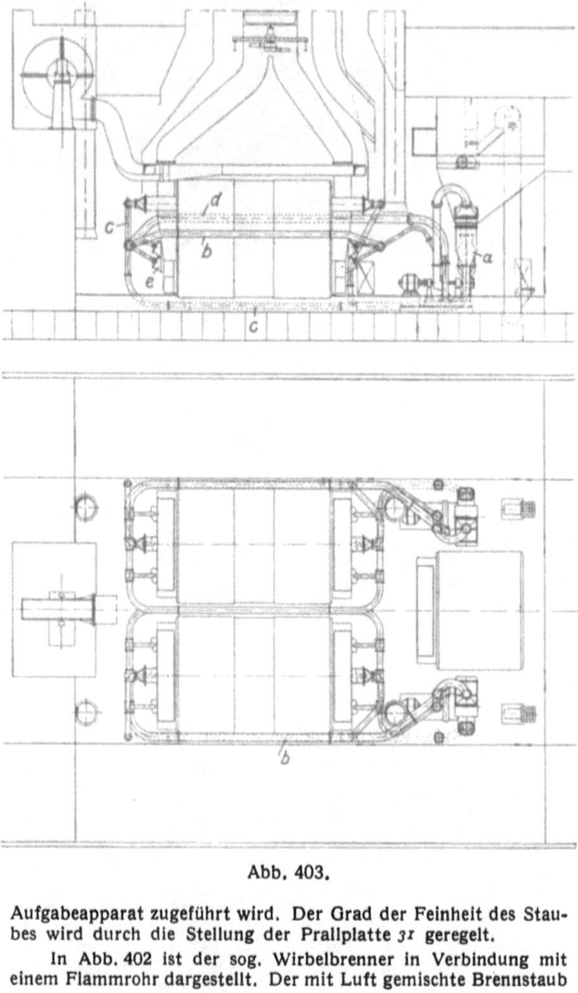

Abb. 403.

Aufgabeapparat zugeführt wird. Der Grad der Feinheit des Staubes wird durch die Stellung der Prallplatte *31* geregelt.

In Abb. 402 ist der sog. Wirbelbrenner in Verbindung mit einem Flammrohr dargestellt. Der mit Luft gemischte Brennstaub wird in der Mitte des zylindrischen Brenners eingeführt und durch schrägstehende Leitschaufeln in das Flammrohr geblasen, wobei ihm eine wirbelnde Bewegung erteilt wird. Während der Brennstaub den Brenner durchströmt, wird ihm weitere vorgewärmte Verbrennungsluft zugesetzt, welche zum Teil vor, zum Teil hinter den Leitschaufeln zugeführt wird. Die Menge dieser Zweitluft kann durch einen Ringschieber geregelt werden.

Das Flammrohr wird vorn und im unteren Teil mit Schamottesteinen so ausgemauert, daß eine Mulde gebildet wird, in der sich flüssige Schlacke absetzen kann, welche von Zeit zu Zeit durch die in der Feuerungsvorlage vorgesehene Tür abgezogen werden kann. Die im hinteren Teil des Flammrohres sich ansammelnde Flugasche kann durch einen ins Flammrohr eingebauten Bläser ausgeblasen werden.

Abb. 403 zeigt die Gesamtanordnung einer Kohlenstaubfeuerungsanlage für zwei Doppelkessel mit je 6 Flammrohren. Der in den beiden Kohlenmühlen *a* hergestellte Kohlenstaub wird von den angekuppelten Gebläsen in die Ringleitungen *b* geblasen, von welchen Rohrleitungen nach den einzelnen Brennern abzweigen. Die Regelung der Staubzufuhr wird an den Abzweigestellen durch verstellbare Klappen vorgenommen. Der von den Brennern nicht aufgenommene Brennstaub wird durch die Leitungen *d* wieder zur Mühle zurückgeleitet, um von dort wieder in den Kreislauf zu gelangen. Die zum Trocknen und Fördern des Brennstaubes nötige Erstluft wird durch die Leitungen *c* den Luftvorwärmern entnommen und den Mühlen zugeleitet, während die weiter erforderliche, ebenfalls den Luftvorwärmern entnommene Zweitluft durch die Vorlagen *e* den Brennern direkt zugeführt wird.

G. Abgaskessel.

Da die Abgase der Dieselmotoren bei Viertaktmotoren mit einer Temperatur bis zu etwa 450°, bei Zweitaktmotoren mit einer solchen von etwa 280° entweichen und deshalb noch eine große Wärmemenge enthalten, ist man bei Motorschiffen vielfach dazu übergegangen, diese Wärme in sog. Abgaskesseln zur Erzeugung von Dampf zu verwenden. Je nach der Temperatur der Abgase kann Dampf von etwa 6 bis 10 atü erzeugt werden, der zum Antrieb von Dampfdynamos, zur Heizung der Räume, Erzeugung von Warmwasser usw. verwendet wird.

Die Abgaskessel werden in sehr verschiedenen Bauarten ausgeführt, z. B. als liegende oder stehende zylindrische Röhrenkessel, als Wasserrohrkessel u. dgl. und unterliegen bezüglich Bau und Ausrüstung den gleichen behördlichen Vorschriften wie sonstige Dampfkessel. Sie werden meistens so eingerichtet, daß sie im Bedarfsfalle, z. B. bei Stillstand des Dieselmotors oder für den Hafenbetrieb, auch mit Öl geheizt werden können.

Es ist ferner die Einrichtung so getroffen, daß die stoßweise mit hoher Geschwindigkeit strömenden Abgase durch verstellbare Schaltklappen so geführt werden können, daß sie entweder durch den Abgaskessel strömen oder an diesem vorbei direkt ins Freie geleitet werden.

Um die Abgaswärme möglichst weit auszunutzen, wird vielfach in den ersten Abgasstrom noch ein Dampfüberhitzer bzw. Dampftrockner und in den letzten Zug ein Vorwärmer für das Speisewasser eingebaut.

IV. Teil.

Hilfsmaschinen und Apparate.

Zum Betriebe der Hauptmaschinenanlage sind eine Anzahl von Hilfsmaschinen und Apparaten erforderlich, ohne deren anstandsloses Arbeiten auch der Betrieb der Hauptmaschine nicht ordnungsmäßig durchgeführt werden kann, unter Umständen auch ganz eingestellt werden muß. Ein Teil der erforderlichen Pumpen wird, besonders bei Kolbenmaschinen, an die Hauptmaschine angehängt. Bei großen Anlagen werden die Hilfsmaschinen gesondert angetrieben, und zwar entweder durch Dampf oder, besonders bei Motorschiffen, durch elektrische Motoren.

1. Kolbenpumpen. Es bezeichnet:

D den Durchmesser des Pumpenkolbens in dm,
d den Durchmesser der Pumpenkolbenstange in dm,
f den Kolbenquerschnitt $= \frac{\pi}{4} \cdot D^2$,
s den Kolbenhub in dm,
n die Anzahl der Doppelhübe i. d. min,
h_s die Saugehöhe in m,
h_d die Druckhöhe in m,
H die Förderhöhe in m,
Q die Fördermenge in l i. d. min,
c die mittlere Kolbengeschwindigkeit i. d. s $= \frac{s \cdot n}{30}$ in dm,
γ das spez. Gewicht der Flüssigkeit.

a) Einfachwirkende Pumpen. Diese saugen während des einen und drücken während des zweiten Kolbenhubes; sie werden als Tauchkolbenpumpe, als Pumpe mit Kolbenventilen oder als Edwards-Pumpe ausgeführt.

b) Doppeltwirkende Pumpen. Diese saugen bei jedem Hub auf der einen und drücken gleichzeitig auf der anderen Kolbenseite.

c) Differenzialkolbenpumpen haben einen Kolben mit einer verhältnismäßig sehr starken Kolbenstange (Abb. 400). Sie saugen beim Aufgang des Kolbens ein Wasserquantum entsprechend dem Kolbenhub und dem Kolbendurchmesser D an, während gleichzeitig das oberhalb des Kolbens zwischen Pumpenzylinder und Kolbenstange befindliche Wasser in die Druckleitung gefördert wird. Beim Niedergang des Kolbens tritt das vorher angesaugte Wasser über das Druckventil, wobei ein Teil desselben in den Ringraum oberhalb der Kolben tritt und der andere Teil, entsprechend dem von der Kolbenstange verdrängten Volumen, in die Druckleitung gefördert wird. Der Querschnitt der Kolbenstange wird halb so groß gemacht wie derjenige des Kolbens, so daß die Pumpe bei jedem Hub gleichviel fördert.

d) Förderhöhe H ist die Summe aus der Saughöhe h_s vom Saugwasserspiegel bis zur Pumpe und der Druckhöhe h_d von der Pumpe bis zum Druckwasserspiegel. Es ist also

$$H = h_s + h_d \text{ m}.$$

Fließt der Pumpe die zu fördernde Flüssigkeit von einem höher gelegenen Ort her zu, dann ist die Saugehöhe h_s negativ einzusetzen. Drückt die Pumpe in einen Raum, in welchem der Überdruck p at herrscht, dann hat die Pumpe eine Druckhöhe von $10 \cdot p$ m Wassersäule zu überwinden. Die Saughöhe kann bei kaltem Wasser theoretisch 10 m betragen, in Wirklichkeit jedoch nur 6 bis 8 m. Bei warmem Wasser richtet sich die mögliche Saughöhe nach der Temperatur des Wassers. Soll eine Pumpe heißes Wasser von über 50° C fördern, so ist es zweckmäßig, wenn das Wasser der Pumpe zufließt. Bei Speisepumpen, welche hoch vorgewärmte Wasser saugen sollen, ordnet man deshalb den Vorwärmer über der Pumpe an.

Wird an Stelle von Wasser eine andere Flüssigkeit durch eine Pumpe gefördert, so richtet sich die erreichbare Saughöhe nach dem spez. Gewicht der Flüssigkeit, und zwar ändert sie sich im umgekehrten Verhältnis zu demselben. Ist also z. B. das spez. Gewicht der zu saugenden Flüssigkeit $\gamma = 0{,}9$, so ist die erreichbare Saughöhe im Verhältnis $1 : \gamma$ größer als bei Wasser. Andererseits ist sie jedoch um so geringer, je leichter die Flüssigkeit bei der gegebenen Temperatur Dämpfe bildet.

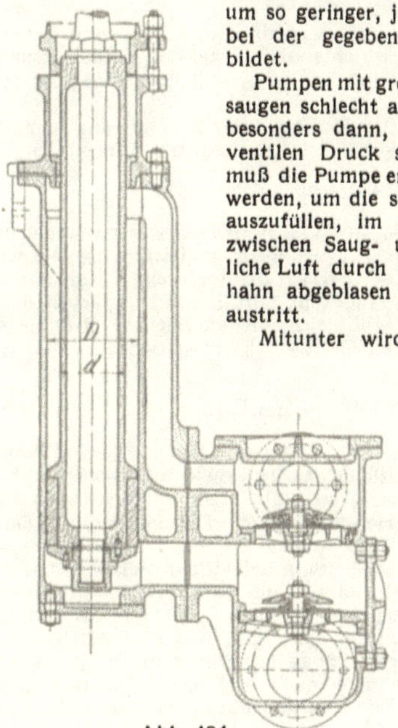

Abb. 404.

Pumpen mit großen schädlichen Räumen saugen schlecht an oder überhaupt nicht, besonders dann, wenn über den Druckventilen Druck steht; im ersteren Falle muß die Pumpe erst mit Flüssigkeit gefüllt werden, um die schädlichen Räume damit auszufüllen, im zweiten Falle muß die zwischen Saug- und Druckventil befindliche Luft durch einen vorgesehenen Lufthahn abgeblasen werden, bis Flüssigkeit austritt.

Mitunter wird am Ende der Saugleitung ein sog. Fußventil angebracht, um zu verhüten, daß die angesaugte Flüssigkeit beim Stillstand derselben infolge von Undichtigkeiten wieder wegfällt.

e) Fördermenge. Die theoretische Fördermenge ergibt sich aus dem Hubvolumen und der Doppelhubzahl und beträgt bei den verschiedenen Pumpenarten gemäß nachstehender Zahlentafel:

Art der Pumpe	Theoretische Fördermenge $= Q$ in l/min
Einfachwirkende Pumpe	$f \cdot s \cdot n$,
Differentialkolbenpumpe	$f \cdot s \cdot n$,
Doppeltwirkende Pumpe	$2 \cdot f \cdot s \cdot n$,
Duplexpumpe	$4 \cdot f \cdot s \cdot n$.

Infolge von Undichtigkeiten des Kolbens und der Ventile sowie wegen des verspäteten Schließens der Ventile ist die wirklich geförderte Flüssigkeitsmenge nur etwa 75 bis 90% von der theoretischen, d. h. der volumetrische Wirkungsgrad beträgt 0,75 bis 0,9. Bei den doppeltwirkenden Pumpen ist außerdem die Fördermenge beim Aufwärtsgang des Kolbens noch um das Hubvolumen der Kolbenstange geringer.

f) Die Arbeit L, welche ohne Berücksichtigung von Verlusten zur Hervorbringung einer bestimmten Pumpenleistung aufgewendet werden muß, ist das Produkt aus der theoretischen Fördermenge Q und der Förderhöhe H, also

$$L = \frac{Q \cdot H \cdot \gamma}{60 \cdot 75} \text{ PS.}$$

Die wirklich aufzuwendende Arbeit ist im umgekehrten Verhältnis des volumetrischen Wirkungsgrades und um die zur Überwindung der verschiedenen Reibungswiderstände erforderliche Arbeit größer.

g) Die Bewegung der Flüssigkeit in den Saug- und Druckrohren einer Kolbenpumpe richtet sich, unter der Voraussetzung, daß keine Luftpolster vorhanden sind, nach der Bewegung des Pumpenkolbens.

Ist q der Querschnitt der Saug- bzw. Druckleitung in dm², dann ist die Geschwindigkeit im Rohr in jedem Augenblick

$$v = \frac{f}{q} \cdot \text{Kolbengeschwindigkeit in dm.}$$

Die Geschwindigkeit v ist daher mehr oder weniger ungleichmäßig, wenn die Kolbengeschwindigkeit ungleichmäßig ist, wie dies bei solchen Pumpen der Fall ist, die durch einen Kurbeltrieb bewegt werden.* Bei vorhandenem Luftkissen (Windkessel oder beigemengter Luft) wird eine gleichmäßigere mittlere Strömungsgeschwindigkeit v_m erreicht, und zwar ist diese dann im günstigsten Falle

$$v_m = \frac{f}{q} \cdot c \text{ dm.}$$

h) Wasserschläge. Bei Pumpen ohne Saugwindkessel, welche aus langen Rohrleitungen saugen, reißt mitunter schon bei mäßiger Hubzahl die Flüssigkeit hinter dem Pumpenkolben ab, so daß sich ein luftleerer Hohlraum bildet. Dies ist dann der Fall, wenn die Beschleunigung des Kolbens bei Beginn des Hubes so groß ist, daß die in der Saugleitung befindliche Flüssigkeitssäule dieser Beschleunigung nicht folgen kann. Im Verlauf des Kolbenhubes wird aber die erforderliche Geschwindigkeit erreicht und der entstandene Hohlraum wieder ausgefüllt, was sich durch einen mehr oder weniger heftigen Schlag bemerkbar macht.

In gleicher Weise können auch in langen Druckleitungen Schläge auftreten, wenn kein Druckwindkessel vorhanden ist und kein genügender Druck in der Leitung herrscht.

Schläge im Pumpenzylinder können auch dann auftreten, wenn sich ein Saugventil aufhängt; dieses schließt sich dann erst, wenn es durch die rückfließende Flüssigkeit mit Gewalt auf seinen Sitz niedergeschlagen wird.

i) Windkessel, welche in die Saug- und Druckleitung der Pumpe eingebaut werden, haben den Zweck, eine gleichmäßige Bewegung der Flüssigkeit in diesen Leitungen herbeizuführen und sie möglichst unabhängig von der ungleichförmigen Bewegung des Pumpenkolbens zu machen. Sie sind um so wirksamer, je größer ihr Luftinhalt ist und je näher sie am Ventilkasten der Pumpe angeordnet sind. Die Form der Windkessel ist meistens zylindrisch, ihr Material je nach Erfordernis Gußeisen, Bronze, Flußeisen oder Kupfer.

Die Druckwindkessel für hohe Drücke, z. B. bei Speisepumpen, erfüllen den angestrebten Zweck vielfach nicht, weil die von Anfang an darin enthaltene Luft bei dem hohen Druck auf einen Bruchteil ihres ursprünglichen Volumens zusammengepreßt ist und außerdem im Laufe der Zeit von der geförderten Flüssigkeit absorbiert wird. Um den Windkessel wirksam zu erhalten, muß er deshalb von Zeit zu Zeit mit komprimierter Luft wieder aufgefüllt werden. Siehe „Knorr"-Schwimmerstoßdämpfer S. 438.

Der volumetrische Wirkungsgrad wird durch Windkessel nicht beeinflußt.

k) Schnüffelventile. An Stelle von Windkesseln werden zur Verhütung von Wasserschlägen vielfach nur sog. Schnüffelventile (Rückschlagventile) zwischen Saugventil und Druckventil oder in der Saugleitung in der Nähe der Pumpe vorgesehen. Die bei jedem Saughub eingesaugte und der Flüssigkeit beigemischte Luftmenge verhindert durch ihre Elastizität die sonst etwa auftretenden harten Schläge, vermindert jedoch den volumetrischen Einwirkungsgrad der Pumpe.

l) Erreichbarer Flüssigkeitsdruck bei Dampfpumpen. Ist

D_d der Durchmesser des Dampfzylinders in cm,

p_d der Dampfdruck im Schieberkasten in at,

dann ist der theoretisch erreichbare Flüssigkeitsdruck

$$p_w = \left(\frac{D_d}{D}\right)^2 \cdot p_d \text{ at.}$$

Im Betriebe wird dieser Druck p_w infolge von Reibungswiderständen und Gegendruck im Dampfzylinder nicht ganz erreicht.

Wird aber eine Dampfpumpe, deren Pumpenzylinder und schädliche Räume vollkommen mit Flüssigkeit gefüllt sind, bei geschlossenem Absperrventil in der Pumpendruckleitung in Betrieb gesetzt, so kann bei vollkommen dichten Saugventilen infolge der Undichtigkeit des Pumpenkolbens ein hydraulischer Druck $p_d \cdot \left(\frac{D_d}{d}\right)^2$ at auftreten, weil in diesem Fall an Stelle des Pumpenkolbens die Pumpenkolbenstange zur Wirkung kommt. Ist z. B. das Verhältnis des Durchmessers der Pumpenkolbenstange zum Durchmesser des Dampfzylinders 1 : 5, so ist der im Pumpenzylinder erreichbare hydraulische Druck gleich dem 25fachen Dampfdruck, durch den das Pumpengehäuse unvermeidlich gesprengt würde. Es ist deshalb zweckmäßig, daß Dampfpumpen am Pumpenraum ein kleines Sicherheitsventil haben, welches höchstens auf den Probedruck des Pumpengehäuses eingestellt ist.

2. Luftpumpen. Sie haben den Zweck, das im Kondensator gebildete Kondensat sowie die in den Kondensator gelangte Luft

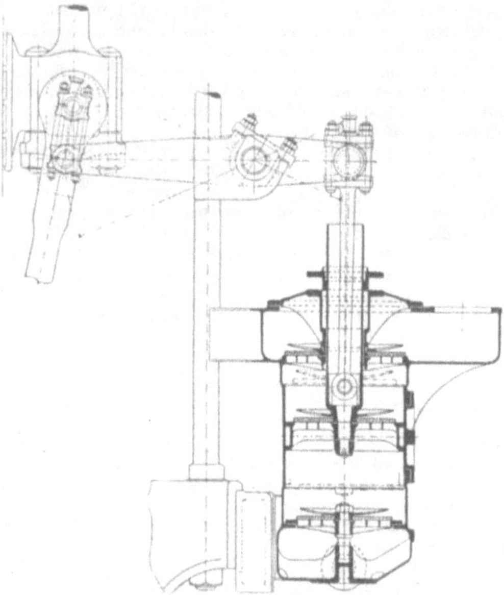

Abb. 405.

aus diesem abzusaugen. Das Kondensat gelangt dann in einen Speisewassertank, um den Kesseln wieder zugeführt zu werden, während die mitgeförderte Luft durch das Luftrohr der Pumpe meistens frei in den Maschinenraum entweicht.

Da die Luftpumpe infolge des Vakuums im Kondensator das Wasser beim Ansaugen nicht heben kann, so muß sie so tief angeordnet werden, daß ihr das Kondensat immer leicht zufließen kann.

a) Angehängte Luftpumpen nach Abb. 405 und 408 werden gewöhnlich durch einen zweiarmigen Hebel von einem Kreuzkopf der Hauptmaschine aus angetrieben und sind immer einfachwirkend.

Die gewöhnliche Luftpumpe, Abb. 405, hat Saug-, Kolben- und Druckventile, die entweder einfache Gummiklappen sind, Abb. 405, oder Plattenventile aus Messingblech.

Der Vorgang im Luftpumpenzylinder ist folgender. Während des Aufwärtsganges des Kolbens herrscht unter demselben ein um den Widerstand im Saugventil geringerer Druck wie im Kondensator, so daß zuerst Kondensat und dann Luft über das Saugventil treten können.

Während des Niederganges des Kolbens herrscht auf beiden Seiten des Kolbens der Kondensatordruck (unterhalb nur um den Widerstand im Kolbenventil größer als oben) und es tritt die vorher angesaugte Luft nebst Kondensat ohne nennenswerten Kraftverbrauch über den Kolben.

Beim nächsten Kolbenaufgang, dem eigentlichen Arbeitshub, wird die über dem Kolben befindliche Luft bis auf Atmosphärendruck bzw. um die Widerstände höher komprimiert (isothermische Kompression), und im letzten Teil des Aufwärtshubes zuerst die Luft und dann das Kondensat über das Druckventil befördert.

Als Ventile kommen vielfach sog. Kinghorn-Ventile, Abb. 406, zur Anwendung, welche aus drei lose aufeinander liegenden ebenen Platten von etwa 1 bis 2 mm Dicke bestehen. Die beiden unteren Platten sind auf verschiedenen Durchmessern mit mehreren Löchern versehen, so daß sich zwischen den einzelnen Platten stets eine dünne Wasserschicht bilden und die Platten infolgedessen geräuschlos arbeiten. Der Ventilfänger ist flach und ebenfalls mit einigen Löchern versehen, damit die Ventilplatten leicht abfallen. Der Ventilhub beträgt etwa 3 bis 8 mm.

Die Beldamschen Ventile, Abb. 407, bestehen aus nur einer gewellten Platte von etwa 2 mm Dicke. Der ebenfalls mit mehreren Löchern versehene Ventilfänger ist ebenso gewellt wie die Ventilplatte und gestattet einen Ventilhub von etwa 3 bis 8 mm.

Kolben- und Fußventile sind durch ein rundes Mannloch in der Pumpenzylinderwand zugänglich. Dieser Mannlochdeckel muß ohne Packung eingesetzt werden, damit die Lauffläche im Arbeitszylinder erhalten bleibt.

Die Pumpenventile müssen, damit sie immer gut luftdicht sind, stets von Wasser bedeckt sein.

Der bronzene Kolben wird vielfach mit einer Weichpackung versehen, die bei kleinen Kolben vor dem Einsetzen in die dafür vorgesehene Rille eingewickelt oder bei größerem Kolben nach dem Einsetzen eingelegt und durch einen Preßring festgedrückt wird. Sehr oft wird der Kolben jedoch auch ohne Packung ausgeführt und die Lauffläche nur mit einigen Wasserrillen versehen. Die dann bestehende geringe Undichtigkeit hat keinen Einfluß auf die Wirkung der Pumpe, weil der Kolben oben immer mit Wasser bedeckt und die geringe zurücktretende Wassermenge ohne Bedeutung ist.

b) Die Edward-Luftpumpe, Abb. 408, hat nur Druckventile. Für den Eintritt von Kondensat und Luft in den Pumpenzylinder

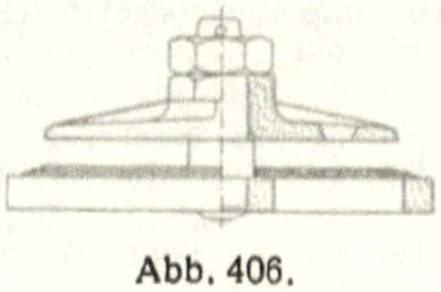

Abb. 406.

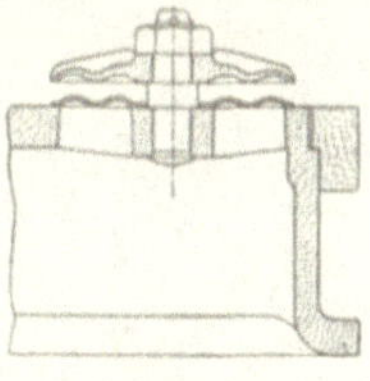

Abb. 407.

hat dieser jedoch am unteren Ende ringsum Öffnungen, welche kurz bevor der Kolben den unteren Totpunkt erreicht, durch diesen geöffnet werden. Während des Niederganges des Kolbens entsteht deshalb oberhalb desselben ein luftleerer Raum, so daß Kondensat und Luft eintreten können, sobald die Öffnungen durch den Kolben freigegeben werden. Unterstützt wird dieser Vorgang noch dadurch, daß sich während des Kolbenaufganges das aus dem Kondensator zufließende Kondensat im unteren konischen Teil des Gehäuses angesammelt hat und dieses beim Niedergang des unten ebenfalls konisch geformten Kolbens verdrängt wird, so daß es durch die Öffnungen im Pumpenzylinder auf die Oberseite des Kolbens geworfen wird.

Beim Aufgang verschließt der Kolben die Öffnungen wieder, komprimiert die Luft und fördert diese sowie das Wasser in den Druckraum der Pumpe. Da der Pumpenkolben, welcher keine Packung, sondern nur eine breite Lauffläche mit einigen Wasserrillen hat, den Kondensator jederzeit vollkommen abschließt (mit Ausnahme in seiner untersten Stellung), so ist am Pumpengehäuse stets ein Überdruckventil vorgesehen, um die etwaige Entstehung eines Überdruckes im Kondensator zu verhüten.

Da bei allen Luftpumpen infolge der geringen Wasserfüllung der Wasseraustritt aus der Pumpe stoßweise kurz vor dem oberen Ende des Kolbenhubes erfolgt, so wird in der Regel unmittelbar an der Pumpe ein Windkessel vorgesehen. Mitunter wird auch der Druckraum oberhalb der Kopfventile oder der obere Deckel so ausgebildet, daß ein Luftkissen verbleibt.

c) Dampfluftpumpen werden ein- oder zweizylindrig ausgeführt. Die allgemeine Anordnung dieser Pumpen ist bei den verschiedenen Bauarten derselben die gleiche und unterscheidet sich hauptsächlich nur in der Art der Dampfsteuerung. Bei einzylindrigen Pumpen erfolgt der Antrieb des Pumpenkolbens direkt durch einen auf der gemeinsamen Kolbenstange sitzenden Dampfkolben, während bei zweizylindrigen Pumpen der zweite Pumpenkolben durch einen zwischengeschalteten zweiarmigen Hebel angetrieben wird.

Dampf- und Pumpenzylinder sind gewöhnlich durch stählerne Säulen miteinander verbunden.

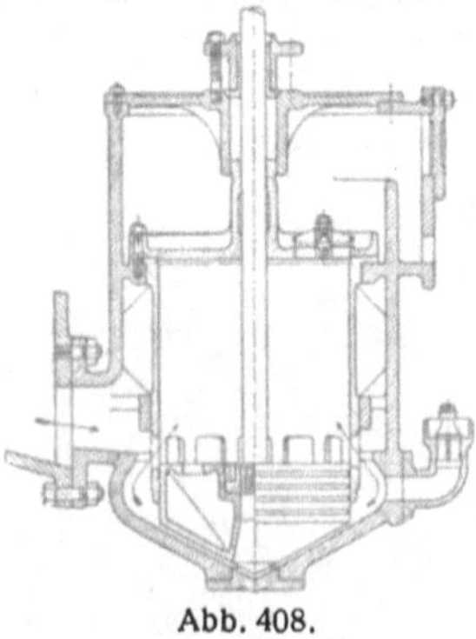

Abb. 408.

Da die Pumpen ohne Kurbelmechanismus arbeiten, so ist die Steuerung so eingerichtet, daß sie auf beideh Kolbenseiten volle Füllung gibt. Bei Einzylinderluftpumpen, bei welchen nur beim Kolbenaufgang die eigentliche Arbeit geleistet werden muß, wird der Dampfeintritt auf die Oberseite desDampfkolbens entsprechend gedrosselt, wodurch erreicht wird, daß die Geschwindigkeit des Kolbens beim Auf- und Niedergang ungefähr die gleiche ist. Die Anzahl der Doppelhübe beträgt etwa 30 bis 40 in der Minute.

Abb. 393 zeigt eine Einzylinderluftpumpe der Atlaswerke, Bremen. Sie ist einfachwirkend und hat sowohl Saug- als auch

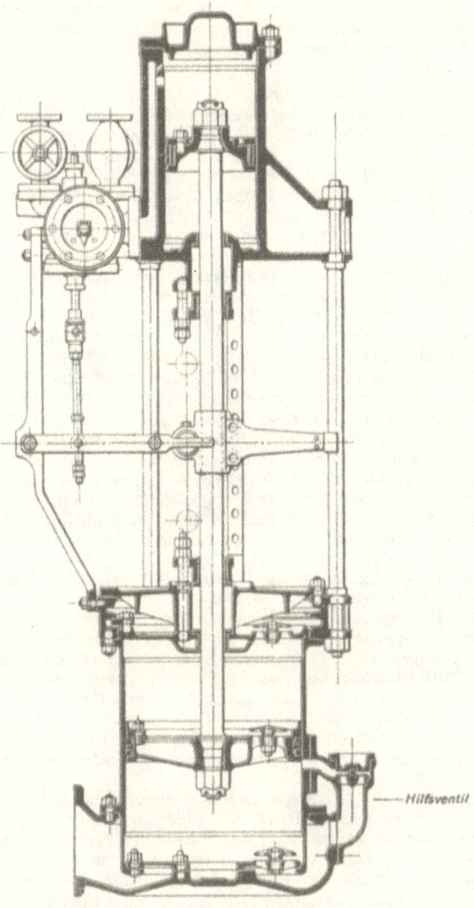

Abb. 409.

Kolben- und Druckventile. Der Pumpenzylinder ist mit einem besonderen Hilfsventil versehen, durch welches beim Hochgang des Kolbens die Luft aus dem Kondensator direkt in den Pumpenzylinder über die Saugventile treten kann, ohne erst die mit einer verhältnismäßig hohen Schicht des zuerst angesaugten Kondensates belasteten Saugventile heben zu müssen. Hierdurch ist es möglich, im Kondensator ein höheres Vakuum zu erreichen.

Die Dampfsteuerung wird, wie bei fast allen Einzylinderpumpen, mittels eines Hebels vom Kreuzkopf, welcher Dampf- und Pumpenkolbenstange miteinander verbindet, angetrieben. Siehe S. 433.

Abb. 405 und 406 zeigen eine sog. Dual-Expreßluftpumpe der Atlaswerke, Bremen, bei welcher zwei Pumpenzylinder nebeneinander angeordnet sind. Der vom Dampfkolben direkt angetriebene Pumpenkolben *A* saugt hier durch die Leitung *C* einen Teil der Luft und das Kondensat an, während durch den zweiten gleichgroßen oder größeren Kolben *B*, welcher mittels eines zweiarmigen Hebels angetrieben wird, durch die Zweigleitung *D* nur Luft angesaugt wird. Um die Wirksamkeit der Pumpe zu erhöhen, wird die durch den Kolben *B* zu fördernde Luft durch eingespritztes Kreislaufwasser möglichst tief gekühlt und beim Aufwärtsgang des Pumpenkolbens Luft und Wasser durch die Leitung *E* und das durch eine leichte Feder belastete Ventil *F* auf die Oberseite des anderen Pumpenkolbens gefördert, in welchem während des Kolbenniederganges nur Kondensatordruck herrscht.

Das zur Kühlung der Luft im Zylinder *B* erforderliche Kreislaufwasser wird in einem besonderen, neben der Pumpe angeordneten Kühler durch Seewasser möglichst tief gekühlt. Es wird mit der Luft eingesaugt und mit dieser in den Druckraum des Luftpumpenzylinders gefördert, von wo es durch die Leitung *H* wieder in den Kühler zurückfließt. *G* ist ein Auffüllventil, das beim Anstellen der Pumpe einige Minuten geöffnet und dann bis auf ¼ Gang wieder geschlossen wird, so daß eine genügende Menge Wasser aus dem Druckraum der Kondensatpumpe in den Druckraum der Trockenluftpumpe gelangt; etwaiger Überschuß an Zirkulationswasser gelangt durch das Ventil *F* mit der geförderten Luft nach der Kondensatpumpe zurück.

Die Dampfsteuerung ist die gleiche wie bei den Speisepumpen; die Dampfkanäle sind jedoch der besonderen Arbeitsweise der Luftpumpen angepaßt. Der Dampfzylinder ist mit einer besonderen Dampfpuffervorrichtung versehen. Stößt der Kolben an den Enden an, dann ist der Hub zu lang eingestellt und es muß dann die Spindelmutter der Schieberschubstange auf der betreffenden Kolbenseite neu eingestellt werden. Der Kolben soll in den Endstellungen etwa 12 mm Luft haben. Über das Einstellen des Hubes siehe S. 435.

Das Schnüffelventil am Luftpumpenzylinder ist immer geschlossen zu halten, während dasjenige am Kondensatpumpenzylinder auch im geschlossenen Zustande immer eine geringe Menge Luft eintreten läßt. Die Schnüffelventile sind nur dann etwas zu öffnen, wenn sich in der Pumpe Schläge bemerkbar machen.

d) Dampfstrahlluftsauger werden in vielen Fällen entweder an Stelle von Kolbenluftpumpen oder außer diesen verwendet, um die Luft aus dem Kondensator zu entfernen und ein möglichst hohes Vakuum zu erreichen. Bei diesen Apparaten wird die Luft durch einen aus einer entsprechend geformten Dampfdüse mit hoher Geschwindigkeit austretenden Dampfstrahl mitgerissen und in einer Fangdüse komprimiert.

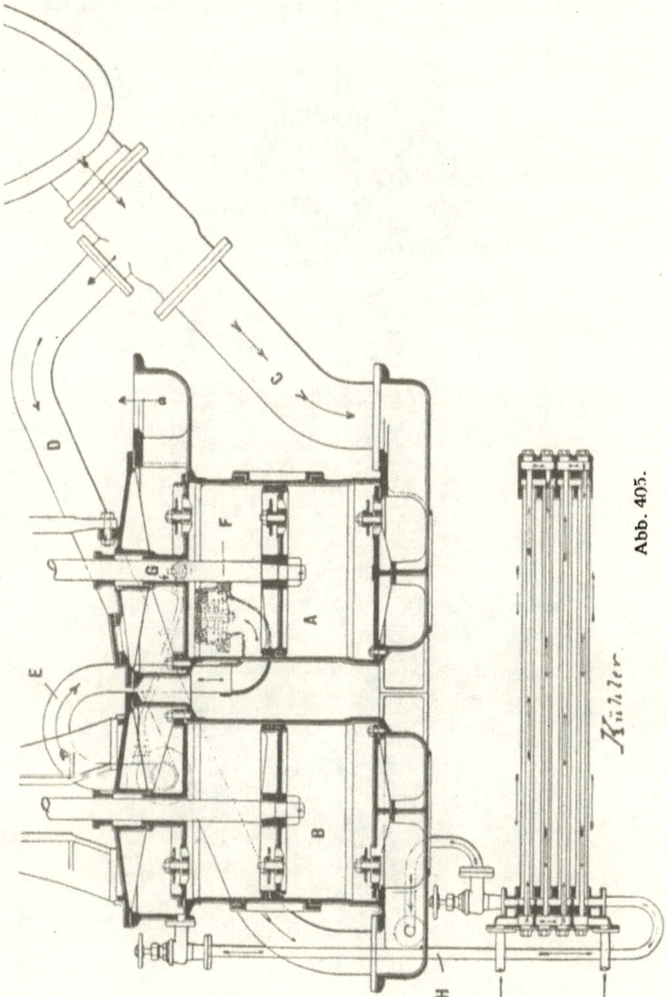

Abb. 405.

1. Wird dieser Apparat nur allein verwendet, um die Luft von der Kondensatorspannung bis auf den Atmosphärendruck

Abb. 406.

zu komprimieren, dann wird er gewöhnlich zweistufig ausgeführt und mit einem Zwischenkühler versehen, wie in Abb. 407 dargestellt. Der erste Dampfstrahler *A* saugt hier die Luft durch die Leitung *B* aus dem Kondensator *C* ab, komprimiert sie auf etwa

0,15 bis 0,2 ata und fördert sie dann in den Zwischenkühler *D*. In diesem wird der Arbeitsdampf durch das gesamte Kondensat aus dem Hauptkondensator, welches durch eine selbständige Kondensatpumpe aus dem Kondensator abgesaugt und bei *K* in den Zwischenkühler gedrückt wird, niedergeschlagen und die Luft abgekühlt.

Das gebildete Kondensat des Arbeitsdampfes wird durch ein Wassersackrohr *E* in den Hauptkondensator zurückgesaugt. Im abfallenden Schenkel dieses Wassersackrohres stellt sich hierbei der Wasserstand so ein, daß er um die Druckdifferenz *h* zwischen Hauptkondensator *C* und Zwischenkühler *D* tiefer steht als der höchste Punkt des Ableitungsrohres *E* liegt.

Die gekühlte Luft wird dann vom zweiten Dampfstrahler *F* wieder angesaugt und in einen zweiten Kühler *G* gefördert, der

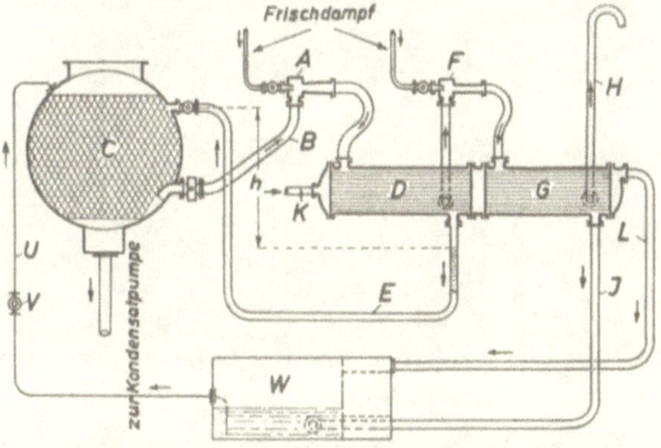

Abb. 407.

durch das Rohr *H* mit der Atmosphäre in Verbindung steht. Die auf Atmosphärendruck komprimierte Luft entweicht von hier durch das Rohr *H* ins Freie, während das Kondensat des Arbeitsdampfes durch die Leitung *J* in den Warmwasserkasten abgeleitet wird. Das auch durch diesen Kühler fließende Kondensat wird durch die Leitung *L* dem Warmwasserkasten *W* zugeführt.

Um auch bei langsamer Fahrt, also zu geringer Kondensatmenge, den Luftsauger in Betrieb halten zu können, ist es, um die nötige Kühlwassermenge für die Zwischenkühler *D* und *G* zu erhalten, nötig, durch eine Umlaufleitung *U* und das Regelventil *V* die erforderliche Kondensatmenge aus dem Warmwasserkasten in den Kondensator zu saugen.

2. Ist, wie dies vielfach der Fall ist, ein hochliegender Hauptkondensator und eine an die Hauptmaschine angehängte Kolbenluftpumpe oder eine besonders angetriebene Luft- und Kondensatpumpe vorhanden, so ist nur ein einstufiger Dampfstrahler erforderlich, Abb. 408 um ein höchstmögliches Vakuum zu erreichen. Das Kondensat aus dem Hauptkondensator *A* fließt durch das Fallrohr *B* in einen Mischkondensator *C*, welcher gleich-

zeitig als Wasserschloß dient, und von welchem es durch die Leitung *D* der Kondensat- und Luftpumpe *E* zugeführt wird.

Der Dampfstrahler *F* saugt hier die Luft durch den Absperrschieber *G* aus dem Hauptkondensator *A* ab und fördert sie durch die Leitung *H* in den Mischkondensator *C*, in welchem der Arbeitsdampf durch das Kondensat des Hauptkondensators niedergeschlagen und die Luft mit dem Kondensat zusammen von der Kondensat- und Luftpumpe *E* abgesaugt wird.

Der Dampfstrahler verdichtet hierbei die Luft nur auf das durch die Luftpumpe erzeugte Vakuum von etwa 0,15 bis 0,2 ata. Im Fallrohr *B* stellt sich dann der Wasserspiegel so ein, daß die Wassersäule von der Höhe *h* dem Unterschied der absoluten

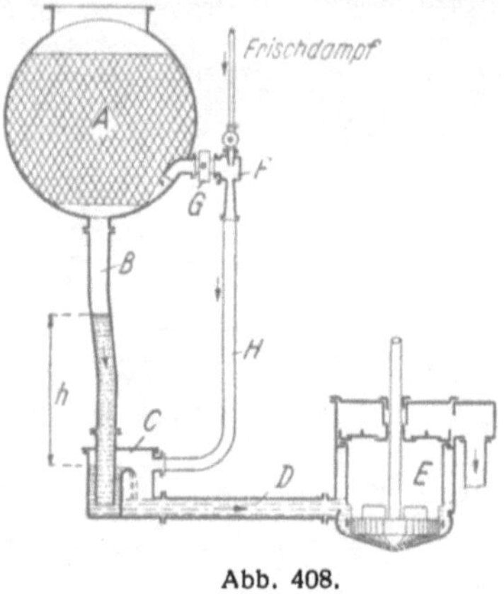

Abb. 408.

Drücke im Mischkondensator *C* und im Hauptkondensator *A* entspricht.

Wird, wie in Abb. 408 dargestellt, das Kondensat durch eine angehängte Luftpumpe *E* abgesaugt und das vom Luftsauger *F* geförderte Dampf-Luftgemisch nicht in einem in die Leitung *H* eingeschalteten Kühler mittels Seewasser niedergeschlagen bzw. gekühlt, sondern direkt in den Mischkondensator *C* geleitet, dann muß bei verringerter Maschinenleistung der Luftsauger abgestellt werden, weil dann nicht mehr genügend Kondensat anfällt, um den Dampf des Luftsaugers zu kondensieren.

3. Kondensatpumpen. Bei Maschinenanlagen mit Dampfturbinenantrieb werden zur Entfernung des Kondensates aus dem Kondensator an Stelle von Kolbenpumpen vielfach einstufige Kreiselpumpen verwendet, welche entweder durch einen Elektromotor oder durch eine Dampfturbine direkt angetrieben werden. Die Pumpe muß immer so tief als möglich unter dem Kondensator angeordnet werden, damit ihr das Kondensat mit genügendem Gefälle zufließen kann; bei liegender Pumpe wird sie also unmittelbar auf dem Doppelboden aufgestellt, bei stehender Pumpe mitunter in den Doppelboden des Schiffes versenkt. Das geförderte Kondensat wird gewöhnlich durch die Zwischenkühler des für die Absaugung der Luft vorgesehenen, meistens zweistufigen Dampfstrahlluftsaugers gedrückt und dann in den Speisewassertank geleitet.

4. **Kühlwasserpumpen** dienen zur Beschaffung der für die Oberflächenkondensatoren nötigen Kühlwassermengen. Die für eine PS_i bzw. WPS und h nötige Kühlwassermenge beträgt ungefähr:

bei Verbundmaschinen . . . . . 250 bis 300 l,
„ Drei- u. Vierfachexp.-Masch. . 200 „ 250 l,
„ Dampfturbinen . . . . 250 „ 300 l.

a) Angehängte Kühlwasserpumpen werden vielfach bei Kolbenmaschinenanlagen bis zu etwa 2000 PS_i der Einfachheit

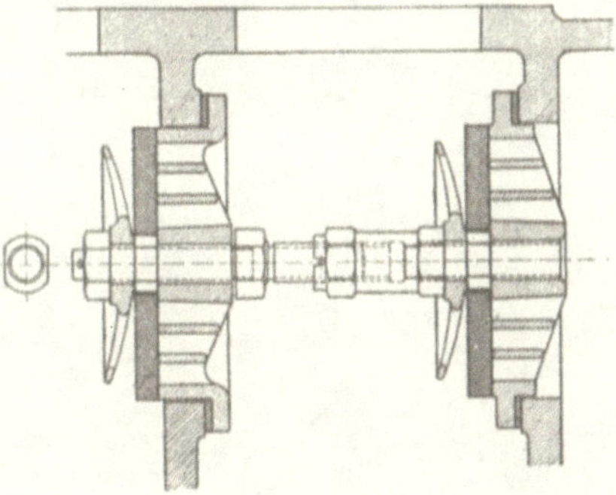

Abb. 409.

wegen angewendet. Sie sind gewöhnlich doppeltwirkend und werden meistens zusammen mit der Luftpumpe durch zweiarmige Hebel von einem Kreuzkopf der Maschine aus angetrieben. Das Pumpengehäuse ist gewöhnlich aus Gußeisen und mit einem bronzenen Arbeitszylinder versehen. Der Kolben ist ebenfalls aus Bronze hergestellt und nur mit einigen Wasserrillen zur Dichtung und Schmierung versehen. Die Ventile sind fast immer Gummiklappen, deren Befestigungsart aus der Abb. 409 hervorgeht. In der Druckleitung werden meistens Windkessel angeordnet; häufig werden auch noch die Deckel des Kondensatorgehäuses als Windkessel ausgebildet.

Die Regelung der Kühlwassermenge bei angehängter Kühlwasserpumpe wird durch das Seeventil bewerkstelligt, indem die der Pumpe zuströmende Wassermenge durch dasselbe mehr oder weniger gedrosselt wird. Gleichzeitig werden hierbei die Schnüffelventile (am Pumpenzylinder oder an der Saugleitung) teilweise geöffnet, um Wasserschläge zu verhüten.

b) Kreiselpumpen. Bei diesen wird, s. Abb. 410 und 411, zum Fördern des Kühlwassers ein Flügelrad benutzt, welches sich in einem geschlossenen Gehäuse mit entsprechender Geschwindigkeit dreht. Das Wasser tritt axial in der Mitte des Rades von einer oder von beiden Seiten her ein, wird durch die meistens nach rückwärts gekrümmten Flügel in Drehung versetzt und durch die hierbei auftretende Zentrifugalkraft nach außen in den das Flügelrad umgebenden spiralförmigen Druckraum geschleudert, aus welchem es in das tangential anschließende Druckrohr gelangt.

Das Pumpengehäuse ist meistens aus Gußeisen (bei kleineren Abmessungen vielfach aus Bronze) und gewöhnlich horizontal auf Mitte Welle geteilt, damit das Oberteil zwecks Überholung

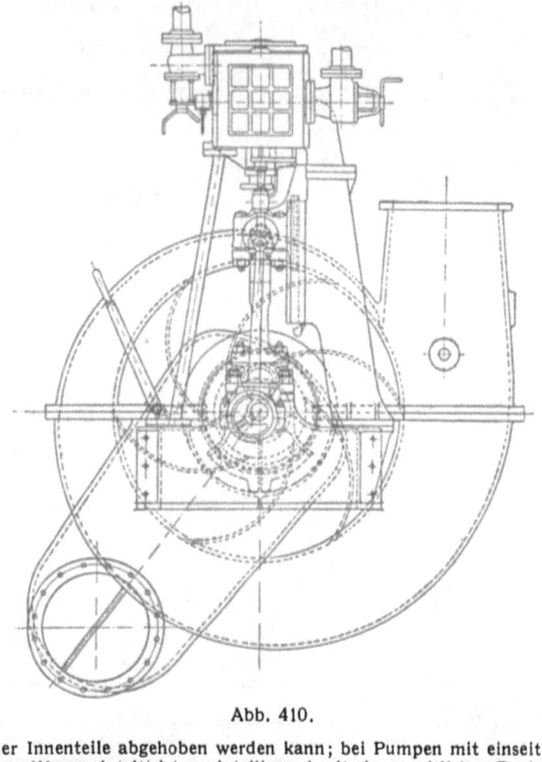

Abb. 410.

der Innenteile abgehoben werden kann; bei Pumpen mit einseitigem Wassereintritt ist es einteilig und mit einem seitlichen Deckel versehen.

Das Flügelrad wird aus Bronze, mit oder ohne seitliche Begrenzungswände der Flügel, ausgeführt und mit Feder und Mutter auf der Welle befestigt. Die Flügelradwelle ist meistens aus geschmiedeter Bronze; stählerne Flügelradwellen erhalten bronzene Überzüge, welche in die Nabe des Flügelrades eingreifen und dort abgedichtet sind, um die Welle vor Anfressungen durch Seewasser zu schützen. Mitunter werden auch die bronzenen Wellen an den

Stellen, wo sie in der Stopfbüchsenpackung laufen, noch mit einem Bronzeüberzug versehen, welcher erneuert werden kann, wenn er abgenutzt ist. In neuerer Zeit werden die Flügelradwellen auch vielfach aus nicht rostendem Stahl angefertigt. Nach außen ist die Flügelradwelle durch Stopfbüchsen im Gehäuse abgedichtet. Bei kleineren Pumpen lagert die Flügelradwelle in Pockholz- oder Weißmetallbüchsen, welche im Innern des Gehäuses liegen; dann führen vom Druckraum der Pumpe Kühlwasserrohre nach den Lagerstellen. Bei größeren Pumpen läuft

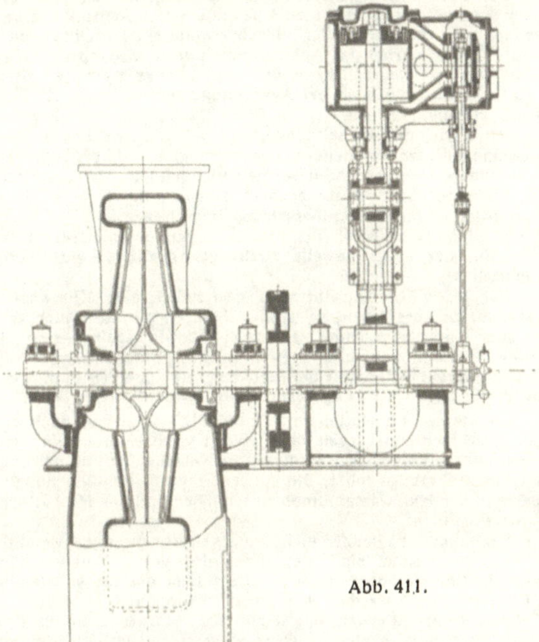

Abb. 411.

die Welle in außen angebrachten gewöhnlichen Lagern (Abb. 411) oder in Ringschmierlagern.

Die Abdichtung des Druckraumes gegen den Saugraum erfolgt in der Weise, daß die Flügel oder die inneren Ränder des Flügelrades nur einen kleinen axialen oder radialen Spielraum (0,75 bis 1 mm) im Gehäuse haben. Bei beiderseitigem Wassereintritt in das Flügelrad (Abb. 411) tritt ein wesentlicher axialer Schub auf die Flügelradwelle nicht auf. Damit sich aber das Flügelrad aus der Mittelstellung im Gehäuse seitlich nicht verschieben kann, wird die Flügelradwelle bei Antrieb durch eine

Kolbenmaschine mit der Kurbelwelle fest gekuppelt und die Kurbel zwischen den beiden Grundlagern mit nur ganz wenig Spiel (etwa 0,3 mm) eingepaßt, so daß bei auftretendem seitlichen Schub die Kurbelwangen an den Stirnflächen der Grundlagerschalen anlaufen; diese müssen dann eine genügend breite Fläche haben und aus Bronze hergestellt oder mit Weißmetall belegt sein. Das Flügelrad darf im Gehäuse auch dann nicht anlaufen, wenn sich die Welle zwischen Kurbel und Flügelrad infolge Anwärmung in den Lagern oder in der Stopfbüchse etwas verlängern sollte.

Bei einseitigem Wassereintritt ins Flügelrad ist zur Aufnahme des axialen Schubes eine besondere Druckentlastung und vielfach am freien Ende der Flügelradwelle ein Drucklager vorgesehen. Die Kurbel der Antriebsmaschine muß dann aber zwischen den Grundlagern ein größeres Spiel (etwa 1 mm) erhalten, damit die Kurbelwangen bei Ausdehnung der Welle nicht unter Druck anlaufen können.

Der Antrieb des Kreiselrades erfolgt bei gewöhnlichen Kolbenmaschinenanlagen meistens wie vorstehend erwähnt durch eine Einzylinder- oder Verbundmaschine. Vielfach wird das Flügelrad, besonders bei Dampfturbinenanlagen, auch durch eine kleine Dampfturbine mit Räderübersetzung angetrieben.

Auf Motorschiffen werden die Kreiselpumpen meistens durch einen mit der Flügelradwelle direkt gekuppelten Elektromotor angetrieben.

Für jeden Kondensator wird gewöhnlich eine Kühlwasserkreiselpumpe vorgesehen, bei großen Anlagen mitunter auch zwei an einer Antriebsmaschine. Bei zwei Hauptmaschinen sind die Druckrohre der BB- und StB-Kühlwasserpumpen häufig miteinander verbunden, damit bei Beschädigung der einen Pumpe die andere für beide Kondensatoren das Kühlwasser liefern kann.

Damit man im Notfall mit der Kühlwasserpumpe auch aus dem Maschinenraum lenzen kann, zweigt vom Saugrohr ein Rohr ab, welches mit einem Rückschlagventil versehen ist und nach der Maschinenraumbilge führt. Im Anwendungsfall ist dann nur das Seeventil der Kühlwasserpumpe zu schließen und das Rückschlagventil zu öffnen.

Kreiselpumpen können nicht ohne weiteres ansaugen, wenn sie nicht so angeordnet sind, daß ihnen das Wasser zuläuft oder Saugrohr und Pumpengehäuse vor dem Ingangsetzen vollständig mit Wasser gefüllt werden. Um diese Schwierigkeit zu beseitigen, wird bei schnellaufenden Kreiselpumpen erforderlichenfalls eine kleine Luftpumpe angebaut, welche bei geschlossener Druckleitung (Rückschlagventil) die Luft aus der Saugeleitung und dem Gehäuse absaugt, wodurch sich diese mit Wasser auffüllen.

Diesem Zweck dient vielfach die bei schnellaufenden Kreiselpumpen angewandte sog. „Wasserringpumpe" der SSW, durch welche Wasser bis etwa 6 m hoch angesaugt werden kann. Diese Einrichtung besteht aus einem auf der Kreiselpumpenwelle sitzendenden kleinen besonderen Flügelrad mit radialen Schaufeln *b* (Abb. 412), welche von einem exzentrisch angeordneten Gehäuse *d* umschlossen sind. In der Seitenwand sind ferner zwei sichelförmige Öffnungen *c* und *e* vorgesehen, von denen die Öffnung *c* für den Eintritt der vom höchsten Punkt des Gehäuses abgesaugten Luft, die Öffnung *e* für den Austritt derselben dient. Der Raum zwischen der Flügelradnabe und dem Gehäuse *d* wird teilweise mit Wasser gefüllt, welches bei der raschen Drehung der Flügel infolge der Zentrifugalkraft einen geschlossenen Ring bildet. Die anzusaugende Luft tritt nun durch die sichelförmigen, sich zwischen den einzelnen Flügeln allmählich vergrößernden Öffnungen *c* ein und wird auf der anderen Seite durch die sich allmählich verringernden Zwischenräume *e* ins Freie gedrängt. Dieser Vor-

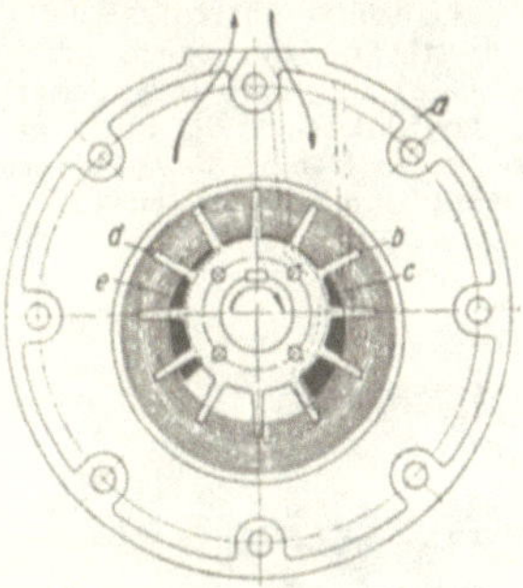

Abb. 412.

gang dauert so lange, bis alle Luft aus dem Saugrohr und dem Gehäuse entfernt ist und diese mit Wasser angefüllt sind, worauf die eigentliche Pumpe von selbst zu arbeiten beginnt.

5. Speisepumpen. a) Angehängte Speisepumpen. Bei Kolbenmaschinenanlagen werden die erforderlichen Speisepumpen (2 Stück) meistens an die Hauptmaschine angehängt und zusammen mit den anderen angehängten Pumpen (Luftpumpe, Kühlwasserpumpe usw.) durch eine gemeinschaftliche Traverse angetrieben. Bei schnellaufenden Maschinen mit über 200 U/min erfolgt der Antrieb vielfach mittels Schnecke und Schneckenrad von der Kurbelwelle aus. Die Pumpen sind einfachwirkend und haben Tauchkolben aus Bronze oder Stahl. Saug- und Druckventile sind meistens Kegel- oder Kinghorn-Ventile, die entweder in einem gemeinschaftlichen oder in zwei getrennten an den Pumpenzylinder geschraubten Ventilkasten untergebracht sind. In der Saug- und Druckleitung sind meistens Absperrventile vorgesehen, um die Pumpenventile auch während des Betriebes nachsehen zu können. Um Brüche zu vermeiden, sind die Pumpenzylinder mit einem federbelasteten Sicherheitsventil versehen, dessen Federspannung etwa dem 1,3- bis 1,5fachen Kesseldruck entspricht.

b) Dampfspeisepumpen. Bei diesen wird der Pumpenkolben durch einen Dampfkolben, welcher mit ersterem durch eine gemeinsame Kolbenstange direkt verbunden ist, angetrieben. Die Steuerung des Dampfschiebers wird bei den verschiedenen Ausführungen ohne Einschaltung eines Kurbelbetriebes von der gemeinsamen Kolbenstange abgeleitet. Der Durchmesser des Dampfzylinders wird bei diesen Pumpen in der Regel um etwa 40% größer als derjenige des Pumpenkolbens gemacht, so daß der höchste erreichbare Pumpendruck im Betrieb etwa gleich dem doppelten Kesseldruck sein kann.

c) Duplexdampfpumpen. Diese bestehen aus zwei liegend oder stehend nebeneinander angeordneten Pumpen, von denen jede einen Dampf- und einen Pumpenzylinder hat. Die beiden Dampf- bzw. Pumpenzylinder sind vielfach zusammengegossen und die beiden Zylinderkörper durch stählerne Säulen oder ein gußeisernes Zwischenstück miteinander verbunden. Die Steuerung jedes Dampfzylinders erfolgt gewöhnlich durch einen Flachschieber mit sehr geringer äußerer und innerer Überdeckung in der Weise, daß jedes Kolbengestänge den Schieber der anderen Pumpe steuert. Von den beiden Steuerhebeln ist der eine zweiarmig, der andere einarmig. Durch diese Art der Steuerung ergibt sich, daß die Bewegung der beiden Dampf- bzw. Pumpenkolben ungefähr derjenigen einer Kurbelpumpe mit zwei um 90° versetzten Kurbeln entspricht.

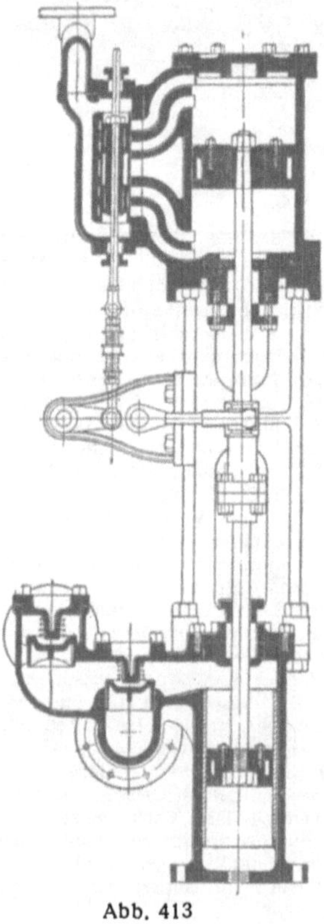

Abb. 413

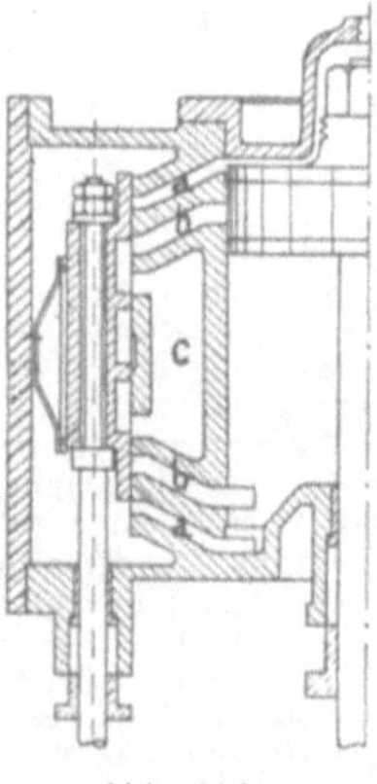

Abb. 414.

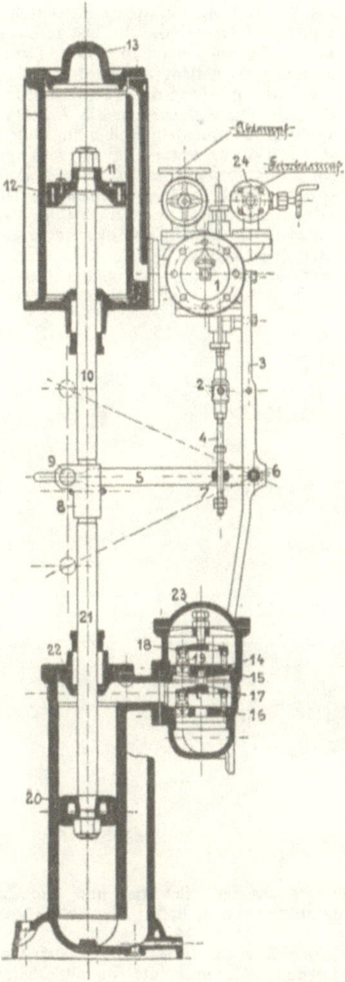

Abb. 415.

Da der Gegendruck auf den Pumpenkolben während des ganzen Kolbenhubes gleich bleibt und ein Kurbeltrieb fehlt, müssen die Dampfzylinder volle Füllung erhalten. Die Kolben bewegen sich während des ganzen Hubes nahezu gleichmäßig.

Die Dampfverteilung in den Zylindern erfolgt durch vier Kanäle (Abb. 413 bzw. 414), die in der Mittelstellung des Schiebers sämtlich abgeschlossen sind. Die beiden äußeren Kanäle *a* dienen nur für die Dampfeinströmung, die inneren Kanäle *b* nur für die Ausströmung nach dem Abdampfraum *c*.

Die Hubbegrenzung erfolgt dadurch, daß kurz vor den Endstellen des Kolbens die Kolbenringe die Ausströmungskanäle *b* abschließen, wodurch der vor dem Kolben im Zylinder befindliche Dampf komprimiert, die Bewegung des Kolbens verlangsamt und das Anschlagen des Kolbens gegen Deckel oder Boden verhindert wird. Um den Kolbenhub regeln zu können, werden bei größeren Pumpen die Kanäle *a* und *b* durch ein kleines Kegelventil, sog. Kompressionsventil, verbunden, um die Kompression nach Erfordernis einstellen zu können.

Um die Schieberreibung zu vermindern, werden an Stelle einfacher Muschelschieber auch entlastete Dachschieber oder

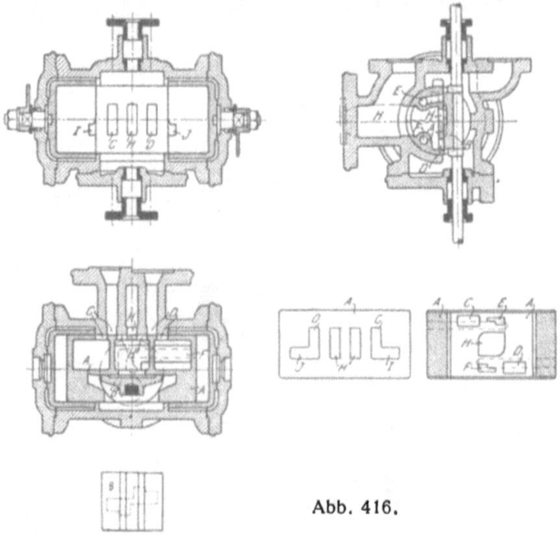

Abb. 416.

Kolbenschieber verwendet. Schieber und Kolbenringe müssen immer gut dampfdicht sein, damit die Kolbenbewegung gleichmäßig erfolgt.

Einstellung der Schieber. Die Einstellvorrichtung für die Schieber liegt entweder innerhalb oder außerhalb des Schieberkastens. Bei innen liegender Einstellvorrichtung kann eine etwa erforderlich werdende Verstellung des Schiebers nur bei abgestellter Pumpe und geöffneten Schieberkastendeckeln geschehen, während sie bei außenliegender Einstellvorrichtung auch während des Ganges vorgenommen werden kann.

Man stellt sowohl beide Dampfkolben als auch die Schieber auf Hubmitte und gibt in dieser Stellung den Mitnehmern zwischen den Anschlagmuttern so viel Lose, daß in beiden Totlagen des einen Kolbens der von ihm bewegte Schieber die Zudampfkanäle des anderen Zylinders ganz aufmacht. Stößt dann beim Betrieb der Pumpe ein Kolben oben oder unten an, dann schließt man zunächst das Kompressionsventil der betreffenden Zylinderseite. Genügt dies nicht, dann schraubt man auf der zugehörigen Schieberstange diejenige Anschlagmutter nach einwärts, welche entgegengesetzt derjenigen Zylinderseite liegt, auf welcher der Kolben anstößt.

Hebt der Kolben nicht genügend aus, dann gibt man der betreffenden Schieberstange mehr Spielraum.

d) Simplexpumpen. Diese Pumpen haben nur einen Dampfzylinder und einen Pumpenzylinder, falls nicht ein zweiter Pumpenzylinder durch einen Hebel von der Kolbenstange des Dampfzylinders angetrieben wird; siehe Luftpumpen. Die Steuerung des Dampfschiebers wird bei diesen Pumpen indirekt von der Kolbenstange betätigt.

In Abb. 415 ist eine Simplex-Speisepumpe dargestellt, wie sie von den Atlas-Werken, Bremen, gebaut werden. Die Steuerung dieser Pumpen ist in Abb. 416 dargestellt. Sie besteht aus einem waagerecht liegenden zylindrischen Hauptschieber *A* und dem auf dem abgeflachten Mittelteil des Hauptschiebers in senkrechter Richtung laufenden Hilfsschieber *B*. Letzterer ist ein Flachschieber, dessen Auf- und Niederbewegung von der Kolbenstange aus durch den Hebel 5, Abb. 415, abgeleitet wird. Der Hilfsschieber *B* steuert in erster Linie den Hauptschieber *B* dadurch, daß er abwechselnd durch die Kanäle *E* und *F* Dampf entweder auf die linke oder auf die rechte Seite des Hauptschiebers treten läßt, wodurch sich dieser nach rechts bzw. links bewegt und den Eintritt des Dampfes nach der Boden- oder Deckelseite des Dampfzylinders ermöglicht.

Über die als Kolben ausgebildeten Enden des Hauptschiebers sind lose drehbare Kappen geschoben, in denen sich der Hauptschieber bewegt. Diese Kappen werden in den seitlichen Deckeln durch bearbeitete Flächen im Schieberkasten festgehalten.

Im unteren Totpunkt des Dampfkolbens steht der Schieber *A* auf der rechten Seite des Schieberkastens, der Kanal *C* zum Zylinderboden ist offen, der Kolben bewegt sich aufwärts. *C* bleibt dann ganz geöffnet, bis der Kolben die Hälfte des Hubes durchlaufen hat. Dann beginnt der Hilfsschieber *B* sich aufwärts zu bewegen. Hat der Dampfkolben ungefähr ¾ des Hebels zurückgelegt, so wird der Kanal *C* durch den Hilfsschieber abgesperrt, so daß während des Restes des Hubes der Dampfkolben durch die Expansion des Dampfes bewegt wird, oder es wird noch weiter Frischdampf durch einen später erwähnten Hilfskanal zugelassen. Ist der Dampfkolben in seiner Höchstlage angelangt, dann verbindet der Hilfsschieber *B* den Kanal *E* mit dem Abdampfraum *H*, so daß der Dampf von der linken Seite des Schiebers *A* abströmen kann und gleichzeitig den Kanal *F* mit dem Frischdampfraum, so daß Frischdampf auf die rechte Seite des Grundschiebers *A* strömen kann, wodurch der Schieber *A* nach links bewegt und der Auspuff von der linken Seite des Grundschiebers geschlossen wird. Die weitere Bewegung des Schiebers *A* wird dann durch

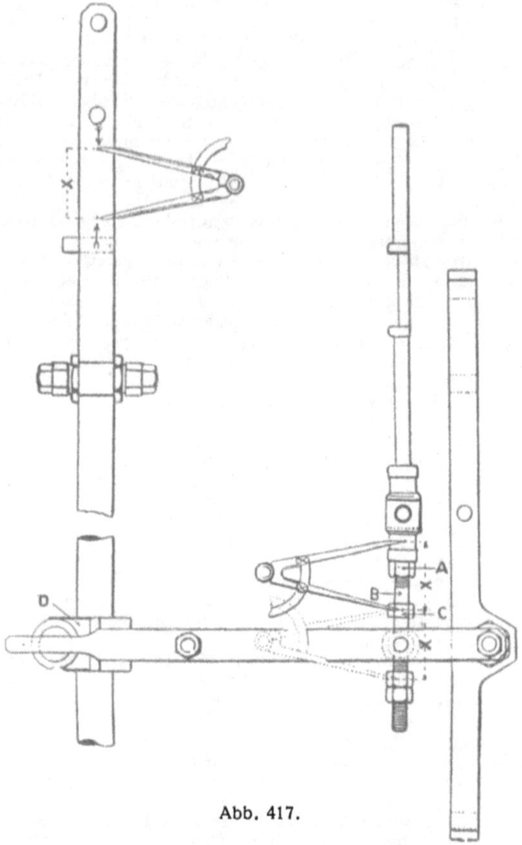

Abb. 417.

das sich bildende Dampfpolster verhindert und hierdurch ein Anschlagen am Hubende vermieden. In dieser Stellung des Hauptschiebers ist der Kanal *C* mit dem Auspuffraum und der Kanal *D* mit dem Frischdampfraum verbunden, wobei sich der Dampfkolben nach abwärts bewegt.

Da der nach Eintritt der Expansion absinkende Dampfdruck den Kolben wegen des praktisch gleichbleibenden Pumpendruckes nicht bis ans Ende seines Hubes bewegen kann, so muß noch weiter Dampf hinter den Kolben treten. Dies wird dadurch erreicht, daß die in den Grundschieber *A* sowie in die umschließenden Kappen eingefrästen Kanäle *I* und *J* zur Deckung kommen und noch weiter Dampd eintreten lassen. Die Größe der freigegebenen Öffnungen wird durch verdrehen der Kappen je nach Erfordernis eingestellt.

Damit die Steuerung gut arbeitet, müssen die Gleitflächen stets glatt sein und die Kanalstege zwischen dem Frischdampf- und dem Abdampfkanal gut tragen. Es ist darauf zu achten, daß die als Kolben ausgebildeten, sauber geschliffenen Enden des Grundschiebers *A*, die in den Kappen laufen, nicht beschädigt werden. Sollten sich diese Enden nach längerer Betriebszeit etwas abgenutzt haben, so kann zur vorläufigen Abhilfe ein Ramsbottomring an jedem Ende des Grundschiebers übergeschoben werden, jedoch ist dann ein baldiger Ersatz des Schiebers oder der Kappen geboten.

Nach Herausnehmen des Grundschiebers ist darauf zu achten, daß er wieder richtig eingesetzt wird; die Grundschieberenden tragen daher eingeschlagen dieselben Bezeichnungen, wie die zugehörigen Kappen.

Einstellen des Hubes. Der Hub des Hilfsschiebers *B* ist von der Einstellung der Anschlagmuttern auf der Schieberstange *B* abhängig. Abb. 417 zeigt, auf welche Weise das beim Probelauf ermittelte Maß *x* jederzeit kontrolliert werden kann. Dieses Maß ist auf der vorderen Pumpensäule durch zwei Körner genau angegeben. Es wird mit dem Zirkel abgegriffen und die Stellung der Muttern mit der Zirkelöffnung verglichen. Sind durch Erneuerung der Lenkstange *B* und der Muttern die Körnermarken verlorengegangen, so kann die Einstellung des Hubes bei langsamem Gang der Pumpe wie folgt vorgenommen werden:

Man löst die Gegenmutter *A* und schraubt die Spindel *B* mittels des Sechskantes C so weit in den Kopf der Schieberstange ein, bis der Dampfkolben den Zylinderdeckel berührt. Alsdann mißt man den Abstand zwischen der Zylinderstopfbüchse und der Oberkante der Kolbenstangenkupplung *D*. Hierauf schraubt man die Lenkstange *B* so weit aus dem Kopf der Schieberstange heraus, bis die Entfernung zwischen der Zylinderstopfbüchse und Oberkante Kupplung um etwa 12 mm länger als vorher gemessen geworden ist, d. h. der Kolben bleibt bei dieser Steuerungseinstellung 12 mm vor dem Anstoßen an den Zylinderdeckel stehen. Damit ist die Deckelseite erledigt. In gleicher Weise findet die Einstellung der Steuerung für die Bodenseite statt.

e) Knorr-Verbund-Speisepumpe. In den letzten Jahren sind auf Schiffen auch die auf Lokomotiven seit langer Zeit verwendeten stehenden Verbund-Speisepumpen der Knorr-Bremse AG Berlin zur Aufstellung gekommen und haben sich hier gut bewährt. Da bei diesen Pumpen die Bewegung der beiden Steuerschieber ohne Zwischenschaltung von Hebeln und Gestängen oder Stopfbüchsen erfolgt, können Dampf- und Pumpenzylinder ganz nahe zusammengerückt werden, wie Abb. 418 zeigt. Um den Dampfverbrauch nach Möglichkeit zu verringern, wird nach dem Woolfschen Verfahren (ohne Aufnehmer) der Frischdampf, der im Hochdruckzylinder gearbeitet hat, teilweise entspannt im Niederdruckzylinder weiter verwendet, dann erst ausgepufft. Der Langsam- oder Schnellgang der Pumpe wird durch einfaches Drosseln der Danpfzufuhr von Hand oder durch selbsttätigen Regler eingestellt. Der Dampfverbrauch bleibt auch bei Langsamlauf der Pumpe sehr gering im Gegensatz zu Kreiselpumpen, wo er bei teilweiser Belastung sehr stark ansteigt.

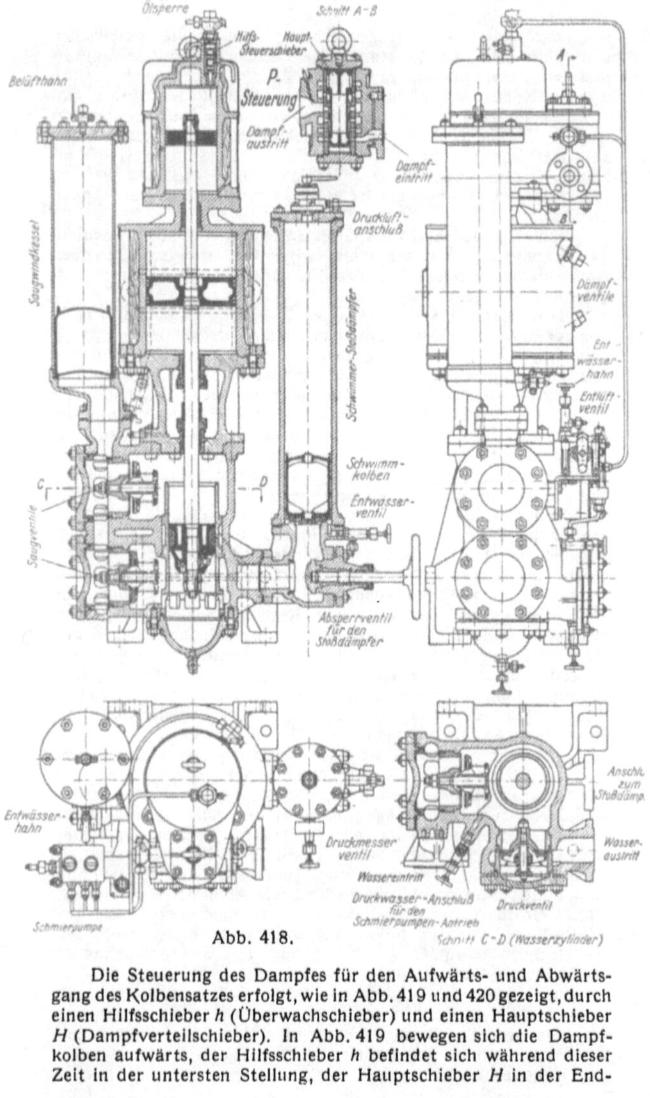

Abb. 418.

Die Steuerung des Dampfes für den Aufwärts- und Abwärtsgang des Kolbensatzes erfolgt, wie in Abb. 419 und 420 gezeigt, durch einen Hilfsschieber *h* (Überwachschieber) und einen Hauptschieber *H* (Dampfverteilschieber). In Abb. 419 bewegen sich die Dampfkolben aufwärts, der Hilfsschieber *h* befindet sich während dieser Zeit in der untersten Stellung, der Hauptschieber *H* in der Endstellung links. Der durch die Leitung *E* eintretende Frischdampf gelangt hierbei durch die Leitung *1* unter den HD-Kolven, der ausströmende Dampf dieses Zylinders durch die Leitung *2*, den Hauptschieber *H* und die Leitung *3* unter den ND-Kolben. Der aus dem ND-Zylinder ausströmende Dampf gelangt durch die Leitung *4* und den Hauptschieber *H* in die Abdampfleitung *A*.

Während die Dampfkolben aufwärts gehen, steht der Frischdampfdruck aus der Leitung *E* durch den Hauptschieber und die Leitungen *5*, *6* und *7* sowie durch Leitung *12* von der Unterseite des HD-Kolbens her, über den oberen Kolben des Hilfsschiebers *h* und hält ihn in seiner untersten Stellung fest. Außerdem ist durch die Leitung *5*, *6*, *8* Frischdampf zwischen die kleinen Kolben des Hilfsschiebers und durch Leitung *9* hinter den großen Kolben des Hauptschiebers getreten, wodurch dieser in der linken Endstellung festgehalten wird.

Gelangen die Dampfkolben an das obere Hubende, so bewegt der HD-Kolben den in den HD-Zylinder ragenden Hilfsschieber *h* in seine oberste Stellung, wie dies in Abb. 420 dargestellt ist. Hierbei hat der obere große Kolben des Hilfsschiebers den Frischdampfeintritt *7* abgesperrt und den oberhalb des Kolbens befindlichen Dampf durch Leitung *12* in den HD-Zylinder zurückgedrängt, während gleichzeitig durch die Leitungen *5*, *6* und *10* Frischdampf

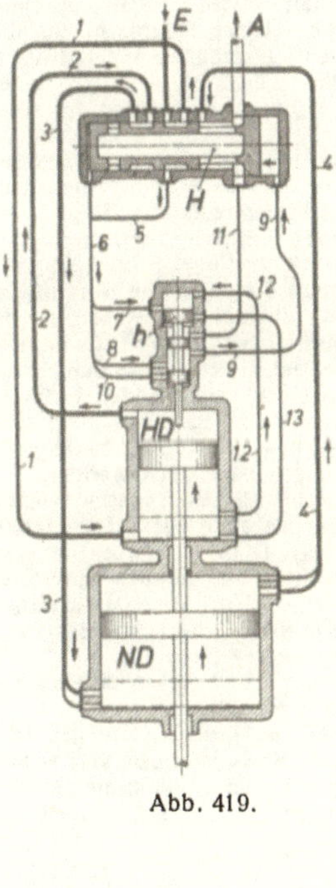

Abb. 419.

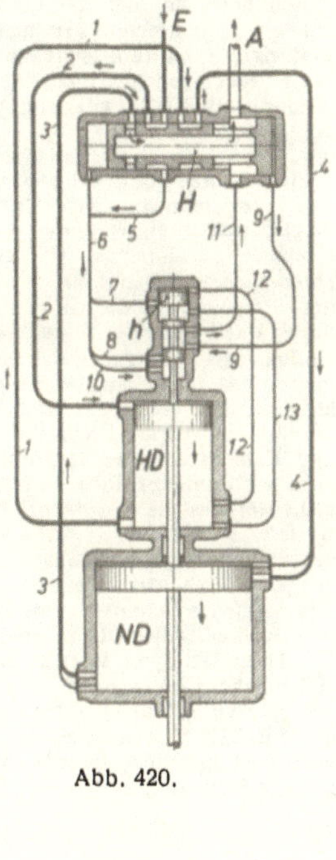

Abb. 420.

unter den kleinen Kolben tritt. Durch Leitung *13* wird gleichzeitig Druckausgleich am oberen größeren Kolben herbeigeführt, so daß der Hilfsschieber in seiner oberen Stellung durch den Dampfdruck festgehalten wird.

Bei dieser Stellung des Hilfsschiebers wird der Raum hinter dem großen Kolben des Hauptschiebers durch Leitung *9*, den Hilfsschieber, Leitung *11* und den Hauptschieber mit der Abdampfleitung *A* verbunden. Da die linke Kolbenfläche des Hauptschiebers durch Leitung *5* ständig unter Frischdampfdruck steht, wird er in die rechte Endlage geschoben und dort festgehalten. Der Dampfwechsel für den Abwärtsgang der Kolben ist vollzogen: der durch *E* eintretende Frischdampf tritt nun durch den Hauptschieber und Leitung *2* auf die Oberseite des HD-Kolbens, während der ausströmende Dampf des HD-Zylinders durch)Leitung *1*, den Hauptschieber und Leitung **4** über den ND-Kolben tritt. Der von der Unterseite des ND-Kolbens ausströmende Dampf gelangt gleichzeitig durch Leitung *3* in den Hohlraum des Hauptschiebers und in die Abdampfleitung *A*.

Haben die Kolben ihre tiefste Stellung erreicht, wie in Abb. 419 punktiert dargestellt, so gibt der HD-Kolben die Leitung *12* frei, wodurch Frischdampf über den oberen größeren Kolben des Hilfsschiebers treten kann und ihn nach unten bewegt, so daß er wieder in die in Abb. 419 gezeichnete Stellung gelangt, in der er durch Frischdampf aus der Leitung *E* gehalten wird. Es strömt dann der von *E* kommende Frischdampf durch den Hauptschieber, die Leitungen *5*, *6* und *8* sowie durch den Hilfsschieber und Leitung *9* hinter den großen Kolben des Hauptschiebers, wodurch dieser wieder in die Anfangsstellung Abb. 419 bewegt wird und das Spiel von neuem beginnt.

Sowohl der Hauptschieber als auch der Hilfsschieber bedürfen keiner Einstellung und lassen sich in einfachster Weise ausbauen.

Diese einfache Knorr-Kolbenschiebersteuerung (DRP.) ermöglicht die Steigerung der Hubzahl bei Simplexpumpen auf das Dreifache der üblichen. Voraussetzung für diesen Schnellgang bei einer Kolbenspeisepumpe ist allerdings die wirksame Beruhigung der Strömung in der Druckleitung, die bei den Knorrpumpen durch einen neuartigen Druckwindkessel, den „Knorr-Schwimmerstoßdämpfer“ (DRP.) erreicht wurde. Bei ihm trennt ein Schwimmkolben das Luftpolster vom Speisewasser, verhütet den Luftverzehr, so daß kein Sauerstoff in den Kessel gelangen kann und dämpft so wirksam, daß die Förderung ganz gleichmäßig wird und Erschütterungen der Rohrleitungen vermieden werden.

Der Pumpenkolben ist mit verschleißfesten Kunstharzringen gedichtet, welche sowohl bei heißem als auch bei aufbereitetem Speisewasser dauernd gut abdichten. Die Pumpenventile sind gegeneinander austauschbare Ringventile und können samt Sitz aus dem Gehäuse herausgenommen werden. Eine selbsttätige, fein regelbare Schmierpumpe führt je nach Bedarf der Steuerung und Kolbenstange Öl im Arbeitstakt der Pumpe zu.

Diese Pumpen werden für Dampf und Wasserdrücke bis 100 at und Liefermengen bis 80 m^3/h gebaut.

f) Kreiselrad-Speisepumpen. Bei größeren Anlagen werden vielfach zum Speisen der Kessel Kreiselpumpen verwendet, welche entsprechend ihrer Wirkungsweise eine vollkommen gleichmäßige Strömung in den Rohrleitungen ergeben. Der Antrieb der

Kreiselradwelle geschieht entweder durch einen Elektromotor oder durch eine Dampfturbine.

Da es sich bei diesen Kreiselpumpen um verhältnismäßig hohe Wasserdrücke handelt, die bei normalen Drehzahlen durch ein

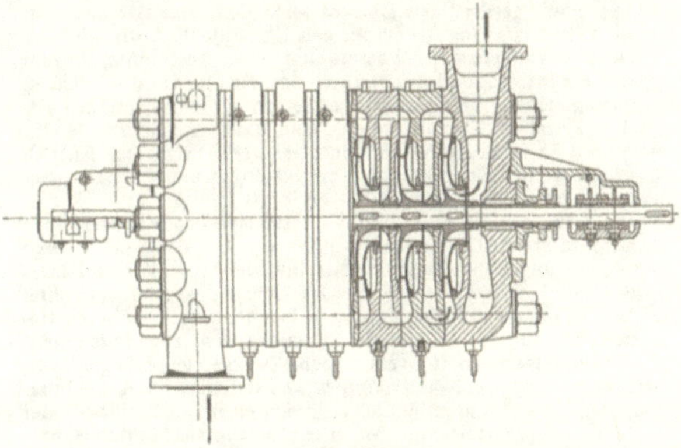

Abb. 421.

einzelnes Pumpenrad nicht erreicht werden können, so werden diese Pumpen meistens mehrstufig ausgeführt. Die Stufenzahl hängt von dem zu erzeugenden Wasserdruck sowie von der Drehzahl und dem Durchmesser der Kreiselräder ab.

Abb. 421 zeigt die Einrichtung einer 6stufigen Kreiselpumpe von Jäger & Co., Leipzig. Das zu fördernde Speisewasser tritt auf

Abb. 422.

der linken Seite in das erste Flügelrad in der Mitte ein und gelangt, nachdem es am äußeren Umfang ausgetreten ist, in einen ringsum angeordneten Leitapparat. Nach dem Austritt aus diesem wird es durch entsprechend geformte Kanäle in den Saugraum der zweiten Stufe geleitet usw., bis es nach dem Austritt aus dem letzten Leitapparat ins Druckrohr gelangt. In jeder Stufe wird der Druck des eintretenden Wassers um eine bestimmte Anzahl kg/cm² erhöht, so daß der Druck des am Ende austretenden Wassers gleich der Summe der einzelnen Druckerhöhungen ist.

Die einzelnen Pumpengehäuse sind axial aneinander gereiht und durch Längsanker fest miteinander verbunden. Der Antrieb der gemeinsamen Kreiselradwelle erfolgt durch einen angekuppelten Elektromotor mit etwa 1000 bis 3000 U/min.

In Abb. 422 ist eine 2stufige Kesselspeisepumpe derselben Firma dargestellt (D. „Bremen" d. Nordd. Lloyd), welche durch eine direkt angekuppelte Dampfturbine, die etwa 4700 bis 5000 U/min macht, angetrieben wird. Das Gehäuse ist hier horizontal auf Wellenmitte geteilt, so daß nach Hochnahme der oberen Gehäusehälfte sämtliche Räder, Leitapparate usw. zugänglich sind.

6. Dampfpumpen für verschiedene Zwecke, wie Lenzpumpen, Feuerlösch- und Spülwasserpumpen, Aschejektor- und Schmierölpumpen usw., sind wie die vorbeschriebenen Simplex- oder Duplexpumpen eingerichtet. Sie unterscheiden sich in der Hauptsache nur in der mehr oder weniger kräftigen Ausführung, im Zylinderverhältnis und der Art der verwendeten Ventile und Kolben. Auf kleineren Schiffen, welche nur eine Hilfsdampfpumpe haben, dient diese den verschiedensten Zwecken.

a) Pumpenkolben. Diese werden bei Wasserpumpen meistens aus Bronze, bei Ölpumpen auch aus Stahlguß oder Gußeisen angefertigt. Zur Abdichtung erhalten sie bei Wasserpumpen entweder eingelegte Exzelsior-, Hartgummi- oder Bronzeringel (Abb. 423). Mitunter wird nur ein breiter, massiver Dichtungsring (oder zwei Ringe von halber Höhe) aus Weißmetall mit möglichst wenig Luft im Pumpzylinder verwendet (Abb. 425), welcher nach Abnutzung leicht erneuert werden kann. Bei Ballast- und Lenz-

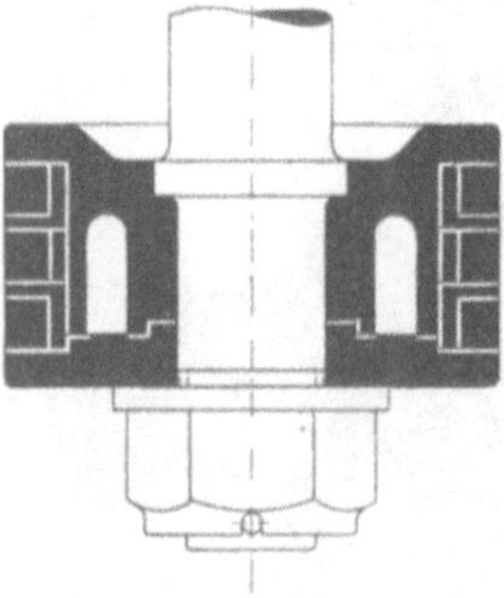

Abb. 423

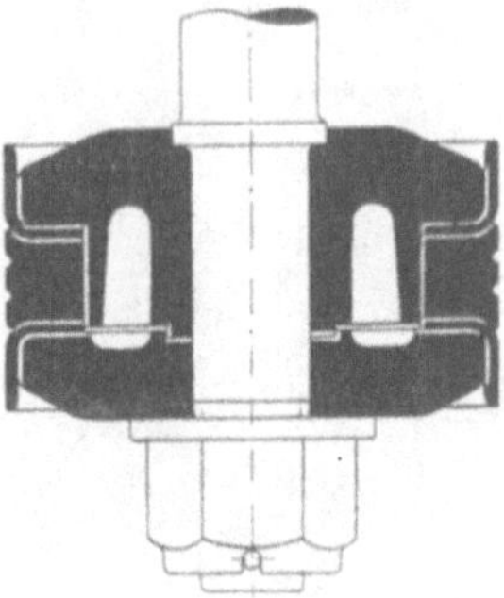

Abb. 424.

pumpen werden vielfach Kolben mit Ledermanschetten und einem zwischenliegenden Weißmetallring verwendet (Abb. 424). Bei Ölpumpen werden gewöhnlich gußeiserne Dichtungsringe eingebaut

b) Pumpventile werden den verschiedenen Zwecken entsprechend verschieden ausgeführt. Bei Dampfspeisepumpen werden gewöhnlich eine größere Anzahl kleiner, bronzener Kegel-

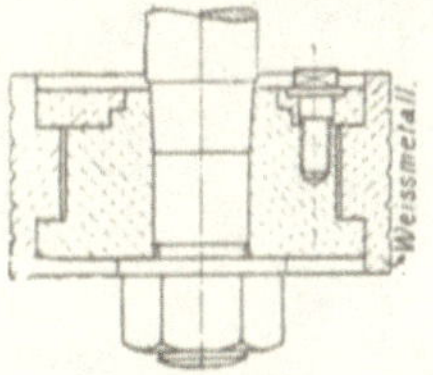

Abb. 425.

ventile mit oder ohne Federbelastung auf einer gemeinsamen Ventilsitzplatte angeordnet, deren Hub nur verhältnismäßig gering ist (Abb. 415), um Ventilschläge bei hohen Drücken zu vermeiden und einen raschen Schluß der Ventile zu erreichen. Pumpen für niedrige Drücke erhalten ebenfalls Kegelventile oder auch Ringventile mit Federbelastung. Schmieröl- und Heizölpumpen werden vielfach mit kleinen, genau geführten Kugelventilen oder auch mit größeren, federbelasteten Pilzventilen ausgestattet.

7. Angehängte Lenz- und Spülpumpen sind gewöhnlich Tauchkolbenpumpen von ähnlicher Bauart und ähnlichen Abmessungen wie die angehängten Speisepumpen. Der Antrieb erfolgt entweder vom Luftpumpenquerhaupt aus, oder mitunter auch von einem exzentrisch angebrachten Zapfen am vorderen, freien Stirnende der Kurbelwelle oder auch von einem aufgesetzten Exzenter aus. Die Sauge- und Druckventile, deren Gehäuse vielfach nebeneinander angeordnet sind, sind meistens metallene Kegelventile oder auch Gummiklappen und bei den Lenzpumpen so eingerichtet, daß sie während des Betriebes jederzeit leicht nachgesehen werden können. Damit beim Aufnehmen der Ventile das im Druckrohr stehende Wasser nicht zurückfließen kann, ist auf dem Windkessel ein Rückschlagventil in die Druckleitung eingeschaltet.

Sind zwei Maschinenlenzpumpen vorhanden, dann saugt gewöhnlich die eine nur aus der Maschinenraumbilge, die andere jedoch aus allen Abteilungen des Schiffes.

Angehängte Spülpumpen haben die gleiche Einrichtung wie die Lenzpumpen oder sind als Differentialpumpen (Abb. 404) ausgeführt.

8. Zahnradpumpen. Zur Förderung des Schmieröls und des Treiböls bei Getriebe- bzw. Turbinen- oder Ölmotoranlagen werden vielfach Zahnradpumpen verwendet. Ihr Antrieb erfolgt entweder durch einen Elektromotor direkt oder unter Zwischenschaltung einer Zahnradübersetzung, durch eine kleine Kolbendampfmaschine oder durch Zahnradübersetzung von der Hauptmaschine aus. Diese Pumpen geben wie die Kreiselpumpen einen gleichmäßigen Flüssigkeitsstrom, gleichmäßigen Druck und saugen ohne weiteres an wie Kolbenpumpen.

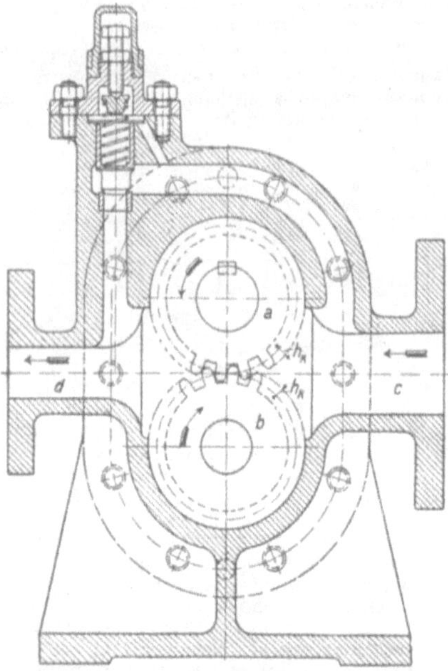

Abb. 426.

Abb. 426 zeigt eine aus zwei Stirnrädern *a* und *b* bestehende Zahnradpumpe. Bei der angedeuteten Drehrichtung tritt die zu fördernde Flüssigkeit bei *c* ein, füllt die sich bei der Drehung der Zahnräder erweiternden Räume zwischen den Zähnen und verläßt sie wieder auf der anderen Seite in umgekehrter Richtung. Bei *d* gelangt die Flüssigkeit dann in die Druckleitung. Das Zahnrad *a* wird vom Motor usw. angetrieben, während das Rad *b* durch Rad *a* mitgenommen wird.

In Abb. 427 ist eine Zahnradpumpe dargestellt, welche aus dem treibenden Stirnrad *a* und dem getriebenen, frei im Gehäuse drehbaren, innen verzahnten Zahnkranz *b* besteht. Die zu fördernde Flüssigkeit tritt bei der angedeuteten Drehrichtung bei *c* ein und durch die offenen Schlitze zwischen den Zahnfüßen des Zahnkranzes in die Zahnlücken. Der Austritt erfolgt in umgekehrter Richtung auf der Druckseite durch den Druckstutzen *d*. Das Gehäuse wird gewöhnlich aus Gußeisen, die Räder ebenfalls aus Gußeisen bzw. aus Schmiedeeisen angefertigt.

Zahnradpumpen haben meistens entweder an der Pumpe selbst, wie aus Abb. 426 ersichtlich, oder in der Druckleitung, ein Überdruckventil, um eine etwaige Beschädigung der Pumpe oder der Druckrohrleitung zu verhüten.

Die Liefermenge einer Zahnradpumpe hängt von der Umfangsgeschwindigkeit v der Zahnräder im Teilkreis, der gegenseitigen Eingriffstiefe der Zähne $= 2\,h_k$ und der axialen Breite b derselben ab. Zahnstärke oder Größe der Zahnlücken haben keinen Einfluß auf die Liefermenge. Diese ergibt sich aus der Formel:

$$Q = \varphi\, 2 \cdot v \cdot h_k \cdot b \text{ dm}^3 \text{ i. d. s oder } = 7200\, \varphi \cdot v \cdot h_k \cdot b \text{ dm}^3 \text{ i. d. h}$$

oder, wenn D der Teilkreisdurchmesser des treibenden Rades und n die minutliche Drehzahl desselben ist:

$$Q = 376\, \varphi \cdot D \cdot n \cdot h_k \cdot b \text{ dm}^3 \text{ i. d. h},$$

worin alle Maße in dm einzusetzen sind. Der volumetrische Wir-

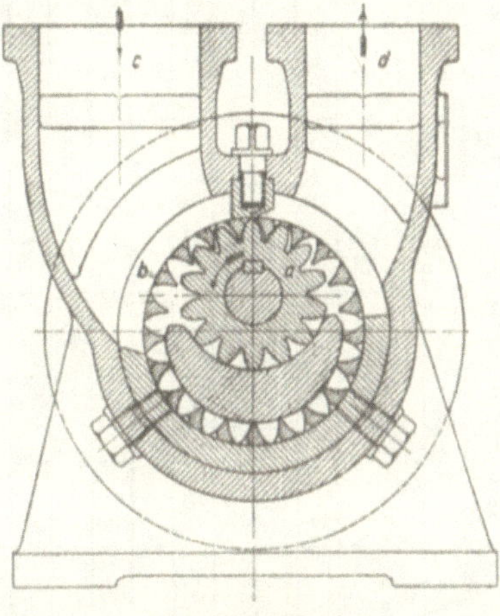

Abb. 427.

kungsgrad φ beträgt je nach der Genauigkeit der Ausführung bis zu etwa 95 %.

9. Pumpenplan. Aus einem solchen, auf S. 444 u. 445 dargestellten Plan lassen sich alle Funktionen der verschiedenen an Bord befindlichen Pumpen ersehen.

10. Dampfstrahlapparate. Bei diesen wird die lebendige Kraft, welche ein aus einer Düse D, Abb. 428, mit großer Geschwindigkeit austretender Dampfstrahl hat, auf die den Strahl umgebende Flüssigkeit (oder Gas) übertragen. Hierbei wird der Dampf der zu fördernden Flüssigkeit (bzw. dem Gas) beigemengt. Bei Förderung von Wasser kondensiert der Dampf und das geförderte Wasser wird entsprechend erwärmt.

Die angesaugte oder von selbst zuströmende Flüssigkeit gelangt durch den Anschluß S zur Düse, wird durch den Dampfstrahl beschleunigt, tritt dann mit hoher Geschwindigkei in die Fangdüse und verläßt diese sich nach dem Austrittsende hin allmählich erweiternde Düse bei R. Bei der hierbei eintetenden allmählichen

Pumpenplan einer einfachen Kolbenmaschinenanlage.

	Pumpe	Haupt-Kühlw.-Pumpen	Luft-pumpen	Vor-wärmer-pumpen	Haupt-Speise-pumpen	Hilfs-Speise-pumpen	Ballast-pumpe	Kühlw.-Pump f. d. Hilfskond.	Masch.-Lenz-pumpen	Masch.-Spül.-pumpe	Kühlw.-Pump. f. d. Kühl-maschine	Trink-wasser-pumpe	Verdampf.-Speise-pumpe
	Anzahl	2	2	2	2	2	1	1	2	1	1	1	1
Saug aus	See	⊕				⊕	⊕	⊕		⊕	Durch d. Kond. d. Kühlmasch. ⊕		⊕
	Maschinenbilge	⊕							⊕				
	Kondensatoren		⊕	⊕	⊕	⊕							
	Luftpumpentank			⊕	⊕								
	Speisewasser-Doppelboden			⊕	⊕								
	Mischvorwärmer				⊕								
	Kessel				⊕	⊕							
	Hauptlenzleitung					⊕	⊕		⊕				
	Hilfslenzleitung					⊕	⊕						
	Ballastleitung					⊕	⊕						
	Kühlmasch. (Kond. Vorlage)					⊕							
	Trinkwassertank											⊕	

Drückt nach												
Hauptspeiseleitung			⊕	⊕								
Hilfsspeiseleitung			⊕	⊕	⊕							
Hauptkond. (Vorlage)	⊕					⊕						
Hilfskond. (Vorlage)	⊕					⊕	⊕					
Luftpumpentank		⊕										
Speisewasser-Doppelboden												
Mischvorwärmer			⊕	⊕								
Kessel												
See			⊕	⊕	⊕	⊕		⊕		⊕		
Decksleitungen					⊕				⊕			
Hauptlenzleitung												
Hilfslenzleitung												
Aschejektor-Leitung					⊕							
Ballastleitung												
Kühlmasch. (Kond. Vorlage)									⊕			
Maschinenbilge												
Trinkwasserfilter											⊕	
Verdampfer												⊕
Küchen											⊕	

Verlangsamung der Geschwindigkeit wird diese in Druck umgesetzt. Unter Umständen kann dieser größer sein als der Druck des Betriebsdampfes.

Die Anwendung von Dampfstrahlapparaten ist nur dann vorteilhaft, wenn die im Arbeitsdampf enthaltene Wärme wieder nutzbar gemacht wird, wie z. B. beim Speisen des Dampfkessels. Sie ist hingegen sehr unvorteilhaft, wenn es sich nur um Wasserförderung handelt, z. B. beim Lenzen, wobei die zugeführte Dampfwärme verloren geht.

a) Ejektoren dienen zum Lenzen und Überbordschaffen von Bilgewasser od. dgl.; sie werden aber wegen ihres großen Dampf-

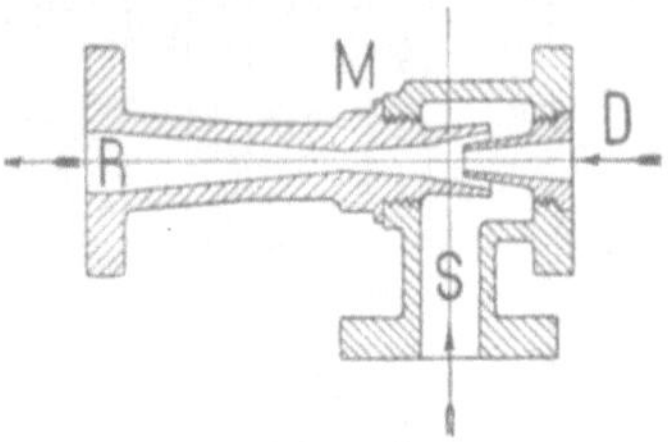

Abb. 428.

verbrauches gewöhnlich nur für geringe Wassermengen und nur aushilfsweise benutzt. Die innere Einrichtung ist wie in Abb. 428 dargestellt.

b) Luftsauger haben die gleiche Einrichtung wie Abb. 428. Sie werden neuerdings vielfach dazu verwendet, die Luft aus dem Kondensator der Hauptmaschine zu entfernen. Da hierbei der verbrauchte Arbeitsdampf zum Vorwärmen des Speisewassers verwendet wird, so arbeiten sie hier ohne Wärmeverlust.

c) Injektoren. Diese dienen ausschließlich zur Speisung von Dampfkesseln und sind wirtschaftliche Speisevorrichtungen, weil der zum Betriebe gebrauchte Dampf das geförderte Speisewasser vorwärmt.

Bei den Injektoren wird dem angesaugten Wasser eine so hohe Geschwindigkeit erteilt, daß der Wasserstrahl ohne Verlust von der Fangdüse aufgenommen wird und beim Austritt aus dieser einen Druck erlangt hat, der größer als der zu überwindende Kesseldruck ist.

Beim Anstellen des Injektors (Abb. 429) wird das Zudampfventil mittels des Handrades *D* zuerst nur wenig geöffnet, bis Wasser angesaugt wird. Solange die nötige Wassergeschwindigkeit nicht erreicht ist, tritt das angesaugte Wasser durch die seitlichen Öffnungen bzw. den Spalt zwischen der Mischdüse und der Fangdüse aus, und fließt durch das Schlabberventil *S* ab. Hierauf wird das Dampfventil *D* so weit geöffnet, bis kein Wasser mehr durch den Überlauf abfließt. Das ganze angesaugte Wasser wird dann von der Fangdüse aufgefangen und durch das Rückschlagventil *R* in die Speiseleitung gedrückt.

Die Saughöhe der Injektoren, welche bei kaltem Wasser etwa 6 m beträgt, nimmt mit zunehmender Temperatur des anzusaugenden Wassers ab. Heißes Wasser (50°) muß dem Injektor zufließen. Die Temperaturerhöhung des Speisewassers durch den Injektor beträgt je nach dem zu überwindenden Druck bis etwa 50°.

d) Restarting-Injektoren. Bei einem solchen, dessen innere Einrichtung aus Abb. 430 ersichtlich ist, kann, wenn derselbe wegen etwa angesaugter Luft aussetzt, diese durch den Ring-

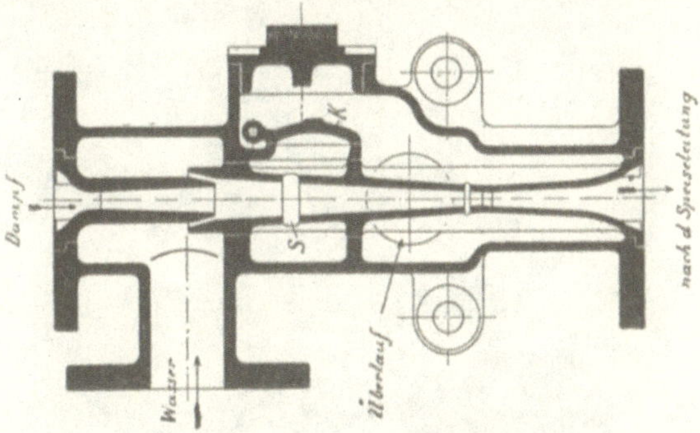

Abb. 430.

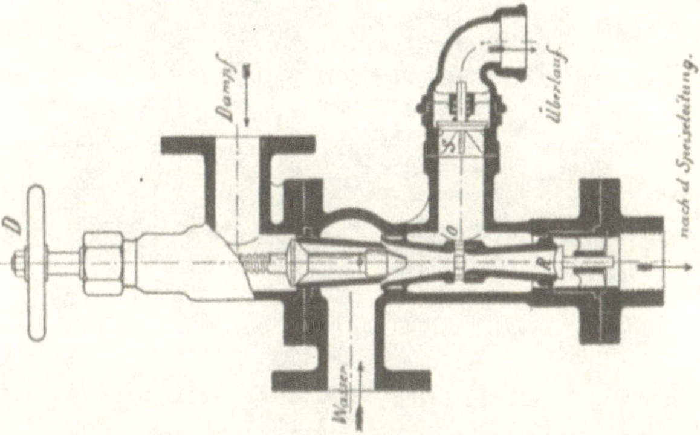

Abb. 429.

spalt S in der Mischdüse und die Klappe K austreten. Ist die Luft entfernt, so springt der Injektor wieder selbsttätig an.

11. Verdampfer (Evaporatoren). Der Verlust an Speisewasser während der Fahrt beläuft sich erfahrungsgemäß auf etwa 2 bis 3 % des für die Kessel benötigten Speisewassers, oder auf ungefähr 2,5 bis 5 t für je 1000 PS_i und 24 h. Dieser Verlust wird durch möglichst salzfreies Wasser ersetzt, welches entweder im Doppelboden mitgeführt oder durch Verdampfer aus Seewasser hergestellt wird. Auf Schiffen mit Wasserrohrkesseln wird das erforderliche Zusatzwasser vielfach aus im Doppelboden des Schiffes mitgeführtem Frischwasser hergestellt, um möglichst reines Kesselspeisewasser zu erhalten.

a) In Abb. 431 ist ein Verdampfer von C. Aug. Schmidt Söhne, Hamburg, dargestellt. Er besteht aus einem zylindrischen Ge-

Abb. 431.

häuse aus Gußeisen oder Stahlguß, in dessen unterem Teil eine Anzahl parallel- oder hintereinandergeschalteter kupferner oder flußeiserner Heizschlangen eingebaut sind, welche an einen gemeinschaftlichen Dampfverteilungs- bzw. Kondenswasser-Sammelstutzen angeschlossen sind, welchem oben der Heizdampf zugeführt, während unten das niedergeschlagene Kondensat abgeleitet wird. Um die Rohrschlangen behufs Reinigung von angesetztem Kesselstein leicht zugänglich zu machen, können bei geöffnetem

Deckel *D* und nach dem Lösen der beiden Anschlußrohre *b* und *c* für den Heizdampf bzw. das Kondensat die Rohrschlangen aus dem Gehäuse herausgeschwenkt werden. Der Heizdampf wird durch das Ventil *a* zugeführt, das Kondensat durch das Ventil *d* abgeleitet.

Während des Betriebes sind etwa zwei Drittel der Heizschlangen von dem zu verdampfenden Wasser bedeckt, welches durch das Speiseventil *s* zugeführt wird. Der entwickelte Dampf wird an den über Wasser befindlichen Heizschlangen getrocknet, durchströmt im Dampfraum noch ein besonderes Abscheidesystem und gelangt dann durch das Abdampfventil *e* nach dem Kondensator oder in einen Speisewasservorwärmer, um seine Wärme zurückzugewinnen. Weitere erforderliche Armaturen sind noch: ein Sicherheitsventil, ein Ausblaseventil, ein Abschaumventil, ein Abschreckventil, ein Wasserentnahmeventil sowie die erforderlichen Manometer.

Zum Speisen des Verdampfers dient entweder eine für diesen Zweck an die Hauptmaschine angehängte Tauchkolbenpumpe oder eine kleine Dampfpumpe.

Damit sich die im Seewasser befindlichen Salze (s. S. 577) nicht zu stark auf den Heizschlangen absetzen, darf der Salzgehalt des Wassers im Verdampfer etwa 9 bis 10% nicht übersteigen; es muß deshalb immer ein Teil dieses Wassers durch einen Abschaumhahn ausgeblasen werden.

Um einen zu starken Kesselsteinbelag zu verhindern und die Reinigungsperioden hinauszuschieben, ist es erforderlich, die Heizschlangen mit kaltem Wasser abzuschrecken. Zu diesem Zweck ist oberhalb des Heizrohrsystems eine Sprühschlange angeordnet, durch welche bei geschlossenem Ventil für erzeugten Dampf und entleertem Verdampfer kaltes Wasser auf die Rohrschlangen gespritzt wird; gleichzeitig wird das Heizdampfventil mehrmals schnell hintereinander geöffnet und geschlossen. Infolge des hierdurch eintretenden Ausdehnens und Zusammenziehens des Rohrmaterials platzen die angesetzten Kesselsteinkrusten ab und fallen nach unten.

Der Salzgehalt des Verdampferinhaltes wird in üblicher Weise mittels eines Salinometers festgestellt.

Das erzeugte Zusatzwasser soll höchstens etwa 6 Teile Salz auf 100000 Teile Wasser enthalten, das nach der Mohrschen oder elektrischen Methode festgestellt wird (s. S. 577 und 578).

Der zum Betrieb erforderliche Heizdampf wird der Hilfsdampfleitung entnommen; die Heizschlangen müssen deshalb den vollen Kesseldruck aushalten können. Die Verdampfung des Seewassers erfolgt unter einem Druck von etwa 2 atü.

Zum Betriebe des Verdampfers ist unter allen Umständen eine gewisse Brennstoffmenge erforderlich; diese ist aber je nach der Ausnutzung des im Verdampfer erzeugten Dampfes sowie der aus demselben abgeführten Wassermengen sehr verschieden, und zwar ist:

Ungünstigster Betrieb: Das Speisewasser wird aus See entnommen und kalt zugeführt, der erzeugte Dampf sowie das Kondensat der Heizschlangen in den Kondensator geleitet und die Salzlauge direkt nach See ausgeblasen. Die im erzeugten

Dampf, im Kondenswasser sowie in der heißen Lauge enthaltene Wärme wird hierbei unbenutzt an das Seewasser abgeführt. Unter diesen Umständen beträgt der Kohlenverbrauch etwa 150 kg für je 1000 kg erzeugtes Zusatzwasser.

Günstigster Betrieb: Das Speisewasser wird dem Ausguß der Kühlwasserpumpe der Hauptmaschine entnommen und durch

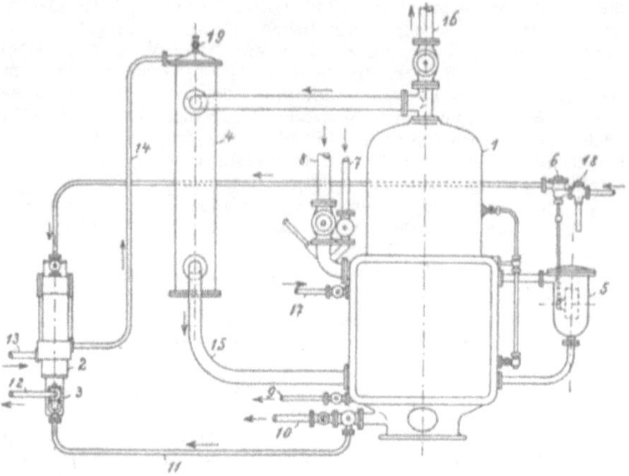

Abb. 432.

1 Verdampfer
2 Speisepumpe
3 Laugenpumpe
4 Vorwärmer
5 Speisewasser-Regler
6 Reglerventil f. d. Pumpen-Zudampf
7 Frischdampfleitg. nach Verdampfer
8 Abdampf d. Hilfsmaschinen
9 Kondensat-Austritt
10 Ausblasehahn
11 Saugeltg. a. d. Verdampfer
12 Druckltg. nach außenbord
13 Saugeltg. d. Speisep. aus See
14 Druckltg. „ „ nach Vorw.
15 Fallrohr nach Verdampfer
16 Abdampfltg. n. Vorwärmer
17 Abschreckleitung
18 Reduzierventil
19 Lufthahn

die nach See ausgeblasene Lauge vorgewärmt. Der erzeugte Dampf wird in den Speisewasservorwärmer der Hauptmaschinenanlage, das Kondensat aus den Heizschlangen in den Warmwasserkasten oder ebenfalls in den Speisewasservorwärmer geleitet. Hierbei wird die gesamte verfügbare Wärme für die Hauptmaschinenanlage wieder nutzbar gemacht. Der Kohlenverbrauch beträgt hierbei nur etwa 30 bis 40 kg für je 1000 kg erzeugtes Zusatzwasser.

b) Abdampfverdampfer. Um die Verschmutzung der Heizschlangen durch Kesselstein möglichst zu verringern, wird der Verdampfer vielfach mit Abdampf geheizt und die Dampferzeugung nur unter ganz geringem Überdruck vorgenommen. Außerdem ergibt sich dann der große Vorteil, daß der Abdampf, der als

Heizdampf dient, in den Hilfsmaschinen, oder wenn er als Anzapfdampf von der Hauptmaschine entnommen wird, in dieser bereits Arbeit geleistet hat.

In Abb. 432 ist eine Abdampfverdampferanlage der Atlaswerke, Bremen, dargestellt. Sie besteht aus einem gewöhnlichen Verdampfer *1*, bei welchem an Stelle von hochgespanntem Kesseldampf jedoch Abdampf der Hilfsmaschinen mit einem Druck von etwa 1,5 atü, also einer Temperatur von etwa 127°, zum Heizen verwendet wird, der durch die Leitung *8* eintritt. Der Druck des erzeugten Dampfes beträgt etwa 0,3 bis 0,5 atü, hat also eine Temperatur von etwa 107° bis 110°.

Das Rohwasser aus See oder aus dem Doppelboden wird von der Speisepumpe *2* zuerst in einen Mischvorwärmer *4* geleitet, der oben mit dem Dampfraum, unten durch die Leitung *15* mit dem Wasserraum des Verdampfers *1* verbunden ist. In diesem wird es nahezu auf Siedetemperatur gebracht und entlüftet, worauf es unten nach dem Verdampfer abfließt.

Die mit der Speisepumpe gekuppelte Laugenpumpe *3* saugt die Lauge durch die Leitung *11* vom Boden des Verdampfers ab

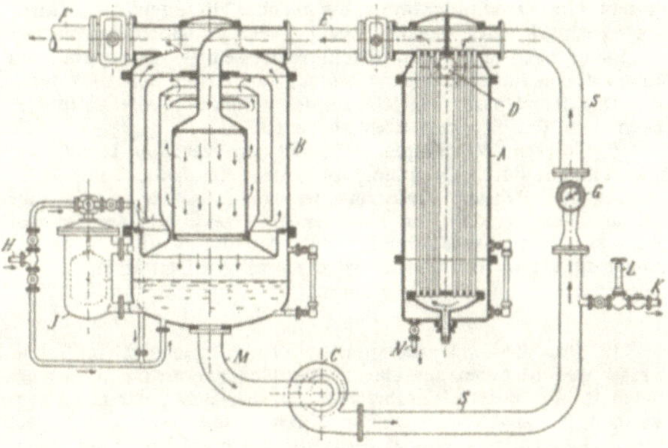

Abb. 433.

und drückt sie nach außenbord; sie ist so bemessen, daß der Salzgehalt des Verdampferinhaltes (bei Verdampfung von Seewasser) etwa 10% nicht überschreitet. Die Regelung der Pumpe erfolgt durch einen Speisewasserregler *5*, welcher auf das Zudampfreglerventil *6* der Pumpe einwirkt. Um den Verdampfer im Bedarfsfalle auch mit Frischdampf heizen zu können, ist gewöhnlich noch ein Anschluß *7* für Hilfsdampf vorgesehen. Der erzeugte Dampf wird durch die Leitung *16* nach dem Speisewasservorwärmer, das Kondensat des Heizdampfes durch die Leitung *9* nach dem Schwimmertank geleitet.

c) Abb. 433 zeigt die Vakuum-Abdampfverdampferanlage System Aug. Schmidt, Hamburg. Sie besteht aus einem Oberflächenerhitzer *A*, in welchem das durch die Leitung *S* eintretende Rohwasser unter einem Druck von etwa 0,35 bis 0,4 ata, also unter einem Vakuum von etwa 65 bis 60 %, durch den bei *D* eintretenden Abdampf der Hilfsmaschinen auf etwa 70 bis 75° erhitzt wird. Das erhitzte Wasser tritt dann durch die Leitung *E* in den Verdampfer *B* über, in welchem nur ein Druck von etwa 0,2 ata, also ein Vakuum von etwa 80 % gehalten wird. Da diesem niedrigen Druck nur eine Temperatur von etwa 60° entspricht, so verdampft ein entsprechender Teil des eingetretenen Wassers, wobei es sich auf die Temperatur von etwa 60° abkühlt. Der entwickelte, durch zweckentsprechende Einbauten vom Wasser abgeschiedene Dampf wird durch die Leitung *F* nach einem Hilfsspeisewasservorwärmer (oder in den Kondensator) geleitet.

Das im Verdampfer *B* abgeschiedene Wasser wird durch die Leitung *M* mittels der Umwälzpumpe *C* (Kolben- oder Kreiselpumpe) abgesaugt und durch die Druckleitung *S* dem Erhitzer *A* in unterbrochenem Kreislauf wieder zugeführt. Die Menge des stündlich umlaufenden Wassers läßt sich an dem in die Druckleitung eingeschalteten Venturi-Wassermesser *G* ablesen.

Das Speisewasser, welches durch die Leitung *H* aus der Kondensatorvorlage zufließt, wird mittels des Speisewasserreglers *J* im Verdampfer immer auf gleicher Höhe gehalten. Durch die Leitung *K* wird dauernd ein Teil des umlaufenden Wassers als Lauge nach außenbord abgeführt, dessen Menge ebenfalls an einem eingeschalteten Wassermesser *L* abgelesen werden kann.

Das Kondensat des Heizdampfes wird durch die Leitung *N* nach dem Warmwasserkasten abgeleitet.

Bei diesem Verdampfer läßt sich die verdampfte Wassermenge leicht durch Rechnung feststellen. Ist t_1 die Temperatur des aus dem Erhitzer *A* austretenden Umlaufwassers, t_2 diejenige des aus dem Verdampfer austretenden erzeugten Dampfes und *Q* die am Venturi-Wassermesser *G* abgelesene umlaufende Wassermenge in Litern in der h, so ist die erzeugte Dampfmenge:

$$D = \frac{Q \cdot (t_1 - t_2)}{620} \text{ kg/h.}$$

12. Destillierkondensatoren dienen zur Herstellung von Trinkwasser und bestehen aus einem Oberflächenkondensator mit geraden Rohren oder mit Rohrschlangen, in welchen der aus einem Verdampfer zugeführte Dampf durch Kühlwasser kondensiert wird. Das gebildete Wasser fließt zur weiteren Reinigung in der Regel noch durch einen mit Knochenkohle gefüllten Filter und wird dann durch eine Rohrleitung nach den Trinkwassertanks geleitet. Alle Teile, welche mit dem Trinkwasser in Berührung kommen, sind gewöhnlich entweder emailliert oder verzinnt.

13. Speisewasservorwärmer. Diese haben den Zweck, das den Kesseln zuzuführende Speisewasser auf eine möglichst hohe Temperatur zu erwärmen, um die zu seiner Verdampfung erforderliche Wärmemenge möglichst zu verringern. Um diesen Zweck zu erreichen, darf hierzu jedoch nur entweder der Abdampf von Hilfsmaschinen und des Verdampfers verwendet werden, welcher sonst im Kondensator niedergeschlagen werden müßte, oder mitunter auch Dampf aus einer Zwischenstufe der Hauptmaschine bzw. Hauptturbine (Mischvorwärmer oder Oberflächenvorwärmer), oder es werden hierzu die Abgase der Kessel verwendet, welche sonst mit entsprechend höherer Temperatur in die Atmosphäre entweichen würden (Rauchgas-Speisewasservorwärmer).

Bei Verwendung des Abdampfes der Hilfsmaschinen geht fast die ganze Dampfwärme des von diesen verbrauchten Dampfes (bis auf die durch die Arbeitsleistung verbrauchte und durch Wärmeverluste verlorene) Wärme mit dem Speisewasser wieder in den Kessel zurück. Auch das Kondensationswasser der verschiedenen Dampfleitungen wird dem Speisewasser beigemengt. Wird zum Vorwärmen direkter Kesseldampf verwendet, dann tritt keine Wärmeersparnis ein. Diese Art der Vorwärmung ist also in wirtschaftlicher Beziehung zwecklos.

Die Abdampfmenge, welche zur Vorwärmung des Speisewassers Verwendung finden kann, ist um so größer, je höher die erreichbare Speisewassertemperatur ist. Letztere ist etwa 4 bis 12° niedriger als die Temperatur des verwendeten Abdampfes. Ist z. B. der Wärmeinhalt des Abdampfes $i'' = 600$ WE, der Druck desselben 1,2 ata, seine Temperatur also etwa 104°, so ist die erreichbare Speisewassertemperatur t_1 = etwa 96°. Ist die Anfangstemperatur des Speisewassers $t = 45°$, so ist (nach S. 70) die Abdampfmenge D, welche von $W = 1$ kg Speisewasser aufgenommen werden kann,

$$D = \frac{W \cdot (t_1 - t)}{i'' - t_1} = \frac{1 \cdot (96 - 45)}{600 - 96} = \frac{51}{504} = 0{,}10 \text{ kg},$$

d. h. würden die gesamten Hilfsmaschinen einen Dampfverbrauch von etwa 10% desjenigen der Hauptmaschine haben, so würde der ganze Abdampf der Hilfsmaschinen zum Vorwärmen des Speisewassers verwendet werden können. Ist er jedoch größer, so muß der Überschuß nutzlos nach dem Kondensator geleitet werden.

Um dies zu vermeiden und das Speisewasser entsprechend höher vorzuwärmen, wird die Vorwärmung häufig in zwei (oder mehr) hintereinander geschalteten Oberflächenvorwärmern vorgenommen. Die verschiedenen Hilfsmaschinen arbeiten dann gruppenweise mit verschiedenen hohen Gegendrücken, z. B. 2 ata bzw. 4 ata. Im ersten Vorwärmer wird dann das Speisewasser entsprechend der Dampftemperatur bis auf etwa 100°, im zweiten Vorwärmer von 100° auf etwa 130° vorgewärmt.

Liefern die Hilfsmaschinen nicht genügend Abdampf, um das Speisewasser auf die höchstmögliche Temperatur vorzuwärmen, so wird mitunter noch ein Teil des Dampfes aus dem Mitteldruck- oder ND-Schieberkasten der Hauptmaschine bzw. einer Zwischenstufe der Hauptturbine entnommen.

a) Mischvorwärmer sind so beschaffen, daß das eingeführte Speisewasser unmittelbar mit dem zugeführten Dampf vermischt wird. Das Speisewasser wird entweder von der Luftpumpe direkt oder durch die angehängten Speisepumpen in den Mischvorwärmer gefördert, aus dem die Dampfspeisepumpe das vorgewärmte Wasser absaugt und in den Kessel fördert.

Beim Mischvorwärmer der Atlas-Werke, Bremen (System Atlas-Welt) (Abb. 434), tritt das von den angehängten Maschinenspeisepumpen geförderte Speisewasser durch das federbelastete Kegelventil D in den gußeisernen, zylindrischen Vorwärmer ein und vermischt sich innerhalb des durchlöcherten Mantels mit dem durch das Rückschlagventil B eintretenden

Abdampf der Hilfsmaschinen. Das vorgewärmte Speisewasser sammelt sich im unteren Teil des Vorwärmers und fließt von dort der Dampfspeisepumpe zu, deren Gang durch Einwirkung des Schwimmers *E* auf den Regelhahn *F* in der Zudampfleitung der Speisepumpe selbsttätig geregelt wird.

Infolge der Druckentlastung und gleichzeitigen Erwärmung des Speisewassers beim Durchtritt durch das federbelastete Ventil *D* findet eine kräftige Ausscheidung der im Wasser enthaltenen Luft statt.

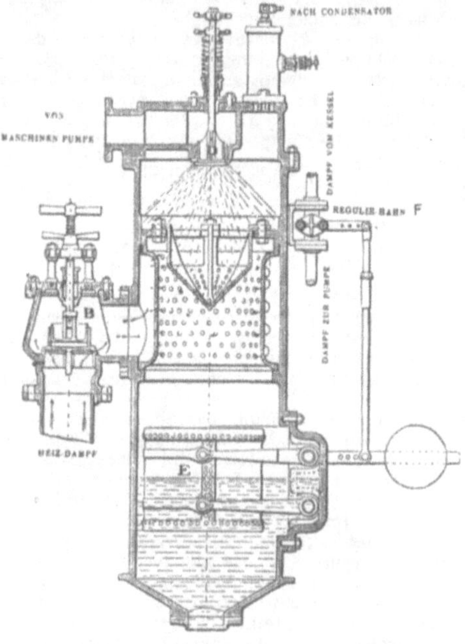

Abb. 434.

haltenen Luft statt. Diese sammelt sich im oberen Teil des Vorwärmers und wird von dort durch einen Lufthahn nach der Atmosphäre abgelassen.

Der Regelhahn für die Speisepumpe hat ein zylindrisches Küken, welches vom Dampfdruck dichtgehalten wird. Er ist so einzustellen, daß bei waagerechter Stellung des Hebels die Speisepumpe zum Stillstand kommt und demnach stets Wasser im Vorwärmer verbleibt.

Beim Betrieb ist darauf zu achten, daß der Druck im Vorwärmer immer etwas größer ist als die der Speisewassertemperatur entsprechende Dampfspannung, damit beim Ansaugen durch die

Pumpe keine Dampfentwicklung stattfinden kann, durch welche Schläge in der Saugleitung auftreten würden. Der Lufthahn des Vorwärmers ist dementsprechend einzustellen.

Um Vakuumbildung im Vorwärmer und Kochen des Speisewassers zu vermeiden, ist ein Lufteinlaßventil vorgesehen, dessen Feder so einzustellen ist, daß das Ventil Luft eintreten läßt, sobald der Druck im Vorwärmer unter den Atmosphärendruck sinkt. Im allgemeinen soll der Druck im Vorwärmer etwa 0,2 atü betragen.

Wird der Heizdampf für den Vorwärmer dem ND-Schieberkasten der Hauptmaschine entnommen, so kann der Vorwärmer auch während der Maschinenmanöver in Betrieb bleiben. Wird jedoch der Abdampf der Hilfsmaschinen verwendet, so muß der Vorwärmer bei Beginn der Manöver abgeschaltet werden. Der Abdampf der Hilfsmaschinen kann dann entweder nach dem Haupt- oder Hilfskondensator oder in die Atmosphäre geleitet werden.

Damit die Dampfspeisepumpen trotz hoher Vorwärmung stets anstandslos arbeiten, muß ihnen das Speisewasser selbsttätig zufließen; der Vorwärmer wird deshalb immer in entsprechender Höhe über den Pumpen angeordnet.

b) Bei Oberflächenvorwärmern wird der Heizdampf um ein Rohrbündel geleitet, welches vom Speisewasser durchflossen wird. Die Heizrohre sind entweder gerade oder schraubenförmig gewunden. Diese Vorwärmer werden in die Druckleitung der Speisepumpen eingeschaltet und stehen daher unter Kesseldruck. Das aus dem Heizdampf gebildete Kondensat wird, um Wärmeverluste zu vermeiden, gewöhnlich in den Warmwasserkasten bzw. den Filtertank geleitet.

Die Ausscheidung der im Speisewasser enthaltenen Luft während des Vorwärmens erfolgt naturgemäß in einem Mischvorwärmer leichter und vollkommener als in einem Oberflächenvorwärmer, weil beim Mischvorwärmer das erwärmte Wasser gewöhnlich nur etwa unter atmosphärischem Druck, beim Oberflächenvorwärmer jedoch unter Kesseldruck steht.

Oberflächenvorwärmer haben jedoch den Vorteil, daß das Speisewasser viel höher vorgewärmt werden kann als im Mischvorwärmer und daß das von der Schmierung der Hilfsmaschinen herrührende und im Abdampf enthaltene Öl dem vorgewärmten Speisewasser nicht beigemengt wird, sondern das Kondensat, evtl. zusammen mit dem noch nicht vorgewärmten Wasser, vorher in einem Filtertank gereinigt werden kann. Damit die Wärmeleitfähigkeit der Heizrohre erhalten bleibt, müssen die Oberflächenvorwärmer zeitweise mit Soda ausgekocht werden, um das an den Heizrohren haftende Fett zu entfernen.

Der in Abb. 435 dargestellte Oberflächenvorwärmer der Atlas-Werke, Bremen, besteht aus einer oberen Vorlage *A* mit daran befestigter Rohrplatte, in welche gerade, ringförmig angeordnete Heizrohre eingewalzt sind, welche durch einen besonders eingesetzten, mit Ringkanälen versehenen Deckel abgedeckt sind. Am unteren Ende sind die Heizrohre ebenfalls in eine Rohrplatte eingewalzt, und durch einen ähnlichen, mit Ringkanälen versehenen Deckel abgeschlossen. Durch die Ringkanäle in den Deckeln wird erreicht, daß das oben in den äußeren Ringkanal eingeführte Speisewasser mehrmals durch das Heizrohrsystem

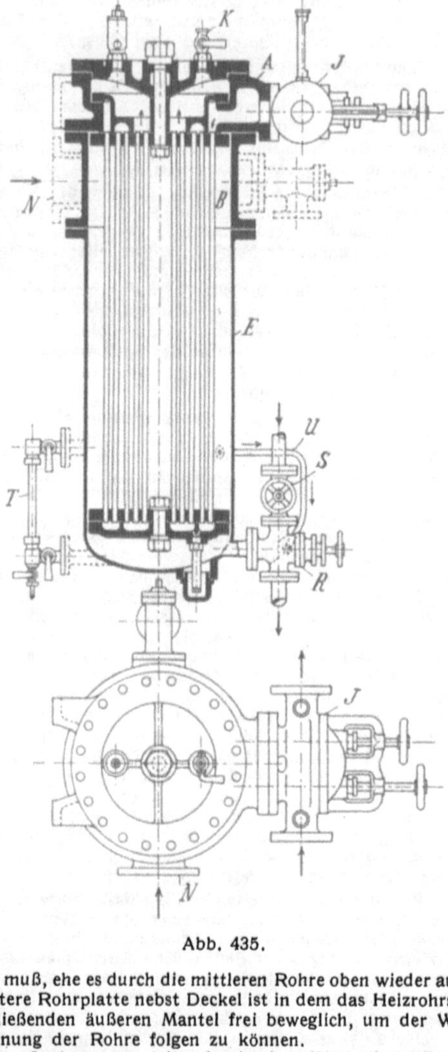

Abb. 435.

fließen muß, ehe es durch die mittleren Rohre oben wieder austritt. Die untere Rohrplatte nebst Deckel ist in dem das Heizrohrsystem umschließenden äußeren Mantel frei beweglich, um der Wärmeausdehnung der Rohre folgen zu können.

Das Speisewasser tritt durch den Wechselventilkasten *J* in die mit entsprechenden Verbindungskanälen versehene Vorlage *A* ein bzw. aus. Sind beide Ventile hochgeschraubt, dann ist der Vorwärmer eingeschaltet, während er bei niedergeschraubten Ventilen ausgeschaltet ist.

Der Heizdampf tritt bei *N* oben in den Mantel ein, umspült das Heizrohrsystem und tritt als Wasser unten durch das Kondensatventil *R* wieder aus. Letzteres ist so weit geöffnet zu halten, daß das Wasser im Wasserstand *T* immer auf etwa halber Höhe steht. Da mit dem Heizdampf immer etwas Luft in den Vorwärmer gelangt, welche sich im unteren Teil ansammelt und den Wärmeübergang stark beeinträchtigt, so muß diese durch den stets etwas geöffneten Lufthahn in der Leitung *U* nach dem Austrittsventil *R* des Kondensates abgeblasen werden.

Abb. 436.

Die bei der Erwärmung des Speisewassers sich ausscheidende Luft kann durch den im höchsten Punkt des Wasserraumes angeordneten Lufthahn *K* abgeblasen werden.

Der Vorwärmer ist mit seinem Oberteil *A* unter Deck usw. befestigt, so daß behufs Überholung der Innenteile desselben der Mantel *E* vom Zwischenstück *B* gelöst und nach unten abgezogen werden kann.

Zum Reinigen der Heizrohre von angesetztem Öl kann durch einen Sodahahn Sodalösung in den Mantel *E* eingefüllt und der Vorwärmer ausgekocht werden, indem durch das Auskochventil *S* Dampf eingeführt wird. Der sich auf der Oberfläche ansammelnde Schmutz kann durch ein am oberen Teil des Mantels vorgesehenes Abschaumventil abgeblasen werden.

Abb. 436 zeigt einen Oberflächenvorwärmer von Aug. Schmidt Söhne, Hamburg. Dieser Vorwärmer besteht ebenfalls aus einem unter Deck usw. befestigtem, mit zweckentsprechenden Kanälen versehenen Oberteil aus Bronze, Stahlguß oder Gußeisen, an welchem jedoch eine größere Anzahl einzelner Rohrschlangen aus Kupfer angeschlossen sind. Das Heizrohrsystem ist mit einem am Oberteil befestigten und nach unten abnehmbaren Mantel aus Flußeisen umgeben, in welchen der zum Vorwärmen benutzte Dampf geleitet wird und die Rohrschlangen umspült. Das ganze Heizrohrsystem kann sich frei ausdehnen und durch einen mittels Stopfbüchse durch den Unterboden geführten Stutzen entleert werden.

Das vorzuwärmende Speisewasser wird durch einen an das Oberteil angeschlossenen Wechselventilkasten zu- bzw. abgeführt. Der Heizdampf wird ebenfalls durch das Oberteil zugeführt, während das gebildete Kondensat durch ein am Boden vorgesehenes Kondensatventil abgeführt wird.

Am Mantel ist ferner noch ein Sicherheitsventil, ein Wasserstand, ein Entlüftungshahn, und am oberen Teil ein Hahn zur Einführung von Sodalösung sowie ein Abschaumventil angeordnet. Der zum Auskochen erforderliche Dampf wird durch ein besonderes Auskochventil zugeführt.

Zur selbsttätigen Abführung der bei der Erwärmung des Speisewassers sich ausscheidenden Luft ist am Oberteil ein Luftsammler mit einem durch einen Schwimmer betätigten Ventil vorgesehen.

14. Speisewasserreiniger. Da das Speisewasser immer mehr oder weniger durch Öl verunreinigt ist, welches zur Schmierung der inneren Teile von Haupt- oder Hilfsmaschinen verwendet wurde, so muß es in der Regel erst gereinigt werden, ehe es den Kesseln zugeführt wird. Die erforderlichen Reiniger werden entweder in der Saug- oder in der Druckleitung der Speisepumpen angeordnet.

a) Reiniger in der Saugeleitung. Diese werden gewöhnlich in den sog. Warmwasserkasten eingebaut, wie in Abb. 437 dargestellt. Das von der Luft- oder Kondensatpumpe geförderte Kondensat tritt bei *A* in die Filterkammer *B* und in die Filtereinsätze C ein, durchfließt in diesen mehrere Schichten der Filtermasse (Koks, Kokosfasern, Filtertuch usw.), tritt unten aus und gelangt dann in die Kammer *D*, aus welcher das gereinigte Wasser durch das Rohr *E* von der Speisepumpe abgesaugt wird. Ist ein besonderer Speisewasservorwärmer nicht vorhanden, so kann das Speisewasser durch Einleiten von Hilfsmaschinenabdampf im Raum *D* vorgewärmt und entlüftet werden. In der Regel wird auch das Kondenswasser aus den verschiedenen Dampfleitungen und Apparaten in den Raum *D* geleitet.

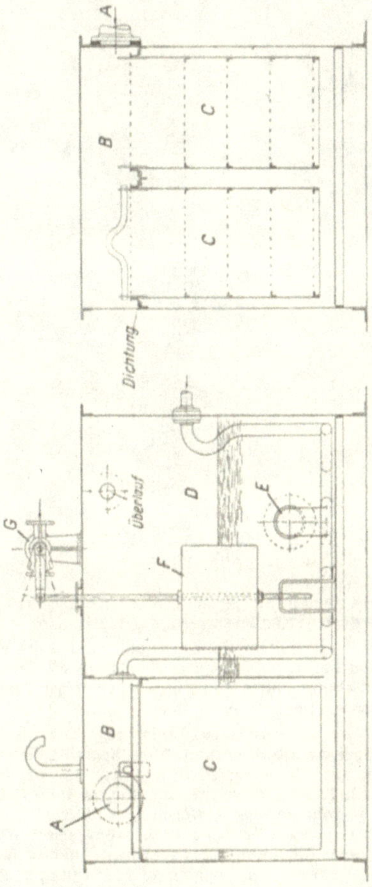

Abb. 457.

In die Abteilung *D* wird gewöhnlich ein Schwimmer *F* eingebaut, welcher mittels Gestänge auf einen in der Zudampfleitung der Dampfspeisepumpe sitzenden Drehschieber *G* wirkt. Hierdurch wird erreicht, daß der Gang der Speisepumpe und

Abb. 438.

damit auch das Speisen der Kessel genau nach der aus dem Kondensator geförderten Kondensatmenge geregelt wird.

Bei dem dargestellten Reiniger sind zwei Filtereinsätze *C* vorhanden, von denen jeder zwecks Reinigung während des Betriebes leicht herausgehoben und gegen einen Reserveeinsatz ausgewechselt werden kann.

b) Reiniger in der Druckleitung. Der in Abb. 438 dargestellte Speisewasserfilter von Aug. Schmidt Söhne, Hamburg, besteht aus einem vertikal angeordneten, zylindrischen Gehäuse aus Gußeisen, in welches ein Filtersystem *F* eingesetzt ist, das eine Anzahl ebener ringförmiger Filtertücher *a* enthält, welche zwischen je zwei Sieben *b* bzw. bronzenen Filtertellern *c* (Abb. 438a) liegen, die durch einen zentralen Anker *d* fest zusammengehalten werden. Das von der Speisepumpe geförderte Wasser tritt bei *A* durch einen am Gehäuse befestigten Ventilkasten in das Gehäuse ein, strömt durch die Öffnungen *e* am äußeren Umfang der Filterteller von unten nach oben durch die Filtertücher und tritt nach der Mitte hin wieder aus, von wo es durch den Ventilkasten bei *B* nach den Kesseln geleitet wird.

Der Filtereinsatz kann nach Verschmutzung der Filtertücher entweder als Ganzes aus dem Gehäuse herausgehoben und gegen einen Reserveeinsatz ausgewechselt werden, oder es können die Filtertücher mittels Dampf, welcher durch das Ventil *C* zugeführt und entgegen der Stromrichtung des Speisewassers, also von innen nach außen geleitet wird, durchgeblasen werden. Der abgeblasene Schmutz fällt dann auf die schrägen Teller und fließt am äußeren Umfang in das Gehäuse ab, aus dem er durch das Schlammventil *D* ausgeblasen wird.

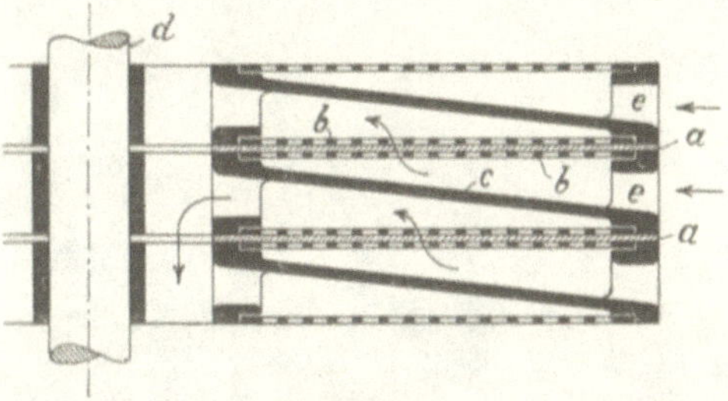

Abb. 438a.

Das Auswechseln des Filtereinsatzes kann nach entsprechender Umschaltung der Ventile während des Betriebes vorgenommen werden. Hierbei ist zuerst Ventil *A* und dann erst Ventil *B* herunterzuschrauben, während beim Wiedereinschalten zuerst Ventil *B* und dann Ventil *A* hochzuschrauben ist.

Die Verschmutzung der Filtertücher läßt sich aus der Höhe des Druckunterschiedes vor und hinter dem Filter erkennen.

Eine andere Bauart zeigt der in Abb. 439 dargestellte Filter von Aug. Schmidt, Söhne, mit horizontal angeordnetem Gehäuse. Bei diesem Filter wird ein Sack aus geeignetem Filtertuch über das wellenförmige, bronzene Filtersystem gezogen und zwischen den einzelnen Wellen zusammengebunden. Nach dem Öffnen des Gehäuses behufs Herausnahme des vollständigen Einsatzes bleibt der nach unten geschwenkte Deckel an einem verlängerten Bolzen hängen. Das Aus- bzw. Einschalten des Filters erfolgt in gleicher Weise wie bei dem vorerwähnten Filter.

Abb. 440 zeigt eine ähnliche Konstruktion der Atlas-Werke Bremen, bei welcher das Gehäuse stehend angeordnet ist, so daß der vollständige Einsatz behufs Reinigung des Filtertuches nach oben aus dem Gehäuse herausgezogen werden kann. Um hierzu den Filter auszuschalten, wird zuerst die Spindel des Ventiles *A* nach unten geschraubt und dann erst das Ventil *B* geschlossen. Beim Wiedereinschalten ist zuerst das Ventil *B* zu öffnen und dann erst die Spindel des Ventiles *A* wieder nach oben zu drehen.

15. Aschheißvorrichtungen dienen zum Überbordschaffen der Asche und Schlacke aus den Heizräumen. Auf kleineren Schiffen dient hierzu eine im Lüfterrohr angebrachte und von Deck aus zu betätigende Handwinde, mit welcher die Ascheimer hochgewunden werden.

Auf größeren Schiffen werden Dampf- oder elektrisch angetriebene Winden verwendet, welche die Ascheimer entweder ebenfalls durch die Lüfterrohre des Heizraumes oder mitunter auch durch besonders für diesen Zweck eingebaute Aschheißrohre an

Abb. 439.

Deck fördern. Vielfach werden auch sog. „Vakuum-Aschförderer" oder Aschejektoren zu diesem Zweck verwendet.

a) Dampfaschwinden sind gewöhnlich zweizylindrig und mit Drehschieber nach Abb. 195 behuts Umsteuerung versehen. Solche Winden sind mit einer Einrichtung versehen, welche die Drehschieber in ihre Stoppstellung zurückdreht, wenn der Ascheimer seine höchste Lage erreicht hat.

Vielfach sind die Dampfaschwinden mit einem Wechselschieber versehen, welcher einerseits durch ein Handrad verstellt werden kann, andererseits aber bei festgehaltenem Handrad durch eine selbsttätige Rückstellvorrichtung immer in seine Mittellage zurückgestellt wird.

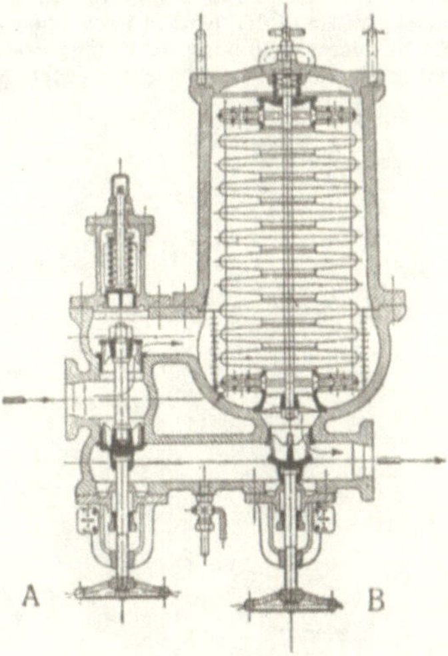

Abb. 440.

b) Der Vakuum-Aschförderer (Atlas-Werke, Bremen) besteht aus einem langen, senkrecht neben dem Ventilationsrohr angeordneten, oben offenen und unten geschlossenen, schmiedeeisernen, mit kupfernem Einsatz versehenen Zylinder, in welchem sich ein durch eine Gummimanschette gedichteter Kolben bewegt. An der Oberseite dieses Kolbens ist ein Drahtseil befestigt, welches oben über Rollen nach dem Aschheißrohr geleitet wird und am anderen Ende den Ascheimer trägt. Befindet sich der Kolben oben, dann ist der Ascheimer unten und umgekehrt.

Am oberen Ende des Zylinders ist ferner ein Steuerhahn angeordnet, welcher einerseits mit dem Kondensator, andererseits mit dem unteren Ende des Zylinders, sowie mit der Atmosphäre in Verbindung steht. Soll der Ascheimer gehoben werden, so wird der Steuerhahn vom Heizraum oder von der oberen Gräting aus so gestellt, daß der Raum unter dem Kolben mit dem Kondensator verbunden wird. Der Druck der Atmosphäre auf die Oberseite des Kolbens treibt dann den Kolben nach unten, während der Ascheimer sich nach oben bewegt.

Der gehobene Eimer kann entweder in gewöhnlicher Weise durch eine Tür im Lüfterrohr seitlich herausgenommen und entleert werden, oder es ist die Einrichtung so getroffen, daß der oben angekommene Ascheimer selbsttätig gekippt und in eine fest eingebaute Schüttrinne entleert wird. In letzterem Falle wird der entsprechend gebaute Ascheimer an zwei gespannten Drahtseilen im Rohr geführt. Ist der Eimer entleert, so wird durch Umstellen des Steuerhahnes die Verbindung mit dem Kondensator unterbrochen und die Unterseite des Kolbens mit der Atmosphäre in Verbindung gebracht. Der Eimer sinkt dann durch sein Gewicht wieder nach unten, während der Kolben nach oben gezogen wird.

Um den Aschförderer auch ohne Benutzung des Kondensatorvakuums betreiben zu können, ist mit dem Steuerhahn ein Dampfejektor verbunden, der beim Heben des Ascheimers die Luft unter dem Kolben absaugt.

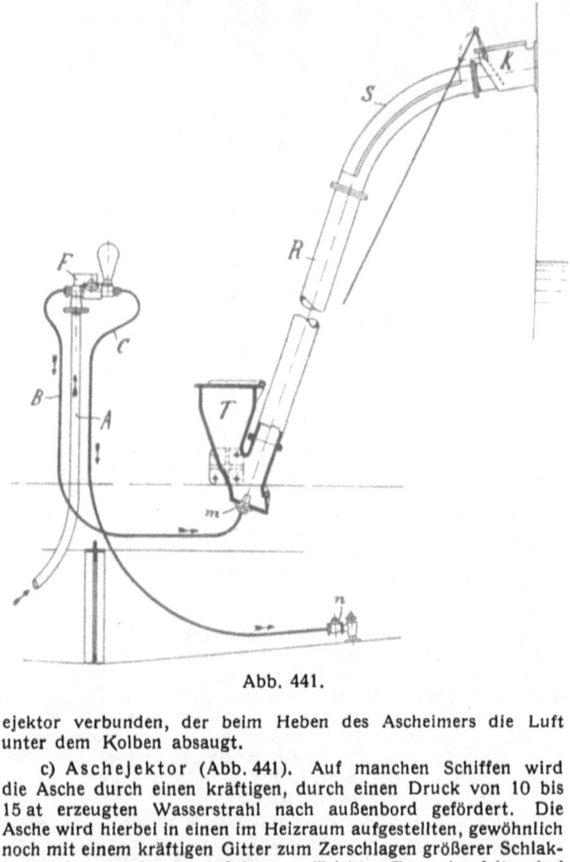

Abb. 441.

c) Aschejektor (Abb. 441). Auf manchen Schiffen wird die Asche durch einen kräftigen, durch einen Druck von 10 bis 15 at erzeugten Wasserstrahl nach außenbord gefördert. Die Asche wird hierbei in einen im Heizraum aufgestellten, gewöhnlich noch mit einem kräftigen Gitter zum Zerschlagen größerer Schlakkenstücke versehenen gußeisernen Trichter T geschaufelt. Auf dem Grunde desselben befindet sich eine Düse m von etwa 15 bis 18 mm Dmr., aus welcher in Richtung des Auswurfrohres ein Wasserstrahl austritt, welcher die Asche mit sich fort durch das Auswurfrohr *R* reißt, welches in der Außenhaut etwa 1 bis 2 m über Wasser mündet. Das Rohr ist oben durch eine Klappe *K* verschließbar, damit bei hohem Seegang kein Wasser in den Heizraum gelangen kann.

Das Auswurfrohr hat ferner am oberen Ende entweder wie dargestellt einen Krümmer mit auswechselbarem Sattelstück *S* (Stahlguß oder Hartguß), oder der Austrittskopf ist so gebaut, daß der nach oben geworfene Strahl gegen den oberen, mit einer auswechselbaren Stoßplatte versehenen Deckel stößt, von dem er nach außenbord abgelenkt wird.

Damit beim Anstellen des Aschejektors kein Wasser in den Heizraum zurücktreten kann, muß das Druckwasser rasch angestellt werden. Hierzu dient entweder ein sog. Differentialkolben *F* oder auch ein Dreiwegehahn, der unmittelbar an der Aschejektordüse angeschlossen wird und bewirkt, daß beim raschen Abstellen des Wasserstrahles das von der Pumpe gelieferte Druckwasser nach außenbords abgeleitet wird. Hierdurch wird erreicht, daß die Druckwasserpumpe ihren gleichmäßigen Gang immer beibehält.

16. Kreiselradlüfter haben den Zweck, die in den Maschinen- oder Kesselräumen, in bewohnten oder in Laderäumen usw. befindliche Luft zu erneuern, falls dies durch natürliche Lüftung nicht oder nicht genügend der Fall ist. Mitunter dienen sie auch zur Unterstützung des natürlichen Zuges.

Die Lüfter werden an geeigneten Stellen auf Deck bzw. im Kesselraum usw. aufgestellt und entweder durch kleine Kolbendampfmaschinen oder Elektromotoren angetrieben. Die direkt oder durch Kanäle von Deck aus angesaugte frische Luft wird meistens durch weitere Kanäle nach den betreffenden Räumen geleitet, während die verbrauchte oder erwärmte Luft durch besondere Kanäle oder vorhandene Öffnungen abgeleitet wird.

Die durch Kolbenmaschinen angetriebenen Kreiselräder machen etwa 200 bis 400 U/min und haben etwa 1000 bis 2000 mm Flügelraddurchmesser. Durch Elektromotoren angetriebene Flügelräder haben kleinere Durchmesser von etwa 500 bis 800 mm und machen etwa 600 bis 1000 U/min. Die sog. Scirocco-Ventilatoren haben eine verhältnismäßig große axiale Breite, aber nur kurze Schaufeln von etwa 40 bis 80 mm radialer Länge, welche aber, um die zu fördernde Luft gut zu fassen, nur eine kleine Teilung haben.

17. Kreiselradgebläse für Kesselanlagen mit künstlichem Zug dienen zur Beschaffung der für die Verbrennung nötigen Verbrennungsluft (s. Druckluftanlagen). Bei Kesselanlagen mit Howdenszug wird das Gebläse vielfach im Maschinenraum aufgestellt und saugt dann gewöhnlich die Luft aus dem Maschinenraum ab, wodurch dieser dann gleichzeitig gelüftet wird.

Der Antrieb des Kreiselrades erfolgt entweder durch eine Kolbendampfmaschine, durch Elektromotor oder eine Dampfturbine mit Räderübersetzung.

Bei Antrieb durch Kolbendampfmaschine ist vielfach auf jeder Seite des Flügelrades eine solche angeordnet und mit der Flügelradwelle durch eine feste Kupplung verbunden. Jede derselben ist dann so bemessen, daß sie allein die erforderliche Leistung entwickeln kann, die eine also als Reserve für die andere dient. Wird nur eine Maschine zum Antrieb benutzt, dann wird die zweite abgekuppelt. Vielfach werden jedoch beide Maschinen gleichzeitig betrieben, so daß jede nur die halbe Leistung entwickeln braucht, und bei Havarie an einer Maschine sofort die andere die ganze Leistung entwickeln kann.

Die Regelung des Luftdruckes wird durch Änderung der Drehzahl vorgenommen, und zwar bei Dampfantrieb durch Betätigung des Zudampfventils, bei elektrischem Antrieb durch Einschaltung von Widerständen.

18. Allgemeines. Der von einem Kreiselrad mit radial endigenden Flügeln erzeugte Luftdruck h ergibt sich aus:

$$h = \eta_1 \frac{u^2}{g} \cdot \gamma \text{ mm WS.}$$

Hierin ist:

η_1 der manometrische Wirkungsgrad, gleich etwa 0,5 bis 0,6
u die Umfangsgeschwindigkeit des Flügelrades in m in der s,
und γ das Gewicht von 1 m³ Luft in kg.

Ferner ist die erforderliche Arbeitsleistung

$$N = \frac{Q \cdot h}{75 \cdot \eta_2} \text{ PS,}$$

worin Q = Liefermenge in m³ in der s
und η_2 = Wirkungsgrad, etwa 0,35 bis 0,45.

Bei Flügelrädern mit zurückgekrümmten Flügeln ist der erzeugte Luftdruck h entsprechend geringer, bei vorwärtsgekrümmten Flügeln entsprechend größer als bei radial endigenden Flügeln.

Bei einem Gebläse hängt die geförderte Luftmenge bei gleichbleibender Antriebsleistung von der Höhe des Luftdruckes ab. Ist z. B. die Kohlenschicht niedrig oder sind offene Stellen auf dem Rost vorhanden, oder sind die Luftschieber bei Ölfeuerungsgeschränken weiter geöffnet, dann stellt sich eine größere Luftmenge ein, während der Luftdruck kleiner wird als bei normalen Verhältnissen. Umgekehrt wird bei höherer Kohlenschicht, bei verschlackten Rosten, bei stark gedrosselten Luftschiebern oder zum Teil abgestellten Brennern bei Ölfeuerungen die Luftmenge geringer, hingegen der erzeugte Luftdruck höher.

Bleiben die Querschnitte und Widerstände für die Luft gleich, dann nimmt angenähert die geförderte Luftmenge proportional, der erzeugte Luftdruck mit dem Quadrat und die erforderliche Antriebsleistung mit der dritten Potenz der Drehzahl des Flügelrades zu.

V. Teil.

Rohrleitung.

1. **Unterwasserteile** dienen zur Entnahme des Wassers von außenbord (Seeventile der verschiedenen Pumpen usw.). Sie werden ungefähr in der Kimm angeordnet und entweder auf einem Verstärkungsring unmittelbar an der Außenhaut befestigt, oder sie sitzen auf einem an letztere angebauten schmiedeeisernen oder gußeisernen Kasten. Die Öffnung in der Außenhaut wird durch eine Gräting aus Bronze, Schmiedeeisen oder Stahlguß geschlossen, um das Eindringen größerer Körper zu verhindern.

Die größeren Unterwasserteile sind meistens gewöhnliche, nach innen öffnende Ventile aus Gußeisen oder Bronze, während für die kleineren vielfach bronzene Hähne verwendet werden. Größere Seeventile werden gewöhnlich unterhalb des Ventilkegels mit einem kleinen Ventil mit Anschluß an die Hilfsdampfleitung versehen, um die Gräting im Bedarfsfalle mittels Dampf von Eis oder Schmutz reinigen zu können.

Große, sehr tief gehende Schiffe erhalten für die Hauptkühlwasserpumpen mitunter außer dem unteren, in der Kimm angeordneten Seeventil noch ein zweites, etwa 2 m höher angeordnetes oberes Seeventil. Dieses wird dann benutzt, wenn das tiefgeladene Schiff nur wenig Wasser unter dem Boden hat, um zu verhindern, daß Sand und Schlamm usw. eingesaugt werden und in die Rohrleitungen, Kondensatoren usw. gelangen.

2. **Die Ausgußventile** für die Haupt- und Hilfskühlwasserpumpen werden meistens unter der Wasserlinie, diejenigen für die anderen Pumpen gewöhnlich über der Wasserlinie angebracht.

Ausgußventile für Kolbenpumpen werden meistens mit Federbelastung ausgeführt, besonders für die an die Maschine angehängten, um Brüche an Rohrleitungen oder Pumpen zu verhüten. Die Ausgußventile der Maschinenlenzpumpen sind häufig so eingerichtet, daß sie sich nur in geöffnetem Zustande durch einen Querkeil festhalten lassen, in geschlossenem Zustande hingegen nur durch ihr Eigengewicht schließen.

Als Material für die Ausgußventile wird Gußeisen oder Bronze verwendet.

Ausblasehähne oder -ventile für die Kessel und Verdampfer werden immer unter Wasser angeordnet. Diese Hähne müssen so beschaffen sein, daß der Schlüssel nur bei geschlossenem Hahn abgenommen werden kann.

Die Befestigung der Ventile oder Hähne auf ihren Verstärkungsflanschen geschieht gewöhnlich durch bronzene Stiftschrauben (Abb. 442); mitunter wurden jedoch auch durchgehende, bronzene Schrauben mit konisch versenktem Kopf (Abb. 443) verwendet. Bei Kesselausblasehähnen wird entweder ein außen übergeschobener Ring aus verzinktem Eisen (Abb. 442 und 443), oder ein in der Mündung angebrachter Zinkschutzring (Abb. 444)

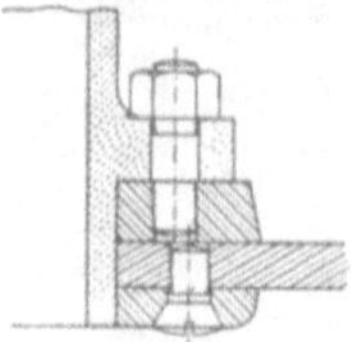

Abb. 442.

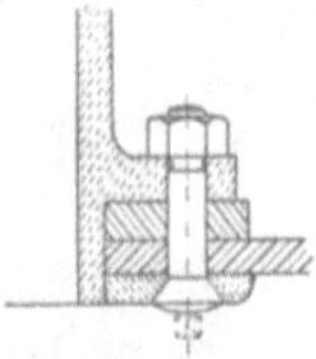

Abb. 443.

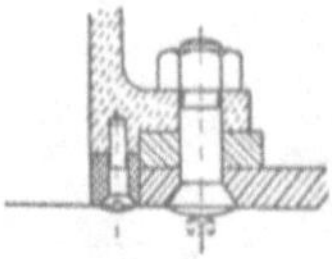

Abb. 444.

vorgesehen, um Anfressungen der Außenhaut in der Nähe der Bronzeteile zu verhüten.

Von besonderer Wichtigkeit ist, daß bei Bronzeteilen, welche Seewasser führen, keine Schrauben aus Schmiedeeisen verwendet werden, weil diese bei Hinzutreten von Seewasser starkem Rosten und der Zerstörung ausgesetzt sind.

3. Hauptdampfleitung. Diese wird in sehr verschiedener Weise angeordnet. Hat das Schiff nur eine Maschine, dann werden die Hauptdampfrohre der einzelnen Kessel entweder im Kesselraum oder am vorderen Maschinenraumschott in einem Verbindungsstück oder einem Gruppenventilkasten vereinigt, von welchem dann eine Leitung nach der Maschine führt, oder es führt von jedem Kessel eine besondere Leitung unmittelbar bis zum Manöverierventil der Maschine.

Bei größeren Anlagen mit zwei oder mehr Antriebsmaschinen werden die Leitungen der einzelnen Kessel bzw. die gemeinschaftlichen Leitungen der Kesselgruppen auf *BB*- und *StB*-Seite verteilt bis zum vorderen Maschinenraumschott geführt. Hier werden sie entweder in Gruppenventilkasten vereinigt oder einzeln an die Manövrierventile der Maschinen angeschlossen.

Im Maschinenraum werden die Leitungen in der Regel noch so absperrbar miteinander verbunden, daß im Notfall z. B. die Dampfleitungen der *BB*-Seite für die *StB*-Maschine verwendet werden können. Jede nach der Maschine führende Dampfleitung ist an ihrer Abzweigung am Gruppenventilkasten gewöhnlich noch mit einem besonderen Absperrventil versehen, um jede Maschine doppelt absperren zu können.

Vor diesem Absperrventil wird bei Anlagen, welche mit Naßdampf arbeiten, immer ein Wasserabscheider vorgesehen, um aus den Kesseln mitgerissenes oder in den Leitungen kondensiertes Wasser vom Eintritt in die Maschine abzuhalten. Bei Anlagen, welche mit überhitztem Dampf arbeiten, wird der Wasserabscheider gewöhnlich fortgelassen und nur bei großen Anlagen mit sehr langen Rohrleitungen angeordnet.

Im allgemeinen hat der Wasserabscheider die in Abb. 445 dargestellte oder eine ähnliche Einrichtung. Das mit dem Dampf eintretende Kondenswasser scheidet sich hier unterhalb der schräg eingebauten Siebplatte ab und kann von dort in den Kondensator, den Vorwärmer, den Warmwasserkasten usw. abgeleitet oder auch unmittelbar wieder in die Kessel gespeist werden. Wenn es möglich ist, werden die Hauptdampfleitungen gewöhnlich nach dem Wasserabscheider hin geneigt angeordnet, damit alles Kondenswasser leicht dorthin ablaufen kann.

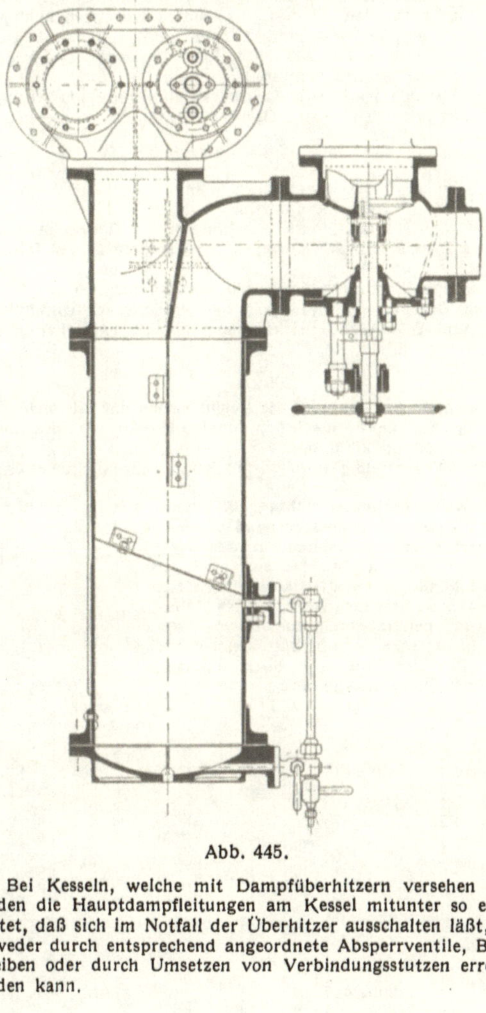

Abb. 445.

Bei Kesseln, welche mit Dampfüberhitzern versehen sind, werden die Hauptdampfleitungen am Kessel mitunter so eingerichtet, daß sich im Notfall der Überhitzer ausschalten läßt, was entweder durch entsprechend angeordnete Absperrventile, Blindscheiben oder durch Umsetzen von Verbindungsstutzen erreicht werden kann.

Vielfach wird die Einrichtung auch so getroffen, daß der Hauptdampfleitung aus der Hilfsdampfleitung Naßdampf zugesetzt werden kann, um die Temperatur zu hoch überhitzten Dampfes herabmindern zu können.

4. Als **Material** für die Leitungen wird gewöhnlich S.-M.-Stahl, bei nicht überhitztem Dampf für kleinere Leitungen auch mitunter noch Kupfer verwendet. Ventile, Stutzen usw. werden für überhitzten Dampf aus Stahlguß, für Naßdampf aus Stahlguß, Gußeisen oder Bronze hergestellt.

Die Wandstärke flußeiserner Dampfrohre muß entsprechend den Vorschriften des Germanischen Lloyd betragen:

$$s = \frac{p \cdot d}{200 \cdot k} + c \text{ mm.}$$

Darin ist: s die Wandstärke in mm,
p der Dampfdruck in at,
d der innere Durchmesser des Rohres in mm.

Die Zahl k schwankt je nach der Temperatur des Dampfes zwischen 6,5 und 4,0.

Nahtlose Dampfrohre aus Kupfer von nicht über 100 mm innerem Durchmesser, bei denen das Produkt aus Durchmesser in cm und Dampfdruck nicht größer als 100 ist, erhalten eine Wandstärke von:

$$s = \frac{p \cdot d}{200 \cdot k} + c \text{ mm.}$$

Darin haben s, p und d die gleiche Bedeutung wie oben. Der Zuschlag c schwankt je nach dem inneren Durchmesser des Rohres zwischen 1,5 und 2,5 mm.

Bei überhitztem Dampf dürfen Kupferrohre nicht verwendet werden.

5. **Kompensationseinrichtungen.** Da sich alle Dampfleitunge bei der Erwärmung entsprechend der Temperaturerhöhung ausdehnen, müssen sie so angeordnet werden, daß sie sich frei ausdehnen können, ohne die Befestigungsstellen übermäßig zu beanspruchen. Bei Naßdampfleitungen benutzt man zu diesem Zweck vielfach einfache Schubstopfbüchsten nach Abb. 446 oder mitunter auch entlastete Stopfbüchsen nach Abb. 447.

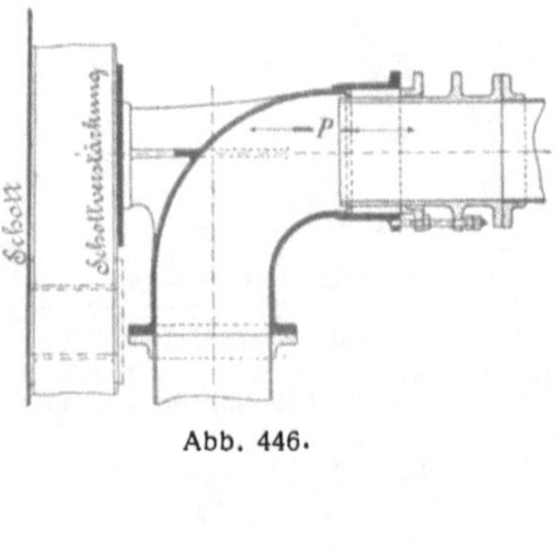

Abb. 446.

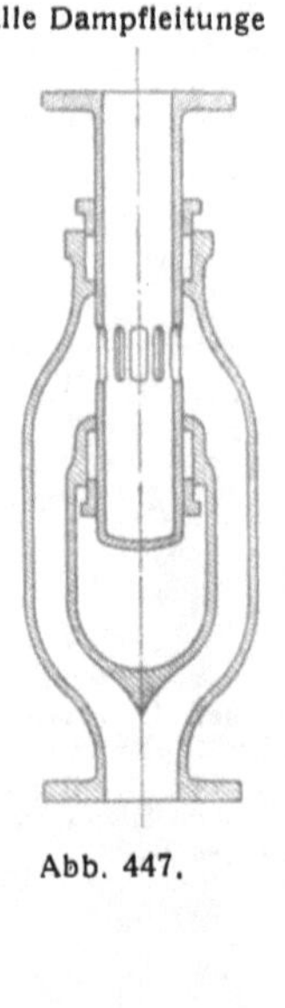
Abb. 447.

Bei einfachen Stopfbüchsen nach Abb. 433 ist der in der Richtung der Stopfbüchse auftretende Druck

$$P = \frac{D^2 \cdot \pi}{4} \cdot p \text{ kg},$$

wenn D der äußere Durchmesser des Stopfbüchsenschuhes in cm und p der Dampfdruck in der Leitung in atü ist. Die Enden der

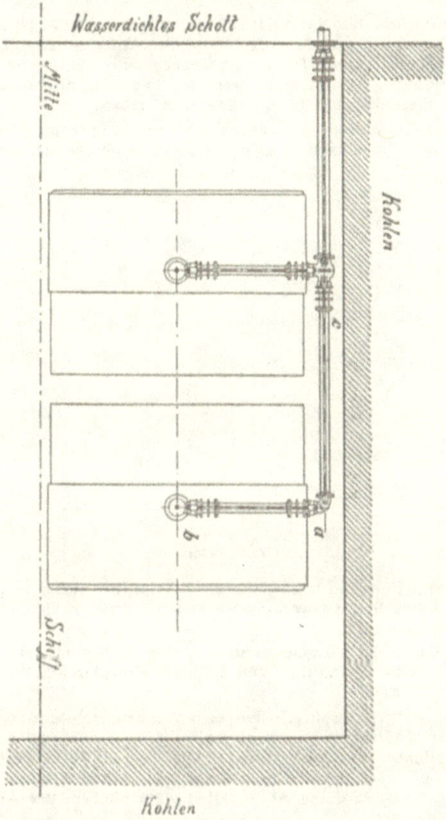

Abb. 448.

Leitung bzw. etwaige Rohrknie müssen daher an Schotten, Decks usw. genügend festgelegt werden, d. h. die Schotten usw. müssen so verstärkt werden, daß sie den Stopfbüchsenschub P mit Sicherheit aufnehmen können.

Um diese Beanspruchungen zu vermeiden und doch der Rohrleitung in gewissen Grenzen eine freie Beweglichkeit zu sichern, werden die festliegenden Ventile der Kessel usw. mit den ebenfalls festliegenden Punkten am Schott usw. mitunter durch gerade Rohre mit Stopfbüchsen so verbunden, daß sie Knie bilden, wie dies z. B. Abb. 448 zeigt. Die Stopfbüchsstutzen *a* und *c* werden hierbei nur frei an Deck aufgehängt oder unterstützt und durch Anker miteinander bzw. mit den festliegenden Ventilen auf den Kesseln bzw. mit dem Stutzen am Schott verbunden.

Als Sicherung bei etwaigem Bruch der Anker bzw. Nachgeben der Stützpunkte werden einige Stopfbüchsstifte so lang gemacht, daß sie durch den am Rohrschuh angegossenen Ring reichen und am Ende mit gesicherten Muttern versehen. In kaltem Zustande müssen diese Muttern noch etwas Luft haben.

Da Stopfbüchsen bei ungeeigneter Packung festbrennen oder zu Leckagen Veranlassung geben können, so werden sie, besonders

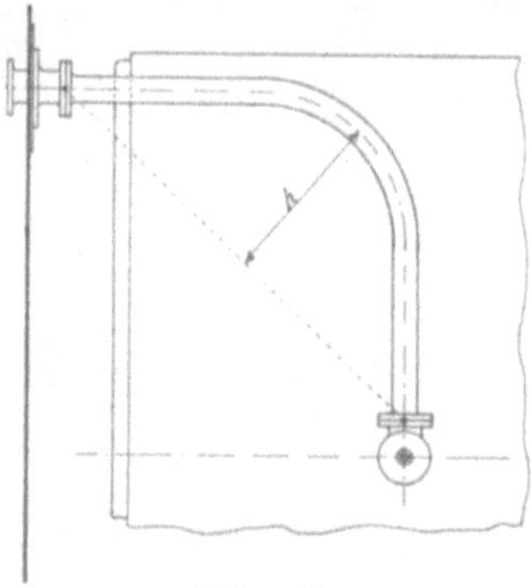

Abb. 449.

bei Dampfleitungen für überhitztem Dampf, möglichst vermieden und an deren Stelle gekrümmte Rohre oder sog. Kompensationsrohre verwendet.

Einfache Rohrbogen nach Abb. 449 genügen, wenn deren Pfeilhöhe *h* im Verhältnis zum äußeren Rohrdurchmesser genügend groß ist.

Kompensationsrohre in längeren geraden Rohrleitungen sind entweder U-förmig gebogene glatte Rohre (Abb. 450) oder es sind sog. Faltenrohr-Kompensatoren. Die Falten laufen entweder ringsum oder sie befinden sich nur auf der Innenseite der Krümmungen, während deren Außenseiten glatt bleiben, wie Abb. 451 zeigt.

Anmerkung. Vielfach werden zur Vermeidung von Stopfbüchsen bei Leitungen für geringe Drücke, z. B. Überströmrohre zwischen Dampfzylindern, Dampfturbinengehäusen usw., Wellrohrkompensatoren nach Abb. 452 verwendet, bei welchen die Ausdehnung der Rohrleitung hauptsächlich durch die Biegung des flachen Teiles der Wellen aufgenommen wird. Der hierbei auftretende Dampfschub beträgt ungefähr:

$$P = \frac{D^2 \cdot \pi}{4} \cdot p \text{ kg},$$

worin D den mittleren Durchmesser der Wellen in cm und p den im Rohr herrschenden Druck in atü bedeutet.

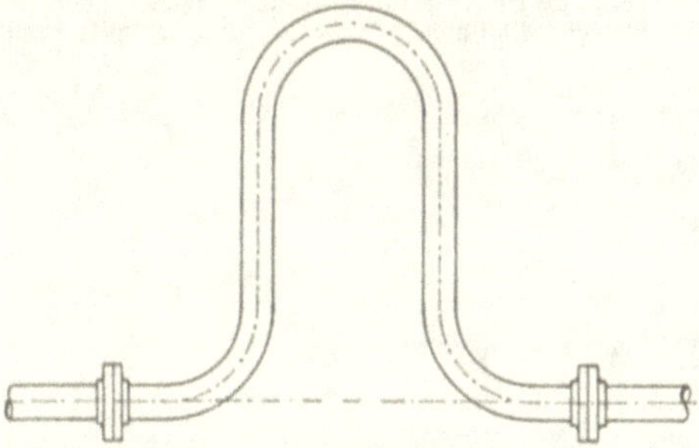

Abb. 450.

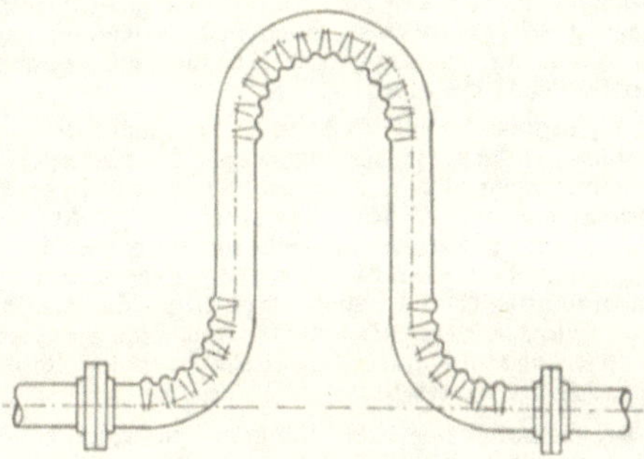

Abb. 451.

Die Verlängerung l_2 auf 1 m Länge beträgt bei einer flußeisernen Dampfleitung (s. S. 61), bei einer Erwärmung von 0° bis 200°, entsprechend gesättigtem Dampf von 15 atü etwa:

$$l_2 = \frac{200}{100} \cdot 1{,}47 = 2{,}94 \text{ mm},$$

oder bei Heißdampf von 350°:

$$l_2 = \frac{350}{100} \cdot 1{,}47 = 5{,}15 \text{ mm}.$$

Die beabsichtigte Verschiebung des Endpunktes einer gebogenen Rohrleitung (Abb. 453) ist

$$x = l_2 \cdot l \text{ mm},$$

wenn l der Abstand der beiden Festpunkte a und b in m ist.

Die im Rohr bzw. in den Flanschen auftretenden Biegungsbeanspruchungen sind dann gleich denen, welche auftreten, wenn der Flansch *b* aus der punktierten in die gezeichnete Stellung zurückgebracht wird, wobei das Rohr dann ungefähr die strichpunktierte Form annehmen muß.

Gebogene Dampfrohre müssen daher in ihren Haltern soviel Spiel haben, daß sie diese Formveränderungen annehmen können, und eine solche Pfeilhöhe *h* erhalten, daß die auftretenden Bie-

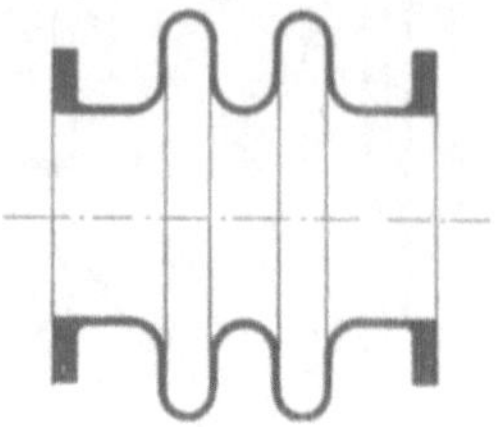

Abb. 452.

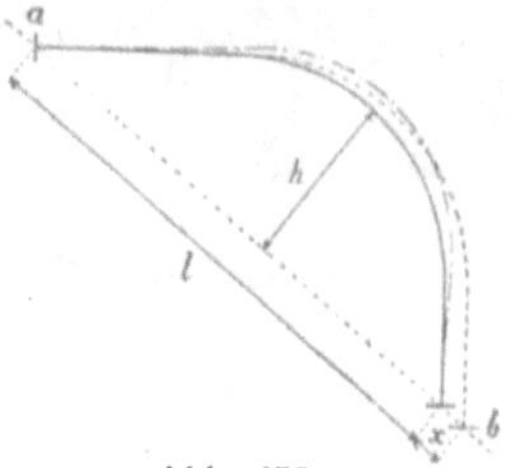

Abb. 453.

gungsbeanspruchungen eine bestimmte Größe nicht überschreiten. Die Biegung tritt selbstverständlich nicht allein im gebogenen Teil des Rohres auf, sondern verteilt sich auch auf die anschließenden geraden Teile desselben.

Da Kolbenmaschinen sich beim Gange infolge der auftretenden Massenwirkungen der Gestänge wegen des elastischen Fundamentes immer mehr oder weniger heben und senken, sowie durch den Kreuzkopfdruck und beim Schlingern des Schiffes auch seitlich schwanken, so werden bei größeren Maschinen die Verbindungen zwischen Wasserabscheider oder Ventil am vorderen Maschinenraumschott und Manövrierventil an der Maschine (sowie auch zwischen dem ND-Zylinder und dem getrennt aufgestellten Kondensator) durch elastische oder in Stopfbüchsen bewegliche Rohre hergestellt.

6. **Druckabfall.** Der beim Gang der Maschine immer auftretende Unterschied zwischen dem Kesseldruck und dem Druck hinter dem Manövrierventil oder im HD-Schieberkasten beträgt bei normalen Drücken von 12 bis 16 atü je nach Umständen 0,2 bis 0,6 at, bei sehr langen Leitungen auch mehr. Bei höheren Kesseldrücken wird der Druckabfall entsprechend größer. Er rührt unter normalen Umständen hauptsächlich von dem Widerstande her, den der Dampf beim Durchströmen der Ventile und Leitungen usw. erfährt, was mit einer Geschwindigkeit von etwa 30 bis 50 m in der s geschieht. Die in den Leitungen auftretende Kondensation infolge von Wärmeverlusten hat nur ganz unbedeutenden Anteil daran.

7. Die **Hilfsdampfleitung** leitet den erforderlichen Dampf nach allen dampfbetriebenen Hilfsmaschinen. Sie ist entweder an alle oder nur an diejenigen Kessel angeschlossen, welche im Hafen als Hilfskessel verwendet werden sollen. Für die Dynamomaschinen wird mitunter der größeren Unabhängigkeit und Sicher-

heit wegen eine besondere Dampfleitung angelegt. Meistens steht die Hilfsdampfleitung im Maschinenraum auch noch mit der Hauptdampfleitung in Verbindung.

Die Absperrventile der Hilfsdampfleitung auf den Kessel haben häufig lose Ventilkegel, damit bei Hafenbetrieb durch irrtümliches Zurückdrehen der Ventilspindel kein Dampf aus der in Betrieb befindlichen Hilfsdampfleitung in einen außer Betrieb befindlichen Kessel gelangen kann.

Da die Hilfsdampfleitung meistens nur einen verhältnismäßig geringen Durchmesser hat, wird sie gewöhnlich auch bei Naßdampf nur mit den erforderlichen Krümmungen angeordnet. Für die Halterung der Rohre gilt dasselbe wie für die Hauptdampfleitung. Die einzelnen Zweigleitungen nach den Hilfsmaschinen erhalten gewöhnlich direkt an der gemeinschaftlichen Leitung und außerdem auch an jeder Hilfsmaschine ein Absperrventil.

Die Entwässerung der Hilfsdampfleitung an ihren tiefsten Punkten geschieht entweder in die Abdampfleitung der Hilfsmaschinen oder durch eine besondere hierfür angelegte Entwässerungsleitung, durch welche das Kondenswasser nach dem Kondensator, in den Warmwasserkasten oder in die Bilge abgeleitet werden kann.

Für die Ladewinden und sonstigen Schiffshilfsmaschinen ist meistens eine besondere Dampfleitung angeordnet, die an passender Stelle an die Hilfsdampfleitung angeschlossen ist. Die Steuermaschine erhält häufig außer ihrem Anschluß an die Hilfsdampfleitung noch einen Anschluß an die Hauptdampfleitung.

Als Material für die Hilfsdampfleitung wird wie für die Hauptdampfleitung meistens Flußeisen verwendet, und nur für kleinere oder für die an Deck verlegten Rohre für die Winden Kupfer genommen.

Haupt- und Hilfsdampfleitungen werden vor und nach dem Einbau mit hydraulischem Druck geprüft, und zwar in der Regel mit dem doppelten Arbeitsdruck.

8. Druckminderventile. Mitunter werden Hilfsmaschinen, wie z. B. Dampfwinden, nicht mit dem vollen Kesseldruck betrieben, sondern nur mit einem auf etwa 8 bis 10 at herabgesetzten Dampfdruck. Die zur Herabsetzung des Druckes verwendeten Druckminderventile sind selbsttätige Drosselventile, welche in die Zudampfleitung der betreffenden Hilfsmaschinen eingeschaltet werden.

Bei dem in Abb. 454 dargestellten Druckminderventil, System Auld, tritt der Dampf bei *a* ein und drückt gleichzeitig unter das einsitzige Ventil *b* und auf die durch das gebildete Kondenswasser im Hals *h* geschützte Gummimembran *c*, welche durch die Spindel *d* mit dem Ventil *b* verbunden ist. Auf die Ventilspindel *d* drückt ferner von unten direkt oder durch einen eingeschalteten Hebel die Feder *f*, welche dem auf den Ventilkegel wirkenden Druck des abströmenden Dampfes das Gleichgewicht hält. Steigt der Druck des abströmenden Dampfes höher als der Federspannung entspricht, so drückt ersterer das Ventil mehr oder weniger zu.

Eingestellt wird das Ventil durch stärkeres oder schwächeres Spannen der Feder *f* mit Hilfe der Spindel *g*. Zum vollständigen Absperren der Leitung wird zweckmäßig ein besonderes Absperrventil vor dem Druckminderventil angeordnet.

Das Druckminderventil nach Abb. 455 hat ein Doppelsitzventil *a*, dessen verlängerte Spindel mit einer Membran *b* verbunden ist. Der abströmende Dampf mit dem verringerten Druck drückt auf diese Membran und hat das Bestreben, das Ventil zu schließen, während die in entgegengesetzter Richtung wirkende Feder *c* dasselbe zu öffnen sucht. Steigt der Druck des abströmenden Dampfes höher als der Federspannung entspricht, so drückt der Dampf das Ventil so weit zu, daß der eingestellte Druck wieder erreicht wird.

Das Einstellen des Apparates auf einen bestimmten Druck des abströmenden Dampfes geschieht auch hier unter Beobachtung

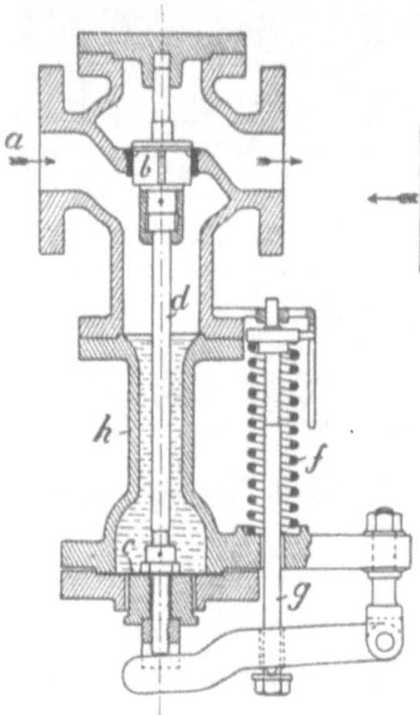

Abb. 454.

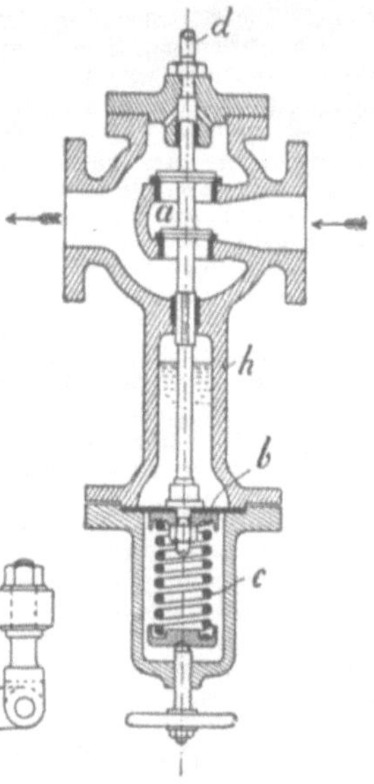

Abb. 455.

des bei *d* angeschlossenen Manometers durch Einstellung der Feder *c*.

Die Membran ist gewöhnlich entweder eine einfache Gummiplatte oder der größeren Widerstandsfähigkeit wegen eine sog. „Kissenmembran", welche zwischen die Flanschen eingeklemmt und in deren Mitte die durchgehende Ventilspindel abgedichtet ist. Von besonderer Wichtigkeit ist, daß die Membran nicht der Temperatur des Dampfes ausgesetzt ist, was selbsttätig dadurch erreicht wird, daß sich im Hals *h* oberhalb der Membran Kondenswasser ansammelt und die Membran kühlhält.

9. Die **Abdampfleitung der Hilfsmaschinen** nimmt den Abdampf aller Hilfsmaschinen auf und leitet ihn entweder in den

Hauptkondensator, den Hilfskondensator oder in den Speisewasservorwärmer. Außerdem kann der Abdampf auch durch ein in geschlossenem Zustande federbelastetes Ventil und ein am Schornstein entlang geführtes Abdampfrohr ins Freie geleitet werden.

Der Abdampf der Dynamomaschinen wird vielfach direkt in den Haupt- oder Hilfskondensator geleitet, da ungleichmäßiger Gegendruck in der Abdampfleitung den gleichmäßigen Gang der Dynamomaschinen beeinträchtigt. Der Abdampf kann jedoch auch in die gemeinschaftliche Abdampfleitung geführt werden.

Der Abdampf der Steuermaschine und des Ankerspills kann mitunter außer in die gemeinschaftliche Abdampfleitung auch noch durch ein federbelastetes Ventil unmittelbar ins Freie geleitet werden.

Bei Maschinenanlagen, welche mit überhitztem Dampf arbeiten, deren innere Teile daher reichlicher geschmiert werden als bei Verwendung von Naßdampf, wird der Abdampf vielfach erst durch einen Abdampfentöler geleitet und dann erst dem Kondensator oder dem Speisewasservorwärmer zugeführt, um nach Möglichkeit das Öl nicht in den Kondensator und die Kessel gelangen zu lassen.

Liefern die Hilfsmaschinen mehr Abdampf als der Vorwärmer aufnehmen kann, so wird der überschüssige Abdampf durch ein Ventil nach dem Haupt- oder Hilfskondensator geleitet, z. B. bei langsamer Fahrt oder beim Stoppen der Hauptmaschine.

10. Speiseleitungen. In der Regel ist eine Haupt- und eine Hilfsspeiseleitung vorgesehen, die an je ein besonderes Speiseventil an jedem Kessel angeschlossen sind. Da gesetzlich mindestens zwei getrennte Speisevorrichtungen vorhanden sein müssen, so fördert gewöhnlich jede in eine dieser Speiseleitungen. Meistens jedoch ist der Sicherheit wegen die Anordnung auch so getroffen, daß mit jeder Speisevorrichtung in jede der beiden Speiseleitungen gedrückt werden kann.

Bei kleinen Maschinenanlagen saugen die an die Hauptmaschine angehängten Speisepumpen das Kondensat aus dem Luftpumpendruckraum und drücken es durch die Hauptspeiseleitung direkt in den Kessel.

Bei größeren Anlagen kommen Speisewasservorwärmer und Speisewasserreiniger zur Anwendung, welche in sehr verschiedener Weise angeordnet sein können, z. B.:

a) Die an die Hauptmaschine angehängten Speisepumpen saugen aus dem Luftpumpendruckraum und drücken das Speisewasser durch einen Oberflächenvorwärmer und einen Filter in die Kessel.

b) Die Maschinenspeisepumpen saugen aus dem Luftpumpendruckraum und drücken in einen Mischvorwärmer, aus dem eine durch einen Schwimmer geregelte Dampfpumpe saugt und evtl. durch einen in die Druckleitung eingeschalteten Filter in die Kessel drückt. Eine solche Anlage zeigt die Abb. 456. Darin ist:

A: Angehängte Speisepumpe,
B: Mischvorwärmer,
C: Dampfspeisepumpen,
D: Saugleitung der Luftpumpe aus Kondensator,

1: Saugrohr der angehängten Speisepumpen aus dem Luftpumpendruckraum,
2: Druckrohre der angehängten Speisepumpen nach dem Wechselventilkasten,
3: Druckrohr der angehängten Speisepumpen nach dem Mischvorwärmer,
4: Saugleitung der Dampfspeisepumpen aus dem Mischvorwärmer,

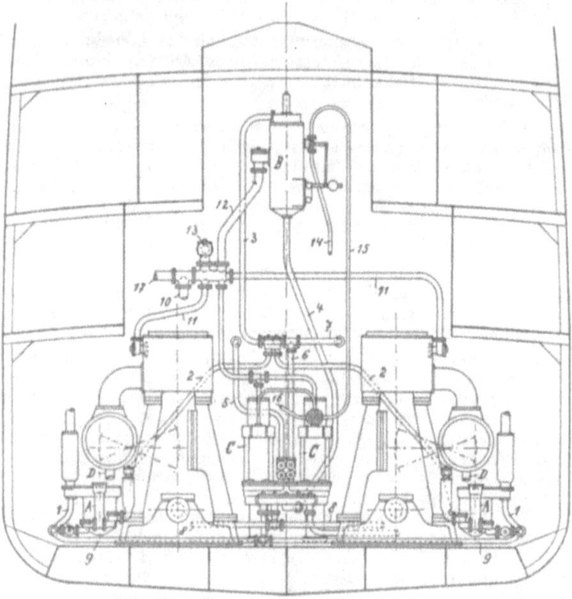

Abb. 456.

5: Hilfsspeiseleitung,
6: Druckleitung der Dampfspeisepumpen nach Hauptspeiseleitung,
7: Hauptspeiseleitung,
8: Saugleitung der Dampfspeisepumpen aus Kondensator direkt,
9: Saugleitung der Dampfspeisepumpen aus Luftpumpenzisterne,
10: Abdampfleitung der Hilfsmaschinen,
11: Dampfleitung aus ND-Schieberkasten nach dem Vorwärmer,
12: Abdampfleitung nach dem Vorwärmer,
13: Abdampfleitung nach der Atmosphäre,
14: Dampfleitung nach dem Reglerhahn am Vorwärmer,

15: Dampfleitung vom Reglerhahn nach den Dampfspeisepumpen,

16: Direkte Dampfleitung nach den Dampfpumpen,

17: Abdampfleitung der Hilfsmaschinen nach dem Kondensator.

Der Speisewasserfilter ist in die Hauptspeiseleitung *7* eingeschaltet und entweder im Maschinen- oder im Kesselraum angeordnet. Mitunter wird der Speisewasserfilter auch in die Druckleitung der angehängten Speisepumpen nach dem Mischvorwärmer eingeschaltet.

c) Die an die Hauptmaschine angehängte Luftpumpe oder eine selbständige Kondensatpumpe fördert das Kondensat in einen Warmwasserkasten, Abb. 437, in welchem es durch die eingebauten Filter gereinigt wird. Aus diesem Tank saugt die Speisepumpe, deren Gang durch den Schwimmer geregelt wird, und drückt es durch einen oder mehrere hintereinander geschaltete Oberflächenvorwärmer in die Kessel. Vielfach wird das Speisewasser vor seinem Eintritt in die Oberflächenvorwärmer zur restlichen Entfettung noch durch einen Druckfilter geleitet.

Bei einer Kolbenmaschine mit nachgeschalteter Bauer-Wach-Abdampfturbine oder bei einer reinen Dampfturbinenanlage wird das Kondensat vor seinem Eintritt in den Warmwasserkasten erst durch die Kühler der Dampfstrahler geleitet.

Da der Abdampf bei Dampfturbinenanlagen ölfrei ist, fällt bei diesen Anlagen die Filtereinrichtung im Warmwasserkasten fort.

Sind mehrere Kesselräume vorhanden, dann ist der Wasserdruck an der Pumpe bzw. im hinteren Kesselraum wegen der Widerstände in der verhältnismäßig sehr langen Speiseleitung immer etwas höher als im vorderen Kesselraum. Dieser Druckunterschied läßt sich jedoch durch Einstellung der Speiseventile an den einzelnen Kesseln leicht ausgleichen und die Zuführung des Speisewassers der Verdampfung entsprechend regeln.

Die von der Hauptmaschine unabhängigen Hauptspeisepumpen saugen meistens nur aus dem Mischvorwärmer, dem Luftpumpendruckraum oder dem Warmwasserkasten und dem Kondensator, und drücken nur in die Kessel. Die Hilfsspeisepumpen sind hingegen gewöhnlich so eingerichtet, daß sie außerdem auch aus den Speisewasserzellen des Doppelbodens, den Kesseln (durch die Ausblaseleitung) und mitunter auch aus See saugen können.

Die Druckrohre der Hilfsspeisepumpen führen außer nach den Kesseln noch nach außenbord.

Der Sauganschluß an die Kessel dient zum Auspumpen derselben; auch kann er zum Umpumpen des Kesselwassers verwendet werden, um beim Anheizen oder bei langem Stilliegen eines Kessels unter Dampf das am Boden liegende kalte bzw. abgekühlte Wasser durch die Ausblaseleitung unten abzusaugen und durch die Speiseleitung oben wieder zuzuführen.

Auf großen Schiffen mit mehreren Kesselräumen werden die Hilfsspeisepumpen gewöhnlich in den einzelnen Kesselräumen aufgestellt. Häufig ist auch außer den Hilfsspeisepumpen noch ein Injektor vorhanden (dessen Saugleitung jedoch möglichst kurz und direkt sein muß), der aus den Speisewassertanks im Doppelboden und mitunter auch aus See saugen und in die Hilfsspeiseleitung drücken kann.

11. Lenzleitungen dienen zum Lenzen des sich in den Bilgen ansammelnden Wassers. Die einzelnen Saugrohre aus den verschiedenen Bilgen und wasserdichten Abteilungen (Seitengräben oder Brunnen) werden nach den Maschinen- bzw. Kesselräumen geführt und schließen dort an die Lenzventilkasten an, an denen jede Leitung durch ein Ventil mit losem Kegel, mitunter auch noch durch einen Hahn oder Schieber abgesperrt werden kann. Die losen Ventilkegel sollen verhindern, daß auch bei nicht niedergeschraubter Ventilspindel Wasser aus einer überfluteten Abteilung oder aus See in eine andere überlaufen kann. Jedes Ventil muß mit einer deutlichen Bezeichnung versehen sein, welche angibt, nach welcher Abteilung das anschließende Saugrohr führt.

Das gemeinschaftliche Saugrohr aus dem Ventilkasten schließt an der Dampfpumpe gewöhnlich seitlich an einen Winkelhahn mit offenem Boden an, dessen Küken nur eine seitliche Öffnung hat, um zu verhindern, daß Wasser von See usw. in die Bilgeventilkasten und von hier durch nicht dichtschließende Rückschlagventile in die Schiffsräume gelangen kann.

Die Saugkörbe aus verzinktem Eisenblech oder Gußeisen stehen gewöhnlich mit ihrem unteren offenen Teil auf dem Schiffsboden auf oder sie sind unten geschlossen, so daß das Wasser nur seitlich zufließen kann. Nach den HNA-Normen sind die einzelnen gußeisernen Wände durch Schrauben miteinander verbunden. Die eine Seitenwand ist jedoch einschiebbar, um den Saugkorb auch innen leicht reinigen zu können. Die Löcher in den Seitenwänden haben etwa 12 mm Dmr. Das Saugrohr der Pumpe wird durch den oberen zweiteiligen Deckel lose eingesetzt.

Um nach Möglichkeit zu verhindern, daß Unreinigkeiten in die Pumpenventile gelangen, werden häufig außer den Saugkörben noch sog. Schlammkasten, die oberhalb des Flurbodens liegen, in die gemeinschaftlichen Saugleitung eingebaut. Das angesaugte Wasser muß in diesen noch ein leicht herausnehmbares Sieb passieren, von dem etwaige Unreinigkeiten zurückgehalten werden, die durch den leicht zu öffnenden Deckel entfernt werden können.

Die Lenzleitungen werden aus Blei, Gußeisen oder verzinktem Schmiedeeisen gemacht, weil Kupferrohre durch die im Bilgewasser häufig enthaltenen Säuren usw. leichter zerfressen werden als die ersteren.

Die Kühlwasserpumpe für den Hauptkondensator ist stets so eingerichtet, daß sie durch ein Ventil mit losem Kegel auch aus der Maschinenraumbilge saugen kann.

12. Ballastleitungen dienen zum Füllen und Entleeren der Ballast- und Trimmtanks. Sie sind in ähnlicher Weise wie die Lenzleitung angeordnet, nur sind die Ventile in den Gruppenventilkasten keine Rückschlagventile, sondern in gewöhnlicher Weise mit den Spindeln verbunden.

Zum Entleeren der Ballasttanks dient gewöhnlich eine besondere im Maschinen- oder Kesselraum aufgestellte Kolbenpumpe, mitunter auch eine Kreiselpumpe, die das Wasser durch ein zugehöriges Ausgußventil nach außenbord schafft.

Das Füllen der Tanks geschieht meistens selbsttätig durch die Saugleitungen und ein besonderes Seeventil. Für das Auffüllen von Hochtanks ist die Einrichtung auch so getroffen, daß sie mit der Ballastpumpe aufgepumpt werden können. Ist letztere eine Kolbenpumpe, dann ist hierbei besondere Vorsicht geboten, damit die Ballasttanks nicht gesprengt werden.

Ist als Ballastpumpe eine Kreiselpumpe vorgesehen, dann ist gewöhnlich im Scheitel des Gehäuses ein Luftejektor angebracht, durch welchen mittels Dampf die Luft aus dem Gehäuse und der Saugeleitung entfernt werden kann, um das Ansaugen aus den tiefliegenden Tanks zu ermöglichen, oder sie ist als „Selbstansaugende Kreiselpumpe" gebaut (s. Kreiselpumpen).

Die Leitungen werden aus Gußeisen oder aus verzinkten schmiedeeisernen Rohren, die Krümmer aus Blei, Kupfer oder Flußeisen hergestellt.

Bei kleinen Schiffen ist die Einrichtung so getroffen, daß die Leitungen nur aus Mitte Schiff saugen. Bei größeren und daher breiteren Schiffen werden außer diesen auch Saugrohre an beiden Schiffsseiten angeordnet (Hilfsballastleitung), um die Doppelbodenzellen auch vollständig lenzen zu können, wenn das Schiff Schlagseite hat.

Da Ballasttanks vielfach auch als Heiz- oder Treiböltanks verwendet werden, muß das Umschalten der Leitungen außer durch Ventile aus Sicherheitsgründen auch noch durch auswechselbare Krümmer od. dgl. erfolgen.

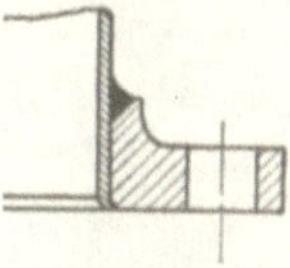

Abb. 457.

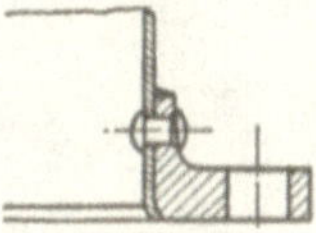

Abb. 458.

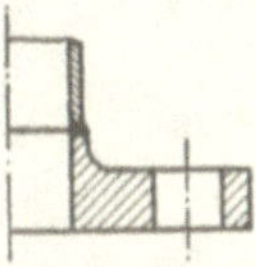

Abb. 459.

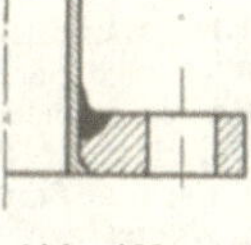

Abb. 460.

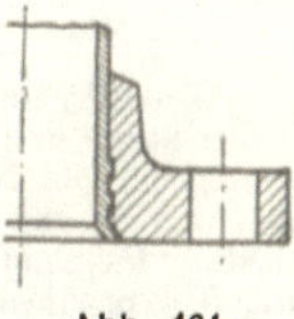

Abb. 461.

13. Rohrverbindungen. Die einzelnen Rohrenden von etwa 3 bis 6 m Länge werden meistens durch Flanschen verbunden. Nur bei kleinen Rohren bis zu etwa 20 mm l. Dmr. verwendet man Rohrverschraubungen. Nach den vom HNA (Handelsschiffs-Normalien-Ausschuß) einheitlich für ganz Deutschland festgesetzten Normalien kommen hauptsächlich die nachstehenden Flanschenformen zur Anwendung.

a) ND-Flanschen für Dampf-, Abgas-, Wasser-, Luft- und Ölleitungen:

1. Für Kupferrohre: Flanschen aus Bronze, bei Rohren von 20 bis 400 mm l. Dmr. nach Abb. 457, hart aufgelötet, über 400 mm l. Dmr. aufgenietet nach Abb. 458 und weich gelötet; Niete aus Kupfer,

2. Schweißflanschen für Flußeisenrohre, 20 bis 300 mm l. Dmr., aus Flußeisen, in verschiedenen Ausführungsformen nach Abb. 459 und 460,
3. Walzflanschen für Flußeisenrohre, nach Abb. 461, für Rohre von 20 bis 300 mm l. Dmr. Sie erhalten 2 bis 3 Walzrillen, die je nach dem Rohrdurchmesser eine Breite von 2,5 bis 3,5 mm und eine Tiefe von 0,5 bis 1 mm erhalten, in welche die Rohre maschinell eingewalzt werden.

b) HD-Flanschen für Flußeisenrohre für Dampf-, Wasser-, Öl- und Luftleitungen werden aus Flußeisen hergestellt, und zwar für Rohre von 20 bis 300 mm l. Dmr. nach Abb. 461 mit 2 bis 3 Rillen, in welche die Rohre maschinell eingedrillt werden.

c) HD-Flanschen für Kupferrohre für Dampf-, Speisewasser- und Öldruckleitungen werden aus Bronze hergestellt und nach Abb. 457 aufgelötet.

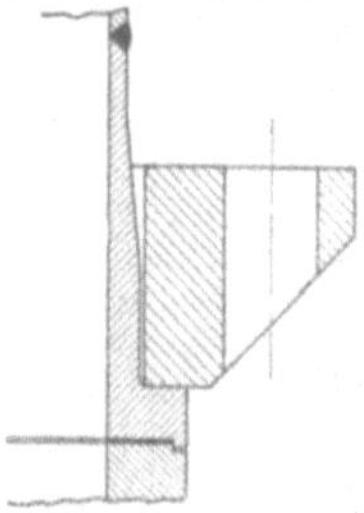

Abb. 462.

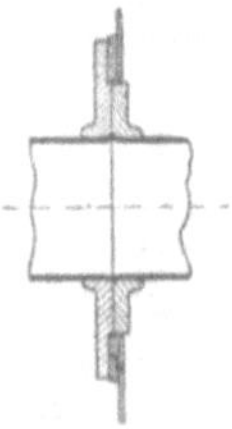

Abb. 463.

Flanschverbindungen für HD-Heißdampfleitungen bis zu den höchsten Drücken werden vielfach nach Abb. 462 ausgeführt. Die flußeisernen Rohre erhalten dann angestauchte oder angeschweißte Bunde, die zur Sicherung der Dichtung ineinandergreifen und durch lose Flanschenringe mittels Schrauben zusammengepreßt werden. Um Biegungsbeanspruchungen von den Verbindungsschrauben möglichst fernzuhalten, werden, wo angängig, Schrauben mit zwei Muttern verwendet, deren Unterseiten kugelförmig abgedreht und deren zugehörige Flanschenschraubenlöcher entsprechend ausgefräst sind.

Flanschen für hydraulische Leitungen sind meistens oval oder viereckig aus Flußeisen und von sehr bedeutender Dicke. Sie sind mit ineinandergreifendem Satz versehen, um ein Herauspressen der Dichtung zu verhindern.

Die bleiernen Lenzrohre werden mittels aufgelöteter Flanschen aus Blei oder Kupfer mit losen dahinter gelegten schmiedeeisernen Ringflanschen verbunden.

Gewöhnliche Flanschen werden eben und glatt hergestellt; es ist aber zweckmäßig, wenn sie innerhalb der Schrauben einige eingedrehte Rillen erhalten, um das Dichtungsmaterial sicherer festzuhalten. Das Dichtungsmaterial hat gewöhnlich dieselbe Breite wie der Flansch; dieser wird daher beim Anziehen der Flanschenschrauben auch nur verhältnismäßig wenig auf Biegung beansprucht. Ist der Dichtungsring hingegen nur schmal und liegt innerhalb der Flanschenschrauben, dann wird der Flansch stark auf Biegung beansprucht. Da hierbei jedoch die eigentliche Dichtungsfläche geringer ist als im ersteren Falle, so brauchen, um den gleichen spezifischen Dichtungsdruck zu erreichen, die Schrauben entsprechend weniger stark angezogen werden.

Werden Rohre durch wasserdichte Schotte usw. geführt, dann erhalten sie an diesen entweder sog. Schottflanschen nach Abb. 463, oder es werden auch angeschraubte Schottstutzen aus Stahlguß oder Gußeisen, bei Durchdringung öldichter Schotte angenietete Schottstutzen aus Stahlguß, verwendet.

14. Packungsmaterialien.

a) HD-Flanschen für:

Dampf: Kupfer- oder Eisenwellblech mit dünnem Kittaufstrich, Messingdrahtgaze mit Mennigkitt, Asbestpappe, verschiedene asbesthaltige Dichtungsmaterialien, wie Klingerit, Permanit usw., aufgeschabte Flanschen ohne Dichtungsmaterial.

Wasser: Klingerit od. dgl. Gummi mit Messingdrahtgaze, Kupferwellblech mit Kitt.

Schmieröl: Kupfer- oder Eisenwellblech mit Kitt, Preßspan, Pappe.

Treib- und Heizöl: Eisenwellblech mit Schellack-Kitt, Preßspan.

b) ND-Flanschen für:

Dampf: Gummi mit Messinggaze 1 bis 2,5 mm stark, Klingerit od. dgl., Eisen- und Kupferwellblech mit Kitt.

Wasser: Gummi mit Leinwand- oder Messingdrahtgaze etwa 2 mm stark, Klingerit od. dgl. Kupfer- oder Eisenwellblech mit Kitt, Leder.

Schmieröl: Pappe oder Preßspan.

Treib- und Heizöl: Eisenwellblech mit Kitt, Prepspan oder Pappe.

c) Zylinder- und Schieberkastendeckel:

Für HD: Asbest mit Drahtgaze, Permanit usw.

Für ND: Gummi mit Drahtgaze.

Die Verbindungsflanschen der Dampfzylinder werden gewöhnlich nur aufgeschabt und mit einer dünnen Schicht Mangankitt gedichtet.

d) Mann- und Schalmmlochdeckel für Dampfkessel: Asbest mit Bleieinlage, Tuckspackung.

e) Flanschen für hydraulische Leitungen: Gummi mit Drahtgaze, Leder, Guttapercha, Kupfer.

f) Flanschen für Kältemaschinen:

Bei Ammoniakmaschinen: Gummi mit Baumwolleinlage.

Bei Kohlensäuremaschinen: Vulkanfiber, Blei.

15. Rohrbekleidung. Alle Rohrleitungen für Kesseldampf werden mit einer Bekleidung versehen, um sowohl Wärmeverluste als auch eine unerwünschte Erwärmung der umgebenden Räume möglichst zu vermeiden. Aus demselben Grunde werden auch Abdampfleitungen mitunter bekleidet.

Auch Leitungen für kaltes Wasser werden mitunter dort bekleidet, wo sie durch warme Räume führen, welche verhältnismäßig feuchte Luft enthalten, um das Niederschlagen von Wasser auf ihnen, sowie dessen Abtropfen zu vermeiden.

Größere Dampfrohre werden meistens mit Kieselguhr, Glasgespinst, Magnesia od. dgl. bekleidet, darüber zum Schutze eine Lage aus Segeltuch, Asbesttuch oder Drahtgaze gewickelt oder ein Gyps- oder ein Blechmantel angebracht. Kleinere Dampfrohre werden vielfach auch nur mit Asbestschnur, Asbest-Kieselguhr-Schnur od. dgl. isoliert.

Flanschen und Rohrstopfbüchsen werden gewöhnlich nur mit Asbestmatten umgeben, die leicht abgenommen werden können. Komplizierte Formstücke werden meistens mit Kieselguhr oder Magnesia isoliert und darüber ein Mantel aus Blei- oder Eisenblech befestigt.

In neuerer Zeit wird vielfach die sog. „Alfol-Isolierung" verwendet. Sie besteht aus mehreren aufeinander geschichteten Lagen zerknitterter Aluminiumfolie, deren Dicke nur etwa 0,007 mm beträgt. Zum Schutze werden die Folien noch mit einem Blechmantel abgedeckt. Die Isolation wird hierbei hauptsächlich dadurch bewirkt, daß durch die vielfach zerknitterten, aufeinanderliegenden Folien einzelne kleine Lufträume gebildet werden, durch welche die Wärme nur sehr schlecht weitergeleitet wird.

Die auf 1 m² Rohrinnenfläche in 1 h zu Wasser von 190° kondensierende Dampfmenge beträgt nach Versuchen bei geflanschten Hochdruckleitungen und etwa 13 ata Dampfdruck und gewöhnlicher Außentemperatur:

Bei nackter Leitung	5,3 bis 6,0 kg,
Bei guter Isolierung, jedoch nackten Flanschen	1,0 „ 1,6 „
Bei guter Isolierung der Rohre und Flanschen	0,7 „ 1,0 „

Ein nacktes Ventil ergibt ungefähr die gleiche Kondensationsmenge wie 5 m gut isolierte Rohrleitung.

Abdampf- und Wasserrohre werden gewöhnlich nur mit Asbestzementfilz mit darüber gewickeltem Segeltuch oder dünner Drahtgaze bekleidet.

In Laderäumen, Kohlenbunkern usw. verlegte Lenz- und Ballastleitungen werden zum Schutz gegen äußere Beschädigungen entweder in halbrund ausgekehlten Hölzern verlegt oder mit einer kräftigen kastenförmigen Holzbekleidung versehen.

VI. Teil.

Schiffshilfsmaschinen.

A. Kühlanlagen.

Kühlanlagen haben den Zweck, hauptsächlich Proviant- oder Lageräume zu kühlen, d. h. die Temperatur in denselben auf einer dem Inhalt des Raumes entsprechenden Höhe zu halten. Nebenbei dienen sie auch zur Herstellung von Eis oder zum Kühlen von Flüssigkeiten usw.

1. Das Prinzip der Kühlanlagen beruht darauf, daß komprimierte oder verflüssigte Gase beim Expandieren auf einen niedrigeren Druck bzw. beim Verdampfen eine Temperatur annehmen, die weit unterhalb der ursprünglichen liegt. Als Arbeitsgas (Kälteträger) wird gewöhnlich Kohlensäure oder Ammoniak, mitunter auch schweflige Säure, verwendet, deren Eigenschaften in nachstehender Zahlentafel angegeben sind.

Eigenschaften kondensierter Gase.

Kälteträger	Siedepunkt bei 760 mm Barometerstand	Temperatur (im Kondensator)									
		—15°	—10°	—5°	0°	+5°	+10°	+15°	+20°	+25°	+30°
		Verflüssigungsdruck in at (Druck im Kondensator)									
Kohlensäure	—79°	23,5	27,1	31,0	35,4	40,3	45,7	51,6	58,1	65,4	73,1
Ammoniak	—33°	2,37	2,92	3,58	4,35	5,24	6,27	7,45	8,79	10,3	12,0
Schwefelige Säure	—10°	0,83	1,04	1,29	1,58	1,93	2,34	2,81	3,35	3,96	4,67

Eine Kühlanlage besteht, wie in Abb. 464 dargestellt, aus folgenden Hauptteilen:

1. Einem Kompressor *C*, welcher das angesaugte Arbeitsgas komprimiert und durch ein Absperrventil *B* und einen Ölabscheider *A* in den Kondensator *K* drückt.
2. Dem Kondensator *K*, in welchem das durch eine Rohrschlange geleitete komprimierte und dadurch erhitzte Gas mittels Kühlwasser, welches durch die Leitungen *1* und *2*,

zu- bzw. abgeführt wird, möglichst weit (auf etwa 20° bis 30°) abgekühlt wird. Unter dem bestehenden Kompressionsdruck wird hierbei das Gas auch teilweise flüssig.

3. Aus dem Verdampfer *V*, Dieser besteht ebenfalls aus Rohrschlangen, in denen jedoch nur ein verhältnismäßig niedriger Druck herrscht, und in die durch das Drosselventil *R* (Reglerventil) das hochkomprimierte bzw. verflüssigte Arbeitsgas eingeblasen wird. Durch die hier eintretende Expansion bzw. Verdampfung nimmt das Arbeitsgas eine sehr tiefe Temperatur von etwa 15° bis 20° unter Null an.

Bei direkter Kühlung liegen die Verdampferschlangen *V* in den zu kühlenden Lade- bzw. Provianträumen.

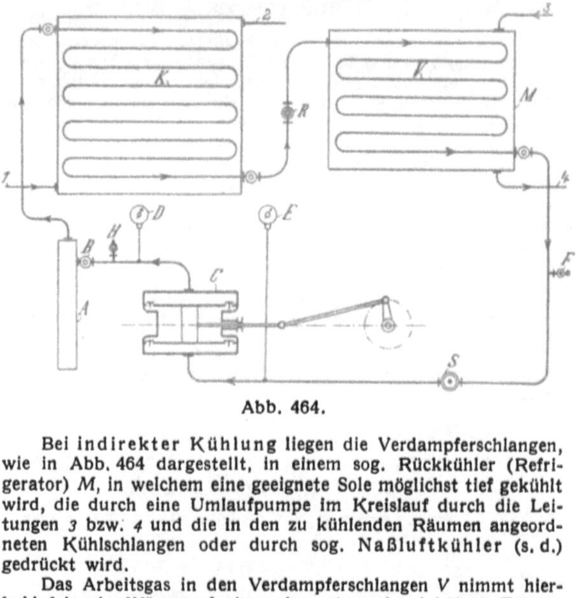

Abb. 464.

Bei indirekter Kühlung liegen die Verdampferschlangen, wie in Abb. 464 dargestellt, in einem sog. Rückkühler (Refrigerator) *M*, in welchem eine geeignete Sole möglichst tief gekühlt wird, die durch eine Umlaufpumpe im Kreislauf durch die Leitungen *3* bzw. *4* und die in den zu kühlenden Räumen angeordneten Kühlschlangen oder durch sog. Naßluftkühler (s. d.) gedrückt wird.

Das Arbeitsgas in den Verdampferschlangen *V* nimmt hierbei infolge der Wärmeaufnahme eine entsprechend höhere Temperatur an, mit welcher es durch den Kompressor *C* wieder angesaugt wird und seinen Kreislauf wiederholt.

Der durch den Kompressor erzeugte Druck wird am Manometer *D*, der Druck in der Verdampferschlange, also der Ansaugdruck des Kompressors, am Manometer *E* abgelesen. In der Saugleitung ist zum Zurückhalten etwaiger Unreinigkeiten ein Siebtopf *S* vorgesehen.

Hinter dem Reglerventil *R* bzw. in der Saugeleitung des Kompressors ist ferner an geeigneter Stelle noch ein Füllventil *F* zum Auf- bzw. Nachfüllen von Kohlensäure oder Ammoniak vorgesehen.

Ist das Reglerventil *R* nur wenig geöffnet, so daß durch die Verdampfung des Kälteträgers im Verdampfer trockene Dämpfe entstehen, dann werden diese bei der Kompression im Kompressor überhitzt. Äußerlich erkennt man diese Einstellung des Reglerventils an der starken Erwärmung der Druckrohre zwischen Kompressor und Kondensator (trockener Kompressorgang). Bei weiter geöffnetem Reglerventil tritt neben dem Arbeitsgas auch Flüssigkeit in die Rohrschlangen des Verdampfers über, so daß der Kompressor ein Gemisch von gesättigten Dämpfen und Flüssigkeit ansaugt. Die Druckleitung zwischen Kompressor und Kondensator wird bei dieser Einstellung des Reglerventils nur stark handwarm, während die Kappen der Saugeventile und die Saugrohre sich mit starker Schneeschicht bedecken (nasser Kompressorgang). Enthält das in den Kompressor eintretende Gemisch sehr viel Flüssigkeit, dann treten hydraulische Schläge im Kompressorzylinder auf.

Der im Kondensator herrschende Druck des komprimierten Arbeitsgases ist nur abhängig von der Temperatur und der Menge des zur Verfügung stehenden Kühlwassers, welches so zu bemessen ist, daß es sich beim Durchfließen des Kondensators nur um etwa 2° bis 3° erwärmt. Die Temperatur des im Kondensator befindlichen Arbeitsgases soll bei ordnungsmäßigem Betrieb nur etwa 5° bis 6° höher sein als die Temperatur des abfließenden Kühlwassers.

Die Temperatur des Arbeitsgases im Verdampfer soll um etwa 8° bis 10° tiefer sein als die beabsichtigte Temperatur der die Verdampferschlangen umgebenden Luft (Raumtemperatur) bzw. um etwa 5° tiefer als die umgebende Salzsole. Die Bereifung der Verdampferschlangen durch Eis verschlechtert den Wärmedurchgang.

Bemerkung. Die Temperaturdifferenz im Kondensator bzw. im Verdampfer ist nötig, damit im Kondensator eine Wärmeableitung an das Kühlwasser und im Verdampfer eine Wärmeableitung an das Arbeitsgas stattfinden kann.

Ist z. B. die Temperatur des Kühlwassers beim Eintritt in den Kondensator 12°, dann soll sie beim Austritt aus demselben $12° + 2° = 14°$ und die Kondensatortemperatur $14° + 6° = 20°$ sein. Es ist dann nach Zahlentafel S. 485 bei Verwendung von Ammoniak als Arbeitsgas der Druck im Kondensator 8,8 at.

Hat das Kühlwasser hingegen beim Eintritt eine Temperatur von 22°, beim Austritt also von 24°, dann beträgt die Kondensatortemperatur $24° + 6° = 30°$ und der Druck in demselben 12,0 at.

Wird ferner durch das Regulierventil der Druck im Verdampfer auf 2,37 at gehalten, dann ist die Temperatur in demselben —15°.

Der Kompressor arbeitet demnach im ersten Falle zwischen den Drücken 8,8 at und 2,37 at, im zweiten Falle zwischen den Drücken 12,0 at und 2,37 at. Daraus ist ersichtlich, daß zur Erzielung der gleichen Kühlwirkung die vom Kompressor aufgewendete Arbeit bei höherer Kühlwassertemperatur entsprechend größer ist als bei niedrigerer Temperatur desselben.

Bei Verwendung von Kohlensäure als Arbeitsgas würde bei Kühlwasser von 12° der Druck im Kondensator 58,1 at, bei Kühlwasser von 22° etwa 73,1 at sein.

Ist das Kühlwasser noch wärmer, wie dies in den Tropen vielfach der Fall ist (etwa 25° bis 30°), dann wird der Kondenastordruck noch höher oder die erreichte Kühltemperatur und Kälteleistung gehen stark zurück.

2. Um diesem Übelstand abzuhelfen, werden die **Kohlensäurekühlmaschinen** erforderlichenfalls nach dem System Linde-Atlas-Werke zweistufig und **mit Zwischenkühlung** gebaut. In Abb. 465 ist diese Einrichtung schematisch dargestellt.

Bei dieser Einrichtung vollführt die vom Kompressor geförderte Kohlensäure zwei verschiedene Kreisläufe in der Weise, daß die vom HD-Kompressor geförderte Menge aus dem Zwischen-

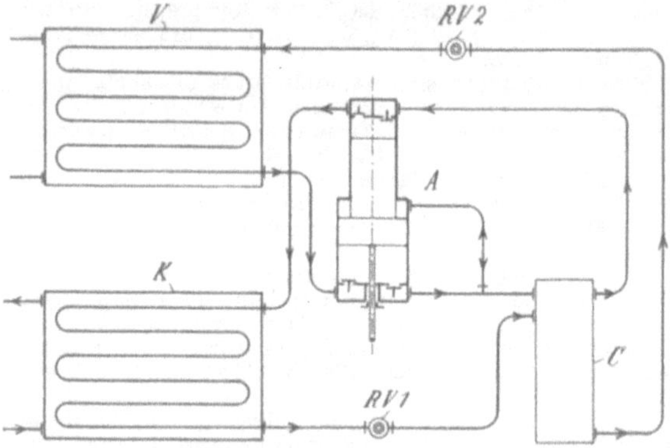

Abb. 465.

kühler abgesaugt, durch einen Kondensator geleitet wird und durch ein Regelventil in den Zwischenkühler zurückgelangt.

Der andere Teil der Kohlensäure wird vom Zwischenkühler durch ein zweites Rsgelventil in den eigentlichen Verdampfer geleitet, aus diesem vom ND-Kompressor abgesaugt und wieder in den Zwischenkühler zurückgedrückt.

In Abb. 465 ist *A* der zweistufige Kompressor, dessen HD-Stufe aus dem Zwischenkühler *C* die Kohlensäure mit einem Druck von etwa 60 at ansaugt und sie auf etwa 90 at komprimiert. Diese komprimierte und dementsprechend erhitzte Kohlensäure gelangt dann in den Kondensator *K*, in welchem sie unter gleichbleibendem Druck durch Kühlwasser von z. B. 32° auf etwa 35° abgekühlt und dabei teilweise verflüssigt wird. Durch das Regelventil *RV*$_1$ gelangt die Kohlensäure hierauf in den Zwischenkühler C zurück, in welchem sie infolge der Expansion auf etwa 60 at eine sehr tiefe Temperatur annimmt. Hier mischt sie sich mit der von der ND-Stufe aus dem Verdampfer abgesaugten und auf etwa 60 at komprimierten und entsprechend erhitzten Kohlensäure, so daß die entstehende Mischungstemperatur nur etwa +20° bis 23° beträgt. Durch das Regelventil *RV*$_2$ wird die im unteren Teil des Zwischenkühlers sich sammelnde flüssige Kohlensäure dann auf etwa 20 at entspannt und mit einer Temperatur von etwa —20° nach dem Verdampfer bzw. Solekühler *V* geleitet, von wo sie durch die ND-Stufe wieder abgesaugt wird, um den Kreislauf zu wiederholen.

Die Kälteleistung einer solchen Kühlmaschine ist ebenso groß wie bei einer einstufigen Anlage, welche mit Kühlwasser von 20° betrieben wird.

Unter Kälteleistung einer Kühlmaschine (in kcal) versteht man diejenige Wärmemenge, welche im Verdampfer der umgebenden Sole oder Raumluft in 1 h entzogen wird.

Der Antrieb des Kompressors erfolgt entweder durch eine Einzylinder-, Zwillings- oder Verbunddampfmaschine, durch einen Elektromotor mit Zahnradübersetzung (besonders auf Motorschiffen), oder mitunter auch mittels eines direkt angekuppelten Verbrennungsmotors.

3. Einzelteile. Der Kompressorzylinder wird einfach- oder doppeltwirkend aus Gußeisen (bei NO_3-Maschinen) oder geschmiedetem Stahl (bei CO_2-Maschinen) hergestellt, und die Saug- bzw. Druckventile in geeignete Aussparungen desselben eingesetzt.

Der Kompressorkolben wird zur Abdichtung am besten mit Kolbenringen, mitunter jedoch auch mit Ledermanschetten versehen. Zu beachten ist bei Überholungsarbeiten an den Triebwerksteilen, daß der schädliche Raum zwischen Kolben und Deckel nur etwa 1 mm beträgt.

Die Kolbenstangenstopfbüchse des Kompressors wird ebenfalls am besten mit einer Metallpackung, mitunter jedoch auch mit Ledermanschetten, gedichtet.

Zur Schmierung des Kolbens und der Kolbenstangenstopfbüchse des Kompressors wird bei Metallpackung sog. „Eismaschinenöl", bei Lederstulpdichtung wasserfreies Glyzerin verwendet. Die inneren Teile der Dampfmaschine werden in üblicher Weise mit Zylinderöl, die Triebwerksteile mit Maschinenöl geschmiert. Die Zuführung der Schmiermittel nach den verschiedenen Schmierstellen erfolgt gewöhnlich durch Zentral-Schmierapparate.

Der Kondensator besteht aus starkwandigen, schmiedeeisernen Schlangenrohren, welche entweder in den gußeisernen, vom Kühlwasser durchflossenen Untersatz des Kompressors, oder auch in einen getrennt davon aufgestellten schmiedeeisernen Behälter eingebaut werden.

Vielfach werden auch sog. Doppelrohr-Gegenstromkondensatoren verwendet, welche aus einzelnen hintereinander geschalteten und zusammengeschweißten Elementen von je zwei ineinander gesteckten Rohren bestehen. Das Kühlwasser fließt hier durch die inneren Rohre, das komprimierte Arbeitsgas durch die äußeren Rohre, und zwar im Gegenstrom zum Kühlwasser. Mitunter sind die inneren Rohre auch zum Auswechseln eingerichtet. Bei CO_2-Anlagen sind die Rohrschlangen aus Kupfer, bei NO_3-Anlagen aus Stahl hergestellt.

Der Ölabscheider ist hinter dem Kompressor in die Druckleitung eingebaut, um mitgerissenes Schmieröl abzuscheiden, welches zeitweise ausgeblasen werden kann.

Sicherheitsvorrichtungen in der Druckleitung des Kompressors sind entweder federbelastete Ventile oder kleine

Bruchplatten, die bei Überschreitung des höchstzulässigen Druckes das Arbeitsgas nach dem Verdampfer oder nach der Atmosphäre entweichen lassen.

Um zu verhüten, daß Unreinigkeiten in den Kompressor gelangen, ist in der Saugleitung ein Siebtopf vorgesehen, dessen Sieb beim Stillstand des Kompressors leicht überholt werden kann.

Verdampfer. Die Rohrschlangen bestehen sowohl bei CO_2- als auch bei NH_3-Anlagen aus Stahlrohren, die in schmiedeeisernen Behältern untergebracht sind.

4. Betrieb der Kohlensäurekühlmaschine. Füllen mit CO_2. Vor dem Auffüllen der Apparate und Rohrleitungen mit CO_2 müssen sie gut entlüftet werden. Dies kann mit Hilfe des Kompressors selbst erfolgen, indem das Absperrventil *B* der Druckleitung desselben geschlossen, alle anderen Absperrungen und das Entlüftungsventil *H* jedoch geöffnet werden. Der in Gang gesetzte Kompressor saugt dann den Verdampfer sowie den Kondensator nebst allen Verbindungsleitungen leer, wobei die Luft aus dem Entlüftungsventil *H* austritt und das Saugmanometer schließlich den Druck Null anzeigt.

Zum Auffüllen mit CO_2 wird die gefüllte Flasche in der Nähe des Kompressors schräg mit dem Kopf nach unten gelagert und durch eine Rohrleitung von etwa 6 mm Durchmesser mit dem Füllventil *F* verbunden. Etwaiges abgesetztes Wasser ist vorher durch kurzes Öffnen des Absperrventils anzublasen, damit es nicht in die Maschine gelangt, wo es durch Einfrieren Verstopfungen verursachen kann. Die aus der Flasche unter Druck austretende CO_2 füllt hierauf die Apparate und Rohrleitungen bzw. wird mittels des in Gang gesetzten Kompressors bei geschlossenem Saugventil in dieselben gedrückt.

Die richtige Füllung der Anlage mit CO_2 zeigt sich bei der Inbetriebnahme derselben. Ist zu wenig CO_2 in der Anlage, so ist der Druck im Verdampfer nur verhältnismäßig gering und das Temperaturgefälle zwischen Kondensator und Verdampfer sehr groß. Da die arbeitende Kohlensäuremenge wegen des geringen Druckes ebenfalls gering ist, so ist auch die Kälteleistung geringer als normal. Es ist dann CO_2 nachzufüllen, so daß der Druck im Verdampfer höher wird und die Temperatur in diesem etwa 5° bis 7° niedriger ist als die Temperatur der ihn umgebenden Luft bzw. Sole.

Anstellen der Kühlmaschine. Bei Antrieb durch eine Dampfmaschine ist diese in üblicher Weise anzuwärmen und zu entwässern.

Ist die Kühlwasserpumpe angehängt, so sind Ausguß- und Seeventil zu öffnen. Ferner sind die Schmiervorrichtungen zu überholen und alle Absperrungen im Kreislauf der CO_2 zu öffnen, um den Leerlauf zu ermöglichen.

Wird der Kompressor elektrisch oder durch einen Verbrennungsmotor angetrieben, dann ist sinngemäß zu verfahren. Ist die Kühlwasserpumpe eine elektrisch angetriebene Kreiselpumpe, so kann diese bei geschlossenem Ausgußventil angelassen werden, weil dann der Kraftverbrauch derselben am geringsten ist.

Nach dem Ingangsetzen des Kompressors wird das Re ventil so eingestellt, daß der Druck im Kondensator etwa höher ist, als die Kohlensäure bei einer Temperatur hat, we gleich der Austrittstemperatur des Kondensatorkühlwassers ist. Ist also z. B. die Temperatur des austretenden Kühlwassers 25°, so würde nach der Zahlentafel dieser Temperatur ein CO_2-Druck von etwa 65 at entsprechen. Der Druck im Kondensator soll demnach 65 + 7 = 72 at betragen.

Bei richtig eingestelltem Regelventil soll sich das Druckrohr des Kompressors gut handwarm anfühlen.

Die Kühlwassermenge ist so einzustellen, daß die Temperatur des austretenden Wassers nur etwa 2° bis 3° höher ist als beim Eintritt.

Als Sole wird gewöhnlich eine Lösung von Kochsalz, Chlorkalzium oder Chlormagnesium in reinem Trinkwasser verwendet, deren Gefrierpunkt etwa 15° bis 18° niedriger liegt als die Temperatur des zu kühlenden Raumes. Dieser Temperaturunterschied ergibt sich daraus, daß die Temperatur der Sole etwa 5° bis 6° niedriger sein muß als die Temperatur des Kühlraumes, ferner die Temperatur im Verdampfer um weitere 5° bis 6° niedriger sein muß als diejenige der gekühlten Sole, damit der erforderliche Wärmeübergang stattfinden kann. Damit ferner im Solekühler an den Verdampferschlangen keine Eisbildung auftreten kann, muß der Gefrierpunkt der Sole noch um etwa 5° bis 6° niedriger liegen.

Nach dem erforderlichen Gefrierpunkt ist die Art und Konzentration der zu verwendenden Sole festzusetzen. Die Konzentration der Sole wird mittels eines Aräometers in Graden Baumé festgestellt. Eigenschaften von Salzlösungen siehe nachstehende Zahlentafel.

Bei Verwendung von Kochsalzsole ist es zweckmäßig, derselben auf je 100 kg Salz etwa 2 bis 3 kg Soda hinzuzufügen, weil dann die eisernen Rohre usw., weniger angegriffen werden.

5. Eigenschaften gebräuchlicher Salzlösung bei 15° C.

Kochsalz

Grad Baumé	Spez. Gewicht	kg Salz auf 100 l Wasser	Gefrierpunkt Grad C
13	1,098	15,5	— 10,2
14	1,106	17,0	— 11,3
15	1,115	18,5	— 12,5
16	1,124	20,0	— 13,7
17	1,133	21,8	— 15,7
18	1,142	23,5	— 16,5
19	1,152	25,2	— 17,9
20	1,160	26,9	— 19,4
21	1,169	28,7	— 21,0

Chlorkalzium

Grad Baumé	Spez. Gewicht	kg Salz auf 100 l Wasser	Gefrierpunkt Grad C
20	1,160	21,7	— 14,4
21	1,169	23,0	— 16,0
22	1,179	24,7	— 17,8
23	1,189	26,2	— 19,6
24	1,199	27,9	— 21,6
25	1,209	29,3	— 23,6
26	1,219	31,0	— 26,1
27	1,229	32,8	— 28,9
28	1,240	34,6	— 32,1
29	1,250	36,5	— 35,5
30	1,261	38,6	— 39,3

Grad Baumé	Spez. Gewicht	kg Salz auf 100 l Wasser	Gefrierpunkt Grad C
	Chlormagnesium		
13	1,098	12,9	— 10,0
14	1,106	14,1	— 11,8
15	1,115	15,3	— 13,6
16	1,124	16,6	— 15,6
17	1,133	18,0	— 17,7
18	1,142	19,2	— 20,2
19	1,152	20,5	— 23,0
20	1,160	22,0	— 26,0
21	1,169	23,4	— 28,8
22	1,179	25,0	— 32,0

6. Störungen im Betrieb.

Störung	Ursache	Beseitigung
Zu hoher Druck im Kondensator	Zu wenig oder zu warmes Kühlwasser, oder Luft in der Maschine	Kühlwassermenge erhöhen bzw. an der höchsten Stelle des Kondensators Luft abblasen
Niedriger Saugdruck, heißes Druckrohr, Sinken des Kondensatordruckes trotz geöffnetem Regelventil	Verstopfte Saugeleitung, eingefroren durch Wasser in der Kohlensäure	Auftauen der Rohrleitung. Öffnen des Regelventils, umpumpen der Kohlensäure mit Kondensatortemperatur
Niedriger Druck im Kondensator, geringe Kälteleistung	Zu wenig Kohlensäure in der Maschine	Kohlensäure nachfüllen, Stopfbüchsen usw. mittels Seifenwasser auf Undichtigkeiten hin untersuchen
Zu hoher Druck im Kondensator, bei normaler Temperatur des Druckrohres	Zu viel Kohlensäure in der Maschine	Überschüssige Kohlensäure abfüllen oder entweichen lassen
Starker Kohlensäureverlust	Undicht gewordene Kondensatorschlange	Betreffende Rohrgruppe abschalten und mit dem Rest weiterarbeiten
Eisansatz an den Verdampferschlangen des Solekühlers	Sole nicht genügend konzentriert	Konzentration der Sole so weit erhöhen, daß ihr Gefrierpunkt mindestens etwa 5° unter der Temperatur des Verdampfers liegt

7. Ammoniakkühlmaschine. Diese ist im Prinzip ebenso gebaut wie die Kohlensäurekühlmaschine. Ebenso ist auch der Betrieb sinngemäß derselbe wie bei jener. Es ist jedoch zu beachten, daß die Drücke, unter denen das Ammoniakgas steht, bedeutend niedriger sind als bei Verwendung von Kohlensäure.

Während des Betriebes ist das Regelventil demnach so einzustellen, daß der Druck im Kondensator nur etwa 2 at höher ist als das Ammoniak bei einer Temperatur hat, welche gleich der des austretenden Kühlwassers ist.

Hat das austretende Kühlwasser z. B. eine Temperatur von 25°, so würde nach der Zahlentafel der Druck des Ammoniakgases bei dieser Temperatur 10,3 at sein. Der Druck im Kondensator soll demnach auf etwa 10,3 + 2 = 12,3 at gehalten werden.

8. **Trinkwasserkühler** bestehen gewöhnlich aus zwei ineinander gesteckten Gefäßen, von denen das gut isolierte äußere Gefäß das zu kühlende Trinkwasser enthält, während das innere Gefäß von kalter Sole durchflossen wird.

9. **Eiserzeuger** bestehen aus einem bekleideten Blechkasten, in den eine Anzahl Taschen eingebaut sind, welche von kalter Sole umgeben sind.

Die Gefrierzellen, welche das in Eis zu verwandelnde Trinkwasser enthalten, werden in diese Taschen eingesetzt. Der zwischen den eingebauten Taschen und den eingesetzten Gefrierzellen verbleibende Zwischenraum wird mit 20proz. Salzlösung oder Glyzerin gefüllt, durch welche hindurch die Wärmeübertragung auf die im äußeren Gefäß befindliche Sole stattfindet.

Ist nach mehreren Stunden das Wasser in den Gefrierzellen gefroren, dann wird die herausgehobene Zelle in warmes Wasser getaucht, um den Eisblock von den Wänden abzutauen und ihn herausnehmen zu können.

10. Arten der Raumkühlung.

a) Bei unmittelbarer Kühlung werden die in den Laderäumen usw. unter Deck und an den Seitenwänden angebrachten Rohrschlangen als Verdampfer benutzt. Um die an den Verdampferschlangen gekühlte Raumluft über den ganzen Raum möglichst gleichmäßig zu verteilen, werden Lüfter vorgesehen, welche die Luft im Raum ständig umwälzen. Mitunter sind die Verdampferschlangen auch in einem besonderen abgeschotteten Raum untergebracht, durch welchen die zu kühlende Raumluft im Kreislauf geleitet wird. Der Nachteil dieser Anordnung ist, daß die Rohrleitungen für das Arbeitsgas sehr lang sind, unter dem hohen Kompressionsdruck stehen und viele unter diesem Druck stehende Flanschenverbindungen haben.

b) Bei der mittelbaren Kühlung liegen die Verdampferschlangen in einem besonderen, in der Nähe der Kühlmaschine aufgestellten Behälter, dem Rückkühler oder Refrigerator, in welchem Salzsole (mitunter auch Glyzerinlösung) gekühlt und diese mittels einer Umlaufpumpe im Kreislauf durch die in den Kühlräumen oder in einem besonderen Nebenraum angeordneten Kühlschlangen und zurück zum Refrigerator gefördert wird. Diese Art der Kühlung wird als Trockenluftkühlung bezeichnet. Die zu kühlende Raumluft wird wie unter 1. erwähnt, durch ein Gebläse im Kreislauf durch den Kühlraum und den Rückkühler bewegt.

c) Bei der sog. Naßluftkühlung wird die zu kühlende Raumluft mittels eines Gebläses im Kreislauf durch einen sog. Naßluftkühler gefördert, in welchem sie durch eingespritzte, ebenfalls im Kreislauf durch den Naßluftkühler und Rückkühler bewegte kalte Sole unmittelbar gekühlt wird.

Die Soleleitungen vom Rückkühler nach den verschiedenen Kühlräumen und zurück müssen gegen Wärmeaufnahme von außen sehr gut isoliert sein.

11. Isolation der Kühlräume. Um das Eindringen der Wärme durch die eisernen Wände des Schiffes in den gekühlten Schiffsraum möglichst zu verhindern, müssen Decken, Seitenwände und Fußböden gut isoliert sein. Als Isolationsmaterial wird gewöhnlich Kieselguhr, Diatomit, Torf, Blätterholzkohle oder Kork bzw. Korkschrot verwendet, welche Materialien zwischen Holzverschalungen untergebracht werden. Die dem Kühlraum zugewendete Innenseite der Isolation wird gegen Eindringen von Feuchtigkeit mit Zementputz od. dgl. noch besonders bekleidet.

In Abb. 466 ist die in neuerer Zeit vielfach ausgeführte Kühlraumisolation nach dem System Hertel & Dunker, Hamburg, dargestellt. Sie besteht aus besonders behandelten und dadurch gegen

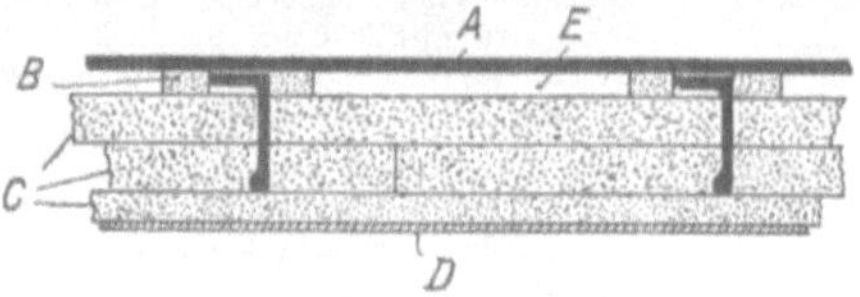

Abb. 466.

Fäulnis und Brandgefahr geschützten sog. Expansit-Korkplatten *C*, welche in mehreren Lagen übereinander zwischen die Spanten und Decksbalken eingesetzt bzw. über denselben angebracht werden, wobei zwischen der Blechwand *A* und der Korkisolierung noch ein Luftraum *E* freigelassen wird. Zum Schutz gegen eindringende Feuchtigkeit wird die Innenseite der Isolationsschicht mit einer Schicht Spezialzement *D*, sog. Elastikkomposition, überzogen.

In ähnlicher Weise werden auch der Fußboden und die Seitenwände durch Isolationsschichten gegen das Eindringen der Wärme geschützt.

B. Steuereinrichtungen.

Diese umfassen:

a) Das Ruder mit dem Ruderschaft und der Befestigung am Rudersteven.

b) Die Rudermaschine und die Ruderleitung.

c) Den Steuerapparat zur Übermittlung des Drehmomentes auf den Ruderschaft.

d) Die Kontrolleinrichtungen.

1. Das Ruder hat bei Handlsschiffen gewöhnlich die in Abb. 467 dargestellte Bauart. Kleinere Ruder bestehen vielfach aus einem schmiedeeisernen Rahmen, welcher nach oben in den Ruderschaft ausläuft. Das Innere des Rahmens wird dann gewöhnlich mit Holz ausgefüllt und die Beplattung beiderseits aufgenietet. Bei größeren Ausführungen wird der Ruderschaft durch eine Flanschverbindung mit dem Ruderkörper verbunden, um den letzteren bei Überholungsarbeiten samt den Fingerlingen leicht herausheben zu können.

Der Ruderkörper ist dann entweder aus Stahlguß angefertigt, oder er besteht aus einem stählernen Ruderstock, auf welchen einzelne, das Ruderblatt haltende Arme wechselseitig warm aufgesetzt sind. Zwischen diese wird das aus einer Blechplatte bestehende Ruderblatt eingeschoben und festgenietet.

Der mit den Fingerlingen in einer Achse liegende Ruderschaft wird durch eine Stopfbüchse (Ruderkoker) nach oben durch den Hintersteven ins Schiff geführt.

Die Aufhängung des Ruders am Rudersteven erfolgt durch stählerne, mit Bronzebüchsen überzogene Fingerlinge, welche mittels Konus in den Augen des Ruderrahmens befestigt sind und sich in entsprechenden Augen des Ruderstevens drehen, die mit Bronze, Pockholz oder Weißmetall ausgebüchst sind. Das Gewicht des Ruders wird von einem Spurlager des untersten Fingerlings aufgenommen.

Um die am Hintersteven bei einem gewöhnlichen Plattenruder auftretenden Wirbel und die dadurch bedingten Widerstände zu vermeiden, werden in neuerer Zeit vielfach sog. Stromlinienruder verwendet, deren Dicke im Bereich der Drehachse verhältnismäßig groß ist.

Abb. 468 zeigt den Querschnitt eines sog. Simplex-Steuerruders, welches durch Anbringung einer Umkleidung aus einem vorhandenen Plattenruder hervorgegangen ist. *A* ist der Ruderstock mit den daran befestigten Armen, *B* die Fingerlinge und *C* der vorhandene Rudersteven.

Abb. 469 zeigt den Querschnitt eines Oertz-Ruders. Bei diesem ist *B* die Drehachse und *C* der feste Rudersteven, welcher

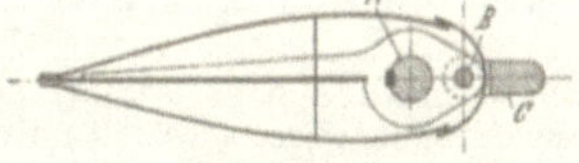

Abb. 468.

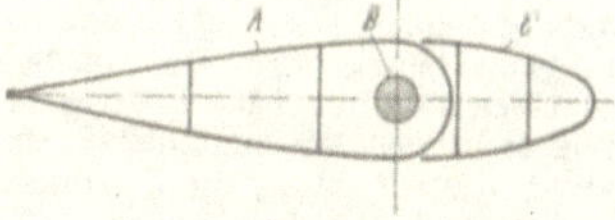

Abb. 469.

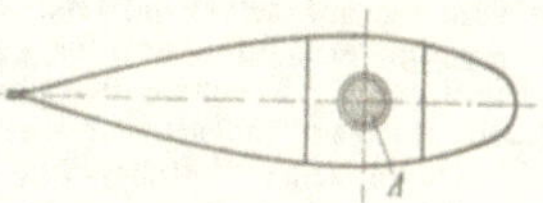

Abb. 470.

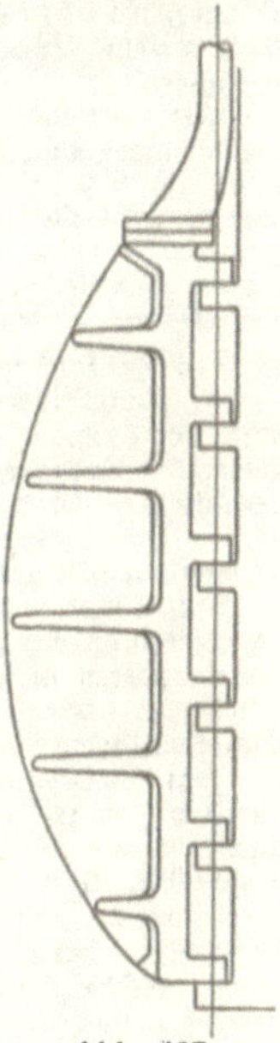

Abb. 467.

der Dicke des Ruders A angepaßt ist, um möglichst günstige Strömungsverhältnisse zu erhalten.

In Abb. 470 ist ferner das sog. Simplex-Balanceruder im Querschnitt dargestellt. Bei diesem liegt ungefähr ⅓ der gesamten Ruderfläche vor der Drehachse A, welche durch den festen oder losnehmbaren Rudersteven des Schiffes gebildet wird.

Der im Schwerpunkt senkrecht zur Ruderfläche wirkende Wasserdruck W ist abhängig von der Geschwindigkeit v des Schiffes in Knoten in der h, dem Ausschlagwinkel α aus der Mittellage und der Fläche F des Ruders in m²; die Größe dieses Wasserdruckes ist ungefähr:

$$W = 16 \cdot F \cdot v^2 \cdot \sin^2 \alpha \quad \text{kg.}$$

Er ist am größten in den Hartbordlagen (etwa 40°) des Ruders und gleich Null in der Mittelschiffslage, falls keine seitliche Wasserströmung vorhanden ist.

Das auf den Ruderschaft wirkende und von der Rudermaschine aufzubringende Drehmoment ist:

$$M = W \cdot R \quad \text{kgm,}$$

wenn R der Abstand des Schwerpunktes der Ruderfläche von der Drehachse in m ist.

Bei Balancerudern ist das zum Legen desselben erforderliche Drehmoment bedeutend geringer als bei anderen Rudern, weil der Angriffspunkt der Gesamtkraft viel näher an der Drehachse liegt als bei jenen bzw. weil der Wasserdruck auf den vorderen Teil des Ruders dem Wasserdruck auf den hinteren Teil desselben entgegenwirkt.

Der Antrieb des Ruderschaftes erfolgt auf kleineren Schiffen durch eine Handsteuereinrichtung, bei größeren entweder durch eine Dampfmaschine oder durch einen Elektromotor. Bei Dampfantrieb wird die Rudermaschine entweder auf der Brücke, bei größeren Schiffen im Maschinenraum in Oberdeckshöhe oder bei großen Schiffen im Ruderraum selbst aufgestellt. Auch bei elektrischem Antrieb wird die gesamte Einrichtung im Ruderraum untergebracht.

2. Dampfrudermaschinen in stehender oder liegender Anordnung der Zylinder, sind immer Zwillingsmaschinen mit unter 90° versetzten Kurbeln, damit sie in jeder Kurbelstellung sofort in der gewünschten Drehrichtung anspringen, sobald Dampf zugeführt wird. Jeder Zylinder wird durch einen Kolbenschieber gesteuert, welcher nur sehr geringe äußere und innere Deckung hat und durch ein Exzenter ohne Voreilungswinkel bewegt wird. Das Umsteuern der Maschine erfolgt durch einen mit den beiden Verteilungsschieberkasten in Verbindung stehenden Wechselschieber, durch welchen je nach der gewünschten Drehrichtung die Zu- und Abdampfleitungen miteinander vertauscht werden können.

Das Anlassen der Rudermaschine erfolgt von der Brücke aus durch eine mittels eines Handsteuerrades bewegte Anlaßleitung, durch welche der Wechselschieber aus seiner Mittelstellung bewegt wird. Damit die Bewegung der Rudermaschine genau der Bewegung des Handsteuerrades auf der Brücke entspricht, ist der Wechselschieber mit einer selbsttätigen Rückstellvorrichtung versehen, welche denselben immer in seine Mittelstellung zurückbewegt, so daß sowohl Zu- als auch Abdampf abgeschlossen werden, sobald das Handsteuerrad angehalten wird.

In Abb. 471 ist eine Ausführungsart dieser Einrichtung dargestellt. Bei dieser hat die Spindel *s*, welche drehbar mit der

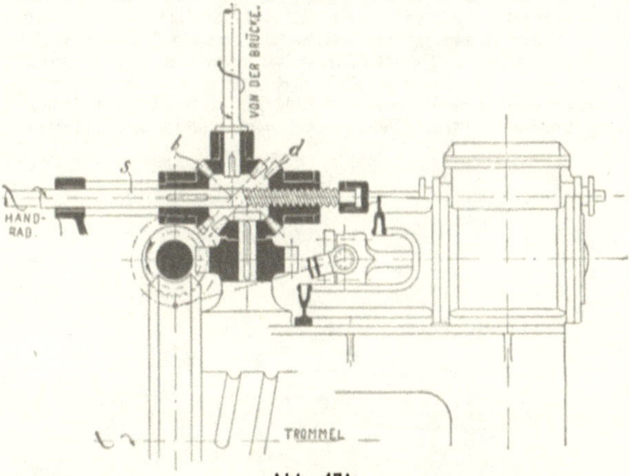

Abb. 471.

Schieberstange des Wechselschiebers verbunden ist, einen glatten und einen mit steilem Gewinde versehenen Teil. Der mit Gewinde versehene Teil läßt sich in dem rechts gelagerten, als Mutter ausgebildeten Kegelrad *d* drehen, während der glatte Teil der Spindel durch Feder und Nut in dem links gelagerten Kegelrad *b* verschiebbar ist.

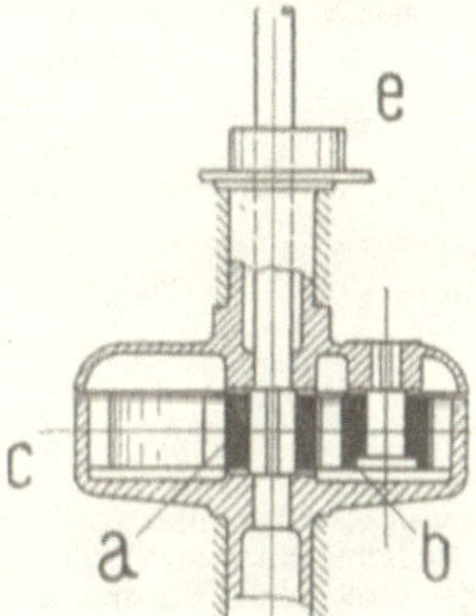

Abb.472.

Bei der Drehung der Spindel *s* von der Brücke aus (durch die nach oben führende Welle mit Kegelrad) schraubt sich das Gewinde der Spindel in dem stillstehenden konischen Rad nach der einen oder anderen Seite hin, wodurch der Wechselschieber aus seiner Mittelstellung verschoben wird und die Dampfwege für die eine oder andere Drehrichtung öffnet. Sobald sich die Rudermaschine bewegt, wird dann das Kegelrad *d* durch ein Kegel- und Schneckenrad von der Kurbelwelle aus gedreht und schraubt hierbei die durch das Handrad auf der Brücke am Drehen verhinderte Spindel *s* zurück, so daß der Wechselschieber wieder in seine

Mittelstellung zurückbewegt und die Rudermaschine zum Stillstand gebracht wird.

In Abb. 472 ist eine dem gleichen Zweck dienende Einrichtung dargestellt, bei welcher ein Planetengetriebe verwendet wird. Hier ist zur Bewegung des Wechselschiebers ein Exzenter *e* vorgesehen, welcher mit einer Scheibe fest verbunden ist, die mittels eines Zapfens das Planetenrad *b* trägt. Dieses Planetenrad *b* steht einerseits mit dem Stirnrad *a* in Eingriff, welches von der Brücke aus durch die zentrale Welle bewegt werden kann, und anderseits

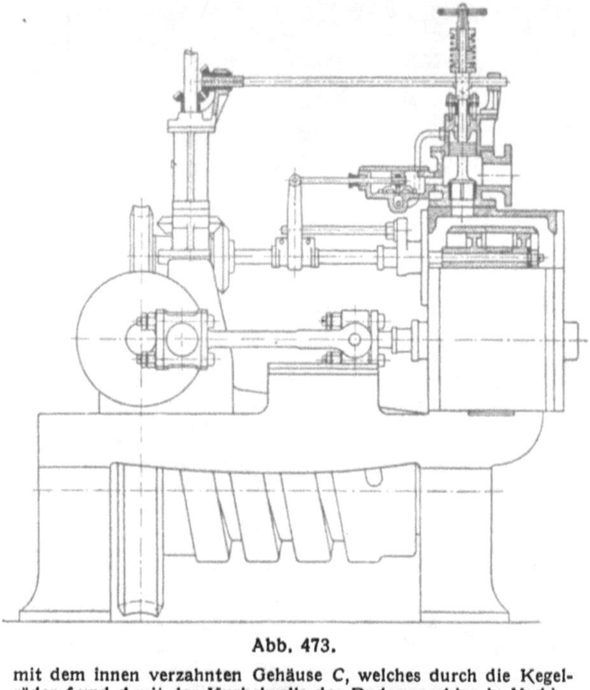

Abb. 473.

mit dem innen verzahnten Gehäuse *C*, welches durch die Kegelräder *f* und *d* mit der Kurbelwelle der Rudermaschine in Verbindung steht. Wird bei stillstehender Rudermaschine das Stirnrad *a* von der Brücke aus gedreht, dann rollt das Planetenrad *b* auf dem stillstehenden Zahnkranz des Gehäuses *C* ab und verdreht dabei das Exzenter *e*, wodurch der Wechselschieber aus seiner Mittelstellung herausgebracht wird. Die dann in Gang gesetzte Rudermaschine dreht hierauf das Gehäuse *C* in umgekehrter Richtung, wodurch das Exzenter *e* und der Wechselschieber wieder in die Mittelstellung zurückbewegt werden.

Da der Wechselschieber infolge seiner nur sehr geringen Deckungen in der Mittelstellung, also bei stillstehender Maschine, nur schlecht dicht hält, wird vielfach ein selbsttätiges sog. Sparventil eingebaut, welches die Zudampfleitung nach dem Wechselschieberkasten absperrt, sobald das Handrad auf der Brücke angehalten wird. In Abb. 473 ist eine Ausführungsart dieser Einrichtung dargestellt. Das selbsttätige Ventil ist hier mit einem Kolben versehen, welcher bestrebt ist, das Ventil um einen Betrag zu heben, der durch einen Knaggen begrenzt wird, der von der Brücke aus durch die Anlaßleitung eingestellt wird. Diese Einrichtung hat nur den Zweck, die Menge und den Druck des zuströmenden Dampfes in den Endlagen des Ruders zu vergrößern, hingegen in der Nähe der Mittellage den Dampf zu drosseln.

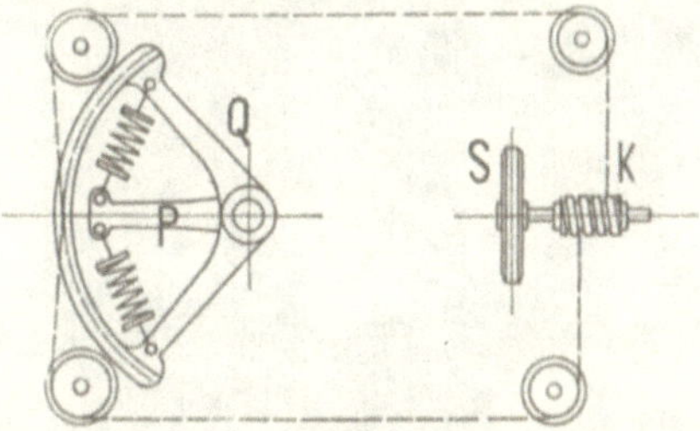

Abb. 474.

Um das Ventil in der Mittellage ganz abzuschließen, ist noch ein kleiner Schieber vorgesehen, der von der Schieberstange des Wechselschiebers beeinflußt wird und in der Mittellage desselben Dampf über den Kolben treten läßt, wodurch das Drosselventil fest geschlossen wird.

Die Übertragung des Drehmomentes auf den Ruderschaft erfolgt meistens durch eine Ruderpinne und einen sog. Ruderquadranten, welch letzterer bei Kettenübertragung nach Abb. 474

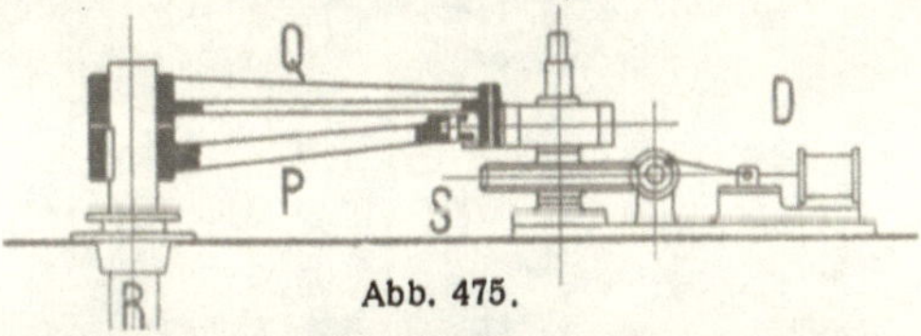

Abb. 475.

zur Aufnahme der Steuerketten eingerichtet ist. Die auf der Brücke oder im Maschinenraum stehende Rudermaschine treibt hier durch eine Schnecke das Schneckenrad *S* mit der Kettentrommel *K* an. Die Ruderkette, welche in langen geraden Teilen durch gekuppelte Rundeisenstangen ersetzt wird, führt über Leitrollen nach dem Ruderquadranten.

Vielfach ist die Achse des Schneckenrades querschiffs angeordnet und trägt dann an beiden Enden je eine Kettentrommel, von welchen aus die Kettenleitungen direkt nach hinten geführt werden.

Ist die Rudermaschine im Ruderraum aufgestellt, dann erfolgt die Übertragung gewöhnlich direkt durch ein Ritzel, welches in den gezahnten Ruderquadranten eingreift, wie dies in Abb. 475 schematisch dargestellt ist. Hier ist *R* der Ruderschaft, *P* die Ruderpinne, *Q* der Ruderquadrant, *S* das Schneckenrad mit Ritzel und *D* die liegend angeordnete Rudermaschine.

Abb. 476.

Eine ähnliche Anordnung, jedoch mit stehender Antriebsmaschine, zeigt die in Abb. 476 dargestellte Bauart der Atlaswerke, Bremen.

Der Ruderquadrant sitzt lose auf dem Ruderschaft und ist mit der auf dem Ruderschaft befestigten Ruderpinne durch Zugstangen und starke Puffer- oder Ringfedern verbunden, um harte Stöße des Ruders vom Getriebe möglichst abzuhalten.

Ist das Hinterschiff so scharf, daß der Ruderquadrant nicht unmittelbar auf dem Ruderschaft sitzen kann, dann wird auf letzteren ein zweiarmiger Hebel, das sog. Ruderjoch, aufgesetzt, während der Ruderquadrant mit der Ruderpinne weiter vorn auf einer Blindwelle angeordnet und die Ruderpinne durch zwei Zugstangen mit dem Ruderjoch verbunden wird.

Mitunter besteht das Steuergeschirr wie in Abb. 477 dargestellt, aus einer starken Spindel mit Rechts- und Links-

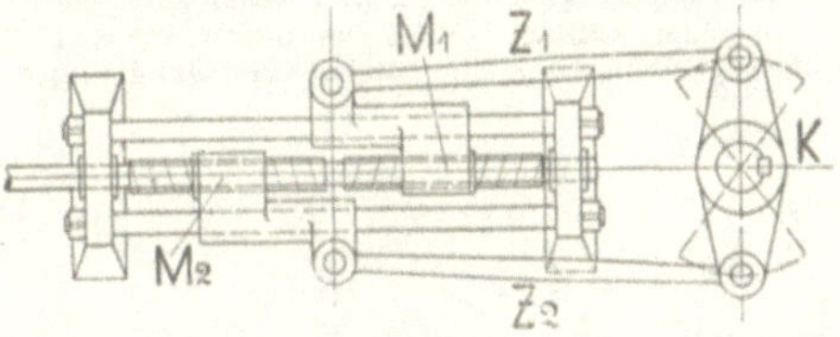

Abb. 477.

gewinde, auf welcher sich die durch starke stählerne Führungsstangen geführte Muttern M_1 und M_2 bewegen. Die Übertragung der Bewegung der beiden Muttern auf den Ruderschaft erfolgt durch zwei Zugstangen Z_1 und Z_2, welche das Ruderjoch K mit den beiden Muttern verbinden. Die Schraubenspindel wird entweder von der Rudermaschine oder durch ein Handrad gedreht.

3. Elektrische Rudermaschinen. Vielfach wird die Betätigung des Ruders durch Elektromotoren bewirkt, welche mittels Schnecke und Schneckenrad bzw. Stirnradübersetzung den Ruderquadranten bewegen. Der Antriebsmotor wird hierbei nicht unmittelbar aus dem Leitungsnetz gespeist, sondern von einem Motorgenerator, dessen Erregerstrom durch einen Generatorfeldregler in seiner Stärke und Richtung geändert werden kann (Leonard-Schaltung). Der Generatorfeldregler wird einerseits durch ein Differentialgetriebe mittels Handrad von der Brücke aus, andererseits durch einen mit dem Rudermotor verbundenen kleinen Rückdrehmotor und ein Planetengetriebe bewegt. Der Generatorfeldregler wird daher nach jeder Verstellung durch das Handsteuerrad wieder in die Nullage zurückgedreht, wodurch der Rudermotor zum Stillstand kommt. Mitunter bleibt die Rückdrehvorrichtung auch weg, und es wird nur elektrische Fernsteuerung gesteuert.

Aus Sicherheitsgründen werden bei größeren Anlagen mitunter zwei Rudermotoren sowie zwei Motorgeneratoren aufgestellt, um bei Störungen an einer Anlage die andere in Betrieb nehmen zu können.

Die allgemeine Anordnung einer elektrischen Rudermaschine mit nur einem Antriebsmotor, Bauart der Atlas-Werke, Bremen, ist aus Abb. 478 zu ersehen. Hier ist A der Ruderschaft, B der Hauptruderquadrant, C das Schneckengetriebe mit Ritzel, D der Antriebsmotor, E die Ruderpinne, F die elastischen Verbindungsglieder zwischen Ruderquadrant B und Ruderpinne E. G ist ein Hilfsquadrant für den Handbetrieb, der durch ein ausrückbares Ritzel H vom darüberliegenden Deck aus angetrieben wird.

4. Bei **elektrisch-hydraulischem Antrieb** des Ruders wird die Ruderpinne durch zwei oder auch vier hydraulische Kolben bewegt. Das erforderliche Preßwasser wird von einer, mitunter auch zwei, durch Elektromotoren angetriebene Preßpumpen geliefert, welche von der Brücke aus gesteuert werden.

5. Die **Anlaßleitung** dient bei Dampfsteuerung zur Bewegung des Wechselschiebers und führt vom Rudermaschinenhaus bis zur Steuersäule auf der Brücke, wo sie durch ein kleines Handrad mittels Räderübersetzung gedreht werden kann. Da diese Wellenleitung auf großen Schiffen sehr lang ist, vielfach durch Schotte geführt und gelagert werden muß und ferner auch Umlenkungen durch Zahnräder enthält, so ist sie meistens verhältnismäßig schwer beweglich und die übertragene Bewegung ungenau.

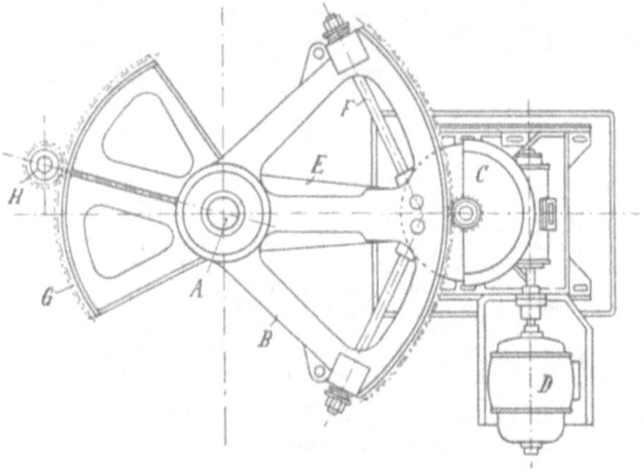

Abb. 478.

6. Auf größeren Schiffen wird deshalb häufig ein sog. **hydraulischer Telemotor** eingebaut, der aus einem Geber auf der Kommandobrücke und einem Empfänger im Rudermaschinenhaus besteht. In Abb. 479 ist der Geber nach Bauart der Atlaswerke, Bremen, im Längsschnitt dargestellt. Er besteht aus einem senkrecht stehenden bronzenen Zylinder, in welchem sich ein mit Lederstulpen gedichteter Kolben befindet, der durch eine Zahnstange und Stirnradübersetzung mittels des Handsteuerrades bewegt werden kann. Der Empfänger besteht ebenfalls aus einem Zylinder, in welchem sich ein mit Ledermanschetten gedichteter Kolben bewegt, dessen Kolbenstange durch Hebel und Gestänge mit dem Wechselschieber verbunden ist. Die obere sowie die untere Kolbenseite des Gebers stehen ferner durch je eine Rohrleitung mit den beiden Kolbenseiten des Empfängers in Verbindung. Sowohl der Geber- als auch der Empfängerzylinder und die Verbindungsleitungen sind vollständig mit einem Gemisch aus 1 Teil Wasser und 2 Teilen Glyzerin gefüllt, so daß jede Bewegung

des Geberkolbens eine genau entsprechende Bewegung des Empfängerkolbens bedingt. In Abb. 476 ist die Anordnung des Telemotors mit Übertragungswelle zu ersehen. Um Undichtigkeiten der Kolben jederzeit unschädlich und die Bewegung der beiden

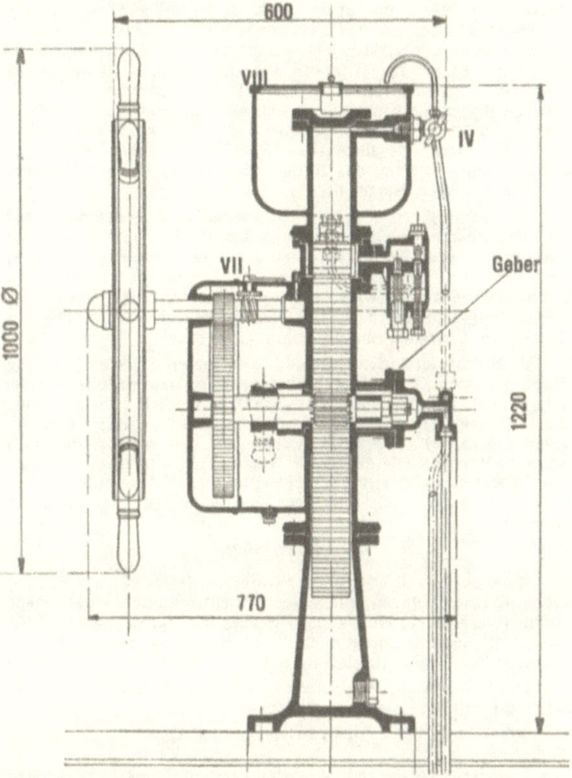

Abb. 479.

Kolben wieder genau gleich machen zu können, ist der Geberzylinder so eingerichtet, daß bei Mittelstellung des Kolbens Boden- und Deckelseite durch Kanäle miteinander verbunden sind, während der Empfängerkolben durch eine kräftige Feder so belastet ist, daß er in seine Mittelstellung zurückkehrt, sobald der Empfängerkolben in seine Mittelstellung gebracht und Druckausgleich hergestellt wird.

Damit bei Ausdehnung der Flüssigkeit durch Erwärmung die überschüssige Flüssigkeit entweichen bzw. bei Abkühlung die erforderliche Menge zufließen kann, sind federbelastete Ventile vorgesehen, welche mit dem oberhalb des Geberzylinders angeordneten Sammelgefäß in Verbindung stehen.

7. **Ruderbremsen** dienen dazu, bei schwerem Wetter und Havarie am Steuerapparat das Ruder festzustellen. Dazu werden entweder Backenbremsen verwendet, die auf einen besonderen Bremsquadranten wirken, oder hydraulische Bremsen. Letztere bestehen aus einem langen, um einen Zapfen schwingenden und mit Glyzerin gefüllten Zylinder, in welchem sich ein Kolben bewegt, dessen Kolbenstange mittels eines Zapfens an der Ruderpinne oder einem besonderen Hebel angreift. Boden- und Deckelseite sind durch eine absperrbare Rohrleitung verbunden, so daß bei geöffneter Leitung das Ruder frei drehbar, bei geschlossener Leitung hingegen festgehalten wird.

8. **Ruderlagezeiger** haben den Zweck, dem Steuermann auf der Brücke die jeweilige Stellung des Ruders anzuzeigen. Er besteht aus einem Zeiger, welcher über einer Gradeinteilung spielt und von der Welle des Ruderhandrades aus durch Schnecke und Schneckenrad bewegt wird. Der Ausschlag des Zeigers muß nach Überholungsarbeiten usw. mit dem wirklichen Ausschlag des Ruders in Übereinstimmung gebracht werden.

9. **Hilfssteuereinrichtungen.** Auf kleineren Schiffen kann die Ruderpinne bzw. der Ruderapparat im Notfall mittels Steuertaljen gelegt werden. Auf größeren Schiffen wird vielfach eine Handsteuereinrichtung mit rechts- und linksgängiger Gewindespindel Abb. 477 vorgesehen, welche auf den erforderlichenfalls bis zum darüberliegenden Deck verlängerten Ruderschaft wirkt. Die Gewindespindel wird dann entweder unmittelbar durch Handräder oder auch durch eine besondere kleine Hilfsrudermaschine bewegt.

C. Ladewinden.

Zum Laden und Löschen der Güter werden auf Dampfschiffen meistens Dampfwinden, auf Motorschiffen elektrisch angetriebene Winden verwendet; Handwinden werden nur auf kleinen Schiffen aufgestellt, jedoch werden auch die Dampfwinden für den Notfall mitunter für Handantrieb eingerichtet.

Die Hebeleistung an einer Handwinde mit einfachem Rädervorgelege mit Übersetzung von etwa 1:8 beträgt

bei 1 Mann bis etwa 500 kg,
„ 2 „ „ „ 1000 „

Bei doppeltem Vorgelege und Übersetzung von etwa 1:32 können gehoben werden:

von 1 Mann etwa 1250 kg,
„ 2 „ bis „ 3000 „

Die durchschnittliche Arbeitsleistung eines Mannes an der Kurbel beträgt im Dauerbetrieb etwa 500 kgm in der min.

1. **Dampfladewinden** werden mit einfachem oder doppeltem Rädervorgelege ausgeführt und gewöhnlich durch liegende, mitunter auch durch stehende Zwillingsmaschinen mit unter 90° versetzten Kurbeln und etwa 75% Füllung angetrieben. Wegen der

erforderlichen Umsteuerbarkeit sind sie meistens mit Stephensonscher Kulissensteuerung versehen. Die Abmessungen der Dampfzylinder werden gewöhnlich so bemessen, daß die Winden schon bei 6 bis 7 atü Dampfdruck vor dem Absperrventil und Auspuff ins Freie ihre volle Leistung entwickeln können. Die Zahnräder werden aus Gußeisen oder Stahlguß ausgeführt und mit geraden oder Pfeilzähnen versehen.

Winden mit doppeltem Vorgelege sind immer so eingerichtet, daß durch Verschiebung der Ritzel oder durch Umkuppeln mittels Klauenkupplungen das zweite Vorgelege abgeschaltet und (bei kleinen Lasten) nur mit einfachem Vorgelege und entsprechend größerer Seilgeschwindigkeit gearbeitet werden kann.

Zahnräder und Getriebeteile müssen mit Schutzvorrichtungen versehen sein, um Unglücksfälle zu vermeiden. Zum Senken kleinerer Lasten oder zum Festhalten derselben ist auf der Trommelwelle eine Bandbremse angeordnet, welche mit dem Fuß betätigt werden kann. Gewöhnlich werden die Winden auf der Trommelwelle sowie auf der Vorgelegewelle beiderseits mit Spillköpfen versehen.

Die Nutzarbeit N, welche eine Winde beim Heben einer Last Q mit der Geschwindigkeit v m/s leistet, ist:

$$N = \frac{Q \cdot v}{75} \text{ PS}.$$

Die eff. Leistung N_e der Antriebsmaschine muß, entsprechend einem Wirkungsgrade des Getriebes von etwa 80% sein:

$$N_e = \frac{N}{0,8} \text{ PS}_e.$$

Der Dampfverbrauch beträgt bei einem Dampfdruck von etwa 7 atü vor dem Absperrventil der Winde etwa 25 bis 30 kg/PS$_e$/h.

2. Elektrische Ladewinden werden durch Hauptstrom- oder Verbundmotoren angetrieben. Die Übertragung der Bewegung auf das Windwerk erfolgt meistens durch Stirnrädergetriebe, mitunter jedoch auch durch Schneckenradgetriebe; alle Räder werden gewöhnlich ganz von einem Gehäuse umschlossen, um die Geräusche der Zahnräder möglichst zu dämpfen und die Schmierung der Zähne zu erleichtern. In Abb. 480 ist eine solche Winde mit Stirnradantrieb, Bauart der Atlas-Werke, Bremen, dargestellt.

Die Regelung und das Umsteuern der Winden erfolgt durch Steuerwalzen ähnlich denjenigen, die auf Kränen und Straßenbahnwagen gebräuchlich sind. Auf einer hölzernen Walze sind in Kreisform gebogene Metallkontakte in bestimmter Anordnung angebracht, die unter einer Anzahl feststehender Kontaktfinger durchgedreht werden. Die senkrecht stehende Walze trägt am oberen Ende eine Scheibe, die am Rande Einkerbungen besitzt; ein mit einer Rolle versehener federbelasteter Hebel fällt beim Drehen der Walze in die Kerben oder Rasten ein und fixiert die Stellung der Walze. Auf jede Kerbe kommt eine andere elektrische Schaltung.

Abb. 481 zeigt einen Schnitt durch einen Kontroller. Die einzelnen Kontaktsegmente der Schaltwalze sind auf eine Isolierung aufgeschraubt und ebenso ist die verstellbare Kontaktfingerreihe isoliert befestigt. Zwischen den einzelnen Segmenten sind herausklappbare Vulkanasbestschutzstreifen angebracht,

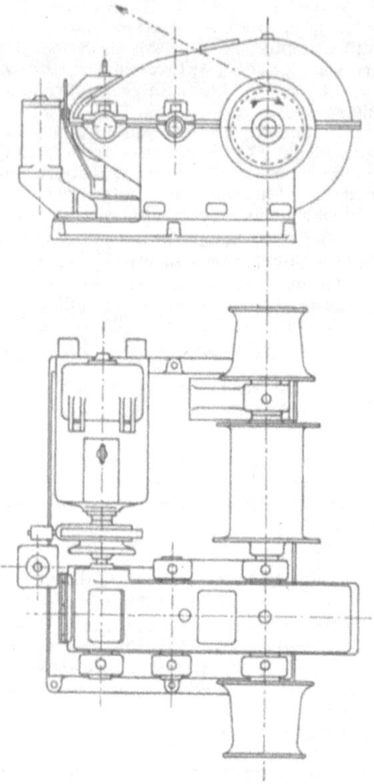

Abb. 480.

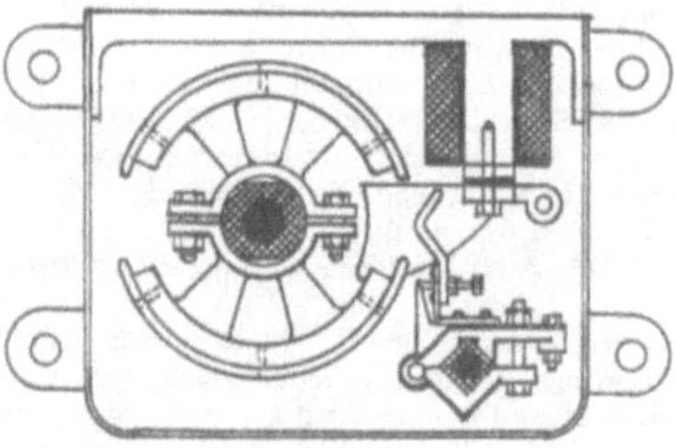

Abb. 481.

die das Überschlagen von Lichtbögen verhindern. Ferner ist ein Funkenbläser vorgesehen, der aus einer stromdurchflossenen Magnetspule besteht, die ein magnetisches Feld zwischen ihrem Eisenkern und der eisernen Welle der Schaltwalze erzeugt. Dieses magnetische Feld übt auf den elektrischen Lichtbogen, der bei der Unterbrechung zwischen den Walzenkontakten und den Kontaktfingern entsteht, eine heftige Blaswirkung aus, so daß er sofort erlischt.

Die Walze wird in verschiedener Weise durch eine Kurbel oder ein Handrad oder durch einen mit Zahnsegment versehenen Hebel gedreht (Abb. 483). Das letze Bild zeigt die sog. Untersteuerung, bei welcher der Antrieb der Walze von unten her erfolgt.

Die Regulierung der Geschwindigkeit beim Heben erfolgt immer durch Veränderung des Vorschaltwiderstandes, d. h. durch Zu- oder Abschalten desselben in mehreren Stufen.

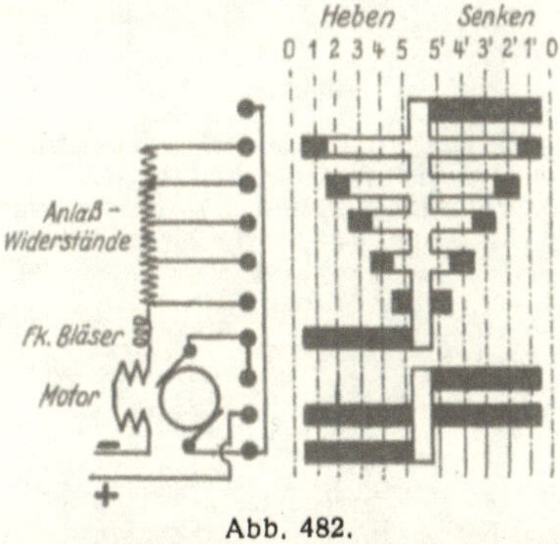

Abb. 482.

Ein allgemeines Schema für einen Kontroller mit Motor, den Anlaßwiderständen, der Umschaltung für Rechts- und Linkslauf des Motors, sowie einem Funkenbläser ist in Abb. 482 dargestellt. Links ist der Motor mit Widerständen und Funkenbläser abgebildet und mit einer Reihe schwarzer Kreise verbunden. Denkt man sich die als schwarze Kreise dargestellten Kontaktfinger der Walze feststehend, so entstehen die einzelnen Schaltvorgänge, wenn man die rechts daneben abgebildete Abwicklung der Steuerwalze, für das Heben von der Nullstellung an der linken Kante aus, mit den Kontaktstücken nach links über die Kontaktfinger hinwegzieht, wobei die Stellungen 1 bis 5 eingestellt werden. Für das Senken schiebt man die Kontaktstücke von der an der rechten Kante befindlichen Nullstellung an nach rechts, wobei die Stellungen 1' bis 5' eingestellt werden.

Zum Antrieb von Ladewinden verwendet man in der Hauptsache den Hauptstrommotor, da dieser die günstige Eigenschaft hat, mit großer Last langsam anfahren zu können, aber beim Senken der Last und beim Leerlauf der Winde auf hohe Drehzahlen zu gehen.

Ein Nebenschlußmotor läuft stets nur mit einer gleichbleibenden Drehzahl; sein Anzugsmoment ist beim Herunterdrosseln durch einen Vorschaltwiderstand auf niedrige Umdrehungen nur

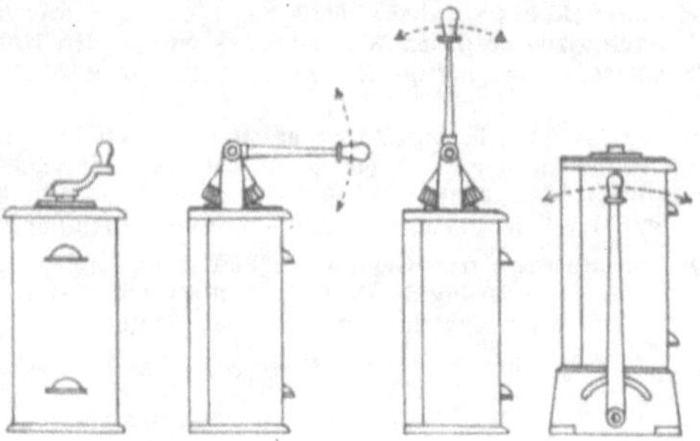

Abb. 483.

gering. Beim Leerlauf bleibt er auf seiner normalen Tourenzahl, läuft also beim Senken der Last viel zu langsam. Der Verbund- oder Compoundmotor ist dagegen mit Vorteil für Winden zu verwenden. Die Schaltung ist dabei folgende (Abb. 484 links):

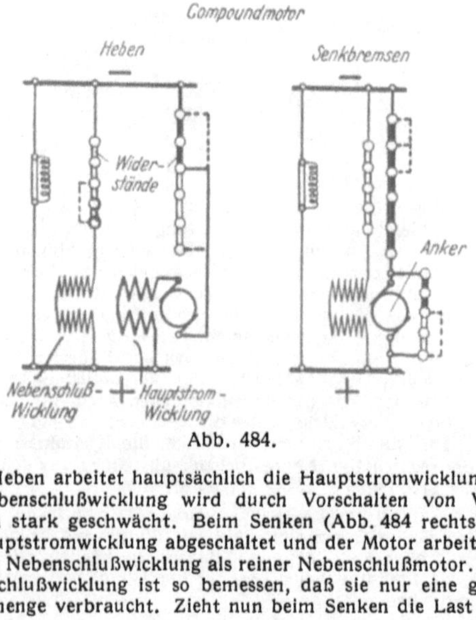

Abb. 484.

Beim Heben arbeitet hauptsächlich die Hauptstromwicklung und die Nebenschlußwicklung wird durch Vorschalten von Widerständen stark geschwächt. Beim Senken (Abb. 484 rechts) wird die Hauptstromwicklung abgeschaltet und der Motor arbeitet nur mit der Nebenschlußwicklung als reiner Nebenschlußmotor. Diese Nebenschlußwicklung ist so bemessen, daß sie nur eine geringe Strommenge verbraucht. Zieht nun beim Senken die Last durch und bringt den Nebenschlußmotor auf höhere Drehzahlen, so läuft er als Generator und liefert Strom ins Netz zurück, wodurch eine Bremswirkung des Motorankers entsteht, die es gestattet, langsam zu senken. Es ist dies die sog. Senkbremsschaltung. Bei den Anfangsstellungen wird, wie aus der Abbildung ersichtlich, parallel zu den Polen des Ankers ein regulierbarer Widerstand gelegt, der ebenfalls eine elektrische Bremsung verursacht. Um den leeren Haken mit der nötigen großen Geschwindigkeit senken zu können, schwächt man dann auch das Motorfeld noch mehr. Der Bedienungsmann an der Winde muß aber darauf achten, daß der Motor durch die Last nicht eine zu große Umdrehungszahl annimmt, der Anker die Bandagen sprengt und auseinanderfliegt. Man kann

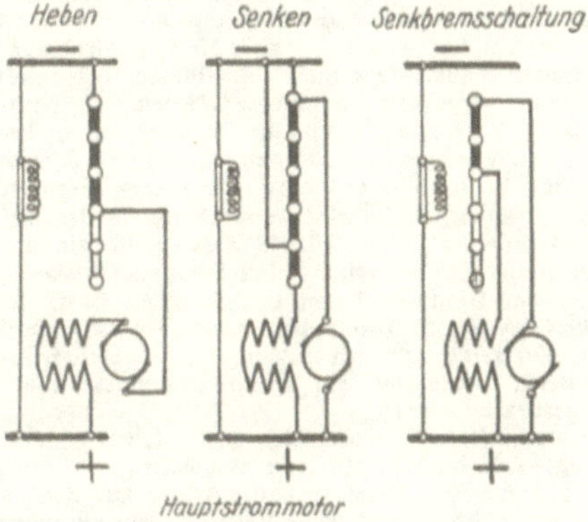

Abb. 485.

also damit nur leichtere Lasten senken. Um aber mit dieser Schaltung auch größere Lasten senken zu können, wird nach einer Schaltung der Siemens-Schuckert-Werke das Magnetfeld selbsttätig verstärkt, sobald die Last eine gewisse Größe hat; dadurch stellt sich die richtige Geschwindigkeit von selbst ein.

Die Schaltung beim Hauptstrommotor ist in Abb. 485 dargestellt.

Schaltung Heben (links): Der Vorschaltwiderstand wird von unten her allmählich in Stufen abgeschaltet. In der Abbildung sind 2 Stufen abgeschaltet. Der Bremsmagnet hält, während der Motor läuft, die Bremse immer ganz angehoben.

Schaltung Senken (Mitte): Der Motor bekommt in entgegengesetzter Richtung Strom und der Vorschaltwiderstand wird durch Verschieben des Kontaktes verändert. Die Last wird mit Kraft gesenkt.

Senkbremsschaltung (rechts): Der Motor ist vom Netz abgetrennt und kurzgeschlossen. Er wird durch die herabsinkende Last gedreht und bremst elektrisch dadurch, daß sein Anker in einem starken Magnetfeld bewegt wird, das die Bremswirkung hervorbringt.

Bei all diesen Schaltungen führen die Kontroller erheblich hohe Ströme, die bei dem schnellen Wechsel in den Auf- und Abwärtsbewegungen der Last im Motor auftreten; sie führen zu vorzeitiger Zerstörung der Kontaktenden der Walze und der Kontaktfinger, wenn auch die Funkenbläser für das schnelle Erlöschen der Funken sorgen. Man hat daher die sog. Schützensteuerung eingeführt. Bei dieser wird die eigentliche Schaltung durch elektromagnetisch betätigte Schalter, die man Schütze nennt, vorgenommen, deren Schaltkontakte entsprechend der großen Stromstärke reichlich ausgebildet sind, und deren Anhubspule von einem schwachen Hilfsstrom erregt wird. Es kann also mit einem schwachen Hilfsstrom eine hohe Stromstärke abgeschaltet werden. Die Steuerung dieses Hilfsstromes kann nun eine viel kleinere Steuerwalze, sog. Meisterwalze, übernehmen, so daß die schweren Steuerwalzen fortfallen und an ihrer Stelle an die Winde die kleine Meisterwalze anmontiert wird. Da die Meisterwalzen nur schwache Ströme führen, haben sie keine Funkenbläser. Die Schützen werden zusammen in einem besonderen Kasten aufgebaut, weil sie sich so leichter beobachten und in Ordnung halten lassen.

Alle Windwerke sind außerdem mit einem Bremsmagneten ausgerüstet. Er besteht aus einem Magneten, der einen Anker anzieht. Dieser Anker lüftet eine mechanische Bremse und hält sie solange außer Wirkung, wie die Winde läuft; sie fällt erst ein, wenn der Kontroller auf seine Nullstellung gedreht wird, wodurch der Strom im Bremsmagneten unterbrochen wird. Auch beim Ausbleiben des Stromes fällt die Bremse ganz automatisch ein.

Abb. 486 zeigt, wie mit einem Senkbremskontroller in den verschiedenen Stellungen ein Hauptstrommotor zum Windenantrieb geschaltet wird:

Die Nullstellung befindet sich auf „Halt" in der Mitte der Abbildung. Der Bremsmagnet ist eingefallen, alle übrigen Teile sind ohne Strom. Schaltet man die Walze auf Stellung 1 zum Heben (in der Abbildung nach links), so springt zunächst der Bremsmagnet an und löst die Bremse, so daß sich das Windwerk frei drehen kann. Zugleich wird ein Stromkreis geschlossen, in dem der Strom folgenden Weg läuft: Vom unten befindlichen Pluspol über den Anker des Motors zum Anlaßwiderstand, der in seiner ganzen Länge vom Strom durchflossen wird und einen Teil des Stromes vernichtet. Dann folgt die Funkenbläserspule und die Magnetwicklung des Motors und der Anschluß an den Minuspol des Netzes. Der Motor dreht die Winde ganz langsam. Beim Heraufgehen auf Stellung 2, 3 und 4 wird eine Stufe des größeren Teiles des Anlaßwiderstandes nach der anderen abgeschaltet, bis in Stellung 4 dieser ganze Teil abgeschaltet ist. Bei jeder Stellung läuft der Motor etwas schneller. Stellung 5: Beide Widerstandsteile werden nochmals zu einer Kombination zusammengeschaltet, die in Stellung 6 wieder verändert wird, so daß der elektrische Gesamtwiderstand noch kleiner wird, und erst auf Stellung 7 werden alle Widerstände kurz geschlossen, so daß der Strom an ihnen vorbei zu der Magnetwicklung verläuft. Der Motor läuft jetzt mit seiner größten Geschwindigkeit und Leistung. Ist die Last hoch genug gehoben und die Walze zurück auf Halt gedreht, so fällt die Bremse ein und hält das Windwerk fest.

Elektrische Senkbremsen. In Stellung I wird der Motor bei kurzgeschlossenem Anker fremderregt. Parallel zum Anker

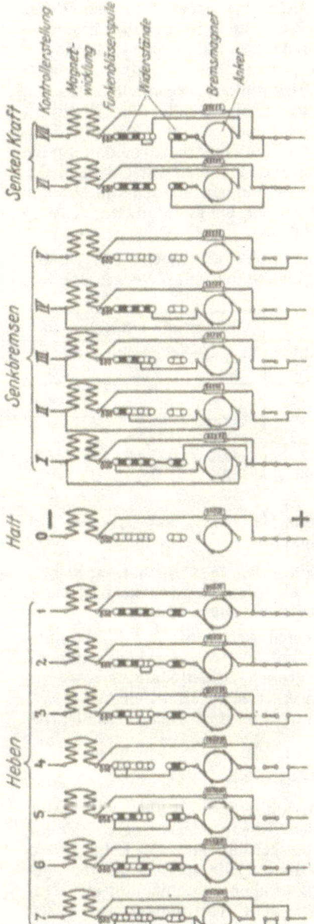

Abb. 486.

liegen alle Widerstände. Der Strom durchläuft dann die Funkenbläserspule und die Magnetwicklung nach dem Minuspol. Die Last beginnt den Motor ganz langsam zu drehen. Bei Stellung II ist der Anker unter Zwischenschaltung einer kleinen Widerstandstufe mit der Magnetwicklung hintereinander geschaltet, sonst aber vom Netz abgeschaltet. Die bei der Drehung des Ankers in ihm entstehenden Ströme werden im Widerstand vernichtet und bremsen den Motor so stark, daß nur eine langsame Drehung der Winde zustande kommt. Bei Stellung III und IV wird durch Vorschalten eines größeren Widerstandes die im Anker, der noch immer durch die Last gedreht wird, entstehende Stromstärke weiter abgeschwächt, so daß die elektrische Bremsung geringer wird. Die Last wird allmählich schneller gesenkt. In Stellung V, die dann folgt, ist alles abgeschaltet und nur der Bremsmagnet erhält Strom; die Last kann die Winde glatt durchziehen. Nun folgen noch 2 Stellungen, in denen mit Kraft gesenkt wird. In Stellung VI wird der Motor mit voll vorgeschaltetem Anlaßwiderstand die Abwärtsbewegung der Last unterstützen. Die Schaltung ist dabei die gleiche wie beim Heben Stellung 1, nur erhält der Anker des Motors in entgegengesetztem Sinne Strom, hat also das Bestreben, umgekehrt wie vorher zu laufen und zieht die Last mit Kraft abwärts. Dasselbe geschieht auch in Stellung VII, in der ein weiteres Stück des Vorschaltwiderstandes abgeschaltet ist, wodurch der Motor der Last noch einen stärkeren Antrieb zum Senken erteilt.

Die Bremse wird vielfach elektrisch betätigt in der Weise, daß sie beim Heben der Last gelöst, beim Anhalten durch ein Gewicht angezogen wird und beim Senken durch einen Handhebel wieder gelöst werden kann. Die Bremse, meistens als Fußbremse vorhanden, wird der besseren Wirksamkeit wegen vielfach nicht auf der Trommelwelle, sondern auf der Motor- oder Vorgelegewelle angeordnet. Die verlängerte Trommelwelle bzw. auch die Vorgelegewelle werden gewöhnlich mit Spillköpfen zu beiden Enden versehen. Um je nach den zu hebenden Lasten verschiedene Geschwindigkeitsstufen einschalten zu können, werden die Winden vielfach noch mit einer mechanischen Umkupplungseinrichtung versehen wie bei den Dampfwinden.

Nachstehend einige Hauptdaten über elektrische Ladewinden mit Stirnrädergetriebe nach Ausführung der Atlas-Werke, Bremen.

Mit mech. Umkupplung			Ohne mech. Umkupplung		
Seilzug kg	Seilgeschw. m/s	Motor PS	Seilzug kg	Seilgeschw. m/s	Motor PS
1500 bzw. 800	0,4 bzw. 0,75	10	1500	0,6	15
3000 „ 1200	0,3 „ 0,75	15	2000	0,6	20
5000 „ 2000	0,3 „ 0,75	25	3000	0,5	25
7000 „ 2000	0,22 „ 0,75	25	5000	0,45	37
			7000	0,4	46

Die Geschwindigkeit des leeren Hakens ist etwa 3,5- bis 4ma so groß wie die Hubgeschwindigkeit.

3. Boots- und Verholwinden werden in ähnlicher, aber einfacherer Anordnung ausgeführt wie die Ladewinden und auch entweder durch Dampf oder elektrisch angetrieben.

Besondere Spezialkonstruktionen weisen die auf Fischdampfern erforderlichen, mit zwei Windentrommeln versehenen Fischnetzwinden auf, und die auf großen Schleppdampfern aufgestellten Schleppwinden, deren Antrieb in ähnlicher Weise wie bei den Ladewinden mittels Zwillingsdampfmaschine oder Elektromotor erfolgt.

D. Ankerwinden.

Diese haben gewöhnlich, da immer zwei Anker vorhanden sind, zwei auf einer horizontalen Ebene angeordnete Kettennüsse, über welche die Ankerketten geführt sind und beim Fallen des Ankers lose auf der Welle laufen. Jede Kettennuß kann jedoch von Hand durch eine geringe axiale Verschiebung mit dem daneben auf derselben Welle befestigten Hauptantriebsrad durch eine Konus- oder Lamellenkupplung oder auch durch ineinander greifende Klauen fest verbunden werden. Die Kettennuß ist ferner, mit einer Bremsscheibe mit von Hand mittels Schraubenspindel festziehbarem Bremsband versehen, um die Kettennuß beim Auslaufen der Kette festbremsen zu können.

Der Antrieb der beiden Hauptantriebsräder erfolgt durch Stirnradvorgelege und eine umsteuerbare Zwillingsdampfmaschine mit Kurbeln unter 90°, oder durch einen auf ein Schneckenradgetriebe wirkenden Elektromotor.

Bei elektrischem Antrieb wird zwischen Motor und Schneckenantrieb eine besondere Kupplung eingebaut, um eine stoßweise Überlastung des Motors beim Einhieven des Ankers zu verhüten. Hierzu dient vielfach nur eine Lamellenkupplung (Rutschkupp-

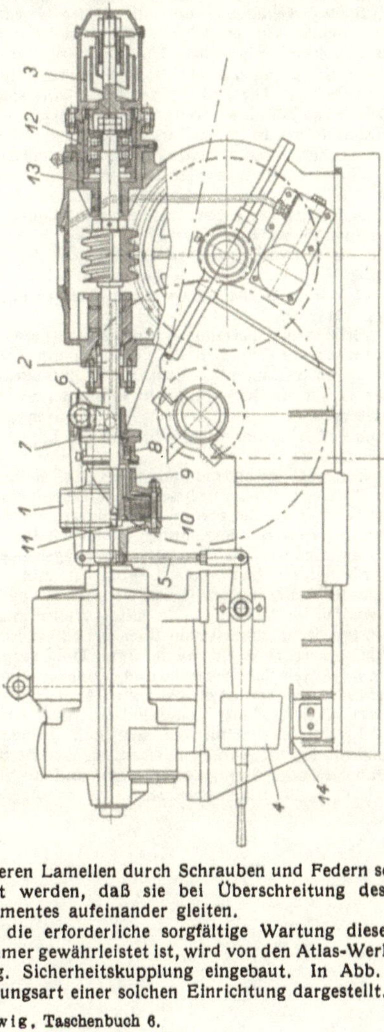

Abb. 487.

lung), deren Lamellen durch Schrauben und Federn so zusammengedrückt werden, daß sie bei Überschreitung des maximalen Drehmomentes aufeinander gleiten.

Da die erforderliche sorgfältige Wartung dieser Kupplung nicht immer gewährleistet ist, wird von den Atlas-Werken, Bremen, eine sog. Sicherheitskupplung eingebaut. In Abb. 487 ist eine Ausführungsart einer solchen Einrichtung dargestellt. Sie besteht aus einer Lamellenkupplung *1*, welche das Drehmoment auf die axial verschiebbare Schneckenwelle *2* überträgt, die am freien Ende durch eine kräftige Feder *3* in ihrer Endstellung rechts gehalten wird. Die Lamellen werden durch zwei zu beiden Seiten des Motors angeordnete Gewichte *4*, Gestänge *5* und Daumen *6* durch das Kugellagergehäuse *7* und die Hülse *9* zusammengedrückt. Die Lamellen stützen sich hierbei auf die auf der Welle *2* durch Mutter *11* befestigte Scheibe. Die Gewichte *4* sind so bemessen, daß die Kupplung das größte Drehmoment übertragen kann, ohne zu rutschen. Die Feder *3* hat ferner eine solche Vorspannung, daß sie die Schneckenwelle bis zur Überschreitung des maximalen Axialschubes in der äußersten Rechtsstellung hält.

Wird das Schneckenrad durch ein Hindernis plötzlich festgehalten, so schraubt sich die Schnecke mit der Welle unter Überwindung der Federkraft soweit nach links, daß sich das Kugeldrucklagergehäuse *12* gegen das feste Gehäuse *13* legt. Durch diese axiale Verschiebung der Welle senken sich dann die Gewichte *4* bis sie auf die Unterlage *14* aufliegen, die Lamellen entlastet werden und der Motor abgekuppelt wird. Um das Durchgehen des Motors hierbei zu verhüten, wird er mit Nebenschlußwicklung versehen.

Ist die Schnecke selbstsperrend, so kann das Wiedereinkuppeln durch Herabdrücken des Gewichtshebels erfolgen, der sich hierbei in dem nach unten verlängerten Schlitz des aufliegenden Gewichtes *4* bewegt. Ist die Schnecke nicht selbstsperrend, so wird die Schneckenwelle bei abgeschaltetem Motor durch die Kraft der Feder *3* von selbst zurückgeschraubt und die Lamellenkupplung wieder eingerückt.

Für den Notfall ist sowohl bei dampf- als auch bei elektrisch angetriebenen Ankerwinden zum Bewegen derselben gewöhnlich noch eine sog. Pumpvorrichtung vorgesehen, durch welche mittels langer Handhebel eine Klinkvorrichtung auf den beiden Hauptantriebsrädern betätigt werden kann. Die Vorgelegewellen tragen in der Regel, wie bei den Ladewinden, Spillköpfe zum Verholen.

Ankerspille für sehr starke Ketten von etwa über 80 mm Durchmesser werden vielfach mit senkrechten Wellen ausgeführt. Die Kettennuß ist hierbei unmittelbar über Deck angeordnet und wird durch eine senkrechte Welle von der unter Deck aufgestellten Antriebsmaschine mittels Schneckenrad und Schnecke angetrieben.

Die Kettennüsse werden ebenso wie die Zahnräder aus Gußeisen oder Stahlguß hergestellt. Die Schneckenräder werden gewöhnlich aus Bronze, die Schnecken aus Stahl gemacht. Die großen Schneckenräder bei Ankerwinden mit senkrechten Wellen werden aus Gußeisen oder Stahlguß hergestellt und ein bronzener Kranz mit gefrästen Zähnen aufgesetzt.

VII. Teil.

Elektrische Einrichtungen.

A. Umwandlung von Arbeitsformen.

In der Natur läßt sich die in einer Arbeitsform enthaltene Arbeit in eine andere Arbeitsform umwandeln. Zur Erzeugung von Elektrizität wird z. B. Kohle benutzt. Da die in der Kohle steckende Arbeit augenblicklich noch nicht direkt in Elektrizität umgewandelt werden kann, erfolgt die Umwandlung zuerst in Kesseln in Wärmearbeit und dann in Dampfarbeit. Die Dampfarbeit wird dann in Dampfmaschinen in mechanische Arbeit, und diese in Dynamomaschinen in elektrische Arbeit umgewandelt. Bei jedem Umwandlungsvorgang ergeben sich Verluste und daher kommt es, daß nur ein geringer Teil der theoretisch möglichen Arbeitsmenge zum Schluß bei dieser ganzen Umwandlung übrig bleibt. Bei dem vorstehend beschriebenen Vorgang sind es nur etwa 15 bis 20%, die als wirkliche Arbeit erhalten werden. Bei Verwendung von Dieselmotoren werden bereits etwa 34% der in dem verwendeten Brennstoff steckenden Arbeit nutzbar gemacht.

Die Umformung der elektrischen Arbeit ist überaus einfach und wirtschaftlich am günstigsten. Man kann Elektrizität durch Elektromotoren in mechanische Arbeit, in Glühlampen in Licht, in besonders konstruierten Heizkörpern in Wärme umwandeln und in galvanischen Bädern zum vernickeln, verkupfern, verchromen und vergolden verwenden. Sie läßt sich auch in Akkumulatoren aufspeichern und zu jeder Zeit wieder aus dem Akkumulator als elektrischer Strom herausnehmen.

Besonders wichtig ist es, daß man elektrische Arbeit auf die weitesten Entfernungen mit geringen Verlusten in Leitungen übertragen kann, wobei mit der gesteigerten Entfernung auch höhere Spannungen verwendet werden. Dabei geschieht die Übertragung mit der Geschwindigkeit des Lichtes, woraus sich ergibt, daß elektrische Energie bei vorhandener Anlage jederzeit am Verwendungsort betriebsbereit ist. Der Verbrauch an elektrischer Energie entspricht dabei immer nur dem Äquivalent an zu leistender Arbeit, d. h. der Leerlaufverbrauch ist außerordentlich gering.

Aus allem vorher Gesagten folgt, daß die Elektrizität eine unserer günstigsten Arbeitsformen ist.

1. Grundbegriffe und Grundgesetze. Zur Vorstellung des elektrischen Gleichstromes kann man das Bild einer Flüssigkeit benutzen, welche in einer Rohrleitung umläuft. Man vergleiche die Stromstärke mit der Flüssigkeitsmenge, welche sekundlich durch einen Rohrquerschnitt fließt; die elektromotorische

Kraft (EMK) oder den Spannungsunterschied mit der hydraulischen Druckhöhe, welche an den Enden der Rohrleitung herrscht und die Strömung verursacht; den elektrischen Widerstand mit dem Reibungswiderstand usw. der Flüssigkeit in der Rohrleitung; und entsprechend die elektrische Leistung = Stromstärke × EMK mit der hydraulischen Arbeitsleistung = Flüssigkeitsmenge × Druckunterschied an den Enden der Rohrleitung.

Unter einem Stromkreis versteht man eine von Leitern, Nutzwiderständen usw. gebildete, geschlossene Kette, durch welche ein elektrischer Strom hindurchfließen kann.

Zum Äußeren Stromkreis gehören sämtliche Drahtleitungen, Beleuchtungskörper, Motoren usw. außerhalb der Polklemmen.

Der Innere Stromkreis wird gebildet von den Leitern des Stromerzeugers zwischen den Polklemmen.

Von den Polklemmen wird die eine als positiv, die andere als negativ bezeichnet. Im äußeren Stromkreis fließt der Strom von der positiven nach der negativen Polklemme, im inneren Stromkreis von der negativen nach der positiven Polklemme. Die Polarität zweier Leitungen wird mit Polreagenzpapier bestimmt. Von den zu untersuchenden Leitungen werden Meßdrähte abgezweigt, deren freie Enden gleichzeitig mit dem angefeuchteten Polreagenzpapier in Berührung gebracht werden, welches auf eine nicht leitende Unterlage aufgelegt ist. An dem Ende des mit dem negativen Pol verbundenen Drahtes entsteht auf dem Reagenzpapier ein roter Fleck, oder man taucht die beiden blankgemachten Enden der Leitung in geringem Abstand von ca. 10 bis 15 mm in Wasser. Durch den elektrischen Strom wird das Wasser (H_2O) in seine chemischen Bestandteile zersetzt. Am Pluspol wird der Sauerstoff (O) ausgeschieden, am Minuspol der Wasserstoff (H_2). Da an Wasserstoff das doppelte Quantum Gas wie an Sauerstoff am Pluspol entwickelt wird, ist diejenige Leitung der Minuspol, von der die meisten Gasbläschen aufsteigen.

Elektrische Maßeinheiten.

	Einheit	Abkürzung
Stromstärke *(J)*	1 Ampere	A
Spannung *(U) (E)*	1 Volt	V
Widerstand *(R) (W)*	1 Ohm	Ω
Elektrischer Effekt = Stromstärke × Spannung	1 Watt = 1 Ampere × 1 Volt	W
1000 Watt	1 Kilowatt	kW
9,81 Watt	1 Meterkilogramm/Sekunde	mkg/s
75 × 9,81 = 736 Watt	1 Pferdestärke/Sekunde	PS/s

* Bemerkung: Die dauernde Leistung von 1 W während 1 h nennt man Wattstunde und entsprechend: 1 Kilowattstunde = 1 kWh = Leistung von 1 kW während 1 h.

Reichsgesetz über elektrische Maßeinheiten.

Die gesetzlichen Einheiten für elektrische Messungen sind das Ohm, das Ampere und das Volt.

Das Ohm ist die Einheit des elektrischen Widerstandes. Es wird dargestellt durch den Widerstand einer Quecksilbersäule von der Temperatur des schmelzenden Eises, deren Länge bei einem Querschnitt von 1 mm² 106,3 cm beträgt (Masse = 14,4521 g).

Das Ampere ist die Einheit der elektrischen Stromstärke, dargestellt durch den unveränderlichen elektrischen Strom, der beim Durchgang durch eine wässerige Lösung von Silbernitrat in einer Sekunde 0,001118 g Silber niederschlägt.

Das Volt ist die Einheit der elektromotorischen Kraft, die in einem Leiter, dessen Widerstand ein Ohm beträgt, einen elektrischen Strom von einem Ampere erzeugt.

Vom Verband Deutscher Elektrotechniker (VDE) und dem Verein Deutscher Ingenieure (VDI) sind Normen herausgegeben worden, die unter der Bezeichnung DIN gehen. Auf sie wird in den nachstehenden Ausführungen mehrfach hingewiesen werden. Die Normenblätter sind durch den Beuth-Vertrieb G. m. b. H., Berlin SW 19, zu beziehen.

Beispiel. Welche Leistung in PS entspricht einer elektrischen Leistung von 145 A bei 112 V Spannung?

$$\text{PS} = \frac{U \cdot J}{736} = \frac{112 \cdot 145}{736} \approx 22 \text{ PS.} -$$

2. Widerstand und Leistungsfähigkeit. Körper, welche dem elektrischen Strom geringen Widerstand entgegensetzen, heißen Leiter, diejenigen, welche ihm einen großen Widerstand entgegensetzen, Nichtleiter oder Isolatoren. Je größer der Widerstand, desto geringer ist die Leitungsfähigkeit.

Leiter: Sämtliche Metalle, Kohle, tierische Körper und Lösungen von Salzen und Säuren. Nichtleiter: Porzellan, Glas, Glimmer, Guttapercha, Hartgummi, Seide, Holz, Öle, Papier, Kunstharze und Isolierstoffe nach VDE 0302 und 0315.

Der Widerstand R eines drahtförmigen Leiters von der Länge l m und einem gleichbleibenden Querschnitt q mm² beträgt:

$$R = c \cdot \frac{l}{q} \, \Omega.$$

Bei Berücksichtigung der Temperatur t_2 der Leitung ist

$$R = \frac{l \cdot c}{q} \, [1 + \alpha \cdot (t_2 - t_1)] \, \Omega.$$

c ist eine Widerstandszahl = Widerstand in Ohm eines Leiters von 1 m Länge und 1 mm² Querschnitt; $1:c$ nennt man spezifische Leitungsfähigkeit, d. i. diejenige Stromstärke in Amp., welche durch einen Leiter von 1 m Länge und 1 mm² Querschnitt bei 1 V Spannungsabfall hindurchfließt.

Widerstandszahlen und Leitungsfähigkeit versch. Materialien.

Material	Widerstandszahl c bei 15° C	Widerstandszahl c: Zunahme von c bei Erwärmung um 1° C $= \alpha$	(1 : c) Leitungsfähigkeit bei 15° C $= t_1$
Aluminium	0,0308	0,0039	32,5
Blei	0,2037	0,0039	4,9
Gewöhnlicher Eisendraht.	0,1324	0,0048	7,55
Gewöhnlicher Kupferdraht	0,0174	0,0038	58,0
Messingdraht	0,0707	0,0016	14,0
Quecksilber	1,00	0,0009	1,0
Zink	0,059	0,0036	17,0
Silberdraht	0,0159	0,0038	62,6
Platinrhodium	(für hohe	Temperaturen)	5
Manganin	—	—	2,3
Konstantan	—	—	2,05
Nickelin	—	—	2,5
Neusilber	—	—	2,7
Resistin	—	—	2,1

Beispiel. Wie groß ist der Ohmsche Widerstand einer Leitung aus Eisendraht von 6 mm² Querschnitt und 100 m Länge bei $t_2 = 30°$ C?

$$\text{Widerstand } R = \frac{100 \cdot 0{,}1324}{6} [1 + 0{,}0048 (30 - 15)] = 2{,}36\ \Omega.$$

Hintereinanderschaltung von Widerständen (Reihenschaltung). Der Gesamtwiderstand R ist gleich der Summe aus den Einzelwiderständen R_1, R_2, R_3 usw.

$$R = R_1 + R_2 + R_3 + \text{usw.}$$

Nebeneinander- oder Parallelschaltung (Abb. 474). Die Gesamtleitungsfähigkeit zwischen den beiden Knotenpunkten A und B ist gleich der Summe der Leitungsfähigkeiten der einzelnen Verzweigungen.

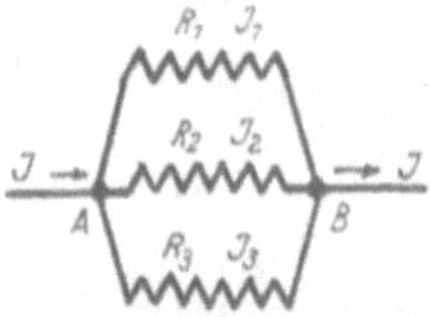

Abb. 488.

Es seien R_1, R_2 und R_3 usw. die Widerstände der parallelgeschalteten Leiter, R der Gesamtwiderstand zwischen A und B, dann sind $1 : R_1$, $1 : R_2$, $1 : R_3$ usw. die Leitungsfähigkeiten der einzelnen Zweige, und $1 : R$ die Gesamtleitungsfähigkeit.

$$\frac{1}{R} = \frac{1}{R_1} + \frac{1}{R_2} + \frac{1}{R_3} + \text{usw.}$$

Für zwei parallelgeschaltete Widerstände R_1 und R_2 berechnet sich der Gesamtwiderstand R folgendermaßen:

$$\frac{1}{R} = \frac{1}{R_1} + \frac{1}{R_2}; \quad R = \frac{R_1 \cdot R_2}{R_1 + R_2} = \frac{\text{Produkt}}{\text{Summe}}.$$

Der Widerstand eines Stromkreises wird durch Vergleich mit einem bekannten Widerstand gemessen.

3. Ohmsches Gesetz. Für einen einfachen, geschlossenen Stromkreis ist:

Stromstärke = Spannung : Widerstand

oder: $J = U : R$ und: $U = J \cdot R$.

4. Berechnung von Leitungen aus Kupfer. Bezeichnet J die Stromstärke in der Leitung, u den entstehenden Verlust an Spannung und l die Gesamtlänge der Hin- und Rückleitung in Metern, dann ist der notwendige Leitungsquerschnitt:

$$F = \frac{l \cdot J}{58 \cdot u} \text{ mm}^2.$$

Es ist hierbei zu beachten, daß die Belastung der Leitung in Ampere die Zahl nicht überschreiten darf, welche in den Vorschriften für die Errichtung und den Betrieb elektrischer Starkstromanlagen vom „Verband Deutscher Elektrotechniker" festgesetzt ist. Die Querschnitte von Leitungen aus Aluminium, Zink und Eisen berechnen sich nach der gleichen Formel, doch sind die entsprechenden Werte für die Leitungsfähigkeit aus der Zahlentafel S. 518 einzusetzen, also statt 58 für Kupfer wird 32,5 für Aluminium, 17 für Zink und 7,55 für Eisen eingesetzt.

Höchstbelastung bekleideter Leitungen nach VDE 0250.

Querschnitt eines Leiters in mm^2	Kupfer Belastung in A	Aluminium Belastung in A	Zink Belastung in A	Eisen Belastung in A
0,75	9			
1	11	8		
1,5	14	11	9	
2,5	20	16	11	8
4	25	20	13	10
6	31	24	16	12
10	43	34	23	17
16	75	00	40	30
25	100	80	52	40
35	125	95	65	50
50	160	125	83	65
70	200	155	105	80
95	240	185	125	95
120	280	215	145	110
150	325	250	170	125

Bei gegebenem Material und Querschnitt der Leitung ist der Spannungsabfall:

$$u = \frac{l \cdot J}{\left(\frac{1}{c}\right) \cdot q} \text{ Volt.}$$

Werte für $(1:c)$ s. Zahlentafel auf S. 518.

Beispiel. In 78 m Entfernung von einer Schalttafel steht ein Gleichstromelektromotor, welcher mit 220 V läuft und dabei 40 A verbraucht. Welchen Querschnitt muß die Leitung zum Motor erhalten, damit der entstehende Spannungsverlust nicht größer als 2% = 4,4 V wird? Da l die ganze Länge der Leitung ist, also Hin- und Rückleitung, so ist dafür 78 · 2 = 156 m einzusetzen.

$$F = \frac{156 \cdot 40}{58 \cdot 4{,}4} = 24{,}5 \text{ oder} \sim 25\,\text{mm}^2.$$

Dieselbe Leitung aus Aluminium erfordert den Querschnitt:

$$F = \frac{156 \cdot 40}{32{,}5 \cdot 4{,}4} = 43{,}6\,\text{mm}^2.$$

Hierfür wird der gebräuchliche Querschnitt 50 mm² gewählt. Der Spannungsverlust wird dadurch etwas geringer und beträgt dann

$$u = \frac{156 \cdot 40}{32{,}5 \cdot 50} = 3{,}85\,\text{V}.$$

Beispiel. Ein Scheinwerfer, welcher 92 m vom Schaltbrett entfernt steht, verbraucht 80 A. Wieviel Volt beträgt der Spannungsabfall, wenn die Zuleitung mit 35 mm² Querschnitt verlegt ist?

$$u = \frac{184 \cdot 80}{58 \cdot 35} = 7{,}26\,\text{V}.$$

5. Kirchhoffsches Gesetz für Stromverzweigungen.

In jedem Verzweigungspunkt ist die Summe der von diesem Punkt wegfließenden Ströme gleich der Summe der hinzufließenden.

Hieraus folgt, daß in einem einfachen Stromkreis die Stromstärke überall die gleiche ist, und daß bei einer Stromverzweigung sich die Stromstärken auf die einzelnen Zweige umgekehrt den Leitungswiderständen der Zweige verteilen, während die Summe der Teilströme gleich dem ungeteilten Strom bleibt.

6. Joulesches Gesetz. Der Teil der elektrischen Energie, welchen man in einen Stromkreis einleitet, ohne daß er in Licht oder in mechanische Energie umgesetzt wird, verwandelt sich in Wärme (Joulescher Leitungsverlust). Die Wärmemenge Q ist bei einer Stromstärke J A, einem Leiter vom Widerstand R während der Zeit t s:

$$Q = 0{,}00024 \cdot J^2 \cdot R \cdot t\ \text{kcal}.$$

Eine Leitung, welche eine für ihren Querschnitt zu hohe Stromstärke leitet, erwärmt sich demgemäß solange bis der Beharrungszustand eingetreten ist, d. h. bis die an die umgebende Luft abgeführte Wärme ebenso groß ist, als die im Leiter dauernd erzeugte.

Die Leitung kann dabei eine so hohe Temperatur annehmen, daß sie erglüht und unter Feuererscheinung abschmilzt bzw. zerfällt. Hierbei werden lange vorher (bei etwa 100°) die meistenteils aus vegetabilischen Stoffen bestehenden Isolationsmaterialien zerstört, entflammen und können Brände verursachen.

Kurzschlüsse sind fast stets auf mangelhafte Installation oder auf Verwendung unvorschriftsmäßiger Leitungsmaterialien und unrichtiger Sicherungen zurückzuführen. Mangelhafte Verbindungen an Klemmen, Lötstellen oder Bruchstellen können ebenfalls Ursache einer örtlichen Überhitzung der schlechten Verbindungsstelle sein und damit zu einem Brand Veranlassung geben.

Über Leitungen siehe auch:

Vorschriften für isolierte Leitungen nach der Hauptvorschrift VIL VDE 0250, schwarz-rote Kennfäden und nach den Umstellvorschriften VDE 0250 U, schwarz-rot-grüne Kennfäden.

Kupfer- und Aluminium-Normen VDE 0201.

Runder isolierter Kupferdraht, technische Lieferbedingungen DIN VDE 6450, DIN 1766.

Leitungsdrähte für Starkstromleitungen DIN VDE 8200 und 8201.

Starkstrom Bleikabel VSK VDE 0255 und 0260.

Isolierte Leitungen in Fernmeldeanlagen VFL 0810.

Rohrdrähte VDE 0250.

Lackisolation DIN VDE 6435 und 6390.

Elektrolytkupfer E-Cu DIN VDE 500.

a) Sicherungen. Um eine Überlastung der Leitungen zu vermeiden, schaltet man in den Anfang des Stromkreises in Hin- und Rückleitung Sicherungen ein, bestehend aus leichtschmelzenden Metallen (Blei, Britannia) oder aus Silberdraht, welcher durch Verminderung seines Querschnittes bis nahe an seine Schmelztemperatur gebracht wird. Bis zu Stromstärken von 100 A verwendet man Sicherungen in der Form von Patronen und Schraubstöpseln. Innerhalb des Porzellankörpers befindet sich ein Silberdraht von entsprechender Stärke, der beim Überschreiten der höchsten zulässigen Stromstärke durchschmilzt und dadurch die Leitung selbsttätig abschaltet. Die Sicherungen schützen den kleinsten Querschnitt der hinter ihnen befindlichen Leitung vor unzulässiger Erwärmung. Das Durchschmelzen wird kenntlich gemacht durch Herausfallen eines Kennplättchens mit den Farben der Briefmarken, 6 A grün, 10 A rot, 20 A blau. Über 100 A bestehen die Sicherungen aus Silberdrahtschmelzstreifen, welche in Klemmen eingelötet sind. Sie werden durch Klemmschrauben auf festen Kontakten befestigt und lassen sich daher bequem auswechseln. Schutzkasten aus Isolationsmaterial schützen sie vor unbeabsichtigter Berührung. Außer den Normalpatronen gibt es noch Überstromträge Patronen, kurzverzögert, und Tardo-Sicherungen, langverzögert.

b) Automaten. An Stelle von Sicherungen verwendet man auch Automaten. Dies sind Schraubstöpsel aus Porzellan, welche in die normalen Sicherungselemente eingeschraubt werden. Sie sind mit einem Druckknopf versehen, der nach dem Ansprechen des Automaten von Hand heruntergedrückt wird, und den Stromschluß wieder herstellt. Ob ein Automat angesprochen hat, ist an der Kennung zu sehen; das ist ein kleines Stäbchen, das aus der Oberfläche des Automaten neben dem Druckknopf einige Millimeter herausspringt, so daß man auch im Dunkeln durch Berühren erkennen kann, ob der Automat eingeschaltet oder herausgefallen ist. Die Auslösevorrichtung des Automaten befindet sich im Innern des Porzellankörpers. Diese Kleinautomaten werden in Größen von 6 bis zu 20 A hergestellt. Das Schema eines solchen Kleinautomaten ist in nebenstehender Abb. 489 zu sehen.

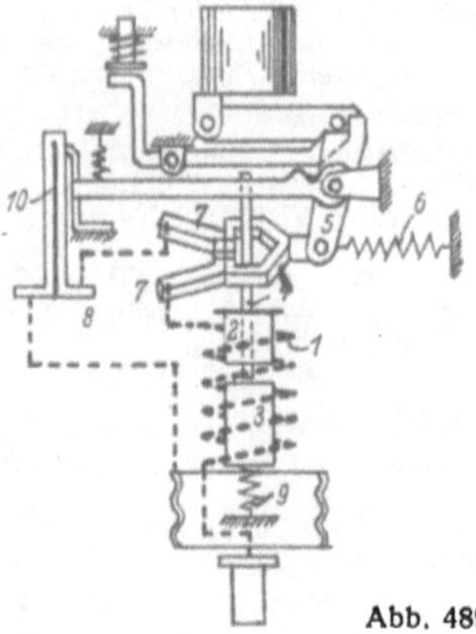

Abb. 489.

Die Magnetspule *1* bildet zusammen mit dem Weicheisenkern *2* einen Elektromagneten, der bei genügend großem Strom und bei Kurzschlußbelastung das bewegliche Ankerstück *3* anzieht. Diese Hubbewegung wirkt durch den Stab *4* auf die Verriegelung des Kontaktarmes *5*, die hierdurch aufgehoben wird. Eine als Kraftspeicher dienende und bei der Einschaltung des Automaten vorgespannte Feder *6* hebt dann die Schaltbrücke *7* von den festen Kontakten *8* ab. Hierbei und unterstützt durch das entsprechend ausgebildete Momentschaltwerk wird eine bedeutende Schaltgeschwindigkeit erzielt, die zusammen mit der Blaswirkung des Magneten die außergewöhnlich hohe Kurzschlußleitung des AEG-Automaten ohne Stehenbleiben des Lichtbogens ergibt.

Das Wiedereinschalten geschieht durch Druckknopf. Durch eine Freiauslösung wird sogar beim Schalten auf einen bestehenden Kurzschluß ein Funken oder Ziehen von Lichtbögen unmöglich gemacht. Die Gegenfeder *9* bewirkt, daß der Autmoat beim 5fachen der Nennstromstärke die Abschaltung vornimmt. Die betriebsmäßige Überlastung unterhalb der magnetischen Auslösegrenze wird durch das thermische Auslöseorgan *10* kontrolliert. Dieses besteht aus Bimetall und erwärmt sich bei Stromdurchgang. Dadurch biegt es sich so weit, bis die Verklinkung das Schaltwerk auslöst.

Größere Automaten werden nach ihrer Wirkungsweise in 4 Klassen eingeteilt:

1. Minimalstromautomaten; diese schalten bei einer einstellbaren unteren Stromgrenze aus.
2. Maximalstromautomaten; sie dienen als Strombegrenzer bei Überlastungen an Stelle von Sicherungen.
3. Maximal- und Rückstromautomaten; sie begrenzen den Strom in der normalen und auch in umgekehrter Richtung.
4. Minimal-Spannungsautomaten; sie treten in Funktion beim Ausbleiben der Spannung und dienen z. B. zum Schutz von Motoren, wenn der Strom ausbleibt.

Fast alle haben außerdem noch einen thermischen Schutz

Die Automaten werden ein- und mehrpolig hergestellt. Soll die Ausschaltung mit einer gewissen Verzögerung geschehen, so wird oft die freie Bewegung der Auslösemagnetanker durch Laufwerke oder Luftbremsen gehemmt, oder es sind Relais eingeschaltet, die mit derartigen Vorrichtungen versehen sind. Maximalstromautomaten werden häufig mit einer Freilaufkupplung versehen, die das Einschalten des Schalters verhindert, solange ein unzulässiger Zustand in der durch den Automaten überwachten Leitung besteht.

7. **Elektromagnetismus.** Ein Elektromagnet besteht aus einem Kern von weichem Eisen, um welchen Windungen aus isoliertem Draht gewickelt sind. Fließt ein elektrischer Strom durch die Windungen, dann entsteht in dem weichen Eisenkern Magnetismus, dessen Stärke bis zu einer bestimmten Grenze (Sättigung) mit dem Produkt aus Stromstärke und Zahl der Windungen des isolierten Kupferdrahtes (Amperewindungen) zunimmt. Die beiden entstehenden Magnetpole (Nordpol und Südpol) lassen sich mittels der Ampereschen Schwimmregel angeben: Man denke sich mit dem Strome schwimmend, das Gesicht dem Eisenkern zugekehrt, dann befindet sich der Nordpol in Richtung der ausgestreckten linken Hand.

Der Nachweis eines Stromes und seiner Richtung erfolgt mit dem Galvanometer. Das Galvanometer (Abb. 490) beruht in seiner Wirkungsweise auf der Ampereschen Schwimmregel und besteht aus einer über einen länglichen Rahmen (Holz, Messing) gewickelten Drahtspule mit senkrechter Wicklungsebene, in deren Hohlraum sich auf einer Spitze eine Magnetnadel befindet. Beim Gebrauch wird das Instrument so aufgestellt, daß die Wicklungsebene mit der Nordsüdrichtung der Nadel übereinstimmt. Beim Stromdurchgang durch die Galvanometerspule schlägt die Nadel seitlich aus und zeigt dadurch das Vorhandensein eines elektrischen Stromes an. Aus der Richtung des Ausschlages ist die Stromrichtung in der Spule zu erkennen. Fließt ein Strom in der in Abb. 490 angegebenen Richtung durch die Wicklung des Galvanometers, dann wird der schwarz bezeichnete Nordpol der Magnetnadel nach links ausschlagen. Bei Isolationsmessungen wird eine Klemme des Galvanometers an den zu untersuchenden Leiter, die andere an den Schiffskörper gelegt. Der elektrische Strom wird von einer kleinen Hilfsbatterie geliefert, welche in den Stromkreis der Drahtspule eingeschaltet ist. Bei Isolationsfehlern fließt ein Strom durch die Fehlerstelle; der Ausschlag der Magnetnadel gibt die Größe des Fehlers an.

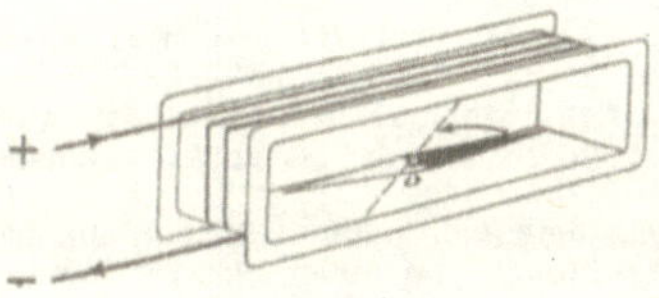

Adb. 490.

Jeder Magnet bildet um sich herum ein magnetisches Feld, innerhalb desselben übt der Magnet eine Kraft aus, deren Richtung und Stärke durch die Beschaffenheit des magnetischen Feldes bestimmt ist. Man denkt sich das magnetische Feld aus Kraftlinien gebildet. Die in einem Punkt des Kraftfeldes vom

Magneten ausgeübte Kraft stimmt mit der Richtung der durch diesen Punkt gehenden Kraftlinie überein, und ist für den Teil der Kraftlinien im Kern des Magneten vom Südpol nach dem Nordpol, im äußeren Verlauf vom Nordpol nach dem Südpol gerichtet (Abb. 491). Die Stärke des magnetischen Feldes an irgendeiner Stelle richtet sich dann nach der Anzahl der Kraftlinien auf 1 cm² an der betreffenden Stelle. Die beiden Pole sind Orte der größten magnetischen Kraft, welche mit der Entfernung von den Polen schnell abnimmt.

Eine in das magnetische Feld eingebrachte Magnetnadel stellt sich stets in die Richtung der Kraftlinien ein.

Die praktische Ermittlung der Polarität erfolgt ebenfalls durch eine Magnetnadel: Wird der Nordpol der Magnet-

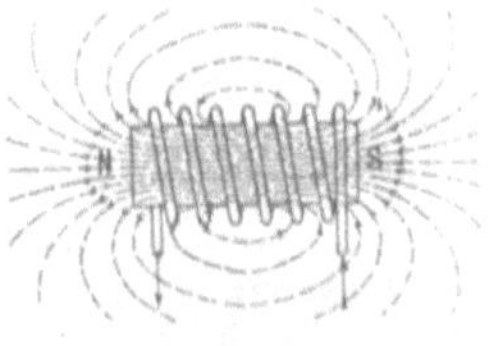

Abb. 491.

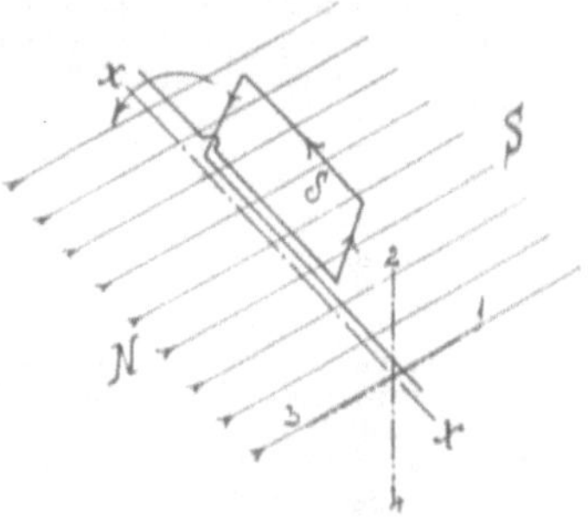

Abb. 492.

nadel abgestoßen, so ist der betreffende Pol ebenfalls ein Nordpol.

Bemerkung. Die einzige Ausnahme dieser Regel bildet der Nordpol der Erde selbst, nach welchem der Nordpol der Magnetnadel hinzeigt.

Stellt man 2 Elektromagnete (Nordpol und Südpol) einander gegenüber, so daß die Kraftlinien von einem Pol zum andern geradlinig und gleichmäßig verteilt übertreten, so entsteht ein homogenes magnetisches Feld.

8. Induktion.

a) Erzeugung von elektrischer aus mechanischer Energie. Wird in den Bereich eines homogenen magnetischen Feldes (Abb. 492) eine aus Draht bestehende Spule *S* durch Drehung um die Achse *xx*, an der sie mit einer Langseite befestigt ist, in Bewegung versetzt, dann entsteht in der Spule eine EMK (Elektromotorische Kraft), welche einen elektrischen Strom hervorruft, sobald der Stromkreis der Spule geschlossen ist. In diesem Fall ist dann für die Drehung des Leiters mechanische Arbeit aufzuwenden. Dieses Prinzip findet Anwendung bei Dynamomaschinen. Drehe ich die in Abb. 492 eingezeichnete Spule *S* um ihre Achse *x* in der Pfeilrichtung, so gilt dabei folgende Regel: Vermehre ich durch die Drehung die Zahl der Kraftlinien, welche durch den Innenraum der Spule gehen, so entsteht eine EMK, welche, in der Richtung der Kraftlinien gesehen, entgegengesetzt ist der Drehung des Uhrzeigers.

Liegt die Spule *S* z. B. mit ihrer Ebene in der Richtung 3—1 des magnetischen Feldes *NS*, so gehen keine Kraftlinien durch ihren Hohlraum. Nun drehe ich die Achse *x* in der Pfeilrichtung um ein Stück nach links herum (in der Zeichnung sind es ca. 70°). Jetzt gehen durch den Hohlraum der Spule eine gewisse Anzahl Kraftlinien hindurch, die Zahl der Kraftlinien im Hohlraum der Spule hat sich also vermehrt. Das Maximum der durch die Spule gehenden Kraftlinien liegt an der Stelle, sobald die Oberkante der Spule mit der Stellung *2* zusammenfällt, wenn sie also mit ihrer Ebene auf dem Kraftlinienfeld senkrecht steht.

Nun sehe ich in die Richtung der Kraftlinien, also von *N* nach *S* gegen die Spule; bei der festgestellten Kraftlinienvermehrung entsteht in ihr eine EMK, die sich entgegengesetzt der Uhrzeigerdrehung bewegt, also links herum, wie die eingezeichneten Pfeile an der Spule. Drehe ich nun die Spule über *2* hinaus nach *3*, so nimmt die Kraftlinienzahl im Hohlraum der Spule wieder ab und ist bei *3* = Null. In dem Feldbereich zwischen *2* und *3* ist also eine Verminderung der Kraftlinien eingetreten. Sehe ich nun wieder in die Richtung der Kraftlinien (diese Bedingung bleibt unter allen Umständen die gleiche), so wird bei Verminderung der Kraftlinienzahl im Quadranten *2—3* die EMK in der Spule im Uhrzeigersinn fließen, also rechts herum, also umgekehrt wie in der Zeichnung (Abb. 492). Beim Weiterdrehen im Feldbereich *3—4* tritt wieder eine Vermehrung ein, es fließt also in der Spule die EMK links herum und im Quadranten *4—1* bei Verminderung wieder rechts herum. Man zeichne sich, ähnlich wie in Abb. 492, in ein Kraftlinienfeld die Spule *S* jeweils zwischen den 4 Stellungen *1—2*, *2—3*, *3—4*, *4—1* ein, und markiere bei vorgeschriebener Linksdrehung der Achse die Richtung der entstehenden EMK durch Pfeile. Das fehlerfreie Bestimmen der EMK ist für das Verständnis der nachfolgenden Erklärungen unerläßlich. Ob die Spule dabei rund oder eckig gewickelt ist, ist gleichgültig. Der Pluspol des Stromes liegt immer an der Stelle, an welcher der mit Pfeilen eingezeichnete Strom die Spule verläßt und in den äußeren Stromkreis übertritt, und demgemäß liegt der Minuspol an der Eintrittsstelle am anderen Ende der Spule.

B. Stromerzeuger, Dynamomaschinen oder Generatoren.

1. Aufbau und Wirkungsweise. Ordnet man eine Anzahl solcher Spulen um eine Achse im Kreise herum an und verbindet je das Ende der einen Spule mit dem Anfang der nächsten, so entsteht der sog. Grammesche Ring, eine Wicklung, wie sie auf den aus Eisenblech bestehenden Ankern von elektrischen Maschinen angebracht ist. Verfolgt man auf Grund der vorher gegebenen Regel die Entstehung der EMK, so findet man, wie aus Abb. 493 ersichtlich, daß die EMK von der oberen Hälfte des Ankers nach der unteren fließt, wenn man die auf der Stirnseite der Wicklung eingezeichneten Pfeile für den Verlauf des Stromes verfolgt. In der obersten und der untersten Spule wird keine EMK entstehen, dagegen in allen übrigen. Diese beiden Spulen liegen in der „neutralen Zone“, in welcher die Umkehrung der Richtung der EMK in der Ankerwicklung stattfindet. Bei der Drehung des Ankers wird der Strom durch den Kollektor, auf welchem die Bürsten aufliegen, von derjenigen Spule abgenommen, welche in der neutralen Zone liegt. Sämtliche Lamellen des Kollektors sind je mit dem Anfang bzw. Ende zweier nebeneinander liegenden Spulen verbunden. Die Bürsten, welche von einer Kollektorlamelle zur anderen gleiten, schließen hierbei während eines kurzen Augenblickes die zwischen ihnen liegende Spule kurz. Die geringe in ihr entstehende EMK verursacht nun, wenn die Bürste nicht genau in der neutralen Zone steht, das Auftreten eines Funkens.

Betrachtung der Abb. 493. Spulengruppe im rechten oberen Quadranten oberhalb des Buchstaben *N*. Aus dem ein-

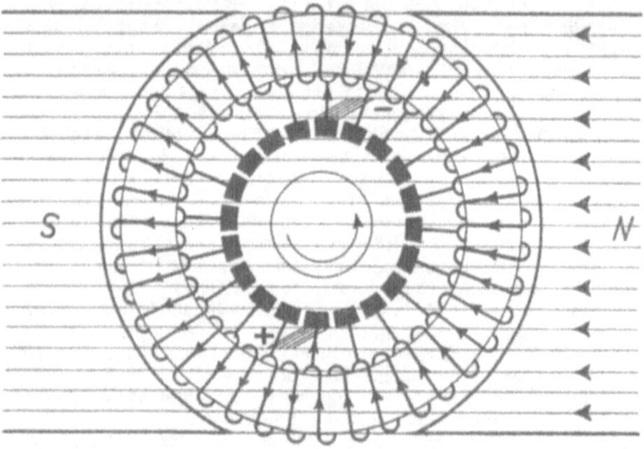

Abb. 493.

gezeichneten Bewegungspfeil der Achse und aus der Stellung der Bürsten auf den angedeuteten Kollektorlamellen ist ersichtlich, daß der Anker sich links herum dreht, daß also die Spulen, die bei *N* genau waagerecht in der Ebene der Kraftlinien liegen, so daß diese Kraftlinien nicht durch den Hohlraum der Spule gehen können, bei der Weiterbewegung durch den Quadranten in eine senkrechte Stellung gelangen, nämlich oberhalb der Minusbürste. In dieser Stellung gehen alle Kraftlinien, welche die Spule zu fassen vermag, durch ihren Hohlraum hindurch. Es hat also bei der Drehung der Spule von *N* nach dem oberen Teil der Abbildung eine Vermehrung der Zahl der Kraftlinien stattgefunden. Nun sieht man in die Richtung der Kraftlinien, die durch Pfeile gekennzeichnet ist, und die immer vom magnetischen Nordpol zum magnetischen Südpol verläuft. (In der Abbildung ist das Magnetgestell mit den beiden Polen *N* und *S* angedeutet.) Dann wird der Strom in jeder der Spulen dieses Quadranten im entgegengesetzten Sinne des Uhrzeigers verlaufen, also bei der einzelnen Spule von oben nach links herum, wie die Pfeile der Abb. 493 zeigen.

Verfolgt man die Wirkung im linken oberen Quadranten, in welchem die Spulen aus der senkrechten Lage nach links zu sich umlegen, und bei *S* horizontal, also in der Richtung der Kraftlinien liegen, so tritt auf dem ganzen Wege, den die Spule zurücklegt, eine Verminderung der Kraftlinien, welche den Hohlraum der Spule durchsetzen, ein. Sieht man wieder in der Richtung der Kraftlinien, also auch von rechts her, wo das *N* steht, dann verläuft der Strom in diesen Spulen im Sinne der Uhrzeigerdrehung, also von unten über links nach oben, wie die Pfeile zeigen. In den beiden unteren Quadranten wird die Stromrichtung in der gleichen Weise festgestellt. Nun vervollständigt man die Pfeile bis zu den Stellen, wo sie zusammenstoßen, das ist in der Abb. 493 unten. Dort fließen die Ströme der linken und rechten Aknerhälfte von oben herunter und vereinigen sich an dem Verbindungsdraht, der von der am tiefsten liegenden Ankerspule nach dem ihr gegenüber liegenden Kollektorsegment geführt ist. Auf dem Verbindungsdraht ist ein nach oben gehender Pfeil gezeichnet. An dieser Stelle liegt eine Bürste der Dynamo auf dem Kollektor auf und nimmt den Strom, der ihr aus dem Anker zufließt, ab. Diese Bürste ist die Plusbürste, gekennzeichnet durch +. Die Minusbürste — liegt ihr gegenüber auf der entgegengesetzten Seite des Kollektors, und die Leitung, welche den Strom führt, der von der Plusbürste aus durch den äußeren Stromkreis fließt, ist hier angeschlossen. Die Minusbürste überträgt den Strom auf den Kollektor und von seiner Lamelle fließt er, wie durch Pfeil angezeigt, zu der Wicklung des Ankers nach dessen oberster Spule.

Selbstverständlich entsteht auch nur ein Strom im Anker, wenn er sich dreht, d. h. wenn in seinen Spulen bei der Drehung eine Vermehrung oder Verminderung von Kraftlinien, die von dem feststehenden Magnetsystem ausgehen, eintritt.

Neutrale Zone. Infolge des Stromdurchganges durch die Ankerwicklung verhält sich der Eisenkern des Ankers wie ein Elektromagnet und bildet um sich ein zweites magnetisches Feld (Ankerfeld), dessen Pole an denjenigen Stellen liegen, an denen der Strom aus beiden Ankerhälften zusammenfließt bzw. sich gabelt. Die Richtung dieses magnetischen Feldes steht rechtwinklig zum Hauptfeld, die Feldstärke ist um so größer, je größer die durch die Ankerwicklung fließende Stromstärke ist. Beide magnetische Felder bilden zusammen ein resultierendes Feld, dessen Richtung sich mit zunehmender Ankerbelastung im Sinne der Ankerdrehung verlegt. Da die neutrale Zone senkrecht zur Richtung des magnetischen Feldes steht, so verlegt sie sich ebenfalls bei zunehmender Belastung im gleichen Sinne, d. h. zur Erzielung eines funkenfreien Ganges müssen die Bürsten bei Belastung des Ankers in der Ankerdrehrichtung vorgeschoben werden.

Gleichzeitig bewirkt das Ankerfeld eine Schwächung des Magnetfeldes der Feldmagnete, die mit zunehmender Belastung des Ankers zunimmt, daher geht bei gleichbleibender Felderregung bei Belastung die Klemmenspannung der Dynamomaschine zurück. Um sie auf den alten Wert zu bringen, muß die Stromstärke im Nebenschluß durch Abschalten von Widerstand am Nebenschlußregler erhöht werden.

Das Magnetfeld wird durch Elektromagnete hervorgerufen, welche gleichzeitig das Gestell der Maschine bilden. Der Strom für die Feldmagnete wird entweder einer fremden Stromquelle von gleichbleibender Spannung (Fremderregung) entnommen oder an den Klemmen der Dynamomaschine selbst. Die Selbsterregung beruht darauf, daß im Dynamogestell stets „remanenter Magnetismus" vorhanden ist, welcher Nord- und Südpole ausbildet, die ein schwaches magnetisches Feld erzeugen.

Wird der Anker in diesem Magnetfeld gedreht, dann entsteht in den Ankerwicklungen eine geringe EMK. Die Bürsten des Ankers sind nun mit der Wicklung der Elektromagnete so verbunden, daß der durchfließende Strom den vorhandenen Magnetismus verstärkt; es entsteht also ein stärkeres magnetisches Feld und im Anker eine höhere EMK (dynamoelektrisches Prinzip).

Die Maschine arbeitet sich auf diese Weise hoch. Dieses Hocharbeiten der Spannung erfolgt aber nur bei richtig

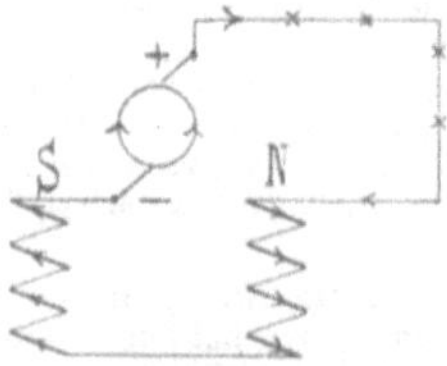

Abb. 494.

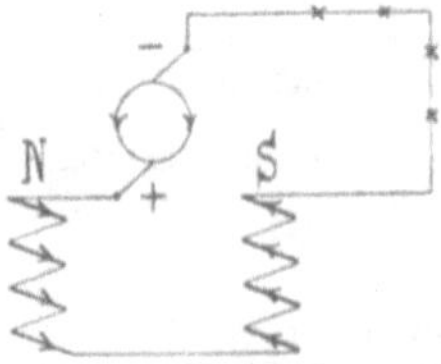

Abb. 495.

ausgeführter Verbindung unter Berücksichtigung der vorher gegebenen Regeln. In Abb. 494 und 495 sind bei verschiedenen Wicklungen des Ankers die Stromrichtungen für die dabei auftretenden ersten geringen Ankerströme nach der Ampereschen Schwimmregel eingezeichnet. Die Magnetwicklung ist als Spirale gezeichnet, deren vordere dem Beschauer zugekehrte Seite dick ausgezogen ist. Im Hohlraum der Spule befindet sich das Eisen des Magnetgestelles. Werden die Verbindungen nach Abb. 494 und 495 hergestellt, so wird sich die Maschine von selbst hocharbeiten.

Die Spannung an den Bürsten der Maschine kann man bequem regeln, indem man in den Magnetstromkreis einen Regulierwiderstand einschaltet.

Ihrer Wicklung nach unterscheidet man 3 Arten von Dynamomaschinen.

2. Hauptstrommaschine (vgl. Abb. 496). Äußerer Stromkreis und Magnetwicklung sind hintereinander geschaltet, die Stromstärke in der Magnetwicklung ist also gleich derjenigen im äußeren Stromkreis. (Daher von außen kenntlich an den dicken Magnetwicklungen.)

Die **Regelung** erfolgt:

a) durch einen **Widerstand, der parallel zur Magnetwicklung liegt**, so daß ein Teil des Stromes an ihr vorbeigeleitet wird und dadurch ein schwächeres magnetisches Feld entsteht,

b) durch **Bürstenverstellung**,

c) durch **Unterteilung der Magnetwicklung** in mehrere einzelne Spulen, die durch eine Kontrollwalze hintereinander oder parallel geschaltet werden können.

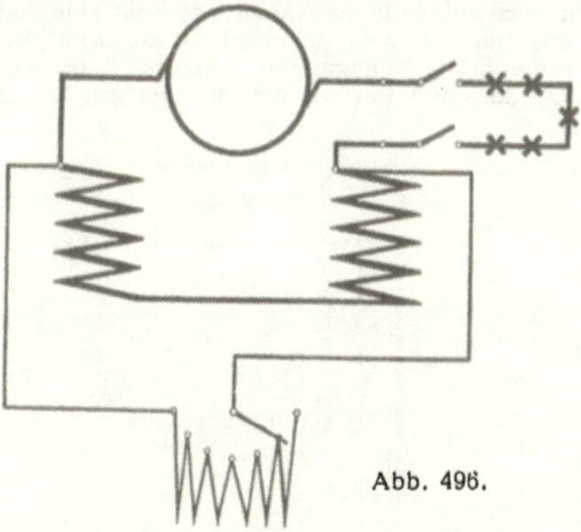

Abb. 496.

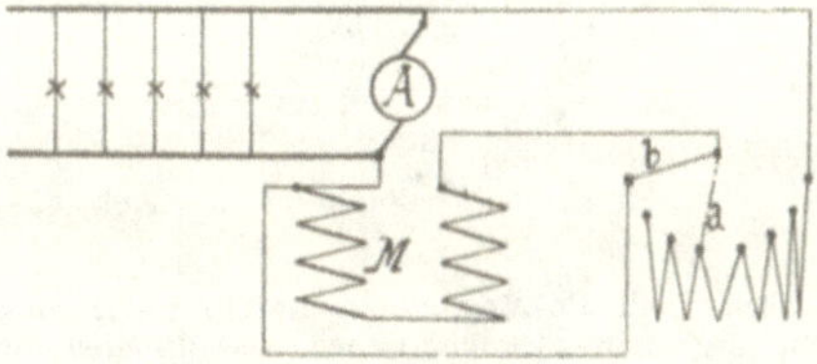

Abb. 497.

3. Nebenschlußmaschine. (Abb. 497.) Der Anker *A* ist mit beiden Bürsten unmittelbar mit dem Netz verbunden. Parallel dazu ist die Magnetwicklung *M* abgezweigt. Da diese aus vielen dünnen Drähten besteht, also einen hohen Widerstand hat, ist die Stromstärke, welche die Magnetwicklung verbraucht, gering; sie beträgt 1,5 bis 3% des Gesamtstromes.

Die **Regelung** der Spannung erfolgt mit Hilfe eines Reglerwiderstandes, der in den Magnetstromkreis eingeschaltet ist und der mit einem sog. Kurzschlußknopf (der erste Kontakt) versehen ist. Steht die Kurbel des Magnetreglerwiderstandes in Stellung *a*, so geht der Strom von einer Bürste der Maschine über die Magnete und den nicht abgeschalteten Teil des Reglerwiderstandes zur anderen Bürste. Damit beim Abschalten der Maschine bzw. der Magnete der bei der Stromunterbrechung in den Magnetwicklungen entstehende hochgespannte Extrastrom (infolge Selbstinduktion) die Isolation der Magnetspulen nicht gefährdet, d. h. durchschlägt, erfolgt das Abschalten mittels Kurzschlußknopf, welcher den auftretenden Extrastrom durch eine die Magnete kurzschließende Leitung unschädlich macht (Stellung *b*).

Die Spannung einer Nebenschlußmaschine wird wesentlich von der durch den Anker abgegebenen Stromstärke beeinflußt; Änderungen in der Netzbelastung können nur durch Nachregeln im Magnetstromkreis ausgeglichen werden.

Wenn man mit einer Nebenschlußdynamo eine Akkumulatorenbatterie ladet, so wird, wenn aus irgendeinem Grunde die Batterie Strom in die Dynamo gibt, selbst bei fester Verbindung zwischen Dynamo und Batterie die Dynamo ihre Drehrichtung

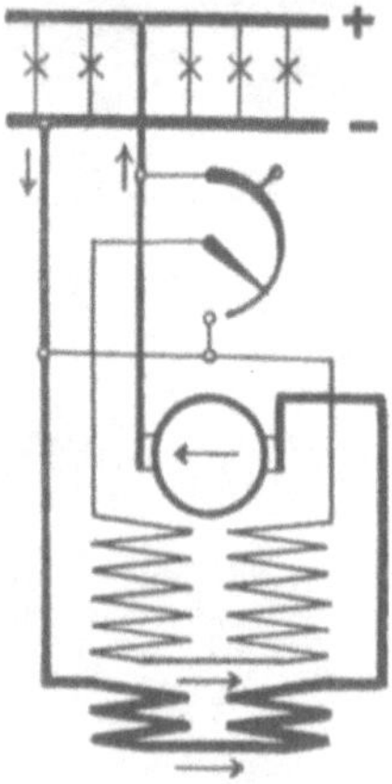

Abb. 498.

nicht wechseln, weil die Magnete in derselben Richtung Strom bekommen, also an den magnetischen Verhältnissen nichts geändert wird. Die Dynamo läuft also als Motor weiter.

Entsteht im äußeren Stromkreis ein Kurzschluß, so wird die Stromstärke in der Maschine erheblich steigen; durch den hierbei auftretenden Spannungsabfall im Anker nimmt sofort die Klemmenspannung ab, infolgedessen auch die Stromstärke im Nebenschluß und damit die Magnetisierung, wodurch sich wiederum die EMK in der Ankerwicklung und die Klemmenspannung verringert. Dieser Vorgang hat zur Folge, daß die Maschine in kurzer Zeit spannungslos wird, wenn der Kurzschluß bestehen bleibt.

4. Die Verbundmaschine (Abb. 498) besteht aus einer Verbindung der Nebenschlußmaschine mit der Hauptstrommaschine. Die von den Klemmen einer Nebenschlußmaschine abgehende Leitung, welche den Gesamtstrom führt, ist in einigen Windungen um die Magnete herumgelegt.

Bei steigender Belastung vermehren die Amperewindungen der starken Verbundwicklung die von der Nebenschlußwicklung ausgehende Wirkung und erhöhen die Spannung, welche im Anker entsteht. Auf diese Weise wird der Spannungsverlust selbsttätig ausgeglichen, und die Maschine hält die Klemmenspannung zwischen Leerlauf und voller Belastung konstant.

5. Besondere Wicklungsarten. Bei gewöhnlichen Gleichstrommaschinen erfolgt die Einstellung der Bürsten von Hand. Die Verschiebung der neutralen Zone kann jedoch selbsttätig vermieden werden:

a) Durch Anbringung von Wendepolen (Abb. 499), welche in der Mitte zwischen den Hauptpolen liegen. Wendepolwicklung und Ankerwicklung sind direkt hintereinander geschaltet, so daß

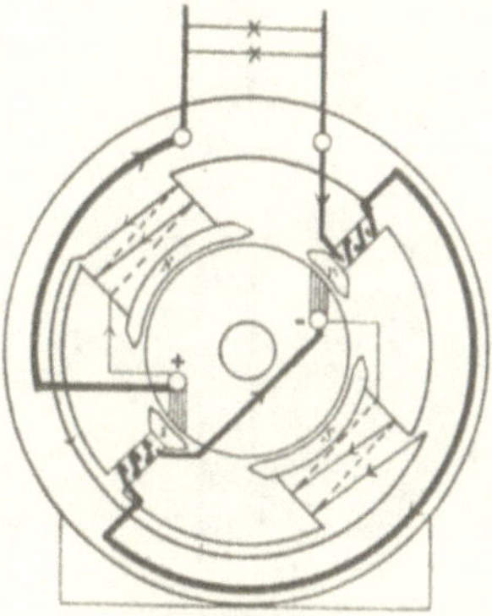

Abb. 499.

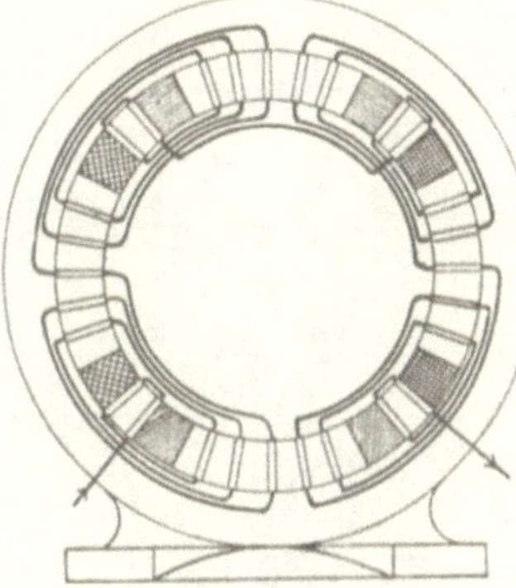

Abb. 500.

beide Felder bei steigender Belastung gleichmäßig miteinander wachsen, sich aber in ihrer Wirkung gegenseitig aufheben.

b) Durch eine Kompensationswicklung. Durch diese Wicklung wird das Eisen der Magnetkerne senkrecht zur Drehrichtung durch die Magnetwicklungeh mehrfach unterteilt. Dadurch werden die Kraftlinien gehindert, sich an einer Seite des Magnetkernes so zusammenschieben, daß die eine Seite des Eisenkernes viel, die andere nur wenig Kraftlinien erhält.

c) Durch gleichzeitige Anordnung von Wendepolen und Kompensationswicklung[1]).

[1]) Durch die Erfindung der kompensierten Maschine ist es erst möglich geworden, Gleichstromdynamos für Dampfturbinenantrieb mit etwa 3000 U/min zu bauen. Bei Belastungsänderungen bestand früher bei dieser hohen Drehzahl die Gefahr, daß das Bürstenfeuer rund um den Kollektor herumschlug und als Lichtbogen stehen blieb, wobei Bürsten und Kollektor erheblich beschädigt wurden und überhaupt die Stromabgabe ans Netz aufhörte. Unterstützt wurde die Neigung zum Feuern durch die leichten Erschütterungen des schnellaufenden Ankers.

Abb. 500 stellt ein vierpoliges Magnetgehäuse dar. Die Feldmagnetwicklungen sind durch einfache und gekreuzte Schraffur kenntlich gemacht. Die zwischen den Wicklungen liegenden Magnetkerne sind durch 5 Schlitze je in 6 Teile geteilt. Zwischen den Hauptpolen liegen die 4 kleinen Wendepole, die Kompensationswicklungen sind durch die starken Linien angegeben.

d) Turbodynamos erhalten häufig für die Erregung der Magnete eine besondere auf derselben Welle sitzende Erregermaschine, welche die Magnetwicklungen mit Strom von niedrigerer Spannung versorgt. Dies geschieht, weil infolge der gedrungenen Bauart der Turbodynamos die für die Betriebsspannung erforderliche Magnetwicklung nicht untergebracht werden kann.

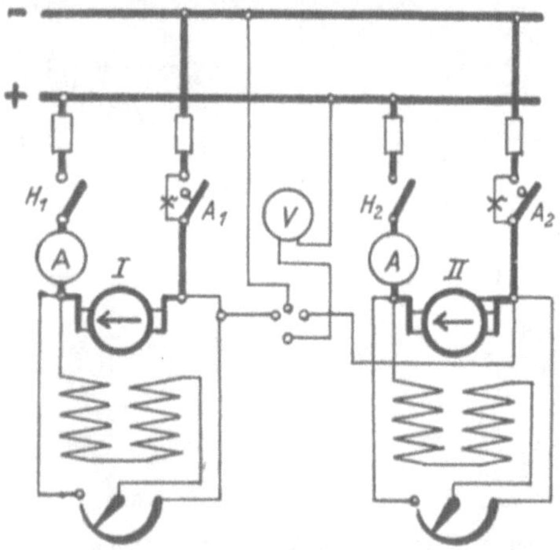

Abb. 501.

Im allgemeinen werden Dynamos fast immer an bestehende Netze so angeschlossen, daß sie mit Fremderregung vom Netz aus arbeiten, jedoch auf Selbsterregung umgeschaltet werden können.

Stromerzeuger auf Schiffen sind meistens Nebenschlußmaschinen. Die Verbindung der Maschine mit dem Netz ist in Abb. 497 dargestellt. In beiden Anschlußleitungen sind Sicherungen, in einer Maschinenleitung ein Hebelschalter, in der anderen ein Automat, der bei Stromlosigkeit selbsttätig ausschaltet. An Meßinstrumenten ist ein Strommesser A und ein Spannungsmesser V erforderlich. Sind zwei oder mehrere Maschinen vorhanden, dann ist die Verbindung mit dem Netz unter Berücksichtigung der Polarität bei allen die gleiche. Alle Maschinen sind jedoch an den gleichen Spannungsmesser angeschlossen, der mittels Umschalter die Spannung des Netzes und die Klemmenspannung jeder Maschine zu messen gestattet. Parallel zum Automaten ist eine Glühlampe angebracht, welche zum Parallelschalten mehrerer Maschinen erforderlich ist.

Das Parallelschalten zweier Nebenschlußmaschinen geschieht in folgender Weise (Abb. 501):

1. Maschine I läuft, Maschine II soll zugeschaltet werden.

2. Der Hebelschalter H_2 wird eingeschaltet.

3. Sofort leuchtet die dem Automaten parallel geschaltete Glühlampe auf. Man dreht den Nebenschlußregler von Maschine II hinein. Nun kommt Maschine II langsam auf Spannung, wobei die dem Automaten parallel geschaltete Glühlampe im gleichen Tempo erlischt. Nun vergleicht man mit dem Voltmeter durch Umlegen des Voltmeterumschalters von der Mitte nach rechts die Spannung der Sammelschienen mit der Spannung von Maschine II. Sind beide gleich, dann kann man ruhig den Automaten hineinlegen und durch geringes Höhergehen mit dem Nebenschlußregulator etwas Belastung auf die Maschine II nehmen. Erlischt dagegen die Glühlampe beim Automaten nach dem Einschalten des Nebenschlußreglers nicht, sondern beginnt sie heller zu leuchten, so ist das ein Zeichen, daß ein Schaltfehler vorliegt; man muß dann beide Zuleitungen der Maschine an den Sammelschienen vertauschen, oder besser beide Anschlüsse für die Nebenschlußwicklung umwechseln.

Die Sicherung durch das Aufleuchten der zum Automaten parallel geschalteten Glühlampe ist eine absolut zuverlässige Kontrolle und bewahrt vor erheblichem Schaden; sie ist mit geringen Kosten leicht anzubringen.

4. Durch Nachregulieren an beiden Nebenschlußreglern von Maschine I und II ist die Belastung auf beide Maschinen gleichmäßig zu verteilen.

6. Einzelheiten der Dynamomaschinen.

a) Das Magnetgestell (Gehäuse) wird je nach der Größe der Maschine von einer geraden Anzahl Magnetpole gebildet, wobei ein Nordpol immer auf einen Südpol folgt. Alle Pole sind außen durch einen Ring verbunden. Als Material verwendet man Stahlguß. Auf jeden Magnetpol ist eine Büchse aus nicht magnetischem Material aufgeschoben. Diese Büchse enthält die eigentliche Magnetwicklung H (Abb. 502) aus isoliertem Kupferdraht und wird durch den vorgeschraubten Polschuh P festgehalten.

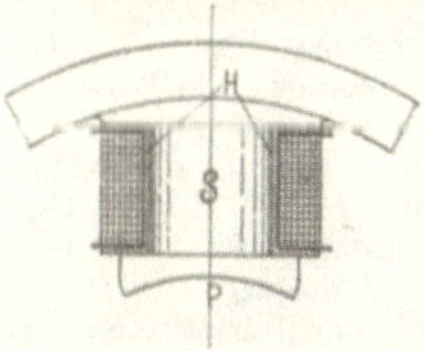

Abb. 502.

b) Der Anker besteht aus weichen Eisenblechscheiben, welche voneinander durch Lacküberzug oder Papierzwischenlagen getrennt sind, um das Entstehen von Wirbelströmen zu verhindern, welche das Eisen infolge der fortwährend wechselnden Polarität der einzelnen Ankerstellen erheblich erhitzen würden.

Wichtig ist eine gute und dauerhafte Isolation der Ankerbewicklung. Da zur Herstellung der Isolation ausschließlich pflanzliche Stoffe verwendet werden, welche bei 100° C zu verkohlen beginnen und den Strom dann leiten würden, so ist auf eine gute Kühlung der Wicklung besonders zu achten. Mit Rücksicht auf den günstigsten Nutzeffekt werden die Wicklungen in

Kanäle, Nuten oder Löcher des Ankereisens eingebettet. Die Drähte sind als sog. Maschinendrähte mit zwei entgegengesetzt laufenden Baumwollbewicklungen versehen. Bei Ankern, deren Wicklung jedoch aus einzelnen Teilen zusammengesetzt ist, werden die einzelnen Stäbe beklöppelt oder mit Leinenband bewickelt.

Die Nuten sind sorgfältig mit einer Preßspanisolierung (geölte, hydraulisch zusammengepreßte Papiermasse) ausgelegt. Zur Kühlung der Wicklung trennt man den Aufbau der Eisenblechscheiben durch eingesetzte Zwischenstücke, wodurch ringförmige Hohlräume entstehen, durch welche bei der Drehung des Ankers die längs der Achse angesogene kalte Luft mit Schleuderwirkung gegen die Wicklung geblasen wird. Zur Unterstützung dieser Wirkung bringt man auch Lüfterflügel an den Speichen des Ankersternes oder auf der Achse an.

c) Der Kollektor ist aus ebenso viel Lamellen zusammengesetzt als Spulen der Ankerwicklung vorhanden sind. Jede Spule ist mit einer Lamelle verschraubt oder verlötet. Die einzelnen Lamellen sind aus Profilkupfer hergestellt und gegeneinander durch Glimmer (Aluminiumsilikat), Mikanit (Glimmerabfälle, die mit Schellack unter hohem Druck zusammengeklebt sind) oder Preßspan isoliert. Um das Feuern der Bürsten zu vermeiden, muß der Kollektor genau rund laufen und nötigenfalls abgedreht oder abgeschliffen werden.

d) Bürsten. Zur Erzielung eines funkenfreien Betriebes sollen die Bürsten genau in der neutralen Zone (s. Abb. 493) auf nicht mehr als 2 Kollektorlamellen gleichzeitig auffliegen. Ist nur ein Bürstenpaar vorhanden, dann müssen die einzelnen Bürsten genau um 180° gegeneinander versetzt sein, bei *n* Bürstenpaaren um 180°: *n*. Zur genauen Einstellung der Bürsten wird um den Kollektor ein Papierstreifen gelegt, auf welchem der Umfang in genau gleiche Teile entsprechend der Anzahl Bürstenhalter eingeteilt ist. Die Teilung wird auf die Kollektorstirnwand übertragen, durch einen Meißelhieb markiert und die Bürsten alle mit ihren Vorderkanten genau auf diese Marken eingestellt. Die Einstellung nach der Anzahl der Lamellen genügt wegen der Verschiedenheit der Teilung nicht immer. Die Bürsten sind in den Bürstenhaltern befestigt und werden durch nachstellbare Federn elastisch gegen den Kollektor gedrückt.

Kupfergazebürsten werden aus feinmaschigem Kupferdrahtgewebe gewickelt und gepreßt. (Stromstärke bis 0,4 A für 1 mm² Auflagefläche.)

Kohlenbürsten bestehen aus einer Mischung von Kohle, reinem Graphit und Kupferstaub. (Stromstärke 0,06 bis 0,10 A für 1 mm² Auflagefläche. Elektrographitbürsten bis 0,15 A.)

Kupfergazebürsten werden vor dem Einsetzen auf gleiche Anlagewinkel in einer Lehre nachgefeilt, Kohlenbürsten sind auf den Kollektor aufzuschleifen; ihre Auflageflächen auf den Lamellen sollen im Betrieb gleichmäßig blank geschliffen sein. Die Haltbarkeit der Bürsten ist um so größer, je sorgfältiger sie montiert und auf funkenfreien Gang eingestellt werden.

e) Betriebsarten elektrischer Maschinen und Motoren nach REM VDE 0530. Man unterscheidet:

Dauerbetrieb (DB). Die Betriebszeit ist so lang, daß die dem Beharrungszustand entsprechende Endtemperatur erreicht wird. Die Dauerleistung muß beliebig lange Zeit hindurch abgegeben werden können, ohne daß die Erwärmung die Grenzwerte überschreitet (im Durchschnitt 95° C, da es sich um vegetabilische Stoffe handelt, die bei höherer Temperatur verkohlen und dann anfangen leitend zu werden.)

Kurzzeitiger Betrieb (KB). Die Betriebspause, während der die Maschine spannungslos ist, ist lang genug, daß die Abkühlung auf Kühlmitteltemperatur erreicht wird.

Dauerbetrieb mit kurzzeitiger Belastung (DKB). Die Pause zwischen den Belastungen, in der die Maschine leer läuft, ist lang genug, daß die Abkühlung auf die Beharrungstemperatur erreicht wird.

Aussetzender Betrieb (AB). Die Nenn- und Aussetzleistung muß bei regelmäßigem Spiel mit der angegebenen relativen Einschaltdauer beliebig lange Zeit hindurch abgegeben werden können, ohne daß die Erwärmung die Grenzwerte überschreitet.

Dauerbetrieb mit aussetzender Belastung (DAB). Die gesamte Spieldauer, die sich aus Belastungszeit und Leerlaufpause zusammensetzt, beträgt höchstens 10 min. Bei unregelmäßiger Größe der Spieldauer und ihrer Teile wird die relative Einschaltdauer (ED) aus dem Verhältnis der Summe der Einschalt- bzw. Belastungszeiten zur Summe der Spieldauern über eine genügend lange Betriebsdauer bestimmt.

Als normale Werte der relativen Einschaltdauer gelten 15, 25 und 40% ED.

Überlastbarkeit. VDE 0530 und 0532. Maschinen für Dauerbetrieb müssen bei Nennspannung im betriebswarmen Zustande 2 min lang den 1,5fachen Nennstrom ohne Beschädigung oder bleibende Formänderung aushalten. Motoren müssen bei Nennspannung mindestens folgende Kippmomente entwickeln können: Bei Dauer- und kurzzeitigem Betrieb das 1,6fache Nenndrehmoment, bei aussetzendem Betrieb das 2fache Nenndrehmoment. Kippmoment ist nach DIN VDE 2660 das größte Drehmoment des Motors, bis zu dem er überlastet werden kann, ohne daß er stehenbleibt.

f) Fehler in der Maschine machen sich bemerkbar durch Feuern an den Bürsten, Erwärmung der Maschine, Unruhe oder Rückgang der Spannung. Durch Messungen mit dem Galvanoskop stellt man fest, ob Unterbrechung eines Drahtes vorliegt oder ob Isolationsfehler die Störung verursacht haben. Geschlossene Ankerwicklungen müssen dazu an einer Stelle geöffnet werden.

Isolationsfehler an der Wicklung (Erdschluß, Ursache Luftfeuchtigkeit im Aufstellungsraum). Der Fehler wird festgestellt durch Aufleuchten der Schiffschlußlampe am Schaltbrett (s. Abb. 513) und durch elektrische Schläge bei Berührung eines Bürstenhalters. Feuchte Maschinen müssen deshalb vor Inbetriebnahme ausgetrocknet werden durch Erwärmung mittels Strom von niedriger Spannung, der durch die Ankerwicklung geschickt wird.

Bevor eine Maschine in Betrieb genommen wird, sind alle geschraubten Verbindungen der Kabel usw. auf festen Anzug zu prüfen, die Stellung und Auflage der Bürsten nach den angegebenen Marken nachzusehen und alles lose in der Nähe befindliche Eisen (Schlüssel, Schrauben usw.) aus dem Bereich der magnetischen Felder zu entfernen. Der Kollektor soll stets sauber blank sein, bei Kohlenbürsten dunkel angelaufen. Die Bürsten sollen so fest anliegen, daß etwa vorhandene Funken an den

Bürstenspitzen durch Andrücken der Bürste mit der Hand nicht verschwinden. Ist dies aber der Fall, so muß die Bürste strammer angelegt werden. Bleiben dann noch Funken, so müssen diese durch Verstellen der Bürsten weggebracht werden; vorausgesetzt ist dabei, daß die Maschine sonst keine Fehler hat und auch nicht überlastet ist.

C. Elektromotoren.

Jede Dynamomaschine wird zu einem Elektromotor, wenn man elektrischen Strom in sie hineinleitet.

Der in die Ankerwicklung eingeleitete Strom bildet aus dem Ankereisen einen Magneten aus, dessen Pole in der neutralen Zone liegen, jedoch mit entgegengesetzter Polarität wie bei der Dynamomaschine. Infolge Anziehung bzw. Abstoßung zwischen den Magnetpolen des Magnetfeldes und des Ankers dreht sich der Anker. Die Pole des Ankers bleiben auch bei dessen Drehung ebenso wie die neutrale Zone infolge der Kommutierung räumlich stehen. Während bei der Dynamomaschine die Drehung entgegengesetzt den magnetischen Kräften erfolgt, erfolgt sie bei den Motoren im Sinne derselben. Bei der Drehung des Ankers im Magnetfeld der Feldmagnete werden die einzelnen Ankerwicklungen in gleicher Weise induziert wie bei der Dynamomaschine, d. h. in der Ankerwicklung wird eine EMK hervorgerufen, die dem von außen eingeleiteten Strom entgegengesetzt gerichetet ist, daher Gegenelektromotorische Kraft genannt wird. Die durch den Anker fließende Stromstärke ergibt sich aus dem Unterschied zwischen eingeleiteter Spannung und Gegenelektromotorischer Kraft. dividiert durch den Ohmschen Widerstand der Ankerwicklung, ist also am kleinsten bei Leerlauf, am größten bei Vollast. Die Bürsten sind bei zunehmender Belastung entgegengesetzt der Drehrichtung des Ankers zu verstellen.

Die Elektromotoren werden (ebenso wie die Dynamomaschinen) ihrer Schaltung nach eingeteilt in:

1. Hauptstrommotor. Da die Polarität der Feldmagnete und des Ankers gegenüber der Verwendung als Dynamomaschine gewechselt hat, läuft dieser Motor entgegengesetzt. Der Hauptstrommotor besitzt beim Anlauf ein großes Anzugsmoment. Durch Unterteilung der Magnetwicklung in mehrere Stufen, deren Vereinigung zu Gruppen in Hintereinander- oder Parallelschaltung und Verbindung mit Anlaßwiderständen kann bei gleichbleibendem Drehmoment die Drehzahl beliebig geregelt werden. Bei Belastungsänderungen ändert er jedoch sofort seine Drehzahl, d. h. bei Belastung fällt, bei Entlastung steigt sie. Leer kann der Hauptstrommotor nicht laufen, da er sofort mit der Drehzahl so hoch gehen würde, daß der Anker auseinanderfliegt. (Es ist deshalb unzulässig, Hauptstrommotoren mit Riemenantrieben auszurüsten, da das Durchgehen des Motors beim Herunterfallen des Riemens zur sofortigen Zerstörung des Motors führen würde.)

2. Nebenschlußmotor. Die Polarität der Feldmagnete bleibt beim Motor die gleiche wie bei der Dynamomaschine, diejenige des Ankers wechselt, daher bleibt die Drehrichtung bei Verwendung als Motor oder Dynamo gleich. Von Vollast bis Leerlauf wächst die Drehzahl nur sehr wenig an (etwa 8 %). Unabhängig von der Belastung bleibt das Magnetfeld der Feldmaggete konstant, weil die Magnetwicklung dauernd an der gleichen Klemmenspannung liegt.

Die Anlasser von Nebenschlußmotoren sind so gebaut, daß die Magneterregung voll eingeschaltet ist, bevor durch die Anlaßstufen Strom in den Anker fließt.

In Abb. 503 ist ein Anlasser für einen Nebenschlußmotor schematisch dargestellt. Der Hebel *h* liegt in der Nullstellung. Beim Drehen verbindet der Hebel *h* zunächst die Zuleitungsschiene mit der Nebenschlußschiene *b* und schließt den Stromkreis für die Feldmagnete und für den Anker. Je weiter der Hebel *h* gedreht wird, desto mehr wird der vor dem Anker liegende Vorschaltwiderstand abgeschaltet und der Motor auf Umdrehungen gebracht, bis der Hebel auf dem letzten Kontakt links aufliegt(Betriebsstellung) und der Vorschaltwiderstand ganz abgeschaltet ist. Zwischen *a* und *b* ist eine Verbindung hergestellt, über welche beim Ausschalten des Anlassers der in der Magnetwicklung entstehende Extrastrom vernichtet wird.

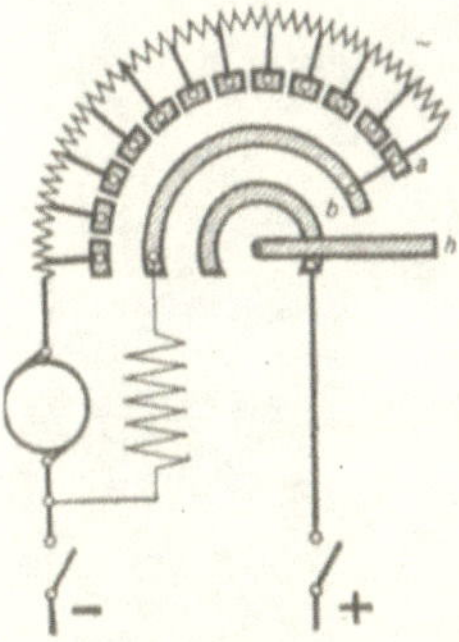

Abb. 503.

Eine Unterbrechung des Magnetstromkreises während des Leerlaufbetriebes hat sofortiges Durchgehen des Nebenschlußmotors zur Folge.

3. Verbundmotor. Der Verbundmotor hat infolge der Hauptstromwicklung ein hohes Anzugsmoment, bei Entlastung steigert sich infolge der Nebenschlußwicklung die Drehzahl nicht über ein bestimmtes zulässiges Maß. Für die Drehrichtung des Motors ist der Nebenschluß maßgebend. Die Anlasser sind ähnlich wie für Nebenschlußmotoren gebaut.

In Abb. 504 und 505 ist eine Zusammenstellung der Schaltung und des Stromverlaufes von Gleichstrommotoren gegeben, und zwar für Rechtslauf und für Linkslauf. Als Rechtslauf bezeichnet man die Drehrichtung des Motors, wenn man vor der Riemenscheibenseite steht und über den Motor hinweg nach der Kollektorseite sieht. Die obere Seite des Ankers dreht sich dann über rechts nach unten. Linkslauf ist die umgekehrte Drehrichtung, d. h. bei gleicher Stellung vor dem Motor bewegt sich die obere Seite des Ankers über links nach unten.

4. Umkehrung der Drehrichtung wird erreicht durch Vertauschen der Anschlüsse der Magnetwicklung, wodurch die Stromrichtung in derselben umgekehrt wird und die Feldmagnete entgegengesetzte Polarität erhalten. Da die Polarität des Ankers gleich bleibt, findet die magnetische Kraftäußerung in entgegengesetzter Richtung wie vorher statt, und der Motor ändert seine Drehrichtung. Motoren, die betriebsmäßig ihre Drehrichtung fortwährend ändern, z. B. Spills, Kräne, Winden erhalten sog. Reversieranlasser, welche 2 Kontaktbahnen besitzen, eine für Rechtslauf, die andere für Linkslauf.

5. Motorgeneratoren. Diese dienen an Bord dazu, einen Teil der von den Generatoren erzeugten Stromart in eine andere umzuändern, also z. B. Gleichstrom von 220 V Spannung in solchen von 110 V zu verwandeln, wenn z. B. die Beleuchtungsanlage für diese Spannung gebaut ist. Die Motorgeneratoren sind Doppelmaschinen, die aus einem Motor und einem Generator bestehen, welche miteinander gekuppelt sind. Der Motor von

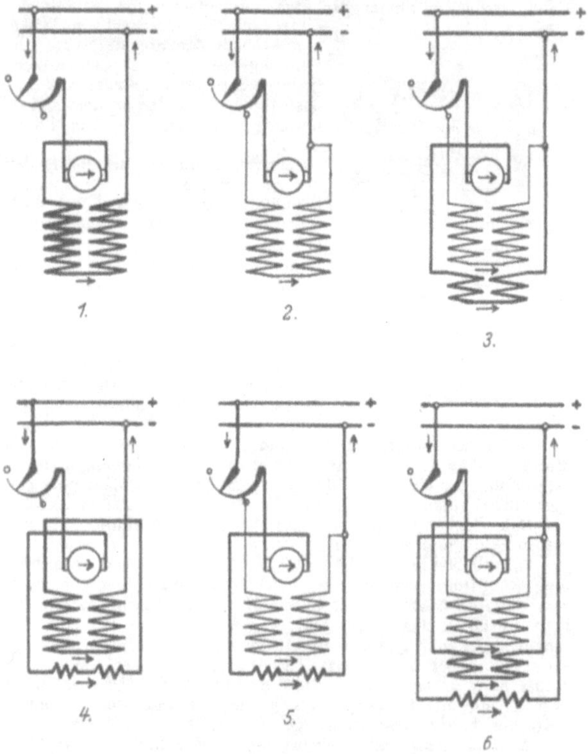

Abb. 504.

Schaltung und Stromverlauf von Gleichstrommotoren bei Rechtslauf.

1. Hauptstrom-Wicklung,
2. Nebenschluß-Wicklung,
3. Verbund-Wicklung,
4. Hauptstrom-Wicklung mit Wendepolen,
5. Nebenschluß-Wicklung mit Wendepolen,
6. Verbund-Wicklung mit Wendepolen.

entsprechender Bauart wird hierbei mit der gegebenen Stromart gespeist und treibt den ebenfalls entsprechend gebauten Generator an, welcher dann die verlangte Stromart liefert.

6. Leonardschaltung. Diese wird vielfach dort angewendet, wo die Regelung der Drehzahl eines Motors in sehr weiten Grenzen wirtschaftlich erfolgen soll. Hierbei wird der erforderliche Strom nicht dem Leitungsnetz unmittelbar entnommen, sondern dieser

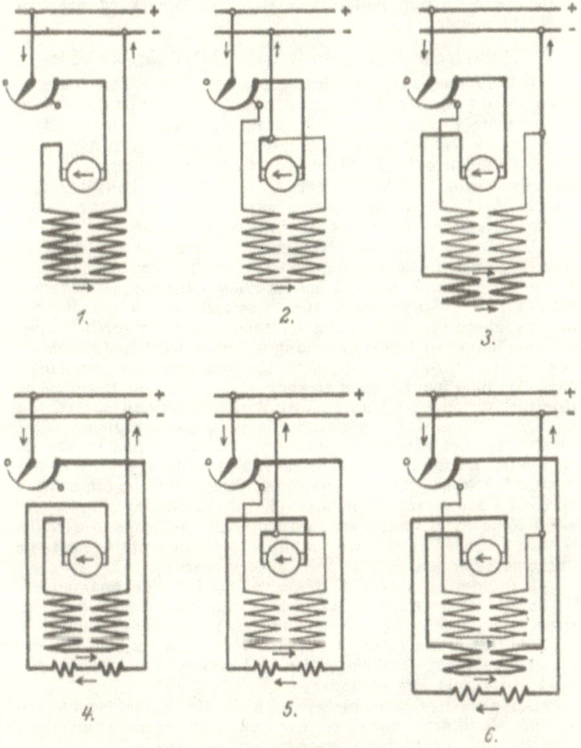

Abb. 505.

Schaltung und Stromverlauf von Gleichstrommotoren bei Linkslauf.

1. Hauptstrom-Wicklung,
2. Nebenschluß-Wicklung,
3. Verbund-Wicklung,
4. Hauptstrom-Wicklung mit Wendepolen,
5. Nebenschluß-Wicklung mit Wendepolen,
6. Verbund-Wicklung mit Wendepolen.

einem besonderen mit konstanter Drehzahl laufenden Motor zugeführt, welcher mit einem Generator fest gekuppelt ist. Der von diesem Generator erzeugte Strom wird dem erstgenannten Motor zugeführt. Der Erregerstrom des Generators kann jedoch durch einen Regler in seiner Stärke und Richtung schnell verändert werden, wodurch auch die Spannung und Richtung des vom Generator erzeugten Stromes sich ebenso schnell ändert. Infolgedessen wird auch die Drehzahl und Drehrichtung des durch diesen Strom betriebenen Motors entsprechend geändert (Schnellregelung).

D. Elektrische Beleuchtung nach DIN 5031 bis 5036.

1. Die **Einheit der Lichtleistung** und damit des Lichtstromes ist das Lumen (lm). Der Lichtstrom einer Lichtquelle ist die von ihr abgestrahlte Lichtleistung. Die Beleuchtungsstärke einer Fläche wird in Lux (lx) gemessen. 1 Lux wird erhalten, wenn der Lichtstrom 1 Lumen auf eine Fläche von 1 m^2 eingestrahlt wird. Für die Beleuchtung mit künstlichem Licht gelten die Leitsätze nach DIN 5035. Für 1 m^2 Bodenfläche werden bei einer mittleren Beleuchtungsstärke von 1 Lux ca. 0,15 W gebraucht.

Zur Bestimmung der Kerzenstärke dient jetzt die „Neue Kerze" (NK). Diese von der Meterkonvention festgesetzte neue Normalbezeichnung benutzt als Strahler den sog. „Schwarzen Körper". Ein Schwarzer Körper absorbiert restlos die gesamte auf ihn fallende Lichtstrahlung und sendet, wenn er durch Temperaturerhöhung zur Lichtaussendung veranlaßt wird, das Maximum von Licht aus, das ein Körper in den verschiedenen Strahlungsbereichen überhaupt aussenden kann. Er besteht aus einem engen Kohlenröhrchen oder Thoriumoxydröhrchen von bestimmten Abmessungen, das durch Wärmezufuhr zu leuchten beginnt. Diese Temperatur hat Platin, das aus dem flüssigen in den gerade erstarrenden Zustand übergeht (1768°). Das Röhrchen wird in das flüssige Platin eingetaucht. Bei dieser Temperatur ist die Leuchtdichte des Schwarzen Körpers zu 60 Neuen Kerzen (60 NK/cm^2 = 60 Neue Stilb festgesetzt worden. Als Sekundär-Normalien können von der Physikalisch-Technischen Reichsanstalt gemessene Photometervergleichsglühlampen benutzt werden.

2. **Glühlampen** (Abb. 506) werden für fast alle Spannungen bis 250 V angefertigt, die Bezeichnung auf dem Sockel oder dem Glaskörper gibt die Spannung und den Wattverbrauch an.

Die Lebensdauer der Glühlampen wird durch die Abnahme der Lichtstärke bis zu 20% unter den Anfangswert begrenzt und beträgt etwa 1000 Brennstunden.

Die älteren Glühlampentypen sind die Kohlenfadenlampe und die Metalldrahtlampe, bei der über zwei regenschirmartigen Gestellen der Leuchtfaden ausgespannt gehalten wird.

S p i r a l d r a h t l a m p e n (Lampen mit spiralförmig aufgewickeltem Leuchtdraht (Einfach-Drahtwendel). Um eine bessere Wirtschaftlichkeit der Metalldrahtlampe und eine größere Helligkeit des Leuchtfadens zu erreichen, ist derselbe zu einer ganz engen Spirale aufgewickelt. Dadurch wird ein erheblich kürzerer Leuchtfaden und ein besseres Zusammenhalten der Wärme des Drahtes erreicht. Der ausgespannte Draht wird auf seiner ganzen Oberfläche gekühlt und erreicht daher keine so hohe Temperatur wie der zur Spirale aufgewickelte Draht, bei dem eine Windung der anderen

Wärme mitteilt und der Draht eine viel höhere Temperatur annimmt, so daß er in Weißglut gerät und damit eine erheblich höhere Lichtausstrahlung von sich gibt, die eine bedeutend bessere Ökonomie der Lampe zur Folge hat. Da jedoch bei diesen hohen Temperaturen und luftleer gemachten Lampen ein Vergasen des Leuchtfadens eintritt, und dieser Umstand ein schnelles Anschwärzen der Glaskugel verursacht, werden diese Lampen mit Stickstoff und anderen Edelgasen gefüllt. (Nitra-Lampe der AEG; Osram-Lampe.) Spiraldrahtlampen werden von etwa 15 W aufwärts hergestellt. Sie werden in Größen bis 2000 W hergestellt.

Abb. 506.

Spiraldraht- und Halbwattlampen sind in der Weise ausgeführt, daß der zur engen Spirale aufgewickelte Leuchtdraht durch die umgebogenen Enden eines Schirmgestelles gezogen ist. Bei kleineren Lampen ist der Spiraldraht in einer Ebene senkrecht zur Längsachse der Lampe um dieselbe im Kreise herumgelegt, umfaßt aber nur etwa $^2/_3$ des Kreises. Bei den Halbwattlampen ist der Leuchtdraht noch etwas nachgiebiger aufgehängt. Es sind besondere Verbindungsdrähtchen verwendet, zwischen den einzelnen Haltestellen hängt der Leuchtdraht durch. Wegen des blendenden Lichtes sind die Lampen meistens mattiert. Diese Mattierung war früher außen auf dem Glase angebracht. Jetzt werden Lampen hergestellt, die eine mattierte Innenfläche besitzen; die Außenseite ist dann glatt, und es setzt sich auf ihr weniger leicht der Staub ab. Auch kann man sie naß abwaschen, und Ölspritzer verändern nicht die Durchlässigkeit der Mattierung.

Die neuesten Lampen werden mit Doppelwendel hergestellt, d. h. der schon einmal zur Spirale aufgewickelte Leuchtdraht (Einfach-Drahtwendel) wird nochmals in Spiralform aufgewickelt. Auch bringt man im Glaskörper eine reflektierende Porzellanmasse an, die die Lichtausbeute der Lampe in einer dem Reflektor gegenüberliegenden Zone erhöhen sollen. Außerdem werden Lampen hergestellt, die stoßfest und unempfindlich gegen Erschütterungen sind. Ferner gibt es Glimmlampen für Signalzwecke, die nur einen Verbrauch von 1 bis 3 W haben.

Die auf dem Markt befindlichen Mischlichtlampen werden vorläufig nur für Wechselstrom hergestellt, sind daher auf Schiffen nicht zu verwenden.

3. **Bogenlampen** werden ihres starken Lichtes halber nur noch für Scheinwerfer verwendet. Zwischen den beiden Lampenkohlen bildet sich ein Lichtbogen, der die Kohle zum Glühen bringt. Die positive Kohle glüht stärker und höhlt sich aus, die negative glüht weniger und spitzt sich zu. 85% der Lichterzeugung entfallen auf die obere +-Kohle, der Rest auf die —-Kohle (10%) und auf den Lichtbogen selbst (5%). Der Verbrauch an Positivkohle ist doppelt so groß wie der an Negativkohle. Um die Kraterbildung zu fördern, wird die obere positive Kohle hohl hergestellt und mit einer weicheren Mischung gedochtet (Dochtkohle). Die Minuskohle dagegen ist eine Homogenkohle, welche größtenteils aus Graphit besteht.

4. **Scheinwerfer.** Die auf den Schiffen gebräuchlichen Scheinwerfer haben als Lichtquelle eine Bogenlampe, deren Kohlen horizontal stehen und deren Lichtbogen sich im Brennpunkt eines parabolisch geformten Spiegels aus Metall oder Glas befindet, welcher die Lichtstrahlen sammelt und mit erhöhter Leuchtkraft in einer Richtung zurückstrahlt. Metallspiegel kommen nur bei kleineren oder billigeren Scheinwerfern zur Verwendung, da die Absorption der Lichtstrahlen bis zu 40% beträgt, die größeren sind mit Glasspiegeln ausgerüstet. (Siemens-Schuckert, Glasparabolspiegel.) Um eine größere Fläche zu bestreichen, werden die Scheinwerfer mit Hoch- und Querstreuern (Glasstäbe von linsenförmigem Querschnitt) und mit einer Signalvorrichtung zum schnellen Auf- und Zuklappen versehen. Das vollständig lichtdichte Abblenden geschieht durch eine Vorrichtung wie bei Photo-Objektiven. Der ganze Scheinwerfer ruht auf einem Drehtisch und kann von Hand geneigt und gedreht werden. Derartige Scheinwerfer stehen an freien Stellen auf den Masten usw. Die Absorption der Lichtstrahlen durch die Luft beträgt 10% auf 1 km bei klarer Luft.

5. **Prüfstelle des VDE** nach DIN VDE 10. Die Prüfstelle des VDE (Verband Deutscher Elektrotechniker) prüft elektrotechnische Starkstromapparate daraufhin, ob sie den vom Verband

Abb. 507.

unter Mitwirkung der Behörden aufgestellten Vorschriften, Normen, Regeln oder Leitsätzen usw. in bezug auf Sicherheit entsprechen, also als Erzeugnisse angesehen werden können, die Sicherheit gegen Unfälle bieten. Falls die der Prüfstelle zur Prüfung unterbreiteten Apparate die an sie zu stellenden Bedingungen erfüllen, wird den Herstellern das Recht verliehen, die den geprüften Typen entsprechenden Erzeugnisse durch ein besonderes, dem Verband gesetzlich geschütztes Zeichen zu kennzeichnen. Dieses Prüfzeichen besteht entsprechend der obenstehenden Abb. 507 aus einem gleichseitigen Dreieck, welches die Buchstaben VDE umschließt.

E. Schalttafelinstrumente.

Zur Beobachtung des Betriebes der elektrischen Maschinen sind die Schalttafeln mit Instrumenten zur Messung von Spannung und Stromstärke versehen. Die Angabe des Instrumentes wird durch einen Zeiger auf einer kreisbogenförmigen Skala sichtbar gemacht. Auch bei Spannungsmessung ist der Ausschlag des Zeigers ausschließlich von der durchfließenden Stromstärke abhängig, da aber der Instrumentwiderstand gleich bleibt, so ist die hindurchfließende Stromstärke ein direktes Maß für die Spannungsdifferenz an den Klemmen des Instruments (Spannung = Stromstärke × Widerstand).

1. **Elektromagnetische Meßinstrumente** (Abb. 508). In dem Innenraum einer Drahtspule (Solenoid) liegen 2 konzentrische Zylindermantelsegmente *A* und *B* aus weichem Eisen, von denen *A* fest, *B* mit der zentrisch im Solenoid liegenden Zeigerachse ver-

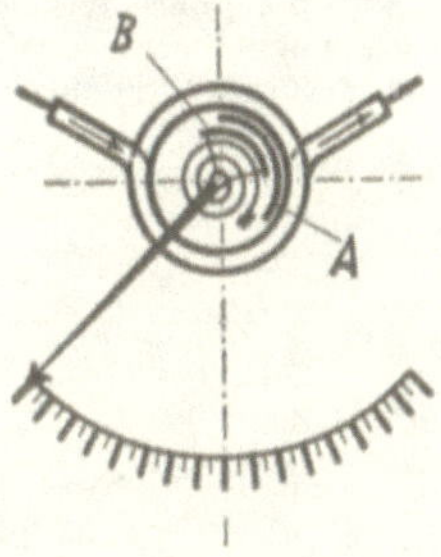

Abb. 508.

bunden ist und eine schwingende Bewegung um diese Achse ausführt. Bei Stromdurchgang durch die Windungen des Solenoids werden beide Eisensegmente gleichpolig magnetisch, stoßen sich ab und haben dabei die elastische Gegenkraft einer Spiralfeder zu überwinden. Der Zeiger bewegt sich auf dem Gradbogen so weit, bis beide Kräfte im Gleichgewicht stehen. Damit sich der Zeiger auf den Gleichgewichtszustand schnell einstellt, ist eine Dämpfung vorgesehen (Dauart AEG).

2. **Präzisionsdrehspulinstrumente** (Abb. 509). Die Polschuhe eines permanenten Stahlmagneten umschließen einen zylindrischen Hohlraum, der von einem Eisenkern so ausgefüllt ist, daß ein ringförmiger Spalt mit überall gleichem Abstand entsteht, In diesem ringförmigem Spalt zwischen den Polschuhen und dem Kern befindet sich eine Drehspule, bestehend aus feinem, mit Seide isoliertem Draht, welcher auf einen Rahmen gewickelt ist, der um die gleiche Achse mit dem zylindrischen Kern zwischen Spitzen schwingt und an einem Ende einen Zeiger trägt. — Die Stromzuführung zur Spule erfolgt durch 2 spiralförmig, aber in entgegengesetztem Sinn zueinander gewickelten Tombakfedern. Fließt ein elektrischer Strom durch die Spule, so dreht sich diese in dem magnetischen Feld um einen Betrag, welcher zur Messung der Stromstärke benutzt wird.

3. Zur Ermittlung der Stromstärke dienen **Amperemeter;** Instrumente nach Abb. 509 werden direkt in den Stromkreis eingeschaltet, dessen Stromstärke gemessen werden soll.

Bei den Instrumenten (Abb. 510) wird die Messung im Nebenschluß ausgeführt; in den Stromkreis wird ein unveränderlicher Widerstand (Shunt), eingeschaltet, an dessen Enden die Leitungen für das Drehspulinstrument abgezweigt sind. Dieser Widerstand *W* vernichtet von der in dem Stromkreis herrschenden Spannung einen sehr geringen Bruchteil, welcher mit einem Milli-Voltmeter gemessen wird, dessen Einteilung Ampere angibt.

Diese Meßmethode hat den Vorzug, daß die Kabel bzw. Kupferschienen des Stromkreises nicht an das Meßinstrument geführt zu werden brauchen.

4. Voltmeter werden parallel zu dem Stromkreis geschaltet oder an die Polklemmen des Stromerzeugers gelegt, dessen Spannungsdifferenz gemessen werden soll.

Sie haben einen möglichst großen Widerstand, damit nur ein kleiner Teil des Stromes hindurchgeht. Die Instrumente werden in runden Gehäusen untergebracht und auf Schalttafeln montiert.

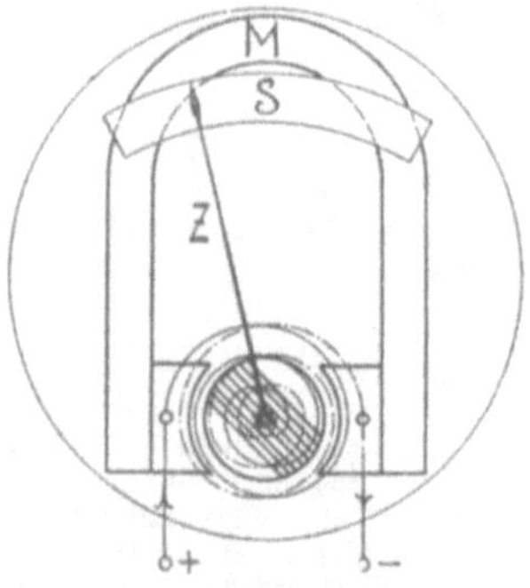

Abb. 509.

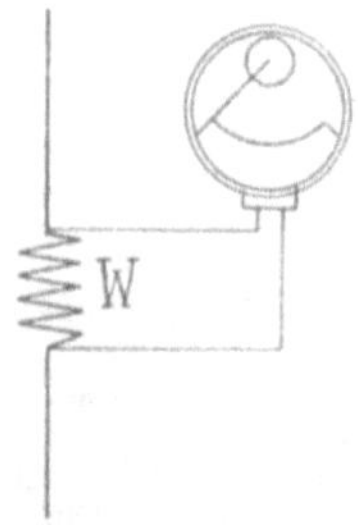

Abb. 510.

Kommt eine große Anzahl Instrumente in Frage oder ist der Platz sehr beschränkt, so verwendet man Profilinstrumente, bei denen der Zeiger des Instrumentes senkrecht zur Schalttafelebene ausschlägt und die deshalb ganz schmal gebaut sind. Besonders wichtige Instrumente erhalten beleuchtete transparente Skalen.

F. Die Leitungsanlage.

Die elektrische Anlage wird nach Größe und Bauart der Schiffe meist in folgende Stromkreise eingeteilt: Maschinen- und Kesselraum, Hinterschiff, Mittelschiff, Vorderschiff und Oberdeck; kleine Schiffe erhalten weniger, große Schiffe entsprechend mehr Stromkreise. Zu den Motoren führen besondere Leitungen. Diese Hauptstromkreise führen zu besonderen Verteilungskästen bzw. Verteilungsschalttafeln, vermittels deren die in kleineren Gruppen zusammengefaßten Glühlampen ausschaltbar sind.

Man unterscheidet das:

1. **Eindrahtsystem** und **Doppelleitungssystem.** Bei ersterem ist ein Leitungsdraht durch den eisernen Schiffskörper ersetzt. Die meisten neueren Anlagen sind jedoch mit isolierter Hin- und Rückleitung ausgeführt.

In Abb. 511 ist eine Maschinenanlage mit einer Verteilung auf

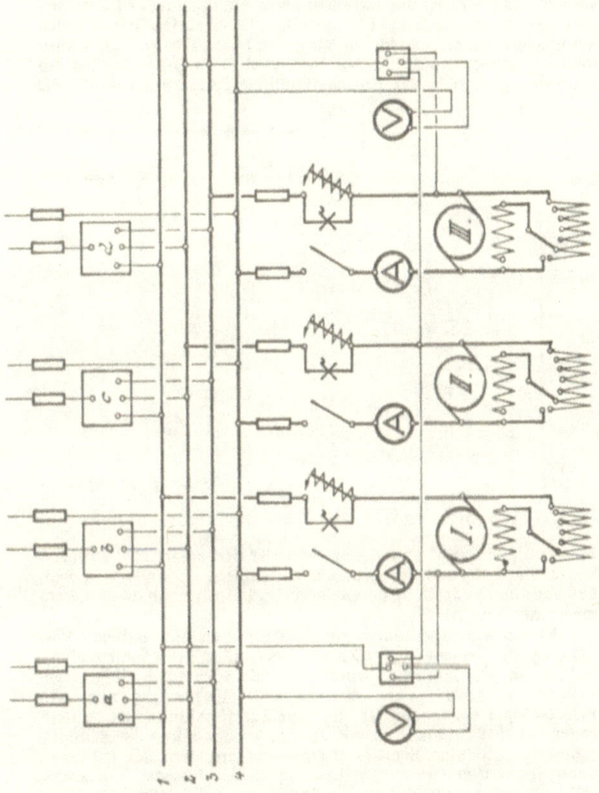

Abb. 511.

mehrere Stromkreise dargestellt. *I*, *II* und *III* sind drei Nebenschlußdynamos, *A* und *V* deren Ampere- und Voltmeter, *1*, *2*, *3*, *4* sind die vier Sammelschienen, und zwar gehört Sammelschiene 1 und 4 zu Maschine *I*, *2* und *4* zu Maschine *II*, *3* und *4* zu Maschine *III*. Über den Sammelschienen befinden sich die vier Umschalter *a*, *b*, *c*, *d* für vier Verteilungsstromkreise. Mit Hilfe dieser Umschalter ist es möglich, jeden der vier Stromkreise auf dieselbe Maschine oder auf eine beliebige andere zu legen. Die vier Umschalter befinden sich an der Hauptschalttafel im Maschinenraum des Schiffes. An Stelle von Hebelschaltern können für Stromkreise mit geringeren Stromstärken auch Stöpselkontakte gewählt werden. Eine solche Schaltvorrichtung nennt man Generalumschalter. Mit ihm kann in einer elektrischen Anlage jeder Stromkreis auf jede vorhandene Stromquelle geschaltet werden. In die Zuteilung zwischen Dynamomaschine und Sammelschiene ist ein Automat eingeschaltet, der den betreffenden Stromkreis öffnet, sobald die Stromstärke Null wird. Dies wird dadurch erreicht, daß ein Kontakthebel (Abb. 512) durch einen Elektromagneten in der Einschaltstellung festgehalten wird. Bei

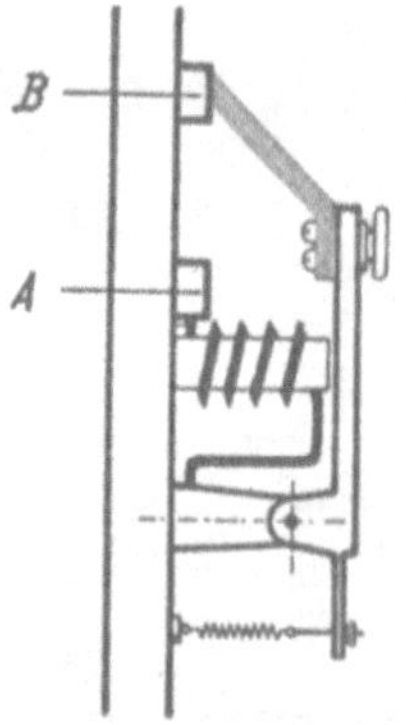

Abb. 512.

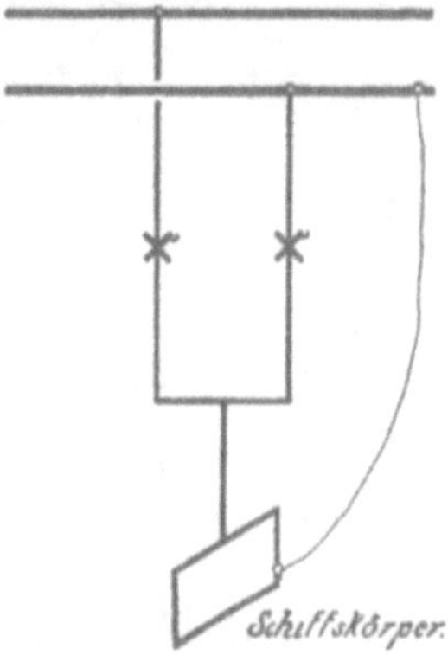

Abb. 513.

Stromlosigkeit zieht eine Schraubenfeder den Hebel vom Auflagekontakt ab. Es soll durch diesen Automaten verhindert werden, daß von einer anderen Stromquelle rückwärts Strom in die Dynamomaschine eintritt.

Um zu erkennen, ob in einem Stromkreis eine leitende Verbindung mit einem Schiffskörper vorhanden ist (Schiffschluß), werden an die Sammelschienen 2 Glühlampen (Abb. 513) eingeschaltet, zwischen denen eine leitende Verbindung mit dem Schiffskörper abgezweigt ist. Solange Schiffschluß nicht besteht, brennen beide Glühlampen mit der halben Spannung der Sammelschienen. Hat eine Schiene Verbindung mit dem Schiffskörper, dann erlischt die an dieser Leitung angeschlossene Glühlampe, während die andere mit voller Spannung aufleuchtet.

2. Größe der elektrischen Einrichtung. Der Umfang der elektrischen Anlage richtet sich nach der Größe und nach den besonderen Aufgaben des Schiffes: ob Fracht- oder Personendampfer bzw. Fracht- oder Personenmotorschiff.

Mit elektrischer Energie sind zu versorgen:

a) Die Lichtanlage; sie umfaßt die Lichtsignalanlage, die Beleuchtung aller Räume, in denen längere Zeit gearbeitet wird, die Kammern der Fahrgäste und die Wohnräume der Besatzung.

Ist die Lichtanlage für eine andere Stromart gebaut, als sie von den Generatoren geliefert wird, dann werden Motorgeneratoren zwischengeschaltet. Dies gilt besonders für die Scheinwerferanlage sowie für die drahtlose Telegraphie.

b) Elektromotoren zum Antrieb der verschiedenen Hilfsmaschinen in Maschinen- und Kesselräumen, insbesondere auf Motorschiffen, für die Lüftung der Fahrgastkammern, für die Bootaussetzvorrichtungen, Proviantwinden, Personenaufzüge und Speiseaufzüge, Auslegerdrehkräne an Deck; Wirtschaftsmaschinen in der Küche, Bäckerei, Wäscherei und für die Warmwasserpumpenanlage. Hilfsmaschinen der Hauptmaschinenanlage.

c) Elektrische Heizkörper.

d) Kommandoanlagen; früher wurden Batterien verwendet, jetzt ausschließlich Motorgeneratoren.

G. Akkumulatoren.

A. Blei-Akkumulator. Der wichtigste Bestandteil des Akkumulators sind die Elektrodenplatten. Jede Elektrode besteht aus 2 Teilen, nämlich aus der wirksamen Masse und aus einem Gerüst, das die Masse aufnimmt und zugleich den von ihr erzeugten Strom zu den Polen des Akkumulators weiter leitet. Die Masse wird aus Bleiglätte und Mennige unter Zusatz von Schwefelsäure zu einer Paste angerührt und in das Trägergerüst, das aus Hartblei mit Antimonzusatz besteht, eingestrichen. Die mit der Paste angefüllten Rahmen werden getrocknet, in Glasgefäßen zu Zellen zusammengebaut (siehe Abb. 514) und mit

Abb. 514.

destilliertem Wasser gefüllt, dem reine Schwefelsäure zugesetzt ist, um für den Strom einen besseren Durchgang zu schaffen. Dann wird der Akkumulator geladen. Der Strom zersetzt das Wasser der verdünnten Schwefelsäure in seine Bestandteile Sauerstoff und Wasserstoff. Der Sauerstoff bildet sich an den Plusplatten und wandelt die eingestrichene Masse in Bleisuperoxyd um. Der Wasserstoff bildet sich an den Minusplatten und wandelt die Masse dieser Platten in Bleischwamm um. Durch die Zersetzung des Wassers, das dadurch aus der Säurelösung herausgenommen wird, steigt das spezifische Gewicht der Lösung. Den Vorgang beim Laden des Akkumulators nennt man das Formieren der Platten. Die Plusplatten erhalten durch die chemische Umwandlung eine schokoladenbraune Farbe, die Minusplatten eine hellgraue.

Nun wird der Akkumulator langsam entladen; dabei findet eine Rückbildung bzw. Umkehr des vorher beschriebenen chemischen Prozesses statt, d. h. es wird an den Plusplatten Sauerstoff und an den Minusplatten Wasserstoff frei, die sich beide zu Wasser vereinigen und dadurch die Säure wieder verdünnen, so daß das spez. Gewicht der Säure allmählich von dem hohen Stand bei der Ladung auf den niedrigen Stand bei der Entladung herabfällt. Hierbei gibt der Akkumulator Strom ab.

Ist der Akkumulator ganz entladen, so muß er sofort wieder geladen werden, damit seine Masse, die in der Säure nur in geladenem Zustand haltbar ist, nicht aus dem Gitterrahmen herausfällt, weil dadurch seine aktive Masse sich verringern würde und er dann nicht mehr so viel Strom bei der nächsten Ladung auf-

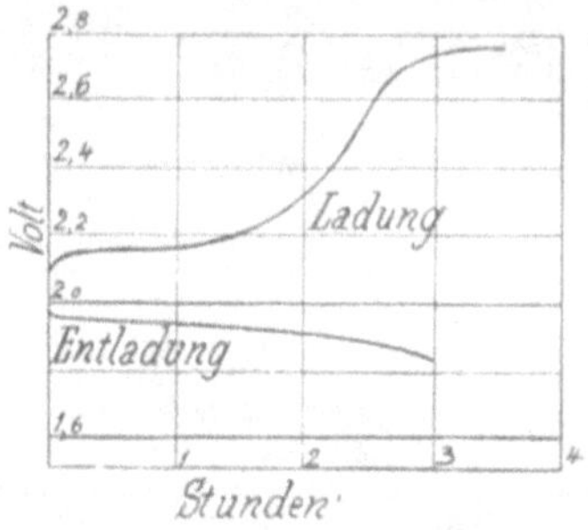

Abb. 515.

nehmen könnte. Nur bei vollständig intakten Platten hat er auch seine volle Kapazität (Aufnahmefähigkeit).

Da die positiven Platten als Träger der Aufnahmefähigkeit die wertvolleren sind, so stehen ihr beiderseitig Minusplatten gegenüber. Jede Zelle hat in geladenem Zustande ungefähr 2 V Spannung, in entladenem 1,83 V (Abb. 515). Bei einer Spannung von 110 V müssen also vorhanden sein $\frac{110}{1,83} = 60$ Zellen.

Beim Laden geht die Spannung bis maximal 2,75 V herauf. Da die Spannung einer Batterie nicht gleichbleibt, so wird eine Anzahl Zellen der Batterie an einen Zellenschalter angeschlossen; man schaltet mit ihm so viel Zellen ab, bis die Gesamtspannung der Batterie gleich der Netzspannung ist. Sobald die Batteriespannung allmählich nachläßt, schaltet man eine Zelle nach der anderen zu, bis alle Zellen eingeschaltet sind. Dann ist die Batterie entladen, da die Einzelspannung jeder Zelle nur noch 1,83 V beträgt. Für jede Batteriegröße, die eine bestimmte Zahl und Größe der Platten hat, ist eine größte Lade- und Entladestromstärke festgesetzt, die nicht überschritten werden darf.

Beispiel zur Bestimmung der Batteriegröße: 90 Glühlampen zu je 25 W pro Lampe sollen 3 Stunden lang aus einer Akkumulatorenbatterie gespeist werden; wie groß muß die Batterie sein, wenn die Netzspannung 110 V ist?

90 Lampen zu je 25 W = 2250 W,

$$\frac{2250}{110} = 10{,}5 \text{ A}.$$

Dies ist die größte Entladestromstärke, welche 3 Stunden lang geliefert werden soll, folglich ist die erforderliche Aufnahmefähigkeit der Batterie

$$20{,}5 \cdot 3 = \sim 62 \text{ Amperestunden}.$$

Die zu wählende Batterie muß also bestehen aus: 60 Elementen einer Größe, die 62 Amperestunden bei 3stündiger Entladung ergibt.

Das Verhältnis der bei der Entladung herausgenommenen Amperestundenzahl zu der bei der Ladung hineingeschickten Zahl nennt man den Nutzeffekt. Dieser beträgt für Amperestunden 90% und für Wattstunden 70%.

Akkumulatoren sind sorgfältig vor übermäßiger Entladung, zu hoher Stromstärke und vor Kurzschlüssen zu schützen. Sie dürfen nur mit verdünnter Schwefelsäure von 1,18 bis 1,2 spez. Gewicht gefüllt werden. Zum Nachfüllen dient dieselbe Säure oder destilliertes Wasser. Die Säuredichte wird mittels eines Aräometers festgestellt, und aus dem Stand desselben ist der jeweilige Stand der Ladung sofort zu entnehmen: z. B. Stand des Aräometers vor der Ladung 1,18, Stand des Aräometers am Schlusse der Ladung 1,22. Ergibt z. B. die Messung zu einer bestimmten Zeit den Aräometerstand 1,198, dann ist die Batterie etwas unter der Hälfte entladen. Bleibt der Akkumulator längere Zeit unbenutzt stehen, so muß er trotzdem aufgeladen werden, da eine Selbstentladung eintritt. Sie entsteht dadurch, daß die wirksame Plattenmasse anders zusammengesetzt ist als ihr Träger. Die Plattenmasse und der Träger bilden daher ein Element, das eine Selbstentladung besonders der positiven Platten zur Folge hat.

B. Stahl-Akkumulatoren. Der Stahl-Akkumulator ist ein alkalischer Akkumulator. Die aktive Masse der negativen Platte besteht aus einer Eisen-Kadmium-Verbindung und die der positiven Platte aus einer Nickel-Verbindung. Die Platte selbst ist ein durchbrochenes Stahlblech. Der Stahl-Akkumulator wird mit Kalilauge gefüllt. Jede Zelle ist in gleicher Weise wie bei den Blei-Akkumulatoren zusammengesetzt. Das Zellengefäß besteht ebenfalls aus Stalblech. Je nachdem die aktive Masse der positiven Platten in Taschen oder in Röhrchen gepreßt ist, nennt man die Zellen Taschen- oder Röhrchenzellen.

Der normale Ladestrom ist gleich dem 5stündigen Entladestrom. Die Spannung einer Zelle beträgt 1,35 bis 1,8 V, daraus ergibt sich die Zellenzahl bei 110 V zu 110:1,35 = 82 Zellen. Die Ladespannung beträgt dann Zellenzahl · 1,8 V = 82 · 1,8 = 147,6 V. Die Stahlakkumulatoren werden von der Deutschen Edison-Akkumulatoren-Company G. m. b. H., Berlin SW 11, Askanischer Platz 3, hergestellt. Der Akkumulator ist ziemlich unempfindlich gegen höhere Ladestromstärken, doch darf die Temperatur der Kalilauge nicht über 45° C steigen. Sein Vorzug ist die Anspruchslosigkeit in der Wartung. Die Zellen können entladen unbenutzt stehenbleiben und selbst sehr tiefe Entladungen schaden nicht.

H. Galvanische Elemente

dienen zur Erzeugung von geringen Stromstärken für den Betrieb von Fernsprechanlagen, Telegraphen usw.; sie erzeugen elektrische aus chemischer Energie. Es werden nasse und Trockenelemente gebaut. Die gebräuchlichen sind:

Name	Positive Elektrode	Negative Elektrode	Elektromot. Kraft (offen) in V	Widerstand im Ohm
Leclanché	Braunstein-zylinder	Zink amalgamiert	1,49	0,69
	Salmiaklösung			
Element der deutschen Küstentele-graphen-verwaltung	Kupfer in Kupfer-vitriollösung	Zink in Bittersalz-lösung	1,008	7,54
Daniell	Kupfer in konz. Kupfer-vitriollösung	Zink amalgamiert in Schwefel-säure	1,08	2,8

Trockenelement Siemens & Halske, Größe *T*.
T 1 1,5 V 0,1 Ω ein Element wiegt 1,75 kg,
T 2 1,5 „ 0,15 „ „ „ „ 1,5 „
T 3 1,5 „ 0,2 „ „ „ „ 0,9 „
Viereckige Ausführung 1 etwa 1,8 V und 15 Ampere leistend,
„ „ 2 „ 1,8 „ „ 12 „ „
„ „ 3 „ 1,8 „ „ 9 „ „

I. Funkentelegraphie.

Die Funkentelegraphie (Telegraphie ohne Draht) erfolgt durch eine Vorrichtung, mit welcher Zeichen zwischen zwei Stationen

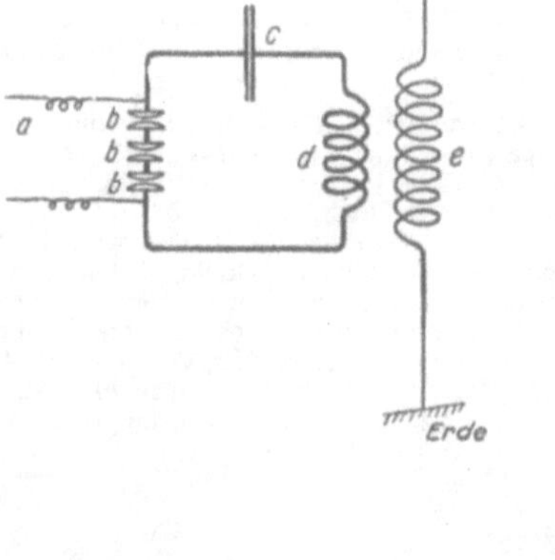

Abb. 516.

lediglich durch die Vermittlung elektrischer Wellen mit hoher Wechselzahl übertragen werden.

Eine Schiffssendestation besteht aus der Sende- und Empfangsanlage. Das Schema der Sendestation ist in Abb. 502 dargestellt. Die Stromquelle, ein Gleichstrommotor, direkt gekuppelt mit einem Wechselstromgenerator, der einen Strom von 500 Perioden erzeugt, ist an die Zuleitungen *a* angeschlossen und mit der sog. Löschfunkenstrecke *b* verbunden. In diesem Stromkreis befindet sich der Kondensator *c* und die Spule *d* mit großer Selbstinduktion. Durch den Maschinenstrom wird der

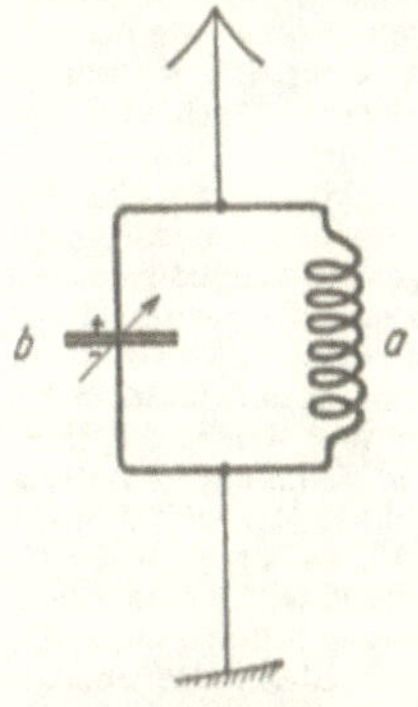

Abb. 518.

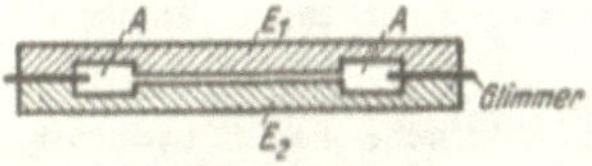

Abb. 517.

Kondensator aufgeladen, bis die Spannung eine solche Höhe erreicht, daß die Funkenstrecke *b* durch Funken überbrückt wird. Diese Funken erlöschen in dem stark gedämpften Kreise sehr schnell; da dieser Kreis aber mit dem schwach gedämpften Kreise *e* lose gekoppelt ist, schwingt letzterer auch nach Aufhören der Schwingungen der primären Löschfunkenstrecke *bcd* selbständig weiter und die Antenne strahlt die mit dem Morsetaster im Stromkreise *a* gegebenen Zeichen aus.

Die Löschfunkenstrecke besteht aus versilberten Kupferscheiben E_1 und E_2, Abb. 517, die durch Glimmerringe in einem bestimmten Abstand gehalten werden. Die Kupferscheiben besitzen Ausdrehungen *A*, um zu verhindern, daß der Funke an den Rand des Glimmerringes geht. Der Abstand der beiden Kupferscheiben ist etwa 0,2 mm. Da die verwendbare Spannung und damit auch die Energie der einzelnen Schwingungen bei diesem kleinen Abstand nur sehr gering sein kann, schaltet man mehrere, z. B. 12 solcher Funkenstrecken hintereinander und es entsteht die Serienfunkenstrecke. Solch eine Funkenstrecke bedarf kaum einer Wartung und Nachregulierung. Der Funke wandert fortgesetzt auf der Kupferscheibe herum, so daß sie sich sehr gleichmäßig und dadurch auch sehr langsam abnützt; sie braucht daher auch nur selten gereinigt zu werden. Die Serienschaltung gestattet außerdem, die Energie der ausgesandten Schwingungen bequem zu verändern. Will man die Energie dieser Schwingungen verkleinern, so braucht man nur einen Teil der Funkenstrecken kurz zu schließen. Die Abstimmung des Löschfunkenkreises auf verschiedene Wellenlängen geschieht in der Weise, daß man einen Kondensator, der auch z. B. aus einer Batterie Leidener Flaschen bestehen kann, für die kurzen Wellen in die Antenne legt und für die lange Welle dieselbe Batterie parallel zur Spule *e* des Antennenkreises, Abb. 516. Die Antennenzuleitung erhält außerdem noch ein Variometer. Dieses besteht aus 2 Spulen mit großer Selbstinduktion, die gegeneinander schwenkbar angeordnet sind. Durch Nähern oder Entfernen der beiden Spulen wird die Kopplung verändert und die Antenne auf eine andere Welle abgestimmt. Die Schiffssender arbeiten meistens auf Welle 600 bis 800 (SOS-Ruf).

Der Empfänger ist in der gleichen Weise gebaut wie die normalen Rundfunkempfänger. Er besteht aus einer Abstimmspule *a* mit parallelgeschaltetem Kondensator *b*, die einen Schwingungskreis, wie er in Abb. 518 dargestellt ist, bilden.

Stößt man diesen Schwingungskreis elektrisch von der Antennenseite an, so ladet sich die eine Belegung des Kondensators *b* positiv, die andere negativ. Da beide Belegungen durch die Spule *a* miteinander leitend verbunden sind, wird sich die positive Elektrizitätsmenge nach der negativen hin ausgleichen. Es fließt daher ein Strom in der Spule *a* von oben nach unten und bildet dabei ein elektrisches Feld mit seinen Kraftlinien aus, welche die Spule durchsetzen. Hat der Ausgleich der beiden Spannungen stattgefunden, so hört der Strom zu fließen auf und das Magnetfeld bricht zusammen. Die Kraftlinien verschwinden aus der Spule, wobei sie die Wicklung der Spule schneiden. Hierbei entsteht eine EMK, die bestrebt ist, den vorher fließenden Strom aufrechtzuhalten, also in der gleichen Richtung fließt. Diese Elektrizitätsmenge, der sog. Extrastrom, fließt nun nach der unteren Belegung des Kondensators *b* und ladet sie positiv auf, so daß jetzt die untere Belegung positiv geladen ist und die obere negativ. Nun wiederholt sich der eben beschriebene Vorgang in der gleichen Weise, der Strom fließt von der unteren positiven Belegung durch die Spule von unten nach oben zur oberen Kondensatorbelegung, es entsteht wieder ein Kraftlinienfeld in der Spule *a*, dieses bricht dann zusammen, die Kraftlinien verschwinden aus der Spule, es entsteht der Extrastrom, und dieser ladet die obere Kondensatorplatte wieder positiv und die untere negativ auf. Es ist also der zu Anfang vorhandene elektrische Zustand des Schwingungskreises wieder vorhanden; der Schwingungskreis hat eine Schwingung gemacht, und der Vorgang wiederholt sich, bis er durch die auftretenden Verluste in der Spule usw. allmählich abklingt.

Die Schwingungen sind außerordentlich schnelle und betragen z. B. bei einer Welle von 600 m Länge $\frac{300000000}{600} =$ 500000 mal in der s. Diese Schwingungszahl kann man verändern durch Verkleinern oder Vergrößern der Belegungen des Kondensators *b*, z. B. durch einen Drehkondensator, und bei der Spule *a* durch Verändern ihrer Windungszahl. Man stimmt auf eine kleinere Welle mit größerer Schwingungszahl ab, indem man die sich gegenüberstehenden Kondensatoroberflächen durch Herausdrehen verkleinert und eine Spule mit niedriger Windungszahl verwendet. Bei langen Wellen also umgekehrt, weit hineingedrehter Kondensator und eine Spule mit hoher Windungszahl. Hat man die Welle abgestimmt, welche man empfangen will, so wird sie wie auf Abb. 519 ersichtlich, durch Kopplung auf eine weitere Spule *c* übertragen, die mit dem Gitter der Empfangsröhre *d* verbunden ist, welche als Audion geschaltet ist, so daß sie die ankommenden Wellen gleichrichtet und Schwebungen erzeugt, welche die Röhre durch die Anode *e* verlassen. Der Anodenstrom wird zu einem Kopfhörer *f* geleitet oder auch noch zu weiteren Verstärkerröhren, denn dadurch wird die Reichweite des Apparates bestimmt.

Vielfach werden Rundfunkgeräte an die Schiffsantennen angeschlossen zwecks Abhören der Wetter- und Eisberichte sowie der Sturmwarnungen und der übrigen Darbietungen in- und aus-

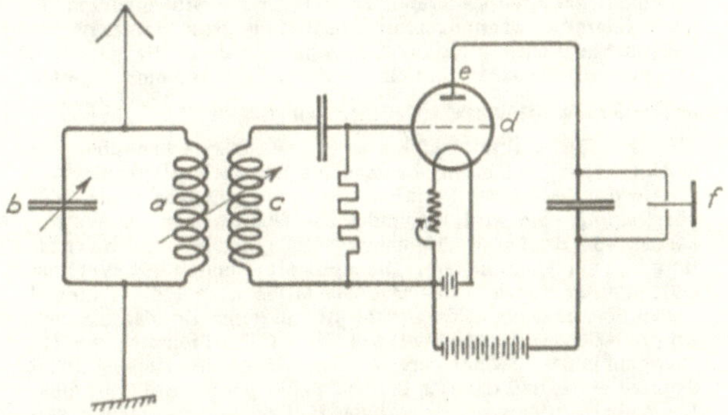

Abb. 519.

ländischer Sender. Man verwendet dazu die auf dem Markt erhältlichen Rundfunkapparate. Die modernen Rundfunkgeräte werden entweder als Geradeausempfänger oder als Superhets gebaut. Mit einem 3-Röhren-Geradeausempfänger kann man am Abend eine große Zahl von Stationen empfangen, ein Superhet bringt sie auch am Tage. Diese Leistungen sind nur möglich geworden durch die erhebliche Verbesserung der Röhren; aus den früheren Eingitterröhren wurden sorgfältig abgeschirmte Mehrgitterröhren mit 4 bis 6 Gittern. Bei den Glaskolben der Endgitterröhren ist innen eine Graphitschicht angebracht, um alle Störungen auszuschalten. Als letzte Neuerung werden Stahlröhren hergestellt, in denen das ganze System waagerecht angebracht ist.

Die Apparate sind nur mit 2 Knöpfen ausgestattet; durch sie werden betätigt: Einstellung der 3 Wellenlängen, Aufsuchen der Stationen auf einer sog. Thermometerskala, Einregulieren der Lautstärke und Einstellen der Tonblende. Außerdem kann mit einem Knopf ein- und ausgeschaltet werden durch Eindrücken oder Herausziehen desselben.

Rundfunkdarbietungen werden auf 3 Wellenbereichen gesendet: 1. auf Langwellen im Bereich von ca. 1200 bis 2000 m, 2. im sog. Rundfunkwellenbereich von 200 bis 800 m und 3. im Kurzwellenbereich bis etwa 50 m. Beim Kurzwellenbereich werden die Wellen von der Heaviside-Schicht, die sich in ca. 120 bis 150 km Höhe über der Erdoberfläche befindet, reflektiert, dann wieder von der Erde reflektiert und so fort. Dabei entstehen um den Sender herum tote Zonen, in denen man den Sender nicht hört, da die Bodenwelle in geringer Entfernung absorbiert wird. Dafür arbeiten die Kurzwellensender mit viel geringeren Antennenleistungen als die Langwellensender, und ihre Reichweite ermöglicht eine Sendung der Darbietungen über die ganze Erde.

Im Rundfunkwellenbereich liegen die Sendestationen je 9 KH (Kilo-Hertz) auseinander. Dies ist augenblicklich der geringste Abstand, in dem sie, mit nicht zu teuren Apparaten aufgenommen, sich nicht gegenseitig stören. Das KH ist die Schwingungszahl, die sich ergibt, wenn man die Ausbreitungsgeschwindigkeit der elektrischen Wellen, die 300000 km/s beträgt, durch die Meterzahl der Wellenlänge einer Station dividiert, z. B. bei einer Station mit 400 m Wellenlänge ist die Schwingungszahl $\frac{300000000}{400} =$ 750 KH. Die drahtlose Übertragung von Gesprächen über den halben Erdumfang macht heute keine Schwierigkeiten mehr.

In das Gebiet der Rundfunkübertragung fällt auch die Bildübertragung. Sie wird verwendet zur Übertragung der Wetterkarten, von Briefen in Originalwiedergabe, zur Bildberichterstattung und für vieles andere. Die Apparate arbeiten mit synchron laufenden Trommeln. In der Geberstation ist auf die Trommel das zu übertragende Bild aufgespannt und in der Empfangsstation ein präpariertes lichtempfindliches Papier. Die Trommeln werden durch ein feines Gewinde vorgeschoben und die Übertragung findet dadurch statt, daß das sich drehende Bild punktförmig mit einer Lampe beleuchtet wird. Je nach der Helligkeit des zurückgestrahlten Lichtes, das auf eine Karoluszelle fällt, werden schwächere oder stärkere Ströme übertragen, die eine Lampe dunkler oder heller aufleuchten lassen. Ein Linsensystem überträgt das Licht dieser Lampe punktförmig gesammelt auf die mit photographischem Papier bespannte Empfängertommel, die nach der Entwicklung das genaue Bild wiedergibt.

Auf Schiffen hat man ferner die Funkpeilung eingeführt. Das Peilgerät besteht aus einer drehbaren Rahmenantenne, an welche ein normaler Empfangsapparat für den Rundfunk angeschlossen ist. Nähert sich das Schiff bei unsichtigem Wetter der Küste, so kann es seinen Standort genau mittels des Peilgeräts bestimmen. Die Küstensendestationen senden bestimmte Zeichen aus. Durch Drehen der Rahmenantenne stellt man den besten Empfang dieser Zeichen ein, der bei den Transversalwellen dann vorhanden ist, wenn der Rahmen mit seiner vorderen und hinteren Kante in einer senkrechten Ebene mit der Sendestation liegt, also mit seiner Vorderkante auf sie hinzeigt. Stellt man auf zwei verschiedene Küstenstationen ein, so kann man aus dem Schnittpunkt der beiden Peilrichtungen den Standort des Schiffes bestimmen.

Ist ein Schiff mit Unterwasserschallsignalen ausgerüstet, so kann man mit großer Genauigkeit die Entfernung zwischen Schiff und Unterwasserschallspiegel-Gebestation feststellen, wenn gleichzeitig mit dem Schallsignal ein elektrisches Zeichen drahtlos gegeben wird. Aus der Zeitdifferenz der beiden Zeichen ergibt sich die Laufzeit der Unterwasserschallsignalwelle und damit die Entfernung zwischen Land und Schiff.

Telegraphiert wird nach dem **Morse-Alphabet.**

Buchstaben:

a .—	h	q ——.—
ä .—.—	i ..	r .—.
á å .——.—	j .———	s ...
b —...	k —.—	t —
c —.—.	l .—..	u ..—
ch ————	m ——	ü ..——
d —..	n —.	v ...—
e .	ñ ——.——	w .——
é ..—..	o ———	x —..—
f ..—.	ö ———.	y —.——
g ——.	p .——.	z ——..

Ziffern:

1 .————	7 ——...
2 ..———	8 ———..
3 ...——	9 ————.
4 ....—	0 —————
5	Bruchstrich ——————
6 —....	

Punkt (.) = ... (dreimal i)
Semikolon (;) = —.—.—.
Komma (,) = .—.—.—
Doppelpunkt (:) = ———...
Fragezeichen (?) = ..——..
Ausrufungszeichen (!) = ——..——
Bindestrich (-) = —....—
Apostroph (') = .————.
Klammer ( ) = —.——.—
Anführungszeichen („ “) = .—..—.
Trennungszeichen (-) = —...—
Unterstreichungszeichen = ..——.—
Absatzzeichen = .—.—..
Dringend (d) = —..
Quittungszeichen (rrr) = .—. .—. .—.
Irrtum (Unterbrechung) = ...
Anruf = —.—.—
Schluß = .—.—.
Verstanden = ...—.
Warten = .—...
Neue Zeile (al) = .—.—..

K. Elektrische Wegweiseranlagen für Schiffe beim Anlaufen und Verlassen von Häfen.

Diese Wegweiseranlagen dienen dazu, dem Schiffsführer einen sicheren Wegweiser in den Hafeneinfahrten zu geben, unabhängig von allen Witterungsverhältnissen. Die Anlage besteht aus einem Kabel, welches genau in der Fahrrinne verlegt ist und dessen eines Ende an Land an eine Klemme einer Wechselstrommaschine angeschlossen ist, während das andere Ende weit draußen am Hafeneingang mit dem Wasser und der Erde leitend verbunden ist. Die von der Wechselstrommaschine ausgehenden Ströme finden ihren Weg von der einen Klemme der Maschine durch das Kabel, von dessen Endpunkt durch das Wasser und die Erde zurück zur zweiten Klemme der Maschine, die ebenfalls mit der Erde verbunden ist. Die im Kabel verlaufenden Wechselströme bilden ein konzentrisches, elektrisches Feld um das Kabel aus. Auf dem Schiff selbst gehören zu der Anlage 2 Auffangrahmen, von denen je einer an Steuerbord und einer an Backbord horizontal oder besser mit der Außenkante etwas schräg nach oben außenbords aufgehängt wird. Befindet sich das Schiff genau über dem verlegten Kabel, dann wird jeder der beiden Spulenrahmen in den Bereich des elektrischen Feldes kommen, befindet es sich aber außerhalb, z. B. so, daß das Kabel auf der Steuerbordseite liegt, so erreichen den Backbord-Spulenrahmen keine Wellen des elektrischen Feldes, dagegen wird der Steuerbord-Spulenrahmen der stärksten Wirkung ausgesetzt sein. Diese Spulen sind mit je einem Telephon verbunden, das durch sein Summen anzeigt, ob beide Spulen gleich stark der Wirkung des elektrischen Feldes des Leitkabels ausgesetzt sind oder nicht. Im ersten Falle ist das Summen in beiden Telephonen gleich stark und das Schiff befindet sich genau über dem Kabel in der Fahrrinne. Da die aufgefangenen Ströme nur sehr schwach sind, werden sie in Röhrenverstärkern verstärkt, und um sich auch von einer beispielsweise subjektiven Urteilsfähigkeit des Abhörenden unabhängig zu machen, werden die verstärkten Ströme zu einem Zeigerinstrument mit 2 Zeigern geleitet, das mit seinen Ausschlägen die genaue Stellung des Schiffes über dem Leitkabel angibt.

L. Fernsprech-Einrichtungen.

An Bord größerer Schiffe befinden sich zwischen der Kommandoleitung und den einzelnen Dienstabteilungen sowie auch in Kammern für Reisende Fernsprecher. Eine Telephonstation besteht aus einem Mikrophon, in welches man hineinspricht, und dem Fernhörer. Das Mikrophon besteht aus einer Kapsel, welche Kohlenkörner enthält. Diese Körner liegen einerseits lose gegen eine Schallplatte, welche durch die beim Sprechen entstehenden Schallwellen in Schwingung versetzt wird, anderseits gegen einen feststehenden Kohlenkontakt. Durch die geringe gegenseitige Bewegung der Kohlenkörper, welche entsteht, wenn gegen die Schallplatte gesprochen wird, wird der Widerstand des Stromkreises, der durch die eingeschaltete Batterie, das Mikrophon und den auf der zweiten Station befindlichen Fernhörer gebildet wird, in ziemlichen Grenzen verändert, und der Fernhörer gibt die durch die Schallwellen entstandenen Stromstöße in der Weise wieder, daß in ihm dieselbe Schwingung seiner Schallplatte stattfindet, d. h. er gibt die in das Mikrophon hineingesprochenen Laute wieder. Zur Verstärkung dieser verhältnismäßig schwachen Ströme sind Induktionsrollen in die Leitung eingeschaltet, und zum gegenseitigen Anruf zwei Glocken. Die auf Schiffen mitunter jetzt angewendeten lautsprechenden Apparate werden nicht durch Batteriestrom erregt, sondern sind an das Lichtnetz angeschlossen. Die Kommandoapparate sind mit den Befehlsempfangsstellen durch direkte Leitungen verbunden, während die Kammertelephonie über eine Zentrale geht, in welcher die Zusammenschaltung der gewünschten Kammernstationen durch einen Beamten vorgenommen wird.

M. Kommandoanlagen.

Zur schnelleren Übermittlung bestimmter, oft wiederkehrender Zeichen an Bord dienen vielfach die elektrisch betriebenen Kommandoapparate. Zur Übertragung werden folgende Ausführungen verwendet.

a) Das Spannungszeigersystem (Abb. 520). Der Geber besteht aus einem Widerstand *W*, der an eine Stromquelle (Lichtnetz) angeschlossen ist. Er ist mit einer Kontaktbahn verbunden, über welche ein Hebel *H* schleift. An den Mittelkontakt und den Hebel *H* ist ein Voltmeter *V* angeschlossen, dessen Einteilung so

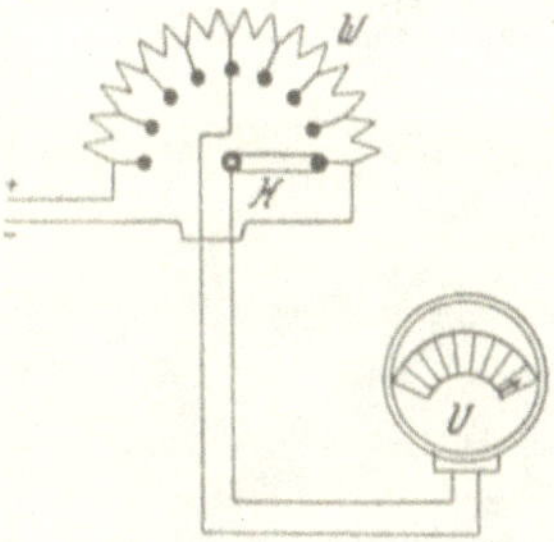

Abb. 520.

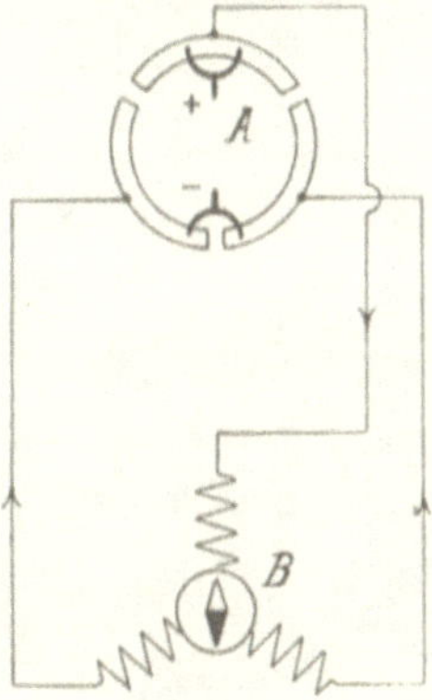

Abb. 521.

viele Felder besitzt als Kontakte an der Kontaktbahn vorhanden sind und als Zeichen übermittelt werden sollen. Das Voltmeter stellt sich stets entsprechend der Stellung des Hebels *H* am Geber ein.

b) Das Drehfeldsystem arbeitet mit drei magnetischen Feldern, die sich zu einem resultierenden Feld zusammensetzen, in dessen Richtung sich ein Anker mit Zeiger einstellt. Abb. 521 zeigt den Geber *A* und den Empfänger *B* mit dem Stromlauf. Die gabelförmigen Kontaktfedern des Gebers leiten den Strom in die drei Spulen des Empfängers *B* und erzeugen dort je nach der Stellung des Gebers verschieden gerichtete magnetische Felder, in deren Gleichgewichtslage sich der polarisierte Anker des Empfängers einstellt; er folgt damit genau der Stellung des Gebers.

c) Das Weckerquittungssystem (Abb. 522) besitzt eine Widerstandsschaltung. Jeder Apparat enthält einen Widerstand, der an die Stromquelle angeschlossen wird, und eine Kontaktbahn mit so viel Kontakten, als Kommandos zu übertragen sind. Auf diesen Kontaktbahnen schleift eine Kontaktfeder, die durch den Kommandohebel bewegt wird. Die Kontaktfedern der beiden zusammenarbeitenden Apparate sind miteinander verbunden und bilden so die Brücke der Widerstandsschaltung. Die Brückenleitung wird stromlos, wenn die Kontaktfedern auf gleichliegenden Kontakten mit gleicher Spannung stehen. Die Klingeln der Brückenleitung ertönen dann nicht. Die Stromrichtungszeiger geben durch Anschlag an, in welcher Richtung der Hebel des andern Apparates gedreht wurde.

1. **Maschinentelegraphen** dienen zur Übermittlung folgender Befehle von den Kommandostellen nach den Maschinenräumen;

Äußerste Kraft
Alle Fahrt
Große Fahrt
Halbe Fahrt
Langsame Fahrt
Kleine Fahrt } voraus.
Achtung
Stopp.

Langsame Fahrt
Halbe Kraft
Äußerste Kraft } zurück.

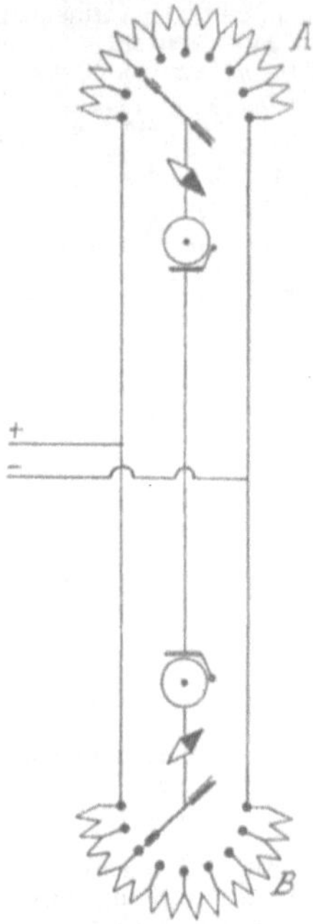

Abb. 522.

2. Der **Ruderanzeiger** dient zum Anzeigen der jeweiligen Ruderlage, der Geber wird zwangsläufig mit dem Ruderschaft verbunden. Er enthält eine Gradteilung, die für Backbord rote und für Steuerbord grüne Teilstriche besitzt.

3. Der **Steuertelegraph** dient zur Übertragung von Ruderkommandos nach den Handsteuerstellen. Die Zeigerscheibe zeigt folgende Aufschrift: Hart B B. Recht so, Kurs, Recht so, Hart St. B. Außerdem können drei Flaggensignale befohlen werden: Heiß, Nieder, Dip.

4. Die **Docktelegraphen** dienen beim Verholen und Docken der Schiffe zur Befehlsübermittlung von der Kommandobrücke nach den Spillen auf Vorder- und Achterdeck. Zeigerscheibe für 2 Leinen nach Wahl etwa: Hol ein, Mach fest, Fier weg, Los, Alles klar usw.

5. Die **Umdrehungsfernzeiger** dienen zum Anzeigen der jeweiligen Umdrehungszahl und der Drehrichtung der Maschine an den verschiedenen Kommandostellen der Schiffs- und Maschinenleitung. Als Geber dient eine magnetelektrische Gleichstrommaschine, die zwangsläufig mit der Schraubenwelle gekuppelt ist. Der Empfänger ist ein nach Umdrehungen in der min geeichtes Präzisions-Voltmeter mit Nullage in der Mitte.

6. Der **Schottentelegraph** dient zur Abgabe des Zeichens „Schotten dicht". Es ertönen überall im Schiff Warnungsglocken; die Schottüren werden entweder von Hand oder mittels Wasserdruck oder elektrisch geschlossen.

Auf größeren Handelsschiffen befindet sich außerdem im Kommandoraum eine „Schottendicht-Tafel". Diese besteht in einer Umrißzeichnung des Schiffes mit der Schotteinteilung. An den Stellen, an welchen sich wasserdichte Türen befinden, sind rote Glasscheiben mit eingeätzter Nummer eingelassen, hinter welchen sich Glühlampen befinden, die bei geschlossener Tür aufleuchten. Die Betätigung der Lampen geschieht durch Türkontakte, welche beim Schließen der Tür eingeschaltet werden.

VIII. Teil.

Instrumente und Messungen.

A. Manometer

dienen zur Bestimmung des in einem Raum herrschenden Gas- oder Flüssigkeitsüberdruckes.

1. **Quecksilbermanometer** beruhen auf dem Prinzip der kommunizierenden Röhren, deren einer Schenkel mit der Atmosphäre, der andere mit dem unter Druck stehenden Raum verbunden ist. Im offenen Schenkel steht dann das Quecksilber dem Überdruck entsprechend höher als im anderen Schenkel; der Höhenunterschied der Quecksilberkuppen wird an einem neben den beiden Schenkeln angebrachten Maßstab in mm abgelesen. Ist h der gemessene Höhenunterschied in mm, so ist der Überdruck p in kg/cm²:

$$p = \frac{h}{736} \text{ kg/cm}^2.$$

Zu beachten ist bei der Ablesung, daß das Instrument senkrecht steht. Soll die Temperatur t des Quecksilberfadens (Raumtemperatur) berücksichtigt werden, so ist der gemessene Höhenunterschied h um den Betrag

$$z = \frac{t \cdot h}{5500} \text{ mm}$$

zu verringern.

2. **Röhrenfedermanometer**, in Abb. 523 im Prinzip dargestellt, enthalten eine gebogene Röhre aus Stahl oder Metallkomposition von elliptischem Querschnitt. Da diese Röhre bei innerem Druck das Bestreben hat einen runden Querschnitt anzunehmen, so biegt sich die Röhre dem Druck entsprechend mehr oder weniger auf. Die hierbei auftretende Bewegung des freien Endes der Röhre wird durch eine Zugstange und Zahnradübersetzung auf einen Zeiger übertragen, der auf einer empirisch festgestellten Einteilung den inneren Überdruck angibt. Um den toten Gang im Zeigerwerk unschädlich zu machen, ist an der Zeigerwelle eine kleine Spiralfeder angebracht, welche den Zeiger immer nach Null hinzieht.

Abb. 523.

3. **Doppelmanometer** enthalten zwei Röhrenfedern und zwei auf derselben Achse oder auf zwei parallelen Achsen sitzende Zeiger, die bei in Ordnung befindlichem Manometer immer gleich viel anzeigen müssen.

4. **Kontrollmanometer** sind besonders sorgfältig ausgeführte und geeichte einfache Manometer oder auch Doppelmanometer

mit zwei ganz getrennten Werken und einer oder zwei Skalen, die zur Kontrolle anderer Manometer benutzt werden.

5. Beim **Plattefedermanometer** (Abb. 524) wird eine kreisrunde, mit Ringwellen versehene und am äußeren Rande in einem Gehäuse festgeklemmte Stahlplatte benutzt, deren Durchfederung in der Mitte wie beim Röhrenfedermanometer auf ein Zeigerwerk übertragen wird.

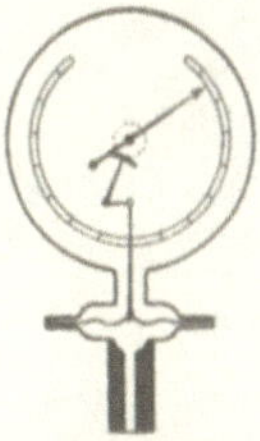

Abb. 524.

6. Die **Eichung** der Einteilung von Röhrenfeder- oder Plattenfedermanometern erfolgt mittels eines entsprechend hohen Quecksilbermanometers. Zur Kontrolle von Manometern wird gewöhnlich eine Probierpumpe in Verbindung mit einem Kontrollmanometer, oder auch ein sog. Kolbenmanometer mit auflegbaren Gewichten verwendet.

Die Einteilung der Skala eines Manometers reicht gewöhnlich etwa bis zum doppelten des im Betriebe auftretenden Druckes.

Ein Manometer zeigt nur dann den an der Anschlußstelle der Manometerleitung herrschenden Druck in einer Dampf- oder Flüssigkeitsleistung usw. richtig an, wenn es in gleicher Höhe wie der Anschluß sitzt. Ist das Manometer h m tiefer (oder höher) angebracht, so zeigt es, weil die Leitung gewöhnlich mit Kondenswasser oder mit der betreffenden Flüssigkeit vom spez. Gew. γ gefüllt ist, einen der Höhe h der Flüssigkeitssäule entsprechenden höheren (bzw. geringeren) Druck an. Der wirkliche Druck ist dann um den Betrag $10 \cdot \gamma$ at geringer (bzw. größer).

Liegt also z. B. die Anschlußstelle eines Manometers, das den Druck vor dem Manövrierventil anzeigt, 4 m höher als Mitte Manometer, so ist, da die Verbindungsleitung in der Regel voll Wasser steht, der wirkliche Druck um $\frac{4}{10} \cdot 1 = 0{,}4$ at geringer als das Manometer anzeigt.

Darf in einem Raum (Dampfkessel usw.) ein bestimmter Druck nicht überschritten werden, so erhält die Manometerskala an der betreffenden Stelle gewöhnlich einen roten Teilstrich (Marke), um die Beobachtung zu erleichtern.

B. Vakuummeter

dienen zur Messung von Drücken, welche kleiner sind als 1 at.

1. **Federvakuummeter** haben die gleiche Einrichtung wie die Manometer, nur ist die Federröhre oder -platte, entsprechend dem geringeren Druck von höchstens 1 at, schwächer gehalten. Der elliptische Querschnitt der Federröhre wird hier durch den äußeren Druck noch weiter abgeflacht, wodurch sich die Federröhre zusammenzieht.

2. Das **offene Quecksilbervakuummeter** besteht, wie in Abb. 525 im Prinzip dargestellt, aus einer etwa 1 m hohen J-förmig gebogenen Glasröhre, dessen kurzer Schenkel zu einem Gefäß mit verhältnismäßig großem Querschnitt erweitert ist. Das obere Ende des langen Schenkels wird durch eine Rohrleitung mit dem Raum verbunden, in welchem das Vakuum gemessen werden soll,

Die Höhe *b* der Quecksilbersäule wird an einem neben der Glasröhre angebrachten Maßstab in mm abgelesen. Der Maßstab ist mitunter verschiebbar, um den Nullpunkt genau auf die Höhe des unteren Quecksilberspiegels einstellen zu können.

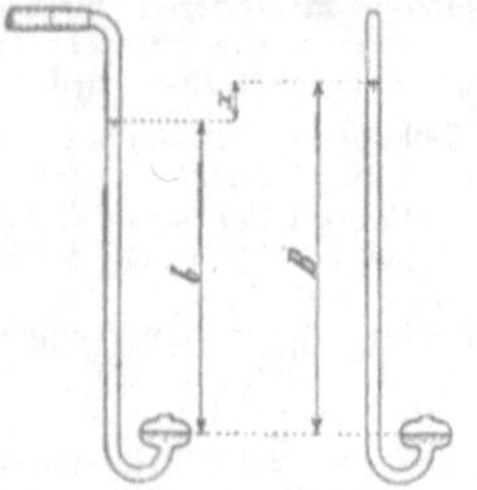

Abb. 525.

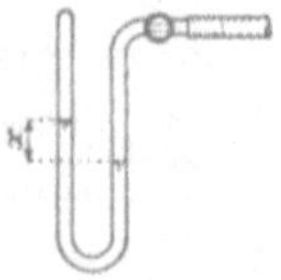

Abb. 526.

3. Das **geschlossene Quecksilbervakuummeter** hat im Prinzip die gleiche Einrichtung wie ein gewöhnliches Barometer, nur wird seine Gesamthöhe viel kleiner gemacht, weil es sich nur um das Messen des absoluten Druckes *x* nach Abb. 526 handelt, also

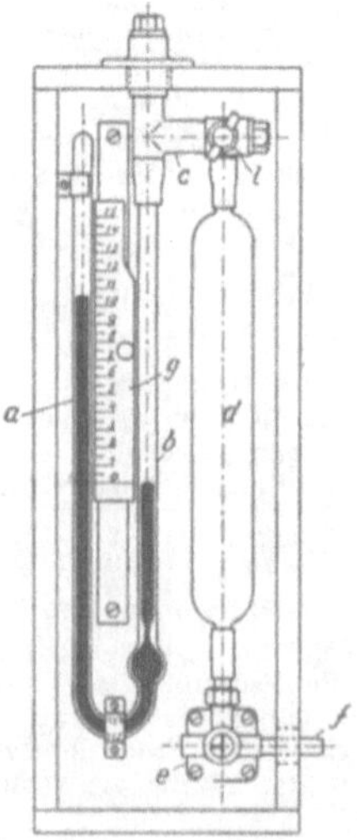

Abb. 527.

nur um Quecksilbersäulen von etwa 100 bis 150 mm Höhe. In Abb. 527 ist das „Vulcan-Vakuummeter" dargestellt. Es besteht aus einer U-förmig gebogenen Glasröhre, deren linker Schenkel *a* bei abgeschaltetem Instrument vollständig, der andere Schenkel *b* nur im unteren Teil mit Quecksilber gefüllt ist. Das obere Ende des Schenkels *b* steht durch ein Verbindungsstück *c* mit dem Auffanggefäß *d* für etwaiges Kondenswasser in Verbindung, dessen unteres Ende an einen Dreiwegehahn *e* anschließt, welcher bei *f* durch eine feste Leitung oder einen Gummischlauch von etwa 5 bis 6 mm l. Dmr. mit dem Kondensator usw. verbunden ist. Der zu messende absolute Druck wird an dem verschiebbaren, in mm geteilten Maßstab *g* abgelesen, dessen Nullpunkt auf die Höhe der Quecksilberkuppe im rechten Schenkel eingestellt wird. Diese Angabe ist unabhängig vom jeweiligen Barometerstand.

Besonders zu beachten ist, daß diese Verbindungsleitung sowie das Instrument vollkommen wasserfrei ist. Etwa in das Auffanggefäß *d* gelangtes Kondenswasser kann durch Öffnen einer kleinen Luftschraube *l* am oberen Verbindungsstück *c* entfernt werden.

Sammelt sich beim offenen oder geschlossenen Quecksilbervakuummeter oberhalb des Quecksilberspiegels Kondenswasser, dann muß zur gemessenen Höhe der Quecksilbersäule noch 1:13,6 = 0,0735 der Höhe des auf dem Quecksilber ruhenden Wassers hinzugefügt werden.

4. Der **absolute Druck** x im Kondensator usw. ist der Unterschied zwischen der Anzeige b des Quecksilbervakuummeters und dem gleichzeitig festgestellten Barometerstand B in mm. Es ist also

$$x = B - b \text{ mm}$$

oder

$$x = \frac{B - b}{736} = 0{,}00136\,(B - b) \text{ kg/cm}^2$$

oder

$$x = \frac{B - b}{760} = 0{,}00132\,(B - b)$$

des normalen Barometerstandes.

Ist z. B. die Anzeige eines an einen Kondensator angeschlossenen Federvakuummeters oder eines offenen Quecksilbervakuummeters $b = 700$ mm QS, der Barometerstand $B = 750$ mm, so ist der wirkliche absolute Druck im Kondensator

$$x = 750 - 700 = 50 \text{ mm Quecksilbersäule (QS)}$$

oder $x = 0{,}00136 \cdot 50 = 0{,}068$ kg/cm².

Mitunter wird das im Kondensator usw. bestehende Vakuum in Hundertteilen des jeweiligen Barometerstandes angegeben; dann ist

$$\text{Vakuum in } \% = \frac{b}{B} \cdot 100\,\%.$$

In vorstehendem Beispiel ist demnach

$$\text{Vakuum in } \% = \frac{700}{750} \cdot 100 = 93{,}4\,\%.$$

Bei Angaben in engl. Maß werden die Höhen b und B in engl. Zoll angegeben, und zwar ist dann:

1 alte Atmosphäre = 1,003 at (kg/cm²) = 760 mm QS
und 1 Zoll = 25,4 mm QS = 0,0345 kg/cm².

In nachstehender Zahlentafel ist das bei verschiedenen Temperaturen des austretenden Kühlwassers (s. S. 564) theoretisch bzw. im praktischen Betrieb erreichbare Vakuum in mm QS, in % bzw. auf 760 mm Barometerstand und der abs. Druck in kg/cm² angegeben

Kühlwassertemperatur und Vakuum.

Temp. d. austr. Kühlwassers	Abs. Druck bezw. Vakuum					
	Theoretisch			Praktisch erreichbar		
	in kg p. cm²	in mm Q	Vak im % bez. auf	in kg p. cm²	in mm Q	Vak. in % bez. auf
C°	*p*	h	760 mm	*p*	h	760 mm
10	0,0125	9,2	98,8	0,021	15,2	98,0
12	0,0143	10,5	98,6	0,023	16,7	97,8
14	0,0163	12,0	98,4	0,026	19,0	97,5
16	0,0185	13,6	98,2	0,029	21,2	97,2
18	0,0211	15,5	98,0	0,032	23,6	96,9
20	0,0238	17,5	97,7	0,036	26,6	96,5
22	0,0269	19,8	97,4	0,040	29,6	96,1
24	0,0305	22,4	97,1	0,044	32,6	95,7
26	0,0343	25,2	96,7	0,050	36,4	95,2
28	0,0385	28,3	96,3	0,057	41,7	94,7
30	0,0432	31,8	95,8	0,060	44,0	94,2
32	0,0485	35,7	95,3	0,067	49,5	93,5
34	0,0543	39,9	94,8	0,073	54,0	92,9
36	0,0606	44,6	94,1	0,081	60,0	92,1
38	0,0675	49,7	93,5	0,090	66,2	91,3
40	0,0752	55,3	92,7	0,099	73,0	90,4
42	0,0835	61,5	91,9	0,101	80,5	89,4
44	0,0930	68,3	91,0	0,119	88,0	88,4
46	0,1030	75,7	90,0	0,130	95,7	87,4

C. Temperaturmesser.

1. **Thermometer** für Temperaturen bis etwa 500° bis 600° werden aus Glas hergestellt, und zwar erhalten solche für Temperaturen bis unter —30° C Weingeistfüllung, solche für Temperaturen von —30° bis +250° Quecksilberfüllung. Thermometer für Temperaturen von 250° bis etwa 600° erhalten ebenfalls Quecksilberfüllung; es wird jedoch die Röhre oberhalb des Quecksilbers mit Stickstoff oder Kohlensäure unter einem Druck von etwa 20 at gefüllt, um das Sieden des Quecksilbers zu verhindern.

Die Gradeinteilung ist entweder auf die Kapillarröhre aufgeätzt oder auf einem Skalenblech der äußeren Schutzhülse angebracht.

Soll die Temperatur in einem Raum gemessen werden, ohne die Thermometerröhre unmittelbar in den betreffenden Raum einzuführen, z. B. Dampfräume usw., dann wird an geeigneter Stelle ein unten geschlossenes Tauchrohr aus Bronze oder Stahl eingesetzt, welches mit Öl, Quecksilber oder feinen Feilspänen gefüllt wird. In diese Füllung wird dann das Thermometer eingesetzt. Quecksilberfüllung ist nur dann zulässig, wenn die zu messende Temperatur 300° nicht übersteigt und das Einhängerohr aus Stahl hergestellt ist.

2. **Manometerthermometer** (Talpotasimeter) (Abb. 528) werden zum Messen von Temperaturen von etwa 350° bis 600° verwendet, Sie beruhen darauf, daß bei gesättigten Dämpfen einer bestimmten Temperatur ein bestimmter Druck entspricht. Sie bestehen aus einer Stahlröhre, welche an einem Ende erweitert und mit Quecksilber gefüllt ist, während das andere Ende an ein

Manometer anschließt. Es wird also die dem Druck des gebildeten Quecksilberdampfes entsprechende Temperatur angezeigt.

Zwischen das Tauchrohr und den Anzeigeapparat kann auch ein längeres Kapillarrohr aus Stahl eingeschaltet werden, welches vollständig mit Flüssigkeit gefüllt ist, die den Druck auf den Anzeigeapparat überträgt.

3. **Quecksilberfederthermometer** dienen dem gleichen Zweck und haben auch die gleiche Einrichtung wie die vorerwähnten „Thalpotasimeter". Es wird mit diesen jedoch nicht der entwickelte Dampfdruck auf die Manometerfeder übertragen, sondern nur die Volumenänderung des im Tauchrohr befindlichen Quecksilbers, durch welche die Federröhre mehr oder weniger ausgedehnt wird.

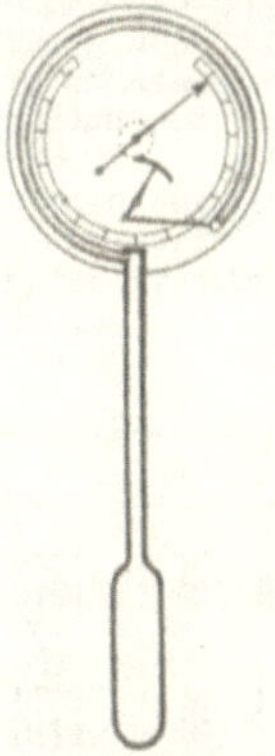

Abb. 528.

Bei größeren Entfernungen des Anzeigeapparates vom Tauchrohr (über etwa 6 m) wird eine Kompensationseinrichtung vorgesehen, um die Ausdehnung des in der Verbindungsleitung befindlichen Quecksilbers unschädlich zu machen. Sie besteht aus einer zweiten Leitung, welche unmittelbar neben der ersten verlegt wird, so daß beide immer die gleiche Temperatur haben. Diese zweite Leitung ist ebenfalls vollständig mit Quecksilber gefüllt und im Anzeigeapparat an ein zweites Federrohr angeschlossen, hat jedoch am anderen Ende keine Verbindung mit dem Tauchrohr sondern ist zugeschweißt. Die beiden Federrohre mit ihren Übertragungsmechanismen sind so angeordnet, daß die durch die Ausdehnung des Quecksilbers in den beiden Leitungen hervorgerufenen Bewegungen der Federrohre sich gegenseitig aufheben, so daß dadurch nur die Ausdehnung des Quecksilbers im Tauchrohr auf den Zeiger übertragen wird.

4. **Elektrische Fernthermometer** bestehen aus einem Thermoelement (zwei an einem Ende zusammengelötete Drähte aus verschiedenen Metallen, z. B. Eisen-Konstantan, Platin-Rhodium u. dgl.), dessen Lötstelle der zu messenden Temperatur ausgesetzt wird, während die anderen beiden Enden kalt bleiben. Nötigenfalls werden zwischen die Klemmen des Thermoelementes und den Anzeigeapparat Kompensationsleitungen aus den gleichen Materialien angeschlossen, um deren Enden kalt halten zu können. Durch die Temperaturdifferenz zwischen der Lötstelle und den freien Drahtenden wird ein elektrischer Strom erzeugt, dessen Spannung mittels eines Galvanometers gemessen wird, die auf der Skala des Anzeigeapparates unmittelbar in Temperaturgraden abgelesen werden kann. Sind mehrere Meßstellen vorhanden, so werden die Leitungsdrähte von den einzelnen Thermoelementen nach einem Umschalter geführt, durch welchen die einzelnen Thermoelemente leicht auf das Galvanometer geschaltet werden können.

5. **Registrierende Thermometer** für Kühlräume usw. sind so eingerichtet, daß die Dehnung des Federrohres auf einen Hebel mit Schreibstift übertragen wird, welch letzterer den Verlauf der

Temperatur auf einem durch ein Uhrwerk bewegten Papierstreifen in Form einer Kurve angibt.

6. Segerkegel sind kleine, etwa 6 cm hohe dreiseitige Pyramiden aus verschiedenen Tonmischungen, die, je nach ihrer Zusammensetzung mit Nummern bezeichnet, bei verschieden hohen Temperaturen schmelzen. Sie werden vielfach dazu benutzt, die im Feuerraum oder in den Feuerzügen auftretenden höchsten Temperaturen angenähert festzustellen.

Die Segerkegel werden, entweder in sog. „Haubenlerchen" oder auf ebenen Platten aus Schamotte, vor Stichflammen geschützt, in dem zu untersuchenden Raum so aufgestellt, daß sie durch eine geeignete Öffnung von außen beobachtet werden können. Anderenfalls können sie erst nach dem Erkalten des Kessels besichtigt werden. Ein Segerkegel gilt als geschmolzen, wenn er sich so gebogen hat, daß seine Spitze die Unterlage berührt. Es werden zweckmäßig immer mehrere verschieden numerierte Segerkegel (s. nachstehende Zahlentafel) nebeneinander aufgestellt, um die wirklich aufgetretene Temperatur mit einiger Sicherheit feststellen zu können.

Segerkegel.

Nr.	t°	Nr.	t°	Nr.	t°	Nr.	t°
022	600	05a	1000	10	1300	26	1580
021	650	02a	1060	12	1350	27	1610
018	710	1a	1100	14	1410	28	1630
016	750	3a	1140	16	1460	29	1650
013a	835	6a	1200	18	1500	30	1670
010a	900	8	1250	20	1530	32	1710

D. Verschiedene Instrumente.

1. Drosselkalorimeter. Dieses wird benutzt, um die im Dampf in Staubform enthaltene Wassermenge festzustellen. Es besteht gewöhnlich aus einem bronzenen Gefäß *a* (Abb. 529), welches gut bekleidet oder außen vernickelt ist, um Wärmeverluste möglichst zu verhindern. Mittels eines vorgeschalteten Ventils wird der zu untersuchende Dampf dem Anschlußstutzen *b* mit voller Spannung zugeführt, der dann durch die kleine Bohrung *c* in das Gefäß *a* ausströmt. Durch den unteren Stutzen *d* wird der Dampf durch eine verhältnismäßig weite Leitung entweder ins Freie oder in den Kondensator geleitet, während bei *e* ein Quecksilbermano-

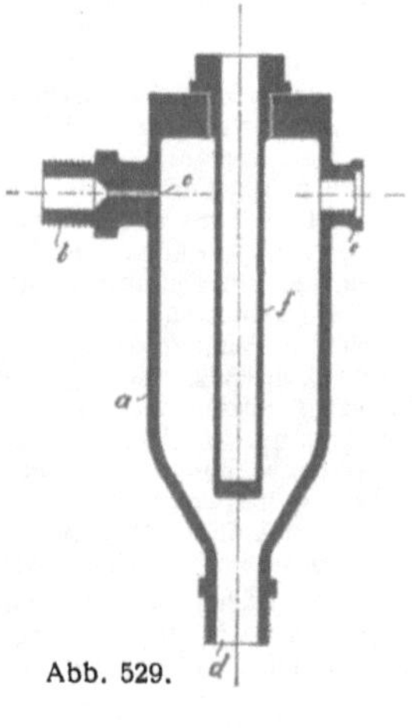

Abb. 529.

meter angeschlossen wird, um den im Gefäß a herrschenden Druck feststellen zu können. Das Tauchrohr f dient zur Aufnahme eines Thermometers und wird zu diesem Zweck mit Zylinderöl gefüllt.

Da der eintretende Dampf durch die kleine Bohrung c auf die bedeutend niedrigere Spannung im Gefäß a herabgedrosselt wird, so wird er hierbei überhitzt und das vorher im Dampf enthaltene staubförmige Wasser verdampft. Bezeichnet:

p_1 den Druck des Dampfes in der Dampfleitung in ata,

p_2 den Druck des Dampfes im Kalorimeter in ata, abgelesen am Quecksilbermanometer,

i_1'' die Gesamtwärme des Dampfes beim Druck p_1 nach Zahlentafel,

r_1 die Verdampfungswärme beim Druck p_1 nach Zahlentafel,

i_2'' die Gesamtwärme des Dampfes beim Druck p_2 nach Zahlentafel,

t_2 die Temperatur des Dampfes beim Druck p_2 nach Zahlentafel,

t_2' die Temperatur des Dampfes im Kalorimeter,

$c = 0{,}48$ die spez. Wärme trocken gesättigten Dampfes,

dann ist:

$$\text{Der Wassergehalt } y = \frac{i_1'' - i_2'' - c\,(t_2' - t_2)}{r_1}.$$

Beispiel: Es sei beobachtet worden: $p_1 = 10$ ata, $p_2 = 1{,}0$ ata, $t_2' = 110°$; dann ist nach der Dampfzahlentafel: $t_2 = 100°$, $i_1'' = 664{,}4$, $r_1 = 483{,}1$, $i_2'' = 639{,}0$ und

$$y = \frac{664{,}4 - 639{,}0 - 0{,}48\,(110 - 100)}{483{,}1} = 0{,}0426 = 4{,}26\,\%.$$

Bemerkung: Diese Methode gibt nur dann ein richtiges Ergebnis, wenn der zu messende Wassergehalt des Dampfes eine gewisse Größe nicht übersteigt, so daß der Dampf im Drosselkalorimeter noch überhitzt wird, und zwar ist:

	bei einem Druck p_2 im Drosselkalorimeter von													
	etwa 1,0 ata							etwa 0,2 ata						
bei einem Druck p_1 in der Dampfleitung in ata	5	8	10	12	16	20	25	5	8	10	12	16	20	25
die größte meßbare Dampfnässe in % etwa	2,5	3,5	4,1	4,5	5,0	5,4	5,6	6,0	7,0	7,7	8,0	8,6	9,0	9,5

Mit Hilfe des IS-Diagrammes läßt sich die Dampfnässe finden, indem man erst den Schnittpunkt derjenigen beiden Kurven sucht, welche dem Druck p_2 und der gemessenen Temperatur t_2' des

Dampfes im Kalorimeter entsprechen, der in jedem Falle im Überhitzungsgebiet liegen muß. Durch diesen Punkt wird eine Horizontale nach links bis zum Schnittpunkt mit der Kurve gezogen, die dem Druck p_1 des zu untersuchenden Dampfes entspricht. Aus den im IS-Diagramm eingetragenen Kurven der spez. Dampfmengen x ergibt sich dann der Wassergehalt des Dampfes.

2. Orsat-Apparat. Dieser dient zur Untersuchung von Rauchgasen. Hierbei handelt es sich um die Feststellung derjenigen Mengen von Kohlensäure CO_2, Kohlenoxyd CO, Sauerstoff O und Stickstoff N, welche in den abziehenden Rauchgasen enthalten sind und eine Beurteilung der Güte der Verbrennung gestatten, bzw. um den Luftüberschuß festzustellen, mit dem die Verbrennung vor sich geht (s. „Verbrennung").

Der Orsat-Apparat arbeitet in der Weise, daß ein bestimmtes Volumen Rauchgase nacheinander mit verschiedenen Flüssigkeiten in Berührung gebracht wird, welche die oben angegebenen Gase (mit Ausnahme des Stickstoffes) absorbieren. Der jeweilige Unterschied des Gasvolumens vor und nach der Absorption gibt dann die Menge des vorher darin enthalten gewesenen Gases an. Zur Absorption wird gewöhnlich verwendet:

für Kohlensäure (CO_2) . . Ätzkalilauge,
„ Sauerstoff (O) . . . . Pyrogallussäure,
„ Kohlenoxyd (CO) . . Kupferchlorürlösung.

Der bei der Verbrennung entstehende Wasserdampf kann nicht festgestellt werden, weil er bei der Temperatur, bei welcher die Messung stattfindet, kondensiert.

Vielfach werden die Rauchgase nur auf ihren Gehalt an CO_2 und O untersucht, da ihr Gehalt an CO gewöhnlich vernachlässigt werden kann.

In Abb. 530 ist die Einrichtung eines Orsat-Apparates im Prinzip dargestellt, welcher nur zwei Absorptionsgefäße für CO_2 bzw. O enthält. Er besteht aus den Absorptionsgefäßen a und b, dem Meßgefäß d, welches einen Inhalt von 100 cm^3 hat und mit einer Teilung nach cm^3 versehen ist, und ferner der Druckflasche h sowie den zugehörigen Verbindungsleitungen. Die Absorptionsgefäße a und b können durch die Hähne i bzw. k ab- und zugeschaltet werden und stehen unten mit den Gefäßen a_1 bzw. b_1 in Verbindung, welche die betreffenden Absorptionsflüssigkeiten aufnehmen, wenn das zu untersuchende Gas in das Absorptionsgefäß gedrückt wird, während die Luft in den Gummibeutel g übertritt.

Das Absorptionsgefäß a für die Kohlensäure sowie das damit in Verbindung stehende Gefäß a_1 werden je etwa bis zur Hälfte mit Ätzkalilauge, die Gefäße b und b_1 für den Sauerstoff ebenso mit Pyrogallussäure, das Meßgefäß d und die Druckflasche h (diese nur etwa zu ⅓) mit luftfreiem Wasser aufgefüllt. Damit sich die Absorptionsflüssigkeit über eine große Oberfläche verteilen kann, sind die Absorptionsgefäße a und b mit Glasstäbchen, Stahlwolle bzw. Kupferdraht od. dgl. angefüllt.

Die Druckflasche h, die bei den Versuchen abwechselnd gehoben und gesenkt werden muß, ist mit dem unteren Ende des Meßgefäßes durch einen Schlauch verbunden, der mittels eines

Quetschhahnes *q* abgesperrt werden kann. Der Apparat wird mittels eines Schlauches *L* an das in den Schornstein oder in die Rauchkammer eingesetzte Entnahmerohr angeschlossen. Die Rauchgase müssen vor ihrem Eintritt in den Apparat noch ein Filter *B* (mit Watte und etwas Wasser angefüllte U-Rohre od. dgl.) durchströmen, um Rauch, Flugasche u. dgl. zurückzuhalten.

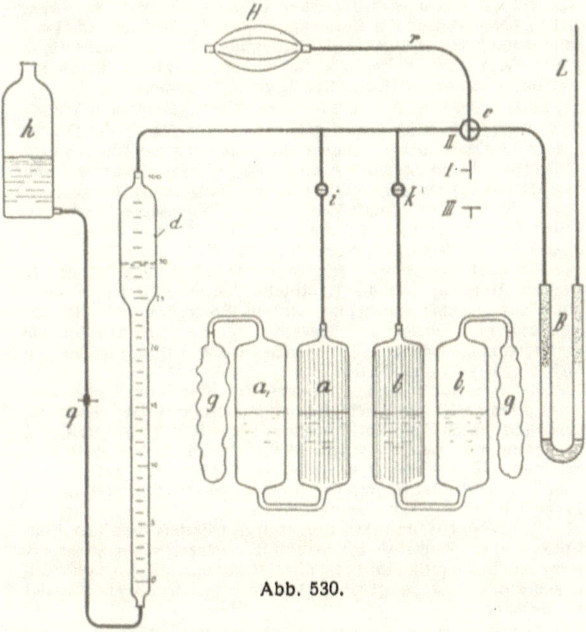

Abb. 530.

Vor Beginn der Versuche sind folgende Maßnahmen zu treffen:

a) Das Meßgefäß *d* wird durch Heben der Druckflasche *h* und Öffnen des Quetschhahnes *q* bis zum obersten Teilstrich mit Wasser gefüllt, wobei die Hähne *i* und *k* geschlossen sind und die Luft durch den Hahn *c* bei Stellung I und durch die Handpumpe *H* entweicht.

b) Der Hahn *c* wird dann in die Stellung II gedreht, der Hahn *i* geöffnet und die Druckflasche *h* gesenkt. Dann wird der Quetschhahn *q* geöffnet, so daß sich das Meßgefäß *d* entleert und die Absorptionsflüssigkeit von a_1 nach *a* gesaugt wird. Nach vollständiger Füllung von *a* wird der Hahn *i* geschlossen. In gleicher Weise wird das Absorptionsgefäß *b* gefüllt.

c) Das Meßgefäß wird dann, wie unter a angegeben, wieder bis zum obersten Teilstrich gefüllt.

Der Gang der Messung ist dann folgender:

1. Mittels der Handpumpe *H* werden durch die Leitung *r* und den in Stellung II befindlichen Hahn *c* Rauchgase angesaugt und ausgestoßen, bis angenommen werden kann, daß die zu messenden Rauchgase bis vor den Hahn *c* gelangt sind.

2. Das Meßgefäß *d* wird durch Senken der Druckflasche *h* mit 100 cm^3 Rauchgas angefüllt, während der Hahn *c* die Stellung III hat; dann wird der Hahn in die Stellung II zurückgedreht. Beim Ablesen der Gasmenge muß bei geöffnetem Quetschhahn *q* der Wasserspiegel in der Druckflasche *h* auf gleiche Höhe wie der Wasserspiegel im Meßgefäß *d* gebracht werden, damit das Gas unter atmosphärischen Druck zu stehen kommt.

3. Untersuchung auf Kohlensäure. Der Hahn *i* nach dem Absorptionsgefäß *a* wird geöffnet. Durch Heben der Druckflasche wird dann bei geöffnetem Quetschhahn *q* das Gas aus dem Meßgefäß vollständig in das Absorptionsgefäß gedrückt und durch darauffolgendes Senken derselben in das Meßgefäß zurückgesaugt. Nach mehrmaliger Widerholung ist die Kohlensäure absorbiert. Durch Senken der Druckflasche wird dann das verbleibende Gas in das Meßgefäß zurückgesaugt und der Hahn *i* geschlossen.

Die Differenz aus der ersten Ablesung (100 cm^3) und der zweiten Ablesung gibt die Raumteile der absorbierten Kohlensäure auf 100 cm^3 Rauchgase, also in Prozenten, an. Bei der Ablesung muß wieder der Wasserspiegel der Druckflasche bei geöffnetem Quetschhahn *q* in gleiche Höhe mit demjenigen im Meßgefäß *d* gebracht werden.

4. Untersuchung auf Sauerstoff. Der Hahn *k* nach dem Absorptionsgefäß *b* wird geöffnet und in gleicher Weise wie unter 2. verfahren. Nach Zurückbringung des Gases in das Meßgefäß wird wieder in der oben erwähnten Weise der verbleibende Gasrest bestimmt. Der Unterschied zwischen der zweiten und dritten Ablesung gibt die Raumteile des absorbierten Sauerstoffes in Prozenten an.

5. Stickstoffgehalt. Der nach der Feststellung von Kohlensäure und Sauerstoff im Meßgefäß verbleibende Gasrest besteht aus Stickstoff, dem noch etwaige geringe Mengen von Kohlenoxyd u. a. beigemengt sind, die jedoch meistens vernachlässigt werden können.

3. **Marine-Mono- bzw. Marine-Duplex-Mono-Apparate** dienen ebenfalls zur Untersuchung der Abgase. Sie arbeiten nach demselben Prinzip wie der Orsat-Apparat, d. h. Kohlensäure, Kohlenoxyd und Sauerstoff werden durch Absorption aus den Rauchgasen ausgeschieden und dann das jeweilige Restvolumen gemessen. Der Apparat arbeitet jedoch dauernd und selbsttätig und ist mit einer Schreibvorrichtung versehen, welche den jeweiligen Gehalt an den oben angegebenen Gasen in Huntertteilen auf einem Diagrammblatt laufend aufzeichnet. Zum Antrieb des Apparates wird Luft oder reines Wasser benötigt, welches unter einem Druck von etwa 0,5 at steht.

4. Beim **„Siemens-Rauchgasprüfer“** erfolgt die Messung auf elektrischem Wege.

Die Ermittlung des Kohlensäure-Gehaltes der Rauchgase erfolgt durch Messung der Wärmeleitfähigkeit der Rauchgase, welche sich mit dem Gehalt an Kohlensäure ändert. Die innere Einrichtung dieses Apparates zeigt Abb. 530. Die Rauchgase werden hier durch Bohrungen eines Metallklotzes geleitet, in welche Platindrähte eingesetzt sind, die elektrisch auf etwa 100° C erhitzt werden. Je nach dem Gehalt der Rauchgase an Kohlensäure wird die Wärme der Platindrähte mehr oder weniger auf den Metallklotz abgeleitet, so daß sich die Temperatur und damit auch der elektrische Widerstand der Platindrähte entsprechend ändert. Diese Änderung des Leitungswiderstandes wird durch eine Wheatston-Brücke gmessen. Damit die Raumtemperatur ohne Einfluß auf die Messung bleibt, sind die beiden anderen auf dieselbe Temperatur erhitzten Brückenzweige in ähnlicher

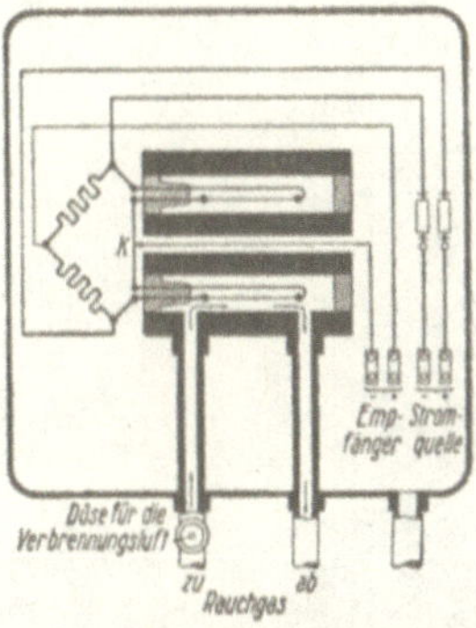

Abb. 530.

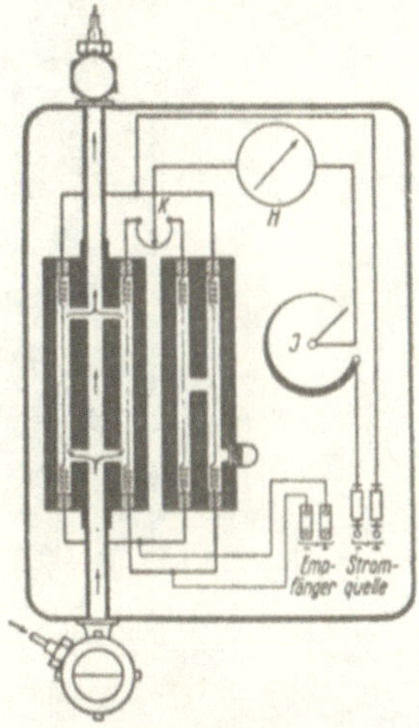

Abb. 531.

Weise durch Bohrungen eines zweiten Metallklotzes geführt, welche nur mit Luft gefüllt sind.

Die Feststellung des Gehaltes der Rauchgase an Kohlenoxyd + Wasserstoff erfolgt durch Messung der Verbrennungswärme, welche die in den Abgasen enthaltenen brennbaren Bestandteile erzeugen können. Hierzu werden die Rauchgase mittels einer kleinen Luftdüse mit Luft vermischt und dieses Gemisch an einem elektrisch erhitzten Platindraht entlanggeleitet, Abb. 531, wobei die brennbaren Bestandteile verbrennen und eine Temperaturerhöhung des Platindrahtes hervorbringen. Die hierbei auftretende Änderung des Leitungswiderstandes wird ebenso wie beim Kohlensäuremesser mittels einer Wheatston-Brücke gemessen.

5. Der **Indikator** (Abb. 532 und 533) dient zur Feststellung des Druckverlaufes, der im Zylinder von Kolbenmaschinen während des Betriebes auftritt und auf den Kolben zur Wirkung kommt. Er besteht aus einem kleinen Zylinder, in welchem sich

ein genau eingeschliffener Kolben bewegt, dessen Kolbenstange mittels einer Hebelübersetzung einen Schreibstift bewegt. Der Schreibstift wird durch einen Lenkermechanismus auf der Mantelfläche und parallel zur Achse einer mit Papier überzogenen Schreibtrommel geführt. Das Hebelverhältnis ist gewöhnlich so gewählt, daß die Bewegung des Schreibstiftes etwa gleich dem 6fachen Hub des Indikatorkolbens ist.

Der Hebelmechanismus ist so eingerichtet, daß er sich um die Achse des Indikatorzylinders drehen läßt, damit der Schreib-

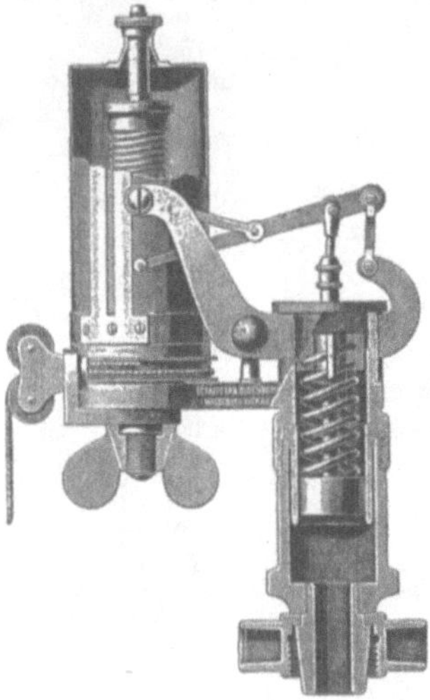

Abb. 532.

stift, durch eine Stellschraube begrenzt, auf das Papier der Schreibtrommel gedrückt oder von dieser entfernt werden kann.

Zwischen Kolben und Deckel (Abb. 532) bzw. zwischen Kolbenstange und Deckel des Indikatorzylinders ist eine zylindrische Schraubenfeder eingeschaltet, welche durch den wechselnden Druck unter dem Indikatorkolben mehr oder weniger zusammengedrückt oder ausgedehnt wird. Um jeden seitlichen Druck der Feder auf den Kolben zu verhindern, wird die Feder meistens doppelgängig ausgeführt und, besonders bei solchen für Heißdampfmaschinen oder Verbrennungsmotoren, außerhalb des Indikatorzylinders angeordnet wie in Abb. 533 dargestellt. Hierdurch wird eine zu starke Erwärmung der Feder und der dadurch bedingte ungünstige Einfluß auf die Elastizität derselben verhindert.

Die Bewegung der Schreibtrommel wird vom Kreuzkopf der Maschine mittels Hebelübersetzung und Schnur (bei größeren Längen mit eingeschalteter Zugstange) abgeleitet. Die Hebelübersetzung wird dabei so gewählt, daß der Weg am Umfang der Schreibtrommel gleich der beabsichtigten Diagrammlänge ist. Die Richtung der Zugstange bzw. der Schnur muß senkrecht zur Mittellage des Antriebshebels sein.

Der Federmaßstab (sowie der höchste Druck, für den die Feder benutzt werden darf) ist auf jeder Feder vermerkt und

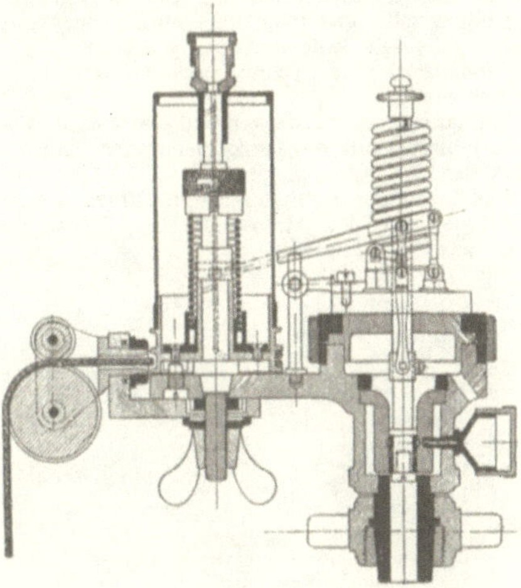

Abb. 533.

gibt den Ausschlag des Schreibstiftes in mm für einen Druck von 1 kg/cm² auf den Indikatorkolben an.

Der Indikatorzylinder wird mittels Konus und Verschraubung auf dem Indikatorhahn befestigt, der mit Bohrungen so versehen ist, daß der Indikatorzylinder entweder mit der Atmosphäre oder mit dem Maschinenzylinder verbunden werden kann.

Beim Indizieren von Dampfmaschinen wird gewöhnlich für beide Kolbenseiten ein gemeinschaftlicher Indikator benutzt. Unter dem Indikatorhahn ist deshalb noch ein weiterer Dreiwegehahn angeordnet, welcher mit den beiden Kolbenseiten in Verbindung steht, mit dem die jeweilige Verbindung mit der Boden- oder Deckelseite des Maschinenzylinders hergestellt werden kann. Bei Verbrennungsmotoren wird jede Kolbenseite durch einen besonderen Indikator indiziert, wobei die Verbindung zwischen Indikatorhahn und Zylinder mittels eines Ventiles hergestellt wird.

Vor dem Gebrauch des Indikators ist zu beachten:

1. Während des Ganges der Maschine muß die Indikatorschnur durch die Trommelfeder stets gespannt bleiben. Die Länge der Schnur ist so zu bemessen, daß das Diagramm auf Mitte des Indikatorpapieres zu stehen kommt.

2. Kolben und Schreibzeug sind herauszunehmen und auf mechanische Beschädigungen und Verunreinigungen zu untersuchen; die Drehpunkte sind zu ölen.
3. Man achte auf den für die Feder zulässigen höchsten Druck, da bei zu schwacher Feder der Kolben anstößt und ein unvollständiges Diagramm entsteht.
4. Vor dem Einsetzen des Kolbens blase man die Verbindungsleitungen nach dem Maschinenzylinder durch und gebe dem Kolben etwas Zylinderöl.

Beim Indizieren einer Dampfmaschine verfahre man in folgender Reihenfolge:

1. Indikatorpapier aufstecken und glattziehen. Das Papier darf hierbei nur an den umgebogenen Enden angefaßt werden.
2. Einhängen der Indikatorschnur, Öffnen des Indikatorhahnes nach der Atmosphäre hin, Ziehen der atmosphärischen Linie.

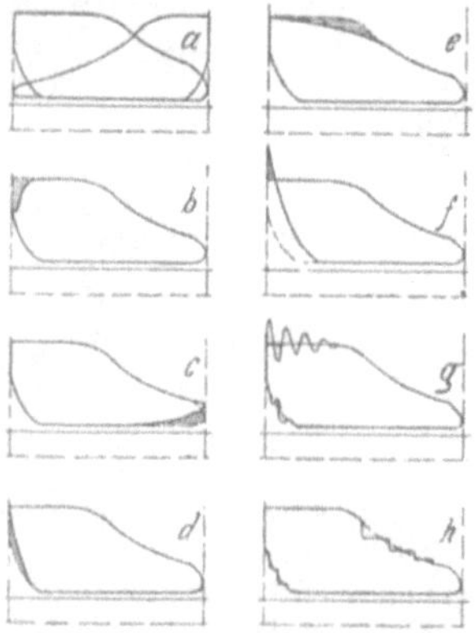

Abb. 534.

3. Weiterdrehen des Indikatorhahnes, bis dieser die Verbindung zwischen Indikator und Dreiwegehahn herstellt.
4. Drehen des Dreiwegehahnes in diejenige Stellung, bei welcher die Verbindung des Indikators mit der gewünschten Zylinderseite hergestellt wird.
5. Andrücken des Schreibstiftes zum Aufzeichnen des Diagrammes, Abheben des Schreibstiftes und Schließen des Dreiwegehahnes.
6. Aushängen der Indikatorschnur und Abnehmen des Indikatorpapieres.
7. Beschreiben des Diagrammes mit: Nr., Datum, Zeit, Maschine, Drehzahl, Deckel- bzw. Bodenseite; weitere Angaben wie mittlerer Druck, Leistung usw., sind nach der Auswertung des Diagrammes nachzutragen.

In Abb. 534 sind verschiedene fehlerhafte Diagramme einer Dampfkolbenmaschine dargestellt:

a) Verschieden große Füllungen auf Boden- und Deckelseite.
b) Verspätete Dampfeinströmung.
c) Verspätete Dampfausströmung.
d) Verfrühte Dampfeinströmung.
e) Starke Drosselung des Dampfes während der Eintrittsperiode.
f) Zuviel Kompression.

Ferner zeigen:

g) Wasser im Indikatorzylinder.
h) Klemmen des Indikatorkolbens infolge von Unreinigkeiten od. dgl.

6. Wassermessung. Zur Feststellung der Dampfmenge, welche von der Hauptmaschine oder den Hilfsmaschinen stündlich verbraucht wird, werden mitunter Wassermeßeinrichtungen verwendet, die entweder nur zu Versuchszwecken benutzt werden, oder auch ständig eingebaut bleiben und zur Kontrolle dienen.

a) Wassermeßtank. Bei Verwendung eines solchen wird das im Haupt- bzw. Hilfskondensator gebildete Kondensat in einen Tank gefördert, der je nach den Verhältnissen eine Höhe von etwa 1 bis 2 m hat und in dessen Seitenwand oder besser im Boden eine oder mehrere kurze, vollkommen glatte zylindrische und gut ausgerundete, mitunter während des Betriebes auswechselbare Ausflußdüsen angebracht sind. Das aus den Düsen ausfließende Wasser wird durch einen Trichter aufgefangen und in den Speisewassertank geleitet, aus dem es in die Kessel gespeist wird. Die in der Zeiteinheit ausfließende Wassermenge wird aus dem Düsendurchmesser und der während einer gewissen Zeit beobachteten mittleren Druckhöhe berechnet. Die Druckhöhe ist der senkrechte Abstand vom Mittelpunkt des Ausflußquerschnittes der Düse bis zum jeweiligen Wasserspiegel, welcher durch ein Wasserstandsglas mit einem daneben angebrachten Maßstab in kurzen Zwischenräumen festgestellt wird.

Ist d der lichte Durchmesser der Düse in mm,
h die mittlere Druckhöhe in mm,
dann ist die in 1 h ausfließende Wassermenge in l

$$Q = \varphi \cdot \frac{d^2 \cdot \sqrt{h}}{2,52} \text{ l.}$$

Bei vollkommen glatter Düse ist der Koeffizient φ etwa = 0,98 bis 0,99, so daß im Mittel

$$Q = \frac{d^2 \cdot \sqrt{h}}{2,56} \text{ l ist.}$$

b) Meßuhren. Diese werden mitunter in die Speiseleitung eingebaut und zeigen die während einer gewissen Zeit durch den Apparat hindurchgeflossene Wassermenge auf einer Skala an. Der Antrieb des Zählwerkes wird durch eine Wälzscheibe oder durch ein Flügelrad bewirkt, die sich entsprechend der Menge bzw. Geschwindigkeit des durchfließenden Wassers bewegen.

c) Venturi-Wassermesser. Dieser besteht aus einer in die Leitung eingeschalteten Meßdüse mit einer längeren konischen Erweiterung hinter derselben. Die durch die Düse hindurchfließende Wassermenge wird hier aus dem kleinsten Querschnitt der Düse und dem Druckunterschied berechnet, welcher sich vor der Düse und im kleinsten Querschnitt derselben einstellt. Der Druckunterschied wird entweder mittels eines Quecksilberstandglases oder mittels eines empfindlichen Differentialmanometers gemessen.

Zur Berechnung der durchfließenden Wassermenge dient die unter „Wassermeßtank" angegebene Formel; die Einteilung der Skala wird jedoch in der Regel so getroffen, daß die stündliche Durchflußmenge in Litern oder Kubikmetern unmittelbar abgelesen werden kann.

7. Die **Bestimmung des Inhalts** V **von Öltanks** erfolgt nach Feststellung der Höhe H des Flüssigkeitsspiegels über dem Tankboden durch Peilen oder, wie unter 8. angegeben, mit Hilfe einer sog. Peilskala, d. i. einer Kurve, deren Ordinaten die gemessene Höhe H des Ölstandes in m und deren Abszissen den zugehörigen Inhalt V in m^3 darstellen.

Das Gewicht des Inhaltes des Tanks ergibt sich dann zu

$$G = V \cdot \gamma \text{ kg} \quad \text{oder} \quad G = \frac{V \cdot \gamma}{1000} \text{ t},$$

wenn γ das Gewicht von 1 m^3 Öl unter Berücksichtigung seiner Temperatur ist.

8. **Pneumatische Ölstandsanzeiger.** Diese bestehen aus einer kleinen gußeisernen Glocke, welche ungefähr in der Mitte des betreffenden Tanks mit ihrer unteren Öffnung etwa 3 cm über dem Boden desselben angebracht wird. Von der Glocke führt ein eisernes Rohr von etwa 25 mm l. W. bis über die Tankdecke, wo eine weitere Leitung aus Kupfer von etwa 5 mm l. W. anschließt. Diese Leitung ist an ein im Kessel- oder Maschinenraum angebrachtes Quecksilbermanometer angeschlossen, das unten mit einem Dreiwegehahn versehen ist, durch den das Manometer mit dem Tank oder mit der atmosphärischen Luft, oder der Tank mit einer Handluftpumpe in Verbindung gebracht werden kann.

Gewöhnlich ist die Einrichtung so getroffen, daß mittels eines Verteilungsstutzens mehrere Tanks mit einem Quecksilbermanometer in Verbindung gebracht werden können.

Vor dem Messen des Ölstandes wird der Manometerhahn so gestellt, daß die Verbindung zwischen Handluftpumpe und Tank hergestellt ist, worauf durch 20 bis 30 Pumpenhübe Luft in die Rohrleitung und den Tank gedrückt wird, bis Leitung und Glocke vollständig mit Luft gefüllt sind. Die Luft in der Leitung steht dann unter einem Druck, welcher der Höhe des Ölspiegels über der unteren Öffnung der Glocke entspricht. Wird die Tankleitung dann durch den Dreiwegehahn mit dem Manometer verbunden, dann zeigt dieses den herrschenden Druck h an, und zwar gewöhnlich in m WS.

Die wirkliche Ölstandshöhe H in m ergibt sich dann zu

$$H = \frac{h}{\gamma} \text{ m},$$

wenn γ wieder das spezifische Gewicht des Öles im Tank ist.

Die im Tank noch vorhandene Ölmenge V in m^3 bzw. das Gewicht G des Tankinhaltes läßt sich dann wie unter 7. angegeben feststellen.

9. Das **Aräometer** dient zur Bestimmung des spez. Gewichtes von Flüssigkeiten. Es besteht meistens aus einer Glasröhre, deren

oberer Teil mit einer Einteilung versehen ist und deren unterer Teil eine Erweiterung besitzt, um das Instrument schwimmfähig zu machen. Damit es immer senkrecht in der Flüssigkeit schwimmt, ist unterhalb der Erweiterung noch eine Kugel vorgesehen, welche mit Schrotkörnern od. dgl. angefüllt ist.

Das Instrument sinkt um so weiter in die zu untersuchende Flüssigkeit ein, je geringer das spez. Gewicht derselben ist und umgekehrt. Zu beachten ist hierbei, daß das Aräometer nur dann richtig anzeigt, wenn die Flüssigkeit eine bestimmte Temperatur hat, die auf dem Instrument angegeben ist.

Das spez. Gewicht von Flüssigkeiten wird vielfach in Grad Baumé ausgedrückt. Ist n die Anzahl der Baumé-Grade, welche das Aräometer anzeigt, dann ist bei einer auf 12,5° C bezogenen Meßtemperatur das spez. Gewicht

$$s_1 = \frac{145{,}9}{145{,}9 + n}, \text{ wenn die Flüssigkeit leichter als Wasser ist}$$

und

$$s_2 = \frac{145{,}9}{145{,}9 - n}, \text{ wenn die Flüssigkeit schwerer als Wasser ist.}$$

10. Bestimmung des Salzgehaltes.

a) Das Salinometer ist ein Aräometer, welches zur Bestimmung des Salzgehaltes im Kesselwasser oder im Wasserinhalt des Seewasserverdampfers dient.

Die im Seewasser gelösten Bestandteile, welche den „Salzgehalt" bilden und sein spez. Gewicht beeinflussen, bestehen nicht allein aus dem eigentlichen Salz, d. h. dem Chlornatrium, sondern setzen sich in der Hauptsache wie folgt zusammen:

Salz (Chlornatrium) . . . . 0,5 bis 4,0%,
Schwefelsaurer Kalk (Gips) . . . 0,3 „ 0,4%,
Magnesia . . . . 1,0 „ 1,3%.

Da das spez. Gewicht auch von der Temperatur des Wassers abhängig ist, so ist darauf zu achten, daß die Messung bei einer bestimmten, auf dem Salinometer angegebenen Temperatur erfolgt. Unmittelbar nach der Entnahme des Kesselwassers hat dieses erfahrungsgemäß eine Temperatur von etwa 93,4° C = 200° F, für welche die Einteilung des Salinometers gewöhnlich gilt. Die Einteilung ist entweder nach Hundertteilen des Salzgehaltes oder in Zweiunddreißigstel vorgenommen, $^1/_{32}$ = 3,13% = Salzgehalt des gewöhnlichen Seewassers (höchstzulässiger Salzgehalt etwa $^3/_{32}$ = 9,4%).

b) Mohrsche Methode. Diese dient zur Bestimmung des Salzgehaltes im Speisewasser. Hierbei werden in ein geeichtes Becherglas (Abb. 535) 100 cm³ des zu prüfenden Wassers gefüllt und diesem etwa 2 bis 3 Tropfen neutrale chromsaure Kaliumlösung (10%) hinzugefügt, wodurch die Lösung eine schwachgelbe Farbe annimmt.

Dann läßt man aus einer in $^1/_{10}$ cm³ geteilten Probierröhre $^1/_{10}$ Normalsilbernitratlösung unter beständigem Umrühren tropfenweise zufließen. Dadurch wird alles Chlor, welches aus dem Seesalz herrührt (Chlornatrium), als weißes Chlorsilber aus dem zu prüfenden Wasser ausgeschieden. Ist alles Chlor durch Silber gebunden, so wird der bei dem nächsten Tropfen Silbernitratlösung entstehende rötliche Niederschlag nicht mehr verschwinden. Der weitere Zufluß von Silbernitratlösung wird dann abgesperrt.

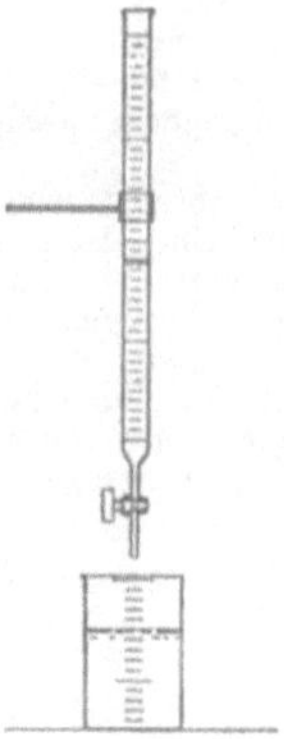

Abb. 536.

1 cm³ der zugesetzten Silbernitratlösung entspricht dann 0,005735 g Seesalz.

Beträgt die Menge der zugesetzten Silbernitratlösung a cm³, so war die in 100 cm³ des untersuchten Wassers enthaltene Salzmenge:

$$s = 0{,}005735 \cdot a \text{ g},$$

oder bezogen auf 100 l = 100000 cm³ Wasser:

$$s = 5{,}735 \cdot a \text{ g},$$

d. h. s Gewichtsteile Salz auf 100000 Gewichtsteile Wasser.

Bei störungsfreiem Betrieb des Verdampfers soll der Salzgehalt des erzeugten Wassers stets geringer sein als 6 Teile Salz auf 100000 Teile Wasser.

c) Die elektrische Methode zur Bestimmung des Salzgehaltes im Wasser beruht darauf, daß vollkommen salzfreies Kondensat den elektrischen Strom nicht leitet, die Leitungsfähigkeit desselben jedoch mit dem Salzgehalt zunimmt.

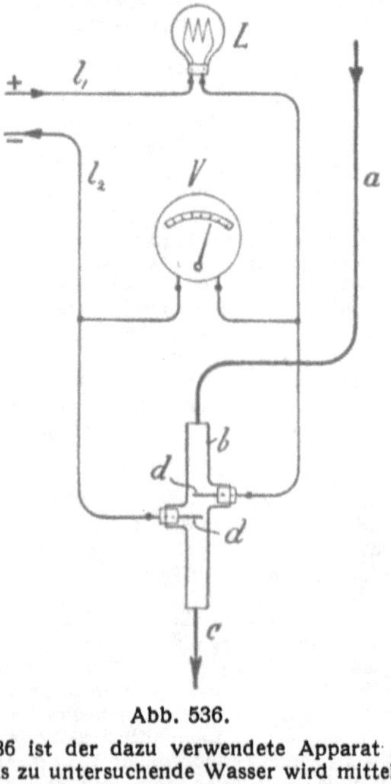

Abb. 536.

In Abb. 536 ist der dazu verwendete Apparat schematisch dargestellt. Das zu untersuchende Wasser wird mittels der Rohrleitung a bzw. c durch eine Glasröhre b geleitet, in welche die beiden Elektroden *d* aus Platindraht eingesetzt sind, die in einen an das Lichtnetz angeschlossenen Stromkreis l_1 und l_2 eingeschaltet sind. Parallel zu den Elektroden ist zwischen beide Zweige der Leitungen ein Voltmeter *V* geschaltet, welches, solange das Kondensat salzfrei ist, und deshalb nicht leitet, die volle Netzspannung anzeigt. Sobald jedoch das Kondensat infolge von Salzgehalt den

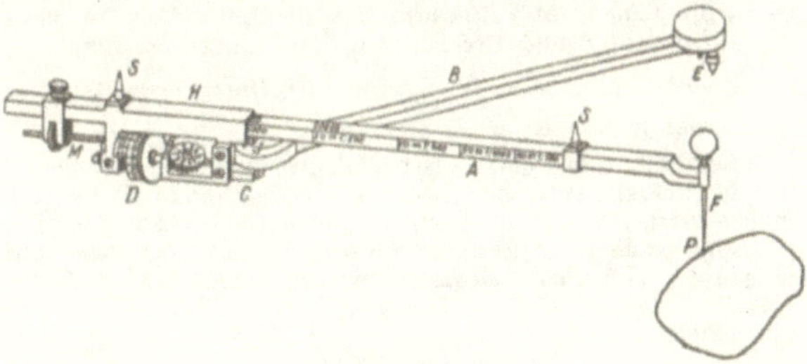

Abb. 537.

elektrischen Strom leitet, besteht zwischen den Anschlußklemmen des Voltmeters nicht mehr die volle Netzspannung, wodurch die Anzeige des Voltmeters zurückgeht. Der Spannungsabfall ist ein Maß für den Salzgehalt des Kondensats.

Die an einer Stelle des Stromkreises eingeschaltete Glühlampe *L* beginnt dann, je nach dem Salzgehalt bzw. der durchfließenden Stromstärke, schwächer oder stärker zu leuchten.

11. Planimeter. Diese verschiedenartig ausgeführten Instrumente dienen zum bequemen und schnellen Ausmessen von Flächen mit unregelmäßigen Umrissen.

In Abb. 537 ist das Polarplanimeter von Amsler dargestellt. Es besteht aus dem Fahrarm *A* mit dem Fahrstift *F* und dem Polarm *B*, dessen Endpunkt durch eine mittels eines kleinen Gewichtes belasteten Nadel *E*, dem Pol, festgelegt wird. Auf dem Fahrarm *A* ist der Rahmen *H* verschiebbar, an welchem bei *C* der Polarm *B* mittels zweier Körnerschrauben drehbar befestigt ist. Dieser Rahmen trägt ferner leicht drehbar die Meßrolle *D*, deren Umfang in hundert Teile geteilt ist, sowie das Zählrad *G*, welches ganze Umdrehungen der Meßrolle angibt. Mittels des neben der Meßrolle befindlichen Nonius lassen sich weitere Zehntel der einzelnen Teilstriche der Meßrolle ablesen, so daß die Ablesung in Tausendsteln des Umfanges der Meßrolle erfolgt.

Beim Gebrauch des Instrumentes muß die Meßrolle *D* auf vollkommen glattem Papier ohne Hindernis rollen können.

Die auszumessende Fläche wird mit dem Fahrstift *F* von einem beliebigen Punkt *P* des Umfanges aus im Sinne des Uhrzeigers umfahren, bis der Fahrstift wieder genau auf seinem Anfangspunkt angelangt ist. Dann wird der Stand der Meßrolle abgelesen. Wird die Meßrolle vor Beginn des Umfahrens nicht auf Null eingestellt, so muß der Stand derselben auch vor Beginn des Umfahrens abgelesen werden.

Liegt. wie dies meistens der Fall ist, der Pol, also die Spitze E des Polarmes, außerhalb der umfahrenen Fläche, dann ist

$$F = a \cdot c \cdot l \text{ mm}^2.$$

Hierin ist:

a der Unterschied der Ablesungen an der Meßrolle vor und nach dem Umfahren der Fläche in Tausendsteln des Umfanges,

l die Länge des Fahrarmes, d. i. die Entfernung zwischen Fahrstift F und Drehpunkt C des Polarmes in mm,

c eine Konstante $= \frac{d \cdot \pi}{1000}$, wenn d der Durchmesser der Meßrolle in mm ist.

Bei Ermittlung eines Flächeninhaltes wird der Rahmen H mit der Meßrolle auf dem Fahrarm so eingestellt, daß die Länge l, multipliziert mit der Konstanten c, eine runde Zahl C ergibt. (Entsprechende Teilstriche sind auf dem Fahrarm angerissen, auf welche der Teilstrich J eingestellt werden kann.) Es ist also:

$$C = c \cdot l$$

und folglich:

$$F = a \cdot C \text{ mm}^2.$$

Beispiel. Es sei $c = 0{,}06$, $l = 166{,}67$ mm, dann ist

$$C = c \cdot l = 0{,}06 \cdot 166{,}67 = 10.$$

Ferner sei die erste Ablesung $= 73$, die zweite Ablesung $= 578$; dann ist: $a = 578 - 73 = 505$. Es ist also:

$$F = a \cdot C = 505 \cdot 10 = 5050 \text{ mm}^2.$$

Bemerkung. Ist die Fläche im Maßstab $1:n$ gezeichnet, dann ist der erhaltene Wert noch mit n^2 zu multiplizieren, um den Inhalt der Fläche in natürlicher Größe zu erhalten.

Beispiel. War die oben gemessene Fläche im Maßstab 1:5 gezeichnet, dann ist ihr Inhalt F_1 in natürlicher Größe:

$$F_1 = F \cdot n^2 = 5050 \cdot 5^2 = 126250 \text{ mm}^2 = 12{,}625 \text{ dm}^2.$$

Polarplanimeter, welche auch zur raschen Auswertung von Indikatordiagrammen dienen sollen, sind mit je einer Spitze S auf dem Fahrarm bzw. auf dem Rahmen H versehen, deren Entfernung immer gleich der Länge l des Fahrarmes ist. Zur Bestimmung der mittleren Höhe eines Diagrammes wird dann zweckmäßig der Rahmen H auf dem Fahrarm so verschoben, daß die Entfernung der Spitzen S voneinander gleich der Länge des Diagrammes ist, weil dann das Messen der Länge desselben und das Dividieren des Meßresultates durch diese Länge nicht mehr erforderlich ist.

Wird nur das Diagramm einer Kolbenseite einmal umfahren, so ist die mittlere Höhe h_m desselben:

$$h_m = \frac{F}{l} = \frac{a \cdot c \cdot l}{l} = a \cdot c \text{ mm}.$$

Ist f der Federmaßstab, d. h. f mm = 1 at, dann ist der mittlere Druck p_m:

$$p_m = \frac{h_m}{f} = \frac{a \cdot c}{f} \text{ at}.$$

Werden die Diagramme beider Kolbenseiten hintereinander umfahren, dann ist der mittlere Druck während einer ganzen Umdrehung

$$h_m = \frac{a \cdot c}{2} \text{ mm} \qquad \text{oder} \qquad p_m = \frac{a \cdot c}{2 \cdot f} \; at.$$

Hierbei ist es zweckmäßig, den Fahrstift auf den Schnittpunkt der Expansionslinien einzustellen und ihn etwas einzudrücken.

Beispiel. Es sei in letzterem Fall $a = 752$ gefunden worden und $c = 0{,}06$, $f = 5$ mm, dann ist

$$p_m = \frac{a \cdot c}{2 \cdot f} = \frac{725 \cdot 0{,}06}{2 \cdot 5} = 4{,}512 \text{ at}.$$

Ist die Konstante c nicht bekannt, dann kann sie durch Umfahren einer Fläche bekannten Inhaltes (Kreis, Rechteck) ermittelt werden; es ist dann:

$$c = \frac{F}{a \cdot l}.$$

12. Aufmessen der Schraubensteigung. Zu diesem Zweck wird ein um die Wellenachse drehbarer Arm A (Abb. 538) auf die Nabe gesetzt, welcher auf einem feststehenden Gradbogen gleitet. Auf diesem Arm befindet sich ein verstellbarer Schuh B, in welchem senkrecht zum Arm und parallel zur Wellenachse eine Stange C verschiebbar ist.

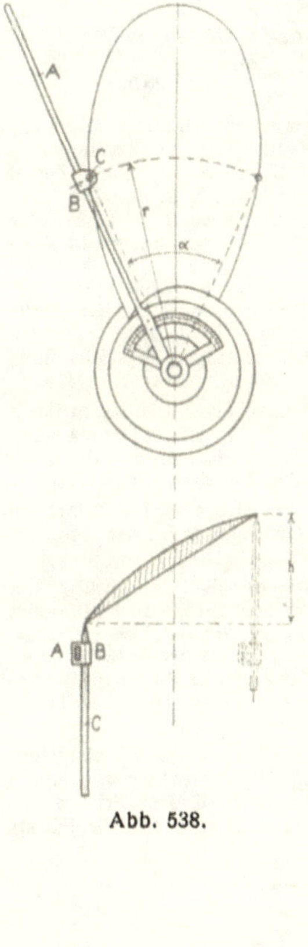

Abb. 538.

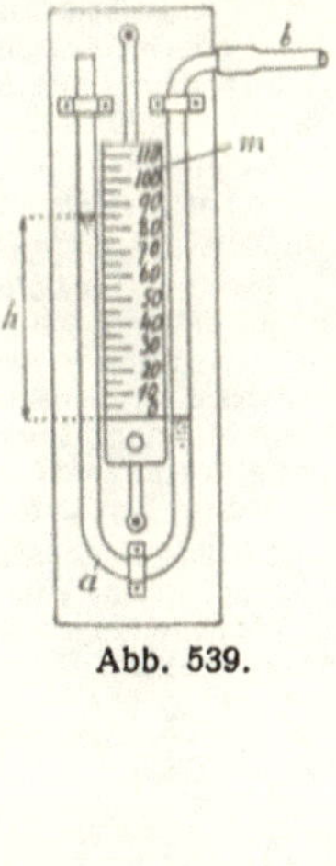

Abb. 539.

Der Schuh wird auf einem bestimmten Radius r festgeklemmt und dann die Spitze der verschiebbaren Stange C erst auf die eine, dann auf die andere Flügelkante eingestellt und jedesmal der Stand des Armes auf der Gradeinsteilung sowie die Stellung der verschiebbaren Stange notiert. Ist

h die Steigung des Flügelquerschnittes in m,
und a der Ausschlag des Armes in Graden, dann ist:

$$\text{Steigung der Schraube } S = \frac{360}{a} \cdot h \text{ m.}$$

Aus den in dieser Weise auf verschiedenen Halbmessern r festgestellten Abmessungen läßt sich auch die Flügelform aufzeichnen.

Zur Bestimmung der Steigung S ist ein Gradbogen nicht unbedingt erforderlich. Es kann statt des Winkels a auch der von der Spitze der Stange C mit dem Halbmesser r beschriebene Bogen auf dem Flügel gemessen werden. Wird dieser mit b bezeichnet, so ist:

$$S = \frac{2 r \pi h}{\sqrt{b^2 - h^2}} = \frac{6{,}28 \cdot h \cdot r}{\sqrt{b^2 - h^2}} \text{ m.}$$

Ist z. B. $r = 1{,}4$ m, $h = 0{,}45$ m, $b = 0{,}92$ m, so ist

$$S = \frac{6{,}28 \cdot 0{,}45 \cdot 1.4}{\sqrt{0.92^2 - 0{,}45^2}} = \frac{3{,}96}{0{,}8025} = 4{,}93 \text{ m.}$$

13. Luftdruckmesser oder Zugmesser dienen zur Bestimmung des Luftdruckes in irgendeinem Raum (Heizraum, Windkanal, Aschenfall od. dgl.) gegenüber demjenigen der Außenluft. Dieser Druckunterschied wird gewöhnlich in mm WS gemessen.

Der zum Messen gebrauchte Apparat besteht am einfachsten aus einer an beiden Enden offenen U-förmig gebogenen Glasröhre a (Abb. 539), welche auf einem Brett befestigt ist. Von dem einen Schenkel führt ein Gummischlauch b oder ein Kupferrohr von etwa 10 mm l. Dmr. nach derjenigen Stelle, an welcher der Druck gemessen werden soll. Das andere Ende bleibt entweder offen oder es wird (bei geschlossenen Heizräumen) ebenfalls durch ein Rohr mit der Außenluft in Verbindung gebracht.

Zwischen beiden senkrecht stehenden Schenkeln ist ein Maßstab m verschiebbar angebracht, dessen Nullpunkt auf den Wasserstand in dem einen Schenkel eingestellt wird, so daß dann der Wasserstand im anderen Schenkel den Luftdruck h anzeigt.

Gefüllt wird die Glasröhre vor dem Gebrauch mit gefärbtem Wasser, schwarzem Kaffee od. dgl. so weit, daß jeder Schenkel der Glasröhre etwa halbvoll ist.

14. Der **Handluftdruckmesser** hat dieselbe Einrichtung, nur sind die beiden Schenkel der Glasröhre meistens in einen mit Handgriff versehenen Rahmen eingespannt. Letzterer ist als Verlängerung des einen Schenkels mit einem kleinen Rohransatz versehen, dessen Mündung beim Messen mit demjenigen Raum in Verbindung gebracht wird (unmittelbar oder durch einen Gummischlauch) in welchem der Luftdruck gemessen werden soll.

15. Der **Torsionsindikator** dient zur Feststellung der effektiven Leistung, welche eine Kolbenmachine, Dampfturbine usw. durch die Wellenleitung auf die Schraube überträgt. Das Prinzip desselben besteht darin, daß ein bestimmtes Stück der Wellenleitung gewissermaßen als Indikatorfeder benutzt und ihre Verdrehung während des Betriebes gemessen wird.

Der **Föttinger-Torsionsindikator** besteht, wie in Abb. 540 im Prinzip dargestellt, aus einem um die Welle gelegten zweiteiligen Meßrohr *A*, welches am rechten Ende mittels eines Wulstringes fest auf die Welle geklemmt ist und am anderen Ende die Scheibe I trägt. In geringer Entfernung von dieser befindet sich eine andere Schiebe II, welche unmittelbar auf der Welle festgeklemmt ist und den Drehpunkt *c* des kleinen Winkelhebels *bcd* trägt.

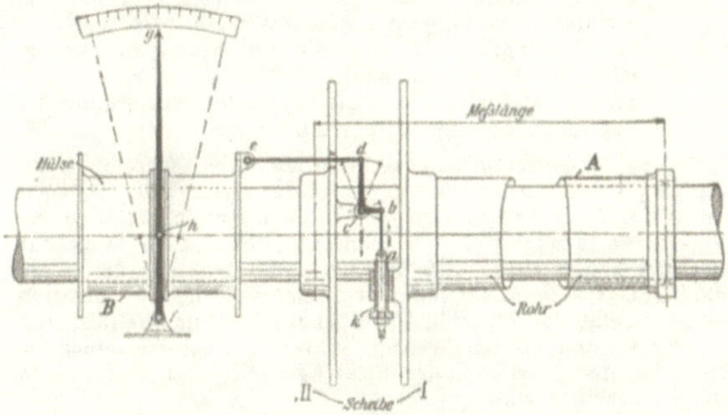

Abb. 540.

Der Endpunkt *b* des kurzen Schenkels dieses Winkelhebels steht durch eine Zugstange *ab* mit einer, an der Scheibe I fest gelagerten Stellschraube in Verbindung, während der Endpunkt *d* des längeren Hebelarmes durch eine Zugstange *de* mit der Meßhülse *B* verbunden ist. Letztere ist auf der Welle axial verschiebbar und mit einer Ringnut versehen, in welche ein Zapfen *h* eingreift, der den Zeiger *fg* betätigt. Der Drehpunkt *f* des Zeigers sowie die Skala sind in geeigneter Weise neben dem Apparat so gelagert, daß eine evtl. Verschiebung der Welle keinen Einfluß auf die Bewegung des Zeigers hat.

Während des Betriebes verdrehen sich die beiden Klemmstellen des Meßrohres bzw. der Scheibe II gegeneinander; diese Verdrehung kommt in der gegenseitigen Verdrehung der beiden Scheiben I und II zum Ausdruck und wird durch den Hebelmechanismus in eine axiale Bewegung der Meßhülse umgewandelt. Das Maß der Verdrehung der Welle wird durch den Zeiger kenntlich gemacht, dessen Ausschlag vom Nullpunkt aus auf der Skala abgelesen werden kann. Der Nullpunkt entspricht dem spannungslosen Zustand der Welle während des Stillstandes.

Ist *a* der Ausschlag des Zeigers vom Nullpunkt aus in mm,
n die Drehzahl der Welle in der min,
dann ist die durch die Welle übertragene effektive Leistung:

$$N_e = K \cdot a \cdot n \quad PS_e.$$

K ist hier eine Konstante, welche in jedem Falle besonders bestimmt werden muß, und zwar ist:

$$K = \frac{G \cdot J}{i \cdot L \cdot R \cdot 716200};$$

darin ist:

G der Schubelastizitätsmodul des Wellenmaterials, welcher, falls nicht durch Versuche für den speziellen Fall festgestellt, ohne nennenswerten Fehler zu etwa 838000 kg/cm² angenommen werden kann,

J das polare Trägheitsmoment des Wellenquerschnittes in cm⁴,

i die Übersetzung, d. i. das Verhältnis des Ausschlages der Zeigerspitze zu der gleichzeitigen tangentialen Bewegung des Endpunktes b des Winkelhebels,

L die Meßlänge in cm, d. i. die Entfernung der beiden Klemmwulste voneinander,

R der sog. Meßradius, d. i. die senkrechte Entfernung der Zugstange ab von Mitte Welle in cm.

Neben der Zeigereinrichtung kann auch eine Schreibvorrichtung vorgesehen werden, durch welche der Verlauf der Schwankungen des übertragenen Drehmomentes aufgezeichnet wird.

Neuerdings werden die Torsionsindikatoren auch so gebaut (Lehmann und Michels), daß der Anzeigeapparat mit der Welle umläuft. Das Ablesen der jeweiligen Zeigerstellung wird dadurch ermöglicht, daß das Zifferblatt parallel zur Wellenachse liegt und bei jeder Umdrehung der Welle bzw. des Apparates in einer für den Beobachter günstigen Lage blitzartig durch eine feststehende Lampe beleuchtet wird.

16. Viskosimeter von Engler. Dieses dient dazu, die Zähigkeit einer Flüssigkeit, z. B. Schmieröl od. dgl. zu bestimmen. Die Zähflüssigkeit oder Viskosität einer Flüssigkeit ist das Verhältnis der Ausflußzeit von 200 cm³ der betreffenden Flüssigkeit bei einer bestimmten Temperatur zu derjenigen Zeit, welche 200 cm³ Wasser von gewöhnlicher Temperatur brauchen, um durch die Düse des Viskosimeters auszufließen. Es ist also:

Viskosität in Englergraden bei t^0

$$E = \frac{\text{Ausflußzeit von 200 cm}^3 \text{ Flüssigkeit von } t^0}{\text{Außflußzeit von 200 cm}^3 \text{ Wasser}}.$$

IX. Teil.

Schiffbau.

A. Segelschiffe (siehe Seite 627).

B. Maschinell fortgebwegte Schiffe; man unterscheidet:

1. Radschiffe:

a) Seitenradschiffe: mit zwei mittschiffs außerhalb des Schiffskörpers angeordneten Rädern.

b) Hinterrad- oder Heckradschiffe: mit einem oder zwei hinten angeordneten Rädern (Schleppschiffe, Schiffe für seichte und schmale Gewässer).

Der Antrieb der Räder erfolgt gewöhnlich entweder unmittelbar durch Dampfkolbenmaschinen oder mittlbar durch Verbrennungsmotoren oder Dampfturbinen mit Rädergetriebe.

2. Schraubenschiffe mit 1, 2, 3 oder 4 Schrauben.

Der Antrieb der Schrauben erfolgt entweder durch Dampfkolbenmaschinen, Verbrennungsmaschinen, Dampfturbinen oder Elektromotoren direkt oder unter Einschaltung von Zahnradgetrieben.

A. Schiffskörper.

Nach der Anordnung und Anzahl der Decks unterscheidet man:

Glattdeckschiffe: ohne Aufbauten auf dem Hauptdeck, die als zum Schiffskörper gehörig angesehen werden könnten.

Quarterdeckschiffe: Schiffe, bei denen nur hinten (Abb. 541) oder auch vorn ein Teil des oberen Decks um ungefähr eine halbe Deckshöhe gegen das übrige Deck erhöht ist. (Zur Vergrößerung des Raumes unter Deck.)

Abb. 541.

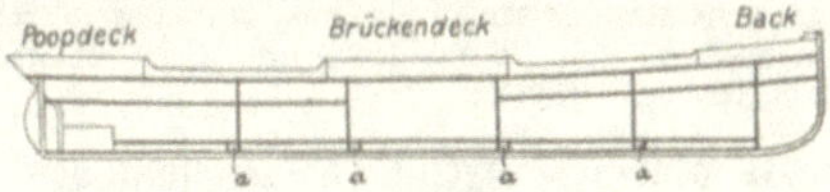

Abb. 542.

Poopdeckschiffe (Hüttendeckschiffe): Schiffe, bei denen das Hinterschiff überbaut ist (Abb. 542). (Zur Einrichtung von Passagierkammern usw.)

Reicht der Überbau ununterbrochen bis vor den Kesselraum, dann heißt er „Volle Poop“ oder „Lange Hütte“.

Volldeckschiffe, das sind Schiffe mit 1 bis 4 vollstäbdigen Deckbalkenlagen und durchlaufenden Hauptdeck, ohne Spardeck und Sturmdeck.

Spardeckschiffe sind solche etwas leichterer Bauart mit mindestens 2 ununterbrochen durchlaufenden Decks.

Sturmdeckschiffe sind Schiffe mit einem leichten durchlaufenden Deck über dem Hauptdeck, wobei der Raum zwischen beiden Decks zur Unterbringung von Passagieren oder Mannschaft

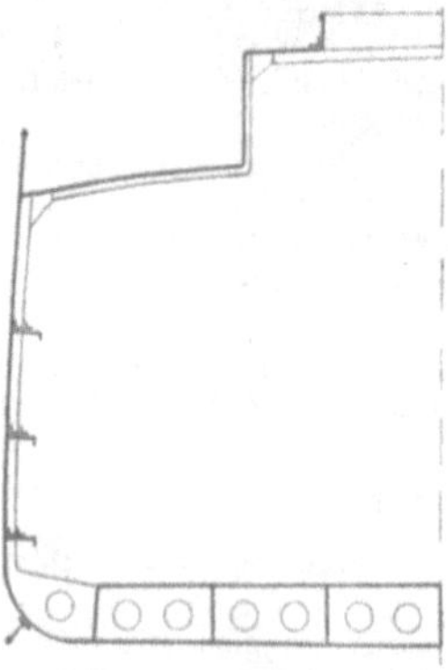

Abb. 543.

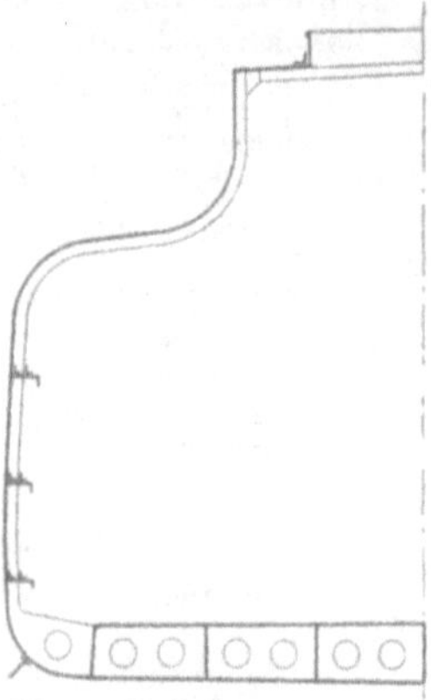

Abb. 544.

oder auch für leichte Güter oder Vieh benutzt wird. Auf dem Sturmdeck dürfen sich keine von der Mannschaft bewohnten Aufbauten befinden.

Kofferdeckschiffe (Trunkships) haben einen über die ganze Schiffslänge sich erstreckenden Aufbau auf dem Hauptdeck. Schiffsquerschnitt Abb. 543. Sie dienen zum Transport von Schüttgütern (Erzen u. dgl.).

Turmdeckschiffe (Turretships) haben eine ähnliche Querschnittsform wie Kofferdeckschiffe, jedoch gehen die senkrcehten oder etwas geneigten Seitenwände des Aufbaues durch große Abrundungen (Abb. 544) in das Deck und dieses ebenso in die Seitenwände des Schiffes über.

B. Hauptabmessungen und Bezeichnungen.

Die Länge des Schiffes wird in der Wasserlinie gemessen, und zwar entweder von Hinterkante Vordersteven bis Vorderkante Hintersteven, oder, nach Germ. Lloyd, von Vorderkante Vordersteven bis Hinterkante Hintersteven oder, falls ein solcher nicht vorhanden ist, bis Mitte des Ruderschaftes.

Die Breite wird an der breitesten Stelle des Schiffes über die Außenkante der Spanten gemessen.

Die Seitenhöhe wird in der Mitte der Schiffslänge gemessen und ist die senkrechte Höhe von Oberkante Kielplatte bis zur Oberkante der Hauptdecksbalken an der Seite des Schiffes.

Raumtiefe ist die Höhe von Oberkante Doppelboden oder Oberkante Bodenwrangen bis Oberkante Hauptdeckbalken in der Mitte des Schiffes gemessen.

Wasserverdrängung oder Deplacement ist das vom schwimmenden Schiff verdrängte Wasservolumen, also gleich dem Inhalt des Schiffskörpers unterhalb der Wasserlinie.

Das Gewicht des vom Schiff verdrängten Wasservolumens ist gleich dem Gesamtgewicht des Schiffes nebst Ladung usw.

Wasserlinie ist die Ebene, bis zu welcher das Schiff ins Wasser eintaucht, und man unterscheidet hierbei:

Geladene Wasserlinie: d. i. die Ebene, bis zu welcher das Schiff eintaucht, wenn es vollständig seefertig ausgerüstet und voll beladen ist.

Leichte Wasserlinie, d. i. die Ebene bis zu der das Schiff eintaucht, wenn es zwar seefertig ausgerütstet ist, jedoch keine Ladung enthält.

Tiefgang ist das Maß von der jeweiligen Wasserlinie bis Unterkante Kiel. Er wird am Vorder- und Hintersteven gemessen — Tiefgang vorn bzw. hinten; das Mittel aus beiden ist der mittlere Tiefgang.

Tiefgangsmarken (Ahmings) sind Ziffern am Vorder- und Hintersteven, deren Unterkanten den Tiefgang in ganzen Zahlen angeben (engl. Fuß oder Dezimeter). Die Höhe der Ziffern ist 6 Zoll bzw. 10 cm, der Zwischenraum zwischen je zwei Ziffern ebenfalls 6 Zoll bzw. 10 am.

Trimm heißt die Lage des Schiffes der Länge nach. Er (bzw. der Tiefgang des Schiffes vorn und hinten) kann durch Verschieben von Ladung, Füllen oder Entleeren von Ballast- oder Trimmtanks usw. verändert werden.

Ein Schiff liegt: gleichlastig, wenn der Tiefgang vorn und hinten gleich ist;

steuerlastig bzw. kopflastig, wenn der Tiefgang hinten größer als vorn ist bzw. umgekehrt.

Krängung ist die Neigung des Schiffes nach der Seite hin.

Schlagseite hat ein Schiff, wenn es nach einer Seite geneigt liegt.

Ladefähigkeit ist das Gewicht der Ladung, welche das Schiff einnehmen kann, um von der leichten bis zur geladenen Wasserlinie einzusinken.

Tragfähigkeit oder Deadweight ist das Gesamtgewicht, welches das seeklar ausgerüstete Schiff bei betriebsfertiger Maschinenanlage an Ladung, Proviant, Trink- und Speisewasser, Brennstoff, Betriebsmaterialien, Besatzung und Fahrgästen einschl. Effekten aufnehmen kann, um im Seewasser bis zur Freibordmarke einzutauchen.

Tonnengehalt (Brutto Register Tons bzw. Netto Register Tons) ist der nach bestimmten Regeln festgestellte Rauminhalt des Schiffes. Als Einheit dient die Registertonne = 100 cbf engl. = 2,83 m³. Siehe auch „Schiffsmessung", S. 630.

Freibord ist die Höhe des Hauptdecks über der geladenen Wasserlinie, und zwar an der Seite des Schiffes in der Mitte seiner Länge gemessen.

Freibordmarke: ist eine mit weißer bzw. schwarzer Farbe an beiden Seiten des Schiffes angebrachte Marke, bis zu welcher das Schiff in beladenem Zustand höchstens einsinken darf. Sie besteht im Wesentlichen aus einem Kreis, dessen eingezeichneter horizontaler Durchmesser den Tiefgang für den Sommer angibt.

C. Stabilität.

Stabilität ist die Fähigkeit eines Schiffes, aus einer geneigten Lage von selbst in die aufrechte Lage zurückzugehen.

Ist in Abb. 545 *WL* die Wasserlinie, *S* der Schwerpunkt des Schiffskörpers samt Ladung usw. (Gewichtsschwerpunkt) und *V* der Schwerpunkt der vom Schiff verdrängten Wassermenge, dann liegen beide beim aufrechten Schwimmen des Schiffes senkrecht übereinander.

Wird das Schiff durch irgendeine Kraft geneigt (gekrängt), ohne daß sich die Wasserverdrängung (das Deplacement) vergrößert, z. B. beim Rollen (Schlingern), dann bleibt meistens der Schwerpunkt *S* des Schiffskörpers in bezug auf letzteren an derselben Stelle, während sich der Schwerpunkt *V* des verdrängten Wassers verschiebt (Abb. 546). Zieht man durch den neuen Schwerpunkt *V* eine Senkrechte, so schneidet diese die durch den Schwerpunkt *S* gehende Mittellinie des Schiffes in einem Punkt *M*.

M wird das Metazentrum des Schiffes genannt.

Liegt das Metazentrum *M* über dem Schwerpunkt *S* des Schiffes, dann hat es das Bestreben, sich wieder aufzurichten

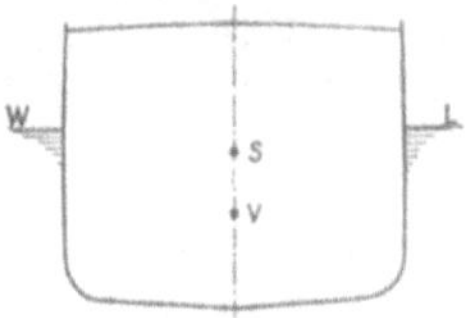

Abb. 545.

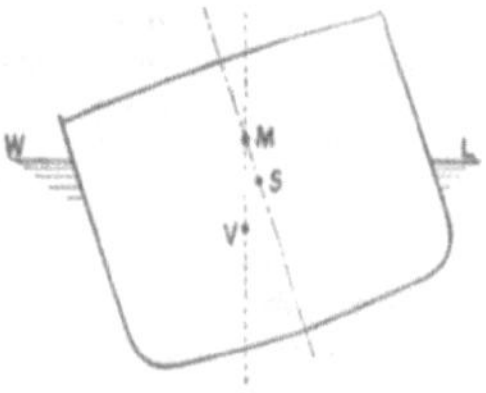

Abb. 546.

Kommt *M* hingegen unter den Punkt *S* zu liegen, dann kentert das Schiff.

Die Entfernung *SM* heißt die metazentrische Höhe. Diese ändert sich mit der Art der Ladung sowie der Menge und Verteilung des Wassers in den Ballasttanks und mit der Größe des Neigungswinkels. Durch spezifisch schwere Ladung in den unteren Schiffsräumen wird der Schwerpunkt *S* tiefer gelegt und umgekehrt, wodurch sich die Höhe des Metazentrums über dem Gewichtsschwerpunkt vergrößert bzw. verkleinert.

Für sehr kleine Krängungswinkel beträgt die Höhe des Metazentrums über dem Schwerpunkt des Schiffes ungefähr:

für Handelsdampfer 0,3 bis 0,75 m,
für Segelschiffe bis etwa 1,0 m.

D. Bauteile.

Die Materialstärken der einzelnen Bauteile werden nach den Vorschriften der Klassifikationsgesellschaften bemessen.

Die *Außenhaut* besteht aus längsschiff laufenden Flußeisenplatten, welche untereinander und mit den Spanten vernietet sind. Die Dichtung geschieht meist nur durch Verstemmen der Blechkanten. Neuerdings werden die Außenhautplatten auch mitunter durch Schweißung miteinander verbunden.

Um die Längsschiffsfestigkeit möglichst groß zu erhalten, werden die Außenhautplatten, welche mit dem Haupt- und Oberdeck zusammentreffen (Schergänge) besonders stark (u. U. verdoppelt) ausgeführt.

Querspanten: aus L- oder U-Stahl, sind unten mit dem Kiel verbunden und reichen etwa bis zum Haupt- oder Oberdeck.

Gegenspanten heißen diejenigen Winkeleisen, durch welche die nach innen liegenden Kanten der Spantwinkel und der Bodenwrangen versteift sind. Sie erstrecken sich meist über die ganze Länge der Spanten. Querschnitt siehe Abb. 547.

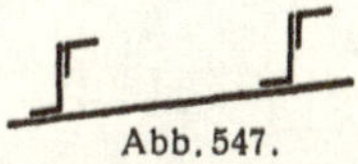

Abb. 547.

Bodenstücke oder *Bodenwrangen* sind die durch aufrechtstehende Blechplatten verstärkten Spanten am Schiffsboden, von Mitte Schiff bis in die Kimm reichend. Sie werden an der Oberkante mit Gegenspantwinkeln versteift und mit Erleichterungslöchern versehen, die bei Schiffen mit Doppelboden gleichzeitig als Öffnungen zum Befahren dienen.

Rahmenspanten sind besonders kräftige Spanten, welche bei größeren Schiffen in bestimmten Entfernungen an Stelle von gewöhnlichen Spanten eingebaut werden (besonders in Maschinen- und Kesselräumen); sie dienen zur besseren Versteifung der Außenhaut gegen den äußeren Wasserdruck.

Längsspanten sind längsschiff laufende Plattenstreifen-welche senkrecht zur Außenhaut stehen und mit derselben vernietet sind. Sie werden bei Schiffen, welche nach dem sog. Längs, spantensystem gebaut sind, angewendet. Die Entfernung der Spanten voneinander ist dann verhältnismäßig groß, etwa 1000 mm und mehr.

Kiel heißt die am Boden des Schiffes entlanglaufende Mittelrippe. Der sog. *Flachkiel* (Abb. 548) wird durch eine unter der Mittelkielplatte des Schiffes verlaufende, etwas stärkere Außenhautplatte gebildet, welche mitunter noch durch eine flachliegende Schiene oder eine Dopplungsplatte verstärkt wird. Der *Balkenkiel* (Abb. 549) besteht aus einer hochkant stehenden Flachschiene, welche unter dem Schiffsboden vorsteht und beiderseits mit den nach unten gekröpften Plattengängen der Außenhaut vernietet ist.

Mittelkielschwein ist der mittschiffs aufrechtstehende Träger, welcher entweder mit dem Kiel verbunden ist (Mittelkielplatte) (Abb. 549) oder oberhalb der Bodenwrangen liegt (Abb. 550) und mit diesem vernietet ist (Trägerkielschwein).

Abb. 548.

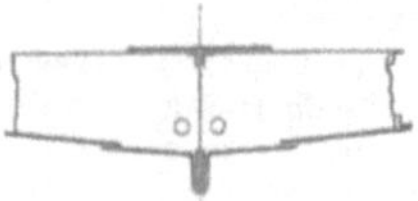

Abb. 549.

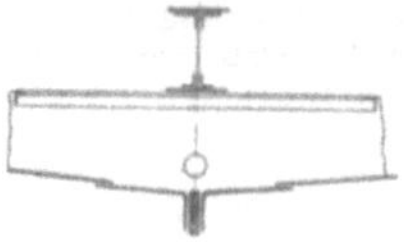

Abb. 550.

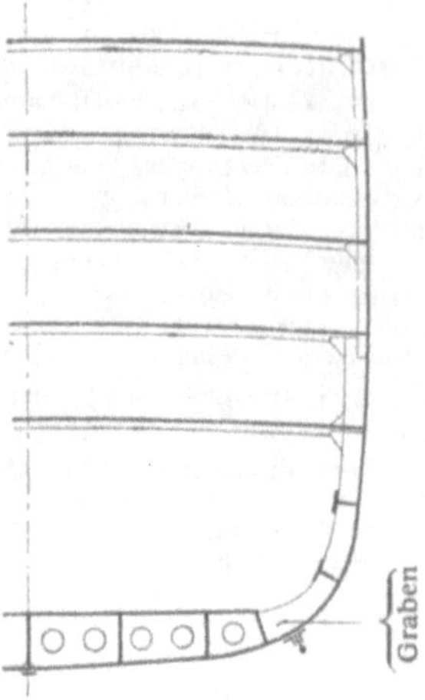

Abb. 551.

Seitenkielschwein ist eine ähnliche Längsverstärkung wie das Mittelkielschwein, und zwar liegen je eines oder mehrere zu beiden Seiten des Mittelkielschweines; sie sind entweder auf den Bodenwrangen angebracht oder zwischen dieselben eingesetzt (Interkostal-Seitenkielschwein).

Schlingerkiele oder Kimmkiele (Abb. 551) sind außen an der Außenhaut in der Kimm angenietete Rippen, welche etwa über ⅓ bis ½ der Schiffslänge (im mittleren Teil) reichen. Sie werden meist nur bei Schiffen mit flachem Kiel angebracht und haben den Zweck, die Schlingerbewegungen des Schiffes zu hemmen.

Vordersteven heißt die vordere, aufrechtstehende Fortsetzung des Kiels, meist eine Flachschiene, welche mit den Außenhautplatten vernietet ist.

Hintersteven heißt die aufrechtstehende, mit dem Kiel verbundene Schiene des Hinterschiffes, an der bei Raddampfern oder Doppelschraubendampfern das Ruder befestigt ist.

Bei Einschraubenschiffen dreht sich die Schraube im sog. Schraubenrahmen, von dem der vordere senkrechte Teil mit Schraubensteven, der hintere mit Rudersteven bezeichnet wird. Da letzterer unten nur durch einen waagerechten Teil mit dem Schraubensteven bzw. dem Kiel verbunden ist, so sind beide bei Grundberührungen leicht Beschädigungen ausgesetzt. Bei umgelegtem Ruder erfährt dieser waagerechte Teil auch seitliche Biegungsbeanspruchungen.

Die Decks: Durch diese wird der Schiffsraum der Höhe nach geteilt (Abb 551).

Hauptdeck ist nach den Vorschriften des Germ. Lloyd das oberste, die Hauptgurtung des Schiffes bildende und sich über seine ganze Länge erstreckende Deck.

Oberdeck: bei großen Schiffen das über dem Hauptdeck befindliche Deck.

Darüber folgen dann je nach der Größe des Schiffes: Sturmdeck, Salondeck, Promenadendeck, Sonnendeck.

Ferner vom Hauptdeck nach unten: Zwischendeck, Unterdeck, Orlopdeck und Raumdeck.

Von mittschiffs nach vorn und hinten steigen die Decks etwas an (Sprung des Decks), damit überkommendes Wasser leicht nach der Mitte hin abfließen kann.

Deckstringer heißen die an die Außenhaut stoßenden Plattengänge jedes Decks; sie sind durch Winkel (Stringerwinkel) mit der Außenhaut und mit den Spanten verbunden.

Decksbalken. Diese laufen, wenn sie nicht durch Luken od. dgl. unterbrochen werden müssen, von einer Schiffsseite zur andern. Die Balken sind entweder ungleichschenkelige **L**-Eisen, Wulst-**T**-Eisen oder **U**-Eisen. Sie sind fast immer in der Mitte nach oben gewölbt, damit das auf Deck kommende Wasser leicht nach den Seiten hin abfließen kann (Decksbucht). Die Raumbalken, welche kein Deck tragen, werden gerade gelassen.

Doppelboden heißt die Abdeckung der Bodenwrangen, welche meist bis in die Kimm (Übergang aus dem Schiffsboden in die Schiffsseiten) reicht und dort mit der Außenhaut wasserdicht verbunden ist. Er erstreckt sich entweder über den größten Teil der Schiffslänge oder ist nur auf einen Teil derselben, z. B. Maschinen- und Kesselraum, beschränkt und dient zur Sicherung des Schiffes bei Grundberührungen sowie zur Aufnahme von Seewasser als Ballast oder von Süßwasser als Kesselspeisewasser oder Heizöl u. dgl. Zu diesem Zweck ist er durch wasserdichte Bodenwrangen und das wasserdichte Mittelkielschwein in einzelne Zellen geteilt. Der Doppelboden wird entweder gerade bis an die Außenhaut geführt oder in der Kimm nach unten gebogen (Abb. 551). wodurch die sog. Seitengräben gebildet werden.

Brunnen sind Räume (*a*) des Doppelbodens (Abb. 542), welche durch zwei wasserdichte Bodenwrangen abgegrenzt werden und in welchen sich das Bilgewasser ansammelt. Es gelangt meist durch sich nach innen öffnende Klappen, welche in den Längsseiten angebracht sind, aus den Seitengräben in diese Räume und wird durch die Lenzpumpen nach Außenbord geschafft. Die Klappen haben den Zweck, das Eindringen von Seewasser in den Schiffsraum zu verhindern, wenn die Außenhaut im Bereich des Brunnens verletzt wird.

Schotte sind wasserdichte Quer- oder Längswände; sie dienen zur Erhöhung der Sicherheit bei Verletzungen der Außenhaut und zur Versteifung des Schiffskörpers. Sie reichen vom Doppelboden bzw. vom Boden bis zum Hauptdeck oder dem Oberdeck.

Alle Schiffe besitzen in einiger Entfernung vom Vordersteven ein sog. „Kollisionsschott“. Ferner sind Kessel- und Maschinenräume immer vom übrigen Teil des Schiffsraumes und bei größeren Schiffen auch voneinander durch wasserdichte Schotten getrennt.

Am hinteren Ende des Wellentunnels befindet sich das sog. Stopfbüchsenschott.

Haben die Schotte zwischen den Maschinen- und Kesselräumen Verkehrsöffnungen, dann müssen diese durch wasserdichte Falltüren oder Schiebetüren vom Oberdeck aus mittels Gestänge geschlossen oder geöffnet werden können. Vielfach werden auch hydraulische Vorrichtungen zum Öffnen bzw. Schließen der Türen angeordnet, welche von der Kommandobrücke aus bedient werden können.

Nach den Vorschriften des Germanischen Lloyd werden die wasserdichten Schotte so verteilt, daß je nach der Art und Größe des Schiffes einer oder zwei nebeneinanderliegende Räume voll Wasser laufen können, ohne daß das Schottendeck (bis zu dem die Schotte reichen) unter Wasser zu liegen kommt.

Um dem u. U. auftretenden Wasserdruck widerstehen zu können, werden die Schotte durch senkrechte und waagerechte angenietete L-Eisen oder Träger od. dgl. verstärkt.

E. Wasserballast.

Dieser hat den Zweck, das Schiff im unbelasteten Zustande auf einen größeren Tiefgang zu bringen (für die Schraube oder zur Verminderung der über Wasser befindlichen, dem Winde Widerstand bietenden Fläche oder auch, um dem Schiffe eine größere Stabilität zu geben).

Zur Aufnahme von Wasserballast dient entweder der Doppelboden oder ein sog. hoher Ballasttank (Hochtank). Letzterer wird bei Frachtdampfern durch das vordere Kesselraumschott und ein zweites weiter nach vorn zu angebrachtes Querschott gebildet, die beide entsprechend verstärkt sind. Die Ladeluke im Deck kann durch einen eisernen Deckel wasserdicht verschraubt werden. Der Tank ist meist durch ein wasserdichtes Längsschott geteilt. Wird der Raum nicht als Ballasttank benutzt, dann kann er als Laderaum verwendet werden.

Als Trimmtanks werden häufig die Räume vor dem Kollisionsschott und hinter dem Stopfbüchsenschott verwendet. Sie dienen dazu, dem Schiff erforderlichenfalls den richtigen Trimm zu geben, was durch Füllen oder Entleeren des einen oder andern Tanks geschieht.

Das Füllen der Doppelbodenzellen geschieht mittels der Ballastleitung durch Auflaufen von außenbord oder bei den hohen Ballasttanks durch Aufpumpen mittels der im Maschinen- oder Kesselraum aufgestellten Ballastpumpe.

Das Entleeren der Ballasttanks geschieht durch dieselbe Rohrleitung durch Auspumpen.

F. Einfluß der Schraube auf das Steuern des Schiffes.

Die Schraubenflügel finden bei ihrer Drehung im Wasser nicht überall den gleichen Widerstand. Ist das Schiff in Fahrt, dann finden die Flügel in dem oberhalb der Wellenmitte bzw. in der Nähe des Schiffskörpers befindlichen Wasser einen größeren Widerstand als in den tieferliegenden oder weiter ab von der Schiffswand befindlichen Wasserschichten. Dies rührt daher, daß das Wasser durch die Reibung der Außenhaut mitgerissen wird, wodurch den benachbarten Wasserschichten eine gewisse Geschwindigkeit in der Richtung der Fahrt erteilt und der sog. Nachstrom erzeugt wird.

Daraus folgt, daß bei Einschraubenschiffen mit rechtsgängiger Schraube bei Vorwärtsfahrt die Schraube das Schiff hinten nach *BB*, den Bug also nach *StB* dreht. Damit das Schiff geraden Kurs hält, muß daher das Ruder etwas nach *BB* übergelegt werden.

Ist das Schiff in Ruhe, während die Schraube vorwärts arbeitet, dann dreht sich das Schiff hinten nach *StB*, der Bug also nach *BB*, da die Schraubenflügel in diesem Falle unten einen größeren Widerstand erfahren als oben nahe unter der Wasseroberfläche.

Wird bei Vorwärtsfahrt die Maschine plötzlich auf „Rückwärts" umgesteuert, dann dreht sich das Schiff hinten nach *BB*, der Bug also nach *StB*, weil die Schraubenflügel hierbei unten einen größeren Widerstand finden als oben.

Bei linksgängiger Schraube treten in allen Fällen die entgegengesetzten Erscheinungen auf. Bei Doppelschraubendampfern heben sich die seitlichen Wirkungen der Schrauben auf, wenn sich beide mit gleichen Umdrehungszahlen und in entgegengesetzten Richtungen drehen.

G. Schiffsschwingungen.

Man unterscheidet sog. Transversalschwingungen, bei denen der Schiffskörper ähnliche Biegungen erfährt wie ein federnder prismatischer Stab, und sog. Torsionsschwingungen, bei welchen der Schiffskörper elastische Verdrehungen um seine Längsachse erfährt.

Die Schwingungen werden verursacht:

1. Durch die Maschine: d. h. durch die auf und ab bewegten Gestängemassen: Kolben, Kolbenstange usw., welche Beschleunigungsdrücke hervorrufen, die bestrebt sind, das Schiff bei jeder Umdrehung einmal zu heben und zu senken. Ihr Einfluß hängt nicht von der Leistung der Maschine ab, sondern nur vom Gewicht und der Geschwindigkeit der Gestängemassen. Die durch diese hervorgerufenen Kräfte ändern sich mit dem Quadrat der Umdrehungszahl der Maschine (siehe Massenwirkungen, S. 100).

Bei Mehrzylindermaschinen treten ferner noch sog. Kippmomente auf, d. h. Kräfte, welche bestrebt sind, das eine Ende der Maschine zu heben und gleichzeitig das andere zu senken. Durch die Massendrücke der Maschinen werden hauptsächlich Transversalschwingungen des Schiffskörpers verursacht.

Bei solchen Maschinen, deren Gestängegewichte ausgeglichen sind, z. B. nach Patent Schlick, gleichen sich die oben erwähnten Kräfte in der Maschine selbst aus, so daß sie keine Schwingungen des Schiffskörpers hervorrufen können (vgl. S. 101).

2. Durch die Schraube. Da die einzelnen Schraubenflügel wie oben erwähnt bei ihrer Drehung verschieden große Widerstände oben und unten im Wasser bzw. in der Nähe und weiter ab vom Schiffskörper erfahren, so sind die hierdurch auftretenden tangential wirkenden Kräfte bestrebt, die Schraubenwelle je nach der Drehrichtung der Schraube zur Seite bzw. nach oben oder nach unten zu drücken, wodurch das Hinterschiff in Schwingungen versetzt wird, welche sich dann durch den ganzen Schiffskörper fortpflanzen. Daher ist die Schwingungszahl des Hinterschiffes

je nach der Flügelzahl immer ein Vielfaches der Drehzahl der Schraube. Die Wirkung der Schraubenflügel wird auch um so stärker, je größer die Unterschiede in den Steigungen der einzelnen Flügel sind.

Die Schwingungen treten um so heftiger auf, je näher die von den einzelnen Schraubenflügeln verursachten Stöße mit der natürlichen Schwingungszahl des Schiffskörpers zusammenfallen.

Auch treten die einzelnen Stöße bei Schrauben mit drei oder zwei Flügeln heftiger auf als bei solchen mit vier Flügeln und ferner bei Schrauben von großem Durchmesser und verhältnismäßig geringer Umdrehungszahl mehr als bei kleinen und rasch laufenden Schrauben.

Besonders heftig werden die Beanspruchungen des Hinterschiffes, wenn ein Schraubenflügel verlorengeht,. weil dann die durch die einzelnen Flügel verursachten Kräfte noch ungleichmäßiger werden und außerdem die Zentrifugalkraft der dann nicht mehr ausgeglichenen Schraube mitwirkt.

X. Teil.

Aus der Nautik und verwandten Gebieten.

A. Bezeichnung der Richtungen.

In der Nautik bezeichnet man die Richtungen (z. B. Kurse, Peilungen) nach der Strichrose oder der Gradrose. Das Wort Strich gebraucht man hier in zwei verschiedenen Bedeutungen. Einmal nennt man den Winkel (Bogen), der der 32. Teil des Vollwinkels (Kreises) ist, also $11\frac{1}{4}°$ mißt, einen Strich. Andererseits gebraucht man das Wort Strich im Sinne von Himmelsrichtung. Die 4 Hauptstriche sind Nord, Ost, Süd, West, die 4 Hauptzwischenstriche NO, SO, SW, NW. Die Bezeichnung der Striche, halben Striche und Viertelstriche im Nordostquadranten ist diese:

N	NNO ¼O	NO ¼O	ONO ¼O
N ¼O	NNO ½O	NO ½O	ONO ½O
N ½O	NNO ¾O	NO ¾O	ONO ¾O
N ¾O	NOzN	NOzO	OzN
NzO	NO ¾N	NOzO ¼O	O ¾N
NzO ¼O	NO ½N	NOzO ½O	O ½N
NzO ½O	NO ¼N	NOzO ¾O	O ¼N
NzO ¾O	NO	ONO	O
NNO			

z wird zu oder zum gelesen, also z. B. NOzO ½O = Nordost zu Ost einhalb Ost oder auch Nordost zum Ost halb Ost. Abb. 552 deutet den dieser Bezeichnung zugrunde liegenden Gedanken an. Die Engländer bezeichnen die Kompaßstriche nach einem etwas anderen System.

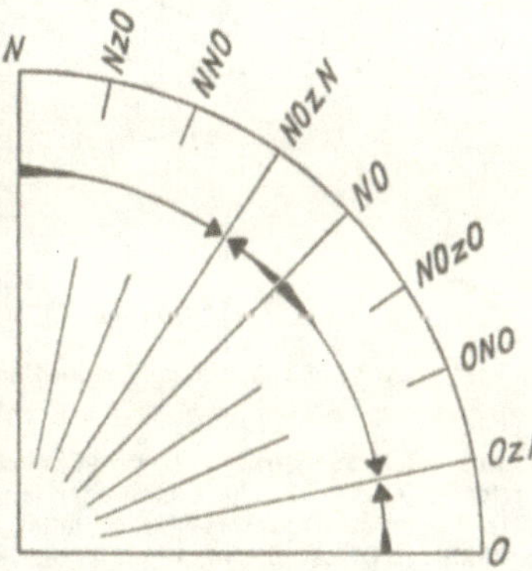

Abb. 552.

Einfacher bezeichnet man eine Richtung mit Hilfe des „Richtungswinkels", den sie mit N oder S bildet, z.B. N4O = NO; N22,5°O = NNO; N14W = S2W = SSW; N101 ¼° W = S78 ¾°W = WzS. Das einfachste ist, den Richtungswinkel von N über O, S und W von 0° bis 360° zu zählen. Dann genügt zur Bezeichnung einer Richtung der Winkel allein. So ist 75° = N75°O; 120° = S60°O; 210° = S30°W; 345° = N15°W.

B. Das Koordinatensystem auf der Erde.

Die Erde betrachtet man in der Nautik als Kugel. Der Durchmesser, um den sie sich dreht, heißt Erdachse, seine Endpunkte heißen Erdpole, geographische Pole oder kurz Pole (Abb. 553 *P*, *P'*). Man unterscheidet Nordpol und Südpol. Erdmeridiane, geographische Meridiane oder kurz Meridiane heißen die Halbkreise von Pol zu Pol. Der Anfangsmeridian (Nullmeridian) ist der Meridian von Greenwich (*Gr* in Abb. 553). Erdäquator, Äquator oder Linie ist der größte Kreis, dessen Ebene senkrecht zur Erdachse steht. Breitenparallele oder Parallelkreise nennt man die Nebenkreise, deren Ebenen senkrecht zur Erdachse stehen. Geographische Breite oder kurz Breite φ eines Ortes (*A*, *B*) ist der Bogen seines Meridians vom Äquator bis

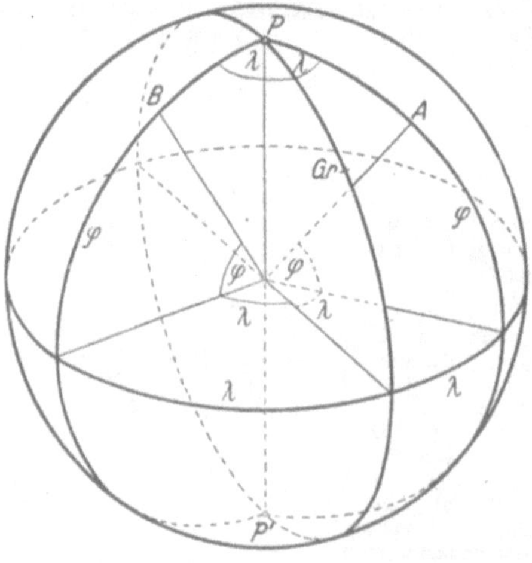

Abb. 553. Erdkugel: Koordinatensystem.

zu ihm. Die Breite wird von 0° bis 90° gezählt und hat den Namen N oder S. Geographische Länge oder kurz Länge λ eines Ortes ist der Bogen des Äquators vom Meridian von Greenwich bis zum Meridian des Ortes. Sie wird von 0° bis 180° gezählt und hat den Namen O oder W. λ und φ nennt man die geographischen Koordinaten eines Ortes.

Breitenunterschied *b* zweier Orte ist der Bogen eines Meridians zwischen ihren Breitenparallelen. Längenunterschied *l* zweiter Orte ist der kürzere Bogen des Äquators zwischen ihren Meridianen.

Beispiele:

Abgangsort	$\varphi = 54^\circ\ 0'$ N $\lambda = 8^\circ\ 18'$ O	$\varphi = 10^\circ\ 27'$ S $\lambda = 5^\circ\ 41'$ W
Bestimmungsort	$\varphi = 50^\circ\ 2'$ N $\lambda = 0^\circ\ 4'$ O	$\varphi = 3^\circ\ 1'$ N $\lambda = 7^\circ\ 3'$ O
	$b = 3^\circ\ 58'$ S $l = 8^\circ\ 14'$ W	$b = 13^\circ\ 28'$ N $l = 12^\circ\ 44'$ O
verlassen	$\varphi = 20^\circ\ 39'$ N $\lambda = 60^\circ\ 12'$ W	$\varphi = 39^\circ\ 56'$ S $\lambda = 150^\circ\ 1'$ O
gut gemacht	$\varphi = 15^\circ\ 47'$ N $l = 39^\circ\ 53'$ O	$b = 60^\circ\ 5'$ N $l = 50^\circ\ 2'$ O
erreicht	$\varphi = 36^\circ\ 26'$ N $\lambda = 20^\circ\ 19'$ W	$\varphi = 20^\circ\ 9'$ N $\lambda = 159^\circ\ 57'$ W

C. Entfernung und Richtung, Logge und Kompaß.

Die Seemeile ist gleich der Bogenminute eines größten Kreises der Erde. Da man den Radius der Erde gleich 6367 km setzt, ergibt sich 1 Seemeile $= \frac{2 \cdot 6367000 \cdot \pi}{360 \cdot 60} =$ rd. 1852 m. Kabellänge = $^1/_{10}$ Seemeile.

Kurs bedeutet Richtung. Beim rechtweisenden oder wahren Kurs wird der Kurswinkel vom geographischen Meridian (rechtweisend Nord oder Süd) aus gerechnet, beim mißweisenden oder magnetischen Kurs vom magnetischen Meridian (mißweisend Nord oder Süd), d. h. von der Richtung, die eine „eisenfreie" (nicht von störenden magnetischen Kräften beeinflußte) Magnetnadel anzeigt. Beim Kompaßkurs wird der Kurswinkel von Kompaßnord oder Kompaßsüd gerechnet, d. h. von den Richtungen aus, die eine nicht eisenfreie Magnetnadel (Kompaßrose) anzeigt. Die Abb. 554 und 555 zeigen eine kleine mißweisende Strichrose (eisenfreie Kompaßrose) in einer größeren rechtweisenden. Bei Abb. 554 ist die Mißweisung (Ortsmißweisung = Winkel zwischen rechtweisend und mißweisend Nord) östlich, bei Abb. 555 westlich. Aus diesen Abbildungen liest man die Regel ab: Bringt man an einen mißweisenden Kurs östliche Mißweisung mit dem Uhrzeiger (rechts herum), westliche Mißweisung gegen den Uhrzeiger (links herum) an, so erhält man den

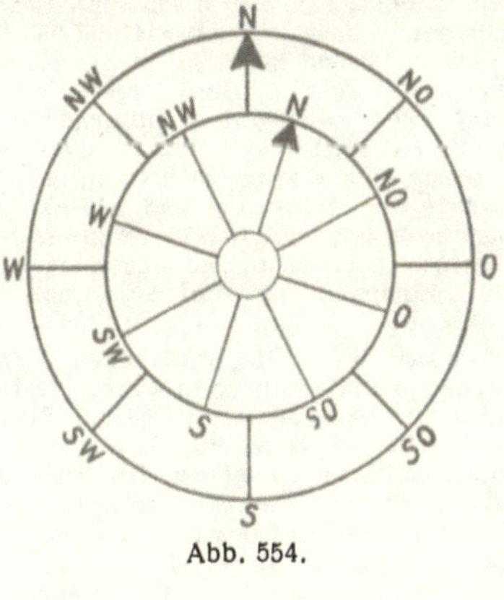

Abb. 554.

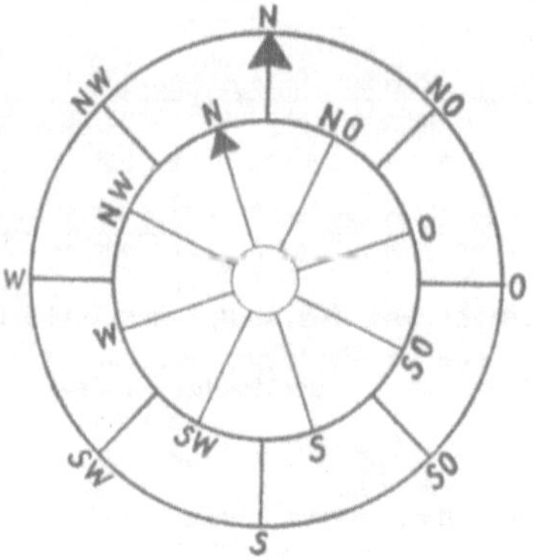

Abb. 555.

entsprechenden rechtweisenden Kurs. Um rechtweisenden in mißweisenden Kurs zu verwandeln, verfährt man umgekehrt. Zählt man den Kurswinkel von 0° bis 360° durch, so bezeichnet man östliche Mißweisung mit plus, westliche mit minus und hat dann die Regel: Addiert man zu einem mißweisenden Kurse die Mißweisung algebraisch, so erhält man den entsprechenden rechtweisenden Kurs; subtrahiert man von einem rechtweisenden Kurs die Mißweisung algebraisch, so erhält man den entsprechenden mißweisenden Kurs. Man findet die Mißweisung auf den Seekarten oder entnimmt sie den Segelanweisungen (Seehandbüchern) oder besonderen Mißweisungskarten (Karte der Isogonen). Der Winkel zwischen mißweisend Nord und Kompaßnord heißt Ablenkung oder Deviation des Kompasses. Er wird mit O oder + bezeichnet, wenn Kompaßnord östlich von mißweisend Nord liegt, im andern Falle mit W oder —. Abb. 554 und 555 können auch aufgefaßt werden als kleine (nicht eisenfreie) Kompaßrosen in größeren mißweisenden Rosen. Daraus ergeben sich die Regeln für Verwandlung von Kompaßkurs in mißweisenden und umgekehrt. Der Winkel zwischen rechtweisend Nord und Kompaßnord heißt Fehlweisung oder Gesamtmißweisung; sie ist die algebraische Summe aus Mißweisung und Ablenkung. Abb. 554 und 555 können auch aufgefaßt werden als kleine Kompaßrosen in größeren rechtweisenden Rosen und ergeben so die Regeln zur Verwandlung von Kompaßkurs in rechtweisenden und umgekehrt.

Der gesteuerte Kurs ist die Richtung der Kiellinie. In dieser Richtung bewegt sich das Schiff nicht immer. Seitlicher Wind kann bewirken, daß das Schiff um einen Winkel α abtreibt. Dieser Winkel heißt Abtrift (Abb. 556). Abtrift nach Steuerbord wird mit O oder +, Abtrift nach Backbord mit W oder — bezeichnet. Bringt man die Abtrift an den gesteuerten Kurs an, so erhält man den Kurs durch das Wasser. Häufig faßt man Mißweisung, Ablenkung nud Abtrift zu einer Gesamtberichtigung oder Gesamtbeschickung zusammen.

Beispiele:

1. Bei nördlichem Winde liegt am Kompaß ONO ½O an, die Abtrift wird auf 1 ½ Strich geschätzt, die Mißweisung ist 1 ¾W, die Ablenkung ¾O. Dann ist der mißweisende Kurs O¾S, der rechtweisende OzN.

2. Kompaßkurs 297°, Abtrift null, Ortsmißweisung +9°, Ablenkung —13°. Mißweisender Kurs 284°, rechtweisender Kurs 293° = N67°W.

Die Distanz, d. h. den vom Schiffe zurückgelegten Weg, gibt man in Seemeilen an. Segelt ein Schiff in einer Strömung, so ist vom Weg durch das Wasser der Weg über den Grund zu unterscheiden, und vom Kurs durch das Wasser der Kurs über den Grund. Die in 1 h zurückgelegte Distanz heißt Fahrt. Fahrt bedeutet demnach dasselbe wie Geschwindigkeit im gewöhnlichen Sprachgebrauche. Es ist in der deutschen Handelsflotte nicht üblich, den Einfluß von Strömungen in die Rechnung einzusetzen; er wird vielmehr zeichnerisch erfaßt oder nur geschätzt.

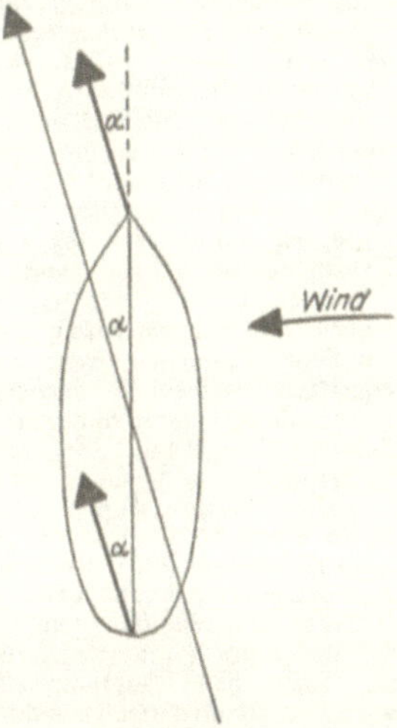

Abb. 556.

Zur Messung der Fahrt oder der Distanz dienen die Loggen. Die Handlogge oder gewöhnliche Logge besteht aus Logge brett (Loggescheit) oder Loggebeutel, Vorlauf (Vorläufer), Loggeleine und Loggerolle. Zum Messen der Zeit kann man anstatt einer gewöhnlichen Uhr eine Sanduhr benützen, das Loggeglas. — Läuft das Schiff in 1 h 1 Seemeile, so läuft es durchschnittlich $\frac{1852}{3600}$ = 0,514 m in 1 s. Ist die Laufzeit des Loggeglases z. B. 14 s, so laufen in diesen 14 s für jede Seemeile Fahrt des Schiffes (0,514 · 14) m Loggeleine aus, vorausgesetzt, daß der vom Schiff zurückgelegte Weg genau gleich der ausgelaufenen Leine ist. Macht man also die Knotenlänge derLoggeleine gleich (0,514 · 14) m, so ist die Fahrt des Schiffes 1 sm/h, wenn 1 Knotenlänge in den 14 s ausläuft, 2 sm/h, wenn 2 Knotenlängen auslaufen usw. Daher kommt es, daß man sagt, ein Schiff läuft x Knoten, wenn es x Seemeilen in der Stunde läuft. Um die Fehler auszugleichen, die der Handlogge anhaften, soweit sie nicht einander ausgleichen, wohl auch der bequemeren Rechnung wegen, hat man die abgerundete Knotenlänge 0,5 m für 1 s eingeführt. Man kann dafür auch sagen: beim Loggen rechnet man die Seemeile zu 1800 m statt zu 1852 m.

Relingslogge. Man kann die Fahrt messen, indem man nach der Uhr die Zeit bestimmt, die ein Stück Holz braucht, um eine auf dem Deck abgemessene Strecke zu passieren. Ebenso läßt sich die Geschwindigkeit einer Strömung bestimmen, wenn das Schiff vor Anker liegt. Bis rd. 5 Knoten ist dieses Verfahren recht genau.

Bei der Patentlogge wird eine Schraube an einer langen Leine nachgeschleppt. Die Schraube und mit ihr die Leine dreht sich und treibt das Räderwerk der „Loggeuhr", auf deren Zifferblatt man die seit der letzten Einstellung durchlaufenen Seemeilen ablesen kann. Um den Gang der Logge gleichmäßiger zu machen, verwendet man einen Regulator in Form eines Schwungrades oder Stabes oder Kreuzes. Die Patentlogge muß sorgfältig behandelt, häufig gereinigt und gut geölt werden. Auch ihre Angaben sind nicht fehlerfrei und müssen von Zeit zu Zeit nachgeprüft werden. Bei sehr kleiner oder sehr großer Fahrt kann sie nicht benützt werden.

In neuerer Zeit sind verschiedene andere Apparate zur Messung der Fahrt konstruiert worden. Sie werden jedoch auf See vorerst wenig gebraucht. Diese neueren Loggegeräte messen die Fahrt teils durch Flügelschrauben, wie die soeben genannte Patentlogge, teils auf anderem Wege, z. B. durch den hydrodynamischen Druck, der bei der Bewegung des Schiffes entsteht.

Nach der Umdrehungszahl der Welle, die bequem an einem Umdrehungsfernzeiger abgelesen werden kann, läßt sich die Fahrt beurteilen, wenn ermittelt worden ist und bei jeder günstigen Gelegenheit nachgeprüft wird, welche Fahrten den verschiedenen Umdrehungszahlen entsprechen. Je nach Wind, Seegang, Trimmung, Zustand des Schiffsbodens und Tiefgang gehören zu einer Umdrehungszahl verschiedene Fahrten.

Beim Magnetkompaß unterscheidet man zwei wesentlich verschiedene Konstruktionen, Trockenkompaß und Schwimmkompaß oder Fluidkompaß. Die wichtigsten Teile sind Kompaßhaus, Kompaßkessel und Kompaßrose mit Rosenblatt, Hütchen und Magnetnadeln. Die Rose sitzt mit dem Hütchen auf der Pinne (= Spitze). Beim Trockenkompaß ist die Rose sehr leicht, beim Fluidkompaß ist sie schwer, aber ihr Gewicht wird zum allergrößten Teile durch den Schwimmer aufgenommen. Die Flüssigkeit ist ein Gemisch aus Alkohol und Wasser. Der Kompaßkessel ist im Kompaßhaus kardanisch aufgehängt; an seiner Wand sind die beiden Steuerstriche, deren Verbindungsebene parallel zur Kiellinie ist. Nach dem Verwendungszweck unterscheidet man Regel- oder Normalkompasse und Steuerkompasse. Zum Regelkompaß gehört eine Peilvorrichtung (peilen = visieren); hat man von ihm aus keine Rundsicht, so stellt man auf den Nocken der Brücke besondere Peilscheiben auf.

Durch die induzierende Wirkung des Erdmagnetismus werden die einzelnen Eisenteile des Schiffes magnetisch gemacht, am nachhaltigsten während des Baues. Man unterscheidet festen (Bau-) Magnetismus, halbfesten und flüchtigen Magnetismus im Schiff. Von den magnetischen Eisenteilen des Schiffes gehen Magnetfelder aus und diese rufen am Kompaßort schiffsmagnetische Feldstärken hervor. Dadurch entsteht die Kompaßablenkung oder Deviation (siehe oben!). Man bringt in und am Kompaßhaus Stahlmagnete und Weicheisenmassen so an, daß sie Feldstärken erzeugen, die den schiffsmagnetischen Feldstärken am Kompaßort möglichst genau gleich und entgegengesetzt sind. Dadurch wird die Ablenkung möglichst klein gemacht (kompensiert); sie vollständig zu beseitigen ist unmöglich. Die übrigbleibende Ablenkung muß durch terrestrische und astronomische Beobachtungen laufend bestimmt und in Rechnung gesetzt werden, wie oben gezeigt. Nachkompensationen sind von Zeit zu Zeit nötig. Die Ablenkung δ ist, solange das Schiff am gleichen Orte aufrecht auf ebenem Kiele liegt, nur eine Funktion des Kompaßkurses z und kann, wenn sie kleiner als 20° ist, hinreichend genau dargestellt werden durch die Formel

$$\delta = A + B \cdot \sin z + C \cdot \cos z + D \cdot \sin 2\,z + E \cdot \cos 2\,z.$$

Bei richtig aufgestelltem Kompaß sind die Koeffizienten A und E klein. Kompensiert werden B, C, D und der durch eine Krängung hervorgerufene Krängungsfehler. Mit der Zeit, durch Veränderungen des magnetischen Zustandes des Schiffes (Blitzschlag, Umbau, Zusammenstoß, Grundberührung), durch Übernahme magnetischer Ladung (Eisenerz) u. a. m. können sich alle Koeffizienten ändern. Ablenkung kann auch entstehen durch die elektrischen Anlagen an Bord. Dynamomaschinen und Elektromotoren sollen mindestens 10 m vom Kompaß entfernt sein. Ein Gleichstrom führendes Einzelkabel lenkt die Kompaßrose ab, wenn es in ihrer Nähe verläuft. Daher ist sehr zu empfehlen, die Rückleitung des elektrischen Starkstromes nicht durch den Schiffskörper (Eindrahtsystem), sondern durch ein Kabel gehen zu lassen, das unmittelbar neben der Hinleitung liegt (Doppelleitungssystem). Elektrische Beleuchtung des Kompasses unterliegt keinen Bedenken, wenn Hin- und Rückleitung zu einem Strang zusammengedreht sind.

Der Dreikreiselkompaß von Anschütz trägt unter seiner Rose drei Kreisel, die als Kurzschlußanker von Drehstrommotoren ausgebildet sind und sich mit 20000 Touren in der min drehen. Dieses ganze System schwimmt in Quecksilber. Dieser „Mutterkompaß" kann an günstiger Stelle im Schiff aufgestellt werden. Seine Angaben werden elektrisch auf die Tochterkompasse übertragen, die auf der Brücke stehen, oder wo sie sonst gebraucht werden. Die neueste Konstruktion, der Anschützkugelkompaß oder Feinmeßkreisel, benützt nur zwei Kreisel. An den Kreiselkompaß kann eine Selbststeueranlage und ein Kursschreiber angeschlossen werden. Auch der Kreiselkompaß hat Ablenkungen. Sie entstehen natürlich nicht durch magnetische sondern durch mechanische Kräfte, z. B. infolge der Fahrt des Schiffes. Der unabgelenkte Kreiselkompaß zeigt rechtweisend Nord.

D. Merkators Projektion. Loxodrome.

Größere Teile der Erdoberfläche lassen sich nur auf einer Kugel (Globus) naturgetreu abbilden. Will man die Erdoberfläche auf einer Ebene darstellen, so kann man nur eine oder die andere ihrer geometrischen Eigenschaften beibehalten; in den übrigen Eigenschaften weicht das Abbild (Karte) vom Vorbild (Erdoberfläche) ab. Für jede Abbildungsart (Projektion) ist grundlegend, wie der Äquator, die Meridiane und die Breitenparallele gezeichnet werden. Diese Linien bilden das Kartennetz. Im Netz der Merkatorkarte (Seekarte) wird der Äquator als gerade Linie gezeichnet, deren Länge gleich dem Umfang des Äquators ist. Die Meridiane werden als Lote zu dieser geraden Linie aufgetragen. Dadurch werden die Teile der Erdoberfläche in ihrer ostwestlichen Ausdehnung auseinandergezogen, und zwar um so mehr, je näher sie an den Polen liegen.

Die Anzahl der Seemeilen, die der Bogen eines Breitenparallels zwischen zwei Meridianen hat, nennt man Abweitung a dieser Meridiane auf dieser Breite. Die Anzahl der Seemeilen, die der Bogen des Äquators zwischen zwei Meridianen hat, ist der Längenunterschied l dieser Meridiane (vgl. B). Nun läßt sich beweisen, daß

$$a = l \cdot \cos\varphi \quad \text{oder} \quad l = \frac{a}{\cos\varphi}$$

ist. Jede Abweitung wird also bei der Übertragung in die Merkatorkarte vergrößert, und zwar im Verhältnis $\cos\varphi : 1$. Die Breitenparallele werden als gerade Linien gezeichnet, die parallel zum Äquator laufen und ebenso lang sind wie dieser, deren Abstände von Grad zu Grad aber nicht gleich sind, sondern immer größer werden, je näher den Polen sie liegen. Diese Abstände werden so gewählt, daß jeder Teil der Erdoberfläche längs der Meridiane ebensoviel auseinandergezogen wird wie längs der Breitenparallele. Dadurch wird die Merkatorkarte der Erdoberfläche in den kleinsten Teilen ähnlich (konform). Alle Winkel in der Merkatorkarte sind gleich den entsprechenden Winkeln auf der Erdoberfläche; die Merkatorkarte ist winkeltreu. Dagegen ist sie nicht entfernungstreu und nicht flächentreu.

Unter Loxodrome versteht man eine Kurve auf der Erdoberfläche, die alle Meridiane unter demselben Winkel schneidet. Auf einer solchen Kurve bewegt sich ein Schiff, das längere Zeit denselben Kurs über den Grund steuert. Alle Loxodromen werden in der Merkatorkarte durch gerade Linien dargestellt. Zum bequemen Absetzen der Distanzen hat die Merkatorkarte am östlichen und am westlichen Rande eine Skala für die Seemeilen. Da der Maßstab, also auch die der Seemeile gleiche Strecke, mit wachsender Breite zunimmt, muß man die Distanz an der Stelle der Seitenskala abmessen, wo derselbe Maßstab gilt wie für den gutgemachten Breitenunterschied. Niemals darf man Distanzen vom Nordrand oder Südrand der Karte abnehmen.

Abgesehen von dem Äquator und den Meridianen entsprechen den Hauptkreisen (größten Kreisen) der Erdoberfläche in der Merkatorkarte Kurven, die keine einfache Form haben. Der kürzeste Weg zwischen zwei Punkten der Erdoberfläche, also der kürzere Hauptkreisbogen durch diese beiden Punkte, wird in der Merkatorkarte durch einen Bogen dargestellt, der polwärts von der geraden Linie durch diese beiden Punkte (Loxodrome) liegt, wenn die Punkte beide auf Nordbreite oder beide auf Südbreite liegen.

E. Inhalt der Seekarten. Landmarken und Seezeichen.

In den Seekarten sind angegeben: die Wassertiefen, die Beschaffenheit des Meeresbodens, die Landmarken, die Seezeichen. An geeigneten Stellen sind Kompaßrosen eingezeichnet. Besonders zu beachten sind die Linien gleicher Wassertiefe, z. B. die Vierzigmeterlinie. Strömungen werden durch Pfeile angedeutet. Man unterscheidet Übersichtskarten, Übersegler, Segelkarten, Küstenkarten, Sonderkarten und Hafenpläne.

Landmarken sind Kirchtürme, Schornsteine, Windmühlen, auffallende Bäume u. dgl., besonders aber Leuchtfeuer. Allgemeine Angaben über Leuchtfeuer findet man im Vorwort der Leuchtfeuerverzeichnisse, die an Bord vorhanden sein müssen. Der ein Feuer kennzeichnende Verlauf seiner Lichterscheinung heißt Kennung. So zeigt z. B. ein „Festfeuer" dauernd ein weißes oder farbiges Licht von gleichbleibender Stärke und Farbe. Auch ein „Wechselfeuer" zeigt dauernd Licht, aber an die Stelle des grundlegenden „Weiß" treten vorübergehend farbige Scheine. Beim „unterbrochenen Feuer" wird das weiße oder farbige Licht durch kürzere Verdunkelungen abgelöst. Bei „Blinkfeuern" und „Blitzfeuern" wird das Dunkel durch Blinke (länger) oder Blitze (kürzer) unterbrochen.

Die deutschen Feuerschiffe haben roten Anstrich; ihr Name steht weiß auf beiden Seiten. Weiter unterscheidet man:

Seezeichen für Fahrwasser,
Seezeichen für Untiefen außerhalb der Fahrwasser,
Seezeichen für besondere Zwecke.

Grundsätze für die Bezeichnung der Fahrwasser und Untiefen in deutschen Küstengewässern und in den ausländischen Gewässern enthalten die Seehandbücher, die an Bord mitgeführt werden; ihre Lektüre ist auch sonst interessant und muß empfohlen werden. Nach diesen Grundsätzen ist Steuerbordseite eines Fahrwassers die Seite, die den aus See kommenden Schiffen an Steuerbord liegt. Zur Bezeichnung der Fahrwasser werden schwimmende und feste Seezeichen verwendet, die sich durch ihre Form, Farbe, Toppzeichen und Aufschriften unterscheiden. Siehe Tafel der Seezeichen Abb. 557. An der Steuerbordseite liegen in den deutschen Gewässern rote Spierentonnen, ausnahmsweise rote stumpfe Tonnen, an der Backbordseite schwarze spitze Tonnen. Rote Baken mit daran befestigten Spieren, die auch Toppzeichen tragen können, oder Stangenseezeichen werden für Steuerbord, schwarze Baken ohne Spieren und ohne Toppzeichen oder Pricken für Backbord verwendet. Als Mittelfahrwassertonnen dienen rotschwarz gestreifte Kugeltonnen. Ausgedehntere Untiefen außerhalb der Fahrwasser sind mit weißen Spierentonnen, Bakentonnen oder Baken bezeichnet, die auf der Untiefe selbst oder an ihren Rändern liegen. Die Randseezeichen haben die Toppzeichen, die Abb. 557 zeigt, können jedoch außerdem noch andere Toppzeichen tragen. Auf einer Untiefe von geringer Ausdehnung liegt nur ein Seezeichen, das schwarz weiß gestreift ist. Auf den Seezeichen ist der Name der Untiefe voll oder abgekürzt, auf den am Rande ausgelegten Seezeichen sind außerdem, entsprechend der Richtung von der Untiefe, die schwarzen Buchstaben N, S, O, W gut sichtbar angebracht. Es gibt eine große Anzahl anderer Seezeichen, so schwarze Kugeltonnen mit der weißen Aufschrift „Kabel" oder „K", gelbe Quarantänetonnen, Festmache- und Reedetonnen, Deviationstonnen, Wrackschiffe und Wracktonnen (grün), Vermessungsseezeichen u. a. m. Wegen der Seezeichen in ausländischen Gewässern wird ganz auf die Seehandbücher verwiesen.

Die Abkürzungen und Zeichen (Signaturen) in den deutschen Admiralitätskarten sind in der D. Admiralitätskarte Nr. 1 zusammengestellt. Änderungen der Bodenverhältnisse, der Seezeichen usw. werden laufend in den „Nachrichten für Seefahrer" bekanntgemacht. Danach müssen die Seekarten stets berichtigt werden (Seekartenberichtigungsinstitute).

F. Seezeichen in den deutschen Küstengewässern.

1. Schwimmende Seezeichen.

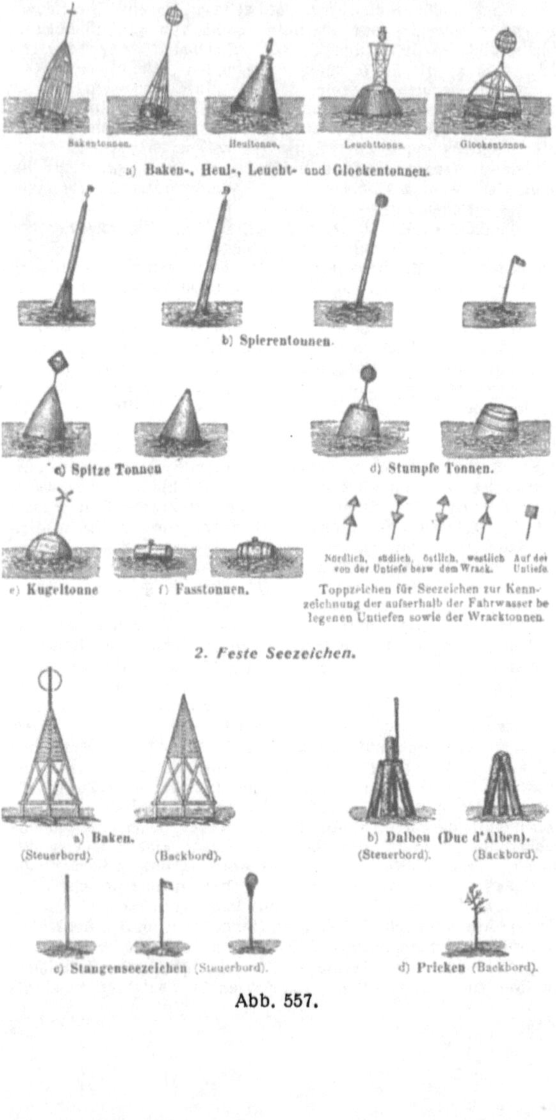

Abb. 557.

G. Lotungen.

Durch Lotungen werden Wassertiefe und Beschaffenheit des Meeresbodens bestimmt. Je größer die Wassertiefe und die Fahrt des Schiffes, desto schwerer muß das Lot sein. Man unterscheidet Handlot, Mittellot und Tieflot oder großes Lot. Die Lotleine ist durch Marken abgeteilt. Damit das Lot eine Grundprobe mitbringt, wird die Höhlung an seinem unteren Ende mit Talg gefüllt (Lotspeise). Die Lotmaschine nach William Thomson (Lord Kelvin) kann auch bei größerer Fahrt benützt werden. Mit dem schweren Lotkörper wird an einem Draht eine unten offene Glasröhre versenkt. Diese hat innen einen roten Belag, der durch Berührung mit Seewasser gelb wird. Das Seewasser dringt entsprechend dem Wasserdruck in die Röhre ein. Wird die wieder heraufgeholte Röhre an einen dazugehörigen Maßstab angelegt, so kann an der Stelle, wo der rote Belag aufhört, die gelotete Wassertiefe abgelesen werden.

Die Gefahr der Grundberührung zu vermeiden, ist ein Zweck des Lotens (Einzellotungen). Ein zweiter Zweck ist die Bestimmung des Schiffsortes, besonders bei unsichtigem Wetter in der Nähe der Küste (Reihenlotungen). Man benützt zum Einpassen einer Reihenlotung in die Karte am besten durchsichtiges Papier. Unterstützt wird diese Art der Ortsbestimmung durch Grundproben. — Die Wassertiefe an einem Ort kann auch geringer sein als die in der Karte angegebene Tiefe, und es gibt Untiefen und Klippen, die in der Karte nicht verzeichnet sind. Daher ist es Pflicht einer gewissenhaften Schiffsführung, das Lot in allen irgendwie zweifelhaften Fällen eifrig zu gebrauchen.

Neuerdings hat man verschiedene Verfahren zur Bestimmung der Wassertiefe ausgebildet, die die Mängel des Lotens mit Leine oder Draht vermeiden sollen. Hier sind zu nennen das Freilot oder Fallot, das in der Form des Elektrolotes gebraucht wird, und die Echolote. Von diesen werden in der deutschen Handelsflotte verschiedene Arten benützt, wie die von der Atlas A. G. und der Gesellschaft Electroacustic in Kiel hergestellten Echolote oder das Echolot der Debeg. Diese Apparate arbeiten nicht alle mit hörbaren Schallwellen, sondern zum Teil mit ultrasonoren Wellen, d. h. solchen, deren Schwingungszahl über der Grenze der Hörbarkeit liegt.

H. Küstenschiffahrt.

Die Navigation in der Nähe von Land muß mit mannigfaltigeren Hilfsmitteln arbeiten als auf hoher See. Bordmittel zur Bestimmung des Schiffsortes und des Schiffsweges in der Nähe der Küste sind Lot, Logge, Kompaß, Peilscheibe, Sextant oder Oktant, Unterwasserschallempfänger, drahtlose Station und Bordfunkpeiler. — Viele der Beobachtungen und Messungen, die man mit diesen Hilfsmitteln ausführen kann, haben gemeinsam, daß sie eine Standlinie liefern, d. h. eine Linie, auf der das Schiff stehen, der Schiffsort liegen muß (in der Sprache der Geometrie: einen geometrischen Ort für den Schiffsort). Solche Standlinien nennt man terrestrische (= irdische), weil sie durch Messung an irdischen Objekten (Gegenständen) gefunden werden. Diese Standlinien trägt man in die Karte ein. Durch zwei Standlinien ist de Schiffsort bestimmt, er ist ihr Schnittpunkt oder einer ihrer Schnittpunkte. Auch eine einzelne Standlinie wird verwertet, z. B. bei der Zielfahrt mit Hilfe des Funkpeilers oder des Unterwasserschallempfängers. Die folgenden Beispiele sollen das Gesagte erläutern — eine ausführliche Behandlung des Gegenstandes würde zu weit führen.

Durch Peilung am Kompaß, an der Peilscheibe, mit dem Unterwasserschallempfänger oder dem Funkpeiler findet man die Richtung vom Schiff nach einem in der Seekarte eingetragenen Gegenstand. Die zugehörige Standlinie ist der Peilstrahl, d. h. der Hauptkreisbogen durch Objekt und Schiff. Bei kleineren Entfernungen, etwa bis zu 40 Seemeilen, setzt man an seine Stelle die Loxodrome. Man zieht also in der Merkatorkarte die gerade Linie durch das Objekt in der zu der Peilung entgegengesetzten Richtung. Hat man z. B. einen Turm in N51°W gepeilt, so zieht man durch ihn den Strahl in der Richtung S51°O. Auf diesem Strahl muß der Schiffsort liegen. Peilt man gleichzeitig zwei Landmarken oder Seezeichen, so spricht man von einer Kreuzpeilung. Die beiden Peilstrahlen ergeben als Schnittpunkte den Schiffsort. In Abb. 558 sind die beiden Objekte in N17°O und S81°O gepeilt. Unter Doppelpeilung versteht man folgendes Verfahren: Man peilt ein Objekt, versegelt unter genauer Messung von Kurs und Distanz und peilt dasselbe Objekt wieder. Dann läßt sich durch eine einfache Konstruktion der Schiffsort zur Zeit einer jeden Peilung bestimmen. Bei größeren Entfernungen, die nur bei Funkpeilungen in Frage kommen, darf der Hauptkreisbogen nicht mehr durch die Loxodrome ersetzt werden. Man benützt dann eine Ortungskarte oder ein rechnerisches Näherungsverfahren (vgl. Oberkommando der Kriegsmarine, Nautischer Funkdienst, Zusammenstellung aller für den Bordgebrauch wichtigen Angaben über das Funkwesen. Berlin, Mittler & Sohn; erscheint alljährlich). — Durch Winkelmessung mit dem Sextanten oder Oktanten findet man den Vertikalwinkel (Höhenwinkel), unter dem man einen Gegenstand (z. B. einen Turm) vom Schiff aus sieht. Daraus läßt sich bei bekannter Höhe des Gegenstandes seine Entfernung (Abstand) vom Schiff berechnen. Die zugehörige Standlinie ist der Kreis um den Gegenstand, dessen Radius der berechnete Abstand ist. Der Abstand läßt sich auch ermitteln durch Beobachtung eines Feuers in der Kimm und durch Aufnahme von Funksignalen und Unterwasserschallsignalen oder Luftschallsignalen, die gleichzeitig von derselben Stelle abgegeben werden. — Eine Einzellotung liefert als Standlinie die Kurve, die alle

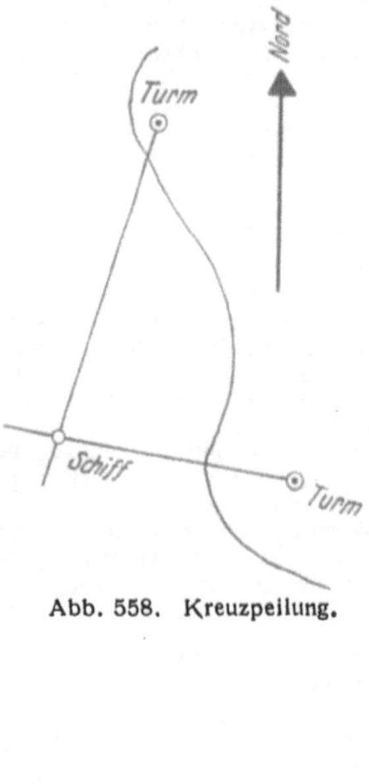

Abb. 558. Kreuzpeilung.

Punkte mit der geloteten Wassertiefe verbindet. Lotet man z. B. 40 m Wassertiefe und peilt gleichzeitig mit dem Unterwasserschallempfänger, so liegt der Schiffsort im Schnittpunkt der Vierzigmeterlinie mit dem Peilstrahl; das ist eine der Ortsbestimmungen, die auch bei unsichtigem Wetter ausführbar sind.

I. Die Besteckrechnung.

Die beiden Grundaufgaben der Besteckrechnung sind:

I. Wenn Breite und Länge des Abfahrtsortes sowie Kurs und Distanz gegeben sind, Breite und Länge des erreichten Ortes zu finden.

II. Wenn Breite und Länge des Abfahrtsortes und des Bestimmungsortes gegeben sind, Kurs und Distanz vom ersten nach dem zweiten zu finden.

Meridiansegeln: Wenn ein Schiff rechtweisend Nord oder Süd segelt, so segelt es auf einem Meridian, bleibt also auf derselben Länge; nur die Breite ändert sich. Da die Seemeile gleich der Meridianminute ist, hat der gutgemachte Breitenunterschied ebenso viele Minuten wie die gesegelte Distanz Seemeilen. — Haben umgekehrt Abfahrtsort und Bestimmungsort dieselbe Länge, so ist der zu steuernde Kurs rechtweisend Nord oder Süd. Die zu segelnde Distanz hat ebenso viele Seemeilen wie der Breitenunterschied Minuten.

Beispiele:

1. Von 75°23′N, 16°57′O segelt man rechtw. Süd 83 Seemeilen. Dann ist $b = 1°23'$S, der erreichte Ort 74°0′N, 16°57′O. —
2. Abfahrtsort 40°39′S, 11°4′O, Bestimmungsort 26°55′S, 11°4′O. Kurs rechtw. Nord, Distanz 824 Seemeilen.

Parallelsegeln: Wenn ein Schiff rechtw. Ost oder West segelt, so segelt es auf einem Breitenparallel oder auf dem Äquator, bleibt also auf derselben Breite; nur die Länge ändert sich. Auf dem Äquator hat der gutgemachte Längenunterschied ebenso viele Minuten wie die gesegelte Distanz Seemeilen. Auf jeder anderen Breite hat der gutgemachte Längenunterschied l mehr Minuten, als die gesegelte Distanz Seemeilen hat; diese Distanz aber ist gleich der Abweitung a. Also ist $l = \frac{a}{\cos \varphi}$. Die Zahl l kann man logarithmisch berechnen oder einer besonderen Tafel entnehmen. — Für die zweite Grundaufgabe gilt das Umgekehrte.

Beispiele:

1. Von 75°23′N, 16°57′O segelt man rechtw. West 91 Seemeilen. Dann ist $l = 361' = 6°1'$W, der erreichte Ort 75°23′N, 10°56′O.
2. Abfahrtsort 6°55′S, 11°4′O, Bestimmungsort 6°55′S, 3°43′W. Kurs rechtw. West. $l = 14°47'$; $a = l \cdot \cos \varphi = 887 \cdot \cos 6°55' = 881$, also Distanz 881 Seemeilen.

Segeln auf einem Zwischenstrich, Kursdreieck: Der Meridian des Abfahrtsortes A, der Breitenparallel des Bestimmungsortes B und die Loxodrome von A nach B bilden ein rechtwinkliges Dreieck auf der Erdoberfläche (Abb. 559). Anstatt dieses Dreieckes legt man der Rechnung ein ebenes rechtwinkliges Dreieck ABC zugrunde, das *Kursdreieck*. Seine Kathete AC hat so viele Seemeilen wie der Breitenunterschied b der Orte A und B. Sind der Kurswinkel α und die loxodromische Distanz d gegeben, so ist die Kathete BC die Strecke $a = d \cdot \sin \alpha$, und als Längenunterschied der Orte A und B betrachtet man die

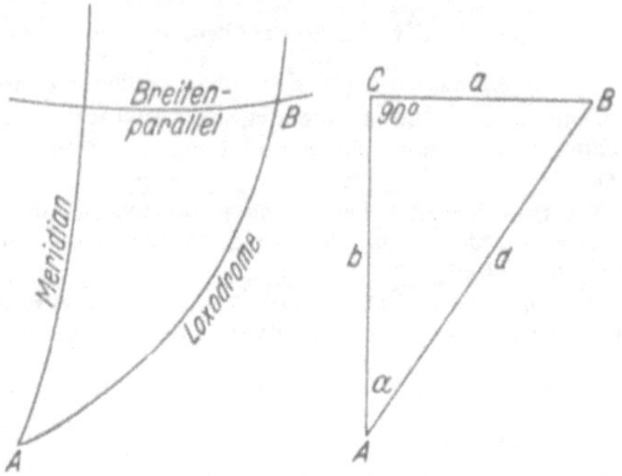

Abb. 559. Loxodromisches Dreieck und Kursdreieck.

Zahl $l = \frac{a}{\cos \varphi_m}$, wo φ_m die *Mittelbreite*, d. h. das arithmetische Mittel aus den Breiten von A und B ist. Sind aber Breitenunterschied b und Längenunterschied l der Orte A und B gegeben, so setzt man als Kathete BC die Strecke $a = l \cdot \cos \varphi_m$ und betrachtet Kurswinkel α und Distanz d als bestimmt durch die Gleichungen $\operatorname{tang} \alpha = \frac{a}{b}$ und $d = \frac{b}{\cos \alpha}$. Man erhält somit folgende Formeln:

I. Wenn Breite und Länge des Abfahrtsortes und Kurs und Distanz gegeben sind:

$$b = d \cdot \cos \alpha \qquad a = d \cdot \sin \alpha \qquad l = \frac{a}{\cos \varphi_m}.$$

II. Wenn Breite und Länge des Abfahrtsortes und des Bestimmungsortes gegeben sind:

$$a = l \cdot \cos \varphi_m \qquad \operatorname{tang} \alpha = \frac{a}{b} \qquad d = \frac{b}{\cos \alpha}.$$

Beispiele:

1. Von 50°38′N, 14°58′W segelt ein Schiff rechtw. S53°W 216 Seemeilen. Welchen Ort erreicht es?

S53°W 216 sml gibt b = 130′ S, a = 172,5 sml W (logarithmisch oder nach der „Gradtafel").

Ab φ = 50° 38′ N	λ = 14° 58′ W	a = 172,5	log = 2.2368
b = 2 10 S	l = 4 26 W	φ_m = 49° 33′	log cos = 9,8121
An φ = 48° 28′ N	λ = 19° 24′ W	l = 266	log = 2,4247
(φ_m = 49° 33′)		(oder nach besond. Tafel).	

2. Von 0°17'S, 179°53'W segelt man rechtw. 341° 69 sml. Wohin kommt man?

341° (= N19°W) 69 sml gibt b = 65,2'N, a = 22,5 sml W.

Verlassen	$\varphi = 0^\circ\ 17'$ S	$\lambda = 179^\circ\ 53'$ W	$l = a$
	$b = 1\quad 5$ N	$l = \quad 23$ W	(in der Nähe des
Erreicht	$\varphi = 0^\circ\ 48'$ N	$\lambda = 180^\circ\ 16'$ W	Äquators setzt man
		$= 179^\circ\ 44$ O.	$\cos \varphi_m = 1$).

3. Kurs und Distanz von 43°51'S, 42°9'W nach 35°0'S, 35°0'W zu berechnen.

Abfahrtsort	$\varphi = 43^\circ\ 51'$ S	$\lambda = 42^\circ\ 9'$ W	
Bestimmungsort	$\varphi = 35^\circ\ \ 0'$ S	$\lambda = 35^\circ\ 0'$ W	$\varphi_m = 39^\circ\ 25'$
	$b = \ 8^\circ\ 51'$ N	$l = \ 7^\circ\ 9'$ O	
	$= \ 531'$ N	$= \ 429'$ O	

$l = 429$ $\qquad \log = 2.6325$
$\varphi_m = 39^\circ\ 25'$ $\log\cos = 9.8879$
$b = 531$ $\qquad \log = 2.7251$ $\qquad\qquad \log = 2.7251$
$\alpha = 31^\circ\ 58'$ $\log\tan = 9.7953$ $\qquad \log\cos = 9.9286$
$d = 626$ $\qquad\qquad\qquad\qquad \log = 2.7965.$

Ergebnis: Rechtweisender Kurs N32°O, Distanz 626 Seemeilen. Die Rechnung nach Mittelbreite ist ein Näherungsverfahren. Es gibt auch ein einfaches Verfahren, das mathematisch genau ist, nämlich die Rechnung nach vergrößerter Breite.

Koppelkurs: Den Zeitraum von Mittag zu Mittag nennt man ein Etmal. Auf See werden die in jedem Etmal gesegelten Kurse und Distanzen aufgeschrieben, und es ist üblich, den Schiffsort zu berechnen, der aus dem am vergangenen Mittag verlassenen Ort und diesen Kursen und Distanzen folgt. Dabei koppelt man die einzelnen rechtweisenden Kurse, d. h. man summiert algebraisch die einzelnen Breitenunterschiede und Abweitungen und rechnet dann so, als gehörten der so erhaltene Gesamtbreitenunterschied und Gesamtlängenunterschied zu einem einzigen Gesamtkurse und einer einzigen Gesamtdistanz. Den so gefundenen Schiffsort nennt man den Schiffsort nach Besteck oder nach Loggerechnung, wohl auch gegißten Schiffsort.

Beispiel:

Von 37°50'N, 121°59'W steuert ein Dampfer wie folgt. Welchen Ort erreicht er?

Kompaß-kurs	Miß-weisung	Ab-lenkung	Fehl-weisung	Rechtweis Kurs	Distanz Seeml.	N	S	O	W
215°	+ 15°	— 1°	+ 14°	229°	59	—	38,7	—	44,5
166°	+ 14°	— 9°	+ 5°	171°	37	—	36,5	5,8	—
235°	+ 14°	+ 3°	+ 17°	252°	31	—	9,6	—	29.5
294°	+ 14°	+ 11°	+ 25°	319°	18	13,6	—	—	11,8
314°	+ 15°	+ 12°	+ 27°	341°	27	25,5	—	—	8,8
Ab $\varphi = 37^\circ\ 50'$ N $\lambda = 121^\circ\ 59'$ W						39,1	84,8	5,8	94,6
$b = \ 46$ S $l = \ 1\ 52$ W							39,1		5,8

An $\varphi = 37^\circ\ \ 4'$ N $\lambda = 123^\circ\ 51'$ W
($\varphi_m = 37^\circ\ 27'$) $\qquad b = 45.7 \qquad a = 88.8$

K. Ortsbestimmung auf hoher See.

Der Schiffsort nach Loggerechnung ist ungenau. Das kommt nur zum allerkleinsten Teile daher, daß das in I. gezeigte Rechenverfahren ungenau ist. Die wesentlichen Ursachen sind vielmehr diese: im allgemeinen kann man die der Rechnung zugrunde liegenden Kurse und Distanzen nicht genau bestimmen, und die Versetzungen des Schiffes durch Strömungen sind im allgemeinen unbekannt. Aus den beiden ersten Ursachen allein — also die Stromversetzungen noch nicht mitgerechnet — folgt eine Ungenauigkeit, die man etwa so beschreiben kann: nach 100 Seemeilen geloggter Distanz kann man nicht sagen, daß das Schiff an dem Orte steht, den die Besteckrechnung ergibt, sondern man kann nur sagen, daß der Schiffsort in einem Fehlerrechteck liegt, dessen Mittelpunkt der berechnete Ort ist und dessen in der Kursrichtung liegende Seite 10 Seemeilen, dessen quer zum Kurse liegende Seite bei einem Dampfer 10 Seemeilen, bei einem Segelschiff 20 Seemeilen lang ist.

Tatsächlich benützt man auf hoher See den Schiffsort nach Loggerechnung nur als Grundlage für die Ermittlung eines genaueren, des astronomischen Schiffsortes. Die astronomische Ortsbestimmung — drahtlose Telegraphie kommt für Ortsbestimmung auf hoher See zur Zeit (Mitte 1940) kaum in Frage — stützt sich auf das Schiffschronometer, d. h. eine genau gehende Federuhr, den Sextanten oder Oktanten und das Nautische Jahrbuch. Das Chronometer muß kontrolliert, d. h. seine Abweichung von der Mittleren Greenwicher Zeit (= 1 h früher als Mitteleuropäische Zeit) muß bestimmt werden. Früher war die Chronometerkontrolle auf hoher See auf astronomische Beobachtungen angewiesen (Monddistanzen, Sternbedeckungen u. a.), heute kann sie überall sehr einfach durch drahtlose Zeitsignale geschehen. Mit dem Sextanten oder Oktanten mißt man den Kimmabstand der zu nautischen Beobachtungen geeigneten Gestirne, also der Sonne, des Mondes, der vier großen Planeten, der hellsten Fixsterne, d. h. ihren Winkelabstand von der Kimm (= Kreis, der den vom Beobachter überblickten Teil der Meeresfläche begrenzt). Aus dem Kimmabstand erhält man durch eine einfache Berichtigung die wahre Höhe des Gestirnes; für unsere Zwecke genügt es, sich darunter den Winkel vorzustellen, um den man den Blick von der horizontalen Blickrichtung erheben muß, um das Gestirn zu sehen. Endlich gibt das Nautische Jahrbuch die Stellung des Gestirns zur Zeit der Beobachtung an.

Daß man auf diesem Wege den Schiffsort bestimmen kann, beruht auf folgender geometrischer Tatsache: alle Orte der Erdoberfläche, für die in einem bestimmten Augenblick ein Gestirn die nämliche Höhe hat, liegen auf einem Kreise der Erdkugel, den man Höhenkreis oder Höhengleiche nennt. Hat man zwei Höhen gemessen, so ist der Schiffsort der eine Schnittpunkt der beiden zugehörigen Höhenkreise. Da man den angenäherten Schiffsort durch die Loggerechnung kennt, kann man sich in der Wahl des richtigen Punktes nicht täuschen; die beiden Schnittpunkte liegen nämlich im allgemeinen Tausende von Seemeilen auseinander. Für die praktische Lösung der astronomischen Ortsbestimmung kann man die ganzen Höhenkreise nicht benützen; in der Merkatorkarte entsprechen diesen nämlich Kurven von komplizierter Form. Man hilft sich dadurch, daß man ein kleines Stück des Höhenkreises in der Nähe des Loggeortes benützt und dieses durch eine Loxodrome ersetzt, d. h. in der Merkatorkarte gradlinig zeichnet. Diese Gerade heißt astronomische Standlinie. Besonders einfach werden die Verhältnisse, wenn das Gestirn im Augenblick seiner Kulmination, d. h. seines höchsten oder tiefsten Standes über der Kimm beobachtet wird; dann braucht man auch das Chronometer nicht abzulesen.

L. Wind und Wetter.

Die unteren Luftströmungen auf den Weltmeeren bieten das folgende allgemeine Bild dar.

In der Nähe des Äquators liegt ein Gürtel schwacher Winde von wechselnder Richtung und häufiger Windstillen bei niedrigem Luftdruck, die Kalmenzone (Doldrum, äquatorialer Stilltengürtel, Mallpassat u. a.). Im Laufe des Jahres ändert diese Zone ihre Lage, und zwar so, daß sie mit einem Vierteljahr Verspätung der Sonne folgt. Polwärts schließen sich an die Kalmenzone die Passatgebiete an, etwa bis zum 30. Breitengrad reichend, mit heiterem Wetter und geringen Niederschlägen. Nördlich der Kalmenzone weht der Nordostpassat, südlich davon der Südostpassat. Die Passate sind Winde, die nach Stärke und Richtung das ganze Jahr über ziemlich gleichmäßig bleiben. Jedoch darf man sich nicht vorstellen, daß z. B. im Gebiete des Nordostpassates überall stets genau Nordostwind weht, vielmehr gibt es allmähliche Übergänge von anderen und zu anderen Windrichtungen (übersichtliche zeichnerische Darstellungen dieser Verhältnisse findet man in den Segelhandbüchern der Seewarte und den zugehörigen Atlanten). Auch die Grenzen der Passate verschieben sich mit den Jahreszeiten. An die Passate schließen sich Gebiete schwacher Winde und hohen Luftdruckes an, die Roßbreiten, und polwärts von diesen liegen Gebiete, wo westliche Winde überwiegen, die aber im übrigen dauernd von großen Luftwirbeln durchwandert werden, den Zyklonen (Tiefdruckgebiete, Wirbel um ein Luftdruckminimum herum) und Antizyklonen (Hochdruckgebiete, Wirbel um ein Luftdruckmaximum herum). In einem solchen Gebiete liegen die deutschen Küstengewässer. Im polaren Gebiete endlich ist die durchschnittliche Luftbewegung schwach. In den modernen Vorstellungen der meteorologischen Wissenschaft spielt die sog. Polarfront eine große Rolle, d. h. die Trennungsfläche zwischen den kalten polaren Luftmassen und der wärmeren Luft der mittleren Breiten. Über diese Grenzfläche hinaus dringen, wie man sich vorstellt, an bestimmten Stellen immer wieder kalte Luftmassen aus den polaren Gegenden hervor, veranlassen die Entstehung jener Zyklonen und Antizyklonen, die das Wetter in unseren Breiten beherrschen, und erstrecken ihren Einfluß zuweilen bis in die Passatgebiete hinein.

Die größten Störungen dieses übersichtlichen Bildes bedeuten die Monsune. Das sind Winde, die regelmäßig zweimal im Jahre ihre Richtung wechseln. Die wichtigsten Monsungebiete finden sich in Meeresteilen, die an die gewaltige Ländermasse Asiens grenzen, nämlich im Arabischen Meer, im Golf von Bengalen, in den chinesischen und japanischen Gewässern. Im Arabischen Meer und im Golf von Bengalen z. B. weht im Sommer der Südwestmonsun, im Winter der Nordostmonsun.

In unmittelbarer Nähe der Küsten auf niedrigen Breiten findet man die Land- und Seewinde: tagsüber weht der Wind von der See nach dem Lande zu, in der Nacht umgekehrt. — Auch in der Tropenzone kommen wandernde Zyklonen vor, die zwar viel kleiner sind als die Zyklonen der gemäßigten Breiten, aber doch Durchmesser von mehreren hundert Seemeilen haben. Das sind die gefürchteten tropischen Orkane. Sie sind als westindische Orkane oder Hurrikane in den westindischen, als Taifune in den ostasiatischen Gewässern, als Mauritiusorkane im südlichen Indischen Ozean, als Südseeorkane in der Südsee und als Zyklone (Einzahl: der Zyklon, dagegen die Zyklone = Wirbel um ein Minimum herum) im Arabischen Meer und im Golf von Bengalen bekannt. Mit diesen tropischen Orkanen dürfen nicht verwechselt werden gewisse lokale Stürme, die zwar auch sehr heftig sein können, aber geringere Ausdehnung haben und meist nicht weit wandern. Hierher gehören u. a. der Pampero in der La-Plata-Gegend, die Bora in der Adria, der Scirocco des westlichen Mittelmeeres, der Harmattan an der Westküste Afrikas.

Die meteorologischen Vorgänge spielen sich in dem untersten Teile der Lufthülle der Erde ab, der Troposphäre heißt und ungefähr 12 km hoch ist. Der darüber liegende Teil heißt Stratosphäre. Auch die **Wolken** gehören ganz der Troposphäre an. Sie bestehen aus Wasser in Form von ganz kleinen Tröpfchen oder aus kleinen Eiskristallen. Sie entstehen durch Abkühlung wasserhaltiger Luft unter den Taupunkt.

In fast allen Höhenlagen kommen die Wolken in den folgenden drei Hauptformen vor:

a) einzeln in Haufenform, so daß rundherum der blaue Himmel oder höherliegende Wolken sich zeigen. Diese Wolken sind vor allem vertikal ausgedehnt;
b) ausgebreitet, aber in Fäden, dünne Schichten oder kleinere Klumpen (Schäfchen) unterteilt;
c) in mehr oder weniger lückenlosen Schleiern.

Zur Benennung dieser Hauptformen verwendet die Meteorologie die lateinischen Wörter cumulus, cirrus und stratus. Das lateinische Wort cumulus heißt Haufen, aufgetürmte Masse. Dementsprechend nennt man cumuli, Kumuluswolken, Haufenwolken dicke Wolken vertikaler Entwicklung, deren oberer Teil eine Kuppe bildet und mit rundlichen Auswüchsen besetzt ist, während die Unterseite in der Regel fast horizontal verläuft. Diese Wolken werfen starke Schatten. Die echten cumuli halten sich in den Höhen zwischen 500 und 6000 m; sie bilden sich bei schönem Wetter am Vormittag, werden größer und blähen sich immer mehr auf und lösen sich gegen Ende des Tages auf. Das lateinische Wort cirrus heißt Haarlocke oder Franse (eines Kleides). Die Wolken, die man cirri, Zirren, Zirruswolken, Federwolken nennt, sind einzelne feine Wolken von faserigem Aufbau, meist weiß und oft mit seidenartigem Glanze. Sie werfen keinen eigentlichen Schatten und zeigen die verschiedensten Anordnungen, wie einzelne Büschel, Federn („Windbäume"), verschlungene Fäden, Striche. Sie bestehen aus Eiskristallen und schwächen das Sonnenlicht beim Vorbeiziehen vor der Sonne kaum. Ihre mittlere Mindesthöhe über der Erd- oder Meeresoberfläche ist 6000 m. Das lateinische Wort stratus heißt hingebreitet, eben gelegt, Dementsprechend versteht man unter einer Stratuswolke oder Schichtwolke eine gleichmäßige Wolkenschicht, die man sich ebenso vorstellen kann wie Nebel, der nicht auf dem Boden liegt, sondern in der Höhe schwebt, wie denn überhaupt Nebel und Wolken nichts Verschiedenartiges sind. Stratus gehört zu den tiefen Wolken, die von der mittleren Höhe 2000 m bis in Bodennähe auftreten.

Indem diese drei Haupttypen der Wolken ineinander übergehen, sich miteinander verbinden, entstehen die abgeleiteten Formen, wie cirrocumulus, cirrostratus, stratocumulus und andere mehr. Das lateinische Wort nimbus heißt Regen; man verwendet es zur Benennung von Wolken, aus denen Regen oder andere Niederschläge fallen oder zu fallen drohen. Wer die Wolken durch eigene Beobachtung genauer unterscheiden lernen will, wird gute Abbildungen nicht entbehren können, wie z. B. die Wolkentafeln der Deutschen Seewarte oder den Internationalen Atlas der Wolken und Himmelsansichten, der vom Internationalen Meteorologischen Komitee herausgegeben ist und durch die Deutsche Seewarte bezogen werden kann. Eigenes Skizzieren und Photographieren von Wolken ist lehrreich.

Die Stärke der Bewölkung wird durch die Zahlen 0 (keine Wolken) bis 10 (ganz bedeckt) ausgedrückt.

Skala der Windstärke und des Seeganges siehe Tafel Wind und Seegang, S. 616, 617. Die Skala nach Kapitän Petersen hat sich aus der früher üblichen Bezeichnung des Seeganges entwickelt. Die Douglas-Skala wird bei Schiffswettermeldungen gebraucht.

Wetterbezeichnung der Seewarte nach Beaufort: *b* = klarer Himmel (blue); *c* = einzelne Wolken (clouds); *d* = Staubregen (drizzling); *f* = nebelig (foggy); *g* = trübe (gloomy); *h* = Hagel; *l* = Blitzen (lightening); *m* = diesig (misty); *o* = bedeckter Himmel (overcast); *p* = Regenschauer (passing shower); *q* = böig (squally); *r* = Regen; *s* = Schnee; *t* = Donner (thunder); *u* = drohende Luft (ugly); *v* = sehr durchsichtige Luft (visible); *w* = Tau (wet). Größere Stärke dieser Erscheinungen bezeichnet man durch Striche unter den Buchstaben, z. B. $\underline{r}$ = starker Regen, $\underline{\underline{w}}$ = sehr starker Tau, $\underline{\underline{\underline{q}}}$ = eine äußerst heftige Bö.

Wettervorhersage. An vielen Stationen werden täglich zu bestimmten Zeiten Beobachtungen ausgeführt und an gewisse Zentralinstitute telegraphisch weitergegeben, in Deutschland an die Deutsche Seewarte in Hamburg. Auf Grund dieser Wettermeldungen, an denen sich auch die Schiffe auf See beteiligen und immer mehr beteiligen sollten, werden in den Zentralstellen die Wetterkarten gezeichnet. Ferner werden von dort zu bestimmten Zeiten Wettertelegramme drahtlos hinausgegeben, so daß die Schiffsführung auf See auch Kenntnis von Beobachtungen an anderen Orten erhält, so ein größeres Gebiet überblickt und daraus ihre Schlüsse ziehen kann. Auch Wetterkarten können bereits durch drahtlose Bildtelegraphie verbreitet werden. Hier ist auch der Sturmwarnungsdienst der einzelnen Länder zu nennen. Als optische Sturmwarnungssignale werden Bälle, Kegel u. dgl. verwendet. Einzelheiten darüber findet man in den Seehandbüchern, auf den Monatskarten der Ozeane, in den Nachrichten für Seefahrer und anderen an Bord vorhandenen Hilfsbüchern.

Die Sturmwarnungsstellen an der deutschen Küste, die bei drohendem Sturme von der Deutschen Seewarte telegraphisch benachrichtigt werden, verwenden die in Abb. 560 schematisch dargestellten Signale, nämlich schwarze kegelförmige Körper am Tage und weiße und rote Laternen bei Nacht (rot in der Abbildung schraffiert), außerdem rote Flaggen am Tage. Rechtsdrehend ist ein Sturm, wenn er im Drehungssinne N—O—S—W dreht, linksdrehend, wenn er im entgegengesetzten Sinne dreht. Einen Wind

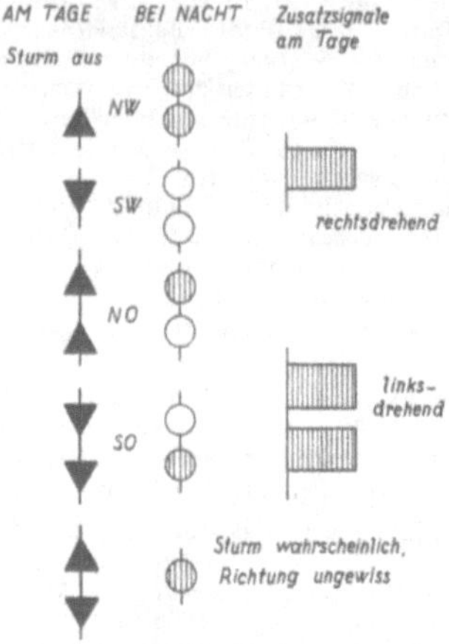

Abb. 560.

oder Sturm der ersten Art nennt der Seemann auch einen Ausschießer, einen von der zweiten Art einen Krimper. Als Warnungssignal für Wind von der Stärke 6 bis 7 wird am Tage ein Ball, bei Nacht eine rote Laterne gesetzt. Diese Signale kann man auch am Gebäude der Deutschen Seewarte in Hamburg sehen. Die Sturmwarnungen werden auch durch drahtlose Telegraphie verbreitet.

M. Meereskunde.

Unter Salzgehalt des Meerwassers versteht man die Summe der darin aufgelösten Stoffe. Der größte Teil davon ist Kochsalz (Chlornatrium). Außerdem enthält das Meerwasser aber eine große Zahl anderer Stoffe, wenn auch zum Teil nur in Spuren. Der Salzgehalt schwankt in weiten Grenzen. In manchen Randmeeren findet man ganz salzarmes Wasser, im offenen Ozean liegt der Salzgehalt zwischen 32‰ und 38‰ des Gewichts. Das spezifische Gewicht des Meerwassers hängt vom Salzgehalt und der Temperatur ab. Es liegt z. B. im Jahresmittel auf dem offenen Atlantischen Ozean an der Oberfläche zwischen 1,0225 und 1,0280 je nach der Gegend. In der Nordsee und Ostsee schwankt es im Laufe des Jahres je nach der Gegend an der Oberfläche zwischen 1,001 und 1,028.

Die *Farbe* des Meerwassers geht von einem prächtigen, satten Blau (in der Regel auf hoher See) bis zu mißfarbenem Grün und schmutzigen Tönen (in der Regel nahe der Küste).

Was die Bewegung des Wassers an der Oberfläche der See anlangt, so hat man zu unterscheiden die Wellen, die Gezeiten und die Meeresströmungen.

1. Vom Winde an Ort und Stelle erzeugt werden die Windwellen oder, wie der Seemann sie nennt, die *Seen*, der Seegang. Sie bilden leicht Kämme, die sich überschlagen (brechen) und schäumen (vgl. Tafel Wind und Seegang). Dagegen ist die *Dünung* (englisch swell) eine Wellenbewegung, die sich auf große Entfernungen hin fortpflanzt; sie hat bei größerer Länge und oft bedeutender Höhe ein rundes Profil und überschlägt sich niemals. Dünung kann sich also auch an Stellen zeigen, wo seit Tagen Windstille herrscht. — Die Höhe der Wellen wird gewöhnlich überschätzt. 20 m dürfte das Höchste sein, was vorkommt; 7 m ist schon recht viel. — Dadurch, daß sich zwei oder mehrere Wellenzüge durchkreuzen, können sehr verwickelte Bilder entstehen.
2. Unter dem Einfluß der Anziehungskraft von Mond und Sonne entstehen die *Gezeiten* oder *Tiden*, d. h. periodische Schwankungen des Meeresspiegels. *Hochwasser* ist der höchste Wasserstand einer Tide, *Niedrigwasser* der tiefste; das Steigen des Wassers von Niedrigwasser bis Hochwasser heißt *Flut*, das Fallen von Hochwasser bis Niedrigwasser *Ebbe* (man hüte sich vor dem ganz laienhaften Gebrauch von „Flut" im Sinne von Hochwasser, von „Ebbe" im Sinne von Niedrigwasser). Unter *Tidenhub* oder kurz *Hub* versteht man den Unterschied zwischen höchstem und tiefstem Wasserstand. Der Tidenhub hat ungefähr alle 14 Tage ein Maximum (Springtide), 8 Tage vorher und nachher ein Minimum (Nipptide). Die Dauer der Flut und der Ebbe ist im Durchschnitt 6 h 12 min. Daher finden die Hochwasser an einem und demselben Ort nicht zur gleichen Stunde an jedem Tage statt, sondern verspäten sich von Tag zu Tag um etwa 50 min. Die Gezeitenerscheinungen sind auf hoher See regelmäßig, die Küsten der Festländer dagegen verändern ihren Charakter sehr. So ist z. B. in Flußmündungen die Flut in der Regel kürzer als die Ebbe. In Buchten, Flüssen und engen Meeresstraßen werden sehr große Hübe beobachtet (bis zu 15 m), an freien Küsten sehr viel kleinere. — Für Einzelheiten sei verwiesen an die auf Bord vorhandenen Gezeitentafeln des Marineobservatoriums Wilhelmshaven; sie enthalten eingehende Erläuterungen. — Mit den Gezeiten gehen Hand in Hand die *Gezeitenströmungen*, die in der Nähe der Küsten für die Schiffsführung von Bedeutung sind.
3. Jeder bessere Atlas enthält eine Karte der *Meeresströmungen*. Die Angaben dieser Karten sind nicht etwa so zu verstehen, daß beständig Wassermassen der Weltmeere in der angegebenen Stärke und Richtung fließen, vielmehr haben diese Angaben nur die Bedeutung von Durchschnittswerten; sie sind Mittel vieler Beobachtungen, die im Laufe

N. Wind- und Seegang

Windstärke nach Beaufort		Windgeschwindigkeit		nautische Seegangstufen (Petersen-Skala)	
Stufe	Bezeichnung	m/sec	Knoten	Stufe	Bezeichnung
0	Stille	unter 2	unter 4	0	vollkommen glatt
1	leiser Zug	2	4	1	sehr ruhige See
2	leichte Brise	4	8	2	ruhige See
3	schwache Brise	6	12		
4	mäßige Brise	8	16	3	leicht bewegte See
5	frische Brise	10	20	4	mäßig bewegte See
6	starker Wind	13	25	5	ziemlich grobe See
7	steifer Wind	16	31	6	grobe See
8	stürmischer Wind	19	37	7	hohe See
9	Sturm	22	44		
10	schwerer Sturm	25	48	8	sehr hohe See
11	orkanartiger Sturm	27	52	9	gewaltige schwere See
12	Orkan	(etwa 50)	(etwa 100)		

(auf hoher offener See).

Kennzeichen auf hoher See (nach P. Petersen)	Seegangstufen nach Douglas	
	Stufe	Bezeichnung
spiegelglatte See	0	glatte See
kleine Wellen von schuppenförmigem Aussehen bilden sich, ohne jedoch Schaumköpfe zu setzen	1	ruhige See
die Wellen sind kurz und ausgeprägter die Wellenkämme beginnen sich zu brechen; der Schaum ist nicht weiß, sondern von glasigem Aussehen		
die Wellen werden länger; weiße Schaumköpfe bilden sich vielfach; die sich brechende See verursacht ein kurz anhaltendes Rauschen	2	leicht bewegte See
die Form der Wellen wird mehr ausgeprägt und länger; überall bilden sich weiße Schaumkämme; das Geräusch der sich brechenden See wird stärker und hört sich wie ein beständiges Murmeln an	3	mäßig bewegte See
größere Wellenberge beginnen zu entstehen; ihre weißen Schaumkämme nehmen größere Flächen ein, das Geräusch der sich brechenden See ist dumpfer, mehr rollend	4	grobe See
die See türmt sich, ihr weißer Schaum beginnt Streifen in der Richtung des Windes zu bilden. Das Geräusch der sich brechenden See wird auf größere Entfernung hörbar	5	sehr grobe See
die Höhe der Wellenberge und Kämme nimmt sichtlich zu; die Gipfel der Wellenkämme beginnen zu verwehen; der Schaum legt sich in dichten Streifen zur Windrichtung; das bekannte Rollen der See beginnt	6	hohe See
hohe Wellenberge mit langen, sich überstürzenden Kämmen entwickeln sich; die großen Schaumflächen legen sich zu dichten, weißen Streifen in der Windrichtung. Die Meeresoberfläche gewinnt im ganzen ein weißes Aussehen. Das Rollen der See wird stark und stoßartig	7	sehr hohe See
die Wellenberge werden so hoch, daß in Sicht befindliche Schiffe so tief in die Wellen einsinken, daß sie einander zeitweise aus Sicht verlieren. Das Rollen der See wird zum Getöse; die See ist mit weißem, streifenförmigem Schaum bedeckt. Der Wind verweht überall die Kante der Wellenkämme zu Gischt (Orkanschaum)	8	gewaltige schwere Steilsee
von der Gewalt des Windes wird die Luft mit dem Gischt des verwehten Meerwassers so angefüllt, daß Fernsicht nicht mehr besteht		
	9	durcheinanderlaufende See

der Jahre gesammelt sind. Im einzelnen Fall kann man Strömungen antreffen, die von den auf der Karte angegebenen wesentlich abweichen. Obwohl die Meeresströmungen verhältnismäßig langsam fließen, stellen sie einen großartigen Naturvorgang dar. Und ihre Wirkungen sind zwar nicht so sinnenfällig wie die der Wellen und Gezeiten, aber tiefgreifend genug. So haben z. B. die (relativ) warmen und die (relativ) kalten Strömungen großen Einfluß auf das Klima der von ihnen bespülten Küsten. So hängt von den Meeresströmungen die Verbreitung des Planktons im Meere und damit das Auftreten mancher Nutzfische ab, was für die Hochseefischerei von großer Bedeutung ist.

Wer mit offenen Augen und empfänglichem Sinne zur See fährt, wird gerne gelegentlich das Tierleben beobachten. Die Grundlage für das Tierleben ist das Plankton, d. h. eine Menge ganz kleiner, dem bloßen Auge meist unsichtbarer Lebewesen, die frei im Wasser schweben. Vom Planktongehalt hängt übrigens die Farbe des Wassers zum großen Teile ab; und zwar ist grünes Wasser reich an Plankton, blaues arm. Schon bei oberflächlicher Betrachtung und ohne besondere Fanggeräte fallen zahlreiche Tiere auf; die Möven, Seeschwalben, Albatrosse, Sturmvögel, Kaptauben und andere Vögel; die fliegenden Fische, die Haifische und gewisse Fische, die gern aus dem Wasser hochspringen; unter den Meeressäugetieren die Seehunde, die munteren Delphine (Schweinsfische), die Wale; Seeschildkröten; Quallen und kleine leuchtende Tiere (Meerleuchten). In der Sargassosee des Nordatlantischen Ozeans trifft man das Sargassokraut treibend, das viele kleine Tiere trägt (z. B. die „Dwarslooper", d. s. kleine Krebse) und andere anlockt.

O. Signalwesen.

Nach den Unfallverhütungsvorschriften der Seeberufsgenossenschaft muß jedes deutsche Schiff — abgesehen von ganz kleinen Schiffen auf Fahrten in Ostsee und Nordsee — ein Internationales Signalbuch nebst den hierzu erlassenen Nachträgen und den dazugehörigen Flaggen sowie eine Morselaterne an Bord haben. Die amtliche deutsche Ausgabe des Intern. Signalbuchs wird vom Reich herausgegeben. Signalisiert werden kann mit den farbigen Signalflaggen, die einzeln, zu zweien, dreien oder vieren gezeigt werden. Aus dem Signalbuch ist ersichtlich, was jede Zusammenstellung bedeutet. So ergibt sich ein Signalsystem, das für jede Schiffsleitung verständlich ist, wenn sie über ein Signalbuch verfügt, dessen Sprache sie beherrscht. Signalisiert werden kann auch mit den Handflaggen; dieses Verfahren, das sog. Winkern, ist in der deutschen Handelsflotte bis jetzt wenig gebräuchlich. Übrigens wird auch das Signalisieren mit den Signalflaggen weniger angewendet als früher. Im modernen Signalverkehr wird vielmehr die Zeichensprache nach Morse bevorzugt. Diese Zeichen können durch Töne, durch Winkflaggen, vor allem aber durch Lichtzeichen gegeben werden und dieses Verfahren, das Blinkmorsen, hat sich eingebürgert und besitzt große Vorzüge. Das meistgebrauchte und wichtigste Mittel, Signale zu geben, zugleich das bedeutsamste Nachrichtenmittel auf See ist die drahtlose Telegraphie. Auch sie bedient sich der Zeichensprache nach Morse (Funkmorsen). Die Morsebuchstaben sind:

a	.—	k	—.—	t	—
b	—...	l	.—..	u	..—
c	—.—.	m	——	v	...—
d	—..	n	—.	w	.——
e	.	o	———	x	—..—
f	..—.	p	.——.	y	—.——
g	——.	q	——.—	z	——..
h	....	r	.—.		
i	..	s	...		

Jeder Strich — bedeutet einen langen Blink (Ton), jeder Punkt . einen kurzen; und zwar ist ein Strich dreimal so lang wie ein Punkt. Der Abstand zwischen zwei Zeichen eines Buchstaben ist gleich einem Punkt, der Abstand zwischen zwei Buchstaben ist gleich drei Punkten, zwischen zwei Wörtern gleich sechs Punkten. Außerdem gibt es Morsezahlen und Morsehilfszeichen. Das drahtlose Notsignal, auf das hin jeder drahtlose Verkehr zu schweigen hat, ist sos (save our souls) ...———...

Für besondere Zwecke, wie Sturmwarnungen, Eisdienst, Wettermeldungen, Wasserstand- und Gezeitenmeldungen, Zeitangaben, Lotsendienst, Notsignale u. a. m. bedient man sich der verschiedensten Signale. Manche davon haben nur örtliche Bedeutung. So führen beispielsweise auf den deutschen Seewasserstraßen Fahrzeuge mit mehr als 35 kg Sprengstoff oder Munition an Bord bei Tage einen roten Stander. Ein Fahrzeug, das innerhalb der Zollgrenze fährt und von der Zollanmeldung oder Zollabfertigung befreit ist, muß bei Tage die schwarzweiße Zollflagge führen, bei Nacht das grüne Zollicht über dem weißen Hecklicht; diese Flagge ist rechteckig und durch eine Diagonale in zwei Hälften geteilt, die schwarze Hälfte liegt am Flaggenstock. Dagegen kennzeichnet die weiße Zollflagge mit dem schwarzen, von Ecke zu Ecke durchlaufenden Schrägstreifen ein Fahrzeug, das aus besonderen Gründen noch nicht abgefertigt ist. Bei Nacht führt ein solches Fahrzeug das grüne Zollicht unter dem weißen Hecklicht. Quarantäneschiffe, die auf der Elbe bei Cuxhaven abgefertigt werden wollen, zeigen im Vortopp die gelbe Quarantäneflagge allein oder mit einem Hilfsstander. Eine Flagge mit weißem Rechteck im blauen Felde, der sog. blaue Peter, zeigt an, daß das Schiff den Hafen verlassen und in See gehen will.

P. Lichterführung.

(Siehe auch S. 635.)

Durch internationale Vereinbarung sind für alle Fahrzeuge auf See und auf den mit der See im Zusammenhange stehenden, von Seeschiffen befahrenen Gewässern von Sonnenuntergang bis Sonnenaufgang gewisse Lichter vorgeschrieben (Seestraßenordnung). Die wichtigsten dieser Lichter sind die folgenden:

1. Ein Dampffahrzeug (= jedes durch Maschinenkraft bewegte Fahrzeug) muß, wenn es in Fahrt ist (d. h. weder vor Anker liegt, noch am Lande befestigt ist, noch am Grunde festsitzt), die sog. Positionslaternen führen, nämlich:

a) im vorderen Teile ein weißes Licht mindestens 6 m über dem Rumpf. Dieses Topplicht muß einen ununterbrochenen Schein über einen Bogen von 20 Kompaßstrichen werfen, und zwar auf jeder Seite von recht voraus bis zu 2 Strich achterlicher als dwars. Es muß (in dunkler Nacht bei klarer Luft) mindestens 5 Seemeilen weit sichtbar sein;

b) die beiden Seitenlichter, nämlich an der Steuerbordseite ein grünes, an der Backbordseite ein rotes Licht, jedes mindestens 2 Seemeilen weit sichtbar und von recht voraus bis 2 Strich achterlicher als dwars scheinend;

c) ein zweites weißes Licht gleich dem unter a genannten, jedoch mindestens 4,75 m höher. Dieses zweite Topplicht muß wie das erste in der Kiellinie angebracht sein und vom ersten eine horizontale Entfernung haben, die größer als die vertikale ist.

2. Ein Dampffahrzeug, das ein anderes Fahrzeug schleppt, muß außer den Seitenlichtern 2 weiße Lichter senkrecht übereinander mindestens 2 m voneinander entfernt führen. Besteht der Schleppzug aus 2 oder mehr Fahrzeugen und ist er zugleich länger als 183 m, so müssen 3 solche Lichter geführt werden. Eingerichtet sind diese Lichter wie das unter 1a erwähnte Licht. Außerdem darf der Schlepper ganz hinten ein kleines weißes Licht führen, das sog. Steuerlicht.

3. Ein Fahrzeug, das manövrierunfähig ist, führt 2 rote, über den ganzen Horizont scheinende Lichter senkrecht übereinander. Außerdem die Seitenlichter, wenn es Fahrt durchs Wasser macht.

4. Ein Fahrzeug, das ein Unterwasserkabel legt, aufnimmt oder auffischt, führt senkrecht übereinander 3 über den ganzen Horizont scheinende Lichter, das mittlere weiß, die beiden anderen rot; außerdem die Seitenlichter, wenn es Fahrt durchs Wasser macht. Bei Tage 3 Körper in denselben Farben, den mittleren viereckig, die beiden anderen rund.

5. Ein Segelfahrzeug und jedes geschleppte Fahrzeug führt in Fahrt die farbigen Seitenlichter, aber keine Topplichter.

6. Fahrzeuge, die mit Treibnetz oder Angelleinen fischen, führen 2 weiße Lichter, die über den ganzen Horizont scheinen.

7. Fischdampfer, die mit dem Grundschleppnetz fischen, führen eine dreifarbige Laterne (Dreifaltigkeitslaterne), die von recht voraus bis 2 Strich an jeder Seite ein weißes Licht und über die nächsten 8 Striche an Steuerbord ein grünes, an Backbord ein rotes Licht wirft. Unter dieser dreifarbigen Laterne wird ein weißes Licht geführt, das über den ganzen Horizont scheint.

8. Ein Fahrzeug, das in Fahrt ist, muß am Heck ein weißes Licht führen (Hecklicht), so daß ein ununterbrochenes Licht von recht achteraus bis zu 6 Strich an jeder Seite geworfen wird.

9. Ein Fahrzeug vor Anker von weniger als 46 m Länge führt vorne ein weißes Licht, das über den ganzen Horizont scheint, höchstens 6 m über dem Rumpf; von 46 m Länge oder mehr 2 solche Ankerlichter, das eine vorne hoch, das andere hinten niedrig.

10. Fahrzeuge, die am Grunde festsitzen, führen die unter 9. angegebenen weißen und die unter 3. angegebenen roten Lichter.

Für die deutschen Seewasserstraßen, also z. B. die Unterweser, die Unterelbe, die Flensburger Föhrde, die Eckernförder Bucht usw., gilt die Seewasserstraßenordnung vom 31. Oktober 1933 (mit den seitdem erfolgten Änderungen. Offizielle Ausgabe: Seewasserstraßenordnung. Herausgegeben im Reichsverkehrsministerium. Berlin, verlegt bei E. S. Mittler & Sohn). Durch die Seewasserstraßenordnung (SWO.) wird die Seestraßenordnung (SO.) nicht geändert, sondern nur für den Bereich der deutschen Seewasserstraßen ergänzt.

Q. Nebel. Notsignale.

Die Seestraßenordnung schreibt vor:

Schallsignale für in Fahrt befindliche Fahrzeuge müssen gegeben werden:

1. von Dampffahrzeugen mit der Pfeife oder Sirene,
2. von Segelfahrzeugen und geschleppten Fahrzeugen mit dem Nebelhorne.

Ein langgezogener Ton im Sinne dieser Vorschriften ist ein Ton von 4 bis 6 s Dauer.

Bei Nebel, dickem Wetter, Schneefall oder heftigen Regengüssen, es mag Tag oder Nacht sein, sind folgende Schallsignale zu geben (Nebelsignale):

a) Ein Dampffahrzeug, das Fahrt durchs Wasser macht, muß mindestens alle 2 min einen langgezogenen Ton geben.

b) Ein Dampffahrzeug, das in Fahrt ist, aber seine Maschine gestoppt hat und keine Fahrt durch das Wasser macht, muß mindestens alle 2 min zwei langgezogene Töne mit einem Zwischenraume von ungefähr 1 s geben.

c) Ein Segelfahrzeug in Fahrt muß mindestens jede Minute,
   wenn es mit Steuerbord-Halsen segelt: 1 Ton,
   wenn es mit Backbord-Halsen segelt: 2 aufeinanderfolgende Töne,
   wenn es mit dem Winde achterlicher als dwars segelt: 3 aufeinanderfolgende Töne
   geben.

d) Ein Fahrzeug vor Anker muß mindestens jede Minute ungefähr 5 s lang die Glocke rasch läuten.

e) Ein Fahrzeug, das ein anderes Fahrzeug schleppt;
   ein Fahrzeug, das ein Unterwasserkabel legt, aufnimmt oder auffischt, und
   ein in Fahrt befindliches Fahrzeug, das einem sich nähernden Fahrzeuge nicht aus dem Wege gehen kann, weil es überhaupt nicht oder doch nicht so manövrieren kann, wie diese Vorschriften verlangen,
   muß statt der unter a und c vorgeschriebenen Signale mindestens alle 2 min drei aufeinanderfolgende Töne geben, zuerst 1 langgezogenen Ton, dann 2 kurze Töne.

Jedes Fahrzeug muß bei Nebel, dickem Wetter, Schneefall oder heftigen Regengüssen, unter sorgfältiger Berücksichtigung der obwaltenden Umstände und Bedingungen, mit mäßiger Geschwindigkeit fahren.

Ein Dampffahrzeug, das anscheinend vor der Richtung querab (vorderlicher als dwars) das Nebelsignal eines Fahrzeugs hört, dessen Lage nicht auszumachen ist, muß, sofern die Umstände dies gestatten, seine Maschine stoppen und dann vorsichtig manövrieren, bis die Gefahr des Zusammenstoßes vorüber ist.

Notsignale:

Fahrzeuge, die in Not sind und Hilfe von anderen Fahrzeugen oder vom Lande verlangen, müssen folgende Signale — zusammen oder einzeln — geben:

Bei Tage:

1. Kanonenschüsse oder andere Knallsignale in Zwischenräumen von ungefähr 1 min Dauer;
2. das Signal NC des Internationalen Signalbuches;
3. das Fernsignal, bestehend aus einer viereckigen Flagge, über oder unter der ein Ball oder etwas, was einem Balle ähnlich sieht, aufgeheißt ist;
4. anhaltendes Ertönenlassen irgendeines Nebelsignalapparates.

Bei Nacht:

1. Kanonenschüsse oder andere Knallsignale in Zwischenräumen von ungefähr 1 min Dauer;
2. Flammensignale auf dem Fahrzeuge, z. B. brennende Teer-, Öltonnen od. dgl.;
3. Raketen oder Leuchtkugeln von beliebiger Art und Farbe; sie sollen einzeln in kurzen Zwischenräumen abgefeuert werden;
4. anhaltendes Ertönenlassen irgendeines Nebelsignalapparates.

Als Notsignal gilt auch die in einen Knoten geschlungene Nationalflagge — „Flagge in Schau" nennt sie der Seemann. Jedoch ist dieses Signal nur ein übliches; es ist nicht durch Verordnung oder Vertrag anerkannt.

Bei Tag und bei Nacht ist das international festgelegte Notzeichen SOS als Notsignal besonders wichtig (vgl. Abschnitt O).

R. Gebrauch des Raketenapparates zur Rettung Schiffbrüchiger.

Wenn ein Schiff an deutscher Küste in geringer Entfernung vom Ufer strandet und das Leben der Mannschaft dadurch gefährdet ist, wird, wenn irgend möglich, vom Ufer aus auf folgende Weise Beistand geleistet:

a) Eine Rakete, an der eine dünne Leine befestigt ist, wird über das Schiff hingeschossen. Diese Raketenleine muß möglichst rasch erfaßt und festgehalten werden. Ist das geschehen, so muß einer von der Mannschaft beiseitetreten und, wenn es Tag ist, seinen Hut, seinen Arm, eine Flagge oder ein Tuch schwenken; ist es aber Nacht, so muß eine Rakete oder ein Blaufeuer angezündet oder eine Kanone abgefeuert werden, oder man zeigt eine Laterne und läßt sie wieder verschwinden. Alles dies geschieht, um denen am Lande mitzuteilen, daß die Leine gefaßt ist.

b) Wenn dann die Schiffsmannschaft einen der am Ufer befindlichen Leute seitwärts von den übrigen eine rote Fahne schwenken sieht, oder wenn ihr zur Nachtzeit ein rotes Licht gezeigt wird, das dann wieder verschwinder, so muß sie die vorerwähnte Raketenleine vom Lande her einholen, bis sie einen Steertblock daran befestigt findet, durch den ein Jolltau (endloser Läufer) geschoren ist.

c) Dieser Steertblock ist am Mast ungefähr 2 m unter der Sahlung zu befestigen oder — falls die Masten nicht mehr stehen — an dem höchsten festen Gegenstande auf dem Schiffe. Sobald der Block festgemacht ist, muß wieder einer von der Schiffsmannschaft beiseite treten und das unter a beschriebene Signal geben.

d) Sobald dieses Signal am Lande gesehen ist, wird durch die Leute am Lande ein Tau, das Rettungstau, an dem Jolltau (Läufer) befestigt und vom Lande aus an Bord gezogen.

e) Wenn dieses Rettungstau an Bord gezogen ist, muß die Mannschaft es sogleich etwa ½ m oberhalb des Steertblocks, womöglich mit diesem an demselben Schiffsteile, befestigen und dabei Sorge tragen, daß das Jolltau (Läufer) klar von dem Rettungstau bleibt.

f) Wenn das Rettungstau in solcher Weise an Bord befestigt ist, muß das Jolltau (Läufer) von dem Rettungstau losgemacht und dann das unter a beschriebene Signal wiederholt werden.

g) Die Leute am Lande werden dann das Rettungstau straff anholen und an ihm vermittels des Läufers eine Hosenboje an Bord ziehen; in die hat sich die Person, die ans Land gezogen werden soll, zu setzen, und zwar mit den Beinen in die Hose und die Arme über die Boje legend. Alsdann muß einer abermals von der Mannschaft zur Seite treten und den Leuten am Lande das unter a beschriebene Signal geben. Die Leute am Lande werden dann die Boje ans Land holen und, nachdem die Person gelandet ist, leer wieder ans Schiff ziehen. Dieses Verfahren wiederholt sich, bis alle Personen gerettet sind.

h) Es kann zuweilen der Fall sein, daß das Wetter und der Zustand des Schiffes die Befestigung des Rettungstaues nicht zulassen; in solchen Fällen wird die Hosenboje vermittels des Jolltaues (Läufers) hingezogen, und die Schiffbrüchigen werden dann in der Hosenboje vermittels des Jolltaues durch die Brandung geholt, anstatt längs des Rettungstaues.

Die Kapitäne und Mannschaften gestrandeter Schiffe müssen hierbei stets vor Augen haben, daß ihre Rettung nur bei eigener Besonnenheit und bei strenger Befolgung der oben gegebenen Vorschriften gelingen kann.

Die Vorschriften in betreff der zu gebenden Signale müssen besonders genau befolgt werden; alle Frauen, Kinder, Passagiere und alle hilflosen Personen sind zuerst zu landen.

Nach den Unfallverhütungsvorschriften der See-Berufsgenossenschaft muß an Bord eines jeden Schiffes an geeigneter, gut sichtbarer Stelle eine Tafel angebracht sein, die die obige von der Deutschen Gesellschaft zur Rettung Schiffbrüchiger erlassene Anweisung über die Handhabung des Raketenapparates enthält.

Die Handhabung des Raketen- oder Mörserapparats an anderen Küsten ist genau dieselbe.

S. Handhabung von Booten in Brandung und schwerer See[1]).

Hauptsächlich sind folgende fünf Fälle zu unterscheiden:

1. Auslaufen vom Lande nach See,
2. Einlaufen aus See an Land,
3. Anlegen an ein in Not befindliches Schiff,
4. im Schlepptau eines Dampfers,
5. Verhalten bei einem Sturme in offener See.

In den beiden ersten Fällen sind es die Brandungswellen, die den Booten besonders gefährlich werden. Je abschüssiger die Küste ist, um so näher dem Lande zu wird die Brandung eintreten. An ganz steilen Küsten findet deshalb der erste schwere Sturz der Brandung am Strande selbst statt, während an sehr flachen Küsten das Wasser brandet, so weit das Auge reicht, zuweilen noch in einer Entfernung von 5 bis 10 Seemeilen vom Lande. Die äußerste Brandungslinie, wo sich die Wellen auf etwa 7 bis 9 m Wasser brechen, ist die schwerste und deshalb die gefährlichste. Im allgemeinen ist es gefährlicher, von See aus mit oder vor der Brandung einzulaufen, als vom Land aus gegen sie auszulaufen. Niemals durchquere man die Brandung, ohne alle Vorsichtsmaßnahmen für den Fall des Kenterns getroffen zu haben. Man steuere beim Durchqueren der Brandung nur mit einem langen, schweren Remen, den man am Heck oder am Bug in einem Stropp führt. Das gewöhnliche Ruder wird sehr häufig durch Austauchen seine Wirkung verlieren. Ebenso müssen alle lose im Boot befindlichen Gegenstände gut befestigt sein.

Die Fälle 2 und 5 sollen ausführlicher besprochen werden.

1. Einlaufen aus See an Land.

Die Hauptgefahr, die einem Boote droht, wenn es vor der Brandung nach dem Lande zu läuft, ist die, daß es beidreht oder dwars kommt. Jede das Boot überholende Welle wird nämlich zunächst dessen Heck emporwerfen und den Bug niederdrücken. Besitzt das Boot nun genügende Trägheit, so daß die Brandung unter seinem Kiel fortrollen kann, so wird es nacheinander eine fallende, horizontale und steigende Lage einnehmen, indem der Kamm der Brandung erst das Heck, dann die Mitte und endlich den Bug passiert. Ist jedoch das Boot zu beweglich, so verbleibt es oft in der ersten Lage. Das Heck wird dann hoch emporgeworfen und der Bug tief in die Höhlung der See am Fuß der Brandung hineingepreßt, wo das Wasser, da es hier keine oder nur wenig eigene Fahrt hat, Widerstand leistet, während der Kamm der See mit der ungleich schnelleren Bewegung das Heck vorwärts treibt. Ist jetzt der Bug niedrig gebaut, so wird er leicht unter Wasser gepreßt und das Boot schlägt um, End über End. Ist dagegen der Bug hoch gebaut oder mit einem Luftkasten versehen, wie es bei fast allen Brandungs- und Rettungsbooten der Fall ist, so wird ein Untertauchen fast unmöglich. Hierbei kommt es häufiger vor, daß der Wasserwiderstand auf die eine Seite des Buges etwas stärker wirkt als auf die andere, wodurch das Boot etwas seitwärts

---

[1]) Nach der von der Deutschen Gesellschaft zur Rettung Schiffbrüchiger herausgegebenen Broschüre „Seemann in Not".

gedreht wird und schräg zur Brandungswelle zu liegen kommt. In solchen Fällen wirft sich die vorwärts treibende Kraft des Kammes auf die eine Seite des Hecks, dreht das Boot bei, legt es auf die Seite und überrollt es. Auf diese Weise verunglücken, namentlich an flachen Küsten, recht viele Boote.

Um die soeben dargelegten Gefahren zu vermeiden, kann man verschieden verfahren:

1. Bevor man in den Bereich der Brandung kommt, kehre man den Bug des Bootes gegen die See und streiche mit den Remen nach Land zu (streichen = rückwärts rudern). Beim Heranrollen einer Brandungswelle höre man mit dem Streichen auf und rudere einige kräftige Schläge gegen die Welle an. Das geschieht, damit die Welle das Boot schnell passiert und das Boot Steuerkraft hat. Ist die Welle vorbei, so streiche man wieder auf die Küste zu. Für kleinere Boote und solche mit plattem Heck ist dieses Verfahren bei schwerer Brandung im allgemeinen das sicherste. Man behält so sein Boot am besten in der Gewalt.
2. Zieht man aber vor, beim Einlaufen das Heck der Brandung zuzukehren, so streiche man beim Heranrollen einer schweren See mit allen Remen und rudere wieder an, sobald die See das Boot passiert hat. Man setzt auch wohl, wie das zuweilen bei Rettungsbooten geschieht, die hintersten Ruderer mit dem Gesicht nach vorn und läßt sie jedesmal, wenn die Brandung heranrollt, ihr entgegenrudern.
3. Man lasse, indem man mit dem Buge oder dem Heck nach Land zu rudert, ein Stück Ballasteisen, einen großen Stein, einen großen Korb oder einen Leinwandsack, Schlepp- oder Lenzsack genannt, nachschleppen. Hierdurch wird das Boot zurück und zugleich recht vor der See gehalten und so das Beidrehen und Kentern verhindert.

Die Handhabung des Bootes beim Landen durch die Brandung ist wieder ganz verschieden von der beim Durchqueren. Beim Auflaufen ist zu berücksichtigen, ob die Küste flach oder steil ist.

An flacher Küste halte man das Boot recht vor der See, bis es Grund findet, und lasse das Boot dann durch jede folgende Welle strandauf schieben, was noch dadurch gefördert werden kann, daß die Besatzung herausspringt und das Boot beim Anlaufen der Welle ziehen hilft, wobei noch immer darauf zu achten ist, daß das Boot nicht quer schlägt. Etwa noch beistehende Segel sind vorher zu bergen.

An steiler Küste halte man gerade auf den Strand zu und gebe dem Boote im Augenblicke des Landens eine halbe Wendung nach der Richtung hin, aus der die Brandung läuft. Das Boot wird nun mit der Breitseite auf Strand geworfen und kann dann leicht aus dem Bereiche der See gebracht werden. Bei steiler Küste gehe man niemals mit dem Heck voraus, sondern rudere oder segle mit dem Bug voran unter voller Fahrt der Küste zu.

Ist das Gebiet der Brandungswellen nur klein, so kann das Landen auch derart erfolgen, daß man außerhalb der Brandung einen Anker auswirft und das Boot mit einer am Anker befestigten Leine durch die Brandung fiert. Durch Streichen der Remen kann man das Hindurchfieren beschleunigen; man achte jedoch darauf, daß nicht zuviel Leine auf einmal gesteckt wird, damit der Bug recht vor der See bleibt. Hat man zwei Boote zur Verfügung, so verankere man eins außerhalb der Brandung und fiere das andere mit einer am verankerten Boote befestigten Leine hindurch.

II. Im Sturm auf hoher See.

Hat die Schiffsbesatzung ihr Schiff in den Schiffsbooten verlassen müssen, so wird sie einen hereinbrechenden Sturm, verbunden mit hoher See sehr bequem abwettern können, wenn sie die vorhandenen Masten und Remen zusammenlascht, das Boot mittels einer Hahnenpfote und einer etwa 30 m langen Leine daran befestigt und in Lee davon treibt. Ein solcher Treibanker wirkt wie ein Wellenbrecher. Eine noch günstigere Wirkung kann man erzielen, wenn man auch noch die Rah mit dem losen Bootssegel an dem Treibanker befestigt. Treibt man jetzt noch zu stark, so kann man an dem Schothorn des Segels ein Gewicht befestigen, damit das Segel steiler im Wasser steht. Auch die Befestigung eines mit Öl gefüllten Beutels an dem Treibanker hat guteWirkung Um beim Brechen der Leine nicht ganz hilflos zu sein, behalte man mindestens zwei Remen im Boote.

T. Anweisung zur Rettung Ertrinkender durch Schwimmen.

1. Ehe man ins Wasser springt, entkleide man sich vollständig und so schnell wie möglich. Man reiße nötigenfalls die Kleider ab; hat man aber keine Zeit dazu, so löse man jedenfalls die Unterbeinkleider am Fuß, wenn sie zugebunden sind. Unterläßt man dies, so füllen sie sich mit Wasser und halten den Schwimmer auf.
2. Wenn man sich dem Ertrinkenden nähert, rufe man ihm mit lauter, fester Stimme zu, daß Hilfe gebracht werde.
3. Man ergreife den Ertrinkenden nicht, solange er noch stark im Wasser arbeitet, sondern warte, bis er ruhiger wird. Es ist Tollkühnheit, jemanden zu ergreifen, während er mit den Wellen kämpft, und wer es tut, setzt sich einer großen Gefahr aus.
4. Ist der Verunglückte ruhig, so nähere man sich ihm, ergreife ihn beim Haupthaar, werfe ihn so schnell wie möglich auf den Rücken und gebe ihm einen plötzlichen Ruck, um ihn oben zu halten. Dann werfe man sich selbst ebenfalls auf den Rücken, lege sich den Kopf des Verunglückten mit dem Gesicht nach oben auf den Leib und schwimme so dem Lande zu. Man erreicht so schneller und sicherer das Land als auf irgendeine andere Art. Ein großer Vorteil dieses Verfahrens, das sich nach vielen Versuchen als das beste herausgestellt hat, besteht darin, daß man in den Stand gesetzt wird, sowohl seinen eigenen als auch den Kopf des Verunglückten über Wasser zu halten. Auch kann man in dieser Weise sehr lange treiben, wenn man ein Boot oder sonstige Hilfe zu erwarten hat.

   Wenn es nicht ausführbar ist, den Ertrinkenden an seinen Haaren zu erfassen, so suche man sich ihm von hinten her zu nähern und ihn bei den Armen dicht bei der Schulter zu umfassen.

5. Der sog. „Todesgriff" kommt dann ungemein selten vor. Sobald ein Ertrinkender schwach wird und seine Besinnung verliert, wird sein Griff allmählich schwächer, bis die Hand zuletzt ihren Halt gänzlich fahren läßt. Man braucht also dieses Todesgriffes wegen keine Furcht zu hegen, wenn man jemand durch Schwimmen zu retten beabsichtigt.
6. Wenn jemand auf den Grund gesunken ist, so ist die Stelle, wo der Körper liegt, bei schlichtem Wasser genau an den Luftblasen zu erkennen, die gelegentlich zur Oberfläche emporsteigen. Einer etwaigen Strömung, die die Blasen am senkrechten Emporsteigen hindert, muß dabei natürlich Rechnung getragen werden. Man kann oft, indem man in der durch die Blasen bezeichneten Richtung niedertaucht, einen Körper wiedererlangen, ehe es zu seiner Wiederbelebung zu spät ist.
7. Taucht man nach einem Körper, so ergreife man ihn am Haar, jedoch nur mit einer Hand, und gebrauche die andere Hand und die Füße dazu, sich zum Wasserspiegel zu erheben.
8. Bei Strom ist es verkehrt, wenn man gegen den Strom anzuschwimmen versucht. Man werfe sich, gleichgültig, ob man allein oder mit einem Körper belastet ist, auf den Rücken und treibe, bis Hilfe naht. Versucht man gegen den Strom zu schwimmen, so erschöpft man am Ende seine Kräfte und geht unter, während durch ein Boot noch Hilfe hätte gebracht werden können.
9. Diese Anweisungen sind unter allen Umständen gültig, sowohl in schlichtem Wasser als in der unruhigsten See.

U. Das Segelschiff.

Drei besonders in die Augen stechende Ereignisse haben im 19. Jahrhundert der Segelschiffahrt schwere Wunden geschlagen: die Einführung der Dampfmaschine in die Schiffahrt, der Übergang zum Eisenschiffbau und die Eröffnung des Suezkanals (1869). Zunächst erhob sich allerdings die Segelschiffahrt unter dem Druck der Konkurrenz der Dampfkraft zu hohen Leistungen, und auch der Segelschiffbau zog aus dem neuen Baustoffe Vorteil. Auf die Dauer wirkten sich aber diese beiden technischen Errungenschaften nur gegen das Segelschiff aus. Und der Suezkanal beraubte das Segelschiff auf einer Reihe von Seewegen der Möglichkeit des Wettbewerbes. Es würde zu weit führen, die übrigen großen und kleinen Ursachen aufzuzählen, die seit etwa 5 Jahrzehnten die Segelschiffe immer weniger haben werden lassen. 1900 gab es in der Welthandelsflotte mit Ausnahme der Vereinigten Staaten von Nordamerika — wo besondere Verhältnisse hinsichtlich der Segelschiffahrt geherrscht haben, die einen Vergleich nicht erlauben — noch rd. 5,4 Millionen Brutto-Registertonnen Segelschiffe, 1925 waren es nur mehr 1,2 Millionen. Der größte Teil davon sind kleine Segler, die zumeist nur im Küstenverkehr verwendet werden.

Trotz dieses Rückganges der Segelschiffahrt, der wohl unaufhaltsam ist, sind gewisse Fachausdrücke, die der Segelschiffahrt und dem Segelschiff entstammen, heute noch auch für den Maschinisten von Interesse. Bei ihrer Erklärung lassen wir die kleineren Segelfahrzeuge außer acht, von denen es viele verschiedene Arten gibt, die nicht leicht zu unterscheiden sind, so z. B. die verschiedenen Formen der kleinen Schoner (Schuner), die Kutter, Logger, Galeassen, Tjalken, Ewer, Kuffen usw. usw.

Unter Takelage oder Takelung versteht man die Gesamtheit der Masten, Rahen, Bäume und anderer „Rundhölzer", die zur Anbringung und Handhabung der Segel dienen, ferner die starken Taue, die die Masten usw. festhalten (stehendes Gut), und die dünneren Taue, die bei den Segelmanövern bewegt werden (laufendes Gut). Die Masten sind nur bei kleineren Fahrzeugen und Booten aus einem Stück, bei größeren Schiffen bestehen sie aus mehreren Teilen, nämlich einem Untermast und mehreren Stengen. Je zwei dieser Teile werden durch Salings (wohl auch Salung oder Sahlung) und das Eselshaupt verbunden. Gehalten werden die Masten durch Taue, nämlich die Wanten, die Stage und die Pardunen. Die Wanten sind kenntlich durch die Webeleinen, d. s. querlaufende Leinen, auf denen die Mannschaft aufentert. Die Stage gehen von den Masten nach vorne, die Pardunen gehen von den Stengen nach seitwärts und hinten, nehmen also, ebenso wie die Wanten, den Winddruck auf. Unter Mars versteht man eine Plattform am oberen Ende des Untermastes. Vom Bug schräg nach vorne führt ein Rundholz, das aus Bugspriet, Klüverbaum und Außenklüverbaum zusammengesetzt ist und wie die Masten durch schwere Taue gehalten wird (Bug- und Wasserstage). Die Rahen sind die horizontalen Rundhölzer, die mit den Masten verbunden sind durch ein Rack und die Toppenanten, d. h. Taue, die von beiden Nocken (= Enden) der Rah nach dem Mast gehen. Die oberen Rahen können durch schwere Taue oder Ketten, die Fallen, gehoben (geheißt) und gesenkt (gefiert) werden. Um eine vertikale Achse wird eine Rah gedreht mit Hilfe der Brassen, d. s. starke Taue, die von den Nocken der Rah nach dem Deck laufen. Unter Topp versteht man das obere Ende des Mastes oder eines seiner Teile, in Zusammensetzungen auch den ganzen Mast mit seiner Takelage.

Die Rahsegel sind trapezförmig und mit ihrem oberen Rande (Liek) an den Rahen befestigt. Sie heißen von unten nach oben: Untersegel, Marssegel, Bramsegel, Royal- und Skysegel. Bei neueren Schiffen hat man doppelte Marssegel und doppelte Bramsegel. Schratsegel sind dreieckige oder viereckige Segel, die nicht an einer Rah, sondern an einem Stag oder einem in der Vertikalebene des Kiels befindlichen Rundholz gefahren werden; sie können schräger gegen den Wind gestellt werden als die Rahsegel. Gaffelsegel heißt ein Schratsegel, das seine Befestigung am Maste selbst hat und an der Gaffel, einer Stange, deren eines Ende ausgeschnitten und um den Mast gelegt ist. Sollen die Segel geborgen, d. h. eingenommen werden, so holt man sie erst mit den Geitauen an die Rahen, darauf treten die Matrosen in die Paarden oder Pferde, d. h. in Taue, die unter den Rahen entlang gezogen sind, rollen die Segel zusammen und schnüren sie fest. Die Untersegel und Marssegel können gerefft, d. h. verkleinert werden.

Ein Vollschiff (Dreimastvollschiff) hat drei vollgetakelte Masten, Fockmast, Großmast und Kreuzmast, jeden mit Marsstenge, Bramstenge und Royalstenge, den entsprechenden Rahen und Rahsegeln. Bei der Bark (Dreimastbark) sind Fockmast und Großmast wie beim Vollschiff getakelt; der dritte Mast ist der Besahnmast, er hat keine Rahen, sondern führt nur den viereckigen Besahn und das Gaffeltoppsegel. In den letzten Jahrzehnten hat man auch Viermastvollschiffe, Fünfmastvollschiffe, Viermastbarks, Fünfmastbarks gebaut. So war die Preußen der Hamburger Reederei Laeisz ein Fünfmastvollschiff von 5081 Brutto-Registertonnen. Die Benennung der Masten auf diesen Schiffen ist nicht einheitlich. Das gleiche gilt übrigens von anderen Teilen aller Schiffe; für einen und denselben Gegenstand hat man in verschiedenen Gegenden verschiedene Namen. Gaffelschoner sind Schiffe, die an allen Masten nur Gaffel- und Stagsegel führen. Das gewöhnliche ist der Dreimastgaffelschoner, jedoch hat man auch große Gaffelschoner mit 4, 5, 6, ja sogar mit 7 Masten gebaut (Amerika). Die Schonerbark hat einen vollgetakelten Fockmast, am Großmast und Besahnmast aber nur Gaffel- und Stagsegel. Brigg ist ein Fahrzeug mit zwei Masten, Fockmast und Großmast, die geradeso getakelt sind wie auf einem Vollschiffe.

Vor dem Winde segelt ein Schiff, wenn der Wind von hinten (achtern) genau oder fast genau aus der Richtung der Kiellinie kommt. Beim Wind oder dicht am Winde liegt ein Schiff, wenn die Rahen hart angebraßt sind, so daß sie einen möglichst kleinen Winkel mit der Kiellinie bilden, und die Segel gerade noch voll stehen. In allen übrigen Fällen segelt das Schiff mit raumem Winde. Über Steuerbordbug oder mit Backbordhalsen segelt ein Schiff, wenn es den Wind vorlicher als dwars von Backbord bekommt. Das Gegenteil ist über Backbordbug oder mit Steuerbordhalsen. Dwars = querab, also eine Richtung, die senkrecht zur Kiellinie läuft. Luv ist die Richtung, woher der Wind weht, Lee die Richtung, wohin er weht. Dreht ein Schiff (im Sturm) bei oder wird es beigelegt, so liegt es mit dem Kopf im Wind und gegen die See und macht keine oder ganz wenig Fahrt.

In der Weltflotte waren die verschiedenen Antriebsarten vertreten, wie folgt:

Segelschiffe 1914 8,1%, 1925 3,5%, 1931 2,0%, 1938 1,5%,
Motorschiffe 1914 0,5%, 1925 4,2%, 1931 13,4%,
Dampfer mit Ölfeuerung 1914 2,6%, 1925 27,5%, 1931 28,5%, 1938 29,5%,
Dampfer mit Kohlenfeuerung 1914 88,8%, 1925 64,8%, 1931 56,0%, 1938 46,5%.

Die Fachsprache des deutschen Seemanns enthält heute noch eine Reihe von Ausdrücken, die aus der Zeit der Segelschiffahrt stammen. Ihr Sprachgut ist besonders stark beeinflußt worden durch das Niederländische, das lange Zeit selbst die Fachsprache des deutschen Seemannes gewesen ist. Als nämlich allenthalben in Deutschland, auch in Niederdeutschland, die Sprache der Bibelübersetzung Luthers siegreich vordrang, wendeten sich die niederdeutschen Seeleute zwar auch von ihrer bis dahin gebrauchten Berufssprache, dem Niederdeutschen, ab, aber sie bedienten sich im Berufe nicht des Hochdeutschen sondern des Niederländischen als Schriftsprache. Erst in den letzten Jahrzehnten des 18. und im 19. Jahrhundert wurde das anders.

Es gibt ein klassisches Werk, das auch für den Schiffsingenieur von Interesse ist:

Friedrich Kluge, Seemannssprache. Wortgeschichtliches Handbuch deutscher Schifferausdrücke älterer und neuerer Zeit. Halle a. d. Saale, Verlag der Buchhandlung des Waisenhauses 1911.

Weiter gibt es einige Wörterbücher technischen Charakters, wie das große „Marinetechnische Wörterbuch in fünf Sprachen: Vom Kiel zum Flaggenknopf". Verlag Eckardt & Messtorff, Hamburg 1937, und das einsprachige „Seemännische Hand- und Wörterbuch: Vom Bug zum Heck" von Dipl.-Ing. Curt Eichler. Verlag Klasing & Co., Berlin 1938.

V. Schiffsvermessung.

Der Bruttoraumgehalt wird in der Regel nach dem vollständigen Verfahren mit Hilfe der Simpsonschen Formel bestimmt; ausnahmsweise kann ein abgekürztes Verfahren angewandt werden, wenn das Schiff ganz oder teilweise beladen ist oder Umstände anderer Art die Vermessung nach dem vollständigen Verfahren nicht zulassen. Das Vermessungsdeck ist bei allen Schiffen mit mehr als einem Deck das zweite von unten. Die Räume unter diesem werden als Ganzes vermessen; die darüber befindlichen Räume werden einzeln vermessen. Zum Bruttoraumgehalt gehören sämtliche Räume einschließlich der festen Aufbauten auf Deck, aber ausschließlich des Doppelbodens, soweit er nicht zur Aufnahme von Ladung, Brennstoff usw. dient. Außerdem wird der Teil des Gesamtraumgehaltes aller frei auf oder über dem obersten Deck befindlichen Luken, der 0,5 % des Bruttoraumgehaltes übersteigt, mitvermessen. In den Bruttoraumgehalt nicht einvermessen werden: Deckaufbauten zur Unterbringung von Hilfsmaschinen, Steuerhaus, Kombüse und Destillierraum, wenn sie nicht größer sind als notwendig ist, Aborte für die Mannschaft und je ein Abort für 50 Fahrgäste, jedoch höchstens 12 Aborte.

Den Nettoraumgehalt erhält man, wenn man vom Bruttoraumgehalt abzieht:

alle Räume zum Gebrauch der Schiffsmannschaft und des Schiffsführers,

alle Räume, die zur Navigierung erforderlich sind,

die Räume für Hilfskessel und Hilfsmaschinen,

bei Segelschiffen den Raum für Segel, soweit er 2½ % des Bruttoraumgehaltes nicht übersteigt,

bei Dampfern die Maschinen- und Kesselräume einschließlich Wellentunnel und Schächte, aber ausschließlich Bunker mit Berücksichtigung der folgenden Regeln.

Man mißt die mittlere Tiefe des Raumes von der unteren Fläche des zunächst über der Maschine befindlichen Decks bis zur oberen Fläche der Bodenwrangen bzw. des inneren Doppelbodens. Dann mißt man in halber Höhe dieses Raumes mindestens drei Breiten, aus denen das arithmetische Mittel genommen wird, sowie die mittlere Länge des Raumes zwischen den begrenzenden Querschotten. Das Produkt aus diesen drei Zahlen gibt den Kubikinhalt des Maschinenraumes unter dem zunächst darüber gelegenen Deck. Hierauf wird der Raumgehalt der über diesem Deck befindlichen Räume, die für die Maschine oder für den Zutritt von Licht und Luft zum Maschinenraum bis zum Oberdeck abgeschieden sind, ermittelt, indem für jeden das Produkt aus mittlerer Länge, Breite und Tiefe gebildet wird. Bei Schraubendampfern gehört dazu noch der Wellentunnel, dessen Inhalt ebenfalls das Produkt aus mittlerer Länge, Breite und Tiefe ist. Die Summe der erhaltenen Zahlen gibt den Inhalt des Maschinenraumes.

Beträgt der Inhalt der Maschinen- und Kesselräume bei Raddampfern weniger als 20%, bei Schraubendampfern weniger als 13% des Bruttoraumgehaltes, so werden bei ersteren 50%, bei letzteren 75% dem gemessenen Inhalte der Maschinen- und Kesselräume hinzugezählt und die Summe vom Bruttoraumgehalt abgezogen; beträgt der Inhalt bei Raddampfern 20 bis 30%, bei Schraubendampfern 13 bis 20%, so werden für Maschinen und Kesselräume bei Raddampfern 37%, bei Schraubendampfern 32% des Bruttoraumgehaltes des Schiffes in Abzug gebracht; beträgt der Inhalt über 30% bei Raddampfern, über 20% bei Schraubendampfern, so steht dem Reeder die Wahl frei, welches der beiden Verfahren angewendet werden soll. Wählt er nicht, so greift das erste Verfahren Platz.

W. Entfernungen.

Entfernung zwischen zwei Punkten der Weltmeere ist keineswegs ein eindeutiger Begriff. Die kürzeste Entfernung (Luftlinie, orthodromische Distanz) ist die auf dem größten Kreise gemessene; diesen Weg kann das Schiff häufig nicht einschlagen. Die loxodromische Distanz, d.h. die Entfernung, die ein Schiff auf einem und demselben rechtweisenden Kurse zwischen zwei Orten zurücklegt, ist größer als die orthodromische; auch die Loxodrome ist natürlich in vielen Fällen nicht befahrbar. Der Segelschiffweg ist ganz von Wind und Wetter abhängig; er ist ein anderer je nach der Jahreszeit, ein anderer, je nachdem es sich um Hinreise oder Herreise handelt. Aber auch die Wege der durch Maschinenkraft bewegten Schiffe (Dampferwege) unterliegen dem Einfluß des Windes, des Wetters, der Meeresströmungen, und zwar je nach der Schiffsform, dem Tiefgang, der Maschinenstärke usw. in recht verschiedener Weise.

Zu den vielbefahrenen Dampferwegen der Ozeane gehören gewisse Anfangs- und Endpunkte. Solche sind z. B. im Englischen Kanal für die nordatlantische Route der Punkt 49°48′N, 6°27′W bei dem Feuerturm von Bishop Rock und der Punkt 48°34′N, 5°24′W bei der Insel Ouessant für die Wege nach Süden und Südwesten. Vor New York gilt als Endpunkt der Seereise der Ambrose Channel, von dem man noch 15 Seemeilen bis zur Stadt hat.

Berücksichtigt man die meteorologischen und ozeanographischen Verhältnisse, so ergibt sich auch für den Dampferweg von *A* nach *B* häufig eine andere Entfernung als für den Weg von *B* nach *A*. Weiter ergeben sich verschiedene Wege je nach der Jahreszeit. Eine große Rolle kann die Rücksicht auf Eis und Nebel spielen.

Entfernungen auf dem Dampferwege in Seemeilen ohne Rücksicht auf Wind und Strom.

1. Hamburg—Cuxhaven 56, Hamburg—Helgoland 90.
Hamburg—Bremerhaven 120, Hamburg—Rotterdam 320.
Bremen—Bremerhaven 36, Hamburg—London 430.
Hamburg—Edinburgh 500, Cuxhaven—Dover 345.
Bremerhaven—Dover 345.
Cuxhaven—48°34′N; 5°24′W (Ouessant) 650.
Bremerhaven—48°34′N; 5°24′W (Ouessant) 650.
Cuxhaven—49°48′N; 6°27′W (Bishop Rock) 660.
Bremerhaven—49°48′N; 6°27′W (Bishop Rock) 660.
Deutsche Bucht (54°0′N; 7°54′O)—Portland (Südküste Islands) 1000.

2. Bishop Rock—Ambrose Channel (mit Rücksicht auf Eis und Nebel international vereinbarte Dampferwege).
Westwärts: 1. Sept. bis 31. Jan. 2902.
1. Febr. bis 31. März und 1. Juli bis 31. Aug. 2965.
1. April bis 30. Juni 3004.
Ostwärts: 1. Sept. bis 31. Jan. 2938.
1. Febr. bis 24. März und 8. Juli bis 31. Aug. 3009.
25. März bis 7. Juli 3049.
Die kürzesten möglichen Dampferwege sind rd. 120 bis 260 Seemeilen kürzer. Für schwache Dampfschiffe wird westwärts im Winter ein weit nach Süden ausbiegender Weg empfohlen, der von Ouessant bis New York ungefähr 4200 Seemeilen mißt.

3. Colon—St. Thomas—Azoren—Bishop Rock rd. 4400.
Ouessant—Azoren—St. Thomas—Colon (Panamakanal) rd. 4500.
Ouessant—Kanarische Inseln—Kapstadt 5740.
Ouessant—Kanarische Inseln—Kap Verde-Inseln—Pernambuco 3780.
Pernambuco—Dungeness (Osteingang der Magellanstraße) direkt 3130.
Ouessant—Rio de Janeiro 4960.
Ouessant—Montevideo 5980.
Gibraltar—New York 3220.
New York—Kapstadt direkt 6790.
New York—Colon (Panamakanal) 1980.
Kapstadt—Dungeness (Osteingang der Magellanstraße) 3730 (größter Kreis).

4. Flensburg—Windau 460, Flensburg—Stockholm 520.
Flensburg—Kronstadt 800, Flensburg—Haparanda 940.
Travemünde—Stockholm 470, Travemünde—Haparanda 890.
Travemünde—Danzig 310.
Von 54°50′N; 13°0′O (südöstlich der Insel Möen)
um Kap Skagen nach Hamburg 646,
„ „ „ „ Bremerhaven 595,
„ „ „ „ Emden 629,
„ „ „ „ Amsterdam 687,
durch den Nordostseekanal nach Hamburg 221,
„ „ „ „ Bremerhaven 272,
„ „ „ „ Emden 346,
„ „ „ „ Amsterdam 450.

5[1]).

Von Hamburg nach	über Suez	über Panama	um das Kap der Guten Hoffnung	um Kap Horn	über Suez kürzer als über Panama	über Panama kürzer als über Suez
Hongkong	10160	14800	13130	18090	4640	—
Schanghai	11030	13380	14000	17740	2350	—
Yokohama	11730	13230	14700	17010	1500	—
Adelaide	12020	14350	12100	14190	2330	—
Sydney	13070	13370	12890	13560	300	—
Auckland	13100	11750	14000	12500	—	1350
Friedrich-Wilhelms-hafen	12130	13810	14310	15520	1680	—
Jaluit	13690	12080	15880	14580	—	1610
Apia (Samoa).	14710	9740	16150	12940	—	4970
Valparaiso	18790	7860	18590	9150	—	10930
Guayaquil	20630	6080	20430	11230	—	14550
Panama	20000	5240	20680	11870	—	14760
Acapulco	19400	6650	20790	13280	—	12750
San Francisco	16250	8520	19240	14430	—	7730

6[1]).

Von New York nach	über Panama	um Kap Horn	über Suez	über Panama kürzer als um Kap Horn	über Panama kürzer als über Suez
Hongkong	11580	17270	11580	5690	—
Schanghai	10150	16930	12450	6780	2300
Yokohama	10000	16200	13160	6200	3160
Adelaide	11130	13380	13520	2250	2390
Sydney	10150	12740	14570	2590	4420
Friedrich-Wilhelms-hafen.	10590	14710	13630	4120	3040
Jaluit	8850	13760	15190	4910	6340
Apia (Samoa).	7740	12130	16260	4390	8520
Valparaiso	4630	8340	20290	3710	—
Guayaquil	2850	10420	22130	7570	—
Panama	2020	11050	21480	9030	—
Acapulco	3430	12460	20900	9030	—
San Francisco	5290	13620	17750	8330	—

[1]) Allgemeine Verkehrsgeographie von K. Hassert, Leipzig 1913, G. J. Göschen.

7. Von Aden nach Hamburg 4930, Suez 1320, Bombay 1650;
,, Fremantle 4920, Melbourne 6420, Colombo 2090;
,, Singapore 3630, Kapstadt 4090,
Kapstadt—Adelaide 5400, Kapstadt—Batavia 5080.

8. Von San Francisco nach Honolulu 2100, Wladiwostok 4210,
,, Yokohama 4530, Hongkong 6090,
,, Manila 6250, Auckland 5690,
,, Iquique 4650, Valparaiso 5140,
,, Punta Arenas (Magellanstraße) 6200.

Von Hongkong nach Honolulu 4920, Panama 9230,
,, Punta Arenas (Magellanstraße) 9760,
,, Valparaiso 10430.

Einige Bücher, die ein tieferes Eindringen in die in diesem Abschnitte behandelten Gebiete vermitteln können:

Mathematik für Seefahrtschulen. Bremen 1931, Verlag A. Geist, früher G. Winters Buchhandlung.

Lehrbuch der Navigation. Arthur Geist, Verlag, Bremen, 1941.

G. Schott, Geographie des Atlantischen Ozeans. 2. Auflage. Hamburg 1926. Verlag von C. Boysen.

G. Schott, Geographie des Indischen und Stillen Ozeans. Hamburg 1935.

Sturmsee und Brandung von Franz Graf von Larisch-Moennich. 2. Auflage 1926. Velhagen & Klasing.

Seestraßenordnung, Schiffstagebuch, Signalwesen von A. Budde. Hamburg, Verlag von Eckardt & Messtorff.

Wetter- und Meereskunde für Seefahrer. Berlin 1931. Verlag von Julius Springer.

Das Leben des Weltmeeres. Von Prof. Dr. Ernst Hentschel. Berlin 1929. Verlag von Julius Springer.

Leitfaden für den Unterricht in der Seemannschaft. 3. Auflage. Von Th. Bothmann 1941. Verlag Hermann Kampen, Hamburg 22.

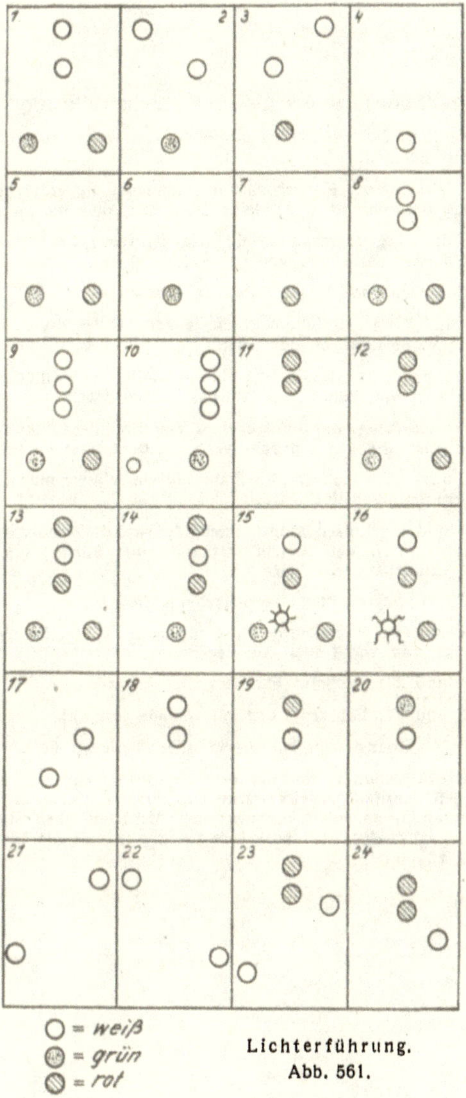

Lichterführung.
Abb. 561.

Erklärungen zu der Abb. 561 „Lichterführung".

Bild 1 mit 3: Dampffahrzeug in Fahrt, von vorne und von der Seite gesehen.

Bild 4: Ruderboot; Fischerboot mit kleinem Fanggeräte; Fahrzeug, das überholt wird; kleines Fahrzeug vor Anker; u. a. m.

Bild 5 mit 7: Segelfahrzeug in Fahrt oder Fahrzeug, das geschleppt wird, von vorne und von der Seite.

Bild 8: Schleppendes Dampffahrzeug von vorne.

Bild 9 und 10: Dampffahrzeug, das langen Schleppzug schleppt, von vorne und von der Seite.

Bild 11: Fahrzeug, das infolge eines Unfalles nicht manövrierfähig ist und keine Fahrt durchs Wasser macht.

Bild 12: Fahrzeug, das infolge eines Unfalles nicht manövrierfähig ist und Fahrt durchs Wasser macht, von vorne.

Bild 13 und 14: Kabelleger, der Fahrt durchs Wasser macht, von vorne und von der Seite.

Bild 15 und 16: Lotsendampffahrzeug für staatliche oder patentierte Lotsen, das Lotsendienst auf seiner Station tut, von vorne und von der Seite.

Bild 17: Treibnetzfischer oder Angelleinenfischer.

Bild 18 mit 20: Fischdampfer, der mit dem Grundschleppnetze fischt, von vorne oder von der Seite.

Bild 21 und 22: Größeres Fahrzeug vor Anker.

Bild 23 und 24: Fahrzeug, das am Grunde festsitzt.

Die Abbildung zeigt keineswegs alle möglichen Fälle.

Diese Abbildungen und der Text des Buches sind der neuen durch den Schiffssicherheitsvertrag festgesetzten Form der Seestraßenordnung angepaßt, die zwar noch nicht von allen Staaten ratifiziert ist (1940), aber praktisch schon gilt, was die Lichterführung anlangt.

XI. Teil.

Verschiedene Zahlentafeln.

1. Hauptmaße und Hauptgewichte verschiedener Länder.

Ägypten: Gesetzlich: Metrisches Maß und Gewicht.

1 Pik ägyptisch = 0,5826 m.

1 Pik Endasch = 0,638 m.

1 Ardeb = 6 Qubėhs = 197,75 l.

1 Cantar forforo zu 100 Rotoli = 44,493 kg.

1 Oka zu 400 Drachmen = 1236 kg.

Belgien: Metrisches Maß und Gewicht.

1 Brabanter Elle = 0,695 m.

1 Rasière Getreide = 48,75 l.

Brasilien: Metrisches Maß und Gewicht.

1 Braza = 2 Vara = 2,2 m.

1 Legua = 6,183 km.

1 Moio = 69 Alqueiren = 240 Macquias = 2176,2 .

1 Pipa = 25 Almude = 401 l.

1 Quintal = 4 Arrobas = 128 Arratels = 58,759 kg.

Chile: Metrisches System.

1 Tonne Guano = 920 kg.

China:

1 Yin = 10 Tschi = 100 Tsun = 1000 Fän = 3,73 m.

1 Fän = 3,73 mm.

1 Pikul = 100 Kätties = 60,45 kg.

1 Kättie = (16 Tael) = 0,6045 kg

1 Tael = 10 Mähs oder Tsin = 100 Condorin oder Fän = 1000 Käsch = 37,783 g.

Columbia: Metrisches System.

Dänemark: Metrisches System.

1 Alen (Elle) = 2 Fod = 0,6277 m.

1 Meile = 7532,48 m.

1 Gallon (St. Croix) = 3,756 l.

1 Zentner = 100 Pfund = 10000 Quintin = 50 kg.

1 Schiffspfund = 20 Liespfund = 320 Pfund = 160 kg.

1 Schiffslast zu 16,25 Schiffspfund = 2600 kg.

Deutsches Reich: Metrisches System.

1 Meter = 100 Zentimeter = 1000 Millimeter.
1 geogr. Meile = 7,42 Kilometer = 7420 Meter.
1 Liter = 0,001 Kubikmeter.
1 Kilogramm = 1000 Gramm.
1 Pfund = 500 Gramm.
1 Tonne = 20 Zentner = 1000 Kilogramm = 2000 Pfund.
1 Schiffslast = 2 Tonnen.
1 Faden = 1,829 m.
1 Kabel = 220 m.

Frankreich: Metrisches System.

1 neue Toise = 2 Meter = 6 neue Fuß.
1 Meile (lieue) = 10 Kilometer.
1 Sètre = 10 Decistères = 1000 Liter.

Griechenland: Metrisches System.

1 Stadion = 1000 m (Piki).
1 Talent = 1500 Drachmen = 150 kg.
1 Kilo = 100 Mistra = 100 l.

Großbritannien und Irland:

1 Foot = 12 Inches = 0,3048 m.
1 Inch = 0,0253995 m.
1 Yard = 0,91438 m.
1 Fathom = 2 Yard = 6 Fuß = 72 Zoll = 1,82877 m.
1 Chain = 100 Links = 20,12 m.
1 Meile (statute mile = 1760 Yard = 5280 Fuß = 1609,3149 m
1 Seemeile (nautical mile, knot) =6082,66 Fuß = 1853,2 m.
1 Gallon = 277,2738 Kubikzoll = 4,54651 l.
1 Barrel = 36 Gall. = 163,5 l.
1 Tun = 252 Gall. = 1008 Quarts = 2016 Pints = 8064 Gills = 1145 l.
1 Tonne (ton) = 20 Zentner (centweight) = 80 Quarters = 2240 Pfund = 1016,06 kg.
1 engl. Zentner = 4 Quarters = 112 Pfund = 50,8 kg.
1 Schiffstonne = 2000 Pfund = 907,196 kg.
1 Registerton = 100 cubic feet = 2,83 m^3.

Italien: Metrisches System.

Mexiko: Metrisches System.

Niederlande: Metrisches System.

1 Pond = 1 kg.
1 Pond = 10 Oncen = 100 Looden = 1000 Wigtjes.

Norwegen: Metrisches System.

Portugal: Metrisches System.

Rußland: Metrisches System.

1 Saschehn (Faden) = 1,23357 m.
1 Saschehn = 7 Fuß = 3 Arschin = 12 Tschetwert = 48 Werschock.
1 Botschka (Faß) = 40 Wedro = 400 Kruschky = 4000 Tscharky = 492 l.
1 Pfund = 409,531 g.
1 Pud zu 40 Pfund zu 32 Lot zu 3 Solotnick zu 96 Doli = 101,55 kg.
1 Berkowitz (Schiffspfund) = 10 Pud = 400 Pfund = 1015,5 kg.

Schweden: Metrisches System.

1 Alen = 2 Fuß = 0,5938 m.
1 Tonne zu 63 Kannen = 164,89 l.
1 Fodor = 2 Pinor = 4 Oxhufvuden = 24 Ankar = 360 Kannar = 720 Stop.
1 Skalpund = 425,3395 g.
1 Skalpund = 100 Ort = 10000 Korn.
1 neuer Zentner = 100 neue Pfund = 100 Skalpund = 42,5kg
1 Schiffspfund = 20 Liespfund = 300 Skalpund.

Schwe z: Metrisches System.

1 Elle = 2 Fuß = 0,6 m.

Spanien: Metrisches System.

1 Legua nueva = 6687 m.
1 Cahiz = 12 Fanegas = 666 l.
1 Quintal = 100 Libras = 46 kg.
1 Quintal metrico = 100 kg.

Türkei: Metrisches System.

Ungarn: Metrisches System.

Vereinigte Staaten von Nord-Amerika: Maße und Gewichte wie in England; außerdem auch metrisches System.

1 Gallone = 3,785 l.
1 Barrel Petroleum = 42 Gall. = 159 l.

Zentral-Amerika: Metrisches System. — Ferner:

1 Vara = 0,836 m.
1 Cantara = 32 Cuartillas = 16,328 l.
1 Quintal = 4 Arrobas = 100 Libras = 4€,014 kg.
1 Tonnelada = 920 kg.

2. Englische Zoll und Millimeter.

Zoll	0	1/8	1/4	3/8	1/2	5/8	3/4	7/8
0	0,000	3,175	6,350	9,525	12,700	15,875	19,050	22,22
1	25,400	28,574	31,749	34,924	38,099	41,274	44,449	47,62
2	50,799	53,974	57,149	60,324	63,499	66,674	69,849	73,02
3	76,199	79,374	82,549	85,723	88,898	92,073	95,248	98,42
4	101,60	104,77	107,95	111,12	114,30	117,47	120,65	123,82
5	127,00	130,17	133,35	136,52	139,70	142,87	146,05	149,22
6	152,40	155,57	158,75	161,92	165,10	168,27	171,45	174,62
7	177,80	180,97	184,15	187,32	190,50	193,67	196,85	200,02
8	203,20	206,37	209,55	212,72	215,90	219,07	222,25	225,42
9	228,60	231,77	234,95	238,12	241,30	244,47	247,65	250,82
10	254,00	257,17	260,35	263,52	266,70	269,87	273,05	276,22
11	279,39	282,57	285,74	288,92	292,09	295,27	298,44	301,62
12	304,79	307,97	311,14	314,32	317,49	320,67	323,84	327,02
13	330,19	333,37	336,54	339,72	342,89	346,07	349,24	352,42
14	355,59	358,77	361,94	365,12	368,29	371,47	374,64	377,82
15	380,99	384,17	387,34	390,52	393,69	396,87	400,04	403,22
16	406,39	409,57	412,74	415,92	419,09	422,27	425,44	428,62
17	431,79	434,97	438,14	441,32	444,49	447,67	450,84	454,02
18	457,19	460,37	463,54	466,72	469,89	473,07	476,24	479,42
19	482,59	485,77	488,94	492,12	495,29	498,47	501,64	504,82
20	507,99	511,17	514,34	517,52	520,69	523,87	527,04	530,22
21	533,39	536,57	539,74	542,92	546,09	549,27	552,44	555,61
22	558,79	561,96	565,14	568,31	571,49	574,66	577,84	581,01
23	584,19	587,36	590,54	593,71	596,89	600,06	603,24	606,41
24	609,59	612,76	615,94	619,11	622,29	625,46	628,64	631,81
25	634,99	638,16	641,34	644,51	647,69	650,86	654,04	657,21
26	660,39	663,56	666,74	669,91	673,09	676,26	679,44	682,61
27	685,79	688,96	692,14	695,31	698,49	701,66	704,84	708,01
28	711,19	714,36	717,54	720,71	723,89	727,06	730,24	733,41
29	736,59	739,76	742,94	746,11	749,29	752,46	755,64	758,81
30	761,99	765,16	768,34	771,51	774,69	777,86	781,04	784,21
31	787,39	790,56	793,74	796,91	800,09	803,26	806,44	809,61
32	812,79	815,96	819,14	822,31	825,49	828,66	831,83	835,01
33	838.18	841,36	844,53	847,71	850,88	854,06	857,23	860,41
34	863,58	866,76	869,93	873,11	876,28	879,46	882,63	885,51
35	888,98	892,16	895,33	898,51	901,68	904,86	908,032	911,21
36	914,38	917,56	920,73	923,91	927,08	930,26	933,43	936,61
37	939,78	942,96	946,13	949,31	952,48	955,66	958,83	962,01
38	965,18	968,36	971,53	974,71	977,88	981,06	984,33	987,41
39	990,58	993,76	996,93	1000,1	1003,3	1006,5	1009,6	1012,8
40	1016,0	1019,2	1022,3	1025,5	1028,7	1031,9	1035,0	1038,2
41	1041,4	1044,6	1047,7	1050,9	1054,1	1057,3	1060,4	1063,6
42	1066,8	1070,0	1073,1	1076,3	1079,5	1082,7	1085,8	1089,0
43	1092,2	1095,4	1098,5	1101.7	1104,9	1108,1	1111,2	1114,4
44	1117,6	1120,8	1123,9	1127,1	1130,3	1133,5	1136,6	1139,8
45	1143,0	1146,2	1149,3	1152,5	1155,7	1158,9	1162,0	1165,2
46	1168,4	1171,6	1174,7	1177,9	1181,1	1184,3	1187,4	1190,6
47	1193,8	1197,0	1200,1	1203,3	1206,5	1209,7	1212,8	1216,0
48	1219,2	1222,4	1225,5	1228,7	1231,9	1235,1	1238,2	1241,4
49	1244,6	1247,8	1250,9	1254,1	1257,3	1260,5	1263,6	1266,8

3. Englische Fuß und Zoll in Meter.

Fuß	0″	1″	2″	3″	4″	5″	6″	7″	8″	9″	10″	11″
1	0,305	0,330	0,356	0,381	0,406	0,432	0,457	0,483	0,508	0,533	0,559	0,584
2	0,610	0,635	0,660	0,686	0,711	0,737	0,762	0,787	0,813	0,838	0,864	0,889
3	0,914	0,940	0,965	0,991	1,016	1,041	1,067	1,092	1,118	1,143	1,168	1,194
4	1,219	1,245	1,270	1,295	1,321	1,346	1,372	1,397	1,422	1,448	1,473	1,499
5	1,524	1,549	1,575	1,600	1,626	1,651	1,676	1,702	1,727	1,753	1,778	1,803
6	1,829	1,854	1,880	1,905	1,930	1,956	1,981	2,007	2,032	2,057	2,083	2,108
7	2,134	2,159	2,184	2,210	2,235	2,261	2,286	2,311	2,337	2,362	2,388	2,413
8	2,438	2,464	2,489	2,515	2,540	2,565	2,591	2,616	2,642	2,667	2,692	2,718
9	2,743	2,769	2,794	2,819	2,845	2,870	2,896	2,921	2,946	2,972	2,997	3,023
10	3,048	3,073	3,099	3,124	3,150	3,175	3,200	3,226	3,251	3,277	3,302	3,327
11	3,353	3,378	3,404	3,429	3,455	3,480	3,505	3,531	3,556	3,582	3,607	3,632
12	3,657	3,682	3,708	3,733	3,759	3,784	3,810	3,835	3,860	3,886	3,911	3,936
13	3,962	3,987	4,013	4,038	4,064	4,089	4,115	4,140	4,165	4,191	4,216	4,241
14	4,267	4,292	4,318	4,343	4,369	4,394	4,420	4,445	4,470	4,496	4,521	4,546
15	4,572	4,597	4,623	4,648	4,674	4,699	4,724	4,750	4,775	4,801	4,826	4,851
16	4,877	4,902	4,928	4,953	4,978	5,004	5,029	5,055	5,080	5,106	5,131	5,156
17	5,182	5,207	5,233	5,258	5,283	5,309	5,334	5,360	5,385	5,411	5,436	5,461
18	5,486	5,511	5,537	5,562	5,588	5,613	5,638	5,664	5,689	5,715	5,740	5,765
19	5,791	5,816	5,842	5,867	5,893	5,918	5,943	5,969	5,994	6,019	6,045	6,070
20	6,096	6,121	6,147	6,172	6,198	6,223	6,248	6,274	6,299	6,325	6,350	6,375
21	6,401	6,426	6,452	6,477	6,503	6,528	6,553	6,579	6,604	6,630	6,655	6,680
22	7,706	6,731	6,757	6,782	6,808	6,833	6,858	6,884	6,909	6,935	6,960	6,985
23	7,010	7,035	7,061	7,086	7,112	7,137	7,162	7,188	7,213	7,239	7,264	7,290
24	7,315	7,340	7,366	7,391	7,417	7,442	7,467	7,493	7,518	7,544	7,569	7,594
25	7,620	7,645	7,671	7,696	7,722	7,747	7,772	7,798	7,823	7,849	7,874	7,899

3. Englische Fuß und Zoll in Meter.

Fuß	0″	1″	2″	3″	4″	5″	6″	7″	8″	9″	10″	11″
26	7,925	7,950	7,976	8,001	8,027	8,052	8,077	8,103	8,128	8.154	8,179	8,204
27	8,230	8,255	8,281	8,306	8,332	8,357	8,382	8,408	8,433	8,459	8,484	9,510
28	8,534	8,559	8,585	8,610	8,636	8,661	8,686	8,712	8,737	8,763	8,788	8,814
29	8,839	8,864	8.890	8,915	8,941	8,966	8,991	9,017	9,042	9,068	0,093	9,118
30	9,144	9,169	9,295	9,220	9,246	9,271	9,296	9,322	9,347	9,373	9,398	9,423
31	9,449	9,474	9,500	9,525	9,551	5,576	9,601	9,627	9,652	9,678	9,703	9,728
32	9,753	9,778	9,804	9,829	9,855	9,880	9,905	9,931	9,956	9,982	10,007	10,032
33	10,058	10,083	10,109	10,134	10,150	10,185	10,210	10,236	10,261	10,287	10,312	10,337
34	10,363	10,388	10,414	10,439	10,465	10,490	10,515	10,541	10,566	10,592	10,617	10,642
35	10,668	10,693	10,719	10,744	10,769	10,795	10,820	10,846	10,871	10,897	10,922	10,947
36	10,973	10,998	11,024	11,049	11,074	11,100	11,125	11,151	11,176	11,202	11,227	11,252
37	11,277	11,302	11,328	11,353	11,378	11,404	11,429	11,455	11,480	11,506	11,531	11,556
38	11,582	11,607	11,633	11,658	11,683	11,709	11,734	11,760	11,785	11,811	11,836	11,861
39	11,887	11,912	11,938	11,963	11,989	12,014	12,039	12,065	12,090	12,116	12,141	12,166
40	12,192	12,217	12,243	12,268	12,294	12,319	12,344	12,370	12,395	12,421	12,446	12,471
41	12,497	12,522	12,548	12,573	12,599	12,624	12,649	12,675	12,700	12,725	12,751	12,777
42	12,801	12,826	12,852	12,877	12,903	12,928	12,953	12,979	13,004	13,030	13,055	13,080
43	13,106	13,131	13,157	13,182	13,208	13,233	13,258	13,284	13,309	13,335	13,360	13,385
44	13,411	13,436	13,462	13,487	13,513	13,538	13,563	13,589	13,614	13,640	13,665	13,690
45	13,716	13,741	13,767	13,792	13,818	13,843	13,868	13,894	13,919	13,945	13,970	13,995
46	14,021	14,046	14,072	14,097	14,123	14,148	14,173	14,199	14,224	14,250	14,275	14,300
47	14,325	14,350	14,376	14,491	14,427	14,452	14,477	14,503	14,528	14,554	14,579	14,604
48	14,630	14,655	14,681	14,706	14,732	14,757	14,782	14,808	14,833	14,859	14,884	14,909
49	14,935	14,960	14,986	15,011	15,037	15,062	15,087	15,113	15,138	15,164	15,189	15,214
50	15,240	15,265	15,291	15,316	15,342	15,367	15,392	15,418	15,443	15,468	15,494	15,519

4. Englische Quadratfuß und Quadratmeter.

□ Fuß	0	1	2	3	4	5	6	7	8	9
0	0,000	0,093	0,186	0,279	0,372	0,465	0,557	0,650	0,743	0,836
10	0,929	1,022	1,115	1,208	1,301	1,394	1,486	1,579	1,672	1,765
20	1,858	1,951	2,044	2,137	2,230	2,323	2,415	2,508	2,601	2,694
30	2,787	2,880	2,973	3,066	3,159	3,252	3,344	3,437	3,530	3,623
40	3,716	3,809	3,902	3,095	4,088	4,181	4,273	4,366	4,459	4,552
50	4,645	4,738	4,831	4,924	5,017	5,110	5,202	5,295	5,388	5,481
60	5,574	5,667	5,760	5,853	5,946	6,039	6,131	6,224	6,317	6,410
70	6,503	6,597	6,689	6,782	6,875	6,968	7,060	7,153	7,246	7,339
80	7,432	7,525	7,618	7,711	7,804	7,896	7,989	8,082	8,175	8,268
90	8,361	8,454	8,547	8,640	8,733	8,826	8,918	9,011	9,104	9,197

5. Quadratmeter und englische Quadratfuß.

m^2	0	1	2	3	4	5	6	7	8	9
0	0,00	10,76	21,53	32,29	43,06	53,82	64,59	75,35	86,11	96,88
10	107,64	118,41	129,17	139,94	150,70	161,46	172,23	182,99	193,76	204,52
20	215,29	226,05	236,82	247,58	258,34	269,11	279,87	290,64	301,40	312,17
30	322,93	333,69	344,46	355,22	365,99	376,75	387,52	398,28	409,04	419,81
40	430,57	441,34	452,10	462,87	473,63	484,39	495,16	505,92	516,69	527,45
50	538,22	548,98	559,74	570,51	581,27	592,04	602,80	613,57	624,33	635,09
60	645,86	658,62	667,39	678,15	688,92	699,68	710,44	721,21	731,97	742,74
70	753,50	764,27	775,03	785,79	796,56	807,32	818,09	828,85	839,62	850,38
80	861,14	871,91	882,67	893,44	904,20	914,97	925,73	936,49	947,26	958,02
90	968,79	979,55	990,32	1001,1	1011,8	1022,6	1033,4	1044,1	1054,9	10657

6. Kilogramme und englische Pfunde.

kg	0	1	2	3	4	5	6	7	8	9
0	0,00	2,21	4,41	6,61	8,82	11,02	13,23	15,43	17,64	19,84
10	22,05	24,25	26,46	28,66	30,87	33,07	35,27	37,48	39,68	41,89
20	44,09	46,30	48,50	50,71	52,91	55,12	57,32	59,53	61,73	63,93
30	66,14	68,34	70,55	72,75	74,96	77,16	79,37	81,57	83,78	85,98
40	88,19	90,39	92,59	94,80	97,00	99,21	101,41	103,62	105,82	108,03
50	110,23	112,44	114,64	116,85	119,05	121,25	123,46	125,66	127,87	130,67
60	132,28	134,48	136,69	138,89	141,10	143,30	145,51	147,71	149,91	152,12
70	154,32	156,53	158,73	160,94	163,14	165,35	167,55	169,76	171,96	174,17
80	176,37	178,57	180,78	182,98	185,19	187,39	189,60	191,80	194,00	196,21
90	198,42	200,62	202,83	205,03	207,23	209,44	211,64	213,85	216,05	218,26

7. Englische Pfunde und Kilogramme.

Pfunde	0	1	2	3	4	5	6	7	8	9
0	0,000	0,454	0,907	1,361	1,814	2,268	2,722	3,175	3,629	4,082
10	4,536	4,990	5,443	5,897	6,350	6,804	7,258	7,711	8,165	8,618
20	9,072	9,525	9,979	10,433	10,886	11,340	11,793	12,247	12,701	13,154
30	13,608	14,061	14,515	14,969	15,422	15,876	16,329	16,779	17,237	17,690
40	18,144	18,597	19,051	19,505	19,558	20,412	20,865	21,319	21,772	22,226
50	22,680	23,133	23,587	24,040	24,494	24,948	25,401	25,855	26,308	26,762
60	27,216	27,669	28,123	28,576	29,030	29,484	29,937	30,391	30,844	31,298
70	31,752	32,305	32,659	33,112	33,566	34,019	34,473	34,927	35,380	35,834
80	36,287	36,741	37,195	37,648	38,102	38,555	39,009	39,463	39,916	40,370
90	40,823	41,277	41,731	42,184	42,638	43,091	43,545	43,999	44,452	44,906
100	45,359	45,813	46,266	46,720	47,174	47,627	48,081	48,534	48,988	49,442
110	49,895	50,349	50,802	51,256	51,710	52,163	52,517	53,070	53,524	53,978
120	54,431	54,885	55,338	55,792	56,246	56,699	57,153	57,606	58,060	58,514
130	58,967	59,421	59,874	60,328	60,781	61,235	61,689	62,142	62,596	63,049
140	63,503	63,957	64,410	64,864	65,317	65,771	66,225	66,678	67,132	67,585

8. Englische Pfunde auf 1 Quadratzoll und Kilogramm auf 1 Quadratzentimeter.

Pfund auf 1 Quadratzoll	kg auf 1 cm²	Pfund auf 1 Quadratzoll	kg auf 1 cm²	Pfund auf 1 Quadratzoll	kg auf 1 cm²	Pfund auf 1 Quadratzoll	kg auf 1 cm²	Pfund auf 1 Quadratzoll	kg auf 1 cm²
1	0,0703	36	2,530	71	4,991	106	7,452	141	9,913
2	0,1406	37	2,601	72	5,061	107	7,522	142	9,983
3	0,2109	38	2,671	73	5,131	108	7,593	143	10,054
4	0,2812	39	2,741	74	5,202	109	7,663	144	10,124
5	0,3515	40	2,812	75	5,272	110	7,793	145	10,194
6	0,4218	41	2,882	76	5,342	111	7,804	146	10,264
7	0,4921	42	2,952	77	5,413	112	7,874	147	10,335
8	0,5624	43	3,022	78	5,483	113	7,944	148	10,405
9	0,6327	44	3,093	79	5,553	114	8,015	149	10,475
10	0,7030	45	3,163	80	5,624	115	8,085	150	10,546
11	0,7733	46	3,233	81	5,694	116	8,155	155	10,897
12	0,8436	47	3,304	82	5,764	117	8,226	160	11,249
13	0,9140	48	3,374	83	5,834	118	8,296	165	11,600
14	0,9843	49	3,444	84	5,905	119	8,366	170	11,952
15	1,0546	50	3,515	85	5,975	120	8,436	175	12,303
16	1,1248	51	3,585	86	6,045	121	8,507	180	12,655
17	1,1952	52	3,655	87	6,116	122	8,577	185	13,006
18	1,265	53	3,725	88	6,186	123	9,647	190	13,358
19	1,335	54	3,796	89	6,256	124	8,718	195	13,710
20	1,406	55	3,866	90	6,327	125	8,788	200	14,061
21	1,476	56	3,936	91	6,397	126	8,858	210	14,76
22	1,546	57	4,007	92	6,467	127	8,929	220	15,46
23	1,616	58	4,077	93	6,537	128	8,999	230	16,16
24	1,687	59	4,147	94	6,608	129	9,069	240	16,87
25	1,757	60	4,218	95	6,678	130	9,140	250	17,57
26	1,879	61	4,288	96	6,748	131	9,210	260	18,27
27	1,828	62	4,358	97	6,819	132	9,280	270	18,98
28	1,968	63	4,428	98	6,889	133	9,350	280	19,68
29	2,038	64	4,499	99	6,959	134	9,421	290	20,38
30	2,109	65	4,569	100	7,030	135	9,491	300	21,09
31	2,179	66	4,639	101	7,101	136	9,561	310	21,79
32	2,249	67	4,710	102	7,171	137	9,632	320	22,49
33	2,319	68	4,780	103	7,241	138	9,702	330	23,19
34	2,390	69	4,850	104	7,312	139	9,772	340	23,90
35	2,460	70	4,921	105	7,382	140	9,843	350	24,60

9. Kilogramm auf 1 Quadratzentimeter und englische Pfunde auf 1 Quadratzoll.

kg auf 1 cm²	Pfund auf 1 Quadratzoll	kg auf 1 cm²	Pfund auf 1 Quadratzoll	kg auf 1 cm²	Pfund auf 1 Quadratzoll	kg auf 1 cm²	Pfund auf 1 Quadratzoll	kg auf 1 cm²	Pfund auf 1 Quadratzoll
0,1	1,422	3,6	51,203	7,1	100,984	10,6	150,77	14,1	200,55
0,2	2,844	3,7	52,625	7,2	102,407	10,7	152,19	14,2	201,97
0,3	4,267	3,8	54,048	7,3	103,829	10,8	153,61	14,3	203,39
0,4	5,689	3,9	55,470	7,4	105,251	10,9	155,03	14,4	204,81
0,5	7,111	4,0	56,892	7,5	106,674	11,0	156,46	14,5	206,24
0,6	8,533	4,1	58,315	7,6	108,096	11,1	157,88	14,6	207,65
0,7	9,956	4,2	59,737	7,7	109,518	11,2	159,30	14,7	209,08
0,8	11,378	4,3	61,159	7,8	110,940	11,3	160,72	14,8	210,50
0,9	12,800	4,4	62,582	7,9	112,363	11,4	162,14	14,9	211,92
1,0	14,223	4,5	64,004	8,0	113,785	11,5	163,57	15,0	213,35
1,1	15,645	4,6	65,426	8,1	115,207	11,6	164,99	15,1	214,77
1,2	17,067	4,7	66,849	8,2	116,630	11,7	166,41	15.2	216,19
1,3	18,490	4,8	68,271	8,3	118,052	11,8	167,83	15,3	217,61
1,4	19,912	4,9	69,693	8,4	119,474	11,9	169,26	15,4	219,04
1,5	21,234	5,0	71,116	8,5	120,897	12,0	170,68	15,5	220,46
1,6	22,757	5,1	72,538	8,6	122,319	12,1	172,10	15,6	221,88
1,7	24,179	5,2	73,960	8,7	123,741	12,2	173,52	15,7	222,30
1,8	25,601	5,3	75,382	8,8	125,164	12,3	174,94	15,8	224,73
1,9	27,024	5,4	76,508	8,9	126,586	12,4	176,37	15,9	226,15
2,0	28,446	5,5	78,227	9,0	128.008	12,5	177,79	16,0	227,57
2,1	29,868	5,6	79,649	9,1	129,431	12,6	179,21	16,5	234,68
2,2	31,291	5,7	81,072	9,2	130,853	12,7	180,63	17,0	241,79
2,3	32,713	5,8	82,494	9,3	132,275	12,8	182,06	17,5	248,91
2,4	34,135	5,9	83,916	9,4	133,698	12,9	183,48	18,0	256,02
2,5	35,558	6,0	85,339	9,5	135,120	13,0	184,90	18,5	263,13
2,6	36,980	6,1	86,761	9,6	136,542	13,1	186,32	19,0	270,24
2,7	38,402	6,2	88,183	9,7	137,965	13,2	187,75	19,5	277,35
2,8	39,824	6,3	89,606	9,8	139,387	13,3	189,17	20,0	284,46
2,9	41,247	6,4	91,028	9,9	140,809	16,4	190,59	20,5	291,58
3,0	42,669	6,5	92,450	10,0	142,230	13,5	192,01	21,0	298,69
3.1	44,091	6,6	93,873	10,1	143,650	13,6	193,43	21,5	305,80
3,2	45,514	6,7	95,295	10,2	145,080	13,7	194,86	22,0	312,91
3,3	46,936	6,8	96,717	10,3	146,500	13,8	196,28	22,5	320,02
3,4	48,358	6,9	98,140	10,4	147,920	13,9	197,70	23,0	327,13
3,5	49,781	7,0	99,562	10,5	149,340	14.0	199,12	23,5	334,25

10. Schrauben mit normalem Whitworth-Gewinde,

Äußerer Gewinde-durch-messer		Anzahl der Gänge auf 1"	Kern-		Sechseckige Mutter		Höhe		Bean-spruchung	Belastung
Zoll engl.	mm		Durch-messer mm	Quer-schnitt cm²	Flach-kant mm	Spitz-kant mm	Mutter mm	Kopf mm	kg/cm²	kg
1/4	6,35	20	4,72	0,175	11	12,7	5,5	5	30	5
5/16	7,94	18	6,13	0,295	14	16,2	6,5	6	40	12
3/8	9,53	16	7,49	0,44	14	16,2	8	6	60	27
1/2	12,70	12	10,0	0,78	22	25,4	11	9	100	78
5/8	15,88	11	12,9	1,31	27	31,2	13	11	160	210
3/4	19,05	10	15,8	1,96	32	36,9	16	13	200	392
7/8	22,23	9	18,6	2,72	36	41,6	18	16	220	600
1	25,4	8	21,3	3,57	41	47,3	20	18	250	890
1 1/8	28,6	7	23,9	4,50	46	53,1	22	20	260	1170
1 1/4	31,8	7	27,1	5,77	50	57,7	25	22	275	1590
1 3/8	34,9	6	29,5	6,84	55	63,5	28	24	290	1980
1 1/2	38,1	6	32,7	8,39	60	69,3	30	27	300	2520
1 5/8	41,3	5	34,8	9,49	65	75,0	32	30	310	2950
1 3/4	44,5	5	37,9	11,31	70	80,8	35	32	320	3620
1 7/8	47,6	4 1/2	40,4	12,8	75	86,5	38	34	325	4500
2	50,8	4 1/2	43,6	14,9	80	92,4	40	36	330	4900
2 1/4	57,2	4	49,0	18,9	85	98,0	45	40	340	6400
2 1/2	63,5	4	55,4	24,1	95	110	50	44	350	8400
2 3/4	69,9	3 1/2	60,6	28,8	105	121	55	48	350	10100
3	76,2	3 1/2	66,9	35,2	110	127	60	52	360	12700
3 1/4	82,6	3 1/4	72,5	41,3	120	139	65	58	360	14900
3 1/2	88,9	3 1/4	78,9	48,9	130	150	70	62	360	17600

Bemerkung. Die in der vorletzten Spalte angegebenen Beanspruchungen auf 1 cm² gelten für Schrauben aus Flußeisen von etwa 40 bis 45 kg/mm² Zugfestigkeit und entsprechen etwa den unteren zulässigen Beanspruchungen nach den HNA-Normen.

Wird in einem vorliegenden Falle die rechnungsmäßige Belastung einer Schraube mit Sicherheit nicht überschritten, dann kann die Beanspruchung bzw. die Belastung bis zu etwa 50% höher genommen werden.

11. Schrauben mit feinem Gewinde.

Gewinde φ außen mm	Kern mm	Kern-querschnitt cm²	Anzahl der Gänge auf 1″	Beanspruchung kg/cm²	Belastung kg
26	23,0	4,17	11	250	1080
29	25,7	5,21	10	260	1350
32	28,4	6,33	9	275	1740
35	30,9	7,5	8	290	2170
39	34,9	9,6	8	300	2880
42	37,4	11,0	7	310	3410
45	40,4	12,8	7	320	4130
48	43,4	14,8	7	325	4820
51	46,4	16,9	7	330	5580
54	48,6	18,5	6	335	6200
58	52,6	21,7	6	340	7370
61	55,6	24,3	6	345	8400
64	58,6	27,0	6	350	9450
67	61,6	29,8	6	350	10450
70	64,6	32,8	6	360	11800
74	68,6	36,9	6	360	13300
77	71,6	40,2	6	360	14500
80	73,5	42,4	5	360	15300
83	76,5	46,0	5	370	17000
86	79,5	49,6	5	370	18400

Bemerkung. Bezüglich der Beanspruchung auf 1 cm², bzw. der Belastung einer Schraube, siehe die Bemerkung zur Zahlentafel: Schrauben mit normalem Whitworth-Gewinde.

12. Drahtseile (unverzinkt)

von Felten & Guilleaume in Mülheim a. R. aus Patent-Gußstahldraht von 12000 kg Zugfestigkeit für 1 cm² Drahtquerschnitt.

ϕ des Drahtes mm	ϕ des Seiles mm	Anzahl der Drähte im Seil	Zulässige Belastung b. 5-facher Sicherheit kg
0,5	9	96	460
0,5	10	120	580
0,5	11	144	690
0,5	12	168	810
0,5	13	210	1010
0,5	14	252	1210
0,6	10	96	650
0,6	12	120	820
0,6	13	144	980
0,6	14,5	168	1140
0,6	16	210	1430
0,6	17,5	252	1720
0,7	13	96	880
0,7	15	120	1100
0,7	16	144	1320
0,7	17	168	1550
0,7	18	210	1930
0,7	20	252	2320
0,8	14	96	1150
0,8	16	120	1440
0,8	17,5	144	1730
0,8	19	169	2020
0,8	20,5	210	2520
0,8	22	252	3020
0,9	16	96	1480
0,9	18	120	1850
0,9	19	144	2220
0,9	21	168	2590
0,9	23	210	3230
0,9	25	252	3880
1,0	18	96	1820
1,0	20	120	2280
1,0	22	144	2740
1,0	24	168	3190
1,0	26	210	3990
1,0	28	252	4790
1,0	9	42	800
1,0	10	49	930
1,0	12	72	1370
1,0	13	84	1600
1,0	15	96	1820
1,0	16	114	2170
1,1	10	42	960
1,1	11	49	1120
1,1	13	72	1640
1,1	14	84	1920
1,1	16	96	2190
1,1	17	114	2600
1,2	11	42	1140
1,2	13	49	1330
1,2	15	62	1960

ϕ des Drahtes mm	ϕ des Seiles mm	Anzahl der Drähte im Seil	Zulässige Belastung b. 5-facher Sicherheit kg
1,2	16	84	2280
1,2	18	96	2610
1,2	19	114	3100
1,3	12	42	1340
1,3	14	49	1570
1,3	16	72	2300
1,3	17	84	2690
1,3	19	96	3070
1,3	20	114	3650
1,4	13	42	1550
1,4	15	49	1810
1,4	17	72	2660
1,4	19	84	3110
1,4	21	96	3550
1,4	22	114	4220
1,5	14	42	1780
1,5	16	49	2080
1,5	19	72	3050
1,5	20	84	3560
1,5	22	96	4070
1,5	23	114	4830
1,6	20	56	2700
1,6	22	84	4060
1,6	24	96	4640
1,6	26	114	5500
1,6	28	133	6420
1,8	23	56	3420
1,8	25	84	5130
1,8	27	96	5860
1,8	29	114	6960
1,8	31	133	8120
2,0	30	96	7540
2,0	32	114	8600
2,0	35	133	10030
2,0	38	162	12220
2,0	41	180	13570
2,2	33	96	8760
2,2	35	114	10400
2,2	38	133	12130
2,2	42	162	14780
2,2	45	180	16420
2,5	37	96	11300
2,5	40	114	13430
2,5	44	133	15670
2,5	48	162	19100
2,5	52	180	21200
2,8	42	96	14200
2,8	45	114	16850
2,8	49	133	19660
2,8	53	162	23940
2,8	58	180	26600

Bemerkung:

Verzinkte Drahtseile haben nur etwa 0,8 bis 0,9 der Festigkeit unverzinkter Seile.

Der Durchmesser der Seilrollen soll etwa gleich dem 450- bis 700fachen Drahtdurchmesser sein.

13. Tragkraft runder, ungeteerter Hanfseile bei etwa 8 facher Sicherheit.

Durchmesser des Seiles in mm	13	16	18	20	23	26	29	33	36	39	46	52
Tragkraft in kg	130	200	260	320	420	530	660	860	1020	1200	1670	2130

Bemerkung. Der Durchmesser der Seilrollen soll gleich dem 7- bis 10fachen Seildurchmesser sein.

14. Tragfähigkeit kurzgliedriger Ketten ohne Steeg in kg.

Durchmesser des Ketteneisens mm	Wenig angestrengte Ketten; etwa 4,5fache Sicherheit	Häufig benutzte Ketten; etwa 5,5fache Sicherheit	Durchmesser des Ketteneisens mm	Wenig angestrengte Ketten; etwa 4,5fache Sicherheit	Häufiig benutzte Ketten; etwa 5,5fache Sicherheit
5	250	200	19	3610	2890
6	360	290	20	4000	3200
7	490	390	21	4410	3520
8	640	510	22	4840	3870
9	810	650	24	5760	4610
10	1000	800	26	6760	5410
11	1210	970	28	7840	6270
12	1440	1150	30	9000	7220
13	1690	1350	32	10240	8250
14	1960	1570	34	11560	9360
15	2250	1800	36	12960	10550
16	2563	2050	38	14440	11800
17	2890	2310	40	16000	12100
18	3240	2590	42	17640	14000

Bemerkung. Bei Ketten für Dampfwinden ist die Belastung nur etwa halb so groß wie bei wenig angestrengten Ketten zu nehmen, entsprechend einer etwa 9fachen Sicherheit.

Bei kalibrierten Ketten ist die Belastung nur etwa zwei Drittel so groß, wie oben angegeben zu nehmen.

Sachregister

T

www.ingramcontent.com/pod-product-compliance
Lightning Source LLC
LaVergne TN
LVHW092112300926
849161LV00002B/119

* 9 7 8 3 4 8 6 7 7 4 8 5 6 *